Herausgegeben von
Helmut Greim

Das Toxikologiebuch

Herausgegeben von
Helmut Greim

Das Toxikologiebuch

Grundlagen, Verfahren, Bewertung

WILEY-VCH
Verlag GmbH & Co. KGaA

Herausgeber

Prof. Dr. Helmut Greim
Technische Universiät München
Hohenbachernstr. 15–17
85354 Freising

Titelbild
Verwendete Abbildungen:
DNA – fotolia_@vege und
Mensch – fotolia_@decade3d

Bibliografische Information der Deutschen Nationalbibliothek
Die Deutsche Nationalbibliothek verzeichnet diese Publikation in der Deutschen Nationalbibliografie; detaillierte bibliografische Daten sind im Internet über http://dnb.d-nb.de abrufbar.

Umschlaggestaltung Adam-Design, Weinheim
Satz le-tex publishing services GmbH, Leipzig, Deutschland
Druck und Bindung CPI Group (UK) Ltd, Croydon, CR0 4YY

Print ISBN 978-3-527-33973-0
ePDF ISBN 978-3-527-69545-4
ePub ISBN 978-3-527-69546-1
Mobi ISBN 978-3-527-69547-8
oBook ISBN 978-3-527-69544-7

Gedruckt auf säurefreiem Papier.

C9783527339730_251124

Geleitwort

Das vorliegende Buch „Toxikologie für Naturwissenschaftler und Mediziner" ist von mehreren Autoren verfasst und gibt einen umfassenden Überblick über dieses Fachgebiet. Während die Toxikologie früher ihr Hauptarbeitsfeld bei der Beurteilung der Giftigkeit von Arzneimitteln und Arbeitsstoffen hatte, ist ihre Bedeutung in den vergangenen 30 Jahren weit darüber hinaus gewachsen. Die zunehmende Belastung der Umwelt durch Chemikalien aus der industriellen Tätigkeit, der intensiven Landwirtschaft, dem Verkehr und dem Verbrauch erfordert eine sorgfältige Betrachtung der akuten und potentiell längerfristigen Wirkung auf Menschen und Biosphäre allgemein.

Während die Exposition von Chemikalien durch analytische Messungen und Modellbetrachtungen erschlossen wird, liefert die Toxikologie Grunddaten zur Wirkung. Beide Betrachtungen sind Ausgangspunkt für die Beurteilung des Gefährdungspotentials und liefern die wissenschaftliche Basis für die Risikoabschätzung und – wenn notwendig – die daraus abzuleitenden Maßnahmen zum Management eines Risikos. Die Toxikologie greift daher mit ihren wissenschaftlichen Erkenntnissen in unseren Alltag sehr viel mehr ein als viele anderen Wissenschaftsgebiete. So zeigt die Erfahrung, daß bei allen Grenzwertdiskussionen der Stimme der Toxikologen besonderes Gewicht beigemessen wird.

Die moderne Toxikologie ist eine weit über ihre ursprünglichen Grenzen hinaus gewachsene Wissenschaft. Sie hat sehr stark naturwissenschaftliche Aspekte integriert, und ihre modernen biochemischen Methoden haben neue Wege über das Tierexperiment hinaus aufgezeigt. Da die Umweltexposition auch andere Lebewesen als den Menschen einbeziehen muss, wird auch die Brücke zur Ökotoxikologie geschlagen, die sich mit der Einwirkung von Chemikalien auf Tiere und Pflanzen beschäftigt.

Diesen Gesichtspunkten haben die Autoren durch ein entsprechendes Kapitel Rechnung getragen. Bei den grundsätzlichen Metabolisierungspfaden wird man zu generellen Mechanismen gelangen, und die Grenze zwischen Medizin und Naturwissenschaften, die oft leider künstlich gezogen wird, wird sich zunehmend verwischen. Das Buch wendet sich daher gleichermaßen an Mediziner und Naturwissenschaftler – insbesondere aber an Chemiker, denen während ihres Grundstudiums toxikologische Grundkenntnisse vermittelt werden müssen.

Dem gelungenen Buch kann eine weite Verbreitung gewünscht werden. Es wird auch außerhalb der engeren Fachwelt Verbreitung finden und vor allem bei der Lehre wertvolle Dienste leisten.

Tübingen, 28.12.1995 *E. Bayer*

Inhaltsverzeichnis

Vorwort

Toxikologischer Sachverstand ist mehr denn je gefragt, einerseits, um die regulatorischen Anforderungen für die sichere Verwendung von Chemikalien zu erfüllen, aber auch, um die für eine toxikologische Bewertung erforderlichen Informationen, d. h. die Identifizierung der toxischen Eigenschaften einschließlich Wirkungsstärke und Dosis-Wirkungs-Beziehung und Exposition, zu erarbeiten und so darzustellen, dass sie nicht nur von Fachleuten, sondern auch von der Öffentlichkeit nachvollziehbar sind. Besonders zu berücksichtigen ist, dass jede Bewertung grundsätzlich eine Einzelfallbetrachtung sein muss, um die gesamte Datenlage zu berücksichtigen, die sehr unterschiedlich sein kann und selten vollständig ist. Sogenannte Guidelines können dabei hilfreich sein. Ihr Nachteil ist jedoch, dass sie dazu verleiten, statt toxikologischen Sachverstand einzusetzen, sich auf die Guidelines berufend schematisch vorzugehen, zumal man dabei vermeintlich keinen Fehler machen kann. Toxikologie ist aber komplizierter, bedarf Erfahrung und wie einer unserer amerikanischen Kollegen einmal sagte, benötigt nur zwei Lernphasen, jede von ihnen zehn Jahre. Die erste beinhaltet sicherlich eine gute Grundausbildung, wie sie in Europa im Rahmen der Ausbildung zum Fachtoxikologen vermittelt wird. Die dafür notwendigen Grundkenntnisse werden in dem vorliegenden Buch vermittelt und einige Hinweise für ihre Anwendung gegeben. Dabei werden bewusst nicht alle Einzelheiten der besprochenen Teilgebiete der Toxikologie dargestellt, um zu vermeiden, dass in der Flut der Informationen die wichtigsten untergehen. Dazu dienen auch die umrahmten Texte in den einzelnen Kapiteln, die jeweils die wichtigen Informationen zusammenfassen.

Struktur und Inhalt des Buches basieren auf dem 1995 herausgegebenen Buch „Toxikologie für Naturwissenschaftler und Mediziner“ (Greim und Deml) mit seiner italienischen Übersetzung „Tossicologia“ sowie der erweiterten, im Jahre 2000 erschienenen englischen Ausgabe „Toxicology and Risk Assessment“ (Greim und Snyder). Auch das englische Buch wird gegenwärtig überarbeitet, sodass die wichtigsten methodischen und konzeptionellen Entwicklungen unseres Faches wie „Omics“ oder die Frage eines Schwellenwertes für genotoxische Kanzerogene in den beiden neuen Ausgaben berücksichtigt worden sind.

Es wäre reizvoll gewesen, auf gegenwärtig heiß diskutierte toxikologische Bewertungen z. B. von Glyphosat oder die endokrin wirkenden Substanzen einzugehen. Die im vorliegenden Buch vermittelten allgemein akzeptierten Konzepte der

Risikoabschätzung erübrigen dies jedoch. In beiden Fällen lassen die Kenntnisse der Wirkungsmechanismen, die geringe Wirkungsstärke und niedrige Exposition keine gesundheitlichen Konsequenzen für die Bevölkerung erwarten.

Das Buch ist Ernst Bayer gewidmet. Ernst Bayer (1927–2002) war Direktor des Instituts für Organische Chemie der Universität Tübingen, Dekan seiner Fakultät, Vizepräsident und Senatspräsident der Universität und neben vielen weiteren Aufgaben von 1982–1997 Vorsitzender des Beratergremiums für umweltrelevante Altstoffe (BUA) der Gesellschaft Deutscher Chemiker, ein für Chemikalienrecht, Altlasten und Umweltpolitik wichtiges Beratergremium. Bestehend aus Vertretern von Hochschulen, Behörden und Industrie wurden viele Jahre vor REACH (Registration, Evaluation and Authorization of Chemicals) die Grundlagen einer umfassenden toxikologischen und ökotoxikologischen Bewertung von Chemikalien erarbeitet. Sein Geleitwort zur deutschen Ausgabe von 1995, in der er auf die Notwendigkeit hinweist, Medizinern und Naturwissenschaftlern, insbesondere Chemikern während des Studiums toxikologische Grundkenntnisse zu vermitteln, ist auch in der vorliegenden Ausgabe enthalten.

Liste der Autoren

Dr. Ilse-Dore Adler
Jahnweg 5
85375 Neufahrn
ida40@gmx.de

Dr. Richard A. Albertini
Emeritus Professor
University of Vermont
Burlington VT, USA
Ralbert315@aol.com

Dr. Ullrich Andrae
Vormals Institut für Toxikologie
GSF Forschungszentrum
Ingolstädter Landstr. 1
85764 Oberschleißheim

Dr. Rüdiger Bartsch
Karlsruher Institut für Technologie (KIT)
Institut für Angewandte Biowissenschaften
Abt. Lebensmittelchemie und Toxikologie
Hohenbachernstr. 15–17
85354 Freising
ruediger.bartsch@lrz.tum.de

Prof. Dr. Brunhilde Blömeke
Universität Trier
Fachbereich VI Umwelttoxikologie
Am Universitätsring 15
54286 Trier
bloemeke@uni-trier.de

Prof. Dr. Hermann M. Bolt
IfADo-Leibniz-Institut für Arbeitsforschung
Ardeystr. 67
44139 Dortmund
h.m.bolt@t-online.de

Prof. Dr. György Csanády
Vormals Institut für Toxikologie
GSF Forschungszentrum
Ingolstädter Landstr. 1
85764 Oberschleißheim

Prof. Dr. Wolfgang Dekant
Universität Würzburg
Institut für Toxikologie
Versbacher Str. 9
97078 Würzburg
dekant@toxi.uni-wuerzburg.de

Prof. Dr. Gunter P. Eckert
Justus-Liebig-Universität
Institut für Ernährungswissenschaften
Wilhelmstr. 20
35392 Gießen
gunter.eckert@ernaehrung.uni-giessen.de

PD Dr. Jörg Fahrer
Universität Mainz
Abt. für Angewandte Toxikologie
Obere Zahlbacher Str. 67
55131 Mainz
fahrer@uni-mainz.de

Dr. Johannes Filser
Helmholtz Zentrum München
Institut für Toxikologie
Ingolstädter Landstr. 1
85764 Oberschleißheim
johannes.filser@helmholtz-muenchen.de

Dr. Thomas Gebel
Bundesanstalt für Arbeitsschutz
und Arbeitsmedizin, FB4
Friedrich-Henkel-Weg 1–25
44149 Dortmund
gebel.thomas@baua.bund.de

Prof. Dr. Thomas Göen
Universität Erlangen-Nürnberg
Arbeits-, Sozial- und Umweltmedizin
Schillerstr. 25–29
91054 Erlangen
thomas.goeen@fau.de

Dr. Heidrun Greim
Karlsruher Institut für Technologie
(KIT)
Institut für Angewandte
Biowissenschaften
Abt. Lebensmittelchemie und
Toxikologie
Hohenbachernstr. 15–17
85354 Freising
heidrun.greim@lrz.tum.de

Prof. Dr. Helmut Greim
TU München, Toxikologie und
Umwelthygiene
Hohenbachernstr. 15–17
85354 Freising
helmut.greim@lrz.tum.de

Dr. Peter Griem
Symrise AG
Director Toxicology
Mühlenfeldstr. 1
37603 Holzminden
Peter.Griem@symrise.com

Dr. Roman Halter
Fraunhofer-Institut für Toxikologie
und Experimentelle Medizin
Nikolai-Fuchs-Str. 1
30625 Hannover
roman.halter@item.fraunhofer.de

Prof. Dr. Thomas Hartung
Johns Hopkins University
Bloomberg School of Public Health
615 N. Wolfe Street
Baltimore, MD 21205
USA
thartun1@jhu.edu

Prof. Dr. Andrea Hartwig
Karlsruher Institut für Technologie
(KIT)
Institut für Angewandte
Biowissenschaften, Abt.
Lebensmittelchemie und Toxikologie
Adenauerring 20a
76131 Karlsruhe
andrea.hartwig@kit.edu

Prof. Dr. Jan G. Hengstler
IfADo – Leibniz-Institut
für Arbeitsforschung
Ardeystr. 67
44139 Dortmund
hengstler@ifado.de

Prof. Dr. Franz Hofmann
TU München
Pharmakologie und Toxikologie
Biedersteiner Str. 29
80802 München
Franz.hofmann@my.tum.de

Dr. Gunnar Jahnke
Karlsruher Institut für Technologie (KIT)
Institut für Angewandte Biowissenschaften
Abt. Lebensmittelchemie und Toxikologie
Adenauerring 20a
76131 Karlsruhe
gunnar.jahnke@kit.edu

Prof. Dr. Bernd Kaina
Universität Mainz
Abt. für Angewandte Toxikologie
Obere Zahlbacher Str. 67
55131 Mainz
kaina@uni-mainz.de

PD Dr. Kai Kehe
Abt. Medizinischer ABC-Schutz
Sanitätsakademie der Bundeswehr
Neuherbergstr. 11
80939 München
kai.kehe@lrz.uni-muenchen.de

Dr. Jörg Lebsanft
Bundesministerium für Umwelt, Naturschutz, Bau und Reaktorsicherheit
Postfach 120629
53048 Bonn
joerg.lebsanft@bmub.bund.de

Dr. Werner Lilienblum
Vormals Niedersächsisches Landesgesundheitsamt
Roesebeckerstr. 4–6
30449 Hannover
Werner.Lilienblum@t-online.de

Dr. Inge Mangelsdorf
Fraunhofer-Institut für Toxikologie und Experimentelle Medizin
Nikolai-Fuchs-Str. 1
30625 Hannover
inge.mangelsdorf@item.frauenhofer.de

Dr. Hans-Jörg Martus
Novartis Institutes for BioMedical Research
WKL-136.1.19
Auhafenstr.
4132 Muttenz (Basel)
Schweiz
hansjoerg.martus@novartis.com

Prof. Dr. Walter E. Müller
Goethe Universität Frankfurt
Department Pharmacology Biocenter
Max-von-Laue Str. 9
60438 Frankfurt
w.e.mueller@em.uni-frankfurt.de

Dr. Erich Pospischil
AMZ Mödling GmbH
Rathausplatz 3
2351 Wiener Neudorf
Österreich
erich.pospischil@amz.at

Dr. Jörg Römbke
ECT Oekotoxikologie GmbH
Böttgerstr. 2–4
65439 Flörsheim am Main
j-roembke@ect.de

Dr. Karl K. Rozman
Emeritus Professor
University of Kansas Medical Center
Dept. Pharmacology, Toxicology, Therapeutics
Kansas City KS, USA
krozman@kumc.edu

Prof. Dr. Jens Schloßmann
Pharmakologie und Toxikologie
Institut für Pharmazie
Universitätsstr. 31
Universität Regensburg
93040 Regensburg
jens.schlossmann@chemie.uni-regensburg.de

Dr. Axel Schnuch
Universität Göttingen
Hautklinik, IVDK
Von-Siebold-Str. 3
37075 Göttingen
aschnuch@med.uni-goettingen.de

Dr. Florian Schulz
Fraunhofer Institut für Toxikologie und Experimentelle Medizin ITEM
Chemical Risk Assessment
Nikolai-Fuchs-Str. 1
30625 Hannover
florian.schulz@item.fraunhofer.de

Prof. Michael Schwenk
In den Kreuzäckern 16
72072 Tübingen
mike.schwenk@gmx.net

Dr. Robert Snyder
Emeritus Professor
Rutgers University
Ernest Mario School of Pharmacy
EOHSI-Toxicology
170 Frelinghuysen Road
Piscataway NJ 08854, USA
rsnyder@eohsi.rutgers.edu

Dr. Roland Alfred Solecki
Bundesinstitut für Risikobewertung (BfR)
Abteilung „Sicherheit von Pestiziden"
Max-Dohrn-Str. 8–10
10589 Berlin
roland.solecki@bfr.bund.de

Prof. Dr. Horst Spielmann
Zerbster Str. 22
12209 Berlin
horst.spielmann@fu-berlin.de

Dr. Lesley Stanley
Consultant in Investigative Toxicology,
5, Friar's Way
Linlithgow, West Lothian,
EH49 6AX, Great Britain
lesleystanley@btinternet.com

Dr. Volker Strauss
BASF SE
Experimentelle Toxikologie und Ökologie
67056 Ludwigshafen
volker.strauss@basf.com

Prof. Dr. Laura Suter-Dick
Fachhochschule Nordwestschweiz
Chemie und Bioanalytik
Gründenstr. 40
4132 Muttenz
Schweiz
laura.suterdick@fhnw.ch

Prof. Dr. Horst Thiermann
Institut für Pharmakologie und Toxikologie der Bundeswehr
Neuherbergstr. 11
80937 München
horstthiermann@bundeswehr.org

Prof. Dr. Jürgen Timm
Universität Bremen
FB3, Institut für Statistik
Linzer Str. 4
28359 Bremen
timm@math.uni-bremen.de

Prof. Dr. Kurt Ulm
TU München
Med. Statistik und Epidemiologie
Ismaninger Str. 22
81675 München
kurt.ulm@imse.med.tu-muenchen.de

Prof. Dr. Bennard van Ravenzwaay
BASF SE
Experimentelle Toxikologie und Ökologie
67056 Ludwigshafen
bennard.ravenzwaay@basf.com

Prof. Dr. Christoph Van Thriel
IfADo – Leibniz-Institut für Arbeitsforschung
Ardeystr. 67
44139 Dortmund
thriel@ifado.de

Dr. Klaus-Michael Wollin
Niedersächsisches Landesgesundheitsamt
Roesebeckstr. 4–6
30449 Hannover
klaus-michael.wollin@nlga.niedersachsen.de

Prof. Dr. Thomas Zilker
Franziskanerstr. 28
81669 München
T.Zilker@lrz.tum.de

Prof. Dr. Iris Zöllner
Landesgesundheitsamt Baden-Würtemberg
Nordbahnhofstr. 135
70191 Stuttgart
Iris.Zoellner@rps.bwl.de

Abkürzungen

AAF, 2-AAF	2-Acetylaminofluoren
AAS	Atomabsorptionsspektroskopie
ACD	Allergic Contact Dermatitis, allergische Kontaktdermatitis
ADH	1. Alkoholdehydrogenase, 2. Aldehyddehydrogenase, 3. Antidiuretisches Hormon
ADI	Acceptable Daily Intake, duldbare tägliche Aufnahme
ADP	Adenosindiphosphat
AEL	Acceptable Exposure Level, Akzeptables Expositionslevel
AFP	α-Fetoprotein
AGW	Arbeitsplatzgrenzwert
Ah	Aryl hydrocarbon
AHH	Arylhydrocarbon-Hydroxylase
AhR, AHR	Ah-Rezeptor, Arylhydrocarbonrezeptor
ALARA	As Low As Reasonably Achievable, so niedrig wie vernünftigerweise erreichbar
ALDH	1. Alkoholdehydrogenase, 2. Aldehyddehydrogenase
AMG	Arzneimittelgesetz
AMH	Anti-Muellerian-Hormon
AML	Akute myelogene Leukämie
ANFT	2-Amino-4-(5-nitro-2-furyl)thiazol
AOEL	Acceptable Operator Exposure Level, duldbare Exposition von Pflanzenschutzmittel-Anwendern
AP	Apurin
AP-1	Activator Protein-1
Apaf-1	Apoptotischer Proteaseaktivierungsfaktor-1
APC	1. Antigen Presenting Cells, 2. Adenomatöse *Polyposis coli*
APS	Adenosin-5′-phosphosulfat
AR	Androgenrezeptor
ARE	Antioxidant/electrophile Response Element
ARfD	Acute Reference Dose
ARNT	Arylhydrocarbon Receptor Nuclear Translocator
AT	Acetyltransferase

ATE	Acute toxicity estimates
AtG	Atomgesetz
ATM	Ataxia-Telangiectasia-Mutated
ATP	Adenosintriphosphat
ATR	ATRad-3-Related
ATRIP	ATR-Interacting Protein
AUC	Area Under the Curve, Fläche unter der Konzentrations-Zeit-Kurve
B[*a*]p	Benzo[*a*]pyren
BD	Benchmark Dose
BALF	Broncheoalveolare Lavage-Flüssigkeit
BARS	Behavioral Assessment and Research System
BAT	Biologische Arbeitsstoff-Toleranz
BAuA	Bundesanstalt für Arbeitsschutz und Arbeitsmedizin
Bax	BCL-2-associated X protein
BBN	*N*-Butyl-*N*-(4-hydroxybutyl)nitrosamin
BBodSchG	Bundes-Bodenschutzgesetz
BER	Basenexzisionsreparatur
BfR	Bundesinstitut für Risikobewertung
BHA	Butylhydroxyanisol
BHS	Blut-Hirn-Schranke
BImSchG	Bundes-Immissionsschutzgesetz
BMD	Benchmark Dose
BMDL	Benchmark Dose Level
BrdUrd	Bromdesoxyuridin
BSEP	Bile Salt Export Pump, Gallensalz-Export-Pumpe
BVL	Bundesamt für Verbraucherschutz und Lebensmittelsicherheit
CA	Carboanhydrase
CAD	1. Caspaseaktivierte DNase, 2. Dicationic Amphiphilic Drugs, dikationische amphiphile Arzneistoffe
cAMP	Zyklisches Adenosinmonophosphat
CANTAB	Cambridge Neuropsychological Test Automated Battery
CAR	Constitutive Androstane Receptor, konstitutiver Androstanrezeptor
CASE	Computer Automated Structure Evolution
CDK	Cyclin-Dependent Kinase, cyclinabhängige Kinase
CEO	Cyanoethylenoxid
cGMP	Zyklisches Guanosinmonophosphat
ChemBiozidZulV	Biozid-Zulassungsverordnung
ChemG	Chemikaliengesetz
ChemGiftInfoV	Giftinformationsverordnung
ChemVerbotsV	Chemikalien-Verbotsverordnung
Chk	Checkpoint-Kinase
CHMP	Committee on Human Pharmaceuticals

CLP	1. Common Lymphoid Progenitor, gemeinsame lymphatische Vorläuferzellen, 2. Classification, Labelling, Packaging, Einstufung, Kennzeichnung und Verpackung
CLRTAP	Convention on Long-Range Transboundary Air Pollution
CMP	Common Myeloid Progenitor, gemeinsame myeloische Vorläuferzellen
CPT	Contenious Performance Test
CSE	Chronic Solvent-induced Encephalopathy
cSNP	CodingSNP
5-CSRTT	5-Choice Serial Reaction Time Task
CTBP	Zytosolisches T3-Bindungsprotein
CTL	Zytotoxische T-Lymphozyten
CWÜ	Chemiewaffen-Übereinkommen
CYP	Cytochrom-P450
Cys	Cystein
DAG	Diacylglycerol
DDE	*p,p′*-Dichlordiphenyldichlorethen; 1,1-Bis-(4-chlorphenyl)-2,2-dichlorethen
DDR	DNA-Damage-Response
DDT	*p,p′*-Dichlordiphenyltrichlorethan 1,1-Bis-(4-chlorphenyl)-2,2,2-trichlorethan
DEHP	Di(2-ethylhexyl)phthalat
DES	Diethylstilbestrol
DFG	Deutsche Forschungsgemeinschaft
DHT	Dihydrotestosteron
DISC	Death-inducing signaling complex
DMAP	Dimethylaminophenol
4-DMAP	4-Dimethylaminophenol
7,12-DMBA	7,12-Dimethylbenz[a]anthracen
DME	Dieselmotoremissionen
DMSO	Dimethylsulfoxid
DMT-1	Divalent metal transporter-1
DNA	Desoxyribonucleic acid, Desoxyribonukleinsäure
DNEL	Derived No Effect Level
DPRA	Direct Peptide Reactivity Assay
DRE	Dioxinresponsives Element
dR	Desoxyribose
5′-dRP	5′-Desoxyribose-5-phosphat
DSB	Doppelstrangbruch
DTA	Duldbare tägliche Aufnahme
DTH	Delayed type hypersensitivity, Überempfindlichkeitsreaktionen vom verzögerten Typ
DWF	Dosis-Wirkungs-Funktion
EAA	Exzitatorische Aminosäure
EAV	Europäisches Abfallverzeichnis

EBV	Epstein-Barr-Virus
EC	European Commission, Europäische Kommission
ECHA	European Chemicals Agency, Europäische Chemikalienagentur
ED	Endocrine Disrupter, endokriner Disruptor
ED50	Effektive Dosis für den Anteil von 50 %
EFSA	European Food SafetyAuthority, Europäische Behörde für Lebensmittelsicherheit
EGF	Epidermal Growth Factor, Epidermis-Wachstumsfaktor
ELISA	Enzyme-Linked Immonosorbent Assay
EMA, EMEA	European Medicines Agency
EMP	Erythromyeloischer Progenitor
EMS	Ethylmethansulfonat
ENTIS	European Network of Teratology Information Services
EoBP	Eosinophile/Basophile Progenitor, Vorläuferzellen von eosinophilen und basophilen Granulozyten
EOGRTS	Extended One-Generation Reproductive Toxicity Study, erweiterte Ein-Generations-Reproduktionstoxizitätsstudie
EPA	Environmental Protection Agency, Umweltschutzbehörde der USA
ER (rER)	1. Endoplasmatisches Retikulum (Raues endoplasmatisches Retikulum), 2. Exzessrisiko, 3. Estrogenrezeptor
EU	Europäische Union
EURATOM	Europäische Atomgemeinschaft
EWR	Europäischer Wirtschaftraum
FAD	Flavinadenindinucleotid
FADD	Fas-assoziierte Todesdomäne
FANFT	*N*-[4-(5-Nitro-2-furyl)-2-thiazolyl]formamid
FAO	Food and Agriculture Organization, Ernährungs- und Landwirtschaftsorganisation der Vereinten Nationen
Fapy	Formamidopyrimidin
FasR	Fas-Rezeptor/CD95
FDA	Food and Drug Administration, Lebens- und Arzneimittelbehörde der USA
FELS	Fish Early Life Stage
FISH	Fluoreszenz-In-Situ-Hybridisierung
FMN	Flavinmononucleotid
FMO	Flavinabhängige Monooxygenase
FNT	2-[4-(5-Nitro-2-furyl)-2-thiazolyl]hydrazin
FOB	Functional Observation Battery
FSH	Follikel-stimulierendes Hormon
G6PD	Glucose-6-Phosphat-Dehydrogenase
GABA	γ-Aminobuttersäure
GALT	Gut-Associated Lymphoid Tissue (Immunsystem des Darms)
GAP	GTPase-aktivierendes Protein

GBS	Granuläre biobeständige Partikel ohne spezifische Toxizität
GC	Guanylylzyklase
GCP	Good Clinical Practice, Gute klinische Praxis
GD	Gestation Day, Trächtigkeitstag
GDP	Guanosindiphosphat
GEF	Guanine nucleotide Exchange Factor, GDP-Austauschfaktor
GefStoffV	Gefahrstoffverordnung
GGR	Globale genomische Reparatur
GHS	Globally Harmonised System for Classification and Labelling of Chemicals der Vereinten Nationen
GI	Gastrointestinal
GLP	Good Laboratory Practice, Gute Laborpraxis
Glu	Glutaminsäure
GMP	1. Granulocyte-Macrophage Progenitor, Granulozyten-Makrophagen-Vorläufer; 2. Good Manufacturing Practise, Gute Herstellungspraxis
Gly	Glycin
GnRH	Gonadotropin-Releasing Hormone
GPCR	G-Protein-gekoppelter Rezeptor
GPMT	Guinea Pig Maximisation Test
GPT	Glutamat-Pyruvat-Transaminase
GSEC	Genetic Susceptibility to Environmental Carcinogens
GSH	Glutathion (reduzierte Form)
GSSG	Glutathion (oxidierte Form)
GST	Glutathion-S-Transferase
GTP	Guanosintriphosphat
GW	Gestation Week, Schwangerschaftswoche
GWAS	Genome-Wide-Association-Untersuchungen
Hb	Hämoglobin
HC5	Hazardous Concentration 5, Gefährdungskonzentration 5 %
HCB	Hexachlorbenzol
HCBD	Hexachlor-1,3-butadien
hCG	Humanes Choriogonadotropin
HDI	Hexamethylen-Diisocyanat
HGF	Hepatocyte Growth Factor, Hepatozytenwachstumsfaktor
HLA	Humanes Leukozytenantigen
HNPCC	Heriditäres nicht polypöses Kolonkarzinom
hOGG	Humane 8-Oxoguanin-DNA-Glykosylase
HPG-Achse	Hypothalamus-Hypophysen-Gonaden-Achse
HPRT	Hypoxanthin-Phosphoribosyl-Transferase
HPT-Achse	Hypothalamus-Hypophysen-Schilddrüsen-Achse
HR	Homologe Rekombination
HRE	Hormone-Responsive Element
HRIPT	Human Repeat Insult Patch Test
HWZ	Halbwertzeit

IARC	International Agency for Research on Cancer, Internationale Agentur für Krebsforschung der WHO
ICH	International Conference on Harmonization of Technical Requirements for Registration of Pharmaceuticals for Human Use
ICL	Interstrang-Crosslink
ICRP	International Commission for Ray Protection, Internationale Strahlenschutzkommission
Ig, IG	Immunglobulin
IGF	Insulin-like Growth Factor, insulinähnlicher Wachstumsfaktor
IL	Interleukin
ILO	International Labour Organization, Internationale Arbeitsorganisation der Vereinten Nationen
ILSI	International Life Science Institute, Washington, DC
i.m.	Intramuskulär
i.p.	Intraperitoneal
IP_3	Inositoltrisphosphat
IPCS	International Programme on Chemical Safety, Internationales Chemikaliensicherheits-Programm der WHO
IPDI	Isophoron-Diisocyanat
IQ	Intelligenzquotient
ISO	International Organization for Standardization, Internationale Organisation für Normung
IUPAC	International Union of Pure and Applied Chemistry
i.v.	Intravenös
JECFA	Joint FAO/WHO Expert Committee on Food Additives, Gemeinsamer FAO/WHO-Sachverständigenausschuss für Lebensmittelzusatzstoffe
JMPR	Joint FAO/WHO Meeting on Pesticide Residues, Gemeinsamer FAO/WHO-Sachverständigenausschuss für Pestizidrückstände
JRC	Joint Research Centre, Gemeinsame Forschungsstelle der EU in Ispra, Italien
KG	Körpergewicht
LC	Liquid Chromatography, Flüssigchromatografie
LC50	Lethal Concentration 50, (mittlere) letale Konzentration für 50 % der beobachteten Tiere
LD50	Lethal Dose 50, (mittlere) tödliche Dosis für 50 % der beobachteten Tiere
LDH	Laktat-Dehydrogenase
LDL	Low Density Lipoprotein
LFGB	Lebensmittel- und Futtermittelgesetzbuch
LH	Luteinisierendes Hormon
LLNA	Local Lymph Node Assay

LMPP	Lymphomyeloic Progenitor, lyphomyeloische Vorläuferzellen
LO(A)EL	Lowest Observed (Adverse) Effect Level, niedrigste Dosis mit beobachtbarem (unerwünschten) Effekt
LPS	Lipopolysaccharide
MA	Mycoplasma arthritidis
MAD	Mutual Acceptance of Data, gegenseitige Anerkennung von Daten aus Sicherheitsprüfungen durch alle OECD-Mitgliedstaaten
MAK	Maximale Arbeitsplatzkonzentration
MAO	Monoaminoxidase
MCT	Monocarboxylate Transporter
MDI	4,4-Methylendiphenylisocyanat
MEP	Megakaryocyte-Erythro Progenitor, Megakaryozyten- und Erythrozyten-Vorläuferzellen
MEST	Mouse Ear Swelling Test, Mausohrschwellungstest
MGMT	O^6-Methylguanin-DNA-Methyltransferase
MHC	Major Histocompatibility Complex
MIC	Methylisocyanat
MIK	Maximale Immissionskonzentration
MLP	Multilymphoid Progenitor, multilymphoide Vorläuferzellen
MMR	Mismatch-Reparatur
MNU	*N*-Methyl-*N*-Nitrosoharnstoff
MOE	Margin of Exposure
MOS	Margin of Safety, Sicherheitsabstand
MPP	Multipotent Progenitors, multipotente Vorläuferzellen
mPTP	Mitochondriale Permeabilitäts-Transitions-Pore
MPTP	1-Methyl-4-phenyl-1,2,3,6-tetrahydropyridin
MRL	Maximum Residue Limit, maximal zulässige Rückstandshöchstgehalte
MS	Massenspektrometrie
MTD	Maximal Tolerated Dose, maximal tolerierte Dosis
MWM	Morris Water Maze, Morris-Wasserlabyrinth
NADH	Nicotinamiddinucleotid (reduzierte Form)
NADPH	Nicotinamiddinucleotidphosphat (reduzierte Form)
NAG	*N*-Acetyl-Glukaminidase
NAPQI	*N*-Acetyl-p-benzochinonimin
NASH	Nicht alkoholische Steatohepatitis
NAT	*N*-Acetyltransferase
NCTB	Neurobehavioral Core Test Battery, von der WHO ausgewählte neurobehaviorale Tests
NEL	No Effect Level, Dosis ohne Wirkung
NER	Nukleotidexzisionsreparatur
NES	Neurobehavioral Evaluation System
NESIL	No-Expected Sensitisation Induction Level

NHEJ	Non-Homologous End Joining, nicht homologe End-zu-End-Verknüpfung
NIS	Natrium-Iodid-Symporter
NMDA	*N*-Methyl-D-Aspartat
NNK	Nicotine-derived Nitrosamine Ketone, 4-(Methylnitrosamin)-1-(3-pyridyl)-1-butanon
NOD	Non-Obese Diabetic
NOGEL	No Observed Genotoxic Exposure Level
NP	Nasopharyngeal
NSAID	Nonsteroidal Anti-Inflammatory Drug, nicht steroidale Antiphlogistika
NTA	Nitrilotriessigsäure
NO	Stickstoffmonoxid
NO(A)EC	No Observed (Adverse) Effect Concentration, Konzentration ohne (unerwünschte) Wirkung
NO(A)EL	No Observed (Adverse) Effect Level, Dosis ohne (unerwünschte) Wirkung
OATP	Organic Anionic Transport Protein
OECD	Organization for Economic Cooperation and Development, Organisation für wirtschaftliche Zusammenarbeit und Entwicklung
OR	Odds Ratio
OTIS	Organisation of Teratology Information Services
P	Pulmonal
PA	Procainamid
PAH (PAK)	Polycyclic Aromatic Hydrocarbons, Polyzyklische aromatische Kohlenwasserstoffe
PAMP	Pathogen-Associated Molecular Pattern, pathogenassoziierte molekulare Muster
PARP-1	Poly(ADP-Ribose)-Polymerase-1
PBDE	Polybromierte Diphenylether
PBPK-Modell	Physiologisch-basiertes Pharmakokinetisches Modell
PCB	Polychlorierte Biphenyle
PCDD	Polychlorierte Dibenzo-p-dioxine
PCDF	Polychlorierte Dibenzofurane
PCNA	Proliferating Cell Nuclear Antigen
PCP	Pentachlorphenol
PCR	Polymerase Chain Reaction
PDGF	Platelet Derived Growth Factor
PEC	Predicted Environmental Concentration
PEPCK	Phosphoenolpyruvat-Carboxykinase
PET	Positronen-Emissions-Tomografie
PflSchG	Pflanzenschutzgesetz
PFOS	Perfluoroctansulfonsäure
PGS	Prostaglandin-Synthetase

PHAH	Poly-Halogenated Aromatic Hydrocarbons, Polyhalogenierte aromatische Kohlenwasserstoffe
PhIP	2-Amino-1-methyl-6-phenylimidazo-(4,5-b)pyridin
PHöchstMengV	Phosphathöchstmengenverordnung
PIC	Prior Informed Consent, vorherige Zustimmung nach Inkenntnissetzung (Rotterdamer Übereinkommen zum internationalen Handel mit bestimmten gefährlichen Chemikalien)
PKC	Proteinkinase C
PLNA	Popliteallymphknotentest
PNEC	Predicted No Effect Concentration
PNS	Peripheres Nervensystem
p.o.	Per os, peroral
POD	1) Peroxidase, 2) Point of Departure, Startpunkt im Messbereich
Polβ	DNA-Polymerase β
POP	Persistent Organic Pollutants, persistente organische Schadstoffe
PPD	*N*-Isopropyl-N′-phenyl-p-phenylendiamin
ppm	Parts per million
PR	Progesteronrezeptor
PRR	Pattern-Recognition-Rezeptor
PS(L)P	Poorly-Soluble, low-toxicity Particles, schwerlösliche, geringgradig toxische Partikel
PXR	Pregnane-X-Receptor
Rb	Retinoblastomprotein
RAC	Risk Assessment Committee, Ausschuss für Risikobewertung der ECHA
REACH	Registration, Evaluation, Authorization and Restriction of Chemicals, Registrierung, Bewertung, Zulassung und Beschränkung von Chemikalien (EU-Chemikalienverordnung)
RGS	Regulator der G-Protein-Signaltransduktion
RMM	Risikominimierungsmaßnahmen
RMO-Analyse	Risk Management Option Analysis
RNA	Ribonukleinsäure
ROAT	Repeated Open Application Test
ROS	Reactive Oxygen Species, reaktive Sauerstoffspezies
RPA	Replication Protein A
RR	Relatives Risiko
rSNP	Regulatory SNP
RTK	Rezeptortyrosinkinase
SAF	Sensitisation Assessment Factor
s.c.	Subkutan

SCCS	Scientific Committee on Consumer Safety, Wissenschaftlicher Ausschuss für Verbrauchersicherheit bei der EU-Kommission
SCE	Sister Chromatid Exchange, Schwesterchromatidaustausch
SCOEL	Scientific Committee on Occupational Exposure Limits, Wissenschaftlicher Ausschuss für Grenzwerte am Arbeitsplatz bei der EU-Kommission
SEAC	Committee for Socio-Economic Analysis, Ausschuss für sozioökonomische Bewertung der ECHA
SERM	Spezifische Östrogenrezeptormodulatoren
SHBG	Steroidhormonbindendes Globulin
SI	1. Standardisierte Inzidenz, 2. Stimulationsindex
SIEF	Substance Information Exchange Forum (Konsortium zur gemeinsamen Registrierung von Chemikalien unter REACH)
α-SMA	α-Smooth Muscle Actin
SMR	Standardmortalitätsrate
SNP	Single Nucleotid Polymorphism, Einzelnukleotidpolymorphismen
SPE	Pyrogene Streptokokken-Exotoxine
SPES	Swedish Performance Evaluation System
SR	Steroidrezeptor
srSNP	Structural RNA SNP
SSD	Species Sensitivity Distribution
SULT	Sulfotransferase
ST	Sulfotransferase
StAR Protein	Steroidogenic Acute Regulatory Protein
StrVG	Strahlenschutzvorsorgegesetz
2,4,5-T	2,4,5-Trichlorphenoxyessigsäure
T3	Triiodthyrosin
T4	Tetraiodthyrosin
TB	Tracheobronchial
TBG	Thyroxin-bindendes Globulin
TCDD	2,3,7,8-Tetrachlordibenzo-p-dioxin
TCDF	2,3,7,8-Tetrachlordibenzofuran
TCR	1. T-Cell Receptor, T-Zellrezeptor, 2. Transcription-Coupled Repair, transkriptionsgekoppelte Reparatur
TDI	Toluylendiisocyanat
TE	Toxizitätsäquivalent
TEF	Toxicity Equivalency Factor, Toxizitätsäquivalentfaktor
TEQ	Toxizitätsäquivalent
TETRAC	Tetraiodthyreoessigsäure
TFT	Trifluorthymidin
TG	1. 6-Thioguanin, 2. Thyreoglobulin, 3. Test Guideline, Prüfrichtlinie

TGF	Transforming Growth Factor, transformierender Wachstumsfaktor
TIMES-SS	Tissue Metabolism Simulator for Skin Sensitization
TK	Thymidinkinase
TME	Terrestrisches Modellökosystem
TMR	Test Method Regulation
TNF	Tumornekrosefaktor
TOPKAT	Toxicity Prediction Komputer-Assisted Technology
TPA	12-O-Tetradecanoylphorbol-13-acetat
TPO	Thyreoperoxidase
TR	Thyroid hormone Receptor
TRGS	Technische Regeln für Gefahrstoffe
TRH	Thyrotropin-Releasing Hormone
TRIAC	Triiodthyreoessigsäure
TRK	Technische Richtkonzentration
TSH	Thyroid-Stimulating Hormone
TTC	Threshold of Toxicological Concern
UBA	Umweltbundesamt
UDP	Uridindiphosphat
UDPG	Uridindiphosphatglucose
UDPGT	UDP-Glucuronosyltransferase
UGT	UDP-Glucuronosyltransferase
UN	United Nations, Vereinte Nationen
UNECE	United Nations Economic Commission for Europe, Wirtschaftskommission für Europa der Vereinten Nationen
UNEP	United Nations Environmental Programme, Umweltprogramm der Vereinten Nationen
UNG	Uracil-*N*-Glykosylase
UPDRS	Unified Parkinson's Disease Rating Scale
UROD	Uroporphyrinogen-Decarboxylase
UTP	Uridintriphosphat
UR	Unit Risk (Einheitsrisiko)
VICH	International Cooperation on Harmonisation of Technical Requirements for Registration of Veterinary Medicinal Products
VLDL	Very Low Density Lipoprotein
VOC	Volatile Organic Compounds, flüchtige organische Verbindungen
WHG	Wasserhaushaltsgesetz
WHO	World Health Organization, Weltgesundheitsorganisation
WRMG	Wasch- und Reinigungsmittelgesetz
XO	Xanthinoxidase
XP	Xeroderma Pigmentosum
ZNS	Zentralnervensystem

Teil I
Grundlagen

1
Einführung

H. Greim

1.1
Einleitung

> Alle Dinge sind Gift, und nichts ist ohne Gift; allein die Dosis macht, dass ein Ding kein Gift sei (Dosis facit venenum).
>
> *Paracelsus 1493–1541*

Die Toxikologie ist die Wissenschaft zur Identifizierung und Bewertung toxischer Eigenschaften von Stoffen und der Beschreibung des gesundheitlichen Risikos einer Exposition. Das betrifft Industriechemikalien, Chemikalien in der Umwelt oder Nahrung, im Trinkwasser, in Innenräumen, Arzneimittel, Pflanzenschutzmittel, natürlich vorkommende Chemikalien usw. Damit hat die Toxikologie einen qualitativen und quantitativen Aspekt, der die Exposition berücksichtigt.

Nach dem Paradigma von Paracelsus gilt, dass Wirkungen und ihre Intensität dosisabhängig sind und mit toxischen Wirkungen zu rechnen ist, wenn die Chemikalien oder ihre Metaboliten in ausreichender Menge und über einen ausreichenden Zeitraum in den für die Toxizität empfindlichen Zielorganen vorliegen. Dies wird durch die verschiedensten Faktoren beeinflusst. Um die Gesundheitsgefährlichkeit einer Chemikalie abschätzen zu können, müssen daher neben den toxischen Wirkungen die zugrunde liegenden Mechanismen, der Expositionsweg, die Toxikokinetik, die Expositionshöhe und -dauer, die Dosis-Wirkungs-Beziehung und die Empfindlichkeit der exponierten Personen ermittelt und berücksichtigt werden.

Die Bewertung der Gesundheitsgefährlichkeit von Chemikalien erfordert damit die folgenden Informationen:

1. Kenntnis der gefährlichen Stoffeigenschaften (Hazard Identification),
2. Dosis-Wirkungs-Beziehung mit der Information, bei welcher Expositionshöhe die Wirkungen nicht vorhanden sind bzw. auftreten,

Das Toxikologiebuch, 1. Auflage. Helmut Greim (Hrsg.).

3. Expositionsabschätzung, d. h. Konzentration des Stoffes in den Expositionswegen wie Luft, Trinkwasser oder Nahrungsmittel als sog. äußere Exposition sowie Konzentrationen im Blut oder Urin als innere Exposition,
4. Risikobeschreibung, bei der die Informationen über die gefährlichen Stoffeigenschaften, die Dosis-Wirkungs-Beziehung und die Expositionshöhe in Beziehung gesetzt werden auch unter Berücksichtigung empfindlicher Personengruppen (Risk Assessment).

Die Ergebnisse der einzelnen Schritte müssen dokumentiert werden, vorzugsweise in Fachzeitschriften, die die eingereichten Manuskripte von Fachgutachtern überprüfen lassen. Viele, insbesondere von der Industrie durchgeführten Untersuchungen sind allerdings vertraulich und werden nur den Behörden vorgelegt.

Eine wichtige Aufgabe der Toxikologie ist die *Risikokommunikation*, d. h. die Information der Öffentlichkeit über bestehende oder nicht bestehende Risiken. Durch die ständig verbesserte Enpfindlichkeit analytischer Verfahren lassen sich Chemikalien in geringsten Konzentrationen z. B. in Lebensmitteln nachweisen. Daher ist die Vermittlung des toxikologischen Grundprinzips entscheidend, dass nicht allein schon das Vorhandensein einer Chemikalie ein gesundheitliches Risiko darstellt, sondern die Konzentration und aufgenommene Menge pro Zeiteinheit das Risiko bestimmt.

1.2 Die Komponenten der Risikoabschätzung

1.2.1 Kenntnis der gefährlichen Stoffeigenschaften (*Hazard Identification*)

Die Kenntnis toxischer Wirkungen und Wirkungsmechanismen dient der Charakterisierung der gefährlichen Eigenschaften eines Stoffes. Dabei ist es für die Abschätzung des Risikos entscheidend, ob eine reversible oder irreversible Wirkung vorliegt. Bei Stoffen mit reversibler Wirkung besteht bei einer Exposition unterhalb einer Schwellendosis kein Risiko, während zumindest in der regulatorischen Toxikologie nach wie vor davon ausgegangen wird, dass bei den irreversibel wirkenden Stoffen wie genotoxischen Kanzerogenen jede Exposition mit einem bestimmten Risiko verbunden ist.

Abhängig von Reaktivität, Löslichkeit oder Metabolisierung können Chemikalien oder ihre Metaboliten eine Vielzahl toxischer Wirkungen auslösen. Lokale Wirkung wie Haut- oder Schleimhautreizung ist zu erwarten, wenn eine reaktive Substanz mit der Haut oder der Schleimhaut des Auges, des Magen-Darm-Traktes oder der Atemwege in Kontakt kommt. Die meisten Stoffe wirken jedoch systemisch. Voraussetzung dafür ist die Resorption, d. h. die Aufnahme in den Organismus, z. B. aus dem Magen-Darm-Trakt, aus der Atemluft oder durch die Haut, und die Verteilung im Organismus hin zum Zielorgan. Die Vielzahl der möglichen toxischen Wirkungen wird in den folgenden Kapiteln ausführlich dargestellt. Sie lassen sich unterscheiden in akute Wirkungen nach kurzer Exposition und chronische Wirkungen bei wiederholtem, häufig langzeitigem Kontakt mit einem oder mehreren Stoffen. Akute Wirkungen betreffen zumeist Vergiftungen durch gewolltes oder ungewolltes (akzidentelles) Verschlucken, Einatmen oder Hautkontakt mit großen Mengen eines Stoffes. Chronische Wirkungen können einerseits auftreten, wenn es bei einem Unfall zu hoher Exposition gegen einen Stoff gekommen ist, der wie 2,3,7,8-Tetrachlordibenzo-*p*-dioxin nur sehr langsam wieder aus dem Organismus ausgeschieden wird. Andererseits kann es z. B. bei Sniffern, die regelmäßig Hexan inhalieren, zu langanhaltenden Schäden peripherer Nerven kommen. Hier bestimmt nicht die Verweildauer der Chemikalie im Organismus die Toxizität, sondern die Irreversibilität des Schadens. Eine weitere mögliche Ursache für das Auftreten chronischer Wirkungen ist die langdauernde Exposition gegenüber Stoffen, die sich im Körper anreichern. Eine andere Wirkung sind allergische Reaktionen. Sie können bereits bei sehr geringen Mengen eines Stoffes ausgelöst werden, wenn der Organismus vorher zumeist durch höhere Expositionen sensibilisiert worden ist. Von besonderer Bedeutung sind krebserzeugende Wirkungen, insbesondere wenn sie durch Stoffe ausgelöst werden, die das genetische System irreversibel verändern (vgl. Kapitel 7).

Histopathologische und biochemische Veränderungen in den kritischen Organen sind zumindest in Tierversuchen nach wie vor die wichtigsten Verfahren zum Nachweis von Toxizität. Dazu kommen substanzspezifische chemisch-analytische und molekularbiologische Verfahren, toxikokinetische Untersuchungen sowie die verschiedenen „omics“, die zum Verständnis des toxischen Wirkmechanismus, von Speziesunterschieden, individuellen Empfindlichkeiten sowie möglicher Unterschiede der Reaktion des Organismus bei hoher und niedriger Exposition beitragen.

1.2.2 Reversibilität-Irreversibilität

> Für Stoffe, die reversible Schäden auslösen, lassen sich unwirksame Konzentrationen bzw. Dosen festlegen, während für irreversible, u. a. genotoxische Wirkungen, die bei jeder Exposition zu einer bleibenden Veränderung führen, zumindest aus regulatorischer Sicht jede Exposition mit einem bestimmten Risiko verbunden ist.

Von besonderer Bedeutung ist die Reversibilität der Wirkung. Sie ist abhängig von der Regenerationsfähigkeit der Zellen und subzellulären Strukturen, die betroffen sind. So besitzen Epithelien des Darms eine hohe Regenerationsfähigkeit. Diese beruht darauf, dass sich die nicht geschädigten Zellen rasch teilen können und damit abgetötete Zellen ersetzen. Der Schaden wird also beseitigt, die Wirkung ist reversibel. Dagegen verlieren die hochspezialisierten Zellen des Nervensystems im Verlauf der fetalen Entwicklung die Fähigkeit sich zu teilen. Abgestorbene Nervenzellen werden daher beim Erwachsenen nicht wieder ersetzt und ein Schaden bleibt bestehen.

Mutagene, teratogene und kanzerogene Wirkungen von Stoffen, die auf einer Interaktion mit der DNA beruhen – sie werden als genotoxisch bezeichnet – werden ebenfalls als irreversibel angesehen. Der DNA-Schaden wird zwar durch spezielle Enzyme repariert, wie alle enzymatischen Reaktionen ist der Reparaturvorgang jedoch zeitabhängig und nie vollständig. Wiederholte Expositionen gegenüber genotoxischen Stoffen können daher zu einer Akkumulation von DNA-Schäden führen, mit der Konsequenz, dass in Abhängigkeit von Expositionshöhe, Expositionsdauer und Lebensdauer der betroffenen Zelle es zu Mutationen und Kanzerogenität kommt. Nach neueren Erkenntnissen kann aber auch bei diesen Wirkungen davon ausgegangen werden, dass von einer Dosis ohne Wirkung ausgegangen werden kann (vgl. Kapitel 8) und sich damit auch für genotoxische Kanzerogene ein NOAEL (No Observable Adverse Effect Level) ableiten lässt.

1.2.3 Dosis-Wirkungs-Beziehungen

Einsetzen und Intensität einer toxischen Wirkung sind abhängig von der Dosis, eine grundlegende Erkenntnis, die Paracelsus bereits Anfang des 16. Jahrhunderts formuliert hat und damit das generell gültige Konzept einer Wirkungsschwelle beschreibt, das nach wie vor gilt.

Die *Dosis* wird in der Toxikologie zumeist als Menge pro Kilogramm Körpergewicht (KG) und Tag angegeben. Man unterscheidet dabei die Menge, die zur Exposition kommt, von der tatsächlich vom Organismus aufgenommenen Menge. Je nach Expositionsweg kann letztere sehr unterschiedlich sein, da sie von der Resorptionsrate abhängt. So wird in der Atemluft enthaltenes Cadmium zu etwa 50 % aufgenommen, das in der Nahrung vorhandene zu weniger als 10 %. Ein weiterer mit der Dosis zusammenhängender Begriff ist die target dose, d. h. die pro Zeiteinheit im kritischen Organ des exponierten Organismus vorhandene Menge eines Stoffes bzw. seiner toxischen Metaboliten.

Die *Dosis-Wirkungs-Beziehung* beschreibt die Stärke der biologischen Wirkung eines Stoffes in Abhängigkeit von der Menge, die im Tierversuch oder beim Menschen zur Exposition gekommen ist. Dem Verlauf der Dosis-Wirkungs-Beziehung entsprechend treten bei sehr niedriger Dosis keine Wirkungen auf, von einer bestimmten Dosis ab beginnen die Wirkungen, die dann dosisabhängig zunehmen und schließlich einen Maximalwert erreichen. Dies bedeutet, dass unterhalb einer bestimmten Dosis keine toxischen Wirkungen auftreten und oberhalb der Maximaldosis die Wirkungen nicht mehr zunehmen. Die Dosis knapp unterhalb der Wirkungsschwelle wird als Dosis ohne erkennbare schädliche Wirkung (NOAEL)

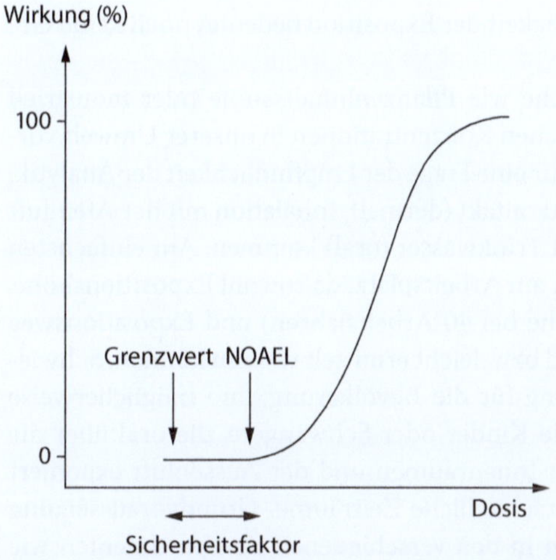

Abb. 1.1 S-förmiger Verlauf der Dosis-Wirkungs-Kurve. Wichtige Informationen sind die Steilheit der Kurve und der *no observable adverse effect level* (NOAEL) für die Ableitung eines Grenzwertes, wieweit eine zu bewertende Exposition von diesem Wert entfernt ist.

bezeichnet. Dieser für eine toxikologische Bewertung eines Stoffes sehr wichtige Wert wird im Tierversuch bestimmt oder aus Erfahrungen beim Menschen abgeleitet.

Die Dosis-Wirkungs-Beziehung kann unterschiedlich steil verlaufen, stellt sich aber immer in einer S-förmigen Kurve dar (Abb. 1.1). Je nach Steilheit der Kurve und dem Ausmaß der toxischen Wirkungen bei einer bestimmten Dosis kann eine Verdoppelung der Dosis unterschiedliche Folgen haben: Bei sehr flach verlaufenden Dosis-Wirkungs-Kurven kommt es zu einer geringen Wirkungsverstärkung, bei steil verlaufender Kurve kann sich die Wirkung mehr als verdoppeln. Keine Wirkung ist bei einer hundertfachen Dosiserhöhung zu erwarten, wenn die Ausgangsdosis 1000-fach unter der Wirkungsschwelle liegt.

1.2.4 Abschätzung der Exposition

Da Toxizität abhängig ist von der Exposition, ist die Kenntnis über Höhe und Dauer der Exposition ein integraler Bestandteil der Beschreibung eines Risikos, d. h. der Gesundheitsgefährlichkeit eines Schadstoffes. Exposition beschreibt die Menge eines Stoffes, dem eine Population oder ein Individuum ausgesetzt ist, und wird zumeist definiert in mg einer Chemikalie pro kg Körpergewicht pro Tag.

Die Kenntnis der Dosis, d. h. der Konzentration einer Chemikalie oder eines anderen Schadstoffes, der ein Individuum oder eine bestimmte Gruppe der Bevölkerung pro Zeiteinheit ausgesetzt ist, ist ein essenzieller Bestandteil der Risikoabschätzung, denn allein das Vorhandensein einer toxischen Chemikalie ohne Angaben zur Konzentration und Häufigkeit der Exposition bedeutet noch keine Gesundheitsgefährdung.

Chemikalien – seien es natürliche wie Pflanzeninhaltsstoffe oder industriell hergestellte – sind in unterschiedlichen Konzentrationen in unserer Umwelt vorhanden. Ihr Nachweis ist zumeist nur eine Frage der Empfindlichkeit der Analytik. Zur Exposition kann es durch Hautkontakt (dermal), Inhalation mit der Atemluft (inhalativ) oder über Nahrung und Trinkwasser (oral) kommen. Am einfachsten ist die Abschätzung der Exposition am Arbeitsplatz, da sowohl Expositionshöhe, Dauer (8 h pro Tag, 40 h pro Woche bei 40 Arbeitsjahren) und Expositionsweg (inhalativ und dermal) bekannt sind bzw. leicht ermittelt werden können. Schwieriger ist die Expositionsabschätzung für die Bevölkerung, ihre möglicherweise empfindlicheren Untergruppen wie Kinder oder Schwangere, die oral über die Nahrung, dermal oder inhalativ in Innenräumen und der Aussenluft exponiert sein können – und das über unterschiedliche Zeiträume. Grundvoraussetzung ist die Kenntnis der Konzentration in den verschiedenen Kompartimenten wie Nahrung oder Atemluft. Weiterhin sind erforderlich Informationen zur Häufigkeit der Exposition und ihrer jeweiligen Dauer. Kinder sind wie Erwachsene über die Nahrung, Atemluft aber auch dermal exponiert. Dazu kommen Spielsachen, die über Mund- oder Hautkontakt zur Exposition beitragen wie auch der sogenannte Hand-zu-Mund-Kontakt gegenüber Hausstaub beim Krabbeln oder In-den-Mund-Stecken von Gegenständen und Erde beim Spielen im Freien. Wegen der vielen zu berücksichtigenden Parameter sind präzise Angaben zur Exposition kaum möglich, sodass zumeist vom ungünstigsten Fall ausgegangen wird und damit die Expostion häufig überschätzt wird. Präzise Daten zur Freisetzung von Schadstoffen aus Spielzeug oder Gegenständen, mit denen z. B. Kleinkinder in Kontakt kommen, lassen sich durch sogenannte Migrationsstudien ermitteln. Dabei wird die Freisetzung der Substanzen aus dem untersuchten Material pro Zeiteinheit und Oberfläche ermittelt. Indem man davon ausgeht, dass ein Kind den Gegenstand täglich 1 h lang in den Mund steckt, lässt sich zumindest die äußere Exposition bestimmen und unter Berücksichtigung der Resorptionsraten auch die innere Exposition abschätzen.

Die Unterscheidung zwischen äußerer und innerer Exposition ist insofern wichtig, als die äußere Exposition ja nur die Konzentration der Substanzen in den einzelnen Kompartimenten wie Nahrung oder Luft angibt, dies aber zumindest keine präzise Aussage über die tatsächliche Belastung des Organismus bedeutet. So wurde in Wohnungen, in denen der Hausstaub hoch mit polyzyklischen aromatischen Kohlenwasserstoffen (PAK) belastet war, abgeschätzt, dass Krabbelkinder durch Hand-zu-Mund-Kontakt und Verschlucken des Staubes hoch belastet sein müssen. Die Bestimmung der PAK im Urin der Kinder im Rahmen einer Biomonitoringstudie hat jedoch ergeben, dass die Konzentrationen im Vergleich zu nicht exponierten Kindern nicht erhöht waren. Diese Diskrepanz lässt sich mit einer Überschätzung der verschluckte Staubmenge, der Häufigkeit des Kontaktes und der Resorption der PAK aus dem Magen-Darm-Trakt erklären.

Damit ist das sogenannte **Biomonitoring** (vgl. Kapitel 26), d. h. der Nachweis der Substanz oder ihrer Metaboliten im Organismus, im Urin oder der ausgeatmeten Luft das verlässlichste Verfahren, um die tatsächliche Exposition eines Individuums oder einer Bevölkerungsgruppe zu ermitteln. Denn wie in dem Technical Guidance Document der ECHA dargestellt, hat Biomonitoring die folgenden Vorteile:

- Es wird die gesamte Exposition über alle möglichen Aufnahmewege und Quellen berücksichtigt (Aggregate Exposure).
- Es erfasst die tatsächliche innere Exposition zur Zeit der Untersuchung, wie sie durch Resorption, Metabolisierung, Verteilung und Ausscheidung gegeben ist.
- Sie ermöglicht die Abschätzung der Target Dose, d. h. die Konzentration am empfindlichen Organ.

Voraussetzung für eine Risikoabschätzung, d. h. die Bewertung, ob die ermittelten Konzentrationen ein gesundheitliches Risiko darstellen, ist, dass auch für die innere Exposition die Dosis-Wirkungs-Beziehung bekannt ist und ein NOAEL abgeleitet werden kann.

Für eine Risikoabschätzung einer Substanz muss immer die gesamte Exposition ermittelt werden, d. h. die Exposition über die verschiedenen Aufnahmewege und alle Quellen (**Aggregate Exposure**). Dagegen ist **Cumulative Exposure** die gesamte Wirkung ähnlich wirkender toxischer Stoffe wie die gleichzeitige Anwesenheit von Ozon, NO_x und anderen oxidierenden Substanzen in der Atemluft, die zu oxidativem Stress führen können.

Noch schwieriger wird es, wenn Gemische vorliegen und die additive Wirkung der einzelnen Komponenten abzuschätzen ist.

1.2.5
Ermittlung des Risikos (*Risk Assessment*)

Das Risiko beschreibt die Wahrscheinlichkeit des Eintritts eines Schadens bei einer gegebenen Exposition. Die Risikoermittlung ist die quantitative Bestimmung der möglichen Gesundheitsgefährdung durch einen Stoff oder eines Stoffgemisches in Abhängigkeit von Wirkungsintensität, Expositionsdauer und Expositionshöhe.

Für die Abschätzung des gesundheitlichen Risikos einer Exposition wird die Exposition mit dem NOAEL verglichen, um den Abstand zwischen Exposition und dem NOAEL oder soweit vorhanden dem entsprechenden Grenzwert festzustellen. Je größer der Abstand zwischen dem aus Tierversuchen ermittelten NOAEL oder einem Grenzwert und der Exposition ist, desto unwahrscheinlicher ist ein Zusammenhang zwischen Exposition und dem Auftreten einer gesundheitlichen Störung. Im Allgemeinen wird davon ausgegangen, dass bei Substanzen mit reversibler Wirkung und einem Sicherheitsabstand (MOS: Margin of Safety) von 100 zwischen NOAEL und Exposition auch unter der Voraussetzung, dass innerhalb der Bevölkerung unterschiedliche Empfindlichkeiten bestehen, keine schädliche Wirkung zu erwarten ist. Dieser Sicherheitsabstand wird auch zur Festlegung des ADI-Wertes (Acceptable Daily Intake; duldbare tägliche Aufnahme) herangezogen, von dem wiederum die regulatorische Toxikologie z. B. Höchstmengen von Pflanzenschutzmitteln in Nahrungsmitteln ableitet.

Hinweise auf eine erhöhte Belastung ergibt auch der Vergleich einer gegebenen Exposition mit der sogenannten Hintergrundbelastung, d. h. der üblichen Belastung der Bevölkerung gegenüber einem Stoff. Herangezogen werden z. B. die üblicherweise vorhandenen Konzentrationen eines Stoffes in einem Umweltmedium wie Umgebungsluft, Luft in Innenräumen, im Boden, Hausstaub oder die durch Biomonitoring ermittelten sogenannten Referenzwerte, die einen Hinweis auf die übliche Exposition der Bevölkerung geben. Bei Überschreitungen solcher Werte wird dann eine Abschätzung des gesundheitlichen Risikos vorgenommen.

Die Risikoabschätzung für krebserzeugende Substanzen, die über einen genotoxischen Mechanismus wirken, ist sehr viel schwieriger, da für solche Wirkungen nach wie vor kein NOAEL abgeleitet wird. Hier wird zumeist linear von den zumeist sehr hohen, im Tierversuch verwendeten Dosen oder der abgeschätzten Exposition bei epidemiologischen Studien auf die zu bewertende Exposition extrapoliert (vgl. Kapitel 31). Das so ermittelte Risiko einer Exposition lässt sich dann mit anderen Risiken vergleichen.

Eine andere Vorgehensweise ist die Identifizierung des im Tierversuch ermittelten NOAEL der krebserzeugenden Wirkung, um dann anhand eines Sicherheitsfaktors von 1000 oder 10 000 einen Expositionwert abzuleiten, der mit einer gegebenen Exposition einer Bevölkerungsgruppe, am Arbeitsplatz oder mit der sogenannten Hintergrundbelastung, d. h. der üblichen Belastung der Bevölkerung, verglichen wird. Mit diesem „Margin of Exposure“ (MOE) wird zwar keine Aussage zum Risiko gemacht, die Information kann jedoch zur Prioritätensetzung von Maßnahmen verwendet werden. Je geringer der MOE, d. h. der Abstand zwischen NOAEL und Exposition, desto höher ist die Priorität für Maßnahmen zur Risikominderung. In anderen Fällen wird als Orientierungswert die TD_{25} ermittelt, d. h. diejenige Dosis, die im Tierversuch bei 25 % der behandelten Tiere Tumoren ausgelöst hat. Eine weitere Möglichkeit ist die Berechnung einer Benchmark-Dosis. Diese ergibt sich aus der Extrapolation der Dosis-Wirkungs-Beziehung der Tumorinzidenzen auf einen Wert von z. B. 0,1 oder 0,01.

Die Bewertung von Kombinationswirkungen wird in Kapitel 6 dargestellt.

Nicht allein schon das Vorhandensein einer Chemikalie stellt ein Gesundheitsrisiko dar, sondern es hängt von der Expositionshöhe ab, ob ein Risiko für Mensch und Umwelt gegeben ist. Dieser Zusammenhang zwischen gefährlichen Eigenschaften einer Chemikalie, der Dosis-Wirkungs-Beziehung und der Expositionshöhe ist tierexperimentell oder durch Erfahrung an Personen, die an Arbeitsplätzen bei akuten oder chronischen Vergiftungen exponiert waren, eindeutig belegt. Dies ist internationaler Sachstand, in den deutschen und ausländischen Lehrbüchern ausführlich beschrieben und z. B. in den *Technical Guidance Documents* der Europäischen Chemikalienbehörde (ECHA Europa) für die Risikoabschätzung von Chemikalien bindend festgelegt. Alle Behauptungen, dass dieser Grundsatz für bestimmte Wirkungen nicht gilt, sind wissenschaftlich nicht begründbar.

1.3 Ermittlung des Risikos versus Risikomanagement

Die Charakterisierung des Risikos einer Exposition gegenüber Chemikalien, Strahlen, Nahrungsmitteln oder Mikroorganismen wird durch naturwissenschaftliche Kriterien bestimmt. Sozioökonomische oder gesellschaftspolitische Gesichtspunkte sowie regulatorische Konsequenzen sollten dabei nicht berücksichtigt werden. Sie unterliegen anderen Kriterien und gehören in den Bereich des Risikomanagements. Diese Differenzierung zwischen Risikocharakterisierung und Risikomanagement wird auch im sogenannten von Wedel-Gutachten gefordert, das eine Empfehlung des Rates der Sachverständigen für Umweltfragen (SRU) aufgreift, der bereits 1996 eine Trennung der von naturwissenschaftlichen Kriterien bestimmten Aufgaben der Risikobewertung und denen des Risikomanagements gefordert hat.

Vorschläge zur Festlegung von Grenzwerten oder gesundheitliche Bewertungen bestimmter Expositionen können sowohl von der Industrie, Universitäten, Forschungsinstituten, einzelnen Sachverständigen oder von den zuständigen Behörden vorgelegt werden. Wegen der unterschiedlichen Interessanlagen, z. B. von Industrie und Behörden, sind Differenzen in der Bewertung der Datenlage und der sich daraus ergebenden Schlussfolgerungen unvermeidlich. Daher werden häufig Gremien aus unabhängigen Sachverständigen mit der Erarbeitung entsprechender Vorschläge beauftragt. Der Vorteil von multidisziplinär zusammengesetzten Gremien aus ad personam berufenen Sachverständigen besteht darin, dass eine wissenschaftliche Diskussion unter Experten verschiedener Fachrichtungen geführt wird. Sogenannte Consultants oder Auftragsinstitute bieten diese Voraussetzungen weniger, und sie sind allein schon wegen ihrer finanziellen Abhängigkeit vom jeweiligen Auftraggeber nicht unabhängig. Daher wurden z. B. für die Bewertung gesundheitsschädlicher Arbeitsstoffe, von Pflanzenschutzmitteln oder Arzneimitteln Gremien unabhängiger Wissenschaftler (Arbeitsstoffkommission, auch MAK-Kommission genannt, Sachverständigenausschuss für Pflanzenschutzmittel, Arzneimittelkommission) eingerichtet, welche die Bewertung der Datenlage vornehmen und gegebenenfalls Regulierungsvorschläge erarbeiten.

Die strikte Trennung zwischen Ermittlung des Risikos und Risikomanagement stellt an die Disziplin der jeweils Beteiligten nicht immer bequeme Anforderungen. So sollten sich die Risikoermittler nicht darüber beklagen, wenn das Risikomanagement zu anderen Folgerungen kommt als vorgeschlagen. Voraussetzung ist dabei jedoch, dass die abweichende Entscheidung mit anderen als naturwissenschaftlichen Kriterien wie sozioökonomischen Gesichtspunkten oder politischen Vorgaben begründet wird. Andererseits sollte heftig protestiert werden, wenn das Risikomanagement die naturwissenschaftlich basierten Vorschläge bewusst oder unbewusst anders interpretiert und unter Berufung auf die Risikoermittler zu Entscheidungen kommt, die weder durch die toxikologische Bewertung abgedeckt sind noch sich daraus ableiten lassen.

1.4
Ermittlung der gefährlichen Stoffeigenschaften

Unabhängig von der Anwendung oder dem Vorkommen eines Stoffes sind für die Ermittlung der gefährlichen Stoffeigenschaften möglichst viele der aufgelisteten Informationen aus Tierversuchen und beim Menschen erforderlich:

- akute, subchronische und chronische Toxizität,
- Haut- und Schleimhautreizung und Fototoxizität,
- Sensibilisierung und Fotosensibilisierung,
- Genotoxizität (*in vitro* und *in vivo*),
- Kanzerogenität,
- Reproduktionstoxizität,
- Toxikokinetik,
- Wirkungsmechanismen.

Für die meisten dieser Untersuchungen gibt es klare Empfehlungen, die in Teil III, *Toxikologische Prüfverfahren*, dargestellt sind. Damit soll erreicht werden, dass die Studien die erforderliche Qualität haben und auch miteinander verglichen werden können.

In allen Fällen ist die Dosis-Wirkungs-Beziehung zu ermitteln, um die Steilheit der Dosis-Wirkungs-Kurve, die Dosis ohne adverse Wirkung (no observed adverse effect level, NOAEL) und die niedrigste Dosis mit adverser Wirkung (lowest observed adverse effect level, LOAEL) zu bestimmen.

1.4.1
Akute Toxizität, subchronische und chronische Toxizität

Untersuchungen zur Ermittlung der akuten Toxizität sollen die letale Dosis nach einmaliger oraler oder dermaler Applikation ansteigender Dosen ermitteln. Die Tiere werden für ein bis zwei Wochen beobachtet, um sofortige oder verzögerte Wirkungen zu erfassen.

Nach Ermittlung der LD_{50}, d. h. der Dosis, bei der die Hälfte der Versuchstiere stirbt, werden Untersuchungen mit wiederholter Dosierung durchgeführt, zumeist an Ratten und Mäusen, je nach Fragestellung auch an Hunden oder Rhesusaffen. Dabei wird die zu untersuchende Substanz täglich im Futter, Trinkwasser oder per Gavage (Schlundsonde) appliziert, dermal oder im Inhalationsversuch. Als Versuchsdauer sind 28 (subakut) oder 90 Tage (subchronisch) üblich oder bei Kanzerogenitätsversuchen an Nagetieren zwei Jahre (chronisch) mit und ohne Nachbeobachtung. Während des Versuches werden jegliche Veränderungen der Tiere dokumentiert, bei Versuchsende die Tiere getötet und alle Organe makroskopisch und histopathologisch untersucht. Dazu kommen je nach Fragestellung biochemische und wirkungsmechanistische Untersuchungen.

Üblicherweise wird neben einer Kontrollgruppe die Testsubstanz in mindestens drei Dosierungen appliziert, wobei die niedrigste Dosis ohne Wirkung bleiben und damit den NOAEL ergeben soll, die mittlere Dosis den LOAEL und die höchste Dosis die sogenannte Maximal Tolerated Dose (MTD). Diese Dosis soll bei den Versuchstieren am Versuchsende leichte toxische Wirkungen zeigen, z. B. eine Verminderung des Körpergewichts um 10 % im Vergleich zur Kontrollgruppe. Die MTD soll nachweisen, dass ausreichend hoch dosiert worden ist und die verwendeten Versuchstiere geeignet sind, eine toxische Wirkung nachzuweisen. Das Problem mit der MTD ist jedoch, dass es sich um eine hohe Dosierung handelt, die zumeist weit über der möglichen Exposition des Menschen liegt. Sie kann zur Sättigung von Enzymen und damit Störungen der Entgiftung oder der DNA-Reparatur führen, die bei niedriger Exposition nicht gegeben sind. Daher ist die Bewertung der Relevanz dieser Befunde für den Menschen eine besondere Herausforderung.

1.4.2 Haut- und Schleimhautreizung und Fototoxizität

Diese Studien, die zumeist an Kaninchen durchgeführt werden, sollen haut- und schleimhautreizende einschließlich nekrotisierende Wirkungen erfassen. Diese Untersuchungen einschließlich der auf Augenreizung werden zunehmend durch Alternativverfahren ersetzt. Tests auf Fototoxizität werden durchgeführt, wenn die Substanz UV-Licht im Bereich von 290–400 nm absorbiert. Auch für diese Tests sind Alternativverfahren ausgearbeitet und validiert worden.

1.4.3 Sensibilisierung und Fotosensibilisierung

Diese Untersuchungen werden an Meerschweinchen (Bühler und Maximierungstest) oder an Mäusen mit dem Local Lymph Node Assay (LLNA) durchgeführt. Dem LLNA wird zwar abgesprochen, dass er sich für die Abschätzung der Stärke einer sensibilisierenden Eigenschaft für den Menschen eignet, er wird aber als Nachweis einer sensibilisierenden Eigenschaft akzeptiert und zum Vergleich der Wirkungsstärken der getesteten Substanzen herangezogen. Aufgrund dieser Einschränkungen wird für die endgültige Abklärung einer sensibilisierenden Wirkung ein Patch-Test beim Menschen gefordert. Zunehmend werden auch Verfahren zum Nachweis von Antikörpern gegen die sensibilisierende Substanz eingesetzt.

Die Fotosensibilisierung wird geprüft, indem in Analogie zur Fototoxizität die Haut mit UV-Licht bestrahlt wird.

1.4.4 Genotoxizität (*in vitro* und *in vivo*)

Zur Prüfung auf Genotoxizität werden zunächst *in vitro* ein Mutationstest an Bakterien (zumeist Salmonellen) und ein Zytogenetiktests an Säugetieren durchgeführt (siehe Kapitel 23). Der Mikronukleustest erlaubt Hinweise auf aneugene und klastogene Wirkung. Sind die Tests an Bakterien und Säugetierzellen negativ und liegen keine strukturellen Hinweise auf Genotoxizität vor, wird davon ausgegangen, dass die Substanz nicht genotoxisch ist. In Zweifelsfällen und bei positiven *In-vitro*-Tests werden die Ergebnisse an entsprechenden *In-vivo*-Tests überprüft (siehe Kapitel 24).

1.4.5
Kanzerogenität

Das Studiendesign der Kanzerogenitätstests entspricht dem der chronischen Studien mit der Kontrolle und den drei Dosierungen einschließlich der MTD, aber je 50 männliche und weibliche Tiere – zumeist Ratten oder Mäuse – pro Dosis. Für weitergehende Untersuchungen, z. B. zur Klärung des Wirkmechanismus, werden zusätzliche Tiere eingesetzt, die innerhalb der Versuchsdauer von zwei Jahren für zusätzliche Untersuchungen wie biochemische Veränderungen oder für spezielle Untersuchungen verwendet werden. Es ist sinnvoll Stämme zu verwenden, für die historische Kontrolldaten vorliegen. Dies ist dann von Vorteil, wenn die Daten der Kontrollgruppe des spezifischen Versuchs höher oder niedriger als erwartet sind, und weil die Tumorinzidenzen der Kontrolltiere je nach Stamm sehr unterschiedlich sein können. Da es generell schwierig ist, aus den sogenannten Dosis-Findungs-Studien, d. h. Studien bis zu 90 Tagen, die MTD für die Zweijahresstudie abzuschätzen, kommt es häufig bei der höchsten Dosierung zu erheblichen toxischen Organschäden und vorzeitigem Absterben der Tiere. Wenn die Tumorinzidenzen nur unter solchen Bedingungen erhöht sind, stellt dies eine besondere Herausforderung für die Bewertung der Versuchsergebnisse dar.

1.4.6
Reproduktionstoxizität

Die entsprechenden Untersuchungen sollen die Wirkung der Testsubstanz auf die männliche und weibliche Fertilität und die prä- und postnatale Entwicklung einschließlich der Stillzeit prüfen (Kapitel 9). Da die erforderlichen Tierzahlen für die Ein- oder Mehrgenerationsstudien sehr hoch sind, wird zunehmend versucht, die erforderlichen Daten anhand von Screening-Tests wie dem OECD 421 zu erarbeiten oder mit Tests zur Ermittlung der chronischen Toxizität zu verbinden.

1.4.7
Toxikokinetik

Toxikokinetische Untersuchungen erarbeiten Informationen zur Resorption, Verteilung im Organismus, Metabolisierung und Ausscheidung einer Substanz (Absorption, Distribution, Metabolism and Excretion, ADME; Kapitel 2). Sie sind für die Interpretation der Versuchstierdaten und ihrer Relevanz für den Menschen besonders wichtig, da Speziesunterschiede in der Toxikokinetik vorliegen und es damit zu unterschiedlichen, d. h. speziesabhängigen Wirkungen kommen kann. Wie die sehr vereinfachte Abb. 1.2 zeigt, kann eine Substanz über den Magen-

Darm-Trakt, die Haut oder die Lunge aufgenommen werden, wobei die Resorptionsrate von der Wasserlöslichkeit, der Molekülgröße, der Stabilität, der Expositionsdauer usw. abhängt.

Nach oraler Exposition wird sie, wenn nicht schon in den Epithelzellen der Darmwand metabolisiert, aus dem Magen-Darm-Trakt resorbiert und über die Pfortader zur Leber transportiert. Dort wird sie – je nach strukturellen Eigenschaften – im sogenannten First Path Effect durch Phase-I- und Phase-II-Enzyme metabolisch aktiviert oder inaktiviert. Größere Metaboliten wie Glukuronide mit einem Molekulargewicht (MG) von mehr als 500 Da können über die Gallenwege in den Darm gelangen, werden entweder ausgeschieden oder nach Spaltung des Glukuronids wieder resorbiert (enterohepatische Zirkulation). Aus der Leber treten die Substanzen oder ihre Metaboliten in das Blut über und verteilen sich über den großen Blutkreislauf im Organismus. Wasserlösliche Substanzen werden über die Nieren ausgeschieden, lipophile im Fett abgelagert oder in den Organen – je nach Kapazität – metabolisiert. Reaktive Metaboliten werden mit Organkomponenten reagieren.

Soweit keine Metabolisierung in der Lunge oder der Haut stattfindet, gelangen inhalierte oder dermal aufgenommene Substanzen ohne den „First Path Effect" direkt in das Blut und werden über den Kreislauf verteilt, reagieren mit Organkomponenten und werden dabei je nach physiologischer Bedeutung der Interaktion inaktiviert oder lösen Toxizität aus. Wegen der hohen Perfusionsrate der Leber gelangt ein Teil in die Leber und wird dort effektiv metabolisiert.

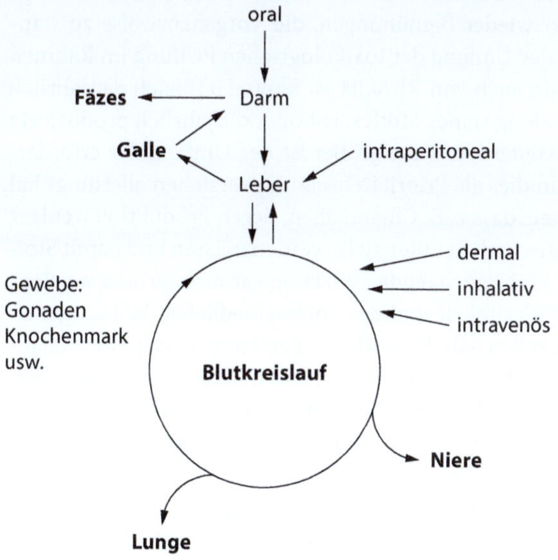

Abb. 1.2 Vereinfachte Darstellung für Aufnahme, Verteilung und Ausscheidung von Stoffen.

1.5
Strategien für die Zusammenstellung von Daten

Die Vorgehensweise bei der Erarbeitung dieser Informationen hängt jedoch davon ab, ob eine

- toxikologische Bewertung neuentwickelter Chemikalien oder
- Bewertung bereits verwendeter Chemikalien (Existing Chemicals)

vorgenommen werden soll. Die unterschiedlichen Vorgehensweisen werden im Folgenden dargestellt.

1.5.1
Experimentelles Vorgehen bei neu entwickelten Substanzen

Die experimentelle Vorgehensweise zur Erarbeitung von Daten zur Risikoermittlung hat sich im Laufe der letzten 50 Jahre nicht grundlegend gewandelt. Zunächst beschränkte man sich auf relativ kurzzeitige Tierversuche, zu denen später Langzeitversuche hinzukamen und die durch zusätzliche Prüfverfahren, z. B. zur Erfassung reproduktionstoxischer Eigenschaften, ergänzt wurden. Man untersuchte Wirkungen, ohne Wert darauf zu legen, die Ursachen der Wirkungen zu verstehen, d. h. die Mechanismen aufzuklären. In der modernen Toxikologie zielen die Untersuchungen darauf ab, zusätzlich zu den Studien zur akuten und chronischen Toxizität Informationen über Wirkungsmechanismen und Toxikokinetik zu erarbeiten. Dabei gibt es immer wieder Bemühungen, die Vorgehensweise zu standardisieren. So richtet sich der Umfang der toxikologischen Prüfung im Rahmen des Chemikaliengesetzes und auch von REACH (s. Kapitel 33) nach der jährlich in den Verkehr gebrachten Menge eines Stoffes. Je höher die jährlich produzierte und in Verkehr gebrachte Menge ist, desto größer ist der Umfang der erforderlichen Prüfungen. Man kann dies als Prioritätensetzung verstehen allerdings bei dem entscheidenden Nachteil, dass z. B. Chemikalien, deren Produktion weniger als eine Tonne beträgt, praktisch nicht untersucht werden müssen und damit Stoffe mit hoher Toxizität oder krebserzeugender Wirkung gar nicht erfasst werden.

Wegen der vielfältigen Wirksamkeit und der unterschiedlichen Wirkungsmechanismen einzelner Chemikalien hält die moderne Toxikologie aus wissenschaftlicher Sicht ein stufenweises Vorgehen für angemessener. In der Praxis wird allerdings zur Zeitersparnis zumeist gleichzeitig mit mehreren Untersuchungen begonnen, die erfahrungsgemäß immer durchgeführt werden müssen.

Ein Modell für ein schrittweises Vorgehen wurde bereits 1978 vom Britischen Food Safety Council vorgeschlagen (Abb. 1.3). Dieses Vorgehen wird grundsätzlich für die Bewertung von Chemikalien angewendet. Es bezieht in einem frühen Stadium die Toxikokinetik ein. Damit erhält man Informationen über die Bioverfügbarkeit der Substanz, ihren Verbleib im Organismus, mit deren Hilfe eine Abschätzung der in den empfindlichen Organen bzw. an den kritischen Rezeptoren unter bestimmten Expositionsbedingungen erreichbaren Konzentrationen möglich ist.

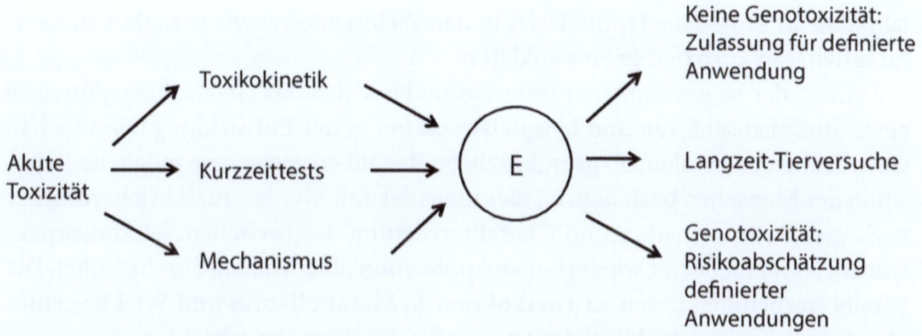

Abb. 1.3 Experimentelle Vorgehensweise für eine toxikologische Bewertung. Nach Vorliegen der Daten aus Prüfungen der akuten Toxizität und zur Pharmakokinetik, *In-vitro*-Kurzzeittests und Mechanismus wird die Entscheidung (E) getroffen, ob weitergehende Untersuchungen durchgeführt werden.

Der Umfang der experimentellen Untersuchungen richtet sich nach der vorgegebenen Fragestellung. Wenn es darauf ankommt, bei der Entwicklung von Chemikalien, z. B. von Arzneimitteln oder Pflanzenschutzmitteln, gefährliche, d. h. für die vorgesehene Verwendung unbrauchbare Substanzen, zu identifizieren und von der Weiterentwicklung auszuschließen, sind wenige orientierende Versuche, wie die Bestimmung der akuten Toxizität und die Überprüfung auf genotoxische Wirkungen, ausreichend. Dies trifft ebenso zu für die orientierende Überprüfung der Toxizität von Verunreinigungen, die bei einem Syntheseverfahren anfallen, oder wenn Prioritäten für weitergehende Untersuchungen mehrerer Chemikalien gesetzt werden sollen. In diesen Fällen ist es sinnvoll, sowohl die Untersuchungen der akuten Toxizität als auch der Genotoxizität an dafür geeigneten *In-vitro*-Testsystemen vorzunehmen. Ist dagegen mit einer wiederholten oder langfristigen Exposition von Personen zu rechnen, muss das gesundheitliche Risiko bei kurzfristiger, wiederholter und langdauernder Exposition abgeklärt werden. Im Besonderen muss geklärt werden, ob es sich bei den auftretenden Wirkungen um reversible oder irreversible Veränderungen handelt.

Die Prüfung auf **akute Toxizität** nach einmaliger Applikation einer Substanz soll die Symptome, ihre Reversibilität, mögliche Spätschäden, Todesursachen sowie die toxische und letale Dosis ermitteln. Weiterhin wird die haut- und schleimhautreizende Wirkung überprüft.

Ist die akute Toxizität der Chemikalie für die vorgesehene Anwendung tolerabel, wird an *In-vitro*-Systemen getestet, ob Hinweise auf **genotoxische Wirkungen** bestehen. Sinnvoll sind die Verwendung von Bakterien und Säugetierzellen und die Erfassung mehrerer Endpunkte, wie Punktmutationen und zytogenetische Effekte. Der obligate Zusatz metabolisierender Systeme und die Möglichkeit, gezielt Kofaktoren für einzelne enzymatische Reaktionen einzusetzen, ermöglicht Rückschlüsse auf die an der metabolischen Aktivierung und Inaktivierung beteiligten Mechanismen. Fragliche genotoxische Wirkungen lassen sich durch die Überprüfung unspezifischer oder spezifischer kovalenter Bindung reaktiver Metaboliten an Proteine oder die DNA in den Zielorganen sowie der DNA-Reparaturaktivität *in vitro* und *in vivo* abklären.

Anhand der so gewonnenen Information lässt sich das Gefährdungspotenzial eines Stoffes abschätzen und beispielsweise bei in der Entwicklung befindlichen Chemikalien beurteilen, ob grundsätzliche Bedenken gegen eine mögliche Exposition des Menschen bestehen. Ist dies nicht der Fall, werden zur Absicherung der vorliegenden Information und Charakterisierung des toxischen Wirkungsspektrums Tierversuche mit wiederholter Applikation über Monate durchgeführt. Die bereits erarbeiteten Daten zu **Toxikokinetik, Metabolismus und Wirkungsmechanismus** können die Wahl der Spezies für die Versuche erleichtern.

Zumeist wird die Wahl der Versuchstiere von rein praktischen Aspekten bestimmt, beispielsweise von der Verfügbarkeit ausreichender Mengen biologischen Materials, wie Blut, Urin, Fäzes, Fett und anderer Gewebe für weitergehende Untersuchungen, Homogenität des Stammes, um geringe Abweichungen zwischen den unbehandelten und behandelten Gruppen unterscheiden zu können. Nicht zuletzt spielen bei der Wahl der Versuchstiere die Erfahrungen mit dem Stamm oder der Spezies eine wichtige Rolle, um die sogenannten historischen Kontrollen, d. h., die aus langjähriger Verwendung gewonnenen Erkenntnisse über spontan auftretende Erkrankungen, mit einzubeziehen.

Die **subakuten und subchronischen Studien**, die vier Wochen bis zu sechs Monate dauern, dienen einschließlich reproduktionstoxischer Untersuchungen der Bewertung einer längerfristigen Exposition des Menschen, aber auch der Dosisfindung für die Langzeitversuche. Die Untersuchungen mit wiederholter Dosis (28 oder 90 Tage) erfordern tägliche Applikationen der Prüfsubstanz, wobei das gesamte toxische Wirkungsspektrum der Substanz und die höchste unwirksame Dosis, z. B. für die Festlegung des NOAEL, bestimmt werden. Wenn die bis dahin vorliegenden Untersuchungen Hinweise auf eine kanzerogene Wirkung geben oder wenn eine Langzeitexposition des Menschen gegeben ist, wird schließlich die Prüfung auf Kanzerogenität durchgeführt, bei der die Versuchstiere i. A. zwei Jahre bzw. während ihrer gesamten Lebenszeit exponiert werden.

1.5.2 Zusammenstellung vorhandener Daten bei bereits verwendeten Substanzen

Wird eine Substanz bereits verwendet, kann davon ausgegangen werden, dass Informationen zur toxischen Wirkung vorliegen, die zunächst zusammengestellt werden müssen. Hierzu eignen sich besonders die verschiedenen Informationssysteme für toxikologische Daten. Insgesamt werden alle Wirkungen berücksichtigt, die oben dargestellt sind.

Sehr wichtig ist die Bewertung der vorliegenden Informationen. So ist zu prüfen, ob die verwendeten Tierspezies in der Lage waren, die vermutete Wirkung zu erfassen, ob die Versuchstierzahl für eine sichere Aussage ausreicht, der Applikationsweg (oral, per Magensonde, im Trinkwasser, im Futter, dermal, per Inhalation, intraperitoneal usw.) dem Weg der Exposition des Menschen entspricht oder zumindest ein für die Bewertung relevantes Ergebnis liefert.

Auch die Art und Weise der Versuchsdurchführung und ihre Dokumentation müssen kritisch überprüft werden. Wichtige Parameter dafür sind Zahl und Überlebensrate der Tiere, Erkrankungen, wie Infektionen, die das Ergebnis des Tierversuchs beeinträchtigt haben könnten, sowie die Qualität und das Ausmaß der klinisch-chemischen, makroskopischen und mikroskopischen Untersuchungen während der Versuchszeit und bei Versuchsende sowie die Dokumentation der Einzeldaten.

Weiterhin ist die Sensitivität der verwendeten Methoden zu überprüfen, d. h., ob die Voraussetzungen gegeben sind, bestimmte Wirkungen qualitativ und quantitativ zu erfassen. So können leichtere Beeinflussungen des Hormonsystems unerkannt bleiben, wenn nur das Gewicht einzelner hormonproduzierender Organe, nicht jedoch die Hormone, z. B. im Blut, bestimmt wurden. Auch die biologische Bedeutung der vorliegenden Daten gilt es zu betrachten. So wird das Auftreten von Lebernekrosen für die Bewertung oder die Festlegung eines Grenzwertes ein anderes Gewicht haben als eine geringe Lebervergrößerung oder der Nachweis einer induzierenden Wirkung auf Phase-I- oder Phase-II-Enzyme der Leber, die bis zu einem bestimmten Ausmaß adaptiv sind und ohne toxikologische Konsequenzen sein können. So wird vorgeschlagen, eine Lebervergrößerung bis zu 20 % als nicht advers anzusehen, wenn keine histopathologischen Veränderungen der Leber nachweisbar sind.

1.6 Festlegung von Grenzwerten

Substanzwirkungen sind generell dosisabhängig. Für viele Wirkungen lässt sich eine Dosis ermitteln, unterhalb der keine Effekte auftreten (Abb. 1.1). Oberhalb dieser sogenannten Wirkungsschwelle nimmt die Wirkung dosisabhängig zu. Die Festlegung der Wirkungsschwelle wird von der Empfindlichkeit der verwendeten Untersuchungsmethode bestimmt, daher bezeichnet man die Schwellendosis auch als Dosis ohne erkennbare adverse Wirkung (NOAEL). Der NOAEL muss die empfindlichste Versuchstierspezies und das empfindlichste Organ berücksichtigen und mit Methoden, die dem Stand der wissenschaftlichen Erkenntnis entsprechen, erarbeitet worden sein. Je umfassender die Information, desto sicherer sind der NOAEL und damit ein Grenzwert, der davon abgeleitet wird.

Für die Festlegung von Grenzwerten, z. B. für Chemikalien in Lebensmitteln, wird zunächst vom NOAEL die duldbare tägliche Aufnahme (DTA; engl. *acceptable daily intake*, ADI) unter Berücksichtigung eines Sicherheitsfaktors errechnet (Abb. 1.1). Die DTA bezeichnet diejenige Menge eines Stoffes, die ein Mensch unter Berücksichtigung seines Körpergewichtes täglich und lebenslang ohne erkennbares Risiko aufnehmen kann. Die Höhe des Sicherheitsabstandes richtet sich nach der biologischen Bedeutung der toxischen Wirkungen und nach dem Umfang der Kenntnisse über die Substanz. Je mehr die Dosis-Wirkungs-Beziehungen, Wirkungsmechanismen und Toxikokinetik, d. h. Aufnahme der Substanz in den Organismus, Verteilung, Abbau und Ausscheidung bei Tier und Mensch übereinstimmen, desto geringer kann der Sicherheitsabstand zwischen NOAEL und DTA angesetzt werden. In den meisten Fällen stehen jedoch keine oder nur unzureichende Informationen z. B. über Wirkung und Toxikokinetik beim Menschen zur Verfügung, insbesondere, wenn es sich um neue Stoffe handelt, bei denen noch keine Erfahrungen beim Menschen vorliegen. Um bei der Abschätzung von Grenzwerten Inter- und Intraspeziesunterschiede zu berücksichtigen, werden bestimmte Sicherheitsfaktoren eingeführt: Der NOAEL im chronischen Tierversuch wird mit dem Sicherheitsfaktor von 100 dividiert, um die Inter- und Intraspeziesvarianz – einschließlich sensitiver Personen – zu berücksichtigen. Vereinfacht bedeutet dies: Es wird ein Faktor 10 für die Berücksichtigung von Unsicherheiten bei der Extrapolation vom Versuchstier auf den Menschen verwendet, ein weiterer Faktor 10 für die Variationsbreite der menschlichen Population. Nach Renwick (1991, 1993) beinhaltet jeder dieser Faktoren den Faktor 2,5 für die Toxikodynamik und einen Faktor 4 für die Toxikokinetik. WHO/IPCS (1994) verwenden für beide den Faktor 3,2. Bei entsprechender Information können die Faktoren reduziert werden.

Die mithilfe des Sicherheitsfaktors 100 ermittelte DTA eines Stoffes wird anteilig auf die Nahrungsmittel verteilt, die mit dem Stoff kontaminiert sein können. Die Festsetzung der Grenzwerte für die einzelnen Nahrungsmittel orientiert sich an den Verzehrgewohnheiten der Bevölkerung, d. h., es werden die durch regelmäßige Warenkorbanalysen ermittelten täglich gegessenen Mengen der Nahrungsmittel berücksichtigt.

Bei den Chemikalien, für die Grenzwerte in Nahrungsmitteln festgelegt werden, handelt es sich um Zusatzstoffe, Rückstände oder Verunreinigungen.

Die Grenzwerte für Trinkwasser werden nicht nach toxikologischen Kriterien abgeleitet, sondern entsprechen der Forderung, dass im Trinkwasser keinerlei Verunreinigungen enthalten sein sollen. Bis auf wenige Ausnahmen orientieren sie sich daher an der analytischen Nachweisgrenze, sodass diese Grenzwerte einen großen Abstand zu toxikologisch relevanten Konzentrationen aufweisen. So beträgt der Grenzwert für Atrazin 0,1 μg/l, die DTA beträgt 0,7 μg/kg.

Die Grenzwerte (Höchstmengen für Zusatzstoffe und Rückstände, Richtwerte für Verunreinigungen, Grenzwerte für Trinkwasser) werden veröffentlicht, und die zuständigen Untersuchungsämter müssen durch regelmäßige Kontrollen überprüfen, ob die Werte eingehalten werden. So teilte das BgVV bereits im Jahre 2002 mit, dass nur bei 1,5 % der untersuchten Proben die Höchstmengen überschritten waren. Damit bieten unsere Nahrungsmittel hinsichtlich schädlicher Stoffe ein Höchstmaß an Sicherheit, und es stellt sich die Frage, ob man sich durch die Bevorzugung von Produkten z. B. aus dem alternativen Landbau tatsächlich gesünder ernährt.

Für sensibilisierende Stoffe, also Stoffe, die eine Allergie auslösen, und krebserzeugende oder erbgutverändernde Stoffe lassen sich im Allgemeinen keine unwirksamen Mengen ermitteln und damit auch keine Grenzwerte festlegen. Solche Stoffe werden daher entweder für eine Verwendung in Nahrungsmitteln nicht zugelassen oder, wenn es sich um bereits vorhandene und nicht vermeidbare Stoffe handelt, entsprechend gekennzeichnet. Eine früher erteilte Zulassung wird widerrufen, wenn diese Eigenschaften erst später erkannt werden.

1.7 Praktische Bedeutung der Grenzwerte

Aus der Vorgehensweise bei der Festlegung von Grenzwerten und ihrer Überwachung ergeben sich mehrere Konsequenzen. Die als duldbare tägliche Aufnahme errechnete Menge einer Substanz wird auf die, den üblichen Verzehrgewohnheiten der Bevölkerung entsprechenden Nahrungsmittel und ihrer üblicherweise täglich aufgenommenen Menge verteilt. Daraus ergibt sich, dass die Überschreitung des Grenzwertes einer Substanz in einem Nahrungsmittel bei geringer Konzentration in den übrigen kein gesundheitliches Problem darstellt. Dagegen kann bei sehr einseitiger Ernährung eine Überschreitung in dem bevorzugten Nahrungsmittel durchaus zu einer Überschreitung der DTA-Menge führen. Es ist also wenig sinnvoll, sich einseitig zu ernähren, sondern man sollte sich an den üblichen Verzehrgewohnheiten der Bevölkerung orientieren.

Die Untersuchungsämter sind gehalten, die Einhaltung der festgesetzten Grenzwerte zu überprüfen. Stoffe, die nicht geregelt sind, werden nur überprüft, wenn sich aufgrund von Zufallsbefunden oder detektivischer Aktivitäten des Amtes oder anderer Erkenntnisse Hinweise auf eine Kontamination bestimmter Nahrungsmittel ergeben.

1.8 Kritische Faktoren bei Kindern

Als kritische Faktoren bei Kindern sind die Exposition, die kinetischen Daten und besondere Empfindlichkeiten zu berücksichtigen. Bei der Exposition spielen ein spezifisches Verhalten wie Hand-zu-Mund-Kontakt, die Kumulation und besondere Produkte für Kinder eine Rolle. Besondere Empfindlichkeiten bei Kindern bestehen bezüglich des Knochenwachstums, der Lungenentwicklung, bezüglich Immunsystem und Thymus, der Geschlechtsreifeentwicklung und des ZNS.

Kinder können sich in den Parametern Aufnahme, Metabolismus, Verteilung und Ausscheidung von Erwachsenen unterscheiden. Gesichert ist, dass insbesondere Kinder unter einem Jahr einen geringeren Metabolismus, eine erhöhte Hautresorption, ein kleineres Fettkompartiment und damit einen größeren Wasserverteilungsraum aufweisen als Erwachsene. Daraus ist jedoch nicht generell zu schließen, dass Kinder aufgrund ihrer zum Teil langsameren und schlechteren metabolischen Kapazität gefährdeter sind als Erwachsene, wie einige Beispiele zeigen.

Erfahrungen mit Arzneimitteln zeigen, dass bei Kindern die Elimination von Fremdstoffen größer ist als bei Erwachsenen. Kinder weisen daher bei gleicher täglicher Aufnahme (mg/kg Körpergewicht) zumeist eine geringere innere Belastung auf als Erwachsene. Eine höhere Clearance kann damit zumindest teilweise eine geringere Enzymaktivität und eine mögliche höhere Empfindlichkeit bestimmter Organe kompensieren.

So kommt eine Studie zu dem Ergebnis, dass die Extraktionsrate der Leber trotz geringerer Metabolismuskapazität bei Kindern für Dichlormethan, Tetrachlorethylen, Toluol, *m*-Xylol, Styrol, CCl_4, Chloroform, Trichlorethylen im Vergleich zu Erwachsenen keine Unterschiede aufweist: „This study suggests that no adult-children differences in the parent chemical concentrations of the VOCs are likely to be observed during inhalation exposures." Dies wird damit erklärt, dass die Perfusionsrate der kindlichen Leber höher ist als bei Erwachsenen und damit pro Zeiteinheit größere Substratmengen angeliefert werden als bei Erwachsenen.

1.9
Polymorphismen metabolisierender Enzyme

Die innere Belastung, z. B. Blutkonzentrationen oder DNA-Addukte, ist abhängig vom Ausmaß der Metabolisierung einer Chemikalie. Diese Parameter können auf genetisch bedingtem Polymorphismus von Phase-I- und Phase-II-Enzymaktivitäten beruhen (Einzelheiten siehe Kapitel 3 und 4).

Davon abzugrenzen sind Enzyminduktion und postnatale Defizienz der Glukuronidierung. So induziert Phenytoin seine eigene, Cytochrom P-450-abhängige Hydroxylierung zu inaktiven Metaboliten. Die Folge ist ein Wirkungsverlust während der Therapie. Die postnatale Defizienz der Glukuronidierung, die zum postnatalen Ikterus und zur Toxizität von Substanzen wie Chloramphenicol führt, liegt vor allem daran, dass postnatal durch den Abbau des fetalen Hämoglobins große Mengen an Bilirubin anfallen, die die Kapazität der Glukuronidierung überfordern. Da Chloramphenicol durch Glukuronidierung eliminiert wird, ist eine Therapie mit diesem Antibiotikum in der postnatalen Phase kontraindiziert.

Umwelttoxikologische Relevanz der Genexpression:

Fachärzte für Innere Medizin/Umweltmedizin bescheinigen Patienten in einem Notfallausweis, dass sie aufgrund eines GSTM1-Defizits „hochempfindlich auf Antibiotika, Formaldehyd, Alkohole, Glykole, Reinigungs-, Desinfektionsmittel und zahlreiche Medikamente" seien. Diese Aussage ist wissenschaftlich nicht haltbar.

Die Gene von Enzymen lassen sich zwar leicht mit molekularbiologischen Methoden bestimmen. Wie im Kapitel 4 dargestellt, hat eine verminderte oder fehlende Genexpression ohne Untersuchung der entsprechenden Enzymaktivitäten jedoch keinen Krankheitswert und ist – zumindest bei niedriger Exposition – ohne diagnostische Bedeutung.

Allerdings kann die Exposition bei Arzneimitteltherapie und an unzureichend kontrollierten Arbeitsplätzen auch bei normaler Expression im Enzym-Substrat-

Sättigungsbereich liegen, sodass bei niedriger Enzymexpression mit adversen Wirkungen zu rechnen ist.

Umweltbelastungen sind dagegen zumeist niedrig und führen daher auch bei niedriger Enzymexpression nicht zu einer Enzym-Substrat-Sättigung, sodass nicht mit unerwarteten schädlichen Wirkungen zu rechnen ist.

1.10 Die Bedeutung standardisierter Testverfahren (Test Guidelines)

Um die in der Toxikologie verwendeten Testverfahren zu vereinheitlichen und vor allem vergleichbar, reproduzierbar und auch besser bewertbar zu machen, müssen heute die Standardtests nach einer vorgeschriebenen Methodik durchgeführt werden, wie sie z. B. von der OECD ausgearbeitet worden sind (Kapitel 22). Für REACH verlangt die European Chemicals Agency (ECHA) Testverfahren, die in der Commission Regulation (EC) Nr. 440/2008 festgelegt sind oder anderen, international akzeptierten Kriterien wie den OECD Guidelines entsprechen. Für Arzneimittel hat die International Conference on Harmonisation of Technical Requirements for Registration of Pharmaceucicals for Human Use (ICH) ausführliche Richtlinien für die Bewertung von Arzneimitteln festgelegt (www.ich.org Safety Guidelines). Die Richtlinien für die Testverfahren entsprechen den Guidelines der OECD, der US Food and Drug Administration (FDA) bzw. der European Medicine Agency (EMA) und enthalten Hinweise für die Interpretation der Ergebnisse.

Darüber hinaus müssen die Untersuchungen den Kriterien der guten Laborpraxis (good laboratory praxis, GLP) entsprechen, die generelle Versuchsbedingungen, statistische Kriterien zur Optimierung der Aussagefähigkeit der zu erwartenden Ergebnisse, Definition der Testsubstanzen, Qualifizierung des Personals, Haltung der Tiere sowie eine unabhängige Qualitätskontrolle beschreiben. Diese Kriterien sind z. B. von der FDA (http://www.fda.gov/ora/compliance_ref/bimo/glp/78fr-glpfinalrule.pdf) und der OECD (http://www.oecd.org/document/63/0,2340,en_2649_201185_2346175_1_1_1_1,00.html) festgelegt worden.

1.11 Berücksichtigung von Unsicherheiten

Bei der Bewertung von Versuchsergebnissen und der daraus abgeleiteten Daten für die Risikoabschätzung einer Exposition ist zu überprüfen, welche Unsicherheiten die Datenlage beinhaltet. So kann der ermittelte NOAEL wegen einer zu geringen Versuchstierzahl nicht dem tatsächlichen NOAEL entsprechen. Oder er kann sehr konservativ sein, wenn die nächst höhere Dosis, d. h. der LOAEL, 10-fach höher liegt und nur schwache Wirkungen aufgetreten sind. Während erfahrene Toxikologen sich dieser Unsicherheiten bewusst sind, tendiert die regulatorische Seite dazu, die Werte als solche zu verwenden. So empfiehlt das ECHA Guidance Document, dass auch bei Vorliegen mehrerer Studien mit unterschiedlichen NOAEL der niedrigste NOAEL für die Ableitung von Grenzwerten (z. B. des Derived No Effect Level, DNEL) heranzuziehen ist. Da eine nur geringe Überschreitung eines unter diesen Bedingungen abgeleiteten Grenzwertes zu regulatorischen Konsequenzen führt, sollte immer die Unsicherheit der für regulatorische Entscheidungen herangezogenen Daten beschrieben und berücksichtigt werden. Methoden zur Beschreibung von Unsicherheiten hat z. B. die EFSA 2006 zusammengestellt.

1.12 Das Threshold-of-Toxicological-Concern(TTC)-Konzept

Das TTC-Konzept ist ein Verfahren, das tolerable Konzentrationen von Chemikalien festlegt, bei denen eine sehr geringe Wahrscheinlichkeit für schädliche Wirkungen auf den Menschen besteht. Es stützt sich auf die Information von toxikologisch gut untersuchten Chemikalien und soll für Stoffe mit unzureichender oder fehlender Datenbasis angewendet werden, für die eine nur geringe Exposition des Menschen zu erwarten ist. Basierend auf der Information aus mehreren Datenbanken sind die folgenden Werte vorgeschlagen worden:

- für Stoffe mit strukturellen Hinweisen auf Genotoxizität 0,15 µg/Person und Tag (0,0025 µg/kg KG und Tag),
- für Stoffe mit geringer Toxizität ohne Hinweis auf Genotoxizität 1800 µg/Person und Tag (30 µg/kg KG und Tag),
- für alle anderen Stoffe ohne Hinweis auf Genotoxizität 90 µg/Person und Tag (1,5 µg/kg KG und Tag).

Das Konzept soll nicht angewendet werden bei

- Substanzen, deren Struktur auf starke kanzerogene Wirksamkeit wie Aflatoxine, Azoxy- oder *N*-Nitrosoverbindungen, Benzidine und Hydrazine hinweist,
- Metalle und Substanzen wie die polyhalogenierten Dibenzo-*p*-dioxine und Dibenzofurane, die im Körper akkumulieren,
- stark wirksame Hormone wie Steroide,
- Radioisotope,
- Stoffe mit hohem MG wie Polymere, da für diese Strukturen keine Daten vorliegen,
- Proteine,
- Stoffe mit pharmakologischer Wirkung,
- unlösliche Partikel und Nanomaterialien,
- Stoffe mit Strukturelementen, die in der Datenbasis nicht enthalten sind.

Eine Diskussion über die Vor- und Nachteile des TTC-Konzeptes haben die drei wissenschaftlichen Komitees der Generaldirektion Gesundheit 2012 vorgelegt (SCCS/SCHER/SCENIHR, 2012)

1.13
Das Problem der Risikokommunikation

Aus toxikologischer Sicht sind das Problem bei der Risikokommunikation weniger die fachlichen Wissenslücken als die fehlende Bereitschaft der Öffentlichkeit, komplizierte Sachverhalte nachzuvollziehen und zu akzeptieren. Die Erfahrung zeigt jedoch, dass eine eingehende Darstellung der Risikocharakterisierung das Verständnis und damit auch die Risikoakzeptanz verbessern und damit auch zu einer Rationalisierung beitragen. Hilfreich wäre allerdings eine öffentliche Diskussion und ein Konsens über ein akzeptables Risiko. Problematisch ist auch, dass Fachkompetenz auf der Basis einer fundierten Ausbildung und langjähriger Tätigkeit in der Toxikologie von der Allgemeinheit unzureichend gewürdigt wird. Daher wird eine Bewertung, dass kein erkennbares Risikos besteht, oft gleichgesetzt mit Abwiegelung oder es wird selbst kompetenten Behörden Befangenheit unterstellt. Dies kann Entscheidungen der Behörden und der Politik beeinflussen und zu wissenschaftlich nicht nachvollziehbaren Regelungen führen.

Die besondere Schwierigkeit einer alle überzeugenden Risikokommunikation zeigt das Beispiel Acrylamid.

Im April 2002 berichtete die schwedische Nahrungsmittelbehörde, dass bestimmte Nahrungsmittel insbesondere aus Kartoffeln hergestellte frittierte Produkte wie Chips oder Pommes frites hohe Mengen an Acrylamid enthalten. Acrylamid ist neurotoxisch, vor allem aber mutagen und kanzerogen und wäre damit in Nahrungsmitteln nicht zulässig. Die nahe liegende regulatorischen Konsequenz wäre daher ein Verbot acrylamidhaltiger Nahrungsmittel. Gegenwärtig gibt es jedoch keine Möglichkeit, die genannten Produkte ohne gleichzeitige Bildung von Acrylamid herzustellen. Daher hat das BfR eine vorläufige Höchstmenge von 1000 µg/kg vorgeschlagen und empfiehlt besondere Sorgfalt bei Babynahrung.

Gleichzeitig musste eine Risikoabschätzung vorgenommen werden. Für die Exposition wurde bei üblichen Verzehrgewohnheiten ein längerfristige tägliche Aufnahme von 1 µg/kg ermittelt, woraus sich ein Krebsrisiko von 1 : 1000 errechnet. Ein NOAEL für die krebserzeugende Wirkung ist nicht definierbar, der LOAEL aus Tierversuchen beträgt 1 mg/kg. Der NOAEL für reproduktionstoxische Wirkungen beträgt 5 mg/kg, der für die Neurotoxizität 0,5 mg/kg. Die daraus ermittelten Sicherheitsabstände betragen für die Kanzerogenität 1000, für die Reproduktionstoxizität 5000, für die Neurotoxizität 500. Daraus ist zunächst ersichtlich, dass die Neurotoxizität den empfindlichsten Endpunkt darstellt, die Reprotoxizität den am wenigsten empfindlichen. Die praktische Bedeutung dieser Information ist schwer vermittelbar. Sinnvoller erscheint die Aussage, dass man täglich lebenslang 60 kg Chips mit 1000 µg Acrylamid/kg verzehren muss, um die Menge aufzunehmen, die im Tierversuch Tumoren erzeugt hat.

1.14
Arbeitsgebiete der Toxikologie

Die vielfältigen Anwendungsmöglichkeiten von Chemikalien, beispielsweise als Arzneimittel, Pflanzenschutzmittel oder Nahrungsmittelzusatzstoffe, haben innerhalb der Toxikologie zu Spezialisierungen geführt. Die Spezialgebiete der Toxikologie unterscheiden sich weniger durch die toxikologischen Bewertungskriterien als dadurch, dass für die unterschiedlichen Anwendungsbereiche von Chemikalien unterschiedliche gesetzliche Regelungen und damit Anforderungen an die Durchführung von Untersuchungen gegeben sind.

1.14.1
Arzneimitteltoxikologie

In der Arzneimitteltoxikologie wird zunächst in der sogenannten vorklinischen Prüfung mithilfe von Tierexperimenten oder durch *In-vitro*-Untersuchungen festgestellt, welche unerwünschten bzw. toxischen Wirkungen eine Substanz neben der gewünschten Wirkung besitzt. So werden erste Hinweise auf die sogenannte therapeutische Breite, d. h. die Spanne zwischen gewünschter und toxischer Wirkung, erarbeitet. In den tierexperimentellen Bereich gehören auch die Aufklärung der Ursachen von Nebenwirkungen, die bei der Anwendung des Arzneimittels aufgetreten sind, und die Beschreibung der Symptome bei akuten Vergiftungen.

1.14.2
Klinische Toxikologie

Zu den Aufgaben der klinischen Toxikologie gehört die Erkennung und Behandlung akuter und chronischer Vergiftungen, meist durch Unglücksfälle verursacht; dazu gehört auch der Nachweis der Gifte im Körper, eine Aufgabe, die zusätzlich von der Gerichtsmedizin wahrgenommen wird. Viele für die Bewertung von Chemikalien wichtige Erkenntnisse über die Wirkung von Chemikalien beim Menschen, wie Vergiftungssymptome, toxische Dosis, Zeitraum bis zum Einsetzen der Vergiftung oder Abklingen und Reversibilität der Symptome, stammen aus der klinischen Toxikologie. Es ist daher besonders wichtig, dass Ursache und Verlauf der Vergiftungen dokumentiert und veröffentlicht werden.

1.14.3
Gewerbetoxikologie

Für die Gewerbetoxikologie, zu deren Aufgaben es gehört, Erkrankungen durch den Umgang mit Chemikalien am Arbeitsplatz zu erkennen und zu verhindern, ist die Dokumentation über akute und chronische Vergiftungen bei Unfällen bzw. langfristigem Umgang mit Arbeitsstoffen ebenfalls wesentlich. Aus diesen Erkenntnissen werden Maßnahmen zur Expositionsminderung am Arbeitsplatz entwickelt. Unter Berücksichtigung von Ergebnissen aus der experimentellen Toxikologie und der Arbeitsmedizin werden *Grenzwerte* in der Luft am Arbeitsplatz und in biologischem Material erarbeitet.

1.14.4 Nahrungsmitteltoxikologie

Die Nahrungsmitteltoxikologie untersucht die schädlichen Auswirkungen natürlicher und synthetischer Inhaltsstoffe nach oraler Aufnahme mit der Nahrung und dem Trinkwasser. Dazu gehören die große Zahl der natürlichen Pestizide und Mykotoxine und die Nahrungsmittelzusatzstoffe, wie Emulgatoren, Farbstoffe, Füllstoffe oder Konservierungsmittel, aber auch Rückstände von Pflanzenschutzmitteln oder Düngemitteln, die auch für das Trinkwasser Bedeutung haben.

1.14.5 Kosmetikatoxikologie

Die Kosmetikatoxikologie befasst sich mit den toxischen Eigenschaften von Substanzen, die in Kosmetika enthalten sind. Dies betrifft sowohl die in diesem Bereich besonders wichtige lokale als auch die systemische Verträglichkeit. Deren Untersuchung erfordert Tierversuche, die in der Öffentlichkeit sehr kritisch gesehen werden. Das bestehende Verbot von Tierversuchen für Kosmetika ist aus toxikologischer Sicht nicht akzeptabel, solange neue Inhaltsstoffe entwickelt und eingesetzt werden.

1.14.6 Umwelttoxikologie

Die Umwelttoxikologie befasst sich mit den Wirkungen von Chemikalien auf die Umweltkompartimente Luft, Boden und Wasser und die darin lebenden Pflanzen und Tiere und mit den Auswirkungen auf den Menschen. Wichtige Aspekte hierbei sind die Exposition gegenüber relativ niedrigen Konzentrationen, meist über einen längeren Zeitraum, und das Zusammenwirken vieler verschiedener Stoffe. Für die in der Luft enthaltenen Chemikalien werden Grenzwerte für den Schutz des Menschen, aber auch für Pflanzen und Tiere festgelegt und Minimierungsmaßnahmen für die Belastung von Luft, Boden, Grund- und Trinkwasser entwickelt. Beispielhaft sind die Emissionsbegrenzungen von Anlagen zur Verbrennung von Hausmüll oder Sondermüll, um die Belastung von Mensch und Umwelt mit Inhaltsstoffen des Rauchgases weitestgehend zu vermindern. Die Toxikologie von Luftverunreinigungen ist ein wichtiges Teilgebiet.

1.15
Einige Bewertungsbeispiele

1.15.1
Diethylenglykol im Wein

Diethylenglykol ist bekanntlich ein Frostschutzmittel. Vor einigen Jahren wurde es zufällig in einigen Weinen gefunden, denen es wegen seines süßen Geschmacks bis zu 10 ml/l zugesetzt worden war; die meisten so behandelten Weine enthielten weniger als 1 ml/l.

Obwohl eine Qualitätsverbesserung von Weinen mit Diethylenglykol natürlich nicht zulässig ist, waren Gesundheitsschäden nicht zu befürchten. Chronische Intoxikationen durch Diethylenglykol beim Menschen sind nicht bekannt. Die akut toxische Dosis liegt bei 1 ml/kg KG und führt zu akuten Störungen der Nierenfunktion. Bei einem 70 kg schweren Erwachsenen sind dies 70 ml, die in 70 l eines mit 1 ml/l kontaminierten Weines enthalten sind. Der Sicherheitsabstand (Margin of Safety, MOS) ist also relativ groß.

1.15.2
Chlorierte Dibenzodioxine und Dibenzofurane in Hühnereiern

Es kommt immer wieder zu Berichten über erhöhte PCDD/PCDF-Konzentrationen z. B. in Hühnereiern. So enthielten Hühnereier bis zu 1000 pg Toxizitätsäquivalente (TE)/g Fett. Die Berechnung der zusätzlichen inneren Belastung durch den Verzehr eines kontaminierten Hühnereis ergibt Folgendes:

- Hühnerei: Gewicht 60 g, Fettgehalt 10 %, Kontamination 1000 pg/g Fett.
- 1 Ei enthält damit 6000 pg TE bzw. 6 ng.
- Daraus resultierende Aufnahme bei 70 kg Körpergewicht: 86 pg/kg Körpergewicht.
- Duldbare tägliche Aufnahme: 1 pg/kg Körpergewicht.
- Erhöhung der inneren Belastung (Körperfett): 20 kg Fett bei 70 kg Körpergewicht,
- übliche TE-Menge in 20 kg Fett: 30 ng/kg, d. h. insgesamt 600 ng Fett bei einem 30 Jahre alten Erwachsenen.
- Ein Ei mit 6 ng erhöht damit die Gesamtmenge von 600 auf 606 ng bzw. von 30 auf 30,3 ng/kg Fett.
- 30 Tage je ein Ei erhöhen auf 39 ng/kg, 90 Tage auf 57 ng/kg
- Übliche TE-Belastung altersabhängig: 10–80 ng/kg Körperfett

Bei der Berücksichtigung von Kindern muss bedacht werden, dass Kinder eine kleinere relative Menge an Fett aufweisen und die Dioxinbelastung altersabhängig ist, d. h. im Laufe des Lebensalters ansteigt.

Fazit: Gelegentlich ein hoch kontaminiertes Ei erhöht die innere Belastung nur unwesentlich und hat damit auch keine gesundheitlichen Konsequenzen.

1.15.3
Permethrin und Pentachlorphenol in einem Teppichboden

Eine Familie führte einen Prozess gegen die Teppichfirma, die ihr Teppichböden verkauft und verlegt hatte. Grund dafür waren hohe Gehalte im Teppich an Pentachlorphenol (7–9 mg/kg Teppich) und Permethrin (von 6–15 mg/kg Teppich).

Die Hausärztin attestierte 1993 eine nachgewiesene Belastung durch Holzschutzmittel und stellte fest, dass der Wachstums- und Entwicklungsrückstand des einjährigen Kindes auch bei Pentachlorphenol-belasteten Kindern beobachtet werde. Von der Ärztin veranlasste Untersuchungen zur Belastung gegenüber Pentachlorphenol ergaben folgende Werte:

- Kind 7 Jahre: 1,5 µg/l Harn,
- Kind 1 Jahr: 4,3 µg/l Harn,
- Mutter 37 Jahre: 14,4 µg/l Harn.

Zum Vergleich: Normalwert 1991: < 25 µg/l Harn, Wirkungsschwelle > 300 µg/l.

Fazit: Weder Kinder noch Mutter waren höher belastet, sodass die gesundheitlichen Probleme nicht mit Emissionen aus dem Teppich erklärbar sind.

1.15.4
Polyzyklische aromatische Kohlenwasserstoffe (PAK) im Hausstaub

Früher an die US Army vermietete Wohnungen enthielten relativ hohe Konzentrationen an PAK im Hausstaub, da teerhaltige Parkettkleber verwendet worden waren. Die Mieter hatten vor allem wegen der Gesundheit ihrer Kinder Befürchtungen und verlangten vom Vermieter (Kommunen, Länder und Bund) eine Sanierung der Wohnungen. Dies wurde abgelehnt, da es keine Hinweise auf Gesundheitsstörungen gab.

Das zuständige Gesundheitsamt führte umfangreiche Untersuchungen durch, um die Belastung der Bewohner abzuschätzen.

Biomonitoring zur Abschätzung der Exposition:
Metabolit 1-Hydroxypyren (µg 1-Hydroxypyren/g Kreatinin) im Harn bei exponierten und unbelasteten Personen:

- In den Wohnungen lebende Personen:
  Kinder 0,09–0,57 µg/g, erwachsene Nichtraucher: 0,1–0,2 µg/g.
- Übliche Belastung der Bevölkerung: 0,5 µg/g.

Fazit: Die Untersuchungen der inneren Exposition haben keinen Zusammenhang zwischen den PAK-Konzentrationen in Parkettkleber, Hausstaub und in der Innenraumluft und den im Urin gefundenen Konzentrationen an 1-Hydroxypyren (als Leitkomponente für PAK) ergeben. Damit wurde kein Zusammenhang zwischen erhöhter Staubkonzentration und gesundheitlichen Störungen festgestellt.

1.16 Zusammenfassung

Zur Erkennung der gefährlichen Eigenschaften chemischer Stoffe nutzt die Toxikologie Erkenntnisse und Methoden vieler Fächer der Naturwissenschaft und der Medizin. Die unterschiedlichen Anwendungsgebiete von Chemikalien und dadurch bestimmt die spezifischen Stoffeigenschaften und auch die Aufnahmewege haben zu einer anwendungs- und expositionsorientierten Spezialisierung in der Toxikologie geführt. Gemeinsame Aufgabe aller Teilgebiete ist jedoch die Beschreibung der toxikologisch relevanten Stoffeigenschaften von Chemikalien und die Abschätzung des gesundheitlichen Risikos, das von der Höhe und Dauer der Exposition des Menschen gegenüber den Chemikalien bestimmt wird. Bei der Zusammenstellung der Informationen über einen Stoff ist zu überprüfen, ob der Kenntnisstand für eine Risikoabschätzung ausreicht oder ob die Kenntnislücken durch weitere Untersuchungen geschlossen werden müssen.

Weiterführende Literatur

EFSA (2006) Guidance of the Scientific Committee on a request from EFSA related to uncertainties in dietary exposure assessment. *EFSA J.*, **438**, 1–54.

Morselli, P.L., Franco-Morselli, R. und Bossi, L. (1980) Clinical pharmacokinetics in newborns and infants: Age related differences and therapeutic implications. *Clin. Pharmacokin.*, **5**, 485–527.

Pelekis, M., Gephart, L.A. und Lerman, S.E. (2001) Physiological-model-based derivation of the adult and child pharmacokinetic intraspecies uncertainty factors for volatile organic compounds, *Reg. Toxicol. Pharmacol.*, **33**, 12–20.

Renwick, A.G. (1991) Safety factors and establishment of acceptable daily intakes. *Food Add. Contam.*, **8**, 135–149.

Renwick, A.G. (1993) Data-derived safety factors for the evaluations of food additives and environmental contaminants. *Food Add. Contam.*, **10**, 275–305.

Renwick, A.G. (1998) Toxicokinetics in infants and children in relation to ADI and TD. *Food Add. Contam.*, **15**, 17–35.

SCCS/SCHER/SCENIHR (2012) Opinion on Use of the Threshold of Toxicological Concern (TTC) Approach for Human Safety Assessment of Chemical Substances with focus on Cosmetics and Consumer Products. European Commission, Scientific Commitees, SCHER-opinions, SCCP/1171/08, 08 June 2012. https://ec.europa.eu/health/sites/health/files/scientific_commitees/consumer_safety/docs/sccs_o_092.pdf (06.01.2017).

SRU (Rat der Sachverständigen für Umweltfragen) (1996) *Umweltgutachten 1996*, Kapitel 4.3.3, Metzler-Poeschel, Stuttgart.

WHO (1994) Environmental Health Criteria 170, Assessing Human Health Risks of Chemicals: Derivation of Guidance Values for Health-Based Exposure Limits. IPCS, International Programme on Chemical Safety; World Health Organization, Geneva (WHO-Verlag).

2
Toxikokinetik

J.G. Filser

2.1
Definition und Aufgabe

Gegenstand der Toxikokinetik ist die quantitative Beschreibung der Aufnahme (Resorption), Verteilung (Distribution) und Entfernung (Elimination) von Schadstoffen und deren toxikologisch relevanten Stoffwechselprodukten (Metaboliten) im Organismus in Abhängigkeit von verabreichter Stoffmenge und Zeit.

In toxikokinetischen Untersuchungen werden Konzentrations-Zeit-Verläufe von Schadstoffen und deren Metaboliten in Körperflüssigkeiten, Organen und Exkrementen sowie, falls es sich um flüchtige Stoffe handelt, in der Atemluft gemessen. Zusätzlich werden *in vitro* Konzentrations-Zeit-Verläufe der Stoffe und ihrer Metaboliten in Organen, Geweben, Zellen und Zellfraktionen untersucht und Verteilungsexperimente durchgeführt.

Die Toxikokinetik ist von grundlegender Bedeutung für das Verständnis der Beziehung zwischen verabreichter oder aufgenommener Menge eines Stoffes, der *Dosis*, und der resultierenden schädlichen (*adversen*) Wirkung. Anhand toxikokinetischer Daten lassen sich nämlich die innere, ja sogar die organspezifische Belastung mit dem schlussendlich (*ultimal*) wirksamen Stoff (Ausgangssubstanz oder Metabolit) bestimmen und mit der Wirkungsintensität verknüpfen. Die erhaltene Beziehung lässt sich mittels *physiologisch-toxikokinetischer Modelle*, in denen physiologische und biochemische Speziesunterschiede berücksichtigt sind, auf Humanexpositionen übertragen. Solche Modelle werden häufig auch als physiologisch-basierte pharmakokinetische (PBPK) Modelle bezeichnet. Überhaupt werden in der Pharmakokinetik und der Toxikokinetik die gleichen Methoden verwendet. Die beiden Wissenschaften unterscheiden sich im Wesentlichen durch ihre Aufgabe; die Pharmakokinetik befasst sich mit Arzneimitteln, die Toxikokinetik mit Schadstoffen. Die Ergebnisse toxikokinetischer Studien werden zur Festlegung von Expositionsgrenzwerten herangezogen.

Das Toxikologiebuch, 1. Auflage. Helmut Greim (Hrsg.).

2.2
Grundlagen: Resorption, Verteilung, Elimination

Unter *Resorption* (engl. *absorption*) versteht man die Aufnahme eines Stoffes vom Applikationsort in den Blutkreislauf. Die *Verteilung* oder *Distribution* umfasst den Transport des Stoffes mit dem Blutstrom und seine Speicherung in Organen und Geweben. Unter *Elimination* wird die Entfernung eines Stoffes aus dem Gesamtorganismus oder auch nur einem bestimmten Organ oder Gewebe verstanden. Sie umfasst zwei Prozesse, die Entfernung des Stoffes durch Umwandlung (Metabolismus) in einen oder mehrere Metaboliten und die Ausscheidung (Exkretion) des unveränderten Stoffes sowie von Metaboliten.

In Abb. 2.1 sind mögliche Stoffwege durch den Organismus zusammengefasst. Deren physiologische Grundlagen werden im Folgenden skizziert.

2.2.1
Stofftransport

Bei den Prozessen Resorption, Verteilung und Elimination müssen Zellen und Zellkompartimente passiert werden.

2.2.1.1 Transport durch Biomembranen

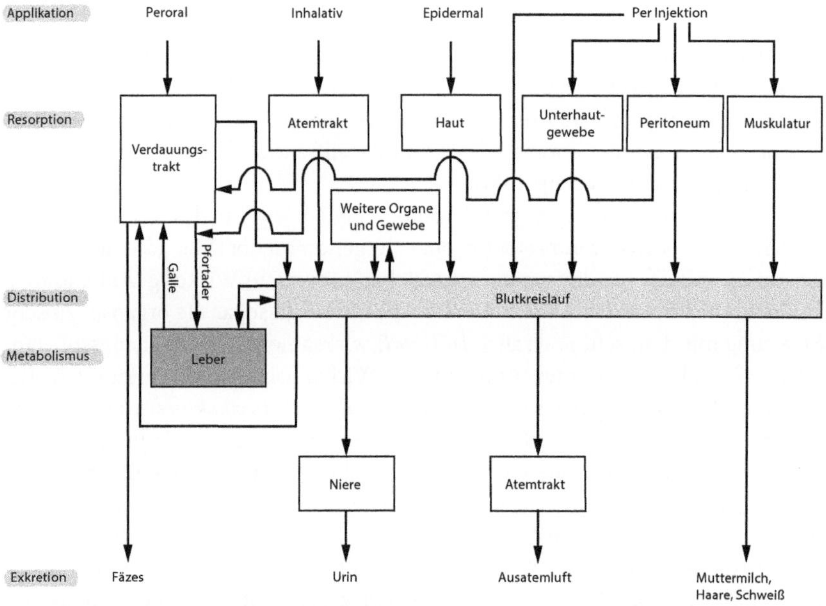

Abb. 2.1 Mögliche Wege von Stoffen im Organismus nach verschiedenen Applikationsarten (Csanády 1994. Reproduced with permission of Springer.).

Biomembranen stellen die äußeren Grenzen von Zellen dar (Zellmembran), trennen aber auch morphologisch und funktional unterschiedliche Räume innerhalb einer Zelle (z. B. Zellkern, Mitochondrien, Golgi-Apparat, endoplasmatisches Retikulum).

Eine Biomembran besteht im Wesentlichen aus einer Phospholipid-Doppelschicht, in welcher Proteine „schwimmen“. Die sich ständig in Bewegung befindenden Membranlipide erlauben lipophilen (*lipophil* = fettliebend; unpolar) Stoffen eine relativ leichte Membranpassage. Für Wasser und wasserlösliche Stoffe wäre sie jedoch nahezu undurchlässig, gäbe es nicht Transportproteine, welche die Membran gänzlich durchdringen. Sie können Stoffe aktiv oder passiv durch die Membran transportieren. Porenbildende, sogenannte Kanalproteine, ermöglichen ein passives Durchqueren von Wasser und in Wasser gelösten Stoffen.

Der Stofftransport durch eine biologische Membran erfolgt nach unterschiedlichen Mechanismen. In abnehmender Reihenfolge ihrer Bedeutung sind dies die passive Diffusion, der aktive Transport, die erleichterte Diffusion und die Endozytose.

Passive Diffusion

Die passive Diffusion durch eine Membran hat quantitativ die größte Bedeutung für den Stofftransport. Sie verläuft in beide Richtungen. Der permeierende Stoff muss, um passiv diffundieren zu können, in gelöster Form vorliegen. Die Diffusionsgeschwindigkeiten sind proportional zur Differenz der Stoffkonzentrationen auf beiden Seiten der Membran, zur Membranoberfläche und zu ihrer Dicke. Der Nettofluss verläuft in Richtung des Konzentrationsgefälles. Im Gleichgewicht sind die Diffusionsgeschwindigkeiten, mit denen der Stoff von beiden Seiten durch die Membran permeiert, gleich groß, nicht jedoch unbedingt die Konzentrationen auf beiden Seiten: Die in Zellen, Organen und Geweben erreichten Stoffakkumulationen (*Akkumulation* = Anreicherung) werden durch hydrophile (*hydrophil* = wasserliebend; polar) und lipophile Wechselwirkungen zwischen Stoff und biologischer Umgebung bestimmt.

Ionisierte organische Stoffe (z. B. quartäre Ammoniumverbindungen), die normalerweise nicht durch eine biologische Membran diffundieren, können aus dem Gastrointestinaltrakt resorbiert werden, indem sie mit geeigneten Gegenionen im Magen-Darm-Trakt Ionenpaare bilden können, die nach außen ungeladen sind und dann passiv durch die Membran diffundieren können. Wasserlösliche Stoffe, die zu groß für die Passage durch Poren sind und die Lipid-Doppelschicht nicht passieren können, werden unter Umständen aktiv durch Membranen transportiert.

Aktiver Transport

Ein aktiver Transport liegt dann vor, wenn ein Stoff mithilfe eines transmembranen Transportproteins, des Carriers, unter Energieverbrauch durch die Membran befördert wird. Ein Carrier ist im Allgemeinen eine Adenosintriphosphatase, die den zu transportierenden Stoff mehr oder weniger substratspezifisch bindet, ihn auf die andere Membranseite reicht und dort wieder freisetzt. Als enzymkatalysierter Prozess unterliegt der aktive Transport einer Sättigungskinetik (z. B. nach Michaelis und Menten). Dies bedeutet, dass eine Erhöhung der Stoffkonzentration nur über einen gewissen Konzentrationsbereich mit einer Zunahme der Transportgeschwindigkeit einhergeht. Schließlich ist die Transportkapazität gesättigt und eine weitere Geschwindigkeitszunahme nicht mehr möglich. Der aktive Transport findet auch gegen das Konzentrationsgefälle statt.

Erleichterte Diffusion

Die erleichterte Diffusion ist ebenfalls carriervermittelt und sättigbar. Allerdings ist hier der Konzentrationsgradient die treibende Kraft. Zelleigene Energie wird nicht verbraucht. Diesen Diffusionsweg beschreiten insbesondere sehr hydrophile Substanzen, die nach Andockung an den Carrier, meistens einer Permease, in Form eines Komplexes die Membran passieren.

Endozytose

Bei der Endozytose wird der extrazelluläre Stoff von einem Teil der Zellmembran durch Einstülpung umschlossen und das nach Trennung vom Hauptteil der Zellmembran gebildete Vesikel vom Zytoplasma aufgenommen. Hier wird die Vesikelmembran wieder abgebaut und der Stoff freigegeben. Die Endozytose beinhaltet die *Phagozytose* und die *Pinozytose*. Werden in der Extrazellulärflüssigkeit suspendierte große Moleküle oder Teilchen (z. B. Kunststoffpartikel) resorbiert, bezeichnet man den Vorgang als Phagozytose. Werden zusammen mit extrazellulärer Flüssigkeit sehr kleine, suspendierte Partikel oder gelöste Stoffe aufgenommen, spricht man von Pinozytose.

2.2.1.2 Transport durch Deckgewebe

Die Gewebe, welche äußere und innere Oberflächen des Körpers bedecken und auskleiden (z. B. Haut, Atemtrakt, Verdauungstrakt, Nierenkanälchen, Harnwege, Gallenblase, Blut- und Lymphgefäße) sind gewebespezifische, mehr oder weniger durchlässige Zellverbände, die Räume mit sehr unterschiedlichen Inhalten voneinander trennen.

Der Stofftransport durch die Zellen der Deckgewebe und von Zelle zu Zelle kann nach den oben beschriebenen Mechanismen ablaufen. Zusätzlich können Stoffe *parazellulär*, d. h. durch Zwischenräume zwischen den Zellen des Deckgewebes, transportiert werden. Dieser passive Weg findet sich vor allem im Dünndarm.

2.2.2
Resorption

> Von toxikologischer Bedeutung für die Aufnahme von Fremdstoffen in den Blutkreislauf sind vor allem folgende Wege: über den Atemtrakt, aus dem Verdauungstrakt, durch die Haut.

2.2.2.1 Atemtrakt

Der Atemtrakt beinhaltet die der Atmung dienenden Hohlorgane Nase, Mundhöhle, Rachen (*Pharynx*), Kehlkopf (*Larynx*), Luftröhre (*Trachea*) und Lunge. In der Lunge wird die Luft durch den Bronchialbaum bis in die Luftbläschen (*Alveolen*) geleitet. Der Bronchialbaum umfasst die Bronchien und Bronchiolen, Endbronchiolen (*Bronchioli terminales*) und die respiratorischen Bronchiolen (*Bronchioli respiratorii*). In den Bronchioli respiratorii, den sich anschließenden Alveolargängen und schließlich den Alveolen findet im Wesentlichen der vorwiegend durch Diffusion getragene Gasaustausch zwischen dem Luftraum und dem Lungenkapillarblut statt. Die Alveolen sind von einem dichten Netz von Blutkapillaren umgeben. Durch diese strömt das über die rechte Herzkammer aus dem restlichen Körper kommende Blut. Die Alveolen verfügen nur über eine einschichtige Zellschicht mit sehr dünnen Membranen ($< 1\ \mu m$), welche die inhalierte Luft vom Blutstrom trennen. Die Alveolaroberfläche ist sehr groß. Sie beträgt beim Erwachsenen zwischen 100 und 200 m^2.

Nach ihrer Einatmung können Gase, luftgetragene Partikel und Aerosole (Mischung aus festen oder flüssigen Partikeln und Luft) in den Blutkreislauf gelangen.

Gase

Gase und Dämpfe (die gasförmige Phase von Stoffen, die gleichzeitig auch in der flüssigen oder festen Phase vorliegen) können über den gesamten Atemtrakt resorbiert werden, gelangen aber hauptsächlich über die Alveolen in den Blutkreislauf. Während des Einatmungsvorgangs reichern sie sich gemäß ihrer Wasser- bzw. Lipidlöslichkeit in der Schleimhaut des Atemtrakts an; während der Ausatmung werden sie hieraus zum großen Teil wieder abgeatmet (*wash-in-wash-out-Effekt*). Reaktive Gase können Reizungen bzw. Verätzungen des Atemtrakts hervorrufen, gut wasserlösliche Gase vor allem im oberen Teil des Atemtrakts mit seiner wässrigen Schleimhaut, weniger wasserlösliche in den Bronchien.

Das bei der Einatmung im Lungenblut gelöste Gas wird mit dem Blutfluss zu den Organen und Geweben transportiert und dort entsprechend seinen Gewebe-zu-Blut-Verteilungskoeffizienten angereichert und – hauptsächlich in der Leber – metabolisiert. Der nicht von den Organen aufgenommene Anteil gelangt über das venöse Blut zurück zur Lunge. Von ihr wird das im sogenannten Totraum der Lunge und das entsprechend seinem Blut-zu-Luft-Verteilungskoeffizienten im Luftraum der Alveolen verbliebene Gas zumindest teilweise wieder ausgeatmet.

Partikel

Die Inhalierbarkeit von Partikeln ist abhängig vom aerodynamischen Durchmesser; sie nimmt mit abnehmendem Durchmesser die Nase werden Partikel mit Durchmessern von 100 µm und mehr normalerweise nicht mehr inhaliert. Kleinere Partikel (10–100 µm) lagern sich beim Menschen vorwiegend im Nasen-Rachen-Kehlkopf-Raum ab. Bei noch kleineren Durchmessern werden die Partikel thoraxgängig. Sie werden in den Bronchien und Bronchiolen deponiert, wenn ihre Durchmesser im Bereich zwischen 3 und 10 µm liegen. Partikel mit einem Durchmesser von weniger als 2–3 µm gelangen bis in die Alveolen. Bei Mundatmung gelangen sogar große Partikel bis in die Bronchien.

Ein Teil der in Trachea und Bronchialbaum deponierten Partikel wird von der Schleimschicht (*Mucus*), welche die Schleimhaut von der Trachea bis zu den Endbronchiolen bedeckt, durch ein Flimmerepithel in den Rachen befördert (mukozilliärer Transport), danach verschluckt und über den Magen-Darm-Trakt resorbiert oder ausgeschieden. Zu einem geringeren Teil gelangen Partikel durch das Epithel (Deckgewebe) der Atemwege in den Blutstrom oder das lymphatische System. Dieser Weg betrifft insbesondere lösliche Partikel. In den Alveolen werden Partikel von Makrophagen aufgenommen und zersetzt oder in die Bronchiolen abtransportiert und von dort über den mukozilliären Transport entfernt. Ultrafeine Partikel mit einem Durchmesser von weniger als 0,1 µm können wahrscheinlich die Alveolen und schließlich die Endothelzellen der Blutkapillaren passieren und somit in den Blutkreislauf und hierüber in Organe gelangen. Falls diese Partikel löslich sind, ist dies ein sehr schneller Aufnahmeweg.

2.2.2.2 Verdauungstrakt

Der Verdauungstrakt beinhaltet die Mundhöhle, den Pharynx, die Speiseröhre (*Ösophagus*) und den Magen-Darm-Takt. Er lässt sich als eine den Körper durchquerende Röhre ansehen, die beim Erwachsenen etwa 5 m lang ist. In ihr wird die aufgenommene Nahrung aufbereitet, durch Enzyme aus Speicheldrüsen, Magen- und Darmwand, Pankreas, Leber (Galle) und der mikrobiellen Darmflora hydrolytisch aufgeschlossen und bis auf die unverdaulichen Ballaststoffe resorbiert. Letztere werden im Dickdarm durch Resorption von Wasser eingedickt und schließlich ausgeschieden. Die Verdauung und Resorption der Nahrung findet hauptsächlich im Dünndarm statt. Hier werden Wasser, Elektrolyte und die verdauten Nahrungsstoffe in die Epithelzellen der Schleimhaut aufgenommen. Die Nahrungsstoffe werden weiter verstoffwechselt und dann in das zur Leber fließende Pfortaderblut gebracht oder in das Lymphsystem transportiert. Schließlich gelangen die Produkte aus der Leber, z. T nach weiterer Umsetzung, und aus dem Lymphsystem direkt in den zentralen Blutkreislauf.

Ungeladene und ausreichend lipophile Stoffe können auch durch die gut durchblutete Schleimhaut der Mundhöhle in den zentralen Blutkreislauf gelangen. Für die meisten Stoffe ist dieser Aufnahmeweg wegen der kurzen Verweildauer jedoch von geringer Relevanz. Aus dem Magen gelangen u. a. Alkohol und schwache organische Säuren direkt und schnell in den Blutkreislauf.

In Tierstudien ist die Verabreichung von Chemikalien in den Magen mittels einer sogenannten Schlundsonde eine Standardmethode. Manche Stoffe, insbesondere einige Schwermetalle, werden nur zu einem geringen Teil aus dem Magen-Darm-Trakt resorbiert. Säurelabile Stoffe, z. B. Epoxide, können im sauren Milieu des Magens schnell hydrolysiert werden, was zu einer drastischen Reduktion der resorbierten Stoffmenge führen kann. Der pH-Wert im Magen des Menschen liegt im Bereich zwischen 1 und 3. In der Regel werden Stoffe von der Schleimhaut des Magens und des Dünndarms, der nahezu neutral ist (Mensch: pH 5–8), rasch aufgenommen. Einige Stoffe werden im Darm enzymatisch in toxische Metaboliten überführt, die danach in den Organismus gelangen, so z. B. der Weichmacher Diethylhexylphthalat in das fortpflanzungsschädliche Mono(2-ethylhexyl)phthalat. Bei vielen Stoffen reduzieren solche erste Biotransformationen im Darmlumen (Darminnenraum), der Darmwand und vor allem in der Leber den in den Blutkreislauf gelangenden *systemisch verfügbaren* Anteil der oral aufgenommenen Stoffmenge. Man bezeichnet dieses Phänomen als *first-pass-Effekt*. Er führt zu einer verringerten *Bioverfügbarkeit* der Ausgangssubstanz. Die Bioverfügbarkeit ist ein Maß für den Dosisanteil, der die systemische Blutzirkulation erreicht.

2.2.2.3 **Haut**

Die Haut besteht aus mehreren Schichten, der Oberhaut (*Epidermis*), der Lederhaut (*Corium*) und der Unterhaut (*Subcutis*). Sie hat beim Erwachsenen eine Oberfläche von 1,5–1,8 m^2. Die Blutgefäße befinden sich etwa 100 µm unterhalb der Hautoberfläche in der Lederhaut. Auch Haarfollikel, Talg- und Schweißdrüsen finden sich hier. Die Ausführungsgänge von Talgdrüsen münden im Allgemeinen in den Haarkanälen, die von Schweißdrüsen in Poren auf der Hautoberfläche. Der Talg hält Haut und Haare geschmeidig und widerstandsfähig, der Schweiß erzeugt den Säureschutz der Haut (pH 5–6). Die oberste Schicht der Epidermis, die Hornschicht (*Stratum corneum*), besteht aus einer Reihe von übereinander gestapelten, abgestorbenen Zellen, die dicht mit dem Protein Keratin gepackt sind und in einer Lipidmatrix eingebettet sind. Das wasserabweisende Stratum corneum stellt die Hauptbarriere für die Passage von Fremdstoffen durch die Haut dar. Lipophile und amphiphile (*amphiphil* = ringsum liebend; gleichzeitig hydrophil und lipophil) Stoffe sowie neutrale Säuren und Basen können sie durchdringen, polare oder ionische Stoffe sowie Wasser nicht oder nur sehr langsam. Auch die Molekülgröße ist von Bedeutung für die Geschwindigkeit der Hautpermeation: Sie nimmt mit zunehmender Molekülgröße ab. Lipophile und amphiphile Gase und Dämpfe passieren die Haut umso besser, je weniger flüchtig sie sind. Hohe transdermale Aufnahmeraten wurden z. B. für die Dämpfe von 2-Butoxyethanol und Dimethylformamid gefunden, die bei Ganzkörperexposition schneller über die Haut als über die Atmung aufgenommen werden. Bei den meisten Gasen stellt die perkutane Aufnahme jedoch nur einen Bruchteil der inhalativen dar.

Es werden vier perkutane Diffusionswege unterschieden: durch die Zellen (*transzellulär*), zwischen den Zellen (*interzellulär*), durch die Ausführungsgänge der Talg- und Schweißdrüsen (*transglandulär*) und entlang der Haarschäfte durch die Haarfollikel (*transfollikulär*).

Die Diffusion durch Talg- und Schweißdrüsen sowie durch Haarfollikel ist quantitativ von geringer Bedeutung, da Poren und Haarschäfte zusammen nur etwa 0,1 % der Hautfläche des Menschen beanspruchen. Die Permeabilitätseigenschaften der Haut können durch den Kontakt mit Fremdstoffen allerdings verändert werden, beispielsweise durch Quellung oder Entfettung.

Die Geschwindigkeit der Resorption durch die Haut lässt sich mit dem ersten Diffusionsgesetz von Fick beschreiben:

$$J = k_p \cdot \Delta c \tag{2.1}$$

J wird als Flux bezeichnet. Er gibt die Stoffmenge an, welche die Haut pro Flächen- und Zeiteinheit permeiert. Δc stellt die Konzentrationsdifferenz des Stoffes zwischen beiden Seiten der Haut dar und k_p die Permeabilitätskonstante (Dimension: Länge/Zeit). Gewöhnlich wird die Konzentration unter der Haut als vernachlässigbar klein angesehen. Hieraus ergibt sich die allgemein verwendete Beziehung:

$$J = k_p \cdot c \tag{2.2}$$

Hierbei ist c die Stoffkonzentration auf der Hautoberfläche. Die Werte für k_p sind von den oben aufgeführten Stoffeigenschaften und von der Beschaffenheit der Haut abhängig.

2.2.2.4 **Andere Applikationsarten**

Zur Aufklärung bestimmter toxikologischer und toxikokinetischer Fragestellungen werden Stoffe direkt in ein Blutgefäß (*intravasal*), in das Unterhautgewebe (*subkutan*), in die Muskeln (*intramuskulär*) oder in die Bauchhöhle (*intraperitoneal*) injiziert.

Bei der intravasalen, meistens intravenösen Applikation entfällt die Resorptionsphase, und die gesamte verabreichte Menge ist sofort systemisch verfügbar. Nach subkutaner und intramuskulärer Injektion gelangt der Stoff relativ langsam in den Blutstrom, sodass es zu niedrigeren anfänglichen Konzentrationen im Blut kommt als nach intravasaler Injektion trotz generell gleicher Bioverfügbarkeit. Nach intraperitonealer Injektion erfolgt die Resorption durch das Bauchfell, das aus einem dünnen Epithel mit darunter liegender gefäßreicher Bindegewebsschicht besteht und Bauchhöhle sowie Eingeweide bedeckt. Beim Menschen beträgt die Oberfläche des Bauchfells etwa 1 m^2. Durch die Darmbewegungen findet eine schnelle Verteilung über das Bauchfell statt. Insbesondere lipophile Stoffe werden sehr schnell resorbiert. Nach Passage durch das Bauchfell kann der resorbierte Stoff über Lymphe und Blut in zwei Richtungen abtransportiert werden: Über die Lymph- und Blutgefäße des die Bauchwand bedeckenden Bauchfells (*parietales Peritoneum*) gelangt der resorbierte Stoff zum Herzen und damit direkt in den zentralen Blutkreislauf. In den Blutgefäßen des die Eingeweide bedeckenden Bauchfells (*viscerales Peritoneum*) wird der aufgenommene Stoff über die Pfortader zur Leber transportiert. Wegen dieser Leberpassage kann nach intraperitonealer Applikation ein First-Pass-Effekt auftreten.

2.2.3 Verteilung

> Mit dem Blutstrom werden die Stoffe im Organismus verteilt und gelangen in die Organe und Gewebe.

Der gesamte Blutstrom fließt durch das Herz mit einer Flussgeschwindigkeit, die beim Erwachsenen in Ruhe etwa 5 l/min beträgt. Bei körperlicher Tätigkeit kann dieses *Herzminutenvolumen* bis zum Vierfachen zunehmen. Die gewebespezifische Durchblutung ist geringer. So beträgt der Blutfluss durch die Leber etwa ein Viertel und durch das Fettgewebe nur 5 % des Herzminutenvolumens. Die Geschwindigkeit der Verteilung des aufgenommenen Stoffes in die Gewebe und das Ausmaß der dortigen Anreicherung sind nicht einheitlich. Sie hängen von der örtlichen Durchblutung, der jeweiligen Kapillardichte (ein Maß für die Kontaktoberfläche), der Gewebemasse und von physikochemischen Eigenschaften des Stoffes und der Gewebe ab (z. B. lipophile und hydrophile Eigenschaften, Ladungszustand der Stoffmoleküle, ihr Säure-Base-Charakter, Dampfdruck des Stoffes, stoff- und gewebespezifischer Verteilungskoeffizient Gewebe-zu-Blut). Die Aufnahmegeschwindigkeiten von Ionen und wasserlöslichen Stoffen aus dem Blut in das Gehirn werden durch die *Blut-Hirn-Schranke* reduziert. Hierbei handelt es sich um das wenige Poren enthaltende Deckgewebe (*Endothel*) der das Gehirn versorgenden Kapillaren mit der darunterliegenden Proteinschicht (*Basalmembran*) und den diese Kapillaren umfassenden Gliazellen. Die Glia ist das Stütz- und Nährgewebe des Gehirns.

Die *Plazentaschranke* trennt das mütterliche Blut von dem des Kindes und verhindert die Passage von sehr großen Molekülen, einer Reihe von Viren und vor allem von Bakterien. Da beide Schranken Lipidmembranen darstellen, sind sie für lipophile Stoffe gut permeabel (z. B. Nikotin, Ethanol). Die Plazentaschranke verfügt zusätzlich über einen großen Anteil an Poren, weshalb sie auch für hydrophile Stoffe gut durchlässig ist. Im Körper finden sich einige zusätzliche Blut-Gewebe-Schranken, von denen die *Blut-Hoden-Schranke* eine gewisse toxikologische Relevanz hat.

Die speziesspezifische Dauer der Akkumulation eines Stoffes im Organismus (Bioakkumulation) hängt nicht nur von den Expositionsbedingungen ab, sondern vor allem auch von physikochemischen und biochemischen Eigenschaften des Stoffes selbst. Insbesondere bei Stoffen mit hoher Affinität zu schlecht durchbluteten Geweben kann sie sehr lang sein. Lipophile Stoffe akkumulieren im schwach durchbluteten Fettgewebe. Bei manchen solcher Stoffe (z. B. 2,3,7,8-Tetrachlordibenzo-*p*-dioxin, abgekürzt TCDD) dauert es bei kontinuierlicher Stoffzufuhr mehrere Jahre, bis beim erwachsenen Menschen die gewebespezifische Plateaukonzentration (vollständige *Aufsättigung*) erreicht ist. Das Knochengewebe ist der größte Mineralspeicher, vor allem für Calcium- und Magnesiumsalze. Es bindet Blei und Strontium in Form schwerlöslicher Salze. Da das Knochengewebe einem ständigen, langsamen Umbau unterworfen ist, gelangen die Metallionen wieder in den Blutstrom zurück. Als weitere Speicher für viele Stoffe dienen auch Leber und Niere. So werden Schwermetalle wie Cadmium, Quecksilber, Kupfer und Zink an Metallothionein gebunden, ein niedermolekulares, cysteinreiches, zytoplasmatisches Protein, das sich vor allem in diesen Organen findet. Viele Stoffe können reversibel, nicht kovalent an Plasmaproteine binden. Quantitativ relevant ist hierbei insbesondere Albumin, das etwa 50 % des gesamten Plasmaproteingehaltes ausmacht. Durch die *Proteinbindung* wird der Anteil an freiem Stoff, der in die Gewebe diffundieren kann, oft drastisch reduziert und der Stofftransport in die Gewebe geschieht langsamer, als es ohne Proteinbindung der Fall wäre. Da nur der freie Stoff metabolisch umgesetzt und ausgeschieden wird, verringert die Proteinbindung auch die Eliminationsgeschwindigkeit. Die Bindung an Proteine ist sättigbar. Wenn die Bindungsstellen abgesättigt sind, kann die Wirkungsintensität eines Stoffes deutlich ansteigen.

Nach kurzzeitigen, einmaligen Applikationen können Umverteilungsphänomene zwischen den einzelnen Geweben auftreten, da die Stoffe zuerst in die gut durchbluteten Gewebe wie Gehirn, Herz, Leber, Lunge, Milz und Niere gelangen und mit abfallender Konzentration im Blut auch zuerst aus diesen wieder in das Blut zurückkommen, während diese Akkumulations- und Eliminationsvorgänge in den weniger gut bzw. schlecht durchbluteten Geweben (Muskel- bzw. Fettgewebe) relativ langsam ablaufen (Abb. 2.2a). Bei kontinuierlicher Resorption unter gleichbleibenden Expositionsbedingungen, wie bei einer Exposition gegen eine konstante Stoffkonzentration in der Atemluft oder einer konstanten Dauerinfusion, füllen sich die Gewebe nacheinander auf. Danach kann eine Umverteilung nicht mehr stattfinden. Nach Expositionsende fallen in allen Geweben die Konzentrationen als Folge der Elimination ab und zwar zuerst im Blut und in den besser durchbluteten Geweben. Schließlich wird eine terminale Phase erreicht, in der die Konzentrationen in allen Geweben mit der gleichen *Halbwertszeit* (Zeitdauer, bis die halbe Ausgangskonzentration erreicht ist) absinken. Diese terminale Halbwertszeit wird durch den langsamsten Prozess der Rückverteilung ins Blut bestimmt. Bei lipophilen Stoffen wie z. B. Styrol ist dies im Allgemeinen die Freisetzung aus dem als Speicher dienenden, schlecht durchbluteten Fettgewebe (Abb. 2.2b).

2.2.4
Elimination

Die beiden Eliminationswege sind Metabolismus und Exkretion.

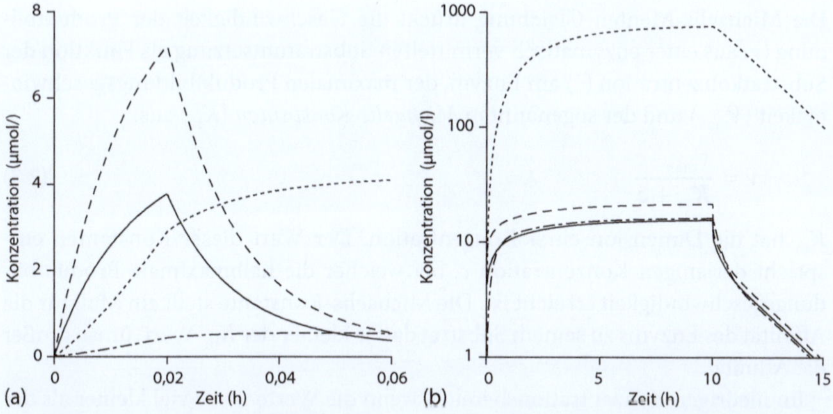

Abb. 2.2 Modellierte Konzentrations-Zeit-Verläufe von inhaliertem Styrol in verschiedenen Geweben einer Ratte während und nach Expositionen von unterschiedlicher Dauer gegen Styroldampf in einer Konzentration von 100 ppm in der Atemluft (Berechnungen mit dem für Styrol entwickelten physiologisch-toxikokinetischen Modell von Csanády *et al.* (1994) *Arch. Toxicol.*, **68**, 143–157): (a) Inhalationsdauer 0,02 h; lineare Auftragung; (b) Inhalationsdauer 10 h; halblogarithmische Auftragung. Kurven: ——: sauerstoffarmes Blut, – –: gut durchblutete Organe und Gewebe, – - –: mäßig durchblutete Organe und Gewebe, - - -: Fettgewebe.

2.2.4.1 Metabolismus

Der Metabolismus ist meist ein enzymatisch katalysierter Vorgang. Wahrscheinlich können alle Organe und Gewebe nicht nur körpereigene Substanzen, sondern auch Fremdstoffe metabolisieren. Quantitativ hat die gut durchblutete Leber die größte Bedeutung für den Fremdstoffmetabolismus, da sie viele der erforderlichen Enzyme in hohen Aktivitäten besitzt (siehe Phase-I- und Phase-II-Enzyme, Kapitel 3).

Nach oraler Aufnahme kann es infolge der Passage des Stoffes durch die Leber nicht nur zur Verringerung seiner Bioverfügbarkeit kommen, sondern auch, als Folge einer *Bioaktivierung*, zu höheren Blut- bzw. Plasmakonzentrationen wirksamer bzw. toxischer Metaboliten als nach anderen Applikationsarten. Weitere für den Metabolismus von Fremdstoffen quantitativ relevante Organe bzw. Gewebe sind vor allem Lunge, Niere und der Magen-Darm-Trakt.

Sättigungskinetik

Die enzymkatalysierte Biotransformation von Stoffen unterliegt immer einer Sättigungskinetik. Im einfachsten Fall lässt sie sich mittels einer Kinetik nach Michaelis und Menten beschreiben.

Die Michaelis-Menten-Gleichung drückt die Geschwindigkeit der Produktbildung (v) aus einer enzymatisch vermittelten Substratumsetzung als Funktion der Substratkonzentration (c) am Enzym, der maximalen Produktbildungsgeschwindigkeit (V_{max}) und der sogenannten *Michaelis-Konstanten* (K_m) aus:

$$v = \frac{V_{max} \cdot c}{K_m + c} \tag{2.3}$$

K_m hat die Dimension einer Konzentration. Der Wert dieser Konstanten entspricht derjenigen Konzentration c, bei welcher die halbmaximale Produktbildungsgeschwindigkeit erreicht ist. Die Michaelis-Konstante stellt ein Maß für die Affinität des Enzyms zu seinem Substrat dar: je kleiner der K_m-Wert, umso größer die Affinität.

Im niedrigen Konzentrationsbereich, wenn die Werte von c viel kleiner als der K_m-Wert sind, ist v proportional zu c. Damit liegt eine *Kinetik erster Ordnung* vor, die man wegen der Proportionalität zwischen Geschwindigkeit und Konzentration auch als *lineare Kinetik* bezeichnet. Der Proportionalitätsfaktor ist hier das Verhältnis von V_{max} zu K_m:

$$v \cong \frac{V_{max}}{K_m} \cdot c \quad (\text{wenn } c \ll K_m) \tag{2.4}$$

Mit zunehmendem c wird die proportionale Beziehung zwischen c und v verlassen; die Zunahme von v verringert sich. Wenn c den 10-fachen K_m-Wert erreicht, beträgt der v-Wert 91 % von V_{max}: Weitere Zunahmen von c haben nur noch einen geringen Einfluss auf v. Wird schließlich V_{max} erreicht, folgt der Stoffumsatz unabhängig von c einer *Kinetik nullter Ordnung*, d. h., er ist konstant:

$$\lim_{c \to \infty} v = V_{max} = \text{konstant} \tag{2.5}$$

Es ist zu beachten, dass der Wert von V_{max} proportional zur Konzentration des Enzyms im metabolisierenden Organ ist.

Falls zusätzlich zum untersuchten Stoff eine zweite Substanz gegenwärtig ist, die mit dem metabolisierenden Enzym interagiert, kommt es häufig zu einer *kompetitiven Inhibition* (Hemmung) aufgrund der Konkurrenz um die Substratbindungsstelle des Enzyms. Als Folge der Verdrängung des Stoffes durch die zweite Substanz kann die einer bestimmten Stoffkonzentration entsprechende Produktbildungsgeschwindigkeit reduziert sein. Es resultieren inhibitionsbedingte, größere K_m-Werte als derjenige, der allein durch die Interaktion von Stoff und Enzym zustande kommt. Die kinetischen Eigenschaften des metabolisierenden Enzyms selbst werden bei der kompetitiven Inhibition nicht verändert; V_{max} bleibt gleich. In Abb. 2.3 wird exemplarisch v in Abhängigkeit von c für eine Michaelis-Menten-Kinetik gezeigt sowie die durch eine kompetitive Inhibition hervorgerufene Änderung dieser Beziehung.

Clearance

Die *Clearance (Cl)* ist ein Maß für die Elimination von Stoffen. Sie ist das Verhältnis von Eliminationsgeschwindigkeit (ausgedrückt als Menge pro Zeitein-

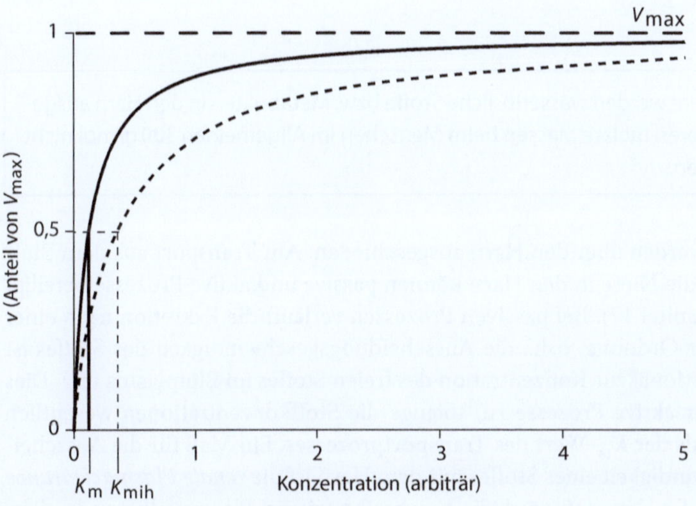

Abb. 2.3 Enzymkatalysierte Umsatzgeschwindigkeit eines Substrats in Abhängigkeit von seiner Konzentration am Beispiel einer Sättigungskinetik nach Michaelis-Menten bei Ab- und bei Anwesenheit eines kompetitiven Inhibitors. Kurven: ——: ohne Inhibitor, – –: mit kompetitivem Inhibitor. Abkürzungen: K_m: Michaelis-Konstante: Substratkonzentration bei halbmaximaler Umsatzgeschwindigkeit. K_{mih}: scheinbarer K_m-Wert bei Anwesenheit einer bestimmten Konzentration eines kompetitiven Inhibitors. V_{max}: maximale Umsatzgeschwindigkeit.

heit) zur jeweiligen Substanzkonzentration und hat die Dimension eines Volumenstroms (Volumen pro Zeiteinheit). Die Clearance hat einen konstanten Wert, wenn eine Eliminationskinetik erster Ordnung vorliegt. Bei einer Sättigungskinetik wird sie mit zunehmender Konzentration kleiner, wie sich aus folgender Gleichung am Beispiel einer Michaelis-Menten-Kinetik schließen lässt:

$$\mathrm{Cl} = \frac{V_{\mathrm{max}}}{K_{\mathrm{m}} + c} \tag{2.6}$$

Aus dieser Gleichung wird auch ersichtlich, dass der höchste Wert der Clearance einer metabolischen Elimination gleich dem Verhältnis von V_{max} zu K_m ist. Er ist identisch mit der Steigung der Michaelis-Menten-Funktion im niedrigen Konzentrationsbereich, wenn für v die Dimension Menge pro Zeiteinheit gewählt wird (vgl. Abb. 2.3).

2.2.4.2 **Exkretion**

> Die Exkretion eines Stoffes bzw. von Metaboliten geschieht vorwiegend über die Niere, den Darm und – bei flüchtigen Stoffen – die Lunge. Die Exkretion über Haut und Muttermilch ist im Allgemeinen quantitativ vernachlässigbar.

Niere

> Über die Niere werden wasserlösliche Stoffe bzw. Metaboliten in den Harn ausgeschieden, deren molare Massen beim Menschen im Allgemeinen 300 g/mol nicht überschreiten.

Viele Stoffe werden über den Harn ausgeschieden. Am Transport aus dem Blutplasma über die Niere in den Harn können passive und aktive Prozesse beteiligt sein (siehe Kapitel 17). Bei passiven Prozessen verläuft die Exkretion nach einer Kinetik erster Ordnung, d. h., die Ausscheidungsgeschwindigkeit des Stoffes ist direkt proportional zur Konzentration des freien Stoffes im Blutplasma (c_P). Dies trifft auch für aktive Prozesse zu, solange die Stoffkonzentrationen wesentlich kleiner sind als der K_m-Wert des Transportprozesses. Ein Maß für die Ausscheidungsgeschwindigkeit eines Stoffes mit dem Harn ist die *renale Plasmaclearance* (Cl_{ren}), die auf c_P bezogen wird. Sie beschreibt, wieviel Plasmavolumen in einer bestimmten Zeit vollkommen von dem Stoff geklärt wird. Zur Ermittlung von Cl_{ren} wird c_P in der Zeitmitte einer kürzeren Urinsammelperiode gemessen. Außerdem wird die in diesem Zeitraum (Δt) mit dem Urin eliminierte Stoffmenge bestimmt. Sie ist das Produkt aus Urinvolumen (V_{ur}) und der Stoffkonzentration im Urin (c_{ur}). Somit ergibt sich Cl_{ren} zu:

$$\mathrm{Cl}_{\mathrm{ren}} = \frac{V_{\mathrm{ur}} \cdot c_{\mathrm{ur}}}{\Delta t \cdot c_{\mathrm{P}}} \tag{2.7}$$

Für jedes Organ, Gewebe oder für die Summe von Organen und Geweben kann eine entsprechende Clearance definiert werden. Da sie sich auf ein bestimmtes Milieu bezieht, zumeist Plasma oder Blut, muss das Milieu bei Angabe eines Clearancewerts immer erwähnt werden. Werden die Eliminationsclearances aller Organe und Gewebe des Organismus auf ein einziges Milieu (z. B. Blutplasma) bezogen, so ist ihre Summe identisch mit der sogenannten *Gesamtkörperclearance* oder *totalen Clearance.*

Darmtrakt

> Stoffe, die über den Stuhl eliminiert werden, sind entweder nach oraler Gabe nicht resorbiert worden oder können von der Leber über die Galle oder direkt durch die Darmschleimhaut in den Darm gelangt sein.

Beim Menschen werden vorwiegend Stoffe mit molaren Massen oberhalb von etwa 500 g/mol von der Leber über die ebenda sezernierte Galle in den Darm transportiert. Gallegängige Stoffe zeichnen sich im Allgemeinen nicht nur durch ihre molekulare Masse, sondern auch durch eine polare Gruppe aus. Solche Bedingungen können nach Reaktionen der Phasen I und II (siehe Kapitel 3) erfüllt sein.

Quantitativ die größte Bedeutung für die Phase-II-Reaktion hat die Konjugation mit Glucuronsäure, die durch die Glucuronyltransferase im endoplasmatischen Retikulum der Leberzelle (Hepatozyt) katalysiert wird. Die Konzentrationen von Fremdstoffen in der Galle können die im Plasma um ein Vielfaches übertreffen, sodass es zu hohen Konzentrationen toxischer Stoffe im *hepatobiliären* (Leber-Galle) System kommen kann. Manche der mit der Galle in den Darm gelangten Stoffe werden durch bakterielle Enzyme weiter metabolisiert. So können Glucuronsäurekonjugate durch bakterielle β-Glucuronidasen gespalten werden. Die freigesetzten Substanzen können über den Darm zurückresorbiert werden, gelangen dann über das Pfortaderblut in die Leber und, nach Konjugation mit Glucuronsäure, mit der Galle wieder in den Darm, wo sie erneut freigesetzt werden. Somit entsteht ein *enterohepatischer Kreislauf*. Er wird auch als Darm-Leber-Kreislauf bezeichnet (vgl. Abb. 2.1).

Außer über die Galle können einige Stoffe auch intestinal direkt durch die Darmschleimhaut in das Darmlumen ausgeschieden werden, wie für das herzwirksame Glykosid Digoxin und das Schwermetall Quecksilber nachgewiesen wurde. Es gibt Hinweise auf die besondere Bedeutung dieses Weges für die Elimination von TCDD und seinen Kongeneren sowie von sehr langsam metabolisierten polyhalogenierten Biphenylen. Diese sehr lipophilen Substanzen, die im Fäzesfett ausgeschieden werden, können durch passive Diffusion in das Fett des Darminhaltes gelangt sein.

Lunge

> Inhalierte Gase und Dämpfe sowie flüchtige Metaboliten werden zumindest teilweise wieder exhaliert.

Das Ausmaß der Stoffexhalation hängt von der Belüftung der Alveolen (*alveoläre Ventilation*), der Stoffkonzentration im Kapillarblut der Alveolen und dem stoffspezifischen Blut-zu-Luft-Verteilungskoeffizienten ab. Je größer alveoläre Ventilation und Stoffkonzentration und je kleiner der Blut-zu-Luft-Verteilungskoeffizient sind, desto größer ist die pro Zeiteinheit exhalierte Stoffmenge.

2.3 Toxikokinetische Modelle

> Die am häufigsten verwendeten Modelle zur Beschreibung der Toxikokinetik von Stoffen sind Kompartiment-Modelle.

Ein Kompartiment ist durch sein Volumen und die Stoffkonzentration bzw. das Produkt aus beiden, der Stoffmenge, definiert, die es zu einer bestimmten Zeit t

enthält. Innerhalb eines Kompartiments gilt der Stoff jederzeit als gleichmäßig verteilt. Die Kompartimente sind offen, denn der Stoff muss in sie eindringen und sie auch wieder verlassen können. Für jedes Kompartiment kann die Änderung der Stoffmenge bzw. -konzentration in Abhängigkeit von der Zeit mittels einer Differenzialgleichung beschrieben werden.

2.3.1 Klassische Kompartiment-Modelle

Sogenannte klassische Kompartiment-Modelle werden vor allem zur Beschreibung von im Blut bzw. Plasma gemessenen Konzentrations-Zeit-Kurven von Stoffen verwendet, wobei die Anzahl der Kompartimente durch die Kurvenform bestimmt wird.

In der Regel reichen zwei Kompartimente aus. Die Kompartimente stellen imaginäre Einheiten dar. Sie müssen nicht auf physiologischen Grundlagen beruhen.

2.3.1.1 Ein-Kompartiment-Modell

Das Ein-Kompartiment-Modell stellt das einfachste toxikokinetische Modell dar. Es kann angewandt werden, wenn der Verteilungsprozess viel schneller abläuft als die Resorptions- und Eliminationsprozesse.

Am Beispiel dieses Modells (Abb. 2.4a–c) werden im Folgenden wichtige toxikokinetische Grundbegriffe erläutert.

Intravasale Applikation; Halbwertszeit; apparentes Verteilungsvolumen

Intravasale Applikation Zum Zeitpunkt $t = 0$ werde eine Dosis D_{iv} intravasal als *Bolus*, d. h. innerhalb eines sehr kurzen Zeitraums, injiziert. Die Verteilung verlaufe im Vergleich zur Elimination sehr schnell. Nur die einer Kinetik erster Ordnung unterliegende Eliminationsphase sei erkennbar (Abb. 2.5a,b). Das diesen Vorstellungen entsprechende Modell ist in Abb. 2.4a gezeigt. In diesem Fall gilt für die Eliminationsgeschwindigkeit (ausgedrückt als Konzentrationsänderung pro Zeiteinheit $\mathrm{d}c/\mathrm{d}t$):

$$\frac{\mathrm{d}c}{\mathrm{d}t} = -k_e \cdot c \tag{2.8}$$

Das negative Vorzeichen vor k_e, der Geschwindigkeitskonstanten der Elimination (Dimension Zeit^{-1}), bezeichnet die Konzentrationsabnahme, c die Stoffkonzentration, beispielsweise im Plasma.

Die Lösung der Differenzialgleichung ergibt die Konzentrations-Zeit-Funktion der Elimination:

$$c_{(t)} = c_{(0)} \cdot \mathrm{e}^{-k_e \cdot t} \tag{2.9}$$

Die Stoffkonzentrationen zu einem Zeitpunkt t bzw. zum Zeitpunkt $t = 0$ sind mit $c_{(t)}$ und $c_{(0)}$ gekennzeichnet (Abb. 2.5a,b). In halblogarithmischer Auftragung mit dekadischem Logarithmus (lg-Skala) ergibt diese Funktion eine Gerade mit der Steigung $-k_e/\ln 10$ (Abb. 2.5b). Aus gemessenen Daten ist der Wert von k_e mittels Regressionsanalyse bestimmbar. Er lässt sich auch nach Logarithmieren von Gl. (2.9) zu

$$\ln c_{(t)} = \ln c_{(0)} - k_e \cdot t \tag{2.10}$$

und Umformen errechnen:

$$k_e = \frac{\ln c_{(0)} - \ln c_{(t)}}{t} \tag{2.11}$$

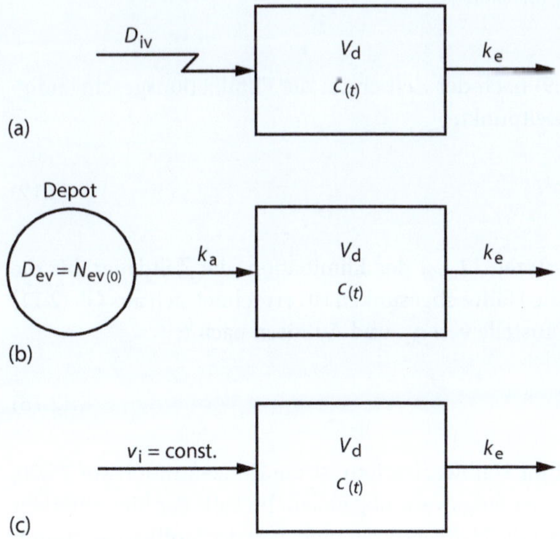

Abb. 2.4 Ein-Kompartiment-Modell zur Beschreibung der Toxikokinetik eines Stoffes bei verschiedenen Applikationsarten: (a) intravasale Injektion; (b) extravasale Applikation; (c) Inhalation bei konstanter Luftkonzentration oder intravasale Dauerinfusion. Abkürzungen: $c_{(t)}$: Stoffkonzentration im Kompartiment zu irgendeinem Zeitpunkt t, D_{ev}: extravasal verabreichte Dosis, D_{iv}: intravasal verabreichte Bolusdosis, k_a: Geschwindigkeitskonstante der Stoffaufnahme in das Kompartiment, k_e: Geschwindigkeitskonstante der Elimination, $N_{ev(0)}$: Extravasale Stoffmenge zum Zeitpunkt $t = 0$, V_d: apparentes Verteilungsvolumen, v_i: Geschwindigkeit der Invasion (Stoffmenge/Zeit). Anmerkung: Die Pfeile symbolisieren die Richtung des Stofftransports.

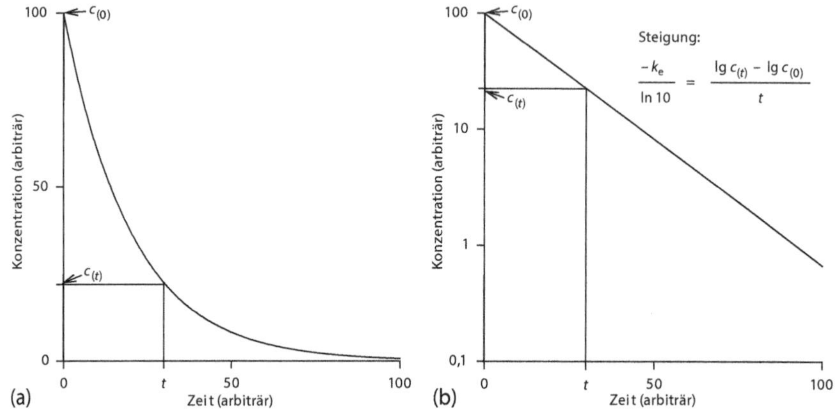

Abb. 2.5 Konzentrations-Zeit-Verlauf eines Stoffes im Ein-Kompartiment-Modell nach einmaliger, intravasaler Applikation einer Bolusdosis; Elimination nach einer Kinetik erster Ordnung: (a) lineare Darstellung; (b) halblogarithmische Darstellung. Abkürzungen: $c_{(0)}$, $c_{(t)}$: Stoffkonzentration zum Zeitpunkt $t = 0$ bzw. zu irgendeinem Zeitpunkt t; k_e: Geschwindigkeitskonstante der Elimination.

Die Ableitung von Gl. (2.9) nach der Zeit ergibt die Eliminationsgeschwindigkeit zu einem bestimmten Zeitpunkt:

$$\frac{dc_{(t)}}{dt} = -k_e \cdot c_{(0)} \cdot e^{-k_e \cdot t} \tag{2.12}$$

Halbwertszeit Die Halbwertszeit ($T_{1/2}$) der Elimination, die Zeitdauer, bis die Anfangskonzentration auf die Hälfte abgesunken ist, errechnet sich aus Gl. (2.11) durch Einsetzen von $c_{(0)}/2$ anstelle von $c_{(t)}$ und Auflösen nach t:

$$T_{1/2} = \frac{\ln 2}{k_e} \approx \frac{0{,}693}{k_e} \tag{2.13}$$

Nach zwei, drei, vier bzw. fünf Halbwertszeiten ist die Konzentration auf 75,00, 87,50, 93,75 bzw. 96,88 % des Anfangswerts abgefallen. Im Falle der hier unterlegten Kinetik erster Ordnung ist die Halbwertszeit nicht von der Stoffkonzentration abhängig.

Apparentes Verteilungsvolumen Der applizierte Stoff verteilt sich meistens nicht gleichmäßig im Organismus, sondern reichert sich entsprechend seiner physikochemischen Eigenschaften in bestimmten Organen oder Geweben an (siehe Abschn. 2.2.3). Dieser Vorgang wird im Ein-Kompartiment-Modell als sehr schnell im Vergleich zur Elimination angesehen und sein Zeitverlauf vernachlässigt. Es ist aber möglich, die zu einem bestimmten Zeitpunkt t im Körper vorhandene Stoffmenge $N_{(t)}$ mit der z. B. im Blutplasma gemessenen Konzentration $c_{(t)}$ zu verknüpfen. Hierzu wird der Faktor V_d eingeführt:

$$V_d = \frac{N_{(t)}}{c_{(t)}} \quad (2.14)$$

V_d hat die Dimension eines Volumens und wird als scheinbares oder apparentes Verteilungsvolumen bezeichnet. Im Ein-Kompartiment-Modell ist der Wert von V_d normalerweise konstant. Er kann nach intravasaler Applikation einer bestimmten, zum Zeitpunkt $t = 0$ verabfolgten Stoffmenge, der Bolusdosis D_{iv}, und der für den Zeitpunkt $t = 0$ rückextrapolierten (vgl. Abb. 2.5b) Konzentration $c_{(0)}$ leicht berechnet werden:

$$V_d = \frac{D_{iv}}{c_{(0)}} \quad (2.15)$$

Da bei den meisten Stoffen die Verteilung zwischen den einzelnen Geweben nicht homogen ist, hängt die Größe von V_d von dem Milieu ab, in dem c gemessen wird. Gilt beispielsweise für den *in vitro* bestimmbaren stoffcharakteristischen Verteilungskoeffizienten Vollblut-zu-Blutplasma (P_{BP}) $P_{BP} \neq 1$, so ergibt sich ein anderes V_d, wenn die Stoffkonzentration nicht im Blutplasma, sondern im Vollblut gemessen wird.

Viele Fremdstoffe binden an Proteine, wodurch die Konzentration des freien, ungebundenen Anteils im Plasma gesenkt wird. Dieser Effekt kann zu hohen Werten für V_d führen, das auf die freie Stoffkonzentration im Plasma bzw. Blut bezogen ist. Im Allgemeinen ist das Verhältnis von freiem zu gebundenem Anteil über einen weiten Konzentrationsbereich konstant. Da aber mit ansteigender Konzentration die Bindungsstellen zunehmend besetzt werden, steigt schließlich der freie Anteil an. In solchen Fällen ist V_d bei hohen Konzentrationen kleiner als bei niedrigen. Stoffe, welche die Gefäßwände und Zellmembranen der Erythrozyten nicht permeieren können, verteilen sich nur im Plasmavolumen des intravasalen Raums. In solchen Fällen ist der Wert von V_d identisch mit dem des Plasmavolumens. Beispiele hierfür sind die Makromoleküle Heparin oder Evans Blau. Bei den amphiphilen Stoffen Ethylenoxid, Ethanol und Aceton ist V_d etwas größer als das gesamte Körperwasser, das beim Erwachsenen etwa 60 % des Körpervolumens ausmacht.

Extravasale Applikation

Eine Stoffmenge werde als extravasale Bolusdosis D_{ev} oral, intraperitoneal, intramuskulär, epi- oder subkutan verabreicht. Es wird angenommen, dass der Stoff nach einer Kinetik erster Ordnung vom Applikationsort in den Blutkreislauf gelangt und dort unmittelbar verteilt wird. In Abb. 2.4b ist das entsprechende kinetische Modell gezeigt. Für die Stoffmenge $N_{ev(t)}$ am Applikationsort (Magen, Bauchfell, Muskel, Haut oder Unterhautgewebe) gilt analog zu Gl. (2.9):

$$N_{ev(t)} = D_{ev} \cdot e^{-k_a \cdot t} \quad (2.16)$$

Hier sind $N_{ev(t)}$ die zu irgendeinem Zeitpunkt t noch am Applikationsort vorhandene Stoffmenge und k_a die Geschwindigkeitskonstante des Resorptionsprozesses.

Für $t = 0$ gilt nach Gl. (2.16):

$$N_{\text{ev}(0)} = D_{\text{ev}} \tag{2.17}$$

Nach der Zeit abgeleitet, ergibt sich aus Gl. (2.16) für die Geschwindigkeit des Mengenverlusts am Applikationsort zu irgendeinem Zeitpunkt t:

$$\frac{\mathrm{d}N_{\text{ev}(t)}}{\mathrm{d}t} = -k_\text{a} \cdot D_\text{ev} \cdot \mathrm{e}^{-k_\text{a} \cdot t} \tag{2.18}$$

Da angenommen wird, dass die gesamte applizierte Stoffmenge aufgenommen wird, ist zu jedem Zeitpunkt der (negative) Wert der Geschwindigkeit des Stoffverlusts am Applikationsort gleich dem (positiven) Wert der Resorptionsgeschwindigkeit. Somit ist die Resorptionsgeschwindigkeit (ausgedrückt als Konzentrationsänderung pro Zeiteinheit) unter Berücksichtigung von V_d:

$$\frac{\mathrm{d}c_{(t)}}{\mathrm{d}t} = +k_\text{a} \cdot \frac{D_\text{ev}}{V_\text{d}} \cdot \mathrm{e}^{-k_\text{a} \cdot t} \tag{2.19}$$

Der Konzentrations-Zeit-Verlauf der Resorption in das Kompartiment (Abb. 2.6) errechnet sich mittels der nach Integration von Gl. (2.19) unter Berücksichtigung der Anfangsbedingung $c_{(0)} = 0$ erhaltenen Funktion:

$$c_{(t)} = \frac{D_\text{ev}}{V_\text{d}} \cdot (1 - \mathrm{e}^{-k_\text{a} \cdot t}) \tag{2.20}$$

Nach einer anfänglich schnellen Konzentrationszunahme wird schließlich ein Plateau erreicht, wenn die gesamte Stoffmenge aufgenommen ist.

Nahezu alle vom Körper aufgenommenen Stoffe werden eliminiert. Die Elimination beginnt schon während der Resorptionsphase. Dies ist im Modell berücksichtigt, wobei die Elimination einer Kinetik erster Ordnung folgt (Abb. 2.4b). Entsprechend stellt die Konzentrationsänderung pro Zeiteinheit zu jedem Zeitpunkt t die Summe von Resorptions- (Gl. (2.19)) und Eliminationsgeschwindigkeit (Gl. (2.8)) dar:

$$\frac{\mathrm{d}c_{(t)}}{\mathrm{d}t} = +k_\text{a} \cdot \frac{D_\text{ev}}{V_\text{d}} \cdot \mathrm{e}^{-k_\text{a} \cdot t} - k_\text{e} \cdot c_{(t)} \tag{2.21}$$

Mit $c_{(0)} = 0$ ergibt sich als Lösung dieser Differenzialgleichung eine Konzentrations-Zeit-Funktion, die als *Bateman-Funktion* bezeichnet wird (Abb. 2.6):

$$c_{(t)} = \left[\frac{D_\text{ev}}{V_\text{d}} \cdot \frac{k_\text{a}}{k_\text{e} - k_\text{a}}\right] \cdot (\mathrm{e}^{-k_\text{a} \cdot t} - \mathrm{e}^{-k_\text{e} \cdot t}) \tag{2.22}$$

Die Gleichung gilt für $k_\text{a} \neq k_\text{e}$.

Der terminale Konzentrations-Zeit-Verlauf der Bateman-Kurve hängt von derjenigen Teilfunktion $\mathrm{e}^{-k_i \cdot t}$ ab (k_i ist entweder k_a oder k_e), welche den kleineren k_i-Wert besitzt. Diese Teilfunktion sinkt langsamer ab als diejenige mit dem

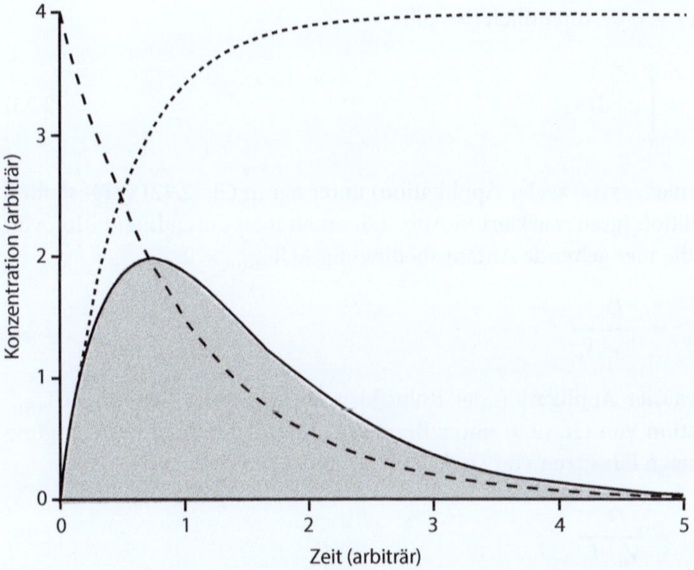

Abb. 2.6 Konzentrations-Zeit-Verläufe eines einmalig intra oder extravasal verabreichten Stoffes im Ein-Kompartiment-Modell; Resorption und Elimination jeweils nach einer Kinetik erster Ordnung.
Kurven: – –: Elimination nach intravasaler Applikation einer Bolusdosis, - - - - -: Resorption im Kompartiment nach Applikation der gleichen Dosis in ein Depot (keine Elimination), ——: Kombination von Resorption und Elimination (Bateman-Funktion), schraffierte Fläche: Fläche unter der Bateman-Kurve.

größeren Wert. In einigen wenigen Fällen ist die terminale Eliminationsphase nicht durch k_e, sondern durch k_a gekennzeichnet. In einem solchen Fall ($k_e > k_a$) spricht man von einer *Flip-Flop-Kinetik*. Hier ist die Resorption langsam verglichen mit der Elimination. Allein aus dem Konzentrations-Zeit-Verlauf einer Bateman-Funktion lässt sich nicht entscheiden, welcher k_i-Wert zu welcher Teilfunktion gehört. Der k_e-Wert kann durch eine weitere Studie mit intravasaler Applikation bestimmt werden.

Fläche unter der Kurve; Bioverfügbarkeit; totale Clearance

Fläche unter der Kurve

> Die Wahrscheinlichkeit für das Auftreten und das Ausmaß chronisch-toxischer Wirkungen wird oft mit der Fläche unter der Konzentrations-Zeit-Kurve (Area under the Curve; AUC) der wirksamen Substanz (applizierter Stoff oder Metabolit) im Blut oder Plasma korreliert.

Die AUC (Dimension: Konzentration · Zeit) errechnet sich durch Integration der die Konzentrations-Zeit-Kurve wiedergebenden Funktion über die Zeit. Für den

Zeitraum von $t = 0$ bis unendlich (∞) gilt:

$$\mathrm{AUC}_0^\infty = \int_0^\infty c \cdot \mathrm{d}t \qquad (2.23)$$

Die $\mathrm{AUC}_{\mathrm{ev}0}^{\infty}$ (nach extravasaler Applikation) unter der in Gl. (2.22) vorgestellten Bateman-Funktion (grau markiert in Abb. 2.6) erhält man durch Integration von Gl. (2.22) für die hier geltende Anfangsbedingung $\mathrm{AUC}_{\mathrm{ev}(0)} = 0$:

$$\mathrm{AUC}_{\mathrm{ev}0}^{\infty} = \frac{D_{\mathrm{ev}}}{V_\mathrm{d} \cdot k_\mathrm{e}} \qquad (2.24)$$

Nach intravasaler Applikation der Bolusdosis D_{iv} errechnet sich die $\mathrm{AUC}_{\mathrm{iv}0}^{\infty}$ durch Integration von Gl. (2.9) unter Berücksichtigung der Anfangsbedingung $\mathrm{AUC}_{\mathrm{iv}(0)} = 0$ nach Einsetzen von $D_{\mathrm{iv}}/V_\mathrm{d}$ für $c_{(0)}$ (Gl. (2.15)) zu:

$$\mathrm{AUC}_{\mathrm{iv}0}^{\infty} = \frac{D_{\mathrm{iv}}}{V_\mathrm{d} \cdot k_\mathrm{e}} \qquad (2.25)$$

Wenn die gleiche Dosis intravasal oder extravasal verabreicht wird ($D_{\mathrm{iv}} = D_{\mathrm{ev}}$) und die Resorption vollkommen ist, ergibt sich nach intravasaler und extravasaler Applikation die gleiche AUC_0^∞.

Die Fläche unter einem experimentell erhaltenen Konzentrations-Zeit-Verlauf lässt sich von $t = 0$ bis zum Zeitpunkt des letzten Messwertes modellunabhängig durch numerische Integration ermitteln, beispielsweise mit dem Trapezverfahren (Abb. 2.7). Im Fall eines Konzentrationsabfalls lässt sich auch die AUC_0^∞ berechnen. Hierzu addiert man zum erhaltenen Flächenwert den Quotienten aus dem letzten gemessenen Konzentrationswert und einem aus den letzten Konzentrations-Zeit-Daten abgeschätzten Wert der Eliminationskonstanten (Abb. 2.7).

Bioverfügbarkeit Ist die Resorption nach extravasaler Applikation nicht vollständig oder liegt ein First-Pass-Effekt vor, dann ist die Fläche unter der Konzentrations-Zeit-Kurve $\mathrm{AUC}_{\mathrm{ev}0}^{\infty}$ kleiner als die Fläche $\mathrm{AUC}_{\mathrm{iv}0}^{\infty}$, welche nach intravasaler Applikation der gleichen Dosis erhalten wird. Unter solchen Bedingungen lässt sich die $\mathrm{AUC}_{\mathrm{ev}0}^{\infty}$ nicht durch Gl. (2.24) beschreiben, da die Bioverfügbarkeit reduziert ist.

Die Bioverfügbarkeit ist auf die nach intravasaler Applikation erhaltene $\mathrm{AUC}_{\mathrm{iv}0}^{\infty}$ bezogen und als Anteil F von $\mathrm{AUC}_{\mathrm{iv}0}^{\infty}$ angegeben. F errechnet sich aus der nach extravasaler Verabreichung einer Dosis D_{ev} ermittelten $\mathrm{AUC}_{\mathrm{ev}0}^{\infty}$ und der nach intravasaler Verabreichung einer Bolusdosis D_{iv} bestimmten $\mathrm{AUC}_{\mathrm{iv}0}^{\infty}$ zu:

$$F = \frac{\mathrm{AUC}_{\mathrm{ev}0}^{\infty}/D_{\mathrm{ev}}}{\mathrm{AUC}_{\mathrm{iv}0}^{\infty}/D_{\mathrm{iv}}} \qquad (2.26)$$

Bei vollständiger Bioverfügbarkeit ist $F = 1$. Gleichung (2.26) ist gültig für eine Kinetik erster Ordnung.

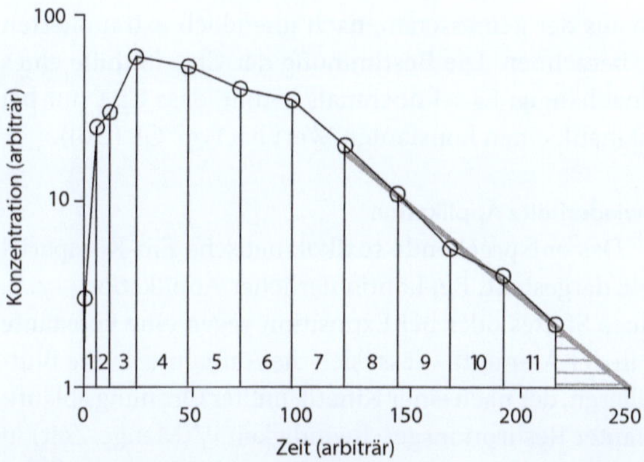

Abb. 2.7 Bestimmung der Fläche unter einer experimentell erhaltenen Konzentrations-Zeit-Kurve. Die einzelnen (11) Flächen zwischen den gemessenen Konzentrations-Zeit-Daten werden als Trapeze errechnet und anschließend addiert. Zur Extrapolation der Fläche bis $t = \infty$ wird zu dieser Summe wird der Quotient aus dem letzten gemessenen Konzentrationswert und einem aus den letzten Konzentrations-Zeit-Daten abgeschätzten Wert der Eliminationskonstanten addiert. Die grau gefärbte Linie durch die letzten (hier fünf) Messpunkte wird durch lineare Regressionsanalyse erhalten. Aus ihrer Steigung ergibt sich die terminale Eliminationskonstante. Das grau schraffierte Dreieck stellt die Fläche unter der grau markierten, vom Zeitpunkt der letzten Messung bis $t = \infty$ extrapolierten Kurve dar. Diese Fläche ist gleich dem Quotienten aus der Konzentration des letzten Messwerts und der Eliminationskonstanten.

Totale Clearance Die aus einer einmaligen intravasalen Stoffapplikation resultierende Konzentrationsänderung pro Zeit (Gl. (2.8)) lässt sich unter Verwendung von V_d auch als Änderung der pro Zeiteinheit eliminierten Stoffmenge ($\mathrm{d}N_\mathrm{e}/\,\mathrm{d}t$) angeben:

$$\frac{\mathrm{d}N_\mathrm{e}}{\mathrm{d}t} = -k_\mathrm{e} \cdot V_\mathrm{d} \cdot c \tag{2.27}$$

Das Produkt aus k_e und V_d ist eine Clearance, denn es stellt den Proportionalitätsfaktor zwischen $\mathrm{d}N_\mathrm{e}/\,\mathrm{d}t$ und der Stoffkonzentration c dar (siehe Abschn. 2.2.4.1). Da im Ein-Kompartiment-Modell die gesamte Elimination aus dem Körper betrachtet wird, ist diese Clearance die Gesamtkörperclearance oder totale Clearance $\mathrm{Cl_{tot}}$:

$$\mathrm{Cl_{tot}} = k_\mathrm{e} \cdot V_\mathrm{d} \tag{2.28}$$

Der Wert von $\mathrm{Cl_{tot}}$ ist abhängig vom Milieu, in dem der Konzentrations-Zeit-Verlauf untersucht wird (beispielsweise Plasma), weil die Größe von V_d hiervon abhängt.

Ein Vergleich von Gl. (2.28) mit (2.25) zeigt, dass $\mathrm{Cl_{tot}}$ auch aus der intravasal verabreichten Bolusdosis D_iv und der $\mathrm{AUC}_{\mathrm{iv}0}^{\infty}$ erhalten werden kann:

$$\mathrm{Cl_{tot}} = \frac{D_\mathrm{iv}}{\mathrm{AUC}_{\mathrm{iv}0}^{\infty}} \tag{2.29}$$

Die AUC_{iv0}^{∞} lässt sich auch aus der gemessenen, nach unendlich extrapolierten Konzentrations-Zeit-Kurve berechnen. Die Bestimmung der Cl_{tot} mithilfe eines AUC_{iv0}^{∞}-Werts ist modellunabhängig. Es sei nochmals betont, dass Cl_{tot} nur bei einer linearen Eliminationskinetik einen konstanten Wert hat (vgl. Gl. (2.6)).

Kontinuierliche Applikation; wiederholte Applikation

Kontinuierliche Applikation Das entsprechende toxikokinetische Ein-Kompartiment-Modell ist in Abb. 2.4c dargestellt. Bei kontinuierlicher Applikation – z. B. bei intravasaler Infusion eines Stoffes oder bei Exposition gegen eine konstante Konzentration eines Gases in der Atemluft – lässt sich die Aufnahme in die Blutbahn als ein Vorgang modellieren, der nach einer Kinetik nullter Ordnung abläuft: Der Stoff gelangt mit konstanter Resorptionsgeschwindigkeit v_i (Menge/Zeit) in das den Organismus repräsentierende Kompartiment. Wenn die Elimination aus dem Organismus einer Kinetik erster Ordnung unterliegt, gilt für die Konzentrationsänderung der Stoffkonzentration c im Untersuchungsmilieu Plasma oder Blut pro Zeiteinheit:

$$\frac{dc}{dt} = \frac{v_i}{V_d} - k_e \cdot c \tag{2.30}$$

Die Lösung dieser Differenzialgleichung lautet, wenn $c_{(0)} = 0$ ist:

$$c_{(t)} = \frac{v_i}{V_d \cdot k_e} \cdot (1 - e^{-k_e \cdot t}) \tag{2.31}$$

Durch die Funktion wiedergegebene Konzentrations-Zeit-Verläufe sind in Abb. 2.8 gezeigt. Im Plateau ist das *Fließgleichgewicht* (engl. *steady state*) erreicht, d. h., die Eliminationsgeschwindigkeit, ausgedrückt als Mengenänderung pro Zeiteinheit dN_e/dt,

$$\frac{dN_e}{dt} = -k_e \cdot V_d \cdot c \tag{2.27}$$

wird hier genauso groß wie die Resorptionsgeschwindigkeit v_i, und die Änderung der Stoffkonzentration im Fließgleichgewicht c_{ss} ist gleich null:

$$\frac{dc_{ss}}{dt} = 0 \tag{2.32}$$

Durch Einsetzen von c_{ss} in Gl. (2.30) ergibt sich unter Beachtung von Gl. (2.32) und Auflösen nach c_{ss}:

$$c_{ss} = \frac{v_i}{k_e \cdot V_d} \tag{2.33}$$

Der Wert von c_{ss} ist also proportional zu v_i und umgekehrt proportional zu V_d bzw. Cl_{tot} (vgl. Gl. (2.28)). Die Zeit bis zum Erreichen von c_{ss} ist von v_i unabhängig; sie wird allein von k_e bestimmt. Nach fünf Halbwertszeiten (siehe Gl. (2.13)) sind etwa 97 % des c_{ss}-Werts erreicht. Nach Applikationsende ist der Konzentrationsabfall in der Eliminationsphase nur abhängig von k_e (Gl. (2.9) mit $c_{(0)} = c_{ss}$).

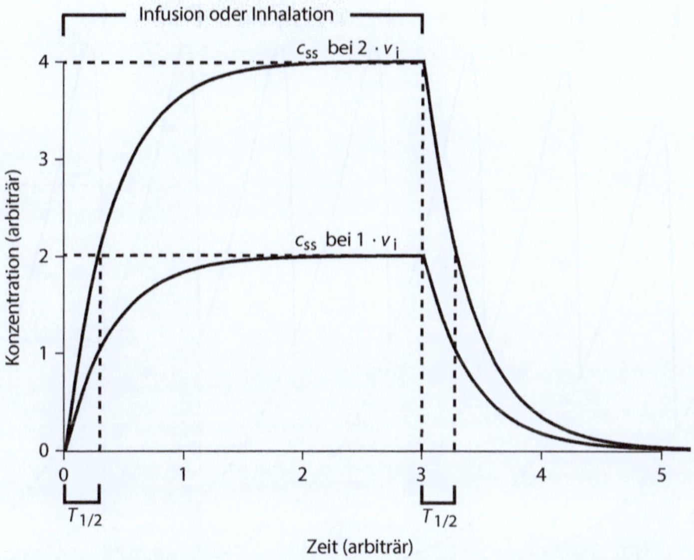

Abb. 2.8 Konzentrations-Zeit-Verläufe eines Stoffes im Ein-Kompartiment-Modell während und nach seiner mit jeweils konstanter Aufnahmegeschwindigkeit stattfindenden Resorption (z. B. Inhalation oder intravasale Infusion); Elimination nach einer Kinetik erster Ordnung.
Abkürzungen: c_{ss}: Stoffkonzentration im Fließgleichgewicht, $T_{1/2}$: Halbwertszeit, v_i: konstante Resorptionsgeschwindigkeit.

Wiederholte Applikation Der einfachste Fall der wiederholten extravasalen Zufuhr (beispielsweise bei oraler Gabe; Bioverfügbarkeit $F = 1$; lineare Kinetik) ist schematisch in Abb. 2.9 gezeigt. Die regelmäßige Applikation der Dosis D_{ev} mit dem konstanten Dosierungsintervall τ entspricht einer konstanten Dosierungsgeschwindigkeit D_{ev}/τ. In Analogie zu Gl. (2.33) ergibt sich für die mittlere Konzentration $\overline{c}_{ss}$, die in einer Art Fließgleichgewicht, hier gekennzeichnet durch eine Fluktuation, erreicht wird:

$$\overline{c}_{ss} = \frac{D_{ev}/\tau}{k_e \cdot V_d} \tag{2.34}$$

Der Stoff erreicht ebenso wie bei der kontinuierlichen Applikation nach etwa fünf Halbwertszeiten das Fließgleichgewicht. Während bei konstanter, kontinuierlicher Applikation ein konstantes c_{ss} erreicht wird, schwanken bei wiederholter Zufuhr die entsprechenden Konzentrationen zwischen einem maximalen (c_{ssmax}) und einem minimalen Wert (c_{ssmin}). Die mittlere Konzentration $\overline{c}_{ss}$ ist nicht identisch mit dem arithmetischen Mittel dieser beiden Werte, da der Konzentrations-Zeit-Verlauf durch eine Kinetik erster Ordnung beschrieben wird. Der Wert von $\overline{c}_{ss}$ kann aus der nach einer Einzeldosis erhaltenen Fläche unter der Konzentrations-Zeit-Kurve ($AUC_{ED_0^\infty}$) berechnet werden. Im Fließgleichgewicht ist die Fläche $AUC_t^{(t+\tau)}$ unter der Konzentrations-Zeit-Kurve eines Dosisintervalls τ identisch mit der $AUC_{ED_0^\infty}$ (Abb. 2.9). Unter Heranziehen der Gln. (2.28), (2.29)

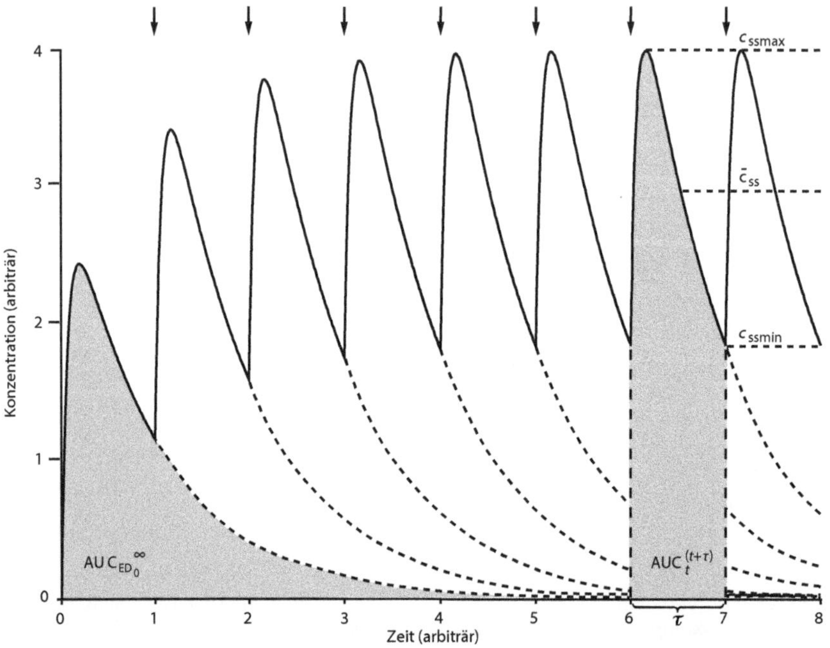

Abb. 2.9 Konzentrations-Zeit-Verläufe eines Stoffes im Ein-Kompartiment-Modell bei wiederholten extravasalen Applikationen (z. B. oral oder intraperitoneal) mit konstantem Dosierungsintervall; Resorption und Elimination jeweils nach einer Kinetik erster Ordnung. Kurven, Symbole und Abkürzungen: ——: Konzentrations-Zeit-Verlauf bei wiederholten Applikationen, - - -: Konzentrations-Zeit-Verläufe nach Beendigung der Applikationen, grau gekennzeichnet: Flächen unter den Kurven, Pfeile: Zeitpunkte der wiederholten Stoffapplikationen, AUC_{ED0}^{∞}: Fläche unter der Konzentrations-Zeit-Kurve vom Zeitpunkt $t = 0$ bis $t = \infty$ für eine Einzeldosis, $AUC_t^{(t+\tau)}$: Fläche unter der Konzentrations-Zeit-Kurve für ein Dosierungsintervall im Fließgleichgewicht, $\bar{c}_{ss}$: mittlere Konzentration im Fließgleichgewicht, c_{ssmax}: maximale Konzentration während eines Dosisintervalls im Fließgleichgewicht, c_{ssmin}: minimale Konzentration während eines Dosisintervalls im Fließgleichgewicht, τ: Dosierungsintervall.

und (2.34) ergibt sich dann für $\bar{c}_{ss}$:

$$\bar{c}_{ss} = \frac{AUC_t^{(t+\tau)}}{\tau} = \frac{AUC_{ED0}^{\infty}}{\tau} \tag{2.35}$$

Sättigungskinetik

Wenn eine Kinetik erster Ordnung vorliegt, ist die AUC_0^{∞} proportional zur verabreichten Dosis (vgl. Gl. (2.29)). Häufig werden in toxikokinetischen Studien Konzentrations-Zeit-Verläufe gefunden, die für enzymkatalysierte Sättigungskinetiken charakteristisch sind (siehe Abschn. 2.2.4.1). In solchen Fällen steigt die AUC_0^{∞} überproportional zur Dosis bzw. Anfangskonzentration an (Abb. 2.10). Zur Beschreibung der Eliminationsgeschwindigkeit wird bei der toxikokinetischen Modellierung häufig eine Michaelis-Menten-Funktion (Gl. (2.3)) herangezogen. Wird für V_{max} die Dimension Menge/Zeit gewählt, ist die maximale

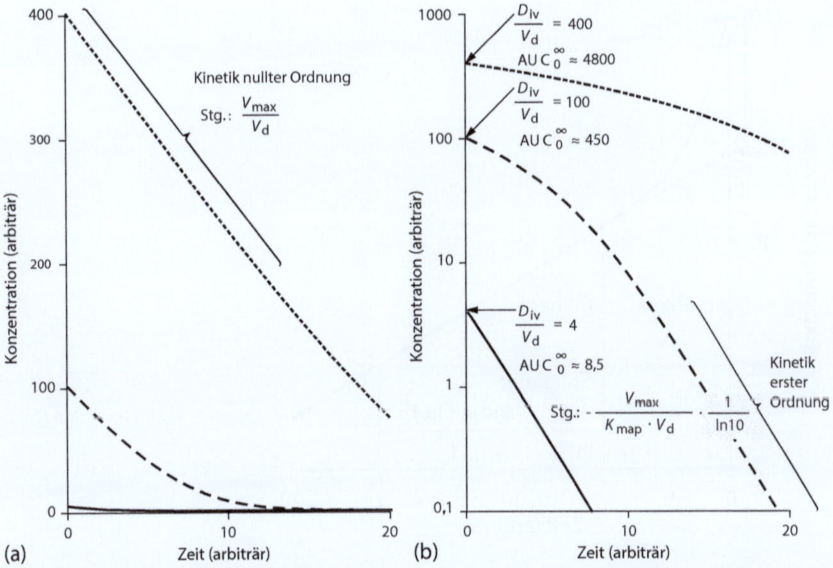

Abb. 2.10 Konzentrations-Zeit-Verläufe eines Stoffes im Ein-Kompartiment-Modell nach einmaligen intravasalen Applikationen verschiedener Bolusdosen; Elimination nach einer Sättigungskinetik: (a) lineare Darstellung; (b) halblogarithmische Darstellung.
Die Abbildung zeigt, dass die Flächen unter den Kurven bei einer Sättigungskinetik mit zunehmenden Anfangskonzentrationen überproportional ansteigen.
Kurven und Abkürzungen: ——: Anfangskonzentration: 4 (arbiträr), – –: Anfangskonzentration: 100 (arbiträr), - - -: Anfangskonzentration: 400 (arbiträr), AUC_0^∞: Fläche unter der Konzentrations-Zeit-Kurve vom Zeitpunkt $t = 0$ bis $t = \infty$, D_{iv}: intravasal applizierte Bolusdosis, K_{map}: apparente Michaelis-Konstante, Stg.: Steigung, V_d: apparentes Verteilungsvolumen, V_{max}: maximale Geschwindigkeit der Elimination (Dimension hier: Menge/Zeit). Anmerkung: D_{iv}/V_d ist gleich der Anfangskonzentration (siehe Gl. (2.15)).

Konzentrationsänderung im Kompartiment V_{max}/V_d. Anstelle des K_m-Werts wird ein apparenter K_{map}-Wert definiert. Dies ist erforderlich, weil die Konzentration c nicht am Enzym, sondern in einer Körperflüssigkeit gemessen wird. Die zu Gl. (2.3) analoge Gleichung ist dann:

$$\frac{dc}{dt} = -\frac{V_{max} \cdot c}{V_d \cdot (K_{map} + c)} \quad (2.36)$$

Das negative Vorzeichen steht für den Konzentrationsverlust. Um ausgehend von dieser Differenzialgleichung c als Funktion von t zu erhalten, müssen iterative Rechenverfahren angewandt werden.

2.3.1.2 **Zwei-Kompartiment-Modell**

Toxikokinetik erster Ordnung; Fläche unter der Kurve; apparentes Verteilungsvolumen; totale Clearance

Toxikokinetik erster Ordnung Bei halblogarithmischer Darstellung eines nach intravasaler Injektion einer Bolusdosis im Plasma oder Blut aufgenommenen Kon-

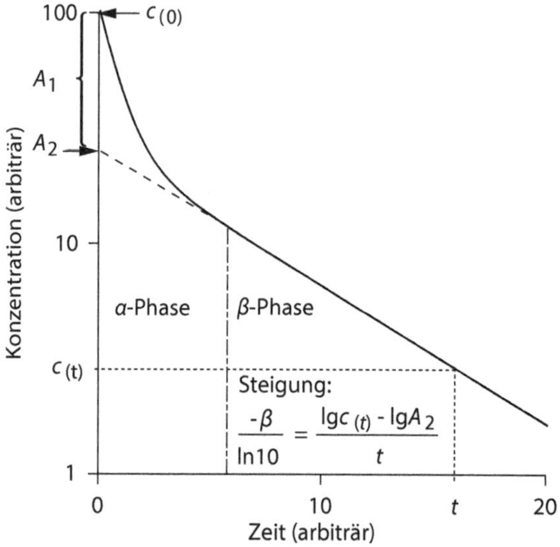

Abb. 2.11 Biphasischer, für einen Verteilungs- und einen Eliminationsprozess charakteristischer Konzentrations-Zeit-Verlauf eines Stoffes im zentralen Kompartiment eines Zwei-Kompartiment-Modells nach einmaliger Applikation einer Bolusdosis in das zentrale Kompartiment (intravasale Applikation); Kinetik beider Prozesse nach erster Ordnung. Konzentrations-Zeit-Kurven und Abkürzungen: ——: Konzentration im zentralen Kompartiment, - -: Rückextrapolation des Kurvenabschnittes in der β-Phase bis zum Zeitpunkt $t = 0$, A_1: Konzentrationsdifferenz zwischen $c_{(0)}$ und A_2, A_2: aus der Rückextrapolation der Kurve in der β-Phase resultierende Teilkonzentration im zentralen Kompartiment zum Zeitpunkt $t = 0$, β: Geschwindigkeitskonstante der β-Phase, $c_{(0)}$, $c_{(t)}$: Konzentration des Stoffes im zentralen Kompartiment zum Zeitpunkt $t = 0$ bzw. irgendeinem Zeitpunkt t. Anmerkung: Der schnelle Konzentrationsabfall während der α-Phase ist durch die Stoffelimination und den Verteilungsprozess bis zum Erreichen eines Pseudofließgleichgewichtes bedingt. In der β-Phase wird bei fortwährender Elimination dieses Gleichgewicht aufrechterhalten.

zentrations-Zeit-Verlaufs sei eine Kurve erkennbar, die durch eine α- und eine β-Phase charakterisiert ist (Abb. 2.11). Da lineare Kinetiken vorliegen, lässt sich die in Plasma oder Blut aufgenommene Konzentrations-Zeit-Kurve durch folgende Funktion beschreiben:

$$c_{(t)} = A_1 \cdot e^{-\alpha \cdot t} + A_2 \cdot e^{-\beta \cdot t} \qquad (2.37)$$

Die beiden Geschwindigkeitskonstanten (Dimension: Zeit^{-1}) sind mit α und β gekennzeichnet. A_1 und A_2 sind Konzentrationen, deren Summe die Konzentration $c_{(0)}$ im zentralen Kompartiment zur Zeit $t = 0$ ergibt.

Eine solche Kinetik kann durch das Ein-Kompartiment-Modell, das auf der Annahme einer sofortigen Verteilung beruht, nicht wiedergegeben werden, da es nur die Eliminationsphase modelliert. Im Zwei-Kompartiment-Modell wird die Verteilung berücksichtigt. Ein häufig verwendetes Modell ist in Abb. 2.12 dargestellt. Es besteht aus einem zentralen oder flachen und einem peripheren oder tiefen Kompartiment. Der intravasal verabreichte Stoff gelangt unmittelbar in das zen-

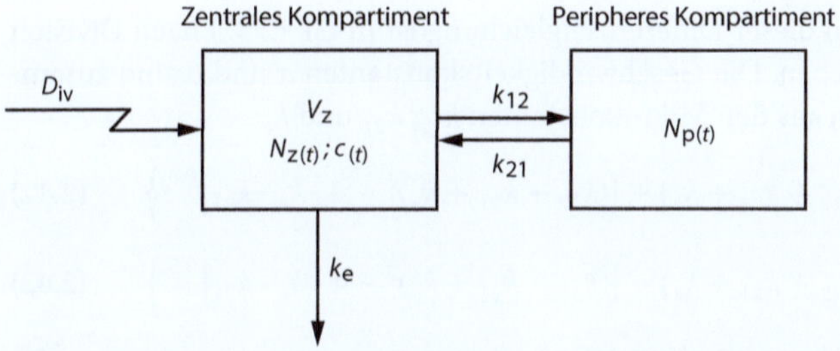

Abb. 2.12 Zwei-Kompartiment-Modell zur Beschreibung der Toxikokinetik eines Stoffes nach einmaliger intravasaler Applikation bei Verteilung aus dem zentralen in das periphere Kompartiment und bei Elimination aus dem zentralen Kompartiment; Kinetik beider Prozesse nach erster Ordnung.
Abkürzungen: $c_{(t)}$: Konzentration im zentralen Kompartiment zu irgendeinem Zeitpunkt t, D_{iv}: intravasal applizierte Bolusdosis, k_{12}, k_{21}: Geschwindigkeitskonstanten der Verteilungsprozesse zwischen zentralem und peripherem Kompartiment, k_e: Geschwindigkeitskonstante der Elimination, $N_{z(t)}$, $N_{p(t)}$: Stoffmengen im zentralen bzw. peripheren Kompartiment zu irgendeinem Zeitpunkt t, V_z: Volumen des zentralen Kompartiments. Anmerkung: Die Pfeile symbolisieren die Richtung des Stofftransports.

trale Kompartiment mit dem Volumen V_z, aus dem heraus er eliminiert wird und aus dem er sich auch in das periphere Kompartiment verteilt.

Für dieses Modell werden die Mengenänderungen pro Zeit ($\mathrm{d}N_z/\mathrm{d}t$ im zentralen bzw. $\mathrm{d}N_p/\mathrm{d}t$ im peripheren Kompartiment) durch die beiden folgenden Differenzialgleichungen beschrieben:

$$\frac{\mathrm{d}N_z}{\mathrm{d}t} = -(k_{12} + k_e) \cdot N_z + k_{21} \cdot N_p \tag{2.38}$$

bzw.

$$\frac{\mathrm{d}N_p}{\mathrm{d}t} = +k_{12} \cdot N_z - k_{21} \cdot N_p \tag{2.39}$$

N_z und N_p sind die Stoffmengen im zentralen und im peripheren Kompartiment. Die Mikrokonstanten k_{12} und k_{21} beschreiben die Verteilungsprozesse zwischen beiden Kompartimenten, k_e die Elimination aus dem zentralen Kompartiment. Alle drei sind Geschwindigkeitskonstanten erster Ordnung (Dimension: Zeit^{-1}).

Nach Auflösen von Gl. (2.38) nach $k_{21} \cdot N_p$ und Einsetzen in Gl. (2.39) ergibt sich für $\mathrm{d}N_p/\mathrm{d}t$:

$$\frac{\mathrm{d}N_p}{\mathrm{d}t} = +k_{12} \cdot N_z - (k_{12} + k_e) \cdot N_z - \frac{\mathrm{d}N_z}{\mathrm{d}t} \tag{2.40}$$

Nach Ableiten von Gl. (2.38) nach der Zeit und Einsetzen von Gl. (2.40) erhält man folgende homogene Differenzialgleichung zweiter Ordnung mit konstanten Koeffizienten:

$$\frac{\mathrm{d}N_z^2}{\mathrm{d}t^2} + (k_{12} + k_{21} + k_e) \cdot \frac{\mathrm{d}N_z}{\mathrm{d}t} + k_{21} \cdot k_e \cdot N_z = 0 \tag{2.41}$$

Die Lösungsfunktion dieser Differenzialgleichung ist in Gl. (2.37) nach Division durch V_z wiedergegeben. Die Geschwindigkeitskonstanten α und β sind zusammengesetzte Größen aus den Mikrokonstanten k_{12}, k_{21} und k_e:

$$\alpha = 0{,}5 \cdot \left\{ (k_{12} + k_{21} + k_e) + \left[(k_{12} + k_{21} + k_e)^2 - 4 \cdot k_e \cdot k_{21} \right]^{0{,}5} \right\} \quad (2.42)$$

$$\beta = 0{,}5 \cdot \left\{ (k_{12} + k_{21} + k_e) - \left[(k_{12} + k_{21} + k_e)^2 - 4 \cdot k_e \cdot k_{21} \right]^{0{,}5} \right\} \quad (2.43)$$

Wie die beiden Gleichungen zeigen, ist $\alpha > \beta$.

Mittels nicht linearer Regression lassen sich aus den experimentell erhaltenen Messdaten die Werte von A_1, A_2, α und β erhalten. Sie können zur Berechnung der Mikrokonstanten herangezogen werden:

$$k_{21} = \frac{A_1 \cdot \beta + A_2 \cdot \alpha}{A_1 + A_2} \quad (2.44)$$

$$k_e = \frac{\alpha \cdot \beta}{k_{21}} \quad (2.45)$$

$$k_{12} = \alpha + \beta - (k_{21} + k_e) \quad (2.46)$$

Die Stoffmenge $N_{z(t)}$ im zentralen Kompartiment zur Zeit t lässt sich durch die im Plasma bzw. Blut gemessene Konzentration im zentralen Kompartiment $c_{(t)}$ und das Volumen des zentralen Kompartiments V_z ausdrücken als:

$$N_{z(t)} = c_{(t)} \cdot V_z \quad (2.47)$$

Unmittelbar nach intravasaler Injektion der Bolusdosis D_{iv} sei der Stoff gleichmäßig im zentralen Kompartiment verteilt. Dieses Kompartiment umfasst das Blut und die gut durchbluteten Organe Gehirn, Herz, Leber, Milz und Niere. Somit lässt sich V_z aus der Bolusdosis und der zum Zeitpunkt $t = 0$ zurückextrapolierten Konzentration $c_{(0)}$ berechnen:

$$V_z = \frac{D_{iv}}{c_{(0)}} \quad (2.48)$$

Mit Gl. (2.37), nach der $c_{(0)} = A_1 + A_2$ ist, gilt für V_z auch:

$$V_z = \frac{D_{iv}}{A_1 + A_2} \quad (2.49)$$

Aus dem zentralen Kompartiment gelangt der Stoff in das periphere Kompartiment, das von den weniger gut durchbluteten Geweben (Fett, Haut, Muskel) repräsentiert wird. Dort akkumuliert der Stoff in Abhängigkeit von den Verteilungsgeschwindigkeiten $k_{12} \cdot N_z$ (Transport aus dem zentralen in das periphere Kompartiment) und $k_{21} \cdot N_p$ (Rücktransport) so lange, bis schließlich in der β-Phase ein Pseudofließgleichgewicht erreicht ist, in dem das Konzentrationsverhältnis von peripherem zu zentralem Kompartiment konstant bleibt. In dieser Phase folgt die Gesamtelimination einer Kinetik erster Ordnung mit der Geschwindigkeitskonstanten β und der Halbwertszeit $T_{1/2} = \ln 2/\beta$ (vgl. Gl. (2.13)).

Fläche unter der Kurve Die Fläche unter der Konzentrations-Zeit-Kurve im Plasma bzw. Blut von $t = 0$ bis unendlich ($\mathrm{AUC}_{\mathrm{iv}0}^{\ \infty}$) ergibt sich durch Integration von Gl. (2.37) über die Zeit mit $\mathrm{AUC}_{\mathrm{iv}(0)} = 0$ zu:

$$\mathrm{AUC}_{\mathrm{iv}0}^{\ \infty} = \frac{A_1}{\alpha} + \frac{A_2}{\beta} \tag{2.50}$$

Apparentes Verteilungsvolumen Das auf das Milieu, in dem der Konzentrations-Zeit-Verlauf ermittelt wird (beispielsweise Plasma), bezogene scheinbare Verteilungsvolumen ist im Zwei-Kompartiment-Modell nicht konstant. Es wächst in der α-Phase bis zum Erreichen der β-Phase an. In der β-Phase ergibt sich für das scheinbare Verteilungsvolumen $V_{\mathrm{d}\beta}$ aus der intravasal verabreichten Bolusdosis D_{iv}, der $\mathrm{AUC}_{\mathrm{iv}0}^{\ \infty}$ und der Geschwindigkeitskonstanten β:

$$V_{\mathrm{d}\beta} = \frac{D_{\mathrm{iv}}}{\mathrm{AUC}_{\mathrm{iv}0}^{\ \infty} \cdot \beta} \tag{2.51}$$

Totale Clearance Im Zwei-Kompartiment-Modell wird die pro Zeiteinheit eliminierte Stoffmenge durch folgende Gleichungen wiedergegeben (vgl. Abb. 2.12):

$$\frac{\mathrm{d}N_\mathrm{e}}{\mathrm{d}t} = -k_\mathrm{e} \cdot V_\mathrm{z} \cdot c \tag{2.52}$$

$$\frac{\mathrm{d}N_\mathrm{e}}{\mathrm{d}t} = -\beta \cdot V_{\mathrm{d}\beta} \cdot c \tag{2.53}$$

und (durch Einsetzen von Gl. (2.51) in (2.53))

$$\frac{\mathrm{d}N_\mathrm{e}}{\mathrm{d}t} = -\frac{D_{\mathrm{iv}}}{\mathrm{AUC}_{\mathrm{iv}0}^{\ \infty}} \cdot c \tag{2.54}$$

Die Konzentration c ist wie oben beschrieben die Stoffkonzentration im zentralen Kompartiment.

Die totale Clearance $\mathrm{Cl}_{\mathrm{tot}}$ ergibt sich aus den Gln. (2.52)–(2.54) zu:

$$\mathrm{Cl}_{\mathrm{tot}} = k_\mathrm{e} \cdot V_\mathrm{z} = \beta \cdot V_{\mathrm{d}\beta} = \frac{D_{\mathrm{iv}}}{\mathrm{AUC}_{\mathrm{iv}0}^{\ \infty}} \tag{2.55}$$

Der letzte Ausdruck für $\mathrm{Cl}_{\mathrm{tot}}$ ist mit Gl. (2.29) identisch.

2.3.2
Physiologisch-toxikokinetische Modelle

Die klassischen kinetischen Modelle erlauben keine Aussagen über die Stoffbelastung einzelner Organe und Gewebe, wie sie zum besseren Verständnis gewebsspezifischer toxischer Effekte erforderlich sind. Auch können kinetische Ergebnisse, die mit solchen Modellen an einer Spezies erhalten werden, nicht auf eine andere (Tier oder Mensch) übertragen werden, da die Modelle keine biologischen und physiologischen Parameter enthalten.

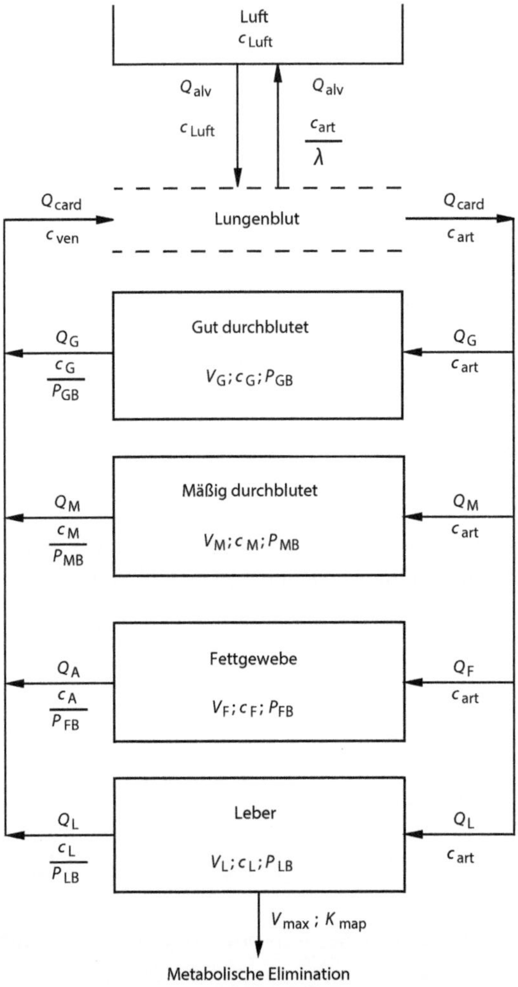

(a) $$c_{ven} = \frac{Q_G \cdot \frac{c_G}{P_{GB}} + Q_M \cdot \frac{c_M}{P_{MB}} + Q_F \cdot \frac{c_F}{P_{FB}} + Q_L \cdot \frac{c_L}{P_{LB}}}{Q_{card}}$$

(b) $$c_{art} = \frac{c_{ven} \cdot Q_{card} + c_{Luft} \cdot Q_{alv}}{Q_{card} + \frac{Q_{alv}}{\lambda}}$$

(c) $$\frac{dc_G}{dt} \cdot V_G = Q_G \cdot \left(c_{art} - \frac{c_G}{P_{GB}}\right)$$

(d) $$\frac{dc_M}{dt} \cdot V_M = Q_M \cdot \left(c_{art} - \frac{c_M}{P_{MB}}\right)$$

(e) $$\frac{dc_F}{dt} \cdot V_F = Q_F \cdot \left(c_{art} - \frac{c_F}{P_{FB}}\right)$$

(f) $$\frac{dc_L}{dt} \cdot V_L = Q_L \cdot \left(c_{art} - \frac{c_L}{P_{LB}}\right) - \frac{V_{max} \cdot c_L}{K_{map} + c_L}$$

◀ **Abb. 2.13** Physiologisch-toxikokinetisches Modell für lipophile gasförmige Stoffe zur Beschreibung von inhalativer Resorption, Verteilung mit dem Blutstrom in das als Speicher funktionierende Fettgewebe, in die Leber und in die übrigen gut bzw. mäßig durchbluteten Organe und Gewebe und von metabolischer Elimination in der Leber nach einer Sättigungskinetik sowie Exhalation: (a) Stoffkonzentrationen im sauerstoffarmen Blut; (b) Stoffkonzentrationen im sauerstoffreichen Blut. Differenzialgleichungen (c) bis (f) zur Beschreibung der Massenbilanzen in (c) den gut durchbluteten Organen und Geweben; (d) den mäßig durchbluteten Organen und Geweben; (e) dem Fettgewebe; (f) der Leber. Abkürzungen: c_{art}, c_{ven}: Stoffkonzentration im sauerstoffreichen bzw. sauerstoffarmen Blut, c_F, c_G, c_L, c_{Luft}, c_M: Stoffkonzentrationen im Fettgewebe, in den gut durchbluteten Organen und Geweben, in der Leber, in der Luft und in den mäßig durchbluteten Organen und Geweben, K_{map}: apparente Michaelis-Konstante, λ: Verteilungskoeffizient Blut-zu-Luft, P_{FB}, P_{GB}, P_{LB}, P_{MB}: Verteilungskoeffizienten von Fettgewebe-zu-Blut, gut durchbluteten Organen und Geweben-zu-Blut, Leber-zu-Blut und mäßig durchbluteten Organen und Geweben-zu-Blut, Q_{alv}: alveoläre Ventilation, Q_{card}: Blutfluss durch die Lunge, Q_F, Q_G, Q_L, Q_M: Blutflüsse durch das Fettgewebe, die gut durchbluteten Organe und Gewebe, die Leber und die mäßig durchbluteten Organe und Gewebe, V_F, V_G, V_L, V_M: Volumen des Fettgewebes, der gut durchbluteten Organe und Gewebe, der Leber und der mäßig durchbluteten Organe und Gewebe, V_{max}: maximale Geschwindigkeit des Stoffmetabolismus. Anmerkung: Die Pfeile symbolisieren die Richtung des Stofftransports.

Physiologisch-toxikokinetische Modelle besitzen den Vorteil, detailliertere Einblicke in das Stoffgeschehen im Organismus und seinen Organen zu gewähren. Sie eignen sich hervorragend zur Speziesübertragung toxikokinetischer Parameter, weshalb sie in der Toxikologie zunehmend an Bedeutung gewinnen. Die Vielzahl der notwendigen anatomischen, physiologischen und vor allem physikochemischen und biochemischen Parameter erfordert aber vor der Modellierung einen erheblichen experimentellen Aufwand.

Physiologisch-toxikokinetische Modelle bestehen aus einer Reihe von Kompartimenten, welche einzelne Organe bzw. Gewebe darstellen oder solche zusammenfassen. Ihre Volumina sind durch die tatsächlichen, spezies-, geschlechts- und körpergewichtsspezifischen Werte festgelegt. Auch für Blutvolumina und organ- bzw. gewebsspezifische Durchblutungsgeschwindigkeiten werden physiologische Werte verwendet. Der Stofftransport in die offenen Kompartimente und aus ihnen heraus findet mit dem simulierten Blutstrom statt. Die Stoffanreicherung im einzelnen Kompartiment wird durch eine Reihe von Faktoren bestimmt: die Durchblutungsgeschwindigkeit, die Stoffkonzentration im versorgenden Blut, physikochemische Parameter wie der Gewebe-zu-Blut-Verteilungskoeffizient und biochemische Parameter wie die durch V_{max} und K_{map} charakterisierte stoff- und organspezifische Metabolismusgeschwindigkeit.

Als Beispiel für physiologisch-toxikokinetische Modelle diene ein einfaches Modell für lipophile gasförmige Stoffe (Abb. 2.13). Es beinhaltet die Resorption über die Atmung, die Verteilung durch den Blutstrom in die Organe und Gewebe und die Elimination durch Metabolismus in der Leber und durch Abatmung. Das schlecht durchblutete Kompartiment „Fettgewebe" wirkt als Speicher für die lipophilen Stoffe. In dem Kompartiment „Gut durchblutet" sind im Wesentlichen Lunge, Gehirn, Nieren, Milz, Herz und der Verdauungstrakt zusammengefasst;

das Kompartiment „Mäßig durchblutet" beinhaltet vorwiegend die Muskulatur und die Haut. Bei dem Modell ist der Stoffaustausch durchblutungslimitiert (engl. *perfusion limited*), d. h., in jedem Kompartiment befindet sich der Stoff im thermodynamischen Gleichgewicht mit dem das Kompartiment verlassenden Blut.

Zur mathematischen Beschreibung des Modells wird für jedes Kompartiment die Massenbilanz als Differenzialgleichung formuliert (Abb. 2.13). Zur Lösung der Summe der Differenzialgleichungen sind geeignete Computerprogramme erhältlich. Hierdurch wird es möglich, die Stoffkonzentration in jedem einzelnen Kompartiment für jeden Zeitpunkt anzugeben.

2.4 Zusammenfassung

Die Toxikokinetik ist von grundlegender Bedeutung für das Verständnis der Beziehung zwischen aufgenommener Menge und toxischer Wirkung eines Stoffes. Sie beschreibt die Prozesse der Aufnahme, Verteilung und Elimination eines Stoffes und seiner toxikologisch relevanten Metaboliten sowie die Belastung von Organen und Geweben durch die ultimal wirksame Substanz.

Die Stoffaufnahme erfolgt in der Regel über die Lunge, den Verdauungstrakt oder die Haut. Die Verteilung in Organe und Gewebe geschieht über den Blutkreislauf. Die metabolische Elimination bzw. Transformation in toxische Metaboliten findet vorwiegend in der Leber statt. Die Ausscheidung erfolgt über die Niere, den Darmtrakt und, bei flüchtigen Stoffen, über die Lunge. Aufnahme, Verteilung und Elimination des Stoffes und seiner Metaboliten erfordern das Passieren biologischer Membranen.

Zur mathematischen Analyse von experimentell erhaltenen Konzentrations-Zeit-Verläufen eines Stoffes und seiner toxikologisch relevanten Metaboliten sowie zur Speziesübertragung der stoffspezifischen Belastung eines Organismus und seiner Organe werden toxikokinetische Modelle, vor allem Kompartiment-Modelle, eingesetzt.

Weiterführende Literatur

Derendorf, H., Gramatté, T., Schäfer, H.G. und Staab A. (2010) *Pharmakokinetik kompakt: Grundlagen und Praxisrelevanz*, Wissenschaftliche Verlagsgesellschaft, Stuttgart.

Peters, S.A. (2012) Physiologically-Based Pharmacokinetic (PBPK) *Modeling and Simulations: Principles, Methods, and Applications in the Pharmaceutical Industry*, John Wiley & Sons, Hoboken, New Jersey.

Lipscomb, J.C. und Ohanian, E.V. (2007) *Toxicokinetics and Risk Assessment*, Informa Healthcare USA, New York.

Ritschel, W.A. und Kearns, G.L. (2009) *Handbook of Basic Pharmacokinetics Including Clinical Applications*, 7. Aufl., American Pharmacists Association, Washington, DC.

Reddy, M., Yang, R.S., Andersen, M.E. und Clewell, H.J. (2005) *Physiologically Based Pharmacokinetic Modeling: Science and Applications*, John Wiley & Sons.

3
Biotransformation von Fremdstoffen

W. Dekant

3.1
Einleitung

In Abwesenheit effizienter Systeme zur Ausscheidung fettlöslicher Stoffe führt selbst die langfristige Aufnahme niedriger Dosen eines Stoffes zur Anreicherung. Die Ausscheidung nicht oder wenig flüchtiger Verbindungen mit niedrigem Molekulargewicht erfolgt hauptsächlich mit dem Urin, daher ist eine ausreichende Wasserlöslichkeit des betreffenden Stoffes Voraussetzung für eine schnelle Ausscheidung. Andererseits werden lipophile Stoffe wegen ihrer guten Penetration durch biologische Membranen gut in den Körper aufgenommen und dort schnell verteilt. Daher müssen lipophile Stoffe zur Verhinderung einer Anreicherung effizient zu wasserlöslichen und damit ausscheidbaren Verbindungen umgewandelt werden.

Der Begriff Biotransformation beschreibt die metabolische Umwandlungen von lipophilen Fremdstoffen im Organismus, die zur Bildung wasserlöslicher Produkte führt. Ein Beispiel für die wichtige Rolle der Biotransformation in Ausscheidung und Entgiftung liefert Tetrachlordibenzodioxin (TCDD). TCDD ist metabolisch stabil und sehr lipophil. Wegen fehlender Biotransformation reichert sich TCDD bei kontinuierlicher Aufnahme im Menschen abhängig vom Lebensalter im Fettgewebe an und hat eine Eliminationshalbwertszeit von mehr als sieben Jahren. Hingegen können selbst sehr lipophile Stoffe schnell in Form wasserlöslicher Metaboliten ausgeschieden werden, wenn diese effizient metabolisiert werden können.

Biotransformationsreaktionen sind meist enzymatisch katalysiert; nur wenige, meist chemisch hochreaktive Stoffe werden durch eine direkte Reaktion mit Wasser (Hydrolyse) oder mit anderen körpereigenen Nukleophilen wie dem thiolhaltigen Tripeptid Glutathion ohne enzymatische Katalyse umgewandelt.

Das Toxikologiebuch, 1. Auflage. Helmut Greim (Hrsg.).

Tab. 3.1 Biotransformationsenzyme.

Phase I	**Phase II**
Cytochrom-P450	Glucuronyltransferasen
Flavinabhängige Monooxygenasen	Sulfotransferasen
Alkoholdehydrogenasen	Glutathion-*S*-Transferasen
Aldehyddehydrogenasen	*N*-Acetyltransferasen
Esterasen	Epoxidhydrolase
	Aminosäurekonjugation

Zur Systematisierung teilt man die Vielzahl enzymatischer Reaktionen, die im Säuger zur Umwandlung fettlöslicher Fremdstoffe in wasserlösliche Produkte beitragen, in zwei Klassen ein:

- Enzyme der Phase-I-Reaktionen katalysieren die Oxidation, Reduktion oder Hydrolyse lipophiler Fremdstoffe und führen funktionelle Gruppen ein oder legen diese frei (Funktionalisierung).
- Enzyme der Phase-II-Reaktionen koppeln Fremdstoffe mit funktionellen Gruppen mit einem endogenen und sehr wasserlöslichen Substrat (Konjugation) (Gl. (3.1)).

Durch die Konjugation in der Phase II wird eine gute Wasserlöslichkeit des Phase-I-Metaboliten und damit seine schnelle Ausscheidung erreicht. Da die Ausscheidung vieler Phase-II-Metaboliten durch aktiven Transport durch biologische Membranen weiter beschleunigt werden kann, wird der aktive Transport von polaren Stoffen in Ausscheidungsmedien wie den Harn auch als *Phase III* der Biotransformation bezeichnet. Beispiel einer Phase-III-Reaktion ist der aktive Transport von Glutathionkonjugaten eines Fremdstoffs aus der Leberzelle durch die kanalikuläre Membran in die Galle.

$$\text{Fremdstoff} \xrightarrow{\substack{\text{Funktionalisierung} \\ \text{(Oxidation, Reduktion,} \\ \text{Hydrolyse)}}} \text{Metabolit A} \xrightarrow{\text{Konjugation}} \text{Metabolit B} \quad (3.1)$$

Unter *Funktionalisierung* versteht man die Einführung polarer Gruppen wie –OH oder Freisetzung von funktionellen Gruppen wie –OH, –SH, $-NH_2$ oder –COOH. Die Anwesenheit dieser funktionellen Gruppen ermöglicht erst die Kopplung des Fremdstoffes an endogene Moleküle unter Bildung eines wasserlöslichen Konjugats durch Phase-II-Reaktionen. Ein Beispiel für das Zusammenwirken von Phase-I- und Phase-II-Reaktionen ist die Verstoffwechselung von

Benzol zu Phenylglucuronid (Gl. (3.2)).

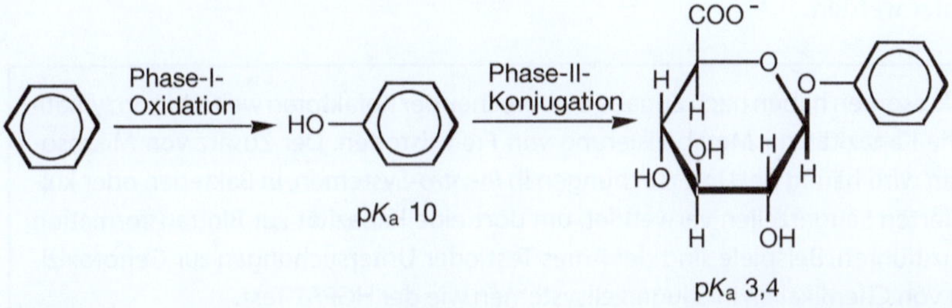

(3.2)

Benzol wird im ersten Schritt in einer Phase-I-Reaktion zu Phenol oxidiert. Da Phenol im physiologischen pH-Bereich zum größten Teil undissoziiert vorliegt, führt folgend die Kopplung mit der gut wasserlöslichen Glucuronsäure zu einem sehr polaren und unter physiologischen pH-Werten dissoziierten Phase-II-Metaboliten. Wegen der sehr guten Wasserlöslichkeit werden Konjugationsprodukte wie Glucuronide meist viel schneller ausgeschieden als die Phase-I-Metabolite.

> In der Leber von Säugern finden sich normalerweise die höchsten Konzentrationen der Enzyme der Biotransformation, da die Leber die resorbierten Nahrungsbestandteile aus dem Magen-Darm-Trakt verarbeitet.

Die Pfortader transportiert das Blut vom Magen-Darm-Trakt, das viele Nährstoffe und andere Nahrungsinhaltsstoffe enthält, praktisch quantitativ zur Leber. Die hohe Permeabilität der Membranen der Leberzellen zu den Blutkapillaren ermöglicht eine sehr gute Aufnahme von im Pfortaderblut gelösten Fremdstoffen in die Leber. In der Leber gebildete Metabolite von Fremdstoffen können entweder wieder an den Blutkreislauf abgegeben oder mit der Galle in den Darm ausgeschieden werden.

Enzyme des Fremdstoffwechsels sind auch in anderen Organen von Säugetieren wie im Darm, in der Niere oder in der Lunge vorhanden. Der Anteil der in diesen Organen ablaufenden Biotransformationsreaktionen an der Gesamtbilanz der Metabolisierung eines Stoffes ist abhängig vom Aufnahmeweg, aber oft quantitativ geringer als in der Leber. Organspezifisch exprimierte Enzyme der Biotransformation können bei Stoffen, die einer Bioaktivierung unterliegen, für organspezifische toxische Wirkungen verantwortlich sein.

Die Enzyme der Biotransformation sind nicht gleichmäßig auf alle in einem Organ vorhandenen Zelltypen verteilt. Enzyme, die Phase-I-Reaktionen katalysieren, sind oft an die Membranen des endoplasmatischen Retikulums gebunden. Beim Homogenisieren des Organs bildet das endoplasmatische Retikulum kleine Vesikel, die durch Zentrifugation von anderen Zellbestandteilen abgetrennt werden können. Diese Membranvesikel werden als *Mikrosomen* bezeichnet, die häufig als *In-vitro*-System zur Untersuchung von Biotransformationsreaktionen genutzt werden.

> Mikrosomen haben nach Zugabe entsprechender Kofaktoren weiterhin enzymatische Kapazität zur Metabolisierung von Fremdstoffen. Der Zusatz von Mikrosomen wird häufig bei Untersuchungen in *In-vitro*-Systemen, in Bakterien oder kultivierten Säugerzellen verwendet, um dort eine Kapazität zur Biotransformation einzuführen. Beispiele sind der Ames-Test oder Untersuchungen zur Genotoxizität von Chemikalien in Säugerzellsystemen wie der HGPRT-Test.

Neben den zellulären Enzymen der Biotransformation, die sich in praktisch allen Säugetieren finden, können Biotransformationsreaktionen auch durch mikrobielle Enzyme (anaerobe Bakterien in der Mikroflora des Darms) katalysiert werden. Durch die große Menge an Darmbakterien kann eine mikrobielle Reduktion einen wichtigen Beitrag zur Biotransformation von Fremdstoffen mit entsprechenden Strukturmerkmalen leisten.

Die Enzyme der Biotransformation von Fremdstoffen haben meist niedrige Umsatzgeschwindigkeiten. Diese liegen oft um Größenordnungen niedriger als die Umsatzgeschwindigkeiten von Enzymen, die auf die Biosynthese und den Abbau endogener Stoffe spezialisiert sind. Die geringen Umsatzgeschwindigkeiten werden jedoch durch hohe Enzymkonzentrationen, besonders in der Leber, kompensiert. Außerdem haben Enzyme der Biotransformation von Fremdstoffen meist eine breite Substratspezifität. Beispielsweise oxidiert das Cytochrom-P450-Enzym 2E1 sowohl Ethanol, Chloroform oder Dichlormethan als auch kurzkettige gesättigte und ungesättigte aliphatische Kohlenwasserstoffe und einkernige Aromaten wie Benzol. Mit endogenen Substraten wie Testosteron oder Prostaglandinen zeigen bestimmte Cytochrom-P450-Enzyme allerdings eine hohe Regio- und Stereoselektivität.

3.2 Phase-I-Reaktionen

3.2.1 Cytochrom-P450-Enzyme

Monooxygenasen wie Cytochrom-P450 und die flavinabhängigen Monooxygenasen sind die bedeutendsten Enzymsysteme für die Oxidation von Fremdstoffen. Monooxygenasen übertragen ein aus der Spaltung von molekularen Sauerstoff (O_2) gebildetes Sauerstoffatom auf den Fremdstoff, das andere Sauerstoffatom wird mittels NADPH als Kofaktor zu Wasser reduziert. Das für die Oxidation genutzte Sauerstoffatom wird entweder in C–H-Bindungen eingeschoben oder an Doppelbindungen und freie Elektronenpaare addiert. Zur Oxidation von Fremdstoffen verbrauchen Monooxygenasen NADPH mit nachfolgender Stöchiometrie (Gl. (3.3)):

$$\text{Substrat (RH)} + O_2 + \text{NADPH} + H^+ \longrightarrow \text{oxidiertes Substrat (ROH)} + H_2O + \text{NADP}^+ \tag{3.3}$$

> Die Cytochrom-P450-abhängigen Monooxygenasen sind für den Fremdstoffumsatz in Säugern sehr wichtige Enzyme. In Säugetieren finden sich Cytochrom-P450-Enzyme in fast allen Geweben, meist sind die höchsten Aktivitäten dieser Enzyme in der Leber vorhanden.

Cytochrom-P450-Enzyme sind in die Phospholipidmatrix des endoplasmatischen Retikulums integriert. Cytochrom-P450-Enzyme bestehen aus der *NADPH*-abhängigen Cytochrom-P450-Reduktase und dem Häm und Eisen enthaltenden Enzym Cytochrom-P450. Die Phospholipide des endoplasmatischen Retikulums spielen eine wichtige Rolle für die Funktion der Cytochrom-P450-Enzyme, da sie eine Wechselwirkung zwischen den dem Cytochrom-P450 und der Reduktase ermöglichen. Die reduzierte Form von Cytochrom-P450-Enzymen hat ein zweiwertiges Eisenatom (Fe^{2+}) im aktiven Zentrum. Diese Eigenschaft wurde früher zur Bestimmung von Cytochrom-P450-Enzymen genutzt, da das Fe^{2+}-enthaltende Hämprotein mit Kohlenmonoxid einen Komplex mit einer maximalen UV-Absorption bei 450 nm bildet; daher die Bezeichnung Cytochrom-P450. Eine maximale UV-Absorption bei einer Wellenlänge von 450 nm wird nur bei funktionsfähigen Cytochrom-P450-Enzymen beobachtet; nach Denaturierung zeigten Cytochrom-P450-Enzyme eine Absorption bei 420 nm wie andere Häm-Eisen-Proteine. Die Übertragung von Sauerstoff auf einen Fremdstoff umfasst mehrere Schritte und findet durch Ein-Elektronen-Übertragungen statt.

Mehr als 50 unterschiedliche menschliche Cytochrom-P450-Enzyme wurden über die letzten 25 Jahre gereinigt und bezüglich Strukturen, Aminosäurezusammensetzung der Peptidketten und Substratspezifitäten charakterisiert. Von den mehr als 50 Cytochrom-P450-Enzymen des Menschen sind etwa 20 bekannt, die eine Umsetzung von Fremdstoffen katalysieren. Die anderen Cytochrom-P450-Enzyme des Menschen katalysieren spezifische Schritte in der Biosynthese von endogen bedeutsamen Molekülen wie Steroiden, Gallensäuren und Vitamin D.

Die gereinigten Cytochrom-P450-Enzyme haben unterschiedliche Molekulargewichte, Organverteilungen und Substratspezifitäten. Allen Cytochrom-P450-Enzymen gemeinsam ist eine hydrophobe Aminosäuresequenz am *N*-Terminus zur Verankerung des Enzyms in der Membran des endoplasmatischen Retikulums. Die einzelnen Enzyme unterscheiden sich durch Aminosäuresequenzen und durch die räumliche Struktur der Substratbindungsstellen. Die Unterschiede in der räumlichen Struktur der Substratbindungsstelle bedingen Unterschiede in den Substratspezifitäten der einzelnen Cytochrom-P450-Enzyme (Tab. 3.2).

Tab. 3.2 Lokalisation in Geweben und bevorzugte Substrate von Cytochrom-P450-Enzymen, die an der Biotransformation von Fremdstoffen beteiligt sind.

Cytochrom-P450	Gewebe	Ausgewählte Substrate
CYP1A1	Viele	Benzo[*a*]pyren
CYP1A2	Leber	Aflatoxin B_1 Koffein Heterozyklische Arylamine Phenacetin
CYP2A6	Viele	Cumarin Nikotin *N*-Nitrosodiethylamin
CYP2C8	Leber Dickdarm	Tolbutamid (*R*)-Mephenytoin
CYP2D6	Leber Dickdarm Niere	Bufuralol Debrisoquin Spartein
CYP2E1	Leber Dickdarm Leukozyten	Tetrachlorkohlenstoff Ethanol Dimethylnitrosamin
CYP3A4	Magen-Darm-Trakt Leber	Aflatoxin B_1 Cyclosporin Nifedipin Testosteron

Homologe der menschlichen Cytochrom-P450-Enzyme finden sich in praktisch allen Säugetierspezies.

> Nach dem Ausmaß der Übereinstimmung der Aminosäuresequenz teilt man die einzelnen Cytochrom-P450-Enzyme in Familien (arabische Zahlen) und Unterfamilien (Buchstaben gefolgt von arabischer Zahl) ein. Derzeit lassen sich mindestens zehn Familien und 60 verschiedene Unterfamilien voneinander abgrenzen, die in unterschiedlichen Organen und Spezies auch verschieden stark exprimiert werden (Tab. 3.2).

Im Unterschied zu den vielen Enzymen des Cytochrom-P450 ist von der Cytochrom-P450-Reduktase nur eine Form bekannt. Die Konzentration dieses Enzyms im endoplasmatischen Retikulum beträgt nur ungefähr 10 % der Konzentration an Cytochrom-P450.

Die Oxidation eines Fremdstoffes über Cytochrom-P450-Enzyme umfasst die Bindung des Substrats an das Enzym, die Bindung von molekularem Sauerstoff an das Hämprotein, mehrere Elektronenübertragungsschritte und schließlich den Einbau von Sauerstoff in das Substrat. In vielen Fällen folgen Umlagerungsreaktionen, gefolgt von der Ablösung des Endprodukts der Reaktion vom aktiven Zentrum des Enzyms.

Eine Insertion von Sauerstoff erfolgt bei der über Cytochrom-P450-Enzym-katalysierten aliphatischen Hydroxylierung (Gl. (3.4)) und bei der oxidativen Dealkylierung (Gl. (3.5)).

$$R{-}CH_2{-}CH_2{-}CH_3 \xrightarrow[\text{Cytochrom-P450}]{O_2} R{-}CH_2{-}CHOH{-}CH_3 \qquad (3.4)$$

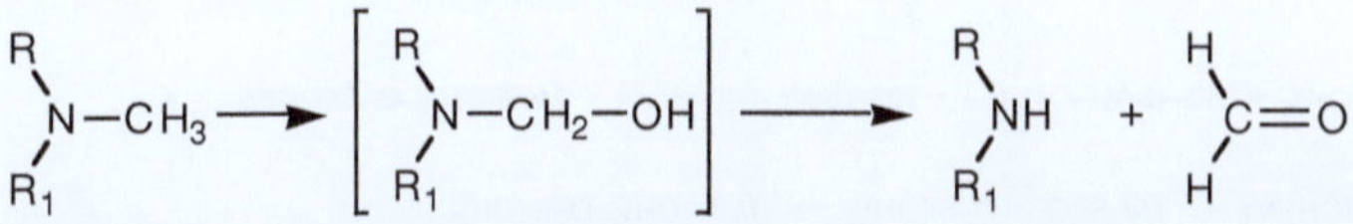

(3.5)

Cytochrom-P450-Enzyme katalysieren auch die Oxidation von Alkenen und Alkinen (Gln. (3.7) und (3.8)) mit Epoxiden als Zwischen- oder Endprodukte. Zum Beispiel wird Ethen zu Ethenoxid metabolisch umgewandelt. Wegen seiner hohen Flüchtigkeit kann Ethenoxid bei Ethenexpositionen abgeatmet werden (Gl. (3.6)). Epoxide entstehen bei der Cytochrom-P450-katalysierten Oxidation von Olefinen in einer mehrstufigen Reaktion. Im ersten Schritt wird eine sehr kurzlebige Zwischenstufe gebildet, die sich durch Ringschluss in ein Epoxid umwandeln kann. Allerdings ist das Ausmaß der Epoxidbildung aus Olefinen strukturabhängig, oft lagert sich die im ersten Schritt gebildete Zwischenstufe bei Anwesenheit von wanderungsfähigen Atomen im Molekül (etwa Chloratomen) um (Gl. (3.7)).

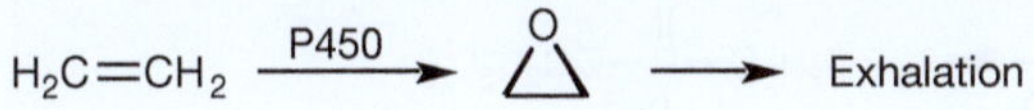

(3.6)

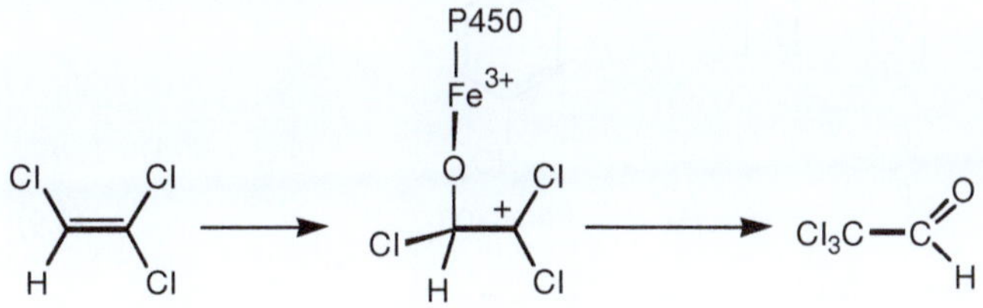

(3.7)

Daher entsteht bei der Oxidation von Trichlorethen durch Cytochrom-P450 bevorzugt Chloral als stabiles und analytisch erfassbares Produkt. Alkine werden ebenfalls unter Bildung von Epoxiden als Zwischenstufen in hochreaktive Ketene umgewandelt (Gl. (3.8)), die schnell mit Wasser reagieren.

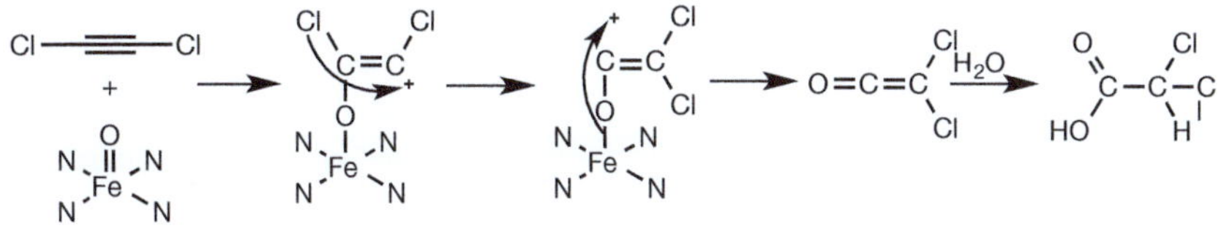

(3.8)

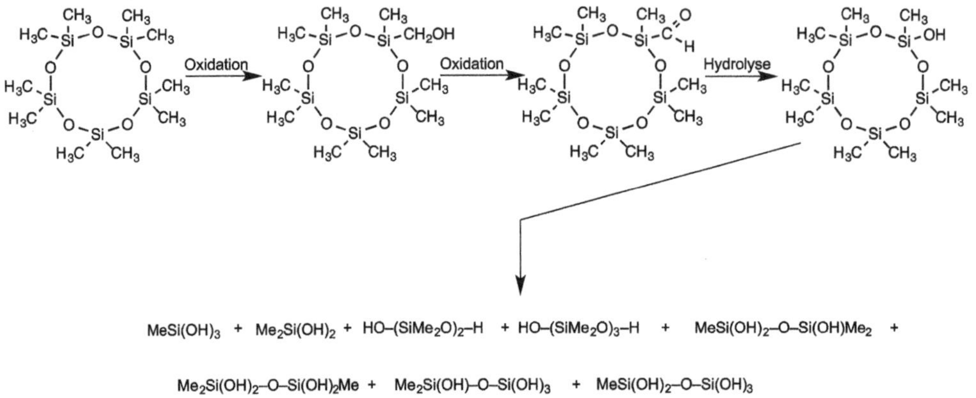

Abb. 3.1 Oxidative Biotransformation von Decamethylcyclopentasiloxan über Cytochrom-P450. Die Ringspaltungsreaktionen und der Abbau der Siloxankette erfolgen durch Hydrolyse ohne enzymatische Beteiligung.

Cytochrom-P450-Enzyme können auch weitere Reaktionen wie Oxidationen von Siloxanen oder Heteroatomen wie Stickstoff oder Schwefel (Parathion zu Paraoxon), Oxidationen von Kohlenstoff-Heteroatom-Doppelbindungen sowie Esterspaltungen und Dehydrierungen katalysieren (Abb. 3.1 und Gln. (3.9) und (3.10)).

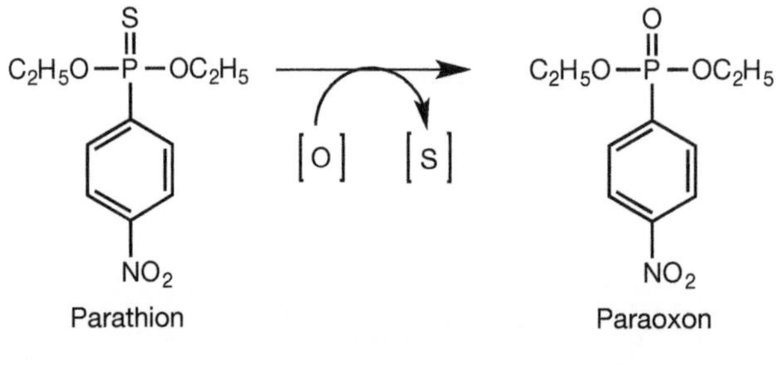

(3.9)

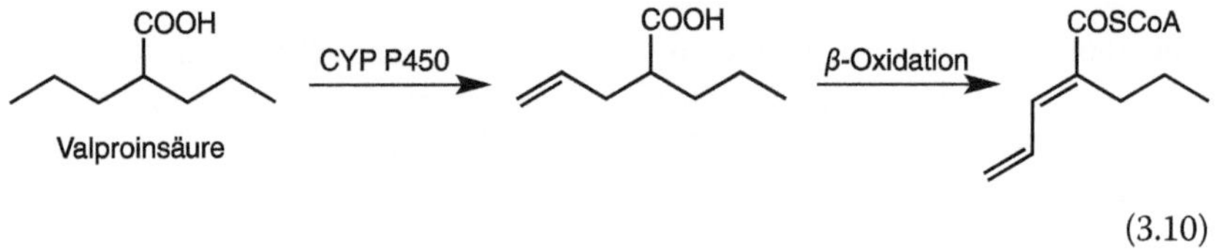

(3.10)

3.2.2
Oxidationen: Flavinabhängige Monooxygenasen (FMOs)

Das endoplasmatischen Retikulum enthält noch eine zweite Familie von Monooxygenasen. Flavinabhängige Monooxygenasen (FMOs) sind Flavin-Adenin-Dinukleotid (FAD) enthaltende Flavoproteine. FMOs katalysieren oft die Umsetzung von Substraten in Konkurrenz zu Cytochrom-P450. FMOs enthalten aber weder Hämgruppen noch Metalle und haben im Menschen und im Schwein eine hohe, in der Ratte nur eine geringe Aktivität. FMOs übertragen im Gegensatz zu Cytochrom-P450 zwei Elektronen in einem Reaktionsschritt (Abb. 3.2).

Diese Monooxygenasen finden sich in hohen Konzentrationen in extrahepatischen Geweben wie der Niere oder der Lunge. Auch FMOs (FMO 1 bis 5) existieren in mehreren Familien mit unterschiedlicher Organ- und Speziesverteilung.

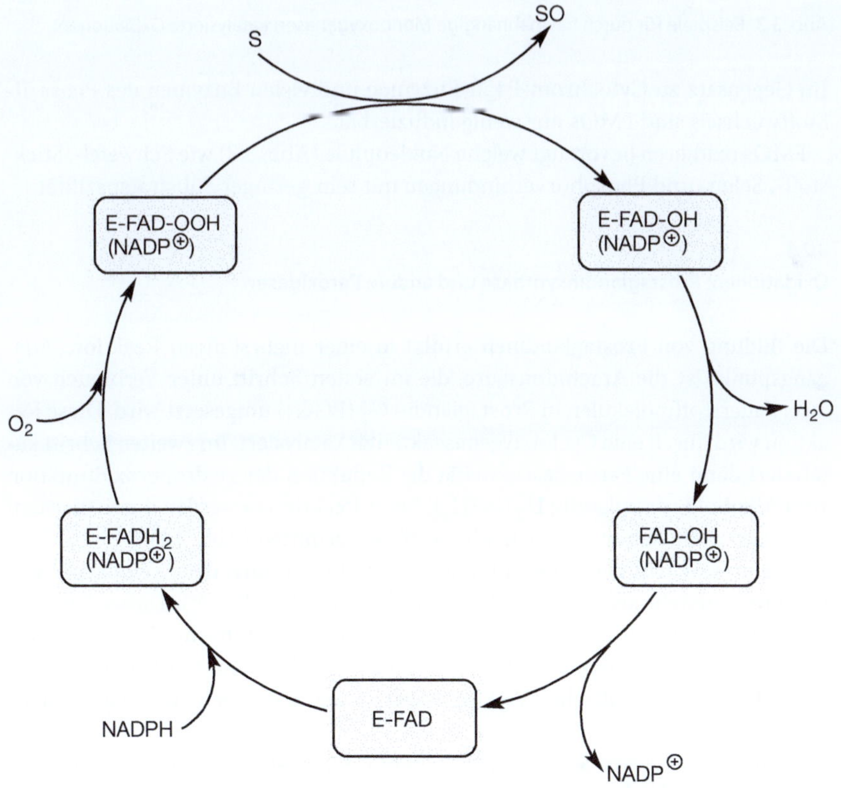

Abb. 3.2 Schematische Darstellung des Mechanismus der Flavin-Monooxygenase-abhängigen Oxidation von Fremdstoffen; E-FAD = flavinabhängige Monooxygenase, S = Substrat.

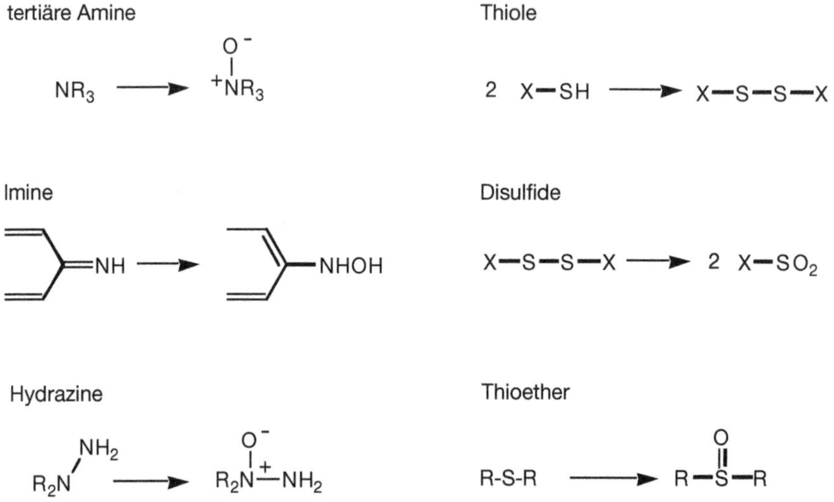

Abb. 3.3 Beispiele für durch flavinabhängige Monooxygenasen katalysierte Oxidationen.

Im Gegensatz zu Cytochrom-P450-Enzymen und vielen Enzymen des Phase-II-Stoffwechsels sind FMOs nur wenig induzierbar.

FMOs oxidieren bevorzugt weiche Nukleophile (Abb. 3.3) wie Schwefel-, Stickstoff-, Selen- und Phosphorverbindungen mit sehr geringer Substratspezifität.

3.2.3
Oxidationen: Prostaglandinsynthase und andere Peroxidasen

Die Bildung von Prostaglandinen erfolgt in einer mehrstufigen Reaktion. Ausgangspunkt ist die Arachidonsäure, die im ersten Schritt unter Verbrauch von zwei Sauerstoffmolekülen in Prostaglandin G_2 (PGG_2) umgesetzt wird. Diese Reaktion wird durch eine Cyclooxygenaseaktivität katalysiert. Im zweiten Schritt katalysiert dann eine Peroxidaseaktivität die Reduktion der Hydroperoxidfunktion zum Alkohol Prostaglandin H_2 (PGH_2). Beide Reaktionen werden durch die Häm und Eisen enthaltende Prostaglandinsynthase vermittelt (Abb. 3.4).

Im ersten Schritt der Umwandlung von Arachidonsäure, der Cyclooxygenasereaktion, entsteht als Zwischenstufe ein Peroxyradikal ($ROO^{\bullet}$). Dieses kann als Quelle für reaktive Sauerstoffspezies dienen oder Fremdstoffe mit Doppelbindungen zu Epoxiden oxidieren. Die Cyclooxygenaseaktivität kann z. B. Diolmetabolite polyzyklischer aromatischer Verbindungen zu den entsprechenden Diol-Epoxiden umwandeln.

Fremdstoffe können auch als reduzierende Kosubstrate für die nachfolgende Umsetzung des Hydroperoxids in Prostaglandin H2 dienen. Die Fremdstoffe werden dabei in Ein-Elektronen-Schritten zu Radikalen oxidiert.

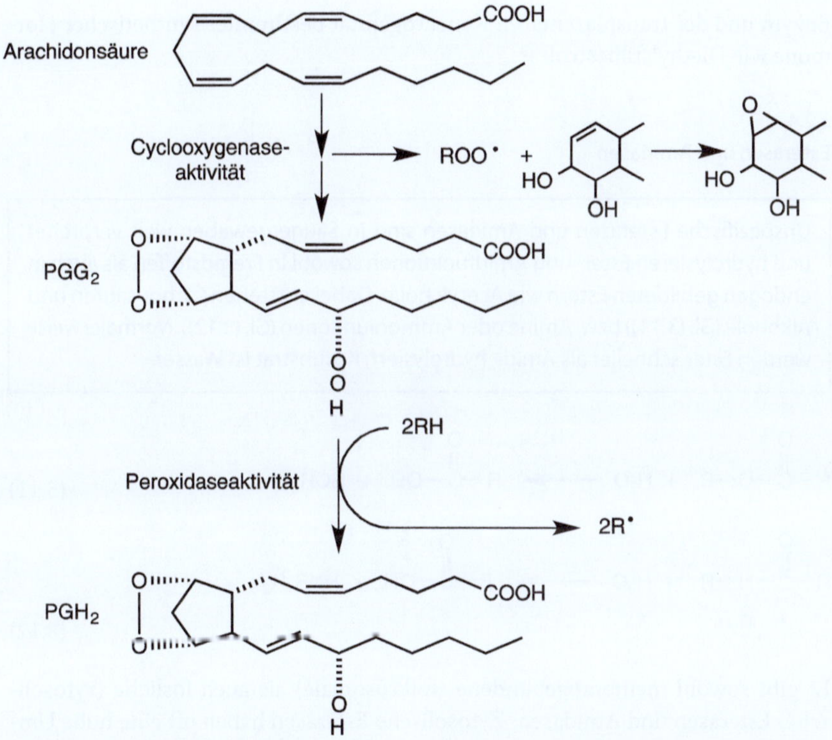

Abb. 3.4 Kooxidation von Fremdstoffen durch Prostaglandinsynthase. Die Umwandlung von Arachidonsäure in Prostaglandin H_2 wird in zwei Schritten durch das Enzym Prostaglandinsynthase katalysiert. Bei beiden Schritten können Fremdstoffe als Kosubstrate dienen und durch gebildete reaktive Sauerstoffspezies oxidiert werden.

Die Prostaglandinsynthase ist in hohen Konzentrationen in den mikrosomalen Fraktionen der Haut und des Nierenmarkes, im Gehirn und in Thrombozyten vorhanden.

> Prostaglandinsynthase wird häufig mit der Metabolisierung von Fremdstoffen in Verbindung gebracht. Da allerdings P450-abhängige Monooxygenasen in sehr vielen Fällen aus Fremdstoffen identische Produkte bilden, lässt sich der Beitrag von Prostaglandinsynthase zur Biotransformation eines bestimmten Fremdstoffs oft nicht abschätzen. Prostaglandinsynthase ist möglicherweise für die Oxidation von Fremdstoffen in den extrahepatischen Geweben verantwortlich, die niedrige Cytochrom-P450-Aktivitäten besitzen.

Prostaglandinsynthaseabhängige Reaktionen könnten die kanzerogene Wirkung einiger Steroidhormone in bestimmten Zielorganen wie der Niere erklären; auch diskutiert man einen Zusammenhang zwischen der Bioaktivierung durch dieses

Enzym und der transplazentaren Kanzerogenität bestimmter synthetischer Hormone wie Diethylstilbestrol.

3.2.4
Esterasen und Amidasen

> Unspezifische Esterasen und Amidasen sind in Säugergeweben weit verbreitet und hydrolysieren Ester- und Amidfunktionen sowohl in Fremdstoffen als auch in endogen gebildeten Estern wie Acetylcholin. Dabei entstehen Carbonsäuren und Alkohole (Gl. (3.11)) bzw. Amine oder Ammoniumionen (Gl. (3.12)). Normalerweise werden Ester schneller als Amide hydrolysiert, Kosubstrat ist Wasser.

$$R{-}C({=}O){-}O{-}R_1 + H_2O \longrightarrow R{-}C({=}O){-}OH + HOR_1 \qquad (3.11)$$

$$R{-}C({=}O){-}N(R_2){-}R_1 + H_2O \longrightarrow R{-}C({=}O){-}OH + HNR_1R_2 \qquad (3.12)$$

Es gibt sowohl membrangebundene (mikrosomale) als auch lösliche (zytosolische) Esterasen und Amidasen. Zytosolische Esterasen haben oft eine hohe Umsatzrate für endogen gebildete Ester, viele dieser Esterasen sind Serin-Hydrolasen. Im Gegensatz katalysieren membrangebundene Esterasen und Amidasen meist die Hydrolyse von Fremdstoffen. Eine toxikologisch relevante und über Esterasen katalysierte Reaktion ist die Hydrolyse von Vinylacetat durch Esterasen der Nasenschleimhaut der Ratte (Abb. 3.5). Der über die esterasekatalysierte Reaktion aus Vinylacetat entstehende Acetaldehyd ist für die lokale Toxizität einer Vinylacetatinhalation auf die Nase der Ratte verantwortlich.

Die Regulation von Enzymen mit Esterase- und Amidaseaktivitäten im Organismus und ihre Organverteilung sind komplex, auch hier gibt es viele unterschiedliche Enzyme (z. B. Carboxylesterasen, Cholinesterasen, Paraoxonasen,

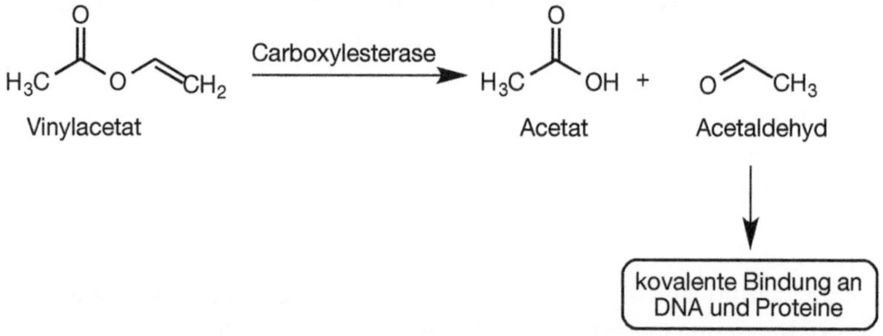

Abb. 3.5 Biotransformation von Vinylacetat über Carboxylesterase.

β-Glucuronidasen) mit oft überlappender Substratspezifität und komplexer Regulierung ihrer Expression.

3.2.5
Systeme zur Oxidation und Reduktion von Alkoholen, Aldehyden und Ketonen

Fremdstoffe und ihre Metabolite enthalten oft Alkohol-, Aldehyd- und Ketongruppen. Auch diese funktionellen Gruppen können über verschiedene Enzymsysteme oxidiert oder reduziert werden. Die wichtigsten dieser Enzyme sind Alkoholdehydrogenase, Aldehydreduktasen, Ketonreduktasen und Aldehydoxidasen. Diese Enzyme finden sich hauptsächlich im Zytosol von Säugerzellen. NAD^+ ist der bedeutsamste Kofaktor in den durch diese Enzyme katalysierte Oxidationsreaktionen; als Kofaktoren für Reduktionsreaktionen fungieren NADH oder NADPH.

Alkoholdehydrogenase (ADH) ist das bedeutsamste Enzym aus dieser Gruppe und katalysiert die Oxidation von Ethanol zu Acetaldehyd und von Methanol zu Formaldehyd. Dieses zytosolische Enzym, das sich hauptsächlich in der Leber befindet, katalysiert im Menschen die Oxidation des größten Teils des aufgenommenen Ethanols.

Aldehyde werden unter Verwendung von NAD^+ als Kofaktor durch *Aldehyddehydrogenase* zu Carbonsäuren oxidiert (Gl. (3.13)). In Säugern gibt es verschiedene Aldehyddehydrogenasen mit unterschiedlichen Substratspezifitäten. Aldehyddehydrogenasen sind sowohl zytosolische als auch mitochondriale und mikrosomale Enzyme, und mehr als 20 unterschiedliche Enzyme sind bekannt; die Expression dieser Enzyme ist von genetischen Faktoren abhängig. Viele der am Stoffwechsel von Fremdstoffen beteiligten Aldehyddehydrogenasen haben spezifische endogene Substrate wie Retinal oder γ-Aminobutyraldehyd. Die Oxidation von Aldehyden zu den entsprechenden Carbonsäuren ist sehr effizient, aus Ethanol gebildeter Acetaldehyd hat im Menschen nur eine Halbwertszeit von wenigen Minuten.

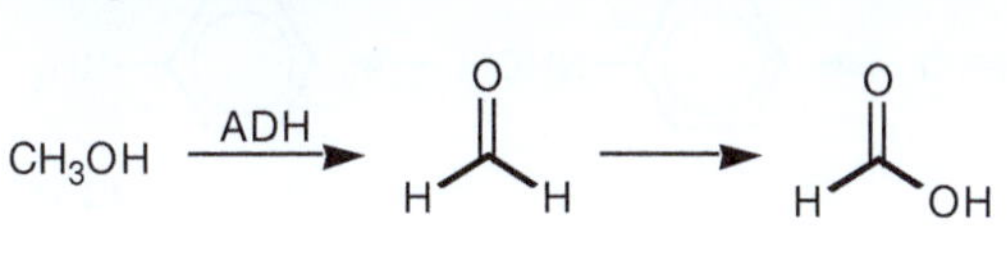

(3.13)

3.2.6
Reduktive Biotransformationsreaktionen

Reduktive Biotransformationsreaktionen haben vor allem für Nitro- und Azoverbindungen Bedeutung und werden oft durch Enzyme aus der bakteriellen Mikroflora des Darms katalysiert.

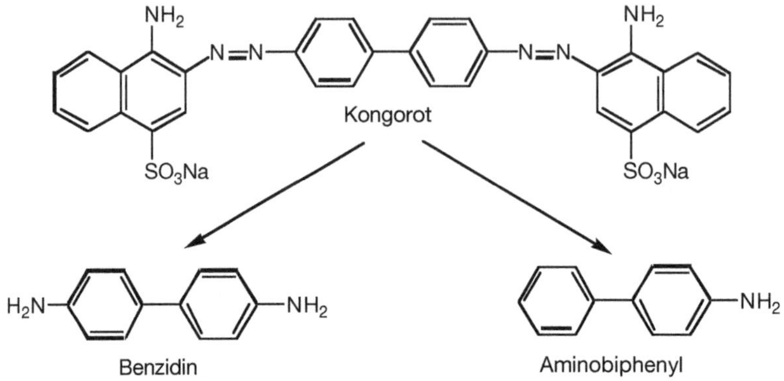

Abb. 3.6 Reduktive Spaltung des Azofarbstoffes Kongorot durch bakterielle Enzyme der Darmflora.

> Der Beitrag der Darmflora zur Verstoffwechselung von Fremdstoffen wird häufig unterschätzt. Durch die große Menge an Bakterien im Darm können bakterielle Reduktionen für bestimmte Stoffe einen bedeutenden Anteil zur Metabolisierung dieses Stoffes leisten. Ein toxikologisch relevantes Beispiel für bakterielle Spaltungsreaktionen im Darm ist die reduktive Spaltung von Azofarbstoffen wie Kongorot unter Freisetzung aromatischer Amine (Abb. 3.6).

Durch reduktive Biotransformation entsteht aus aromatischen Nitroverbindungen wie Nitrobenzol durch schrittweise Reduktion über Nitrosobenzol und Phenylhydroxylamin schließlich Anilin (Gl. (3.14)). Reduktionsreaktionen können bei niedrigem Sauerstoffpartialdruck auch über Cytochrom-P450 katalysiert werden. Bei Cytochrom-P450-katalysierten Reduktionen nehmen Fremdstoffe die von der NADPH-abhängigen P450-Reduktase bereitgestellten Reduktionsäquivalente auf und können sowohl in Ein- als auch Zwei-Elektronen-Schritten reduziert werden.

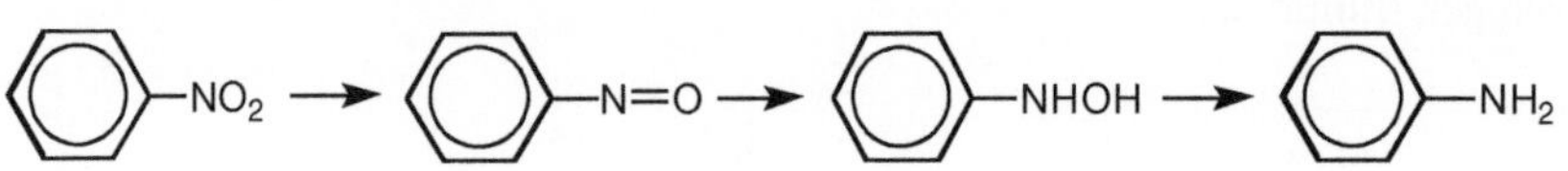

(3.14)

Auch Disulfide können metabolischen Reduktionsreaktionen unterliegen (Gl. (3.15))

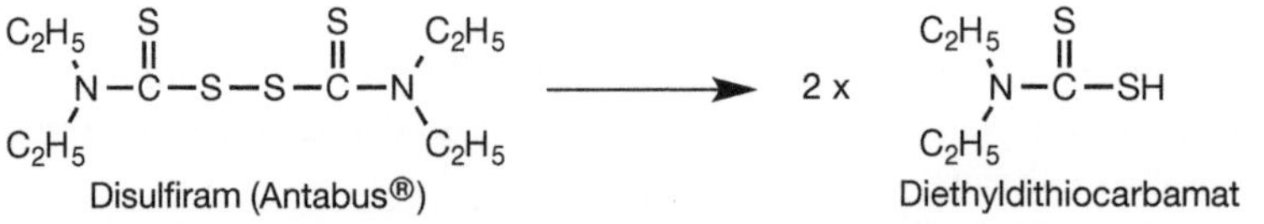

(3.15)

Eine reduktive Biotransformation kann auch bei halogenierten Alkanen wie Tetrachlorkohlenstoff oder bei einigen Fluoralkanen wie 1,1-Dichlor-2,2,2-trifluorethan stattfinden (Gl. (3.16)). Für diesen Stoff scheint die Reduktion über ein Cytochrom-P450-Enzym katalysiert zu sein.

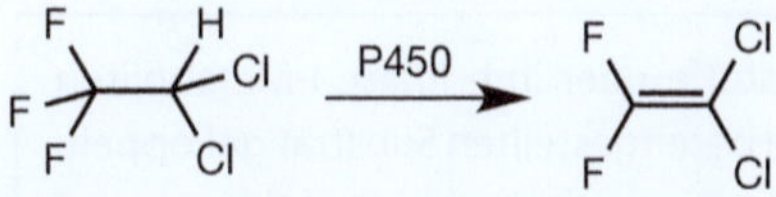

(3.16)

3.2.7 Epoxidhydrolase

> Epoxidhydrolasen katalysieren die *trans*-Addition von Wasser an aliphatische und aromatische Epoxide unter Bildung von Diolen.

Mikrosomale Epoxidhydrolasen sind in der Zelle dem Cytochrom-P450-Enzymsystem benachbart. Die geringe räumliche Entfernung zum Cytochrom-P450 fördert die Entgiftung der über Cytochrom-P450 gebildeten reaktiven Epoxide. Mikrosomale Epoxidhydrolasen katalysieren die Hydrolyse von über Cytochrom-P450-Enyme gebildeten aromatischen und aliphatischen Epoxiden zu den entsprechenden *trans* 1,2-Dihydrodiolen.

Die höchste Aktivität der Epoxidhydrolasen findet sich in der Leber. Der einzige Kofaktor für mikrosomale Epoxidhydrolasen ist Wasser; andere niedermolekulare Kofaktoren sind für die enzymatische Aktivität nicht notwendig (Gl. (3.17)).

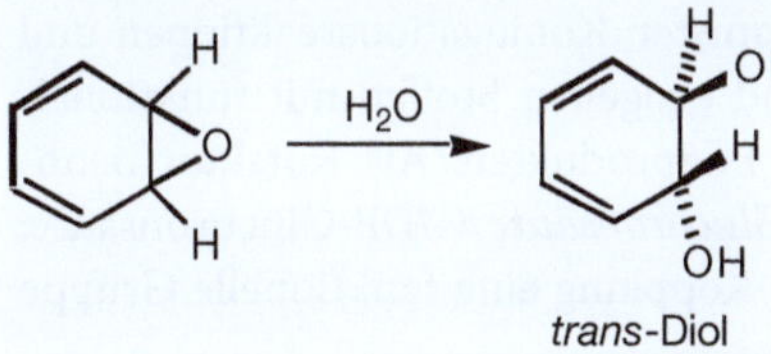

(3.17)

Mikrosomale Epoxidhydrolase finden sich in der mikrosomalen Fraktion vieler Organe; in Organen mit unterschiedlichen Zelltypen ist die Verteilung des Enzyms zwischen den einzelnen Typen sehr heterogen. Neben der mikrosomalen Epoxidhydrolase gibt es auch drei zytosolische Epoxidhydrolasen.

3.3
Phase-II-Reaktionen

In den Phase-II-Reaktionen werden Fremdstoffe oder ihre Phase-I-Metaboliten mit einem aus dem Intermediärstoffwechsel bereitgestellten Substrat gekoppelt. Phase-II-Stoffwechselreaktionen sind daher biosynthetische Reaktionen und benötigen Energie zur Durchführung der Reaktion. Diese aufgebrachte Energie dient zur Biosynthese von reaktiven Kosubstraten (UDP-Glucuronsäure, 3′-Phospoadenosin-5′-phosposulfat, Acetyl-Coenzym A) als Reaktionspartner oder, in besonderen Fällen, zur Aktivierung des Fremdstoffes (Bildung von Acetyl-Coenzym-A-Thioestern aus Fremdstoffen mit Carboxylatresten) selbst. Daher beeinflusst die Fähigkeit des Organismus zur Biosynthese der Kosubstrate das Ausmaß von Phase-II-Reaktionen.

Neben den im Folgenden beschriebenen Reaktionen ist der Organismus noch zu weiteren Konjugationsreaktionen befähigt (Konjugation mit Phosphat, Taurin, Thiosulfat). Phase-II-Reaktionen umfassen auch die Bildung weniger gut wasserlöslicher Stoffe durch Biotransformation wie z. B. die Acetylierung von Aminen oder die Methylierung von Thiolen.

3.3.1
Glucuronidierung

Die Glucuronidierung ist eine der bedeutsamsten Konjugationsreaktionen und dient zur Umwandlung von endogenen und exogenen Stoffen mit funktionellen Gruppen zu sehr gut wasserlöslichen Endprodukten. Als Kofaktor benötigt die enzymatische Reaktion aktivierte *Glucuronsäure* (UDP-Glucuronsäure; Gl. (3.18)). Das Akzeptormolekül muss zur Kopplung eine funktionelle Gruppe bereitstellen.

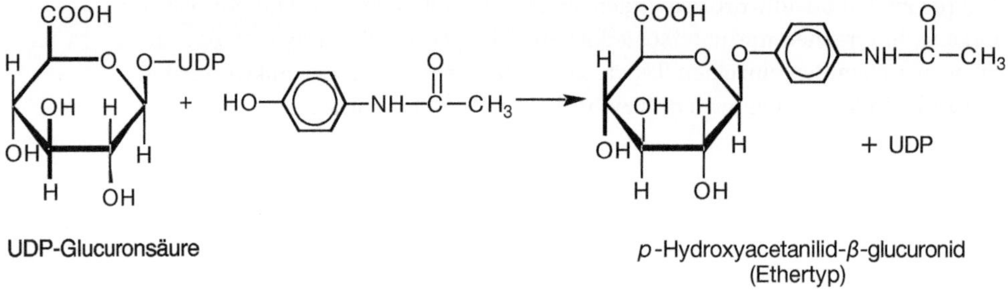

(3.18)

Aktivierte Glucuronsäure als Kofaktor entsteht durch mehrere gekoppelte enzymatische Reaktionen (Abb. 3.7). Beispiele für unterschiedliche funktionelle Gruppen als Substrate für Glucuronidierungsreaktionen sind in Tab. 3.3 auf-

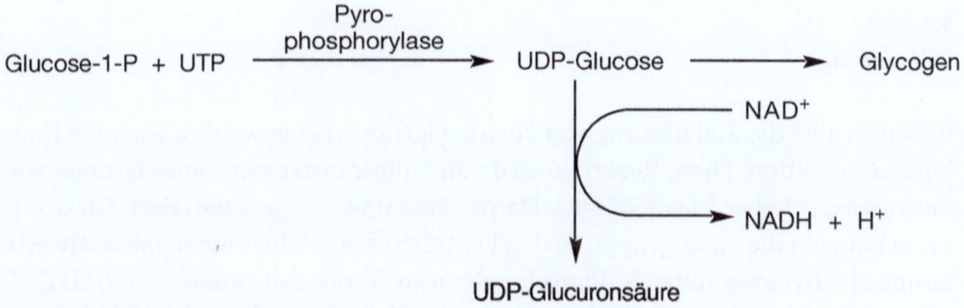

Abb. 3.7 Biosynthese von UDP-Glucuronsäure (aktivierte Glucuronsäure); UTP = Uridintriphosphat, P = Phosphat, UDP = Uridindiphosphat.

Tab. 3.3 Beispiele verschiedener Klassen von Glucuroniden.

Typ des Glucuronids	Stoffklasse des Fremdstoffes	Beispiel
O-Glucuronid		
Ethertyp	Alkohol	Trichlorethanol
Estertyp	Carbonsäure	*o*-Aminobenzoesäure
N-Glucuronid	Carbamat	Meprobamat
	Aromatisches Amin	2-Naphtylamin
	Sulfonamid	Sulfadimethoxin
S-Glucuronid	Aromatisches Thiol	Thiophenol
	Dithiocarbaminsäure	Diethyldithiocarbamat
C-Glucuronid	1,3-Dicarbonylverbindungen	Phenylbutazon

geführt. Dabei ist zu beachten, dass Ester-Glucuronide chemisch reaktiv sind; daher ist die Bildung von Esterglucuroniden aus bestimmten Arzneimitteln wie Diclofenac eine Bioaktivierungsreaktion, die zur Bildung von Proteinaddukten des Arzneimittels und damit zu Überempfindlichkeitsreaktionen führen kann.

Als endogene Substrate für UDP-Glucuronyltransferasen sind Bilirubin, Steroidhormone und fettlösliche Vitamine bekannt. Viele Fremdstoffe werden durch dieses Enzym ebenfalls konjugiert. Die Konjugationsreaktion der Glucuronsäure kann mit Alkoholen, Carbonsäuren, Thiolen, Aminen und Hydroxylaminen stattfinden (Tab. 3.3).

UDP-Glucuronyltransferasen sind membrangebundene Enzyme, die in sehr vielen Organen vorkommen. Hohe Konzentrationen werden in der Leber, in den Nieren und im Darmepithel gefunden. Wie Cytochrom-P450-Enzyme sind auch UDP-Glucuronyltransferasen in Familien eingeteilt, die unterschiedliche, teilweise auch überlappende Substratspezifitäten haben. Mehr als 20 verschiedene UDP-Glucuronyltransferasen sind im Menschen bekannt. Die Konzentration der UDP-Glucuronyltransferasen wird ähnlich wie die des Cytochrom-P450 durch verschiedenste Induktoren wie Phenobarbital, 3-Methylcholanthren und 2,3,7,8-Tetrachlordibenzo-*p*-dioxin erhöht (Tab. 3.4).

3.3.2 Sulfatierung

In Säugern ist die Sulfatierung von Hydroxylgruppen eine weitere wichtige Konjugationsreaktion. Diese Reaktion wird von Sulfotransferasen, einer Gruppe von Enzymen aus Leber, Niere, Magen-Darm-Trakt und Lunge, katalysiert. Diese Enzyme koppeln die Sulfatgruppe an den Fremdstoff. Auch hier dient eine aktivierte Gruppe (aktiviertes Sulfat, 3′-Phosphoadenosin-5′-phosphosulfat, PAPS) als Zwischenstufe. Aktiviertes Sulfat entsteht in der Zelle aus Sulfat und ATP. Im ersten Schritt der Biosynthese verknüpft eine ATP-Sulfurylase die Ausgangsstoffe zu Adenosin-5′-phosphosulfat (APS) (Gl. (3.19)). Im zweiten Schritt bildet eine Kinase das PAPS aus dem Adenosin-5′-phosphosulfat (Gl. (3.20)). Die Gesamtreaktion läuft wegen der engen Kopplung der beiden Enzyme schnell ab.

$$SO_4^{2-} + \text{ATP} \xrightarrow{\text{Sulfurylase}} \text{APS} + \text{Pyrophosphat} \tag{3.19}$$

$$\text{APS} + \text{ATP} \xrightarrow[\text{}]{\text{APS-Phosphokinase}} \text{PAPS} + \text{ADP} \tag{3.20}$$

Das zur Bildung des aktivierten Sulfats nötige anorganische Sulfat wird aus dem Abbau schwefelhaltiger Aminosäuren bereitgestellt, seine Verfügbarkeit ist daher abhängig von Ernährungsfaktoren und ist daher begrenzt. Falls große Mengen an Fremdstoffen sulfatiert werden müssen, kann Sulfatierung wegen des Mangels an diesem Kofaktor nicht mehr stattfinden. Durch den Kofaktormangel kann daher die Ausscheidungsgeschwindigkeit und Biotransformation von sulfatierten endogenen Stoffen beeinflusst werden.

Sulfotransferasen sind ebenfalls eine große Gruppe von Enzymen, die man in zwei verschiedene Klassen einteilen kann. Die membrangebundenen Sulfotransferasen im Golgi-Apparat der Zelle katalysieren meist die Sulfatierung körpereigener Moleküle wie der Aminosäure Tyrosin in Proteinen, wogegen die löslichen Enzyme die Konjugation von Fremdstoffen (wie z. B. Phenol; Abb. 3.8) und niedermolekularen körpereigenen Molekülen (z. B. Steroidalkohole) katalysieren. Im Menschen sind etwa 20 unterschiedliche Sulfotransferasen beschrieben. In den Syntheseenzymen von PAPS können genetische Defekte auftreten, die interindividuelle Unterschiede in der Ausscheidungskinetik von Fremdstoffen im Menschen bewirken können. Auch für Sulfotransferasen sind ausgeprägte Speziesunterschiede in der Expression einzelner Enzyme beschrieben.

Die wichtigsten Folgen einer Konjugation von Fremdstoffmolekülen mit der bei physiologischem pH-Wert dissoziierten Sulfatgruppierung sind eine Verringerung oder Verlust ihrer biologischen Aktivität sowie eine Erhöhung ihrer Wasserlöslichkeit und dadurch eine beschleunigte Ausscheidung. Die Sulfatierung konkurriert mit der Glucuronidierung um Substrate, bei geringen Substratkonzentrationen werden viele Fremdstoffe bevorzugt sulfatiert.

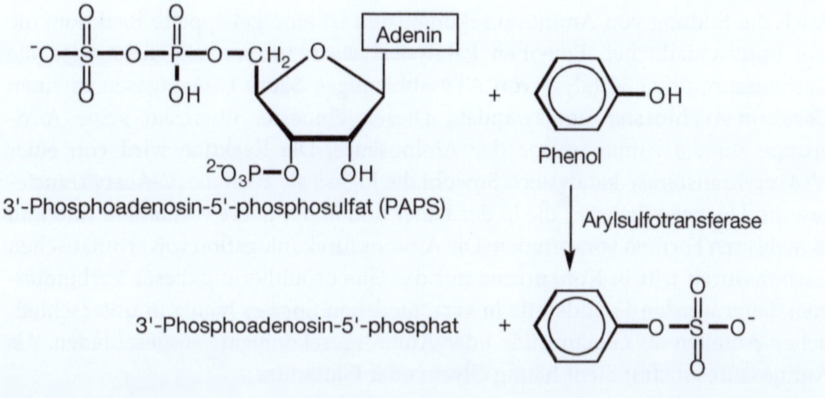

Abb. 3.8 Sulfotransferasen katalysieren die Sulfatierung von Phenol. Der Kofaktor PAPS stellt aktiviertes Sulfat bereit.

> Sulfate von Fremdstoffen werden von der Leberzelle wegen des geringeren Molekulargewichts meist in das Blut abgegeben und gelangen dadurch schnell zum Ausscheidungsorgan Niere. Dort werden Sulfate als bei physiologischen pH-Werten dissoziierte Moleküle nur wenig rückresorbiert und daher schnell ausgeschieden. Im Gegensatz dazu werden Glucuronide wegen der höheren Molekulargewichte aus der Leber bevorzugt in die Galle abgegeben und können nach Spaltung im Darm durch bakterielle Glucuronidasen von dort rückresorbiert werden und einem enterohepatischen Kreislauf unterliegen. Daher bewirkt Sulfatierung meist eine schnellere Ausscheidung von Fremdstoffen.

3.3.3 Aminosäurekonjugation

Metabolisch gebildete oder über verschiedene Wege aufgenommene Carbonsäuren können mit unterschiedlichen Aminosäuren konjugiert werden. Diese Reaktionen führen zur Bildung einer Peptidbindung zwischen der Carboxylatgruppe des Fremdstoffes und der Aminogruppe der Aminosäure. Die wichtigsten Substrate für die Aminosäurekonjugation sind aromatische Carbonsäuren wie Benzoesäure, Arylessigsäuren und substituierte Acrylsäuren. Im Gegensatz zur Glucuronidierung und zur Sulfatierung wird bei der Konjugation von Fremdstoffen mit Aminosäuren nicht das Kosubstrat, sondern der Fremdstoff selbst durch Bildung eines Coenzym-A-Esters in eine reaktivere Form überführt (Gl. (3.21)).

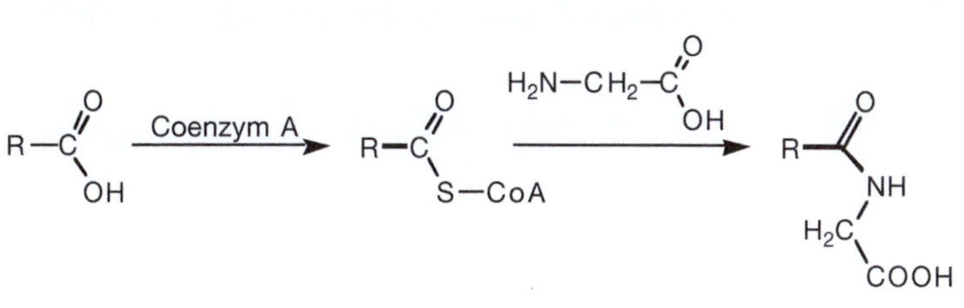

(3.21)

Auch die Bildung von Aminosäurekonjugaten ist eine gekoppelte Reaktion, die von unterschiedlichen Enzymen katalysiert wird. Im ersten Schritt wird die Carbonsäure unter Katalyse von ATP-abhängigen Säure-CoA-Ligasen in einen *Coenzym-A*-Thioester umgewandelt. Dieser Thioester überträgt seine Acylgruppe auf die Aminogruppe der Aminosäure. Die Reaktion wird von einer *N*-Acetyltransferase katalysiert. Sowohl die Ligase als auch die *N*-Acetyltransferase sind lösliche Enzyme, die in der Leber und in der Niere vorhanden sind und in mehreren Formen vorkommen. Die Aminosäurekonjugation von aromatischen Carbonsäuren tritt in Konkurrenz mit der Glucuronidierung dieser Verbindungen; daher werden Fremdstoffe in verschiedenen Spezies häufig in unterschiedlichen Anteilen als Glucuronide oder Aminosäurekonjugate ausgeschieden. Als Aminosäuresubstrat dient häufig Glycin oder Glutamin.

3.3.4
Acetylierung

Die *N*-Acetylierung ist ein bedeutsamer Stoffwechselweg für aromatische Amine, α-Aminosäuren, Hydrazine und Sulfonamide. Als übertragendes Reagenz dient Acetyl-Coenzym A (Gl. (3.22)). Die Enzyme der *N*-Acetylierung sind in den Mitochondrien, in den Mikrosomen und im Zytosol lokalisiert.

> In den meisten Spezies kommen verschiedene Formen der *N*-Acetyltransferasen vor; genetisch bedingte Unterschiede in der Aktivität von *N*-Acetyltransferasen werden im Menschen beobachtet.

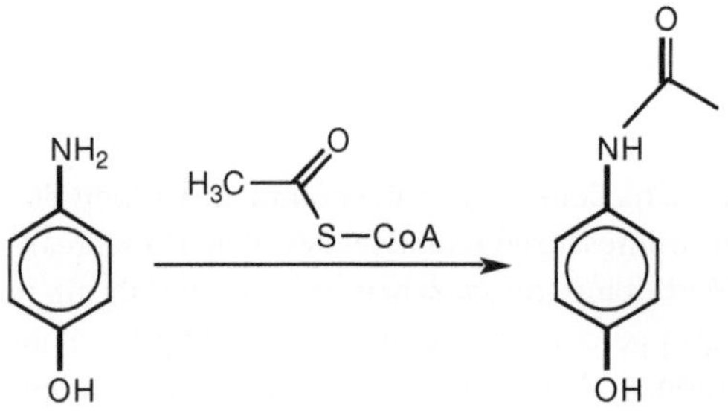

(3.22)

In vielen Fällen allerdings führt die Acetylierung von Aminogruppen nicht zur Bildung besser wasserlöslicher Produkte. Eingeführte Acetylgruppen werden durch Amidasen häufig wieder entfernt. Durch diese Hydrolyse stellen sich komplexe Gleichgewichte zwischen freien Aminen und den entsprechenden Amiden ein.

3.3.5 Glutathion-*S*-Transferasen

Glutathion-S-Transferasen sind eine Gruppe von Enzymen, die den ersten Schritt in der Bildung von Merkaptursäuren (*N*-Acetylcystein-Derivaten) aus Fremdstoffen katalysieren. Sowohl mehrere zytosolische als auch eine membrangebundene Glutathion-*S*-Transferase sind bekannt. Glutathion-*S*-Transferasen sind in sehr vielen Organen vorhanden und finden sich in hoher Konzentration in der Leber, im Magen und im Darm sowie in den Hoden. Die löslichen Glutathion-*S*-Transferasen bestehen aus mindestens zehn Isoformen; die einzelnen Isoformen sind Dimere, die sich in der Zusammensetzung ihrer Untereinheiten unterscheiden. Wie auch die anderen Enzyme des Fremdstoffwechsels haben Glutathion-*S*-Transferasen eine breite und teilweise überlappende Substratspezifität. Als Kofaktor nutzen Glutathion-*S*-Transferasen das Tripeptid Glutathion (γ-Glutamylcysteinyl-Glycin), das in allen Zellen in hohen Konzentrationen (bis zu 10 mM in der Leberzelle) vorhanden ist.

Glutathion-*S*-Transferasen beschleunigen die spontane Reaktion von Elektrophilen mit Glutathion, eine geringe spontane Reaktionsrate mit Glutathion wird mit allen Substraten beobachtet.

Durch die Konjugation von Fremdstoffen mit Glutathion wird ein Thioether gebildet, z. B. entsteht aus Methyliodid *S*-Methylglutathion. Die gebildeten Glutathionkonjugate werden im Organismus weiter zu den im Harn erscheinenden Endausscheidungsprodukten, den Merkaptursäuren, verarbeitet (Abb. 3.9). Im ersten Schritt dieser Umsetzungsreaktion wird das Glutathionkonjugat durch das Enzym γ-Glutamyltranspeptidase zum entsprechenden Cysteinylglycinkonjugat umgesetzt, das weiter durch Dipeptidasen zum entsprechenden Cysteinkonjugat gespalten wird. Cysteinkonjugate von Fremdstoffen werden letztendlich durch eine für Cysteinkonjugate spezifische *N*-Acetyltransferase zur ausscheidbaren Merkaptursäure metabolisiert.

> Konjugation mit Glutathion ist die wichtigste Entgiftungsreaktion für aufgenommene elektrophile Verbindungen und für metabolisch gebildete Elektrophile. Viele toxische Verbindungen werden als Merkaptursäurederivate mit dem Urin beziehungsweise als Glutathionkonjugate mit der Galle ausgeschieden. Glutathiontransferasen katalysieren auch die Entgiftung von reaktiven Sauerstoffspezies, Glutathion wird bei dieser Reaktion zu Glutathiondisulfid oxidiert.

Neben ihrer Rolle als Enzyme können Glutathion-*S*-Transferasen durch ihre Bindungsstellen für endogene und exogene Verbindungen eine wichtige Rolle in der Speicherung von Fremdstoffen wie bestimmten Metallen und von endogenen Verbindungen sowie im Proteintransport spielen.

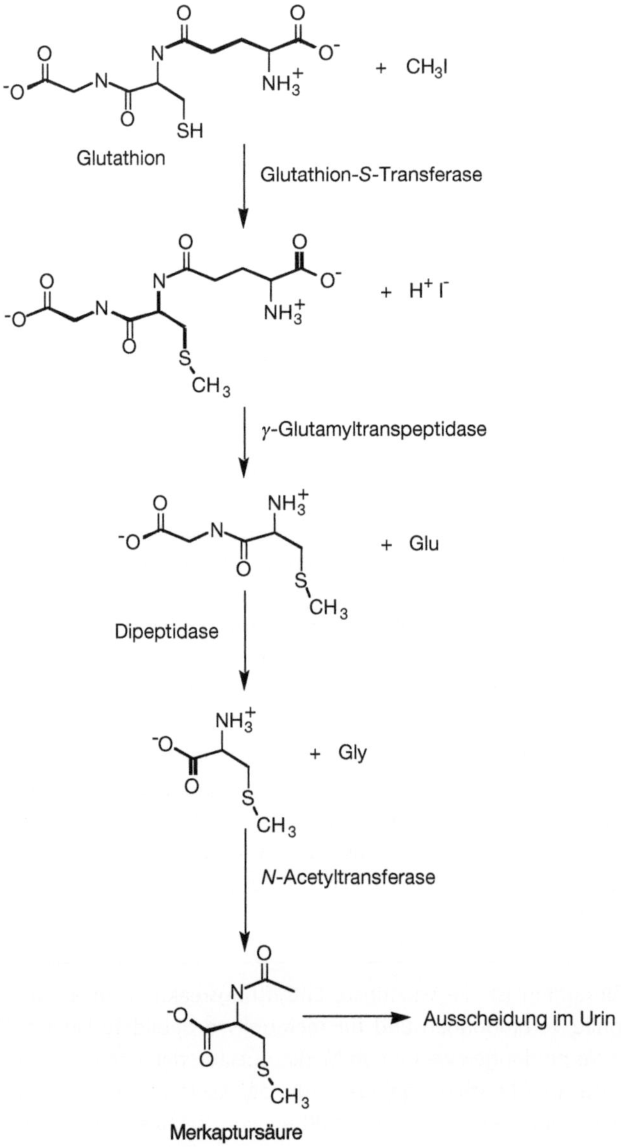

Abb. 3.9 Metabolische Bildung eines Glutathion-*S*-Konjugats und Abbau des *S*-Konjugats zur ausscheidbaren Merkaptursäure am Beispiel von Methyliodid.

3.3.6
Methylierung

Methylierung von Aminen und Thiolen ist eine weit verbreitete Stoffwechselreaktion. Wie die *N*-Acetylierung führt die Übertragung einer Methylgruppe auf ein

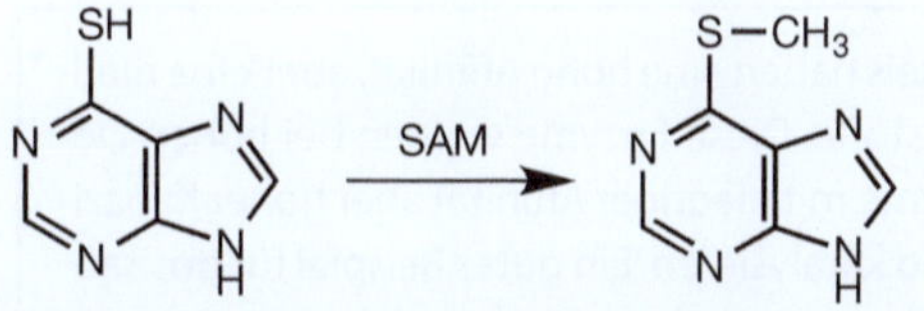

Abb. 3.10 Deaktivierung von Merkaptopurin durch *S*-Methylierung.

Amin oder ein Thiolat nicht zu einer Erhöhung, sondern zu einer Erniedrigung der Wasserlöslichkeit. Neben Aminen und Thiolaten können auch Phenole und Metalle wie Quecksilber und Arsen enzymatisch methyliert werden. Kofaktor für die die Reaktionen katalysierenden Methyltransferasen ist *S*-Adenosylmethionin, das als Methylgruppendonor fungiert. Methyltransferasen sind ebenfalls eine große Gruppe sehr unterschiedlicher Enzyme, die oft auch endogene Substrate haben und daher im Intermediärstoffwechsel wichtige Rollen spielen.

Genetische Polymorphismen haben einen großen Einfluss auf die Kapazität einzelner Individuen zur Methylierung. Beispielsweise bedingt eine genetisch bedingte verringerte Kapazität von einzelnen Patienten zur Methylierung des Immunsuppressivums Merkaptopurin (Abb. 3.10) eine erhöhte Empfindlichkeit dieser Personen gegenüber den immunsuppressiven Wirkungen des Merkaptopurins. Damit einher geht eine erhöhte Infektionsanfälligkeit in diesen Patienten bei Dosierungen, die für andere Patienten gut verträglich sind.

3.4 Faktoren, welche die Biotransformation von Fremdstoffen beeinflussen

Die Dosis des Stoffes und der Aufnahmeweg haben großen Einfluss auf Ausmaß und Wege der Biotransformation. Unterschiedliche Aufnahmewege entscheiden ebenfalls über das Ausmaß und die Wege der Metabolisierung. Stoffe, die in der Leber intensiv verstoffwechselt werden, können nach oraler Gabe dort quantitativ über leberspezifische Wege metabolisiert werden, während der Beitrag anderer Organe zur Biotransformation gering ist.

Bei einer quantitativen Biotransformation eines Fremdstoffes in der Leber nach oraler Aufnahme werden in anderen Organen nur geringe Konzentrationen des Fremdstoffs erreicht, unter solchen Umständen spricht man von einem *hepatischen First-Pass-Effekt*. Bei intravenöser Gabe oder nach Inhalation können solche Stoffe in anderen Organen über Konkurrenzreaktionen umgesetzt werden.

Einige Enzyme des Fremdstoffwechsels haben eine hohe Affinität, aber eine niedrige Kapazität für bestimmte Fremdstoffe. Diese Enzyme werden bei hohen Dosen schnell gesättigt woraufhin Enzyme mit niedriger Affinität aber hoher Kapazität die Biotransformation zunehmend katalysieren. Ein gutes Beispiel für dosisabhängige Metabolisierung ist Acetaminophen (*N*-Acetyl-*p*-aminophenol), das nach Gabe niedriger Dosen hauptsächlich als Sulfatkonjugat ausgeschieden wird. Nur hohe Dosen führen zu bedeutsamen Anteilen an Acetaminophen-Glucuronid und Acetaminophen-Merkaptursäure.

Die Verfügbarkeit eines Stoffes in einem Organ ist abhängig vom Aufnahmeweg und den Stoffeigenschaften Wasserlöslichkeit beziehungsweise Lipophilie. Diese beiden Größen nehmen Einfluss auf die Verteilung des durch das Blut und auf das Anfluten der Stoffe in der Zelle. Auch die Bindung an Plasmaproteine beeinflusst wesentlich die Verteilung eines Stoffes und seine interzellulären Konzentrationen. Sowohl intra- als auch extrazelluläre Proteine können verschiedene Fremdstoffe binden, einige Fremdstoffe liegen im Organismus sogar zum größten Teil in einer proteingebundenen Form im Blut oder auch in Organen vor. Diese Bindung ist nicht spezifisch (z. B. die Bindung vieler Verbindungen an Serumalbumin) und hat oft einen großen Effekt auf die Verfügbarkeit des Fremdstoffes in der Zelle und die Ausscheidungsgeschwindigkeit.

Dazu kommt, dass Ernährung, Geschlecht, Lebensumstände, Alter, und genetische Veranlagung die Aktivität einzelner Stoffwechselenzyme beeinflussen können.

In Nagern ist die Kapazität zur Verstoffwechselung von Fremdstoffen kurz vor und nach der Geburt gering; die Aktivitäten einzelner Cytochrom-P450-Enzyme entwickeln sich recht unterschiedlich. In menschlichen Föten und bei Neugeborenen ist die Kapazität für den Fremdstoffwechsel für einige Fremdstoffe gering, entsprechende Enzymaktivitäten entwickeln sich mit unterschiedlichen Zeitverläufen erst in den ersten sechs Lebensmonaten. Im fortgeschrittenen Alter geht sowohl im Menschen als auch im Nager die Kapazität des Körpers zur Verstoffwechselung von Fremdstoffen wieder zurück.

Die Spiegel an *Sexualhormonen* sind bedeutsame Faktoren in der Regulation von Cytochrom-P450-Enzymen, denn die Expression bestimmter Cytochrom-P450-Enzyme steht unter der Kontrolle solcher Hormone. Männliche Ratten zeigen während der Geschlechtsreife eine zwei- bis dreimal höhere Monooxygenaseaktivität als weibliche Ratten; durch Gabe von männlichen Sexualhormonen können auch in weiblichen Ratten die Cytochrom-P450-Aktivitäten erhöht werden. Auch beim Menschen sind in Mann und Frau Unterschiede im Cytochrom-P450-Profil beschrieben worden.

Der Ernährungsstatus von Versuchstieren und Menschen kann bedeutenden Einfluss auf Bioaktivierung und Entgiftung ausüben. Mangel an Spurenelementen (Calcium, Kupfer, Eisen, Magnesium und Zink) und Proteinen in der Nahrung führt zu einer Verminderung der Aktivität von Cytochrom-P450 und damit zu einer geringeren Verstoffwechselung von Fremdstoffen. Ernährungsmängel beeinflussen allerdings auch die Kapazität der verschiedensten Schutzmechanismen (Glutathion, Antioxidantien) sowie die Verfügbarkeit von Kofaktoren für Phase-II-Reaktionen. Eine an ungesättigten Fettsäuren reiche Nahrung erhöht die Konzentrationen von Cytochrom-P450 in der Leber. Hungerzustände erniedrigen Enzymaktivitäten, andererseits erhöht Unterernährung die Konzentration bestimmter Cytochrom-P450-Enzyme. Auch Krankheiten können durch direkte Veränderung der Enzymaktivitäten infolge unterschiedlicher Leberschäden, Kosubstratmangel und Veränderungen der Darmflora das metabolische Schicksal von Fremdstoffen ebenfalls beeinflussen.

3.4.1 Induktion von Stoffwechselenzymen

> Die wiederholte Gabe bestimmter Fremdstoffe führt zu einer gesteigerten Aktivität von Enzymen der Biotransformation (Beispiele in Tab. 3.4). Dies ist oft auf eine vermehrte Synthese oder verlangsamten Abbau des Enzyms zurückzuführen. Diesen Vorgang bezeichnet man als Enzyminduktion, entsprechende Fremdstoffe als Enzyminduktoren.

Durch Gabe von Induktoren werden hauptsächlich membrangebundene Enzyme in ihrer Menge erhöht. Die Enzyminduktion hat für jeden Induktor einen spezifischen Zeitverlauf, unterliegt einer Sättigungskinetik, und ist oft speziesspezifisch. Nach Absetzen des Enzyminduktors sinken die Enzymkonzentrationen innerhalb charakteristischer Zeitspannen wieder auf die Ausgangswerte ab.

Durch verschiedene Induktoren werden Enzymkonzentrationen um den Faktor 3–100 erhöht. Bestimmte Induktoren können spezifisch einzelne Enzyme eines Enzymsystems wie bestimmte Cytochrom-P450-Enzyme induzieren, andere Induktoren erhöhen die Expression und damit auch die Aktivitäten mehrerer Enzymsysteme (wie z. B. Cytochrom-P450 und Glucuronyltransferasen).

Neben Arzneimitteln oder Fremdstoffen können auch Nahrungsmittelinhaltsstoffe und exzessiver Genuss von alkoholischen Getränken sowie Krankheiten zur Enzyminduktion beitragen. Das Cytochrom-P450-Enzym 2E1, das viele Fremdstoffe und Lösungsmittel (Benzol, Trichlorethen, Dichlormethan) metabolisiert, wird durch chronische Alkoholaufnahme in der Leber induziert. Dieses Enzym wird ebenfalls durch Krankheitszustände wie Diabetes beeinflusst; Zuckerkranke bilden vermehrt Aceton, das als Enzyminduktor wirkt.

Neben einer Erhöhung der Aktivität von Enzymen des Stoffwechsels von Fremdstoffen kann die Gabe von Induktoren des Fremdstoffmetabolismus auch andere, oft sehr spezifische Änderungen in der Leber und in anderen Organen induzieren. Diese sind von der Art des Induktors abhängig (Tab. 3.5).

Interessanterweise wirken einzelne Induktoren nicht auf alle Organe in gleichem Ausmaß. Alkohol induziert in der Ratte effektiv Cytochrom-P450-2E1 in

Tab. 3.4 Enzyminduktoren und durch ihre Gabe beeinflusste Enzymsysteme.

Induktor	Beeinflusste Enzymsysteme
2,3,7,8-Tetrachlordibenzo-*p*-dioxin	Cytochrom-P450, Glucuronyltransferasen
Ethanol	Cytochrom-P450-2E1
Phenobarbital	Cytochrom-P450, Epoxidhydrolase, Glucuronyltransferasen
trans-Stilbenoxid	Epoxidhydrolase
3-Methylcholanthren	Cytochrom-P450, Glucuronyltransferasen
Perfluordecansäure	Cytochrom-P450, UDP-Glucuronyltransferasen
β-Napthoflavon; Stoffe, die den Glutahionspiegel in der Zelle verringern	Glutathiontransferasen, UDP-Glucuronyltransferasen, mikrosomale Epoxidhydrolase

Tab. 3.5 Veränderungen in der Leber unter der Einwirkung von Induktoren: Qualitative und quantitative Unterschiede lassen unterschiedliche Muster erkennen.

Veränderungen bei der Induktion	Phenobarbital	Methylcholanthren
Lebergewicht	erhöht (Hypertrophie)	Weniger stark erhöht (Hyperplasie)
Gallefluss	Erhöht	Unverändert
Proliferation des endoplasmatischen Retikulums	Erhöht	Wenig verändert
Cytochrom-P450	Charakteristische Erhöhung bestimmter P450-Enzyme	Charakteristische Erhöhung bestimmter P450-Enzyme
Glucuronyltransferase	Vermehrt	Vermehrt
Epoxidhydrolase	Vermehrt	Wenig verändert
Glutathiontransferase	Vermehrt	Wenig verändert
NADPH-Cytochrom-P450-Reduktase	Vermehrt	Unverändert
γ-Glutamyltransferase	Vermehrt	Unverändert
NAD-Menadionoxidoreduktase	Unverändert	Vermehrt
Maximaler Effekt	Nach 2–3 Tagen	Nach 12–24 h

der Leber, in anderen Zielorganen lässt sich eine Erhöhung der Konzentration dieses Enzyms nicht nachweisen. Das Ausmaß der Enzyminduktion hängt außer vom Induktor auch vom Organ und von Art, Geschlecht und Alter der Versuchstiere ab.

Die Enzyminduktion führt zu einem beschleunigten Stoffwechsel von Substraten für dieses Enzym. Bei Stoffen, die durch diese Enzyme bioaktiviert werden, wird die Gleichgewichtskonzentration an reaktiven Zwischenstufen durch den

Tab. 3.6 Mechanismen der Induktion von Cytochrom-P450-Enzymen durch Fremdstoffe.

Cytochrom-P450	Induktor	Hauptsächlicher Mechanismus
1A1	Dioxin	Erhöhung der Transkription durch Interaktion mit dem Ah-Rezeptor
1A2	3-Methylcholanthren	Stabilisierung der mRNA
2B1, 2B2	Phenobarbital	Erhöhung der Transkription durch Interaktion mit dem CAR-Rezeptor
2A6, 2B6, 2C9, 2C19	Gallensäuren, polychlorierte Biphenyle, Phenobarbital	Erhöhung der Transkription durch Interaktion mit dem PXR-Rezeptor
2E1	Ethanol, Aceton	Stabilisierung des Proteins
3A1	Dexamethason	Erhöhung der Transkriptionsrate unabhängig vom Glukokortikoidrezeptor
3A1	Triacetyloleandomycin	Stabilisierung des Proteins durch Inhibition proteolytischer Enzyme
4A1	Clofibrat	Erhöhung der Transkriptionsrate, über den PPARα-Rezeptor vermittelt

beschleunigten Umsatz erhöht. Dadurch werden die toxischen Wirkungen verstärkt.

> Einige Fremdstoffe wie Allylisothiocyanat können selektiv Phase-II-Enzyme induzieren und damit die Entgiftung vieler aufgenommener Fremdstoffe verbessern; durch solche Induktionseffekte erklärt man die krebsverhindernde Wirkung von Nahrungsmitteln mit hohem Gehalt an solchen Stoffen, z. B. von Brokkoli.

Die Mechanismen der Enzyminduktion auf molekularer Ebene sind vielfältig und beinhalten oft eine rezeptorvermittelte Erhöhung der Genexpression (Tab. 3.6). Enzyminduktoren können wegen der vielfältigen Mechanismen auch sehr unterschiedliche Strukturen haben.

Gut beschrieben ist der molekulare Mechanismus der Enzyminduktion durch Tetrachlordibenzo-*p*-dioxin (TCDD). Dioxin und andere planare Moleküle wie polyzyklische aromatische Kohlenwasserstoffe binden mit hoher Affinität an einen zytosolischen Rezeptor. Dieser Rezeptor wurde wegen seiner Affinität zu polyzyklischen aromatischen Verbindungen *Ah-Rezeptor* (Ah = aryl hydrocarbon) benannt, TCDD besitzt allerdings eine um Größenordnungen höhere Affintät zu diesem Rezeptor im Vergleich zu polyzyklischen Aromaten. Nach Bindung des TCDDs an den Rezeptor und Interaktion mit weiteren Proteinen wandert der TCDD-Rezeptor-Komplex in den Kern und führt dort zu einer Aktivierung der DNA-Transkription und damit zu vermehrter Proteinsynthese. Unter Kontrolle des Ah-Rezeptors stehen besonders das Cytochrom-P450-Enzym-1A1

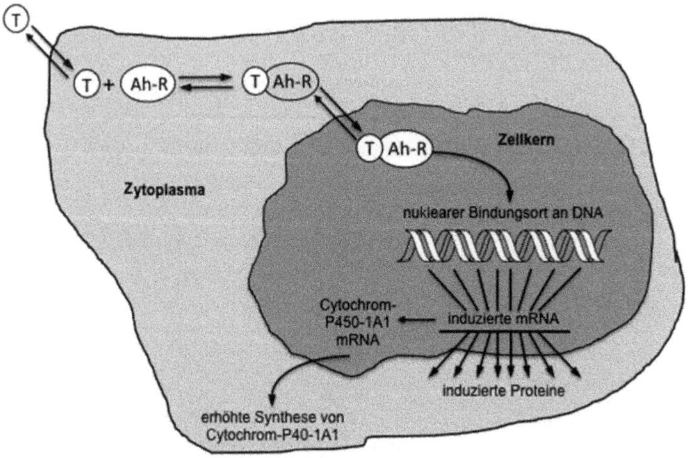

Abb. 3.11 Mechanismus der rezeptorvermittelten Wirkung von Dioxinen wie TCDD (T, 2,3,7,8-Tetrachlordibenzo-*p*-dioxin). Nach Bindung des TCDDs an den Ah-Rezeptor (Ah-R) tritt dieser Komplex in den Kern ein und bindet an DNA. Als Folge der Bindung wird die Expression verschiedener Proteine wie Cytochrom-P450-1A1 erhöht.

und bestimmte UDP-Glucuronyltransferasen, aber auch viele andere Enzyme (Abb. 3.11).

Barbiturate, die starke Induktoren einer Vielzahl von fremdstoffmetabolisierenden Enzymen sind, interagieren mit dem konstitutiven Androstanrezeptor (CAR) und dem Pregnan-X-Rezeptor (PXR), die die Expression vieler Enzyme des Fremdstoffwechsels ebenfalls kontrollieren.

Enzyminduktion beschleunigt den Abbau von Fremdstoffen und kann daher sowohl die pharmakologischen Wirkprofile von Arzneimitteln als auch die Toxizität von Fremdstoffen beeinflussen.

Beispielsweise wird die chemopräventive Wirkung von Isothiocyanaten auf eine Induktion von Glutathiontransferasen zurückgeführt. Enyzminduktion kann bei Arzneimitteln mit geringer therapeutischer Breite eine erhöhte Dosierung zur Erzielung des gewünschten pharmakologischen Effektes nötig machen, denn der beschleunigte Abbau des Arzneimittels kann unter solchen Umständen das Erreichen ausreichender Blutspiegel bei normalerweise wirksamen Dosierungen verhindern (Abb. 3.12). Dies kann am Beispiel der Interaktion von Barbituraten und oralen Antikoagulanzien vom Cumarintyp wie Dicumarol deutlich gemacht werden. Cumarine haben eine geringe therapeutische Breite. Dies erzwingt eine adjustierte individuelle Dosierung des Cumarinderivats, um optimale Blutspiegel für die antikoagulative Wirkung zu erreichen. Werden die optimalen Blutspiegel nur wenig unterschritten, ist die antikoagulative Wirkung nicht mehr vorhanden (Prothrombinzeit, rechts dargestellt in Sekunden in Abb. 3.12); wer-

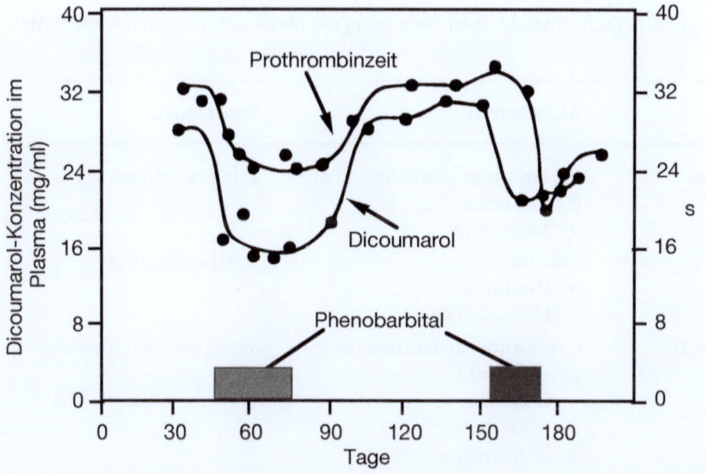

Abb. 3.12 Induktion des Arzneimittelstoffwechsels als Grundlage pharmakokinetischer Interaktionen in der Arzneimitteltherapie.

den optimale Blutspiegel nur wenig überschritten, kommt es durch den übersteigerten pharmakologischen Effekt zu Blutungen. Gibt man einem gut eingestellten Patienten zusätzlich zu den Cumarinderivaten ein Barbiturat, wird der Abbau des Cumarinderivats beschleunigt und die antikoagulative Wirkung geht verloren.

Daher kann die gleichzeitige Gabe von Enzyminduktoren mit anderen Arzneimitteln zu Arzneimittelinteraktionen führen.

3.4.1.1 Hemmung biotransformierender Enzyme

> Neben einer Erhöhung der Aktivität biotransformierender Enzyme lässt sich nach Gabe verschiedener Fremdstoffe und auch unter bestimmten Ernährungsumständen und bei Krankheiten eine Reduktion der Kapazität des Menschen für die Biotransformation von Fremdstoffen beobachten.

Stoffe, die Protein- und/oder Biosynthese funktioneller Gruppen von Fremdstoffwechselenzymen (z. B. Häm in Cytochrom-P450-Enzymen) unterbrechen, führen zum Absinken der Konzentrationen und damit auch zum Absinken der Kapazität des Enzyms zum Umsatz von Fremdstoffen in der Zelle. Auch ein anderweitiger Verbrauch von Kofaktoren kann das Ausmaß enzymatischer Reaktionen verringern. Beispielsweise kann eine Erschöpfung des zur Verfügung stehenden Sulfatvorrats zu einer verringerten Sulfatierung führen.

In Stoffgemischen können die einzelnen Bestandteile ihre Biotransformation gegenseitig hemmen. Falls eine Komponente eine sehr hohe Affinität zu einem bestimmten Enzym hat, wird sie von dem Enzym bevorzugt metabolisiert. Die Um-

Tab. 3.7 Pharmakokinetische Interaktionen: Hemmung des Metabolismus durch Arzneimittelinteraktionen.

Enzym	Arzneimittel	Konsequenz
Xanthinoxidase	Purinanaloge (Azathioprin, Mercaptorpurin) • Allopurinol	Erhöhte Zytotoxizität
Aldehyddehydrogenase	Ethanol • Disulfiram • Metronidazol	Antabus-Syndrom
Cytochrom-P450	Orale Antikoagulanzien (Phenprocoumon) • Cimetidin • Phenylbutazon • Chloramphenicol	Verstärkte Blutungsneigung
Cytochrom-P450	Orale Antidiabetika (Tolbutamid) • Dicumarol • Chloramphenicol	Hypoglykämie

setzung von Bestandteilen des Gemisches mit geringerer Affinität zu diesem Enzym wird dann verhindert oder vermindert. Diese Fremdstoffe können nun über andere Mechanismen metabolisiert werden und so – verglichen mit der Gabe der Einzelsubstanz – zu möglicherweise veränderten toxischen Wirkungen führen.

Bei der enzymatischen Umsetzung von Fremdstoffen entstehen häufig reaktive Zwischenstufen, die auch mit Bestandteilen des Enzyms selbst (z. B. mit den Stickstoffatomen im Häm des Cytochrom-P450) reagieren. Solche Reaktionen führen zu einer chemischen Modifikation am aktiven Zentrum des Enzyms und damit meist zu einer *irreversiblen Hemmung*. Durch die kovalente Bindung wird das aktive Zentrum des Enzyms verändert, sodass die enzymatische Aktivität nur durch Neusynthese des Enzyms wieder herstellbar ist.

Irreversible Hemmung von Cytochrom-P450-Enzymen kann als Folge der katalytischen Oxidation von Ethinen, sekundären Aminen oder Thioamiden auftreten und ebenfalls einen Beitrag zu Arzneimittelinteraktionen leisten (Tab. 3.7).

3.5 Genetisch bedingte Unterschiede in der Aktivität von Fremdstoffwechselenzymen

Viele Speziesunterschiede in Biotransformation und Toxikokinetik beruhen auf dem Fehlen oder einer verringerten Aktivität von Enzymen des Fremdstoffwechsels in bestimmten Tierspezies. Wegen unterschiedlicher Aktivitäten der einzel-

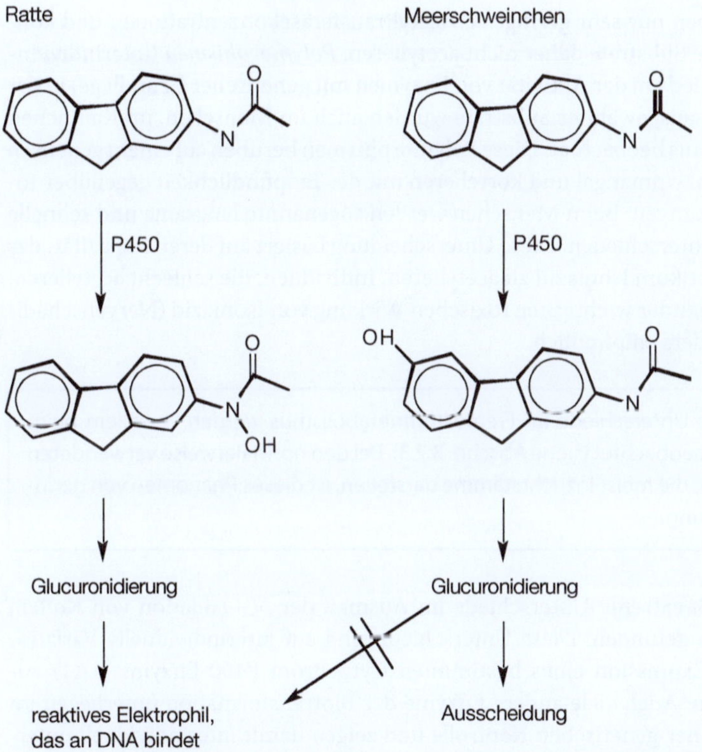

Abb. 3.13 Stoffwechsel von Acetamidofluoren in Ratte und Meerschweinchen. In der Ratte wird Acetamidofluoren durch ein bestimmtes Cytochrom-P450-Enzym am Stickstoff oxidiert, die gebildete Hydroxamsäure kann zu einem instabilen Glucuronid umgewandelt werden. Im Gegensatz dazu findet im Meerschweinchen eine Hydroxylierung am aromatischen Ringsystem statt, dadurch entstehen keine instabilen Glucuronide.

nen am Fremdstoffstoffwechsel beteiligten Enzyme kann das metabolische Profil einer Substanz in verschiedenen Spezies sehr unterschiedlich sein. Dadurch können Aktivierungsreaktionen und die toxische Wirkung von Fremdstoffen stark speziesabhängig sein und bestimmte Spezies extrem empfindlich gegenüber Biotransformation vermittelten toxischen Wirkungen sein. Beispielsweise induziert Gabe von Acetamidofluoren an Ratten in hoher Inzidenz Krebserkrankungen, während Meerschweinchen gegenüber der tumorauslösenden Wirkung von Acetamidofluoren praktisch resistent sind. Grund dafür ist wahrscheinlich der unterschiedliche Stoffwechsel (Abb. 3.13).

Acetamidofluoren wird in der Ratte wird über einen P450-abhängigen Mechanismus am Stickstoff hydroxyliert und nachfolgend sulfatiert. Diese Sulfate dienen als Transportform für eine elektrophile Zwischenstufe in die Blase und zerfallen dort in reaktive Zwischenstufen (Nitreniumionen). Im Meerschweinchen wird Acetamidofluoren am aromatischen Ringsystem oxidiert, die Bildung von Nitreniumionen findet nicht statt.

Hunde haben nur sehr geringe *N*-Acetyltransferasekonzentrationen und können sehr viele Substrate daher nicht acetylieren. *Polymorphismen* (interindividuelle Unterschiede in der Aktivität von Enzymen mit genetischer Grundlage) in der Acetylierung ausgewählter Substrate wurden auch im Menschen, im Kaninchen und in der Maus beobachtet. Diese Polymorphismen beruhen auf einem genetisch bedingten Enzymmangel und korrelieren mit der Empfindlichkeit gegenüber toxischen Wirkungen. Beim Menschen werden sogenannte langsame und schnelle Acetylierer unterschieden. Diese Unterscheidung basiert auf deren Kapazität, das Tuberkulostatikum Isoniazid zu acetylieren. Individuen, die schlecht acetylieren, sind gegenüber der wichtigsten toxischen Wirkung von Isoniazid (Nervenschädigung) besonders empfindlich.

Individuelle Unterschiede im Fremdstoffmetabolismus werden vor allem beim Menschen beobachtet (siehe Abschn. 3.2.3). Bei den normalerweise verwendeten Labortieren, die meist Inzuchtstämme darstellen, ist dieses Phänomen von geringer Bedeutung.

Man hat z. B. extreme Unterschiede im Ausmaß der *N*-Oxidation von Koffein in Menschen gefunden. Diese Unterschiede sind auf interindividuelle Variationen in der Expression eines bestimmten Cytochrom-P450-Enzyms (1A1) zurückzuführen. Auch viele andere Enzyme der Biotransformation unterliegen im Menschen einer genetischen Kontrolle und zeigen damit interindividuell unterschiedliche Aktivitäten. Der Einfluss solcher Polymorphismen ist besonders gut bezüglich des Arzneimittelstoffwechsels untersucht, da solche Polymorphismen erwünschte und unerwünschte Wirkungen von Arzneimitteln beeinflussen können (Tab. 3.8). Die genetisch bedingten interindividuellen Unterschiede bedingen eine patientenspezifische Dosierung von Arzneimitteln, die hauptsächlich über polymorph exprimierte Enzyme metabolisiert werden.

3.6 Rolle der Bioaktivierung in der Toxizität

Im Zuge der Biotransformation entstehen aus vielen Fremdstoffen Zwischenstufen, die chemisch reaktiver als die Ausgangsverbindungen und auch als die auszuscheidenden Metabolite sind. Diesen Vorgang bezeichnet man als Giftung, Bioaktivierung oder metabolische Aktivierung.

Wenn im Stoffwechsel gebildete reaktive Zwischenstufen mit zellulären Makromolekülen reagieren, verändern sie deren Struktur und oft auch deren Funktion. Dadurch kann eine Vielzahl toxischer Wirkungen ausgelöst werden. Neben Bio-

Tab. 3.8 Genetisch bedingte Unterschiede in der Aktivität von Fremdstoffwechselenzymen.

Enzym	Häufigkeit des Polymorphismus	Beispiele für Arzneimittel
Thiopurin-*S*-Methyltransferase	Homozygot defekt bei 0,4–1 %	Azathioprin (schwere Leukopenien, teils letaler Ausgang bei den langsamen Metabolisierern beschrieben)
Cytochrom-P450-2D6	Defekt bei 8 %, ultraschnell bei 1,5 % der Bevölkerung	Antiarrhytmika (wie Propafenon und Ajmalin), Betablocker (wie Metoprolol), Antidepressiva (wie Nortriptylin und Imipramin)einige werden auch metabolisch aktiviert, so wird Codein über CYP2D6 zu Morphin aktiviert
Cytochrom-P450-2C19	Defekt bei 3 % der Bevölkerung	Diazepam, Omeprazol, Proguanil
Cytochrom-P450-2C9	Auf etwa 1/10 reduzierte Aktivität bei 1,5 % der Bevölkerung	Phenytoin, Diclofenac, Ibuprofen, Tolbutamid

aktivierungsreaktionen laufen in der Säugerzelle aber parallel Reaktionen ab, die gebildete reaktive Zwischenstufen effizient wieder in nicht oder weniger toxische Produkte umwandeln und dadurch entgiften können. Daher hängt die Gleichgewichtskonzentration toxischer Zwischenstufen und die toxische Wirkung vieler Stoffe von der Endbilanz der in der Zelle ablaufenden metabolischen Aktivierungs- und Deaktivierungsreaktionen ab.

> Zum Verständnis der metabolischen Aktivierungsreaktionen als Basis toxischer Wirkungen sind sowohl Kenntnisse der chemischen Mechanismen dieser Reaktionen als auch Kenntnisse der an den Reaktionen beteiligten Enzyme, ihrer Verteilung im Organismus und ihrer Regulation notwendig. Bioaktivierungsreaktionen werden sowohl durch Phase-I- als auch durch Phase-II-Enzyme katalysiert. Oft ist die metabolische Aktivierung von Fremdstoffen durch körpereigene Enzyme die Voraussetzung für ihre toxische Wirkung.

Einige Beispiele von enzymatischen Bioaktivierungsreaktionen und den dadurch ausgelösten toxischen Wirkungen sind in Tab. 3.9 aufgeführt.

Bioaktivierungsreaktionen können auch für Wirkungen auf den menschlichen Fötus und transplazentare kanzerogene Effekte verantwortlich sein. So wird das Schlafmittel Thalidomid, das bei Einnahme während der Schwangerschaft Missbildungen der Gliedmaßen beim Ungeborenen induziert, von Stoffwechselenzymen des Fötus in eine reaktive Zwischenstufe überführt. Deren Interaktion mit spezifischen Proteinen führt zu den charakteristischen Missbildungen bei Kin-

Tab. 3.9 Beispiele von Bioaktivierungsreaktionen und dadurch ausgelöste toxische Wirkungen.

Fremdstoff	Durch Bioaktivierung ausgelöste toxische Wirkung	Bioaktivierungsmechanismus oder reaktives Zwischenprodukt
Acetamidofluoren	Blasenkrebs	Nitreniumion
Aflatoxin B_1	Leberkrebs	Epoxidierung
Benzen	Blutkrebs	Bildung von Benzochinon
Dimethylnitrosamin	Krebs in vielen Organen	α-Hydroxylierung mit nachfolgender Umlagerung zum Carboniumion
Tetrachlorkohlenstoff	Lebernekrosen	Radikalbildung
Vinylchlorid	Leberkrebs	Epoxidierung

dern, deren Mütter während der Schwangerschaft regelmäßig Thalidomid eingenommen hatten.

Der Prozess der Bioaktivierung ist komplex. Oft sind verschiedene enzymatische Reaktionen gekoppelt, und/oder es kommt zum Transport von Vorläufern der reaktiven Metabolite in ein anderes Organ, wo diese Metabolite dann Bioaktivierungsreaktionen unterliegen können. Wegen effizienter Entgiftung, niedriger Gleichgewichtskonzentrationen an reaktiven Zwischenstufen oder wegen anderer Stoffwechselwege bei hohen Dosen können nach niedrigen Dosen toxische Metabolite ohne Wirkung bleiben. Auch körpereigene Substanzen können enzymatisch in reaktivere Zwischenstufen umgewandelt werden; Cholesterin etwa wird im Zuge seiner Umwandlung in Gallensäuren metabolisch epoxidiert.

Bei Bioaktivierungsreaktionen entstehen oft Elektrophile. Als reaktive Zwischenstufen wurden Methylkationen, Oxirane, Ketene, Säurechloride, Chinone und auch chemisch exotische Spezies identifiziert. Die toxischen Wirkungen solcher Verbindungen sind auf nicht selektive Alkylierungen und Acylierungen zellulärer Makromoleküle zurückzuführen.

Cytochrom-P450 katalysiert die Bioaktivierung sehr vieler Fremdstoffe zu Elektrophilen; allerdings können andere Phase-I-Reaktionen wie über FMOs vermittelt und auch Phase-II-Reaktionen zur Bildung elektrophiler Metabolite beitragen. Zum Beispiel wird Chloroform durch Cytochrom-P450-2E1 durch Insertion eines Sauerstoffatoms in die C–H-Bindung zum instabilen Trichlormethanol oxidiert; dabei entsteht Phosgen als reaktiver Metabolit. Phosgen bindet sich an endständige Amino- und Thiolgruppen in Proteinen (Gl. (3.23)).

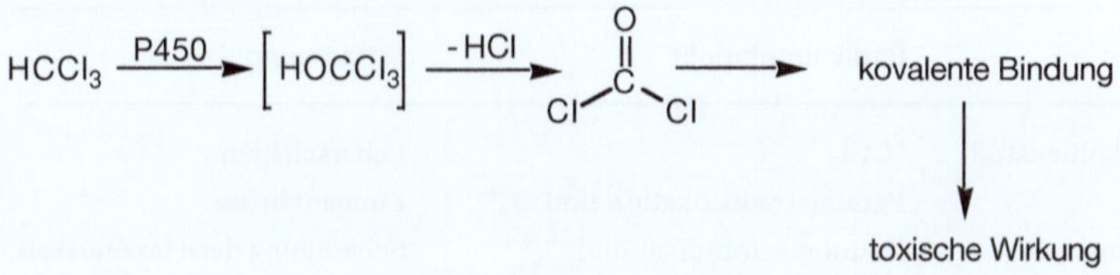

(3.23)

Auch Phase-II-Enzyme können Bioaktivierungsreaktionen katalysieren. Die enzymatische Kopplung mit Glutathion spielt eine wichtige Rolle bei der Bioaktivierung chlorierter aliphatischer und olefinischer Verbindungen. Mit 1,2-Dihaloalkanen reagiert Glutathion enzymatisch unter Substitution eines Halogenatoms. Die hierbei gebildeten Glutathionkonjugate weisen eine Strukturanalogie zu Senfgas (Dichlordiethylsulfid) auf. Sie schließen sich unter Bildung eines elektrophilen Episulfoniumions zu einem Ring. Dieses Elektrophil alkyliert dann nukleophile Makromoleküle wie DNA in der Zelle (Abb. 3.14). Diese Alkylierungsreaktionen sind für Toxizität und Kanzerogenität von 1,2-Dibromethan verantwortlich.

> Bei Bioaktivierungsreaktionen können auch freie Radikale entstehen. Dabei können sowohl neutrale (z. B. das Trichlormethylradikal) als auch positiv (Paraquatradikalkationen) und negativ geladene Radikale (Nitroradikalanionen) entstehen (Tab. 3.10).

Die Radikalbildung kann durch oxidative wie durch reduktive Reaktionen erfolgen. Bioaktivierung durch Ein-Elektronen-Reduktionen kann durch die NADPH-abhängige Cytochrom-P450-Reduktase, die Nitroreduktase oder die Xanthinoxidase katalysiert werden. Die Initiation toxischer Wirkungen durch die metabolische Bildung von Radikalen ist vor allem beim Tetrachlorkohlenstoff sehr gut untersucht. Die stark hepatotoxische Verbindung wird durch enzymatische Re-

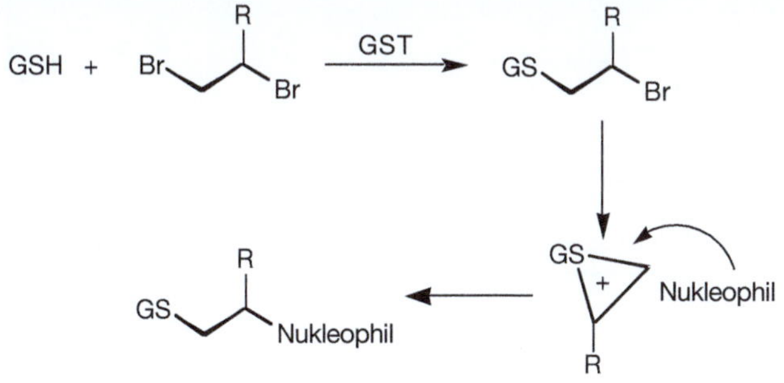

(1)

Abb. 3.14 Bioaktivierung von 1,2-Dibromalkanen durch Glutathionkonjugation; GSH = Glutathion, GST = Glutathion-*S*-Transferase. Das gebildete Episulfoniumion (1) reagiert mit nukleophilen Makromolekülen.

Tab. 3.10 Beispiele für Fremdstoffe, die zu Radikalen metabolisiert werden.

Verbindung	Radikalmetabolit	Schädigung
Tetrachlorkohlenstoff	$^\bullet CCl_3$	Leberschäden
Paraquat	Paraquatradikalkation und $O_2^{\bullet -}$	Lungenfibrose
Daunomycin	Daunomycinradikal und $O_2^{\bullet -}$	Schädigung des Herzmuskels
Nitrofurantoin	$RNO_2^{\bullet -}$, $O_2^{\bullet -}$	Lungenödem

duktion zum Trichlormethylradikal umgewandelt (Gl. (3.24)). Dieses Radikal reagiert mit Fettsäuren in Lipidmembranen und führt zu Lipidperoxidation.

$$Cl_4C + e^- \xrightarrow{\text{P450-Reduktase}} {}^\bullet CCl_3 + Cl^- \qquad (3.24)$$

Bedeutsam für die toxische Wirkung von Radikalen ist die Initiation von Radikalkettenreaktionen. Radikale wie das Trichlormethylradikal sind hochreaktiv, haben kurze Halbwertszeiten und reagieren mit einer Vielzahl von Reaktionspartnern. Spaltung von körpereigenen Stoffen unter Bildung von Radikalen spielt auch eine wichtige Rolle bei den toxischen Wirkungen energiereicher Strahlung.

Auch die Bildung von reaktiven Sauerstoffspezies kann durch enzymatische Reaktionen katalysiert werden. Die Reduktion von molekularem Sauerstoff führt durch schrittweise Elektronenübertragung, katalysiert durch die Enzyme und Coenzyme der Atmungskette, über eine Reihe von Zwischenstufen zu Wasser. Dabei nimmt der molekulare Sauerstoff insgesamt vier Elektronen auf. Während der stufenweisen Reduktion entstehen toxische Sauerstoffspezies wie das Hydroxylradikal (Abb. 3.15).

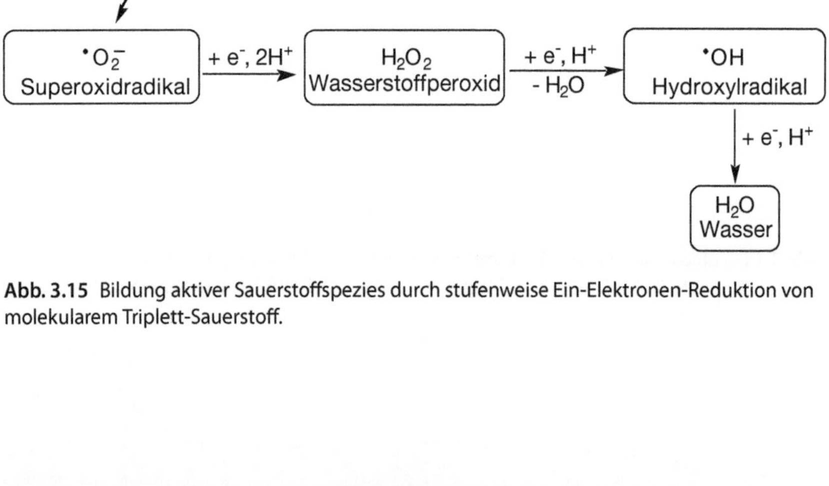

Abb. 3.15 Bildung aktiver Sauerstoffspezies durch stufenweise Ein-Elektronen-Reduktion von molekularem Triplett-Sauerstoff.

Die Bildung reaktiver Sauerstoffspezies durch spezielle Enzyme ohne die Einwirkung von Fremdstoffen spielt eine wichtige Rolle bei der unspezifischen Infektabwehr sowie bei der Pathogenese vieler Krankheiten (Arteriosklerose, chronische Polyarthritis).

Der Stoffwechsel bestimmter Fremdstoffe, die enzymatische Oxidations- und Reduktionsreaktionen eingehen können, ist ebenfalls mit der Bildung reaktiver Sauerstoffmetaboliten verknüpft. Verschiedene stabile Fremdstoffradikale, z. B. Semichinonradikalanionen, können ihr freies Elektron auf molekularen Sauerstoff übertragen. Dabei entsteht das Superoxidradikalanion ($O_2^{\bullet-}$). Der bei der Reduktion von molekularem Sauerstoff oxidierte Fremdstoff kann wieder reduziert werden und somit als Katalysator bei der Bildung von Superoxidradikalanionen wirken. Wichtigste reaktive Sauerstoffspezies ist wegen der hohen chemischen Reaktivität das Hydroxylradikal.

Der durch Sauerstoffradikale ausgelöste oxidative Stress spielt eine wichtige Rolle in der Toxizität von Chinonen (z. B. als Krebstherapeutika eingesetzt), von Bispyridyliumherbiziden wie Paraquat, von einigen Übergangsmetallen (Cr, Ni) sowie von ionisierenden Strahlen. Oxidativer Stress tritt auf, wenn sich die Gleichgewichtslage zwischen Oxidanzien und Antioxidanzien zugunsten der oxidativen Seite verschiebt und die körpereigenen Entgiftungsvorgänge überfordert werden.

3.7 Interaktionen von bei der Biotransformation gebildeten reaktiven Zwischenstufen

In der Zelle durch Biotransformationsreaktionen aus Fremdstoffen gebildete reaktive Zwischenstufen können sowohl mit niedermolekularen als auch makromolekularen Zielen reagieren. Diese Reaktionen können eine Entgiftung der gebildeten reaktiven Zwischenstufen oder die Auslösung von akuten und chronischen toxischen Wirkungen bedingen.

3.7.1 Entgiftungen

Die Reaktion des in der Zelle in hoher Konzentration vorhandenen Nukleophils Wasser mit elektrophilen Fremdstoffmetaboliten ist das einfachste Beispiel für eine Entgiftungsreaktion. Viele elektrophile Zwischenstufen sind gegen Hydrolyse empfindlich und reagieren schnell mit dem in der Zelle vorhandenen Wasser. Diese Reaktion wirkt fast immer entgiftend und führt zur Bildung ausscheidbarer Reaktionsprodukte.

Die wichtigste Funktion von Glutathion im Fremdstoffwechsel ist die Entgiftung von toxischen Elektrophilen und Radikalen. Bildung und Abbau von Glutathionkonjugaten sind ausführlich oben beschrieben.

Elektrophile reagieren mit dem nukleophilen Schwefelatom des Glutathionmoleküls unter Bildung von Glutathion-*S*-Konjugaten; diese Reaktion kann spontan oder enzymatisch katalysiert ablaufen. Spontan reagieren nur „weiche Elektrophile" (nach dem Konzept von Pearson) mit dem „weichen Nukleophil" Glutathion; zur Konjugation „harter Elektrophile" mit Glutathion ist eine enzymatische Katalyse notwendig. Auch bei der Entgiftung reaktiver Sauerstoffspezies spielt Glutathion eine wichtige Rolle. Selenabhängige Glutathionperoxidasen sind wichtige Enzyme zur Entgiftung von Wasserstoffperoxid.

Auch verschiedene Antioxidantien in der Zelle reduzieren radikalische Sauerstoffspezies zu molekularem Sauerstoff oder Wasser. Das wichtigste lipidlösliche Antioxidans in der Zelle ist das α-Tocopherol, dessen Integration in Lipidmembranen die Schädigung von Membranbestandteilen durch Radikale verhindert. Das OH-Radikal wird durch α-Tocopherol zu Wasser reduziert, das Superoxidradikalanion wird in Wasserstoffperoxid und Peroxiradikale in Hydroperoxide umgewandelt; dabei wird α-Tocopherol in ein stabiles und wenig reaktives Radikal umgewandelt. Im Gegensatz zum α-Tocopherol ist Ascorbinsäure ein wesentliches wasserlösliches Antioxidans im Zytosol der Zelle.

3.7.2
Interaktionen mit zellulären Makromolekülen

> Reaktive Zwischenstufen reagieren in der Zelle mit Lipiden, Proteinen und DNA. Enzyminhibition, strukturelle Veränderungen an Enzymen und Lipidmembranen, Zerstörung von Organellen und letztendlich der Zelltod können die Folge sein. Die Reaktion zellulärer Zwischenstufen mit DNA-Bestandteilen führt bei der DNA-Replikation zur Ausbildung von Mutationen und kann die Genexpression beeinflussen. Die Alkylierung von DNA ist ein wichtiger Vorgang bei der Induktion von Tumoren.

Elektrophile Zwischenstufen reagieren mit nukleophilen Makromolekülen unter Ausbildung einer kovalenten Bindung. Dabei entsteht ein Addukt aus dem Metaboliten und dem Makromolekül.

3.7.2.1 Wechselwirkungen mit Proteinen

Nukleophile Schwefel- und Stickstoffatome in Proteinverbänden werden von elektrophilen Metaboliten alkyliert oder acyliert; Reaktionspartner sind die Aminosäuren Cystein, Histidin, Valin und Lysin. Da freie Schwefel- und Stickstoffatome in Enzymen für die katalytische Aktivität wichtig sind, führen Alkylierung und Acylierung häufig zur Inaktivierung dieser Enzyme. Durch reaktive Zwischenstufen können auch die aktiven Zentren der Enzyme, die die Bildung eben dieser Zwischenstufen katalysieren, alkyliert werden. Diese „Selbstmordreaktion“ bedeutet oft die Inhibition der Enzyme. Ein Beispiel ist die Alkylierung des Häms in Cytochrom-P450. Falls die alkylierten Proteine bedeutsame Funktionen für die Zelle haben (wie etwa die thiolathaltigen Enzyme der mitochondrialen Atmungskette), führt der durch die Alkylierung bedingte Funktionsausfall zum Zelltod. Durch Alkylierungen und Acylierungen werden Fremdstoffe an Proteine gebunden oder deren räumliche Strukturen verändert. Daher werden alkylierte oder acylierte Proteine unter bestimmten Bedingungen vom Immunsystem als körperfremd erkannt und lösen nach Sensibilisierung eine allergische Reaktion aus. Viele unerwünschte Arzneimittelreaktionen wie ein plötzliches Leberversagen sind auf die Bildung modifizierter Proteine durch Metaboliten des Arzneistoffs zurückzuführen. Solche Ereignisse sind zwar sehr selten, aber oft ein Grund für das Einstellen der Verwendung entsprechender Arzneimittel. Daher ist die Abklärung einer möglichen Bioaktivierung unter Bildung von reaktiven Zwischenstufen mit der Fähigkeit zur Bindung an Proteine ein wichtiger Teil in der Entwicklung neuer Arzneimittel geworden.

Radikale und reaktive Sauerstoffspezies können Thiolate in Enzymen zu den entsprechenden Disulfiden oxidieren oder die Bildung von Carbonylgruppen in Proteinen induzieren; die dadurch hervorgerufene Konformationsänderung führt ebenfalls zur Veränderung der Enzymaktivität und zur Denaturierung der Proteine.

3.7.2.2 Wechselwirkungen mit Lipiden

Aus Fremdstoffen gebildete Radikale und reaktive Sauerstoffspezies können Wasserstoffatome von Lipiden abstrahieren. Diese Reaktion mit den ungesättigten Fettsäuren der Lipide – essenziellen Bestandteilen biologischer Membranen – führt zur sogenannten „Lipidperoxidation“. Durch die radikalische Entfernung von Wasserstoffatomen entstehen Fettsäureradikale, die dann mit molekularem Sauerstoff zu Peroxiradikalen und weiter zu Hydroperoxiden reagieren können (Abb. 3.16). Durch ausgelöste Radikalkettenreaktionen können C–C-Bindungen in den Fettsäuren gespalten und durch Abbau zu Bruchstücken kurzer Kettenlängen (C_2 bis C_6, z. B. 4-Hydroxynonenal) biologische Membranen zerstört werden. Dies wiederum zieht einen Verlust der Kompartimentierung der Zelle und letztendlich den Zelltod nach sich. Bei der Lipidperoxidation werden durch Zerstörung der Membranfettsäuren auch α,β-ungesättigte Aldehyde wie 4-Hydroxynonenal freigesetzt, die durch ihre elektrophilen Eigenschaften und Reaktionen mit Thiolaten toxische Wirkungen weiter verstärken können.

Auch Elektrophile können mit nukleophilen Zentren in Lipidmembranen reagieren. Die Acylierung und Alkylierung der Aminogruppen von Phosphatidylethanolamin aus Lipidmembranen durch metabolisch gebildete Zwischenstufen wurde auch beobachtet. Die Bedeutung dieser Bildung von Phospholipidaddukten für toxische Wirkungen ist allerdings wenig definiert.

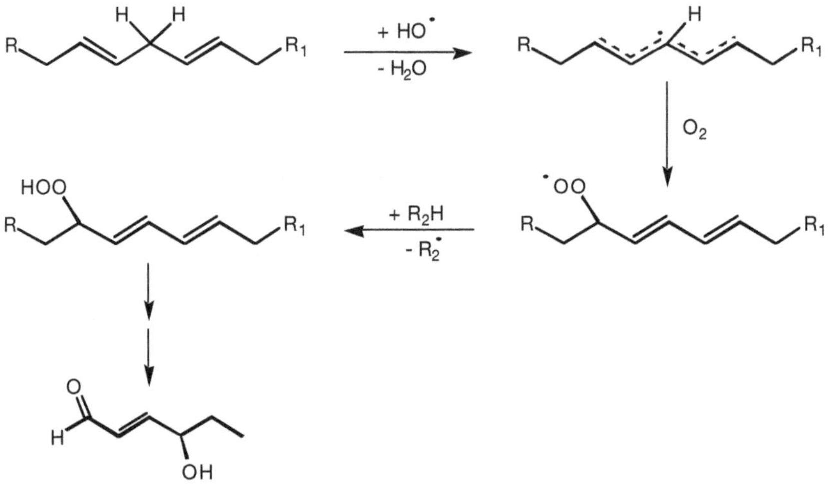

Abb. 3.16 Der Angriff von Radikalen an ungesättigte Fettsäuren biologischer Membranen und die Initiierung der Lipidperoxidation. Durch den Zerfall der ungesättigten Fettsäuren entstehen α, β-ungesättigte Carbonylverbindungen wie 4-Hydroxy-2-*trans*-hexanal.

3.7.2.3 **Wechselwirkungen mit DNA**

Die Alkylierung von DNA-Basen durch reaktive Zwischenprodukte führt oft zu einer Veränderung der dreidimensionalen Struktur der DNA und kann während der DNA-Replikation zum Einbau einer falschen Base in den Tochterstrang und damit zur Erzeugung einer Mutation führen. DNA-Veränderungen durch reaktive Zwischenstufen stellen den ersten biochemisch definierbaren Schritt in der chemischen Kanzerogenese dar.

Nur Fremdstoffe mit elektrophilen Strukturen wie Alkylsulfate, Stickstoff- und Schwefellost, Dichlor-Platin-Komplexe – wie das in der Tumorchemotherapie eingesetzte *cis*-Platin –, Lactone und Imine, benötigen keine metabolische Aktivierung als Grundvoraussetzung einer Reaktion mit DNA-Basen. Im Gegensatz dazu benötigen sehr viele chemische Kanzerogene eine Bioaktivierungsreaktion zur Fähigkeit zur DNA-Alkylierung. Die wichtigsten Reaktionspartner für elektrophile Fremdstoffmetabolite sind die Stickstoff- und Sauerstoffatome von Purin- und Pyrimidinbasen (Abb. 3.16). Die DNA-Alkylierung ist allerdings in der Zelle ein nur in sehr geringer Ausbeute ablaufender Schritt. Selbst potente Kanzerogene wie Dialkylnitrosamine alkylieren nur eine von 10^7 bis 10^8 Basen in der DNA. Das Ausmaß der Alkylierung von Sauerstoff- und Stickstoffatomen in einzelnen Basen ist stark abhängig von der chemischen Struktur und der Elektrophilie des angreifenden Metaboliten; harte Elektrophile greifen bevorzugt die enolisierten Sauerstoffatome (harte Nukleophile) an, während weichere Elektrophile bevorzugt mit exozyklischen Aminogruppen und Stickstoffatomen in den

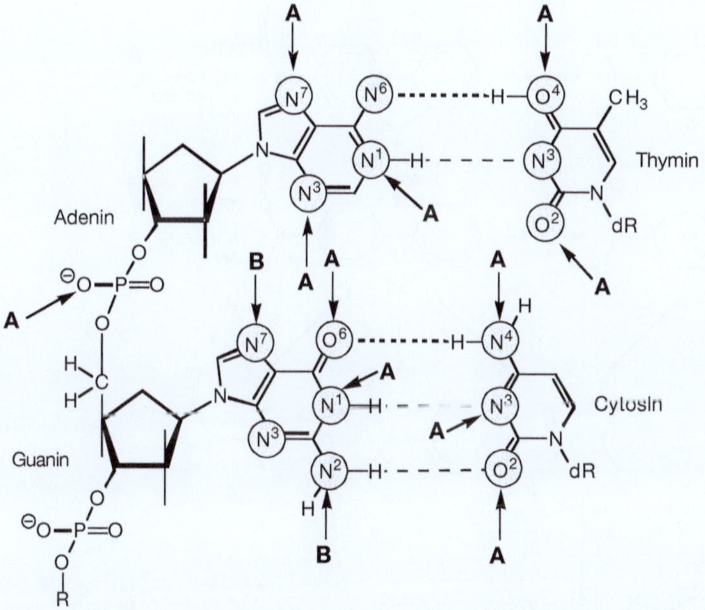

Abb. 3.17 Bildung kovalenter Bindungen zwischen elektrophilen Stoffen (A, B) und der DNA. Elektrophile Stoffe können mit allen nukleophilen Zentren der DNA (Sauerstoff- und Stickstoffatome der Purine und Pyrimidine, Hydroxyl in Phosphatgruppen) reagieren. Die bevorzugte Reaktion bestimmter Strukturen in der DNA lässt sich nach dem Konzept der „harten und weichen Säuren und Basen" erklären. „Harte" Elektrophile (Säuren, A) wie Methylkationen reagieren bevorzugt mit „harten" Nukleophilen (Basen) wie den Sauerstoffatomen von Guanosin, „weiche" Elektrophile (B) reagieren bevorzugt mit „weichen" Nukleophilen wie der exozyklischen Aminogruppe (N^6) oder dem N^7 in Guanosin.

Ringen reagieren. Für viele elektrophile Metabolite ist Guanosin der bevorzugte Reaktionspartner in der DNA (Abb. 3.17). Planare Strukturen wie bei polyzyklischen Aromaten und bei Aflatoxin B_1 führen oft zu einer hohen Ausbeute an DNA-Addukten, da sich die planaren Teile der Moleküle in den DNA-Doppelstrang einschieben können.

Nachfolgend sind beispielhaft Strukturen von Reaktionsprodukten „klassischer" chemischer Kanzerogene mit DNA-Basen abgebildet, wie sie *in vivo* entstehen (Abb. 3.18 und 3.19).

Auch Radikale können zur Schädigung der DNA führen. Dabei können sowohl das Zucker-Phosphat-Gerüst gebrochen als auch DNA-Basen oxidativ modifiziert werden. Durch Bruch des Zucker-Phosphat-Gerüsts können DNA-Strangbrüche oder apurinische Stellen in der DNA entstehen. Bei der Reaktion von OH-Radikalen mit DNA-Basen können sich durch Hydroxylierung und nachfolgende Ringöffnung verschiedene Produkte bilden. Die wichtigste dieser Verbindungen ist 8-Hydroxydeoxyguanosin (Abb. 3.20).

Da reaktive Sauerstoffspezies in den Prozessen der zellulären Energiegewinnung entstehen und nicht zu 100 % entgiftet werden können, finden sich in

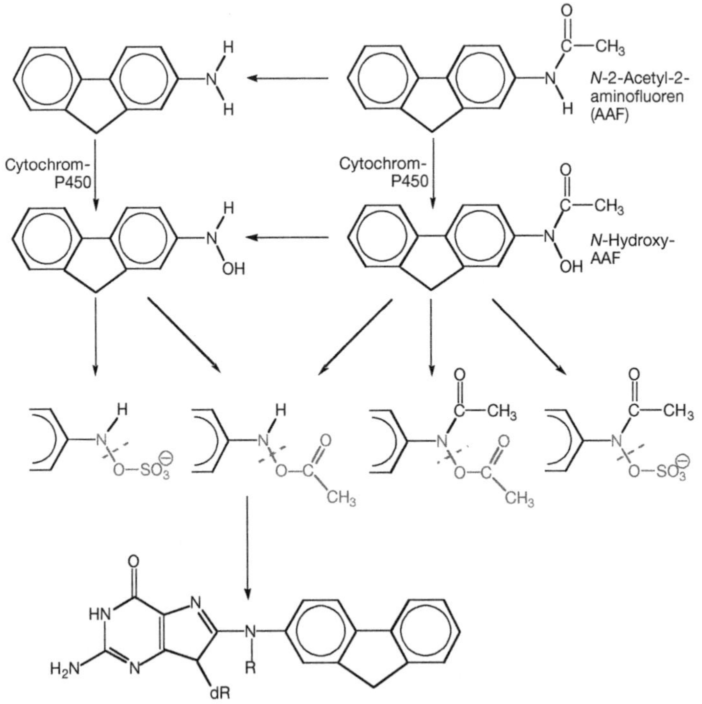

Abb. 3.18 Bioaktivierung und DNA-Bindung von N^2-Acetylaminofluoren; R=H, CH_3CO.

Säugerzellen eine Vielzahl an DNA-Veränderungen auch ohne Einwirkung von Fremdstoffen. Neben reaktiven Sauerstoffmetaboliten können auch andere endogene Prozesse wie die Bildung von Formaldehyd als Zwischenstufe bei biosynthetischen Reaktionen zu DNA-Modifikationen führen. Die Häufigkeit solcher DNA-Modifikationen liegt weit über dem Ausmaß der DNA-Bindung von Fremdstoffen wie polyzyklischen Aromaten bei hochexponierten Personen wie Rauchern (Tab. 3.11). Da durch Einwirkung von Radikalen induzierte DNA-Veränderungen wegen der messbaren Gleichgewichtskonzentrationen an reaktiven Sauerstoffspezies in der Zelle hoch sind, haben Zellen spezifische Enzyme zur Reparatur oxidierter DNA-Basen entwickelt. Diese erkennen oxidierte DNA-Basen, entfernen diese aus dem DNA-Strang und ersetzen sie durch die korrekten Basen.

DNA-Veränderungen, die auf die Einwirkung von Radikalen zurückzuführen sind, werden als Biomarker für den Alterungsprozess diskutiert. Wahrscheinlich ist eine mit zunehmendem Alter auftretende Verringerung der Konzentration antioxidativ wirkender Stoffe für eine im Alter verstärkte oxidative Modifikation von DNA und Proteinen verantwortlich.

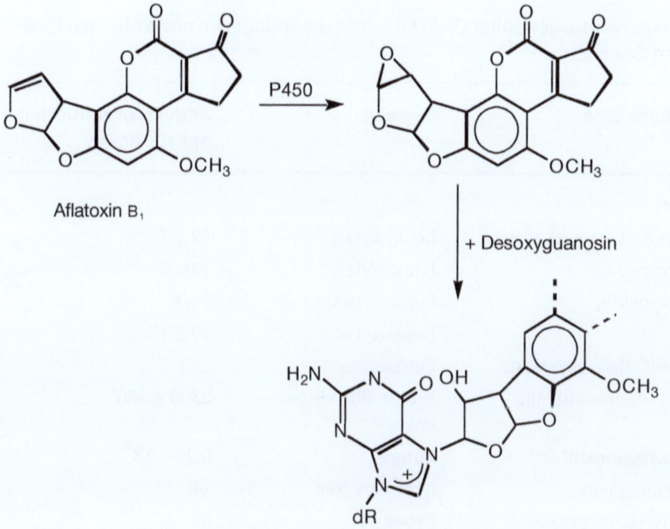

2,3-Dihydro-2-(desoxyguan-7-yl)-3-hydroxy-Aflatoxin B$_1$

Abb. 3.19 Metabolische Epoxidierung von Aflatoxin B$_1$ und Reaktion des entstandenen Aflatoxin-B$_1$-8,9-oxids mit Desoxyguanosin. Das gebildete Guanosinderivat stellt eine prämutagene DNA-Veränderung dar.

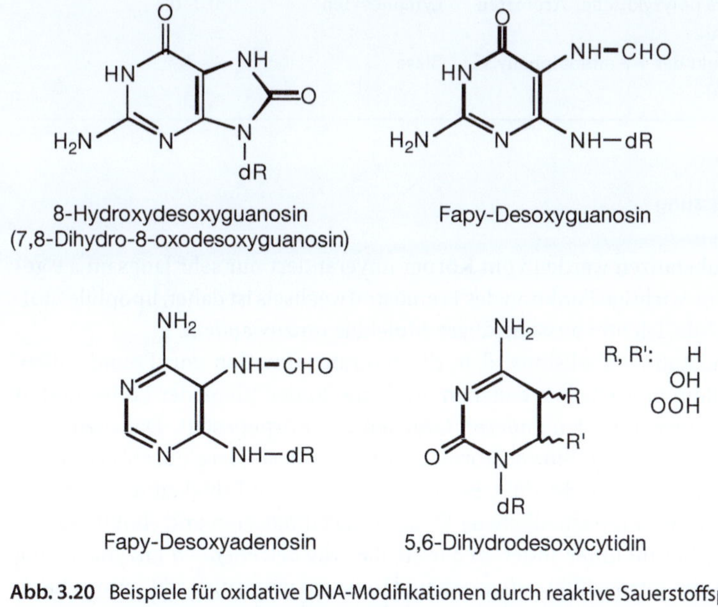

Abb. 3.20 Beispiele für oxidative DNA-Modifikationen durch reaktive Sauerstoffspezies (Fapy = Formamidopyrimidin, dR = Desoxyribose). Auch solche Veränderungen können prämutagene DNA-Läsionen darstellen.

Tab. 3.11 Konzentrationen ausgewählter DNA-Addukte (aus endogenen und exogenen Quellen) in menschlichen Geweben.

Chemisch modifizierte Base	Gewebe	Adduktkonzentration pro 10^7 Basen
Endogene Faktoren		
7,8-Dihydro-8-oxo-2′-deoxyguanosin	Leukozyten	12 ± 7
5-Hydroxy-2′-deoxycytidin	Leukozyten	10 ± 5
5-Hydroxy-2′-deoxyuridin	Leukozyten	7 ± 6
2′-Deoxyuridin	Leukozyten	20 ± 15
7,8-Dihydro-8-oxo-2′-deoxyadenosin	Leukozyten	230
5-(Hydroxymethyl)-2′-deoxyuridin	Weiße Blutkörperchen	2300 ± 480
O^6-Methyl-2′-deoxyguanosin	Lunge	$0{,}25 \pm 13$
7-Methyl-2′-deoxyguanosin	Lymphozyten	14
8-Hydroxy-6-methyl-1,N^2-propan-2′-deoxyguanosin	Leber	6
8-Hydroxy-1,N^2-propan-2′-deoxyguanosin	Leber	10
1,N^6-Etheno-2′-deoxyadenosin	Leber	$0{,}7 \pm 0{,}4$
3,N^4-Etheno-2′-deoxycytidin	Leber	$2{,}8 \pm 0{,}9$
Exogene Faktoren		
DNA-Addukte polyzyklischer Aromaten (bei Rauchern)	Lymphozyten	0,3–0,2
Guanosinaddukt des 4-Aminobiphenyls (bei Rauchern)	Blase	2–3

3.8 Zusammenfassung

Lipophile Substanzen werden vom Körper unverändert nur sehr langsam ausgeschieden. Eine wichtige Funktion des Fremdstoffwechsels ist daher, lipophile Stoffe in hydrophile, leichter ausscheidbare Moleküle umzuwandeln.

Der Fremdstoffmetabolismus, d. h. die Biotransformation von Fremdstoffen, findet vor allem in der Leber, daneben im Darm, in der Niere, der Lunge und in geringerem Ausmaß in den anderen Organen des Körpers statt. Daneben trägt auch die Darmflora zur Biotransformation bei, insbesondere durch Hydrolyse und Reduktion von Fremdstoffen. Bemerkenswert ist die Fähigkeit des Organismus, Fremdstoffe unterschiedlichster Struktur metabolisieren und eliminieren zu können. Dies beruht unter anderem darauf, dass die betreffenden Enzyme häufig eine breite Substratspezifität aufweisen und in Isoenzymformen mit unterschiedlicher Substratspezifität vorkommen.

Der Fremdstoffmetabolismus wird in zwei Phasen unterteilt. Bei den Reaktionen der Phase I, d. h. Oxidation, Reduktion und Hydrolyse, werden in die Ausgangsverbindung funktionelle Gruppen eingefügt oder verfügbar. Bei den Reaktionen der Phase II werden funktionelle Gruppen mit Molekülresten gekoppelt, die beim Intermediärstoffwechsel gebildet werden, d. h. mit Glucuronsäure, Sulfonatrest, Carbonsäuren, Methylgruppen, Aminosäuren, Glutathion. Die Produkte der Phase-II-Reaktion sind in der Regel wasserlöslich. Ausnahmen stellen die Produkte der Acetylierung und Methylierung dar.

Die Reaktionen des Fremdstoffwechsels führen nicht notwendig zu biologisch inaktiven Verbindungen. So werden bestimmte Arzneimittel erst durch die Biotransformation in den eigentlichen Wirkstoff und bestimmte Fremdstoffe in elektrophile toxische Metaboliten umgewandelt. Diese können durch direkte Reaktion mit der DNA oder mit funktionell wichtigen Proteinen und Lipiden irreversible toxische Wirkungen auslösen. Auch indirekte Wirkungen sind möglich, z. B. durch Erschöpfung des GSH- oder NADPH-Pools. Radikalische Metaboliten können zudem durch das sogenannte Redoxcycling toxische Sauerstoffspezies bilden.

Die Enzyme des Fremdstoffwechsels liegen in der Zelle kompartimentiert vor. Die für den Fremdstoffmetabolismus sehr wichtigen P450-abhängigen Monooxygenasen, die zahlreiche Oxidationsreaktionen katalysieren, sind ebenso wie die Glucuronosyltransferase und eine Form der Epoxidhydrolase in den Membranen des endoplasmatischen Retikulums und der Kernmembran der Zellen lokalisiert. Ein Teil der Hydroxylierungsprodukte kann somit bereits nahe ihres Entstehungsortes mit Glucuronsäure verbunden oder im Falle von Epoxiden in vicinale Dihydrodiole umgewandelt werden. Andere Enzyme des Fremdstoffwechsels kommen im Zytoplasma vor. Beispiele hierfür sind die Sulfotransferasen und fast alle GSH-*S*-Transferasen, die Sulfonate- bzw. Glutathionkonjugate bilden.

Enzyme des Fremdstoffwechsels, wie die P450-abhängigen Monooxygenasen und die UDP-Glucuronosyltransferasen, können durch Fremdstoffe einschließlich Pflanzeninhaltsstoffe induziert werden. Diese Stoffe sind zumeist auch Substrate und bewirken eine verstärkte Neusynthese und in bestimmten Fällen einen verminderten Abbau dieser Enzyme. Durch die Enzymvermehrung kommt es bei gleicher Konzentration am Enzym zu einer erhöhten Eliminationsgeschwindigkeit des Fremdstoffes.

Die fremdstoffmetabolisierenden Enzyme unterscheiden sich hinsichtlich Vorkommen, Spezifität und Aktivität in den verschiedenen Spezies. Auch die Individuen einer Spezies können sich beträchtlich unterscheiden. So kann beim Menschen die Aktivität einzelner Enzyme interindividuell bis um einen Faktor von 100 variieren. Die Enzymaktivitäten von Inzuchtstämmen der Labortiere (Ratten- bzw. Mäusestämme) weisen dagegen nur geringfügige Unterschiede auf. Kenntnisse der Unterschiede fremdstoffmetabolisierender Enzyme bei Versuchstier und Mensch helfen bei der Extrapolation von Ergebnissen, die in Tierversuchen gewonnen wurden auf den Menschen und somit bei der Bewertung des gesundheitlichen Risikos von Schadstoffen für den Menschen.

Weiterführende Literatur

Anders, M.W. (2008) Chemical toxicology of reactive intermediates formed by the glutathione-dependent bioactivation of halogen-containing compounds. *Chem. Res. Toxicol.*, **21**, 145–159.

Badenhorst, C.P., van der Sluis, R., Erasmus, E. und van Dijk, A.A. (2013) Glycine conjugation: importance in metabolism, the role of glycine *N*-acyltransferase, and factors that influence interindividual variation. *Exp. Opin. Drug Metab. Toxicol.*, **9**, 1139–1153.

Chai, X., Zeng, S. und Xie, W. (2013) Nuclear receptors PXR and CAR: implications for drug metabolism regulation, pharmacogenomics and beyond. *Exp. Opin. Drug Metab. Toxicol.*, **9**, 253–266.

Darnell, M. und Weidolf, L. (2013) Metabolism of xenobiotic carboxylic acids: focus on coenzyme A conjugation, reactivity, and interference with lipid metabolism. *Chem. Res. Toxicol.*, **26**, 1139–1155.

Garattini, E. und Terao, M. (2012) The role of aldehyde oxidase in drug metabolism. *Exp. Opin. Drug Metab. Toxicol.*, **8**, 487–503.

Guengerich, F.P. (2001) Common and uncommon cytochrome P450 reactions related to metabolism and chemical toxicity. *Chem. Res. Toxicol.*, **14**, 611–650.

James, M.O. und Ambadapadi, S. (2013) Interactions of cytosolic sulfotransferases with xenobiotics. *Drug Metab. Rev.*, **45**, 401–414.

Kalgutkar, A.S., Obach, R.S. und Maurer, T.S. (2007) Mechanism-based inactivation of cytochrome P450 enzymes: Chemical mechanisms, structure-activity relationships and relationship to clinical drug-drug interactions and idiosyncratic adverse drug reactions. *Curr. Drug Metab.*, **8**, 407–447.

Kodama, S. und Negishi, M. (2013) PXR cross-talks with internal and external signals in physiological and pathophysiological responses. *Drug Metab. Rev.*, **45**, 300–310.

Korzekwa, K. (2014) Enzyme kinetics of oxidative metabolism: Cytochromes P450. *Methods. Mol. Biol.*, **1113**, 149–166.

Pandey, A.V. und Sproll, P. (2014) Pharmacogenomics of human P450 oxidoreductase. *Front. Pharmacol.*, **5**, 103.

Runge-Morris, M., Kocarek, T.A. und Falany, C.N. (2013) Regulation of the cytosolic sulfotransferases by nuclear receptors. *Drug Metab. Rev.*, **45**, 15–33.

Stingl, J.C., Bartels, H., Viviani, R., Lehmann, M.L. und Brockmoller, J. (2014) Relevance of UDP-glucuronosyltransferase polymorphisms for drug dosing: A quantitative systematic review. *Pharmacol. Ther.*, **141**, 92–116.

Wu, T.Y., Khor, T.O., Lee, J.H., Cheung, K.L., Shu, L., Chen, C. und Kong, A.N. (2013) Pharmacogenetics, pharmacogenomics and epigenetics of Nrf2-regulated xenobiotic-metabolizing enzymes and transporters by dietary phytochemical and cancer chemoprevention. *Curr. Drug Metab.*, **14**, 688–694.

Zanger, U.M. und Schwab, M. (2013) Cytochrom P450 enzymes in drug metabolism: regulation of gene expression, enzyme activities, and impact of genetic variation. *Pharmacol. Ther.*, **138**, 103–141.

4
Toxikogenetik

L. Stanley und H. Greim

4.1
Einleitung

> Toxikogenetik beinhaltet die Kenntnis der Variation von Genen, die zu Funktionsänderungen des exprimierten Proteins (Enzyms) führen können, während unter Toxikogenomics die genetischen Variationen des gesamten Genoms verstanden werden, wobei die biologischen Konsequenzen, d. h. Auswirkungen auf den Phänotyp, zunächst nicht im Vordergrund stehen.

Individuelle Unterschiede in der Empfindlichkeit gegenüber toxischen Stoffen sind seit langem bekannt. So wurde Favismus schon im Altertum von den Griechen beschrieben. Favismus, d. h. Hämolyse nach dem Genuss von Favabohnen (auch Saubohnen, Puffbohnen, Pferdebohnen oder dicke Bohnen genannt), beruht auf dem Mangel des Enzyms Glukose-6-Dehydrogenase, das den durch die Inhaltsstoffe Divicin und Isouramil ausgelösten oxidativen Stress der Erythrozyten verhindert. Ist die Kapazität dieses Mechanismus unzureichend, führt der oxidative Stress zur Bildung von Methämoglobin, zu oxidativen Veränderungen von Proteinen, Schäden an den Zellmembranen und im ungünstigsten Fall zum lebensbedrohlichem Zerfall der Erythrozyten. Über denselben Mechanismus führen verschiedene Antimalariamittel (Primaquin, Pamaquine, Pentaquin und Chlorophin), Sulfonamide, Nitrofurane, Paracetamol, Naphthalin, einige Vitamin-K-Derivate, Acetylsalicylsäure und Probenecid bei hoher Dosis zu hämatolytischen Symptomen. Der Glukose-6-Dehydrogenase-Mangel ist geschlechtsabhängig, wird X-chromosomal vererbt, d. h. von der gesunden Mutter auf den Sohn oder Tochter, die selbst ein gesunder Träger des Enzymmangels bleibt, übertragen. Von dem Mangelsyndrom sind weltweit 100 Millionen Menschen betroffen, und es sind über 400 genetische Variationen bekannt.

Der bei einem Laboranten aufgetretene Kollaps infolge Blutdruckabfall nach Einnahme einer therapeutischen Dosis Debrisoquin wurde zunächst mit einem Acetylierungsdefizit erklärt, konnte dann aber auf einen CYP2D6-Mangel zu-

Das Toxikologiebuch, 1. Auflage. Helmut Greim (Hrsg.).

rückgeführt werden. Diese und andere Beobachtungen haben zur Entwicklung der Disziplin der Toxikogenetik bzw. Pharmakogenetik geführt.

4.2
Genotyp und Phänotyp

> Die genetische Variabilität und die daraus resultierende Vielfalt der Erscheinungsformen (Phänotypen) in der menschlichen Bevölkerung beruht darauf, dass zahlreiche Gene nicht nur in einer Form, sondern in zwei oder mehr Formen vorliegen. Diese Gene codieren für Proteine mit unterschiedlichen Eigenschaften, sodass ein Träger dieser Variation aufgrund des spezifischen Phänotyps anders als der eines Normaltyps reagieren kann.

Menschen haben einen doppelten Chromosomensatz, sodass jeder Mensch in seinen diploiden Zellen auf den beiden homologen Chromosomen am betreffenden Genort entweder zwei unterschiedliche (heterozygote) Allele eines Gens oder aber zwei gleiche (homozygote) Allele des betreffenden Gens besitzt. In der Regel dominiert im heterozygoten Zustand ein Allel über das andere. Das Allel, das die Ausprägung des Merkmals im Phänotyp bestimmt, wird *dominant* genannt, das andere als *rezessiv* bezeichnet.

Von einem *genetischen Polymorphismus* spricht man, wenn ein abweichender Phänotyp in mindestens 1 % der Gesamtpopulation vorkommt. Liegt die Häufigkeit unter diesem willkürlich festgesetzten Wert, so gilt der betreffende Phänotyp als seltene Variante. Die meisten Polymorphismen bedeuten eine Veränderung der Sequenz der Aminosäuren eines spezifischen Proteins, können aber auch nicht codierende, regulierende Genabschnitte betreffen.

> Einzelnukleotid-Polymorphismen (single nucleotide polymorphism, SNP) stellen etwa 90 % aller genetischen Varianten im menschlichen Genom dar. Sie beruhen auf einer Variation eines einzelnen Basenpaares in einem DNA-Strang und treten nicht gleichverteilt auf, sondern nur ungleichmäßig stark an bestimmten Regionen.

Die häufigsten Sequenzvariationen sind die *Einzelnukleotid-Polymorphismen* (SNP), denen der Austausch eines Nukleotides im DNA-Molekül zugrunde liegt, wobei im menschlichen Genom etwa ein SNP pro 200–1000 Basenpaare vorliegt. Ist der SNP im codierenden Bereich einer Gensequenz lokalisiert, kann eine Aminosäure im exprimierten Protein ausgetauscht sein. Da aber im genetischen Code oft mehrere unterschiedliche Basentripletts für die gleiche Aminosäure stehen, führt nicht jeder Basenaustausch in der DNA zwingend zu einem Austausch einer Aminosäure.

Unter einer *Insertion* oder – dem Gegenteil – einer *Deletion* versteht man den Einbau bzw. den Verlust von mindestens einem Nukleotid. Wenn beide Allele betroffen sind, kann dies dazu führen, dass für das Genprodukt, z. B. ein Enzym, keine Aktivität mehr nachweisbar ist. Kleinere Insertionen und Deletionen (< 50 Nukleotide) werden als INDELs bezeichnet.

Genduplikationen, Vervielfachungen oder Deletionen können schließlich das gesamte Gen betreffen. Eine Vervielfachung kann zu einer Erhöhung der metabolisierenden Kapazität des betroffenen Enzyms führen.

Codiert das Triplett trotz des Basenaustausches weiterhin für die gleiche Aminosäure, handelt es sich um einen synonymen (stummen) SNP, während ein nicht synonymer SNP zur Expression einer anderen Aminosäure führt. Ein nicht synonymer SNP in einer codierenden Region (coding SNP, cSNP) kann die Proteinfunktion beeinflussen. Liegt der SNP in einer regulatorischen Region (regulatory SNP, rSNP) kann die Genregulation und damit die Transkription und somit die Proteinkonzentration beeinflusst sein. Weiterhin kann die RNA-Prozessierung von srSNP (structural *RNA*SNP) gestört werden, sodass eine Basenänderung an einer Spleißstelle zu einer mRNA führt, die für ein funktionsloses Protein codiert.

Damit sind SNPs genetische Veränderungen, die sich im Genpool einer Population durchgesetzt haben und die hohe genetische Variabilität erklären.

Polymorphismen mit veränderter Aminosäuresequenz lassen sich entweder durch Analytik der Nukleotidsequenz der DNA oder der Aminosäuresequenz bzw. der Funktion des Proteins, z. B. der Enzymaktivität, identifizieren. Polymorphismen von nicht codierenden Abschnitten können die Expressionsrate bestimmter Proteine beeinflussen. Sie werden ebenfalls durch Bestimmung der Nukleotidsequenz oder der Expression der mRNA oder der Proteinexpressionsrate bestimmt.

Die wichtigste Methode zur Identifizierung von Polymorphismen ist die Polymerase-Kettenreaktion (Polymerase Chain Reaction, PCR), die jedoch nur den Genotyp nicht aber den Phänotyp bestimmt, d. h. nicht die funktionelle Konsequenz des genetischen Polymorphismus.

Weitere Methoden zur Identifikation von SNPs sind die DNA-Sequenzierung, Mikroarrays in Verbindung mit allelspezifischen Oligonukleotiden oder die isothermale DNA-Amplifikation.

Die Gene, die für die spezifischen Polymorphismen verantwortlich sind, werden durch Sternchen charakterisiert. So besteht die Cytochrom-P450 (CYP)-Genfamilie aus 57 Genen in 18 Genfamilien und jede polymorphe Variante wird durch ein * gekennzeichnet. *CYP2C9*2* bedeutet daher, dass es sich um die polymorphe Variante 2 im Mitglied 9 der Subfamilie C der Familie 2 handelt. *NAT2*4* bedeutet daher die Variante 4 in der Genfamilie 2 der *N*-Acetyltransferase. Hier ist die Bezeichnung des Polymorphismus einfacher, da die NAT2 keine Subfamilien aufweist.

Trotz der großen Variation des Genotyps ist bisher nur eine geringe Anzahl von Veränderungen des Phänotyps bekannt. Dies liegt vor allem daran, dass die Mehrzahl der SNPs oder anderer Veränderungen in Regionen der DNA liegt, für die (zumindest bisher) keine Funktion identifiziert worden ist. Außerdem hat eine

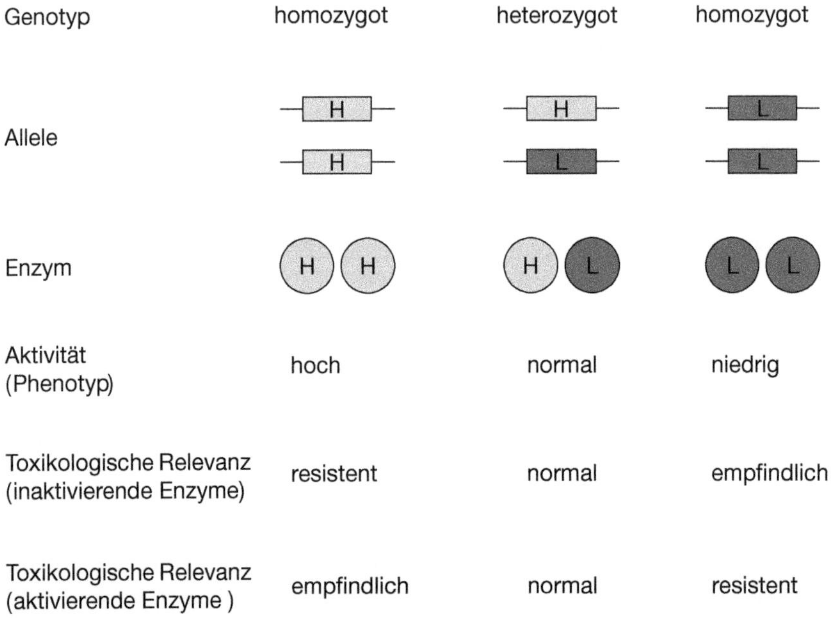

Abb. 4.1 Schematische Darstellung der Bedeutung unterschiedlicher Phänotypen eines Fremdstoffe metabilisierenden Enzyms. Der Genotyp eines Individuums, das homozygot für die Enzymvariante mit hoher Aktivität ist, enthält im Genom zwei Allele, die den Phänotyp hohe Enzymaktivität definieren. Wenn das entsprechende Enzym an der Entgiftung eines Substrates beteiligt ist, ist das Individuum weniger empfindlich. Das Gegenteil ist der Fall, wenn im Genom zwei Allele für niedrige Aktivität vorliegen. Das Individuum ist damit homozygot für niedrige Aktivität und reagiert damit empfindlicher auf eine Exposition. Ein heterogenes Individuum hat ein für die Enzymaktivität positives und ein negatives Allel und exprimiert daher eine Mischung aus hoher und niedriger Enzymaktivität und würde auf eine Exposition „normal" reagieren, wenn in der Bevölkerung der heterogene Genotyp vorherrscht.

geringe Expression eines Enzyms bei geringer Substratkonzentration so lange keine Relevanz, solange das Enzym nicht gesättigt ist, es sei denn, die Enzymvariante weist auch eine veränderte Substratbindungskapazität auf.

> Wenn Veränderungen des Genotyps für die toxikologische Bedeutung von Polymorphismen herangezogen werden sollen, muss eine klare Korrelation zwischen dem Genotyp und den Funktionsveränderungen, d. h. dem Phänotyp, nachgewiesen sein (Abb. 4.1). Dies ist bisher nur in wenigen Fällen erfolgt.

4.3 Toxikologisch relevante Polymorphismen

Im Prinzip können alle biologischen Funktionen, die den zeitlichen Verlauf der Stoffkonzentration im Organismus durch Metabolismus bestimmen, einem genetischen Polymorphismus unterworfen sein. Gesundheitliche Relevanz haben zumindest bisher nur Polymorphismen von Enzymen, die am Metabolismus einiger Fremdstoffe beteiligt sind, d. h. Phase-I- und Phase-II-Enzyme oder aber Enzyme des Metabolismus endogener Substanzen. Die biologischen Konsequenzen eines polymorphen Genotyps eines Fremdstoffe metabolisierenden Enzyms sind in Abb. 4.1 dargestellt.

4.3.1 Cytochrom-P450-abhängige Monooxygenasen

> Die verschiedenen Cytochrom-P450 (CYP)-Spezies metabolisieren eine große Anzahl von Fremdstoffen und körpereigenen Substanzen. Viele dieser Enzyme weisen einen genetischen Polymorphismus auf, der zu individuellen Unterschieden in der Empfindlichkeit gegenüber Arzneimitteln und Fremdstoffen führen kann.

Die CYP-Genfamilie ist sehr umfangreich und besteht aus 57 Genen in 18 Genfamilien. Für einige der polymorphen Formen der CYP2D6, CYP2C9 oder CYP2D19 wurden vornehmlich Arzneimittel als Substrate identifiziert. Andere polymorphe Formen, wie die von CYP1A1, CYP1A2, CYP2E1 aber auch CYP2D6, metabolisieren neben Arzneimitteln ein breites Spektrum von Arbeitsstoffen und Umweltchemikalien, die potenziell toxisch und krebserregend sind.

Die genetische Variabilität Cytochrom-P450-vermittelter Reaktionen wurde zuerst bei der Therapie mit dem blutdrucksenkenden Mittel Debrisoquin entdeckt. Es fiel auf, dass 5–10 % der Patienten das Arzneimittel nur sehr langsam verstoffwechselten und auf die Standarddosis ungewöhnlich heftig reagierten. Als Ursache wurde ein Polymorphismus der Cytochrom-P450-Form CYP2D6 erkannt. Die Enzymdefekte, die den Phänotyp des *langsamen Metabolisierers* hervorrufen, beruhen auf Punktmutation (70 %), Verlust einzelner Basen (5 %) oder dem Verlust des gesamten Gens (15 %). Es finden sich auch Individuen, die Substrate des CYP2D6 extrem schnell metabolisieren. Bei diesen seltenen *ultraschnellen Metabolisierern* wurde eine vererbbare Vervielfachung (*Amplifikation*) des CY2D6-Gens identifiziert, die bis zu 12 Kopien beträgt.

CYP1A1 ist für die Aktivierung zahlreicher kanzerogener, polyzyklischer aromatischer Kohlenwasserstoffe (PAK) verantwortlich (siehe Abschn. 3.2.1). Individuen mit hoher CYP1A1-Aktivität sind daher einem größeren Krebsrisiko durch PAK, z. B. im Tabakrauch, ausgesetzt. In der Tat wird bei Rauchern ein Zusammenhang zwischen der Häufigkeit des Bronchialkarzinoms und der CYP1A1-Aktivität beobachtet.

Die Variabilität der CYP1A1-Aktivität ist sowohl auf Veränderungen im Enzymprotein als auch in einem regulatorischen Protein zurückzuführen. Bei letzterem handelt es sich möglicherweise um den Ah-Rezeptor, ein für die CYP1A1-Induktion entscheidendes Signalprotein, das bei 10 % der untersuchten Personen eine auffällig hohe Affinität für seine Liganden besitzt. Da der Ah-Rezeptor neben CYP1A1 viele andere Enzyme des Fremdstoffmetabolismus reguliert, ist sein Polymorphismus möglicherweise von weitreichender Bedeutung.

Die Untersuchung der Polymorphismen anderer Cytochrom-P450-Formen und ihrer toxikologischen Relevanz steckt noch in den Anfängen.

Die Aktivitäten von CYP1A2, das viele der kanzerogenen, aromatischen Amine, wie 1-Acetylaminofluoren oder 4-Aminobiphenyl sowie die heterozyklischen Nahrungsmittelmutagene, aktiviert (siehe Abschn. 3.2.1), schwanken bei den verschiedenen Individuen um das 15-Fache. Träger des schnellen CYP1A2-Phänotyps, besonders solche, die gleichzeitig schnelle Acetylierer sind, haben ein hohes Risiko, an Dickdarmkrebs zu erkranken.

4.3.2
Acetyltransferasen (AT)

Der Mensch besitzt zwei Formen von *N*-Acetyltransferasen, NAT-1 und NAT-2, die sich wesentlich in ihrer Substratspezifität und in der Gewebsverteilung unterscheiden (siehe Abschn. 3.3.4). Der klassische AT-Polymorphismus, der zur Ausprägung des schnellen oder langsamen Acetyliererphänotyps führt, beruht auf der Variabilität des Gens für AT-2.

Mithilfe von PCR wurden bisher wenigstens 65 genetische Varianten der NAT-2 identifiziert, wobei sieben SNPs in den meisten der varianten Allele enthalten sind. Davon wird der Nachweis von vier SNPs (G191A, T341C, G590A und G857A) zur Identifizierung des Phänotyps der Metabolisierung von Sulfamethazin verwendet.

Sowohl der langsame als auch der schnelle AT-2-Phänotyp wird durch mehrere Allele bedingt. Die schnellen Allele sind dominant. Es findet sich dementsprechend eine – wenn auch nur annähernd – zweigipfelige Verteilung der Phänotypen. Die varianten Allele, und damit die schnellen und langsamen Acetylierer, sind unterschiedlich häufig in der Weltbevölkerung vertreten (siehe Tab. 4.1). Der höchste Anteil schneller Acetylierer findet sich in Japan, der niedrigste im nördlichen Afrika. In Deutschland gehören annähernd 50 % zu den schnellen Acetylierern.

Tab. 4.1 Anteil der schnellen Acetylierer in verschiedenen Ländern

Bevölkerung	Schnelle Acetylierer (%)
Japaner	90
Chinesen	80
Italiener	51
Deutsche	43
Ägypter	13
Marokkaner	10

Tab. 4.2 Auswirkungen des Acetyliererstatus auf Erkrankungsrisiken.

Phänotyp	Erhöhtes Risiko
Schnell	Krebs des Dick- und Enddarms
Langsam	Krebs der Blase
Langsam	Autoimmunerkrankung (spontaner Lupus erythematodes)
Schnell	Diabetes (bei Europäern)

Der Polymorphismus der AT-2 kann sich bei der Aktivierung und Inaktivierung von Chemikalien sehr unterschiedlich auswirken (siehe Tab. 4.2).

Der AT-2-Polymorphismus wurde zunächst bei der Tuberkulosetherapie mit Isoniazid erkannt, das durch Acetylierung inaktiviert wird. Während bei schnellen Acetylierern die therapeutische Wirksamkeit vermindert war, kam es bei langsamen Acetylierern zur Wirkungsverstärkung und starken Nebenwirkungen wie Polyneuropathien. Nachdem als Ursache ein Polymorphismus der Acetylierung erkannt war, wird der Phänotyp anhand der Metabolisierung von Sulfamethazin bestimmt und die Dosierung entsprechend angepasst.

Der AT-2-Polymorphismus ist relevant für das Auftreten von Dick- und Enddarmkrebs und von Blasenkrebs nach Exposition gegenüber aromatischen Aminen, die wie 4-Aminobiphenyl im Tabakrauch enthalten sind und in der Gummi-, Textil- oder Farbenindustrie verwendet werden.

Schnelle Acetylierer haben ein erhöhtes Risiko, an Krebs des Dick- und Enddarms zu erkranken. Vermutlich sind dafür heterozyklische Arylamine, die als Pyrolyseprodukte in Nahrungsmitteln vorkommen, verantwortlich. Metaboliten dieser Substanzen werden durch die AT-2 der Darmzellen zu ihren ultimalen, kanzerogenen Formen umgewandelt, wobei schnelle Acetylierer gefährdeter sind als langsame.

Im Gegensatz dazu haben *langsame Acetylierer* ein erhöhtes Risiko für das Auftreten von Blasenkrebs bei beruflicher Exposition mit aromatischen Aminen wie Benzidin.

Insgesamt unterscheidet sich die Empfindlichkeit von schnellen und langsamen Acetylierern gegen toxische Chemikalien nicht so stark, wie es von dem ausgeprägten AT-2-Polymorphismus zu erwarten wäre. In erster Linie beruht dies darauf, dass die potenziell toxischen Substrate der AT-2 auch von AT-1 sowie von Cytochrom P450 (CYP1A2) metabolisiert werden und damit alternative Möglichkeiten der Metabolisierung bestehen (Abb. 4.3).

Weiterhin gibt es Hinweise darauf, dass der *langsame Phänotyp* der NAT2 mit der früh einsetzenden Form des Morbus Parkinson, einer neurodegenerativen Erkrankung, assoziiert ist. Als Ursache wird vermutet, dass CYP2D6 an der Inaktivierung potenziell neurotoxischer Stoffe oder entsprechender Bestandteile der Nahrung beteiligt ist. Der *schnelle Phänotyp* trägt dagegen ein erhöhtes Risiko, an Lungenkrebs zu erkranken. Darauf weisen epidemiologische Untersuchungen zum Lungenkrebsrisiko von Rauchern hin. Der Zusammenhang mit dem Rauchen ist insofern plausibel als CYP2D6 das tabakspezifische Lungenkanzerogen, 4-(Methylnitrosamin)-1-(3-pyridyl)-1-butanon (nicotine-derived nitrosamine ketone, NNK), zu mutagenen Metaboliten aktiviert.

4.3.3 GSH-*S*-Transferasen

Polymorphismen der Glutathion-*S*-Transferasen GSTM1 und GSTT1 beruhen auf den Nullallelen *GSTM0* und *GSTT0* mit den Variationen, dass Träger dieser Polymorphismen zwei, keins oder jeweils eins dieser Gene aufweisen. Fall-Kontrollstudien und Metaanalysen haben ergeben, dass das Risiko für Blasenkrebs bei Individuen der homozygoten null *GSTM1*-Form um 50 % erhöht ist.

Auch Träger des Polymorphismus der Glutathion-*S*-Transferase (*GSTP1 A313G*) scheinen ein erhöhtes Blasenkrebsrisiko zu haben.

4.4 Beispiele für Variationen in der Empfindlichkeit gegenüber Chemikalien

4.4.1 Acrylnitril

Acrylnitril (AN) ist krebserzeugend und akut toxisch. Es wird von CYP2E1 zum reaktiven Cyanoethylenoxid (CEO) und Cyanid metabolisiert, und CEO durch GSH-Konjugation und die Epoxidhydrolase (EH) inaktiviert (Abb. 4.2). Akute Intoxikationen führen zu GSH-Depletion, sodass N-Acetylcystein als Antidot bei Vergiftungen eingesetzt wird. Als Biomarker für den reduktiven Metabolismus

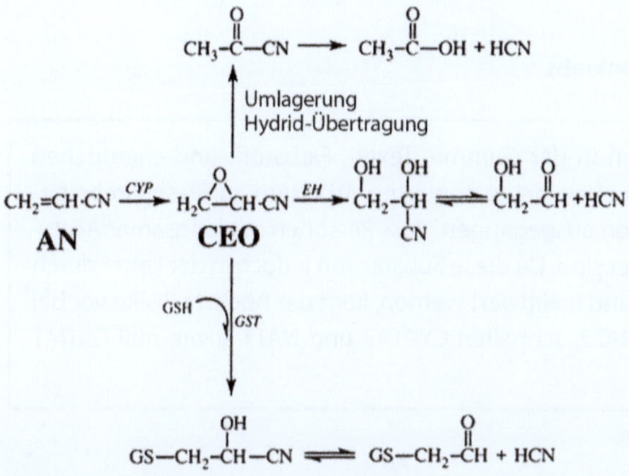

Abb. 4.2 Cytochrom P450 und Epoxidhydrolase-Aktivitäten bei der Metabolisierung von Acrylnitril zu Cyanid nach Wang et al. (2002).

werden die Konzentrationen der Merkaptursäuren im Urin herangezogen, während die N-(Cyanoethylvalin)-Addukte am N-terminalen Ende des Hämoglobins (Hb) direkt mit der Acrylnitrilkonzentration im Blut korrelieren. Ganz abgesehen davon, dass beim Menschen eine höhere CYP2E1-Aktivität vorliegt als bei den im Tierversuch verwendeten Nagern, gibt es individuelle Unterschiede, die insbesondere Konsequenzen bei akuten Vergiftungen haben.

Bei Personen mit der CYP2E1-Promotorvariante A316G waren die N-(Cyanoethylvalin)-Addukte erhöht, was mit einer höheren Metabolisierung zu CEO und Cyanid aufgrund einer Enzyminduktion erklärt wird. Die Toxizität wird jedoch auch durch die Aktivität der Glutathion-*S*-Transferase (GST) bestimmt, denn bei Personen mit geringer GST-Aktivität ist die Toxizität und die *N*-(Cyanoethylvalin)-Adduktbildung höher, was darauf zurückgeführt wird, dass bei diesen Personen der oxidative Metabolismus, der zur Bildung von CEO und Cyanid führt, bevorzugt ist. Nachgewiesen ist, dass Personen mit normalem GSTP1 (*GSTP*A*)-Genotyp weniger Hb-Addukte bilden als solche mit einem Polymorphismus am Codon 104 des Gens (*GSTP1*B* und *GSTP1*C*). Die toxikokinetische Konsequenz dieses Polymorphismus ist, dass Individuen mit der Variante der GSTP1 eine geringere Aktivität dieser metabolischen Inaktivierung aufweisen, und damit zumindest bei akuter hoher Dosis empfindlicher sind.

Dieses Beispiel zeigt die Komplexizität der Zusammenhänge, denn die Toxizität des Acrylnitrils kann durch Polymorphismen sowohl der GSTP1 als auch des CYP2E1 aber auch der Epoxidhydrolase bestimmt sein.

4.4.2
Aromatische Amine und Blasenkrebs

Aromatische Amine werden in der Gummi-, Textil-, Farbstoff- und chemischen Industrie verwendet und haben bei exponierten Arbeitern zu Blasenkrebs geführt. Zunächst wurde davon ausgegangen, dass Personen mit langsamer Acetylierung besonders gefährdet sind. Da diese Substanzen jedoch in der Leber durch mehrere Enzyme aktiviert und inaktiviert werden, liegt das höchste Risiko vor bei Personen mit langsamer NAT2, schnellen CYP1A2 und NAT1 sowie null GSTM1 (Abb. 4.3).

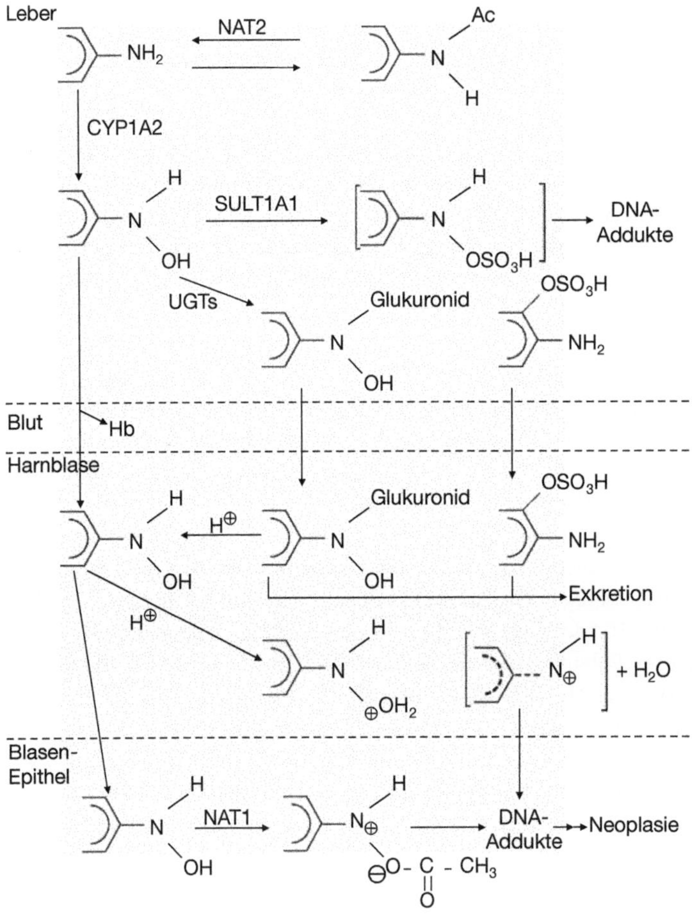

Abb. 4.3 Metabolismus aromatischer Amine in der Leber und Blase (Nach Kadlubar und Badawi (1995), Elsevier).

Kanzerogene aromatische Amine werden durch *N*-Acetylierung inaktiviert, und der bekannte Polymorphismus des NAT2-Genotyps lässt sich durch PCR-basierte Analyse von vier SNPs (*G191A*, *T341C*, *G590A* und *G857A*) charakterisieren, wobei der Phänotyp anhand der Acetylierung von Sulfametazin bestimmt wurde. Dabei beruht der Typ der schnellen Acetylierer auf zwei schnellen Allelen, bei den langsamen auf zwei langsamen und bei den Heterozygoten auf einem schnellen und langsamen Allel. Allerdings gibt es bei den langsamen Acetylierern noch weitere Untergruppen, denn jedes der SNPs hat eine spezifische Wirkung auf die Aktivität und Stabilität des exprimierten Enzyms.

Aromatische Amine werden in der Leber durch CYP1A2 *N*-hydroxyliert und anschließend an GSH konjugiert, glukuronidiert oder sulfatiert. Die Konjugate werden renal eliminiert und in der Blase durch saure Hydrolyse, in der Blasenwand durch enzymatische Hydrolyse wieder zum *N*-Hydroxyarylamin umgesetzt.

Das Risiko für Blasenkrebs wird jedoch auch durch die GST-Isoenzyme GSTM1 und GSST1 bestimmt, denn Träger der Nullallele *GSTM0* und *GSTT0* haben ein 50 % höheres Blasenkrebsrisiko als Individuen mit normalem Genotyp.

Das NAT1-Isoenzym ist in verschiedenen Geweben einschließlich der Blasenwand und im Dickdarm exprimiert und acetyliert *N*-hydroxylierte aromatische Amine (z. B. *p*-Aminobenzoesäure nach *N*-Hydroxylierung) zu reaktiven *N*-Acetoxy-Estern, die direkt mit der DNA reagieren und damit zur Krebsentstehung beitragen können, während die NAT1 in der Haut aromatische Amine inaktiviert. Die Bedeutung der NAT1 für die Entstehung von Blasenkrebs ist allerdings bisher nicht gesichert.

4.4.3
Polymorphismen und Dickdarmkrebs

> Dickdarmkrebs ist durch genetische Faktoren und Essgewohnheiten bestimmt. Beim Braten roten Fleisches entstehen aromatische Amine, an deren Metabolismus CYP1A2, NAT1 und NAT2 beteiligt sind, die zur Bildung von *N*-Acetoxyderivaten führen. Bei einem schnellen NAT2-Phänotyp ist die *O*-Acetylierungsrate erhöht, insbesondere wenn ein schneller CYP1A2-Phänotyp vorliegt und häufiger Verzehr durchgebratenen roten Fleisches gegeben ist. Allerdings ist eine direkte Korrelation zwischen NAT2-Aktivität und Krebshäufigkeit nicht gegeben.

Durch Braten roten Fleisches entstehen heterozyklische Amine, von denen das 2-Amino-1-methyl-6-phenylimidazo-(4,5-*b*)pyridin (PhIP) als kritisch angesehen wird, da es im gebratenen Fleisch in hohen Konzentrationen vorliegt, *in vitro* genotoxisch ist und im Tierversuch zu Kolonkarzinomen führt. Die vornehmlich durch CYP1A2-Aktivität entstehenden *N*-Hydroxyderivate sind direkte Mutagene, während die ringhydroxylierten Derivate nicht mutagen sind. Epidemiologi-

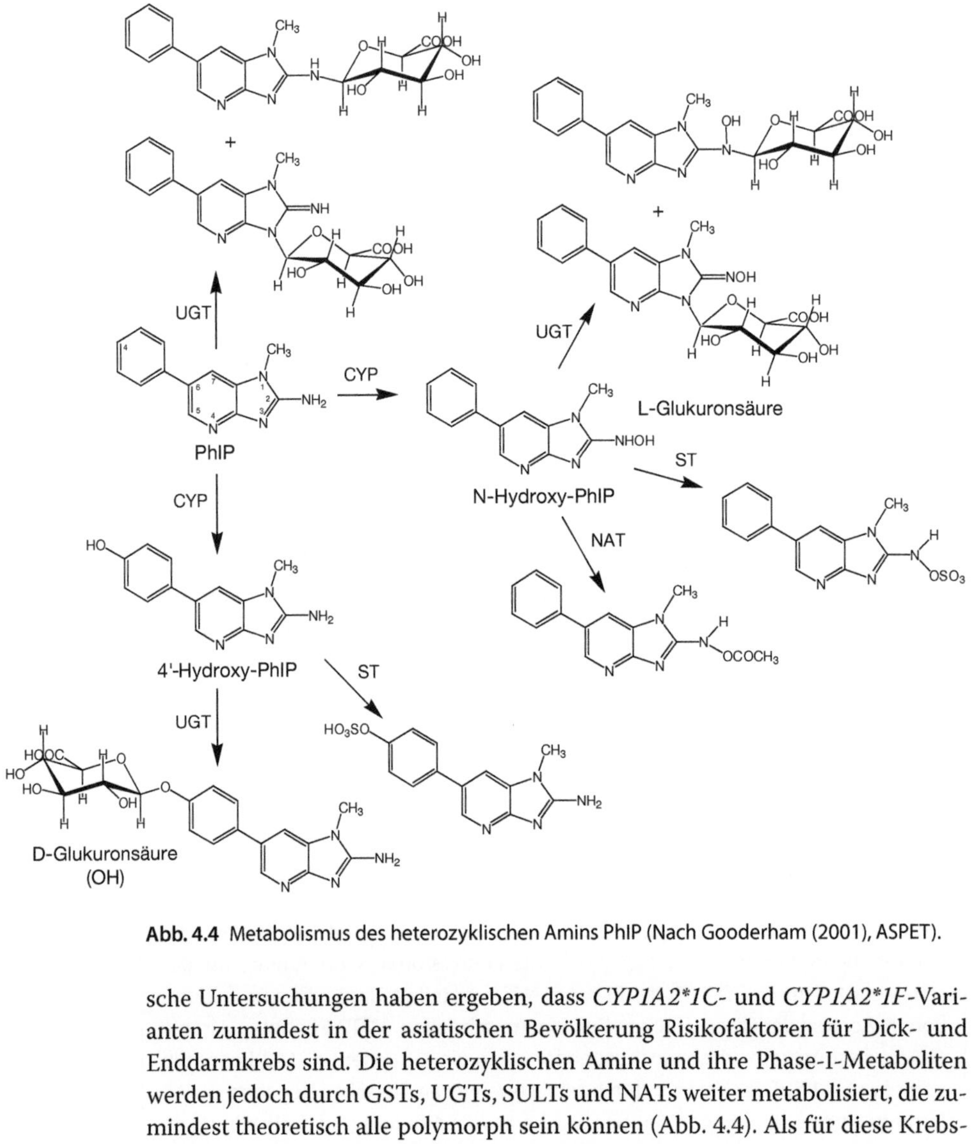

Abb. 4.4 Metabolismus des heterozyklischen Amins PhIP (Nach Gooderham (2001), ASPET).

sche Untersuchungen haben ergeben, dass *CYP1A2*1C*- und *CYP1A2*1F*-Varianten zumindest in der asiatischen Bevölkerung Risikofaktoren für Dick- und Enddarmkrebs sind. Die heterozyklischen Amine und ihre Phase-I-Metaboliten werden jedoch durch GSTs, UGTs, SULTs und NATs weiter metabolisiert, die zumindest theoretisch alle polymorph sein können (Abb. 4.4). Als für diese Krebserkrankung wichtigsten Metaboliten werden jedoch die *N*-Acetoxyderivate angesehen, die durch NAT1 und NAT2 aus den *N*-Hydroxyderivaten gebildet werden. Damit wird als hoher Risikofaktor die Kombination schneller CYP1A2- und NAT2-Phänotyp bei häufigem Verzehr durchgebratenen roten Fleisches insbesondere bei Rauchern, die zusätzlich gegen aromatische Amine exponiert sind, angesehen.

Dass schnelle Acetylierer bei aromatischen Aminen ein geringeres Krebsrisiko haben als bei heterozyklischen aromatischen Aminen, wird damit erklärt, dass die exozyklische Aminogruppe die *N*-Acetylierung sterisch hindert und sie damit nur *O*-acetyliert werden. Aromatische Amine werden dagegen sowohl *N*- wie *O*-acetyliert. Als weitere Risikofaktoren für Dick- und Enddarmkrebs werden die Nullvarianten der GSTM1 und GSTT1, d. h. geringe GSH-*S*-Transferase-Aktivitäten, angesehen.

4.5 Studien zur Bewertung der gesundheitlichen Relevanz von Polymorphismen

Wie aus dem bisher Beschriebenen ersichtlich ist es häufig schwierig, die gesundheitliche Relevanz von Polymorphismen zu beurteilen. Dies ist schon daraus erkennbar, dass es nur relativ wenige Beispiele für dadurch erklärbare Erkrankungen gibt. Dazu kommt, dass die bisher vorliegenden Studien nur eine geringe Zahl von Personen – maximal wenige 100 – umfassen. Diese Studien haben dazu beigetragen, die wichtigsten Varianten des Genotyps und Phänotyps zu erkennen, z. B., dass ca. 55 % der Europäer und ca. 10 % der Japaner langsame Acetylierer sind. Um zu prüfen, ob z. B. Krebserkrankungen oder individuelle Unterschiede bei Wirksamkeit oder Nebenwirkungen von Arzneimitteln genetisch bedingt sein können, sind Studien mit mehreren 1000 Personen und mehr erforderlich.

So wurde 1996 mit der internationalen Studie „Genetic Susceptibility to Environmental Carcinogens“ (GSEC) begonnen, um die genetische Variation in der gesunden Bevölkerung zu erfassen und die Krebshäufigkeit mit Polymorphismen der Phase-I- und Phase-II-Enzyme zu korrelieren. Bis Anfang 2008 sind insgesamt 124 456 Personen untersucht worden, davon 71 384 Gesunde und 53 072 Personen mit Krebserkrankungen insbesondere der unteren Darmabschnitte, Mundhöhle, Rachen, Magen, Blase und Brust. Bisher weisen sie auf die Schwierigkeiten hin, Genvariationen mit Veränderungen des Phänotyps zu korrelieren, denn es haben sich zumindest bisher nur marginale biologische Konsequenzen bei Variationen des Genotyps ergeben.

Da jedoch davon auszugehen ist, dass umweltbedingte Erkrankungen multifaktoriell sind und die verschiedensten genetischen Faktoren beteiligt sein können, analysieren die sogenannten „Genome-Wide-Association-Studies“-Untersuchungen (GWAS) mithilfe der High-Throughput-Methodik der SNPs die genetische Variation des gesamten Genoms. Damit werden alle Gene erfasst, ohne dass einzelne mit vermutlicher Relevanz herausgegriffen werden. Die phänotypischen Konsequenzen werden jedoch nur bei speziellen Fragestellungen ermittelt. So wurden 15 Gene für erhöhte Empfindlichkeit für Blasenkrebs identifiziert und vier genetische Regionen für Kolonkrebs.

Haplotypen

Ein Haplotyp besteht aus einer Kombination von Allelen auf einem Chromosom, die als Einheit vererbt werden, und – da sie auf beiden Chromosomen sitzen – jeweils eines vom Vater und der Mutter stammt. Da sie für bestimmte Funktionen codieren, ist es nicht notwendig, zehn Millionen möglicher SNPs zu analysieren,

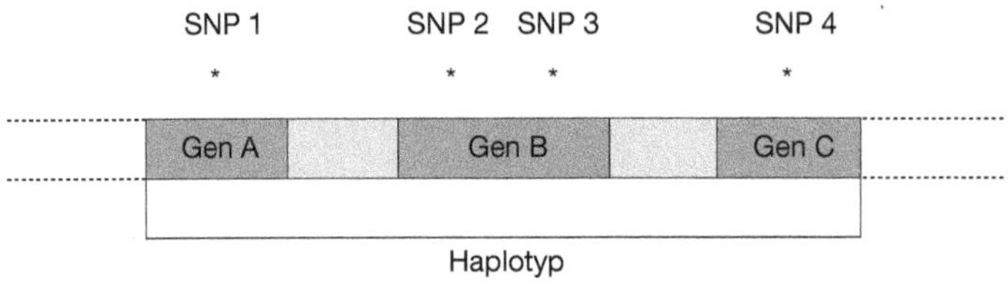

Abb. 4.5 Verhältnis zwischen SNPs, Genen und Haplotypen. Ein Haplotyp ist ein Chromosomenabschnitt, der als Ganzes vererbt wird. Er kann ein oder mehrere Gene enthalten, die ebenfals vererbt werden.

sondern nur einige 10 000 bis eine Million Haplotypen, um genetische Variationen zu erfassen (Abb. 4.5).

GWAS-Verbundprojekte

Da GWAS sehr große Populationen beobachten müssen, um signifikante Effekte zu erfassen, werden die Projekte zunehmend im Rahmen internationaler Kooperationen durchgeführt (Tab. 4.3).

Der experimentelle Aufwand der einzelnen Projekte ist sehr groß, führt jedoch zu interessanten Ergebnissen. So wurden in dem 1000 Genom Project 179 Individuen in der Phase-I und II und 697 Individuen in der Phase III untersucht und

Tab. 4.3 GWAS-Verbundprojekte.

	Methodik	Ziel	Ergebnis
SNP Consortium 1999–2001	SNP-Zusammensetzung des menschlichen Genoms	individuelle Arzneimitteltherapie	1,7 Mio. SNPs identifiziert, davon 1,5 Mio. charakterisiert
International HapMap Project, fortlaufend	Sequenzanalyse des menschlichen Genoms	40 Erkrankungen in 11 Populationen in Trios (Eltern und 1 Kind)	pro Population je 30–50 Individuen untersucht
1000 Genom Project, 2007 fortlaufend	Sequenzanalyse der 5 wichtigsten Bevölkerungsgruppen	Charakterisierung ≥ 95 % der Varianten einer Häufigkeit ≥ 1 % von 39 Genen für pharmakologische/toxikologische Funktionen	Projekt erweitert um 2500 Individuen aus 27 Populationen
Environmental Genome Project, 1997 fortlaufend	SNP-Identifizierung	Charakterisierung toxikologisch relevanter Funktionen wie DNA-Reparatur, Apoptose, Zellzykluskontrolle, Arzneimittelmetabolisierung	92 486 SNPs in 647 Genen mit vermuteter Relevanz in 95 Individuen charakterisiert

die Lokationen, Allelhäufigkeiten und lokale Haplotypstrukturen von 15 Millionen SNPs, einer Million Insertionen/Deletionen und 20 000 anderer struktureller Variationen identifiziert und veröffentlicht. Das Ergebnis ist, dass jedes Individuum im Durchschnitt 50–100 Varianten aufweist, die mit genetisch bedingten Erkrankungen in Verbindung gebracht werden. Die Zahl der Untersuchten wurde um 2500 Individuen aus 27 Populationen erweitert, wobei alle codierenden Abschnitte sequenziert werden. Damit sollen weitere Varianten, die für Erkrankungen, Toxizität und Nebenwirkungen von Arzneimitteln relevant sein können, identifiziert werden.

Banken für biologisches Material

Um biologisches Material für spätere Untersuchungen mit verbesserter Methodik oder bisher nicht bearbeitete Fragestellungen bereitzustellen, wurden Probenbanken eingerichtet, in Deutschland die Umweltprobenbank, im Vereinigten Königreich die UK Biobank. Sie enthält biologische Proben von 500 000 Individuen, die für Untersuchungen der Bedeutung der genetischen Disposition, Lebensweise und Umwelteinflüssen auf Erkrankungen des mittleren und älteren Lebensabschnittes herangezogen werden können. Die Proben werden jedoch nicht zur Verfügung gestellt, sondern im Rahmen einer extern laufenden Studie entweder von der Probenbank selbst oder von einem beauftragten Labor analysiert, wobei die Kosten übernommen werden.

4.6 Zusammenfassung

Unterschiedliche Empfindlichkeiten in der Bevölkerung gegenüber Chemikalien einschließlich krebserzeugenden Substanzen und Arzneimitteln, die auf Variationen des Genotyps beruhen, sind eindeutig nachgewiesen. Zu berücksichtigen ist jedoch, dass Variationen einzelner Gene keine Auswirkungen auf den Phänotyp haben müssen und es daher für die Bewertung der Relevanz einer genetischen Variation erforderlich ist, die Veränderung des Phänotyps nachzuweisen. Obwohl eine Vielzahl von Genvariationen bekannt ist, konnten toxikologisch relevante Variationen des Genotyps bisher nur für Fremdstoffe metabolisierende Enzyme der Phase I und II nachgewiesen werden und erklären damit die Empfindlichkeit einzelner Individuen oder Populationen gegenüber einzelnen Chemikalien und Arzneimitteln. Die intensive Forschung im Rahmen großer Projekte lässt jedoch Fortschritte erwarten, wobei der Nachweis einer Auswirkung auf den Phänotyp eine besondere Herausforderung darstellt.

Zu berücksichtigen ist auch, dass die Charakterisierung des Geno- und Phänotyps von Individuen ethische Probleme mit sich bringt hinsichtlich Eignung für Arbeitsplätze oder Kranken- und Lebensversicherungen.

Weiterführende Literatur

Genetische Polymorphismen (Sequenzvariationen) von Fremdstoff-metabolisierenden Enzymen und ihre Bedeutung in der Umweltmedizin. Empfehlungen des Robert Koch-Instituts. Bundesgesundheitsbl. Gesundheitsforsch. Gesundheitsschutz, (2004) **47**, 1115–1123.

Abecasis, G.R., Altshuler, D., Auton, A., *et al.* (2010) A map of human genome variation from population-scale sequencing. *Nature*, **467** (7319), 1061–1073.

Daly, A.K. (2004) Development of analytical technology in pharmacogenetic research. *Naunyn. Schmiedebergs Arch. Pharmacol.*, **369** (1), 133–140.

Economopoulos, K.P. und Sergentanis, T.N. (2010) GSTM1, GSTT1, GSTP1, GSTA1 and colorectal cancer risk: a comprehensive meta-analysis. *Eur. J. Cancer.*, **46** (9), 1617–1631.

Figueroa, J.D., Ye, Y., Siddiq, A., Garcia-Closas, M., *et al.* (2014) Genome-wide association study identifies multiple loci associated with bladder cancer risk. *Hum. Mol. Genet.*, **23** (5), 1387–1398.

Garcia-Closas, M., Malats, N., Silverman, D., *et al.* (2005) NAT2 slow acetylation, GSTM1 null genotype, and risk of bladder cancer: results from the Spanish Bladder Cancer Study and meta-analyses. *Lancet*, **366** (9486), 649–659.

Gooderham N.J., Murray, S., Lynch, A. M., Yadollahi-Farsani, M. *et al.* (2001) Food-derived heterocyclic amine mutagens: Variable metabolism and significance to humans. *Drug Metabol. Disp.*, **29**, 529–534.

Huang, Y.F., Chiang, S.Y., Liou, S.H., *et al.* (2012) The modifying effect of CYP2E1, GST, and mEH genotypes on the formation of hemoglobin adducts of acrylamide and glycidamide in workers exposed to acrylamide. *Toxicol. Lett.*, **215** (2), 92–99.

Ioannidis, J.P., Boffetta, P., Little, J., *et al.* (2008) Assessment of cumulative evidence on genetic associations: interim guidelines. *Int. J. Epidemiol.*, **37** (1), 120–132.

Kadlubar, F.F. und Badawi, A.F. (1995) Genetic susceptibility and carcinogen-DNA adduct formation in human urinary bladder carcinogenesis. *Toxicol. Lett.* **82–83**, 627–632.

Manolio, T.A., Brooks, L.D. und Collins, F.S. (2008) A HapMap harvest of insights into the genetics of common disease. *J. Clin. Invest.*, **118** (5), 1590–1605.

Manolio, T.A., Weis, B.K., Cowie, C.C., *et al.* (2012) New models for large prospective studies: is there a better way? *Am. J. Epidemiol.*, **175** (9), 859–866.

Pesch, B., Gawrych, K., Rabstein, S., *et al.* (2013) *N*-acetyltransferase 2 phenotype, occupation, and bladder cancer risk: results from the EPIC cohort. *Cancer Epidemiol. Biomarkers Prev.*, **22** (11), 2055–2065.

Peters, U., Jiao, S., Schumacher, F.R., *et al.* (2013) Identification of genetic susceptibility loci for colorectal tumors in a genome-wide meta-analysis. *Gastroenterology*, **144** (4), 799–807 e724.

Qin, X.P., Zhou, Y., Chen, Y., Li, N.N., Chen, B., Yang, P. und Wu, X.T. (2013) Glutathione *S*-transferase T1 gene polymorphism and colorectal cancer risk: an updated analysis. *Clin. Res. Hepatol. Gastroenterol.*, **37** (6), 626–635.

Wang, H., Chanas, B. und Ghanayem, B.J. (2002) Cytochrome P450 2E1 (CYP2E1) is essential for acrylonitrile metabolism to cyanide: Comparative studies using CYP2E1-null and wild-type mice. *Drug. Metab. Dispos.* **30**, 911–917.

Wu, K., Wang, X., Xie, Z., Liu, Z. und Lu, Y. (2013a) *N*-acetyltransferase 1 polymorphism and bladder cancer susceptibility: a meta-analysis of epidemiological studies. *J. Int. Med. Res.*, **41** (1), 31–37.

Wu, K., Wang, X., Xie, Z., Liu, Z. und Lu, Y. (2013b). Glutathione *S*-transferase P1 gene polymorphism and bladder cancer susceptibility: an updated analysis. *Mol. Biol. Rep.*, **40** (1), 687–695.

Zhang, L., Zhou, J., Wang, J., Liang, G., Li, J., Zhu, Y. und Su, Y. (2012) Absence of association between *N*-acetyltransferase 2 acetylator status and colorectal cancer susceptibility: based on evidence from 40 studies. *PLoS One*, **7** (3), e32425.

Zhao, Y., Chen, Z.X., Rewuti, A., Ma, Y.S., Wang, X.F., Xia, Q., Fu, D. und Han, Y.S. (2013) Quantitative assessment of the influence of cytochrome P450 1A2 gene polymorphism and colorectal cancer risk. *PLoS One*, **8** (8), e71481.

5
Rezeptor-vermittelte Mechanismen

J. Schloßmann und F. Hofmann

Dosis facit venenum

5.1
Einleitung

Rezeptoren sind meist Proteine eines Organismus, die Moleküle mit diversen chemischen Strukturen binden. Diese Moleküle sind Liganden, die die Rezeptorfunktion aktivieren oder hemmen und dadurch eine physiologische Antwort hervorrufen. Liganden, die einen Effekt aktivieren, werden als Agonisten bezeichnet. Wenn die Liganden einen Effekt hemmen, werden sie Antagonisten genannt.

Das klassische Rezeptorkonzept wurde von J.N. Langley und Paul Ehrlich entwickelt. Rezeptoren können als Zielstrukturen im Körper betrachtet werden, mit denen endogene und exogene Substanzen spezifisch interagieren und eine biologische Antwort hervorrufen können. Einige Substanzen agieren generell ohne einen spezifischen Rezeptor, z. B. osmotische Diuretika erhöhen den Urinfluss, indem sie den osmotischen Druck im Nierentubulus steigern und verhindern dadurch die Reabsorption von Wasser. Die meisten Substanzen binden an definiert lokalisierte Strukturen und rufen dadurch spezifische Antworten hervor. In der Mitte des 19. Jahrhunderts wurde festgestellt, dass es einen Zusammenhang zwischen den chemischen Strukturen und der dadurch erzeugten Antwort gibt. J.N. Langley vermutete im Jahre 1878, dass Atropin und Pilocarpin die Sekretion des Hundespeichels durch die Interaktion mit physiologischen Strukturen in der Drüse verändert. Im Jahre 1905 beschrieb er daraufhin, dass die Effekte von Nikotin und Curare durch „Rezeptoren" verursacht werden. Unabhängig davon vermutete Paul Ehrlich in seinen Pionierstudien, dass die Spezifität von immunologischen Wirkungen eine Interaktion mit spezifischen Strukturen erfordert, die dann die Bildung von Antikörpern verursacht. Er formulierte die bekannte Formulierung „Corpora non agunt sine fixata" (Substanzen wirken nicht, außer wenn sie gebunden werden).

Das Toxikologiebuch, 1. Auflage. Helmut Greim (Hrsg.).

Heute wissen wir, dass Rezeptoren insbesondere ziemlich große Proteine sind, die an spezifischen zellulären Strukturen vorkommen. Diese Rezeptorproteine interagieren mit chemischen Substanzen (Agonisten) und verursachen dadurch eine physiologische Antwort. Wenn andere Substanzen an dem Rezeptor binden und dadurch den Effekt der Agonisten verhindern, werden sie als Antagonisten bezeichnet. Agonisten werden oft als Liganden bezeichnet. Die Rezeptor-Ligand-Interaktion folgt dem Massenwirkungsgesetz, und deren Kinetik ist ähnlich dem Michaelis-Menten-Gleichgewicht. Die Produkte in der klassischen Michaelis-Menten-Kinetik sind jedoch Metabolite, wohingegen die Interaktion des Agonisten an seinem Rezeptor meistens nicht zu einer Veränderung der chemischen Struktur des Agonisten führt. Die reversible Bindung eines Inhibitors an die Agonistenbindungsstelle verursacht einen kompetitiven Antagonismus. Die allosterische Hemmung der Agonistenwirkung erzeugt eine nicht kompetitive Hemmung. Diese funktionellen Effekte des Rezeptors können gemessen und als Dosis-Wirkungs-Kurve aufgezeichnet werden. Demzufolge können nur Agonisten oder Antagonisten in ausreichenden Mengen, die auf der Dosis-Wirkungs-Kurve basieren, eine rezeptorvermittelte Funktion modulieren.

5.2
Ligand-Rezeptor-Wechselwirkungen

Es gibt viele verschiedene Rezeptorklassen. Dazu gehören: Hormon-, Neurotransmitter-, Wachstums- und Zytokinrezeptoren, Ionenkanäle, Carrier, Enzyme, Transkriptionsfaktoren, strukturelle Proteine, Lipide, mRNA oder DNA. Die meisten Liganden binden an Proteinrezeptoren. Die spezifische Bindung des Liganden an seinem Rezeptor ist eine Voraussetzung für seine Wirkung und basiert auf dem Massenwirkungsgesetz. Die Interaktion zwischen einem Liganden und seinem Rezeptor führt zu einer Wirkungskaskade.

Die Bezeichnung Rezeptor bezieht sich üblicherweise auf membrangebundene oder zytosolisch lokalisierte Rezeptoren, die auf Hormone, Neurotransmitter, Wachstumsfaktoren oder Zytokine ansprechen. Wie schon oben diskutiert, gibt es wenige nicht rezeptorvermittelte Mechanismen (z. B. Säure-Base-Neutralisierung, Osmose, hohe oder niedrige Temperatur, Veränderung des Redoxpotentials, Verlust von essenziellen zellulären Molekülen).

Die Liganden-Rezeptor-Interaktion basiert auf dem Massenwirkungsgesetz, das zuerst von A.J. Clark beschrieben wurde. Die kinetische Analyse entstammt dem Vorschlag von Michaelis und Menten für die Kinetik von enzymatischen Reaktionen. Die traditionelle Rezeptortheorie wurde für die Ligandenbindung an membrangebundene Hormon- und Neurotransmitterrezeptoren entwickelt. Es wurde dabei angenommen, dass diese Rezeptoren metabolisch inaktiv sind. Daher

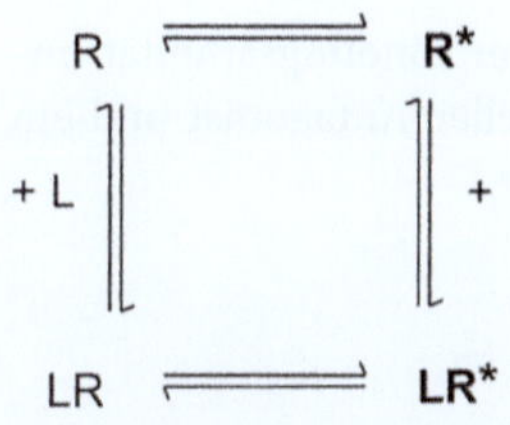

Abb. 5.1 Zweistufenmodell der Ligand (L)-Rezeptor (R)-Interaktion.

wurde diese Interaktion mathematisch als bimolekulare Reaktion beschrieben:

$$\mathrm{L(Ligand)} + \mathrm{R(Rezeptor)} = \mathrm{L} - \mathrm{R}\ \text{(Ligand-Rezeptor-Komplex)}$$

Nach dieser Theorie ist der Rezeptor selbst inaktiv, und die Ligandenbindung führt zu der aktiven Konformation, die das Signal weiterleitet. Die Ligandenbindung wird dabei durch Bindungskurven bestimmt, mit denen die Menge des gebundenen Liganden bei einer gegebenen Konzentration berechnet werden kann. Die Umstellung der oben angegebenen Gleichung führt zu:

$$\frac{[\mathrm{L}] \times [\mathrm{R}]}{[\mathrm{L} - \mathrm{R}]} = \frac{k_{-1}}{k_{+1}} = K_\mathrm{D} \tag{5.1}$$

wobei die Dissoziationskonstante K_D die Affinität des Liganden an den Rezeptor angibt. Der K_D-Wert liegt oft zwischen 0,1 und 1 000 nM. Ein kleiner K_D-Wert bedeutet dabei eine höhere Rezeptoraffinität.

In der zweiten Hälfte des 20. Jahrhunderts wurde das Rezeptormodell weiterentwickelt, mit dem sich das Verständnis der Liganden-Rezeptor-Mechanismen präzisierte. Die Basis dieses erweiterten Modells ist, dass es eine inaktive Konformation R und eine aktive Konformation R* des Rezeptors gibt (Abb. 5.1).

Der Rezeptor selbst wechselt zwischen dem R- und R*-Zustand. Die Bindung des Liganden an den Rezeptor kann verschiedene Reaktionen hervorrufen:

1. Der Ligand bindet mit hoher Affinität an die aktive Konformation R* und verschiebt das Gleichgewicht zwischen R und R* nach R*. Dieser Effekt ist charakteristisch für die Rezeptorbindung durch einen Agonisten und verstärkt die Signaltransduktion des Rezeptors.
2. Der Ligand bindet mit identischer Affinität an R und R*. Dadurch ändert sich das existierende Gleichgewicht zwischen inaktivem R- und aktivem R*-Rezeptor nicht. Jedoch wird dabei die Besetzung der Bindungsstelle durch den endogenen Liganden und dadurch die Aktivierung der Signaltransduktion durch den Rezeptor verhindert. Diese Bindung ist charakteristisch für einen Antagonisten (zu beachten ist, dass einige Antagonisten kovalent an den Rezeptor binden und dadurch den Rezeptor inaktivieren).
3. Der Ligand bindet mit leicht höherer Affinität an R*- als an die R-Konformation und verhindert dadurch die Bindung des endogenen Liganden. Dieser Bindungstyp ist charakteristisch für einen partiellen Agonisten.
4. Der Ligand bindet mit hoher Affinität an die R-Konformation und verschiebt dadurch das Gleichgewicht in Richtung der R-Konformation. Dieser Bindungstyp ist charakteristisch für einen inversen Agonisten.

Somit können folgende Ligandentypen bezüglich ihrer Bindungsaffinität unterschieden werden: ein Agonist, Antagonist, ein partieller Antagonist und ein inverser Agonist.

5.3 Biologische Konsequenzen der Ligand-Rezeptor-Interaktionen

Toxische Agentien können als Agonisten oder Antagonisten an Rezeptoren wirken. Der Effekt der Ligandenbindung auf die Rezeptoraktivierung wird als Wirksamkeit (efficacy) bezeichnet. Verschiedene Typen von Agonisten können unterschieden werden. Volle Agonisten rufen nach Rezeptorbindung eine maximale Gewebeantwort hervor. Im Gegensatz dazu führen partielle Agonisten zu einer submaximalen Antwort.

5.3.1 Agonistische Effekte

Die Rezeptor-Besetzungs-Theorie war nützlich, um die Resultate von Studien bezüglich Liganden-Rezeptor-Interaktionen zu interpretieren. Diese Theorie nimmt an, dass die Stärke der Antwort direkt mit der Anzahl der besetzten Rezeptorbindungsstellen korreliert. Somit zeigt sich in Abwesenheit des Liganden kein Effekt. Wenn 50 % der Rezeptoren belegt sind, beobachten wir 50 % der maximalen Antwort. Sobald alle Rezeptoren gebunden sind, wird die maximale Wirkung hervorgerufen. Diese Effekte, die durch unterschiedliche Ligandenmengen verursacht werden, werden durch die Dosis-Wirkungs-Kurven oder Konzentrations-Wirkungs-Kurven in seinen verschiedenen Formen dargestellt. Die empirische Untersuchung von Rezeptoren zeigt oft, dass es nicht notwendig ist, dass die gesamten Rezeptoren durch Agonisten belegt sein müssen, um eine maximale Wirkung hervorzurufen. Das deutet die Existenz einer Rezeptorreserve an.

Die agonistischen Effekte eines Liganden werden durch Dosis-Wirkungs-Kurven oder Konzentrations-Wirkungs-Kurven wiedergegeben (siehe Abb. 5.2). Damit wird die Messung verschiedener Parameter ermöglicht:

- der maximale Ligandeneffekt (E_{max}),
- die Dosis oder Konzentration, die benötigt wird, um 50 % der maximalen Wirkung hervorzurufen (ED_{50}; EC_{50}),
- die Dosis oder Konzentration, die benötigt wird, um eine andere fraktionelle Wirkung zu erzielen.

In den meisten Fällen ist der EC_{50}-Wert numerisch gleich mit dem K_a-Wert (Konzentrationskonstante, die 50 % der maximalen Antwort) hervorruft. Dieser Wert braucht jedoch nicht mit K_D-Wert übereinzustimmen (siehe Abb. 5.2). Die Ver-

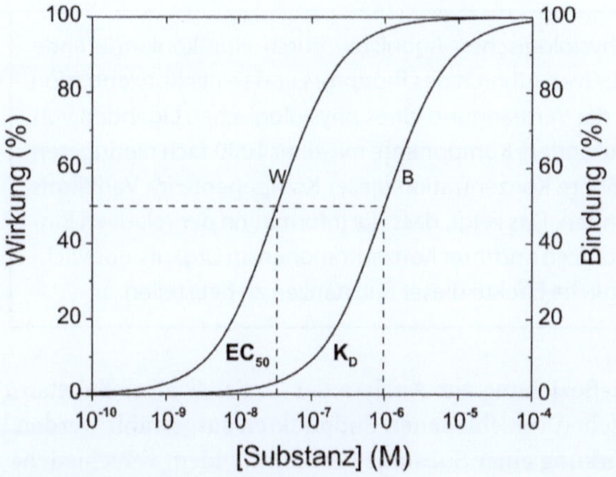

Abb. 5.2 Konzentrations-Wirkungs-Kurve, die die Beziehung zwischen Bindung (B) und Wirkung (W) einer Substanz bei 90 % Rezeptorreserve angibt (K_D: 1 µM; EC_{50}: 50 nM). Wenn der Rezeptor bekannt ist, wird EC_{50} durch K_a ersetzt (konzipiert nach Abb. 1.4 aus Aktories *et al.*, 2013, Elsevier).

fügbarkeit der verschiedenen Werte erlaubt uns, die Wirkstärke (potency) von unterschiedlichen Liganden zu vergleichen. Einige volle Agonisten können eine maximale Antwort schon mit einer niedrigen Besetzung der verfügbaren Rezeptorbindungsseiten hervorrufen, weil die untersuchte Wirkung schon maximal ist, wenn z. B. 20 % der Rezeptoren aktiviert sind (siehe Abb. 5.2). Dieser Befund wird normalerweise durch eine ungehinderte Rezeptorsignaltransduktion in der Zelle ermöglicht.

5.3.2
Antagonistische Effekte

Verschiedene Subklassen von Antagonisten können durch Dosis-Wirkungs-Kurven oder Konzentrations-Wirkungs-Kurven unterschieden werden. Die hemmende Wirkung eines Antagonisten wird durch den ID_{50}- oder IC_{50}-Wert charakterisiert oder, wenn der Rezeptor bekannt ist, durch den K_i-Wert. Antagonisten, die reversibel an die Agonistenbindungsstelle von R und R* binden, werden als kompetitive Antagonisten bezeichnet. Durch die Erhöhung der Konzentration des Agonisten bei einer gegebenen Konzentration des kompetitiven Antagonisten ergibt sich wieder die maximale Gewebeantwort, weil der Agonist mit dem Antagonisten um die Bindungsstelle an R* konkurriert. Im Gegensatz dazu ist die maximale Antwort vermindert, wenn der Antagonist irreversibel mit der Agonist-Rezeptor-Bindungsstelle interagiert. Außerdem ist die maximale Wirkung des Agonisten bei Gegenwart eines nicht kompetitiven Antagonisten vermindert, der an eine zweite Seite des Rezeptors bindet, die allosterisch mit der Agonist-Rezeptor-Bindungsstelle wechselwirkt.

Die Verdrängung eines physiologischen Agonisten durch eine konkurrierende Substanz hängt von der relativen Affinität des Rezeptors und seiner Konzentration ab. Zum Beispiel benötigt die Verdrängung eines physiologischen Liganden von seinem Rezeptor durch eine andere Komponente mit einer 1000-fach niedrigeren Affinität eine 1000-fach höhere Konzentration dieser Komponente im Verhältnis zum physiologischen Liganden. Das zeigt, dass die Information der relativen Bindungsaffinitäten von Substanzen und ihrer Konzentrationen im Organismus wichtige Kriterien sind, um mögliche Effekte dieser Substanzen zu beurteilen.

Wenn die Dosis-Wirkungs-Beziehung zur Analyse der Toxizität einer Substanz verwendet wird, kann zwischen verschiedenen Endpunkten ausgewählt werden. Früher wurde die letale Wirkung einer Substanz bestimmt, indem verschiedene Tiergruppen mit unterschiedlicher Dosis einer chemischen Substanz behandelt wurden, die Dosis-Wirkungs-Beziehung wie oben diskutiert aufgetragen wurde, und damit die Dosis ermittelt wurde, bei der 50 % der Tiere verstarben (LD_{50}-Wert). Obwohl diese Methode sehr akkurat und präzise für eine gegebene Tiergruppe eines identischen Tierstamms war, konnten diese Daten nicht immer auf andere Tierstämme von Mäusen, Ratten oder anderen Spezies übertragen werden. Außerdem wurde eine hohe Anzahl von Tieren für diese Methode benötigt. Heutzutage sind praktikablere Methoden verfügbar, bei denen eine geringere Anzahl von Tieren gebraucht wird und mit denen eine geeignete Abschätzung der Letalität durch chemische Substanzen durchgeführt werden kann.

Wenn Substanzen untersucht werden, ist es häufig wichtig, die Möglichkeit von unerwünschten Wirkungen abzuschätzen. Dazu wird der Bereich der effektiven Dosis mit dem der toxischen Dosis verglichen. In der Vergangenheit wurde dafür der therapeutische Bereich benutzt, der als das Verhältnis LD_{50}/ED_{50} in Tierstudien definiert wird. Daraus folgt, dass eine Substanz umso ungefährlicher ist, je höher dieser Wert ist. Man muss jedoch sicher sein, dass es keine Überlappung zwischen der Wirkungs- und der Letalitätskurve gibt. Eine Alternative wäre es, das Verhältnis LD_{01}/ED_{99} zu anzugeben (oder einen so niedrig wie möglich bestimmbaren Wert von LD). In der Klinik werden vorzugsweise toxische Endpunkte wie Übelkeit, Hautausschlag, Kopfschmerzen etc. verwendet, d. h. Effekte, die unangenehm aber nicht notwendigerweise lebensbedrohlich sind.

5.4
Rezeptorsignaltransduktion

Rezeptoren sind wahrnehmende Elemente, die endogene Signaltransduktionswege aktivieren. Sie werden in verschiedene Klassen eingeteilt:

1. G-Protein-gekoppelte Rezeptoren,
2. Ionenkanäle,
3. Enzyme,
4. nukleäre Rezeptoren/Transkriptionsfaktoren (Abb. 5.3).

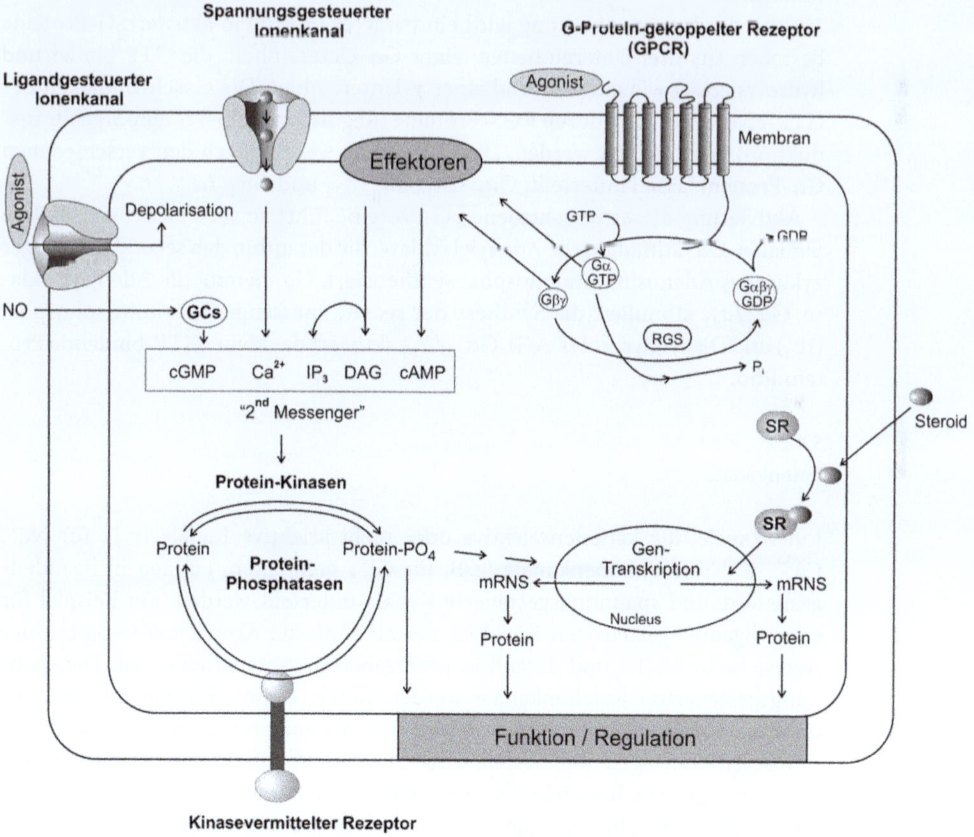

Abb. 5.3 Zusammenfassung der rezeptorvermittelten zellulären Regulation von G-Protein-gekoppelten Rezeptoren (GPCR), spannungsgesteuerten Ionenkanälen, ligandgesteuerten Ionenkanälen, Guanylylzyklasen (GCs), kinasevermittelten Rezeptoren und Steroidrezeptoren (SR). Weitere Abkürzungen: NO – Stickstoffmonoxid; cGMP – zyklisches Guanosinmonophosphat; IP_3 – Inositoltrisphosphat; DAG – Diacylglycerol; cAMP – zyklisches Adenosinmonophosphat; RGS – Regulator der G-Protein-Signaltransduktion (konzipiert nach Abb. 1.8 aus Aktories *et al.*, 2013, Elsevier).

5.4.1 G-Protein-gekoppelte Rezeptoren (GPCR)

GPCR sind heptahelikale Rezeptoren, die in der Plasmamembran lokalisiert sind. Sie stellen eine große Familie von über 500 Proteinen dar und werden von etwa 5 % aller Invertebratengenen exprimiert. Viele Liganden wirken über GPCR. Zusätzlich zu den bekannten und gut charakterisierten GPCRs gibt es eine Gruppe von GPCRs, die noch keine definierten Liganden und/oder Funktionen haben. Diese GPCRs werden als Orphan-Rezeptoren bezeichnet. GPCR können als Monomere wirken, es gibt jedoch immer Hinweise darauf, dass Homomere und Heteromere von GPCRs existieren, die einen wichtigen Anteil an der GPCR-Signaltransduktion haben.

Nach der Ligandenbindung wird ein trimeres G-Protein aktiviert. G-Proteine bestehen aus drei Untereinheiten: einer $G\alpha$-Untereinheit, die GTP bindet und hydrolysiert, sowie einer β- und einer γ-Untereinheit. Die Geschwindigkeit der GTP-Hydrolyse kann durch RGS-Proteine (Regulator der G-Protein-Signaltransduktion) beschleunigt werden. Die G-Proteine werden nach den verschiedenen $G\alpha$-Proteinklassen unterteilt: $G\alpha_s$, $G\alpha_i$, $G\alpha_q/\alpha_{11}$ und $G\alpha_{12}/\alpha_{13}$.

Aktivierung dieser verschiedenen G-Proteine führt zu verschiedenen zelluläre Signalen. $G\alpha_s$ stimuliert die Adenylylzyklase, die daraufhin den second messenger zyklisches Adenosinmonophosphat synthetisiert. $G\alpha_i$ hemmt die Adenylylzyklase, $G\alpha_q/\alpha_{11}$ stimuliert die Synthese der second messenger Inositoltrisphosphat (IP_3) und Diacylglycerol (DAG), $G\alpha_{12}/\alpha_{13}$ aktiviert das kleine GTP-bindende Protein Rho.

5.4.2 Ionenkanäle

Ionenkanäle, die kationenselektive oder nicht selektive Kanäle (z. B. für Na^+, Ca^{2+}, K^+) und Anionenkanäle (z. B. für Cl^-) beinhalten, können in ligandengesteuerte und spannungsgesteuerte Kanäle unterteilt werden. Ein Beispiel für einen ligandengesteuerten Kanal ist der nikotinische Acetylcholinrezeptor, der Acetylcholin bindet und daraufhin permeabel für Natriumionen ist. Die spannungsgesteuerten Kalziumkanäle werden durch Depolarisation aktiviert. Ionenkanäle sind große Proteine, die aus einem Kanalprotein mit verschiedenen Transmembransegmenten bestehen und zusätzlich häufig aus noch weiteren Proteinuntereinheiten bestehen. Die Aktivität dieser Kanäle kann durch Phosphorylierung/Dephosphorylierung über Kinasen/Phosphatasen sowie durch weitere intrazelluläre Signale wie z. B. Ca^{2+} und ATP verändert werden.

5.4.3 Enzyme als Rezeptoren

Tyrosin- und Serin/Threonin-Phosphorylierung durch Kinasen ist ein häufiges Motiv in intrazellulären Signalkaskaden. Es gibt unterschiedliche kinasevermittelte Rezeptoren, die über verschiedenen Signalmolekülen einschließlich Wachstumsfaktoren (z. B. EGF (Epidermis-Wachstumsfaktor), Zytokinen (z. B. Erythropoietin) und Hormonen (z. B. Insulin)) wirken. Eine wichtige Klasse dieser Rezeptoren sind Rezeptortyrosinkinasen (RTK). RTK sind integrale Plasmamembranproteine, die als Dimere vorkommen, und eine große extrazelluläre Ligandenbindungs- und eine intrazelluläre Effektordomäne beinhalten. Intrazelluläre, autophosphorylierte Tyrosinreste ermöglichen die Bindung einer SH2-Domäne eines Adaptorproteins, das anschließend eine Signalkaskade aktiviert und beispielsweise eine Gentranskription bewirkt. Guanylylzyklasegekoppelte Rezeptoren synthetisieren den second messenger zyklisches Guanosinmonophosphat (cGMP). Sie vermitteln die Wirkungen von Stickstoffmonoxid oder von verschiedenen Peptiden, z. B. dem atrialen natriuretischen Peptid.

5.4.4
Nukleäre Rezeptoren

Nukleäre Rezeptoren sind intrazelluläre Rezeptoren, die als Transkriptionsfaktoren wirken und somit zellkernvermittelte Transkriptionsmechanismen bewirken. Liganden dieser Rezeptorklasse beinhalten Steroidhormone (z. B. Gluko- und Mineralokortikoide sowie Sexualhormone), Schilddrüsenhormone, Vitamin D und Vitamin-A-Säure, lipidsenkende und antidiabetische Pharmaka. Nukleäre Rezeptoren bestehen aus drei unabhängigen Domänen. Die carboxyterminale Domäne bindet an den Liganden. Die zentrale Domäne vermittelt die spezifische Interaktion mit hormonsensitiven Elementen, die in der nukleären DNA vorkommen. Die aminoterminale variable Domäne moduliert die Rezeptorfunktion und ermöglicht die Bindung von Kotranskriptionsfaktoren. Nukleäre Rezeptoren wirken als Dimere, werden aber zusätzlich durch weitere regulierende Moleküle moduliert. Aktivierung der nukleären Rezeptoren durch verschiedene Liganden fördert oder vermindert die spezifische Gentranskription und reguliert dadurch die Proteinsynthese. Die Selektivität von interagierenden Kotranskriptionsfaktoren hängt vom Gewebe ab und der Konformation des ligandengebundenen Transkriptionsfaktors. Diese Konformation kann mit dem Liganden variieren. Das ist am eindeutigsten für die spezifischen Östrogenrezeptormodulatoren (SERM) nachgewiesen. Die physiologischen Effekte der nukleären Rezeptoren sind langsam und benötigen mehrere Stunden bis Tage.

Vor kurzem wurde die Wirksamkeit von Xenoöstrogenen (z. B. Bisphenol A, *o,p′*-DDE (*o,p′-Dichlorodiphenyldichloroethylen*), polychlorierten Biphenylen oder Dieldrin) auf Östrogenrezeptoren und ihre biologischen Effekte diskutiert. *In-vitro*-Tests zeigten, dass die Potenz von Xenoöstrogenen im Vergleich zu 17-β-Estradiol sich mehr als 1×10^{-6} unterscheidet. Deshalb ist es sehr unwahrscheinlich, dass Xenoöstrogene östrogene Effekte im Menschen hervorrufen können. Es ist jedoch nicht klar, ob Xenoöstrogene die verschiedenen Östrogenrezeptoren ERα oder ERβ unterschiedlich beeinflussen können. Es gibt Hinweise darauf, dass Xenoöstrogene die Expression des Östrogenrezeptors ERα beeinflussen können (La Rosa *et al.*, 2014). Außerdem wurden additive Effekte von Xenoöstrogenen beschrieben. Insgesamt ist es unwahrscheinlich, dass Xenoöstrogene toxische Effekte über Östrogenrezeptoren vermitteln, wenn eine Exposition mit extensiven Mengen dieser Substanzen vermieden wird.

Die Dauer eines Rezeptorsignals wird auf verschiedenen Ebenen reguliert. Eine Desensitisierung kann auf der Ebene der Transkription, Translation und der Degradation die langfristige Wirkung der Rezeptorfunktion verändern. Eine kurzfristige Änderung der Rezeptoraktivität wird durch kinasevermittelte Phosphorylierung und durch Endozytose von membrangebundenen Rezeptoren vermittelt. Darüber hinaus regulieren Untereinheiten und Kofaktoren die Rezeptorfunktion. Daher ist es essenziell, die Funktion eines Rezeptors jeweils in seiner physiologischen Umgebung zu definieren.

5.5 Zusammenfassung

Rezeptoren sind meist Proteine eines Organismus, die Moleküle mit diversen chemischen Strukturen binden. Diese Moleküle sind Liganden, die die Rezeptorfunktion aktivieren oder hemmen und dadurch eine physiologische Antwort hervorrufen. Liganden, die einen Effekt aktivieren, werden als Agonisten bezeichnet. Wenn die Liganden einen Effekt hemmen, werden sie Antagonisten genannt. Die Rezeptor-Ligand-Interaktion erfolgt nach dem Massenwirkungsgesetz und ähnelt der Michaelis-Menten-Kinetik. Die Wirkung von Agonisten kann mit Konzentrations- bzw. Dosis-Wirkungs-Kurven ermittelt werden. Wesentliche Parameter dabei sind Wirkstärke (potency, EC_{50}, ED_{50}) und maximaler Ligandeneffekt (E_{max}). Wichtige Rezeptorklassen sind unter anderem G-Protein-gekoppelte Rezeptoren, Ionenkanäle, Enzyme und nukleäre Rezeptoren/Transkriptionsfaktoren. Insbesondere bei den nukleären Rezeptoren wird seit einiger Zeit die Wirkung von Xenoöstrogenen diskutiert. Durch kompetitive oder nicht kompetitive Antagonisten werden die Konzentrations- bzw. Dosis-Wirkungs-Kurven von Agonisten unterschiedlich beeinflusst. Die hemmende Wirkung von Antagonisten wird mit IC_{50}- oder ID_{50}-Werten erfasst. Um die Toxizität einer Substanz zu charakterisieren, werden unter anderem folgende Parameter benutzt: LD_{50} (Dosis, bei der 50 % der Versuchstiere versterben), die Quotienten LD_{50}/ED_{50} oder LD_{01}/ED_{99} sowie definierte toxische Endpunkte.

Literatur

Aktories, K., Förstermann, U., Hofmann, F.B. und Starke, K. (Hrsg.) (2013) *Allgemeine und spezielle Pharmakologie und Toxikologie*, Urban & Fischer Verlag/Elsevier.

La Rosa, P., Pellegrini, M., Totta, P., Acconcia, F. und Marino, M. (2014) Xenoestrogens alter estrogen receptor (ER) a intracellular levels. *PLOS One*, **9**, e88961.

Weiterführende Literatur

Albini, A., Rosano, C., Angelini, G., Amaro, A., Esposito, A.I., Maramotti, S., Noonan, D.M. und Pfeffer, U. (2014) Exogenous hormonal regulation in breast cancer cells by phytoestrogens and endocrine disruptors. *Curr. Med. Chem.*, **21**, 1129–1145.

Catterall, W.A. (1996) Molecular properties of sodium and calcium channels. *Bioenerg. Biomembr.*, **28**, 219–230.

CSTEE (1999) Report of the working group on endocrine disrupters of the Scientific Committee on Toxicity Ecotoxicity and the Environmen. S. 17–20

Delfosse, V., Grimaldi, M., Cavaillè, V., Patrick Balaguer, P. und Bourguet, W. (2014) Structural and Functional Profiling of Environmental Ligands for Estrogen Receptors Environmental Health Perspectives **122**, 1306–1313.

González-Maeso, J. (2014) Family a GPCR heteromers in animal models. *Front Pharmacol.*, **5**, 226. doi:10.3389/fphar.2014.00226

Gronemeyer, H., Gustafsson, J.A. und Laudet, V. (2004) Principles for modulation of the nuclear receptor superfamily. *Nat. Rev. Drug Discov.*, **3**, 950–964.

Leff, P. (1995) The two-state model of receptor activation. *Trends Pharmacol. Sci.*, **16**, 89–97.

NTP-CERHR Monograph on the Potential Human Reproductive and Developmental Effects of Bisphenol A. *2008 NIH Publication No. 08 5994*: Appendix A, p40f.

Rasmussen, T.H., Nielsen, F., Andersen, H.R., Nielsen, J.B., Weihe, P. und Grandjean, P. (2993) Assessment of xenoestrogenic exposure by a biomarker approach: application of the E-screen bioassay to determine estrogenic response of serum extracts. *Env. Health: A Global Access Science Source*, **2**, 12.

Schlessinger, J. (2000) Cell signaling by receptor tyrosine kinases. *Cell*, **103**, 211–225.

Schlossmann, J., Feil, R. und Hofmann, F. (2005) Insights into cGMP signalling derived from cGMP kinase knockout mice. *Front Biosci.*, **10**, 1279–1289.

Wettschureck, N. und Offermanns, S. (2005) Mammalian G-proteins and their cell type specific functions. *Physiol. Rev.*, **85**, 1159–1204.

Xue, L., Rovira, X., Scholler, P., Zhao, H., Liu, J., Pin, J. und Rondard, P (2015) Major ligand-induced rearrangement of the heptahelical domain interface in a GPCR dimer. *Nat. Chem. Biol.*, **11** (2), 134–140.

6
Kombinationswirkungen von Chemikalien

H.M. Bolt

6.1
Einleitung

Chemikalien können in Gemischen im Vergleich zu den Einzelstoffen antagonistische, additive oder auch überadditive Wirkungen haben. Dies hängt davon ab, welche Zielorgane und speziellen Effekte die Stoffe besitzen und ob Stoffinteraktionen vorkommen.

Wirken mehrere Stoffe gleichzeitig auf den menschlichen oder tierischen Organismus ein, so ergeben sich in Bezug auf einen daraus resultierenden toxischen Effekt drei prinzipielle Möglichkeiten:

- Die einzelnen Stoffe beeinflussen sich weder direkt noch indirekt in ihrer jeweiligen Wirkung. Sie verhalten sich so, als wäre jeder nur allein im Körper vorhanden (*unabhängige Wirkungen*, keine Interferenz).
- Die Wirkung einer Substanz wird durch den zweiten anwesenden Stoff abgeschwächt (*Antagonismus*).
- Der Effekt eines Wirkstoffes wird durch einen weiteren Stoff verstärkt. Diesen Vorgang bezeichnet man als *Synergismus*. Ein *additiver Synergismus* liegt vor, wenn sich die Gesamtwirkung von zwei Stoffen, bezogen auf ihre Einzelwirkung, addiert. Ist die Summenwirkung größer als die Summe der Einzelwirkungen, so handelt es sich um einen *überadditiven Synergismus*.

6.2
Mechanismen von Kombinationswirkungen

Die Toxizität von Chemikalien kann abhängig sein von stofflichen Veränderungen, die außerhalb und innerhalb des Körpers stattfinden. Hierbei können Stoffe sich gegenseitig beeinflussen oder auch aus Einzelstoffen Gemische mit unterschiedlicher Toxizität entstehen.

Das Toxikologiebuch, 1. Auflage. Helmut Greim (Hrsg.).

O_2 Sauerstoff	$\xrightarrow{\text{(UV-Licht)}}$	O_3 Ozon
CCl_4 Tretrachlorkohlenstoff	$\xrightarrow{\text{(hohe Temperaturen)}}$	$COCl_2$ Phosgen
$Cl_2C{=}CHCl$ Trichlorethen	$\xrightarrow{\text{(basisches Milieu)}}$	$ClC{\equiv}CCl$ Dichlorethin

Abb. 6.1 Beispiele für die Bildung toxischer Zersetzungsprodukte.

Als Ursache für Kombinationswirkungen kommen unterschiedliche Faktoren infrage. Neben Interaktionen, die bereits in der Umwelt (außerhalb des Organismus) stattfinden, kommt es zu Wechselwirkungen innerhalb des Organismus. Diese betreffen die Stoffaufnahme, die Biotransformation und die Toxikodynamik. Möglichkeiten der Beeinflussung von Chemikalien ergeben sich somit auf verschiedenen Ebenen.

Abiotische Umsetzungen in der Umwelt

Bei Fertigprodukten kann man in der Regel davon ausgehen, dass sich ihre Zusammensetzung nur in engen und festgelegten Grenzen ändert, wenn vorgeschriebene Lagerbedingungen bzw. Verfallsdaten eingehalten werden. Wird dies nicht beachtet, so können sich durch spontane Zersetzung evtl. relevante Mengen giftiger Stoffe bilden. Auch durch andere Einflüsse (Hitze, UV-Licht, alkalisches Medium u. a.) können toxische Zerfallsprodukte entstehen.

Als Beispiele können mutagene Zersetzungsprodukte einiger chlorierter Kohlenwasserstoffe sowie die Bildung von Ozon aus Sauerstoff unter der Einwirkung starken UV-Lichtes, die Entstehung von Phosgen aus Tetrachlorkohlenstoff bei hohen Temperaturen und die Entstehung des neurotoxischen Dichlorethin (Dichloracetylen) aus Trichlorethen in Gegenwart von Alkalien genannt werden (Abb. 6.1).

Mikrobieller Umsatz

Von toxikologischem Interesse ist die Reduktion, beispielsweise durch Mikroorganismen, von Nitraten zu Nitriten. Letztere können als Methämoglobinbildner bei Säuglingen zu Vergiftungen (Brunnenwassermethämoglobinämie) führen. Nitritionen reagieren in ausreichend saurem Milieu mit sekundären Aminen zu *N*-Nitrosoverbindungen, von denen sehr viele kanzerogen wirken (Abb. 6.2). Nitrosoatrazin ist beispielsweise, im Gegensatz zu Atrazin selbst, genotoxisch wirksam.

Durch die aufgeführten Reaktionen liegt im Endergebnis ein Gemisch vor, das einen neuen Stoff (oder mehrere) mit deutlich erhöhter Toxizität enthält und dessen Zusammensetzung sich eventuell kontinuierlich verändert. Die aktuelle Gefährdung des Menschen lässt sich demzufolge nur schwer allgemein ableiten.

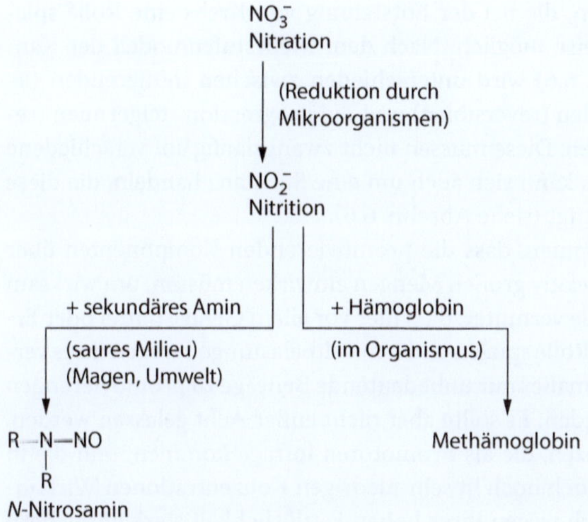

Abb. 6.2 Mikrobielle Reduktion von Nitrat zu Nitrit und die daraus entstehenden toxischen Folgeprodukte N-Nitrosamine und Methämoglobin.

Kombinationswirkungen im Körper

Die Wechselwirkung von Chemikalien im Organismus wurde insbesondere für Pharmaka intensiv untersucht. Im Vergleich dazu sind die aus der Umwelt aufgenommenen Stoffmengen anderer toxischer Substanzen in der Regel wesentlich geringer, wenn man von unkontrollierten Freisetzungen (z. B. bei Störfällen) absieht. Dies hat auch zur Folge, dass dadurch auftretende Blutspiegel in der Regel niedriger sind. Trotzdem sind die Mechanismen, die in beiden Fällen für die Wechselwirkungen im Körper verantwortlich sind, prinzipiell gleich. Nachfolgend sollen solche Prozesse diskutiert werden, die für die Beurteilung umweltrelevanter Stoffe von besonderer Bedeutung sind.

6.2.1
Kombinationswirkungen von Fremdstoffen bei der chemischen Kanzerogenese

> Bei der Kanzerogenese kann es zu Kombinationseffekten kommen, ohne dass chemische oder physikalische Noxen direkt interagieren. Erklärbar ist dies auf der Basis des Mehrstufenmodells der Kanzerogenese.

Die chemisch induzierte Kanzerogenese ist in besonderer Weise ein multifaktoriell bedingter Prozess. Kumulative Mechanismen reversibler und irreversibler Natur können hier auf sehr unterschiedliche Arten zu überadditiven (Gesamteffekte > Summe der Einzeleffekte) oder auch multiplikativen Effekten (Gesamteffekte ≫ Summe der Einzeleffekte) führen. Es kommen hierbei auch Interferenzen mit physikalischen Noxen infrage (UV-Licht oder andere Strahlung, Entzündungen, Verletzungen).

Interaktionen von Stoffen, die bei der Entstehung von Krebs eine Rolle spielen, sind auf vielfältige Weise möglich. Nach dem Mehrstufenmodell der Kanzerogenese (siehe Abschn. 6.6) wird unterschieden zwischen initiierenden (irreversiblen), promovierenden (reversiblen) und die Progression steigernden (reversiblen) Stoffeigenschaften. Diese müssen nicht zwangsläufig auf verschiedene Substanzen verteilt sein. Es kann sich auch um eine Substanz handeln, die diese Eigenschaften in sich vereinigt (siehe Abschn. 6.6).

Allgemein wird angenommen, dass die promovierenden Komponenten über längere Zeiträume und in relativ großen Mengen einwirken müssen, um wirksam zu werden. Deswegen wurde vermutet, dass hier vor allem Genussmittel oder Ernährungsbestandteile eine Rolle spielen und Umweltbelastungen wegen ihres verhältnismäßig geringen Ausmaßes nur unbedeutende Beiträge zu promovierenden Wirkungen beisteuern würden. Es sollte aber nicht außer Acht gelassen werden, dass verschiedene Substanzen, die als Promotoren infrage kommen, und die in der Umwelt vorkommen, auch noch in sehr niedrigen Konzentrationen Wirkungen zeigen und manche sich wegen ihrer hohen Fettlöslichkeit stark anreichern können. Beispiele hierfür sind die polychlorierten Dibenzodioxine (PCDD).

Immunsuppressive Effekte können dazu führen, dass „entartete" Zellklone durch das Immunsystem nicht beseitigt werden. Die Hemmung der Zellregeneration wird als weiterer möglicher Mechanismus diskutiert, der in der Kanzerogenese eine Rolle spielen könnte.

6.2.2
Schädigungen des zentralen und peripheren Nervensystems

> Neurotoxische Symptomatiken können sehr komplex sein. Frühe Parameter, die auf Schäden hindeuten, sind oft schwer zu quantifizieren und zu interpretieren.

Potenzielle neurotoxische Expositionen gegenüber *Lösungsmittelgemischen* sind vor allem am Arbeitsplatz möglich. Chronisch-toxische Effekte (auch irreversibler Natur) können nach chronischer Lösungsmittelbelastung auftreten. Interaktionen wurden insbesondere bei narkotischen oder pränarkotischen Lösungsmittelwirkungen beobachtet. Es wurden wiederholt neurotoxische Effekte (Kurzzeitgedächtnis, Reaktionszeit, periphere Neuropathie) bei Mischexpositionen gegenüber Lösemittel beschrieben. Synergistische neurotoxische Effekte sind experimentell für mehrere Lösungsmittelkombinationen gelungen, auch bei relativ niedrigen Expositionen.

Wichtig in diesem Zusammenhang ist, dass experimentell in Verbindung mit Ethanol potenzierende Verhaltenseffekte auftreten. Synergistische (überadditive) Effekte wurden beim Menschen nach simultaner Exposition gegenüber 2-Butanon und 2-Hexanon (Methylbutylketon) beschrieben.

Viele Wechselwirkungen von Lösemittelgemischen lassen sich mechanistisch durch Veränderung toxikokinetischer Parameter erklären. So können die Stoffaufnahme, -abgabe und Metabolisierung verändert sein.

Insbesondere bei der Exposition gegenüber Schwermetallen und Lösungsmitteln sind wiederholt schwerwiegende Schädigungen des peripheren und zentralen Nervensystems aufgetreten. Im Falle der langjährigen Exposition gegenüber Lösungsmitteln wird das sogenannte hirnorganische Psychosyndrom diskutiert.

6.2.3
Untersuchungen komplizierter Gemische

Bei komplizierter zusammengesetzten Gemischen, wie sie in der Praxis häufig vorkommen, fehlt meist entweder eine experimentelle Datenbasis oder die theoretische Grundlage für eine entsprechende Berechnung. Jedoch sind solche (auch komplizierten) Gemische einer allgemeinen wissenschaftlichen Behandlung zugänglich, bei denen die Einzelkomponenten eine gleichgerichtete Wirkung ausüben bzw. über den gleichen Rezeptor wirken.

Beispiele hierfür bieten die Gemische polychlorierter Dibenzodioxine und Dibenzofurane, bei denen der Ansatzpunkt der Berechnung von Dioxinäquivalenten (2,3,7,8-Tetrachlorodibenzodioxinäquivalente, abgekürzt: TE) über die Bindung an den Ah-Rezeptor bzw. die experimentelle Induktionswirkung für CYP1A1 (Cytochrom-P450-Enzym) zunächst ein eher praktischer Ansatz war. Später hat es sich jedoch erwiesen, dass hierin sehr wahrscheinlich ein wesentlicher gemeinsamer Ansatzpunkt der toxikologischen Wirkung dieser Stoffklasse zu suchen ist. Das regulatorisch benutzte *TE-Konzept* kann somit heutzutage als wissenschaftlich gut fundiert gelten.

Ein Gebiet von großer praktischer Bedeutung stellen ferner die Gemische von Pyrolyseprodukten aus organischem Material dar, in denen die polyzyklischen aromatischen Kohlenwasserstoffe (PAK) vorherrschen. Die toxikologische Grundlagenforschung hat gezeigt, dass hier mannigfaltige Interaktionen von Einzelstoffen möglich sind; neben Summationseffekten kommen auch Verstärkungen und Abschwächungen der krebserzeugenden Wirkung vor. Aus praktischen Gründen hat sich in der Bundesrepublik eine Beurteilung anhand der Leitsubstanz Benzo[*a*]pyren als praktikables Verfahren herausgebildet. Dieses Vorgehen ist unter strengeren wissenschaftlichen Gesichtspunkten als unbefriedigend zu betrachten, zumal die wichtigen stickstoffhaltigen Substanzen in diesen Pyrolysegemischen bei der Bewertung unberücksichtigt bleiben.

6.3
Epidemiologische Studien

> Epidemiologische Studien zu Kombinationseffekten wurden bislang im Wesentlichen zu Kombinationen von beruflichen Risiken und dem Tabakgenuss durchgeführt. Risiken durch das Rauchen überlagern andere Risikofaktoren und erschweren so deren Identifizierung.

Epidemiologische Untersuchungen leisten einen wichtigen Beitrag zur Erkennung gesundheitlicher Risiken. Expositionen gegenüber Einzelstoffen sind relativ selten und werden überwiegend in der Arbeitswelt beobachtet. Häufiger kommen jedoch hier Mischexpositionen vor.

Erschwert wird die Identifizierung von Risikofaktoren, wenn ein relativ schwacher durch einen starken Effekt überlagert wird. Dies ist z. B. der Fall, wenn die aus den Rauchgewohnheiten der untersuchten Personen resultierenden gesundheitlichen Gefährdungen von solchen differenziert werden sollen, die Umwelt- oder Arbeitsplatzfaktoren zugeschrieben werden können. Da berufliche Expositionen gegenüber Schadstoffen relativ hoch sein können und einer der wichtigsten Risikofaktoren bei der Krebsentstehung das Rauchen ist, wurden bislang hauptsächlich Kombinationseffekte zwischen beruflichen Expositionen und Rauchgewohnheiten untersucht, im Einzelnen das Rauchen im Zusammenhang mit Radonisotopen (kann Lungenkrebs verursachen), Arsen (Lungenkrebs), Alkohol (Rachen- und Speiseröhrenkrebs), Asbest (Lungenkrebs), Bischlormethylether (Lungenkrebs), Benzidin und andere aromatische Amine (Blasenkrebs).

Die Ergebnisse dieser Studien sind untereinander nicht immer konsistent.

Multiplikative Kombinationswirkungen in den genannten Beispielen sind teilweise erklärbar durch tumorpromovierende Mechanismen, die auf erhöhten Zellteilungsraten und/oder Entzündungsvorgängen beruhen.

6.4 Folgerungen

> Praktisch müssen heute in vielen Fällen Gemische bewertet werden, ohne dass das Verfahren in jedem Fall wissenschaftlich exakt begründbar wäre. In Deutschland werden Grenzwerte von Gemischen meist nach einem additiven Verfahren kalkuliert. In den meisten Fällen dürfte dies ausreichende Sicherheit gewähren. In besonderen Fällen wird die toxikologische Untersuchung typischer Gemische notwendig sein.

Kombinationswirkungen sind grundsätzlich immer dann zu erwarten, wenn mehrere gleichzeitig vorhandene Chemikalien vergleichbare Wirkungsmechanismen besitzen und damit z. B. auf bestimmte Organe oder biochemische Funktionen des Organismus einwirken. Beispiele sind Insektizide, wie Phosphorsäureester (E 605), die zu einer Hemmung des Enzyms Acetylcholinesterase führen. Die Folge ist ein verminderter Abbau des Acetylcholins, der zu einer Acetylcholinvergiftung bis zur Lähmung des Atemzentrums im Gehirn, Verengung der Bronchien und erhöhter Flüssigkeitssekretion im Bronchialbereich führen kann.

Für das Auslösen einer Cholinesterasehemmung sind bestimmte, für die Einzelsubstanz spezifische Mengen erforderlich. Daraus ist abzuleiten, dass sich die Wirkung verdoppeln oder vervielfachen kann, wenn zwei oder mehrere entsprechend wirkende Stoffe in vergleichbaren Wirkkonzentrationen vorliegen. Es ist jedoch auch abzuleiten, dass mehrere Stoffe, die jeweils in gleichen Mengen vorliegen und z. B. nur 1/1000 der Wirkkonzentration ausmachen, ohne Wirkung bleiben. Sie besitzen zwar theoretisch ein höheres Wirkpotenzial als das der Einzelsubstanzen, die Wirkschwelle für eine Hemmung der Acetylcholinesterase wird jedoch nicht erreicht.

Ein weiteres Beispiel soll dies verdeutlichen: Liegen drei Stoffe in Mengen von je 1/1000 der Wirkkonzentration vor, wird sich das Wirkpotenzial verdreifachen. Wirkkonzentrationen würden jedoch erst dann erreicht, wenn 1000 entsprechend wirkende Stoffe vorlägen. Ebenso ist abzuleiten, dass bei Vorliegen eines Stoffes, dessen Menge verdoppelt werden müsste, um eine Wirkung hervorzurufen, die Anwesenheit eines Stoffes in einer Menge, die 100-fach unter der Wirkkonzentration liegt, nicht zu einer Wirkung führen kann.

Einige Beispiele zeigen jedoch, dass gelegentlich die Wirkung stärker zunimmt als es der Wirkung der Einzelsubstanzen entspricht. Tetrachlorkohlenwasserstoff und Alkohol verursachen beide in bestimmten Mengen Leberschäden. Sind beide Stoffe zusammen vorhanden, erhöht sich die leberschädigende Wirkung stärker als es die Summe der Einzelwirkungen erwarten lässt. Ein ähnliches Beispiel ist Isopropanol, das, obwohl es in einer bestimmten Menge selbst nicht toxisch ist, die Lebertoxizität von Tetrachlorkohlenstoff stark erhöht. In solchen Fällen beruht die Wirkungsverstärkung auf einer Hemmung der Entgiftung eines oder mehrerer Stoffe.

Ein weiteres, gut untersuchtes Beispiel ist die Verstärkung der Toxizität des insektiziden Wirkstoffes Malathion bei Verunreinigung mit Isomalathion. So wird die akute Toxizität (LD_{50}) von Malathion um das sechsfache erhöht (von 12,5 g/kg auf 2 g/kg), wenn Malathion 0,5 % Isomalathion enthält. Diese Wirkung beruht darauf, dass Isomalathion die Entgiftung des Malathions hemmt. Berichte über Wirkungsverstärkungen liegen auch für *n*-Hexan und 1-Butanon vor, während die Toxizität von *n*-Hexan durch Toluol abgeschwächt wird.

Alle diese experimentell sehr intensiv untersuchten und gut belegten Beispiele zeigen, dass Wirkungsverstärkungen nur dann zu beobachten sind, wenn die Einzelstoffe im Bereich ihrer Wirkkonzentrationen vorliegen. Nach dem vorliegenden Stand der Erkenntnisse sollte es daher nicht zu erkennbaren Wirkungen kommen, wenn z. B. in der Umgebung eines Emittenten verschiedene Substanzen in Mengen vorkommen, die weit unterhalb der Wirkschwelle liegen.

6.5 Grenzwertfestlegungen für Gemische am Arbeitsplatz

Da die am Arbeitsplatz vorherrschenden Fremdstoffkonzentrationen deutlich höher liegen als in anderen Bereichen der Umwelt, ist es sinnvoll, dafür gesonderte Regeln aufzustellen.

Bei der Kombination von Stoffen sind aus wissenschaftlicher Sicht die folgenden Unterscheidungen möglich:
Bei unabhängiger Wirkung, zumal an unterschiedlichen Erfolgsorganen, könnte theoretisch für jeden einzelnen Stoff der dazugehörende MAK-Wert ausgeschöpft werden.
Bei einer additiven Wirkung wäre aus wissenschaftlicher Sicht eine Summenregel anzuwenden.

So schreibt die US-amerikanische Kommission zur Festlegung von Grenzwerten am Arbeitsplatz (American Conference of Governmental Industrial Hygienists) vor, dass bei Vorliegen mehrerer Stoffe mit gleichgerichteter Wirkung die Grenzwerte der Einzelstoffe nur den Bruchteil erreichen dürfen, der die Zahl der vorhandenen Stoffe ausmacht. So dürfen bei zehn gleichzeitig vorhandenen Stoffen mit gleicher Wirkung die Einzelsubstanzen nur in Konzentrationen vorliegen, die 1/10 des jeweiligen Grenzwertes ausmachen.

6.6
Grenzwertfestlegungen in anderen Bereichen

In den Bereichen der Lebensmitteltoxikologie, der Toxikologie von Pflanzenschutzmitteln und (zu großen Teilen) der humanbezogenen Umwelttoxikologie werden Grenzwerte dadurch abgeleitet, dass die toxikologisch bestimmbare Dosis bzw. Konzentration eines Schadstoffes ohne Wirkung durch einen Sicherheitsfaktor (meist den Faktor 100) dividiert wird und daraus die *duldbare tägliche Aufnahme* (ADI) für den Menschen berechnet wird.

Durch die Anwendung von Sicherheitsfaktoren liegen die so abgeleiteten Grenzwerte weit in einem Bereich, in dem toxische Wirkungen nicht mehr vorkommen. Ausgenommen hiervon sind genotoxische Effekte, bei denen eine risikobezogene Ableitung von Grenzwerten vorgenommen werden muss. Kombinationen von Kanzerogenen bei Konzentrationen mit sehr geringem Risiko werden daher in aller Regel ebenfalls zu keinen Effekten führen.

Zu dieser generellen Regel gibt es Ausnahmen, in erster Linie bei der Beurteilung von Gemischen polychlorierter Kohlenwasserstoffe in der Muttermilch, die bei Berücksichtigung additiver Effekte bereits recht nahe an die Wirkungsschwelle (Enzyminduktion in der Leber) herankommen.

6.7 Zusammenfassung

In der Beschreibung von Kombinationswirkungen der Schadstoffe und ihrer Mechanismen konnten in vielen Bereichen erhebliche Fortschritte gemacht werden. Eine quantitative Beschreibung von Kombinationswirkungen ist möglich und in vielen Fällen erfolgreich dokumentiert. Die theoretische Bearbeitung der quantitativen Aspekte von Kombinationswirkungen mit wissenschaftlichem Anspruch kann jedoch bislang, und wahrscheinlich auch in Zukunft, nicht generell in einer Weise durchgeführt werden, dass hieraus allgemeingültige regulatorische Handlungsanleitungen ableitbar wären. Vielmehr lässt sich der theoretisch-experimentelle Ansatz, der Mechanismen von Kombinationswirkungen wissenschaftlich beschreibt und daraus ein Beurteilungsverfahren ableitet, dann anwenden, wenn die Einzelstoffe in einem Gemisch und ihre Konzentrationen bekannt sind. Grundsätzlich ist immer dann mit Kombinationswirkungen zu rechnen, wenn die Konzentration der einzelnen Stoffe im Bereich ihrer Wirkungsschwellen liegt. Bei Gemischen genotoxischer Substanzen sind immer additive Wirkungen zu berücksichtigen, wobei auch hier zu berücksichtigen ist, wie weit die Konzentrationen der einzelnen Substanzen vom Ausgangspunkt (point of departure) der Risikoabschätzung entfernt sind.

Weiterführende Literatur

Andrzejeweski, S.W. und Tarkowski, S. (Hrsg.) (1983) *Health Effects of Combined Exposures to Chemicals in Work and Community Environments, European Cooperation on Environmental Health Aspects of the Control of Chemicals*, Interim Document 11. World Health Organziation, Regional Office for Europe, Copenhagen.

Greim. H. und Dessau, W. (1985) *Kombinationswirkungen organischer Lösungsmittel*, Schriftenreihe der Bundesanstalt für Arbeitsschutz, Wissenschaftsverlag NW, Bremerhaven.

Feron, V.J., van Pliet, P.W. und Notten, W.R. F. (2004) Exposure to combinations of substances: a system for assessing health risks. *Environ. Toxicol. Pathol.*, **18**, 215–222.

European Commission (SCCS, SCHER, SCENIHR) (2011) Toxicity and Assessment of Chemical Mixtures (Preliminary opinion approved for public consultation). http://ec.europa.eu/health/scientific_committees/environmental_risks/docs/scher_o_155.pdf.

Vouk, V., Butler, G.C., Upton, A.C., Parke, D.V. und Asher, S.C. (Hrsg.) (1987) *Methods for Assessing the Effects of Mixtures of Chemicals*, SCOPE30, IPCS Joint Symposia 6, SGOMSEC 3, John Wiley & Sons, Chichester.

7
Chemische Kanzerogenese

J. Fahrer und B. Kaina

7.1
Einleitung

In den westlichen Industrienationen stellt Krebs nach Herz-Kreislauf-Erkrankungen die zweithäufigste Todesursache dar. Die Krebsentstehung ist ein komplexes und mehrstufiges Geschehen, für welches *exogene und endogene Faktoren* verantwortlich sind. Zu den exogenen Faktoren zählen ionisierende und ultraviolette Strahlung, bestimmte Viren sowie zahlreiche Chemikalien, welche natürlichen Ursprungs sein können oder synthetische Stoffe darstellen. Endogene Faktoren umfassen die genetische Prädisposition des Individuums, die endokrine Balance, das Lebensalter sowie endogen gebildete genotoxische Metabolite resultierend aus dem mitochondrialen Stoffwechsel, und entzündlichen Prozessen. Bei der Tumorentstehung (Neoplasie) unterscheidet man *benigne* (gutartige) und *maligne* (bösartige) Tumoren. Maligne Tumore verhalten sich *invasiv*, zerstören dabei umliegendes Gewebe (*destruktiv*) und besitzen die Fähigkeit, auch in der Peripherie Tochtergeschwülste (*Metastasen*) zu bilden (*metastasierend*). Im Gegensatz dazu wachsen benigne Tumoren verhältnismäßig langsam, sind durch eine Kapsel gut abgrenzbar und zeigen keine Metastasierung. Tumore werden nach ihrem Ursprungsgewebe weiter differenziert, wobei sich die überwiegende Menge der Krebserkrankungen vom epithelialen Gewebe ableiten. Bösartige Tumoren des Epithels bezeichnet man als *Karzinome* und solche mit mesodermaler Herkunft als *Sarkome.* Auch gutartige Tumoren können lebensgefährlich sein, wenn diese durch ihr Wachstum umliegendes Gewebe komprimieren, was beispielsweise im Gehirn der Fall sein kann. Bis zur Manifestation erster Symptome kann die *Latenzzeit* je nach Art des Tumors bis zu 30 Jahre und mehr betragen, wie es für asbestinduzierte Mesotheliome beschrieben wurde.

Das Toxikologiebuch, 1. Auflage. Helmut Greim (Hrsg.).

7.2
Mehrstufenmodell der Kanzerogenese

Bereits 1775 brachte Percival Pott die erhöhte Inzidenz von Hautkrebs am Skrotum von Schornsteinfegern in kausalen Zusammenhang mit deren Kontakt zu Teer und etablierte somit das Prinzip der *chemischen Kanzerogenese*, was bedeutet, dass Chemikalien ursächlich an der Entstehung von Krebs beteiligt sind.

> Die Kanzerogenese wird heute als ein mehrstufiger Prozess verstanden, welcher sich in die Phasen Initiation, Promotion und Progression gliedern lässt.

Die *Initiation* wird induziert durch DNA-schädigende Stoffe, welche durch die Erzeugung von Mutationen zur *irreversiblen Veränderung* des Erbguts führen können, besonders wenn diese Läsionen nicht durch *DNA-Reparatur* behoben oder die initiierten Zellen durch *Apoptose* beseitigt wurden. Die mutationstragende Zelle ist phänotypisch nur sehr schwer von einer normalen Zelle zu unterscheiden und wird in ihrem Wachstum noch von den umliegenden normalen Zellen kontrolliert.

Während der *Promotion* kommt es zu einer selektiven Wachstumsstimulation bereits initiierter Zellen, welche dadurch klonal amplifiziert werden. Dieser Vorgang ist noch reversibel und verlangt eine längere Exposition gegenüber dem tumorpromovierenden Agens. Tumorpromotoren sind per Definition selbst nicht kanzerogen, wirken oft organspezifisch und besitzen im Gegensatz zu initiierenden Kanzerogenen eine Wirkungsschwelle. Zu den bekannten Tumorpromotoren zählen beispielsweise Phorbolester wie TPA (12-*O*-Tetradecanoylphorbol-13-acetat), Dioxine, Hormone und Phenobarbital.

Im Laufe der *Progression* entwickelt sich aus einer präneoplastischen Läsion dann ein maligner Tumor. Die fortschreitende Akkumulation von weiteren genetischen Defekten, aber auch epigenetische Veränderungen, treiben die maligne Transformation voran. Der Tumor wächst weitestgehend autonom unter Verdrängung von gesundem Gewebe und manifestiert sich klinisch nach Aufbau einer bestimmten Tumormasse. In dieser Phase beginnt der zumeist entdifferenzierte Tumor auch zu metastasieren.

In allen Stufen der Kanzerogenese kommt es zudem zu einer Aktivierung von *Protoonkogenen* sowie zu einer Inaktivierung von *Tumorsuppressorgenen*, wodurch die Tumorigenese beschleunigt wird.

7.3 Chemische Kanzerogene

Unter chemischer Kanzerogenese versteht man die Auslösung von benignen und malignen Tumoren durch chemische Substanzen, welche

- die Inzidenz von Spontantumoren steigern,
- die Zeit bis zum Auftreten von Tumoren reduzieren,
- die Anzahl der Tumoren erhöhen,
- Tumoren in anderen Geweben hervorrufen.

Dabei wird grundsätzlich unterschieden zwischen genotoxischen und nicht genotoxischen (epigenetischen) Kanzerogenen wie die Tumorpromotoren.

Genotoxische Kanzerogene reagieren mit der DNA unter Adduktbildung und initiieren damit direkt DNA-Schäden. *Direkte Kanzerogene* können aufgrund ihrer chemischen Reaktivität (elektrophiler Charakter) ohne Biotransformation spontan kovalent an Makromoleküle binden, hierbei entstehen insbesondere *DNA-Addukte*. *Indirekte Kanzerogene* repräsentieren die größere Gruppe der genotoxischen Agenzien und müssen zunächst durch *metabolische Aktivierung* im Körper zum *ultimalen Kanzerogen* umgewandelt werden, ein Vorgang der sehr spezies- und organspezifisch abläuft. *Nicht genotoxische* oder *epigenetische Kanzerogene* binden nicht an die DNA, sondern zeigen biologische Wirkungen wie Zytotoxizität und chronische Inflammation.

Die International Agency for Research on Cancer (IARC) der WHO hat über 950 Stoffe bewertet und 119 Substanzen als erwiesenermaßen humankanzerogen klassifiziert (siehe Tab. 7.1).

7.3.1 Direkte Kanzerogene

Zu den direkten Kanzerogenen gehören hochreaktive, alkylierende Substanzen wie Dimethylsulfat, Stickstofflost, Nitrosoharnstoffe und Epoxide (siehe Abb. 7.1a).

Diese Stoffe kommen nicht natürlich vor, sondern werden in der chemischen Industrie, bei der Tumortherapie oder als Desinfektionsmittel eingesetzt und verfügen meist über ein sehr hohes kanzerogenes Potenzial. Stickstofflost reagiert als Alkylans mit nukleophilen Gruppen der DNA (wie dem N7 der Purinbasen) und ist aufgrund seiner bifunktionellen Struktur in der Lage, DNA-Stränge zu vernetzen. Dieses Prinzip findet so auch bei Zytostatika Verwendung.

Stickstofflost kann als bifunktionelles Alkylans mit zwei Guaninresten des DNA-Stranges reagieren (bevorzugt an der N7-Position) und so Interstrang-Crosslinks (ICL) bilden, was beispielsweise die Trennung der doppelsträngigen DNA bei der DNA-Replikation inhibiert. In der Folge kann dies zu DNA-Dop-

Tab. 7.1 Klassifizierung humankanzerogener Stoffe.

Klassifizierung durch die IARC		**Substanz (ausgewählte Beispiele)**
1	Humankanzerogen	Asbest Aflatoxin B_1 Benzol Cadmium und Cadmiumverbindungen Ethylenoxid 2-Naphtylamin Nickelverbindungen Vinylchlorid
2a	Wahrscheinlich humankanzerogen	Acrylamid Anorganische Bleiverbindungen Dimethylsulfat Stickstofflost
2b	Möglicherweise humankanzerogen	Acetaldehyd Cobalt und Cobaltverbindungen Mitomycin C Ochratoxin A

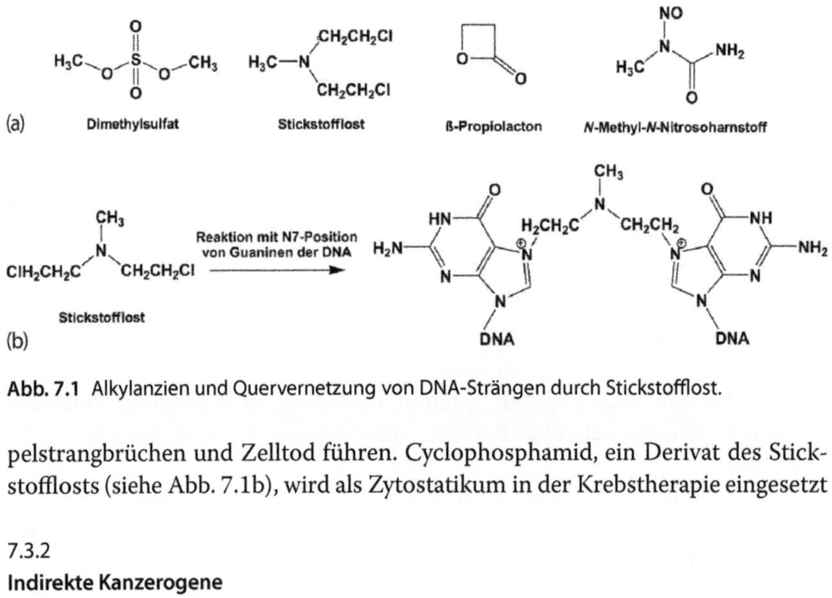

Abb. 7.1 Alkylanzien und Quervernetzung von DNA-Strängen durch Stickstofflost.

pelstrangbrüchen und Zelltod führen. Cyclophosphamid, ein Derivat des Stickstofflosts (siehe Abb. 7.1b), wird als Zytostatikum in der Krebstherapie eingesetzt

7.3.2
Indirekte Kanzerogene

Diese Stoffgruppe umfasst *polyzyklische aromatische Kohlenwasserstoffe* (PAK), *N*-Nitrosamine, halogenierte Kohlenwasserstoffe, Aldehyde und Kanzerogene natürlichen Ursprungs, wie bestimmte *Mykotoxine.*

PAK entstehen durch unvollständige Verbrennung organischen Materials und wurden lange Zeit als die bedeutendsten Umweltkanzerogene betrachtet. Sie kommen nahezu ubiquitär vor und finden sich als Bestandteil von Steinkohleteer,

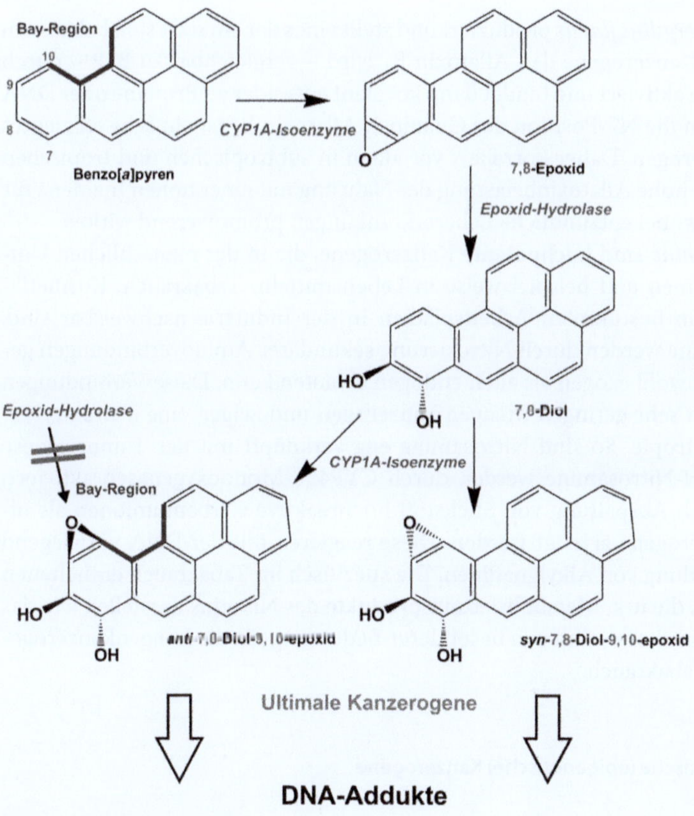

Abb. 7.2 Metabolische Aktivierung von Benzo[*a*]pyren zum ultimalen Kanzerogen. Erläuterungen sind im Text gegeben.

Zigarettenrauch, Autoabgasen, in geräucherten und gebratenen Lebensmitteln wie auch im Rauchgas von Ölheizungen. Als Leitsubsubstanz dient das *Benzo[a]pyren (BaP)*. Die metabolische Aktivierung der PAKs läuft in mehreren Schritten ab und soll exemplarisch am BaP demonstriert werden (siehe Abb. 7.2).

Zunächst erfolgt durch Katalyse eines Cytochrom-P450-Isoenzyms die Epoxidierung des BaP, welches durch die Wirkung zellulärer Epoxidhydrolasen wieder hydrolysiert werden kann. Die gebildeten Dihydrodiole können dann abermals epoxidiert werden und bilden an der sogenannten *Bay-Region* Dihydrodiolepoxide, die als *ultimale Kanzerogene* wirken. Aus sterischen Gründen können diese nicht mehr durch Epoxidhydrolasen entgiftet werden und interagieren somit direkt mit der DNA. Die gebildeten DNA-Addukte sind sehr sperrig und führen deshalb zu einer Distortion der DNA-Helix, wodurch diese Läsionen von DNA-Reparaturmechanismen, insbesondere die sogenannte Nukleotidexzisionsreparatur, erkannt und entfernt wird.

Mykotoxine sind sekundäre Stoffwechselprodukte von Schimmelpilzen, wobei der wichtigste Vertreter der kanzerogenen Mykotoxine das Aflatoxin B_1 ist. Dieses wird von *Aspergillus flavus* produziert und stellt eines der am stärksten bekannten chemischen Kanzerogene dar. Aflatoxin B_1 wird – vergleichbar zu BaP – durch Epoxidierung aktiviert und bindet dann kovalent entweder an Proteine oder DNA (bevorzugt an die N7-Position des Guanins). Aflatoxin B_1 ist ein sehr effizientes Hepatokanzerogen. Daher korreliert vor allem in subtropischen und tropischen Regionen die hohe Aflatoxinbelastung der Nahrung mit einer hohen Inzidenz für Leberkrebs, wobei entzündliche Lebererkrankungen promovierend wirken.

N-Nitrosamine sind hochpotente Kanzerogene, die in der menschlichen Umwelt vorkommen und beispielsweise in Lebensmitteln, Tabakrauch, Kosmetikartikel und an bestimmten Arbeitsplätzen in der Industrie nachweisbar sind. *N*-Nitrosamine werden durch Nitrosierung sekundärer Aminoverbindungen gebildet, was sowohl exogen als auch endogen ablaufen kann. Diese Verbindungen sind schon in sehr geringen Mengen kanzerogen und zeigen eine charakteristische Organotropie. So sind Nitrosamine eng verknüpft mit der Tumorigenese im Magen. N-Nitrosamine werden durch CYP450-Monooxygenasen aktiviert, wodurch nach Abspaltung von Stickstoff hochreaktive Carbeniumionen als ultimale Kanzerogene erzeugt werden. Diese reagieren mit der DNA vorwiegend unter der Bildung von Alkylguaninen. Die spezifisch im Tabakrauch enthaltenen Nitrosamine, die u. a. Metabolisierungsprodukte des Nikotins darstellen wie das N-Nitrosonornikotin, sind von besonderer Bedeutung für die Lungenkanzerogenese durch Tabakrauch.

7.3.3 Nicht genotoxische (epigenetische) Kanzerogene

Nicht genotoxische Kanzerogene zeigen keine direkte Interaktion mit der DNA, sondern beeinflussen biologische Vorgänge wie die Zellproliferation ohne vorherige metabolische Aktivierung. Hierzu gehören die *Tumorpromotoren*, darunter beispielsweise Phorbolester, Hormone, Phenobarbital, Dioxine und Asbest. Über 200 verschiedene Dioxine sind bekannt, wobei *2,3,7,8-Tetrachlor-p-1,4-dibenzodioxin (TCDD)* als Leitsubstanz einer der stärksten Tumorpromotoren darstellt. Dioxine entstehen bei unvollständigen Verbrennungen von organischen Verbindungen in Gegenwart von Chlor und können als ubiquitär vorhandene Stoffe über die Nahrungskette in Lebensmitteln akkumulieren. TCDD kann aufgrund seiner lipophilen Eigenschaften die Zellmembran sehr effektiv durchdringen und bindet im Zytosol an den Ah-Rezeptor (Ah = aryl hydrocarbon), dessen physiologische Funktionen immer noch schlecht verstanden werden.

Dies führt zur Dissoziation des Hitzeschockproteins Hsp90 und ermöglicht so die Kerntranslokation des Ligand-Rezeptor-Komplexes. Im Zellkern kommt es zur Heterodimerisierung des mit TCDD-besetzten Ah-Rezeptors mit dessen Partnermolekül ARNT (aryl hydrocarbon receptor nuclear translocator), wobei ein Komplex gebildet wird, der spezifisch an responsive Elemente im Promotorbereich von Zielgenen bindet. Dies induziert die Expression von Genen, welche unter anderem am Fremdstoffmetabolismus (CYP1A1, GST) sowie an der Regulation des Zellzyklus beteiligt sind (Cyclin B2; siehe Abb. 7.3). Gleichzeitig wirkt

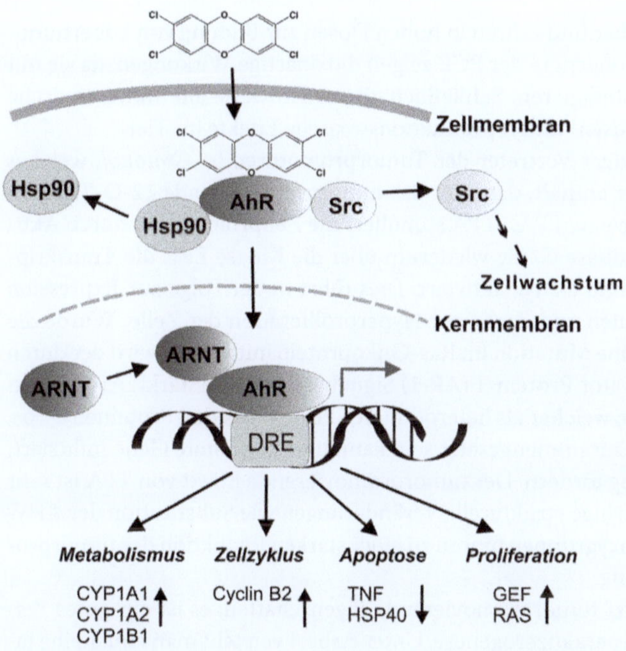

Abb. 7.3 Molekularer Wirkmechanismus des Tumorpromotors TCDD. Der Tumorpromotor TCDD bindet im Zytosol an den Ah-Rezeptor (AhR), welcher als Komplex mit dem Hitzeschockprotein Hsp90 und der Proteinkinase Src vorliegt. Nach Dissoziation vom Ah-Rezeptor setzt Src eine Proteinphosphorylierungskaskade in Gang, die das Zellwachstum anregt. Der Ah-Rezeptor-Komplex wandert dann in den Zellkern, wo er mit seinem Partnermolekül ARNT (Ah-receptor nuclear translocator) heterodimerisiert und an dioxinresponsive Elemente (DRE) der DNA bindet. Dies induziert die Expression von Genen, welche am Fremdstoffmetabolismus beteiligt sind. Weiterhin werden Gene wie guanine nucleotide exchange factor (GEF) und Ras, welche an der Zellproliferation beteiligt sind, hochreguliert. Gleichzeitig bindet der AhR-ARNT-Komplex an inhibitorische DRE, wodurch proapoptotische Faktoren wie der Tumornekrosefaktor (TNF) und das Hitzeschockprotein Hsp40 herunterreguliert werden.

TCDD antiapoptotisch und kann so die Elimination durch Apoptose bereits initiierter Zellen verhindern.

Polychlorierte Biphenyle (PCB) liegen in der Umwelt ebenfalls als Gemische aus verschiedenen *Kongeneren* vor. Aufgrund ihrer günstigen Stoffeigenschaften (kaum brennbar, hitzestabil) waren PCB in der Industrie weit verbreitet (Isoliermittel, Schmiermittel, Hydraulikflüssigkeit, Zusatz bei Kunststoffen). Wie die Dioxine sind auch PCB in der Umwelt sehr stabil und reichern sich im Fettgewebe stark an. Die Exposition des Menschen erfolgt über fettreiche Nahrung. PCB liegen häufig im Gemisch mit Dioxinen und anderen Verunreinigungen vor.

Die Toxizität der PCB involviert auch eine hormonelle Wirkung. Die Substanzen wirken zum einen direkt auf den Östrogenrezeptor, zum anderen beeinflussen sie indirekt (über Enzyminduktion) den Metabolismus von Steroidhormonen. Weiterhin wirken PCB leberschädigend, sie induzieren fremdstoffmetabolisierende Enzyme in der Leber und führen in hohen Dosen zur Bildung von Lebertumoren im Tier. Einige Kongenere der PCB zeigen dioxinartige Wirkungen, da sie mit dem Ah-Rezeptor interagieren. Schließlich gibt es Hinweise auf immuntoxische (nach Gabe hoher Dosen) und reproduktionstoxische Effekte im Tier.

Ein weiterer wichtiger Vertreter der Tumorpromotoren ist *Crotonöl*, welches mehrere *Phorbolester* enthält, darunter das tumorpromovierende 12-O-Tetradecanoylphorbol-13-acetat (TPA). TPA stimuliert die Zellproliferation durch Aktivierung der Proteinkinase C, die wiederum über die Kinase ERK die Transkriptionsfaktoren c-Fos und c-Myc aktiviert. Dies führt in der Folge zur Expression von Proliferationsgenen und damit zur Hyperproliferation der Zelle. Wurde die Zelle bereits durch eine Mutation im Ras-Onkoprotein initiiert, so wird der durch Ras-induzierte Activator Protein-1 (AP-1) Signalweg noch verstärkt. AP-1 ist ein Transkriptionsfaktor, welcher als heterodimeres Protein aus den Proteinen c-Fos, c-Jun, ATF und JDP zusammengesetzt sein kann und bestimmte Gene induziert, welche die Zellteilung fördern. Der tumorpromovierende Effekt von TPA ist sehr spezifisch; bereits geringe strukturelle Veränderungen wie Substitution der 4 Hydroxyl- durch Methoxygruppen führen zu einer starken Reduktion der tumorpromovierenden Wirkung.

Auch *Asbest* besitzt tumorpromovierende Eigenschaften; es ist ein gutes Beispiel für eine Festkörperkanzerogenese. Unter Asbest versteht man eine Reihe faserförmiger Silikate, wovon insbesondere der Amphibolasbest Krokydolith (Blauasbest) und dessen inhalative Aufnahme von toxikologischer Bedeutung sind. Nur Fasern mit einer bestimmten Geometrie (kritische Fasern) gelangen bis in die Alveolen der Lunge und sind deshalb relevant für die Kanzerogenese: Länge > 5 μm, Durchmesser < 3 μm und Verhältnis von Länge zu Durchmesser > 3 : 1. Aufgrund ihrer nadelförmigen Struktur können die Asbestfasern vom Lungengewebe über das Interstitium bis in die Pleuren migrieren. Die Fasern lösen in ihrem Zielgewebe u. a. durch Schädigung und Aktivierung von Alveolarmakrophagen eine chronische Entzündung aus, was zur Bildung von reaktiven Sauerstoffspezies (ROS) führt und damit zur verstärkten DNA-Schädigung im inflammatorischen Bereich des betroffenen Gewebes. Gleichzeitig kommt es zu einer gesteigerten Zellproliferation, wobei die Asbestfasern auch mit dem Spindelapparat während der Mitose der Zellen interagieren können. Asbest induziert mit einer langen Latenzzeit insbesondere Pleuramesotheliome und Brochialkarzinome, wobei Rauchen einen starken synergistischen Faktor darstellt. Im Zigarettenrauch enthalten sind eine Reihe genotoxischer Substanzen wie beispielsweise PAKs, die als DNA-schädigende Stoffe eine Zelle initiieren können, welche dann durch die tumorpromovierende und indirekt genotoxische Wirkung von Asbest sich schneller klonal amplifiziert.

Immunsuppressoren wie Cyclosporin A führen ebenfalls zu einer erhöhten Tumorinzidenz. Auch die Langzeitbehandlung mit Hormonen (z. B. Östrogen) kann das Auftreten einer Tumorerkrankung im Zielgewebe (der Brustdrüse) begünstigen.

7.4
Molekulare genotoxische Mechanismen

7.4.1
Schädigung der DNA

Der kausale Zusammenhang zwischen DNA-Bindung eines genotoxischen Stoffes und der Initiation der chemischen Kanzerogenese wird dadurch verdeutlicht, dass genotoxische Kanzerogene in entsprechenden Testsystemen Mutationen verursachen und DNA-Reparaturmechanismen aktivieren. Außerdem ist bekannt, dass eine angeborene Defizienz des DNA-Reparatursystems mit einer erhöhten Tumorinzidenz verknüpft ist und bei so gut wie allen malignen Tumoren Chromosomenaberrationen (Anomalien der Chromosomen) sowie Mutationen in wichtigen Regulatorgenen vorliegen.

Eine DNA-Schädigung kann durch exogene Faktoren wie den genotoxischen Kanzerogenen erfolgen, aber auch durch endogene Vorgänge verursacht werden. Für spontane endogene Schäden der DNA sind hauptsächlich hydrolytische Prozesse und reaktive Sauerstoffspezies verantwortlich. So kommt es durch hydrolytische Spaltung der *N*-glykosidischen Bindung von Purinen (*Depurinierung*) zur Freisetzung von rund 10 000 Purinen/Genom/Tag. Die so entstandene apurine Stelle (*AP-Stelle*) ist hoch zytotoxisch und mutagen. Auch die exozyklischen Aminogruppen von Cytosin und 5-Methylcytosin können durch spontane Desaminierung hydrolysiert werden, wodurch Uracil und Thymin entstehen.

Eine weitere wichtige Quelle zur spontanen endogenen DNA-Schädigung sind *reaktive Sauerstoffspezies (ROS*, siehe Abb. 7.4).

In der Zelle entstehen diese permanent als Folge des oxidativen Metabolismus, sie können jedoch auch durch phagozytierende Zellen freigesetzt werden. In der Atmungskette werden schrittweise Elektronen auf Sauerstoff als terminalen Elektronenakzeptor übertragen, wobei als reaktive Intermediate das Superoxidradikalanion $O_2^{\bullet-}$, Wasserstoffperoxid (H_2O_2) sowie das Hydroxylradikal ($^{\bullet}OH$) gebildet werden. Darüber hinaus können ROS auch durch γ-Strahlung und bestimmte exogene chemische Noxen, welche im Körper dem sogenannten Redoxcycling unterliegen, generiert werden. Das hochreaktive Hydroxylradikal greift die DNA an, indem es an die Doppelbindungen der DNA-Basen addiert und zudem Wasserstoffatome abstrahieren kann. Als Folge entstehen dabei unter anderem oxidativ modifizierte Basen, Einzelstrangbrüche sowie AP-Stellen. Eine sehr bedeutende oxidative Läsion ist *8-Oxoguanin* (siehe Abb. 7.5); erhöhte Werte dieser Läsion konnten in verschiedenen Tumoren nachgewiesen werden. Weiterhin ist 8-Oxoguanin mutagen, da es bei der folgenden Replikation mit Adenin paaren und so eine GC→TA Transversion entstehen kann. GC→TA Transversionen, welche wahrscheinlich durch 8-Oxoguanin entstanden sind, wurden *in vivo* im

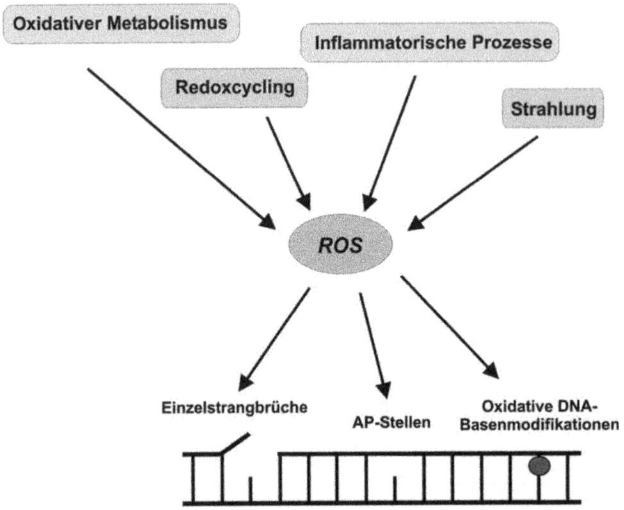

Abb. 7.4 Bildung reaktiver Sauerstoffspezies (ROS) und DNA-Schädigung.

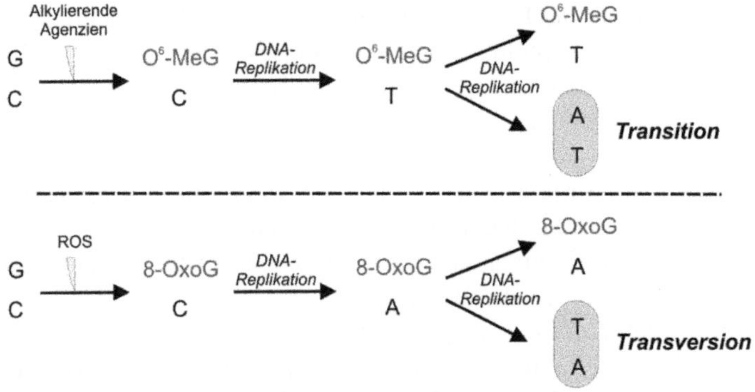

Abb. 7.5 Mutagenese durch O^6-Methylguanin und 8-Oxoguanin.

Ras-Onkogen und im *p53-Tumorsuppressorgen* bei Lungen- und Leberkrebs beobachtet.

Weiterhin kann die DNA durch alkylierende Substanzen geschädigt werden, die sowohl im Körper (z. B. *S*-Adenosylmethionin) als auch in der Umwelt vorkommen, wozu beispielsweise *N*-Nitrosoverbindungen und Alkylsulfate zählen. Eine sehr kritische, wenn auch eher selten vorkommende, prämutagene Läsion ist *O^6-Methylguanin*, welches mit Thymin paaren kann und für eine GC→AT Transition verantwortlich ist.

UV-Strahlung trägt als exogene Quelle zur Entstehung von DNA-Schäden bei und verursacht Photoläsionen. Darunter versteht man die Bildung von Cyclobutanpyrimidindimeren, d. h. Vernetzungen bevorzugt zwischen zwei benachbarten Thyminresten, und TC Vernetzungen in Form von (6-4)-Photoprodukten, wobei es zu einer starken *Verzerrung der DNA-Doppelhelix* kommt. Davon abgesehen können auch bekannte genotoxische Stoffe wie Benzo[*a*]pyren und Aflatoxine nach metabolischer Aktivierung mit DNA-Basen spezifische Addukte bilden. Diese sperrigen Addukte führen ebenfalls zu einer starken Verzerrung der DNA-Struktur, wodurch Mutationen ausgelöst werden können. Dies beruht zum einen darauf, dass die glykosidische Bindung zwischen den modifizierten Basen und der Desoxyribose labiler wird und somit leicht eine hydrolytische Depurinierung erfolgen kann, wobei AP (apurine)-Stellen entstehen. Zum anderen wird durch die großen DNA-Addukte die Replikation blockiert, wodurch lange Einzelstrangregionen entstehen.

Elektromagnetische Strahlung, wie γ-Strahlung, kann indirekt zur Bildung von ROS beitragen. Darüber hinaus können die Strahlen aber auch direkt mit der DNA wechselwirken und so *Einzel- und Doppelstrangbrüche* verursachen. Weiterhin können neue Verknüpfungen zwischen Nukleotiden der komplementären DNA-Stränge gebildet werden. Doppelstrangbrüche (DSB) sind hoch zytotoxisch; in höheren Eukaryoten kann schon ein nicht reparierter DSB ausreichend sein, um den Zelltod via Apoptose zu induzieren.

Bifunktionelle Agenzien wie Stickstofflost sind in der Lage, zwei Basen des gleichen DNA-Stranges zu vernetzen (*Intrastrang-Crosslink*) oder auch mit beiden DNA-Strängen zu reagieren (*Interstrang-Crosslinks*).

7.4.2
DNA-Reparatur

DNA-Schäden werden durch verschiedene Reparaturwege noch vor der Replikation entfernt, was das Auftreten von Mutationen verhindert und ein Überleben der Zelle gewährleistet. DNA-Läsionen, welche die Replikation blockieren, können zum fehlerbehafteten Einbau von Nukleotiden während der ungenauen Transläsions-DNA-Synthese führen. Sperrige DNA-Schäden sind außerdem in der Lage, den Zusammenbruch der Replikationsgabel herbeizuführen und somit DSB zu generieren. DSB sind hochzytotoxisch und können den Zelltod auslösen oder aber zu chromosomalen Aberrationen führen.

Täglich entstehen endogen wie exogen verursachte Schäden an der DNA, die ohne Reparatur zu Mutationen und damit zum Ausfall essenzieller Gene führen würden. Eine wichtige Aufgabe der Zelle ist es daher, die Integrität der DNA zu erhalten, wozu dem Organismus verschiedene, spezialisierte DNA-Reparatursysteme zur Verfügung stehen (siehe Abb. 7.6).

Bei der *Revisionsreparatur* von O^6-Methylguanin (siehe Abb. 7.7) wird diese Läsion durch ein spezifisches Enzym, die O^6-Methylguanin-DNA-Methyltransferase (MGMT), direkt repariert, wobei das Enzym selbst inaktiviert wird (Suizidenzym).

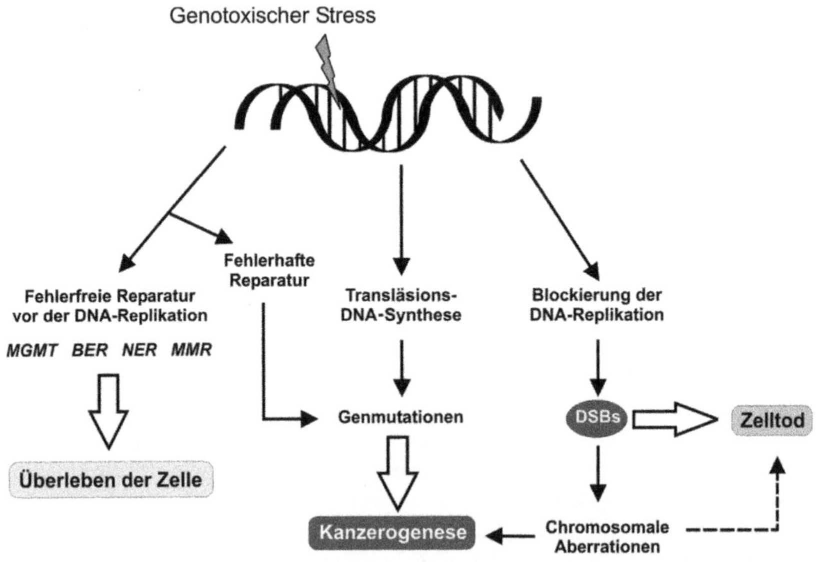

Abb. 7.6 Zelluläre Auswirkungen von DNA-Schäden. Genotoxischer Stress verursacht ein weites Spektrum an DNA-Schäden. Die Reparatur dieser Schäden durch fehlerfreie DNA-Reparaturmechanismen (MGMT, BER, NER, MMR) vor der Replikation verhindert die Fixierung von Mutationen und somit die Krebsentstehung. DNA-Läsionen, wie sperrige Addukte, blockieren die Replikation, was zum fehlerhaften Einbau von Nukleotiden durch ungenaue Transläsions-DNA-Polymerasen und so zur Mutagenese führen kann. Außerdem können replikationsblockende DNA-Addukte einen Zusammenbruch der Replikationsgabel bewirken, wodurch DSB entstehen. Diese besitzen ein hohes zytotoxisches Potenzial und können chromosomale Aberrationen verursachen, welche wiederum den Prozess der Kanzerogenese fördern.

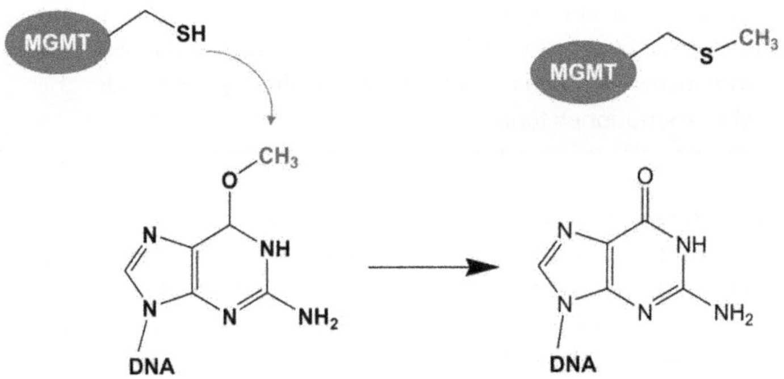

Abb. 7.7 Reparaturmechanismus der O^6-Methylguanin-DNA-Methyltransferase (MGMT). Die O^6-Methylguanin-DNA-Methyltransferase (MGMT) ist verantwortlich für die Reparatur von O^6-Methylguanin, Dabei wird die Methylgruppe von der modifizierten DNA-Base auf einen Cysteinrest im aktiven Zentrum der MGMT übertragen. Durch die kovalente Modifikation kommt es zur Inaktivierung des Reparaturenzyms (Suizidenzym).

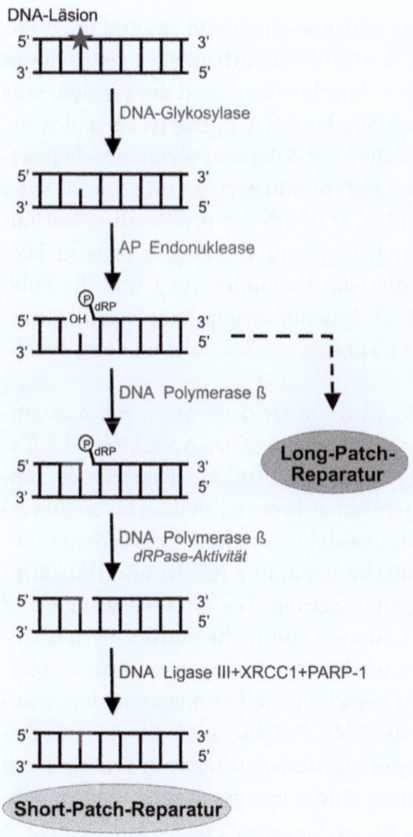

Abb. 7.8 Schema der Basenexzisionsreparatur. Erläuterungen sind im Text gegeben.

Die Basenexzisionsreparatur (BER, siehe Abb. 7.8) ist verantwortlich für die Reparatur oxidativer DNA-Schäden wie oxidierte DNA-Basen sowie für Läsionen, welche durch alkylierende Verbindungen wie Nitrosamine erzeugt wurden. Der erste Schritt bei der BER wird von einer spezifischen DNA-Glykosylase ausgeführt, welche den Schaden erkennt und die modifizierte Base unter Bildung einer apurinen/apyrimidinen (AP) Stelle entfernt. Neben monofunktionellen Glykosylasen wie der Uracil-*N*-Glykosylase (UNG) gibt es auch bifunktionelle DNA-Glykosylasen, die zusätzlich über eine assoziierte AP-Lyase-Aktivität verfügen, mit welcher sie auf der 3′-Seite der AP-Stelle einen Schnitt in das Zuckerphosphatrückgrat setzen und so einen Einzelstrangbruch generieren. Ein typisches Beispiel hierfür ist die humane 8-Oxoguanin-DNA-Glykosylase (hOGG), welche 8-Oxoguanin aus dem DNA-Strang entfernt, wenn dieses mit Cytosin gepaart ist. Bei monofunktionellen Glykosylasen wird die Inzision in die Phosphodiesterbindung der AP-Stelle durch die AP-Endonuklease (APE1) katalysiert, wobei ein 5′-Desoxyribose-5-phosphat (5′-dRP) sowie eine freie 3′-OH-Gruppe entstehen. Das freie 3′-OH-Ende dient als Primer für die nachfolgende Polymerase. Im weiteren Verlauf der BER kann man nun zwischen der sogenannten Short-Patch-Reparatur und der Long-Patch-Reparatur unterscheiden. Bei der Short-Patch-Reparatur fügt die DNA-Polymerase β (Polβ) das fehlende Nukleotid ein und nutzt das freie 3′-OH-Ende als Primer. Ist noch ein 5′-dRP-Rest vorhanden, so wird dieser durch die Lyase-Aktivität der Polβ entfernt. Anschließend wird der verbleibende Einzelstrangbruch durch katalytische Tätigkeit der DNA-Ligase III verschlossen, welche dabei mit XRCC1 und PARP-1 (Poly(ADP-Ribose)-Polymerase-1) interagiert. Liegt der 5′-dRP-Rest in einer chemisch modifizierten Form vor, so kann keine β-Eliminierung durch Polβ stattfinden, weshalb der proliferating cell nuclear antigen (PCNA)-abhängige Long-Patch-Reparaturweg eingeleitet wird. Dieser benötigt noch andere Faktoren wie die Flap-Endonuklease 1 und die Polymerasen δ und ε. Die Entfernung von 8-Oxoguanin erfolgt hauptsächlich mittels Short-Patch-Reparatur, nur 25 % aller Läsionen werden auf dem Long-Patch-Reparaturweg behoben.

Die *Nukleotidexzisionsreparatur (NER)* wird immer dann aktiv, wenn es aufgrund bestimmter Basenmodifikationen wie sperrigen DNA-Addukten oder Cyclobutandimeren zu einer Verzerrung der helikalen Struktur der DNA gekommen ist. Die NER ist ein komplexer biochemischer Prozess, an dem bis zu 30 verschiedene Proteine beteiligt sind. Die NER besteht aus zwei verschiedenen Reparaturwegen, welche als globale genomische Reparatur (GGR) und transkriptionsgekoppelte Reparatur (TCR) bezeichnet werden. Die GGR ist weitgehend transkriptionsunabhängig und entfernt Läsionen von nicht transkribierten Domänen des Genoms und von den nicht transkribierten Strängen der transkribierten Regionen. Die TCR hingegen entfernt verschiedene Läsionen von dem transkribierten Strang aktiver Gene, welche die RNA-Polymerase II blockieren. Defekte in der GG-NER sind assoziiert mit der autosomal-rezessiven Erbkrankheit *Xeroderma pigmentosum* (XP), welche durch eine starke genetische Prädisposition gegenüber Hautkrebs gekennzeichnet ist. Im Gegensatz dazu sind Defekte in der TC-NER stark verknüpft mit dem Cockayne-Syndrom, bei welchem die Patienten eine vermehrte Sensibilität gegenüber UV-Licht aufweisen, ohne jedoch eine erhöhte Hautkrebsanfälligkeit zu besitzen.

Die *Mismatch-Reparatur (MMR)* übernimmt die Aufgabe der postreplikativen Reparatur von Basenfehlpaarungen sowie von kleinen Schlaufen, welche durch Insertion bzw. Deletion entstanden sind. Replikative Polymerasen erzeugen bei der Verdopplung der DNA pro 10^7 Nukleotide einen Fehler, wobei diese Fehlerrate durch das MMR-System auf 10^{-10} reduziert wird, was in etwa einem Fehler pro Säugetiergenom entspricht. Die Bedeutung der MMR zur Erhaltung der genomischen Integrität wird in einer besonderen Form des Kolonkarzinoms deutlich, dem *heriditären nicht polypösen Kolonkarzinom* (HNPCC). HNPCC-Patienten besitzen eine defiziente MMR, da ein Allel eines Gens (meist des MSH2 oder MLH1) mutiert ist und so wichtige Proteine des MMR-Systems ausgeschaltet sind. Der erste Schritt der MMR besteht in der Erkennung der Basenfehlpaarung oder auch modifizierten Base durch den MUTSα-Komplex, ein Heterodimer aus den Proteinen MSH2 sowie MSH6. MSH2 kann auch mit dem MMR-Protein MSH3 einen Komplex bilden, der als MUTSβ bezeichnet wird und eine andere Substratspezifität besitzt. Es ist noch unklar, wie das MMR-System zwischen dem alten und neu synthetisierten Strang unterscheiden kann. Vermutlich wird der Tochterstrang über nicht geschlossene Einzelstrangbrüche identifiziert, welche bei der Replikation entstehen. Nach Bindung an die Basenfehlpaarung assoziiert MUTSα mit einem weiteren heterodimeren Komplex (MUTLα), welcher aus den beiden MMR-Proteinen MLH1 und PMS2 zusammengesetzt ist. Die Exzision der fehlgepaarten Base wird von der Exonuklease I und die Resynthese von Polδ katalysiert. Für den Syntheseschritt sind dabei wieder mehrere Faktoren wie PCNA, RPC sowie RPA erforderlich.

Zur Reparatur von DNA-Doppelstrangbrüchen (DSB) gibt es zwei Reparaturwege, die *homologe Rekombination* (HR) und die *nicht homologe End-zu-End-Verknüpfung (non-homologous end joining, NHEJ)*. DSB entstehen durch ionisierende Strahlung oder auch durch Zytostatika wir Bleomycin und stellen für die Zelle eine sehr kritische Läsion dar. Die Art der Reparatur erfolgt zellzyklusabhängig. Die HR erfordert ein homologes DNA-Substrat als Vorlage und ist daher auf die S- und G2-Phase des Zellzyklus beschränkt. Die NHEJ läuft während des gesamten Zellzyklus, insbesondere der G1-Phase, ab. Während die HR praktisch fehlerfrei abläuft, ist die NHEJ fehlerbehaftet und es kann zum Verlust von Nukleotiden oder zu einem zusätzlichen Einbau von Nukleotiden kommen. Das NHEJ-System verknüpft die zwei Enden des DSB, ohne dass zwischen den DNA-Enden eine Sequenzhomologie vorliegen muss. Im Verlauf der HR dagegen nimmt das geschädigte Chromosom physikalischen Kontakt zu seinem Homologen auf, welches ungeschädigt ist und als Vorlage zur Reparatur dient.

7.4.3
Apoptose

> Apoptose (programmierter Zelltod) kann durch genotoxische Substanzen induziert werden und ist ein regulierter Prozess. Die Apoptose wird in einen intrinsischen (mitochondrialen) und einen extrinsischen (rezeptorvermittelten) Signalweg eingeteilt, die beide durch DNA-Schäden ausgelöst werden können. Ein wichtiger positiver Regulator ist das p53-Tumorsuppressorprotein. Der apoptotische Zelltod eliminiert Zellen mit Schäden des Erbguts und supprimiert somit die Krebsentstehung.

Die Apoptose wird als *programmierter Zelltod* bezeichnet. Dieser kann durch persistierende DNA-Schäden ausgelöst werden und bildet somit eine wichtige Barriere gegenüber der Tumorinitiation. Die Apoptose ist im Gegensatz zum nekrotischen Zelltod ein streng regulierter Prozess, der unter Energieverbrauch abläuft und das umliegende Gewebe verschont. Typische Kennzeichnen der Apoptose sind morphologische Zellveränderungen wie die Bildung von apoptotischen Körperchen und die Chromatinkondensation mit nachfolgender Fragmentierung der DNA in Oligonukleosomen.

Die Apoptose kann in zwei Signalwege, den extrinsischen und den intrinsischen Weg, eingeteilt werden (siehe Abb. 7.9). Beim *extrinsischen Weg* kommt es

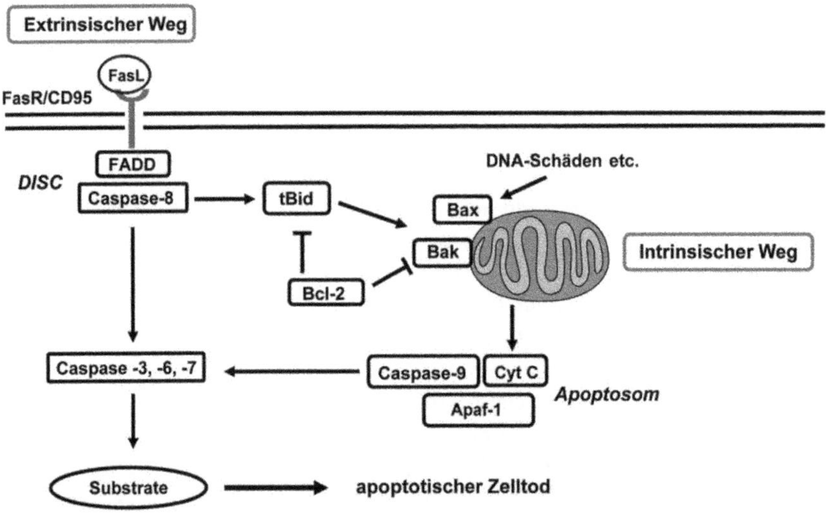

Abb. 7.9 Darstellung der extrinsischen und intrinsischen Apoptosewege. Erläuterungen sind im Text gegeben.

durch Bindung spezifischer Liganden zur Aktivierung sogenannter Todesrezeptoren, wie dem Fas-Rezeptor/CD95 (FasR), die an der Zelloberfläche lokalisiert sind. Die Bindung des Fas-Liganden an den FasR führt zur Trimerisierung der Rezeptoren und zur Rekrutierung von Adapterproteinen, in diesem Fall der Fas-assoziierten Todesdomäne (FADD), an die zytosolischen Todesdomänen des FasR. Hierdurch entsteht der sogenannte death-inducing signaling complex (DISC), der außerdem die Procaspase-8 enthält. Caspasen (Cystein-Aspartat-spezifische Proteasen) sind wichtige Regulatoren beim apoptotischen Zelltod. Procaspase-8 wird autokatalytisch aktiviert und induziert dann die sogenannte Effektorphase der Apoptose.

Der *intrinsische oder mitochondriale Weg* der Apoptose wird vor allem durch DNA-Schäden und oxidativen Stress ausgelöst. Diese bewirken eine Oligomerisierung von proapoptotischen Faktoren wie dem Protein Bax (BCL-2-associated X protein), was zur Porenbildung in der äußeren Mitochondrienmembran führt. Antiapoptotische Mitglieder der BCL2-Familie wie Bcl-2 wirken durch Bindung von Bax und anderen proapoptotischen Faktoren antagonistisch und inhibieren die Permeabilisierung der äußeren Mitochondrienmembran. Bei erfolgter Porenbildung wird Cytochrom C aus den Mitochondrien in das Zytosol freigesetzt. Dort interagiert dieses mit Apaf-1 (apoptotischer Proteaseaktivierungsfaktor-1) und bildet mit Procaspase-9 einen Komplex, der als Apoptosom bezeichnet wird. Dieser Komplex leitet ebenfalls die Effektorphase der Apoptose ein. Der extrinsische und der intrinsische Signalweg sind durch das proapoptotische Protein Bid verbunden. Dieses kann im extrinsischen Weg durch Caspase-8 zu tBid gespalten werden, welches mit mitochondrialem Bak sowie Bax interagiert und so die Freisetzung von Cytochrom C und den intrinsischen Weg stimuliert.

Die zuvor beschriebene Aktivierung des extrinsischen und/oder intrinsischen Signalwegs führt zur Aktivierung von Effektorcaspasen, zu denen Caspase-3, -6 und -7 zählen. Caspase-3 stimuliert proteolytisch die Endonuklease CAD (caspaseaktivierte DNase), welche die DNA an intranukleosomalen Regionen hydrolysiert und so eine DNA-Fragmentierung bewirkt. Darüber hinaus werden Caspase-3/7-vermittelte DNA-Reparaturproteine wie die Poly(ADP-Ribose)-Polymerase-1 (PARP-1) abgebaut, was die Reparatur der DNA-Strangbrüche verhindert und außerdem den Abfall von ATP und NAD^+ verhindert, sodass die für den Prozess der Apoptose notwendige Energie zur Verfügung steht. Die Effektorcaspasen sind auch verantwortlich für den Abbau des Kernmembranbestandteils Lamin und des Aktinzytoskeletts. Dies führt zu einer Abrundung der Zellen mit einhergehender Einschnürung von Zellinhalt in apoptotische Körperchen, welche schließlich durch Phagozytose eliminiert werden.

Das *Tumorsuppressorprotein p53* (siehe Abschn. 7.5) ist ein wichtiger positiver Regulator der Apoptose. Durch DNA-Schäden aktiviertes p53 induziert die Expression von verschiedenen Apoptosegenen, wie Bax, Puma, Bid und FasR. Zudem kann p53 im Zytoplasma mit dem antiapoptotischen Faktor Bcl-2 interagieren und diesen neutralisieren, was proapoptotische Faktoren wie Bax und Bim aktiviert.

7.4.4 Telomerase

Bei den Telomeren handelt es sich um die Endbereiche der Chromosomen, welche beim Menschen jeweils rund 5–20 kb DNA umfassen und aus der repetitiven Sequenz 5′-TTAGGG-3′ bestehen. Das Ende der Chromosomen wird normalerweise abgeschirmt, um nicht DNA-schadensabhängige Signalwege zu aktivieren.

Die Telomere werden mit jeder Replikationsrunde verkürzt und erreichen irgendwann eine kritische Länge. In der Folge führt dies vermittelt durch p53 und Rb zu einem Zellzyklusarrest in der G1-Phase und Seneszenz der Zelle. Mithilfe des Enzmys *Telomerase* können Zellen die Telomere verlängern und sind folglich unbegrenzt teilungsfähig. In Zellen der Keimbahn und Stammzellen ist dieses Enzym aktiv, wohingegen die Telomerase in somatischen Zellen inaktiv ist. Die meisten Tumorzellen verfügen ebenfalls über eine aktive Telomerase, was mit einer gewissen Resistenz gegen Apoptose einhergeht und den Zellen die Möglichkeit gibt, sich unbegrenzt zu teilen. Daher sind die Telomerase sowie ihre Regulatorproteine vielversprechende Angriffspunkte für die Tumortherapie.

7.5 Tumorsuppressorgene

Tumorsuppressorgene sind maßgeblich daran beteiligt, die maligne Transformation einer normalen Zelle in eine Tumorzelle zu verhindern. Daher kann eine Zelle letztlich nur durch mehrere, sich verstärkende Mutationen dieser Gene transformiert werden. Tumorsuppressorgene codieren für Proteine wie das Retinoblastomprotein (Rb) und p53, welche wesentlich an der Regulation des Zellzyklus beteiligt sind oder den programmierten Zelltod (Apoptose) induzieren können.

Der Tumorsuppressor p53 ist ein Transkriptionsfaktor, welcher in die Zellzyklusregulation, DNA-Reparatur und Apoptose involviert ist und als Wächter des Genoms bezeichnet wird.

DNA-Schäden, insbesondere Doppelstrangbrüche, sowie Hypoxie und aktivierte Onkogene bewirken eine Aktivierung von p53, welches dann die Expression verschiedenster Zielgene induziert (siehe Abb. 7.10). Dies führt zu einem

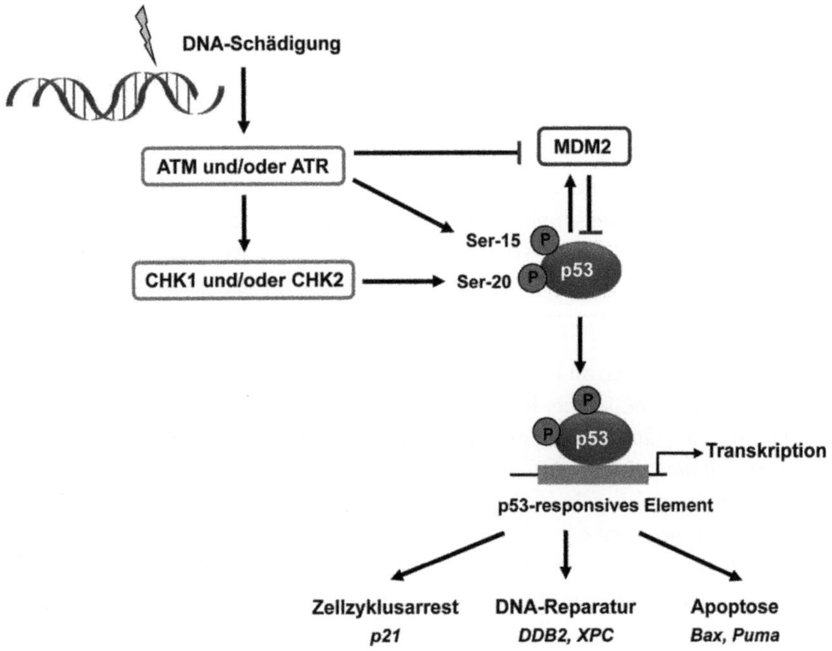

Abb. 7.10 Transkriptionale Regulation durch p53 nach DNA-Schädigung. DNA-Schäden führen zu einer Aktivierung der Proteinkinasen ATM und/oder ATR, welche direkt oder vermittelt über die Checkpoint-Kinasen CHK1 und CHK2 den Tumorsuppressor p53 phosphorylieren. Dadurch kommt es zur Dissoziation von p53 und seinem Inaktivator MDM2, wodurch p53 stabilisiert wird und als Transkriptionsfaktor im Zellkern die Expression von verschiedenen Genen induziert. Als Folge dessen wird unter anderem das Protein p21 verstärkt gebildet, welches durch Hemmung von cyclinabhängigen Kinasen bzw. den dazugehörigen Cyclinen den Übergang der Zelle von der G1- in die S-Phase verhindert.

Zellzyklusarrest, um eine DNA-Reparatur vor der bevorstehenden Replikation zu ermöglichen. Liegt eine besonders massive Schädigung vor, so kommt es zur p53-vermittelten Apoptose. Der Transkriptionsfaktor p53 ist in über 50 % aller Neoplasien mutiert. Mehr als 95 % der Mutationen befinden sich innerhalb der DNA-Bindedomäne von p53, welche essenziell für dessen Funktion ist. Daneben gibt es auch erbliche Mutationen, welche im sogenannten Li-Fraumeni-Syndrom auftreten und dort für eine sehr hohe Krebsinzidenz in jungen Patienten verantwortlich sind. Außerdem ist der p53-Status auch für die Tumortherapie sehr wichtig, da Tumoren mit funktionell aktivem p53 besser auf eine medikamentöse Tumortherapie oder eine Radiotherapie ansprechen, indem p53 in diesen Zellen Apoptose einleitet.

Das *Retinoblastomprotein (Rb)* ist ein weiterer bedeutender Tumorsuppressor, der einem unkontrollierten Zellwachstum entgegenwirkt, indem das Fortschreiten des Zellzyklus aus der G1-Phase blockiert wird. Rb liegt in seiner hypophosphorylierten Form als Komplex mit dem Transkriptionsfaktor E2F vor, welcher dadurch inaktiv ist. Wachstumssignale führen zur Phosphorylierung von Rb durch CdK-Cyclin-Komplexe und damit zu einer Freisetzung von E2F. Dieser induziert daraufhin die Transkription seiner Zielgene, welche unter anderem den Zellzyklusübergang in die S-Phase einleiten und wichtige Funktionen für die DNA-Replikation besitzen. Das p21-Protein kann hier regulierend eingreifen, indem es die Bildung der CdK-Cylinkomplexe verhindert, damit die Phosphorylierung von Rb blockiert und somit die Aktivierung von E2F inhibiert.

Eine herausragende Rolle bei der Entstehung eines Kolonkarzinoms spielt das Tumorsuppressorgen APC (*adenomatöse Polyposis coli*), welches in rund 60 % der kolorektalen Tumore durch Mutation funktionell inaktiviert wurde. Dieser Verlust ist beim Kolonkarzinom sehr oft der erste Schritt in einem mehrstufigen Prozess hin zur malignen Transformation und wird begleitet durch Aktivierung von Protoonkogenen wie K-Ras und der späteren Inaktivierung von Tumorsuppressoren wie p53 (siehe Abb. 7.11).

7.5.1 Onkogene

Protoonkogene regulieren in ihrem physiologischen Zustand die Zellproliferation und Zelldifferenzierung und werden durch Mutationen zu Onkogenen aktiviert (siehe Tab. 7.2). Die überwiegende Anzahl von Mutationen führt zum Verlust der funktionellen Aktivität (*loss of function*) eines Proteins, weshalb diese bei Protoonkogenen für die Kanzerogenese keine Bedeutung haben. Von Relevanz für die Umwandlung eines Protoonkogens zu einem Onkogen sind lediglich aktivierende Mutationen (*gain of function*).

Ein bedeutendes Onkogen ist *HER-2/neu* aus der Familie der epidermalen Wachstumsfaktorrezeptoren, welches für ein transmembranes Glykoprotein mit Tyro-

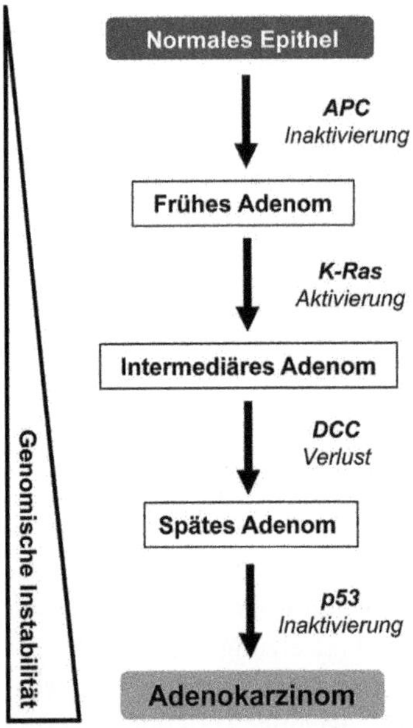

Abb. 7.11 Mehrstufige Entwicklung vom normalen Dickdarmepithel zum sporadischen Kolonkarzinom. Ein entscheidender Schritt ist der Verlust des APC-Tumorsuppressorgens auf Chromosom 5. Bei der familiären adenomatösen Polyposis coli wird ein defektes APC-Allel vererbt, weshalb diese Individuen im Gegensatz zu anderen lediglich eine weitere Mutation benötigen, um APC vollständig zu inaktivieren. Aus dem APC-Verlust resultiert eine Dauerakkumulation von β-Catenin, welches die Expression von proliferationsfördernden Genen wie Cyclin D und c-Myc stimuliert. Schon im frühen Stadium kommt es dann zur Aktivierung des Onkoproteins K-Ras und in der Folge zum Verlust von Genen auf Chromosom 18, darunter beispielsweise das Membranadhäsionsmolekül DCC. Der Übergang vom späten Adenom zum Karzinom wird durch Inaktivierung des p53 Tumorsuppressors begleitet, bevor es schließlich zur Metastasierung kommt.

Tab. 7.2 Aktivierung einiger Onkogene.

Aktivierung zum Onkogen durch	Protoonkogen	Funktion
Punktmutationen, Deletionen, Insertionen	Ras	G-Protein
	Raf	Serin-Threonin-Kinase
	Src	Tyrosinspezifische Proteinkinase
Amplifikationen	HER-2/neu	Epidermaler Wachstumsfaktorrezeptor
	Mdm2	Ubiqitin-Ligase und Bindung von p53
Translokationen	Myc	Transkriptionsfaktor
	Abl	Tyrosinspezifische Proteinkinase

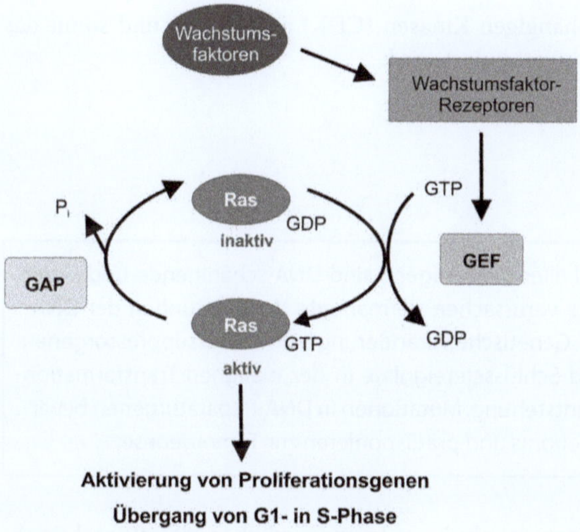

Abb. 7.12 Stimulierung der Zellteilung vermittelt über das G-Protein Ras. Extrazelluläre Wachstumssignale aktivieren über ihre membranständigen Rezeptoren unter anderem das Ras-Protein, indem sie die Interaktion zwischen dem GDP-Austauschfaktor (GEF) sowie Ras-GDP fördern und GDP abdissoziiert. Durch anschließende Bindung an freies GTP wird Ras aktiviert und stimuliert über seine Effektoren die Zellproliferation. Um einen konstitutive Aktivierung von Ras zu verhindern, stimulieren andere Faktoren wie GAP (GTPase-aktivierendes Protein) die intrinsische GTPase-Aktivität von Ras, wodurch GTP hydrolysiert wird und Ras nach Bindung von GDP wieder in seine inaktive Form übergeht. Durch Mutationen im Ras-Protoonkogen kommt es häufig zum Ausfall der GTPase-Aktivität, was zu einer dauerhaften Aktivierung von Ras führt und mit einer stark gesteigerten Zellproliferation einhergeht.

sinkinaseaktivität codiert, das unter anderem bei Mammatumoren amplifiziert vorliegt. HER-2/neu stimuliert über den Ras-MAP-Kinase-Weg die Zellproliferation und wirkt außerdem antiapoptotisch über den mTOR-Signalweg. Diese Genamplifikation tritt nur bei 10–30 % aller Patienten auf, ist aber von großer Relevanz, weil seit einiger Zeit ein spezifischer Antikörper gegen den HER2-Rezeptor verfügbar ist und dadurch die Therapie des Mammakarzinoms deutlich verbessert werden konnte. Ein weiterer sehr wichtiger Vertreter ist das *Ras-Protein* (siehe Abb. 7.12), welches als kleines G-Protein an der Signaltransduktion beteiligt ist und in bis zu 30 % aller humanen Tumoren durch Punktmutationen konstitutiv aktiv ist. Dies führt über eine Phosphorylierungskaskade zur Aktivierung der Transkriptionsfaktoren *c-Fos* und *c-Jun*, welche letztlich Proliferationsgene aktivieren und damit das Zellwachstum stimulieren.

Auch der Transkriptionsfaktor *c-Myc* spielt eine wichtige Rolle als Onkogen, welcher bei der klinischen Form des Burkitt-Lymphoms, eines B-Zelltumors, aufgrund einer chromosomalen Translokation verstärkt gebildet wird. c-Myc fördert die Zellproliferation durch Hochregulierung von Cyclinen und durch gleichzeitige Herunterregulierung von p21, wodurch die Hemmung des Zellzyklus durch

Inaktivierung der cyclinabhängigen Kinasen (CDK) aufgehoben und somit das Fortschreiten des Zellzyklus verhindert wird.

7.6 Zusammenfassung

> Die überwiegende Anzahl aller Kanzerogene sind DNA-schädigende und somit genotoxische Stoffe. Diese verursachen permanente Veränderungen der DNA-Sequenz, d. h. Mutationen. Genetische Veränderungen in Tumorsuppressorgenen und Protoonkogenen sind Schlüsselereignisse in der malignen Transformation von Zellen und der Krebsentstehung. Mutationen in DNA-Reparaturgenen bewirken eine Instabilität des Genoms und prädisponieren zur Tumorgenese.

Die chemische Kanzerogenese ist ein komplexes Geschehen, das als mehrstufiger Prozess abläuft und auf die Initiation einzelner Zellen zurückgeführt werden kann. Kanzerogene Stoffe, die mit der DNA interagieren oder epigenetische Veränderungen induzieren, spielen hierbei eine herausragende Rolle. Trotz wichtiger Fortschritte auf dem Gebiet der molekularen Krebsforschung in den letzten 20 Jahren sind die Mechanismen der Krebsentstehung noch nicht in vollem Umfang geklärt. Neben direkten Veränderungen der DNA-Sequenz müssen auch die Regulation der Gentranskription und/oder des Proteinexpressionsmusters sowie posttranslationale Modifikationen wie Phosphorylierung, Acetylierung und Ubiquitinierung mit berücksichtigt werden, da diese ebenfalls einen wichtigen Einfluss auf die chemisch-induzierte Krebsentstehung besitzen. Aktuelle Technologien wie moderne Sequenzierungstechniken, die Verwendung von Reporter-/Indikatorgenen, Proteomics und Metabolomics unterstützen die Erkennung von potenziell genotoxischen und karzinogenen Substanzen und können die damit einhergehenden Veränderungen zellulärer Abläufe ablichten.

Für die Bewertung und Einstufung von Chemikalien, aber auch Arzneimitteln, ist ein mechanistisches Verständnis unabdingbar. So haben Studien zur genotoxischen und mutagenen Wirkung von alkylierenden Agenzien gezeigt, dass DNA-Reparaturvorgänge im Niedrigdosisbereich eine kritische Barriere darstellen und für eine nicht lineare Dosiswirkungsbeziehung verantwortlich sind. Auch Zelltodmechanismen sind zu berücksichtigen, da durch sie Zellen mit prämutagenen DNA-Schäden eliminiert werden können. Die Krebsprotektion durch DNA-Reparatur wird zukünftig sicherlich für ein breites Spektrum von chemischen Kanzerogenen aus Nahrung und Umwelt intensiv untersucht sowie in Tiermodellen verifiziert werden mit dem Ziel der Translation auf den Menschen.

Weiterführende Literatur

Fahrer, J. und Kaina, B. (2013) O^6-methylguanine-DNA methyltransferase in the defense against N-nitroso compounds and colorectal cancer. *Carcinogenesis*, **34** (11), 2435–2442.

Fahrer, J. und Kaina, B. (2016) Impact of DNA repair on the dose-response of colorectal cancer formation induced by dietary carcinogens, *Food Chem. Toxicol.*, in press.

Hanahan, D. und Weinberg, R.A. (2011) Hallmarks of cancer: The next generation. *Cell*, **144** (5), 646–674.

Horn, H.F. und Vousden, K.H. (2007) Coping with stress: Multiple ways to activate p53. *Oncogene*, **26**, 1306–1316.

Iyama, T. und Wilson, D.M. 3rd (2013) DNA repair mechanisms in dividing and non-dividing cells. *DNA Repair (Amst.)*, **12** (8), 620–636.

Loeb, L.A. und Harris, C.C. (2008) Advances in chemical carcinogenesis: A historical review and prospective. *Cancer Res.*, **68** (17), 6863–6872.

Luch, A. (2005) Nature and nurture – lessons from chemical carcinogenesis. *Nat. Rev.*, *5*, 113–125.

Roos, W.P. und Kaina, B. (2013) DNA damage-induced cell death: From specific DNA lesions to the DNA damage response and apoptosis. *Cancer Lett.*, **332** (2), 237–248.

Roos, W.P., Thomas, A.D. und Kaina, B. (2016) DNA damage and the balance between survival and death in cancer biology, *Nat. Rev. Cancer* **16**, 20–33.

Surova, O. und Zhivotovsky, B. (2013) Various modes of cell death induced by DNA damage. *Oncogene*, **32** (33), 3789–3797.

8
Zur Frage einer unwirksamen Dosis genotoxischer Agenzien[1]

H. Greim und R.A. Albertini

8.1
Einleitung

> Aus Tierversuchen gibt es viele Hinweise auf unwirksame Konzentrationen genotoxischer Kanzerogene und dass die Dosis-Wirkungs-Kurven von DNA-Addukten und den daraus folgenden Mutationen nicht übereinstimmen; die Dosis-Wirkungs-Kurven der entstehenden Mutationen steigen erst bei höheren Konzentrationen an. Unbestritten ist auch, dass sich bei niedriger Exposition die spontane Mutationsrate nicht mehr erhöht.

Generell wird davon ausgegangen, dass genetische Veränderungen an der Krebsentstehung beteiligt sind und sich für genotoxische Kanzerogene keine unwirksame Konzentration ableiten lässt. Allerdings stellt die Kenntnis der zellulären Abwehrmechanismen die Annahme zunehmend infrage, dass auch die geringste Exposition gegenüber einem genotoxischen Kanzerogen das Krebsrisiko erhöht.

Dementsprechend gehen sowohl das wissenschaftliche Expertengremium der European Food Safety Authority (EFSA, 2005) und die drei wissenschaftlichen Kommissionen der Generaldirektion Gesundheit der Europäischen Kommission (EC, 2009) davon aus, dass es eine Dosis gibt, unterhalb der keine genotoxische Wirkung und damit Kanzerogenität mehr auftritt. Von einer nicht linearen Dosis-Wirkungs-Beziehung wird auch in den Guidelines for Carcinogenic Risk Assessment der US Environmental Protection Agency (EPA, 2005) ausgegangen. Darüber hinaus hat Calabrese (2011) die dem Konzept der Linearität der Dosis-Wirkungs-Beziehung mutagener Wirkungen zugrunde liegenden Daten überprüft und festgestellt, dass sie für die Annahme einer Linearität nicht beweisend sind. Es basiert auf Studien an Drosophila, die gegenüber radioaktiven Strahlen exponiert waren und im Einzelnen durchaus auf ein Eintauchen in die sponta-

1) Der Beitrag basiert auf der Veröffentlichung Greim, H. und Albertini, R.A. (2015) Zur Frage einer unwirksamen Dosis genotoxischer Agentien. *Arbeitsmed. Sozialmed. Umweltmed.*, **12**, 896–903.

Das Toxikologiebuch, 1. Auflage. Helmut Greim (Hrsg.).

nen Mutationsraten hinweisen. Dennoch wurde die Nichtlinearität zunächst für den Strahlenkrebs postuliert und 1977 vom US National Academy of Sciences Safe Drinking Water Committee für alle genotoxischen chemischen Kanzerogene übernommen.

Seither haben zahlreiche *In-vitro-* oder *In-vivo*-Studien dieses Konzept bestätigt oder widerlegt. Allerdings werden Untersuchungen mit genotoxischen Kanzerogenen, die eine unwirksame Konzentration ergaben, immer wieder dadurch infrage gestellt, dass eine Unterscheidung zwischen Wirkungen bei niedriger Dosierung und der spontanen Tumorrate aufgrund statistischer Probleme nicht möglich ist. Selbst ein Kanzerogenitätsversuch mit 40 800 Forellen hat nach Meinung der Autoren keinen Nachweis einer unwirksamen Konzentration ergeben Bailey *et al.* (2009). Damit dürfte es kaum möglich sein, anhand solcher Untersuchungen den Beweis für eine unwirksame Dosis von genotoxischen Kanzerogenen zu erbringen. Wenn man jedoch die Abwehrmechanismen die Zelle auf einen durch DNA-reaktive d. h. genotoxische Kanzerogene ausgelösten Schaden betrachtet, wird eine Wirkungsschwelle für genotoxische Kanzerogene durchaus plausibel.

8.2 Krebsentstehung durch genotoxische Kanzerogene

Der initiale Prozess der Krebsentstehung läuft in den folgenden Schritten ab (siehe auch Kapitel 7):

1. Exposition der Zielzellen gegenüber den DNA-reaktiven und damit potenziell mutagenen Substanzen,
2. Reaktion mit der DNA,
3. fehlerhafte Replikation eines geschädigten DNA-Abschnittes oder fehlerhafte Reparatur des DNA-Schadens,
4. Mutationen in kritischen Genen der Tochterzellen.

Obwohl viele weitere Schritte bis zur endgültigen Krebsentstehung erforderlich sind, ist davon auszugehen, dass zelluläre Abwehrmechanismen diese ersten Schritte beeinflussen können und damit die Entstehung von Mutationen zumindest bis zu einer bestimmten Expositionshöhe verhindern.

1. Exposition der Zielzellen
Zunächst bestimmen toxikokinetische Faktoren, d. h. Aufnahme, Verteilung, metabolische Aktivierung und Inaktivierung, ob eine potenziell genotoxische Substanz eine Zielzelle erreicht. Ein klassisches Beispiel ist Formaldehyd, eine reaktive Substanz, die im endogenen Stoffwechsel gebildet wird und mit Proteinen und DNA reagiert. Dementsprechend kommt es im Tierversuch bei ausreichend hoher inhalativer Exposition zu Mutationen und Tumoren in Bereichen des direkten Kontaktes, d. h. im oberen Atemtrakt. Wie umfangreiche Untersuchungen gezeigt haben, ist Formaldehyd jedoch aufgrund seiner raschen Metabolisierung syste-

misch nicht verfügbar und kann damit den endogenen Formaldehydpool nicht erhöhen (IARC, 2006; Swenberg *et al.*, 2011).

2. Reaktion mit DNA und DNA-Schaden
Säugetierzellen sind ständig gegenüber DNA-reaktiven Substanzen exponiert. Sie entstehen entweder im endogenen Stoffwechsel (z. B. Acetaldehyd, Ethylenoxid, Formaldehyd oder Isopren) oder bei exogener Exposition, z. B. Acetaldehyd aus Vinylacetat oder Ethylenoxid aus Ethylen. Für Ethylenoxid und Acetaldehyd konnte gezeigt werden, dass bis zu einer bestimmten Exposition die entstehenden DNA-Addukte im Vergleich zu den endogenen nicht signifikant erhöht sind. Daraus wird geschlossen, dass sich die Zellen bei niedriger Exposition nicht mit einem zusätzlichen DNA-Schaden auseinandersetzen müssen (Moeller *et al.*, 2013).

3. Die zelluläre Reaktion auf einen DNA-Schaden
Die Zelle hat verschiedene Mechanismen, um einen DNA-Schaden zu verhindern:

- **Metabolische Inaktivierung des reaktiven Agens,**
- **Schutz des genetischen Materials durch Membranen oder Proteine, die das reaktive Agens abfangen,**
- **Reparatur der DNA-Läsionen,**
- **Elimination geschädigter Zellen durch Apoptose oder Nekrose.**

Entsprechend der umfangreichen Literatur wird allgemein anerkannt, dass die metabolische Inaktivierung endogener und exogener genotoxischer Agenzien die Exposition der kritischen zellulären Strukturen wie der DNA vermindern und Membranen und Proteine reaktive Agenzien abfangen. Dazu kommen die verschiedenen DNA-Reparaturmechanismen (homologe Rekombination, nicht homologe Rekombination, Nukleotidexzisionsreparatur und Mismatch-Reparatur), die in Abhängigkeit vom Zellzyklus aktiv sind, wobei eine DNA-Interaktion während der DNA-Synthese am kritischsten ist, da der Schaden auf die Tochterzellen übertragen werden kann. Der gesamte Reparaturprozess wird durch das DNA-Damage-Response (DDR)-System reguliert, das Reparatur, Zellteilungsrate und die Mechanismen der Apoptose und Nekrose steuert. Im Folgenden werden die einzelnen Mechanismen kurz beschrieben (Abb. 8.1).

8.3 DNA-Reparatur

> Bei einem DNA-Schaden wird nicht nur die DNA-Reparatur aktiviert, sondern es kommt gleichzeitig zu einer Reduktion der Zellteilungsrate. Damit wird der Reparatur mehr Zeit gegeben und die Weitergabe von DNA-Schäden an die Tochterzellen verhindert.

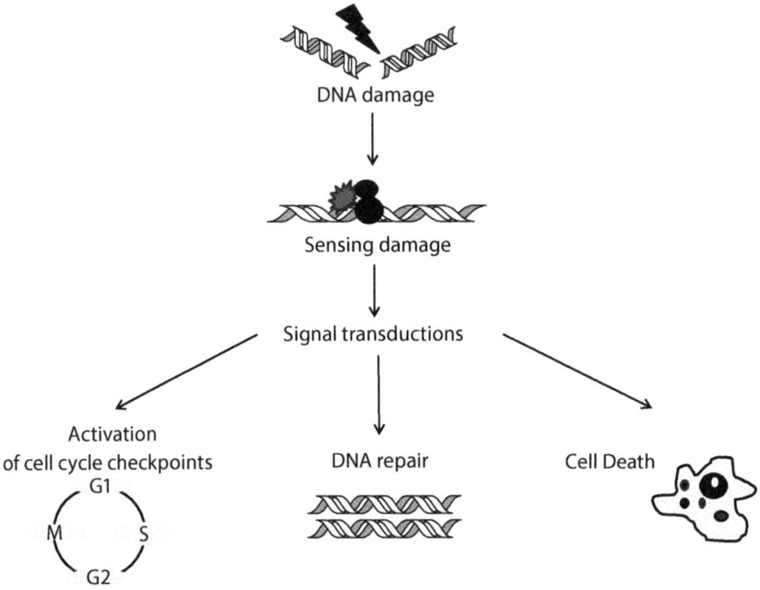

Abb. 8.1 Das DNA-Damage-Response (DDR)-System. Nach Erkennen des Schadens werden Signale ausgesendet, die durch Phosphorylierung Enzyme aktivieren, die den Zellzyklus verlangsamen, die DNA-Reparatur aktivieren oder bei schwereren Schäden Programme induzieren, die zum Zelltod (Apoptose oder Nekrose) führen (Figure reproduced by permission of The Royal Society of Chemistry (RSC) from Surova and Zhivotovsky: Different Modes of Cell Death Induced by DNA Damage, in Greim and Albertini (2012): The Cellular Response to the Genotoxic Insult).

Das Basenexzisionreparatur (BER)-System

Durch Oxidation und Alkylierungen infolge endogener Stoffwechselvorgänge kommt es täglich zu etwa 10 000 DNA-Schäden pro Zelle Almaida und Sobol (2007), wobei die oxidativen Schäden aus der Bildung reaktiver Sauerstoffspezies infolge der mitochondrialen Atmung, Cytochrom-P-450-Reaktionen und Entzündungen im Vordergrund stehen, die aber auch durch intrazelluläre Metabolisierung von Fremdstoffen einschließlich Arzneimitteln oder ionisierende und UV-Strahlung entstehen (Jezek und Hlavata, 2005). Von den dabei entstehenden reaktiven Sauerstoffspezies (ROS) ist das •OH-Radikal am reaktivsten und für die meisten der dabei entstehenden oxidativen DNA-Schäden verantwortlich. Nakamura und Swenberg (1999) gehen sogar davon aus, dass es täglich je nach Gewebe bis zu 200 000 DNA-Basenverlusten pro Zelle kommt. Da die normale Zelle nur etwa 500 veränderte Basen enthält (Lindahl, 1993), wird ersichtlich, welch hohe Kapazität das Basenreparatursystem besitzt.

Die meisten der oxidativen DNA-Schäden werden vom BER-System repariert. Dabei wird der Schaden zunächst von einer Glykosylase erkannt, welche die veränderte Base von der Desoxyribose abtrennt. An der apurinen Stelle wird der DNA-Strang von einer Endonuklease aufgetrennt, der apurine Rest von einer Po-

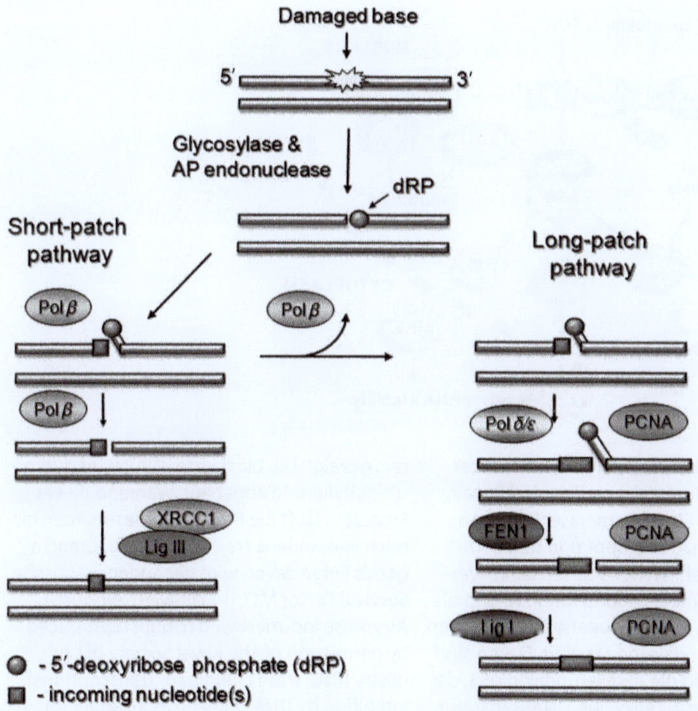

Abb. 8.2 Basenexzisionsreparatur (BER). Nach Erkennen des Schadens eliminiert eine spezifische Glycosylase die veränderte Base. Die Polymerase β trennt den DNA-Strang und entfernt den abasischen Zuckerphosphatrest. In die entstandene Lücke wird das entsprechende intakte Nukleotid eingesetzt und der DNA Einzelstrang durch den XRCC1-Ligase-III-Komplex wieder verbunden. Wenn die Polymerase β den Strang nicht auftrennen kann, werden durch die Polymerase δ/ε mehrere Nukleotide angehängt, deren überstehende (Flap) Teile nach Einfügen des intakten Nukleotids durch eine Flap-Endonuklease abgetrennt werden, damit die Ligase den Strang wieder zusammenfügen kann (Figure reproduced by permission of The Royal Society of Chemistry (RSC) from Dianov *et al.*: Tumour Suppressor Protein-mediated Regulation of Base Excision Repair in Response to DNA Damage, in Greim and Albertini (2012): The Cellular Response to the Genotoxic Insult).

lymerase eliminiert, durch das entsprechende intakte Nukleotid ergänzt und mithilfe einer DNA-Ligase der intakte DNA-Strang wiederhergestellt. Gegenwärtig sind 11 für oxidativ veränderte Basen spezifische Glykosylasen bekannt, wobei die Aktivität einzelner Glykosylasen bei ihrem Fehlen durch andere kompensiert werden kann (Abb. 8.2). Es gibt Hinweise darauf, dass die intakte DNA elektrische Leitfähigkeit besitzt, die bei DNA-Schäden unterbrochen wird, wodurch die an der DNA-Reparatur beteiligten Enzyme angelockt werden.

Die auf der DNA gespeicherte Information wird von der RNA abgelesen, die die Synthese spezifischer Proteine an den Proteosomen steuert. An einem DNA-Schaden wird der vom RNA-Polymerase-Komplex gesteuerte Ablesevorgang an der veränderten Base angehalten und die transkriptionsabhängige Reparatur (Transcription-Coupled Repair, TCR) aktiviert. Dabei werden Stresskinasen

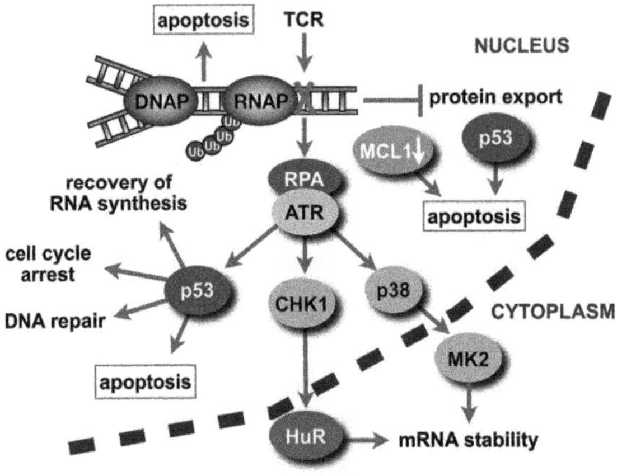

Abb. 8.3 Zelluläre Reaktion bei blockierter Transkription (Transcription Coupled Repair, TCR). Wenn die RNA-Polymerase (RNAP) an einem DNA-Schaden stoppt und den DNA-Strang nicht mehr weiter ablesen kann, werden durch RPA (Replication Protein A) und die Stress-Kinase-ATR verschiedene Mechanismen durch Phosphorylierung aktiviert. Davon sind in der Abbildung die Aktivierung von p53, das die RNA-Synthese, Zellzyklus, DNA-Reparatur und Apoptose steuert, sowie die Aktivierung der Kinase CHK1 und p38, die über weitere Schritte zur Stabilisierung der mRNA führen, gezeigt. Die blockierte RNAP wird durch Ubiquitylierung abgebaut. Während dieses Prozesses läuft die Proteinsynthese weiter, bis noch vorhandene freie mRNA aufgebraucht ist. Als Folge davon wird der antiapoptotische Survival Factor MCL-1 inaktiviert, wodurch Apoptose induziert wird (Figure reproduced by permission of The Royal Society of Chemistry (RSC) from Ljungman: Transcriptional Inhibition by DNA Damage as a Trigger for Cell Death, in Greim and Albertini (2012): The Cellular Response to the Genotoxic Insult).

aktiviert, wodurch es über eine Aktivierung des Tumorsuppressorgens p53 zu einer Blockierung der Zellteilung kommt, bis der DNA-Schaden repariert ist und die RNA-Synthese wiedereinsetzt. Die Proteinsynthese kommt allerdings erst dann zum Erliegen, wenn die freie noch im Zytoplasma vorhandene RNA aufgebraucht ist. Ist dieser Pool erschöpft, werden „short-lived survival factors" wie der antiapoptotische Faktor MCL-1 inaktiviert, sodass der bis dahin gehemmte Apoptosemechanismus anläuft (Abb. 8.3).

Bemerkenswert ist, dass auch das BER-System streng kontrolliert ist. Übersteigt die Aktivität seiner wichtigsten Enzyme (XRCC1, Ligase III und Polymerase β) die vorhandenen DNA-Schäden, werden die Enzyme durch Ubiquitinketten markiert und damit von proteosomalen Enzymen erkannt und abgebaut. Bei DNA-Schäden sind die Ubiquitinligasen inaktiviert.

8.4
ATM und ATR bei der Reparatur von DNA-Schäden

Doppelstrangbrüche (DSB) und DNA-Crosslinks, Schäden, die die DNA-Replikation stoppen, induzieren eine Kaskade von Reparaturmechanismen. Das Ataxia-

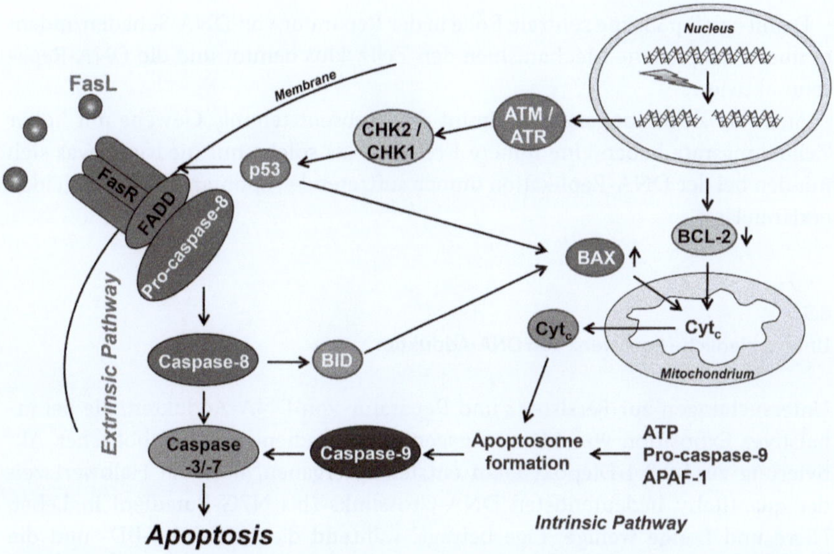

Abb. 8.4 Apoptose nach Doppelstrangbrüchen. Erklärung der einzelnen Schritte siehe Text, Abschn. 8.4 und 8.6 (Figure reproduced by permission of The Royal Society of Chemistry (RSC) from Kaina et al.: Survival and Death Strategies in Cells Exposed to Genotoxins, in Greim and Albertini (2012): The Cellular Response to the Genotoxic Insult).

Telangiectasia-Mutated (ATM)-Protein wird durch Doppelstrangbrüche (DSB) aktiviert, das ATRad-3-related (ATR)-Protein von Einzelstrangbrüchen und bei blockierter DNA-Synthese. Beides sind Proteinkinasen. Sie aktivieren verschiedene Mechanismen, die DNA-Reparatur, Zellteilungsrate und Apoptose steuern (Abb. 8.4). ATM aktiviert Exo- und Endonukleasen, ATR wird vom ATR-Interacting Protein (ATRIP) bei blockierter DNA-Replikation aktiviert und der resultierende Komplex bindet an den Replication Protein A (RPA)-DNA-Einzelstrangkomplex. Dies führt zur Phosphorylierung verschiedener Proteine und damit zur homologen Rekombination, sodass der Replikationsblock aufgehoben wird. Eines der phosphorylierten Proteine ist das Histon 2AX, das sich mittels Immunfluoreszenz mikroskopisch nachweisen lässt und als Marker für Doppelstrangbrüche infolge von Genotoxizität und deren Reparatur verwendet wird.

Darüber hinaus steuern ATR und ATM den Zellzyklus mittels Checkpoint-Kinasen 1 und 2 (Chk1 und Chk2). Bei blockierter DNA-Replikation wird Chk1 durch ATR aktiviert, bei Doppelstrangbrüchen Chk2 durch ATM. Beide phosphorylieren den Tumorsuppressor p53, der dadurch stabilisiert und nicht abgebaut wird. Dieser Tumorsuppressor aktiviert p21, wodurch die Bildung des Cyclin-E-Cdk2-Komplexes gehemmt wird und damit der Eintritt der Zellen in die S-Phase, sodass die Zellteilungsrate und DNA-Replikation gehemmt werden. Gleichzeitig aktiviert p53 ERCC3, eines der DNA-Exzisionsenzyme, die geschädigte DNA-Abschnitte erkennen und eliminieren.

Damit spielt p53 eine zentrale Rolle in der Reparatur von DNA-Schäden, indem es über verschiedene Mechanismen den Zellzyklus hemmt und die DNA-Reparatur aktiviert.

Auch die Zellteilungsrate bestimmt die Krebsentstehung. Gewebe mit hoher Zellteilungsrate haben eine höhere Krebsrate als solche mit niedriger, was sich mit den bei der DNA-Replikation immer auftretenden spontanen DNA-Schäden erklären lässt.

8.5 Unterschiedliche Persistenz von DNA-Addukten

Untersuchungen zur Persistenz und Reparatur von DNA-Addukten, die bei inhalativer Exposition von Mäusen gegenüber Butadien und metabolischer Aktivierung zu 1,2,3,4-Diepoxybutan entstehen, ergaben, dass die Halbwertszeit der quantitativ bedeutendsten DNA-Crosslinks (bis-N7G-Butadien) in Leber, Niere und Lunge wenige Tage beträgt, während die N7G-N1A-BD- und die 1,N6-HMHP-dA-Addukte persistierten und möglicherweise für die durch Butadien ausgelöste Genotoxizität und Kanzerogenität verantwortlich sind. Obwohl die Untersuchungen zeigen, dass spezifische DNA-Addukte persistieren oder nur langsam eliminiert werden, ist zu berücksichtigen, dass die Butadienexpositionen hoch waren und niedrigere Dosierungen nicht untersucht wurden, sodass die Möglichkeit besteht, dass bei den hohen Dosierungen die Reparaturmechanismen übersättigt waren.

Ob langfristige Expositionen im Gegensatz zu akuten zu einer Verminderung der DNA-Reparaturkapazität führen, ist unklar. Eine diskutierte Möglichkeit ist, dass DNA-Reparaturproteine bei längerfristiger Exposition durch Mutationen infolge langsam akkumulierender DNA-Addukte in ihrer Aktivität beeinträchtigt werden.

8.6 Apoptose und Nekrose

Bei schweren oder irreparablen DNA-Schäden werden Programme initiiert, die über die Mechanismen der Apoptose, den programmierten Zelltod, oder Nekrose zum Absterben der Zellen führen. Apoptose wird durch die ATM- und ATR-vermittelte Stabilisierung von p53 aktiviert. Interaktion des p53 mit dem FasR/FADD-Rezeptor aktiviert den Caspase-8-getriggerten Apoptosemechanismus. Beim mitochondrialen Mechanismus aktiviert p53 Bax und es kommt zu einer Hemmung von Bcl-2. Freisetzung von Cytochrom C aus den Mitochondrien aktiviert die Apaf-Monomeren, die sich zum Apoptosom zusammenfügen. Dadurch aktiviert Caspase 9 die Caspasen 7 und 3 (Abb. 8.4). Durch beide Mechanismen wird die Hemmung der DNase aufgehoben, sodass die DNA gespalten wird und es zur Bildung nukleosomaler Fragmente kommt.

Schwere DNA-Schäden führen auch zu einer Aktivierung von PARP-1, das die mitochondriale Atmung blockiert und zum Absenken von NAD und ATP führt. ATP-Mangel führt zur Nekrose. Da die verschiedenen Mechanismen der Apoptose Energie benötigen, kann Apoptose nur bei intakter mitochondrialer Atmung ablaufen. Damit scheint der zelluläre Energiestatus zu bestimmen, ob es zu Apoptose oder Nekrose kommt. Nekrotische Zellen schwellen an, die Membranen werden durchlässig, es kommt zur Freisetzung zytoplasmatischer Bestandteile und zum Zelltod.

8.7 Epigenetische Mechanismen

Die wichtigsten Prozesse der DNA-Reparatur (Erkennen des Schadens, Aufschneiden des DNA-Stranges, Elimination der geschädigten Base, DNA-Synthese und Verknüpfung des reparierten Stranges) wird über die XRCC1/Ligasekomplex III und die sogenannten Scaffold-Proteine gesteuert. Die daran beteiligten Enzyme werden wiederum durch epigenetische Mechanismen wie Phosphorylierungen, Acetylierungen, Sumoylierungen, Ubiquitilierungen und Methylierungen reguliert. Diese Posttranlationsmechanismen steuern die Bindungseigenschaften der Enzymproteine, ihren Umsatz sowie ihre subzelluläre Lokalisation und Aktivität. Die Regulierung der wichtigsten am BER-System beteiligten Enzyme durch Ubiquitilierung wurde in Abschnitt 8.3 beschrieben. Durch die Methylierung von Histonen werden spezifische chromosomale Regionen an- oder abgeschaltet, wobei die Methylierung selbst über Argonautenproteine gesteuert werden kann. Diese Proteine binden an mikroRNA und kleinere RNA-Abschnitte und reduzieren dadurch die Translation und Stabilität von mRNA. Sie steuern die Aktivität von etwa 30 % aller Gene.

8.8 Interzelluläre Kommunikation über Gap Junctions

Im Zellverband sind die einzelnen Zellen durch Gap Junctions, d. h. Kanäle, miteinander verbunden, über die kleine und hydrophile Moleküle ausgetauscht werden. Über diesen Austausch wird eine Vielzahl von physiologischen Prozessen gesteuert, der damit zur Aufrechterhaltung der Homöostase beiträgt. Die Kanäle bestehen aus sechs Connexineinheiten, deren Synthese in Tumorzellen infolge einer hohen Methylierungsrate des Connexinpromotors vermindert ist. Während genotoxische Karzinogene die Funktion der Gap Junctions nicht zu beeinflussen scheinen, werden sie durch nicht genotoxische Substanzen wie TCDD, d. h. Tumorpromotoren, beeinflusst, indem sie das Gleichgewicht zwischen Proliferation und Zelltod stören. Inwieweit diese Störung bei niedriger Exposition gegenüber solchen Promotoren z. B. durch gesteigerte Connexinsynthese gegenreguliert wird, wurde bisher nicht untersucht.

8.9
Beispiele für dosisabhängige Reaktionen bei Genotoxizität

Mehrere Beispiele zeigen, dass die Dosis-Wirkungs-Kurven von DNA-Addukten und Mutationen zwar parallel verlaufen, die DNA-Addukte aber bereits bei niedrigerer Exposition nachweisbar sind. Daraus ist zu schließen, dass DNA-Addukte als solche noch keine Genotoxizität bedeuten, sondern als Marker für eine Exposition anzusehen sind. Die daraus entstehenden Mutationen treten erst bei höherer Exposition auf.

- Nach Exposition transgener Big-Blue-Ratten gegenüber Cyproteronacetat stiegen die DNA-Addukte zwischen 25 und 75 mg/kg linear an, die Mutationsrate erst ab 75 mg/kg. DNA- und RNA-Synthese, Mitoserate und Lebervergrößerung waren erst ab 40–100 mg/kg Cyproteronacetat erhöht. Daraus ist zu schließen, dass aus DNA-Addukten erst dann Mutationen entstehen, wenn bei höherer Dosierung eine mitogene Wirkung hinzukommt, d. h., die Zellteilungsrate durch Zytotoxizität erhöht ist.
- Für Vinylchlorid wurde eine Parallelität der Dosis-Wirkungs-Kurven zwischen DNA-Addukten und dem Auftreten von Tumoren gezeigt, wobei die DNA-Veränderungen im Vergleich zu den Tumoren noch bei niedrigeren Dosierungen nachweisbar waren.
- Nach Behandlung von CD1- und Muta™-Mäusen mit Ethylmethansulfonat (EMS) betrugen die NOAEL für die klastogene Wirkung bei der CD-Maus 80 mg/kg und für die Induktionen von Mutationen in Knochenmarkzellen bei den Muta™-Mäusen 25 mg/kg, während Ethyladdukte an Proteinen und DNA bei niedrigeren Konzentrationen nachweisbar waren.
- Untersuchungen der dosisabhängigen Mutagenität des direkten Alkylans Methylnitrosoharnstoff in Säugetierzellen *in vitro* zeigten, dass der NOGEL (no observed genotoxic exposure level) von 0,0075 µg/ml sich nach Inaktivierung der MGMT nach links verschob, d. h., nach Ausschalten der DNA-Reparatur war die Mutationsrate erhöht.
- Untersuchungen über die Korrelierbarkeit von Addukten mit Mutationen nach Exposition gegenüber DNA-reaktiven Substanzen wie Ethylenoxid oder Formaldehyd zeigten, dass Mutationen erst bei höheren Expositionen als die Addukte induziert werden. Die Addukte sind demnach als Biomarker einer Exposition anzusehen, die sich linear bis zu niedrigster Exposition verfolgen lassen und dann niedriger sind als die spontane Adduktrate. Mutationen als Biomarker für Genotoxizität werden erst bei höherer Dosis induziert und korrelieren erst dann mit der Exposition, wenn sie die spontane Mutationsrate übersteigen.

8.10
Schlussfolgerung

> Normal funktionierende Zellen sind ständig gegenüber DNA-reaktiven Substanzen exponiert, die wie Ethylenoxid oder reaktive Sauerstoffspezies (ROS) zumeist endogen gebildet werden. Dazu kommen Schäden infolge fehlerhafter Reparatur und exogen ausgelöste Schäden z. B. durch ionisierende Strahlung, Virusinfekte oder reaktive genotoxische Chemikalien. Die zelluläre Homöostase wird jedoch durch mehrere effiziente Mechanismen aufrechterhalten.

Zu den zellulären Abwehrmechanismen gegenüber genotoxischen Ereignissen gehören:

- Toxikokinetische Faktoren, die verhindern, dass das reaktive Agens die DNA erreicht, wie metabolische Inaktivierung, Reaktion mit Proteinen, durch Membranen gehinderter Zugang zur DNA.
- Enzymatische intrazelluläre Entgiftungsmechanismen, die reaktive Agenzien, wie reaktive Sauerstoffspezies, nicht über physiologische Konzentrationen hinaus ansteigen lassen.
- Ein effizientes System, das DNA-Schäden nicht über das physiologische Gleichgewicht ansteigen lässt. Dadurch werden die ständig auftretenden DNA-Schäden repariert, wobei die Wirkung durch Hemmung der Zellproliferation verstärkt wird. Dadurch ergibt sich einerseits mehr Zeit für die Reparatur, andererseits wird verhindert, dass Schäden des Genoms durch die Zellteilung weitergegeben werden.
- Elimination schwer geschädigter Zellen durch Apoptose und Nekrose.

In einer Zelle liegen im Gleichgewichtszustand etwa 500 veränderte Basen vor, was etwa einer Läsion pro 10^6 Basen entspricht. Täglich werden jedoch etwa 10 000 Basen verändert, was die hohe Effizienz dieser Reparatursysteme belegt. Da man zumindest generell davon ausgehen kann, dass die durch endogene und exogene Agenzien ausgelösten DNA-Schäden identisch sind, bedeutet dies, dass kleinere zusätzliche exogene Belastungen repariert werden und nicht zu Mutationen führen.

Hinzu kommt, dass bei schweren DNA-Schäden die sogenannten Todesprogramme induziert werden, die über Apoptose oder Nekrose zu einer Elimination der Zellen mit nicht mehr reparabler DNA führen.

Es ist daher nicht plausibel, dass geringe Expositionen gegenüber genotoxischen Chemikalien zu einer Störung der intrazellulären Homöostase führen und damit die spontane Mutationsrate erhöht und die Entartung zu Krebszellen ausgelöst wird.

Obwohl in einer großen Anzahl von Studien die einzelnen Mechanismen zur Elimination veränderter DNA und geschädigter Zellen untersucht worden sind, fehlen zumeist Angaben zur Dosisabhängigkeit des An- oder Abschaltens der einzelnen Reaktionen, sodass daraus keine Hinweise auf eine Konzentration ableitbar sind, bei der keine Wirkung auftritt oder das System übersättigt, d. h. an die Grenze seiner Belastbarkeit gekommen, ist. Letzteres ist schon deshalb interessant, weil in vielen Kanzerogenitätsstudien Wirkungen erst bei sehr hoher Exposition auftreten, die einerseits für den Menschen irrelevant sind, es sich andrerseits aber um Versuchsbedingungen handelt, bei denen die beschriebenen zellulären Abwehrmechanismen überfordert sein können und die damit für die Exposition des Menschen ebenfalls nicht relevant sind. Dennoch werden Stoffe, die unter solchen Bedingungen im Tierversuch zu Tumoren geführt haben, als kanzerogen eingestuft.

8.11 Zusammenfassung

Trotz ständiger Herausforderung durch endogene oder exogene Faktoren, die zu DNA-Schäden führen, wird die zelluläre Homöostase zumindest bei niedriger Exposition aufrechterhalten. Um dies zu gewährleisten, werden je nach Schwere des Schadens verschiedene Mechanismen in Gang gesetzt. Geringe DNA-Schäden werden üblicherweise durch DNA-Reparatur eliminiert, während bei größeren oder irreparablen Schäden Mechanismen wie Apoptose oder Nekrose induziert werden, um zu verhindern, dass der Schaden bei der Zellteilung weitergegeben wird.

Diese Mechanismen sind sehr effektiv, denn obwohl pro Zelle und Tag allein durch oxidative Stoffwechselprozesse etwa 10 000 DNA-Läsionen erzeugt werden, enthält die normale Zelle nur etwa 500 veränderte Basen. Obwohl diese Schutzmechanismen zunehmend aufgeklärt sind, gibt es kaum Informationen über Dosis-Wirkungs-Beziehungen und damit die Belastbarkeit gegenüber DNA-schädigenden Agenzien. Um die Bedeutung der verschiedenen zellulären Abwehrmechanismen und ihre Regulation für die Toxikologie nutzbar zu machen, müssen bei entsprechenden Untersuchungen die Dosis-Wirkungs-Beziehungen ermittelt werden, nicht zuletzt um das Postulat unwirksamer Konzentrationen auch bei genotoxischen Kanzerogenen plausibel zu machen. Damit können auch für genotoxische Kanzerogene unwirksame Konzentrationen identifiziert und gesundheitsbasierte Grenzwerte abgeleitet werden.

Literatur

Literaturzitate im Text siehe Greim, H. und Albertini, R.A. (2015).

Weiterführende Literatur

Barnes, D.E. und Lindahl, T. (2004) Repair and genetic consequences of endogenous DNA base damage in mammalian cells. *Annu. Rev. Genet.*, **38**, 445–476.

Goggin, M., Sangaraju, D., Walker, V.E., Wickliffe, J., Swenberg, J.A. und Tretyakova, N. (2011) Persistence and repair of bifunctional DNA adducts in tissues of laboratory animals exposed to 1,3-Butadiene by inhalation. *Chem. Res. Toxicol.*, **24**, 809–817.

Greim, H. und Albertini, R.J. (2015) Cellular response to the genotoxic impact: The question of threshold for genotoxic carcinogens. *Toxicol. Res.*, **4**, 36–45.

Izumi, T., Wiederholt, L.R., Roy, G., Roy, R., Jaisval, A., Bhakat, K.K., Mitra, S. und Hazra, T.K. (2003) Mammalian DNA base excision repair proteins: their interactions and role in repair of oxidative DNA damage. *Toxicol.*, **193**, 43–65.

Meisenberg, C., Tait, P.S., Dianova, I.I., Wrigth, K., Edelmann, M.J., Ternette, N., Tasaki, T., Kessler, B.M., Parsons, J.L., Kwon, Y.T. und Dianov, G.L. (2012) Ubiquitin ligase UBR3 regulates cellular levels of the essential DNA repair protein APE1 and is required for genome stability. *Nucl. Acid Res.*, **40**, 701–711.

Parsons, J.L., Tait, P.S., Finch, D., Dianova, I.I., Allison, S.L. und Dianov, G.L. (2008) CHIP-mediated degradation and DNA damage-dependent stabilization regulate base excision repair proteins. *Mol. Cell*, **29**, 477–487.

Preston, R.J. und Williams, G.M. (2005) DNA-reactive carcinogens: Mode of action and human cancer hazard. *Crit. Rev. Toxicol.*, **35**, 673–683.

Thomas, A.D., Jenkins, G.J., Kaina, B., Bodger, O.G., Tomaszowski, K.H., Lewis, P.D., Doak, S.H. und Johnson, G.E. (2013) Influence of DNA repair on nonlinear dose-responses for mutation. *Toxicol. Sci.*, **132**, 87–95.

Tomasetti, C. und Vogelsten, B. (2015) Variation in cancer risk among tissues can be explained by the number of stem cell divisions. *Science*, **347**, 78–80.

Williams, G.M., Iatropoulos, M.J., Jeffrey, A.M. (2000) Mechanistic basis for nonlinearities and thresholds in rat liver carcinogenesis by the DNA-reactive carcinogens 2-acetylaminofluorene and diethylnitrosamine. *Toxicol. Pathol.*, **28**, 388–395.

9
Reproduktionstoxikologie

H. Spielmann

Die Reproduktionstoxikologie beschreibt die Beeinträchtigung der weiblichen und männlichen Fruchtbarkeit (Fertilität), Schädigungen während der Schwangerschaft und Stillzeit sowie Effekte, die pränatal ausgelöst werden und sich erst in den nachfolgenden Generationen manifestieren. Eine Besonderheit dieses Gebietes der Toxikologie sind entwicklungsabhängige Unterschiede der Empfindlichkeit weiblicher und männlicher Keimzellen, des Embryos, des Fetus und die gleichzeitige Exposition von Mutter und Embryo/Fetus bzw. Säugling in Schwangerschaft und Stillzeit.

9.1
Einleitung

Die Reproduktionstoxikologie umfasst toxische Effekte auf die gesamte Fortpflanzung, beginnend mit der Beeinträchtigung der weiblichen und männlichen Fertilität über prä- und postnatale Schädigungen bis hin zu Effekten, die erst in den nachfolgenden Generationen sichtbar werden. Schädigungen der Reproduktion durch chemische Noxen sind erst seit der Thalidomid- bzw. Contergan®-Katastrophe in Deutschland vor 60 Jahren bekannt, und es wurden vor allem Schädigungen des Embryos bzw. des Fetus genauer analysiert. Erst seit ca. 20 Jahren werden hormonell wirksame Umweltchemikalien, die sogenannten *„endocrine disrupters“* kritisch bewertet, weil sie die weibliche und männliche Fruchtbarkeit beeinträchtigen können.

Zur Abschätzung von reproduktionstoxischen Effekten nach Exposition mit chemischen oder physikalischen Noxen werden Erfahrungen am Menschen und tierexperimentelle Prüfmethoden genutzt, die nach internationalen Richtlinien durchgeführt werden müssen.

Das Toxikologiebuch, 1. Auflage. Helmut Greim (Hrsg.).

9.2
Besonderheiten der Reproduktionstoxikologie

Die Reproduktion sichert die kontinuierliche Erhaltung der Arten. Bei Säugetieren läuft dieser Prozess zyklisch ab und in Abb. 9.1 ist der *Reproduktionszyklus* schematisch wiedergegeben.

Die Reproduktionstoxikologie unterscheidet sich von den übrigen Gebieten der Toxikologie vor allem dadurch, dass Schädigungen nicht bei den exponierten Individuen auftreten, sondern erst bei den Nachkommen in der nächsten oder übernächsten Generation.

> Spezifische reproduktionstoxische Noxen beeinträchtigen den Reproduktionszyklus bereits in einem Dosisbereich, der unterhalb der Wirkschwelle für toxische Effekte an den übrigen Organsystemen liegt.

Um toxische Effekte auf die Reproduktion tierexperimentell zu untersuchen, müssen alle Schritte erfasst werden, die für das Heranwachsen gesunder Nachkommen wichtig sind:

- die Vereinigung von Eizellen und Spermien zu einem normalen Chromosomensatz,
- der ungestörte Ablauf von Furchungsteilungen, Implantation, intrauteriner Entwicklung, Geburt und der Postnatalphase mit der Laktation,
- das Heranwachsen mit sexueller Reifung und erfolgreicher Fortpflanzung.

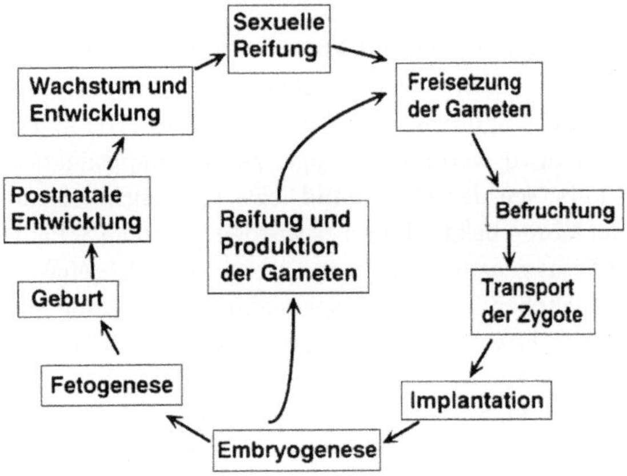

Abb. 9.1 Schematische Darstellung des Reproduktionszyklus der Säugtiere. Die Wirkung toxischer Einflüsse auf die einzelnen Schritte des Reproduktionszyklus kann im Tierversuch genau untersucht werden. Beim Menschen sind solche detaillierten Untersuchungen wegen der langen Generationsdauer von 25–30 Jahren kaum möglich.

Aus systematischen Gründen werden die Abschnitte des Reproduktionszyklus, die für die weibliche und männliche Fruchtbarkeit wichtig sind, d. h. die Entwicklung von Eizellen und Spermien bis hin zur Befruchtung, getrennt von der Embryonaltoxikologie bzw. Prä- und Postnataltoxikologie behandelt.

9.3 Weibliche und männliche Fruchtbarkeit (Fertilität)

9.3.1 Eizellreifung

Die Ovarien des Menschen enthalten bei der Geburt ca. 300 000 Follikel, bei der Pubertät sind noch etwa 50 % vorhanden. Während der etwa 30 Jahre dauernden fruchtbaren Periode einer Frau reifen ca. 400 Eizellen heran. In den Wechseljahren enthalten die Follikel keine fruchtbaren Eizellen mehr.

Während eines vierwöchigen Zyklus einer Frau reift in einem Follikel jeweils nur eine befruchtungsfähige Eizelle heran unter Steuerung des follikelstimulierenden Hormons (FSH) der Hypophyse, das gleichzeitig die Schleimhaut der Gebärmutter für die Einnistung des Embryos vorbereitet und deren weiteres Wachstum durch das luteinisierende Hormon (LH) der Hypophyse gesteuert wird. Wenn die Einnistung des Embryos ausbleibt, wird die Gebärmutterschleimhaut bei der Regelblutung abgestoßen.

> Der synchronisierte Zyklus von Ovar und Gebärmutterschleimhaut wird vom *gonadotropin releasing hormone* (GnRH) des Hypothalamus gesteuert.

Die weibliche Reproduktion ist sehr empfindlich gegenüber allen toxischen Mechanismen, die das hormonelle Gleichgewicht beeinträchtigen, das für die Reifung von Follikel- und Eizellen erforderlich ist. Vor ca. 20 Jahren wurde erkannt, dass Chemikalien, die sich in der Umwelt anreichern und eine Affinität zu Hormonrezeptoren aufweisen, bei Tieren und auch beim Menschen unerwünschte hormonelle Nebenwirkungen haben können. Solche Stoffe, die als *endocrine disrupters* (ED) bezeichnet werden, können möglicherweise die weibliche und männliche Fruchtbarkeit beeinträchtigen. Diese neue Stoffgruppe, die sich vor allem in der Umwelt anreichert, *wird im abschließenden Abschnitt dieses Kapitels behandelt.*

9.3.2 Spermatogenese

Die Entwicklung der Spermien aus unreifen Vorstufen wird Spermatogenese genannt. Sie ist hormonabhängig, beginnt erst nach der Pubertät und findet im Hoden statt. Spermatogonien, die Stammzellen der Spermiogenese, befinden sich an der Wand der Hodenkanälchen und aus ihnen entwickeln sich die reifen Spermien, die im Nebenhoden gespeichert werden. Ein Reifungszyklus von den Spermatogonien bis zu den reifen Spermien dauert bei Menschen 54 Tage. Für die Spermatogenese im Hoden sind außerdem die Sertoli-Stützzellen und die Leydigschen Zwischenzellen wichtig, die das männliche Sexualhormon Testosteron unter Steuerung des luteinisierenden Hormones (LH) der Hypophyse produzieren.

Im Gegensatz zur Reifung der Eizellen verläuft die Spermatogenese beim Mann altersunabhängig kontinuierlich ab, sodass Männer von der Pubertät bis ins hohe Alter zeugungsfähig sind.

Aufgrund der hohen Zellteilungsrate während der Spermatogenese ist diese sehr empfindlich gegenüber chemischen und physikalischen Noxen, die die DNS-Synthese oder den Zellstoffwechsel schädigen, wie z. B. ionisierende Strahlung und alkylierende Chemikalien.

9.3.3 Befruchtung

Die Befruchtung, die Vereinigung einer Eizelle mit einer Spermie, findet im Eileiter statt. In der vorangehenden Reifungsteilung (*Meiose*) wird der diploide Chromosomensatz (100 %) aller „normalen" Körperzellen auf die Hälfte (haploid) in reifen Eizellen und Spermien reduziert. Auf diese Weise erhält die befruchtete Eizelle (Zygote) jeweils die Hälfte ihrer Chromosomen von Vater und Mutter. Das Geschlecht des Embryos wird dabei durch die Geschlechtschromosomen bestimmt: XX bei weiblichen Embryonen und XY bei männlichen. Seit mehr als 30 Jahren wird bei therapeutisch unfruchtbaren Paaren die künstliche Befruchtung außerhalb des weiblichen Körpers routinemäßig als Therapie durchgeführt.

Bei Säugetieren findet die Befruchtung, die Verschmelzung der weiblichen und männlichen Keimzellen – Eizellen und Spermien – im Eileiter statt. Reife Eizellen und Spermien enthalten jeweils einen haploiden Chromosomensatz (50 % der reifen Körperzellen).

9.3.4 Furchungsteilungen und Implantation

Nach der Befruchtung wandert die Zygote vom Eileiter in die Gebärmutter und durchläuft dabei die Furchungsteilungen. Während dieser frühesten Entwicklungsphase besteht der Embryo aus *embryonalen Stammzellen,* aus denen sich die Gewebe aller Organe entwickeln können. Bei Exposition mit niedrigen Dosen chemischer und physikalischer Noxen können frühe Embryonen Schädigungen vollständig reparieren und bei höherer Dosierung sterben sie ab. Nach der Implantation nimmt die Zahl der embryonalen Stammzellen kontinuierlich ab, und sie entwickeln sich zu Zellen und Geweben spezifischer Organe.

> In der frühesten Phase der embryonalen Entwicklung vor der Einnistung in die Gebärmutter ist der Embryo weitgehend unempfindlich gegen toxische Effekte jeder Art, denn geschädigte Zellen sind entweder in der Lage, Schädigungen zu reparieren, oder sie sterben ab.

9.3.5 Beeinträchtigungen der weiblichen und männlichen Fruchtbarkeit

Der Reproduktionszyklus (Abb. 9.1) veranschaulicht, wie unterschiedliche Noxen fruchtbarkeitsschädigend wirken können. Es wird die embryonale Entwicklung der Körperzellen im äußeren Ring dargestellt, und in der Mitte verläuft davon unabhängig die sogenannte *Keimbahn*, ein direkter Sonderweg von der Embryogenese zur Freisetzung der weiblichen und männlichen Keimzellen in der Pubertät. Ob Nachkommen fortpflanzungsfähig sind, zeigt sich in der Tochtergeneration, und ob diese fruchtbar ist, erst in der Enkelgeneration. Bei Exposition in der Schwangerschaft ist eine Schädigung der Fruchtbarkeit deshalb nur durch Studien über zwei Generationen sicher zu beurteilen.

In Tab. 9.1 sind die wichtigsten Symptome von Schädigungen der Reproduktion nach der Definition durch die OECD (2008) zusammengestellt:

Tab. 9.1 Reproduktionstoxische Effekte während unterschiedlicher Lebensabschnitte (OECD).

Reproduktionstoxische Effekte auf die weibliche und männliche Fruchtbarkeit umfassen morphologische und funktionelle Schädigungen der primären und sekundären weiblichen und männlichen Sexualorgane sowie der sie steuernden Hormonsysteme, die zur Beeinträchtigung des geregelten Ablaufes der folgenden Funktionen führen können:

- Beginn der Pubertät,
- Produktion und Transport der weiblichen und männlichen Keimzellen,
- Ungestörter Ablauf des Reproduktionszyklus,
- Männliches und weibliches Sexualverhalten,
- Fruchtbarkeit,
- Schwangerschaft und Geburt,
- Stillzeit bzw. Laktationsphase,
- Ende der fruchtbaren Periode (z. B. zu frühes Einsetzen der Wechseljahre).

Grundsätzlich können alle Stoffe, die das hormonelle Gleichgewicht der weiblichen und männlichen Sexualhormone beeinträchtigen, die Reifung von Eizellen und Spermien beeinflussen und auch die Fruchtbarkeit. Sie werden als *„endocrine disrupters"* (ED) bezeichnet und können sich in der Umwelt anreichern.

9.4 Internationale Prüfmethoden auf dem Gebiet der Reproduktionstoxikologie

Um mögliche fruchtschädigende Effekte durch chemische oder physikalische Noxen zu untersuchen, werden morphologische und funktionelle Kriterien in Tierversuchen analysiert. Dazu werden international standardisierte Studien durchgeführt, und zwar für Arzneimittel entsprechend den Richtlinien der International Conference on Harmonization (ICH), in der die Arzneimittelbehörden der wichtigsten Industrienationen – EMA (Europa), NIEHS (Japan) und FDA (USA) – vertreten sind. Für alle anderen chemischen Stoffe müssen die Tierversuche entsprechend den Prüfrichtlinien der OECD durchgeführt werden.

9.4.1 Reproduktionstoxikologische Prüfmethoden für Arzneimittel und Medizinprodukte (ICH)

Für Arzneimittel schreibt die ICH bei den präklinischen Tierversuchen auf dem Gebiet der Reproduktionstoxikologie drei Prüfungen vor, die sogenannten *Segment-I-, Segment-II- und Segment-III-Studien* an der Ratte, in denen die Unversehrtheit wichtiger Abschnitte des Reproduktionszyklus überprüft wird.

Wie Abb. 9.2 zeigt, werden in der *Segment-I-Studie* männliche und weibliche Tiere bereits vor der Verpaarung behandelt. Wegen der unterschiedlichen Dauer der Keimzellreifung werden die männlichen Tiere 60 Tage und die weiblichen Tiere 14 Tage vor der Verpaarung behandelt und auch nach der Geburt bis zum Ende der Stillzeit am Tag 21.

Bei der *Segment-II-Studie* sind zwei Embryotoxizitätsstudien an schwangeren Ratten und Kaninchen durchzuführen, weil das für den Menschen embryotoxische Thalidomid (Contergan®) nur im Kaninchen embryotoxisch wirkt. Die *Segment-III-Studie ist* eine kombinierte Prä- und Postnatalstudie, bei der die Behandlung vom Tag 15 der Schwangerschaft über die Geburt bis zum Ende der Stillzeit am Tag 21 durchgeführt wird.

9.4.2 Reproduktionstoxikologische Prüfmethoden der OECD

Alle Stoffe und Produkte, die keine Arzneimittel sind, werden nach den Richtlinien der OECD geprüft. Dazu gehören alle Industriechemikalien, Futter- und Lebensmittelzusatzstoffe, Pflanzenschutzmittel und Biozide. Die Ergebnisse

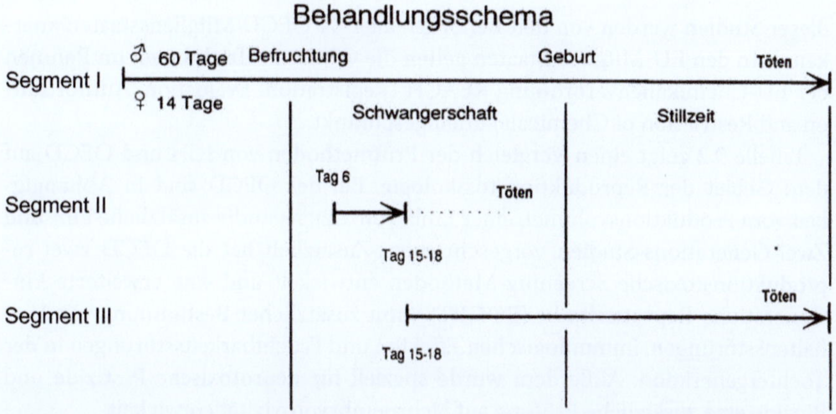

Abb. 9.2 Reproduktionstoxikologische Prüfungen von Arzneimitteln: Segment-I bis Segment-III-Studien (ICH). Die Pfeile zeigen die Behandlungsdauer (Tage) von weiblichen und männlichen Tieren in der präklinischen Arzneimittelprüfung in den sogenannten Segmentstudien der ICH: In Segment I wird eine kombinierte Fruchtbarkeits-, Prä- und Postnatalstudie durchgeführt, in Segment II eine reine Embryotoxizitätsstudie und in Segment III eine kombinierte Prä- und Postnatalstudie. Die Ergebnisse dieser Studien werden von den internationalen Arzneimittelbehörden EMA (Europa), FDA (USA) und NIHS (Japan) anerkannt.

Tab. 9.2 Internationale Prüfrichtlinien in der Reproduktionstoxikologie (ICH, OECD).

Arzneimittel und Medizinprodukte (ICH und EMEA)	Alle anderen Chemikalien (OECD und REACH)
ICH Segment-I-Studie kombinierte Fertilitäts-, Prä- und Postnatalstudie ICH Segment-II-Studie Embryotoxizitätsstudie ICH Segment-III-Studie Prä- und Postnatalstudie	OECD Prüfrichtlinie 414 Embryotoxizitätsstudie OECD Prüfrichtlinie 415 Ein-Generations-Reprotoxstudie OECD Prüfrichtlinie 416 Zwei-Generations-Reprotoxstudie OECD Prüfrichtlinie 443 Erweiterte Ein-Generations-Reprotoxstudie OECD Prüfrichtlinien 421 und 422 reproduktionstoxische Screeningstudien OECD Prüfrichtlinie 426 Neuroembryotoxizitätsstudie

EMEA: European Medicines Agency, ICH: International Conference on Harmonization, OECD: Organization for Economic Co-operation and Development, REACH: Registration, Evaluation, Authorisation and Restriction of Chemicals.

dieser Studien werden von den Behörden aller 34 OECD Mitgliedsstaaten anerkannt. In den EU-Mitgliedsstaaten gelten die OECD Prüfrichtlinien im Rahmen der EU-Chemikalienverordnung REACH (Registration, Evaluation, Authorisation and Restriction of Chemicals) uneingeschränkt.

Tabelle 9.2 zeigt einen Vergleich der Prüfmethoden von ICH und OECD auf dem Gebiet der Reproduktionstoxikologie. Bei der OECD sind in Abhängigkeit vom Produktionsvolumen einer Embryotoxizitätsstudie zusätzliche Ein- und Zwei-Generations-Studien vorgeschrieben. Zusätzlich hat die OECD zwei reproduktionstoxische Screening-Methoden entwickelt und eine erweiterte Ein-Generations-Reprotoxstudie (EOGRTS), mit zusätzlicher Bestimmung von Verhaltensstörungen, immunlogischen Effekten und Fruchtbarkeitsstörungen in der Tochtergeneration. Außerdem wurde speziell für neurotoxische Pestizide und Biozide eine zusätzliche Prüfung auf Neuroembryotoxizität entwickelt.

9.4.3 Die Bedeutung reproduktionstoxikologischer Prüfmethoden für die Risikoabschätzung

Bei der präklinischen Arzneimittelprüfung haben für die Anwendung neuer Arzneistoffe beim Menschen die Ergebnisse der reproduktionstoxikologschen ICH Segment I bis III Studien ein hohes Gewicht. Wie im Abschn. 9.5 dargelegt wird, haben diese Tierversuche bei der Beratung über embryotoxische Risiken in der Schwangerschaft an Bedeutung verloren, und die Ergebnisse epidemiologischer Studien an exponierten Patientinnen sind heute die Grundlage der Beratung (www.embryotox.de).

Anders ist die Situation bei allen übrigen Chemikalien, bei denen nur in Ausnahmefällen epidemiologische Studien von exponierten Frauen und Männern vorliegen, sodass für die Risikoabschätzung nur die Ergebnisse der entsprechend den OECD-Prüfrichtlinien durchgeführten Tierversuche zur Verfügung stehen. Diese Unterlagen sind die Grundlage für die Einstufung und Kennzeichnung von gefährlichen Stoffen als CMR (karzinogen, mutagen, reproduktionstoxisch) und für ihre Aufnahme in die Liste besorgniserregender Stoffe (SVHC, *engl. substances of very high concern*) der EU-Chemikalienbehörde ECHA (http://echa.europa.eu/addressing-chemicals-of-concern).

9.5 Prä- und Postnataltoxikologie

9.5.1 Grundlagen der Fremdstoffwirkungen in der Schwangerschaft

Embryotoxische Arzneimittel können heute in präklinischen Tierversuchen mit großer Wahrscheinlichkeit identifiziert werden. Die tatsächliche schädigende Potenz im therapeutischen Dosisbereich beim Menschen lässt sich hingegen erst

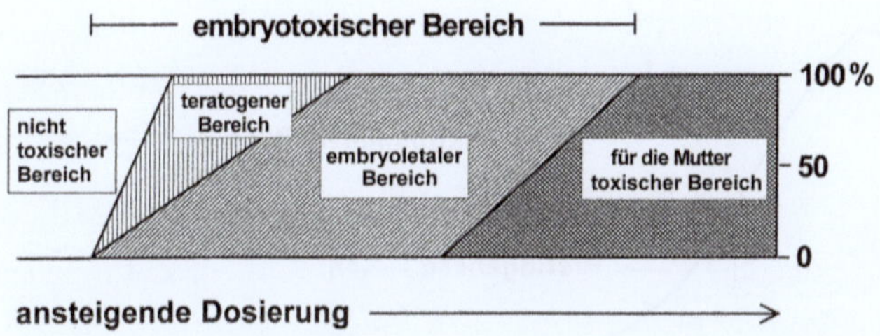

Abb. 9.3 Dosis-Wirkungs-Beziehung in der Pränataltoxikologie: Erst nach Überschreiten einer Schwellendosis treten embryotoxische bzw. teratogene Effekte auf. Angabe der Zahl der geschädigten Embryonen pro Muttertier (in %) im Tierversuch (Nach Wilson (1977), Springer).

nach der Markteinführung durch epidemiologische Untersuchungen an exponierten Patientinnen abschätzen und bilden die Grundlage für die Beratung von Ärzten und Patientinnen in Schwangerschaft und Stillzeit (Schäfer *et al.* 2012 und www.embryotox.de).

Ausgehend von tierexperimentellen Erfahrungen hat Wilson (1977) Regeln für die Wirkung von Arzneimitteln in der Schwangerschaft aufgestellt, die sich später auch für den Menschen als gültig erwiesen haben. Sie sind nachfolgend dem heutigen Wissensstand angepasst.

1. Regel: In der Pränataltoxikologie gelten die gleichen Dosis-Wirkungs-Beziehungen wie auch sonst in der Pharmakologie und Toxikologie (Abb. 9.3).
Niedrige Dosen schädigen weder Embryo noch Mutter. Erst nach Überschreiten der für die jeweilige Substanz spezifischen Schwellendosis treten embryotoxische Effekte auf. Bei noch höheren Dosen kann die Frucht absterben, und schließlich können auch bei der Mutter toxische Wirkungen auftreten.

Es ist zur Risikoabschätzung wichtig, ob embryotoxische Effekte Schäden bereits bei therapeutischer Dosierung auftreten. Contergan® verursachte schon nach Einnahme einer Tablette zwischen dem 21. und 40. Embryonalentwicklungstag die bekannten Missbildungen der Extremitäten. Bisher ist kein weiteres Medikament bekannt, bei dem die Schwellendosis innerhalb des empfohlenen therapeutischen Dosisbereiches liegt. Für das Auftreten von Missbildungen müssen entweder ausreichend hohe Konzentrationen im Serum der Mutter erreicht werden, oder die durchschnittliche Konzentration bzw. die Fläche unter der Konzentrations-Zeit-Kurve (AUC) muss einen kritischen Wert überschreiten.

2. Regel: Die Empfindlichkeit des Embryos bzw. Fetus gegenüber toxischen Einflüssen hängt von seinem Genotyp ab.
Die beim Menschen und bei Versuchstieren unterschiedlichen Wirkungen von Arzneimitteln (Speziesspezifität) werden durch den Genotyp (Erbeigenschaften) der jeweiligen Spezies bestimmt. Auch beim Menschen variiert die genetische Empfindlichkeit gegenüber embryotoxischen Einflüssen. Durch Gentypisierung lassen sich genetische Besonderheiten aufdecken und „empfindliche" Schwangere können mit einem risikoärmeren Mittel behandelt werden.

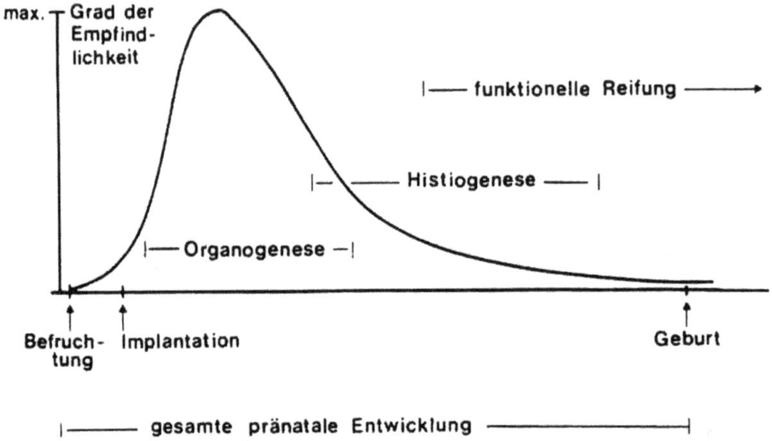

Abb. 9.4 Änderung der embryonalen Empfindlichkeit gegenüber toxischen Einflüssen im Verlauf der Schwangerschaft (in Anlehnung an Wilson, 1977, Springer).

3. Regel: Die Empfindlichkeit des Embryos gegenüber toxischen Einflüssen hängt von seinem Entwicklungsstadium ab (Abb. 9.4).

In der Präimplantationsphase vor der Einnistung im Uterus ist das Fehlbildungsrisiko gering, denn entweder können die pluripotenten embryonalen Stammzellen geschädigte Zellen ersetzen und die weitere Entwicklung verläuft ungestört oder der toxische Schaden ist so groß, dass der Embryo abstirbt. Die Weiterentwicklung eines in diesem frühen Stadium geschädigten Embryos zu einem fehlgebildeten Neugeborenen ist also unwahrscheinlich.

Während der Organogenesephase, in der sich beim Menschen etwa 15–60 Tage nach der Befruchtung die Organe entwickeln, ist der Embryo besonders empfindlich gegenüber toxischen Einwirkungen, und es werden am häufigsten Fehlbildungen ausgelöst (Tab. 9.3). In der Fetalphase, während der Entwicklung der Gewebe (Histogenese) und der anschließenden Reifung der Organfunktionen, nimmt die Empfindlichkeit wieder ab. In dieser Phase (2. und 3. Schwangerschaftsdrittel) können toxische Stoffe Funktionsstörungen der Organe hervorrufen, z. B. beeinträchtigt Alkohol die Reifung des Gehirns und es kommt zum fetalen Alkoholsyndrom, einige Blutdrucksenker führen zu Nierenversagen (Tab. 9.5).

4. Regel: Embryotoxische Noxen beeinträchtigen über unterschiedliche molekulare Stoffwechselwege die morphologische Entwicklung des Embryos.

Als Wilson die Regeln vor 40 Jahren formulierte, waren molekulare Wirkungsmechanismen in der Toxikologie kaum bekannt. Inzwischen wurden entwicklungsspezifische Gene in allen Tierspezies identifiziert und molekulare Rezeptoren, über die Hormone und andere Wirkstoffe die Aktivität dieser Gene beeinflussen können. Jedoch konnte für Contergan® der embryotoxische Mechanismus beim Menschen noch nicht abschließend geklärt werden.

5. Regel: Grundsätzlich sind folgende Verlaufsformen der Entwicklung des Embryos nach einer Schädigung in der Schwangerschaft möglich:

- *Normale Entwicklung:* Defekte werden repariert; das ist vor allem in den ersten Wochen der Schwangerschaft möglich, aber auch noch in späteren Phasen der Entwicklung.
- *Absterben des Embryos bzw. Feten:* Fehlgeburten.
- *Fehlbildungen von Organen.*
- *Wachstumshemmung:* generelle Wachstumsverzögerung, Mikrozephalie.
- *Gestörte Organfunktion:* z. B. Gehirn, Reproduktionsfähigkeit und Immunkompetenz. Beim Menschen sind Störungen der Intelligenzentwicklung, Verhaltensauffälligkeiten, erhöhte Allergiebereitschaft und Fertilitätsminderung erst nach Jahren erkennbar und deshalb ist ein kausaler Bezug zu einer pränatalen Exposition nur schwer nachzuweisen.
- *Tumoren:* Diethylstilbestrol (DES) verursachte bei den Töchtern behandelter Mütter Karzinome in der Scheide. Erst später wurde erkannt, dass DES ein Karzinogen ist. Dies ist beim Menschen bisher das einzige Beispiel für die transplazentare Karzinogenese.
- *Keimzellmutationen mit Schäden der übernächsten Generation:* Wie im Abschn. 9.3.5 beschrieben, können Fremdstoffe die Keimbahn schädigen, sodass die Fruchtbarkeit der Tochtergeneration beeinträchtigt ist, die sich erst in der Enkelgeneration nachweisen lässt.

9.5.2
Fremdstoffmetabolismus in der Schwangerschaft

Die Konzentration von Fremdstoffen und ihrer Metaboliten werden von folgenden Faktoren beeinflusst:

- Pharmakokinetik und Fremdstoffmetabolismus im Organismus der Mutter,
- Plazentapassage,
- Verteilung im Embryo/Fetus,
- Fremdstoffmetabolismus im Embryo/Fetus,
- Ausscheidung durch den Embryo/Fetus,
- Ausscheidung durch die Mutter.

> Der Fremdstoffmetabolismus ist während der Schwangerschaft komplexer als zu jedem anderen Lebensabschnitt.

Früher glaubte man, dass die Plazenta als Barriere den Embryo/Fetus vor toxischen Stoffen schützt. Mithilfe empfindlicher chemisch-analytischer Methoden wurde nachgewiesen, dass fast alle Fremdstoffe bzw. ihre Metaboliten den fetalen Kreislauf erreichen. Die Plazenta verhält sich gegenüber Fremdstoffen wie eine Lipidmembran ähnlich der Darmwand, durch die lipidlösliche Stoffe gut und wasserlösliche nur schwer hindurchtreten können.

> Für die Plazentapassage gilt, dass Fremdstoffe, die bei oraler Gabe gut resorbiert werden, die Plazenta passieren, und dass Stoffe, die injiziert werden müssen, den Embryo nur schlecht erreichen.

Weiterhin ist für den plazentaren Übergang die Molekülgröße entscheidend. Stoffe, deren Molmasse 600–800 Da nicht übersteigt, gelangen ohne Behinderung durch die Plazenta, dazu gehören die meisten Arzneimittel.

Weitestgehend undurchlässig ist die Plazenta für konjugierte Steroid- und Peptidhormone, z. B. Insulin und Wachstumshormone, und für langkettige toxische Peptide, wie α-Amanitin, das Gift des grünen Knollenblätterpilzes. Der plazentare Übergang verläuft bei Stoffen verzögert, die stark an mütterliche Plasmaproteine gebunden sind. Der Fremdstoffmetabolismus der Plazenta spielt wegen seiner geringen Aktivität eine untergeordnete Rolle.

9.5.3
Embryonal- und Fetaltoxikologie

9.5.3.1 Arzneimittelrisiken in der Schwangerschaft

Lange glaubte man, dass sich der Embryo gut abgeschirmt gegen äußere Einflüsse im Uterus entwickelt. Das änderte sich als der australische Augenarzt Gregg (1941) die Rötelnembryopathie des Menschen beschrieb. In den folgenden Jahren entwickelte sich die Embryonaltoxikologie bzw. Teratologie nur langsam, und erst die 1961 gleichzeitig von Lenz in Deutschland und McBride in Australien entdeckte Thalidomid/Contergan®-Embryopathie (Lenz, 1961) führte zur Etablierung der Teratologie als eigenständiger Wissenschaft. Heute, mehr als 50 Jahre später, lässt sich das Risiko arzneimittelinduzierter Fehlbildungen relativ gut eingrenzen:

- Es wurden keine Medikamente gefunden, die in ähnlicher Weise embryotoxisch wirken wie Thalidomid (Contergan®), denn die embryotoxischen Eigenschaften der Retinoide waren vor ihrer Einführung in die Therapie bereits aus Tierversuchen bekannt.
- Die Fehlbildungsraten haben sich in den vergangenen 50 Jahren trotz der erheblichen Zunahme an neuen Arzneistoffen nicht erkennbar erhöht.
- Spezifische Entwicklungsstörungen treten nach Behandlung mit einzelnen Medikamenten gehäuft auf (siehe Tab. 9.4 und 9.5). Jedoch ist auch nach Behandlung mit einem dieser Medikamente das Risiko für große Fehlbildungen geringer als 10 % (Prävalenz 2 bis 3 %). Ausnahmen mit höherem Risiko bilden Thalidomid, die Retinoide, Alkoholabusus und Polytoxikomanie sowie die Kombinationstherapie bei schwerer Epilepsie.

Schwieriger als die Bewertung des Arzneimittelrisikos ist die Frage nach dem Risiko bei beruflicher Exposition mit chemischen und physikalischen Noxen. Mutterschutzgesetz und Arbeitsplatzgrenzwerte (AGW) geben zwar einen Rahmen vor, der für eine individuelle Risikoabschätzung jedoch meist unzureichend ist. Außerdem fürchten einige Frauen den Verlust ihres Arbeitsplatzes, wenn sie auf Einhaltung der gesetzlichen Vorschriften bestehen.

9.5.3.2 Die wichtigsten Ursachen für angeborene Fehlbildungen des Menschen

> Nach epidemiologischen Studien sind Arzneimittel, Industriechemikalien und Genussmittel sind nur zu 2–4 % die Ursache angeborener Entwicklungsstörungen (Tab. 9.3).

Tabelle 9.3 gibt eine Übersicht über die Ursachen angeborener Entwicklungsstörungen des Menschen 55 Jahre nach der Thalidomid/Contergan®-Katastrophe. Dabei zeigt sich, dass ca. 20 % genetische Ursachen haben und weitere 3 % Erkrankungen der Mutter einschließlich Infektionen. Der Anteil von Entwicklungsstörungen, die auf Arzneimittel oder andere chemische Stoffe zurückgehen, ist mit 2–4 % sehr gering. Deshalb sind trotz intensiver Forschung auch heute noch bei 40–70 % der angeborenen Entwicklungsstörungen die Ursachen nicht bekannt.

Es gibt bisher keine einfache Hypothese zur Entstehung vorgeburtlicher Schädigungen, da sie wahrscheinlich multifaktorielle Ursachen haben. Deshalb wurden

Tab. 9.3 Ursachen angeborener Entwicklungsstörungen des Menschen in %. In Anlehnung an Schäfer *et al.* (2012). Drei bis sechs von 100 Kindern werden mit Fehlbildungen geboren. Die Prozentangaben geben die Ursachen dieser Fehlbildungen an.

Ursachen	Anteil (%)
Genetische Erkrankungen	8–20
Chromosomale Anomalien	3–10
Anatomische Faktoren	bis 3
• Uterusanomalien, Zwillingsschwangerschaften	
Chemische und physikalische Ursachen	2–4
• Alkohol, Arzneimittel, Drogen, ionisierende Strahlung Rauchen, Industrie- und Umweltschadstoffe	
Mütterliche Erkrankungen	bis 3
• Diabetes, Epilepsie, Schilddrüsenunterfunktion, Phenylketonurie, Infektionskrankheiten (Zytomegalie, Listeriose, Ringelröteln, Röteln, Syphilis, Toxoplasmose, Windpocken)	
Multifaktorielle Ursachen	bis 49
• Kombination von genetischen und Umweltfaktoren	
Unbekannte Ursachen	40–70

Tab. 9.4 Die wichtigsten für den Menschen embryotoxischen Arzneimittel im 1. Drittel der Schwangerschaft (1. Trimenon).[a]

Substanz	Leitsymptome bzw. vorwiegend betroffene Organe
Androgene Hormone	Maskulinisierung
Antimetabolite	Multiple Fehlbildungen
Antiepileptika Carbamazepin, Phenobarbital, Primodon, Phenytoin, Trimethadion, Valproinsäure	Spina bifida, Herz, Gaumen, urogenitales System Extremitäten, Dysmorphien des Gesichts
Cumarinderivate	Nase, Extremitäten
Diethylstilbestrol	Scheidenkarzinom
Lithium	Herz (Ebstein-Anomalie, sehr selten)
Misoprostol (Aborteinleitung)	Möbius-Sequenz, Extremitäten
Penicillamin	Cutis laxa (selten)
Retinoide (Vitamin A)	Ohr, ZNS, Herz, Skelett
Thalidomid	Extremitäten
Vitamin A (> 25 000 IE/Tag)	Wie Retinoide
Gering embryotoxisch (beim Menschen Risiko ≤ 1 : 1000)	
Glukokortikoide	Gaumenspalten
Methimazol	Nasen- und Rachenraumfehlbildungen
Trimethoprim/Cotrimoxazol	Neuralrohrdefekte

a) Die Behandlung mit einem der in Tab. 9.2 genannten Medikamente im 1. Trimenon führt nur selten zu einer Schädigung des Embryos. Das Fehlbildungsrisiko liegt, mit Ausnahme von Thalidomid und der Retinoide (Vitamin-A-Derivate), unter 10 %. Eine Risikobewertung für den Menschen ist bei den meisten Arzneimitteln wegen unzureichender epidemiologischer Daten nicht möglich, wie bei den Antiepileptika, mit denen Schwangere behandelt werden müssen.

Beratungsstellen für Embryotoxikologie in vielen Ländern etabliert, die epidemiologische Studien an exponierten Schwangeren durchführen und die international über Netzwerke kooperieren, z. B. in Europa ENTIS (European Network of Teratology Information Services) und weltweit OTIS (Organisation of Teratology Information Services). Heute bilden die Erfahrungen dieser Zentren die Grundlage für die Beratung zur Arzneimitteltherapie in der Schwangerschaft, und sie sind im Internet abrufbar (www.embryotox.de).

Tabelle 9.4 zeigt die Ergebnisse epidemiologischer Studien bei Exposition im 1. Drittel der Schwangerschaft für die für den Menschen embryotoxischen Arzneimittel und Chemikalien, unter anderem Alkohol, Kokain, Diethylstilbestrol, Methylquecksilber sowie Vitamin A und Retinoide.

Tab. 9.5 Die wichtigsten fetotoxischen Arzneimittel (2. und 3. Trimenon)[a].

Substanz	(Leit-)Symptome bzw. vorwiegend betroffene Organe
ACE-Hemmstoffe	Nieren, Oligohydramnion, Anurie, Gelenkkontrakturen
Aminoglykosidantibiotika	Innenohr und Nieren
Androgene Hormone	Maskulinisierung
Angiotensin-II-Antagonisten	Nieren, Oligohydramnion, Kontrakturen, Schädelhypoplasie
Benzodiazepine	Atemdepression, Anpassungsstörung, Floppy-Infant-Syndrom
Cumarinderivate	Hirnblutung
Ergotamine	Fetale Hypoxie
Immunsuppressiva	Knochenmarkdepression
Radioiod	Schilddrüsenhypoplasie oder -aplasie
Lithium	Floppy-Infant-Syndrom, Hypothyreose
Opioide/Opiate	Entzugssymptome
Psychopharmaka	Anpassungsstörungen, bei SSRI serotonerge Symptomatik
Tetrazykline	Gelbfärbung der Zähne
Zytostatika	Knochenmarkdepression

a) Diese Medikamente können dem Fetus in der Spätschwangerschaft (2. und 3. Trimenon) oder unter der Geburt schaden. Eine Behandlung führt nur selten zu Entwicklungsstörungen mit der angegebenen Symptomatik, wobei die genetische Prädisposition sowie Dosis und Behandlungszeitraum entscheidend wichtig sind.

Die Tab. 9.3–9.5 zeigen, dass der Anteil angeborener Fehlbildungen, die durch Arzneimittel und andere Chemikalien hervorgerufen werden, in den vergangenen 50 Jahren nicht angestiegen ist. Gleichzeitig bestätigt das Ergebnis, dass die von ICH und OECD entwickelten reproduktionstoxischen Prüfmethoden so empfindlich sind, das menschliche Embryonen, Feten und Neugeborene vor Risiken durch Arzneimittel und Chemikalien geschützt werden.

Obwohl dieses Ergebnis ermutigend ist, ist beim Menschen zu berücksichtigen, dass es wegen der langen Generationszeit keine Daten über Effekte bei der Enkelgeneration gibt, die mit tierexperimentellen Zwei-Generations-Studien vergleichbar wären. Thalidomid/Contergan® ist ein Sonderfall, da dieses Arzneimittel keine genetischen Schäden hervorruft. Deshalb haben inzwischen einige der Thalidomid/Contergan®-Kinder eigene normale Kinder.

Unstrittig ist als Ergebnis, dass Arzneimittel, Genussmittel und Umwelteinflüsse für sich genommen nur wenige Prozent der vorgeburtlichen Schäden verursachen. Auch der Anteil der Fehlentwicklungen, der auf Erkrankungen der Mutter zurückzuführen ist, ist nur gering. Ein Diabetes mellitus erlaubt heute einen weitgehend normalen Schwangerschaftsverlauf, während die betroffenen Mütter vor wenigen Jahrzehnten noch unfruchtbar waren oder mit einem erheblichen Fehlbildungsrisiko gerechnet werden musste.

Nach wie vor werden weit mehr Kinder durch Alkoholkonsum in der Schwangerschaft geschädigt als durch ein embryotoxisches teratogenes Medikament. Von den zahlreichen neuen Arzneisubstanzen haben sich in den vergangenen Jahrzehnten nur wenige Mittel als embryo- oder fetotoxisch beim Menschen erwiesen.

9.6
Toxikologie von Fremdstoffen in der Stillzeit

Mit modernen chemisch-analytischen Methoden kann man heute die Konzentrationen von Fremdstoffen und ihrer Metaboliten in der Muttermilch bestimmen. Erfreulicherweise erreichen sie nur in Ausnahmefällen toxische Konzentrationen. Neugeborene und frühgeborene Kinder sind besonders empfindlich gegenüber Fremdstoffen, da die Blut-Hirn-Schranke noch nicht ausgereift ist, die die Schädigungen des sich entwickelnden Gehirns durch toxische Stoffe verhindert, und da auch die Funktionen des Fremdstoffmetabolismus der Leber und der Ausscheidungsfunktion der Nieren noch nicht ausreichend entwickelt sind.

> Die meisten Arzneimittel und Fremdstoffe erreichen in der Muttermilch Konzentrationen, die für den Säugling unterhalb des therapeutischen oder toxischen Bereiches liegen.

Während der ersten Tage nach der Geburt enthält die Muttermilch im Gegensatz zur Kuhmilch sekretorisches Immunoglobulin A, das im „unreifen“ Magen-Darm-Trakt noch nicht abgebaut, sondern resorbiert wird, und durch das das Neugeborene in den ersten Lebenswochen einen Schutz gegen Infektionen erhalten, weil das noch nicht entwickelte Immunsystem noch keine wirksamen Antikörper produzieren kann. Bei der aktiven Sekretion von Fremdstoffen in die Muttermilch gelangen Stoffe mit hoher Fettlöslichkeit und niedrigem Molekulargewicht (< 200 Da) und geringer Bindung an mütterliche Serumproteine bevorzugt in die Muttermilch.

Toxische, persistierende Organochlorverbindungen, die sich in der Umwelt anreichern, wie z. B. Pestizide, polychlorierte Biphenyle und Dioxine, und die sich im Fettgewebe des Menschen anreichern, werden während des Stillens mobilisiert und in der Muttermilch angereichert. Obwohl Neugeborene sehr empfindlich gegen diese toxischen Fremdstoffe sind, zeigen epidemiologische Studien, dass Stillen keine negativen Auswirkungen auf die frühkindliche Entwicklung hat und dass die Vorteile des Stillens überwiegen.

Heute empfehlen weltweit sachverständige Stillkommissionen Müttern unbedingt das Stillen, da trotz früherer Bedenken die Vorteile des Stillens eindeutig belegt sind, vor allem wegen des Infektionsschutzes durch die sekretorischen Immunglobuline.

9.7 Hormonaktive Umweltsubstanzen (*engl. endocrine disrupters*, ED)

Es besteht kein Zweifel darüber, dass sich synthetische chemische Stoffe in der Umwelt anreichern und aufgrund ihrer hormonellen Eigenschaften die Reproduktion von Wildtierpopulationen beeinflussen können. Es handelt sich um Organochlorverbindungen, die Englisch als „*endocrine disrupters*" (ED) bezeichnet werden und von der Europäischen Chemikalien Behörde (European Chemicals Agency, ECHA) als besorgniserregende Stoffe (substances of very high concern, SVHC) eingestuft werden. Die toxikologische Bedeutung dieser Stoffe, die in der Umwelt und auch in menschlichen Zellen und Geweben in sehr niedrigen Konzentrationen vorkommen, wird derzeit kontrovers diskutiert. Es gilt inzwischen als erwiesen, dass für die Geschlechtsverschiebung von exponierten Fischen und im Wasser lebenden niederen Spezies, wie z. B. Schnecken, hormonaktive Umweltsubstanzen verantwortlich sind. Obwohl diese Organochlorverbindungen im *In-vitro*-Hormonbindungstest zu positiven Ergebnissen führen, hatten nur einige von ihnen beim Menschen reproduktionstoxische Effekte. Weiterhin wird die in Industrieländern beobachtete Abnahme der Spermienzahlen- und -qualität auf hormonaktive Umweltchemikalien zurückgeführt. Es ist deshalb eine Herausforderung für die Forschung, verlässliche Unterlagen zu erarbeiten, die für hormonaktive Umweltsubstanzen eine Risikoabschätzung für Mensch und Umwelt ermöglichen.

9.8 Zusammenfassung

Die Reproduktionstoxikologie umfasst alle Abschnitte der Fortpflanzung, von der Beeinträchtigung der weiblichen und männlichen Fruchtbarkeit über Schädigungen während der Schwangerschaft und Stillzeit bis hin zu Effekten, die pränatal ausgelöst werden und sich erst in der nachfolgenden Generation manifestieren. Besonderheiten treten bei der Reifung und Entwicklung von Spermien und Eizellen auf. Unterschiedliche Stufen der pränatalen Entwicklung führen zu stadienspezifischen Empfindlichkeitsunterschieden bei Mensch und allen Säugetierspezies im reproduktionsfähigen Alter gegenüber Fremdstoffen. Das betrifft insbesondere die männlichen und weiblichen Gameten sowie den Embryo und Fetus.

Für Schwangerschaft und Stillperiode des Menschen werden die wichtigsten embryo-/fetotoxischen Stoffe beschrieben, und es werden die international genormten behördlich vorgeschriebenen Prüfmethoden auf dem Gebiet der Reproduktionstoxikologie vorgestellt.

Weiterführende Literatur

ECHA (European Chemicals Agency) Die EU-Chemikaliengesetzgebung, http://echa.europa.eu/de/regulations.

ICH (International Conference on Harmonization): Technical Requirements for the Registration of Pharmaceuticals for Human Use. ICH Harmonized Tripartite Guidelines. Test Guideline S5R2 (Detection of Toxicity to Reproduction for Medicinal Products – Segment I, II and III studies & Toxicity to Male Fertility), ICH, Genf, kontinuierlich fortentwickelt seit 1993, http://www.ich.org/fileadmin/Public_Web_Site/ICH_Products/Guidelines/Safety/S5_R2/Step4/S5_R2__Guideline.pdf. – aufgerufen am 12.01.2017.

Lenz, W. (1961) Kindliche Missbildungen nach Medikament während der Gravidität, *Deutsch. Med. Wschr.*, **86**, 2555–2556.

OECD (Organization for Economic Co-operation and Development): Guidelines for Testing of Chemicals, Test Guideline (TG) 414 (Prenatal Developmental Toxicity Study), TG 415 (One-Generation Reproduction Toxicity Study), TG 416 (Two-Generation Reproduction Toxicity Study), TG 421 (Reproduction/ Developmental Toxicity Screening Study), TG 426 (Developmental Neurotoxicity Study), TG 443 (Extended One-Generation Reproductive Toxicity Study (EOGRTS)). OECD, Paris, kontinuierlich fortentwickelt seit 1983, http://www.oecd-ilibrary.org/environment/oecd-guidelines-for-the-testing-of-chemicals-section-4-health-effects_20745788. – aufgerufen am 12.01.2017.

OECD (Organization for Economic Co-operation and Development): OECD Guidance Document 43 „On Mammalian Reproductive Toxicity Testing and Assessment“, OECD, Paris, 88 S., "http://www.oecd.org/officialdocuments/publicdisplaydocumentpdf/?cote=env/jm/mono(2008)16&doclanguage=en – aufgerufen am 12.01.2017.

OECD TG (Test Guideline) 478: „Rodent Dominant Lethal Test“ 2013, OECD Paris, 13 S., http://www.oecd.org/env/ehs/testing/OECD_TG478_Revision_Sept_2013.pdf.

REACH (Registration, Evaluation, Authorisation and Restriction of Chemicals): EU Verordnung Nr. 1907/2006 des EU Parlamentes und des Rates vom 18. Dezember 2006, zur Registrierung, Bewertung, Zulassung und Beschränkung chemischer Stoffe (REACH), zur Schaffung einer Europäischen Chemikalienagentur, zur Änderung der Richtlinie 1999/45/EG und zur Aufhebung der Verordnung (EWG) Nr. 793/93 des Rates, der Verordnung (EG) Nr. 1488/94 der Kommission, der Richtlinie 76/769/EWG des Rates sowie der Richtlinien 91/155/EWG, 93/67/EWG, 93/105/EG und 2000/21/EG der Kommission, http://eur-lex.europa.eu/legal-content/DE/TXT/PDF/?uri=CELEX:02006R1907-20140822. – aufgerufen am 12.01.2017.

Schaefer, C., Spielmann, H., Weber-Schönhöfer, C. und Vetter, K. (2012) Arzneimittel in Schwangerschaft und Stillzeit. 8. Aufl., Elsevier Urban & Fischer Verlag, München, 791 S., ISBN 978-3-437-21203-1, www.embyotox.de

Wilson, J.D. (1977) Embryotoxicity of drugs to man, in *Handbook of Teratology*, Bd. 1, (Hrsg. J.D. Wilson und C.J. Frazier), Plenum Press, New York, S. 309–355.

10
Ökotoxikologie

J. Römbke

> Die Ökotoxikologie ist eine Wissenschaft, die sich mit dem Vorkommen in und den Wirkungen von (meist chemischen) Stressoren auf Ökosysteme befasst, speziell der Struktur und Funktion von Organismengemeinschaften. Sie basiert methodisch und konzeptionell auf Erkenntnissen der Ökologie, Toxikologie und Chemie.

10.1
Definition und geschichtlicher Überblick

Der Begriff Ökotoxikologie wurde 1969 von dem Toxikologen Rene Truhaut eingeführt und von ihm später wie folgt definiert (Truhaut, 1977): „Die Ökotoxikologie befasst sich mit den toxischen Wirkungen von chemischen Stoffen und physikalischen Einflüssen auf Organismen, speziell Populationen und Gemeinschaften in definierten Ökosystemen, einschließlich ihrer Übertragungspfade und ihren Interaktionen mit der jeweiligen Umwelt." Später wurde diese Wissenschaft oft auf die Untersuchung von Chemikalien reduziert. Im deutschen Sprachraum dürfte die Definition von Oehlmann und Markert (1999) am weitesten verbreitet sein: „Die Ökotoxikologie erfasst mit geeigneten Verfahren Störungen von Ökosystemen durch chemische Substanzen auf suborganismischer, organismischer und Populationsebene und bewertet diese; das Ziel der Ökotoxikologie ist es dabei, die Ursachen der Störungen zu identifizieren, Möglichkeiten der Sanierung aufzuzeigen und zukünftige Schäden vermeiden zu helfen." In den letzten Jahren geht der Trend eher zurück zur breiteren Definition im Sinne Truhauts, die beinhaltet, dass Chemikalien nur eine von mehreren möglichen Stressoren sind – und dass jede Chemikalie in der Umwelt normalerweise in Interaktion mit anderen chemischen, physikalischen und klimatischen Faktoren wirkt. In die gleiche Richtung geht der Hinweis Van Straalens, dass es sich bei der Ökotoxikologie eigentlich „nur" um einen Teil der Stressökologie handelt.

Wie aus den aufgeführten Definitionen hervorgeht, basiert die Ökotoxikologie auf der Chemie, der Toxikologie und der Ökologie. In ihrem multidisziplinären Ansatz ist sie ein anerkannter Teil der Umweltwissenschaften und wird an

Das Toxikologiebuch, 1. Auflage. Helmut Greim (Hrsg.).

mehreren deutschen Universitäten gelehrt. Zugleich hängt ihre Entwicklung seit ihren Anfängen bis heute stark von regulatorischen Anforderungen der zuständigen Behörden ab. Als negative Umweltauswirkungen von Chemikalien der Öffentlichkeit immer mehr bewusst wurden und daraufhin die Politik aufgefordert wurde, den Einsatz potenziell gefährlicher Stoffe zu regulieren, wurde es notwendig, wissenschaftlich belastbare Methoden zur Untersuchung, Beurteilung und Bewertung von Chemikalien zu entwickeln. In den ersten zwei Jahrzehnten dieses Prozesses konzentrierten sich die Arbeiten auf die Testung einzelner Stoffe auf einzelne Arten unter Laborbedingungen. In dieser Zeit wurden die Grundlagen für eine sich ausweitende Zahl international standardisierter Testverfahren zum Verhalten und der Wirkung von Chemikalien gelegt. Seit ungefähr 15 Jahren werden sowohl die Anforderungen der Behörden als auch die ökotoxikologischen Untersuchungsziele und -verfahren komplexer, z. B. wurden sowohl aquatische als auch terrestrische Multispeziestestsysteme und Freilandverfahren entwickelt, in denen neben einzelnen Chemikalien auch Mischungen oder die Interaktion von chemischen und klimatischen Faktoren untersucht werden können. Grund dafür ist die Notwendigkeit, die häufig weitreichenden Entscheidungen der Behörden (wie z. B. die Nichtzulassung einer neuen Chemikalie oder die Sanierung eines kontaminierten Standorts) durch entsprechend relevante und belastbare Daten abzusichern. Diese gegenseitige Abhängigkeit zwischen Wissenschaft und Regulatorik dürfte weiterbestehen, auch wenn es parallel dazu in der Ökotoxikologie erhebliche Anstrengungen gibt, die Ursachen schädlicher Wirkungen auf den einzelnen biologischen Organisationsebenen (Abb. 10.1), von der Zelle bis zum Ökosystem, zu verstehen und entsprechende Wirkmechanismen zu identifizieren. Da sowohl die regulatorischen Anforderungen als auch die praktischen Erfahrungen

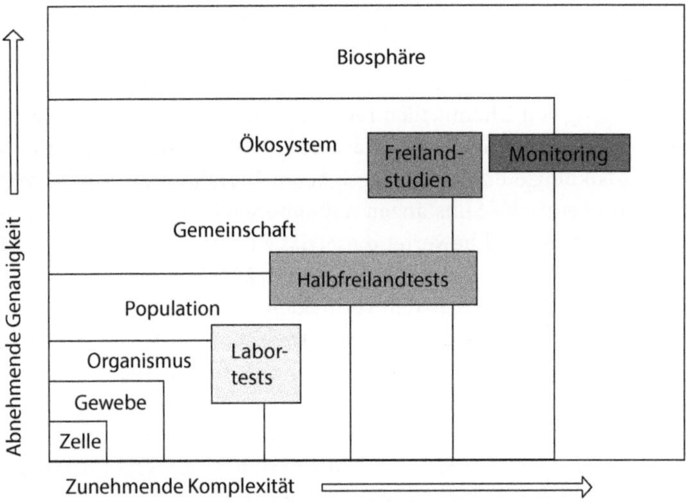

Abb. 10.1 Biologische Organisationsebenen mit den jeweiligen Untersuchungsoptionen in Abhängigkeit von der Ergebnisgenauigkeit (*y*-Achse) und dem Untersuchungsaufwand (*x*-Achse).

meist aus der Chemikalientestung stammen, werden diese im Mittelpunkt der folgenden Ausführungen stehen.

> Ökosysteme bestehen aus hochkomplexen Kombinationen von abiotischen (z. B. Klima, Bodentyp) und biotischen (z. B. Arten, Gemeinschaften) Komponenten. Die Bedeutung einer Vielzahl ökosystemarer (und für den Menschen wesentlicher) Leistungen wie z. B. der Erhalt von Nährstoffkreisläufen, der Schutz des Grundwassers oder die Bestäubung von Pflanzen wurde erst in jüngster Vergangenheit realisiert.

10.2 Konzeptionelle Grundlagen der Ökotoxikologie

10.2.1 Ökologische Grundlagen

Ökosysteme gliedern sich in die beiden Komponenten Biotop und Biozönose. Unter Biotop versteht man den durch physikalische und chemische Eigenschaften geprägten Lebensraum. Die Biozönose (Lebensgemeinschaft) setzt sich aus verschiedenen Arten mikrobieller pflanzlicher und tierischer Lebewesen zusammen und steht mit den abiotischen Faktoren (Biotop) in vielfältigen Wechselbeziehungen. Abiotische Komponenten sind z. B. die Nährstoffausstattung, die Wassertemperatur oder die Bodenfeuchte. Die in den Biotopen lebenden Organismen bilden untereinander Nahrungsnetze, innerhalb derer mehrere Trophiestufen existieren. So stehen Pflanzen als Primärproduzenten auf der untersten Stufe, gefolgt von den Pflanzenfressern (Konsumenten 1. Ordnung) und Fleischfressern (Konsumenten 2. Ordnung). Die Anzahl der in einem Ökosystem lebenden Arten und deren Abundanz unterscheiden sich je nach Komplexität des Systems stark (Tab. 10.1). Auch bei Ausschluss der Mikroorganismen kann die Artenzahl pro Standort je nach Ökosystemtyp und Region schnell in die Hunderte gehen. Aufgrund der in den letzten Jahren entwickelten genetischen Methoden zur Artidentifikation muss zudem die Zahl der Invertebratenspezies deutlich nach oben korrigiert werden.

Die Diversität, hier verstanden als diejenige innerhalb einer Art, zwischen Arten sowie zwischen Biozönosen bzw. ganzen Ökosystemen, bildet wiederum die Grundlage für die von diesen Organismen erbrachten Funktionen bzw. Leistungen. Darunter versteht man im Ökosystem ablaufende Prozesse wie den Energiefluss oder Stoffkreisläufe. In terrestrischen Ökosystemen ist das am besten untersuchte Beispiel der Streuabbau in Wäldern, der durch Destruenten, d. h. von toter organischer Substanz lebenden Tieren, Pilzen und Bakterien, erfolgt. Dabei sind diese Funktionen häufig nicht spezifisch einzelnen Arten zuzuordnen. Letztendlich profitiert der Mensch von den so erbrachten ökosystemaren Leistun-

Tab. 10.1 Artenzahl mitteleuropäischer Waldstandorte (modifiziert nach Dunger, 1983).

Größenklasse	Organismengruppe	Durchschnittliche Abundanz (Ind./m^2)	Maximale Abundanz (Ind./m^2)
Mikrofauna	Flagellata	100 000 000	10 000 000 000
	Nematoda (Rundwürmer)	1 000 000	100 000 000
Mesofauna	Acari (Milben)	70 000	400 000
	Collembola (Springschwänze)	50 000	500 000
	Enchytraeidae (Topfwürmer)	30 000	300 000
Makrofauna	Lumbricidae (Regenwürmer)	100	500
	Gastropoda (Schnecken)	50	1 000
	Isopoda (Asseln)	30	200
	Diplopoda (Tausendfüßler)	100	500
	Käfer (Larven)	100	600
	Zweiflügler (Larven)	100	1 000

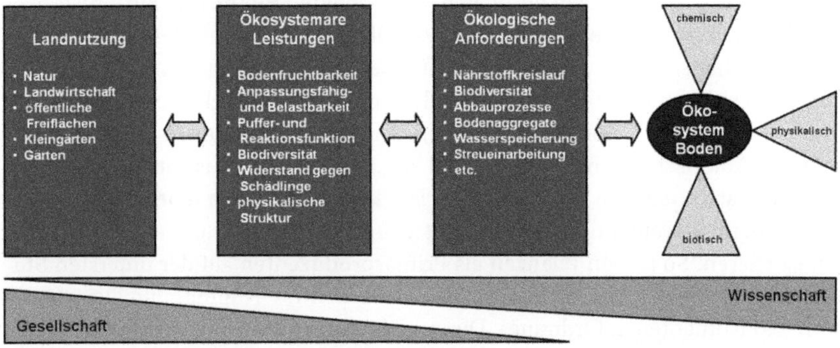

Abb. 10.2 Zusammenhänge zwischen dem Bodenökosystem, seinen ökologischen Anforderungen, ökosystemaren Leistungen sowie mögliche Landnutzungsformen (Faber 2006. Reproduced with permission of Springer.).

gen wie dem Erhalt der Bodenstruktur oder der Reinhaltung des Grundwassers. In Abb. 10.2 ist der Zusammenhang zwischen dem Bodenökosystem und seinen ökologischen Komponenten, den dadurch zur Verfügung gestellten ökosystemaren Leistungen sowie möglichen Landnutzungsformen, dargestellt. Dabei ist zu beachten, dass sich das wissenschaftliche und gesellschaftliche Interesse an den verschiedenen Komponenten (ersichtlich an den beiden Dreiecken) genau gegenläufig verhält (Faber *et al.*, 2006).

10.2.2 Teilbereiche der Ökotoxikologie

> Die Ökotoxikologie lässt sich anhand verschiedener Kriterien in drei Bereiche teilen: entweder nach den untersuchten Umweltkompartimenten (Aquatik vs. Terrestrik), der Herangehensweise (Exposition gegenüber Stressoren vs. deren Wirkung, speziell Chemikalien) oder der jeweiligen Expositionssituation (prospektive Untersuchung von einzelnen Chemikalien bevor sie in die Umwelt gelangen vs. retrospektive Untersuchung von Umweltproben (kontaminierte Böden, Abwässer usw.)).

Die Ökotoxikologie lässt sich inhaltlich in drei Bereiche unterteilen, was sich sowohl in Hinsicht auf die rechtlichen Vorgaben als auch in den anzuwendenden Methoden widerspiegelt.

10.2.2.1 Klassifikation nach Umweltkompartimenten: Aquatik vs. Terrestrik

Die *aquatische Ökotoxikologie* beschäftigt sich vor allem mit den limnischen Oberflächengewässern, d. h. sowohl dem Wasserkörper selbst wie auch den Sedimenten. Letztere stellen oft Schadstoffsenken dar, d. h., in ihnen können sich Chemikalien anreichern. Marine Ökosysteme treten zunehmend in den Mittelpunkt des Interesses, sind aber deutlich schlechter untersucht – nicht zuletzt weil sie früher aufgrund ihrer Größe (fälschlicherweise) als weniger gefährdet galten – und es zudem erst seit relativ kurzer Zeit rechtlich verbindliche Schutzanforderungen gibt. Die *terrestrische Ökotoxikologie* behandelt die Böden, vor allem deren oberste Schichten einschließlich der organischen Substanz auf der Bodenoberfläche, sowie die Vegetationsschicht und die in ihr lebenden Organismen. Aus ökotoxikologischer Sicht ist der Luftraum kein eigenes Umweltkompartiment, auch wenn Säuger, Vögel und Pflanzen, im Fall der Pestizidregulation auch fliegende Insekten, als Testorganismen verwendet werden. Zudem ist die Luft für viele Schadstoffe ein wichtiges Transportmedium, wie das Auftreten von Industriechemikalien in weit von menschlichen Siedlungen entfernten Gebieten wie der Arktis zeigt.

10.2.2.2 Klassifikation nach der Herangehensweise: Exposition vs. Wirkung

Bei der Exposition handelt es sich um die Beschreibung eines potenziell auf Organismen wirkenden Stressors. Das am besten untersuchte Beispiel ist die Menge bzw. die Konzentration einer Chemikalie, bezogen auf einen Liter Wasser oder ein Kilogramm Boden, zu einem bestimmten Zeitpunkt. Darüber hinaus gehört zur Expositionsbeschreibung dieser Chemikalie auch deren zeitabhängiges Verhalten, z. B. wie schnell und unter welchen Umständen wird sie metabolisiert oder abgebaut? Liegt sie gelöst im Porenwasser eines Sediments oder gebunden an Tonmineralien vor (und ist damit für Organismen schlechter verfügbar)? Bei der Wirkung wird dagegen nicht primär auf den Stressor, sondern auf die potenziell beeinflussten Organismen geschaut: Nehmen sie die Chemikalie auf (und wenn ja, können sie sie im Körper abbauen oder festlegen) oder sind sie in der Lage, ihr auszuweichen? Werden die Organismen kurz-, mittel- oder langfristig direkt oder indirekt (z. B. durch die Schädigung ihrer Futterquelle) durch die Chemikalie beeinträchtigt? Während die Untersuchung der Exposition primär mittels chemischer Methoden erfolgt, werden Wirkungen vor allem durch biologische Methoden festgestellt.

10.2.2.3 Klassifikation nach der jeweiligen Expositionssituation

Dabei lassen sich die beiden folgenden Bereiche unterscheiden:

- *Prospektive Untersuchungen*: Diese beziehen sich auf einzelne Chemikalien, und zwar *bevor* diese vermarktet werden bzw. generell in die Umwelt gelangen. Dabei werden die zu testenden Organismen der Testsubstanz unmittelbar ausgesetzt. Ihre Testung erfolgt anhand von Testrichtlinien der OECD (siehe Abschn. 10.3).
- *Retrospektive Untersuchungen*: Diese beziehen sich auf Umweltproben, speziell Abwässer, aber auch Abfälle, kontaminierte Sedimente oder Böden; d. h., in diesen Fällen hat eine Kontamination, (oft) durch Chemikalien – meist Mischungen – schon lange vor der eigentlichen Testung stattgefunden. Ihre Untersuchung erfolgt anhand von Testrichtlinien der International Organisation for Standardisation (ISO, siehe Abschn. 10.4).

Inhaltlich gleichen sich die jeweiligen Expositions- oder Wirkungstests oft weitgehend, z. B. in Hinsicht auf die verwendeten Arten, Messendpunkte usw.

10.2.3
Rechtliche Vorgaben

> Die Ökotoxikologie als angewandte Wissenschaft wurde (und wird) in ihrer Entwicklung stark durch regulatorische Vorgaben (Gesetze, Richtlinien usw.) beeinflusst, wobei in Europa die EU (weniger die Nationalstaaten) der wichtigste Akteur ist. Das Ziel ökotoxikologischer Untersuchungen ist demnach häufig die Durchführung einer Umweltrisikoanalyse, in der die Wahrscheinlichkeit des Eintritts einer Schädigung in Abhängigkeit von der Menge bzw. der Konzentration des Schadstoffs ermittelt wird.

Eine umfassende Darstellung derjenigen Dokumente, in denen die Durchführung ökotoxikologischer Untersuchungen gefordert wird, würde den Rahmen dieses Überblicks sprengen. Daher soll nur darauf hingewiesen werden, dass fast alle entsprechenden rechtlichen Vorgaben von der Europäischen Union (EU) herausgegeben werden (und dann nachfolgend in nationales Recht übernommen werden), speziell diejenigen, die sich mit Registrierung oder Notifizierung einzelner Chemikaliengruppen sowie von genetisch veränderten Organismen beschäftigen (im Abfallbereich steht die Entscheidung noch aus). Auch im Bereich des Gewässerschutzes gilt seit dem Jahr 2000 europäisches Recht, während die entsprechende Bodenrahmenrichtlinie auf EU-Ebene gescheitert ist. Daher ist in Deutschland das 1998 verabschiedete Bundesbodenschutzgesetz die Grundlage für den Schutz der Böden und ihrer Funktionen. Im Folgenden werden die gegenwärtig für die Ökotoxikologie wichtigsten rechtlichen Dokumente aufgelistet.

10.2.3.1 Einzelstoffe: prospektive Ökotoxikologie

Chemikalien (Veterinärpharmaka, Humanpharmaka, Industriechemikalien, Pflanzenschutzmittel)

VICH (International Cooperation on Harmonisation of Technical Requirements for Registration of Veterinary Medicinal Products), (2004) Environmental Impact Assessment for Veterinary Medicinal Products Phase II Guidance. VICH GL 38, Ecotoxicity Phase II.

EMEA/CHMP (European Medicines Agency/Committee on Human Pharmaceuticals) (2006) Guideline on environmental risk assessment of medicinal products for human use. European Medicines Agency, London. Doc. Ref. EMEA/CHMP/SWP/4447/00, 1–12.

EC (European Commission) (2006) Regulation (EC) 1907/2006 of the European Parliament and of the Council of 18 December 2006 concerning the Registration, Evaluation, Authorisation and Restriction of Chemicals (REACH), establishing a European Chemicals Agency.

EC (European Commission) (2009) Regulation (EC) 1107/2009 of the European Parliament and of the Council of 21 October 2009 concerning the placing of plant protection products on the market and repealing Council Directives 79/117/EEC and 91/414/EEC. Official Journal of the European Union L309: 1–50.

10.2.3.2 Genetisch veränderte Organismen

EC (European Commission) (2001) Directive 2001/18/EC of the European Parliament and of the Council of 12 March 2001 on the deliberate release into the environment of genetically modified organisms and repealing Council Directive 90/220/EEC (Luxembourg, Publications Office) Official Journal of the European Communities, 44(L106): 1–39.

10.2.3.3 Umweltkompartimente (Boden, Gewässer): retrospektive Ökotoxikologie

EC (European Commission) (2000) Directive 2000/60/EC of the European Parliament and of the Council establishing a framework for Community action in the field of water policy. 73 pp.

BBodSchG (1998) Gesetz zum Schutz vor schädlichen Bodenveränderungen und zur Sanierung von Altlasten (Bundes-Bodenschutzgesetz). Bundesgesetzblatt I, 502 vom 17. März 1998.

Oft enthalten diese Dokumente keine genauen Vorgaben, welche ökotoxikologischen Tests wann durchzuführen sind oder wie die jeweiligen Ergebnisse zu interpretieren sind. Diese Informationen sind nachgeschalteten Guidance Documents, Verordnungen oder ähnlichem zu entnehmen.

10.2.4
Schutzziele in der Ökotoxikologie

> Im Gegensatz zur Toxikologie, bei dem „nur" eine Art – und zwar auf der Individualebene – zu schützen ist hat die Ökotoxikologie ein wesentlich komplexeres Schutzziel, nämlich die Struktur (d. h. die Biodiversität) und die Funktion (d. h. die Leistungen) von Ökosystemen. Im Normalfall stellen dabei einzelne Arten oder gar Individuen kein explizites Schutzziel dar.

Im Bereich der Toxikologie ist das generelle Schutzziel klar definiert: der Erhalt der menschlichen Gesundheit, d. h. der Schutz einer einzigen Spezies. In der Ökotoxikologie können jedoch in Abhängigkeit von dem jeweiligen rechtlichen Hintergrund unterschiedliche Schutzziele gelten, die aber selten eindeutig definiert wurden. Heute besteht ein weitgehender Konsens, dass die Funktionen eines Ökosystems geschützt sind so lange ihre Struktur (= Biodiversität) nicht erheblich beeinträchtigt wurde. Daher enthalten viele rechtliche Anforderungen inzwischen einen Passus, nachdem deren Ziel der Schutz der Struktur und Funktion des jeweiligen Ökosystems ist. Allen gemeinsam ist, dass einzelne Arten oder gar Individuen kein explizites Schutzziel darstellen. Die – wenigen – Ausnahmen betreffen zum einen Individuen von Spezies (überwiegend Wirbeltiere), die aus Gründen des Artenschutzes geschützt sind. Zum anderen werden in der Praxis (z. B. bei der Beurteilung der Nebenwirkungen von Pflanzenschutzmitteln) diejenigen Arten, die als „Ökosystem-Ingenieure" gelten (d. h., sie schaffen durch ihre Aktivität Lebensraum für andere Arten), höher bewertet werden als andere Spezies. Ein Beispiel ist der Tauwurm *Lumbricus terrestris*, der durch die Anlage tiefer Röhren ökologische Nischen für andere Bodeninvertebraten erschafft. Unter den zu schützenden Funktionen sind in terrestrischen Ökosystemen primär der Schutz des Grundwassers und die Aufrechterhaltung der Nährstoffkreisläufe zu nennen. Beides sind ökosystemare Leistungen, die direkt der menschlichen Gesellschaft dienen (Abb. 10.2).

10.2.5
Ökotoxikologische Teststrategien

> Ökotoxikologische Untersuchungen sind meist in einer dreistufigen Teststrategie, je nach Chemikaliengruppe bzw. Stressor unterschiedlich, organisiert, wobei in Abhängigkeit von den jeweiligen Ergebnissen von einfachen Labortests über komplexere Halbfreilandstudien zu realitätsnahen Freilanduntersuchungen vorangeschritten wird.

Die grundlegende ökotoxikologische Herangehensweise ist linear, d. h., sie besteht meist aus einem dreistufigen System (vgl. Abb. 10.3). Dabei wird auf Stufe 1 im

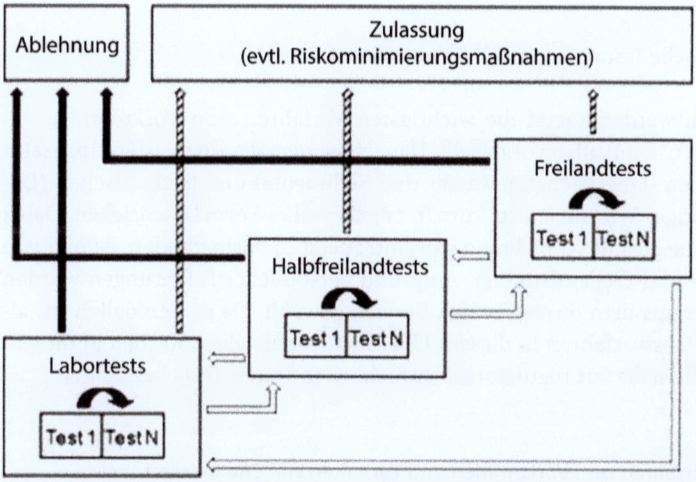

Abb. 10.3 Stufenförmig aufgebaute Teststrategie (Beispiel Pflanzenschutzmittel). Weiße Pfeile: Teststrategie; gestrichelte Pfeile: Zulassung; schwarze Pfeile: Ablehnung der Zulassung.

Labor mit akuten oder chronischen Tests begonnen. In diesen wird die Reaktion einer Art auf Stressoren untersucht, wobei die unter natürlichen Bedingungen schwankenden Umweltfaktoren konstant gehalten werden. Die Interaktionen (z. B. Räuber-Beute-Verhältnis, Konkurrenz um Nahrung und Lebensraum) zwischen verschiedenen Arten bleiben hierbei ebenso unberücksichtigt.

Die nächste Stufe – Stufe 2 –, die sogenannten Halbfreilandstudien, ist sehr heterogen: Dabei kann es sich sowohl um Laborversuche, in denen simultan mehrere Arten (oft aus unterschiedlichen trophischen Ebene, z. B. Destruenten und Prädatoren) einem Stressor gemeinsam ausgesetzt werden, als auch um Halbfreilandstudien handeln. Bei den letzteren handelt es sich um abgegrenzte Teile eines Umweltkompartiments wie aquatische Mesokosmen (d. h. künstlich angelegte Teiche) oder terrestrische Modellökosysteme (z. B. ungestörte Bodensäulen), in denen die jeweilige Biozönose unter weitgehend natürlichen Bedingungen untersucht wird (siehe Abschn. 10.3.1 und 10.3.2). Die höchste Stufe – Stufe 3 – beinhaltet kontrolliert durchgeführte Freilandversuche, in denen Auswirkungen von Stressoren auf die Wechselwirkungen zwischen den Arten einer Biozönose und abiotischen Umweltfaktoren sowohl in ihrer zeitlichen als auch räumlichen Varianz untersucht werden können. Daher sind Ergebnisse aus solchen Versuchen von höherer Relevanz als die aus Labortests – die sich wiederum durch eine bessere Reproduzierbarkeit bei erheblich geringerem Aufwand auszeichnen. In seltenen Fällen können auch noch nach der Registrierung von Chemikalien Freilandstudien gefordert werden. Dabei werden mittels Monitoring die Umweltauswirkungen dieser Stoffe nach sachgerechter Ausbringung in der jeweiligen Kultur sowie in den benachbarten Nichtzielflächen untersucht (inklusive einer Wiedererholung betroffener Organismen).

10.3
Ökotoxikologische Testmethoden für Chemikalien

Im Folgenden werden zuerst die wichtigsten Verfahren zum Vorkommen und Verhalten von Chemikalien vorgestellt. Danach werden die am meisten eingesetzten aquatischen (Oberflächengewässer und Sedimente) und terrestrischen (Böden und sonstige) Wirkungstests kurz in tabellarischer Form beschrieben. Dabei wird jeweils die gleiche Anordnung gewählt: zuerst Labormethoden, gefolgt von Halbfreiland- und Freilandstudien. Aufgrund persönlicher Erfahrungen wurden Beispiele eher aus dem terrestrischen Bereich gewählt. Da es unmöglich ist, alle möglichen Testverfahren in diesem Überblick vorzustellen, werden in diesem Kapitel vor allem die aus regulatorischer Sicht wichtigsten Tests betrachtet.

10.3.1
Exposition: Verfahren zum Vorkommen und Verhalten von Chemikalien

Um das Ergebnis eines ökotoxikologischen Tests beurteilen zu können, muss neben der jeweiligen biologischen Wirkung auch die Menge oder Konzentration der diese Wirkung hervorrufenden Chemikalie, d. h. die Exposition des Organismus, bekannt sein. Diese wird entweder direkt rückstandsanalytisch gemessen oder anhand bestimmter Kenndaten des Stoffes (Wasserlöslichkeit, Volatilität, Abbau usw.) abgeschätzt.

Die wichtigste Information zur Exposition von Organismen in ökotoxikologischen Tests ist die Kenntnis der Konzentration der zu beurteilenden Chemikalie. Dazu stehen eine Vielzahl von rückstandsanalytischen Verfahren zur Verfügung, die sich in den letzten beiden Jahrzehnten sehr stark weiterentwickelt haben. Relativ einfach ist dabei die Bestimmung der Menge bzw. Konzentration von Metallen, die meist mittels Atomabsorptionsspektroskopie (AAS) erfolgt. Bei organischen Chemikalien ist die methodische Bandbreite deutlich größer, wobei aufgrund der schnellen Entwicklung und hohen Komplexität dieser Verfahren auf diese nicht näher eingegangen werden kann. Es soll allerdings darauf hingewiesen werden, dass für hochtoxische Chemikalien selbst diese Verfahren nicht immer ausreichend sind, um die oft sehr niedrigen Konzentrationen (z. B. ng/l im Wasser oder µg/kg im Boden) sicher bestimmen zu können. Dies trifft besonders auf Bioakkumulationstests zu, bei denen die Konzentration einer aus dem Umweltmedium aufgenommenen Chemikalie im Gewebe eines Fisches oder Regenwurms festgestellt werden muss. In diesen Fällen werden häufig radioaktiv markierte Substanzen verwendet (meist mittels ^{14}C). Regelmäßig werden solche Bioakkumulationstests eingesetzt, um die mögliche Anreicherung von Chemikalien in Organismen bzw. in Nahrungsnetzen einschätzen zu können. Bekanntestes Beispiel ist die in den Sechziger- und Siebzigerjahren des letzten Jahrhunderts auftretende Belastung von Raubvögeln, deren Futter durch das Insektizid DDT belastet war.

In Tests zum Bioabbau werden dem jeweiligen Testmedium mikrobiell aktive Proben z. B. aus Kläranlagen zugesetzt. In komplexeren Testverfahren werden Sedimente und Wasserproben direkt aus Oberflächengewässern entnommen, die jeweilige Testchemikalie dazugegeben, und dann deren Verhalten in bis zu 100 Tagen dauernden Versuchen unter standardisierten Laborbedingen untersucht. Gemessen wird dabei nicht nur der Abbau der eigentlichen Testsubstanz, sondern auch die Bildung von Metaboliten und deren weiteres Verhalten in dem Wasser-Sediment-System. Um die Relevanz der Ergebnisse zu erhöhen, können diese Tests mit unterschiedlichen Sedimenten oder bei verschiedenen Temperaturen durchgeführt werden. Endergebnis ist dabei mindestens die Bestimmung einer DT50, d. h. des Zeitraums, in dem 50 % der ursprünglichen dazugegebenen Testsubstanz abgebaut worden sind. Unterschieden werden muss dabei zwischen einem vollständigen Abbau, d. h. einer Mineralisierung in Moleküle wie Wasser, CO_2, CH_4 etc., und einer Metabolisierung, bei der sich die ursprüngliche Testsubstanz so verändert hat, dass sie mit der bis dahin verwendeten rückstandsanalytischen Methode nicht mehr erfassbar ist. Zudem ist zu beachten, dass die Testsubstanz in ihrer ursprünglichen Form oder in Teilen (Metabolite) an das Testsubstrat (hier das Sediment; d. h. speziell das darin enthaltene organische Material oder bestimmte Tonmineralien) adsorbieren oder eingebaut werden kann. Solche gebundenen Rückstände sind chemisch oft nicht mehr erfassbar, könnten theoretisch aber unter veränderten Umweltbedingungen wieder verfügbar werden und dann ökotoxikologische Wirkungen auslösen.

Die wichtigsten Tests zum Verhalten von Chemikalien im aquatischen Umweltkompartiment sind Abbautests, in denen deren Metabolisierung und Mineralisierung im Wasser oder Sediment untersucht wird (Tab. 10.2).

Für das Umweltkompartiment Boden gibt es weniger standardisierte Testverfahren zum Verhalten von Chemikalien. Dabei sind die entsprechenden Prozesse nicht weniger komplex als in aquatischen Medien, wie aus Abb. 10.4 hervorgeht: Die drei wichtigsten Prozesse im Boden sind der Abbau bzw. die Metabolisierung von Chemikalien, ihre Adsorption bzw. Desorption an Bodenteilen (speziell Tonmineralien und organischem Material) sowie ihr vertikaler Transport, auch als Leaching bekannt (Tab. 10.3). Letzteres ist vor allem deshalb wichtig, weil davon der Schutz des Grundwassers abhängt, das, sollte es durch Chemikalien verunreinigt worden sein, im Gegensatz zu Oberflächengewässern nur mit sehr hohem Aufwand gereinigt werden kann. Daher müssen praktisch alle Chemikalien, bei denen eine Grundwassergefährdung nicht völlig ausgeschlossen werden kann, in diesen Tests untersucht werden. Physikochemische Eigenschaften, die im weiteren Sinn das Verhalten dieser Stoffe im Boden oder in der Luft bestimmen, wie deren Volatilität oder Wasserlöslichkeit, werden im Rahmen der basalen Charakterisierung von Chemikalien anhand einfacher standardisierter Labormethoden bestimmt. Da diese keine ökotoxikologischen Methoden im engeren Sinn sind, werden sie hier nicht näher vorgestellt.

Tab. 10.2 Übersicht über wichtige standardisierte Abbautests (Wasser, Sediment).

Kategorie	Name	Richtlinie	Bedingungen	Dauer [d]	Inokulum	Endpunkte
Leichte biologische Abbaubarkeit (Screening-Tests)	Geschlossener Flaschentest	OECD 301 D	Aerob	28	Kläranlagenablauf	Mineralisierung (O_2-Zehrung)
	Manometrischer Respirationstest	OECD 301 F	Aerob	28	Belebtschlamm	Mineralisierung (O_2-Zehrung)
Inhärente Abbaubarkeit	Zahn-Wellens-Test	OECD 302 B	Aerob	28	Belebtschlamm	Mineralisierung (DOC- oder CSB-Elimination), Adsorptionsverhalten
Anaerobe Abbaubarkeit	Anaerober Abbau im Faulschlamm	OECD 311	Anaerob	60	Faulschlamm (gewaschen)	Abbau, Mineralisierung (CO_2/CH_4-Entwicklung)
Simulationstests	Transformation in Wasser-Sediment-Tests	OECD 308	Anaerob oder aerob	100	Natürliches Wasser und Sediment	Abbau, Mineralisierung und Metabolisierung

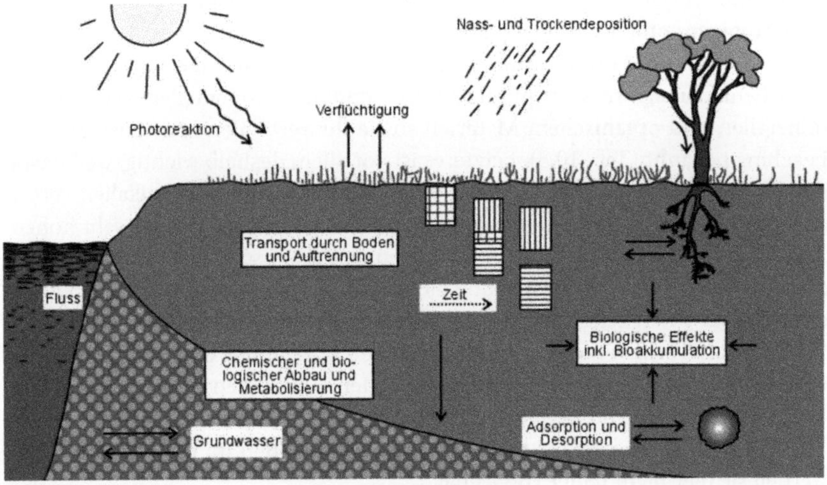

Abb. 10.4 Biotische und abiotische Prozesse, die das Verhalten einer Chemikalie im Boden steuern und die Verfügbarkeit für bodenlebende Organismen und Pflanzen beeinflussen.

Tab. 10.3 Übersicht über wichtiges Tests zum Verhalten von Chemikalien in Böden.

Kategorie	Name	Richtlinie	Bedingungen	Dauer [d]	Inokulum	Endpunkte
Adsorption/ Desorption	Batch equilibrium (Gleichgewichtsansatz)	OECD 106	Aerob	Variabel	Verschiedene natürliche Böden	Adsorption, Adsorptionsisotherme, Desorption, Desorptionsisotherme
Versickerungsverhalten	Leaching in Bodensäulen	OECD 312	Aerob Alterung möglich	Variabel	Verschiedene natürliche Böden	Anteil der applizierten Testsubstanz im Leachat
Simulationstests	Transformation in Wasser-Sediment-Tests	OECD 307	Aerob (anaerob möglich)	100	Verschiedene natürliche Böden	Abbau, Mineralisierung und Metabolisierung

In der aquatischen Ökotoxikologie werden auf Laborebene meist Algen, Wasserflöhe (Daphnien) und Fische getestet, deren Ergebnisse häufig gemeinsam für eine Beurteilung der jeweiligen Wirkungen herangezogen werden. Zudem gibt es eigene Tests für Sedimente, meist mit Dipterenlarven, Würmern und Wasserpflanzen. Auf höheren Untersuchungsebenen werden Mesokosmen (meist als künstliche Teiche, seltener als Fließrinnen) verwendet. Freilandtests gibt es in der aquatischen Ökotoxikologie nicht.

10.3.2 Wirkung: aquatische Standardtests

10.3.2.1 Labortests

Seit den Anfängen der Ökotoxikologie werden in der Aquatik primär drei Tests verlangt, wobei jeweils eine Spezies stellvertretend für eine trophische (und damit auch taxonomische) Gruppe steht: der Algentest (meist mit den Arten *Pseudokirchneriella subcapitata* oder *Desmodesmus subspicatus*), der Wasserflohtest (nach der wichtigsten Testspezies *Daphnia magna* häufig als Daphnientest bezeichnet) sowie der Fischtest (früher meist mit jungen Forellen, heute eher mit dem Zebrabärbling (*Danio rerio*)). Diese aufgrund ihrer kurzen Dauer (2–7 Tage) als Akuttests bezeichneten Tests werden zunehmend durch chronische Tests (z. B. den Daphnienreproduktionstest), bei dem die Anzahl der Jungtiere als Messendpunkt verwendet wird, ergänzt (Tab. 10.4).

Während es bei den Algen und Daphnien nur wenige andere regelmäßig angewandte standardisierte Testverfahren gibt, wurde eine Vielzahl von Fischtests entwickelt, die sich vor allem in Hinsicht auf die Dauer und die betrachteten Messendpunkte unterscheiden. Dazu gehören die sehr aufwendigen Lifecycle-Tests,

Tab. 10.4 Übersicht über die wichtigsten aquatischen Standardtoxizitätstests mit einzelnen Arten.

Testname	Testspezies	Testprinzip und Dauer	Testrichtlinie
Grünalgentest	*Pseudokirchneriella subcapitata, Desmodesmus subspicatus*	Wachstumshemmung nach 72 h	OECD 201
Lemna-Test	*Lemna minor*	Wachstumshemmung nach 7 Tagen	OECD 221
Akuter Daphnientest	*Daphnia magna*	Immobilität nach 48 h	OECD 202
Chronischer Daphnientest	*Daphnia magna*	Reproduktion nach 21 Tagen	OECD 211
Akuter Fischtest	Z. B. *Danio rerio, Oncorhynchus mykiss*	Mortalität nach 96 h	OECD 203
Akuter Fischembryotest	Z. B. *Danio rerio, Oncorhynchus mykiss*	Z. B. Schwanzablösung, Herzschlag nach 96 h	OECD 203
Wachstumstest mit juvenilen Fischen	Z. B. *Danio rerio, Oncorhynchus mykiss*	Wachstum und Mortalität nach 14 und 28 Tagen	OECD 215
Fish early life stage tests (FELS)	Z. B. *Danio rerio, Oncorhynchus mykiss*	Schlupf, Überleben und Gewicht der Larven, 30 bzw. 60 Tage nach Schlupf	OECD 210

für die zwar noch keine eigentliche Richtlinie, aber ein OECD-Dokument vorliegt, in dem die Testdurchführung beschrieben wird. Dabei wird der gesamte Lebenszyklus von Fischen untersucht; d. h., innerhalb einer Testlaufzeit von ca. sechs Monaten (abhängig von der jeweiligen Spezies) werden Wirkungen auf alle Lebensstadien vom befruchteten Ei bis zum geschlechtsreifen Tier und neuer Eiablage überprüft. Die Beobachtung der Embryonen- und Larvenentwicklung in der nächsten Generation erfolgt bei diesen Tests ohne Chemikalienbelastung. Erst in jüngster Zeit wurden zudem spezielle Fischtests für die Erkennung und Beurteilung endokrin wirksamer Chemikalien entwickelt (z. B. OECD-Richtlinie 239).

Sedimente werden erst seit ca. dem Jahr 2000 als eigenes Umweltkompartiment wahrgenommen, sodass nur wenige standardisierte Testverfahren zur Verfügung stehen, primär mit Insekten und Oligochaeten (Tab. 10.5). Die Tests unterscheiden sich teils in ihrer Komplexität (akut vs. chronisch), teils nach dem Expositionspfad (Sediment oder Wasser – ein Unterschied, der vor allem für Pestizide wichtig ist).

10.3.2.2 **Modellökosysteme**

Auf höheren Untersuchungsebenen stehen in der Aquatik vor allem Mesokosmen als ökologisch relevante Testsysteme zur Verfügung (Abb. 10.5). Ein entscheidender Faktor ist die Größe dieser Anlagen. Große Systeme wie Teiche bilden Kom-

Tab. 10.5 Übersicht über die wichtigsten Standardtests mit im Sediment lebenden Spezies.

Testname	Testspezies	Testprinzip und Dauer	Testrichtlinie
Akuter Chironomidentest	*Chironomus riparius*	Mortalität; 48 h	OECD 235
Sediment-Wasser-Chironomidentest – dotiertes Sediment	*Chironomus riparius*	Schlupf und Entwicklungsrate; 28 Tage	OECD 218
Sediment-Wasser-Chironomidentest – dotiertes Wasser	*Chironomus riparius*	Schlupf und Entwicklungsrate; 28 Tage	OECD 219
Sediment-Wasser-Lumbriculustest – dotiertes Sediment	*Lumbriculus variegatus*	Reproduktion und Biomasse; 28 Tage	OECD 225

partimente naturnah ab, haben jedoch den Nachteil, dass die Reproduzierbarkeit gering ist. Systeme < 1 m^3 können einen Ökosystemausschnitt mit geringer Komplexität wiedergeben und bleiben dadurch weniger realistisch. Sie sind jedoch leichter reproduzierbar. Aquatische Mikrokosmen mit einer Größe zwischen 1 und 5 m^3, die sowohl eine Wasserphase als auch Sediment enthalten, beherbergen artenreiche Zoo- und Phytoplanktongesellschaften, höhere Wasserpflanzen sowie die das Sediment bewohnende Biozönose (primär Insektenlarven aber auch Schnecken oder Wasserasseln). Diese werden von den Behörden akzeptiert, auch wenn – da entsprechende Richtlinien fehlen – nur Empfehlungen internationaler Fachgespräche verwendet werden können. Zum Einsatz kommen diese Systeme z. B. im Rahmen von Pflanzenschutzmitteluntersuchungen, wenn auf der Basis von Einzelspeziestests und Daten über den Verbleib des Mittels ein Risiko für aquatische Lebensgemeinschaften nicht ausgeschlossen werden kann. Im Vordergrund solcher Untersuchungen stehen Wirkungen auf Populationen und deren Interaktionen (z. B. die Konkurrenz). Dabei wird versucht, die Expositionsbedingungen (z. B. Konzentration der Testsubstanz, Frequenz der Applikationen, Dauer der Exposition) so realitätsnah wie möglich zu gestalten. Diese Systeme erlauben es auch, Spätfolgen einer Applikation oder die Erholungsfähigkeit des Systems zu ermitteln.

Modellsysteme für fließende Gewässer werden deutlich weniger in der Ökotoxikologie eingesetzt, da es bisher keine speziellen regulatorischen Anforderungen dafür gibt. Prinzipiell sind zwei Konstruktionen möglich: offene langgestreckte Fließstrecken und ringförmig geschlossene Systeme (Abb. 10.5). Die ringförmigen Anlagen haben den Vorteil, dass in diesen Modellfließgewässern zur erleichterten chemischen Analyse auch ^{14}C-markierte Substanzen appliziert werden können, da nicht laufend, sondern nur nach Versuchsende belastete Abwässer anfallen. Untersuchungen in solchen Mesokosmen bzw. Modellökosystemen stellen in der Praxis die aus ökologischer Sicht höchste reproduzierbare und kontrollierbare Untersuchungsebene dar. Freilandstudien in Oberflächengewässern sind

(a) (b)

Abb. 10.5 Beispiele für aquatische Mesokosmen: (a) Teichanlage (stehendes Gewässer) des Forschungsinstituts gaiac (Aachen); (b) Fließgerinne der Firma Mesocosm GmbH (Homberg).

aufgrund unkontrolliert variierender Umweltfaktoren nur eingeschränkt geeignet. Dies gilt nicht für Monitoring-Untersuchungen, die aufgrund von EU-Vorgaben, speziell der Wasserrahmenrichtlinie, regelmäßig im Rahmen der allgemeinen Umweltqualitätsbeurteilung durchgeführt werden müssen.

In der Bodenökotoxikologie gibt es keine einheitliche Testbatterie, doch werden mikrobielle Tests sowie solche mit Regenwürmern und Pflanzen am häufigsten verwendet, wobei die Ergebnisse jeweils einzeln in die Umweltrisikobeurteilung eingehen. Neben regulatorisch bisher wenig geforderten Halbfreilandtests (vor allem terrestrische Modellökosysteme) gibt es standardisierte Freilandtests, primär mit Regenwürmern.

10.3.3 Wirkung: terrestrische Standardtests mit Bodenorganismen

10.3.3.1 Labortests

Die Veröffentlichung der ersten Richtlinie mit einem Bodenorganismus, dem Kompostwurm *Eisenia fetida*, durch die OECD im Jahr 1984 wird oft als Beginn der terrestrischen Ökotoxikologie angesehen. Es dauerte fast zwei Jahrzehnte, bis sich die Erkenntnis durchsetzte, dass Regenwürmer zwar in vielen Böden die ökologisch wichtigsten Tiere darstellen, hinsichtlich ihrer Exposition und Sensi-

Tab. 10.6 Übersicht über die wichtigsten terrestrischen Standardtests mit einzelnen Spezies.

Testname	Testspezies	Testprinzip und Dauer	Testrichtlinie
Akuter Regenwurmtest	*Eisenia fetida, E. andrei*	Mortalität, Biomasse; 14 Tage	OECD 207
Chronischer Regenwurmtest	*Eisenia fetida, E. andrei*	Biomasse, Reproduktion; 56 Tage	OECD 222
Chronischer Enchytraeentest	*Enchytraeus albidus, E. crypticus*	Reproduktion; 42 bzw. 28 Tage	OECD 220
Chronischer Collembolentest	*Folsomia candida, F. fimentaria*	Reproduktion; 28 Tage	OECD 232
Chronischer Raubmilbentest	*Hypoaspis aculeifer*	Reproduktion; 16 Tage	OECD 226
Keimlingsauflauf und -wachstumstest	*Avena sativa, Brassica rapa*; andere Nutzpflanzen	Auflaufrate, Biomasse; ca. 14 Tage	OECD 208
Vegetativer Wachstumstest	*Avena sativa, Brassica rapa*; andere Nutzpflanzen	Biomasse, Sprosslänge, morphologische Änderungen; 21–28 Tage	OECD 227
Stickstofftransformationstest	Natürliche Mikrobengemeinschaft	Nitratgehalt; 28 Tage	OECD 216
Kohlenstofftransformationstest	Natürliche Mikrobengemeinschaft	Respirationsrate; 28 Tage, 100 Tage möglich	OECD 217

tivität gegenüber Chemikalien aber nicht das ganze Bodenökosystem abdecken können. In den letzten 20 Jahren wurden demzufolge sukzessive ähnlich strukturierte Testverfahren mit Springschwänzen und Raubmilben erarbeitet (vgl. Tab. 10.6). Allen diesen Tests ist gemeinsam, dass sie nicht mit einem natürlichen Boden durchgeführt werden, sondern mit einem künstlichen Substrat, das aus Sand, Ton, Torf und Wasser zusammengemischt wird. Während der erste Regenwurmtest ein Akuttest war (d. h. mit 14 Tagen von kurzer Dauer und nur mit dem Endpunkt Mortalität) hat sich inzwischen die Erkenntnis durchgesetzt, dass chronische Endpunkte (vor allem die Reproduktion) nicht nur deutlich empfindlicher, sondern auch ökologisch relevanter sind. Parallel zum Regenwurmtest wurde ebenfalls 1984 ein Pflanzentest entwickelt, der im Gegensatz zu den zoologischen Tests mit einer Vielzahl von Arten (alle landwirtschaftliche Nutzpflanzen) durchgeführt wird. Später wurde diese Testrichtlinie geteilt, um eine spezifische Expositionssituation (das Aufsprühen von Pestiziden auf Pflanzen) simulieren zu können. Gegenwärtig wird diskutiert, ob nicht parallel zu einer Ausweitung der Schutzziele (d. h. deutlicher Bezug auf Wildpflanzen) entsprechende Arten in das zu testende Spektrum aufgenommen werden sollten. Relativ spät wurden Tests mit Bodenmikroorganismen standardisiert: Erst seit 2000 gibt es einen Test zum Stickstoff- bzw. zum Kohlenstoffzyklus (gemessen als Bodenatmung). Allerdings hat sich letzterer gegenüber Chemikalien als so unempfindlich erwiesen, dass er heute für die Pestizidtestung nicht mehr empfohlen wird (die Bodenatmung ist eher als ein Teil der Bodencharakterisierung anzusehen).

10.3.3.2 **Terrestrische Modellökosysteme und Freilandtests**

In der terrestrischen Ökotoxikologie wurden verschiedenste Modellökosysteme vorgeschlagen, von denen bisher keins regelmäßig in der Chemikalienbeurteilung eingesetzt wird. Am weitesten sind die terrestrischen Modellökosysteme (TME) entwickelt, für die, ähnlich wie bei den aquatischen Mesokosmen, eine Anleitung zur Durchführung, angelehnt an OECD-Richtlinien, vorliegt. Im Einzelnen handelt es sich dabei um ungestört ausgestochene Bodensäulen (Höhe: 30–60 cm; Durchmesser: 18–45 cm), die unter kontrollierten Bedingungen im Labor bzw. Gewächshaus mehrere Monate lang untersucht werden können (Abb. 10.6).

In diesen TME wird die Konzentration der Testchemikalie im Boden oder in dem am unteren Ende der einzelnen Säulen aufgefangenen Leachat analysiert. Bis vor einigen Jahren wurden Tests zum Abbau oder Versickerungsverhalten von Chemikalien in ähnlichen, eher noch größeren Testsystemen (genannt Lysimeter) vorgenommen. Heute werden solche Untersuchungen zum Verhalten von Chemikalien entweder direkt im Freiland vorgenommen oder durch Modellierungen ersetzt. Eine Vielzahl mikrobiologischer und zoologischer Messendpunkte können in TME verwendet werden. Häufig gehört die Abundanz und Diversität der Mikro- und Mesofauna (konkret: Nematoden, Collembolen, Milben, Enchytraeen) dazu sowie eine einmalige Erfassung der Regenwürmer am Ende der vier bis sechs Monate dauernden TME-Versuche.

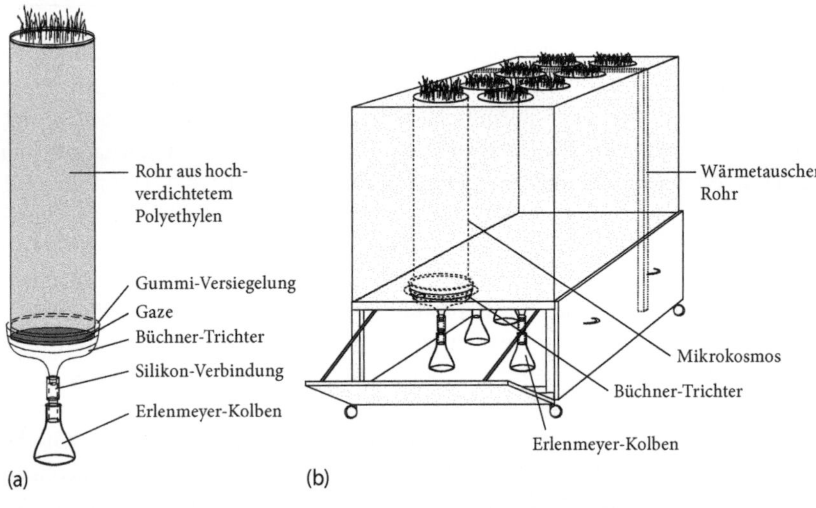

Abb. 10.6 Terrestrische Modellökosysteme: (a) einzelne Bodensäule; (b) Anordnung mehrerer Bodensäulen in einem Wagen (inkl. Auffangvorrichtung für Sickerwasser).

Bisher wurden zwei Testmethoden für die Untersuchung von Umweltauswirkungen von Pestiziden im Freiland standardisiert: Im Regenwurmfreilandtest wird die zu prüfende Chemikalie in der empfohlenen Aufwandmenge auf einen Acker oder eine Wiese ausgebracht und dann bei mehreren Probenahmen über einen Zeitraum von einem Jahr festgestellt, ob dies negative Auswirkungen auf die Anzahl, Biomasse oder Diversität der Regenwurmgemeinschaft hat. Im Netzbeutelfreilandtest werden dagegen kleine Stoffbeutel, gefüllt mit einer definierten Menge Weizenstroh, auf der Oberfläche oder der obersten Bodenschicht auf einem Acker ausgelegt und anschließend mit der Prüfchemikalie besprüht. Ebenfalls über einen Zeitraum von bis zu einem Jahr werden einzelne Beutel ins Labor verbracht und die noch vorhandene Menge organischen Materials bestimmt. Die Beurteilung dieser Versuche basiert auf einem Vergleich zwischen dem Abbauprozess in unbesprühten Kontrollbeuteln und den Beuteln, die mit der Prüfsubstanz besprüht worden waren.

10.3.4
Wirkung: terrestrische Standardtests mit oberirdisch lebenden Organismen

> Für das oberirdische terrestrische Kompartiment gibt es je nach Organismengruppe sehr unterschiedliche Standardtests. So werden seit Langem Säuger, Vögel und Nützlinge (z. B. Bienen oder Spinnen als Räuber von Schadinsekten) untersucht. Relativ neu sind dagegen Tests mit Amphibien (speziell für hormonartig wirkende Substanzen) sowie mit Dungorganismen (für Veterinärpharmaka).

Im Rahmen der Umweltrisikobeurteilung von Pflanzenschutzmitteln in terrestrischen Ökosystemen werden Wirbeltiere nur sehr eingeschränkt getestet, vor allem aus Gründen des Tierschutzes. Speziell Säugeruntersuchungen entfallen, da die entsprechenden Daten aus toxikologischen Untersuchungen (Ratten, Mäuse, teils Hunde usw.) zur Verfügung stehen. Allerdings gibt es schon seit 1984 Standardtests mit Vögeln (vor allem Wachteln und Enten), in denen sowohl akute als auch chronische Wirkungen untersucht werden. Zudem wurde vor kurzem die erste Richtlinie zur Wirkung von Chemikalien auf Amphibien verabschiedet, bei der mögliche Wirkungen auf die Metamorphose dieser Tiere als Messendpunkt eingesetzt wird. Aufgrund der hohen Empfindlichkeit von Amphibien gegenüber endokrin wirkenden Substanzen werden gegenwärtig weitere Tests, vor allem mit dem Krallenfrosch *Xaenopis laevis*, entwickelt.

Nur bei Pflanzenschutzmitteln werden im Rahmen der Umweltrisikobeurteilung auch Nebenwirkungen auf sogenannte Nützlinge überprüft. Das bekannteste Beispiel ist wohl die Honigbiene, deren Schutz – nicht zuletzt aufgrund ihrer wichtigen funktionalen Rolle als Bestäuberin vieler Nutzpflanzen – einen hohen Stellenwert genießt. Aber auch räuberische Arten wie Spinnen, die potenzielle Schädlinge durch ihre Fraßaktivität im Zaum halten, gehören zu dieser Gruppe. Prinzipiell gibt es auch bei diesen Tieren ein abgestuftes Testprinzip, d. h., neben sehr „artifiziellen" Labortests gibt es auch hier Halbfreiland- und Freilandtests, speziell mit Bienen (z. B. Zelttunnel, aber auch mittels blühender Rapsfelder).

Erst vor wenigen Jahren wurde für die Beurteilung möglicher Nebenwirkungen von Veterinärpharmaka, speziell Antiparasitika, die Testung von Dungorganismen eingeführt. Dabei werden diese Stoffe in Dung (meist Rinderkot) appliziert und deren Wirkung auf die Larvalentwicklung von Fliegen (OECD 228) oder Käfern (OECD TG 122) untersucht. Bei Wirkungen in freilandrelevanten Konzentrationen sind Freilandstudien möglich, doch gibt es bisher keine entsprechenden Testrichtlinien.

Die Aufnahme und Anreicherung von Chemikalien in Organismen wird in Bioakkumulationstests untersucht, wobei je nach Kompartiment (Wasser, Sediment, Boden) unterschiedliche Organismen (Fische, Ringelwürmer) eingesetzt werden. Die dabei erhobenen Daten werden genutzt, um ein über Nahrungsketten bzw. -netze entstehendes Risiko einschätzen zu können.

10.3.5
Bioakkumulationstests in Aquatik und Terrestrik

Die Bioakkumulation nimmt eine Zwischenstellung zwischen Expositions- und Wirkungstests ein: Einerseits ist eine Aufnahme bzw. Anreicherung einer Substanz in einem Organismus die Voraussetzung für deren Wirkung (Ausnahme: Auslösung einer Wirkung nach Kontakt mit einem Sinnesorgan; d. h. Auslösung einer Verhaltensreaktion). Andererseits ist es möglich, dass die Aufnahme und Anreicherung einer Substanz zwar keine Wirkung auf den jeweiligen Organismus hat, dafür aber bei Tieren, die diese Organismen fressen (sekundäre Vergiftung). Das bekannteste Beispiel für diesen Fall ist die Wirkung von DDT auf Raubvögel, die dieses Insektizid über eine Nahrungskette (Plankton – Fisch – Vogel) aufgenommen hatten. Bisher gibt es drei standardisierte Bioakkumulationstests: mit Fischen für Oberflächengewässer (OECD 305) sowie mit Ringelwürmern für Sedimente (OECD 315) bzw. für Böden (OECD 317; Abb. 10.7).

10.3.6
Auswertung und Beurteilung prospektiver Testdaten

Mögliche Risiken von einzelnen Chemikalien auf Organismen werden im Rahmen einer mehrstufigen Umweltrisikobeurteilung untersucht, deren zentraler Teil aus einem Vergleich der in dem jeweiligen Umweltkompartiment zu erwartenden Konzentration und der im gleichen Kompartiment in Standardtests gemessenen Wirkung auf Organismen besteht. Dieser Vergleich kann, je nachdem ob dabei ein Risiko nicht ausgeschlossen werden kann, mehrfach wiederholt werden (vgl. Abb. 10.3).

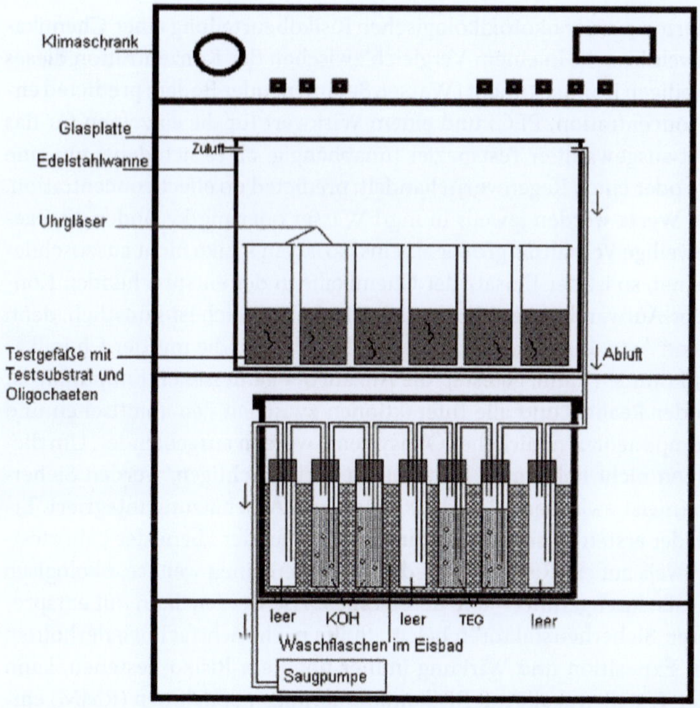

Abb. 10.7 Versuchsaufbau eines Bioakkumulationstests mit Oligochaeten (z. B. Regenwürmern).

Die in den Tests generierten Daten werden im Rahmen einer durch Gesetze spezifizierten Umweltrisikobeurteilung dazu benutzt, das durch den Einsatz der zu beurteilenden Chemikalie auftretende Umweltrisiko einzuschätzen. Dies erfolgt im Rahmen eines vierstufigen Prozesses, der je nach Chemikaliengruppe etwas unterschiedlich ist, aber im Prinzip ähnlich verläuft (Abb. 10.8).

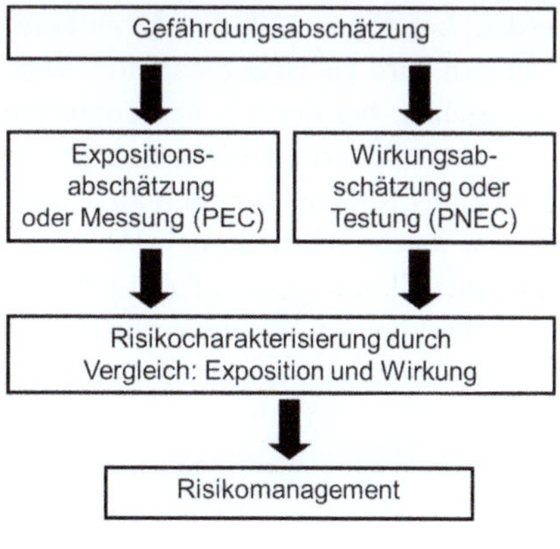

Abb. 10.8 Prinzip der Umweltrisikobeurteilung von Chemikalien.

Das Grundprinzip einer ökotoxikologischen Risikobeurteilung einer Chemikalie in der Umwelt besteht in einem Vergleich zwischen der Konzentration dieses Stoffes im jeweiligen Kompartiment (Wasser, Sediment oder Boden; predicted environmental concentration, PEC) und einem Wirkwert für die einzelnen für das Kompartiment ausgewählten Testspezies (unabhängig, ob es sich dabei um eine Daphnie, Alge oder einen Regenwurm handelt; predicted no effect concentration, PNEC). Beide Werte werden jeweils in mg/l Wasser oder mg/kg Boden angegeben. Ist das jeweilige Verhältnis größer als eins, so ist ein Risiko nicht auszuschließen, ist es kleiner, so ist der Einsatz der Chemikalie in der entsprechenden Konzentration oder Aufwandmenge akzeptabel. Dieser Vergleich ist künstlich, denn es wird nur eine Art von Dutzenden oder gar Hunderten, die mit der Chemikalie in Kontakt kommen kann, getestet, die Anzahl der gemessenen Endpunkte ist kleiner als in der Realität und alle Interaktionen zwischen den abiotischen und biotischen Komponenten natürlicher Ökosysteme werden ausgeblendet. Um diese, im Einzelnen nicht bekannten Faktoren zu berücksichtigen, werden Sicherheitsfaktoren (meist zwischen 10 und 1000) in diese Abschätzung integriert. Ergibt sich nach der ersten dieser Abschätzungen, d. h. auf der Ebene der Labortestdaten, ein Hinweis auf ein Risiko, so werden im Allgemeinen weitere, ökologisch relevantere Tests durchgeführt – und deren Ergebnisse werden dann mit entsprechend kleineren Sicherheitsfaktoren belegt. Sollte nach mehrfach wiederholtem Vergleich von Exposition und Wirkung immer noch ein Risiko bestehen, kann der Einsatz der Testchemikalie mit Risikominimierungsmaßnahmen (RMM) eingeschränkt werden. Bei einem Pestizid wären dies z. B. eine geringere Aufwandmenge oder eine seltenere Ausbringung (z. B. nur alle zwei Jahre).

Wenn genügend Testdaten für ein Kompartiment vorliegen (meist wird eine Minimalzahl von acht angenommen; d. h. beispielsweise Ergebnisse aus Tests mit so vielen Pflanzenarten) können auch Regressions- und Korrelationsanalysen durchgeführt werden, oft auch als species sensitivity distribution (SSD) bezeichnet. Diese erfolgen unter der Annahme, dass Empfindlichkeiten von Organismenarten gegenüber Chemikalien einer log-logistischen Verteilung unterliegen. Ausgehend von den real gemessenen Testergebnissen können dann diejenigen Substanzkonzentrationen extrapoliert werden, bei denen 95 % der Arten eines Ökosystems geschützt sind. Dieses 95. Perzentil wird als HC5 (hazardous concentration), d. h. als die Konzentration angegeben, bei der 5 % der potenziell exponierten Organismenarten bezüglich des betrachteten Effekts beeinträchtigt werden (können). Am Beispiel des Schwermetalls Kupfer (das auch als Fungizid im Pflanzenschutz angewandt wird) ist eine solche Beurteilung in Abb. 10.9 wiedergegeben. Kritisiert wird bei diesem Ansatz allerdings, dass dabei jede Art den gleichen ökologischen bzw. funktionalen Wert hat – was nicht realistisch ist (z. B. ist die Honigbiene sicher „wertvoller" für den Menschen als eine einzelne Spinnenart).

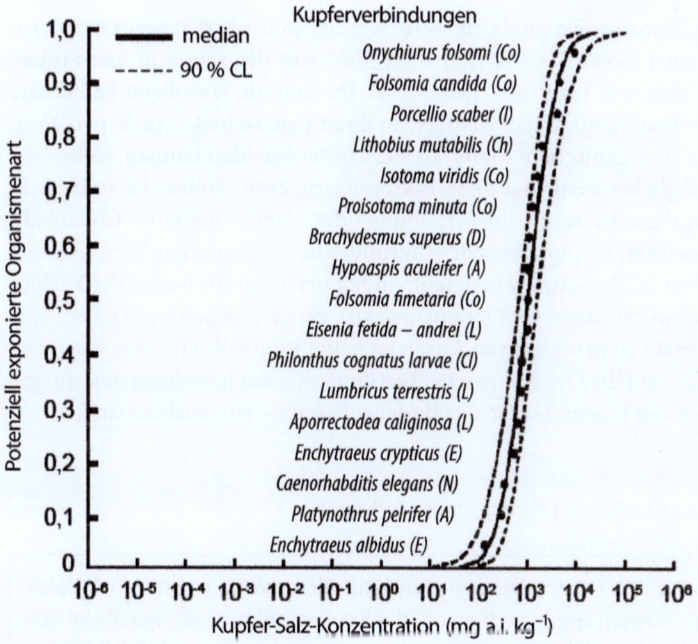

Abb. 10.9 Darstellung der Toxizitätswerte (EC50) von Bodenorganismen gegenüber Kupfer in einer „Arten-Empfindlichkeits-Verteilung (SSD)". A = Acari (Milben); Ch = Chilopoda (Hundertfüßer); Cl = Coleoptera (Käfer); Co = Collembola (Springschwänze); E = Enchytraeidae (Topfwürmer); L = Lumbricidae (Regenwürmer); N = Nematoda (Fadenwürmer).

10.4 Retrospektive Testmethoden für Umweltproben

10.4.1 Testung belasteter Böden und Abfälle

> Potenziell belastete Umweltproben (Böden, Abwässer, Abfälle usw.) werden mit ähnlichen Testmethoden untersucht wie in der prospektiven Ökotoxikologie. Allerdings muss für Tests mit den häufig sehr komplexen Mischungen verschiedener Chemikalien eine externe Kontrolle definiert werden Diese sollte sich in ihren Eigenschaften außer im Fehlen der Kontamination von der zu testenden Probe nicht unterscheiden.

Im Prinzip werden für die Testung potenziell belasteter Böden und Sedimente ähnliche Testmethoden wie für einzelne Chemikalien eingesetzt, doch werden sie von der ISO und nicht der OECD standardisiert (Tab. 10.7). Statt eine oder mehrere Chemikalien in einen künstlichen zusammengemischten oder natürlichen Boden einzumischen, werden hier direkt aus dem Freiland Proben ins Labor transportiert und dort gesiebt und auf eine bestimmte Feuchte eingestellt, bevor die jeweiligen Testorganismen dazugesetzt werden (nur bei den meisten mikrobiellen Tests wird direkt die Aktivität oder Biomasse der schon in den Proben enthaltenen Bakterien, Pilze usw. gemessen). Da sich die jeweiligen Sedimente und Böden (Wasser naturgemäß weniger) in ihren Eigenschaften (z. B. pH-Wert, Textur, Gehalt an organischem Material) stark unterscheiden können, sollten die Testspezies möglichst wenig auf diese Faktoren reagieren. Zudem ist zu berücksichtigen, dass diese Faktoren eine Erhöhung oder Minderung einer Chemikalienwirkung bewirken können, primär aufgrund einer veränderten Verfügbarkeit der Chemikalien (z. B. nimmt mit abnehmenden pH-Wert im Boden die Verfügbarkeit von Schwermetallen für Organismen zu). Problematisch ist in jedem Fall, dass im Gegensatz zu prospektiven Ansätzen keine Kontrolle vorliegt, mit deren Hilfe Wirkungen auf die Organismen im Test eindeutig der jeweiligen Belastung – und nicht etwa den Eigenschaften des Bodensubstrats – zuzuordnen sind.

10.4.2
Auswertung und Beurteilung retrospektiver Testdaten

> Die Beurteilung potenziell belasteter Umweltproben erfolgt meist im Vergleich zu vorab festgelegten Grenzwerten (z. B. der Konzentration eines Metalls im Boden), die wiederum auf der Grundlage ökotoxikologischer Daten abgeleitet wurden. Das Ergebnis dieses Vergleichs dient dann der Festlegung möglicher Maßnahmen (z. B. einer Sanierung).

Für die Beurteilung potenziell kontaminierter Substrate gibt es bisher kein gemeinsames, international akzeptiertes Vorgehen. Häufig wird in einem ersten Schritt versucht, gemessene Chemikalienkonzentrationen im jeweiligen Um-

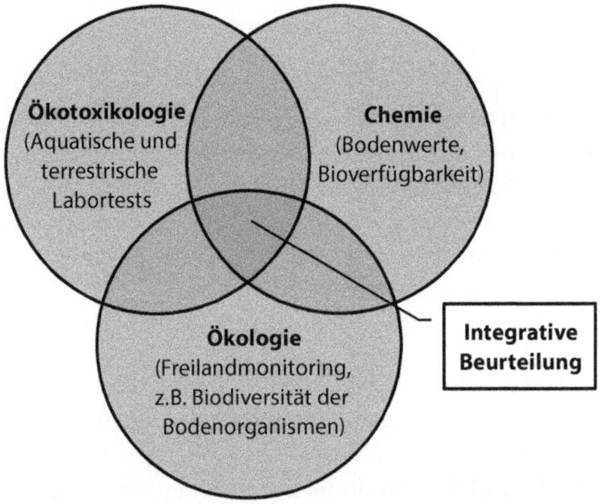

Abb. 10.10 Schematischer Überblick zum TRIAD-Ansatz (ISO 19204). Innerhalb jedes Bereichs gibt es drei Stufen mit zunehmend komplexeren Untersuchungsmethoden.

Tab. 10.7 Übersicht über wichtige Standardtests (ISO) für potenziell belastete Böden.

Testname	Testspezies	Testprinzip und Dauer	Testrichtlinie
Akuter Regenwurmtest	*Eisenia fetida, E. andrei*	Mortalität, Biomasse; 14 Tage	ISO 11268-1
Chronischer Regenwurmtest	*Eisenia fetida, E. andrei*	Biomasse, Reproduktion; 56 Tage	ISO 11268-2
Regenwurmvermeidungstest	*Eisenia fetida, E. andrei*	Verhalten; 48 h	ISO 17512-1
Chronischer Enchytraeentest	*Enchytraeus albidus, E. crypticus*	Reproduktion; 42 bzw. 28 Tage	ISO 16387
Chronischer Collembolentest	*Folsomia candida*	Reproduktion; 28 Tage	ISO 11267
Collembolenvermeidungstest	*Folsomia candida*	Verhalten; 48 h	ISO 17512-2
Keimlingsauflauf und -wachstumstest	*Avena sativa, Brassica rapa*; andere Nutzpflanzen	Auflaufrate, Biomasse; ca. 14 Tage	ISO 11269-1
Chronischer Pflanzentest	*Avena sativa, Brassica rapa*; andere Nutzpflanzen	Biomasse, Blütenzahl Samenkapseln; 35 Tage	ISO 22030
Kohlenstofftransformationstest	Natürliche Mikrobengemeinschaft	Respirationsrate; 28 Tage, 100 Tage möglich	ISO 14240-1
Stickstofftransformationstest	Potenzielle Nitrifikation	Ammoniumoxidation; 4 Tage	ISO 15685
Extrazellulärer Enzymtest	Enzymaktivitätstest	Fluoreszenzmessung; 3 h	ISO 22939
DNA-Extraktion aus Bodenproben	Natürliche Mikrobengemeinschaft	Molekulare Analyse	ISO 11063
Boden- bzw. Sedimentkontakttest	*Arthrobacter globiformis* (Bakterium)	Dehydrogenaseaktivität	ISO 18187

weltkompartiment mit Grenzwerten abzugleichen, die vorab, z. B. mittels des SSD-Verfahrens (vgl. Abschn. 10.3.5), festgelegt wurden. In Deutschland wurden solche Werte in einem mehrstufigen System für einige Metalle und wenige Organika in der Bundesbodenschutzverordnung veröffentlicht. Wird ein solcher Bodenwert überschritten, ist entweder eine genauere Prüfung, z. B. mittels der in Tab. 10.7 aufgeführten Tests, notwendig. Bestätigt sich die Umweltgefährdung, können auch Sanierungsmaßnahmen an dem jeweiligen Standort angeordnet werden. Sehr detailliert wird dieses Vorgehen im TRIAD-Ansatz beschrieben, der ursprünglich in Nordamerika für Sedimente entwickelt wurde. Darunter versteht man die gemeinsame Auswertung von rückstandsanalytischen, ökotoxikologischen und ökologischen Daten (Abb. 10.10), die in einem Stufenansatz zunehmender Komplexität erhoben werden. Kürzlich wurde der TRIAD-Ansatz international standardisiert (ISO 19204).

Die praktischen (z. B. Testverfahren) als auch theoretischen (z. B. Beurteilungskonzepte) Ansätze der Ökotoxikologie entwickeln sich permanent weiter, teils aufgrund der sich ausweitenden regulatorischen Anforderungen, teils bedingt durch den Versuch, die Wirkmechanismen einzelner Stressoren oder deren Interaktion mit Umweltfaktoren (z. B. dem Klimawandel) besser zu verstehen. Dabei konzentrieren sich die Aktivitäten speziell auf höhere biologische Organisationsebenen, d. h. Gemeinschaften bzw. Ökosysteme. Neben der direkten Untersuchung (Stichworte: strukturelle und funktionale Diversität) werden dabei Modellierungsansätze immer wichtiger.

10.5 Neue Entwicklungen in der Ökotoxikologie

10.5.1 Neue Testspezies und Testmethoden

Trotz der Vielzahl bisher standardisierter Testverfahren gibt es noch Bereiche, in denen es einen Bedarf für Neu- oder Weiterentwicklungen gibt. In der Aquatik werden gegenwärtig Tests mit höheren, im Sediment wurzelnden Wasserpflanzen entwickelt bzw. standardisiert, da die bisher in diesem Bereich untersuchten Wasserlinsen (*Lemna* sp.) durch ihre Lebensweise (an der Wasseroberfläche schwimmend) die real vorkommenden Expositionspfade nicht ausreichend abbilden. Zudem wird vor allem in der OECD diskutiert, wie endokrine Wirkungen von Chemikalien am besten erfasst werden können, wobei Fische, Schnecken sowie Amphibien gut geeignet sind.

Auch im Boden wird die Ausweitung der vorhandenen Testbatterie vorgeschlagen, speziell die Ergänzung (oder der Ersatz) der bisher genutzten Nutzpflanzen durch Wildpflanzen. Allerdings ist deren Testung deutlich schwieriger als bei den Nutzpflanzen, da im Allgemeinen qualitativ hochwertiges Saatgut sowie entsprechende Testrichtlinien fehlen. Unter den bisher wenig berücksichtigten Organismengruppen kommen z. B. Fadenwürmer (Nematoda) für eine weitergehende Standardisierung infrage (eine ISO-Richtlinie mit Schwerpunkt auf Sedimente existiert schon). Vertreter dieser Tierklasse sind besonders in landwirtschaftlich genutzten Böden in hoher Anzahl und Diversität vertreten und daher von besonderem Interesse für ökotoxikologische Prüfungen (inklusive Freilandstudien bzw. Monitoring). Da Nematoden die wassergefüllten Bodenporen besiedeln, sind sie über die gesamte Körperoberfläche den gelösten und damit verfügbaren Stoffanteilen exponiert. Auch bei der Bodenmakrofauna gibt es interessante Ansätze für weitergehende Testmethoden, z. B. die Erfassung der Fraßrate bei Asseln.

10.5.2
„Nutzung von Biomarkern und Bioindikatoren

Unter dem Begriff Biomarker versteht man jede biologische Reaktion auf einen Stressor (in diesem Zusammenhang speziell Chemikalien) auf den biologischen Untersuchungsebenen unterhalb des Individuums (vgl. Abb. 10.1). Die entsprechenden Untersuchungen können sowohl innerhalb des Organismus oder mithilfe seiner Ausscheidungen bzw. Körperteile (Harn, Kot, Federn, Haare) erfolgen. Beispiele sind die Erfassung von Stressproteinen, enzymatische Reaktionen oder auch zytologische Untersuchungen. Biomarker werden zwar seit Jahren in der Literatur als „Frühwarnanzeiger" empfohlen, nicht zuletzt weil sie schnell und einfach (oft in automatisierter Form) gemessen werden können. Zudem könnten dadurch Wirbeltiertests eingeschränkt werden. Biomarker werden aber im regulatorischen Kontext bisher nicht eingesetzt. Der Grund dafür ist, dass es (noch) nicht möglich ist, Ergebnisse aus solchen Untersuchungen auf die zu schützenden biologischen Organisationsebenen zu extrapolieren (Population, Gemeinschaft, Ökosystem).

Dagegen versteht man unter einem Bioindikator einen Organismus, der die „Qualität" seiner Umwelt durch seine An- oder Abwesenheit (teils auch durch sein Verhalten) anzeigt. Solche Indikatoren (speziell die Zusammensetzung der Gewässer- und Sedimentorganismengemeinschaften) werden z. B. im Rahmen der Gewässerüberwachung in der Europäischen Gemeinschaft eingesetzt. Zur Beurteilung der Ergebnisse müssen allerdings vorab Referenzwerte oder -bereiche definiert werden, um (schädliche) Veränderungen im Vergleich zu einem Normal- oder Kontrollbereich erkennen zu können (Abb. 10.11).

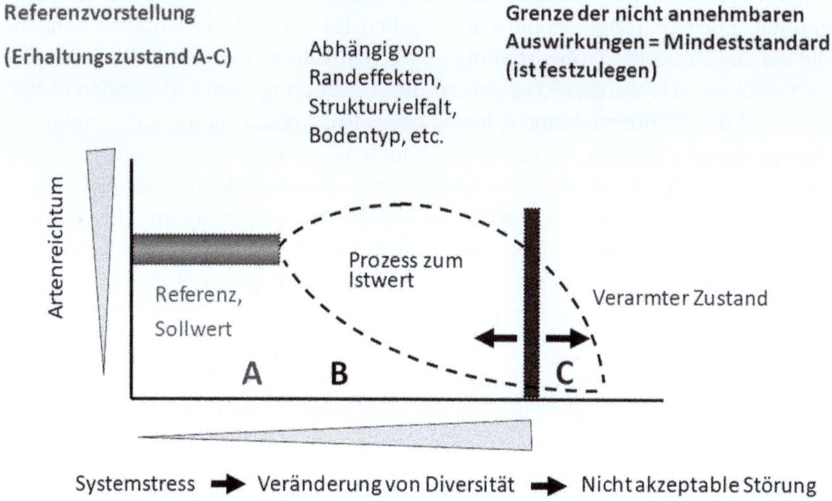

Abb. 10.11 Prinzip zur Ableitung von Schwellenwerten in Bezug auf Referenzzustände: A, B und C entsprechen verschiedenen Erhaltungszuständen in Bezug zum Systemstress bzw. einer schädlichen Veränderung (hier am Beispiel von Böden) (Römbke *et al.*, 2013).

Bisherige Erfahrungen auf höheren biologischen Untersuchungsebenen belegen, dass die direkte Untersuchung (möglicher) Auswirkungen von Stressoren (einzelnen Chemikalien, Mischungen mehrerer Substanzen bzw. deren Interaktionen mit z. B. klimatischen Faktoren) auf Organismengemeinschaften oder Ökosysteme, vor allem bei Einbeziehung größerer räumlicher und zeitlicher Strukturen, an technische Grenzen stößt. Diese Einschätzung beruht auf der hohen Komplexität eines jeden Ökosystems, verbunden mit der inhärenten Variabilität möglicher Messgrößen selbst im ungestörten Zustand. Daher wird versucht, die Auswirkungen von Stressoren auf ausgewählte Schlüsselarten oder wichtige Prozesse auf Landschaftsebene zu modellieren, wobei Erfahrungen aus der Rekonstruktion von Nahrungsnetzen genutzt werden können. Allerdings ist dafür die Intensivierung ökologischer Grundlagenforschung nötig, um z. B. das Verhältnis zwischen ökosystemaren Funktionen und den zugrunde liegenden biotischen Strukturen zu verstehen.

10.6 Zusammenfassung

Die seit 40 Jahren existierende Ökotoxikologie ist eine angewandte Wissenschaft, in der Methoden und Erfahrungen aus der Toxikologie, der Chemie und Ökologie kombiniert werden mit dem Ziel, die Struktur und Funktion von Ökosystemen vor anthropogenen Stressoren, meist Chemikalien, zu schützen. Sie ist in ihrer Entwicklung stark von regulatorischen Vorgaben beeinflusst worden, was sich inzwischen in einer Vielzahl von oft international standardisierten Testverfahren auf verschiedenen Komplexitätsebenen (Labor bis Freiland) niedergeschlagen hat. Ebenso gibt es detaillierte Vorgaben für prospektive Untersuchungen, die bei der Umweltrisikobeurteilung von Chemikalien (speziell Pflanzenschutzmittel) eingesetzt werden. Dagegen ist die Anwendung dieser Methoden in der retrospektiven Untersuchung, d. h. der Umweltrisikobeurteilung kontaminierter Kompartimente (Böden, Abwasser usw.) noch nicht so weit vorangeschritten und beschränkt sich oft auf die Anwendung von – ökotoxikologisch abgeleiteten – Grenzwerten für einzelne Chemikalien in Gewässern und Böden. Die Zukunft der Ökotoxikologie dürfte, trotz immer noch bestehender Wissenslücken in der Ökologie, in dem Einbringen der komplexen Realität liegen, z. B. durch Entwicklung von Modellierungsverfahren auf Landschaftsebene.

Danksagung Ich danke meinen Kollegen von der ECT GmbH, vor allem Herrn Dr. Stephan Jänsch, für ihre Hilfe bei der Abfassung dieses Textes.

Literatur

Dunger, W. (1983) *Tiere im Boden*, Ziemsen Verlag, Wittenberg Lutherstadt.

Römbke, J., Burkhardt, U., Höfer, H., Horak, F., Jänsch, S., Roß-Nickoll, M., Russell, D., Schmitt, H. und Toschki, A. (2013) Beurteilungsansätze für die Boden-Biodiversität. *Bodenschutz*, **3** (13), 100–105.

Oehlmann, J. und Markert, B. (1999) *Ökotoxikologie. Ökosystemare Ansätze und Methoden*, Ecomed/Wiley-VCH, Weinheim.

Truhaut, R. (1977) Ecotoxicology: Objectives, principles and perspectives. *Ecotoxicol. Environ. Safety*, **7**, 151–173.

Faber, J., Van der Pol, J. und Rutgers, M. (2006) Database for distributed landscape classification and land use data of selected distributors based on scientific evidence of importance. NOMIRACLE Deliverable Report D.1.1.4, 72 S.

Weiterführende Literatur

Beek, B. (Hrsg.) (2001) Biodegradation and persistence, in *The Handbook of Environmental Chemistry*, Springer, Berlin, Heidelberg, New York.

Klöpffer, W. (2012) *Verhalten und Abbau von Umweltchemikalien: Physikalisch-chemische Grundlagen*, 2. Aufl., Wiley-VCH Verlag GmbH & Co, Weinheim.

MEA (Millennium Ecosystem Assessment) (2005) *Ecosystems and Human Well-being: Synthesis*, Island Press, Washington, DC.

Swartjes, F.A. (Hrsg.) (2011) *Dealing with Contaminated Sites*, Springer, Dordrecht, Heidelberg, London, New York.

Townsend, C.R., Begon, M. und Harper, J.L. (2009) *Ökologie*, Springer, Dordrecht, London, New York.

van Leeuwen, C.J. und Vermeire, T.G. (Hrsg.) (2007) *Risk Assessment of Chemicals: An Introduction*, Springer, Dordrecht.

Van Straalen, N.M. (2003) Ecotoxicology becomes stress ecology. *Environ. Sci. Technol.*, **37**, 324–330.

Walker, C.H., Hopkins, S.P., Sibly, R.M., Peakall, D.B. (2000) *Principles of Ecotoxicology*, 2. Aufl., Taylor & Francis, London, Bristol.

Teil II
Organe und Organsysteme

11
Gastrointestinaltrakt

M. Schwenk

11.1
Einleitung

Der Gastrointestinaltrakt (GI-Trakt) bildet eine Barriere zwischen dem Speisebrei im GI-Lumen und dem Blut. Er ist das erste Organ, das mit Stoffen aus der Nahrung in Kontakt kommt und entscheidet über deren Verdauung und Resorption. Jeder Abschnitt im GI-Trakt hat eine charakteristische physiologische Funktion und zeigt spezielle toxikologische Empfindlichkeiten.

Aufgenommene Nahrung gelangt vom Mund durch die Speiseröhre (Ösophagus) in den Magen, wird dann in den Dünndarm abgegeben und weiter in den Dickdarm (Kolon) befördert. Der GI-Trakt hat die Funktion, Nährstoffe zu verdauen und zu resorbieren und den Organismus vor eindringenden toxischen Stoffen und Mikroorganismen zu schützen. Eine einzelne Schicht von Epithelzellen trennt den Inhalt des Darmlumens vom Blut. Glatter Muskel in der Darmwand mischt und befördert den Darminhalt.

Toxikologisch weist der GI-Trakt verschiedene Besonderheiten auf:

- Er ist potenziell höheren Konzentrationen an toxischen Nahrungsinhaltstoffen, Rückständen oder Arzneimitteln ausgesetzt als andere Organe.
- Er entscheidet über das Ausmaß der Resorption von Fremdstoffen (Xenobiotika).
- Er ist an der Biotransformation von Fremdstoffen beteiligt.
- Die metabolische Kapazität der Darmbakterien (Mikrobiota) hat toxikologische Relevanz.
- Das ausgeprägte Netzwerk von neuronaler und hormoneller Regulation macht den GI-Trakt empfindlich gegenüber neurotoxischen Stoffen.
- Sein immunologisches Abwehrsystem begünstigt Unverträglichkeitsreaktionen gegenüber oral aufgenommenen Stoffen.

Das Toxikologiebuch, 1. Auflage. Helmut Greim (Hrsg.).

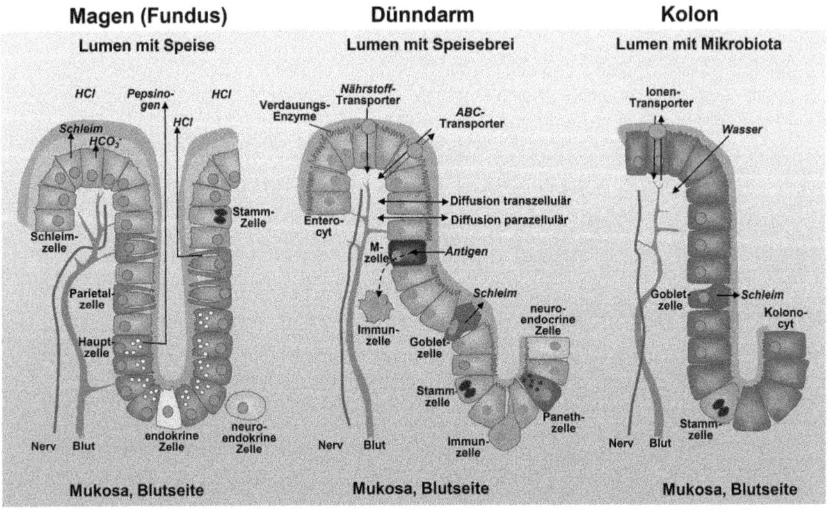

Abb. 11.1 Aufbau der gastrointestinalen Barriere. Schematische Darstellung des Aufbaus von Magen-, Dünndarm- und Kolonepithel und anliegender Strukturen. Gezeigt sind die jeweils charakteristischen Zelltypen und Funktionen.

11.2 Struktur und Funktion

11.2.1 Struktur

Der GI-Trakt erstreckt sich als Hohlorgan vom Mund bis zum Anus. Er bildet eine Barriere zwischen dem Speisebrei im Lumen und der Blutseite. Diese Barriere wird von einer epithelialen Zellschicht gebildet, an deren Aufbau im Magen, Dünndarm und Dickdarm (Kolon) jeweils unterschiedliche Zelltypen beteiligt sind (Abb. 11.1). Die Oberfläche der Epithelzellen wird durch eine Schleimschicht geschützt. Das Gewebe unterhalb es Epithels (Mukosa, Submukosa) ist reich an Blutgefäßen, Nervenfasern, regulatorischen Endokrinzellen und, vor allem im Darm, an Zellen des Immunsystems. Es wird von einer Muskelschicht (Muskularis) umhüllt, die den Speisebrei fortbewegt (Peristaltik). Die äußerste Schicht des GI-Traktes (Serosa) verleiht mechanische Stabilität. Das Dünndarmepithel weist eine sehr große Oberfläche auf (Badmintonplatz), bedingt durch Ausstülpungen (Villi) und Einstülpungen (Krypten) der Mukosa und einer bürstenartigen Oberfläche der Enterozyten (Bürstensaum).

11.2.2 Funktion

Nach Aufnahme und Einspeichelung der Nahrung im Mund gleitet der Speisebrei durch den Ösophagus in den *Magen*. Dort wird ihm Magensaft zugemischt, der von drei spezialisierten Zelltypen gebildet wird: Schleimzellen (Schleim), Parietalzellen (Säure) und Hauptzellen (Pepsinogen). Die Sekretionen der Magenschleimhaut werden vom Vagusnerv sowie einer Anzahl von lokalen Mediatoren (Prostaglandin, Histamin) und Hormonen (z. B. Gastrin) kontrolliert.

Die gesunde Magenschleimhaut ist recht widerstandsfähig gegenüber den Reizwirkungen der Magensäure (etwa pH 1 bis 4) da die Sekretion von Schleim und Bicarbonat die Zelloberflächen schützt. Der Mageninhalt wird portionsweise in den *Dünndarm* entleert, wo ihm Galle und Pankreassaft zugeführt wird. Gallensalze wirken als Detergenzien, indem sie Nahrungsfett in Form von Mizellen emulgieren. Pankreassaft enthält Verdauungsenzyme, die für den Abbau von Proteinen (z. B. Chymotrypsin), Triglyceriden (Lipase) und Kohlenhydraten (Amylase) zuständig sind.

Die Bürstensaummembran trägt Verdauungsenzyme (z. B. Peptidasen und Disaccharidasen), welche die Nahrungsinhaltsstoffe weiter abbauen unter Bildung kleiner, resorbierbarer Einheiten. Substratspezifische Membrantransporter der Enterozyten schleusen resorbierbare Nährstoffmoleküle, wie z. B. Glucose, Aminosäuren, Glyceride, Nukleoside, Vitamine und Mineralstoffe vom Darmlumen in die Enterozyten, oft in einem energieabhängigen „Bergauf"-Transport. Die Nährstoffmoleküle werden dann auf der Blutseite in einem zweiten Membrantransport Richtung Blut abgegeben.

Die „Transitzeit" des Speisebreis durch den Dünndarm dauert im Normalfall etwa 3–8 h. Unverdaute und nicht resorbierte Bestandteile gelangen in den *Dickdarm* (Kolon). Dort wird der überwiegende Anteil des Wassers aus den täglich etwa 8 l sezernierten Verdauungssäften rückresorbiert. Eine verminderte Rückresorption führt zu Durchfall, Wasser- und Elektrolytverlusten.

11.2.3 Mikrobiota

Während der obere Dünndarm nur wenige Bakterien enthält (100–1000/ml), ist die Bakteriendichte im Dickdarm mit 10^{12} pro ml sehr hoch. Die Darmbakterien spalten verschiedene unverdaute Kohlenhydrate und synthetisieren diverse Nährstoffe (z. B. Vitamin K, Folsäure). Im sauerstoffarmen Milieu des Dickdarmlumens produzieren sie toxische Subtanzen, darunter Ammoniak, Nitrit, Phenole, Endotoxine und Nitroamine. Diese werden als Cofaktoren für chronische Lebererkrankungen angesehen und sind eine Ursache der hepatischen Enzephalopathie, wenn ihre Entgiftung bei gestörter Leberfunktion unzureichend ist.

11.2.4 Heilung von Oberflächenschäden

Wenn das barrierebildende Epithel abgeschilfert wird, beginnt gleich ein durch lokale Mediatoren gesteuerter Heilungsprozess, indem benachbarte intakte Zellen in den defekten Bereich einwandern und ihn abdecken (Stunden) und anschließend durch Proliferation neue Zellen nachgebildet werden (Tage). Tiefere Verletzungen heilen langsamer, da viele verschiedene Zelltypen reorganisiert werden müssen, unter anderem auch die Blutkapillaren. Die normale Lebensdauer von Darmzellen beträgt etwa sechs Tage, die von Magenepithelzellen ist z. T. viel länger.

11.3
Schicksal von Xenobiotika im Gastrointestinaltrakt

11.3.1
Resorption von Xenobiotika

Die Resorption findet vor allem im Dünndarm statt. Obwohl man davon ausgeht, dass viele Xenobiotika und Arzneimittel per Diffusion resorbiert werden, können Membrantransporter für organische Moleküle eine wichtige Rolle spielen. Geschwindigkeit und Ausmaß der Resorption hängen von verschiedenen Parametern ab, wie der Löslichkeit im Lumen, Transportgeschwindigkeit durch das Epithel, lokale Durchblutung und Transitzeit des Lumeninhalts.

Obwohl der Magen bei den Resorptionsvorgängen in der Regel nur eine geringe Rolle spielt, lässt sich beobachten, dass schwache Säuren (im sauren Milieu nicht ionisiert) dort resorbiert werden, während schwache Basen (ionisiert) nicht resorbiert werden.

Eine ausreichende Löslichkeit im GI-Trakt ist eine Voraussetzung für die Resorption. Hydrophile kleine Fremdstoffmoleküle sind im Darmlumen in der Regel frei gelöst. Moderat lipophile Stoffe werden durch die Inhaltsstoffe der Galle emulgiert. Stoffe mit sehr stark lipophilem Charakter wie Paraffin sowie auch Stoffe, die stark an eine Matrix gebunden sind (z. B. Boden), werden kaum gelöst. Die Resorption einer Substanz über die epitheliale Barriere kann entweder auf dem Weg durch die Epithelzellen (Transzytose) erfolgen oder aber durch die siebartigen Strukturen der *tight junctions* (parazellulärer Pfad), die benachbarte Zellen miteinander verkleben.

Es wird angenommen, dass viele Xenobiotika überwiegend durch einfache transzelluläre Diffusion durch die Enterozyten resorbiert werden. Geringe Molekülgröße, gute Löslichkeit und Abwesenheit einer elektrischen Ladung begünstigen die transzelluläre Diffusion.

Energieabhängige Membrantransporter der ABC-Familie sind Membranproteine, die als gemeinsames Strukturelement eine ATP-bindende Kassette (*ATP-binding cassette*, ABC) besitzen und am Membrantransport vieler organischer Fremdstoffmoleküle im Dünndarm beteiligt sind, aber die relative Bedeutung im Vergleich zu den anderen Resorptionsmechanismen ist oft unklar. *P*-Glykoprotein ist ein ABC-Transporter, der unterschiedliche Arten von Fremdstoffmolekülen aus den Enterozyten zurück ins Darmlumen abgibt; er kann durch seine Substrate induziert werden. Intestinale ABC-Transporter sind eine Ursache für interindividuelle Variationen der Bioverfügbarkeit sowie für Interaktionen unter Arzneimitteln und zwischen Arzneimitteln und Nahrungsinhaltsstoffen (z. B. Grapefruit).

Bezüglich der Resorptionsgeschwindigkeit gelten folgende Regeln: Kleine Xenobiotikamoleküle mit moderater Lipophilizität (z. B. Ethanol, Glycerolnitrat, Dimethylnitrosamin) werden in allen Abschnitten des GI-Traktes schnell resorbiert. Xenobiotika mit hoher Lipophilizität (z. B. flüssiges Paraffin) sind wasserunlöslich, wodurch ihr molekularer Zugang zu der Zellmembran der Enterozyten behindert wird; sie werden oft zu weniger als 10 % resorbiert. Große wasserlösliche Verbindungen (z. B. Strophantin G, Atropin) können nicht in die lipophile Zellmembran eindringen und werden of zu weniger als 10 % resorbiert. Makromoleküle können, wenn überhaupt, allenfalls nur in sehr kleinen Mengen die Darmbarriere überwinden. Dass dennoch eine Aufnahme stattfindet, zeigt das Beispiel von Botulinustoxin, das trotz einer Molekülmasse von 150 000 Da ausreichend resorbiert wird, um seine systemisch neurotoxische Wirkung zu entfalten.

Es gibt unterschiedliche Befunde darüber, ob und in welchem Maße Nanopartikel im GI-Trakt resorbiert werden. Je nach Größe, Zusammensetzung und Oberflächeneigenschaften kann eine Aufnahme durch Endozytose, Pinozytose, M-Zellen, parazellulär oder via Schäden der Barriere erfolgen. In der Arzneimittelentwicklung werden synthetische Nanopartikel als potenzielle Carrier betrachtet, welche die Resorption von nicht resorbierbaren Pharmaka ermöglichen; eine Strategie besteht darin, Liganden für die Endozytose an der Oberfläche von Nanopartikeln anzuheften.

11.3.2 Biotransformation von Xenobiotika

> Der GI-Trakt zählt zu den xenobiotikametabolisierenden Organen. Die entsprechenden Enzyme sind in den Epithelzellen lokalisiert. Daneben spielen säurekatalysierte Reaktionen im Magen sowie Bakterien im Darmlumen eine Rolle, vor allem bei der Bildung toxischer Stoffe.

Ösophagus und Magen weisen niedrige Aktivitäten an Cytochrom P450 (CYP) und Phase-II-Enzymen auf. Die Aktivitäten steigen im oberen Dünndarm stark an und nehmen dann in Richtung Kolon zum Teil wieder ab. Die Enzyme sind überwiegend in den Zotten lokalisiert, weniger in den Krypten. Die Monoaminoxidase (MAO)-Aktivität in Enterozyten ist höher als in Leberzellen. Die Aktivitäten der Glucuronosyltransferasen, Sulfotransferasen, Acetyltransferase und Glutathion-*S*-Transferase sind vergleichbar mit denen in Leberzellen. CYP-Enzyme weisen im Mittel nur etwa 10 % der Aktivität in Leberzellen auf. Das Muster an CYP-Isoenzymen weicht von dem der Leber ab. Einige CYP-Isoenzyme sowie Glucuronosyltransferasen können durch Nahrungsinhaltsstoffe (Ethanol, polya-

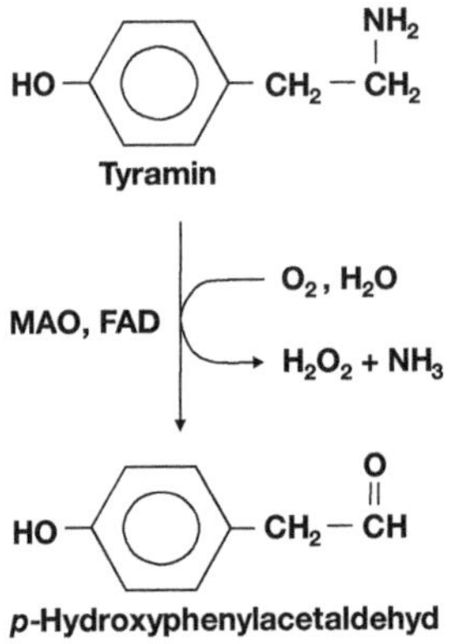

Abb. 11.2 Inaktivierung von Tyramin. Die Inaktivierung erfolgt durch das Enzym Monoaminoxidase (MAO) in Enterozyten. FAD ist das Coenzym. Das Produkt Hydroxyphenylacetaldehyd ist biologisch inaktiv; es wird weiter zu *p*-Hydroxyphenylessigsäure metabolisiert.

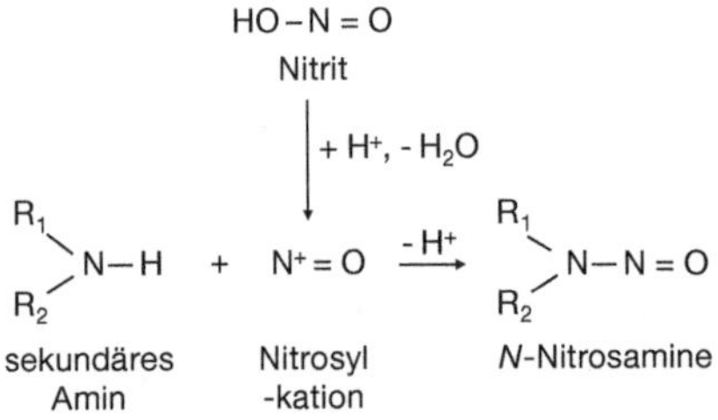

Abb. 11.3 Bildung von Nitrosamin. Das saure Milieu des Magens katalysiert die Bildung von Nitrosaminen aus Nitrit und sekundären Aminen.

romatische Verbindungen) induziert werden. Es gibt erhebliche Variabilitäten in Abhängigkeit von Tierspezies, Alter und Ernährungsweise.

Bei manchen Stoffen beginnt die Biotransformation bereits bei der Passage durch die Enterozyten (Intestinaler First-Pass-Effekt). Ein Beispiel ist Tyramin, ein biogenes Amin, das in fermentierten Speisen (Käsesorten, Salami, Hering) in Mengen vorkommen kann, die einen lebensbedrohlichen Blutdruckanstieg verursachen würden, wenn nicht schon in den Enterozyten ein Abbau durch Monoaminoxidase stattfinden würde (Abb. 11.2). Viele phenolische Verbindungen werden während der Resorption zu etwa 50 % mit Sulfat und Glukuronsäure konjugiert, während CYP-Enzyme ihre Substrate während der Resorption in der Regel zu weniger als 10 % metabolisieren.

Im Magen können ohne Beteiligung von Enzymen einige säurekatalysierte Reaktionen stattfinden. So werden aus Nitrit und sekundären Aminen Nitrosamine gebildet (Abb. 11.3).

Während in der Darmschleimhaut Oxidationen (Phase I) und Konjugationen (Phase II) stattfinden, überwiegen im sauerstoffarmen Milieu der Kolonbakterien die gegenteiligen Reaktionen, nämlich Reduktionen (z. B. von Azoverbindungen) und Spaltung von Konjugaten (z. B. von Phenylglucuronid). Beide Vorgänge können von Bakterien energetisch genutzt werden. Beide Reaktionstypen können toxikologisch bedeutsame Produkte liefern: Reduktionsreaktionen führen zur Bildung von Nitrit und Ammoniak, Dekonjugationen (z. B. von Konjugaten in der Galle) setzen die nicht konjugierten Ausgangstoffe frei, die lipophiler sind und resorbiert werden können. Glucosidasen der Darmbakterien ermöglichen die Freisetzung toxischer Stoffe aus verschiedenen Nahrungsglykosiden, so z. B. Cyanwasserstoff aus dem Amygdalin der Bittermandel. Darmbakterien bilden in geringen Mengen Nitrosamine und andere Mutagene, die in den Fäzes nachweisbar sind und möglicherweise zum Krebsrisiko beitragen.

11.3.3 Enterohepatischer Kreislauf von Xenobiotika

In den Enterozyten werden einige lipophile Stoffe (z. B. DDT) an Chylomikronen gebunden, die mit der Lymphe unter Umgehung der Leber abtransportiert werden; aber die große Menge der weniger lipophilen Fremdstoffe gelangt in die Blutkapillaren und dann mit dem Pfortaderblut zur Leber. Viele Arzneimittel, metallorganische Verbindungen und Organochlorverbindungen werden von Leberzellen aufgenommen und entweder unverändert oder nach Biotransformation in die Galle abgegeben. Sie gelangen mit der Galle in den oberen Dünndarm und können erneut resorbiert werden (u. U. nach bakterieller Dekonjugation). Dieser enterohepatische Kreislauf kann die Halbwertszeit von Fremdstoffen verlängern. So werden etwa 90 % einer verabreichten Dosis an Pentachlorphenol in die Galle abgeben, aber nur 3 % in den Fäzces ausgeschieden, der Rest wird reabsorbiert.

11.4 Toxikologie

11.4.1 Funktionsstörungen

> Die Motilität und wichtige Verdauungsfunktionen des GI-Traktes unterliegen einer umfangreichen Regulation, an der der Vagusnerv, Hormone und lokale Mediatoren beteiligt sind. Toxische Beeinträchtigungen dieser Steuermechanismen führen zu Störungen der Motilität und der Flüssigkeitssekretion/-reabsorption, ohne dass morphologische Veränderungen sichtbar werden.

Organophosphate (z. B. Parathion) hemmen das Enzym Acetylcholinesterase. Dies führt zu einer Überflutung entsprechender Synapsen mit dem Neurotransmitter Acetylcholin, was eine erhöhte Schleimbildung, Motilität, Krämpfe und Durchfälle induziert. Als Antagonist wirkt Atropin, das Gift der Tollkirsche, indem es Acetylcholinrezeptoren blockiert. Bei schweren Vergiftungen mit Organophosphaten oder Atropin dominiert die lebensbedrohliche toxische Wirkung auf das Zentralnervensystem. *Morphin*, ein Agonist an Endorphinrezeptoren, beeinträchtigt die Peristaltik. Selbst das hochgiftige *Choleratoxin* verursacht „lediglich" funktionelle Störungen. Bei einer Cholerainfektion wird das Toxin (ein Glykoprotein) aus Cholerabakterien ins Darmlumen abgegeben und anschließend eine Fraktion des Moleküls per Endozytose in Darmepithelzellen aufgenommen. Dort aktiviert es ein regulatorisches G-Protein (Gs), das die überschießende Bildung von c-AMP auslöst. Dies führt zur Aktivierung von Ionenkanälen und induziert somit die Sekretion sehr großer Flüssigkeitsmengen in das Darmlumen. Dieser lebensbedohliche Wasserverlust kann durch gezielte Gabe von Elektrolytlösungen ausgeglichen werden.

Laktoseintoleranz und *Fruktosemalabsorption* sind häufige Ursachen für Bauchschmerzen, Flatulenz und Durchfall. Laktoseintoleranz wird durch einen (oft altersabhängigen) Abfall der Lactaseaktivität im Darm verursacht. Eine Fruktoseunverträglichkeit wird durch eine unzureichende Kapazität der Membrantransporter für Fruktose ausgelöst, sehr oft in Verbindung mit einer nutritiven Fruktoseüberladung (Säfte und Softdrinks). Die Symptome werden in beiden Fällen dadurch ausgelöst, dass die Zucker in den unteren Darm gelangen, dort osmotisch Wasser binden und als Substrat für eine unnatürliche Bakterienbesiedlung dienen.

11.4.2
Zytotoxische Wirkungen

> Aufgenommene korrosive und zytotoxische Stoffe beschädigen die Barriere des GI-Traktes. Auch Stoffe, welche die schützende Schleimschicht stören oder den Blutfluss reduzieren, können zur Gewebeschädigung führen.

Wenn Epithelzellen des GI-Traktes absterben, lösen sie sich vom anliegenden Gewebe ab (Erosion) und gelangen ins Darmlumen. Wenn tiefere Gewebeschichten einschließlich Muskularis mitbetroffen sind, entstehen ovalförmige blutende Defekte (Ulkus).

Das Verschlucken von *Säuren, Laugen* oder anderen *korrosiven Stoffen* führt zu Nekrosen im oberen GI-Trakt. Diese halten sich nicht an morphologische Grenzen. Säurebedingte Nekrosen heilen oft gut, weil Säuren Gewebeeiweiße ausfällen, wodurch das darunter gelegene Gewebe geschützt wird. Im Vergleich dazu heilen laugeninduzierte Nekrosen schlecht, weil Laugen das Gewebe verflüssigen, sodass die Schädigung in tiefere Schichten fortschreitet.

Schwermetallverbindungen verursachen dosisabhängige Störungen. Sie modifizieren Makromoleküle durch Bindung an Sulfhydryl-, Carboxy- und Aminogruppen und hemmen dadurch Verdauungsenzyme, Membrantransporter und Heilungsprozesse. Moderate Expositionen führen zu vorübergehenden Funktionsstörungen, wie Malabsorption, GI-Krämpfe, Durchfall und Erbrechen. Ausgeprägtere Vergiftungen gehen mit einem massiven Zelluntergang, Ulzeration und kompletter Zerstörung der Schleimhaut einher.

Zytotoxische Verbindungen (z. B. viele Chemotherapeutika) können unterschiedliche Mechanismen aufweisen. Entweder hemmen sie vitale Zellfunktionen und führen zum Zelltod oder sie hemmen die Proliferation von Stammzellen, sodass natürlicherweise abgestorbene Zellen nicht ersetzt werden. Die Konsequenzen sind im GI-Trakt besonders deutlich, weil es sich hier um ein nur einschichtiges Epithel handelt, und die normale Lebensdauer der Darmepithelzellen nur einige Tage beträgt.

Magenulzera und -blutungen gehören zu den häufigen unerwünschten Wirkungen von *nicht steroidalen Antiphlogistika* (NSAID). Diese Wirkstoffe hemmen die Prostaglandinsynthese und führen dadurch zu einer Abnahme der Sekretion von schützendem Schleim, vermindertem lokalen Blutfluss und gesteigerter Bildung der aggressiven Magensäure. Oberflächliche Applikation von *Ethanol* auf die Magenschleimhaut führt zu einer Serie von Störungen, beginnend mit einer Abnahme des lokalen Blutflusses, gefolgt von Ödem, unzureichender Sauerstoffzufuhr, Freisetzung von Mediatoren und dadurch induzierter Apoptose. Die experimentellen Stoffe Cysteamin, Proprionitril und verschiedene Toluolderivate erzeugen Ulzera im oberen Dünndarm (Duodenum) von Versuchstieren.

11.4.3 Immunreaktionen

> Die Schleimhaut des Darms weist ein ausgeklügeltes System der Immunabwehr auf, das gegen eindringende Mikroorganismen und Nahrungskomponenten gerichtet ist. Normalerweise arbeitet es unauffällig, aber in Einzelfällen kann es zur Auslösung von Nahrungsallergien, lokaler Gewebsentzündung und Autoimmunerkrankung führen.

Auch wenn der Darm eine Barriere gegen eindringende Substanzen und Mikroorganismen darstellt, ist das Immunsystem des Darmes (*gut-associated lymphoid tissue*, GALT) in der Lage, Informationen zwischen Lumen und Blutseite auszutauschen, um potenzielle Eindringlinge schon an der Eintrittspforte abwehren zu können. So fördern die M-Zellen die Aufnahme von Antigen aus dem GI-Lumen, Lymphozyten bewegen sich zwischen Epithelzellen, IgA-Antikörper werden ins Darmlumen sezerniert, Makrophagen fressen eindringende Partikel und Panethzellen sezernieren antibakterielle Substanzen in das Lumen.

Sowohl das angeborene Immunsystem mit seinen Rezeptoren für pathogenassoziierte molekulare Muster (PAMP) als auch das adaptive Immunsystem, das sich gegen körperfremde Peptidsequenzen richtet, arbeiten nicht immer perfekt, sodass es zu pathologischen Immunreaktionen kommen kann. Nach Verzehr von allergenen Nahrungskomponenten kann das Immunsystem gegen diese Komponenten sensibilisiert werden. Erneuter Verzehr führt dann zu einer allergischen Reaktion, mit Freisetzung von Histamin, Prostaglandinen, Leukotrienen und Zytokinen gefolgt von einem Einwandern von Lymphozyten und entzündlichen Gewebsveränderungen. Nahrungsmittelallergien können auf den GI-Trakt begrenzt bleiben (Bauchschmerzen, Diarrhö, Flatulenz) oder andere Körperfunktionen betreffen (Blutdruckabfall, Asthmaanfall, Hautausschlag). Allergieähnliche Symptome, die durch histaminhaltige Nahrung oder durch histaminfreisetzende Stoffe aus Nahrungskomponenten ausgelöst werden, nennt man Pseudoallergie.

Die Zöliakie ist eine chronische Erkrankung des Dünndarms, verursacht durch eine (lebenslange) Unverträglichkeit gegenüber dem in vielen Getreideformen vorkommenden Klebereiweiß Gluten, beziehungsweise der Unterfraktion Gliadin und Verwandten. Gliadin ist ein schlechtes Substrat für Verdauungsproteasen. Es gelangt in den oberen Dünndarm. Gliadinpeptidabschnitte werden über bisher unklare Mechanismen in das Gewebe aufgenommen und dort von Gewebstransglutaminase deaminiert und modifiziert. Dabei kommt es auch zu einer Bindung von Gliadinpeptiden an das Enzym. Diese Produkte sind immunogen. Sie induzieren die Proliferation abwehrender T-Zellen und die Produktion von Antikörpern, wodurch eine Mischung aus allergener und autoimmuner Antwort entsteht und eine ausgeprägte lokale Entzündung ausgelöst wird. Die Epitheloberfläche nimmt massiv ab, verliert ihre Fähigkeit zur ausreichenden Nährstoffresorption und wird undicht. Die Erkrankung betrifft ganz überwiegend Menschen mit einem bestimmten immunologischen Merkmal (*major histocompatibility complex*, MHC). Die einzig wirksame und oft lebensrettende Therapie liegt im Vermeiden von Getreiden, die Gliadin oder gliadinanaloge Proteine enthalten.

11.4.4 Krebs

> Während in vielen westlichen Industrieländern der Kolonkrebs sehr häufig ist, sind in anderen Teilen der Welt andere Abschnitte des GI-Traktes betroffen, so der Mund in Indien, Ösophagus in China oder Magen in Japan. Diese Unterschiede könnten genetisch bedingt sein, aber Beobachtungen sprechen dafür, dass auch der Lebensstil eine wichtige Rolle spielt.

Beobachtungen zeigten, dass Japaner, die in die USA emigriert waren, die gleiche Krebslokalisation aufwiesen wie in Japan (sehr häufig Magenkrebs). Aber bei den Nachkommen in der ersten und zweiten Generation glich sich das Krebsmuster immer mehr dem USA-typischen Krebsmuster an (viel Kolonkrebs, weniger Magenkrebs). Aus dieser und vergleichbaren anderen Untersuchungen lässt sich schließen, dass landesspezifische Faktoren, z. B. auch Infektionen aber auch der Lebensstil eine wichtige Rolle spielen. Nahrungsinhaltsstoffe wurden als mögliche Ursachen betrachtet. Magenkrebs in Japan wurde mit dem Verzehr von nitrosaminreichen Fisch- und Meeresfrüchten sowie einem hohen Salzgehalt erklärt, Kolonkrebs in westlichen Industrieländern mit dem niedrigen Gehalt an Ballaststoffen, Mundkrebs in Indien mit dem Kauen von Betelnuss und Ösophaguskrebs mit Zinkmangel, Alkohol, Rauchen und Verzehr von ungeschältem Getreide.

Auch Ergebnisse aus Tierversuchen weisen darauf hin, dass der GI-Trakt empfindlich gegenüber genotoxischen chemischen Kanzerogen reagiert. In der Ratte erzeugt *N*-Nitroso-*N*-methylbenzylamine Ösophaguskrebs, *N*-Nitroso-*N*-

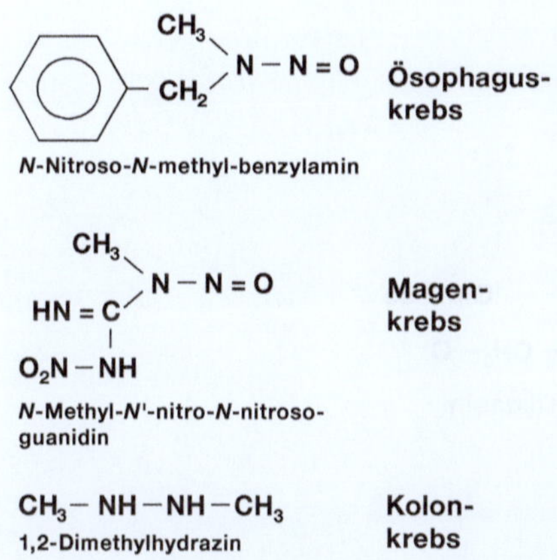

Abb. 11.4 Nitrosamine und GI-Krebs. Die Abbildung zeigt Substanzen, die in unterschiedlichen Bereichen des GI-Trakt Krebs auslösen können.

methyl-*N*′-nitroguanidin Magenkrebs und 1,2-Dimethylhydrazin Kolonkrebs (Abb. 11.4). Das ultimale Kanzerogen ist in allen drei Fällen ein Alkylkation, das mit DNA reagiert. Im Falle des metastabilen *N*-Nitroso-*N*-methyl-*N*′-nitroguanidin bildet sich das Alkylkation spontan, im Falle von *N*-Nitroso-*N*-methylbenzylamin ist eine CYP-abhängige Hydroxylierung beteiligt und beim 1,2-Dimethylhydrazin erfolgt die Umwandlung zum reaktiven Produkt über Biotransformation und spontanen Zerfall (Abb. 11.5). Eines der Zwischenprodukte ist Methylazoxymethanol. Ein Vorläufer dieser Substanz kommt im Glykosid (Cycasin) des essbaren Teiles der asiatischen Cycaspalme vor. Nach Verzehr wird das Glykosid durch bakterielle Glycosidasen im Kolon gespalten. Cycasin ist in normalen Ratten karzinogen, induziert jedoch in keimfreien Ratten keine Tumoren. Der Dünndarm ist viel seltener von Krebserkrankungen betroffen als andere Segmente des GI-Traktes; der Grund ist unklar.

Alkohol und Rauchen können das Krebsrisiko in den Segmenten des GI-Trakt erhöhen. Zumindest beim Ösophagus dürfte der direkte Kontakt und eine tumorpromovierende Wirkung eine Rolle spielen.

Die Schwierigkeiten, die bei der Übertragung von Tierversuchsergebnissen auf den Menschen auftreten können, lassen sich am Beispiel des Antioxidationsmittels Butylhydroxyanisol verdeutlichen. Eigentlich mindern viele Antioxidationsmittel die kanzerogenen und toxischen Effekte von Chemikalien. Wenn jedoch Butylhydroxyanisol in hohen Konzentrationen (2 %) dem Futter zugefügt wird, induziert es in der Ratte Tumore, die im Vormagen lokalisiert sind. Dieses Organ existiert beim Menschen nicht. Man vermutet, dass an der tumorigenen Wirkung eine lokale Gewebeirritation beteiligt ist (Tumorpromotion). Wegen der spezifischen Tumorlokalisation und fehlendem genotoxischem Potenzial der Substanz wird davon ausgegangen, dass die viel niedrigeren Konzentrationen bei der Anwendung als Lebensmittelzusatzstoff kein Krebsrisiko für den Menschen darstellen.

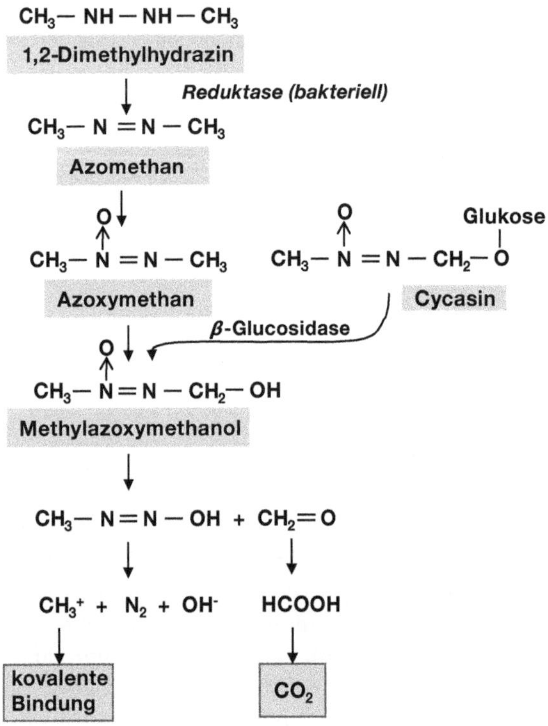

Abb. 11.5 Abbau von 1,2-Dimethylhydrazin im Kolon. Enzyme sind an der Bildung von Methylazoxymethanol aus 1,2-Dimethylhydrazin beteiligt. Dieses wird zudem durch bakterielle β-Glucosidasen aus dem natürlich vorkommenden Glykosid Cycasin freigesetzt. Methylazoxymethanol zerfällt spontan unter Bildung von reaktiven Methylkationen.

11.5 Untersuchungsmethoden

Eine ganze Palette von Untersuchungsmethoden steht zur Verfügung. Sie umfasst den in situ perfundierten Darm, isolierten perfundierten Darm, isolierten Darmsack, frisch isolierte Darmzellen sowie isolierte Zellmembranen und Organellen vom Versuchstier. Einige Untersuchungen können am Menschen durchgeführt werden, so z. B. Studien zur Resorption, Biotransformation, Gallensekretion, Gewebeveränderungen oder Motilität, wobei endoskopische Verfahren und Sonden zum Einsatz kommen.

Solche invasiven Untersuchungen können nur an kleinen Kollektiven vorgenommen werden. Heute werden Toxizitätsstudien oft mit humanen Zelllinien durchgeführt, wie z. B. den Caco-2-Zellen. Zelluntersuchungen liefern Informationen über toxische Mechanismen, aber es ist einleuchtend, dass einfache Zellsysteme nicht in der Lage sind, komplexe Interaktionen zwischen Neuronen, Hormonen, Immunsystem, Muskeltätigkeit, Blutfluss, Barrierefunktion oder Heilungsvorgänge zu imitieren, wie sie im GI-Trakt vorliegen.

Tab. 11.1 Toxische Schäden im Gastrointestinaltrakt.

Art der Schädigung	Substanz	Quelle	Biologische Wirkung
funktionelle Störungen	Atropin	Tollkirsche	Hemmung der Motilität/Sekretion
	Parathion	Insektizid	Steigerung der Motilität/Sekretion
	Choleratoxin	Cholera-Infektion	Wassersekretion
Erosion, Ulkus	Alkohol, Kaffee	Konsumgüter	Magenreizung
	Säure, Lauge	Chemikalien	Nekrose in Mund, Ösophagus, Magen
	Viele Metallsalze	Chemikalien	Nekrose
	Zytotoxische Stoffe	Zytostatika, Toxine	Nekrose
Überempfindlichkeit	Allergene (z. B. Nahrungsproteine)	Nahrungsinhaltsstoffe	Allergie (lokal oder systemisch)
	Pseudoallergene (z. B. Salicylate)	Nahrungsinhaltsstoffe	Allergieähnliche Symptome
Krebs	Betelnuss	Konsumgut	Mundkrebs
	Tabakware	Rauchen	Ösophaguskrebs, Kolonkrebs
	Alkohol	Konsumgut	Ösophaguskrebs
	Nitrosamine	Lebensmittelrückstand	GI-Krebs?
	Vitamin-C-Mangel	Lebensmittel	Magenkrebs?
	Ballaststoffmangel	Lebensmittel	Kolonkrebs?

11.6 Zusammenfassung

Wie andere Organe weist auch der GI-Trakt organspezifische Reaktionen gegenüber toxischen Stoffen auf. Beispiele aus diesem Text sind in Tab. 11.1 zusammengefasst. Wenn man die potenziell hohen Xenobiotikakonzentrationen in der Nahrung oder in oral aufgenommenen Arzneimitteln bedenkt, weist der GI-Trakt eine erstaunlich gute Resistenz gegenüber toxischen Einwirkungen auf. Der GI-Trakt kann viele Stoffe schon vor dem Eintritt in den Körper entgiften. Die Rolle von Chemikalien bei der Entstehung von Krebserkrankungen des GI-Traktes ist bis heute nicht ganz klar.

Weiterführende Literatur

Betton, G.R. (2013) A review of the toxicology and pathology of the gastrointestinal tract. *Cell Biol. Toxicol.*, **29** (5), 321–338.

Beyerle, J., Frei, E., Stiborova, M., Habermann, N. und Ulrich, C.M. (2015) Biotransformation of xenobiotics in the human colon and rectum and its association with colorectal cancer. *Drug Metab. Rev.*, **47** (2), 199–221.

Bryan, N.S., Alexander, D.D., Coughlin, J.R., Milkowski, A.L. und Boffetta, P. (2012) Ingested nitrate and nitrite and stomach cancer risk: an updated review. *Food Chem. Toxicol.*, **50** (10), 3646–3665.

Cerf-Bensussan, N. und Gaboriau-Routhiau, V. (2010) The immune system and the gut microbiota: friends or foes? *Nat. Rev. Immunol.*, **10** (10), 735–744.

Ciecko-Michalska, I., Szczepanek, M., Slowik, A. und Mach, T. (2012) Pathogenesis of hepatic encephalopathy. *Gastroenterol. Res. Pract.*, **2012**, 642108.

Coruzzi, G. (2010) Overview of gastrointestinal toxicology. *Curr. Protoc. Toxicol.*, Kapitel 21, Unit 21 21.

Gad, S.C (2007) *Toxicology of the Gastrointestinal Tract*, CRC-Press.

Haiser, H.J. und Turnbaugh, P.J. (2013) Developing a metagenomic view of xenobiotic metabolism. *Pharmacol. Res.*, **69** (1), 21–31.

Li, Q. und Shu, Y. (2014) Role of solute carriers in response to anticancer drugs. *Molec. Cell. Therap.*, **2** (15), 1–15.

Pang, K.S. (2003) Modeling of intestinal drug absorption: Roles of transporters and metabolic enzymes (for the Gillette Review Series). *Drug Metab. Dispos.*, **31** (12), 1507–1519.

Wolfe, M.M., Lichtenstein, D.R. und Singh, G. (1999) Gastrointestinal toxicity of nonsteroidal antiinflammatory drugs. *N. Engl. J. Med.*, **340** (24), 1888–1899.

Zeilmaker, M.J., Bakker, M.I., Schothorst, R. und Slob, W. (2010) Risk assessment of *N*-nitrosodimethylamine formed endogenously after fish-with-vegetable meals. *Toxicol. Sci.*, **116** (1), 323–335.

12
Leber

J.G. Hengstler

12.1
Einleitung

Zu den zentralen Aufgaben der Leber gehören Synthese und Sekretion von Proteinen, die Bildung der Galle, Homöostase von Kohlenhydrat- und Fettstoffwechsel sowie die Filtration von aus dem Darm eindringenden Stoffen, wie z. B. Endotoxine. Schließlich kommen der Leber vielfältige Stoffwechsel und Entgiftungsfunktionen zu. Das gilt sowohl für endogene Stoffe wie der im Proteinstoffwechsel anfallende Ammoniak als auch für den Stoffwechsel von Fremdstoffen.

Für ihre vielfältigen Aufgaben hat die Leber eine strategisch günstige anatomische Lage: oral aufgenommene Fremdstoffe gelangen in den Magen und Darm und können dort resorbiert werden. Das Fremdstoffe enthaltene Blut der gastrointestinalen Organe gelangt zunächst über die Pfortader in die Leber und erst danach in den allgemeinen Kreislauf. Somit hat die Leber gute Voraussetzungen für die Entgiftung oral aufgenommener Substanzen. Doch gleichzeitig ist sie auch besonders hohen Konzentrationen ausgesetzt. Dies erklärt, warum Lebertoxizität einer der häufigsten Gründe ist, warum die Entwicklung von Medikamenten abgebrochen oder Pharmaka vom Markt genommen werden. Die Identifikation hepatotoxischer Substanzen bleibt daher eine der größten Herausforderungen der Toxikologie.

Das Toxikologiebuch, 1. Auflage. Helmut Greim (Hrsg.).

12.2
Struktur und Funktion

12.2.1
Mikroanatomie und Zelltypen

> Wie bei kaum einem anderen Organ hängen Funktion und Toxikologie der Leber von der Mikrostruktur des Organs ab. Venöses Blut von Darm, Magen und weiteren gastrointestinalen Organen wird in der Pfortader gesammelt. Diese tritt gemeinsam mit der Leberarterie an der Leberpforte in das Organ ein und verzweigt sich baumartig. Die finalen Äste der Pfortader und Leberarterie versorgen die Leberläppchen mit Blut, wobei etwa 70 % venöses und 30 % arterielles Blut in die Läppchen eintreten (Abb. 12.1a).

Zu den Leberläppchen fließt das über die Pfortader gesammelte venöse und das arterielle aus der Leberarterie zugeführte Blut durch etwa 10 µm weite Mikrogefäße, die sogenannten *Sinusoide*, an Bälkchen mit Hepatozyten vorbei. *Hepatozyten* sind die parenchymalen Zellen oder Arbeitszellen der Leber. Schließlich wird das Blut in der Zentralvene gesammelt, die Zentralvenenästchen vereinigen sich und verlassen als Lebervene das Organ. Die Lebervene erreicht über die untere Hohlvene den großen Kreislauf.

Die *Sinusoide* werden von den sinusoidalen Endothelzellen ausgekleidet (Abb. 12.1b). Hierbei handelt es sich um flache Zellen mit etwa 0,1 µm großen Poren. Durch diese Poren können z. B. Fremdstoffe in einen etwa 0,2–1,0 µm breiten Raum zwischen Hepatozyten und Endothelzellen gelangen. Dieser sogenannte *Dissé-Raum* enthält Fasern der extrazellulären Matrix wie Kollagen und Laminin und dazwischen Flüssigkeit.

> Die Abtrennung dieses schmalen, relativ ruhig stehenden Kompartiments von dem rasch fließenden Blutstrom in den Sinusoiden ermöglicht einen besonders effizienten Substanzaustausch zwischen dem sinusoidalen Blut und den Hepatozyten.

Im Dissé-Raum befindet sich ein weiterer Zelltyp, die sogenannte *Sternzelle.* Sternzellen enthalten feine, relativ lange Fortsätze, welche die Sinusoide umgreifen (Abb. 12.1b). In der gesunden Leber dienen sie unter anderem als Speicher von Vitamin A. Nach Leberschädigung spielen sie eine wichtige Rolle während der Regeneration aber auch bei der Ausbildung der Fibrose. Auf der Blutseite der sinusoidalen Endothelzellen befinden sich *Makrophagen,* die nach ihrem Erstbeschreiber benannten Kupffer-Zellen. Durch die enge Anbindung der Leber an den Darm können Bestandteile von Darmbakterien, z. B. Lipopolysaccharide (LPS), in die Lebersinusoide gelangen und werden dort von den Kupffer-Zellen phagozytiert. Die Schemazeichnungen in Abb. 12.1a und b entsprechen dem, was heute

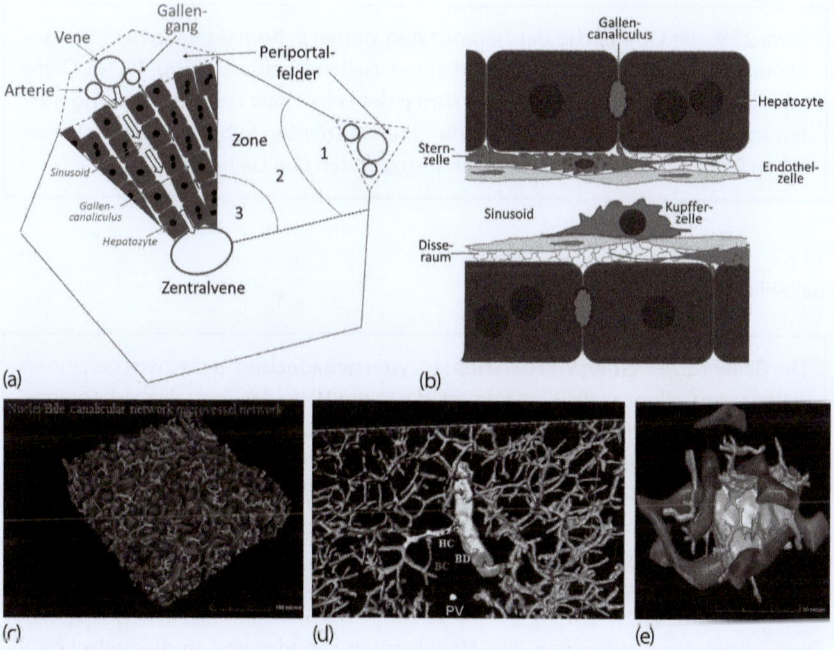

Abb. 12.1 (a) Mikrostruktur der Leber. Das Schema zeigt ein Leberläppchen, die kleinste Einheit der Leber. Die menschliche Leber besteht aus etwa 100 000 solcher Läppchen. Entlang des Blutflusses von den Periportalgefäßen hin zur Zentralvene werden drei Zonen unterschieden. Zone 1: periportal, Zone 2: midzonal, Zone 3: perizentral. (b) Zelltypen der Leber. (c) und (d) konfokale Rekonstruktionen zur Verdeutlichung der dreidimensionalen Verhältnisse im Leberläppchen. (c) zeigt die ineinander verwobenen Netzwerke der blutführenden Sinusoide (rot) und der Gallencanaliculi (grün) in einem midzonalen Bereich des Leberläppchens. Die Zellkerne der Hepatozyten erscheinen blau, ihre Zellkörper sind hier nicht dargestellt. (d) zeigt das Netzwerk der Gallencanaliculi (grün) im periportalen Bereich. Die Canaliculi vereinigen sich im sogenannten Hering-Kanal (weiß), der in den periportalen Gallengang (gelb) mündet. Sinusoide und Hepatozyten sind hier nicht dargestellt. (e) Einzelne Hepatozyte (gelb) und ihre Relation zu Sinusoiden (rot) und Gallencanaliculi (grün). (c–e) sind Rekonstruktionen basierend auf konfokalen Mikroskopaufnahmen (Hammad, http://link.springer.com/article/10.1007/s00204-014-1243-5. Used under CC-BY-4.0 https://creativecommons.org/licenses/by/4.0/.). Die farbige Wiedergabe erfolgt nur in der digitalen Version.

üblicherweise in Lehrbüchern gezeigt wird. Diese didaktische Vereinfachung gibt jedoch die tatsächlichen räumlichen Verhältnisse nicht korrekt wieder. Mit den heute üblichen konfokalen und Zweiphotonenmikroskopen ist es möglich geworden, die tatsächlichen räumlichen Verhältnisse mit geringem Aufwand exakt zu rekonstruieren. So wird deutlich, dass das sinusoidale Gefäßsystem und Gallencanaliculi eng miteinander verwobene, auf den ersten Blick chaotisch anmutende Netzwerke darstellen, die mit den Lehrbuchzeichnungen wenig zu tun haben (Abb. 12.1c,d). Doch die quantitative Auswertung dieser dreidimensionalen Strukturen zeigt, dass trotz der scheinbaren Unordnung bestimmte für die Funktion kritische Ordnungsprinzipien sehr präzise eingehalten werden.

Etwa 25 % der Oberfläche der Hepatozyten stehen in Kontakt mit einem Sinusoid und etwa 9 % steht in Kontakt mit einem Gallencanaliculus (Abb. 12.1e). Diese räumlichen Verhältnisse werden von fast jedem einzelnen Hepatozyten eingehalten und stellen *die* Voraussetzung für einen effizienten Substanzaustausch zwischen Blut und Hepatozyten als auch Hepatozyten und Galle dar.

12.2.2 **Gallebildung**

Die Gallensalze werden von den Hepatozyten gebildet und in die zwischen ihnen gelegenen Gallencanaliculi sezerniert, die in der Nähe der Zentralvene beginnen und im Periportalfeld in die Gallengänge münden. Die Gallengänge vereinigen sich und bilden den extrahepatischen Gallengang, der in die Gallenblase mündet. Die Galle enthält die Gallensalze, Cholesterin, Bilirubin, Phospholipide, Glutathion und Ionen und spielt nach Sekretion in den Dünndarm eine wichtige Rolle bei der Aufnahme von Lipiden aus dem Nahrungsbrei.

Die Gallensalze werden von den Hepatozyten gebildet und in die zwischen ihnen gelegenen Gallencanaliculi sezerniert, woraufhin Wasser dem osmotischen Gradienten folgt. Die Begrenzung der Gallencanaliculi wird von der Zellmembran der Hepatozyten gebildet, sie enthalten also kein Endothel (Abb. 12.1b). Die Gallencanaliculi beginnen in der Nähe der Zentralvene, verlaufen dann zur Peripherie, wo sie im Periportalfeld in die Gallengänge münden (Abb. 12.1a). Im Gegensatz zu den Gallencanaliculi werden die Gallengänge von Zellen ausgekleidet, den Cholangiozyten. Die vielen Ästchen der Gallengänge vereinigen sich baumartig zu größeren Gängen und bilden schließlich den extrahepatischen Gallengang, der in die Gallenblase führt. Diese ist durch einen weiteren Gang mit dem Dünndarm verbunden. Die Gallenblase als Zwischenspeicher tritt bei Menschen und Mäusen auf. Ratten hingegen haben keine Gallenblase.

Die Galle ist eine gelbliche Flüssigkeit, welche Gallensalze, Cholesterin, Bilirubin, Phospholipide, Glutathion und Ionen enthält. Nach Sekretion in den Dünndarm spielt die Galle eine wichtige Rolle bei der Aufnahme von Lipiden aus dem Nahrungsbrei. Bei Störungen der Gallesekretion kommt es zu fettigem Durchfall und Mangel an fettlöslichen Vitaminen. Viele Fremdstoffe werden nach Konjugation mit UDP-Glucuronsäure, Sulfat oder Glutathion über die Galle in den Stuhl ausgeschieden. Somit stellt die Sekretion in die Galle neben der Ausscheidung über die Niere den wichtigsten Mechanismus dar, wie aufgenommene Fremdstoffe den Organismus wieder verlassen können. Bei dem Transport von Substanzen in die Gallencanaliculi handelt es sich um aktive Transportvorgänge durch Carrier, welche auf der Hepatozytenmembran auf der Gallengangseite anzufinden sind. Weitere Carrier befinden sich auf der Blutseite der Hepatozyten. Dort werden Substanzen vom Blut in die Hepatozyten aufgenommen und gegebenenfalls in die

Galle weiter transportiert; oder sie werden nach Aufnahme aus dem Blut in den Hepatozyten metabolisiert und danach auf der sinusoidalen Seite wieder ins Blut zurück transportiert, um dann über die Niere ausgeschieden zu werden. Diese Carrier stellen Proteinfamilien dar, deren einzelne Mitglieder oft eine ausgeprägte Substratspezifität aufweisen. Für die Toxikologie sind sie von Bedeutung, da manche Substanzen ihre Toxizität durch die Hemmung dieser Carrier entfalten.

12.2.3 Stoffwechsel von Fremdstoffen und endogenen Substanzen

> Die Leber ist das wichtigste Stoffwechselorgan. Sie enthält höhere Aktivitäten fremdstoffmetabolisierender Enzyme als die meisten anderen Organe. In den meisten Fällen führt der Fremdstoffmetabolismus zu einer Entgiftung und Verbesserung der Ausscheidbarkeit der Stoffe. In einigen Ausnahmefällen entstehen jedoch überwiegend durch Phase-I-Stoffwechsel reaktive, toxische Zwischenprodukte.

Die Leber ist das wichtigste Stoffwechselorgan. Sie entfaltet höhere Aktivitäten fremdstoffmetabolisierender Enzyme als die meisten anderen Organe. Die Mechanismen des Fremdstoffmetabolismus mit seiner Phase I, der Funktionalisierung, gefolgt von Phase II, der Konjugation mit körpereigenen meist wasserlöslichen Substanzen, wird an anderer Stelle dieses Lehrbuchs beschrieben. Für die Lebertoxikologie von besonderer Bedeutung ist die Tatsache, dass Fremdstoffmetabolismus zwar in den meisten Fällen zu einer Entgiftung und Verbesserung der Ausscheidbarkeit der Stoffe führt, in einigen Ausnahmefällen jedoch überwiegend durch Phase-I-Stoffwechsel reaktive, toxische Zwischenprodukte entstehen können. Hinzu kommt, dass die meisten Phase-I-Enzyme nicht gleichmäßig von allen Hepatozyten des Leberläppchens gebildet werden. Viele Phase-I-Enzyme, besonders Mitglieder der Cytochrom-P450-Familie, werden viel stärker im zentralen Bereich der Leberläppchen (Zone 3) exprimiert (Abb. 12.2a und b). Dadurch kommt es in dieser Zone zu einer verstärkten Bildung reaktiver Metabolite, falls die Leber gegenüber Substanzen exponiert wird, welche durch Cytochrom-P450-Enzyme eine metabolische Toxifizierung erfahren. Hieraus folgt eine perizentrale Nekrose, ein häufig beobachtetes Schädigungsmuster (Abb. 12.2b). Makroskopisch zeigt die Oberfläche der Leber dann ein typisches Stippchenmuster (Abb. 12.2d), wobei die hellen Stippchen den zentralen nekrotischen Bereichen entsprechen.

Die Spezialisierung von Hepatozyten in unterschiedlichen Arealen des Leberläppchens nennt man *Zonierung*. Meist sind Sinn und Zweck der Zonierung intuitiv ersichtlich. Zum Beispiel wird Ammoniak, ein toxisches Zwischenprodukt des Proteinstoffwechsels, in Zone 1 und 2 durch Enzyme des Harnstoffzyklus entgiftet. Diese Enzyme arbeiten mit hoher Kapazität aber geringer Affinität, sind also gut dafür geeignet, erst einmal eine möglichst große Menge des über

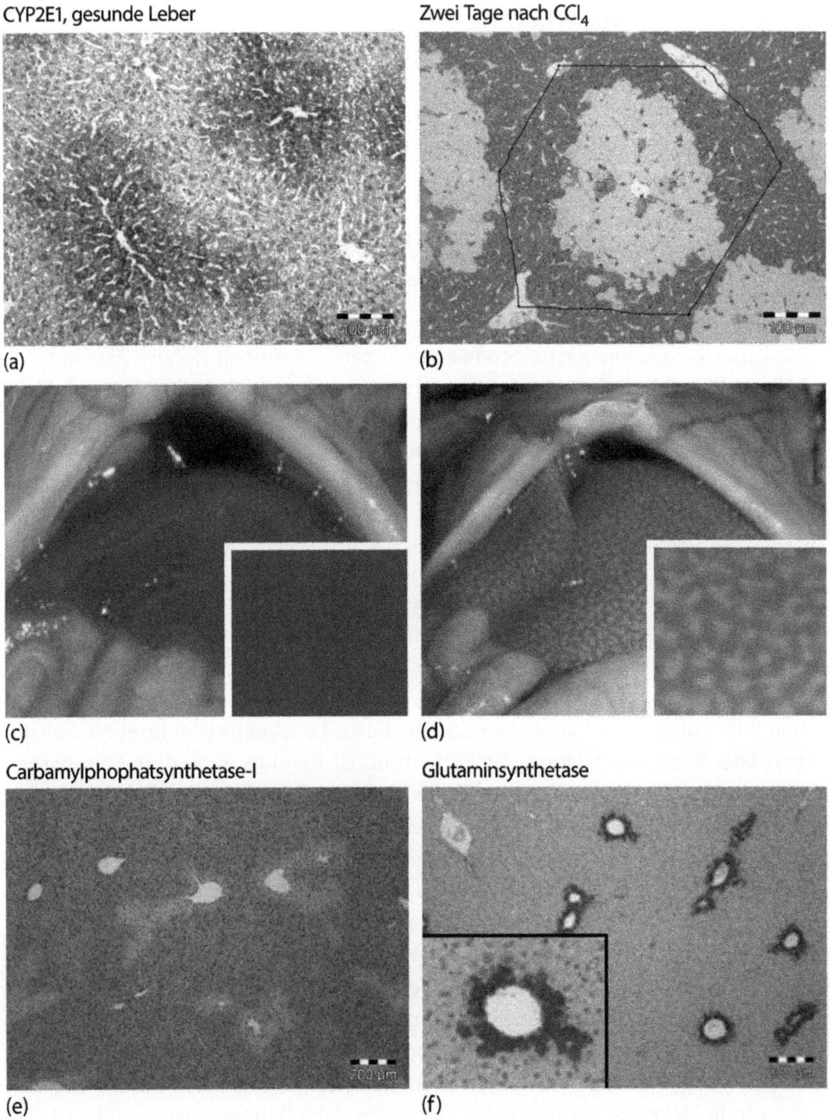

das Portalfeld einströmenden Ammoniaks zu entgiften. Das geschwindigkeitsbestimmende Enzym des Harnstoffzyklus, Carbamylphosphatsynthetase-I, ist in Abb. 12.2e dargestellt. Um schließlich noch im Blut verbleibende kleine Mengen an Ammoniak zu erfassen, welche dem Harnstoffzyklussystem entgehen, befindet sich um die Zentralvene herum ein Ring aus nur ein bis zwei Hepatozyten, welche Glutaminsynthetase exprimieren (Abb. 12.2f), ein Enzym welches Ammoniak zwar nur mit geringer Kapazität aber hoher Affinität entgiftet. So stellt dieser innere Sicherheitsring eine letzte Barriere dar, welche garantiert, dass nur

◀ **Abb. 12.2** Zonierung des Leberläppchens. Manche Enzyme werden überwiegend in Hepatozyten bestimmter Regionen des Leberläppchens gebildet. Zum Beispiel wird Cytochrom P450 2E1 in einer relativ breiten perizentralen Region exprimiert (a). Diese Zonierung ist typisch für viele Mitglieder der Cytochrom-P450-Familie. Substanzen, welche durch Cytochrom P450 metabolisch aktiviert werden, verursachen daher perizentrale Nekrosen (b). Die Abbildung zeigt das Beispiel einer perizentralen Nekrose durch Tetrachlorkohlenstoff (CCl_4). Makroskopisch ist die perizentrale Nekrose am typischen Stippchenmuster erkennbar (c). Dabei erscheinen die nekrotischen Läppchenzentren als helle Punkte. Alle Bilder stellen Aufnahmen der Mausleber dar. In der menschlichen Leber sind die Größenverhältnisse etwas anders, z. B. ist die CYP2E1-positive Zone breiter als in der Maus, das Prinzip ist jedoch ähnlich. (e) und (f) Metabolische Kooperation bei der Ammoniakentgiftung durch Zonierung. Das Schlüsselenzym des Harnstoffzyklus, Carbamylphosphatsynthetase-I, wird überall im Läppchen, nur nicht in einem engen Bereich um Zentralvenen herum exprimiert (e). In dieser ausgesparten Region befindet sich das ammoniakentgiftende Enzym Glutaminsynthetase, das nur von einer schmalen perizentralen Sicherheitsmanschette von ein bis zwei Hepatozyten gebildet wird (f). Bei den Bildern handelt es sich um immunhistochemische Färbungen, wobei braune Farbe die Anwesenheit der jeweiligen Enzyme anzeigt (die Abbildungen wurden freundlicherweise von Dr. Ahmed Ghallab zur Verfügung gestellt). Die farbige Wiedergabe erfolgt nur in der digitalen Version.

extrem niedrige Konzentrationen an Ammoniak die Leber verlassen. Zahlreiche solcher räumlich präzise aufeinander abgestimmten enzymatischen Prozesse ermöglichen die oft erstaunliche Effizienz der Leber. Hierbei sollte berücksichtigt werden, dass ein und derselbe Zelltyp, die Hepatozyten, verschiedene Spezialisierungen annehmen kann. So sind die Hepatozyten im äußeren Bereich des Läppchens für β-Oxidation und Synthese von Cholesterol als auch Harnstoff zuständig, während ihre Kollegen im Läppchenzentrum sich vorwiegend mit Lipogenese, Glykolyse, Glutaminsynthese und Metabolismus durch Cytochrom P450 befassen. Das perizentrale Expressionsmuster wird wahrscheinlich durch spezielle Zytokine (Wnt-Faktoren) vermittelt, welche im Zentrum des Läppchens von den Endothelzellen der Zentralvene freigesetzt werden. Die periportale Spezialisierung wird wahrscheinlich durch andere Zytokine (wie z. B. EGF) vermittelt, welche im Darm und Organismus gebildet werden. Weil diese periportal in das Läppchen einfließen, führt dies zu einer höheren Konzentration in der Peripherie. Die Zonierung der Leber kann durch toxische Substanzen gestört werden. Nach Einwirkung zytotoxischer Substanzen beobachtet man eine gestörte Zonierung noch nachdem die untergegangenen Hepatozyten wieder durch lebende Zellen ersetzt worden sind.

12.2.4
Regeneration

> Neben der Fähigkeit zur Entgiftung verfügt die Leber über einzigartige Fähigkeiten der Regeneration. Kein anderes Organ kann durch toxische Substanzen verursachten Gewebeuntergang so perfekt regenerieren wie die Leber.

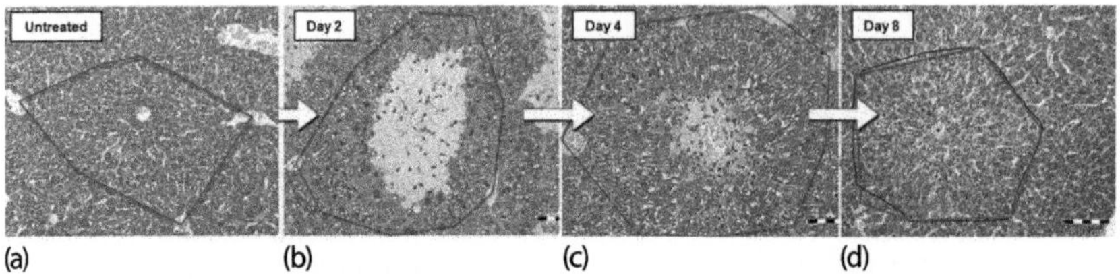

Abb. 12.3 Regeneration eines durch CCl_4 verursachten perizentralen Leberschadens der Maus. (a) Ungeschädigtes Leberläppchen mit einer Zentralvene in der Mitte. (b) Etwa zwei Tage nach Verabreichung des CCl_4 erreicht die hier hell erscheinende Nekrose ihre größte Ausdehnung. (c) Teilweise abgeschlossene Regeneration. Die blauen Punkte im nekrotischen Bereich sind Immunzellen, welche das tote Gewebe entfernen. (d) Nach acht Tagen ist der ursprüngliche Zustand wieder hergestellt (Hoehme 2010. Reproduced with permission of Proceedings of the National Academy of Sciences (USA).). Die farbige Wiedergabe erfolgt nur in der digitalen Version.

Das Beispiel der hepatotoxischen Substanz Tetrachlorkohlenstoff (CCl_4) zeigt, dass hohe Dosen zu einer Zerstörung von etwa 40 % des Lebergewebes führen können. In einem koordinierten Regenerationsprozess wird die ursprüngliche Gewebearchitektur wiederhergestellt (Abb. 12.3). In der Maus dauert dies nur etwa acht Tage ab dem Zeitpunkt der Vergiftung. Beim Menschen werden für die Regeneration größerer akuter Leberschäden hingegen einige Wochen benötigt. Sehr kurzfristig nach der Verursachung eines Leberschadens werden in der extrazellulären Matrix der Leber vorliegende inaktive Vorformen von Wachstumsfaktoren, z. B. der Hepatozytenwachstumsfaktor (HGF) durch Proteasen aktiviert. Zusätzlich detektieren die sinusoidalen Endothelzellen der Leber den Schaden und sezernieren Wachstumsfaktoren (z. B. HGF und Wnt-Faktoren). Dadurch werden die Hepatozyten zur Zellteilung stimuliert. Sie wandern dann in das nekrotische Gewebe vor, wobei sie die sinusoidalen Endothelzellen als Orientierungs- und Leitschienen verwenden. Zeitgleich wandern Immunzellen, besonders neutrophile Granulozyten und Makrophagen, in das geschädigte Gewebe ein und entfernen die toten Zellen. So wird relativ rasch die ursprüngliche Gewebestruktur wiederhergestellt. Diese effiziente Regeneration kann jedoch nur stattfinden, wenn die sinusoidalen Endothelzellen erhalten sind. Werden diese durch bestimmte Noxen ebenfalls zerstört, wird die Regeneration erheblich verlangsamt und es kommt zur Narbenbildung. Die Vorgänge bei toxischer Leberschädigung sind heute sehr gut verstanden und können in räumlich-zeitlichen Modellen gezeigt werden. Weiterhin ist es mittels Zweiphotonenmikroskopie möglich, die lebende Leber auf zellulärer und subzellulärer Ebene in Zeitraffervideos zu beobachten. Wer der Leber beim Sterben und Regenerieren zusehen möchte, findet einige Videos hierzu auf der folgenden Website:

http://www.ifado.de/videos

12.3 Toxikologie

12.3.1 Zelltod

> Relativ geringe Dosen toxischer Chemikalien führen zu adaptiven Reaktionen ohne schädliche Auswirkungen. Bei höheren Dosen kann es zu reversiblen Funktionsstörungen ohne Zelltod kommen. Hierzu gehört z. B. die vorübergehende Cholestase oder die Fettleber.

In den meisten Fällen beruht eine klinisch oder im Tierversuch beobachtete Lebertoxizität auf dem Zelltod von Hepatozyten entweder durch Nekrose oder Apoptose. *Nekrose* ist der mit Abstand häufigste Mechanismus chemisch induzierter Hepatotoxizität. Sie kann abhängig vom Wirkmechanismus der verantwortlichen Substanz sehr unterschiedliche Ausprägungen annehmen. Ein gemeinsames Merkmal ist jedoch die Störung mitochondrialer Funktionen. Häufig kommt es in einer noch relativ frühen Phase zu einem Zusammenbruch des mitochondrialen Membranpotenzials und damit zu einer Verarmung an ATP. In der Folge brechen zahlreiche energieabhängige Zellfunktionen zusammen. Solche charakteristischen Todessequenzen beobachtet man bei der intravitalen Multiphotonenmikroskopie. Videosequenzen zeigen mittels Intravitalfarbstoffen, dass zuerst das mitochondriale Membranpotenzial zusammenbricht. Im Rahmen des Verlusts zahlreicher Zellfunktionen verliert die Hepatozyte auch die Fähigkeit ihre Gallencanaliculi dicht zu halten. Die in der hochkonzentrierten Form toxische Galle dringt von der apikalen Seite in die Hepatozyten ein, was zum irreversiblen Zelltod führt (http://www.ifado.de/videos). In der Folge wandern Immunzellen ein, eine typische Begleiterscheinung von Nekrosen. Diese sind zwar für den Heilungsprozess erforderlich, können jedoch auch den initialen Schaden u. U. erheblich vergrößern. Typische morphologische Charakteristika der Nekrose sind die Zellschwellung, die Auflösung des Zellkerns und das Austreten zellulärer Bestandteile in das Blut. Hierzu gehören die in der klinischen Diagnostik eingesetzten Leberenzyme AST und ALT. Weiterhin werden sogenannte schadensassoziierte Alarmmoleküle freigesetzt, zu denen auch degradierte Nukleinsäuren gehören. Sie tragen dazu bei, dass die oben erwähnten Immunzellen das geschädigte Gewebe finden und infiltrieren.

Die Situation nach *Apoptose*, dem programmierten aktiven Zelltod, sieht grundsätzlich anders aus. Typische morphologische Charakteristika sind die Zellschrumpfung, Chromatinverdichtung und Kernfragmentierung. Die Zelle zerschnürt sich schließlich in zahlreiche apoptotische Körperchen, welche gut von Makrophagen phagozytiert werden können. Wegen der auf diese Weise vereinfachten Abräumbarkeit toter Zellen kommt es bei Apoptose zu deutlich weniger Entzündung im Vergleich zur Nekrose. Auf molekularer Ebene wurden zwei grundlegend unterschiedliche Mechanismen identifiziert, welche Apoptose verursachen. Bei dem extrinsischen Mechanismus führen extrazelluläre Liganden wie TNF-α oder der Fas-Ligand zur Aktivierung von Membranrezeptoren, welche in aktivierter Form weitere Proteine rekrutieren. Der entstehende Proteinkomplex kann Caspasen aktivieren, eine Enzymfamilie, welche Proteine und Nukleinsäuren degradiert und dadurch den apoptotischen Zelltod verursacht. Der zweite, intrinsische Mechanismus der Apoptose führt zur Bildung von Poren der äußeren Mitochondrienmembran. Dies ermöglicht das Austreten von Intermembranproteinen wie Cytochrom c, welches ebenfalls Caspasen aktiviert. Häufig treten bei der durch Chemikalien verursachten Lebertoxizität Apoptose und Nekrose gleichzeitig auf. Zu welcher Form des Zelltods es kommt, hängt vom Wirkmechanismus einzelner Chemikalien als auch ihrer Dosis ab.

12.3.2
Fibrose und Zirrhose

> Unter Fibrose versteht man den Ersatz von Hepatozyten durch Bindegewebe (Abb. 12.4a,b). Wenn sich dieses Narbengewebe so sehr ausbreitet, dass der Blutfluss durch die Sinusoide massiv behindert wird, spricht man von Zirrhose. Die fortgeschrittene Zirrhose führt zum Tod meist durch Varizenblutung oder Ammoniakkoma.

Die *Zirrhose* führt zur Einengung der Lebergefäße durch das Narbengewebe und es kommt zur Ausbildung von Umgehungskreisläufen. Gefäße, welche die Leber umgehen, um Pfortader und Hohlvene zu verbinden, können massiv gedehnt werden. Besonders in Magen und Speiseröhre können diese gedehnten Gefäße, auch Varizen genannt, rupturieren, was häufig zum Tod durch inneres Verbluten führt. Die zweite Todesursache, das Ammoniakkoma, kommt dadurch zustande, dass der im Proteinstoffwechsel anfallende Ammoniak von der Leber nicht mehr entgiftet werden kann und aufgrund seiner Neurotoxizität zunächst zur Einschränkung kognitiver Funktionen führt und später das tödliche Koma verursacht. Besonders häufige Ursachen der Leberfibrose sind die Virushepatitis und exzessiver Alkoholkonsum. Mit der Zunahme des Übergewichts in der allgemeinen Bevölkerung spielt auch die nicht alkoholische Steatohepatitis (NASH) eine zunehmende Rolle. Hierbei kommt es meist ernährungsbedingt zu einer Fettleber, was zunächst ohne adverse Folgen bleibt. Doch auf zusätzliche Belastungen, z. B. eine hochdosierte Pharmakotherapie, kann die Fettleber empfindlicher reagieren als eine normale Leber. Die resultierende NASH kann dann bis zur Zirrhose fortschreiten. Schließlich gehen nach wie vor einige Medikamente bei hochdosierter chronischer Anwendung mit einem erhöhten Risiko der Leberfibrose einher. Ein Beispiel ist die Therapie der Tuberkulose mit Rifampicin. Substanzen, welche zur Leberzirrhose führen, vermögen dies unter Bedingungen, welche zum wiederholten Zelltod von Hepatozyten führen. Eine Zusammenstellung hepatotoxi-

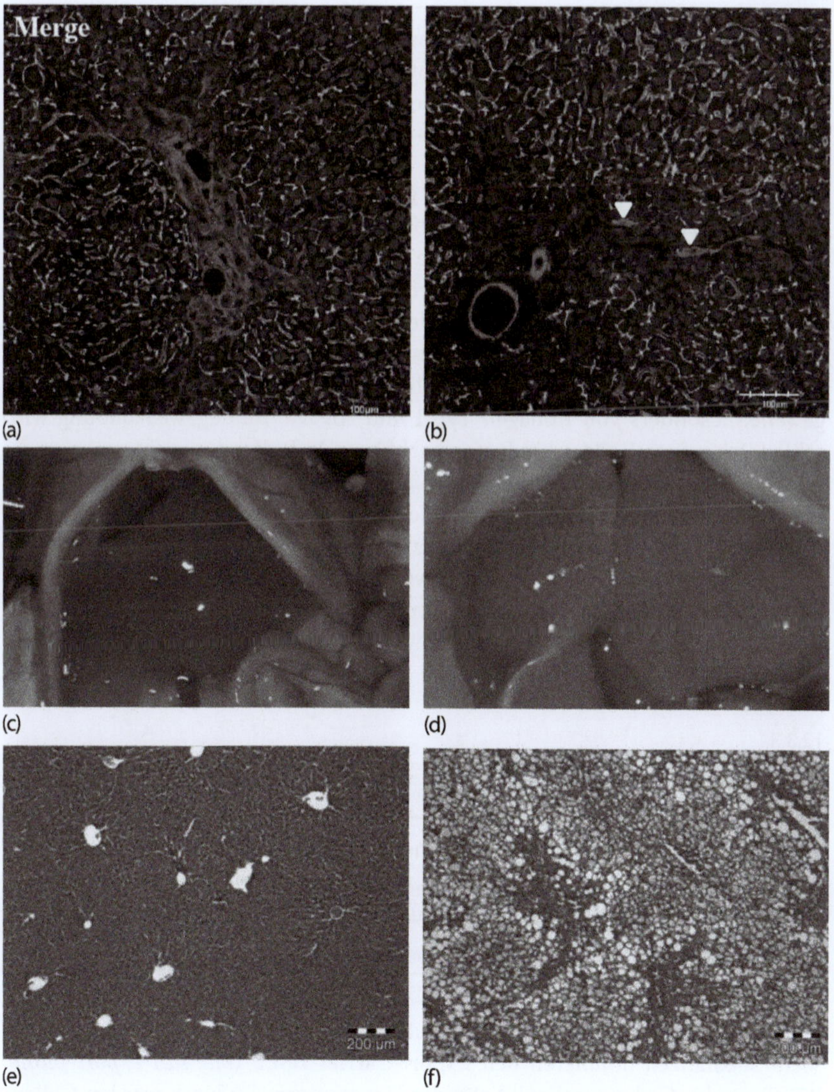

Abb. 12.4 (a, b) Leberfibrose. Die Kollagenfärbung (a) zeigt in roter Farbe eine Bindegewebsstraße, die sich durch das Lebergewebe zieht. Durch Immunfärbung von *α*-SMA (*α-smooth muscle actin*) können in solchen Fibrosestraßen Sternzellen nachgewiesen werden (b). Diese sind hier rot gefärbt und mit weißen Dreiecken gekennzeichnet. Das Netzwerk der Gallencanaliculi ist grün dargestellt, die Zellkerne blau. (c–f). Die Fettleber erscheint makroskopisch größer und heller als die normale Leber (c, d). In der Histologie (f) imponieren zahlreiche helle Fettvakuolen (die Abbildungen wurden freundlicherweise von Dr. Cristina Cadenas und Dr. Seddik Hammad zur Verfügung gestellt). Die farbige Wiedergabe erfolgt nur in der digitalen Version.

scher, häufig fibroseinduzierender Medikamente, findet man z. B. auf folgender Website: http://livertox.nih.gov/.

Die Mechanismen, welche zu Leberfibrose führen, sind nach wie vor Gegenstand intensiver Erforschung. Einigkeit besteht darin, dass die Sternzellen (Abb. 12.4b) eine Schlüsselrolle bei der Pathophysiologie einnehmen.

Bei Leberschädigung findet man in den geschädigten Arealen eine Ansammlung von aktivierten Sternzellen, auch Myofibroblasten genannt, welche aus ruhenden Sternzellen hervorgegangen sind. Diese Myofibroblasten unterstützen den Heilungsprozess. Nach einer einmaligen Leberschädigung bilden sich die Myofibroblasten wieder zurück und der gesunde Grundzustand wird wiederhergestellt. Anders ist die Situation bei wiederholter Leberschädigung. Die Sternzellen reagieren dann mit einer stärkeren und länger andauernden Bildung von Bindegewebe, besonders von Kollagen Typ I und III. Die Bindegewebsbildung wird schließlich so stark, dass bindegewebeabbauende Proteasen nicht mehr nachkommen und die Fibrose fortschreitet. Eine wichtige Rolle bei der Entstehung der Fibrose spielen auch die sinusoidalen Endothelzellen (Abb. 12.1b). Werden diese experimentell zerstört, kommt es ausnahmsweise schon nach einmaliger Leberschädigung zur Fibrose. Außerdem verlieren viele sinusoidale Endothelzellen bei der Zirrhose ihre Fenestrierung. Hierdurch wird der Stoffaustausch zwischen dem sinusoidalen Blut und den Hepatozyten gestört, wodurch die Leberfunktion eine weitere Einschränkung erfährt.

12.3.3 Cholestase

Bei Cholestase treten Substanzen vermehrt im Blut auf, welche normalerweise über die Galle ausgeschieden werden, z. B. Gallensalze und Bilirubin. Das gelblich bis braune Bilirubin lagert sich in Haut und Augen ab und verursacht Gelbsucht. Außerdem wird die Farbe des Urins dunkler.

Typische Ursachen der Cholestase sind Störungen der Carrier der Hepatozyten. Viele Substanzen inhibieren den Export-Carrier BSEP (*bile salt export pump*, BSEP) an der Gallencanaliculi-Seite der Hepatozyten. Dadurch werden Gallensalze weniger in die Gallencanaliculi ausgeschieden, reichern sich in den Hepatozyten an und erreichen gegebenenfalls zytotoxische Konzentrationen. Ein weiterer relevanter Mechanismus besteht im Verschluss der Gallengänge. Solche Obstruktionen können durch bestimmte Chemikalien oder auch Tumore verursacht werden. Ein experimentelles System, Folgen dieser obstruktiven Cholestase im Tierversuch zu untersuchen, ist die Gallengangsligation, bei welcher der aus der Leber kommende Gallengang abgebunden wird. Naiverweise sollte man nun erwarten, dass falls die Gallensekretion fortgeführt wird, es zum massiven Erweitern bis zum Platzen der Gallengänge kommt. Dies ist aber nicht der Fall, weil die Epithelzellen der Gallengänge (Cholangiozyten) Gallensalze und Wasser rückresorbieren. Innerhalb weniger Tage kommt es zusätzlich zu einer Proliferation und Faltenbildung der inneren Membran der Gallengänge, zwecks Vergrößerung der Fläche und Steigerung der Rückresorption. Die rückresorbierten Gallensalze gelangen über das Interstitium in den benachbarten Ast der Pfortader und fließen wieder in die Leberläppchen, ein Teil wird von der Blutseite in die Hepatozyten aufgenommen, gelangt wieder in die Gallencanaliculi und kann erneut zirkulieren. Daher wird dieses Phänomen cholehepatischer Shunt genannt. Der Nutzen dieses Shunts besteht darin, dass unmittelbare schädliche Folgen wie Druck und zu hohe Gallensalzkonzentrationen in der Leber vermieden werden. Die negativen Folgen resultieren daraus, dass nicht alle rezirkulierenden Gallensalze von den Hepatozyten wieder aufgenommen werden können. Manche verlassen die Leber über die Lebervene, gelangen in den großen Kreislauf und müssen über die Niere ausgeschieden werden, was langfristig zu Nierenschäden führt.

Ein zweites toxikologisch wichtiges Rezirkulationsphänomen stellt der enterohepatische Kreislauf dar. Substanzen werden über die Galle in den Darm ausgeschieden, dort wieder resorbiert, gelangen über die Pfortader in die Leber usw. Zu diesem Kreislauf kann noch hinzukommen, dass die Glucuronidierung von Fremdstoffen in der Leber durch Glucuronidasen von Darmbakterien wieder rückgängig gemacht werden kann. Beide Shunt-Phänomene können die Pharmakokinetik und somit Toxizität vieler Substanzen beeinflussen.

12.3.4 Fettleber

> Die Fettleber ist durch einen erhöhten Fettgehalt, besonders von Triglyceriden, charakterisiert, der den Fettgehalt der normalen Leber von weniger als 5 % des Gewichts deutlich übersteigt. Makroskopisch erscheint die Fettleber vergrößert und heller (Abb. 12.4c–f). In der Routinehistologie fallen runde, leere Vakuolen auf, weil das Fett bei der histologischen Standardfärbung durch Lösemittel herausgewaschen wird.

Die Überladung der Hepatozyten mit Fett kann so extrem werden, dass der Zellkern an den Rand der Hepatozyten gedrängt wird. Eine häufige Ursache der Fettleber ist Überernährung, wobei es zu einem Überangebot an Fettsäuren kommt. Diese werden dann zu Triglyceriden verestert. Auch wenn die Hepatozyten mit Triglyceriden geradezu überladen sind, entfalten diese keine Zytotoxizität und die Funktionseinschränkung der Leber ist allenfalls gering. Chemikalien können auf vielfältige Weise mit dem Fettstoffwechsel interferieren, wobei die Hemmung der β-Oxidation und die Hemmung der VLDL-Bildung (*very low density lipoproteins*, VLDL) für die Verursachung der Fettleber als unerwünschte Wirkung von Medikamenten besonders wichtig sind. Die β-Oxidation wird z. B. durch Amiodaron, Tamoxifen, oder Tetracyclin gehemmt. Fettsäuren werden normalerweise in die Mitochondrien importiert, um dort durch β-Oxidation verwertet zu werden. Ist diese Verwertung gehemmt, kommt es zur Ablagerung der Fettsäuren nach Veresterung zu Triglyceriden. Zusätzlich zur Hemmung der β-Oxidation hemmen manche Substanzen, z. B. Amiodaron und Tetracyclin, noch die Triglyceridverwertung. Physiologischerweise werden Fettsäuren aus Triglyceriden der Hepatozyten in VLDL eingebaut, um dann die Leber zu verlassen und periphere Gewebe zu versorgen. Es ist nachvollziehbar, dass die Hemmung sowohl der Fettsäureverbrennung in Mitochondrien als auch der Export von Fettsäuren aus der Leber das Risiko der Fettleber erhöht. Dabei hat eine Fettleber für sich genommen noch keinen Krankheitswert. Mindestens 20 % der Bevölkerung von Industrienationen weisen eine Fettleber auf. Allerdings erhöht sich bei Vorliegen einer Fettleber das Risiko für Folgeerkrankungen wie z. B. der oben beschriebenen Steatohepatitis.

12.3.5 Porphyrie

Chemikalien wie polychlorierte Biphenyle, Dibenzodioxine und Hexachlorbenzol können die in der Leber stattfindende Hämbiosynthese stören. Dies führt zu erhöhten Konzentrationen von Hämvorstufen (Porphyrine), welche von der Leber ins Blut gelangen. Dies kann unter anderem zu neurologischen Störungen, Psychosen und Krämpfen führen. In der Leber kann es durch Einlagerungen von Porphyrin zu Fibrose und Zirrhose kommen.

12.3.6 Entzündung

> Das Einwandern von Entzündungszellen in geschädigtes Lebergewebe ist von großer Bedeutung, weil sie tote und geschädigte Zellen entfernen und das Milieu für die Regeneration vorbereiten. Aber unter bestimmten Bedingungen können Immunzellen einen durch hepatotoxische Substanzen verursachten, zunächst relativ kleinen Schaden erheblich vergrößern wie unter idiosynkratische Hepatotoxizität (Abschn. 12.3.8) beschrieben.

Zahlreiche Immunzelltypen sind bei der Leberentzündung beteiligt, wobei neutrophile Granulozyten und Kupffer-Zellen eine besonders wichtige und gut untersuchte Rolle spielen. Neutrophile Granulozyten navigieren im Blut und können bei Vorliegen einer Gewebeschädigung an die sinusoidalen Endothelzellen adhärieren und in das Gewebe einwandern. Mit der Adhäsion werden die Neutrophilen aktiviert und setzen proteolytische Enzyme und Hypochlorsäure frei, wodurch vorgeschädigtes Gewebe abgetötet und angedaut wird. Die Kupffer-Zellen als gewebeständige Makrophagen und weitere aus dem Blut einwandernde Makrophagen tragen dann massiv zur Phagozytose des toten Gewebes bei. Insgesamt ist jedoch die Komplexizität des Entzündungsprozesses erst unvollständig verstanden. Zum Beispiel können Kupffer-Zellen entzündungsfördernde aber

Tab. 12.1 Beispiele hepatotoxischer Substanzen.

Schädigung	Substanzen
Nekrose von Hepatozyten; bei wiederholter Schädigung Fibrose	CCl_4, Allylalkohol, Ethanol, Paracetamol, Thioacetamid, Amanitine (Knollenblätterpilz), Methotrexat
Fettleber	Valproinsäure, Amiodaron, Tamoxifen, Ethanol
Immunologisch vermittelte Leberentzündung	Halothan, Diclofenac
Tumore	Aflatoxin B_1, Androgene, Arsenverbindungen, Vinylchlorid (Hämangiosarkom)
Cholestase	Bosentan, Chlorpromazin, Cyclosporin A, Östrogene
Schädigung der sinusoidalen Endothelzellen	Cyclophosphamid, Pyrrolizidin, Alkaloide

auch -hemmende Botenstoffe freisetzen. Sicher spielen Immunzellen auch eine Rolle bei der Beendigung der Entzündungsreaktion. Zum Beispiel wandern auch natürliche Killerzellen in das geschädigte Gewebe ein. Durch den „Todeskuss" dieser Killerzellen werden Sternzellen in die Apoptose getrieben. Sternzellen spielen im regenerierenden Gewebe eine wichtige Rolle, unter anderem weil sie mechanische Stabilität vermitteln, doch ein permanentes Vorliegen kollagenproduzierender Sternzellen würde zur Fibrose führen.

12.3.7 Beispiele hepatotoxischer Substanzen

Wegen der großen Zahl hepatotoxischer Substanzen ist es unumgänglich, in einem einführenden Lehrbuch eine Auswahl zu treffen. Hierfür scheinen Paracetamol, Tetrachlorkohlenstoff (CCl_4), Ethanol und Allylalkohol besonders geeignet, weil an diesen Substanzen bestimmte zentrale Prinzipien gut verdeutlicht werden können. Weitere Beispiele finden sich in Tab. 12.1, einen umfassenderen Überblick erhält man z. B. über die folgende Website: http://livertox.nih.gov/.

12.3.7.1 Paracetamol und CCl_4

Paracetamol ist eines der am häufigsten eingesetzten Medikamente gegen Schmerzen und Fieber. Bei bis zu 4 g/Tag bei Erwachsenen kann Paracetamol als ein sicheres Medikament angesehen werden. Doch bei höheren Dosen kommt es häufig zu schwerer Hepatotoxizität. Paracetamol zeigt ein typisches Schwellenverhalten. Die Substanz ist bei therapeutischer Dosierung sicher, wird aber schon bei relativ geringen Überschreitungen des therapeutischen Bereichs toxisch. Dieser Schwelleneffekt ergibt sich aus dem Metabolismus der Substanz (Abb. 12.5a). Die

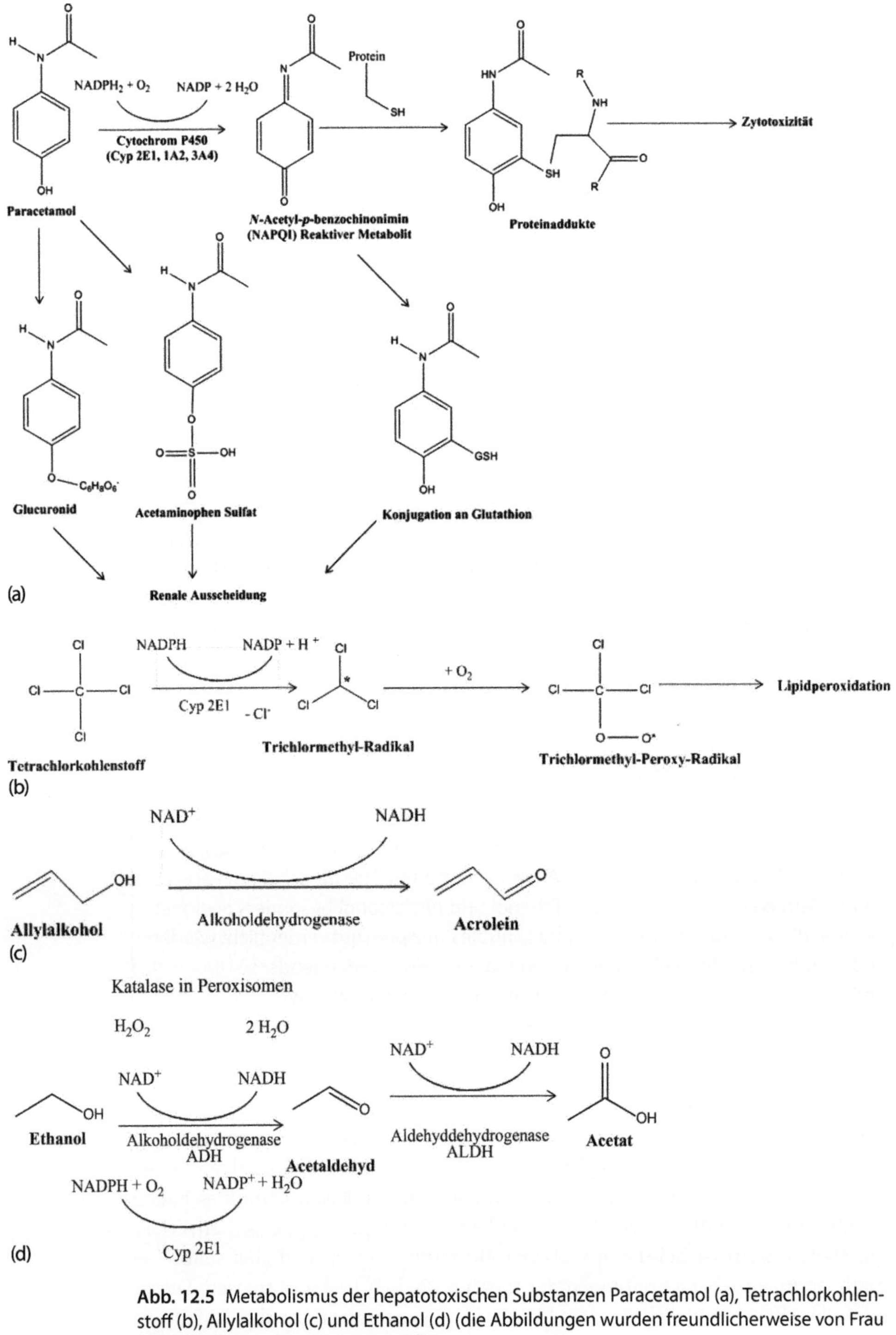

Abb. 12.5 Metabolismus der hepatotoxischen Substanzen Paracetamol (a), Tetrachlorkohlenstoff (b), Allylalkohol (c) und Ethanol (d) (die Abbildungen wurden freundlicherweise von Frau Regina Stöber zur Verfügung gestellt).

Muttersubstanz Paracetamol wird mit UDP-Glucuronsäure und Sulfat konjugiert. Hierdurch kommt es zur Ausscheidung von 85–95 % der Substanz über die Niere. Etwa 10 % der Muttersubstanz wird durch Cytochrom P450 (beim Menschen hauptsächlich CYP2E1, in geringerem Maße auch CYP3A4 und CYP1A2) zu dem toxischen Metaboliten *N*-Acetyl-*p*-benzochinonimin (NAPQI) umgesetzt. In der gesunden Leber wird NAPQI rasch zu einem nicht toxischen Glutathionkonjugat metabolisiert. Erst wenn die NAPQI-Konzentration eine kritische Schwelle überschreitet, oberhalb der die Glutathionreserven der Hepatozyten aufgebraucht werden, kommt es zur Toxizität. NAPQI bindet dann überwiegend an Proteine und stört deren Funktion. Obwohl ein sehr breites Spektrum an Proteine gebunden wird, scheint das Mitochondrium eine besondere Schwachstelle für diesen Initialschaden darzustellen. Der Verlust des mitochondrialen Membranpotenzials ist im Prinzip noch reversibel, führt jedoch rasch zu irreversiblen Folgen, etwa dem Einstrom toxischer Galle in die Hepatozyten.

Die Therapie der Vergiftung mit Paracetamol besteht in *N*-Acetylcystein, welches intravenös oder oral verabreicht werden kann. Aus *N*-Acetylcystein entsteht in der Hepatozyte Cystein, die limitierende Aminosäure bei der Synthese von Glutathion. Von praktischer Bedeutung ist weiterhin, dass Kleinkinder noch keine voll ausgeprägte Aktivität der UDP-Glucuronosyltransferasen in der Leber haben. Daher ist es wichtig, dass die Dosis an das Lebensalter (und Gewicht) angepasst wird. Erwachsene erhalten maximal 4 g/Tag, Kleinkinder hingegen maximal 50–75 mg/kg am Tag.

Ähnlich wie Paracetamol muss auch CCl_4 zunächst durch Cytochrom P450 (überwiegend CYP2E1) metabolisch aktiviert werden (Abb. 12.5b). Durch reduktive Dehalogenierung entsteht zunächst das Trichlormethylradikal ($CCl_3^{\bullet}$), das mit Sauerstoff weiter zu Trichormethyl-peroxy-Radikalen ($CCl_3OO^{\bullet}$) reagieren kann. Die entstehenden Radikale führen zu Lipidoxidation, indem sie den ungesättigten Fettsäuren von Phospholipiden Wasserstoffatome entziehen. Auch dieser Mechanismus kann zu mitochondrialen Schäden führen. Weil beide, CCl_4 und Paracetamol, metabolische Aktivierung durch Cytochrom P450 benötigen, führen sie zum typischen Bild der perizentralen Nekrose. Trotz der unterschiedlichen Primärschäden (Proteinaddukte vs. überwiegend Lipidschäden) wird die durch einmalige Paracetamol- als auch CCl_4-Applikation verursachte Gewebeschädigung rasch und vollständig regeneriert. Ganz anders verhält es sich, wenn wiederholt zytotoxische Dosen verabreicht werden; in diesem Fall kommt es zur Leberfibrose. Dies zeigt, dass die Leber zwar sehr gut einmalige, akute Schäden regenerieren kann, aber bei wiederholter Schädigung vulnerabler ist.

12.3.7.2 **Allylalkohol**

Allylalkohol ist eine industriell produzierte Chemikalie, welche bei der Herstellung von Kunststoffen und feuerfesten Materialien benötigt wird. Die Substanz wird durch Aldehyddehydrogenase (ADH) zu Acrolein umgesetzt und durch Alkoholdehydrogenase (ALDH) weiter zu Acrylsäure (*acrylic acid*) oxidiert (Abb. 12.5c). Für die Schädigung von Hepatozyten ist das reaktive Acrolein verantwortlich, welches Proteinaddukte bildet. Anders als bei Paracetamol und CCl_4 kommt es nicht zur perizentralen Nekrose, sondern die Gewebeschädigung wird in erster Linie periportal und midzonal beobachtet (Zone 1 und 2). Dies wird darauf zurückgeführt, dass ADH (anders als Cytochrom P450) keine midzonale Präferenz aufweist und wegen der Richtung des Blutflusses in der Peripherie die Substanzexposition höher ist als im Läppchenzentrum.

12.3.7.3 **Ethanol**

> Ethanol aktiviert eine Vielzahl unterschiedlicher hepatotoxischer Mechanismen, deren Zusammenspiel bei der Entstehung der alkoholischen Fettleber und Zirrhose noch erforscht werden muss. Gut bekannt ist die Menge Ethanol, welche zu Lebertoxizität führt. Das Risiko einer Leberzirrhose ist bei Männern schon beim Trinken von 40–60 g/Tag deutlich erhöht. Frauen sollten auf keinen Fall mehr als 20 g am Tag trinken. Als Ursache für die erhöhte Suszeptibilität von Frauen werden eine geringere Alkoholdehydrogenaseaktivität und ein geringeres Verteilungsvolumen für Ethanol diskutiert. Fast die Hälfte aller Personen, welche über 20 Jahre etwa 200 g Alkohol am Tag trinken, erkrankt an einer Leberzirrhose. Zur Abschätzung des Alkoholgehalts: Bier, Wein und Schnaps enthalten etwa 5, 10 und 40 % Ethanol.

Mehr als 90 % des Ethanols werden in der Leber metabolisiert. Für das Verständnis der komplexen Mechanismen der durch Ethanol vermittelten Lebertoxizität ist es zunächst erforderlich, die drei wichtigsten metabolischen Pfade zu kennen (Abb. 12.5d). Quantitativ am bedeutsamsten ist die Oxidation zu Acetaldehyd und Acetat durch Alkoholdehydrogenase und Aldehyddehydrogenase. Dieser Pfad trägt über zwei Mechanismen zur Leberschädigung bei. Acetaldehyd ist reaktiv und kann Proteinaddukte bilden. Weiterhin werden Acetat und NADH für die Fettsäuresynthese benötigt. Ein Überangebot an Fettsäuren begünstigt die Entstehung einer Fettleber. Von der Aldehyddehydrogenase ist ein toxikologisch interessanter Polymorphismus bekannt, ALDH2*2. Diese Variante weist eine stark reduzierte Enzymaktivität auf. Dadurch kommt es nach Alkoholkonsum zu höheren Acetaldehydkonzentrationen, was unter anderem zu Kopfschmerzen führt. ALDH2*2 tritt bei Europäern nur selten auf, aber etwa 50 % der Asiaten haben diese Variante. Sie ist für die Alkoholunverträglichkeit (Flushing-Syndrom) bei Asiaten verantwortlich. Der zweite metabolische Pfad wird durch Cytochrom P450 2E1 vermittelt, welches durch Alkohol induzierbar ist und ebenfalls Acetaldehyd bildet. Diese CYP2E1-Reaktion ist toxikologisch relevant, da hierbei reaktive Sauerstoffspezies gebildet werden. Wie schon beschrieben, wird CYP2E1 im Läppchenzentrum exprimiert, sodass dieser metabolische Pfad präferenziell zu perizentraler Schädigung führt. Zur Abschätzung der quantitativen Bedeutung sollte berücksichtigt werden, dass ADH (Pfad 1) bei einer K_m (Michaeliskonstante) von 1 mM Ethanol arbeitet, CYP2E1 (Pfad 2) dagegen bei etwa 10 mM. Daher wird Pfad 2 erst bei relativ starken Alkoholexzessen relevant. Der dritte Pfad besteht in der Reaktion der Katalase in Peroxisomen, durch welche Wasserstoffperoxid zu Wasser reduziert wird, wobei Ethanol als Elektronendonor fungiert und ebenfalls Acetaldehyd entsteht. Durch diesen Pfad werden höchstens 2 % des Alkohols umgesetzt.

Neben den oben schon erwähnten Mechanismen der Toxizität kommen noch hinzu:

- Ethanol und Acetaldehyd inhibieren die DNA-Bindung des Transkriptionsfaktors PPAR-α, über welchen normalerweise Enzyme der Fettsäureverwertung exprimiert werden. Dies begünstigt Steatose.
- Acetaldehyd inhibiert den Einbau von Triglyceriden in VLDL und dadurch den Export von Fetten aus der Leber, ein weiterer Mechanismus, der eine Fettleber begünstigt.
- Ethanol hemmt natürliche Killerzellen, durch welche normalerweise aktivierte Sternzellen in Apoptose getrieben werden.
- Über noch nicht vollständig verstandene Mechanismen führt Ethanol zu einer Erhöhung der Konzentration entzündlicher Zytokine.

12.3.8
Konzentrationsabhängige vs. idiosynkratische Hepatotoxizität

Eine grundsätzliche Annahme präklinischer toxikologischer Studien besteht darin, dass die Identifikation adverser Effekte durch Steigerung der Dosis möglich ist. Bei der überwiegenden Mehrzahl der Substanzen, wie auch bei den im vorigen Kapitel diskutierten Beispielen, trifft dies zu. Doch es sollte berücksichtigt werden, dass ein seltenes Phänomen, die idiosynkratische Hepatotoxizität, anderen Prinzipien folgt. Eine idiosynkratische Hepatotoxizität betrifft von 10 000 behandelten Patienten nur einen oder noch weniger. Trotzdem ist dies relevant, denn die idiosynkratische Toxizität ist eine der häufigsten Ursachen, dass Medikamente in späten Entwicklungsphasen gestoppt oder vom Markt genommen werden. Die Situation ist in doppelter Hinsicht unbefriedigend. Erstens wurden in diesen Fällen Patienten nicht vor Toxizität geschützt; zweitens werden möglicherweise Medikamente vom Markt genommen, die für die überwiegende Mehrheit der Patienten sicher sind, was aber nicht genutzt werden darf, da die wenigen Patienten, bei welchen es zu adversen Effekten kommt, nicht mit ausreichender Sicherheit vorab identifizierbar sind. Daher ist die Erforschung der Ursachen der idiosynkratischen Hepatotoxizität und die Identifizierbarkeit der Risikopatienten von großer Bedeutung. Zurzeit wird davon ausgegangen, dass bei den betroffenen Patienten mehrere Risikofaktoren zusammenkommen müssen. Diese sind erstens eine schwache Kapazität zur Detoxifikation in Verbindung mit stark ausgeprägter metabolischer Aktivierung. Zweitens existieren starke Hinweise auf immunologische Prädispositionen. Entsprechend dieses Konzepts binden Chemikalien an zelluläre Proteine, werden Immunzellen von Helferzellen präsentiert und lösen bei entsprechend kostimulierendem Mikromilieu eine toxische Immunantwort aus. Für dieses Konzept spricht, dass genomweite Assoziationsstudien Zusammenhänge zwischen bestimmten HLA-Allelen und idiosynkratischer Hepatotoxizität gefunden haben. Erschwert wird die Situation jedoch dadurch, da es keinen universellen „idiosynkratisch hepatotoxischen“ Genotyp zu geben scheint, sondern dass dieser von Substanz zu Substanz variiert. Trotzdem ist es für die toxikologische präklinische Testung von praktischer Bedeutung, weitere Entwicklungen auf diesem Gebiet genau zu verfolgen. Denn sollte es gelingen, substanzbezogen idiosynkratische Risikogenotypen mit ausreichender Vorhersagekraft zu identifizieren, könnte das in Zukunft bedeuten, dass das konventionelle Dosiseskalationsprinzip bei präklinischen Studien um zusätzliche Testmodelle erweitert werden muss, welche den sensitiven Genotyp für idiosynkratische Toxizität repräsentieren.

12.3.9 Lebertumore

Allgemein gilt für starke genotoxische Karzinogene, dass sie die Erbinformation verändern und gleichzeitig durch Zytotoxizität Ersatzproliferation verursachen. Diese Kriterien werden für die Leber durch das Mykotoxin Aflatoxin B_1 in vollem Umfang erfüllt.

Aflatoxin B_1 wird von dem Schimmelpilz *Asperigillus flavus* gebildet, welcher zum Bespiel warm und feucht gelagertes Getreide oder Nüsse befällt. Aflatoxin B_1 wird in Hepatozyten durch Cytochrom P450 3A4 zu einem Epoxid aktiviert, welches Addukte besonders an der N7-Position des Guanins bildet und dadurch die Erbinformation verändern kann. Gleichzeitig wirkt Aflatoxin B_1 schon in relativ kleinen Konzentrationen toxisch auf Hepatozyten. Das durch Aflatoxin B_1 verursachte hepatozelluläre Karzinom kommt in Europa relativ selten vor. Hingegen stellt es in Afrika und Südostasien, wo aufgrund des Klimas die mykotoxinfreie Lagerung von Lebensmitteln schwerer ist, das häufigste Karzinom dar. Primäre Leberkarzinome können auch aus sinusoidalen Endothelzellen und aus Cholangiozyten hervorgehen, auch wenn dies deutlich seltener ist als die aus Hepatozyten hervorgegangenen Tumore. Vinylchlorid schädigt neben den Hepatozyten auch die sinusoidalen Endothelzellen und verursacht dadurch Hämangiosarkome. Thoratrast, welches früher als Röntgenkontrastmittel eingesetzt wurde, ist die am besten bekannte Substanz, welche Cholangiokarzinome induziert, einen aus den Cholangiozyten der Gallengänge hervorgehenden Tumor.

12.3.10 Lebergewichtserhöhung

Bei chronischen Toxizitätsstudien ist es üblich, Organgewichte in Relation zum Körpergewicht zu bestimmen. Nicht selten ist hierbei eine Änderung des relativen Lebergewichts der einzige Befund. Bei der Beurteilung muss berücksichtigt werden, dass das relative Lebergewicht auch im physiologischen Rahmen variieren kann. Zum Beispiel haben Ratten, die sich nach Belieben ernähren und keine körperliche Aktivität entfalten mussten, ein knapp 20 % höheres relatives Lebergewicht als Kollegen, die auf Diät gesetzt und zu täglichem Training im Laufrad gezwungen wurden.

Bei der Arzneistoffentwicklung wird eine leichte relative Lebergewichtserhöhung, welche ohne positiven histologischen Befund (also keine Nekrose, Fibrose, Entzündung, Steatose, Gallengangsproliferation oder Cholestase) und ohne Befunde in der klinischen Chemie (z. B. keine Erhöhung von Leberenzymen) einhergeht, als Folge einer Adaptation und nicht als advers angesehen. Dies gilt auch für Medikamente, welche zu einer Induktion fremdstoffmetabolisierender Enzyme (z. B. CYP3A4) führen. Es ist jedoch zu berücksichtigen, dass eine Adaptation bei höheren Dosen dekompensieren und dann zu adversen Effekten führen kann. Daher muss bei der weiteren präklinischen und klinischen Entwicklung ein besonderes Augenmerk auf ein sorgfältiges Monitoring einer möglichen Hepatotoxizität gelegt werden. Bei der Festlegung von Grenzwerten am Arbeitsplatz (MAK-Werte) ist es im Allgemeinen üblich, im Sinne des Vorsorgeprinzips vorzugehen, besonders, wenn außer dem Befund der Lebergewichtserhöhung keine weitergehenden abklärenden Daten zur Humanrelevanz verfügbar sind. Hier wird eine Lebergewichtserhöhung als *point of departure* für Grenzwertermittlungen herangezogen, wenn diese stärker ausgeprägt ist (> 20 %) oder mit einer Enzyminduktion einhergeht.

12.3.11 *In-vitro*-Systeme und Interspeziesunterschiede

Kulturen mit Leberzellen sind heute ein weit verbreitetes Werkzeug in Pharmakologie und Toxikologie. Leider wird seitens von Politikern und Wissenschaftsfunktionären immer wieder die Forderung vorgebracht, innerhalb relativ kurzer Zeiträume Tierversuche durch *In-vitro*-Systeme zu ersetzen. Doch ein solch vollständiger Ersatz wird erst dann zuverlässig funktionieren, wenn alle Mechanismen, welche zu einer Lebertoxizität führen, bekannt sind und *in vitro* korrekt abgebildet werden können; weiterhin müsste die Pharmakokinetik neuer Prüfsubstanzen zuverlässig modellierbar sein. Von diesem Ziel ist die aktuelle Forschung noch weit entfernt.

Trotz aller Vorbehalte sollten die Erfolge der in den letzten Jahren verbesserten *In-vitro*-Systeme nicht unterschätzt werden. So ist es *in vitro* möglich, Substanzen zuverlässig zu identifizieren, welche eine Enzyminduktion verursachen. Enzyminduktion ist ungünstig, weil sie zu Wechselwirkungen zwischen Arzneimitteln führen kann. Eine Einschränkung besteht jedoch darin, dass nach Identifikation einer enzyminduzierenden Konzentration *in vitro* noch geklärt werden muss, ob diese Konzentration im Organismus erreicht wird. Weiterhin werden Hepatozyten-in-vitro-Systeme erfolgreich eingesetzt, um Metabolite von Prüfsubstanzen zu generieren. Auch wenn auf diesem Gebiet Fortschritte gemacht worden sind, ist es zurzeit noch nicht mit ausreichender Genauigkeit möglich, Blutkonzentrationen von Prüfsubstanzen vorherzusagen, welche bei chronischer Exposition Lebertoxizität verursachen.

Eine häufig in der öffentlichen Debatte vorgebrachte These ist, dass Tierversuche aufgrund von Interspeziesunterschieden für den Menschen nicht relevant sind. Doch dieses Argument greift zu kurz. Selbstverständlich existieren für manche Substanzen große Interspeziesunterschiede; beispielsweise führt das oben besprochene Aflatoxin B_1 zu vielfach stärkeren genotoxischen Effekten in einigen Ratten- als in Mausstämmen. Doch sobald der adverse Effekt (hier: Lebertumore) und das initiierende Ereignis (hier: Bildung von DNA-Addukten) bekannt sind, können *in vitro* z. B. Hepatozyten von Mensch, Ratte, Maus und gegebenenfalls weiteren Spezies verglichen werden. Im Falle des Aflatoxin B_1 wurde auf diese Weise erkannt, dass der Mensch ähnlich empfindlich ist wie die Ratte und nicht so resistent ist wie die Maus. Später wurde verstanden, dass bestimmte Mausstämme aufgrund eines Glutathiontransferase-Isoenzyms vor dem aktiven Metaboliten des Aflatoxin B1 geschützt sind, was für den Menschen nicht der Fall ist. Zusammenfassend kann festgestellt werden, dass Interpretationsfehler aufgrund von Interspeziesunterschieden nicht prinzipiell gegen Tierversuche sprechen, sondern dass vielmehr eine Begleitforschung zu toxischen Mechanismen und der Interspeziesvergleich in Zielzellen der Toxizität erforderlich ist.

12.4 Mythen zur Leber

Wie kaum ein anderes Organ hat die Leber zur Mythenbildung beigetragen. Am bekanntesten ist die antike Sage des Prometheus, dem zur Strafe von einem Adler ein Teil seiner Leber herausgerissen wurde. Um die Strafe täglich wiederholen zu können, ließen die Götter die Leber jeweils bis zum Folgetag nachwachsen. Diese Sage hat eine Faszination wegen ihres wahren Kerns, der außergewöhnlichen Regenerationskapazität der Leber. Die Regenerationskapazität der Leber war den antiken Griechen bekannt. Dieses Wissen stammt wahrscheinlich aus Erfahrungen der antiken Unfallchirurgie. Die Versorgung von Abdominalverletzungen als Folge der häufigen Kriege gehörte zur Routine. Eine zweite Überlieferung ist, dass antike Seher versuchten, aus den Eingeweiden von Wildtieren die Zukunft zu lesen. Dies ist sicher irrational, der interessante Kern der Geschichte ist jedoch, dass auf Narben der Leber geachtet wurde. Bei Verschlechterung von Klima und ökologischen Bedingungen wie Dürreperioden mussten Wildtiere von ihrer gewohnten Diät abweichen, was zu erhöhtem Risiko des Konsums hepatotoxischer Pflanzen führte. Aus der Leberfibrose von Wildtieren schlossen die antiken Seher auf eine düstere Zukunft der eigenen Artgenossen.

12.5 Zusammenfassung

Die Leber erfüllt zahlreiche und wichtige Funktionen im Intermediär- und Fremdstoffmetabolismus. Sie weist die größte Vielfalt und die höchsten Konzentrationen fremdstoffmetabolisierender Enzyme auf. Als die größte Anhangsdrüse des Darms produziert sie die Galle, die im Darm zur Fettverdauung benötigt wird.

Fremdstoffe, die im Magen-Darm-Trakt resorbiert werden, gelangen über das Pfortaderblut in die Leber und werden dort, abhängig von der Substanz, metabolisiert. Die Fremdstoffe bzw. ihre Metaboliten werden in das Blut oder über die Galle in den Darm ausgeschieden.

Hepatotoxische Substanzen können Stoffwechselstörungen der Leber (Fettleber, Porphyrie), einen Verschluss der venösen Leberstrombahn, eine Hemmung des Gallenflusses (Cholestase) sowie Hepatitis und Nekrosen hervorrufen. Massive Nekrosen oder wiederholte Schädigungen des Leberparenchyms können zu einer Zirrhose führen. Dieses Krankheitsbild ist durch den Ersatz von Leberzellen durch Bindegewebszellen und durch eine Zerstörung der Architektur des Lebergewebes charakterisiert. Kanzerogene Stoffe können Lebertumoren hervorrufen. Bei Zirrhotikern und Personen, die eine Virushepatitis erlitten, ist das Risiko, an einem Leberkarzinom zu erkranken, deutlich erhöht.

Literatur

Hoehme, S., Brulport, M., Bauer, A., Bedaway, E., Schormann, W., Hermes, M., Puppe, V., Gebhardt, R., Zellmer, S., Schwarz, M., Bockamp, E., Timmel, T., Hengstler, J.G., und Drasdo, D. (2010) Prediction and validation of cell alignment along microvessels as order principle to restore tissue architecture in liver regeneration. *Proc. Natl. Acad. Sci. USA*, **107**(23), 10371–10376, doi:10.1073/pnas.0909374107.

Weiterführende Literatur

Jaeschke, H. (2013) Toxic responses of the liver, in *Casarett and Doull's Toxicology*, 8. Aufl., McGraw-Hill, Medical Publishing Division, S. 639–664.

Godoy, P., Hewitt, N.J., Albrecht, U., Andersen, M.E., Ansari, N., Bhattacharya, S., Bode, J.G., Bolleyn, J., Borner, C., Böttger, J., Braeuning, A., Budinsky, R.A., Burkhardt, B., Cameron, N.R., Camussi, G., Cho, C.S., Choi, Y.J., Craig Rowlands, J., Dahmen, U., Damm, G., Dirsch, O., Donato, M.T., Dong, J., Dooley, S., Drasdo, D., Eakins, R., Ferreira, K.S., Fonsato, V., Fraczek, J., Gebhardt, R., Gibson, A., Glanemann, M., Goldring, C.E., Gómez-Lechón, M.J., Groothuis, G.M., Gustavsson, L., Guyot, C., Hallifax, D., Hammad, S., Hayward, A., Häussinger, D., Hellerbrand, C., Hewitt, P., Hoehme, S., Holzhütter, H.G., Houston, J.B., Hrach, J., Ito, K., Jaeschke, H., Keitel, V., Kelm, J.M., Kevin Park, B., Kordes, C., Kullak-Ublick, G.A., LeCluyse, E.L., Lu, P., Luebke-Wheeler, J., Lutz, A., Maltman, D.J., Matz-Soja, M., McMullen, P., Merfort, I., Messner, S., Meyer, C., Mwinyi, J., Naisbitt, D.J., Nussler, A.K., Olinga, P., Pampaloni, F., Pi, J., Pluta, L., Przyborski, S.A., Ramachandran, A., Rogiers, V., Rowe, C., Schelcher, C., Schmich, K., Schwarz, M., Singh, B., Stelzer, E.H., Stieger, B., Stöber, R., Sugiyama, Y., Tetta, C., Thasler, W.E., Vanhaecke, T., Vinken, M., Weiss, T.S., Widera, A., Woods, C.G., Xu, J.J., Yarborough, K.M., und Hengstler, J.G. (2013) Recent advances in 2D and 3D *in vitro* systems using primary hepatocytes, alternative hepatocyte sources and non-parenchymal liver cells and their use in investigating mechanisms of hepatotoxicity, cell signaling and ADME. *Arch. Toxicol.*, **87**(8), 1315–530, doi:10.1007/s00204-013-1078-5.

Hammad, S., Hoehme, S., Friebel, A., von Recklinghausen, I., Othman, A., Begher-Tibbe, B., Reif, R., Godoy, P., Johann, T., Vartak, A., Golka, K., Bucur, P.O., Vibert, E., Marchan, R., Christ, B., Dooley, S., Meyer, C., Ilkavets, I., Dahmen, U., Dirsch, O., Böttger, J., Gebhardt, R., Drasdo, D., und Hengstler, J.G. (2014) Protocols for staining of bile canalicular and sinusoidal networks of human, mouse and pig livers, three-dimensional reconstruction and quantification of tissue microarchitecture by image processing and analysis. *Arch. Toxicol.*, **88**(5), 1161–1183, doi:10.1007/s00204-014-1243-5.

13 Respirationstrakt[1)]

F. Schulz

13.1 Einleitung

Der Respirationstrakt der Säugetiere ermöglicht bei Einatmung die Sauerstoffanreicherung des Blutes und bei Ausatmung die Entfernung von überschüssigem Kohlendioxid. Hierzu wird die Luft durch einen in der Lunge erzeugten Unterdruck über Nase und/oder Mund eingesogen und über die trachealen und bronchialen Atemwege zu den Alveolen weitergeleitet, in denen der Gasaustausch stattfindet. Ein erwachsener Mensch atmet täglich ein Volumen von circa 20 m^3 ein. Der Respirationstrakt umfasst nach maximaler Einatmung eine Oberfläche von ca. 140 m^2 und weist damit nach dem Dünndarm (ca. 250 m^2) die zweitgrößte Oberfläche innerhalb des Körpers auf. Diese Oberfläche ist zudem deutlich größer als die der Haut (ca. 1,75 m^2), dem dritten Organ in direktem Kontakt mit der Umwelt. Eingeatmete Stoffe können hier abgelagert, zurückbehalten und/oder absorbiert werden.

Die Anatomie des Respirationstraktes ist so angelegt, dass Luft beim Einatmen angefeuchtet und angewärmt wird, während Staubpartikel und Keime ausgefiltert werden können. Das Nasenepithel ist mit feinen Härchen ausgekleidet, welche größere Fremdpartikel abfangen und vom Eindringen in die Lunge abhalten, wo sie lokale Entzündungen oder Infektionen hervorrufen könnten. Der Gasaustausch erfolgt in den weit verzweigten Alveolen der Lunge. Die feine Struktur der alveolären Septen besteht aus einem hochspezialisierten Netzwerk von epithelialen, interstitiellen und endothelialen Zellen. Die $\leq 0{,}5\,\mu m$ dicke alveolokapilläre Membran bildet die Luft-Blut-Schranke. Damit stellt diese dünne Zellbarriere eine äußerst effiziente Grundlage für den Gasaustausch zwischen der Lunge und den Blutkapillaren über eine große Oberfläche dar. Gleichzeitig ist sie dadurch bei

1) Der Beitrag basiert in wesentlichen Teilen auf dem Kapitel „The Respiratory System" by J. Pauluhn in „Toxicology and Risk Assessment: A Comprehensive Introduction", John Wiley & Sons 2008, Eds. H. Greim and R. Snyder.

Das Toxikologiebuch, 1. Auflage. Helmut Greim (Hrsg.).

Exposition gegenüber toxischen Substanzen aber auch ein besonders stark gefährdeter Bereich. Als weitere zelluläre Komponente in den Alveolen dienen mobile Makrophagen der Reinigung dieses Lungenbereichs von Zellfragmenten, Bakterien und Partikelablagerungen. Die Makrophagen können Fremdkörper über Phagozytose aufnehmen, im Zellinneren abbauen und schließlich aus den Alveolen abtransportieren.

Die Lunge selbst kann mit vielen in der Atemluft vorkommenden potenziell toxischen Stoffen belastet werden. Diese können als Gase, Dämpfe, Flüssigkeiten (Nebel) oder kleinere feste Staubpartikel vorliegen. Der Ort der stärksten Deposition innerhalb des Respirationstraktes wird von Form und Größe, den physikalisch-chemischen Eigenschaften, der chemischen Reaktionsfähigkeit sowie dem Blut-Luft-Verteilungskoeffizienten der eingeatmeten Substanzen bestimmt. Für partikelförmige Schadstoffe stellen die Alveolen einen besonders kritischen Ort für die Schadstoffdeposition dar, weil hier nur ein eingeschränktes zelluläres Abwehrsystem in Form der Makrophagen vorliegt.

Wenn toxische Stoffe die Alveolen erreichen, können sie die Luft-Blut-Schranke passieren und systemisch verteilt werden. Dies kann sehr schnell erfolgen, da das Blut von der Lunge zum linken Herzventrikel transportiert und nachfolgend im gesamten Körper verteilt wird. Aber nicht alle Stoffe passieren die Luft-Blut-Schranke. So kann eine Exposition gegenüber schwer löslichen Partikeln (*poorly soluble particles*, PSP) zu einer Partikelakkumulation im Bereich der Alveolen führen, wenn die Reinigungs- und Abwehrfunktion der Makrophagen durch übermäßige Deposition dieser Partikel überlastet ist. Akkumulierte Partikel können dann die Epithelzellen der Alveolen schädigen. Gleichermaßen kann der unvollständige Abbau phagozytierter Partikel in den Makrophagen zur Freisetzung von Entzündungsmediatoren und zur übermäßigen Bildung von reaktiven Sauerstoff- und Stickstoffspezies führen, die eine Schädigung der Makrophagen und der in der Nähe befindlichen Epithelzellen verursachen. Bei chronischer Überlastung mit solchen schwer löslichen Partikeln können chronische entzündliche Gewebsreaktionen und über eine oxidative DNA-Schädigung der Epithelzellen auch Lungentumoren entstehen. Somit lösen auch schwer lösliche Partikel bei anhaltender Persistenz Krankheiten aus, selbst wenn sie chemisch inert sind.

13.2 Struktur

> Der Respirationstrakt wird in den nasopharyngealen (NP), den tracheobronchialen (TB) und den pulmonalen (P) Bereich unterteilt. Jeder dieser drei Bereiche beinhaltet spezifische anatomische Besonderheiten und Mechanismen für Ablagerungs- und Reinigungsprozesse.

Der *NP-Bereich* beginnt an den äußeren Nasenöffnungen und erstreckt sich bis zum Pharynx und Larynx. Der Nasenraum ist stark gewunden und bei den meisten Tierarten mit vier unterschiedlichen Epithelarten ausgekleidet. Diese beinhalten das Plattenepithel, das Übergangsepithel und das mehrreihige Respirationsepithel im vorderen Bereich des Hauptnasenraumes sowie das olfaktorische Epithel (Riechepithel) im dorsalen Bereich der Nasenhöhle. Das Riechepithel stellt das metabolisch aktivste Epithel dar und scheint für metabolisch-induzierte Läsionen besonders empfindlich zu sein. Läsionen können z. B. durch Säuren entstehen, welche durch die Aktivität von Esterasen aus Estern freigesetzt werden. Die metabolische Aktivität im Riechepithel könnte zu einer Beschleunigung oder Verhinderung des Zugangs inhalierter Substanzen zum Gehirn beitragen. Zum Beispiel kann inhaliertes Xylol in Metabolite umgewandelt werden, die mittels axonalen Transports zum Gehirn gelangen. Cadmium- oder Quecksilberoxide folgen vermutlich dem gleichen Weg, sind aber keiner metabolischen Veränderung unterworfen.

Im NP-Bereich sind schwerlösliche Substanzen physikalischen Reinigungsprozessen unterworfen. Dabei gelangen sie über den mukoziliären Transport in den Rachenraum und werden verschluckt. Besser lösliche Substanzen treten hingegen schnell in die Blutbahn über. Die anatomischen Strukturen, das Auftreten und die Verteilung spezifischer Zelltypen sowie die vom Luftvolumenstrom abhängige Oberflächendosis eines eingeatmeten Fremdstoffes unterscheiden sich deutlich zwischen verschiedenen Tierarten.

Der *TB-Bereich* beginnt am Larynx und beinhaltet die Luftröhre, die bronchialen Atemwege sowie die terminalen Bronchiolen (Abb. 13.1). Der TB-Bereich ist mit Flimmerepithel und schleimproduzierenden Zellen ausgestattet. Die Geschwindigkeit der Schleimbewegung ist in den tiefen Bereichen der Luftwege am geringsten und erhöht sich in Richtung der Trachea. Ein relativ geringer Anteil an eingeatmeten Partikeln aller Größenklassen wird nach Passieren des NP-Bereiches im TB-Bereich deponiert (Abb. 13.2). Hier erfolgt die Ablagerung von Partikeln durch Impaktion an Verzweigungen und durch Sedimentation sowie für sehr kleine Partikel durch Brown'sche Diffusionsprozesse. Im Gegensatz zur Einatmung über die Nase können bei Mundatmung größerer Partikel nicht herausgefiltert werden, sodass bei Mundatmung vermehrt größere Partikel in den TB-Bereich gelangen.

Im *P-Bereich* erfolgt der Gasaustausch. Die markanteste Struktur ist die Alveole (Abb. 13.1 und 13.3). Jede Alveole mündet direkt in einen Alveolargang oder Alveolarsack (Sacculus). Alle Alveoli und Alveolargänge, welche einem einzelnen ableitenden Atemweg entspringen, bilden einen pulmonalen Acinus. Eine dünne Gewebebarriere aus Pneumozyten Typ I und Typ II ermöglicht über die große Oberfläche den effizienten Gasaustausch. Eine typische menschliche Alveole mit einer Oberfläche von 200 000–300 000 μm^2 enthält ca. 32 Typ-I-und 51 Typ-II-Pneumozyten. Ein typischer Rattenalveolus mit 14 000 μm^2 Oberfläche enthält im Durchschnitt nur zwei Typ-I- und drei Typ-II-Zellen.

Pneumozyten vom Typ I bedecken etwa 90 % der alveolären Oberfläche und stellen wegen ihrer großen Oberfläche im Verhältnis zur Zellmasse empfindliche

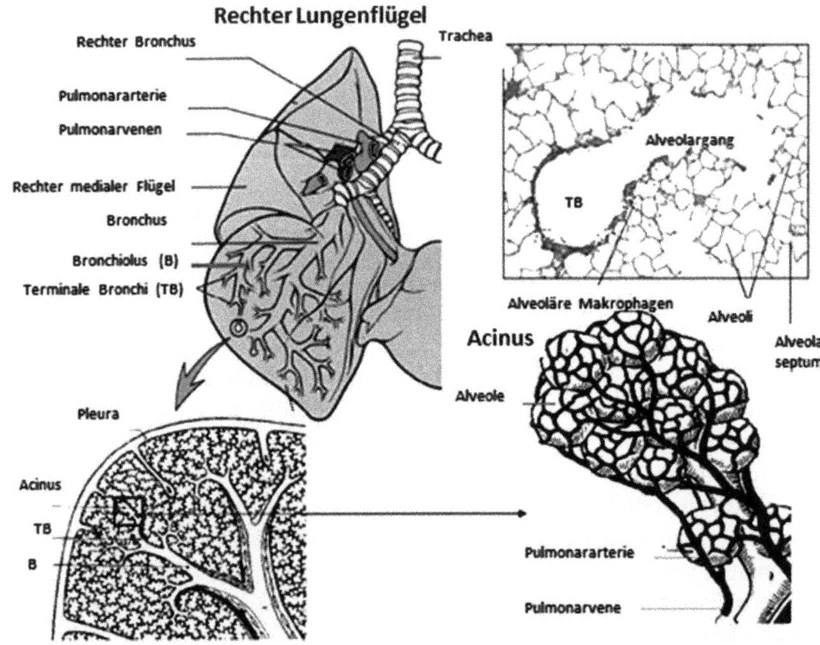

Abb. 13.1 Illustration der Lunge mit Details der lobulären Struktur, der ableitenden Atemwege und Gefäße. Der Acinus beinhaltet eine terminale Bronchiole sowie seine respiratorischen Bronchiolen, alveolären Kanäle und Alveolarsäcke (Alveoli). Die histologische Aufnahme zeigt diese strukturellen Komponenten in einer Querschnittsdarstellung.

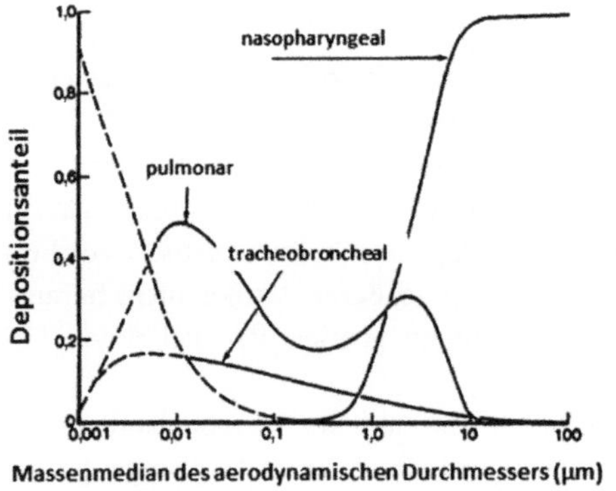

Abb. 13.2 Regionale Depositionsanteile inhalierter luftgetragener Partikel in Abhängigkeit des aerodynamischen Durchmessers. Die Abbildung stellt eine Verallgemeinerung der regionalen Depositionsmuster in Säugetieren dar.

Zielstrukturen dar. *Pneumozyten vom Typ II* sind kuboide Zellen, welche extravasale Flüssigkeit aus den Alveolen entfernen. Sie sind zudem metabolisch aktiv und produzieren *Surfactant*. Im Falle einer Schädigung von Pneumozyten Typ I sind Typ-II-Zellen einer verstärkten mitotischen Teilung und Differenzierungs-

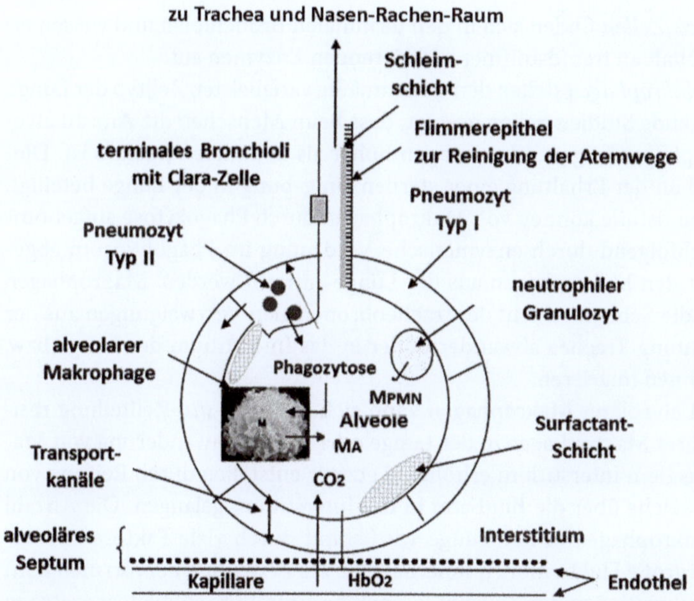

Abb. 13.3 Schematische Darstellung des terminalen Luftraumes der Lunge (terminaler Bronchialraum, Alveole mit migratorischen Zellen, Interstitium und Gefäßbereich). Im Bereich des aktiven Gasaustausches besteht die Luft-Blut-Schranke aus einem dreistufigen Barrieresystem aus Kapillarepithelium, Basalmembran und Pneumozyt Typ I. Auf der passiven Seite wird es durch Interstitialzellen stabilisiert. Pneumozyten vom Typ I stellen die großen alveolären Wandzellen dar. Pneumozyten vom Typ II können geschädigte Pneumozyten vom Typ I nach Differenzierung ersetzen. Zudem synthetisieren, speichern und recyceln Pneumozyten vom Typ II Surfactant. Sie bilden einen osmotischen Gradienten, um überschüssige Flüssigkeit aus der Alveole in den Alveolarraum abzugeben (Ödem). Eine beschädigte Surfactant-Schicht kann die geordnete Funktion des Alveolus nicht aufrechterhalten, dieser kollabiert (Atelektasis) und das Surfactant wird in den Lysozymen alveolärer Makrophagen abgebaut. Clara-Zellen sind metabolisch aktiv und produzieren Schleim sowie Surfactant-Co-Faktoren. M_A aus alveolären Makrophagen und M_{PMN} aus neutrophilen Granulozyten (polymorphonukleäre Neutrophile, PMN) sind Mediatoren, welche entweder frühe inflammatorische Prozesse regulieren oder direkt zytotoxisch wirken. HbO_2 ist reversibel an das Hämoglobin der Erythrozyten gebundener Sauerstoff. Makrophagen bereinigen den Alveolarbereich durch Phagozytose. Makrophagen haben eine unregelmäßige Oberfläche und werden nach Phagozytose von Fremdkörpern über das Flimmerepithel in Richtung Rachenraum abtransportiert. Dieser Abtransport ist eingeschränkt, wenn die Makrophagen überladen sind. Dann kann es zu einer „Selbstverdauung" kommen, was mit einer weiteren Verstärkung der Entzündungsreaktion einhergeht (siehe auch Abb. 13.5).

prozessen unterworfen. Die neu gebildeten Zellen können dann geschädigte Typ-I-Pneumozyten ersetzen. Der physiologisch langsame Umbau des alveolären Epithels ist nach Verletzungen erheblich beschleunigt und die Anzahl von Pneumozyten Typ II kann sich innerhalb kurzer Zeit verdoppeln.

Die Unversehrtheit der sehr feinen alveolären Septen wird durch ein Netzwerk mesenchymaler Kollagen- und elastinfasernproduzierender Interstitialzellen unterstützt. *Clara-Zellen* finden sich in den terminalen Bronchiolen und weisen einen hohen Gehalt an fremdstoffmetabolisierenden Enzymen auf.

Alveoläre Makrophagen stellen den zahlenmäßig variabelsten Zelltyp der Lunge dar. Vergleichende Studien haben gezeigt, dass beim Menschen die Anzahl alveolärer Makrophagen in gesunden Lungen höher als in anderen Spezies ist. Diese Zellen sind an der Erhaltung einer sterilen Umgebung in der Lunge beteiligt. Inhalierte Fremdstoffe können von Makrophagen durch Phagozytose aufgenommen und nachfolgend durch enzymatische Verdauung im Phagolysosom abgebaut oder mit den Makrophagen aus der Lunge entfernt werden. Makrophagen können über die Schleimschicht der tracheobronchialen Verzweigungen aus der Lunge in Richtung Trachea abwandern oder in das Interstitium der Lunge bzw. die Lymphbahnen migrieren.

Die Anzahl alveolärer Makrophagen kann sich durch *In-situ*-Zellteilung residenter alveolärer Makrophagen in der Lunge oder durch Einwanderung von Makrophagen aus dem Interstitium erhöhen. Letztere entstehen durch Reifung von Monozyten, welche über die Blutbahn in das Interstitium gelangen. Die Anzahl alveolärer Makrophagen in der Lunge wird somit durch viele Faktoren beeinflusst, welche große Fluktuationen innerhalb kurzer Zeiträume hervorrufen können. Diese Fluktuationen der Zellzahl können bestimmte Krankheitsprozesse in der Lunge widerspiegeln.

Tight Junctions zwischen Typ-I-Pneumozyten des alveolären Epithels ermöglichen den Proteintransport über epitheliale Grenzen. Dieser erfolgt hauptsächlich durch passive Diffusion über parazelluläre wassergefüllte Kanäle in den Tight Junctions. Die Permeabilität ist dabei streng reguliert und kann sich dynamisch verändern. Tight Junctions sind an der Aufrechterhaltung zellulärer Gradienten beteiligt, die durch aktive transzelluläre Mechanismen wie Endozytose oder Pinozytose aufgebaut werden.

Die für den Atemtrakt wichtigen Zelltypen, deren Funktion und Lokalisation sind in Tab. 13.1 zusammengestellt.

13.3 Funktion

Die Hauptfunktion des Respirationstraktes besteht im Gasaustausch. Nach dem Einatmen wird das Blut mit Sauerstoff angereichert und überschüssiges Kohlendioxid bei Ausatmung entfernt. Dies erfordert hochspezialisierte anatomische Strukturen, die durch eine dünne Membran mit einer sehr großen Oberfläche charakterisiert sind. Sie werden als Alveolen bezeichnet (Abb. 13.1).

Effiziente Reinigungssysteme entfernen eingeatmete Partikel aus dem Respirationstrakt und schützen die Lunge vor den schädigenden Effekten toxischer Substanzen. Weitere effektive Abwehrmechanismen und biochemische Rektionswege verhindern oxidativen Stress und eine proteolytische Degradation der alveolären Strukturen.

Tab. 13.1 Für den Atemtrakt wichtige Epithelien und Zelltypen, deren Funktion und Lokalisation.

Epithel/Zelltyp	Lokalisation	Funktion
Olfaktorisches Epithel	Nasenraum	Geruchswahrnehmung, Fremdstoffmetabolismus
Zilienepithel (zylindrisch und kubisch)	Atemwege	Mechanische Clearance
Becherzellen, seromuköse Zellen	TB-Trakt	Mukusproduktion, Stammzellfunktion
Clara-Zellen (nicht zilientragendes Epithel)	Bronchiolen	Mukusproduktion, Fremdstoffmetabolismus
Pneumozyten Typ I	Alveolarbereich	Aufbau der Blut-Luft-Schranke
Pneumozyten Typ II	Alveolarbereich	Surfactant-Produktion, Stammzellfunktion, Fremdstoffmetabolismus
Alveolarmakrophagen	Alveolarbereich	Phagozytose von Mikroorganismen und Partikeln
Endothelzellen	Blutkapillaren	Aufbau der Blut-Luft-Schranke, Inaktivierung vasoaktiver, endogener Stoffe
Glatte Muskulatur	TB-Trakt	Regulation des Atemwegswiderstandes
Stützzellen, elastische Fasern	Bindegewebe	Aufrechterhaltung von Struktur und Funktion
Nervenzellen	Atemwege	Steuerung des Bronchotonus, Auslösung von Schutzreflexen
Eosinophile und polymorphonukleäre Granulozyten, Mastzellen	TB-Trakt	Mobile Zellpopulation, die infolge Schädigung in die Lunge einwandern und eine Atemwegshyperreaktivität oder Asthma induzieren

Die eingeatmete Luft gelangt von der Nase in den Nasopharynx. Zu diesem Zeitpunkt ist die Glottis geöffnet, und die Epiglottis ermöglicht den Luftstrom durch den Larynx in die Trachea. Demgegenüber wird beim Schluckvorgang der Eingang der Glottis durch die Epiglottis verschlossen, um ein Eindringen von Nahrungsbestandteilen in die Trachea zu verhindern.

Die weit verzweigten Atemwege, welche die Luft zum Acinus führen (Abb. 13.1), sind mit einem Flimmerepithel und schleimproduzierenden Zellen ausgekleidet. Durch diese Ausstattung können dort abgeschiedene Partikel in Richtung Mundhöhle transportiert werden. Flüchtige Substanzen können durch Konvektion abgeleitet werden.

Die Luft-Blut-Schranke grenzt die Luft vom großen vaskulären Kapillarbett ab. Die Effizienz des Gasaustausches ist von der Integrität dieser Membran abhängig und diffusionslimitiert. Der Transport von Gasen in die Alveolen und wieder heraus ist von der Lungenmechanik abhängig und wird durch die Ventilation kontrolliert. Der Transport von Gasen aus dem Blut zu den Alveolen wird durch Perfusionsprozesse limitiert und ist durch den rechtsventrikulären Ausstoß des Herzens kontrolliert, welcher den Blutfluss durch das Kapillarsystem der Lunge reguliert. Die alveolären Membranen trennen die Luft von den blutführenden Kapillaren. Dabei liegt in den Alveolen ein geringer und in den Kapillaren ein hoher Druck vor. Diese Druckdifferenz, die durch spezifische Zellverbände, deren strukturelle Organisation sowie physiologische Eigenheiten aufrechterhalten wird, ermöglicht einen schnellen und effizienten Gasaustausch.

Über den Lungenkreislauf bzw. die Pulmonarvenen werden aus dem rechten Herzventrikel etwa 70–80 cm^3 sauerstoffarmes Blut pro Herzschlag zur Lunge transportiert. Nach dem Gasaustausch wird sauerstoffreiches Blut über die Lungenarterien zum linken Ventrikel des Herzens zurückgeführt und gelangt von dort in den Körperkreislauf. Wegen dieses hohen Blutdurchsatzes kann die Lunge auch erheblichen Mengen endogener und exogener Substanzen ausgesetzt sein, die über den Blutkreislauf transportiert werden. Während eines Zyklus passiert das gesamte Blutvolumen des Körpers die Lunge. Die Lunge übernimmt zusätzlich bestimmte Prozesse zur Blutreinigung. Diese beinhalten das Herausfiltern von Mikrothromben aus dem Blut und die Aufrechterhaltung eines Protease-Transport-Systems, um aus dem Blut von toten Bakterien freigesetzte Proteasen sowie neutrophile Granulozyten und Lysosomen alveolärer Makrophagen zu eliminieren. Für die Lunge stellt Elastase die schädlichste Protease dar, weil sie strukturelle Elastinfasern abbaut und damit zur Zerstörung alveolärer Septen führt. Das vaskuläre Endothel der Lunge entfernt zudem vasoaktive Substanzen.

Die Lunge ist durch die Atmung ständig mehr oder weniger toxischen Stoffen ausgesetzt. Neben dem Schutz vor oxidativem Stress erfolgen in den verschieden Bereichen des Respirationstraktes weitere protektive Mechanismen. In der Nasenhöhle, im Larynx und im TB-Bereich werden abgelagerte Stoffe durch mukoziliäre Reinigungsmechanismen entfernt. Im Alveolarbereich wird der Hauptanteil der protektiven Funktionen durch Makrophagen und die verschiedenen Epithelzelltypen ausgeübt. Wasserlösliche, reaktive Dämpfe und Gase können durch Glutathion oder durch Proteine des Schleim- und Flüssigkeitsfilmes in den Atemwegen inaktiviert werden.

13.4 Protektive Systeme

Die protektiven Funktionen werden in den verschiedenen Bereichen des Respirationstraktes durch unterschiedliche Mechanismen ausgeübt. Die Beseitigung und Filtration von Partikeln erfordert sekretorische Aktivität oder die Rekrutierung phagozytotisch aktiver Zellen zum Abtransportieren schwerlöslicher Partikel. Wasserlösliche reaktive Dämpfe und Gase können durch die Bindung an Glutathion oder Proteine in der Schleimschicht bzw. im Flüssigkeitsfilm der Atemwege inaktiviert werden.

Eliminierungsprozesse aus dem Pulmonarbereich erfolgen über verschiedene Mechanismen und Reaktionswege. Diese beinhalten sowohl absorbierende als auch nicht absorbierende Prozesse, welche simultan oder zeitlich versetzt auftreten können. Schwerlösliche Substanzen, welche nicht abtransportiert werden können, werden in spezifischen Strukturen der Lunge zurückbehalten und können von dort in andere Organe wie die lungenassoziierten Lymphknoten verlagert werden.

Aus dem NP- und TB-Bereich werden schwerlösliche Substanzen bevorzugt über mukoziliären Transport in den Rachenraum abgeführt. Die effektive Beseitigung unlöslicher Partikel aus dem NP-Bereich kann dabei ein bis zwei Tage andauern.

Im Alveolarbereich dominiert die makrophagenvermittelte Reinigung von Fremdstoffen. Die Makrophagen bewegen sich frei über die Epitheloberfläche und angelockt über Chemotaxis erkennen sie Fremdstoffe und phagozytieren sie. Im Zellinneren werden die Fremdstoffe dann abgebaut und somit entgiftet. Zudem können auf diese Weise aktivierte Makrophagen chemische Botenstoffe freisetzen, die weitere Makrophagen anlocken.

Die alveoläre makrophagenvermittelte Eliminierung von Partikeln ist ein langsamer Prozess, der mit einer monoexponentiellen Zerfallsfunktion beschrieben werden kann. Die Eliminationsrate liegt bei ca. 1 % pro Tag in der Ratte, entsprechend einer alveolären Retentionshalbwertzeit von 60–70 Tagen. Für den Menschen wurden bis zu zehnfach längere Retentionshalbwertzeiten geschätzt. Eine volumetrische Überladung der Makrophagen mit Partikeln führt zu einer Mobilitätseinschränkung dieser Zellen und damit zu einer Verminderung des mukoziliären Abtransportes.

Die große alveoläre Oberfläche erleichtert die Absorption inhalierter Substanzen durch Diffusion. Die Oberflächenspannung an der Luft-Wasser-Grenzfläche erzeugt Kräfte, welche darauf gerichtet sind, die Dimension der Grenzfläche zu reduzieren und somit die Alveolen zu verkleinern und sofern nicht gegengesteuert auch zur Kollabierung zu bringen. Dies wird aber durch das Vorhandensein von oberflächenaktivem Material, dem Surfactant, verhindert. Surfactant reduziert zusätzlich den Druckgradienten zwischen dem vaskulären System mit hohem hydrostatischem Druck und der Alveole mit subatmosphärischem Druck. Somit verhindert das Surfactant Ödembildungen durch das Austreten von Blutplasma in die Alveole.

Pulmonales Surfactant ist mit seinen Phospholipiden hochgradig wasserunlöslich und gleitet über die Oberfläche der alveolären Zellen. Ein Hochleistungslipidstoffwechsel ist für die Aufrechterhaltung der Surfactant-Homöostase notwendig. Der Um-/Abbau von Surfactant, welcher durch die Interaktion des Surfactants mit verschiedenen Stoffen stimuliert werden kann, erfolgt durch Makrophagen. Chemikalien, welche auf Synthese oder Katabolismus von Phospholipiden und Surfactant-Proteinen einwirken, können eine alveoläre Phospholipoproteinose hervorrufen. Dabei ist der Abbau von Surfactant durch Anlagerungen von Chemikalien gestört und in den Makrophagen können sich toxische Mengen an Lipiden ansammeln. Dieser gestörte Surfactant-Metabolismus trägt dazu bei, eine Insuffizienz der Surfactant-Schicht herbeizuführen und die resultierende Dysfunktion kann zu einem Lungenödem führen.

Proteasen wie Elastasen, die über eingeatmete tote Bakterien in die Lunge gelangen oder aus phagozytotischen Zellen ausgetreten sind, schädigen Strukturproteine und können somit zur Auflösung alveolärer Septen und zu einem Lungenemphysem führen. Protektive Funktionen gegen diesen Pathomechanismus beinhalten die Auswaschung von Proteasen mit dem Schleimfluss in den Rachenraum und die Inaktivierung von Proteasen durch Konjugation an das Plasmaprotein α1-Antitrypsin. Konjugierte Proteasen werden mit dem pulmonalen Blutstrom oder über die Lymphbahnen abtransportiert und bilden mit α2-Makroglobulin einen Komplex, der in der Leber abgebaut wird.

Viele enzymatische Prozesse, vor allem in den Mitochondrien und Lysosomen phagozytotischer Zellen, generieren hochreaktive Sauerstoff- und Stickstoffspezies. Dies sind unter anderem Superoxide, Hydroxylradikale und Nitroperoxide. Hochreaktive Sauerstoffmetabolite reagieren mit Proteinen, Kohlenhydraten, Lipiden und Nukleinsäuren und führen damit zu Zellschädigungen. Einige redoxaktive Übergangsmetalle wie Fe^{2+} oder Fe^{3+} können reaktive Sauerstoffspezies auch durch Redoxcycling über die Haber-Weiss-Reaktion generieren. Durch diese Prozesse kommt es zu einem übermäßigen, unphysiologischen Verbrauch der reduzierenden Substanzen Glutathion und NADPH und somit zu oxidativem Stress. Der Schutz vor dem Angriff von Sauerstoffradikalen wird in Säugerzellen durch eine Reihe von antioxidativen Enzymen wie Superoxid-Dismutase und Katalase gewährleistet. Auch Enzyme, welche die lokale Konzentration an reduziertem Glutathion erhöhen, schützen vor oxidativem Stress. Das Enzym Glutathion-Peroxidase nutzt das reduzierende Potenzial von Glutathion zur Umwandlung von Wasserstoffperoxid in Wasser. Oxidiertes Glutathion wird durch die Glutathion-Reduktase unter Verbrauch von NADPH wieder in den reduzierten Zustand überführt. Das Koenzym NADPH wird über den Hexose-Monophosphat-Weg regeneriert.

Zusätzlich zu diesen enzymatischen Schutzmechanismen enthalten Zellen eine Vielzahl von Substanzen, welche die Kettenreaktionen freier radikale unterbrechen oder reaktive Sauerstoffmetabolite abfangen. Hierzu gehören Vitamin E, Ascorbinsäure und Harnsäure. Die relative Verteilung dieser Antioxidanzien unterscheidet sich zwischen dem oberen und unteren Respirationstrakt und ebenso zwischen verschiedenen Säugerspezies.

13.5
Der Respirationstrakt als Zielorgan für Toxizität

> Die Verteilung inhalierter Gase, Dämpfe und Partikel im Respirationstrakt definiert das Muster der Toxizität. Gewebeschäden können durch oberflächendosisabhängige Faktoren hervorgerufen werden. Lokale Enzymsysteme können die Toxizität inhalierter Stoffe abschwächen oder auch verstärken. Zudem kann eine besondere Empfindlichkeit spezifischer Zelltypen in kritischen Bereichen des Respirationstraktes bestehen.

Die Verteilung inhalierter Substanzen erfolgt nicht gleichförmig über alle Bereiche der Atemwege. Spezifische Muster mit erhöhter deponierter Dosis in bestimmten Bereichen des Respirationstraktes zeigen, dass sich die initiale Dosis nicht gleichförmig über die gesamte pulmonale Epitheloberfläche verteilt. Dies ist besonders wichtig für reizende Stoffe, da diese das Gewebe bei direktem Kontakt schädigen können. Moderate Konzentrationen von hochreaktiven oder wasserlöslichen Gasen penetrieren nur bis in den Nasenraum und sind daher meist weniger toxisch für die tieferen Atemwege. Wenn diese Gase jedoch an kleinere Partikel oder Aerosole angelagert sind, können sie über diese Carrier in tiefe Lungenbereiche vordringen und dort toxische Reaktionen hervorrufen.

Nach Passage des NP- und TB-Bereiches können Dämpfe und Partikel mit den alveolaren Oberflächen nach Deposition, Diffusion oder Interzeption interagieren. Eine direkte Schädigung der Luft-Blut-Schranke führt zu Entzündungen und einem erhöhten Übertritt von Plasma in die Alveolen. Bei großflächiger Zerstörung können Lungenödeme entstehen. Isocyanate, Phosgen oder Chlorgas sind Beispiele für Reizgase, die akute alveoläre Ödeme mit Todesfolge auslösen können.

Das erhöhte Eindringen von Proteinen aus dem Blutkreislauf über die Luft-Blut-Schranke basiert vermutlich auf einem Verlust der Größenselektivität der epithelialen Barriere durch eine Vergrößerung der parazellulären Poren zwischen den Zellen oder durch das Auftreten transepithelialer Leckagen. Somit ist das Übertreten von Serumbestandteilen in die Alveolen meist durch eine funktionelle Störung oder Verletzung der Luft-Blut-Schranke bedingt.

Die pathophysiologische Grundlage für die durch schwerlösliche Partikel induzierte pulmonale Fibrose wurde am Beispiel von kristallinem Quarz gezeigt. Die Pathogenese ist durch die Größe der eingeatmeten Quarzpartikel bestimmt. Die Partikel müssen klein genug sein, um nach der Einatmung in die Alveolen zu gelangen und dort deponiert zu werden. In den Alveolen werden sie von Makrophagen aufgenommen. Im Zuge einer zytotoxischen Antwort auf die Phagozytose von Quarz setzen Makrophagen inflammatorische Zytokine und weitere Substanzen frei, die Fibroblasten zur Zellteilung und zur erhöhten Kollagensynthese anregen und in Epithelzellen entzündlich proliferative Prozesse induzieren. Besonders nach einer mehrmonatigen Beobachtungszeit im Anschluss an eine

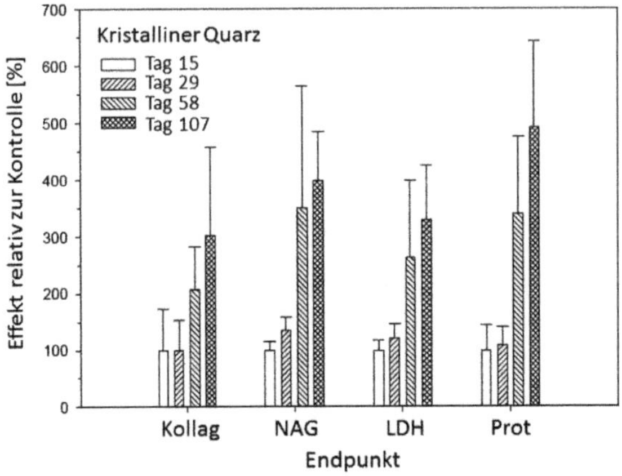

Abb. 13.4 Zeitverlauf des Entzündungsgeschehens bei Ratten nach inhalativer Exposition gegenüber kristallinen Quarzstäuben (bis Tag 14). Über einen dreimonatigen Postexpositionszeitraum wurde die Lunge mittels bronchoalveolärer Lavage auf das strukturelle Protein Kollagen (Kollag), das lysozomale Enzym *N*-Acetylglucosamidase (NAG), das Enzym Laktatdehydrogenase (LDH) und den Proteingehalt (Prot) untersucht. Alle Datenpunkte stellen Mittelwerte ±SD dar.

kurzzeitige Quarzexposition konnte ein deutlicher, sich selbst erhaltender und selbstamplifizierender Anstieg inflammatorischer Mediatoren in der broncheoalveolaren Lavage-Flüssigkeit (BALF) sowie ein entsprechender Entzündungsvorgang nachgewiesen werden (Abb. 13.4). Daher können eingeatmete Partikel, die bis in den Alveolarbereich vordringen und dort wegen zytotoxischer Wirkung auf die Makrophagen nicht aus der Lunge heraustransportiert werden, kontinuierlich entzündliche proliferative Prozesse auslösen und aufrechterhalten. Diese Prozesse können zu Fibrose (dargestellt als Pneumokoniose) und auch zu Lungentumoren führen (Abb. 13.5).

In Versuchstieren wird eine toxische Wirkung durch die biochemische Analyse der BALF detektiert. Diese Technik ist sensitiv genug, um integrative – nicht aber ortsspezifische – Informationen über eine Dosis-Wirkungs-Beziehung und den Zeitverlauf von der Initiierung bis zum Rückgang einer toxischen Reaktion zu gewinnen. Auch ermöglicht die BALF-Untersuchung die Quantifizierung der relativen toxischen Potenz einer Substanz, im alveolaren Bereich Schäden zu verursachen. Die in Abb. 13.4 dargestellten Endpunkte zeigen BALF-Veränderungen in löslichem Kollagen, dem lysosomalen Enzym *N*-Acetyl-Glukaminidase (NAG), dem Enzym Laktat-Dehydrogenase (LDH) und dem Proteingehalt. NAG spiegelt eine Störung der Lysosomen durch die Phagozytose mit erfolglosem Abbau von schwerlöslichen Partikeln wider, während LDH ein Indikator für lokale Zytotoxizität ist. Der Proteingehalt ist ein Marker für die voranschreitende funktionelle Beeinträchtigung der Luft-Blut-Schranke.

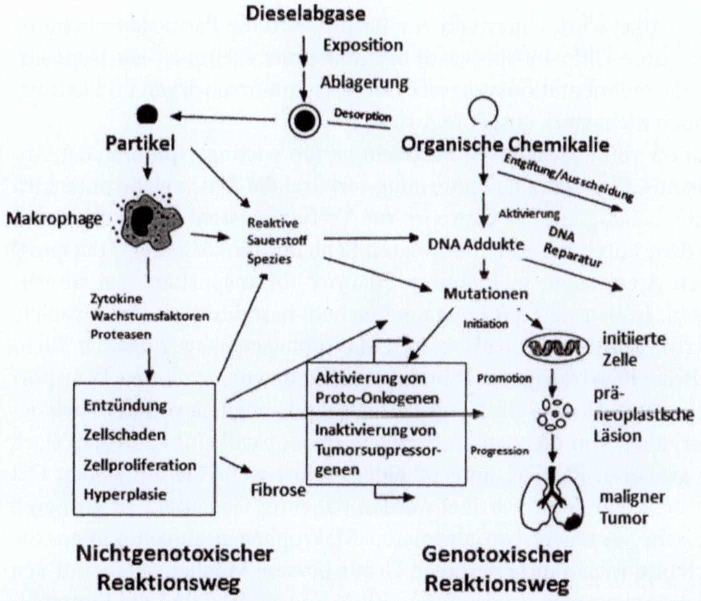

Abb. 13.5 Schematische Darstellung eines möglichen Mechanismus der durch Dieselabgase induzierten Karzinogenese. Der nicht genotoxische Reaktionsweg kann über die Bildung von reaktiven Sauerstoff- oder Stickstoffverbindungen indirekt zu genotoxischen Veränderungen führen, sodass Überschneidungen zwischen beiden Reaktionswegen bestehen.

13.5.1 Partikel

> Bei einem erwachsenen Menschen werden die meisten Partikel mit einem aerodynamischen Durchmesser von mehr als 10 µm in der Nase oder im oralen Pharynxbereich abgelagert und gelangen wahrscheinlich nicht in Gewebe distal des Larynx. Sehr kleine Partikel (0,01 µm und weniger) werden ebenfalls relativ effizient durch Diffusionsprozesse in den oberen Atemwegen abgefangen. Andere Partikel können sich jedoch verstärkt im Bronchialbereich, den terminalen Atemwegen und den Alveolen ablagern (Abb. 13.2).

Partikel deponieren bevorzugt dort, wo die Atemwege eng sind und die Luftströmung gering ist. Diese Situation findet sich vorwiegend in den kleineren Bronchien, den Bronchiolen und im Alveolarbereich. Während sich ein luftgetragenes Partikel bei der Sedimentation abwärts bewegt, wirken die Auftriebskraft und der Luftwiderstand entgegengerichtet. Die Gravitationskraft wirkt ebenfalls abwärtsgerichtet und gleicht schließlich die Summe aus Auftrieb und Luftwiderstand aus. Das Partikel bewegt sich dann mit einer konstanten Sedimentationsgeschwindigkeit. Die Sedimentation als Depositionsprozess für Partikel verliert an Bedeutung je kleiner das Partikel wird. Unterhalb von 0,5 µm wird die Partikelabscheidung immer stärker durch Diffusionsprozesse bestimmt. Bei 0,5 µm ist ein Depositionsminimum, da Sedimentationsprozesse nur noch minimal wirken und Diffusionsprozesse noch nicht stark ausgeprägt sind.

Die Elimination von abgelagerten Partikeln ist ein wichtiger pulmonaler Abwehrmechanismus. Eine schnelle Entfernung verkürzt die Zeit, welche potenziell für eine direkte Schädigung des Gewebes zur Verfügung steht. Partikel werden über den mit dem durch die Zilien bewegten Schleim (mukoziliärer Transport) aus den oberen Atemwegen in Richtung Pharynx abtransportiert, wo sie verschluckt werden. In den tieferen Lungenbereichen, besonders in den Alveolen, werden die Partikel zunächst von alveolären Makrophagen phagozytiert, in Richtung zilierter Bronchien transportiert und dann über den mukoziliären Transport zum Pharynx bewegt. Diese Reinigungsprozesse sind abhängig von der Partikelgröße. Das Verhalten von ultrafeinen Partikeln (Nanopartikeln) kann sich stark von dem der größeren Partikel unterscheiden, selbst wenn sie am selben Ort deponiert wurden. Ultrafeine Partikel werden dabei im Gegensatz zu größeren Partikeln nur sehr verzögert von alveolären Makrophagen aufgenommen. Sie haben dadurch und wegen ihrer geringen Größe bessere Möglichkeiten, mit den Epithelzellen zu interagieren, in das Interstitium zu wandern und die Endothelzellen der Blutkapillaren zu erreichen. Ultrafeine Partikel können somit in die Blutbahn gelangen und in extrapulmonales Gewebe transportiert werden, sofern sie sich nicht schon vorher aufgelöst haben.

13.5.1.1 **Partikelüberladung**

Aus experimentellen Daten konnte abgeleitet werden, dass bei einem mit phagozytierten Partikeln ausgefüllten Makrophagenvolumen von 6 % die Beweglichkeit der Makrophagen und damit der Abtransport der Partikel aus der Lunge beginnt, sich deutlich zu verzögern. Überschreitet das phagozytierte Partikelvolumen 60 % des gesamten im Alveolarbereich zur Verfügung stehenden Makrophagenvolumens, bewegen sich die Makrophagen nicht mehr und werden zerstört. Der Partikelabtransport kommt damit vollkommen zum Erliegen (Abb. 13.6).

Die Belastung des alveolären Reinigungsmechanismus, bei der eine „Überladung der Makrophagen" beginnt, liegt bei etwa 1 mg Partikel pro g Lungengewebe. Die übermäßige Partikelbeladung löst in kleinen Versuchstieren eine Reihe von pulmonalen Ereignissen aus, die in Abb. 13.5 dargestellt sind. Dies beinhaltet den Einstrom und die Aktivierung von inflammatorischen Zellen, die Ausbildung eines Entzündungsprozesses sowie einen Gewebeumbau. Diese Prozesse werden durch ein komplexes Zusammenwirken von Zytokinen, Chemokinen und Faktoren zur Aufrechterhaltung der Lungenhomöostase gesteuert. Zu diesen Systemen gehören das Protease-Antiprotease-System sowie das Gleichgewicht zwischen der Bildung reaktiver Sauerstoffspezies und dem Verbrauch von wasser- bzw. fettlöslichen Antioxidanzien. Chronische inflammatorische Prozesse führen zu einem Umbau der Lungenstruktur, welcher durch Zellproliferation, fokale Fibrose, örtlich begrenzte emphysemartige Reaktionen und letztlich benigne und/oder maligne Lungentumoren charakterisiert ist. Es wurde gezeigt, dass die

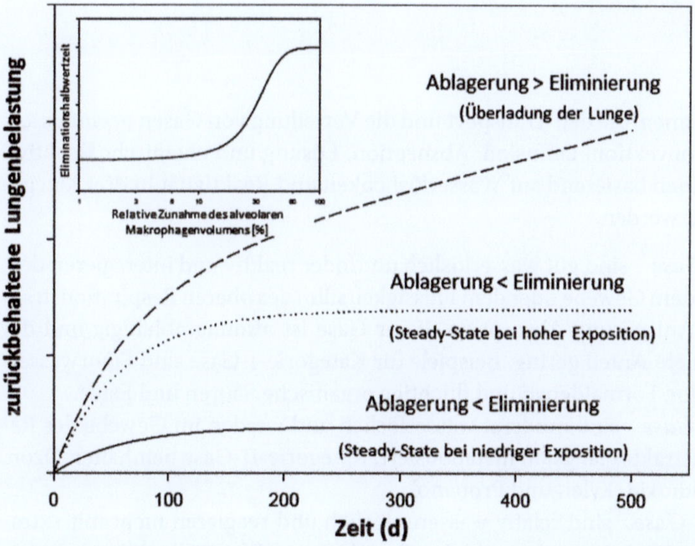

Abb. 13.6 Akkumulation von schwerlöslichen Partikeln in der Rattenlunge nach inhalativer Langzeitexposition. Die Beeinträchtigung des Reinigungsprozesses über alveoläre Makrophagen ist durch eine volumetrische Überladung der Makrophagen bedingt. Hierdurch wird der Abtransport partikelbeladener Makrophagen über das Flimmerepithel gehemmt. Es wird geschätzt, dass das Einnehmen von etwa 6 % des normalen Makrophagenvolumens durch phagozytierte Partikel ein Signal für eine eingeschränkte Beweglichkeit der Makrophagen darstellt und dass beim Erreichen von 60 % die Reinigungsfunktion aufhört.

inflammatorische Potenz mit abnehmender Partikelgröße zunimmt. Für ultrafeine Partikel (< 0,1 µm) mit ihrer großen spezifischen Oberfläche könnte die Partikeloberfläche – und nicht die Partikelmasse – der Parameter sein, der das Ausmaß der toxischen Wirkung bestimmt. Andererseits liegen ultrafeine Partikel meist als Aggregate/Agglomerate vor und die stärkere Wirkung kann auch durch die im Vergleich zur Materialdichte geringere Agglomeratdichte erklärt werden. Die toxische Wirkung von schwerlöslichen Partikeln in der Lunge bei Beeinträchtigung des Reinigungsmechanimus wird am frühestens durch die erhöhte Anzahl von Entzündungszellen (neutrophile Granulozyten) im Alveolarraum sowie histologisch durch entzündlich proliferative Gewebsveränderungen erkannt. Das Ausmaß der toxischen Wirkung der Partikel hängt neben Größe, geometrischer Form, Oberfläche, Kristallstruktur und Oberflächenladung auch von angelagerten Stoffen wie Übergangsmetallen, organischen Kohlenwasserstoffen, Endotoxinen und anderen ab.

13.5.2
Gase

Die Mechanismen, die den Transport und die Verteilung von Gasen beeinflussen, beinhalten Konvektion, Diffusion, Absorption, Lösung und chemische Reaktivität. Gase können basierend auf Wasserlöslichkeit und Reaktivität in drei Kategorien eingeteilt werden.

Kategorie-I-Gase sind gut wasserlöslich und/oder reaktiv und interagieren deshalb mit dem Gewebe oder dem Flüssigkeitsfilm des oberen Respirationstraktes. Die Anlagerung/Absorption dieser Gase ist atmungsabhängig und der ausgeatmete Anteil gering. Beispiele für Kategorie-I-Gase sind Fluorwasserstoff, Chlor, Formaldehyd und flüchtige organische Säuren und Ester.

Kategorie-II-Gase sind moderat wasserlöslich und werden im Gewebe des Respirationstraktes langsam metabolisiert. Kategorie-II-Gase beinhalten Ozon, Schwefeldioxid, Xylen und Propanol.

Kategorie-III-Gase sind relativ wasserunlöslich und reagieren nicht mit extrathorakalen und tracheobronchialen Geweben und Oberflächenfilmen. Daher verbleiben nur relativ geringe Mengen in diesen Bereichen. Die Aufnahme von Kategorie-III-Gasen erfolgt dagegen vornehmlich im pulmonalen Bereich und ist eher perfusions- als atmungslimitiert. Abhängig vom Mechanismus der Gasaufnahme und dem Muster der Exposition (intermittierend oder kontinuierlich) liegt der Standardwert der Retention nicht reaktiver flüchtiger Substanzen bei etwa 50 %. Zu den Kategorie-III-Gasen gehören Chlorofluoroalkane, Treibgase und Gase für Inhalationsanästhesien.

Der Retentionsfaktor kann sich zwischen den verschiedenen Gasen deutlich unterscheiden und ist zudem von der Atemaktivität, der Körperaktivität, der Dauer der Exposition und der Gaskonzentration abhängig. Daher stellen Standardannahmen über das Verhalten von Gasen nur eine Annäherung dar.

Die Verteilung von Gasen innerhalb des Respirationstraktes ist somit von verschiedenen Faktoren abhängig. Zu den typischen Wirkungen von reaktiven Reizgasen gehören langwierige und langanhaltende Schäden innerhalb der Atemwege, welche durch Entzündungen und eine Überproduktion von Schleim deutlich werden. Dies führt zu einer eingeschränkten Durchgängigkeit der Atemwege, wodurch der O_2/CO_2-Gasaustausch nur noch eingeschränkt (Schleim, Entzündung) stattfinden kann. Das zum Herzen zurückgeführte Blut ist dann nicht ausreichend oxygeniert und es kann eine systemische Hypoxämie auftreten. Die Symptome ähneln einer Beeinträchtigung der O_2/CO_2-Diffusionsprozesse bei alveolären Ödemen.

13.5.3
Substanzspezifische pulmonale Toxizitätsmechanismen

Die Lunge kann auch durch Effekte geschädigt werden, die nicht direkt auf der chemischen Reaktivität einer Substanz beruhen. Indirekte Effekte können durch

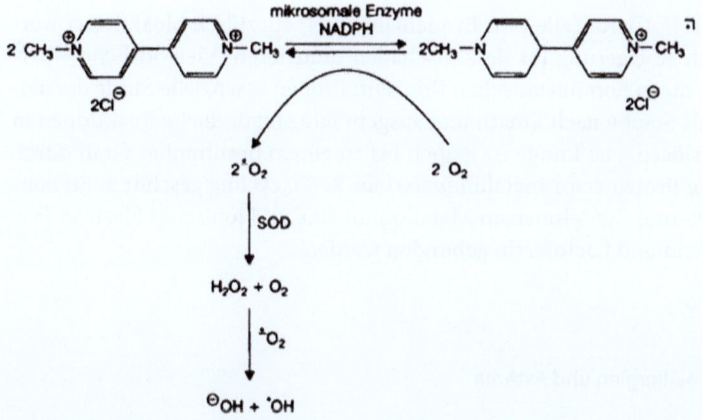

Abb. 13.7 Redoxzyklus von Paraquat und die Bildung von aktiven Sauerstoffspezies durch Superoxid-Dismutase (SOD).

zytotoxische Faktoren vermittelt werden, die unter anderem von alveolären Makrophagen nach Phagozytose (z. B. von kristallinem Quarz) freigesetzt werden. Auch physikalische Faktoren können indirekte Effekte auslösen, wie substanzinduzierte Veränderungen der Oberflächenspannung des pulmonalen Surfactants (z. B. Detergenzien, Emulgatoren). Auch das Molekulargewicht kann eine bedeutende Variable für die akute Inhalationstoxizität darstellen. Es wurde gezeigt, dass die akute letale Potenz von Polyalkenglykol-Aerosolen mit zunehmendem Molekulargewicht ansteigt.

Substanzen mit Ähnlichkeit zu dikationischen amphiphilen Arzneistoffen (*dicationic amphiphilic drugs*, CAD) induzieren Speicherstörungen ausgelöst durch Phospholipide und/oder Mukopolysaccharide in einer Reihe von Tierarten und beim Menschen. CADs oder CAD-Phospholipid-Komplexe reichern sich in den Lysosomen von Makrophagen an und behindern den intralysosomalen Abbau von Phospholipiden, welche wiederum auf den Metabolismus von Bestandteilen des Surfactant-Systems einwirken. Bleomycin ist ein systemisch verabreichtes Chemotherapeutikum, das gelöste Eisenionen (Fe^{2+}) bindet und die Bildung reaktiver Sauerstoffspezies fördert. Diese können die Produktion von Kollagen stimulieren und zu umfangreicher Fibrose in der Lunge führen. Mit der Nahrung aufgenommene Substanzen wie Rückstände des Herbizides Paraquat (in der Europäischen Union seit 2007 nicht mehr zugelassen) können voranschreitende bis hin zu fatalen Lungenschäden auslösen, die durch eine diffuse interstitielle und intraalveoläre Fibrose gekennzeichnet sind. Die besondere Empfindlichkeit der Lunge gegenüber Paraquat kann durch die Akkumulation in der Lunge durch das Polyamin-Aufnahme-System erklärt werden. Im Zellinneren unterliegt Paraquat dem Redoxcycling mit einhergehender Bildung reaktiver Sauerstoffspezies (Abb. 13.7), Verarmung an NADPH und extensiver Lipidperoxidation.

Einige Xenobiotika können nach der Einatmung entweder in den metabolisch aktiven Zellen des Nasenraums (z. B. im Riechepithel) und des unteren Respirationstraktes (z. B. Clara-Zellen im Bronchialepithel) spezifisch bioaktiviert werden oder nach Ablagerung lokale Zellschäden induzieren. Viele lösliche Übergangsmetalle, die in homöostatischen Konzentrationen essenzielle Stoffe darstellen, können als Stäube nach Einatmung ausgeprägte entzündliche Reaktionen in der Lunge auslösen. Die Lunge ist jedoch bis zu einem bestimmten Grad durch chelatbildende Proteine vor metallinduziertem Redoxcycling geschützt. So können z. B. Hg^{2+}- und Cd^{2+}-Ionen an Metallothioneine und ionisches Eisen an Ferritin, Transferrin und Lactoferrin gebunden werden.

13.6 Respiratorische Allergien und Asthma

Allergisches Asthma ist eine komplexe chronisch-entzündliche Erkrankung der Atemwege. Der Krankheitsverlauf beinhaltet die Rekrutierung und Aktivierung vieler inflammatorischer und struktureller Zellen, welche Entzündungsmediatoren freisetzen, die zu den typischen pathologischen Veränderungen führen. Einige Aspekte des Asthmas können in Tiermodellen untersucht werden. Dies schließt die zelluläre Infiltration der Lunge sowie die antigenspezifische IgE-Produktion und die Immunantwort ein, welche vornehmlich von T-Helferzellen vom Typ 2 vermittelt wird. Die Immunreaktion ist durch erhöhte Werte typischer Zytokine nach Allergen- (Hapten-)Sensibilisierung und Reexposition charakterisiert. Die Vielzahl der Mediatoren, die in den Sensibilisierungsprozess gegenüber einem Allergen und/oder der Entwicklung eines chronisch-entzündlichen Geschehens in der Mukosa inklusive von Umbauprozessen in den unteren Atemwegen involviert sind, ergibt einen Eindruck dieses komplexen Netzwerkes.

> Im Gegensatz zu einer allergischen Reaktion ist eine Hyperreaktivität der Atemwege als eine übersteigerte akute obstruktive Reaktion der Atemwege auf einen oder mehrere unspezifische Stimuli definiert. Sie ist oftmals mit epithelialen Schäden und Verletzungen assoziiert und ist selbst bei mildem Asthma ein häufiges Merkmal.

In experimentellen Tiermodellen zur Identifizierung eines Allergens erfolgen zunächst meist zwei aufeinanderfolgende Sensibilisierungen mit einem Allergen (oder Hapten). Bei erneuter Exposition (Challenge) resultiert eine positive Reaktion in einem Asthma-Phänotyp. Um der Situation im Menschen näher zu kommen, wird häufig eine zweite Challenge-Exposition zu einem späteren Zeitpunkt durchgeführt. Die Expositionsroute, die Applikationsmethode sowie die Dosis des Allergens bestimmen ebenfalls den Phänotyp der allergischen Reaktion. Bei kurzzeitiger Hochdosisexposition gegenüber einem Antigen werden andere Atemwegsläsionen ausgelöst als bei chronischer Exposition in geringen Dosen. Die angewendeten Methoden, um eine sofortige oder verzögerte Bronchokonstriktion auszulösen, sowie die Art und das Ausmaß der Atemwegsentzündung und des Gewebeumbaus haben einen Einfluss auf die Studienergebnisse von allergen- (hapten-)sensibilisierten Asthma-Tiermodellen. Die typische Pathologie des Asthmas ist mit einer reversiblen Verengung der Atemwege und mit strukturellen Veränderungen der Atemwegswände sowie einem Umbau der extrazellulären Matrix verbunden. Dies beinhaltet auch Auffälligkeiten in der Bronchialmuskulatur, eosinophile und neutrophile Infiltration der Bronchialwand sowie Hyperplasie und Hypertrophie von Schleimdrüsen. Zu den asthmaauslösenden Substanzen zählen viele hochmolekulare Proteine (Mehl, tierische Hautschuppen, Bestandteile von Hausstaubmilben, proteolytische Enzyme in Detergenzien) sowie niedermolekulare Substanzen wie z. B. Platinsalze, Diisocyanate, organische Anhydride und reaktive Farbstoffe. Experimentelle Modelle haben gezeigt, dass auch der Erstkontakt über die Haut und eine nachfolgende inhalative Reexposition zu Asthma führen kann.

13.7 Lungenkrebs

Der häufigste Auslöser für Lungenkrebs ist beim Menschen das Zigarettenrauchen. Das Latenzintervall zwischen der ersten Exposition und einem invasiven Karzinom liegt im Allgemeinen bei mehr als 20 Jahren. Eine Anzahl weiterer Substanzen, inklusive vieler berufsbezogener Substanzen, können zudem für Lungenkrebs ursächlich sein. Dazu zählen Arsen und Arsenverbindungen, Asbestfasern, Bis(chloromethyl)ether, Cadmium- und Chrom(IV)-Verbindungen, Kohlenteer, Senfgas, biopersistente künstliche Fasern, Nickelverbindungen, Silikate, Ruß (Dieselabgase), Talkum mit asbestähnlichen Fasern, Radon und andere radioaktive Materialien, Vinylchlorid sowie industrielle Prozesse wie die Aluminiumproduktion und die Koksherstellung.

Die Pathogenese des Krebses ist ein mehrstufiger Prozess, der sequenzielle Veränderungen in zwei Gruppen von Genen beinhaltet: den Tumorsuppressorgenen und den Protoonkogenen. Diese genetischen Veränderungen in Kombination mit einer erhöhten Expression von Wachstumsfaktoren resultieren in der Bildung von Zellklonen mit einem selektiven Wachstumsvorteil gegenüber den umliegenden normalen Zellen. In der Lunge können direkte genetische Schäden durch oxidativen Stress und eine Störung der antioxidativen Kontrollmechanismen induziert werden (Abb. 13.5). Dies ist häufig mit einer anhaltenden Zellproliferation durch chronische Entzündung und einem Umbau des Lungengewebes verbunden. In Versuchen mit Ratten wurden abgestufte morphologische Veränderungen beobachtet, die von einer Hyperplasie und Metaplasie des alveolären Epitheliums über Adenome zu Adenokarzinomen sowie zu Plattenepithelkarzinomen reichen. Die akuten entzündlichen und proliferativen Reaktionen auf eine hohe Belastung an schwerlöslichen Partikeln und die damit verbundene überhöhte Generierung von reaktiven Sauerstoff- und Stickstoffspezies scheinen bei Ratten ein kausaler Faktor für die Tumorentstehung zu sein. Mit der Ausnahme von kristallinem Quarz und Asbestfaserstaub ist beim Menschen eine Verbindung zwischen der Exposition gegenüber schwerlöslichen Partikeln und Lungenkrebs epidemiologisch nicht nachgewiesen.

13.8 Testsysteme zur Detektion toxischer Effekte inhalierter Substanzen

> Testsysteme sollen das toxische Gefährdungspotenzial inhalierter Materialien in experimentellen Modellen erfassen und quantifizieren. Daten aus standardisierten Inhalationsstudien werden sowohl für regulatorische Zwecke als auch für die Gewährleistung einer sicheren Produktion und eines sicheren Gebrauches genutzt.

Inhalationsstudien sind so angelegt, dass sie das toxische Gefährdungspotenzial von inhalierten Materialien unter standardisierten Bedingungen und maximaler pulmonaler Exposition detektieren und quantifizieren. International anerkannte Richtlinien für Inhalationsstudien werden von Behörden wie der Organisation für Ökonomische Zusammenarbeit und Entwicklung (OECD) herausgegeben, um die Reproduzierbarkeit von Studien in verschiedenen Laboren zu gewährleisten. Trotzdem müssen die Ergebnisse von Inhalationsstudien aufgrund der hohen Anzahl experimenteller Variablen umsichtig analysiert werden. Hierzu gehören technische Aspekte wie die Generierung der Testatmosphäre oder auch spezifische Besonderheiten des eingesetzten Tiermodels. Obwohl tierexperimentelle Inhalationsstudien die menschliche Exposition noch am besten nachahmen und eine Extrapolationen zwischen verschiedenen Expositionswegen somit nicht notwendig ist, spiegeln nicht alle erhobenen Daten reale Expositionsbedingungen wider. Die Wahl des Tiermodells wird meist nach Richtlinienanforderungen und praktischen Voraussetzungen wie der vorhandenen Expositionstechnik, den Kosten und der vorangegangenen Erfahrungen getroffen, während die Relevanz für den Menschen häufig nicht hinreichend berücksichtigt wird. Darüber hinaus können Unterschiede im Expositionsweg in Verbindung mit intermittierenden Expositionsszenarien zu unterschiedlichen toxikokinetischen und substanzspezifischen toxikodynamischen Ergebnissen führen. Wenn man sich dieser Besonderheiten von tierexperimentellen Inhalationsstudien bewusst ist, stellen derartige Studien eine sehr gute Möglichkeit dar, adverse Effekte für den Menschen zu erkennen und gesundheits- oder risikobasierte Grenzwerte abzuleiten.

13.9 Zusammenfassung

Das respiratorische System hat die physiologische Funktion, den Organismus mit Sauerstoff zu versorgen und überschüssiges Kohlendioxid aus dem Stoffwechsel zu entfernen. Um eine effiziente Diffusion von Gasen zwischen Atemluft und Blut zu gewährleisten, muss eine sehr große Austauschfläche (die Alveolen) mit einer sehr dünnen Membran (alveolokapilläre Membran) vorhanden sein. Die in der Lunge vorhandene Oberfläche dieser Membran entspricht dem Mehrfachen der Körperoberfläche eines Individuums. Die Dicke der Membran, welche die Atemluft vom umfangreichen Alveolarkapillarnetz trennt, ist durch die Anforderungen an die Gasdiffusion limitiert und beträgt $\leq 0{,}5\,\mu m$. Die große Oberfläche der Gasaustauschmembran erfordert einen besonderen Aufbau und eine strukturelle Organisation zur Optimierung des Gasaustausches und der Volumenänderung während der Atmung. Besondere Anforderungen bestehen auch darin, diese Membran, die pro Tag kontinuierlich etwa $20\,m^3$ eingeatmeter Luft mit all ihren Inhaltssoffen ausgesetzt ist, vor Schäden zu schützen.

Die Bewertung der Toxizität von Chemikalien in der Atemluft ist mit tierexperimentellen Inhalationsstudien möglich. Es besteht aber ein gewisses Maß an Variabilität zwischen einzelnen Tierarten, was sowohl die strukturelle Organisation der Lunge als auch ihre zelluläre Zusammensetzung betrifft. Daher müssen bei der Extrapolation vom Versuchstier zum Menschen speziesspezifische Unterschiede berücksichtigt werden.

Toxische Substanzen können die Lunge sowohl über den Blutkreislauf als auch über die eingeatmete Luft erreichen. Die Inhalation ist wegen der physikalischen und physikochemischen Charakteristika des Stoffes mit einer nicht homogenen Verteilung innerhalb der Lunge verbunden. Der Respirationstrakt weist protektive Mechanismen auf, um das Eindringen von partikelförmigen Schadstoffen zu vermeiden bzw. um eingeatmete und in der Lunge abgelagerte Stäube aus dem Respirationstrakt wieder zu entfernen. Eingeatmete biologische Partikel wie Bakterien können durch (bio-)chemische Prozesse abgebaut werden. Jede Überforderung oder Beeinträchtigung dieser Reinigungsmechanismen einschließlich einer Beeinträchtigung der Eliminierung inhalierter Partikel durch Makrophagen in den Alveolen und des mukoziliären Abtransport in den Bronchien und den Nasenhöhlen kann gesundheitliche Schäden auslösen.

Weiterführende Literatur

Bernstein, D.M. (2007) Synthetic vitreous fibers: A review toxicology, epidemiology and regulations. *Crit. Rev. Toxicol.*, **37**, 839–886.

Brown, J.S., Wilson, W.E. und Grant, L.D. (2005) Dosimetric comparisons of particle deposition and retention in rats and humans. *Inhal. Toxicol.*, **17**, 355–385.

Gardner, D.E., Crapo, J.D. und McClellan, R.O. (1993) *Toxicology of the Lung*, 2. Aufl., Raven Press, New York.

Gebel, T., Foth, H., Damm, G., Freyberger, A., Kramer, P.J., Lilienblum, W., Röhl, C., Schupp, T., Weiss, C., Wollin, K.M. und Hengstler, J.G. (2014) Manufactured nanomaterials: categorization and approaches to hazard assessment. *Arch. Toxicol.*, **88**, 2191–211.

Greim, H., Borm, P., Schins, R., Donaldson, K., Driscoll, K., Hartwig, A., Kuempel, E., Oberdöster, G. und Speit, G. (2001) Toxicity of fibres and particles – Report of the Workshop held in Munich, Germany, 26–27 October 2000. *Inhal Toxicol*, **13**, 737–754.

Greim, H., Utell, M.J., Maxim, D. und Niebo, R. (2014) Perspectives on refractory ceramic fiber (RCF) carcinogenicity: comparison with other fibers. *Inhal. Toxicol.*, **26**, 789–810.

IARC (International Agency for Research on Cancer) (2002) Monographs on the evaluation of carcinogenic risks to humans, in *Man-Made Vitrous Fibres*, Bd. 81, IARC Press, Lyon.

Knaapen, A.M., Borm, P.J., Albrecht, C. und Schins, R.P. (2004) Inhaled particles and lung cancer. Part A: Mechanisms. *Int. J. Cancer.*, **109**, 799–809.

Maxim, L.D., Hadley, J.G., Potter, R.M. und Niebo, R. (2006) The role of fiber durability/biopersistence of silica-based synthetic vitreous fibers and their influence on toxicology. *Regul. Toxicol. Pharmacol.*, **46**, 42–62.

McClellan, R.O. und Henderson, R.F. (1989) *Concepts in Inhalation Toxicology*, Hemisphere Publishing Corporation, New York, S. 193–227.

Snipes, M.B. (1989) Species comparison for pulmonary retention of inhaled particles, in *Concepts in Inhalation Toxicology*, Hemisphere Publishing Company, New York, S. 193–227.

14
Zentralnervensystem (ZNS) und peripheres Nervensystem (PNS)

G.P. Eckert und W.E. Müller

14.1
Einleitung

Das Nervensystem steuert die funktionellen Abläufe im menschlichen und tierischen Organismus. Sein Aufbau ist hochkomplex und besteht aus zahlreichen Nerven- und Stützzellen mit unterschiedlichen Aufgaben.

Neben dem relativ trägen Hormonsystem, das über im Blut zirkulierende Hormone bestimmte Organe steuert, werden die meisten willkürlichen und unwillkürlichen (autonomen) Funktionsabläufe unseres Organismus vom zentralen und peripheren Nervensystem kontrolliert.

Das Nervensystem des Menschen oder anderer höher entwickelter Säugetiere kann man nach anatomischen und funktionellen Gesichtspunkten in das zentrale und das periphere Nervensystem aufteilen, die folgende Funktionen erfüllen:

Das zentrale Nervensystem (ZNS) besteht aus dem Gehirn und dem Rückenmark. Seine Hauptaufgaben sind die übergeordnete Steuerung der Körperfunktion, die Aufnahme, Verarbeitung und Speicherung von Informationen (Gedächtnis) und die Affektsteuerung. Das periphere Nervensystem (PNS) leitet Nervenimpulse von der Peripherie zum ZNS (afferente Bahnen) und umgekehrt vom ZNS zur Peripherie (efferente Bahnen). Das PNS steht unter der Kontrolle des ZNS.

Das PNS kann man unter funktionellen Kriterien wiederum in drei Teile gliedern:

- Das *motorische System* steuert willkürliche und unwillkürliche Bewegungen der Skelettmuskulatur.
- Das *sensorische System* verbindet die Sinnesorgane so mit höheren Zentren, dass die eingehenden Reize mit dort bereits gespeicherten Informationen verglichen und letztlich zu eigentlichen Wahrnehmungen verarbeitet werden können.

Das Toxikologiebuch, 1. Auflage. Helmut Greim (Hrsg.).

- Das *vegetative System* mit sympathischem und parasympathischem Anteil übernimmt die unwillkürliche Steuerung der inneren Organe.

14.2 Bau und Funktion

> Das Nervensystem stellt ein komplex verzweigtes Netz von Nervenzellen als wichtigste funktionelle Untereinheit dar.

Um den komplexen Aufgaben genügen zu können, werden extreme funktionelle Anforderungen an unser Nervensystem und die Nervenzellen gestellt. Unser Nervensystem besteht aus sehr vielen Neuronen, die ihren Aufgaben nach entsprechend differenziert sind. Die Zahl der Nervenzellen des menschlichen Gehirns wird auf ungefähr 100 Milliarden geschätzt. Eingebettet und versorgt von stützenden Gliazellen sind sie für die Struktur des Gehirns verantwortlich. Zum anderen wird die funktionelle Vielfalt des Nervensystems dadurch erreicht, dass die einzelnen Nervenzellen durch eine große Anzahl von Synapsen (Verbindungsstellen) komplex miteinander verschaltet sind. Man hat errechnet, dass jedes zentrale Neuron Informationen von vielen Tausend anderen Neuronen über seine Dendriten (aufnehmende Nervenfasern) aufnimmt und seine Information über die komplexe Verästelung seiner axonalen Fortsätze (weiterleitende Nervenfasern) an ungefähr genauso viele Neuronen weitergibt (Abb. 14.1). Besonders im peripheren Nervensystem können Axone mehr als einen Meter lang sein, was sie besonders anfällig für chemische Noxen macht.

14.2.1 Die Nervenzelle (Neuron)

Die Nervenzelle ist die wichtigste funktionelle Einheit unseres Nervensystems. Alle relevanten Aufgaben des Nervensystems, wie Steuerung peripherer Funktionen, Aufnahme, Verarbeitung und Speicherung von Informationen, aber auch psychische und motorische Reaktionen auf entsprechende sensorische Informationen, werden über Funktionsveränderungen von Nervenzellen (Neuronen) vermittelt. Im Nervensystem gibt es eine Vielfalt strukturell sehr unterschiedlicher Neuronen, die aber prinzipiell dem Modellneuron in Abb. 14.1 entsprechen.

Das Neuron besteht aus dem *Perikaryon* (Zellkörper), der den Zellkern und den biochemischen Apparat zur Synthese von *Proteinen* (Eiweißstoffen), *Neurotransmittern* (chemische Überträgersubstanzen) und anderen Verbindungen enthält. Das Perikaryon ist Ausgangsstelle der Axone (weiterleitende Nervenfasern) und trägt die *Dendriten* (aufnehmende Nervenfasern), die stark verästelt sein können und der Informationsaufnahme von anderen Nervenzellen bzw. von sensorischen Rezeptoren dienen. Die Schnittstellen zwischen Axonen und anderen Neuronen oder Muskel- bzw. Drüsenzellen bezeichnet man als *Synapse*. Innerhalb von Axo-

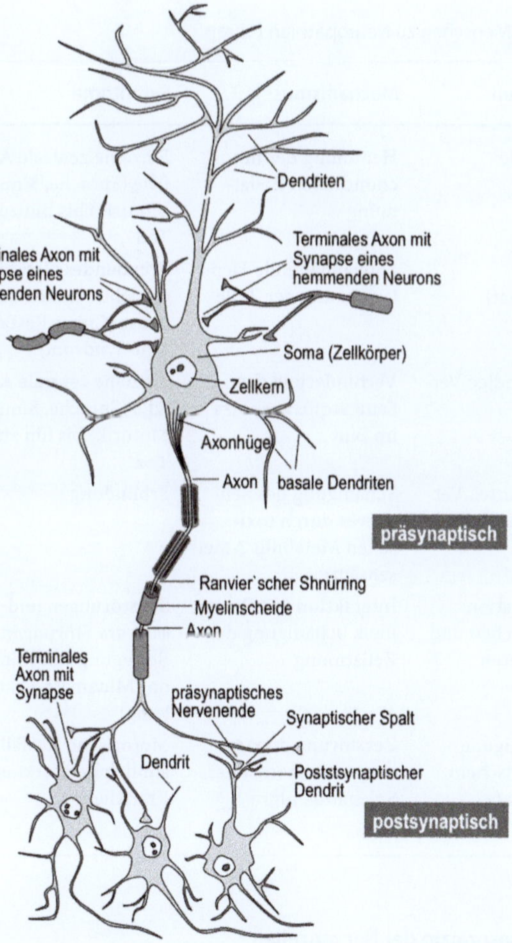

Abb. 14.1 Aufbau einer Nervenzelle (Neuron). Neurone sind hochgradig verzweigte Zellen, die untereinander kommunizieren. Unter den Verzweigungen unterscheidet man die Dendriten, mit denen eine Nervenzelle Signale von anderen Nervenzellen empfängt, und die Axone (Nervenfaser), mit der sie selbst Signale aussendet. Axone, die von anderen Nervenzellen kommen, enden in Synapsen auf den Dendriten, auf „Dornen", die von den Dendriten abzweigen, oder auf dem Zellkörper. Die in den Synapsen übertragenen Signale können auf die Nervenzelle erregend oder hemmend wirken. Erregende Synapsen haben meist runde Vesikel und eine durchgängig verdickte postsynaptische Membran, während hemmende Synapsen gewöhnlich abgeflachte Vesikel und eine nur stellenweise verdickte postsynaptische Membran aufweisen.

nen werden im Neuron Proteine und andere Zellinhaltsstoffe vom Perikaryon zu den Synapsen transportiert. Hierzu, wie zur Synthese von Neurotransmittern und Proteinen, ist viel Energie notwendig, die von Mitochondrien (Zellkraftwerke) zur Verfügung gestellt werden. Diese sind auf die Verfügbarkeit von Sauerstoff angewiesen, was die Empfindlichkeit von Neuronen gegenüber Atmungsgiften erklärt (siehe Tab. 14.1).

Tab. 14.1 Substanzen, die beim Menschen zu Neuropathien führen.

Substanz	Vorkommen	Mechanismus	Symptome
Cyanat	Metallurgie	Hemmung der mitochondrialen Zellatmung	Einzelne zentrale Ausfälle (Sprache, Sinne, Motorik) bis hin zum Tod
Exzitatorische Aminosäuren	Sojasauce (L-Glutamat)	Langanhaltende Depolarisierung der Zelle	Brennendes Gefühl im Gesicht, Nacken und Brust (China-Restaurant-Syndrom)
Kohlenmonoxid	Unvollständige Verbrennung	Verhinderung des Sauerstofftransports im Blut	Einzelne zentrale Ausfälle (Sprache, Sinne, Motorik) bis hin zum Tod
Methanol	Lösungsmittel, Verunreinigung in Spirituosen	Schädigung des Sehnerves durch toxischen Metabolit Ameisensäure	Erblindung
Methylquecksilber	Kontamination von Seefischen und Schalentieren	Interaktion mit Proteinen; Schädigung der Zellatmung	Sehstörungen und schwere Störungen der Bewegungskoordination (Minamata-Erkrankung)
1-Methyl-4-phenyl-1,2,3,6-tetrahydropyridin (MPTP)	Verunreinigung in synthetischem Heroinersatz	Zerstörung dopaminerger Neuronen der Substantia nigra	Motorische Ausfälle ähnlich der Parkinson-Krankheit

14.2.2
Die Synapse – Kommunikationsprinzip der Nervenzellen

Der Informationsaustausch von Nervenzelle zu Nervenzelle wird im Wesentlichen über die synaptische Übertragung vermittelt.

Der zentrale Mechanismus der Informationsweitergabe von Neuron an Neuron bzw. von Neuron auf Erfolgsorgan läuft an der Synapse ab: Dort wird der in der Regel in Vesikeln im präsynaptischen Neuron gespeicherte Neurotransmitter (chemischer Botenstoff) nach Eintreffen eines neuronalen Impulses in den synaptischen Spalt freigesetzt, diffundiert zum postsynaptischen Neuron, wo durch Bindung an Rezeptoren die Information auf das postsynaptische (rezeptive) Neuron übertragen wird (Abb. 14.3).

Bei der Übertragung von Information von einer Nervenzelle auf die nächste Nervenzelle wird durch das über Dendriten aufgenommene Signal im Axon eine elektrische Entladung ausgelöst, die ein Aktionspotenzial induziert (Austausch

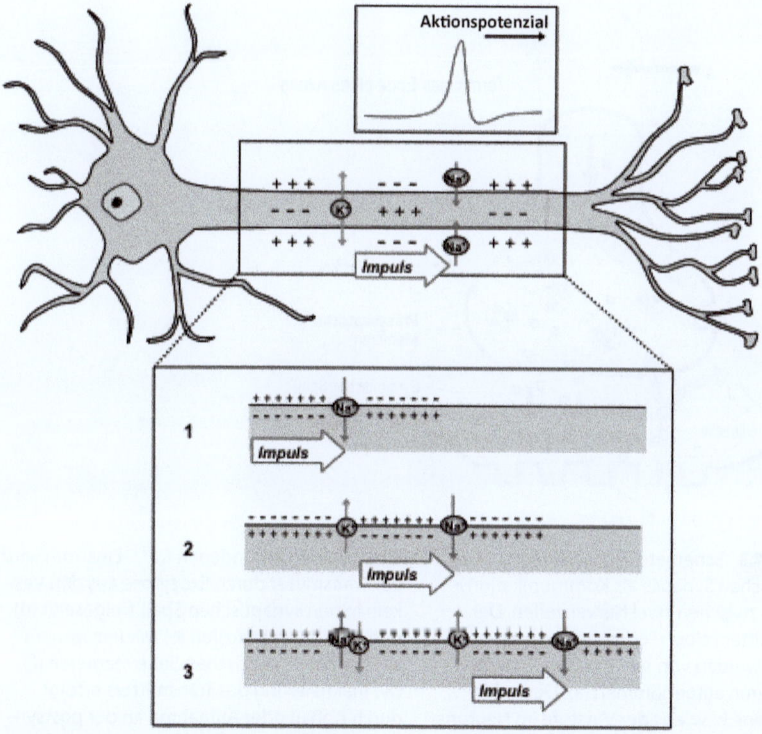

Abb. 14.2 Die Darstellung der neuronalen Erregungsleitung. Der neuronale Impuls entsteht im Bereich des Zellkörpers. Während das Axon entlang in Richtung Nervenendigung wandert, vermindert sich die Potenzialdifferenz zwischen dem Inneren und dem Äußeren der Zelle. Das begünstigt den lokalen Einstrom von Natriumionen (Na^+) – das Schlüsselereignis der Erregungsleitung (Aktionspotenzial). Ihm folgt ein Ausstrom an Kaliumionen (K^+), wonach sich über der Membran wieder das Ruhepotenzial aufbaut. Die Axonmembran ist damit bereit, einen nächsten einlaufenden Impuls weiterzuleiten.

von Na^+- und K^+-Ionen; siehe Abb. 14.2). Am terminalen Bereich des Axons erreicht die Entladungswelle die Synapse und es kommt zu einer Freisetzung von bestimmten Neurotransmittern aus dem präsynaptischen Bereich in den synaptischen Spalt (Abb. 14.3).

Für die vielfältigen Aufgaben des Nervensystems steht eine große Anzahl unterschiedlicher Neurotransmitter zur Verfügung, wie z. B. Acetylcholin, Noradrenalin, Dopamin, Serotonin, Histamin, γ-Aminobuttersäure (GABA), Glycin, L-Glutaminsäure und viele Neuropeptide, um nur die wichtigsten zu nennen. Auf der postsynaptischen Seite binden Transmitter an unterschiedlichen Rezeptoren, wie z. B. der Neurotransmitter Noradrenalin an die α- oder β-Rezeptoren.

Nach Bindung der Neurotransmitter an – auf der postsynaptischen Membran lokalisierten – Rezeptoren (auf der anderen Nervenzelle bzw. auf Zellen des Erfolgsorgans) wird der axonale Impuls durch spezifische Transduktionsmechanismen (Weiterleitungsmechanismen) an das nachgeschaltete Neuron weitergege-

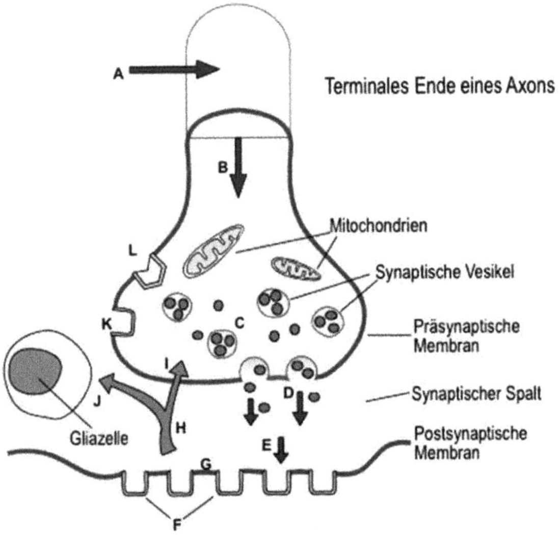

Abb. 14.3 Schematische Darstellung einer chemischen Synapse als Kommunikationsprinzip zwischen zwei Nervenzellen. Der Transmitter selbst – oder meist seine Vorstufe – werden von spezifischen Systemen ins Neuron aufgenommen (a). Der aufgenommene bzw. aus der Vorstufe im Neurons synthetisierte Transmitter wird über axonalen Transport an die Nervenendigungen transportiert (b) und dort in Vesikeln gespeichert (c). Durch ein Aktionspotenzial des Axons und einen damit verbundenen Ca^{2+}-Einstrom wird der Transmitter durch Exozytose aus den Vesikeln in den synaptischen Spalt freigesetzt (d) und kann nach Diffusion (e) mit Rezeptoren auf der postsynaptischen Seite reagieren (f). Die Inaktivierung des Transmitters erfolgt durch Abbau oder Aufnahme an der postsynaptischen Seite (g) durch Rückdiffusion (h) und Aufnahme ins präsynaptische Neuron (1) bzw. in synapsebegleitenden Gliazellen (j).

ben. Die prinzipiellen Funktionsabläufe der synaptischen Informationsübertragung mittels Neurotransmitter sind in Abb. 14.3 zusammengefasst.

Die Entladungswelle eines Axons kann fortlaufend über die gesamte Länge erfolgen (Abb. 14.2). Viele Nervenzellen jedoch – vor allen solche mit langen Axonen – tragen eine isolierende Myelinschicht, sodass eine elektrische Entladung nur an den sogenannten Ranvier-Schnürringen erfolgen kann, denen die Myelinschicht fehlt und bei denen die neuronale Membran freiliegt (Abb. 14.1). Die elektrische Entladung in diesen myelinisierten Fasern springt von einem Ranvier-Schnürring zum nächsten. Diese saltatorische (sprunghafte) Erregungsleitung entlang der Axone führt zu einer deutlich erhöhten Geschwindigkeit des Informationsflusses vom Zellkörper bis zur Synapse.

Die zeitliche Schaltung von sensorischen Informationen und motorischer Reaktion lässt sich am Beispiel des monosynaptischen Reflexbogens verdeutlichen. Hierbei handelt es sich um eine kreisförmige Verschaltung, in die im Wesentlichen nur eine Synapse involviert ist.

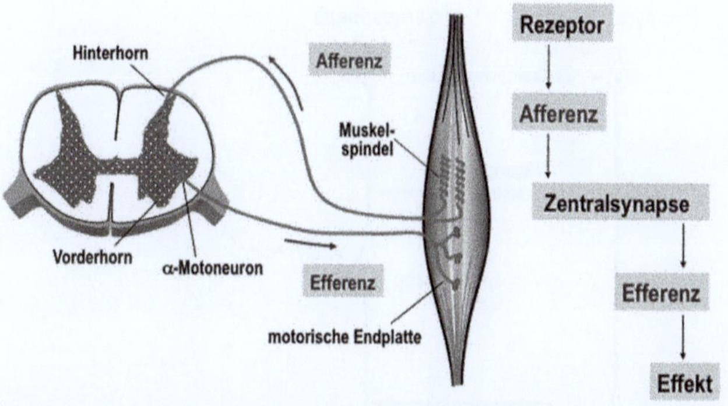

Abb. 14.4 Aufbau des monosynaptischen Reflexbogens. Vorderhorn und Hinterhorn sind Teile der aus Nervenzellkörpern bestehenden grauen Substanz des Rückenmarks (nach Vaupel *et al.*, 2015).

Abbildung 14.4 stellt die zeitliche Hintereinanderschaltung zweier Nervenzellen am Beispiel des sehr einfachen monosynaptischen Patellarsehnenreflexbogens dar. Ein leichter Schlag auf die unterhalb der Kniescheibe lokalisierte Patellarsehne dehnt bestimmte Muskelgruppen im Oberschenkel. Als Folge der Muskeldehnungen werden von Dehnungsrezeptoren Impulse ausgelöst, die über afferente Bahnen von im Hinterhorn des Rückenmarks lokalisierten Neuronen aufgenommen und von ihren Axonen weitergeleitet werden. Nach Transmitterfreisetzung an im Vorderhorn lokalisierten Synapsen erregen letztlich diese Impulse α-Motoneurone, deren Axone in den Muskel projizieren. Dort setzen sie an den Synapsen der motorischen Endplatte (Nerv-Muskel-Schnittstelle) den Transmitter Acetylcholin frei und führen damit zu einer Erregung des Muskels und einer unwillkürlichen Streckung des Kniegelenkes.

Diese einfache Verschaltung einer sensorischen Information mit einer motorischen Antwort gilt nur für den geringsten Teil der Funktionsabläufe, die über unser Nervensystem gesteuert werden. In den meisten Fällen wird die sensorische Information erst über Nervenbahnen des Rückenmarks ins Gehirn geleitet, dort mit vorhandener Information abgeglichen und führt erst dann im Bedarfsfall zu entsprechenden Reaktionen, die geordnete Bewegungsabläufe steuern.

Die Funktionen unserer inneren Organe (Herz, Lunge, Magen, Darm) werden im Wesentlichen vom vegetativen (autonomen) Teil des *PNS* gesteuert. Obwohl auch dieses System weitgehend außerhalb unserer willkürlichen Kontrolle arbeitet, ist die übergeordnete Schaltzentrale ebenfalls das ZNS (Abb. 14.5).

Das vegetative Nervensystem besteht aus den beiden Anteilen *Sympathikus* und *Parasympathikus*, die sich anatomisch und histologisch unterscheiden. Im Falle des sympathischen Anteils des vegetativen Nervensystems sind die Zellkörper der sogenannten präganglionären sympathischen Nervenfasern im Bereich der Hals-, Brust- und oberen Lendenwirbel im Rückenmark lokalisiert. Nach Verlassen des Rückenmarks treffen ihre Axone auf den Grenzstrang des Sympathikus, einer Kette von miteinander verbundenen Ganglien (Verbänden von Nervenzellen). Axonale Impulse werden dort durch in den Ganglien lokalisierte Synapsen

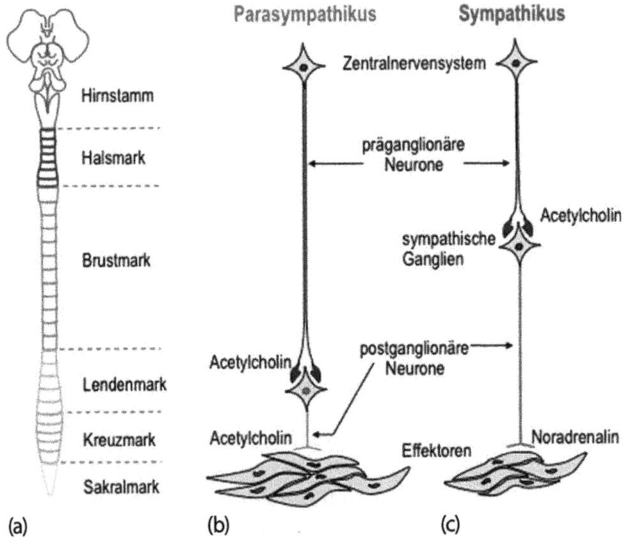

Abb. 14.5 Aufbau und Überträgersubstanzen des vegetativen Nervensystems in schematischer Darstellung (nach Vaupel *et al.*, 2015). (a) Unterschiedliche Lage der Ganglien von Parasympathikus (Hals-, Kreuz- und Sakralmark) und Sympathikus (Brust- und Lendenmark); (b) Ursprünge der präganglionären Neuronen von Parasympathikus und (c) Sympathikus.

auf sogenannte postganglionäre Neuronen umgeschaltet, deren Axone die jeweiligen Endorgane versorgen. AIs Transmitter an den postganglionären Synapsen im Sympathikus fungiert Noradrenalin.

Im Falle des parasympathischen Anteils sind die Zellkörper der präganglionären Neuronen im Hirnstamm oder im untersten Teil des Rückenmarks (Sakralmark bzw. Kreuzmark) lokalisiert. Die Umschaltung der Nervenimpulse von prä- auf postganglionäre Neurone erfolgt wiederum in Ganglien, die allerdings im Falle des Parasympathikus in Organnähe oder auch in den Wänden der Erfolgsorgane selbst (intramurale Ganglien) lokalisiert sind. Im Gegensatz zum sympathischen System besitzt der Parasympathikus daher lange prä- und kurze postganglionäre Fasern. Transmitter an den postganglionären Synapsen im Parasympathikus ist Acetylcholin. Die im Hirnstamm bzw. im Rückenmark lokalisierten präganglionären Neuronen des vegetativen Nervensystems arbeiten nun nicht grundsätzlich unabhängig von anderen Teilen des ZNS, sondern sie werden über übergeordnete Regulationszentren (Medulla oblongata und Hypothalamus) funktionell beeinflusst bzw. reguliert.

14.3 Toxikologie

> Die funktionellen Besonderheiten und die Komplexität des Nervensystems führen auch zu besonderen Mechanismen hinsichtlich der Wirkung toxischer Substanzen.

Trotz vieler Parallelen unterscheiden sich Nervenzellen in wesentlichen Punkten von anderen Zelltypen des Organismus. Daher können dort neurotoxische Substanzen spezifisch angreifen. Spezifische Prinzipien für Nervenzellen sind im Wesentlichen:

1. Die Blutgefäße im Gehirn sind mit einer dichten Schicht von Endothelzellen ausgekleidet, die den Übertritt von hydrophilen Stoffen in das Gehirn erschweren und an der Ausbildung der sogenannten Blut-Hirn-Schranke beteiligt sind. Gut wasserlösliche Substanzen (z. B. Glukose oder Aminosäuren) können daher nur über spezifische Transportmechanismen in das ZNS aufgenommen werden. Stoffe werden von speziellen Astrozyten in das ZNS aufgenommen, die das Kapillarsystem des ZNS über weite Bereiche mit einem Lipidmantel umhüllen.
2. Neuronen sind im Wesentlichen vom aeroben Glukosestoffwechsel abhängig und daher besonders empfindlich gegenüber einer Minderversorgung mit Sauerstoff.
3. Die räumliche Ausdehnung von Neuronen (mit Dendriten und Axonen) kann das Zweihunderttausendfache der Ausdehnung anderer Körperzellen überschreiten. Axone und Dendriten von Neuronen weisen einen sehr geringen Durchmesser auf und reagieren daher extrem empfindlich auf toxische Substanzen.
4. Die Umhüllung der Axone mit einer Myelinschicht (siehe Abb. 14.1), die im Falle der Nervenzellen des ZNS von Gliazellen (Oligodendrozyten) gebildet wird, verstärkt die Abhängigkeit des Nervensystems von lipidreichen Geweben.
5. Die Fähigkeit der Nervenzelle, über chemische Neurotransmission Information auf andere Nervenzellen bzw. auf Zellen des Erfolgsorgans weiterzugeben, bietet neurotoxischen Substanzen durch Beeinträchtigung der Vielzahl synaptischer Mechanismen einen wesentlichen Angriffspunkt.

> Die Wirkung praktisch aller neurotoxischen Substanzen führt direkt zur Schädigung der Neuronen bzw. der neuronalen Funktion.

Aufgrund der extremen Ausdifferenzierung von Neuronen des PNS bzw. ZNS ist es nicht verwunderlich, dass eine toxikologische Beeinflussung bestimmter Mechanismen nicht für jedes Neuron die gleiche fatale Wirkung haben muss, sodass toxische Substanzen sehr typische Vergiftungsbilder bei Mensch oder Tier hervorrufen können, die durch eine Schädigung nur ganz bestimmter Nervenzellen erklärt werden können. Neurotoxine können in den Neuronen entweder Apoptose (programmierter Zelltod) oder Nekrose (unkoordinierter Zelltod) auslösen. Bei der Apoptose spielen Mitochondrien eine wichtige Rolle. Werden diese geschädigt, bilden diese die mitochondriale Permeabilitäts-Transitions-Pore (mPTP) aus, die apoptotische Faktoren in das Zytosol (Zellinnenraum) der Nervenzellen entlässt. Während bei der Apoptose die geschädigte Zelle ihren Untergang selbst steuert und die umliegenden, nicht betroffenen Zellen weitgehend verschont bleiben, sterben bei der Nekrose meist ganze Zellverbände ab. Beide Zelltodarten lassen sich durch ihren charakteristischen Ablauf voneinander unterscheiden. Entsprechend der unterschiedlichen Angriffspunkte von Neurotoxinen kann man die folgenden neurotoxischen Schädigungen unterscheiden: Neuropathien, Axopathien, Myelinopathien, Störung der Transmitterfunktion.

Neuropathien führen zum Absterben des Neurons.

Neuropathologische Substanzen stören die Funktion des Neurons so nachhaltig, dass es über seinen gesamten Bereich degeneriert (Tab. 14.1). Nach Zerstörung des Neurons wird der frei gewordene Raum besonders im ZNS durch vermehrtes Wachstum von Gliazellen ausgefüllt, sodass hier neuronale Atrophien häufig mit dem Bild einer *Gliosis* verbunden sind. Das klassische Beispiel einer *Neuropathie* ist die Unterbrechung der Zellatmung entweder durch Blausäure, Kohlenmonoxid oder – im einfachsten Fall – durch einen akuten Sauerstoffmangel, wie er z. B. beim Ertrinken auftritt. Obwohl letztlich alle Nervenzellen absterben, wenn die Zellatmung lange genug unterbunden wird, reagieren bestimmte Areale des ZNS besonders empfindlich. Dies erklärt, dass nach Wiederbelebung etwa nach einer Vergiftung mit *Blausäure* häufig spezifische neurologische Ausfälle (siehe Tab. 14.1) auftreten können.

Unter bestimmten Bedingungen kann ein kurzer Sauerstoffmangel zunächst nur zur massiven präsynaptischen Freisetzung exzitatorischer (erregender) Transmitter (z. B. L-Glutamat) führen. Diese bewirken am postsynaptischen Neuron eine langanhaltende Depolarisation, gefolgt von einer massiven Kalziumbeladung der Zelle, die dann zu einem Zusammenbruch des zellulären Stoffwechsels und zum Zelltod führt. Dieser Typ der Hypoxieschädigung von Nervenzellen betrifft besonders solche Neuronen, die reich an Glutamatrezeptoren sind, etwa bestimmte Zellen des Hippocampus im limbischen System, der an der Gedächtnisbildung beteiligt ist.

Auch die direkte Zuführung exzitatorischer Aminosäuren bzw. erregender Aminosäure-Neurotransmitter kann zu einer solchen Zellschädigung führen. Neben dem Einsatz von Kainat, eines L-glutamatähnlichen Agonisten, in der experimentellen Forschung zur Zerstörung bestimmter Hirnareale nach intrazerebraler Applikation, ist beim Menschen nur das sogenannte China-Restaurant-Syndrom bekannt, bei dem bei empfindlichen Personen der Verzehr von Glutamat etwa durch Sojasauce ein brennendes Gefühl in Gesicht, Nacken und Brustbereich auslöst.

Auf spezifische Aspekte der Vergiftung mit *Methylquecksilber* und *Methanol* (Tab. 14.1) wird in den Kapiteln 35 und 39 genauer eingegangen. Ein hochinteressanter Fall einer neurotoxischen Substanz ist das *1-Methyl-4-phenyl-1,2,3,6-tetrahydropyridin* (MPTP), das als chemische Verunreinigung in einem synthetischen Heroinersatz vorkam. Bei Abhängigen, die diesen Heroinersatz eingenommen hatten, traten nach Wochen Symptome auf, die identisch mit einer ideopathischen Parkinson-Erkrankung waren und wie diese durch eine selektive Schädigung dopaminerger Neuronen (Neuronen, die Dopamin als Transmitter benutzen) der Substantia nigra (unter anderem für die Steuerung der Motorik im ZNS zuständig) zu erklären waren.

Axopathien schädigen das Axon.

Eine ganze Reihe von neurotoxischen Substanzen schädigen spezifisch Axone (Tab. 14.2).

Die Empfindlichkeit scheint hier direkt proportional der Länge der Axone zu sein. Bei Axopathien (Tab. 14.2) sind deshalb hauptsächlich die langen Axone des sensorischen und motorischen PNS betroffen. Diese können nach Schädigung nicht regenerieren – im Gegensatz zu den ebenso langen Axonen des vegetativen Nervensystems. Daher sind die beobachteten Vergiftungssymptome, im Wesentlichen sensorische und motorische Störungen (Tab. 14.2), einander relativ ähnlich.

Insbesondere können organische Lösungsmittel (Alkohole, aliphatische Kohlenwasserstoffe) neben einer akut narkotischen Wirkung bei chronischer Exposition auch zu peripheren und zentralen Axopathien führen. So tritt bei chronischem Alkoholmissbrauch häufig eine periphere Polyneuropathie (unspezifische Schädigung von Nervenzellen) auf, während bei anderen organischen Lösungsmitteln eine Enzephalopathie (hirnorganische Schädigung) mit eher diffusen zentralen Ausfällen im Vordergrund steht. Diese äußert sich häufig im Bereich der kognitiven Leistungsfähigkeit (Konzentrationsfähigkeit, Aufmerksamkeit, Lernfähigkeit, Gedächtnis).

Myelinopathien sind Schädigungen des Isoliermantels der Neuronen und besonders auch der axonalen oder dendritischen Fortsätze.

Wie weiter oben ausgeführt, sind Axone häufig mit einer Lipidschicht ummantelt. Diese Myelinschicht wird auch als Markscheide bezeichnet und wird von Astrozyten gebildet. Sie besteht im Wesentlichen aus Cholesterinestern. Gehirnberei-

Tab. 14.2 Substanzen, die beim Menschen Axopathien hervorrufen.

Substanz	Vorkommen	Mechanismus	Symptome
Acrylamid	u. a. Stabilisator in der Papierindustrie; erhitzte Lebensmittel	Axonale Schwellung	Periphere Neuropathie, sensorische Ausfälle
Chlorierte zyklische Kohlenwasserstoffe (DDT, Lindan)	Insektizide	Blockade von axonalen Na^+- und K^+-Kanälen	Empfindungsstörungen, Unruhe, Erregung, Tremor, Krämpfe
n-Hexan	Lösungsmittel, Klebstoffe	Zerstörung der Neurofilamente (Teil des zellulären Stützapparates) peripherer Axone durch den toxischen Metaboliten 2,5-Hexandion	Sensorische Ausfälle, motorische Störungen
Methyl-*n*-butylketon	Hilfsstoff in der Druckindustrie	Schwellung von Neurofilamenten, Axonopathien	Sensorische Ausfälle, motorische, psychische und kognitive Störungen
Schwefelkohlenstoff	Lösungsmittel	Axonopathien durch Quervernetzung von Proteinen	Sensorische Ausfälle, motorische Störungen
Trikresylphosphat	Weichmacher, Schmiermittel	Zerstörung peripherer Axone durch Alkylierung, weniger im sensorischen, aber ausgeprägt im motorischen System	Sensorische Missempfindungen, motorische Ausfälle bis zur kompletten Lähmung (Paralyse)

che, in denen Axone besonders reich myelinisiert sind, bezeichnet man auch als weiße Substanz. Substanzen, die das Myelin schädigen, führen entweder zu einer Trennung der Myelinlamellen, oder sie können auch zur kompletten Demyelinisierung führen. Myelinopathie, die das PNS, aber auch das ZNS betreffen, sind am Menschen nur bei wenigen Substanzen beobachtet worden. So lösen bei Kleinkindern hohe Dosen des Desinfektionsmittels Hexachlorophen entsprechende Schäden aus. Ebenso kann eine chronische Bleivergiftung zu Myelinopathien führen. Diese äußern sich bei Kindern eher in Enzephalopathien, während bei Erwachsenen Demyelinisierung peripherer Nerven, besonders von Axonen des motorischen Systems, im Vordergrund stehen.

> Neurotoxische Substanzen, die die Neurotransmission chemisch beeinträchtigen, führen in der Regel nicht zu einer Degeneration das Neurons oder seiner neuritischen- bzw. axonischen Fortsätze.

Tab. 14.3 Neurotoxische Substanzen, die beim Menschen die chemische Neurotransmission beeinträchtigen.

Substanz	Vorkommen	Mechanismus	Symptome
Alkylphosphate	Insektizide	Hemmung der Acetylcholinesterase	Schwitzen, Hypersalivation (vermehrter Speichelfluss), Atembeschwerden, Miosis (Pupillenverengung), Bradykardie (langsame Herzfrequenz), Muskelzuckungen bzw. Krämpfe
Amphetamin	Synthetische Missbrauchssubstanz	Indirektes Sympatomimetikum (erhöht unkontrolliert die Dopamin- und Noradrenalinkonzentrationen im synaptischen Spalt)	Schwindel, neuropsychiatrische Störungen, unkontrollierbare Beinbewegungen
Atropin	Tollkirsche, Bilsenkraut, Stechapfel	Antagonist an muskarinischen Acetylcholinrezeptoren	Trockene Haut, Mydriasis (Pupillenerweiterung), Tachykardie (schnelle Herzfrequenz)
Nikotin	Tabak	Erst Agonist, in höheren Dosen Antagonist an ganglionären Acetylcholinrezeptoren	Erbrechen, Durchfall, Kreislaufkollaps, Krämpfe, Atemlähmung
Strychnin	Rattengift	Antagonist an Glycinrezeptoren	Krämpfe

Eine Ausnahme von dieser Regel bilden die oben genannten exzitatorischen Aminosäuren. Ansonsten sind bis zu einem gewissen Punkt hohe Dosen praktisch aller Noxen, die über eine Interferenz mit der chemischen Neurotransmission wirken, neurotoxisch. In Tab. 14.3 sind einige neurotoxischen Substanzen, denen der Mensch ausgesetzt ist, zusammengestellt.

Zu diesen gehören pflanzliche und tierische *Neurotoxine*, die hochselektiv bestimmte Mechanismen der Neurotransmission effektiv beeinflussen. Diese Eigenschaften machen sie zu wertvollen Hilfsmitteln bei der experimentellen Erforschung bestimmter neuronaler Mechanismen (Tab. 14.4). Biologisch dienen sie im Wesentlichen als Schutzfaktoren (Fraßgifte) ihrer Wirtspflanzen bzw. ihres tierischen Wirtsorganismus. Die Tatsache, dass die Evolution sehr häufig neurotoxisch wirksame Substanzen als Fraßgifte hervorgebracht hat, zeigt, wie empfindlich höher entwickelte Lebewesen auf der Ebene des Nervensystems zu schädigen sind.

Tab. 14.4 Neurotoxine in der Forschung.

Substanz	Vorkommen	Stoffklasse	Wirkung
α-Bungarotoxin	Schlangen	Peptid	Blockiert den nicotinischen Acetylcholinrezeptor (nAchR)
Histrionicotoxin	Haut kolumbianische Baumsteigerfrösche	Spiropiperidinalkaloid	Blockiert den Ionenkanal des nAchR
α-Latrotoxin	Spinnen	Protein	Hemmt die Transmitterfreisetzung an der Präsynapse
Melittin	Bienengift	Polypeptid	Interagiert mit neuronalen Membranen
γ-Strophanthin	Samen des Ouabaio-Baums	Cardenolidglykosid	Blockiert die Na^+/K^+-ATPase
Tetradotoxin	Kugelfisch	Guanidoalkaloid	Selektive Blockade von Natriumkanälen

14.4 Zusammenfassung

Das ZNS, mit den beiden Teilen Gehirn und Rückenmark, und das PNS, mit seinen motorischen, sensorischen und vegetativen Anteilen, dienen der Aufrechterhaltung der funktionellen Abläufe in unserem Organismus. Die kleinste funktionelle Einheit des Nervensystems, die Nervenzelle (Neuron), unterscheidet sich in struktureller und funktioneller Hinsicht von anderen Zelltypen unseres Organismus. Nur die Nervenzelle ist in der Lage, über die Mechanismen der chemischen Neurotransmission Impulse auf andere Zellen zu übertragen. Es ist daher nicht verwunderlich, dass Substanzen mit spezifischer Toxizität für das Nervensystem im Wesentlichen die neuronale Funktion schädigen. Schädigungsmuster sind Neuropathien, die letztlich einen Zelluntergang hervorrufen, Axopathien, die die Impulsweiterleitung im Axon beeinträchtigen, und andere direkt neurotoxische Mechanismen, die meist sehr spezifisch bestimmte Aspekte der Neurotransmission verändern.

Literatur

Vaupel, P., Schaible, H.G. und Mutschler, E. (2015) *Anatomie, Physiologie, Pathophysiologie des Menschen*, 7. Aufl., Wiss. Verl. Ges. mbH, Stuttgart.

Weiterführende Literatur

Moser, V.C., Aschner, M., Richardson, R.J. und Philbert, M.A. (2013) Toxic responses of the nervous system, in *Casarett and Doull's TOXICOLOGY – The Basic Science of Poisons*, 8. Aufl., Mc-Graw Hill Education, S. 733–765.

Aktoris, K., Förstermann, U., Hofmann, F.B. und Starke, K. (2013) *Allgemeine und spezielle Pharmakologie und Toxikologie*, 11. Aufl., Urban & Fischer, München.

15
Verhaltenstoxikologie

C. van Thriel

15.1
Einleitung

In den letzten Jahren sind in den Neurowissenschaften enorme Fortschritte erzielt worden, die es ermöglichen die neurobiologischen Korrelate vieler Prozesse der komplexen Leistungen des Nervensystems zu erfassen. So versteht man heute besser, wie das Gehirn unser Verhalten steuert und unser Empfinden entsteht. Diese Entwicklung versetzt auch die Neurotoxikologie in die Lage, die Interaktionen zwischen Fremdstoff und den unterschiedlichen Strukturen des Nervensystems biologisch detailliert zu beschreiben, zu untersuchen und zu verstehen. So kennt man mittlerweile 200 biologische Prozesse, die durch Aluminium, einem der vielen, neurotoxischen Metalle, beeinflusst werden. Ob diese Beeinflussung neurobiologischer Prozesse tatsächlich eine adverse Wirkung hat, zeigt sich unter anderem im beobachtbaren Verhalten des exponierten Organismus. Dieser neurotoxische Phänotyp ist Gegenstand der *Verhaltenstoxikologie*, die seit mehreren Jahrzehnten fester Bestandteil toxikologischer Untersuchungen in Tier und Mensch geworden ist.

15.2
Physiologie und Pathophysiologie des ZNS und peripheren Nervensystems

Warum ist das Gehirn bzw. das gesamte Nervensystem ein so bedeutendes Zielorgan toxischer Substanzen?

Um die komplexen, kognitiven Leistungen, die Verarbeitung von sensorischen Informationen oder die Initiierung und Steuerung von Bewegungen störungsfrei zu gewährleisten, sind enorme Energien notwendig. Bei nur 2 % der Körpermasse verbraucht das Gehirn knapp 20 % des verfügbaren Sauerstoffes und gut 25 % des Energieträgers Glukose. Es muss also intensiv durchblutet werden, um diesen hohen Energie- und Sauerstoffbedarf zu decken. Aus toxikologischer Sicht ist es daher bei Störungen der Verfügbarkeit von Sauerstoff besonders empfindlich.

Das Toxikologiebuch, 1. Auflage. Helmut Greim (Hrsg.).

Seine Leistungen für den Organismus vollbringt das Gehirn durch den ständigen, allerdings energieabhängigen Informationsaustausch zwischen neuronalen Zellen, der seinerseits zur aktivitätsabhängige Plastizität des Nervensystems führt. Das Nervensystem kann somit als ein dynamisches und hoch komplexes „Netzwerk-Organ“ beschrieben werden. Das Gehirn besteht aus ca. einer Billion Nervenzellen (10^{12}), die durch ungefähr eine Billiarde Synapsen (10^{15}) miteinander verbunden sind. Ein einzelnes Neuron in der *Substantia nigra* besitzt synaptische Verbindungen zu bis zu 6 % aller Neuronen (ca. 75 000 Neuronen) in den neostriatalen Strukturen der Basalganglien. Diese Verbindungen sind jedoch nicht statisch. Sie verändern sich kontinuierlich. Im positiven Sinne durch ihre Aktivierung (z. B. durch Lernprozesse), und vor allem Synapsen sind extrem dynamisch und folgen dabei dem *Use-it-or-lose-it*-Prinzip. Im Gegensatz dazu können Alterungsprozesse, Erkrankungen oder toxische Einflüsse die Komplexität dieses Netzwerkes erheblich reduzieren. Die zugrunde liegenden zellulären und molekularen Prozesse (z. B. synaptische Reorganisation) sind eine wesentliche Ursache für den eingangs angesprochenen enormen Bedarf an Sauerstoff, Glukose aber auch anderen Nährstoffen (z. B. essenzielle Spurenelemente, ungesättigte Fettsäuren, Aminosäuren etc.).

Generell sind sowohl das zentrale, als auch das periphere Nervensystem (PNS) durch biologische Barrieren gegen Fremdstoffe geschützt. Im zentralen Nervensystem (ZNS) bietet die Blut-Hirn-Schranke (BHS) einen effizienten Schutz doch vor allem kleine, lipophile Moleküle (z. B. organische Lösemittel wie Toluol, *n*-Hexan etc.) können diese biologische Barriere überwinden. Die generelle Permeabilität der BHS verändert sich durch Alterungs- oder Entzündungsprozesse und kann selbst Ziel toxischer Substanzen werden. Das periphere Nervensystem (PNS) ist durch das Perineurium als wichtigstem Teil der Blut-Nerv-Schranke (BNS) vor Fremdstoffen geschützt. Diese Barriere bietet allerdings einen geringeren Schutz vor Fremdstoffen als die BHS des ZNS, und periphere Neuropathien beispielsweise durch organische Lösemittel sind in der Literatur seit Jahrzehnten bekannt.

Sind Fremdstoffe nach inhalativer, oraler oder dermaler Aufnahme im Organismus systemisch verfügbar, hat die starke Durchblutung des Nervensystems zur Folge, dass die damit bioverfügbaren Substanzen in diesem Zielorgan toxische Effekte auslösen. Sie wirken dann neurotoxisch. Nur wenn ein Stoff neurotoxisch ist, kann er die funktionelle und strukturelle Integrität des Nervensystems gefährden und seine Leistungsfähigkeit beeinträchtigen (siehe weiterführende Literatur).

15.3 Verhalten als Leistungs- und Toxizitätsindikator

In der Verhaltenstoxikologie, wie auch generell in den kognitiven Neurowissenschaften, geht man davon aus, dass sich die strukturelle und funktionelle Integrität des Nervensystems im adäquatem Verhalten des Organismus auf externe Reize und endogene Signale/Prozesse widerspiegelt. Mit anderen Worten, der hungrige Mensch isst, bei einer roten Ampel bleiben wir stehen und wenn es hinter uns kracht, dann drehen wir uns um.

In der Regel funktionieren diese Prozesse recht automatisiert, die Verhaltensteuerung durch unser Nervensystem läuft ziemlich unbewusst ab, und wir verlassen uns im Alltag auf den vollen Funktionsumfang unseres Gehirns. Wird das Nervensystem allerdings durch Erkrankungen, Unfälle oder toxische Substanzen in seiner Funktion beeinträchtigt oder gar strukturell geschädigt, kann dies im Verhalten sichtbar werden. Die vielen Verhaltensausfälle bei SchlaganfallpatientInnen (z. B. Sprach- und Gangstörungen) oder Gedächtnisdefizite bei Demenzerkrankungen verdeutlichen die pathologische Dimension der Assoziation von Nervensystem und Verhalten.

Seit den 1970er-Jahren konnte sich die Verhaltenstoxikologie als wichtiger Bestandteil der Neurotoxikologie etablieren. In Abb. 15.1 ist das zugrunde liegenden Paradigma der *Neurobehavioral Toxicology*, das 1978 von Lawrence Reiter beschrieben wurde, schematisch dargestellt.

Der Organismus nimmt aus der Umwelt mit seinen „Eingangsleitungen", also der Sensorik, Reize wahr, dieses Signal wird in neurobiologische Prozesse umgewandelt, hier wirken nun gegebenenfalls die neurotoxischen Substanzen. Über

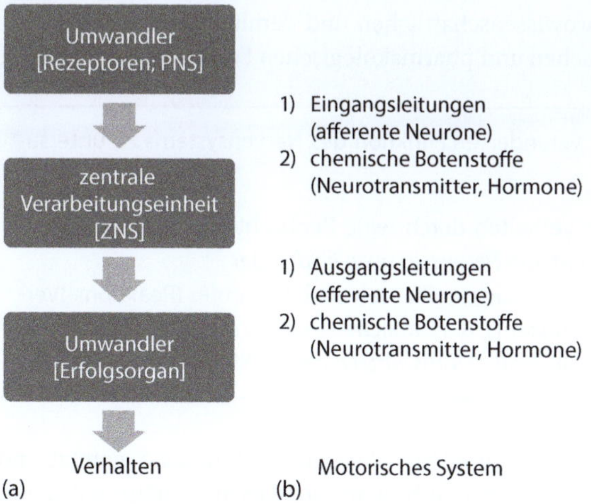

Abb. 15.1 Schematische Darstellung der grundlegenden Funktionseinheiten des Nervensystems (a), die zum angemessenen Verhalten führen, sowie der möglichen Ziele toxischer Substanzen (b).

seine „Ausgangsleitungen", also die Motorik, reagiert der Organismus auf die Eingangssignale, produziert messbares Verhalten. Ein Neurotoxin kann das Verhalten verändern. Für die nicht direkt messbaren neurobiologischen Einflüsse, die durch die toxische Dosis einer Substanz im Organismus ausgelöst werden, dient das beobachtbare und messbare Verhalten als Surrogat-Marker (siehe weiterführende Literatur).

15.3.1
Grundlagen der Verhaltensmessung in Mensch und Tier

Neben der Verankerung in der Neurotoxikologie ist die Verhaltenstoxikologie historisch gesehen stark von der experimentellen und biologischen Psychologie geprägt. Auch in diesen Disziplinen hat man sich sehr stark an einer Art „Black-Box-Modell", vergleichbar zu Abb. 15.1, orientiert, das die Eingangsvariablen systematisch variiert oder quantifiziert (z. B. Schweregrad der Parkinson-Erkrankung) und das Verhalten (z. B. motorische Leistung) als Ausgangsvariable betrachtet. So sind verhaltensbasierte Klassifikationssysteme entstanden, wie beispielsweise die Motorikskala der *unified Parkinson's disease rating scale* (UPDRS), die in der Neurologie in klinischen Studien zur Interventionskontrolle eingesetzt wird.

Wie in der Toxikologie hat auch in den Neurowissenschaften die Untersuchung biologischer Grundlagen und Mechanismen in den letzten Jahren an Bedeutung gewonnen. Daher werden auch in den Neurowissenschaften verschiedene Tiermodelle genutzt, um beispielsweise biochemische Prozesse oder genetische Einflüsse auf das Verhalten zu untersuchen. Dennoch ist das sichtbare Verhalten des Menschen oder relevanter Modellorganismen (z. B. Mäuse und Ratten) ein zentraler Bestandteil der neurowissenschaftlichen und damit auch der eher angewandten, neurotoxikologischen und pharmakologischen Forschung geblieben.

> Um diese normalen oder veränderten Funktion des Nervensystems zu untersuchen, kann
>
> 1. das spontan gezeigte Verhalten durch reine Beobachtung genutzt werden (z. B. motorische Aktivität von Nagern in *open field*), oder
> 2. es wird durch geeignete Versuchsaufbauten ein bestimmtes (Reaktions-)Verhalten systematisch getestet (z. B. räumliche Gedächtnisleistungen von Nagern im Morris-Wasserlabyrinth, *Morris water maze* [MWM]).

Die reine Verhaltensbeobachtung wird vor allem in der Ethologie genutzt und viele Erkenntnisse der Verhaltensbiologie basieren auf diesem Prinzip (z. B. in der „Instinkttheorie"). Die strukturierte Beobachtung des Spontanverhaltens von Labortieren bildet allerdings auch eine wichtige Grundlage bei der tierexperimentellen Untersuchung neurotoxischer oder pharmakologischer Effekte im Rahmen der Substanzbewertung.

Bei Untersuchungen am Menschen dominiert eher die systematische Verhaltenstestung. In diesen systematischen Verhaltenstests wird ein bestimmtes Reaktionsverhalten (z. B. Drücken der rechten Reaktionstaste) durch konkrete Aufgaben/Reize (z. B. Signal auf der rechten Bildschirmseite) provoziert. Bei diesen Verfahren unterscheidet man zwischen Verfahren, die eher sensorische (z. B. Riechtests, Schmerzempfinden), motorische (z. B. Griffstärke/*grip strength test*) oder kognitive Leistungen (z. B. Gedächtnis-, Intelligenztests) erfassen. Es können also verschiedene Funktionsbereiche untersucht werden. In vielen experimentellen und epidemiologischen Studien ist so ein umfangreiches Methodenrepertoire erarbeitet und validiert worden, mit dem nahezu alle Bereiche des menschlichen Verhaltens und die damit assoziierten, neurophysiologischen Funktionen des Nervensystems quantitativ erfasst werden können. Die Quantifizierung des Verhaltens bzw. der gezeigten Testleistung ist von essenzieller Bedeutung bei der Interpretation und Anwendung derartiger Verhaltenstests in verschiedenen Kontexten (z. B. klinische Diagnostik, Pharmaforschung, Toxikologie).

In der Regel werden zur Quantifizierung die Dimensionen Reaktionsschnelligkeit (z. B. als Reaktionszeit) und -genauigkeit (z. B. als falsche oder ausgelassene Reaktion) betrachtet und parametrisiert. So ergeben sich quantitative Verhaltensmaße (z. B. Reaktionszeiten), die es ermöglichen, unbeeinträchtigte und beeinträchtigte Leistungen des Nervensystems voneinander zu unterscheiden. So lässt sich beispielsweise die akute und dosisabhängige Wirkung von Alkohol auf das Nervensystem im Bereich der 0,5 Promillegrenze mit Reaktionszeiten und Fehlerhäufigkeiten aus unterschiedlichen kognitiven Tests sicher vom nüchternen Zustand trennen. Diese Sensitivität, aber auch die Spezifität dieser neuropsychologischen oder -behavioralen Testverfahren ist mittlerweile so gut, dass auch differenzialdiagnostische Fragen aus dem Bereich neurologischer Erkrankungen durch Verhaltenstests beantwortet werden können. Diese zunehmende Spezifität der Verhaltenstests ermöglicht es bereits jetzt schon, die neurotoxischen Mechanismen einer Substanz zu nutzen (z. B. Affinität von Mangan zu toxischen Effekten innerhalb der Basalganglien), um geeignete Verhaltenstests auszuwählen und für verhaltenstoxikologische Untersuchungen zu nutzen. Historisch gesehen war es allerdings eher die Sensitivität dieser neuropsychologischen oder -behavioralen Testverfahren, von der die Verhaltenstoxikologie profitiert hat.

15.3.2
Historische Entwicklungen der Methoden der Verhaltenstoxikologie

Nach den eingangs erwähnten eher paradigmatischen und konzeptionellen Vorarbeiten der 1970er-Jahre, wird bereits in den 1980er-Jahren deutlich, dass die Regulation einer Vielzahl von Chemikalien, z. B. chemischer Arbeitsstoffe, auf neurotoxischen Effekten beruht, die mit unterschiedlichen Verhaltenstests erfasst wurden. Während das generelle Paradigma (siehe Abb. 15.1) weitgehend akzeptiert wurde, kamen in der regulatorischen Toxikologie vor allem Zweifel an der Validität und Reliabilität der eingesetzten Methoden auf. Seit den 1980er-Jahren gibt es daher Bestrebungen, Verhaltenstests für die pharmakologische und toxikologische Forschung gezielt zu nutzen, entsprechende Testbatterien zu etablieren und diese vor allem mit experimentellen Studien zu validieren.

15.4 Tierexperimentelle Methoden

Tierexperimentelle, verhaltenstoxische Studien spielen vor allem bei der Risikobewertung von Neurotoxinen eine wesentliche Rolle. Unter Federführung der US-amerikanischen Umweltbehörde (*US Environmental Protection Agency*, EPA) wurde zu diesem Zweck in den 1990er-Jahren die *functional observation battery* (FOB) entwickelt. Mit diesem standardisierten Verfahren sollten auch entwicklungsneurotoxische Effekte bei Tieren untersucht werden, die prä- und/oder perinatal gegenüber Neurotoxinen exponiert waren.

In der aktuellen Version der FOB werden drei Funktionsbereiche (*domains*) erfasst, der behaviorale, der neurologische und der autonome Bereich. Der Verhaltensbereich beruht auf der systematischen Beobachtung und Bewertung von acht Parametern: Körperhaltung (*posture*), Schreckreaktion (*startle response*), Leichtigkeit beim Umgang mit dem Tier (*ease of removal and handling*), Wachheit (*alertness*), Beweglichkeit (*mobility*), Fellaussehen (*fur appearence*), Reaktion auf Annäherung (*approach response*) und Reaktion auf Berührung (*touch response*). Diese Verhaltensdimensionen werden in der Regel von zwei geschulten Personen durch die systematische und standardisierte Verhaltensbeobachtung der Tiere erhoben und anhand spezieller Kriterien bewertet und quantifiziert. So wird ein Verhaltensscore zusammengestellt, bei dem höhere Werte eine schlechtere Bewertung repräsentieren und als Hinweis auf neurotoxische Effekte gewertet werden. In der FOB werden diese Beobachtungen des Verhaltens durch Anzeichen neurologischer (z. B. Tremor) oder autonomer (z. B. Tränenfluss) Veränderungen ergänzt. Bei der adäquaten, nicht parametrischen Auswertung der FOB-Daten lassen sich dosisabhängige Unterschiede von Modelsubstanzen, wie z. B. Diazepam, einem allosterischen Modulator des $GABA_A$-Rezeptors (γ-Aminobuttersäure, GABA), valide nachweisen.

Neben dieser mittlerweile von der EPA für Umweltchemikalien (im Internet abrufbar unter: http://www2.epa.gov/sites/production/files/2014-11/documents/neuro_tox.pdf) und der International Conference on Harmonization für pharmakologische Studien akzeptieren FOB (ICH Guideline S7A; im Internet abrufbar unter: http://www.ich.org/fileadmin/Public_Web_Site/ICH_Products/Guidelines/Safety/S7A/Step4/S7A_Guideline.pdf), existieren weitere Testverfahren, die in verhaltenstoxikologischen Langzeitstudien für die regulatorischen Toxikologie genutzt werden. Neben Aspekten aus der FOB (z. B. reduzierte Schreckreaktion) werden auch Lern- und Gedächtnistests für die Ableitung von NOAELs/LOAELs (*no observed adverse effect level*, NOAEL; *lowest observed adverse effect level*, LOAEL) genutzt.

15.4.1 Labyrinthtests zur Messung von Lern- und Gedächtnisleistungen

> Beispiele für Testverfahren, die komplexe kognitive Leistungen messen und diese mit relativ einfachen Parametern erfassen, sind der *Morris-Wasserlabyrinth* (MWM)-*Test* oder andere Labyrinthtests. In diesen Tests des allozentrischen Navigierens bzw. des räumlichen Gedächtnisses wird die Fähigkeit des Nervensystems untersucht (a) zu lernen, wo sich der relevante Reiz befindet (z. B. die Plattform in einem Wasserbehälter), sich (b) diese Position über verschiedene Testdurchgänge zu merken und (c) in späteren Durchgängen diese gelernte Reizposition möglichst schnell zu finden.

Aus diesem Testverfahren können eine Vielzahl von Kennwerten ableitet werden, die unterschiedliche, sensorische, motorische und kognitive Aspekte widerspiegeln. Betrachtet man nach dem erfolgreichen Lernen der MWM-Aufgabe nur die Geschwindigkeit, mit der das Tier zur Plattform schwimmt, so erhält man einen Indikator der vor allem die motorische Leistungsfähigkeit repräsentiert. Andere Indikatoren (z. B. Aufenthaltsdauer in dem Bereich, in dem sich die Plattform befand) zeigen beispielsweise an, wie gut sich an die Position der Plattform erinnert wird, was direkt mit der Funktionalität der „Ortszellen" im Hippocampus zusammenhängt. In verhaltenstoxikologischen Untersuchungen ist es mit diesen Verfahren nicht nur möglich LOEALs oder NOEALs für potenzielle Neurotoxine abzuleiten. Durch entsprechende experimentelle Designs (z. B. Behandlung mit dem Neurotoxin vor oder nach der Lernphase) können auch die sensitivsten Funktionen identifiziert und für die Regulation genutzt werden.

Wie eingangs erwähnt wird der Erkenntnisgewinn in den kognitiven Neurowissenschaften durch Humanstudien und komplementäre Tiermodelle erzielt. Daher wurden in den letzten Jahrzehnten auch Testverfahren, wie der *5-choice serial reaction time task* (5-CSRTT), entwickelt und validiert, für die beispielsweise Versionen für Kinder und Labortiere gibt. Den Leistungen, die in diesen „vergleichenden" Verfahren erzielt werden, liegen homologe neuroanatomisch und -biochemische Korrelate in den verschiedenen Spezies zugrunde. Diese Erkenntnis macht sich auch die Verhaltenstoxikologie zunutze, um beispielsweise aus Tierversuchen sensitive Testverfahren abzuleiten, die dann in Humanstudien genutzt werden können.

15.5 Methoden für Humanstudien

Vor allem neurotoxische Effekte durch berufliche Expositionen gegenüber chemischen Arbeitsstoffen standen im Mittelpunkt der ersten, verhaltenstoxikologischen Studien am Menschen. Es gab jedoch in den Anfängen dieser epidemiologischen Forschung eine Vielzahl von Testverfahren/-batterien die eingesetzt wurden und mit denen unter anderem die neurotoxischen Effekte von Kohlenstoffdisulfid (CS_2), organischen Lösemitteln (z. B. Toluol), Blei und Quecksilber in exponierten Stichproben (z. B. Berufsgruppen wie Maler, Lackierer etc.) untersucht wurden. Viele dieser Tests stammten aus der Intelligenzforschung und repräsentierten Aspekte des klassischen Intelligenzquotienten (IQ) für die Handlungsintelligenz. Zu diesem Zeitpunkt war die spezifische und gezielte Testung bestimmter Funktionen noch nicht möglich, da unter anderem kaum computergestützte Verfahren zur Verfügung standen. Im Jahr 1987 empfahl die WHO auf dieser Grundlage die sogenannte *neurobehavioral core test battery* (WHO-NCTB), die aus sechs Tests und einem Fragebogen bestand.

Die von der WHO ausgewählten neurobehavioralen Tests erfassen unterschiedliche kognitive (*digit symbol, digit span, Benton visual retention, simple reaction time*) und motorische Leistungen (*pursuit aiming II, Santa Ana*) und sind im Handbuch *Neuropsychological Assessment* detailliert beschrieben (siehe weiterführende Literatur).

15.5.1
Computergestützte Testbatterien der Verhaltenstoxikologie

Neben diesen Testempfehlungen, die fast ausschließlich aus Papier-und-Bleistift-Tests bestehen, wurden auch verschiedene computergestützte Testbatterien speziell für die Verhaltenstoxikologie entwickelt. In experimentellen und epidemiologischen Humanstudien wurden die folgenden drei Verfahren häufig eingesetzt:

- *neurobehavioral evaluation system* (NES)
- *Swedish performance evaluation system* (SPES)
- *behavioral assessment and research system* (BARS)

Vergleichbar zur FOB handelt es sich auch bei diesen drei Testbatterien um eine Zusammenstellung von Verfahren, die unterschiedliche Funktionsbereiche erfassen.

Basierend auf den Erfahrungen mit neurotoxischen Arbeitsstoffen wurde die Bereiche *Motorik* (z. B. mittels *finger tapping test*), *Gedächtnis* (z. B. Zahlenspanne, Merken von Bildern), *Aufmerksamkeit* (z. B. verschiedene Versionen des *contenious performance tests*, CPT) und *Psychomotorik* (z. B. Zahlen-Symbol-Test) erfasst. Details zu diesen Testbatterien finden sich in den Übersichtsarbeiten von Kent Anger (siehe weiterführende Literatur).

15.5.2
Computergestützte Testbatterien der Neurowissenschaften

Im Vergleich zur sehr differenzierten und spezifischen Erfassung unterschiedlicher Funktionsbereiche mit Verhaltenstests, wie sie in den Neurowissenschaften erfolgt, ist die Zusammenstellung der neurobehavioralen Testbatterien für die verhaltenstoxikologische Forschung eher einfach. Die *Cambridge neuropsychological test automated battery* (CANTAB) ist eine weitverbreitete Testbatterie der klinischen Neuropsychologie bzw. der kognitiven Neurowissenschaften, die sowohl in pharmakologischen als auch in verhaltenstoxischen Studien verwendet wurde. Die CANTAB enthält acht unterschiedliche Tests zur Erfassung von *Gedächtnisleistungen,* sechs Aufgaben zur Messung von *Aufmerksamkeitsfunktionen,* sieben Tests für *exekutive Funktionen,* drei Tests zur *Entscheidungsfindung* und ein Verfahren zur *Erfassung sozialer Kognitionen.* Der letzte Bereich wird mit dem *emotion recognition task* erfasst (Erkennen des emotionalen Gesichtsausdrucks von Gesichtern) und ist unter anderem in der Diagnostik schizophrener Störungen relevant.

15.6
Berücksichtigung von Confoundern und Kovariablen

Im Gegensatz zur CANTAB oder anderer standardisierter Verfahren, die in der klinischen Diagnostik eingesetzt werden und für die es Normwerte zur Bewertung der Testleistungen gibt, werden in verhaltenstoxikologischen Studien häufig unstandardisierte Testleistungen von exponierte Arbeitern mit nicht exponierten Kontrollpersonen verglichen. Dieses weitverbreitete Vorgehen in epidemiologischen Querschnittsstudien ist bei der Nutzung von Verhaltenstests zur Bewertung kognitiver Leistungen problematisch, wenn relevante Confounder/Kovariablen nicht angemessen kontrolliert werden. Diese Faktoren beeinflussen die Testleistungen unabhängig von den zu untersuchenden, neurotoxischen Expositionen.

> Die wichtigsten Einflussgrößen sind: Ausbildungsdauer (*education years*), prämorbide Intelligenz (häufig als *verbal intelligence*) und Alter. Weitere Kovariablen sind Alkohol- und Nikotinkonsum, Schädel-Hirn-Traumata, neurologische und psychiatrische Erkrankungen oder andere chronische Erkrankungen, die Einfluss auf die Bioverfügbarkeit des Toxins nehmen können (z. B. Eisenmangel bei Manganexpositionen). Diese expositionsunabhängigen Faktoren können bis zu 50 % der erfassten Varianz ausmachen.

Drei typische Confounder aus epidemiologischen Studien wurden in Erhebungen mit dem *neurobehavioral evaluation system* (NES) systematisch untersucht. Für sechs computergestützte Tests, die dabei verwendet wurden (*continuous performance test*; *simple reaction time*; *finger tapping*; *symbol-digit-substitution*; *pattern memory*; *serial digit learning*) ergaben sich die folgenden Varianzaufklärungen für die jeweils gemessenen Testleistungen:

- durch Ausbildungsdauer bis zu 10 % (auch Angaben bis 30 % möglich),
- durch allgemeine Intelligenz (gemessen 20 Jahre vorher) bis zu 16 %,
- durch verbale Intelligenz (gemessen mit Reading Test als Hold Test) bis zu 14 %,
- durch Alter bis zu 40 %.

Insgesamt können diese expositionsunabhängigen Faktoren einen erheblichen Anteil (bis 50 %) an der insgesamt aufgeklärten Varianz haben. Vergleichbare Angaben sind einer Längsschnittstudie zu verhaltenstoxischen Effekten beruflicher Toluolexpositionen zu entnehmen. Hier wurde zusätzlich auch der Einfluss des Alkoholkonsums gemessen – als biochemischer Langzeitparameter –, mit dem 4 % der Testvarianz aufgeklärt werden konnte. Der Einfluss dieser Faktoren auf die kognitiven Tests ist in der Regel größer als auf Testleistungen, die in reinen Motoriktests erfasst werden (siehe weiterführende Literatur).

Diese Ergebnisse verdeutlichen, dass bei der Interpretation und Bewertung verhaltenstoxikologischer Humanstudien für die Prävention, also beispielweise für die Ableitung von Arbeitsplatzgrenzwerten, die methodische Qualität (z. B. Inklusion der Kovariablen in das statistische Model, Qualität des Matchings zwischen Exponierten und Kontrollen etc.) der vorliegenden Studien genau geprüft werden muss.

- Es existieren spezielle Tests für verhaltenstoxikologische Untersuchungen von Menschen und Labortieren.
- Es gibt Tests für unterschiedliche Funktionsbereiche (z. B. motorische und kognitive Funktionen).
- Um das mögliche Effektspektrum von Neurotoxinen zu erfassen, werden Tests aus diesen Bereichen in sogenannten Testbatterien zusammengefasst.
- Bei Bewertung von Testleistungen ist auf den Einfluss von Confoundern zu achten (z. B. Alter, verbale Intelligenz, neurologische Erkrankungen).

15.7
Ausgewählte Neurotoxine mit verhaltenstoxischer Humanevidenz

Basierend auf diesem Methodenspektrum konnte für eine Vielzahl von Neurotoxinen (a) die Humanrelevanz verhaltenstoxikologisch nachgewiesen werden und (b) Grenzwerte abgeleitet werden. Im Folgenden sollen beispielhaft drei Substanzklassen beschrieben werden: organische Lösemittel, neurotoxische Metalle und Pestizide.

15.7.1 Organische Lösemittel (chronische Effekte)

Vor allem für die Identifizierung von organischen Lösemitteln als relevante Neurotoxine für den Menschen stammt die überwiegende empirische Evidenz aus vielen Humanstudien, die mit unterschiedlichen neurobehavioralen Verfahren die adverse Wirkung dieser Substanzen auf das Nervensystem nachweisen konnten. Durch teilweise sehr hohe Lösemittelkonzentrationen bei Malern wurde bereits in den 1970er-Jahren, vor allem in den nordischen Ländern, eine berufsbedingte, neurotoxische Erkrankung beschrieben, die durch ein klares und einheitliches Muster von Symptomen (z. B. Vergesslichkeit, Konzentrationsschwierigkeiten) und Einschränkungen der kognitiven, motorischen und sensorischen Leistungsfähigkeit der betroffenen Personen charakterisiert war. Zum damaligen Zeitpunkt waren die funktionellen und strukturellen Schädigungsmechanismen im ZNS und PNS, denen diese verhaltenstoxischen Effekte zugrunde liegen, noch nicht bekannt. Erst mit modernen, bildgebenden Verfahren ist es seit den 1990er-Jahren möglich, die neurotoxischen Mechanismen, die der toxischen Enzephalopathie durch Lösemittel (*chronic solvent induced encephalopathy*, CSE) zugrunde liegen im Humanbereich detailliert zu untersuchen. So zeigte beispielsweise eine PET-Studie (Positronen-Emissions-Tomografie, PET), dass dopaminerge D2-Rezeptoren in den Basalganglien in einer Gruppe von CSE-Patienten eine geringere Dopaminbindung aufwiesen als in Kontrollpersonen. Die Dopaminbindungsfähigkeit war signifikant mit den Testleistungen korreliert, was als direkter Hinweis auf die Assoziation von neurophysiologischen Veränderungen mit Verhaltenseffekten interpretiert werden kann.

Das Vorliegen signifikanter Leistungsminderungen, die kausal mit den beruflichen Lösemittelexpositionen zusammenhängen, ist das wesentliche Merkmal von CSE, dass auch im Kontext von Berufskrankheiten relevant ist. Eine Empfehlung, wie diese Leistungsminderungen valide erfasst und in ihrem Schweregrad bewertet werden können, gibt eine europäische Expertenrunde in einer aktuellen Publikation. Es wird die Testung von fünf Bereichen empfohlen, in denen jeweils mehrere, standardisierte Testverfahren aus Unterbereichen verwendet werden sollen (siehe weiterführende Literatur).

Für die Gruppe der Lösemittel existieren auch Humanstudien, die die *sensorische Neurotoxizität* langjähriger Expositionen untersucht haben. Hier gibt es spezielle Verhaltenstests (z. B. psychophysische Messung von Hörschwellen), mit denen die Funktionsbereiche Hören, Sehen und Riechen bei Mensch und Tier erfasst werden können. Aus Tierversuchen ist die Ototoxizität aromatischer Lösemittel bekannt, und Humanstudien unterstreichen die Relevanz dieser Effekte für den Menschen. In Bereich Sehen ist vor allem das Farbensehen durch Expositionen gegenüber Lösemitteln beeinträchtigt. Toluol und Xylol beeinflussen den Geruchssinn nach akuten Expositionen, und auch chronische Lösemittelexpositionen führen zu Minderungen der Geruchsfunktion.

15.7.2 Organische Lösemittel (akute Effekte)

Neben der Verwendung von neurobehavioralen Tests in epidemiologischen Längs- und Querschnittsstudien können Verhaltenstests auch zur Untersuchung akuter Effekte von Neurotoxinen genutzt werden. Auch hier ist die Klasse der organischen Lösemittel gut untersucht. Diese Substanzen gelangen nach der inhalativen Aufnahme schnell in den Blutkreislauf und reichern sich unmittelbar in verschiedenen Hirnregionen an. In experimentellen Expositionsstudien konnte so mit verschiedenen kognitiven Leistungstests nachgewiesen werden, dass einzelne Lösemittel wie beispielsweise Toluol, aber auch Lösemittelgemische das Nervensystem akut beeinflussen und vor allem Aufmerksamkeitsfunktionen einschränken. Phänomenologisch sind diese Verhaltenseffekte mit den akuten Wirkungen von Alkohol vergleichbar, wo nahezu identische Testverfahren zeigen konnten, dass bei ca. 0,5 ‰ visuelle Aufmerksamkeitsleistungen signifikant reduziert sind.

Neurobiologisch liegen diesen beobachtbaren Effekten unter anderem akute und direkte Interaktionen dieser Substanzen mit Neurotransmitterrezeptoren und Ionenkanälen in den Membranen von Neuronen zugrunde. Prinzipiell werden exzitatorische Prozesse reduziert während die inhibitorische Neurotransmission verstärkt wird. So reduziert Toluol die Erregbarkeit des glutamatergen NMDA-Rezeptors (*N*-Methyl-D-Aspartat, NMDA) während es gleichzeitig die Funktion von inhibitorischen GABA-Rezeptoren verstärkt. Generell äußern sich diese funktionellen Veränderungen der Neurotransmission als ZNS-Sedierung. Bei der Beschreibung von *toxicity pathways* für verschiedene Chemikalien, wie sie aktuell in der Toxikologie diskutiert werden, wurde für die Gruppe der Lösemittel der *„narcosis" pathway* vorgeschlagen und der Weg von der Interaktion der Substanzen mit dem Rezeptor bis zur neurobehavioral messbaren Sedierung beschrieben. Dieses mechanistische Wissen kann in aktuellen, experimentellen Expositionsstudien genutzt werden, um die Auswahl spezifischer Testverfahren zu verbessern.

15.7.3 Metalle

Die Gruppe der Metalle gehört historisch betrachtet zu den ältesten Neurotoxinen, für die es eine klare, verhaltenstoxikologische Evidenz beim Menschen gab. Anorganisches Blei und Quecksilber gehören zu den metallischen Werkstoffen, die schon seit mehreren Jahrtausenden vom Menschen verwendet werden. Bereits die Römer kannten die neurologischen Aspekte einer Bleivergiftung, da sie Blei(II)-acetat (Bleizucker) zum Süßen von Wein einsetzten und Wasserleitungen/Gefäße aus Blei verwendeten. Durch die Verwendung von Blei in Farben wurden im Mittelalter bei vielen Handwerkern neuromuskuläre Veränderungen als Folge des intensiven Umgangs mit Blei beobachtet. Diese Effekte rühren daher, dass Blei sehr gut vom Organismus aufgenommen und in diverse Organe transportiert wird.

Blei akkumuliert vor allem im Knochen (bis zu 90 % der aufgenommenen Dosis), aber auch im Gehirn. Blei verhält sich im Organismus ähnlich wie Calcium und gelangt mit den gleichen Transportern über die BHS und in Nervenzellen. Dort verändert Blei eine Vielzahl biologischer Prozesse, vor allem solche, an denen Calcium beteiligt ist. Durch diese Wirkung nimmt Blei unter anderem Einfluss auf unterschiedliche Prozesse der Reizweiterleitung zwischen Neuronen, was sich im Verhalten als reduzierte Testleistung in verschiedenen motorischen und kognitiven Bereichen zeigt. Diese Effekte sind seit mehreren Jahrzehnten in epidemiologischen Querschnittsstudien dokumentiert, und bei Blutbleispiegel von ca. 30 µg/dL zeigen die exponierten Arbeiter reduzierte Leistungen vor allem bei Tests der Motorik. Neben diesen Effekten von Blei auf das adulte Nervensystem gibt es hinreichend Evidenz aus Humanstudien, dass Blei entwicklungsneurotoxisch wirkt. Die neurobiologischen Prozesse, die von Blei verändert werden, sind vor allem bei der Gehirnentwicklung relevant und prä- und perinatale Bleiexpositionen sind mit reduzierten kognitiven Leistungen der betroffenen Kinder assoziiert. Große Kohortenstudien aus verschiedenen Ländern zeigen einen Einfluss der mütterlichen Bleibelastung auf den Intelligenzquotienten der Kinder. Nicht zuletzt haben diese Erkenntnisse zu Maßnahmen geführt, die eine dramatische Reduktion der umweltbedingten Bleiexpositionen erreicht haben (unter anderem Verbot von verbleitem Benzin).

Ein weiteres Metall, bei dem verhaltenstoxische Effekte bereits seit Jahrhunderten bekannt sind, ist *Quecksilber*. Der *verrückte Hutmacher* aus dem Märchen *Alice im Wunderland* ist ein historisches Beispiel für einen Berufsstand, der durch berufliche Quecksilberexpositionen zu auffälligem Verhalten tendierte. Das englische Sprichwort *mad as a hatter* („verrückt wie ein Hutmacher“) dokumentiert auf anekdotische Weise den Einfluss von Quecksilber auf das Nervensystem. Vor allen Quecksilberionen (Hg^{2+}) und organische Quecksilberverbindungen werden vom Organismus gut aufgenommen, können nahezu ungehindert die BHS überwinden und neurotoxische Schäden auslösen. Methylquecksilber bindet an die Thiolgruppe von Cystein und verhält sich dadurch im Organismus wie Methionin, eine essenzielle Aminosäure, die zur Proteinbiosynthese benötigt wird. Die starke Affinität von Quecksilberionen und Methylquecksilber zu Thiolgruppen führt zu einer Modifikation von Proteinen, die für die Funktionalität des Nervensystems von essenzieller Bedeutung sind. So können sehr unterschiedliche zelluläre und molekulare Mechanismen (unter anderem Störung der Dynamik der Mikrotubuli) dazu führen, dass das Nervensystem seine Fähigkeit zur aktivitätsabhängigen Plastizität verliert und so kognitive Leistungsdefizite in Verhaltenstests offenbar werden. Für diese verhaltenstoxischen Effekte von Quecksilber gibt es mehrere systematische Reviews und Metaanalysen, die verminderte Testleistungen in exponierten Kollektiven wiederholt zeigen konnten (siehe weiterführende Literatur). Wie Blei zählt auch Methylquecksilber zu den entwicklungsneurotoxischen Substanzen, deren Effekte mit Verhaltenstests in umfangreichen Humanstudien nachgewiesen werden konnten (siehe weiterführende Literatur).

Weitere Neurotoxine aus der Gruppe der Metalle sind Aluminium und Mangan. Während es sich bei Mangan um ein essenzielles Spurenelement handelt, das der Mensch mit der Nahrung aufnimmt, ist Aluminium nicht an physiologischen Prozessen im Organismus beteiligt.

Für *Mangan* stellt vor allem die inhalative Aufnahme den toxikologisch relevanten Aufnahmeweg da. Gelangt Mangan aus den Respirationstrakt direkt ins Blut, umgeht es bei dieser Aufnahme die homöostatische Regulation im Magen-Darm-Trakt, und es kommt zu einer Akkumulation von Mangan im Gehirn. Da es sich um ein essenzielles Spurenelement handelt, das eine große Ähnlichkeit mit Eisen aufweist, wird es über Metalltransporter in Nervenzellen aufgenommen und kann die Funktion dieser Zellen beeinträchtigen. Damit findet sich Mangan in allen Strukturen des Gehirns, bevorzugt in den eisenreichen Basalganglien. Sehr hohe berufliche Manganexpositionen, etwa bei Schweißern oder Arbeiter in Manganminen, führen zu Manganismus, einer neurologischen Erkrankung, dessen klinisches Erscheinungsbild der Parkinson-Erkrankung ähnelt. Die Betroffenen zeigen Gangstörungen, Tremor und teils schwere kognitive Defizite. Auch niedrigere, inhalative Expositionen führen zu neurotoxischen Effekten, die sich im eingeschränkten Reaktionsverhalten zeigen. So zeigen viele epidemiologische Studien, dass manganexponierte Arbeiter bei motorischen Tests, wie dem *finger tapping*, schlechtere Leistungen erbringen als nicht exponierte Kontrollen. Auch andere motorische und kognitive Leistungen, die auf Basalganglienstrukturen beruhen, sind bei Manganexponierten eingeschränkt.

Aluminium ist kein essenzielles Spurenelement, wird aber vom Organismus vor allem im Respirationstrakt gut resorbiert und gelangt durch Metalltransporter (z. B. *divalent metal transporter*, DMT-1) in neuronale Zellen. Auch für dieses Metall sind schwere, neurotoxische Effekte bekannt, die durch die Verwendung von Aluminium als Phosphatbinder in der Dialyse entstanden sind. Die sogenannte Dialyse-Enzephalopathie ist vor allen im Endstadium von einer hochgradigen Demenz gekennzeichnet, die der neurodegenerativen Alzheimer-Erkrankung nicht unähnlich ist. In diesem Zusammenhang wird auch diskutiert, ob die umweltbedingte Exposition gegenüber Aluminium, das in einer Vielzahl von Produkten des täglichen Lebens (unter anderem Deodorants, Käse, Impfungen) verwendet wird, das Risiko erhöht an Alzheimer zu erkranken. Genährt wird diese mögliche Assoziation vor allem über die Mechanismen, mit denen Aluminium seine Neurotoxizität entfaltet. Aluminium schädigt vor allem cholinerge Neurone, und durch ihre starke positive Ladung können Aluminiumionen (Al^{3+}) konfirmatorische Veränderungen an Proteinen auslösen. Diese Veränderungen von Proteinen im Gehirn können zu Tau-Fibrillen oder amyloide Plaques führen, den typischen, pathophysiologischen Veränderungen bei Alzheimer-Patienten. Belastbare epidemiologische Studien, die diesen Zusammenhang klar belegen, sind momentan allerdings nicht verfügbar. Anders verhält es sich mit der verhaltenstoxikologischen Evidenz für kognitive Leistungsminderungen durch berufliche Aluminiumexpositionen (z. B. bei Schweißern). Hier zeigten mehrere unabhängige Querschnittsstudien und systematische Zusammenfassungen mithilfe metaanalytischer Verfahren, dass vor allem Lern- und Gedächtnisleistungen bei den exponierten Arbeitern reduziert waren. Auch tierexperimentelle und mechanistische Studien stützen die spezifischen Effekte von Aluminium auf diesen Funktionsbereich. So ist bekannt, dass Aluminium (a) den glutamatergen NMDA Rezeptor in Hippocampusneuronen inhibiert, dieser Rezeptor (b) essenziell für Lernprozesse ist, und mit dem MWM-Test konnte gezeigte werden, dass (c) die Lernleistung von Ratten, die mit Aluminium im Trinkwasser behandelt wurden, signifikant schlechter war als die der Kontrolltiere.

15.7.4 Pestizide (Pflanzenschutzmittel/Mittel zur Schädlingsbekämpfung)

Pestizide sind eine sehr heterogene Gruppe von Chemikalien, die gegen unterschiedliche Zielorganismen eingesetzt werden (z. B. Fungizide gegen Pilze, Insektizide gegen Insekten). Vor allem Insektizide, wie Phosphorsäureester, Carbamate, Pyrethroide und Neonicotinoide, sind Nervengifte, die gezielt Enzyme (z. B. Acetylcholinesterase) und Rezeptoren (z. B. den nicotinischen Acetylcholinrezeptor) im Nervensystem von Insekten angreifen sollen. Auch die mittlerweile weltweit verbotenen chlororganische Verbindungen wie Lindan, DDT, Heptachlor oder Dieldrin gehören zur Gruppe der Insektizide. Neuro- und verhaltenstoxikologisch müssen bei dieser Substanzgruppe akute von chronischen Effekten unterschieden werden.

Akute Effekte werden in der Regel durch Intoxikationen ausgelöst und münden häufig in eine sogenannte cholinerge Krise. Durch die Überstimulation cholinerger Synapsen kommt es zu akuter Muskelschwäche, Bradykardie oder übermäßigem Speichelfluss. Durch die Gabe von Atropin kann diese akute Krise meist effektiv behandelt werden.

Von verhaltenstoxikologischer Relevanz sind *chronische, berufliche Expositionen*, wie sie in der Landwirtschaft vorkommen. In der epidemiologischen Literatur gibt es viele Hinweise auf motorische und kognitive Leistungsminderungen bei Beschäftigten aus der Landwirtschaft (z. B. Insektizidsprüher), im Vergleich zu den anderen Beispielen in diesem Kapitel handelt es sich hier aber um sehr unklare Mischexpositionen, die teilweise saisonal bedingt variieren. Als Indikator für die Höhe der chronischen Exposition kann häufig nur die Expositionsdauer verwendet werden. Berücksichtigt man diesen groben Indikator der kumulativen Pestizidexposition, so zeigen die Ergebnisse einer aktuellen Metaanalyse einen Zusammenhang zwischen Effektstärke und Expositionsdauer. In Kollektiven, in denen die Exponierten mehr als zehn Jahre beruflichen Kontakt mit Pestiziden hatten, waren die Unterschiede zu den nicht exponierten Kontrollpersonen (also die Effektstärke) größer als in Kollektiven, in denen die Exposition kürzer als zehn Jahre betrug.

15.8 Zusammenfassung

- Die Verhaltenstoxikologie liefert für eine Vielzahl neurotoxischer Substanzen die Evidenz, dass die Effekte humanrelevant sind.
- Den Beispielsubstanzen liegen sehr unterschiedliche neurotoxische Mechanismen zugrunde, die alle zu verändertem Verhalten führen.
- Wird das Neurotoxin schnell in den Organismus aufgenommen, so lassen sich auch akute Effekte mit Verhaltenstests erfassen.

Die Verhaltenstoxikologie hat durch tierexperimentelle Studien erheblich zur Identifizierung des neurotoxischen Potenzials von Chemikalien beigetragen. Mithilfe dieser Studien konnten wichtige Schädigungsmechanismen identifiziert werden. Mit *in-vitro*-Verfahren konnten und können diese Mechanismen noch detaillierter untersucht werden, um das neuro- bzw. verhaltenstoxische Potenzial bisher ungetesteter Substanzen zu erfassen. Die Verwendung verhaltenstoxikologischer Testverfahren im Humanbereich hat ebenfalls einen erheblichen Beitrag zum *risk assessment* geleistet. Vor allem im Bereich der Regulation chemischer Arbeitsstoffe sind diese Studien nahezu unersetzlich, um die Adversität von Expositionen gegenüber Neurotoxinen erfassen und bewerten zu können.
Seit einigen Jahren besteht für verschiedene Neurotoxine der Verdacht, dass sie an der Entstehung neurodegenerativer Erkrankungen beteiligt sind. Dieser Verdacht beruht vielfach auf ähnlichen neurobiologischen Schädigungsmechanismen (z. B. neuroinflammatorische Prozesse), die bei neurodegenerativen Erkrankungen beobachtet werden, die aber auch durch Neurotoxine ausgelöst werden können. Pestizide sollen durch ihre Effekte auf dopaminerge Neurone an der Entstehung von Parkinson beteiligt sein. Aluminiumexpositionen sollen die Entstehung von Alzheimer begünstigen, und auch Manganexpositionen oder die Exposition gegenüber organischen Lösemitteln werden als Risikofaktoren in der Ätiologie von Parkinson diskutiert. Um diese offenen Fragen beantworten zu können, sind in Zukunft gut kontrollierte, verhaltenstoxikologische Studien notwendig, die sich nicht nur an den historischen Empfehlungen von neurobehavioralen Testbatterien (WHO-NBCT, NES, BRAS, SPES) orientieren, sondern aktuelle Erkenntnisse der Neurowissenschaften nutzen, um sensitiv und spezifisch testen.

Weiterführende Literatur

Anger, W.K. (2003) Neurobehavioural tests and systems to assess neurotoxic exposures in the workplace and community. *Occup. Environ. Med.*, **60**, 531–548.

Anger, W.K. (1984) Neurobehavioral testing of chemicals: Impact on recommended standards. *Neurobehav. Toxicol. Teratol.*, **6**, 147–153.

Grandjean, P. und Landrigan, P.J. (2006) Developmental neurotoxicity of industrial chemicals. *Lancet*, **368**, 2167–2178.

Letz, R. (1991) Use of computerized test batteries for quantifying neurobehavioral outcomes. *Environ. Health Perspect.*, **90**, 195–198.

Lezak, M.D. (2012) *Neuropsychological Assessment*, 5. Aufl., Oxford University Press, Oxford, New York.

McMillan, D.E. (1998) Neurobehavioral toxicology and addiction, in *Introduction to Neurobehavioral Toxicology: Food and Environment*, (Hrsg. R.J.M. Niesink, R.M.A. Jaspers, L.M.W. Kornet, J.M. van Ree und H.A. Tilson), CRC Press Inc, Boca Raton, S. 2–24.

Meyer-Baron, M., Schaeper, M., van Thriel, C. und Seeber, A. (2004) Neurobehavioural test results and exposure to inorganic mercury: in search of dose-response relations. *Arch. Toxicol.*, **78**, 207–211.

Meyer-Baron, M., Knapp, G., Schaper, M. und van Thriel, C. (2009) Performance alterations associated with occupational exposure to manganese – a meta-analysis. *Neurotoxicology*, **30**, 487–496.

Meyer-Baron, M., Knapp, G., Schaper, M. und van Thriel, C. (2015) Meta-analysis on occupational exposure to pesticides–neurobehavioral impact and dose-response relationships. *Environ. Res.*, **136**, 234–245.

Moser, V.C. und MacPhail, R.C. (1992) International validation of a neurobehavioral screening battery: The IPCS/WHO collaborative study. *Toxicol. Lett.*, **64–65** Spec No, 217–223.

Seeber, A., Schaper, M., Zupanic, M., Blaszkewicz, M., Demes, P., Kiesswetter, E. und van Thriel, C. (2004) Toluene exposure below 50 ppm and cognitive function: A follow-up study with four repeated measurements in rotogravure printing plants. *Int. Arch. Occup. Environ. Health*, **77**, 1–9.

Sethi, P., Jyoti, A., Singh, R., Hussain, E. und Sharma, D. (2008) Aluminium-induced electrophysiological, biochemical and cognitive modifications in the hippocampus of aging rats. *Neurotoxicology*, **29**, 1069–1079.

Spencer, P.S., Schaumburg, H.H. und Ludolph, A.C. (2000) *Experimental and Clinical Neurotoxicology*, 2. Aufl., Oxford University Press, New York, S. 1352.

van Thriel, C., Westerink, R.H., Beste, C., Bale, A.S., Lein, P.J. und Leist, M. (2012) Translating neurobehavioural endpoints of developmental neurotoxicity tests into *in vitro* assays and readouts. *Neurotoxicology*, **33**, 911–924.

van Valen, E., van Thriel, C., Akila, R., Nilson, L.N., Bast-Pettersen, R., Sainio, M., van Dijk, F., van der Laan, G., Verberk, M. und Wekking, E. (2012) Chronic solvent-induced encephalopathy: European consensus of neuropsychological characteristics, assessment, and guidelines for diagnostics. *Neurotoxicology*, **33**, 710–726.

16
Haut

B. Blömeke

16.1
Einleitung

> Die Haut bildet das Grenzorgan des Organismus zur Umwelt. Sie besteht, von außen nach innen, aus drei Hauptschichten: der Epidermis, der Dermis und der Subkutis (Abb. 16.1).

Die Haut und die Hornhaut des Auges bilden die äußerste Begrenzung eines Organismus. Abhängig von der Körpergröße beträgt die Oberfläche 1,5–2 m^2 mit einem Gewicht 3,5–10 kg. Durch ihre besonderen Eigenschaften schützt sie den Organismus weitgehend vor äußeren Einflüssen wie Temperatur, UV-Strahlung, Verletzungen und Exposition gegenüber Chemikalien.

16.2
Aufbau

Die *Epidermis* (Dicke je nach Körperregion 0,05–0,06 mm) besteht aus einem verhornenden mehrschichtigem Plattenepithel, welches sich beim Menschen etwa alle 28 Tage erneuert. Die Hauptzellpopulation (etwa 90 %) der Epidermis sind Keratinozyten, daneben findet man Melanozyten und Langerhans-Zellen. Letztere stellen den periphersten Posten des Immunsystems dar. Die Epidermis wird, von außen nach innen in vier verschiedene Schichten eingeteilt: Stratum corneum, Stratum granulosum, Stratum spinosum, Stratum basale. Das Stratum corneum bildet die undurchlässige äußerste Grenzschicht (Hornschicht). Diese Schicht wird vom darunterliegenden Stratum granulosum gebildet. Die Keratinozyten des Stratum spinosum und Stratum basale sind unverhornt. Die Erneuerung der Epidermis erfolgt von sich teilenden Zellen des Stratum basale.

Die Epidermis ist über eine extrazelluläre Matrix – *Basallamina* – mit der Dermis verknüpft. Zur Bildung der Basallamina tragen Zellen beider Lagen bei: Zellen des Stratum basale sezernieren extrazelluläre matrixbildende Elemente in Rich-

Das Toxikologiebuch, 1. Auflage. Helmut Greim (Hrsg.).

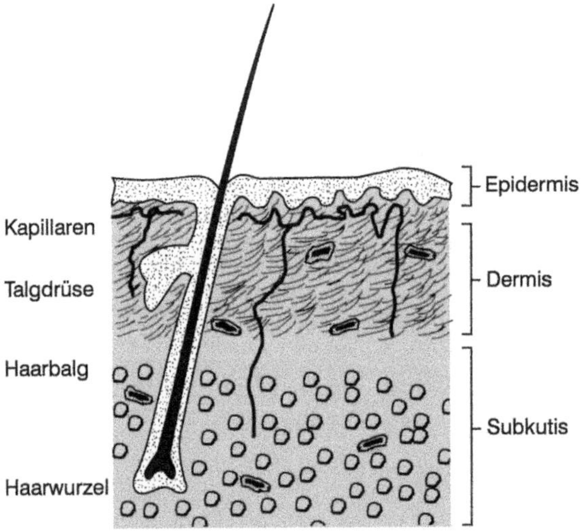

Abb. 16.1 Halbschematische Darstellung eines Querschnitts durch die Haut. (Nur die im Text angeführten anatomischen Details sind wiedergegeben.)

tung der Dermis. Ferner verknüpfen sie sich über transmembranöse Proteine (Integrine und Lamine), die die Basallamina durchziehen, mit Ankerfibrillen, die ihrerseits im dermalen Kollagen der *Dermis* verankert sind.

Die *Dermis* (0,6 mm) ist das bindegewebige Gerüst der Haut und gleichzeitig deren Versorgungsteil als Träger der Gefäße und Nerven. Beim Bindegewebe handelt es sich um ein Fasergeflecht, das von Fibroblasten gebildet wird. Weiterhin ist das Geflecht von verschiedenartigen Zellen wie Pathogen-aufnehmenden Zellen (dermale dendritische Zellen), Monozyten, Adipozyten und Gedächtniszellen durchsetzt. In der Nähe der Epidermis befinden sich zahlreiche Blutkapillaren und Ausläufer der Lymphgefäße. Darüber hinaus ist die Region über den lymphatischen Plexus mit regionalen Lymphknoten verknüpft. An die Dermis schließt sich ohne scharfe Abgrenzung eine weitere bindegewebsartige Schicht, die Subkutis, an.

Die *Subkutis* ist ein Fettgewebspolster. Allerdings stellen lediglich nur 10–12 % aller Zellen Fettzellen (Adipozyten) dar. Adipozyten sind allerdings vergleichsweise größere Zellen (57–100 µm), die sich dynamisch, je nach Lipidvorrat, expandieren oder verkleinern. Weiterhin findet man in dem sehr lockeren Bindegewebsnetz Fibroblasten, Makrophagen, Endothelzellen und Adipozytenvorläuferzellen.

Ferner sind integraler Bestandteil der Haut die *Anhangsgebilde* wie *Haarbälge, Nagelbett, Schweiß-, Talg- und Duftdrüsen.* Diese sind epidermaler Herkunft, jedoch tief in die Dermis eingebettet (Abb. 16.1).

Der Aufbau der einzelnen Hautschichten und die Verteilung der Hautanhangsgebilde unterscheiden sich in den verschiedenen Körperregionen und bestimmen damit die lokal unterschiedlichen Reaktionen auf Umwelteinflüsse. Zum Beispiel ist die Epidermis an Handfläche und Fußsohle um ein Vielfaches dicker als an der übrigen Körperhaut und bietet damit einen erhöhten mechanischen Schutz, während sie z. B. an der Innenseite der Oberarme besonders dünn ist.

Die Schleimhäute sowie die Bindehaut am Auge unterscheiden sich von der Haut dadurch, dass die Zellen der äußeren Schicht nicht verhornen.

Die Hornhaut des Auges, die entgegen ihrem Namen ebenfalls keine Hornschicht besitzt, stellt eine Besonderheit dar: Ihr subepitheliales Gewebe ist nur in der äußersten Peripherie von Blut- und Lymphgefäßen durchzogen, und sie ist aufgrund ihrer spezifischen Struktur und Dichte transparent.

16.3 Funktion

Die Haut schützt die übrigen Organe vor mechanischen, chemischen, physikalischen und biologischen Schäden. Dieser Schutz wird durch extrazelluläre Moleküle, mit der Haut assoziierten Mikroorganismen und durch Haut- und Immunzellen vermittelt. Die Gesamtoberfläche dieses Organs beträgt 1,5–2 m^2. Die Haut wiegt 3 kg bzw. unter Einrechnung des Fettgewebes bis zu 20 kg. Ihre Dicke schwankt regional zwischen 1,5 und 4 mm, wovon etwa 0,06 mm auf die Epidermis entfallen.

Die *Epidermis* schützt vor übermäßigem Wasserverlust, verhindert die verstärkte Aufnahme von Toxinen, puffert einen gewissen mechanischen Stress durch Scherkräfte ab und beteiligt sich am Aufbau einer Immunantwort. Es ist bemerkenswert, dass diese Aufgaben fast ausschließlich durch ein Organ erfüllt wird, deren Dicke je nach Körperregion maximal 0,06 mm beträgt.

Das Stratum corneum (Hornschicht) bildet eine erste Barriere bestehend aus abgeplatteten, miteinander verzahnten Zellreihen (10–20, Abb. 16.2). Nach außen hin wird sie von einem emulsionsartigen, aus sezerniertem Talg, Wasser und abgeschilferten Zellmaterial bestehenden Mantel überzogen, der das Austrocknen des Stratum corneum verhindert. Das Stratum corneum bildet die Barriere für Wasser, Elektrolyte und die meisten Fremdstoffe und Mikroorganismen. Die darunter gelegenen Zellen des Stratum granulosum bauen durch einen Gürtel von Interzellularverbindungen (*tight junctions*) eine weitere Barriere auf, die nur die Aufnahme von kleinen Molekülen und Ionen nicht verhindert. Im Stratum spinosum befinden sich neben den Keratinozyten auch einige Pathogen-/Antigen-sammelnde Zellen des Immunsystems (Langerhans-Zellen; ca. 1 auf 400 Keratinozyten), die die Schutzfunktionen übernehmen. Letztere können mithilfe ihrer Zellfortsätze, unter Aufrechterhaltung der Barriere, die *tight junctions* durchdringen. Sie erreichen so die äußeren Zelllagen und nehmen dort

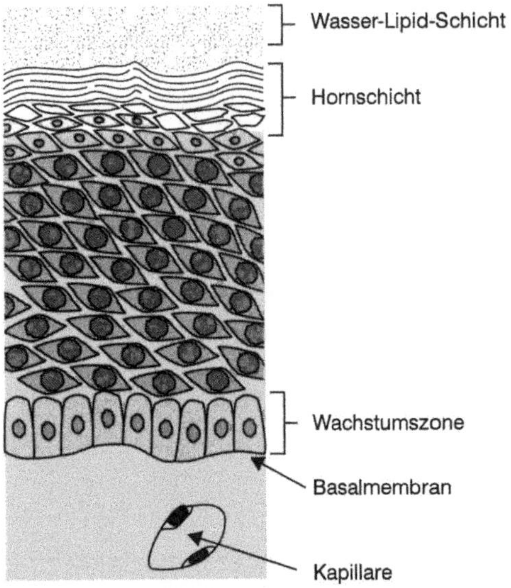

Abb. 16.2 Halbschematische Darstellung eines Querschnitts durch die Epidermis.

Pathogene auf. Das Stratum basale besteht aus einer Zellschicht aus zylindrischen Zellen, die Stammzellcharakter aufweisen. Diese Zellen sorgen für die Erneuerung der Epidermis. Weiterhin sind die Zellen des Stratum basale über die Basallamina mit der Dermis verzahnt. Letztere wird aber auch als Diffusionsbarriere für größere Proteine (Molekülmasse $M > 40$ kDa) verwendet.

Die *Dermis* übernimmt wichtige Aufgaben bei Wundheilung und der Pathogenabwehr. Im Gegensatz zur Epidermis verfügt sie über Gefäße, die für die Versorgung des Gewebes benötigt werden. Die Haut wird innerhalb von 20 min von dem gesamten Blutvolumen durchströmt, damit ist die Blutmenge etwa 20-mal höher als es für die Versorgung des Gewebes erforderlich wäre, allerdings ist dieser erhöhte Blutdurchfluss für die Thermoregulation des Gesamtorganismus notwendig.

Aufgrund der lockeren, lamellaren Struktur der Subkutis lässt sich die Haut verschieben und bietet mechanischen Schutz. Weiterhin liefert ihr hoher Fettanteil (Lipide) einen gewissen Kälteschutz und dient als Energiequelle (Depot). Neuere Arbeiten verdeutlichten zusätzlich, dass die Subkutis sehr umfangreiche endokrine Funktionen durch Sekretion einer Vielzahl von entsprechend wirkenden Proteinen übernimmt. Aufgrund seines umfangreichen Vorkommens bildet die Subkutis letztlich das größte endokrine Organ des Menschen. Derzeit wird die Beziehung zwischen diesem Organ und dem Lipidstoffwechsel sowie seine Interaktion mit dem Immunsystem sehr intensiv analysiert.

Insgesamt ist die Haut sehr reich an Zellen des angeborenen und adaptiven Immunsystems, sodass sie als *Immunorgan* dem Thymus und den Lymphknoten an Bedeutung nicht nachsteht (Kapitel 19). Man findet in der Haut eines gesunden Erwachsenen allein schon ca. 20 Milliarden Gedächtniszellen, also pathogenerfahrene Lymphozyten, wohingegen im gesamten Blut etwa nur 10 Milliarden Gedächtniszellen zirkulieren. Der Großteil der überwiegend permanent in der Haut residierenden Immunzellen befindet sich in der Dermis, nur ein äußerst geringer Anteil verweilt in der Epidermis. Diese Anzahl und Verteilung untermauert die Bedeutung der Haut als Schutz des gesamten Organismus vor Pathogenbefall und anderen Umwelteinflüssen.

Gegen die Einwirkung von Lichtstrahlen gewährt die Haut einen partiellen Schutz durch die Produktion des lichtabsorbierenden braunen *Melanins*, welches von den Melanozyten gebildet wird.

16.3.1 Resorption

> Die Aufnahme von Chemikalien durch die Haut wird im Wesentlichen durch die Permeabilität der Hornschicht bestimmt.

Die Resorption erfolgt ausschließlich über passive Diffusion. Da sich der äußere, fetthaltige Schutzfilm unmittelbar in die intrazellulären Räume der Hornschicht fortsetzt, weist diese einen stark lipophilen Charakter auf. Infolgedessen durchdringen polare und ionisierte Moleküle die Hornschicht nur sehr schlecht, während unpolare und nicht ionisierte Moleküle sehr viel leichter durch sie hindurchtreten können. Aufgrund der strukturellen Bedingungen der Hornschicht werden große Moleküle ($M > 500$ Da) nur sehr langsam aufgenommen.

Die *Permeabilität* der Hornschicht ist weiterhin vom Hydratationsgrad bestimmt, was insbesondere für wasserlösliche Substanzen von Bedeutung ist. Außerdem ist die Resorption von der Hauttemperatur und regionalen anatomischen Unterschieden abhängig, da Hornhautdicke als auch seine Lipidzusammensetzung regional verschieden sind. Zum Beispiel erhöht sich die Absorption von Steroiden um das 10- bis 100-Fache, wenn die Stelle der Auftragung mit einer Plastikhülle abgeschlossen wird, die den Hydrationsgrad erhöht. Ebenso kann das vermehrte Abschilfern verhornter Zellen bei Trockenheit die Resorption von Chemikalien erheblich erleichtern. Die Rolle der Schweißdrüsen und Haarwurzeln bei der Resorption von Chemikalien ist in der Regel nur von geringerer Bedeutung, kann aber im Einzelfall (bestimmte Nanopartikel, Hydrocortison) von Belang sein.

Verschiedene Chemikalien, wie Lösungsmittel oder Detergenzien beschleunigen ihre eigene perkutane Aufnahme, oder die in ihnen gelöster Stoffe, indem sie die Wasser-Lipid-Schicht zerstören.

Der hohe Blutdurchfluss hat auch für die toxische Wirkung von Chemikalien erhebliche Bedeutung. Einerseits werden Substanzen, die die Barriere der Epidermis überwunden haben, schnell dem systemischen Blutkreislauf zugeführt, andererseits werden potenziell fototoxische Chemikalien, die mit dem Blut zirkulieren, an lichtexponierte Körperoberflächen gebracht.

16.3.2
Metabolismus

> Die Kapazität der Haut für den Metabolismus von Fremdstoffen ist bisher nur unzureichend untersucht.

Die hauteigene Aktivität der fremdstoffmetabolisierenden Enzyme beträgt einen Bruchteil der Aktivitäten in der Leber, allerdings gibt es auch Unterschiede zur Leber. Dennoch reicht die geringere Aktivität mancher Phase-I-Enzyme offensichtlich aus, um reaktionsträge Chemikalien, wie aromatische, polyzyklische Kohlenwasserstoffe, in reaktive Produkte umzuwandeln. Weiterhin besitzt die Haut eine gut ausgebildete Expression von Genen für Phase-II-Enzyme. Hierdurch können Chemikalien im Zuge ihrer Aufnahme durch die Haut in einem solchen Grad metabolisiert werden, dass nur ein kleiner Teil unverändert in den systemischen Blutkreislauf gelangt (vgl. Kapitel 3).

16.4
Toxikologie der Haut

Die Haut bildet ein bevorzugtes Organ toxischer Reaktionen.

> Mehr als die Hälfte aller berufsbedingten Erkrankungen betrifft die Haut. Neben dem großen Expositionsrisiko liegt die relativ hohe Zahl der gemeldeten Hauterkrankungen (Dermatosen) z. T. darin begründet, dass Hautveränderungen leichter erkennbar sind als andere Symptome einer Intoxikation, wie etwa Müdigkeit oder Magenverstimmung. Sie beruhen nicht selten auf einer Entzündung oder einer Immunreaktion, die durch den kaum vermeidbaren Kontakt mit kleinsten Mengen an Chemikalien ausgelöst wird.

16.4.1
Reizung und Verätzung

> Gelangt ein biologisch wirksamer Stoff durch die Hornschicht, so reagiert die Haut als erstes mit einer Rötung und Schwellung, d. h. einer lokalen Entzündung.

Bei länger anhaltender, unterschwelliger Reizung, wie sie häufig beim Umgang mit Gips, Zement, verdünnten Alkalien oder organischen Lösungsmitteln vorkommt, können sich Verdickungen der Haut und Bläschen entwickeln, die unter Umständen in Krusten- und Schuppenbildung übergehen. Diese als *Kontaktekzeme* bezeichneten Veränderungen bilden sich nach Beendigung der Exposition

Tab. 16.1 Stoffe, die reizend und ätzend auf Haut und Schleimhaut wirken.

Metalle	$HgCl_2$, $K_2Cr_2O_7$
Säuren	HCl, H_2SO_4, HNO_3, Ameisen-, Oxalsäure
Laugen	NaOH, KOH, NH_3
Aldehyde	Form-, Metaldehyd
Phenole	Kresol, Carbolsäure
Lösungsmittel	Trichlorethylen

in der Regel wieder zurück. Bleibt ein Ekzem allerdings über lange Zeit bestehen, kommt es zu permanenten Strukturveränderungen, die mit einer verminderten Funktionsfähigkeit einhergehen.

Laugen, Säuren, Metallsalze und verschiedene organische Verbindungen (Tab. 16.1) können den direkten Zelltod und die Zerstörung des betroffenen Gewebes, d. h. Korrosionen und Verätzungen, bewirken. Derartige Läsionen werden je nach Schweregrad durch vollkommenen Ersatz von verlorenem Epithel oder unter Ausbildung von Narbengewebe repariert. Säuren fällen sehr effektiv zelluläres und extrazelluläres Protein aus und schaffen damit eine Barriere, die ihr weiteres Vordringen verlangsamt. An der Proteinfällung kann, besonders bei Einwirkung von konzentrierter Schwefelsäure, eine Dehydrierung und Wärmeentwicklung ursächlich beteiligt sein. Laugen dagegen lösen die Peptidbindung der Proteine und führen zu einer fortschreitenden Gewebsauflösung. Daher tritt der Effekt von Laugen nur verzögert auf, und anfänglich milde erscheinende Verletzungen können tiefe Gewebsdefekte und Geschwüre nach sich ziehen.

> Die Hornhaut des Auges ist besonders gefährdet, weil Veränderungen im Bindegewebe, dem Stroma, die Transparenz vermindern oder aufheben.

So führt die Narbenbildung – an anderen Körperstellen ein erwünschter Reparaturprozess – zum Verlust der Sehfähigkeit. Eine permanente Trübung der Hornhaut kann sich auch ergeben, wenn im Gefolge einer Reizung durch Chemikalien die randständigen Blutgefäße zu wachsen beginnen und in das zentrale Stroma einwandern.

16.4.2
Kontaktdermatitis und unerwünschte Arzneimittelreaktion der Haut

> Neben der direkten entzündlichen Reaktion kann die Haut auf eingedrungene Chemikalien auch mit der Mobilisierung der Immunabwehr reagieren.

Tab. 16.2 Stoffe, die häufig eine Kontaktallergie auslösen.

Desinfektionsmittel	Formaldehyd, Quecksilberverbindungen
Beschleuniger	Tetramethylthiuramdisulfid
Filmentwickler	Hydrochinon
Kohleteerprodukte	Polyzyklische aromatische Kohlenwasserstoffe
Zement	Kaliumdichromat
Farbstoffe	*p*-Phenyldiamine, Azoverbindungen
Modeschmuck	Nickel
Lichtschutzmittel	*p*-Aminobenzoesäure
Arzneimittel	Sulfonamide, Phenothiazine

Als Folge treten insbesondere allergische Reaktionen, die man als *Kontaktallergien* bezeichnet, auf. Um sie auszulösen, müssen die potenziell allergenen Substanzen kovalent an Gewebs- oder Serumproteine binden. Der so gebildete Komplex löst die Kaskade der immunspezifischen Antwort aus. Innerhalb einer Woche entwickelt sich eine erhöhte Empfindlichkeit gegen die komplexbildende Substanz, und bei erneuter Exposition reagiert die Haut an der Kontaktstelle mit entzündlichen Erscheinungen, die von Zellen des Immunsystems ausgelöst werden. Das Erscheinungsbild ähnelt häufig dem Bild der primären Reizung.

Manche Chemikalien, wie Formaldehyd, sind per se ausreichend reaktiv, um mit Proteinen eine kovalente Bindung einzugehen (*Haptene*). Andere, wie aromatische Kohlenwasserstoffe, müssen erst enzymatisch oder fotochemisch in reaktive Formen umgewandelt werden (*Prohaptene*).

Die Bedeutung der Kontaktallergie lässt sich daraus ermessen, dass mehr als 1000 Substanzen aus dem gewerblichen und privaten Lebensbereich bekannt sind, die eine Kontaktallergie hervorrufen können (Tab. 16.2). Das Risiko wird dadurch noch vergrößert, dass gleichzeitig Reaktionen auf verwandte Substanzen und Substanzgruppen, d. h. eine *Kreuzreaktivität*, möglich sind.

Besonders schwere Hautreaktionen nach oraler Exposition, bei denen auch die inneren Schleimhäute beteiligt sind, finden sich im Rahmen des sehr selten vorkommenden Lyell-Syndroms und des Stevens-Johnson-Syndroms. Als Auslöser dieser gefürchteten Immunreaktionen, die mit einer großflächigen Blasenbildung und massivem Gewebszerfall einhergehen, sind Medikamente, wie z. B. Penicilline, Sulfonamide, Phenytoin, Barbiturate und Pyrazolderivate, bekannt.

Eines der bekanntesten Beispiele ist das sogenannte Zementekzem bei Bauarbeitern, das von dem im Zement enthaltenen Chrom(VI) ausgelöst wurde. Seit Ende der 1990er-Jahre wurde der Gehalt an Chrom(VI) im Zement reduziert, z. T. durch Zusatz von Eisen(II)-Sulfat zur Reduktion von Chrom(VI) zum nicht bioverfügbaren Chrom(III), sodass die Chromatallergie im Baugewerbe nicht zuletzt auch durch Mechanisierung der Arbeit nahezu verschwunden ist.

Die Identifizierung eines Kontaktallergens erfolgt durch den *Epikutantest*. Hierzu werden die infrage kommenden Substanzen in einer hautverträglichen Konzentration für 48 h mit speziellen Testpflastern auf die Rückenhaut appliziert.

Tab. 16.3 Fotoallergene Substanzen.

Psoralen
6-Methylcumarin
Phenothiazine
Halogenierte Salicylanilide
Sulfonamide
Tetracycline
Stilbene
p-Aminobenzoesäure

Liegt eine Kontaktsensibilisierung vor, tritt an der Kontaktstelle eine umschriebene Ekzemreaktion auf.

Beim *Lyell-Syndrom* (toxische epidermale Nekrolyse) handelt es sich um eine seltene, aber schwere allergisch bedingte Hautveränderung, die durch blasige Ablösungen der *Epidermis* gekennzeichnet ist. Die Sterblichkeitsrate beträgt je nach Ausmaß der Schädigung zwischen 25 und 70 %. Die medikamentös induzierte Form, die toxische epidermale Nekrolyse, tritt als zytotoxische Reaktion auf Medikamente bei Erwachsenen auf, die staphylogene Form beruht auf einer hämatogenen Streuung spezifischer Staphylokokkentoxine bei Säuglingen und Kleinkindern.

16.4.3
Fototoxizität

> Die Haut unterscheidet sich als Angriffsort für Chemikalien von anderen Organen dadurch, dass sie für Licht zugänglich ist und zum Ort fotochemischer Reaktionen werden kann.

Die meisten Reaktionen werden durch Licht der Wellenlängen von 310–340 nm hervorgerufen (Abb. 16.3). Durch UV-Licht – zumeist im UVA-Bereich – können auf die Haut gebrachte Substanzen durch *Lichtenergie* angeregt werden, und entstehende Moleküle können kovalente Bindungen mit Proteinen eingehen. Dadurch können sie z. B. die oben beschriebene Kontaktdermatitis mittels einer Fotosensibilisierung hervorrufen (Tab. 16.3). Weiterhin können sie kovalent an andere Zellbestandteile binden. Dies ist etwa beim 8-Methoxypsoralen der Fall, das an die Pyrimidinbasen der DNA bindet und *mutagene Veränderungen* bewirkt. Angeregte Moleküle können aber auch ihre Energie auf zelluläre Komponenten übertragen und diese sowohl direkt als auch indirekt, z. B. über die Bildung reaktiver Sauerstoffspezies (ROS), verändern.

Fotochemische Reaktionen werden nicht nur durch Substanzen ausgelöst, die durch die Haut aufgenommen werden, sondern auch durch solche, die über die systemische Blutzirkulation in die Haut gelangen. Zu den letzteren Substanzen

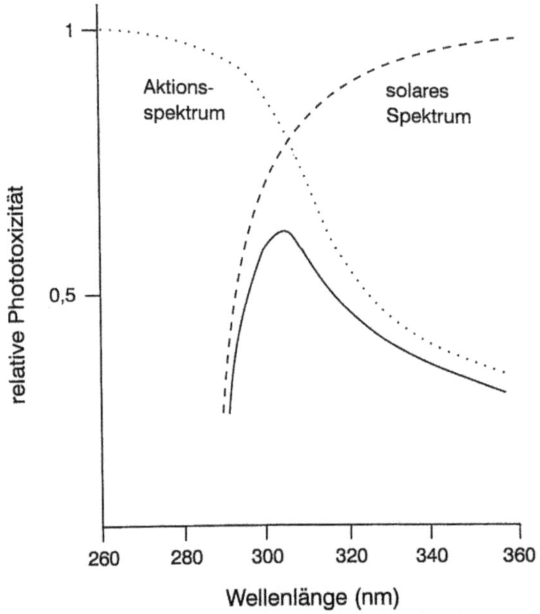

Abb. 16.3 Fototoxizität in Abhängigkeit von der Wellenlänge des Lichts.

zählt eine Reihe von Arzneimitteln, wie Phenothiazine, Psoralene, Sulfonamide und Tetracycline.

Im Tierversuch – zumeist Meerschweinchen – oder bei Testpersonen werden zur Unterscheidung zwischen Fototoxizität und Fotoallergie die Testsubstanzen in zwei parallelen Reihen auf die Rückenhaut aufgetragen und abgedeckt. Die eine Reihe wird nach 24 h aufgedeckt und mit UV-Licht bestrahlt. Unmittelbar nach Ende der Bestrahlung sowie 24, 48 und 72 h später werden die behandelten Hautareale überprüft. Fotoallergie liegt vor, wenn nur die bestrahlten Hautabschnitte Reaktionen zeigen.

Ebenso wie die Haut werden die Hautanhangsgebilde, z. B. Haarbälge und Talgdrüsen, durch Chemikalien mehr oder weniger spezifisch in ihrer Struktur und Funktion verändert und gestört. Nicht selten ist auch die Pigmentierung der Haut durch Chemikalien beeinträchtigt.

16.4.4
Haarverlust

Die Zellen der Haarfollikel haben eine hohe Wachstumskapazität, die nur von der des Knochenmarks oder des Magen-Darm-Trakts übertroffen wird.

Daher muss bei allen Chemikalien, die das Zellwachstum hemmen, mit einer Störung der Haarbildung gerechnet werden. Dies trifft z. B. für alkylierende Verbindungen oder Antimetaboliten, die bei der Tumortherapie eingesetzt werden, zu. Auch Schwermetalle können das Haarwachstum beeinträchtigen. So wurde Thallium jahrzehntelang als Enthaarungsmittel benutzt.

Von der Störung der Haarbildung sind vor allem schnell wachsende Haarbereiche betroffen, wie Haupt- oder Barthaar, weniger die nur langsam wachsenden Augenbrauen. Da die Wachstumszone in den Tiefen der Haarbälge liegt und mit dem Vorschub des Haares zur Hautoberfläche ein bis zwei Wochen vergehen, beginnt ein Haarausfall erst nach dieser Zeitspanne.

Ein massiver Haarausfall ist in der Gewerbe- und Umwelttoxikologie ein seltenes Ereignis. Häufiger tritt eine geringere und vorübergehende Schädigung des Wachstums auf, bei der Schwachstellen im Haarschaft entstehen, die beim Erreichen der Hautoberfläche leicht brechen und als Haarausfall erscheinen. In der Praxis ist ein mäßiger Haarverlust nur schwer zu erfassen, und, da er mit einer erheblichen zeitlichen Verzögerung auftritt, nur selten einer einzelnen Chemikalie zuzuordnen. Der Haarverlust ist in der Regel reversibel.

16.4.5 Talgdrüsenstörungen

> Die Störung der Struktur und Funktion der Talgdrüsen durch Chemikalien führt zum typischen akneähnlichen Krankheitsbild.

In den frühen Stadien der Talgdrüsenstörung kommt es zu einer Verdickung der Ausführungsgänge der Talgdrüsen bis zum völligen Verschluss. In den späteren Stadien füllen sich die Talgdrüsen mit verhornenden Zellen, und es entwickeln sich die charakteristischen Papeln und Pusteln.

Bei den Chemikalien, die ein akneähnliches Krankheitsbild hervorrufen, handelt es sich in der Regel um *halogenierte Aromaten* oder technische Produkte fossiler organischer Materialien.

Die durch halogenierte Aromaten hervorgerufene Chlorakne zeichnet sich dadurch aus, dass sie bereits nach einmaliger hoher Exposition auftreten kann und über Jahre hinweg bestehen bleibt (Tab. 16.4) und auf Standardtherapien kaum anspricht. Zum Beispiel bewirkte die Kontamination mit 2,3,7,8-Tetrachlordibenzo-*p*-dioxin (TCDD), das 1976 in Seveso durch eine Kesselexplosion mit anderen chlororganischen Verbindungen freigesetzt wurde, besonders bei Kindern die Ausbildung einer Akne, wobei nicht geklärt ist, ob Kinder empfindlicher reagieren oder z. B. durch Spielen im Freien höher exponiert war. Die leichteren Fälle waren nach etwa zwei Jahren abgeheilt, die schwereren erst nach zehn Jahren und mehr. Allerdings waren die Dioxinbelastungen im Blutfett relativ niedrig, während mehrere spätere Vergiftungsfälle sehr hohe Werte zeigten.

Tab. 16.4 Polyhalogenierte Aromaten, die eine Chlorakne bewirken. (Besonders die symmetrischen tetrahalogenierten Abkömmlinge, wie 2,3,7,8-Tetrachlordibenzo-*p*-dioxin (TCDD).)

Naphthalene
Biphenyle
Dibenzo-*p*-dioxine
Dibenzofurane
Benzole
Azobenzole
Azoxybenzole

So erkrankten in Österreich zwei Frauen an Chlorakne, die eine leicht, die andere schwer. Bei ersteren betrugen die Blutfettwerte etwa 15 µg/g Fett, bei der zweiten über 20. Bei dem im Jahre 2004 mit 2,3,7,8-TCDD vergifteten ukrainischen Politiker Wiktor Juschtschenko trat eine schwere Chlorakne auf, nachdem er mit etwa 20 µg 2,3,7,8-TCDD/kg vergiftet wurde (die täglich akzeptierte Dosis beträgt 4 pg/kg). Während der höchste im Blutserum gemessenen Wert drei Monate nach der Vergiftung 890 pg/g Fett betrug und bis zum 39. Monat auf 10 % des Ausgangswertes absank, stieg die 2,3,7,8-TCDD Konzentration in der Haut weiter an und erreichte im 13. Monat einen Wert von 5000 pg/g, um am 39. Monat prozentual mehr abzunehmen als im Serum. Parallel dazu entwickelte sich die Chlorakne, die erst einige Wochen nach der Vergiftung auftrat, ihr Maximum nach 18 Monaten erreichte und dann langsam im Laufe von drei bis fünf Jahren zurückging.

Verschiedene Mineralöl- und Kohleteerprodukte, die im beruflichen Bereich als Schneid-, Zieh- und Schmieröle oder Bohrölemulsionen und halbsynthetische, wassergemischte Kühlmittel mit der Haut intensiv in Berührung kommen, verursachen eine mehr oder weniger ausgeprägte Irritation der Talgdrüsen und Verstopfung der Follikelausgänge, die als *Ölakne* bezeichnet wird. Selbst der Gebrauch von Kosmetika, die auf einer Ölbasis hergestellt sind, kann eine leichte Form der Akne hervorrufen. Die Entstehungsmechanismen der Chlor- und Ölakne sind noch wenig verstanden.

16.4.6 Pigmentstörungen

> Chemikalien können auf verschiedene Weise eine Änderung der Hautfärbung hervorrufen.

Am häufigsten findet sich eine Zunahme der Pigmentierung, *Hyperpigmentierung*, nach Abheilung leichterer Hautschäden, wie sie nach Exposition mit Teer oder fototoxischen Substanzen auftreten. Schwere Hautschäden, die mit Verlust der pigmentbildenden Zellen verbunden sind, resultieren in einer *Hypopigmen-*

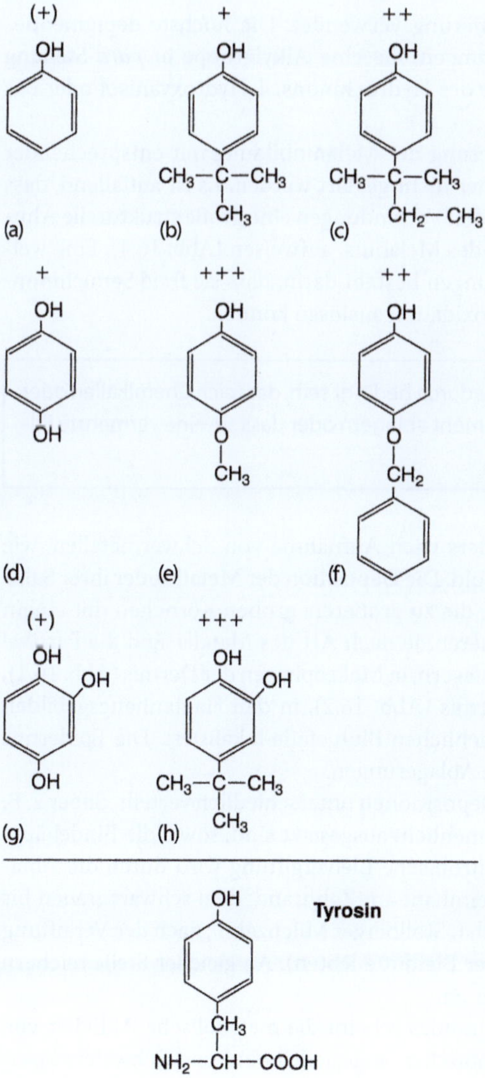

Abb. 16.4 Depigmentierte Phenole und Catechole. (a) Phenol; (b) *p-tert*-Butylphenol; (c) *p-tert*-Amylphenol; (d) Hydrochinon; (e) 4-Hydroxyanisol; (f) Monobenzylether des Hydrochinons; (g) Catechol; (h) *p-tert*-Butylcatechol. Die Plus-Zeichen geben die depigmentierende Potenz der Substanz an. Phenol und Catechol sind nur in Verbindung mit bestimmten Lösungsmitteln wirksam (+).

tierung. Derartige *Hypo-* und *Hyperpigmentierungen* sind nicht spezifisch für chemisch bedingte Schäden, sondern treten ebenso nach mechanischen Verletzungen der Haut oder bei Sonnenbrand und Erfrierungen auf.

Ein spezifischer Pigmentverlust wird durch Verbindungen hervorgerufen, die zur Gruppe der Phenole und Catechole gehören (Abb. 16.4). Hydrochinon z. B.

wurde lange Zeit zur Depigmentierung verwendet. Die höchste depigmentierende Aktivität besitzen Verbindungen, die eine Alkylgruppe in *para*-Stellung tragen, wie der Monomethylether des Hydrochinons, 4-Hydroxyanisol oder das *p-tert*-Butylphenol (Abb. 16.4).

Die Ursachen für die Verminderung der Melaninbildung mit entsprechender Hypopigmentierung konnten bisher nicht geklärt werden. Es ist auffallend, dass die stark depigmentierend wirkenden Verbindungen eine große strukturelle Ähnlichkeit mit Tyrosin, der Vorstufe des Melanins, aufweisen (Abb. 16.4). Eine weitere Gemeinsamkeit der Verbindungen besteht darin, dass sie freie Semichinonradikale bilden und eine Lipidperoxidation auslösen können.

Eine Hyperpigmentierung kann dadurch bedingt sein, dass sich Chemikalien oder ihre Stoffwechselprodukte als Pigment ablagern oder dass sie eine vermehrte Bildung von Melanin bewirken.

Verfärbungen finden sich besonders nach Aufnahme von Schwermetallen, wie Quecksilber, Silber, Bismut und Gold. Die Deposition der Metalle oder ihrer Salze erfolgt in Form kleinster Partikel, die zu größeren, groben Körnchen mit einem Durchmesser bis zu 1 μm aggregieren. Je nach Art des Metalls sind die Partikel mehr im Bereich der Bindegewebsfasern, in Makrophagen der Dermis (Abb. 16.1), an der Basalmembran der Epidermis (Abb. 16.2), in den Hautanhangsgebilden oder den Wandzellen der oberflächlichen Blutgefäße lokalisiert. Die Epidermis selbst bleibt frei von metallischen Ablagerungen.

Auch makroskopisch sind die Depositionen unterschiedlich verteilt. Silber z. B. verfärbt Hautstellen, die dem Sonnenlicht ausgesetzt sind, sowie die Bindehäute des Auges und die Nägel. Eine chronische Bleivergiftung wird durch die Ablagerung von Bleisulfid in der Schleimhaut am Zahnrand, dem schwarzgrauen bis schieferblauen *Bleisaum*, kenntlich („Stollberger Milchzahn", nach der Vergiftung von Kindern, die in der Nähe einer Bleihütte lebten). An gleicher Stelle reichern sich auch Bismut und Quecksilber an.

Bei der Bevorzugung des Zahnrandes scheint die metabolische Aktivität von Bakterien, die in den Zahnfleischtaschen angesiedelt sind und Schwefelwasserstoff produzieren, von Bedeutung zu sein. Auf jeden Fall wird Blei, das z. T. mit dem Speichel in die Mundhöhle ausgeschieden wird, in Bleisulfid umgewandelt. Die Ursache für die verstärkte Verfärbung lichtexponierter Hautpartien bei der Ablagerung von Silber, der *Argyrose*, ist nicht geklärt. Neben den Schwermetallen kann sich auch Arsen in der Haut ablagern und – besonders am Rumpf – eine bronzefarbene Tönung bewirken.

Häufig wird die Deposition der Metalle von einer Stimulation der Melaninbildung begleitet und verstärkt.

16.4.7 Hauttumoren

> Ausgehend von den verschiedenen Zelltypen der Haut finden sich die unterschiedlichsten Tumorformen mit allen Übergängen von der Gut- bis zur Bösartigkeit.

Die Haut hat unter allen Organen des Körpers die höchste Inzidenz und Vielfalt an Tumoren, wobei die Mehrzahl der Hauttumoren gutartig (benigne) ist. Am häufigsten gehen die Neubildungen vom Epithelgewebe aus. Sie umfassen das gesamte Spektrum an Neubildungen, das von Warzen über die in ihrem Wachstum begrenzten, gutartigen Tumore (z. B. *Papillome*) bis zu den ins Unterhautgewebe einwachsenden und metastasierenden *Plattenepithelkarzinomen* reicht. Tumore, die von den pigmentbildenden Zellen, den Melanozyten, ausgehen (*Melanome*), zeichnen sich durch ein besonders aggressives Wachstum aus.

Hauttumore können ebenfalls aus den Zellen des bindegewebsartigen Anteils der Haut entstehen (*Fibrome, Sarkome*). Die äußerlich sehr auffälligen Tumore der Hautgefäße (*Hämangiome*) sind toxikologisch von geringer Bedeutung.

Die Wirkung chemischer Karzinogene auf die Haut wird durch die kutane Kapazität zur Aktivierung von Fremdstoffen bestimmt. Die Haut besitzt die Cytochrom-P450-abhängigen Monooxygenaseformen, die für die Aktivierung präkanzerogener, aromatischer polyzyklischer Kohlenwasserstoffe notwendig sind (vgl. Kapitel 3). Hautregionen, die intensiv mit potenziell kanzerogenen polyzyklischen Aromaten in Berührung kommen, wie die Lippen von Pfeifenrauchern oder die Arme von Teerarbeitern, sind von der Tumorbildung betroffen. Andere Cytochrom-P450-Formen, die bevorzugt hydrophilere und nicht planare Substanzen, wie Nitrosamine, oxidieren, sind anscheinend nicht oder nur in sehr geringen Mengen in der Haut enthalten. Aufgrund der begrenzten Aktivierungskapazität ist im Tierversuch die Haut als Zielorgan zur generellen Testung potenziell kanzerogener Substanzen nicht geeignet. Allerdings konnten durch die Initiations-Promotionsmodelle der Mäusehaut in der Haut ablaufende kanzerogene Mechanismen von Chemikalien aufgeklärt werden.

16.5 Zusammenfassung

Die Haut schützt den Organismus vor mechanischen, chemischen, physikalischen und biologischen Schadwirkungen. Eine wesentliche Rolle bei der Abwehr von Chemikalien spielt eine Barriere, die durch mehrere, eng verzahnte Schichten nach außen hin verhornender Zellen gebildet wird. Fehlt diese Barriere, wie in den Schleimhäuten, der Bindehaut und Cornea des Auges, ist mit stärkeren Schadwirkungen durch Chemikalien zu rechnen. Die Haut besitzt eine entscheidende

Funktion im Wärmeaustausch und zeichnet sich dementsprechend durch einen hohen Blutdurchfluss aus. Sie ist reich an Immunzellen und damit häufig Ort von Immunreaktionen.

Chemikalien können an der Haut Schäden hervorrufen, die von leichten Entzündungen bis zu Korrosion und Verätzung reichen. Sie können weiterhin durch Reaktion mit Proteinen in der Haut Allergien hervorrufen. Da die Haut dem Licht ausgesetzt ist, finden in ihr fotochemische Reaktionen statt, die ebenfalls Ursache für entzündliche Gewebsveränderungen und Allergien sind. Auch die Anhangsgebilde, wie Haarbälge und Talgdrüsen, werden durch Chemikalien in ihrer Struktur und Funktion gestört. Die Folge sind Haarverlust und Akne.

Weiterführende Literatur

Amisten, S., Neville, R., Hawkes, M., Persaud, S.J., Karpe, F. und Salehi, A. (2015) An atlas of G-protein coupled receptor expression and function in human subcutaneous adipose tissue. *Pharmacol. Therap.*, **146**, 61–93.

Clark, R.A., Chong, B., Mirchandani, N., Brinster, N.K., Yamanaka, K., Dowgiert, R.K. und Kupper, T.S. (2006) The vast majority of CLA+ T cells are resident in normal skin. *J. Immunol.*, **176**, 4431–4439.

Gundert-Remy, U., Bernauer, U., Blömeke, B, Döring, B., Fabian, E., Goebel, C., Hessel, S., Jäckh, C., Lampen, A., Oesch, F., Petzinger, E., Völkel, W. und Roos, P.H. (2014) Extrahepatic metabolism at the body's internal-external interfaces. *Drug Metab. Rev.*, **46**, 291–324.

Kubo, A., Nagao, K., Yokouchi, M., Sasaki, H. und Amagai, M. (2009) External antigen uptake by Langerhans cells with reorganization of epidermal tight junction barriers. *J. Exp. Med.*, **206**, 2937–2946.

Zhai, H., Wilhelm, K.P. und Maibach, H.I. (Hrsg.) (2008) *Marzulli and Maibach's Dermatotoxicology*, 7. Aufl., CRC Press, Taylor & Francis Group, Boca Raton.

Patzelt, A. und Lademann, J. (2015) Chemical methods in penetration enhancement: Drug manipulation strategies and vehicle effects, in *Percutaneous Penetration Enhancers*, (Hrsg. N. Dragicevic-Curic und H.I. Maibach), Springer, Berlin, Heidelberg, S. 43–51.

Saurat, J.H., Kaya, G., Saxer-Sekulic, N., Pardo, B., Becker, M., Fontao, L., Mottu, F., Carraux, P., Pham, X., Barde, C., Fontao, F., Zennegg, M., Schmid, P., Schaad, O., Descombes, P. und Sorge, O. (2012) The cutaneous lesions of dioxin exposure: Lessons from the poisoning of V. Yushchenko. *Toxicol. Sci.*, **125**, 310–317.

Schwarz, M., Thielmann, H.W., Meischner, V. und Fartasch, M. (2015) Relevance of the mouse skin initiation-promotion models for the classification of carcinogenic substances encountered at the workplace. *Reg. Toxicol. Pharmacol.*, **72**, 150–155.

Yoshida, K., Kubo, A., Fujita, H., Yokouchi, M., Ishii, K., Kawasaki, H., Nomura, T., Shimizu, H., Kouyama, K., Ebihara, T., Nagao, K. und Amagai, M. (2014) Distinct behavior of human Langerhans cells and inflammatory dendritic epidermal cells at tight junctions in patients with atopic dermatitis. *J. Allerg. Clin. Immunol.*, **134**, 856–864.

17
Niere und ableitende Harnwege

H. Greim

17.1
Einleitung

> Die Niere hält das physiologische Gleichgewicht im Organismus aufrecht, indem sie den Salz- und Wasserhaushalt reguliert und nicht mehr benötigte Stoffwechselprodukte sowie wasserlösliche Fremdsubstanzen oder ihre Abbauprodukte aus dem Blut entfernt und über die ableitenden Harnwege eliminiert.

Die Organe, die den Harn bilden und ableiten, sind die paarig angelegten Nieren, die beiden Harnleiter (Ureter), die Harnblase (Vesica urinaria) und die Harnröhre (Urethra). Die Niere ist das zentrale Organ für die Aufrechterhaltung des physiologischen Gleichgewichts des Salz- und Wasserhaushalts im Organismus sowie verantwortlich für die Ausscheidung von für den Körper nicht verwertbaren oder schädlichen wasserlöslichen Substanzen über den Harn, wie Harnstoff oder Fremdstoffe und deren Metaboliten. Die Bewältigung dieser Funktionen wird in erster Linie durch den hohen Blutdurchfluss gewährleistet. Die reichliche Blutversorgung und der mit der Regulationsfunktion zusammenhängender Rücktransport von Wasser, Ionen und kleinerer Makromoleküle aus dem Primärharn bedeutet aber auch eine hohe Belastung mit toxischen Substanzen vor allem der Tubuluszellen. Die Niere verfügt über Fremdstoffe metabolisierende Phase-I- und Phase-II-Enzyme (Kapitel 3), sodass toxische oder weniger toxische Metaboliten auch an Ort und Stelle gebildet werden können. Ob extrarenal, z. B. in der Leber, gebildete toxische Metaboliten in der Niere wirksam werden, hängt von deren chemischer Stabilität ab. Weiterhin hat die Niere die Kapazität zur Bildung von Glucuronid-, Sulfat- und Glutathionkonjugaten. In manchen Fällen führen diese – eigentlich der Entgiftung dienenden – Reaktionen zu Folgeprodukten, die toxischer sind als die Ausgangssubstanz.

Das Toxikologiebuch, 1. Auflage. Helmut Greim (Hrsg.).

17.2 Bau und Funktion

Aufbau und die Funktion der Niere stehen im Dienst der Rückresorption lebenswichtiger Substanzen sowie der Harnbereitung und -ausscheidung

17.2.1 Aufbau

Die Niere besteht aus einem äußeren Bereich, der Rinde (Cortex renis), und einem inneren, dem Mark (Medulla renis). Das Mark ist pyramidenförmig angeordnet und reicht mit den Spitzen (Papillae renales), auf denen die Sammelrohre für den Harn als Harnporen münden, in das Nierenbecken (Pelvis renalis). Dieses verengt sich zur Nierenpforte (Hilus renalis), durch die die Nierenarterie eintritt und die Nierenvene und der Harnleiter austreten (Abb. 17.1).

17.2.2 Filtration des Blutes

Die Funktion der Niere beruht auf der Filtration des Blutes, der Rückresorption von Wasser und physiologisch wichtigen Substanzen aus dem Filtrat und der aktiven Sekretion wenig wasserlöslicher Substanzen. Die funktionelle Einheit der Niere ist das Nephron.

Das Nephron (Abb. 17.1) besteht aus den *Malpighi'schen Körperchen* oder Nierenkörperchen mit *Glomerulum* und *Bowman'scher Kapsel* als Filtrationsapparat und dem *Tubulus* zur Rückresorption des Filtrats. Die Malpighi'schen Körperchen liegen ausschließlich in der Nierenrinde. Die Tubuli reichen unterschiedlich weit ins Mark, je nach Lage an der Oberfläche der Rinde, im Mittelteil oder in Marknähe. Das zu filtrierende Blut wird über die Nierenarterie zugeführt. Ihre Endaufzweigungen, die zuführenden Arteriolen (Vasa afferentia) treten am Gefäßpol in die Bowman'sche Kapsel ein und verzweigen sich zu einem Kapillarknäuel, dem *Glomerulum*. Die Kapillarendothelien bilden zusammen mit der inneren Lage der Bowman'schen Kapsel eine semipermeable Membran, durch die aus dem Blut das Ultrafiltrat in den Spalt zwischen die beiden Schichten der Bowman'schen Kapsel gepresst wird. Das Ultrafiltrat enthält die im Blutplasma gelösten Stoffe. Kleine Moleküle mit einer Molmasse unter 15 000 Da passieren den Filter ungehindert, größere nur teilweise. Je nach Ladung und Molekülstruktur findet man Moleküle noch bis zu einer Molmasse von etwa 70 000 (z. B. Hämoglobin, M 68 000, zu etwa 3 %) im Ultrafiltrat. Dass trotzdem, von geringen Spuren abgesehen, kein Eiweiß im Urin erscheint, liegt daran, dass es beim Menschen in den Tubuli nahezu vollständig rückresorbiert wird.

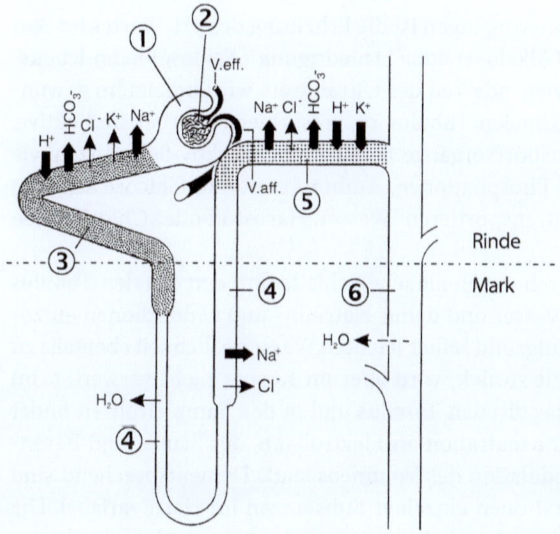

Abb. 17.1 Bau und Funktion eines Nephrons (verändert nach Forth *et al.* 1992). Malpighi'sches Körperchen: Bowman'sche Kapsel (1) und Glomerulum (2), Eintritt des Blutes über die afferente Arteriole (Vas afferens), Kapillarschlingen des Glomerulum. Austritt über die efferente Arteriole (Vas efferens); *Kohlenwasserstoffe (Benzin, Lösungsmittel); halogenierte Kohlenwasserstoffe (Allylchlorid).* Tubulus: Rückresorption aller für den Körper wichtigen Substanzen einschließlich des Wassers aus dem Filtrat ins Blut der peritubulären Kapillaren (nicht dargestellt). Ausscheidung von überschüssigen Mengen und Stoffwechselschlacken mit dem Restvolumen an Wasser als Harn (1–2 % des Primärharns). Proximaler Tubulus (3): *Kohlenwasserstoffe (Lösungsmittel); halogenierte Kohlenwasserstoffe (Tetrachlorkohlenstoff, Chloroform, Trichlorethen); mehrwertige Alkohole (Diethylenglykol); Schwermetalle (Cadmium, Quecksilber); Umweltchemikalien (HCBD, Paraquat, 2,4,5-T).* Henle'sche Schleife (4): *Schwermetalle (Kupfer).* Distaler Tubulus (5): *Schwermetalle (Kupfer).* Sammelrohr (6) (➡): aktiver Transport; (⟶): passiver Transport; kursiv: toxische Substanzen am Ort ihrer Wirkung (weitere Beispiele und Einzelheiten siehe Text).

Die Niere wird von etwa 1000 Milliliter Blut pro Minute durchströmt, was ungefähr einem Viertel des Herzminutenvolumens entspricht. Daraus werden in den Glomerula etwa 120 ml Ultrafiltrat pro Minute gebildet. Der größte Anteil des Blutes verlässt somit die Bowman'sche Kapsel unfiltriert über die abführenden Arteriolen (Vasa efferentia). Diese folgen nach dem Verlassen der Bowman'schen Kapsel dem Tubulus dicht angeschmiegt und bilden das peritubuläre Kapillarnetz. Sein Blut nimmt alle aus dem Primärharn rückresorbierten Substanzen auf.

Das Ultrafiltrat gelangt aus dem Filtrationsraum der Bowman'schen Kapsel über den Harnpol in das Tubulussystem, aus dem das Wasser zu 98–99 % rückresorbiert wird.

Rückresorption bzw. Verbleib von Säuren und Basen im Filtrat sind – sofern sie nicht aktiv transportiert werden – abhängig vom pH-Wert. Unter physiologischen Bedingungen beträgt der pH-Wert des Blutes etwa 7,4, der des Harns etwa 6,0. Bei allen Regulationsvorgängen ist die Erhaltung des pH-Wertes im Blut vorrangig. Eine Erhöhung (Alkalose) oder Erniedrigung (Acidose) kann lebensbedrohlich sein. Der überwiegende Teil des Ultrafiltrats wird bereits im gewundenen Anfangsteil des proximalen Tubulus rückresorbiert. Hierbei sind aktive, energieverbrauchende Transportvorgänge beteiligt, die selektiv Substanzen wie Natrium-, Bicarbonat- und Phosphationen, Aminosäuren und Glucose aus dem Primärharn ins Blut zurücktransportieren. Wasser, Harnstoff oder Chloridionen folgen passiv nach.

Während der Passage durch die Henle'sche Schleife und den distalen Tubulus wird dem Filtrat weiteres Wasser und damit Natrium- und Chloridionen entzogen. Harnstoff diffundiert aufgrund seiner leichten Wasserlöslichkeit ebenfalls zu einem geringen Teil ins Blut zurück, wird aber im Körper nicht verwertet. Im letzten, gewundenen Teil des distalen Tubulus und in den Sammelrohren findet die Feinabstimmung der Konzentration an Elektrolyten, des Säure- und Basengleichgewichts und die Modulation des Volumens statt. Dementsprechend sind Vorkommen und Konzentrationen einzelner Substanzen im Harn variabel. Die Regulation des Salz- und Wasserhaushalts ist äußerst komplex und wird teilweise von Hormonen gesteuert. Als wichtiges Beispiel sei der Natriumsparmechanismus über den sogenannten juxtaglomulären Apparat genannt. Hierbei wird, kurz bevor der Harn den Tubulus endgültig verlässt, sichergestellt, dass vom lebensnotwendigen Natrium nur der Überschuss ausgeschieden wird. Durch den engen Kontakt des geraden, aufsteigenden Teils des distalen Tubulus mit dem Vas afferens, Vas efferens und dem Malpighi'schen Körperchen (Abb. 17.1) wird mittels komplizierter Rückkopplungsmechanismen bei hohem Angebot an Natriumionen im distalen Tubulus das Filtrationsvolumen im Malpighi'schen Körperchen und damit die Beladung des Filtrats mit Kochsalz herabgesetzt.

Mit zusammen ungefähr zwei Millionen Nephronen bilden die beiden menschlichen Nieren täglich aus etwa 180 l Ultrafiltrat 1–2 l Endharn. Dies hat zur Folge, dass Stoffe, die nicht rückresorbiert werden, im Nephron bis zu 100-fach konzentriert werden und damit zu toxischen Reaktionen führen oder auskristallisieren können.

17.2.3
Sammlung und Entleerung des Harns

Der Endharn fließt über die Sammelrohre, die Nierenbecken und die Harnleiter in die Harnblase. Harnleiter und insbesondere die Harnblase sind muskulöse, von mehrschichtigen Epithelien ausgekleidete Organe.

17.3 Toxikologie

17.3.1 Allgemeine Prinzipien der Nierentoxizität

> Toxische Nierenschäden beruhen auf der zunehmenden Konzentration von Schadstoffen im Lumen des tubulären Systems und in den Tubuluszellen und auf hohen Konzentrationen in der Harnblase oder der Bildung toxischer Metaboliten. Die Folge sind zumeist Membranschäden, die zu gestörter Filtration in den Glomerula oder gestörter Rückresorption in den Tubuli führen, in der Harnblase, weniger in den Ureter, zu entzündlichen Reaktionen oder Krebs.

Je nach Wasserlöslichkeit, Molekülgröße und Reaktivität kommt es zu spezifischen Schäden (Tab. 17.1), die sich in den Glomerula, zumeist aber in den Tubuli manifestieren.

Da im Glomerulum die Konzentrationen von Schadstoffen denen im Blut entsprechen, sind Funktionsstörungen weniger durch Fremdstoffe als durch Arzneimittel bekannt, da letztere in hohen Konzentrationen im Blut vorliegen. Sie können auf verschiedenen Mechanismen beruhen, die zu einer Verminderung der Ultrafiltration führen: Gefäßverengung der Nierenarterie (Amphotericin), Membranschäden der Endothelzellen (Gentamycin) oder direkte zytotoxische Schädigung der Epithelzellen (Cyclosporin). Weiterhin können sich im Blut zirkulierende Immunkomplexe in den Glomerula ablagern. Dadurch kommt es zur Akkumulation von Neutrophilen und Makrophagen und Freisetzung reaktiver Sauerstoffspezies und Entzündungsmediatoren mit der Folge einer Glomerulonephritis, d. h. entzündlichen Veränderungen des Nephrons. Die durch diese Vorgänge ausgelöste Beeinträchtigung der Filterfunktion der Glomerula schränkt die Nierenfunktion ein und damit die Ausscheidung sogenannter harnpflichtiger toxischer Stoffwechselprodukte wie Harnstoff, Kreatinin oder Harnsäure, die sich klinisch als Urämie manifestiert.

Flüchtige Kohlenwasserstoffe oder Lösemittel können dagegen zu einer erhöhten Membranpermeabilität im Glomerulum führen. Als Folge erhöht sich der Proteingehalt in Urin (Proteinurie), da auch größere Moleküle wie Albumin und γ-Globulin die Membranen passieren.

Die meisten nephrotoxischen Chemikalien und Metalle wirken im Tubulusbereich, in dem es zur Resorption der Substanzen oder durch Rückresorption des Wassers zur bis zu 100-fachen Konzentrierung der Substanzen im Primärharn kommt.

Tab. 17.1 Nephrotoxische Substanzen, Mechanismen und Angriffspunkte.

Substanzen	Mechanismen	Angriffspunkt	Relevanz
Allylchlorid	Zytotoxizität	Bowman'sche Kapsel	
Lösemittel	Erhöhte Permeabilität	Bowman'sche Kapsel, proximaler Tubulus	
Benzin, Decalin, *p*-Dichlorphenol, Isophoron, Limonen, Methylisobutylketon	Ablagerung von nicht abbaubarem α_{2u}-Globulin in Tubuluszellen	Mittelteil des proximalen Tubulus	Spezifisch für männliche Ratte, keine Relevanz für Mensch
Trichlorethen, Tetrafluorethen, Hexachlor-1,3-butadien	Bildung von Thioketenen durch β-Lyase	Proximaler Tubulus	
Tetrachlormethan	Trichlormethylradikal	Proximaler Tubulus	
Chloroform	Metabolisierung zu Phosgen	Proximaler Tubulus	
Ethylenglykol	Präzipitation von Calciumoxalat	Proximaler Tubulus	
Diethylenglykol	Erhöhte Osmolalität	Lumen gesamtes Nephron	
Schwermetalle	Verschiedene siehe Kapitel 35	Proximaler Tubulus	
NTA* (Nitrilotriessigsäure)	Ca^{2+}-Extraktion aus Membranen	Proximaler Tubulus	Komplexbildner
Aminoglykoside	Bildung nicht abbaubarer Phospholipide	Proximaler Tubulus	Antibiotika
Cisplatin	DNA-Crosslinks	Henle'sche Schleife	Zytostatikum
N-Nitrosoverbindungen	Alkylierungen	Harnblase	
[4-(5-Nitrofuryl)-2-thiazolyl]hydrazin	Peroxidation durch Prostaglandin-H-Synthase	Harnblase, Tubulus	
2-Naphthylamin, 4-Aminbiphenyl	Metabolismus zu Arylhydroxylaminen	Harnblase	Verunreinigungen in Anilinderivaten
Aromatische Amine	Metabolismus zu Arylhydroxylaminen	Harnblase	
Blasensteine	Mechanische Reizung	Harnblase	

17.3.2 Beispiele für nephrotoxische Substanzen

17.3.2.1 Kohlenwasserstoffe

Kohlenwasserstoffe können in der Niere direkt zytotoxisch sein, durch Bindung an ein spezifisches Protein (α_{2u}-Globulin) wirken oder metabolisch aktiviert werden, indem aus ihren Mercaptursäurekonjugaten durch β-Lyase reaktive Thioketene gebildet werden.

Halogenierte Kohlenwasserstoffe

> Die meisten nephrotoxischen halogenierten Kohlenwasserstoffe sind chlor- oder bromorganische Lösemittel (Chloroform, Trichlorethen) oder Zwischenprodukte (Brombenzol, Chloranilin). Nephrotoxisch sind zumeist ihre reaktiven Metaboliten.

Halogenierte Alkane und Alkene sind Grundstoffe für Synthesen, werden als Lösemittel und zur Schädlingsbekämpfung eingesetzt. Sie bilden eine wichtige Gruppe unter den Nierengiften und schädigen vorwiegend den geraden Teil des proximalen Tubulus. Eine Ausnahme bildet Allylchlorid, das den Spalt der Bowman'schen Kapsel erweitert. Je nach Applikationsweg und Dosierung können halogenierte Kohlenwasserstoffe sowohl in der Leber als auch in der Niere toxisch wirken. Dies gilt z. B. für Tetrachlorkohlenstoff und Chloroform. Die reaktiven Metaboliten werden hauptsächlich in der Leber gebildet und gelangen über das Blut in die Niere. Bei Chloroform wird der toxische Metabolit Phosgen auch im proximalen Tubulus gebildet. Die Entgiftung erfolgt über GSH-Konjugation, die bei hoher Exposition überfordert ist.

Reaktion einzelner Kohlenwasserstoffe mit α_{2u}-Globulin.
Nach Exposition mit flüchtigen Kohlenwasserstoffen (z. B. unverbleitem Benzin) werden in der Niere männlicher Ratten eine geschlechts- und speziesspezifische Nephropathie und Tumoren beobachtet. Das niedermolekulare α_{2u}-Globulin (α_2 *urinary globulin*) wird spezifisch in der Leber männlicher Ratten gebildet, gelangt ins Blut und wird in den Glomerula filtriert. Etwa 60 % werden im mittleren Tubulusabschnitt rückresorbiert und in den Tubuluszellen von lysosomalen Enzymen abgebaut. Der nicht resorbierte Anteil bleibt im Harn, wodurch der Proteingehalt im Urin männlicher Ratten relativ hoch ist. In älteren männlichen Ratten geht dieser Anteil zugunsten des Albumins zurück, was auf eine Glomerulonephritis hindeutet, die in der alten Ratte häufig spontan auftritt. Sie führt zu Nekrosen, regenerativem Wachstum und Nierentumoren. In anderen Versuchstieren und beim Menschen wurden solche Phänomene nicht beobachtet.

Decalin, Isophoron, Limonen, Methylisobutylketon, aber auch Benzin werden in der Leber metabolisch aktiviert und reagieren mit α_{2u}-Protein. Das so veränderte Protein wird zwar glomerulär filtriert und tubulär rückresorbiert, kann aber in den Tubuluszellen nicht durch die lysosomalen Enzyme abgebaut werden. Es akkumuliert und bildet schließlich kleine kristalline Einschlüsse in den Zellen. Die resultierende Zytotoxizität führt zu gesteigerter Zellproliferation nicht geschädigter Zellen und bei anhaltender Exposition zur Tumorbildung.

Da α_{2u}-Globulin nur in der männlichen Rattenleber gebildet wird, nicht in den Lebern anderer Versuchstierspezies und Mensch, haben diese im Tierversuch auftretenden Tumoren keine Relevanz für den Menschen. Allerdings muss z. B. durch immunhistochemische Verfahren nachgewiesen sein, dass die Tumoren mit einer erhöhten Ansammlung von α_{2u}-Globulin in den Tubuluszellen korrelieren und damit andere Ursachen ausgeschlossen werden können.

17.3.2.2 Weitere nephrotoxische Substanzen

Beispiele für Fremdstoffe, die den proximalen Tubulus schädigen, sind die mehrwertigen Alkohole Ethylen- und Diethylenglykol, die als Lösungs- und Frostschutzmittel verwendet werden.

Ethylenglykol wird im Organismus zu Oxalat metabolisiert, und wird wie auch weitere Zwischenprodukte wie Glyoxylsäure nicht rückresorbiert, sodass die Konzentrationen bei der Passage durch das Nephron ansteigen und schließlich bei hoher Exposition Calciumoxalatkristalle ausfallen, die die Lumina des proximalen Tubulus verstopfen und Epithelzellen mechanisch zerstören.

Diethylenglykol wird über die Alkoholdehydrogenase zu 2-Hydroxyethoxyessigsäure und Diglykolsäure metabolisiert, die zu Schäden am proximalen Tubulus führen. Oxalatbildung tritt nicht auf. Wegen seines süßen Geschmacks wurde es vor Jahren verbotenerweise sauren Weinen zugesetzt (Diethylenglykol-Skandal). Die Konzentrationen waren aber zu gering, um zu toxischen Nierenschäden zu führen. Dagegen war Diethylenglykol Ursache für mindestens acht schwere Vergiftungsepidemien, bei denen insgesamt mehrere Hundert Kinder starben. In allen Fällen war das sirupartige, süßlich schmeckende Diethylenglykol mit Antibiotika zur Behandlung akuter Infektionskrankheiten verwendet worden. Hauptsymptom der Vergiftungen war akutes Nierenversagen.

Das zur Schädlingsbekämpfung eingesetzte **Hexachlorbutadien** wie auch die Herbizide **Paraquat** (1,1′-Dimethyl-4,4′-bipyridinium) und *2,4,5-T* (2,4,5-Trichlorphenoxyessigsäure) hemmen den aktiven Eliminationsmechanismus organischer Ionen im proximalen Tubulus und behindern so ihre eigene Ausscheidung. Persistente halogenierte Kohlenwasserstoffe, wie **polychlorierte Biphenyle, Dibenzodioxine und Dibenzofurane** wirken nicht direkt nephrotoxisch, sondern induzieren fremdstoffmetabolisierende Enzyme und stellen somit indirekt einen Risikofaktor dar.

17.4 Tumoren der Niere

Tumoren der Niere sind beim Menschen relativ selten.

Es handelt sich dabei um eine Reihe verschiedener Tumorarten, die vom Gewebstyp und vom Alter des Menschen abhängig sind. In den letzten Jahren mehrten sich die Befunde, dass genetische Defekte eine wichtige Rolle spielen. So wurde z. B. in Nierenzellkarzinomen häufig eine Deletion im Chromosom 3, Segment p, gefunden.

Über fremdstoffinduzierte Tumoren in der menschlichen Niere ist bisher wenig bekannt. Als Risikofaktor wird das Rauchen angesehen. Hierbei ist eher das Übergangsepithel des Nierenbeckens betroffen als das Nierenparenchym. Darüber hinaus gibt es einzelne Fälle von Nierentumoren bei Arbeitern, die gegenüber hohen Konzentrationen von **Trichlorethen** exponiert waren. Es wird jedoch diskutiert, ob die Tumoren durch Trichlorethen oder durch Verunreinigungen mit Dichloracetylen verursacht worden sind. In beiden Fällen wäre der Mechanismus die Konjugation an Glutathion, Metabolisierung zu Mercaptursäuren, die in der Niere durch β-Lyase zum reaktiven Thioketen umgesetzt werden (siehe Kapitel 3 und 39).

Im Gegensatz zum Menschen kennt man aus Tierversuchen mehrere Chemikalien, die zu Nierentumoren führen. Dazu gehören Nitrosoverbindungen, wie Diethylnitrosamin und Dimethylnitrosamin mit initiierender Wirkung, die bei Ratten und Mäusen in verschiedenen Zielorganen Tumoren auslösen, hauptsächlich in der Leber, aber auch in der Niere. Ethylnitrosoharnstoff erzeugt neben Hirntumoren auch Nierentumoren. Bei Dimethylnitrosoharnstoff ist die Niere der bevorzugte Ort der Kanzerogenese.

Aus der Stoffklasse der Furane verursacht 2-[4-(5-Nitro-2-furyl)-2-thiazolyl]hydrazin (FNT) neben Tumoren des Übergangsepithels der Harnblase auch Tumoren im Tubulus. Weiterhin sind Naturstoffe bekannt, wie Aflatoxin und Cycasin bzw. dessen Aglycon Methylazoxymethanol, die im Tierversuch Nierentumoren hervorrufen. Beim Menschen sind nach Genuss von Mehl aus Früchten der Cycaspflanze und mit Aflatoxin B_1 kontaminierten Erdnüssen Leber-, aber keine Nierentumoren beobachtet worden.

Wie bei der Kanzerogenese in beispielsweise Haut und Leber lassen sich die Stufen der **Initiation** und **Promotion** unterscheiden (Kapitel 7). Neben den erwähnten Initiatoren sind promovierende Substanzen bekannt, z. B. der Weichmacher Di(2-ethylhexyl)phthalat (DEHP).

Nitrilotriessigsäure (NTA) ist im chronischen Tierversuch nach Applikation mit der Nahrung oder im Trinkwasser nephrotoxisch und führt schließlich vor allem ausgehend von den Tubuluszellen zu Nierentumoren. Die niedrigste tumorauslösende Dosis beträgt 100–140 mg/kg KG. NTA wird gut aus dem Magen-Darm-Trakt resorbiert und unverändert über die Niere ausgeschieden. Als Komplexbildner hat es eine hohe Affinität für zweiwertige Ionen. Im Darm bindet es vor allem Zinkionen, und dieser Komplex wird auch über die Niere ausgeschieden.

17.5 Ableitende Harnwege

Die ableitenden Harnwege sind keine Zielorgane für toxische Fremdstoffe.

Toxische Wirkungen von Fremdstoffen in Harnleiter und Harnröhre sind bisher nicht beobachtet worden. Dies ist plausibel, da die Verweildauer des Harns in diesen Organanteilen kurz ist, und damit die Exposition des auskleidenden Gewebes gegenüber toxischen Substanzen im Harn gering ist.

Fremdstoffbedingte toxische Wirkungen in der Harnblase sind praktisch nicht bekannt. Es gibt aber eine ganze Reihe von potenziell tumorauslösenden Substanzen.

17.6 Tumoren der Blase

Von den ableitenden Harnwegen ist die Blase anfällig für fremdstoffinduzierte Tumoren.

Seit Ende des 19. Jahrhunderts ist bekannt, dass der Kontakt mit dem bei der Anilinfarbenherstellung anfallenden 2-Naphthylamin Tumoren des Harnblasenepithels bei Mensch, Hund und anderen Säugetieren verursacht (**Anilinkrebs**). Dies ist eines der frühesten Beispiele für die chemische Kanzerogenese durch Exposition am Arbeitsplatz. Mittlerweile sind weitere aromatische Amine bekannt, die in der Harnblase von Säugetieren initiierend wirksam sind, z. B. 2-Acetylaminofluoren (2-AAF) in der Maus. Beim Menschen führt die Exposition mit aromatischen Aminen neben der nephrotoxischen Wirkung zu Harnblasenkrebs (Tab. 17.1, siehe auch Kapitel 4).

Analog zur Situation im Nierenbecken stehen die Inhaltsstoffe von Tabakrauch und zusätzlich die Röstprodukte von Bohnenkaffee im Verdacht, das Krebsrisiko des Übergangsepithels der Harnblase zu erhöhen.

In Tierversuchen wurden außerdem einige Nitrosamine, Harnstoffderivate und Nitrofurane als Initiatoren nachgewiesen. Experimentell waren besonders *N*-Butyl-*N*-(4-hydroxybutyl)nitrosamin (BBN), *N*-Methyl-*N*-nitrosoharnstoff (MNU) und *N*-[4-(5-Nitro-2-furyl)-2-thiazolyl]formamid (FANFT), das in der Niere zu 2-Amino-4-(5-nitro-2-furyl)thiazol (ANFT) deformyliert wird, als Initiatoren wirksam. Die Aktivierung der 5-Nitrofurane zu ultimalen Kanzerogenen erfolgt nicht wie die der Nitrosamine über P450-abhängige Monooxygenasen, sondern peroxidativ durch Prostaglandin-H-Synthase in der Harnblase, wie es auch für **Benzidin** gezeigt wurde. Erhöhte Mengen von *N*-Nitrosoverbindungen fanden sich im Urin von Bilharziose-Patienten mit und ohne Harnblasenkrebs.

Epidemiologische Studien ergaben, dass Infekte der Niere und der ableitenden Harnwege das Krebsrisiko der Harnblase erhöhen. Experimentell wurde nachgewiesen, dass FANFT in Kombination mit einer Infektion durch *Escherichia coli* Tumoren, vorwiegend des Nierenbeckens, hervorruft. FANFT oder *Escherichia coli* verursachen unter den gegebenen experimentellen Bedingungen alleine keinen Krebs. Zu den promovierenden Substanzen gehören Saccharin und Cyclamat.

Promovierende Einflüsse können je nach Urinmenge, pH-Wert und Verweildauer in der Harnblase einen modulierenden Effekt auf die Tumorgenese ausüben. So sind Chemikalien wirksam, die eine Hyperplasie der Epithelien auslösen. Auch Unterkühlung oder die mechanische Belastung mit Blasensteinen (Calculus vesicalis) können proliferative Läsionen hervorrufen. Calculi können experimentell durch verschiedene Chemikalien ausgelöst werden, z. B. durch Uracil. Eine wichtige Rolle spielt der pH-Wert des Urins: Im Initiations-Promotions-Experiment haben sich solche Natriumsalze als promovierend erwiesen, die den pH-Wert des Urins erhöhen. Substanzen, die ihn erniedrigten, hemmten die Kanzerogenese.

17.7 Zusammenfassung

Die Niere ist das zentrale Organ für die Aufrechterhaltung des physiologischen Gleichgewichts des Salz- und Wasserhaushalts im Organismus sowie die Ausscheidung von für den Körper nicht verwertbaren oder schädlichen wasserlöslichen Substanzen über den Harn, wie Harnstoff oder Fremdstoffe und deren Metaboliten. Die reichliche Blutversorgung und der mit der Regulationsfunktion zusammenhängender Rücktransport von Wasser, Ionen und kleineren Makromolekülen aus dem Primärharn bedeutet aber auch eine hohe Belastung mit toxischen Substanzen vor allem der Tubuluszellen. Andererseits werden im Tubulussystem schwer wasserlösliche und nicht rückresorbierte Substanzen bis zu 100-fach konzentriert, sodass es durch direkte Toxizität oder Präzipitationen zu Funktionsstörungen des Epithels kommen kann. Die Niere verfügt über Fremdstoffe metabolisierende Phase-I- und Phase-II-Enzyme (Kapitel 3), sodass toxische oder weniger toxische Metaboliten auch an Ort und Stelle gebildet werden können.

Literatur

Forth, W., Henschler, D., Rummel, W., und Starke, K. (1992) *Pharmakologie und Toxikologie*, 6. Aufl., Bibliographisches Institut, Mannheim.

Weiterführende Literatur

Barbier, O., Jacquillet, G., Tauc, M., Cougnon, M. und Poujeol, P. (2005) Effect of heavy metals on, and handling by the kidney. *Nephron. Physiol.*, **99**, 105–110.

Brüning, T. und Bolt, H. (2000) Renal toxicity and carcinogenicity of trichloroethylene: Key results, mechanisms and controversies. *Crit. Rev. Toxicol.*, **30**, 253–285.

Endou, H. (1998) Recent advances in molecular mechanism of nephrotoxicity, *Tox. Lett.*, **102–103**, 29–33.

Haschek, W.M., Rousseaux, C.G. und Wallig, M.A. (2010) Kidney and lower urinary track, in *Fundamentals of Toxicologic Pathology*, 2. Aufl., Academic Press, New York, S. 261–318.

Schnellmann, R.G. (2008) Toxic responses of the kidney, in *Casarett and Doull's Toxicology: The Basic Science of Poisons*, (Hrsg. C.D. Klaassen), 7. Aufl., McGraw-Hill, New York, S. 583–608

Shitara, Y., Horie, T. und Sugiyama, Y. (2006) Transporters as a determinant of drug clearance and tissue distribution. *Eur. J. Pharmaceut. Sci.*, **27**, 425–446.

Van Vleet, T.R. und Schnellmann, R.G. (2003) Toxic nephropathy: environmental chemicals. *Sem. Nephrol.*, **23**, 500–508.

Zalups, R.K. und Ahmad, S. (2003) Molecular handling of cadmium in transporting epithelia. *Toxicol. Appl. Pharmacol.*, **186**, 163–188.

18
Blut und Knochenmark

H. Greim und R. Snyder

18.1
Einleitung

Die Blutgefäße des großen und kleinen Kreislaufs stellen neben den Lymphgefäßen das Transportsystem des Organismus dar (Kapitel 20). Durch die Pumpwirkung des Herzens wird das Blut durch die Arterien des großen Kreislaufs in alle Organe, durch den kleinen Kreislauf in die Lunge transportiert. Vor allem in den feinsten Verzweigungen des arteriellen Systems, den Arteriolen, werden Sauerstoff und andere niedermolekulare Inhaltsstoffe des Blutes gegen CO_2 und andere Produkte des Zellstoffwechsels ausgetauscht. Die Arteriolen gehen in die Venolen über, und das Blut wird von dort über das Venensystem durch die wechselnde Anspannung der Muskulatur in den Extremitäten und durch die Sogwirkung des Herzens über die großen Venen zum Herz zurücktransportiert. Es gelangt von dort in die Lunge, wo vor allem der Austausch von CO_2 gegen O_2 stattfindet. Den Sauerstofftransport im Blut vermittelt das Hämoglobin, das in den roten Blutzellen, den Erythrozyten, enthalten ist und 30 % des Gewichtes ausmacht. Die Erythrozyten wiederum stellen 40–50 % des Volumens dar. Wie die Erythrozyten werden auch die anderen zellulären Bestandteile des Blutes, die weißen Blutkörperchen (Leukozyten) und die Blutplättchen (Thrombozyten), im Knochenmark gebildet. Die physiologischen Gehalte an Blutzellen und Plasmaproteinen sind in Tab. 18.1 dargestellt. Das Blut enthält weitere funktionelle Komponenten, z. B. Proteine, wie Albumin, Hormone, Wachstumsfaktoren, aber auch Abbauprodukte, wie Gallensäuren oder Harnstoff. Sie werden in den verschiedensten Organen gebildet. Soweit sie von toxikologischer Bedeutung sind, werden sie in den entsprechenden Kapiteln besprochen. Wirkungen auf das Knochenmark, die verschiedenen Blutzellen, und darunter vor allem die Erythrozyten mit dem Hämoglobin, werden zusammen mit ihrer physiologischen Funktion in diesem Kapitel dargestellt.

Das Toxikologiebuch, 1. Auflage. Helmut Greim (Hrsg.).

Tab. 18.1 Physiologische Gehalte an Zellen und Plasmaproteinen im peripheren Blut.

Bestandteile	Physiologische Menge
Zellen	
Erythrozyten	4,5–5,5 Mio./µl
Leukozyten	5000–9000/µl
Neutrophile	60–70 %
Eosinophile	2–4 %
Basophile	0,5–1,0 %
Lymphozyten	20–25 %
Monozyten	3–8 %
Thrombozyten	150 000–350 000
Plasmaproteine	≈ g/100 ml
Gesamt	7,3
Albumin	4,5
Globuline	2,5
Fibrinogen	0,3
Transferrin	0,25
Ferritin	0,015–0,3

18.2 Bau und Funktion des Knochenmarks

> Knochenmark findet sich in allen hohlen Knochen. Sein Volumen ist etwa doppelt so groß wie das der Leber. Seine wichtigste Aufgabe besteht darin, im Blut die normalen Mengen von 5 000 000 Erythrozyten, 5000–10 000 Leukozyten und 250 000 Blutplättchen pro Kubikmillimeter zu erhalten.

Während der frühen Fetalperiode werden die zellulären Bestandteile des Blutes ausschließlich in Leber und Milz gebildet. Das Knochenmark des Fetus beginnt mit der Bildung von Blutzellen etwa vom 5. Schwangerschaftsmonat an und erreicht zum Zeitpunkt der Geburt seine volle Leistung. Während der Wachstumsphase und der damit verbundenen ständigen Zunahme des Blutvolumens ist das gesamte Knochenmark an der Blutbildung beteiligt. Beim Erwachsenen reicht schließlich die Hälfte des Knochenmarkvolumens für die Blutbildung aus. Der Rest enthält Fett, das aber im Bedarfsfall wieder durch Knochenmark ersetzt werden kann.

Leukozyten besitzen im Gegensatz zu den Erythrozyten und Blutplättchen einen Zellkern und werden entsprechend ihrer Färbbarkeit mit verschiedenen Farbstoffen in Neutrophile, Basophile, Eosinophile, B- oder T-Lymphozyten oder Monozyten und Makrophagen unterteilt. Da die Lebensdauer der Erythrozyten beim Menschen etwa 120 Tage beträgt und die der Leukozyten und Blutplättchen erheblich kürzer ist, muss bei einem Blutvolumen des Erwachsenen von fünf bis sechs Litern und der obengenannten großen Anzahl von Zellen pro Kubikmillimeter ständig eine hohe Kapazität zur Neubildung der Zellen bereitgestellt werden. Um allein die normale Menge an Erythrozyten im Blut zu gewährleisten, werden beim Menschen etwa zwei Millionen Erythrozyten pro Sekunde gebildet.

18.3
Die Bildung von Blutzellen (Hämatopoese)

Alle bei der Hämatopoese gebildeten Zellen gehen von den Stammzellen des Knochenmarks aus.

Das Knochenmark enthält pluripotente **Stammzellen** und im Knochenmarkstroma eingebettete Zellkolonien, in denen die einzelnen Typen der Blutzellen gebildet werden. Die pluripotenten Stammzellen können über multipotente Vorläuferzellen (*multipotent progenitors*, MPP) alle Blutzellen bilden. Nach der klassischen Vorstellung rekrutieren sich aus MPPs sowohl die gemeinsamen lymphatischen als auch die gemeinsamen myeloischen Vorläuferzellen (*common lymphoid progenitors*, CLP bzw. *common myeloid progenitors*, CMP), die alle lymphatischen bzw. alle myeloischen und roten Blutzellen hervorbringen können. Neuere Untersuchungen zeigen jedoch, dass aus den MPPs andersartige Vorläufer entstehen, zum einen die lymphomyeloischen multipotenten Progenitoren (LMPP) und zum anderen die erythromyeloischen Progenitoren (EMP). Die LMPPs haben das Potenzial über MLPs (*multilymphoid progenitors*, MLP) alle lymphatischen Zellen, B- und T- und NK-Zellen, sowie bestimmte Makrophagen hervorzubringen. Des Weiteren bringen sie über Granulozyten-Makrophagen-Vorläufer (*granulocyte-macrophage progenitor*, GMP) neutrophile Granulozyten sowie ein weiteres Set an Makrophagen hervor. Die EMPs bilden Vorläuferzellen von eosinophilen und basophilen Granulozyten, sogenannte EoBPs (*eosinophile/basophile progenitors*, EoBP), und MEPs (*megakaryocyte-erythro progenitors*, MEP), die Vorläufer von Megakaryozyten und Erythrozyten aus. EMPs besitzen zusätzlich und ähnlich wie MLPs und GMPs die Fähigkeit, Makrophagen zu bilden. Inwieweit sich die einzelnen Makrophagentypen funktionell voneinander unterscheiden und wovon sich lymphatische und myeloische dentritische Zellen genau ableiten, ist Gegenstand der aktuellen Forschung (Abb. 18.1).

Man geht davon aus, dass jeder der im Blut zirkulierenden Zelltypen eigene Faktoren (Poietin- oder koloniestimulierende Faktoren) bildet, die eine spezifische Stimulierung der Stammzellen bzw. ihrer Tochterzellen und der daraus entstehenden Zellkolonien vermitteln.

Die von den Stammzellen ausgehenden Kolonien bilden sich im **Knochenmarkstroma** (engl.: *niche*) aus, das aus Fibroblasten, retikuloendothelialen Zellen, Fettzellen, Monozyten, Makrophagen und mit bestimmten Endothelzellen

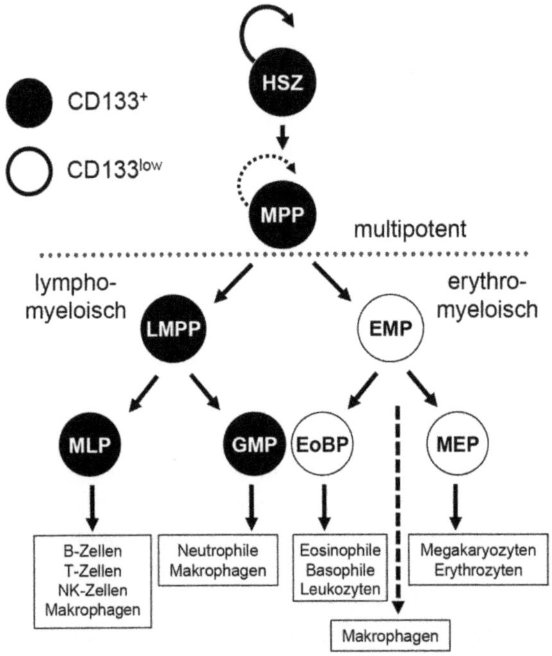

Abb. 18.1 Modell der Hämatopoese: Die multipotente und sich durch Mitose vermehrenden (humanen) Stammzellen (HSZ) des Knochenmarks bilden die multipotenten hämatopoetischen Progenitorzellen (MPP), die sich selbst nicht vervielfältigen können. Sie bilden vielmehr die lymphomyeloischen (LMPP) und die erythromyeloischen (EMP) multipotenten Progenitorzellen. Aus den LMMP entstehen die multilymphoiden Progenitorzellen (MLP) und die Granulozyten-/Makrophagenprogenitorzellen (GMP), während aus den EMP die Progenitorzellen für die eosinophilen und basophilen Leukozyten (EoBP) und die Progenitorzellen für die Megakaryozyten (MEP) (Vorläufer der Thrombozyten und Erythrozyten) und auch Makrophagen entstehen (Adapted from Henschler 1992. Reproduced with permission of Elsevier.).

ausgekleideten Hohlräumen, den Sinusoiden, besteht. Jeder dieser Komponenten kommt eine bestimmte Funktion bei der Blutbildung zu.

Die Steuerung der verschiedenen Prozesse ist vielfältig. Sie geht vor allem von den verschiedenen Zellen des Stromas aus, die z. B. zusammen mit Wachstumsfaktoren die Entwicklung der verschiedenen Blutzellen steuern. Dazu gehören das in den Nieren gebildete Erythropoietin, Granulozyten-stimulierender Faktor, Monozyten-/Makrophagen-stimulierender Faktor und Interleukin-7, das die Bildung von Vorläufern der B- und T-Lymphozyten stimuliert, sowie Thrombopoietin. Andere Faktoren, wie Interleukin-1 oder der Tumor-Nekrose-Faktor, wirken indirekt, indem sie in anderen Zellen die Bildung anderer direkt wirkender Faktoren auslösen. Schließlich greifen die Interleukine 2, 4, 5 und 6 in die Weiterentwicklung einzelner Vorläuferzellen ein.

Toxische Wirkungen von Chemikalien können daher im Knochenmark durch direkte Einwirkung auf die Stammzellen bzw. auf ihre sich in den Zellkolonien entwickelnden Folgezellen ausgelöst werden oder dadurch, dass die Synthese von Wachstumsfaktoren oder andere Funktionen des Stromas beeinträchtigt werden.

18.4 Funktion der einzelnen Bestandteile im Blut

18.4.1 Erythrozyten

> Erythrozyten sind flache, bikonkave Scheiben mit einem Durchmesser von ca. 8 µm. Sie bestehen zu etwa 30 % ihres Gewichtes aus Hämoglobin, das bei hohem Sauerstoffdruck Sauerstoff, bei niedrigem Sauerstoffdruck Kohlendioxid reversibel bindet.

Ein reifer, im Blut zirkulierender Erythrozyt enthält vor allem **Hämoglobin** und verschiedene Enzymsysteme, um das Funktionieren des Hämoglobins als Transportsystem für O_2 und CO_2 zu gewährleisten. Alle übrigen Bestandteile von Zellen, wie Kern, Ribosomen, Mitochondrien, Lysosomen oder endoplasmatisches Retikulum, sind während der verschiedenen Entwicklungsschritte der Erythropoese aus der Zelle entfernt worden.

Die wichtigste Funktion der Erythrozyten besteht im **Transport von molekularem Sauerstoff** aus der Lunge in die Gewebe und im Rücktransport von CO_2, das in der Lunge abgeatmet wird. Der größte Teil des CO_2, etwa 75 %, wird allerdings als Bicarbonat transportiert, das intrazellulär durch die Carboanhydrase gebildet wird (Abb. 18.2). Hämoglobin bindet auch Wasserstoffionen, sodass in den Erythrozyten etwa 85 % der Pufferkapazität des Blutes enthalten sind (siehe auch Abschn. 18.4.1.1).

$$CO_2 + H_2O \rightleftharpoons HCO_3^-$$

Erythrozyten haben eine Lebensdauer von etwa 120 Tagen. „Alte" Erythrozyten verlieren zunehmend Enzymaktivitäten sowie Funktion und Flexibilität der Zellmembran, sodass sich Immunoglobuline anlagern. Sie werden deshalb als Fremdpartikel angesehen und von den Makrophagen der Leber und Milz phagozytiert, d. h. aufgenommen und anschließend verdaut. Von den Abbauprodukten des Hämoglobins wird das Bilirubin in der Leber enzymatisch glucuronidiert und über die Gallenwege und den Darm ausgeschieden. Proteinbestandteile und das Eisen werden im Stoffwechsel vom Organismus wiederverwendet. Aufgrund der langen Lebensdauer der Erythrozyten lassen sich Hämoglobinaddukte relative lange nach einer Exposition erfassen.

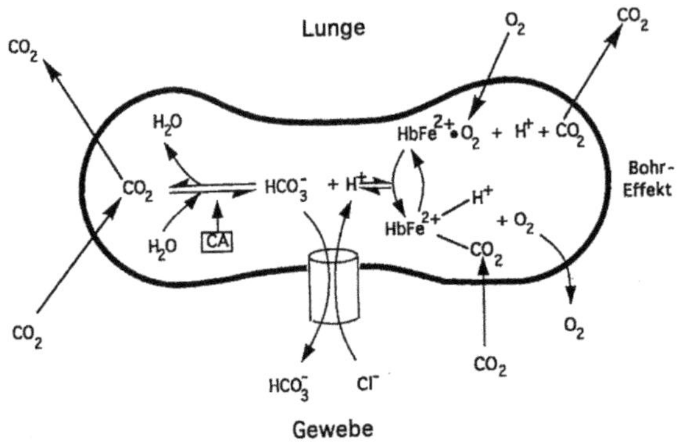

Abb. 18.2 Schematische Darstellung des O_2- und CO_2-Austausches am $HbFe^{2+}$ des Erythrozyten in der Lunge und im Gewebe durch den Bohr-Effekt und die Carboanhydrase (CA). Vor allem im Gewebe bildet dieses Enzym aus CO_2 und H_2O Kohlensäure, die in HCO_3^- und H^+ dissoziiert. Das freie Proton reagiert im Rahmen des Bohr-Effektes mit $HbFe^{2+}$, während das Hydrogencarbonat den Erythrozyten durch einen Anionenkanal im Austausch gegen Cl^- verlässt. In der Lunge läuft diese Reaktion umgekehrt ab.

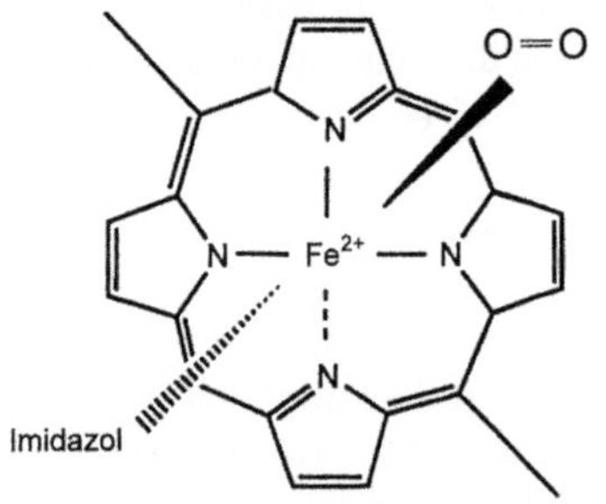

Abb. 18.3 Schematische Darstellung der Stellung des Eisens im Protoporphyrinring des Hämoglobins. Dabei sind der Sauerstoff und Imidazol gegenüberstehend oberhalb bzw. unterhalb der Ebene des Porphyrinringes angeordnet.

18.4.1.1 **Hämoglobin**

Der wichtigste Bestandteil der Erythrozyten ist das Hämoglobin, ein Protein mit einer Molmasse von 67 000 Da, das aus vier Globinpeptidketten besteht. Jede Peptidkette enthält eine Hämgruppe. Das Eisen im Häm des Hämoglobins liegt unter physiologischen Bedingungen als Fe^{2+} vor (Abb. 18.3). Durch Beladung mit Sauerstoff •O–O• entsteht Oxyhämoglobin ($HbFe^{2+}O_2$), das im Gegensatz zu Desoxyhämoglobin ($HbFe^{2+}$) keine ungepaarten Elektronen hat. Die Bindung des Eisenatoms an die benachbarten Stickstoffatome des Protoporphyrins ist im $HbFe^{2+}$ ionisch und im $HbFe^{2+}O_2$ kovalent. Die Bindung des Häms an Globin in seiner hydrophoben Tasche bewirkt, dass O_2 reversibel gebunden werden kann und die Autooxidation des zweiwertigen Eisens gehemmt wird. Durch Oxidation des zweiwertigen Eisens zu Fe^{3+} entsteht Methämoglobin ($HbFe^{3+}$). Es fällt für den Sauerstofftransport aus, da es nicht mehr in der Lage ist, O_2 reversibel zu binden.

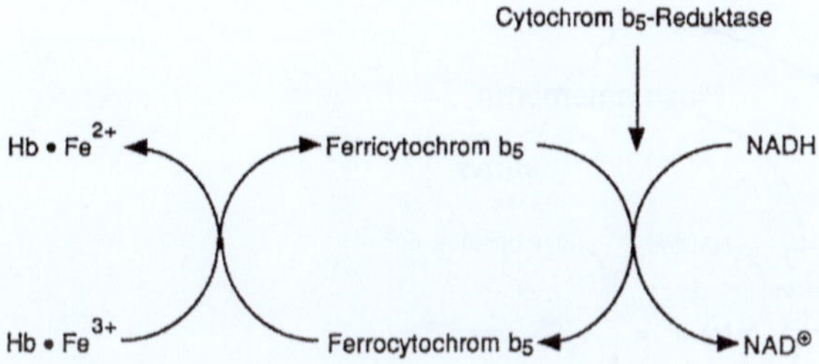

Abb. 18.4 NADH-abhängige Methämoglobin-Reduktase.

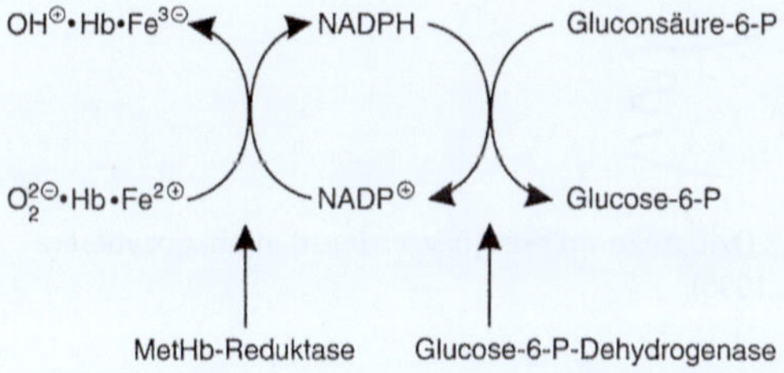

Abb. 18.5 NADPH-abhängige Methämoglobin-Reduktase.

Im Erythrozyten wird der Methämoglobinspiegel durch die Methämoglobin-Reduktase auf etwa 1 % der Hämoglobinkonzentration gehalten. Die notwendigen Reduktionsäquivalente werden von der Cytochrom-b_5-Reduktase (Ferrihämoglobin-Reduktase NAD) über die Bildung von NAD^+ bereitgestellt (Abb. 18.4). Daneben gibt es ein weiteres, NADPH-abhängiges, reduktives System (Abb. 18.5). Es wird in Gegenwart exogener Methämoglobinbildner aktiviert.

Bei einigen vererbbaren Krankheiten weist die Glucose-6-phosphat-Dehydrogenase nur eine geringe Aktivität auf (Kapitel 4; s. auch Abschn. 18.6.1). Personen mit dieser Krankheit sind daher gegenüber Methämoglobinbildnern wie Nitrit besonders empfindlich. Das trifft auch für Neugeborene zu, die eine geringe Methämoglobin-Reduktaseaktivität und zugleich einen hohen Gehalt an fetalem Hämoglobin aufweisen. Fetales Hämoglobin besitzt eine höhere Affinität für Sauerstoff, sodass auch bei dem geringen Sauerstoffdruck des fetalen Kreislaufs eine ausreichende Sauerstoffversorgung der Gewebe gewährleistet ist. Es ist jedoch gleichzeitig leicht oxidierbar. Kinder sind dadurch in den ersten Wochen nach der Geburt gegenüber Oxidationsmitteln besonders empfindlich.

18.4.2
Leukozyten

> Die verschiedenen Typen dieser Blutzellen haben die gemeinsame Aufgabe, den Organismus gegen „Fremdeinflüsse" zu schützen, indem sie körperfremdes Material durch Bildung von Antikörpern besser erkennbar machen und es phagozytieren (siehe Kapitel 19).

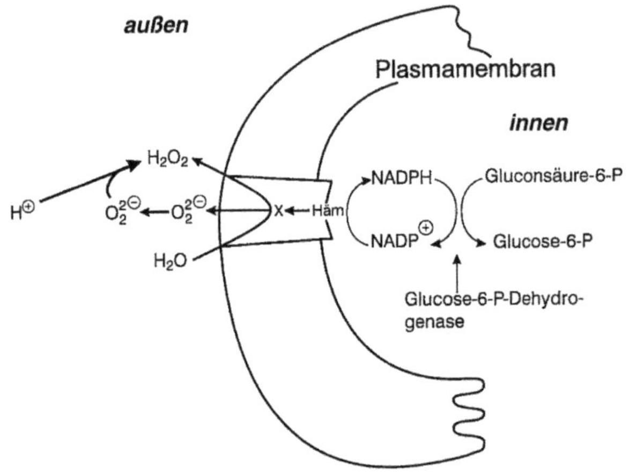

Abb. 18.6 Schematische Darstellung des Oxidasekomplexes (*oxygen burst*) in phagozytierenden Leukozyten (verändert nach Elstner, 1990).

Die Leukozyten werden je nach Anfärbbarkeit mit verschiedenen Farbstoffen unterteilt in neutrophile, eosinophile und basophile Granulozyten, Monozyten bzw. Makrophagen und in Lymphozyten. Alle Granulozyten zirkulieren nach ihrer Freisetzung aus dem Knochenmark weniger als 24 h im Blut, bevor sie sich an den Gefäßwänden festsetzen. Entzündliche Gewebe setzen Leukotriene frei, die zu einer Anhäufung von Granulozyten führen, sowie Mediatoren, die die Permeabilität der Gefäßwand erhöhen. Dort werden fremde Partikel oder Bakterien phagozytiert, d. h. in die Granulozyten aufgenommen und durch Freisetzung reaktiver Sauerstoffspezies (*oxygen burst*) zerstört (Abb. 18.6). Neutrophile Granulozyten besitzen die höchste phagozytierende Kapazität, Eosinophile sind am schwächsten wirksam. Letztere sind bei einigen allergischen Erkrankungen und Infektionen mit großen Parasiten, wie Wurmbefall, vermehrt, was auf ihre Bedeutung bei der durch Allergene ausgelösten Entzündung hinweist. Die Basophilen entsprechen den Mastzellen im Gewebe und setzen als Reaktion auf einen immunologischen Reiz Histamin und andere Mediatoren frei. Die Monozyten zirkulieren drei bis vier Tage im Blut, bevor sie in Organe des retikuloendothelialen Systems, wie Leber, Milz oder Knochenmark, einwandern. Dort verbleiben sie für mehrere Monate und sind als Makrophagen, d. h. „Fresszellen", an der Phagozytose in entzündlichen Prozessen, vor allem aber an der Elimination alter Blutzellen, denaturierter Plasmaproteine und Lipoproteine beteiligt. Zur Funktion der Lymphozyten siehe Kapitel 19.

18.4.3 **Thrombozyten**

> Die kleinsten Produkte der Hämatopoese, die Thrombozyten, sind für die sofort einsetzende Verklebung verletzter Gefäßwände verantwortlich.

Thrombozyten werden paketweise in den Megakaryozyten, das sind Knochenmarkriesenzellen, gebildet und freigesetzt. Im Blut reichern sie sich innerhalb von Sekunden an Gefäßläsionen an, wo Kollagenfasern freiliegen. Sie setzen dabei ADP frei, was zur Ansammlung weiterer Thrombozyten und Verklebung der Thrombozyten untereinander führt. Gleichzeitig werden die Gerinnungsfaktoren aktiviert und Fibrin gebildet, das den Gefäßverschluss verstärkt. Durch Einwanderung von Fibroblasten entsteht schließlich die Narbe.

18.5 Toxikologie des Knochenmarks

Chemikalien können zur Störung einzelner oder mehrerer Funktionen des Knochenmarks führen. Hemmung der Differenzierung oder Proliferation von Progenitorzellen führt zur Verminderung der im Blut zirkulierenden Zellen, verminderte Kontrolle der Proliferation zu Leukämien, d. h. Krebs des Knochenmarks.

Die Verminderung der Zahl der Erythrozyten, Leukozyten oder Thrombozyten im Blut wird als **Anämie**, **Leukozytopenie** bzw. **Thrombozytopenie** bezeichnet. Wenn einzelne Zelltypen der Leukozyten vermindert sind, kommt es zur Lymphozytopenie oder Granulozytopenie. Agranulozytose bedeutet das vollständige Fehlen von Granulozyten im Blut, Panzytopenie ist eine Verminderung der Blutzellen – einschließlich der Thrombozyten.

Unter **aplastischer Anämie** versteht man den Ausfall der Erythropoese im Knochenmark, ohne dass die Bildung der Leukozyten (Granulozytopoese) oder der Thrombozyten (Thrombozytopoese) beeinträchtigt ist (Tab. 18.2).

Tab. 18.2 Hämatologische Erkrankungen.

Erkrankung	Art der Schädigung
Anämie Leukozytopenie Lymphozytopenie Granulozytopenie Thrombozytopenie	Anzahl im Blut vermindert
Panzytopenie	Anzahl aller Zellen im Blut vermindert
Agranulozytopenie	Fehlen von Granulozyten im Blut
Aplastische Anämie	Störung der Erythropoese im Knochenmark
Hämolytische Anämie	Anämie durch Zerstörung von Erythrozyten (Hämolyse)

Tab. 18.3 Formen der Leukämie.

Form	Art der Erkrankung
Leukämie	Vermehrung weißer Blutzellen (Leukozyten, Lymphozyten)
Akute Leukämie	Vermehrung wenig differenzierter (unreifer) Zellen
Akute lymphatische Leukämie	Von Lymphknoten ausgehend
Akute myelogene Leukämie	Vom Knochenmark ausgehend
Chronische Leukämie	Vermehrung differenzierter (reifer) Zellen
Chronische lymphatische Leukämie	Von Lymphknoten ausgehend
Chronische myelogene Leukämie	Vom Knochenmark ausgehend

Leukämie ist der Überbegriff für Erkrankungen, die durch eine unkontrollierte Proliferation der verschiedenen Vorstufen der Leukozyten ausgelöst werden. Je nach den im Blut nachweisbaren Zellen unterscheidet man zwischen akuter (unreifzelliger) und chronischer (reifzelliger) Leukämie (Tab. 18.3).

Diese Erkrankungen des Knochenmarks sind relativ selten. So treten aplastische Anämien in Europa und den Vereinigten Staaten mit einer Häufigkeit von drei bis sechs Fällen pro 1 000 000 Personen auf. Im Fernen Osten liegt die Häufigkeit höher, möglicherweise infolge einer höheren Rate an Virusinfektionen oder wegen höherer Exposition gegenüber Arzneimitteln oder Chemikalien. Wegen der geringen Häufigkeit ist es zumeist sehr schwierig, eine Korrelation zwischen Chemikalienexposition und aplastischer Anämie oder anderen Erkrankungen des Knochenmarks zu sichern.

18.5.1 Aplastische Anämien

Benzol

Bereits Anfang dieses Jahrhunderts ist ein Zusammenhang zwischen Exposition gegenüber Benzol und aplastischer Anämie beschrieben worden.

> Benzol hemmt die Proliferation von Stammzellen und greift in die frühe „Hämatogenese" ein. Dadurch kommt es abhängig von Höhe und Dauer der Exposition zur Verminderung der Zahl der Erythrozyten im Blut und zu aplastischer Anämie, aber auch zur Panzytopenie oder zu Leukämien. Diese Wirkungen werden Benzolmetaboliten, vor allem den Chinonen und Muconsäurederivaten zugeschrieben, die über eine kovalente Bindung an die DNA die DNA-Synthese, die Synthese der RNA und von Proteinen und damit die Zellproliferation im Knochenmark hemmen.

Bei Industriearbeitern, die vor allem über längere Zeit Benzoldämpfe inhaliert hatten, waren Schwächegefühl, Blutungen und verminderte Zellzahlen im Blut aufgetreten. Diese Befunde konnten in Tierversuchen bestätigt werden. Spätere Untersuchungen zeigten, dass zunächst eine Verminderung der Zahl der Erythrozyten, weniger der Leukozyten und Thrombozyten, auftritt. Mit zunehmender Expositionszeit wird das Knochenmark zunehmend geschädigt, sodass mehr als ein Zelltyp im Blut betroffen ist, was schließlich zu einer Panzytopenie führt. Inwieweit ein individueller Unterschied in der Empfindlichkeit gegenüber Benzol besteht, ist nicht geklärt. Diskutiert werden individuelle Unterschiede in der Metabolisierung von Benzol. Die Vermutung, Kinder und Frauen seien empfindlicher als Männer, hat sich nicht bestätigt.

Benzol wird vor allem in der Leber, aber auch im Knochenmark enzymatisch zu einer Vielzahl von Metaboliten umgesetzt. Der erste Schritt wird von Cytochrom P450 2E1 katalysiert. Es entsteht Benzolepoxid, das mit seinem Oxepin im Gleichgewicht steht. Weitere Schritte führen über Phenol zur Bildung von Hydrochinon und Catechol. Die phenolischen Metaboliten können mit Sulfat oder Glucuronid konjugiert werden. Ob es sich dabei um entgiftende Reaktionen handelt, oder ob die Konjugate zu den Zielorganen gelangen und dort die toxischen Metaboliten wieder freigesetzt oder weiter metabolisiert werden können, weiß man nicht. Ebenfalls ungeklärt ist, welcher oder welche der Metaboliten für die Toxizität des Benzols verantwortlich sind.

Auch der Mechanismus der Benzolwirkung konnte bisher noch nicht geklärt werden. Hydrochinon oder Catechol reduzieren im Tierversuch die Produktion von Erythrozyten. Muconaldehyd und *p*-Benzochinon sind für das Knochenmark stärker toxisch als die Hydroxyderivate. Gleichzeitige Gabe von Phenol und dihydroxylierten Benzolderivaten oder Muconaldehyd und Hydrochinon führen zu einer starken Knochenmarkdepression. Diese Ergebnisse lassen vermuten, dass die Toxizität von Benzol nicht auf einen einzigen Metaboliten, sondern auf das Zusammenwirken mehrerer Verbindungen zurückzuführen ist. Benzolmetaboliten beeinflussen auch die Funktion des Stromas im Knochenmark. So vermindern Hydrochinon, *p*-Benzochinon, Catechol und 1,2,4-Trihydroxybenzol die Fähigkeit von Stromazellen, die Proliferation von Kolonien der Vorläuferzellen von Neutrophilen und Monozyten zu stimulieren. In Stromazellen hemmen Hydrochinon und *p*-Benzochinon die RNA-Synthese und die Aktivierung von Interleukin-1 zu Zytokin. Inwieweit Benzolmetaboliten auf die Synthese von Regulatorproteinen im Knochenmark wie Interleukinen, Zytokinen usw. einwirken, ist ebenfalls unklar. Allerdings fand man heraus, dass bestimmte Metaboliten Replikation und Transkription im Kern und in den Mitochondrien hemmen, kovalent an DNA gebunden werden und die RNA-Synthese hemmen.

Zytostatika

Wegen der hohen Zellteilungsraten im Knochenmark zur Gewährleistung der Hämatopoese kommt es bei der **Behandlung von Krebserkrankungen mit Zytostatika**, d. h. Antimetaboliten und Alkylanzien zur Proliferationshemmung der

Krebszellen, häufig zu Störungen der Funktion des Knochenmarks. Alkylanzien wie Cyclophosphamid, Chlorambucil, Mechlorethamin oder Melphalm führen zu einer Verminderung aller zirkulierenden Zellen im Blut, genauso wie die Antimetaboliten Methotrexat, Thioguanin, Mercaptopurin, Fluoruracil oder Cytarabin, die therapeutisch die DNA-Synthese in den Tumorzellen und damit auch der Progenitorzellen des Knochenmarks hemmen.

Eine Reihe anderer Arzneimittel stehen im Verdacht, aplastische Anämien auszulösen z. B. das Antibiotikum Chloramphenicol, die Thyreostatika Propylthiouracil und Methimazol, Phenothiazine, antiinflammatorische Substanzen wie Phenylbutazon oder Sulfonamide. Die Wirkung auf das Knochenmark äußert sich zunächst in einer verminderten Zahl der Leukozyten, Neutrophilen oder Thrombozyten im Blut und kann schließlich zur Agranulozytose oder aplastischer Anämie führen. Diese an sich seltenen Nebenwirkungen werden am häufigsten bei Chloramphenicol und Phenylbutazon beobachtet. Aplastische Anämien wurden häufiger beobachtet, wenn Aspirin, Penicillin, Acetophenetidin, Phenytoin, Streptomycin oder Sulfisoxazol zusammen mit weiteren Substanzen verabfolgt worden waren.

Wenn die Arzneimittel abgesetzt werden, ist die Schädigung des Knochenmarks zumindest bei leichteren Veränderungen reversibel. In fortgeschrittenen Stadien wie bei aplastischer Anämie kann die Hämatopoese durch Transplantation von Knochenmark normalisiert werden.

18.5.2 Leukämien

Leukämien beruhen auf einer hohen Proliferation unreifer Granulozyten oder Lymphozyten, die in das Blut abgegeben werden. Erythroleukämien, d. h. Abgabe unreifer Erythrozytenformen aus dem Knochenmark, sind dagegen selten. Am häufigsten treten akute oder chronische myelogene (Granulozyten-)Leukämien auf, akute oder chronische lymphatische Leukämien, Hodgkin- oder Non-Hodgkin-Lymphome, multiple Myelome (eine B-Zell-Leukämie, die von Plasmazellen ausgeht).

Eindeutige Korrelationen zwischen bestimmten Chemikalien und Leukämien sind schwer herzustellen. Sicher ist, dass Benzol und Alkylanzien zu akuten myeloiden Leukämien führen können.

Epidemiologische Untersuchungen zeigen, dass Benzolexposition am Arbeitsplatz zu Leukämie führt. Der Wirkungsmechanismus ist nicht endgültig geklärt, vor allem, weil es lange Zeit nicht möglich war, im Tierversuch Leukämien durch Benzol zu erzeugen. Dies lässt sich damit erklären, dass die Substanz den Tieren in den bisher durchgeführten Langzeitstudien wie üblich ununterbrochen verabfolgt worden ist. Damit steht die proliferationshemmende Wirkung des Benzols im Vordergrund, die unter anderem zur aplastischen Anämie führt. Leukämie ist jedoch eine Erkrankung, die eine hohe Zellteilungsrate voraussetzt, die bei kontinuierlicher Verabfolgung von Benzol unterdrückt wird. In neueren Tierversuchen mit einer intermittierenden Benzolexposition von wenigen Monaten und langer

Nachbeobachtungszeit konnte dementsprechend eine Leukämie ausgelöst werden.

Gegenwärtig werden mehrere Hypothesen für die leukämieauslösende Wirkung des Benzols diskutiert. Die eine geht davon aus, dass die zur aplastischen Anämie führenden Interaktionen von Benzol und seinen Metaboliten mit DNA und RNA, wie sie nach Therapie mit Alkylanzien auftreten, die Voraussetzung für die Leukämie darstellen. So wurde beschrieben, dass der Benzolmetabolit 1,4-Hydrochinon die Topoisomerase II durch kovalente Bindung inaktiviert und damit zu DNA-Schäden und Chromosomenbrüchen führt. Mutationen in den Ras-Onkogenen sind bei einigen Leukämien nachgewiesen worden. Die andere Hypothese stützt sich auf Beobachtungen bei exponierten Arbeitern mit erhöhten Raten an Chromosomenaberrationen im Blut, die über Jahre persistieren können. Leukämien haben sich nur bei den Personen entwickelt, bei denen die Chromosomenaberrationen weiterhin nachweisbar blieben. Welche Mechanismen dieser Persistenz zugrunde liegen, ist unklar. Möglicherweise spielen dafür die Benzolmetaboliten eine Rolle, für die eine mutagene oder klastogene Wirkung nachgewiesen wurde.

Eine weitere Hypothese ist die Beeinflussung der Funktion des Knochenmarkstromas, d. h. der *„niche"* durch Benzol, da die Zellen des Knochenmarkstromas die Proliferation der Stamm- und Progenitorzellen regulieren.

Sekundäre Leukämien

Die Krebstherapie mit Alkylanzien oder Topoisomerase-II-Hemmstoffen führt zu einer **„sekundären" akuten myelogenen Leukämie** (AML), die als t-AML bezeichnet wird. Die Patienten, die zunächst mit Alkylanzien behandelt worden sind, entwickeln zunächst eine Myelodysplasie und nach einer Latenzzeit von fünf bis sieben Jahren die Leukämie. Dagegen tritt nach Behandlung mit Topoisomerase-II-Hemmstoffen die Leukämie bereits nach ein bis drei Jahren ohne vorangegangene Myelodysplasie auf. Die Topoisomerase II lockert und löst die Helixwindungen der doppelten DNA-Stränge als Voraussetzung für die Zellteilung. Die in der Krebstherapie eingesetzten Hemmstoffe wie die Anthracycline binden an das Enzym und hemmen dadurch die Zellteilung und führen zum Zelltod durch Apoptose. Wenn die Zellen nicht absterben, führen die Doppelstrangbrüche jedoch zu Mutationen und akuter Leukämie.

18.6 Toxikologie des Hämoglobins

Die vor allem aus dem Knochenmark freigesetzten Erythrozyten haben eine Lebensdauer von etwa 120 Tagen. Um die normale Zellzahl im Blut aufrechtzuerhalten, werden daher beim Menschen etwa zwei Millionen Erythrozyten (Erythropoese) pro Sekunde gebildet. Jede Störung der Erythropoese, z. B. durch Benzol, führt daher zu einer Verminderung der im Blut zirkulierenden Erythrozyten, d. h. zur Anämie.

Die lebenswichtige Funktion des O_2- und CO_2-Transportes der Erythrozyten ist beeinträchtigt bei Anämie, durch vorzeitigen Abbau der Erythrozyten (Hämolyse), wenn er durch gesteigerte Erythropoese nicht kompensiert werden kann, durch Beeinträchtigung der O_2-Bindung an das Hämoglobin durch CO oder durch Oxidation des Fe^{2+} zu Fe^{3+} (Methämoglobin).

18.6.1 Hämolytische Anämien

Angeborene hämolytische Anämien beruhen entweder auf genetisch bedingten Defekten der Struktur der Erythrozytenmembran oder des Hämoglobins.

Bei der vererblichen **Sphärozytose** sind spezifische Proteine der Erythrozytenmembran verändert, die zu kleinen runden Erythrozyten führen, die in der Milz abgefangen und hämolysiert werden.

Die **Thalassämien** beruhen auf Gendefekten auf den Chromosomen 11 und 16, die zu einer verminderten Bildung der Globinketten im Hämoglobin führen.

Die **Sichelzellanämie** beruht auf einem durch Mutation verursachten Austausch der Glutaminsäure in Valin an Position 6 innerhalb der β-Ketten des Hämoglobins, sodass sich sichelförmige Erythrozyten bilden.

Beide Erkrankungen werden autosomal-rezessiv vererbt. Die veränderten Globinketten verändern Form und Funktion der Erythrozyten, die in der Milz abgefangen und hämolysiert werden.

Reduziertes Glutathion (GSH) ist ein kritischer Faktor zur Aufrechterhaltung der Membranstabilität der Erythrozyten. Durch den ständigen oxidativen Stress wird Glutathion zum GSSG oxidiert, das durch die Glutathion-Reduktase und NADPH als Kofaktor wieder zu GSH reduziert wird. Da NADPH von der **Glukose-6-phosphat-Dehydrogenase** (G6PD) durch Oxidation von Glukose-6-phosphat gebildet wird, kommt es bei genetisch bedingtem Mangel der G6PD zu Membranschäden der Erythrozyten und Hämolyse. Der G6PD-Mangel ist eine X-chromosombedingte rezessive Erkrankung und damit vornehmlich bei Männern und bei Afroamerikanern während des Koreakrieges nach Gabe von Primaquin zur Prophylaxe der Malaria diagnostiziert. Sie ist auch Ursache des Favismus, der bei entsprechend empfindlichen Personen durch Favabohnen (Saubohnen) ausgelöst wird und ebenfalls zur Hämolyse führt.

18.6.2 Störungen der Sauerstoffbindung des Hämoglobins

18.6.2.1 Kohlenmonoxid

Kohlenmonoxid hat bei pH 7,4 und normalem atmosphärischem Druck eine 245-fach höhere Affinität zum Fe^{2+} im Hämoglobin als Sauerstoff, sodass es bereits bei geringer CO-Konzentration O_2 verdrängt. Entsprechend der

Haldane'schen Gleichung

$$\frac{[Hb(CO)_4]}{[Hb(O_2)_4]} = M \frac{[P_{CO}]}{[P_{O_2}]}$$

in der die Konstante M für menschliches Hämoglobin den Wert von 245 hat, und P_{CO} sowie P_{O_2} die Partialdrücke von CO bzw. O_2 repräsentieren, beträgt bei einer Sauerstoffkonzentration von 21 %, wie sie in der Atemluft vorliegt, und 0,1 % CO die Konzentration an Carboxyhämoglobin theoretisch bereits 50 %. Die Geschwindigkeit, mit der sich dieses Gleichgewicht in den Erythrozyten einstellt, hängt jedoch von der Atemfrequenz ab und von der Diffusion des Gases durch die Alveolarmembranen ins Blut, sodass bis zur Einstellung eines gleichbleibenden Spiegels an CO-Hämoglobin im Allgemeinen mehrere Stunden vergehen. Wegen der Reversibilität der Bindung geht der CO-Hämoglobingehalt nach Expositionsende innerhalb von Stunden zurück, was durch kurzfristige Beatmung mit reinem Sauerstoff oder Carbogengas (95 % O_2, 5 % CO_2) beschleunigt werden kann, wobei CO_2 das Atemvolumen stimuliert.

18.6.2.2 **Methämoglobinbildner**

$HbFe^{3+}$-Bildung reduziert die Bindungskapazität des Hämoglobins und ist für die Symptome der Methämoglobinämie, d. h. die durch den Sauerstoffmangel entstehenden Symptome, wie Zyanose, Kopfschmerzen, Schwindelgefühl, Verwirrtheit, Muskelschwäche, Einschränkung des Bewusstseins und schließlich Tod bei 50–70 % Methämoglobin im Blut, verantwortlich.

Über zwei Mechanismen kann das Fe^{2+} im Hämoglobin oxidiert werden:

1. direkte Oxidation
2. gekoppelte Oxidation (Co-Oxidation) durch Stoffe, die in Gegenwart von Sauerstoff $HbFe^{3+}$ bilden.

Direkte Oxidation

Bei der direkten Oxidation des Fe^{2+} im Hämoglobin werden die Oxidationsmittel reduziert und das Fe^{2+} zu Fe^{3+} oxidiert. Eine ständig im Organismus ablaufende Reaktion ist die Methämoglobinbildung durch molekularen Sauerstoff. Durch die in den Erythrozyten vorhandenen Methämoglobin-Reduktasen bleibt das so gebildete Methämoglobin unter 1 % des Hämoglobingehaltes. Die folgenden Chemikalien können zu einer direkten Oxidation des $HbFe^{2+}$ führen:

- H_2O_2, Ozon, NO_x,
- Kupfer, Chromate,
- Chlorate, Perchlorate,
- Nitrate,
- Chinone und Redoxfarbstoffe, wie Methylenblau.

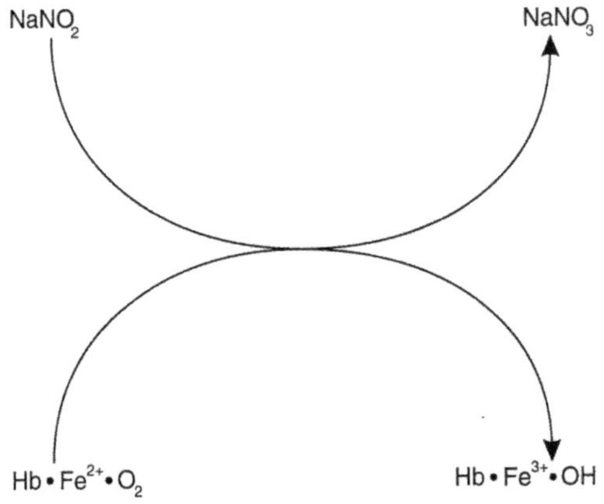

Abb. 18.7 Gekoppelte Oxidation am Beispiel von Nitrit (verändert nach Forth *et al.*, 1992).

Bei hohem Methämoglobingehalt in den Erythrozyten kommt es zur Hämolyse, d. h. zur Zerstörung von Erythrozyten und zu Milz- und Nierenschäden, weil die kleinen Blutgefäße dieser Organe durch zerstörte Erythrozyten und Hämoglobin verstopft werden.

Gekoppelte Oxidation

Bei der gekoppelten oder Kooxidation werden sowohl das $HbFe^{2+}$ zu $HbFe^{3+}$ als auch die Substanz unter Reduktion des O_2 oxidiert. Damit ist die Reaktion (dargestellt am Beispiel von Nitrit in Abb. 18.7) nur in Gegenwart von O_2 möglich.

Dabei unterscheidet man zwischen direkt und indirekt wirkenden Stoffen, die über eine gekoppelte Oxidation zur Methämoglobinbildung führen. Die direkt wirkenden, wie Arsin, Nitrit, Thiole oder Arylhydroxylamin, lösen als solche die Reaktion aus. Die indirekt wirkenden benötigen eine metabolische Aktivierung, um eine gekoppelte Oxidation auslösen zu können. Dazu gehören aromatische Amine, aromatische Nitro- und Azoverbindungen.

Amine werden N-oxidiert, Nitroverbindungen reduziert zu dem entsprechenden Redoxpaar Arylhydroxylamin/Nitrosoaren. Die unterschiedliche methämoglobinbildende Wirksamkeit der Arylamine weist auf Unterschiede in der Geschwindigkeit der N-Hydroxylierung durch hepatisches Cytochrom P450 hin, während Unterschiede in der Wirkungsdauer von der Stabilität und der metabolischen Inaktivierung der gebildeten Metaboliten abhängen.

Arylamin wird in der Leber durch Cytochrom P450 N-oxygeniert (Abb. 18.8). Das gebildete Arylhydroxylamin wird als lipophiles Agens von den Erythrozyten aufgenommen und reagiert mit HbO_2 in einer gekoppelten Oxidation unter Bildung von $HbFe^{3+}$, Nitrosoaren und H_2O. Das inaktive Nitrosoaren wird entweder an die SH-Gruppen von Globin oder die SH-Gruppen der Erythrozytenmembran in Form von Sulfin- und Sulfenamiden gebunden, durch die NADPH-abhängigen Reduktasen wieder zum aktiven Arylhydroxylamin regeneriert oder zum inaktiven Arylamin reduziert. Das Arylamin kann erneut N-oxygeniert werden. Die Sulfin- und Sulfenamide können reduktiv gespalten werden; das freigesetzte

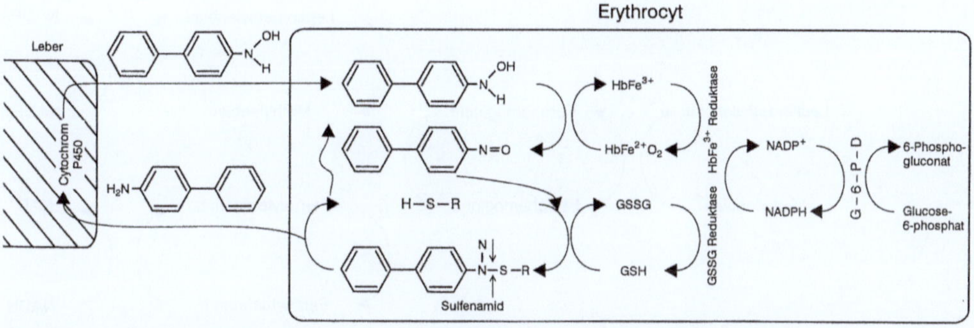

Abb. 18.8 Der Mechanismus der Arylaminaktivierung und der katalytischen Hämoglobinoxidation durch Arylhydroxylamine.

Arylamin hält nach erneuter Aktivierung den Zyklus der gekoppelten Oxidation weiterhin in Gang. $HbFe^{3+}$ wird durch die NADH- und NADPH-abhängigen $HbFe^{3+}$-Reduktasen wieder zu $HbFe^{2+}$ reduziert und durch die Aufnahme von O_2 zu HbO_2 regeneriert. So bleibt der Zyklus der Co-Oxidation in Gang, bis der Vorrat an Glucose erschöpft, alles HbO_2 oxidiert oder das Arylamin hydroxyliert, konjugiert und ausgeschieden worden ist.

4-Aminobiphenyl und Anilin unterscheiden sich insofern von den übrigen Aminen, als dass sie den Zyklus von Aktivierung, Co-Oxidation und Inaktivierung viel länger durchlaufen, was auf die Stabilität der metabolischen Zwischenprodukte hinweist.

Anilin hat in der Vergangenheit wahrscheinlich bei mehr Menschen, z. B. bei Arbeitern in Anilin-, Gummi-, Schuh- und Wäschefabriken und der pharmazeutischen Industrie eine Methämoglobinämie erzeugt als jede andere Verbindung. Nach Inhalation von Anilindämpfen oder Resorption über die Haut entwickelten sie eine chronische Zyanose, d. h. Blausucht, die ihnen die Bezeichnung *blue boys* einbrachte. Der nach einer Latenzzeit von 20 Jahren bei Arbeitern solcher Betriebe beobachtete Blasenkrebs war allerdings nicht auf Anilin zurückzuführen, sondern auf Verunreinigungen des Rohanilins mit 4-Aminobiphenyl, Benzidin und 2-Naphthylamin.

Therapeutisch eingesetzte $HbFe^{2+}$-Bildner

Methylenblau, ein trizyklisches *p*-Chinonderivat, kann die Reduktion von $HbFe^{3+}$ beschleunigen. Dabei wird Methylenblau durch die NADPH-abhängigen $HbFe^{3+}$-Reduktasen zu Leukomethylenblau reduziert, das seinerseits $HbFe^{3+}$ zu $HbFe^{2+}$ reduziert und dabei wieder zu Methylenblau oxidiert wird (Abb. 18.9). So kann 1 mol Methylenblau rasch mehrere Äquivalente $HbFe^{3+}$ reduzieren. Daher hat sich Methylenblau als nützlich und lebensrettend in Fällen von schwerer Methämoglobinämie erwiesen. Wenn die $HbFe^{3+}$-Konzentration im Blut von Patienten 30 % überschreitet, werden Dosen von 1–2 mg/kg Methylenblau intravenös injiziert, worauf die $HbFe^{3+}$-Konzentration auf Werte von 5–8 % sinkt. Thionein hat im Vergleich zu Methylenblau (Tetramethylthionein) eine stärkere Wirkung und wird ebenfalls zur Therapie der Methämoglobinämie eingesetzt.

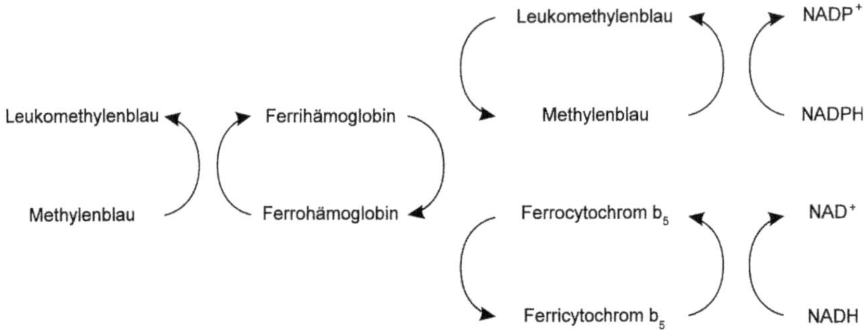

Abb. 18.9 Die Wirkung von Methylenblau. Links ist die Methämoglobin (Ferrihämoglobin)-Bildung durch Elektronenabgabe dargestellt, rechts die durch Leukomethylenblau und Ferrocytochrom b5 vermittelte Reduktion von Methämoglobin.

18.6.2.3 **Cyanid**

Cyanid reagiert ebenfalls reversibel mit dem Fe^{2+}-Ion im Häm. Allerdings bindet es mit höherer Affinität an Fe^{3+}, das z. B. im Häm der Cytochrome der mitochondrialen Atmungskette enthalten ist. Cyanid führt daher zur Hemmung der Zellatmung und damit zur „inneren Erstickung". Die hohe Affinität zum Fe^{3+} wird therapeutisch genutzt, indem bei Cyanidvergiftung eine kontrollierte Methämoglobinämie erzeugt wird. Dadurch kommt es zu einer erheblichen Vermehrung der Fe^{3+}-Menge im Organismus und damit zur Umverteilung und zum Absinken der an den Gewebscytochromen gebundenen Cyanidkonzentration. Die metabolische Inaktivierung des am Hb gebundenen Cyanids erfolgt vor allem über die Bildung von Rhodanid (SCN^-), das durch die Rhodanese der Leber katalysiert wird. Um ausreichend Schwefel für diese Sulfurtransferase bereitzustellen, wird bei der Therapie der Cyanidvergiftung neben dem Methämoglobinbildner zusätzlich Natriumthiosulfat intravenös injiziert.

$$CN^- + S \xrightarrow{\text{Rhodanese}} CNS^-$$

Therapeutisch eingesetzte $HbFe^{3+}$-Bildner

Die verschiedensten Stoffe werden zur Bildung einer Methämoglobinämie bei Cyanidvergiftungen eingesetzt. Methylenblau kann die Symptome der Cyanidvergiftung mildern, indem es $HbFe^{2+}$ oxidiert. Weil Methylenblau $HbFe^{3+}$ aber auch reduzieren kann (vgl. Abschn. „Therapeutisch eingesetzte $HbFe^{2+}$-Bildner"), werden im stationären Gleichgewicht nur $HbFe^{3+}$-Konzentrationen von 5–8 % im Blut erreicht, was bei schweren Cyanidvergiftungen unzureichend ist. Eine schnellere $HbFe^{3+}$-Bildung lässt sich zwar mit $NaNO_2$ erreichen, doch können wegen seiner gefäßerweiternden Wirkung mit der Folge einer Blutdrucksenkung nur Mengen gegeben werden, die nicht mehr als 6 % $HbFe^{3+}$ bilden.

Auf der Suche nach wirksameren $HbFe^{3+}$-Bildnern ohne unerwünschte Wirkungen wurden mehrere Aminophenole geprüft. Im 4-Dimethylaminophenol (4-DMAP) fand man eine Substanz, die nach intravenöser Injektion schnell $HbFe^{3+}$ bildet und auch schnell wieder aus dem Blut eliminiert wird. Dosen

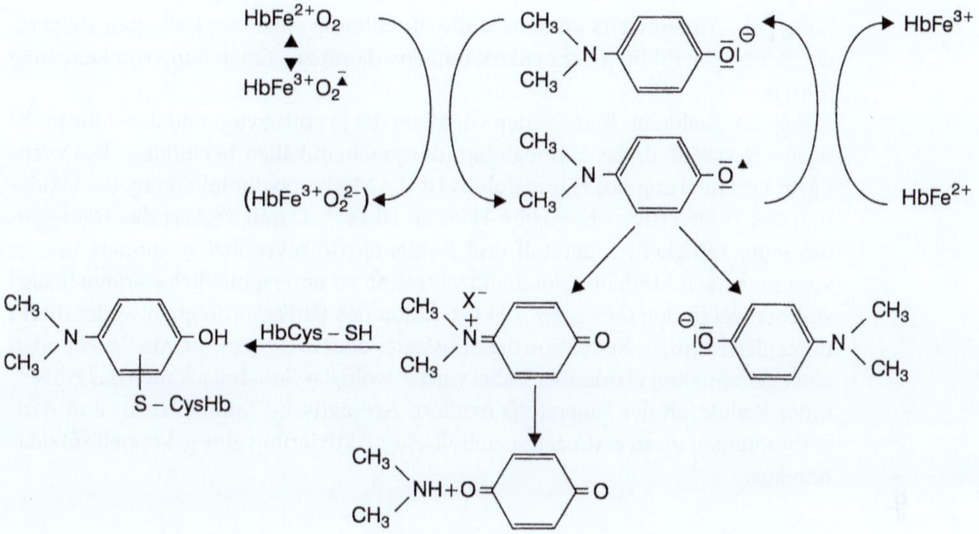

Abb. 18.10 Der Mechanismus der katalytischen Hämoglobinoxidation durch 4-Dimethylaminophenol.

von 3,25 mg/kg, i. v. injiziert, produzierten bereits nach 1 Minute 15 % $HbFe^{3+}$ und damit in kurzer Zeit die Hälfte der maximalen Wirkung. Nach 20 Minuten wird das Maximum von ca. 30 % $HbFe^{3+}$ erreicht. Die 4-DMAP-Dosierungen, die zu einer Methämoglobinkonzentration von 30–40 % führen, haben nur geringe Kreislaufwirkungen.

Den Mechanismus der katalytischen $HbFe^{3+}$-Bildung durch 4-DMAP in menschlichen Erythrozyten sieht man in Abb. 18.10. 4-DMAP ($pK_a = 10{,}1$) ist bei pH 7,4 zwar nur zu 0,2 % ionisiert, aber die niedrige Konzentration des Phenolatanions reicht für die Co-Oxidation mit HbO_2 aus, weil sich das Dissoziationsgleichgewicht immer wieder neu einstellt.

18.7 Zusammenfassung

Die wichtigste Aufgabe des Knochenmarks besteht darin, die im Blut zirkulierenden Erythrozyten, Leukozyten und Thrombozyten zu bilden. Erythrozyten enthalten zu 30 % ihres Gewichts Hämoglobin. Sie sind damit für den Sauerstofftransport ins Gewebe und den Rücktransport von Kohlendioxid zur Lunge verantwortlich. Die verschiedenen Typen der Leukozyten haben die Aufgabe, den Organismus durch Phagozytose von körperfremdem Material und durch Bildung von Antikörpern zu schützen. Die Thrombozyten sind für die sofort einsetzende Verklebung verletzter Gefäßwände verantwortlich. Toxische Wirkungen von Chemikalien können die Bildung dieser Zellen im Knochenmark hemmen und führen damit zu einer Verminderung einzelner oder aller im Blut zirkulierender

Zelltypen. Andererseits können Stoffe die Bildung einzelner Zelltypen steigern, wie Benzol die Bildung der Leukozyten, und damit zur Entstehung von Leukämie führen.

Von den Zellen im Blut werden vor allem die Erythrozyten und dabei ihr wichtigster Bestandteil, das Hämoglobin, durch Chemikalien beeinflusst. Die wichtigste Veränderung des Hämoglobins ist die Methämoglobinbildung, die Oxidation des zweiwertigen Eisens im Häm zu $HbFe^{3+}$. Damit verliert das Hämoglobin seine Fähigkeit, Sauerstoff und Kohlendioxid reversibel zu binden, und es kommt je nach Methämoglobinkonzentration zu unterschiedlich starkem Sauerstoffmangel in den Geweben. Die Oxidation des $HbFe^{2+}$ erfolgt entweder direkt unter gleichzeitiger Reduktion des Substrates oder in Gegenwart von Sauerstoff in einer gekoppelten Oxidation. Dabei wird sowohl das Substrat als auch das $HbFe^{2+}$ unter Reduktion des Sauerstoffs oxidiert. Aromatische Amine, Nitro- und Azoverbindungen lösen erst nach metabolischer Aktivierung eine gekoppelte Oxidation aus.

Literatur

Elstner, E.F. (1990) *Der Sauerstoff*, Wissenschaftsverlag, Mannheim.

Forth, W., Henschler, D., Rummel, W. und Starke, K. (1992) *Pharmakologie und Toxikologie*, 6. Aufl., Bibliographisches Institut, Mannheim.

Weiterführende Literatur

Görgens, A., Radtke, S., Möllmann, M., Cross, M., Dürig, J., Horn, P.A. und Giebel, B. (2013) Revision of the human hematopoietic tree: Granulocyte subtypes derive from distinct hematopoietic lineages. *Cell Rep.*, **3**, 1539–1552.

Greim, H., Kaden, D.A., Larson, R.A., Palermo, C.M., Rice, J.M., Ross, D. und Snyder, R. (2014) The bone marrow niche, stem cells, and leukemia: Impact of drugs, chemicals, and the environment. *Ann. NY Acad. Sci.*, **130**, 7–31.

Hoffmann, R., Benz Jr., E.J., Shattil, S.J., Furie, B., Cohen, H.J., Silberstein, L.E. und McGlave, P. (2000) *Hematology: Basic Principles and Practice*, 3. Aufl., Churchill Livingstone, New York.

Larson, R.S. und Le Beau, M.M. (2005) Therapy related myeloid leukemia: A model for leukemogenesis in humans. *Chem.-Biol. Interact.*, **153–154**, 187–195.

Lindsey, R.H., Bender, R.P. und Osheroff, N. (2005) Stimulation of topoisomerase II-mediated DNA cleavage by benzene metabolites. *Chem.-Biol. Interact.*, **153–154**, 197–205.

Swanson, M. und Cook, R. (1977) *Drugs, Chemicals and Blood Dyscrasias*, Drug Intelligence Publications, Inc., Hamilton, Illinois.

van der Klauw, M.M., Wilson, J.H. und Stricker, B.N. (1998) Drug-associated agranulocytosis: 20 years of reporting in The Netherlands (1974–1994). *Am. J. Hematol.*, **57**, 206–211.

Snyder, R. (2002) Benzene and leukemia, *Crit. Rev. Toxicol.*, **32**, 155–210.

Snyder, R. (2000) Overview of the toxicology of benzene. *J. Toxicol. Environ. Health Part A*, **61**, 339–346.

19
Toxikologie des Immunsystems

P. Griem

19.1
Einleitung

Im Laufe der Evolution hat sich das Immunsystem entwickelt, um den Organismus vor dem Eindringen, der Ausbreitung und der Wirkung von Viren, Bakterien, Pilzen, Protozoen, Würmern (Parasiten) und Giften zu schützen. Das Immunsystem steht mit seiner Gesamtzellzahl und der Komplexität der Kommunikation und Regulation zwischen seinen vielfältigen Zellarten sowie weiteren Zellen und Organen dem Zentralnervensystem in nichts nach.

Das Immunsystem lässt sich grob unterteilen in antigenunspezifische Bestandteile, wozu mikroben- und zelltrümmerphagozytierende Zellen, wie Monozyten, neutrophile und eosinophile Granulozyen, natürliche Killer (NK)-Zellen, Gewebsmakrophagen und gelöste Proteine, z. B. des Komplementsystems, Akute-Phase-Proteine und Lysozym, gehören, und in *antigenspezifische* Bestandteile, zu denen B-Lymphozyten und die von ihnen produzierten Antikörper (synonym: Immunglobuline), Mikroben und infizierte Zellen abtötende zytotoxische T-Lymphozyten (CTL oder T_C) sowie die Immunantwort an- und abschaltende T-Helfer (T_H)-Zellen und regulatorische T-Lymphozyten (T_{REG}) gehören. Im Gegensatz zu den sofort einsetzenden *antigenunspezifischen* Abwehrmechanismen, benötigen die antigenspezifischen T- und B-Zellen einige Tage bis ein eingedrungener Erreger effektiv mit T_C-Zellen und Antikörpern bekämpft werden kann. Für eine wirksame Immunantwort sind vielfältige Kooperationen der Zellen des spezifischen Immunsystems untereinander und mit denen des unspezifischen Immunsystems erforderlich.

Jede T- bzw. B-Zelle erkennt spezifisch eine bestimmte antigene Struktur des Erregers, beispielsweise eines Bakteriums oder eines Virus. Im Verlauf einer Infektion werden erregerspezifische Lymphozyten aktiviert und zur Zellteilung angeregt. Dabei teilt sich jede betroffene Zelle mehrfach nacheinander, wodurch eine große Anzahl identischer Lymphozyten derselben Spezifität entsteht, die als Klon bezeichnet wird. Dieser Vorgang wird als durch das Antigen hervorgerufe-

Das Toxikologiebuch, 1. Auflage. Helmut Greim (Hrsg.).

ne klonale Selektion bezeichnet. Nach der ersten Immunreaktion (*Erstantwort*) auf den Erreger, verbleibt eine erhöhte Anzahl erregerspezifischer Lymphozyten im Körper. Bei einem erneuten Kontakt mit dem gleichen Erreger kann daher die spezifische Immunantwort wesentlich schneller und stärker ablaufen (*Zweitantwort*), sodass die Infektion oft ohne Krankheitssymptome abgewehrt wird. Diese Fähigkeit des Immunsystems, sich an vorangegangene Infektionen „zu erinnern", wird als immunologisches Gedächtnis bezeichnet.

Eine wichtige Voraussetzung für den effektiven Schutz (die Immunität) des Körpers besteht in dem Vermögen des Immunsystems, körperfremde von körpereigenen Strukturen zu unterscheiden und selektiv anzugreifen. Es ist aber nicht in der Lage, zwischen gefährlichen und ungefährlichen körperfremden Stoffen zu differenzieren, wie beispielsweise zwischen dem Choleratoxin und harmlosen Birkenpollen. Aus diesem Grund kann es auch zu Immunreaktionen gegen für sich genommen unschädliche (Pollen, Hausstaubmilben, Arbeitsstoffe) oder sogar nützliche (Nahrungsmittel, Medikamente) körperfremde Stoffe kommen.

Ebenso wie bei den nützlichen Immunreaktionen kommt es auch hier zu einer Entzündung und eventuell zu einer Funktionsbeeinträchtigung des betroffenen Gewebes. Diese angesichts der geringen Gefährdung unangemessenen Immunreaktionen werden als Überempfindlichkeitsreaktionen oder Allergien bezeichnet. Darüber hinaus können einige Chemikalien die Immunreaktion gegen körpereigene Strukturen lenken und so zur gezielten Zerstörung bestimmter Zellen und Gewebe (Autoimmunreaktion) führen. Allergien und fremdstoffinduzierte Autoimmunreaktionen werden unter dem Begriff „unerwünschte Immunreaktionen" zusammengefasst. Chemikalien können aber nicht nur zur unerwünschten Aktivierung des Immunsystems führen, sondern durch schädigende Wirkung auf bestimmte Zellpopulationen auch eine Verminderung der Immunabwehr hervorrufen. Die auf diese Weise ausgelöste Immunsuppression kann eine erhöhte Infektanfälligkeit und die vermehrte Entstehung virusbedingter Tumoren zur Folge haben.

19.2 Anatomie und Zellen des Immunsystems

Das Immunsystem besteht aus vielen strukturell und funktionell verschiedenen Organen und Geweben, die über den ganzen Körper verteilt sind. In den primären lymphatischen Organen, Thymus und Knochenmark, findet die Reifung der T- bzw. der B-Lymphozyten statt. Sowohl die antigenunspezifischen Zellen des Immunsystems als auch die Lymphozyten entwickeln sich in komplizierten Proliferations- und Differenzierungsschritten aus den pluripotenten Stammzellen des Knochenmarks.

Die *B-Zellen* verlassen das Knochenmark als reife, naive B-Lymphozyten. Als „naiv" werden B- und T-Lymphozyten bezeichnet, die noch keinen Antigenkontakt hatten. Die *T-Zellen* wandern als unreife Vorläufer-T-Lymphozyten zunächst in den Thymus und verlassen ihn als reife, naive T-Zellen.

Zu den sekundären *lymphatischen Organen* gehören Milz, Lymphknoten, Tonsillen, Appendix und die lymphatischen Gewebe ohne bindegewebige Kapsel entlang der Schleimhäute der Atemwege, des Magen-Darm-Trakts und des Urogenitalsystems. Sie stellen eine Umgebung dar, in der reife Lymphozyten effektiv mit Antigenen und anderen Immunzellen interagieren und so eine Immunreaktion starten können.

In den sekundären lymphatischen Organen ermöglicht die Expression bestimmter Adhäsionsmoleküle auf den Zellen des sogenannten hohen Venolen-Endothels den Lymphozyten das Verlassen der Blutbahn. In diesen spezialisierten lymphatischen Geweben findet hauptsächlich der Kontakt mit Antigen statt, das durch Gewebsmakrophagen und den mit ihnen verwandten dendritischen Zellen aus dem Blut aufgenommen oder aus dem umliegenden Gewebe herantransportiert wird.

Die *Makrophagen* entwickeln sich aus den Monozyten des Blutes, die ihrerseits aus Vorläuferzellen im Knochenmark entstanden sind, und über das Blut alle Gewebe erreichen. In den Geweben differenzieren sich die Monozyten zu den spezialisierten Gewebsmakrophagen, wie z. B. den Synovialmakrophagen, den Alveolarmakrophagen der Lunge oder den Kupffer'schen Sternzellen der Leber. Die Abstammung der *dendritischen Zellen*, die in Milz, Lymphknoten, Schleimhäuten und der Haut (dort als Langerhans'sche Zellen bezeichnet) vorkommen, ist bislang noch unzureichend geklärt.

> Die dendritischen Zellen und Makrophagen sind in der Lage, fast alle in den Körper eindringenden Fremdstoffe und Krankheitserreger, aber auch abgestorbene Körperzellen zu phagozytieren und abzubauen.

Nach der Phagozytose wandern die dendritischen Zellen und Makrophagen über die Lymphgefäße in das nächstgelegene (drainierende) sekundäre lymphatische Gewebe und präsentieren dort Teile des aufgenommenen Materials an T_H-Zellen, die ihrerseits dann T_C-Lymphozyten aktivieren und B-Zellen zur Antikörpersynthese stimulieren. Neben dendritischen Zellen und Makrophagen können auch B-Zellen als antigenpräsentierende Zellen (*antigen-presenting cells*, APC) für exogene, d. h. von der Zelle aufgenommene, Antigene dienen. Daneben präsentieren alle kernhaltigen Körperzellen Bestandteile der in ihrem Zytoplasma synthetisierten (endogenen) Proteine auf ihrer Zellmembran. Auf diese Weise können virusinfizierte und z. T. auch tumorigene Körperzellen identifiziert und von T_C-Zellen eliminiert werden. Regeln Tumorzellen die MHC-I-Expression herunter, werden sie von NK-Zellen erkannt, die Zellen ohne MHC-I-Moleküle lysieren.

Die Leukodiapedese und die lokale Proliferation antigenspezifischer Lymphozyten während einer Immunreaktion führt oft zum Auftreten einer Lymphknotenschwellung. Durch Antigenkontakt aktivierte Effektor- und Gedächtnislymphozyten können die sekundären lymphatischen Organe über die Lymphgefäße wieder verlassen. Sie gelangen schließlich über den Ductus lymphaticus dexter und Ductus thoracicus in die rechte bzw. linke Schlüsselbeinvene und somit erneut in den Blutkreislauf, sodass nach einer Immunisierung bei erneutem Antigenkontakt an jeder beliebigen Stelle des Körpers eine Zweitantwort ausgelöst werden kann.

19.3
Antigene und ihre Erkennung

Als Antigene werden alle körperfremden Strukturen bezeichnet, die eine Immunreaktion auslösen können. B-Lymphozyten können gegen eine Vielzahl chemischer Stoffgruppen, wie Peptide, Proteine, Oligo- und Polysaccharide, Lipide und Chemikalien Antikörper bilden.

Die Antigenerkennung wird durch spezielle Rezeptoren in den Zellmembranen der Lymphozyten ermöglicht. Diese Erkennung umfasst nicht das Antigen als Ganzes, sondern jeweils nur ein vom Rezeptor gebundenes Teilstück, das antigene Determinante oder Epitop genannt wird. Die B-Zellrezeptoren sind membranständige Antikörper, deren Antigenbindungsstelle ein genaues komplementäres Abbild der räumlichen Struktur des erkannten Epitops darstellt. Im Falle eines Proteinantigens gehen die Antikörper nicht-kovalente Bindungen zu ungefähr 15 Aminosäuren ein, die entweder ein lineares Epitop bilden oder aufgrund der nativen Faltung des Proteins räumlich benachbart liegen.

Im Gegensatz zu B-Zellen erkennen T-Zellen ausschließlich Proteinantigene und können mit ihrem Antigenrezeptor nicht an das native Antigen binden. Die membranständigen T-Zellrezeptoren (*T-cell receptor*, TCR) erkennen einen Komplex auf der Membran von APC, der aus einem 8–25 Aminosäuren langen Antigenbruchstück und einem mit einer speziellen Peptidbindungsfurche ausgestatteten Membranprotein (*major histocompatibility complex* (MHC)-Molekül) besteht. Die Rezeptoren der B- und T-Lymphozyten weisen eine sehr hohe Antigenspezifität auf und ermöglichen so die Unterscheidung von Peptidsequenzen, die nur in einer Aminosäure voneinander abweichen.

Während komplette Antigene (z. B. die Glykoproteine eines Virus) sowohl die Aktivierung von B-Zellen als auch von T-Zellen auslösen können und in der Regel ein Molekulargewicht von > 4000 Da besitzen, haben Arzneimittel und Chemikalien zumeist eine zu geringe Molmasse, um selbst antigen zu wirken. Manche von ihnen können dennoch eine Immunreaktion auslösen, indem sie kovalent an ein körpereigenes Protein binden und das veränderte Protein als Antigen erkannt wird. Zur kovalenten Bindung an Proteine müssen viele Fremdstoffe erst in reaktive Metaboliten umgewandelt werden, woran Zellmetabolismus, Autoxidation durch Luftsauerstoff oder fotochemische Reaktionen auf bzw. in der Haut beteiligt sein können. Die mit Proteinen reagierenden Substanzen oder ihre Metabolite werden als Haptene bezeichnet.

Phagozyten können dabei selbst Fremdstoffe metabolisieren, da sie verschiedene Phase-I-Enzyme, darunter Cytochrom-P450-Isoenzyme, exprimieren. Darüber hinaus können Fremdstoffe durch freigesetzte Sauerstoffspezies zu reaktiven Metaboliten oxidiert werden, die dann als Haptene an körpereigene Proteine und z. T. an die Phagozyten selbst binden. Da die Phagozyten aus dem Entzündungsherd in den drainierenden Lymphknoten wandern und dort als APC spezifische Immunreaktionen auslösen können, wird verständlich, weshalb selbst geringe Metabolitmengen unerwünschte Immunreaktionen auslösen können.

19.4 Entzündungsreaktion (unspezifische Immunabwehr)

Gelangen bei einer Verletzung Krankheitserreger oder Fremdstoffe in den Körper, wandern zunächst die Zellen der unspezifischen Immunabwehr in das Gewebe ein. Sie werden durch nur in Mikroben vorkommende Strukturen (*pathogen-associated molecular patterns*, PAMP), wie bakterielle Mannane, β-Glukane und Lipopolysaccharide, die von Körperzellen durch im Genom codierte Pattern-Recognition-Rezeptoren (PRR) erkannt werden, sowie durch körpereigene Signalstoffe, wie aktivierte Komplementkomponenten, und aus Basophilen und Mastzellen freigesetzte Leukotriene und Histamin chemotaktisch angelockt. Die einwandernden Granulozyten und Monozyten unterstützen Gewebsmakrophagen und dendritische Zellen bei der Phagozytose von Fremdstoffen, Zelltrümmern und eingedrungenen Erregern. Die Krankheitserreger werden extra- und intrazellulär durch porenbildende Enzyme und die Freisetzung zytotoxisch wirkender reaktiver Sauerstoff- und Stickstoffspezies (ROS bzw. RNS, der Vorgang wird als *respiratory burst* bezeichnet) abgetötet. Die aktivierten Phagozyten geben ihrerseits Mediatoren (Leukotriene und Zytokine) ab, die zur Erweiterung der Blutkapillaren (sichtbar als Hautrötung) und zum Übertritt weiterer Phagozyten sowie Lymphozyten und Plasma aus den Gefäßen ins Gewebe (Schwellung) führen. Der gesamte Vorgang wird als lokale Entzündungsreaktion bezeichnet.

19.5
Antigenprozessierung und MHC-Restriktion

Die Prozessierung (enzymatische Spaltung) phagozytierter Antigene erfolgt in den Phagolysosomen antigenpräsentierender Zellen.

Phagolysosomen entstehen durch die Verschmelzung von antigenenthaltenden Phagozytosevesikeln mit Lysosomen, die abbauende Enzyme, wie Proteasen, Lipasen, Glykosidasen und Nukleasen, enthalten. Im Verlauf der Antigenprozessierung werden aus antigenen Proteinen Peptide mit einer Länge von ungefähr 13–18 Aminosäuren herausgeschnitten. Diese Peptide binden an die Peptidbindungsfurche von Membranproteinen (Klasse-II-MHC-Proteinen), die am rauen endoplasmatischen Retikulum (ER) synthetisiert und in Vesikeln verpackt zu den Phagolysosomen transportiert werden.

Nur diejenigen Peptide, die mit zwei bis drei ihrer Aminosäureseitenketten in die Taschen der Bindungsfurche der Klasse-II-MHC-Moleküle binden, können auf der Oberfläche der APC den T-Lymphozyten präsentiert werden. APC können nicht zwischen körpereigenen und körperfremden Proteinen unterscheiden, sodass sie Peptide aus allen phagozytierten Proteinen präsentieren.

MHC-Proteine sind membranständige Glykoproteine, die Peptide (T-Zellepitope) an T-Zellen präsentieren können. Sie werden von einer als Haupthistokompatibilitätskomplex (*major histocompatibility complex*, MHC) bezeichneten Gruppe benachbarter Gene codiert und einer von zwei Klassen zugeordnet: Die Klasse-I-Moleküle bestehen aus einer einzelnen, membranständigen Polypeptidkette, an die ein Molekül β_2-Mikroglobulin assoziiert ist. Sie treten auf allen kernhaltigen Zellen auf. Die Klasse-II-Moleküle sind Heterodimere aus einer α- und einer β-Kette und werden auf Monozyten, Makrophagen, dendritischen Zellen, B-Zellen sowie auf aktivierten humanen T-Zellen exprimiert. Einige andere Zelltypen wie Endothelien und Epithelien können durch Zytokine, wie z. B. Interferon(IFN)-γ, zu einer vorübergehenden Klasse-II-Expression stimuliert werden. Die MHC-Gene stellen ein extrem polymorphes System dar, d. h., innerhalb einer Population tritt eine große Zahl nur geringfügig unterschiedlicher Gensequenzen (Allele) auf. Die durch zwei verschiedene Allele codierten MHC-Moleküle unterscheiden sich in der Struktur der Peptidbindungsfurche und somit in dem Spektrum der Peptidsequenzen, welches sie binden und an T-Zellen präsentieren können.

Alle kernhaltigen Körperzellen exprimieren etwa ein halbes Duzend verschiedener Klasse-I-MHC-Allele und sind daher in der Lage, endogene Antigene zu präsentieren. Dazu zählen nicht nur Proteine aus dem normalen Zellstoffwechsel, sondern auch die Produkte mutierter oder abnorm exprimierter Gene in entarteten Zellen sowie, im Falle einer Virusinfektion, die von Körperzellen synthetisierten Virusproteine. Vor der Präsentation werden diese Proteine im Zytosol durch einen Proteasom genannten Multienzymkomplex proteolytisch in Peptide mit einer Länge von acht bis zehn Aminosäuren gespalten und in das Lumen des ER transportiert. Dort binden sie an neusynthetisierte Klasse-I-Moleküle, wenn sie die für die Bindungstaschen der Peptidfurche passenden Aminosäureseitenketten besitzen und gelangen dann auf dem normalen sekretorischen Weg an die Zelloberfläche.

Die beiden Klassen von MHC-Proteinen ermöglichen in Verbindung mit der Kompartimentierung der Antigenprozessierungswege eine getrennte Prozessierung von exogenen und endogenen Antigenen und die Präsentation an unterschiedliche T-Zellpopulationen.

19.6 T-Lymphozyten und ihre Aktivierung

T-Lymphozyten erkennen präsentierte MHC-Peptid-Komplexe mittels ihres T-Zellrezeptors (TCR). Es handelt sich dabei um ein Heterodimer aus einer α- und der β-Kette, die zusammen eine Bindungsstelle für einen MHC-Peptid-Komplex bilden. Die Gene für die beiden Polypeptidketten werden während der Entwicklung einer T-Zelle durch das zufällige Zusammenfügen von drei α- bzw. vier β-DNA-Abschnitten aus einer großen Anzahl verfügbarer Bausteine zusammengesetzt.

Diese Art der Bildung einer genetischen Vielfalt wird somatische Rekombination genannt, und erzeugt eine praktisch unbegrenzte Zahl von TCR-Spezifitäten (ca. 10^{10}), deren Gesamtheit als T-Zellrepertoire bezeichnet wird. Die Basensequenz der neu kombinierten Genabschnitte codiert die MHC-Peptid-Bindungsstelle und bestimmt damit die Antigenspezifität des TCR. Alle durch Zellteilungen aus einer T-Zelle hervorgehenden Tochterzellen eines Klons besitzen den gleichen TCR und damit die gleiche Spezifität. Die T-Zellspezifität umfasst nicht nur das Antigenpeptid, sondern auch das MHC-Allel. Die Tatsache, dass eine T-Zelle „ihr" Peptid nur im Kontext mit einem bestimmten MHC-Allel erkennt, wird als MHC-Restriktion bezeichnet. Neben dem antigenspezifischen Signal 1 (MHC-Peptid-TCR-Kontakt), für das bereits ein MHC-Peptid-Komplex ausreichend sein kann und etwa zehn eine maximale Stimulation hervorrufen, sind für die T-Zellaktivierung weitere Signale notwendig. Diese liefert normalerweise die APC durch weitere Kontakte zwischen Membranmolekülen beider Zellen (Signal 2) und durch Sezernieren von Zytokinen (z. B. IL-1, IL-2, IL-12) an die T-Zelle (Signal 3).

T-Lymphozyten lassen sich mittels monoklonaler Antikörper gegen membranständige Proteine, sogenannte Oberflächenmarker, in verschiedene Subpopulationen unterteilen. Am wichtigsten ist die Unterscheidung von $CD4^+$- und $CD8^+$-T-Zellen. $CD8^+$-T-Lymphozyten können mit ihrem TCR an MHC-I-Peptid-Komplexe auf Körperzellen binden.

Bei den $CD8^+$-T-Zellen handelt es sich um zytotoxische T-Lymphozyten (CTL oder T_C-Zellen). Im Falle einer Virusinfektion präsentieren virusinfizierte Körperzellen verschiedene Viruspeptide auf ihren MHC-Klasse-I-Molekülen. Die aufgrund der Infektion vermehrten viruspeptidspezifischen Tc-Zellen erkennen diese MHC-I-Viruspeptid-Komplexe, lysieren die infizierten Körperzellen und eliminieren so die Virusinfektion.
Die $CD4^+$-T-Zellen erkennen MHC-II-Peptid-Komplexe und werden auch als T-Helferzellen (T_H-Zellen) bezeichnet, da sie indirekt durch Freisetzung von Zytokinen auf andere Immunzellen wirken. Sie nehmen eine zentrale Rolle bei der Initiierung und Steuerung aller spezifischen Immunantworten ein.

Die nach mehrfachem Antigenkontakt voll ausdifferenzierten Zellen lassen sich nach dem von ihnen produzierten Zytokinmuster in zwei Subpopulationen unterteilen: T_H1-Zellen sezernieren vor allem IL-2, IFN-γ und Lymphotoxin-α (TNF-β) und aktivieren dadurch besonders $CD8^+$-Zellen und Makrophagen (*zellvermittelte Immunität*), während T_H2-Zellen unter anderem IL-4, -5, -6, -10 und -13 ausschütten und so die B-zellvermittelte Antikörperantwort (*humorale Immunität*) unterstützen. Die von T_H-Zellen, aber auch von T_C-Zellen und Makrophagen, produzierten Zytokine legen somit fest, welche Effektormechanismen gegen ein Antigen benutzt werden. Eine aktivierte Zelle gibt in der Regel ein oder mehrere Zytokine gerichtet in den Zell-Zell-Kontaktraum ab. Die Zielzelle exprimiert auf ihrer Zellmembran die entsprechenden spezifischen Zytokinrezeptoren, die durch die Zytokinbindung intrazelluläre Signaltransduktionskaskaden auslösen, die zu einer Änderung des Aktivierungszustandes führen, z. B. Zellproliferation und -differenzierung, Proteinsynthese und -sekretion, Expression von Zytokinen und Zytokinrezeptoren. Zytokine werden in der Regel nur von einer begrenzten Anzahl aktivierter Zellen in sehr geringer Konzentration freigesetzt, sodass ihr Effekt auf unmittelbar in der Nähe liegende Zellen (parakrine Wirkung) oder die produzierenden Zellen selbst (autokrine Wirkung) beschränkt bleibt. In größerer Konzentration freigesetzt, z. B. bei einer beginnenden Influenzainfektion oder bei Zytokin-Verabreichung zu therapeutischen Zwecken, verursachen Zytokine typische Symptome wie Fieber, Unwohlsein, Übelkeit, Muskel- und Gelenkschmerzen. Eine massive Zytokinfreisetzung im Körper, z. B. von TNF-α und IL-1β beim septischen Schock, kann lebensbedrohliche Folgen haben.

Unter den weiteren $CD4^+$-T-Lymphozytenpoplulationen sezernieren die T_H17-Zellen IL-17 und IL-23, welche wichtige proinflammatorische Signale darstellen und unter anderem Neutrophile und Keratinozyten aktivieren und eine Rolle in der zellvermittelten Abwehr von Pilzinfektionen spielen. Follikuläre T-Helferzellen (T_{FH}) regulieren die B-Zellentwicklung in Lymphknoten und Milz. Natürliche T_{REG}, die in einer Thymusnische als schwach autoreaktive T-Zellen heranreifen, und antigenspezifische induzierte T_{REG}, die aus konventionellen T-Zellen unter dem Einfluss von IL-10 und TGF-β entstehen, können Immunreaktionen inhibieren und organschädigende autoimmune Entzündungen herunterregeln, indem sie die T-Zellaktivierung durch APC hemmen, antigenspezifische T-Zellen lysieren, inhibitorische Zytokine (IL-10, TGF-β) und IL-2-abfangende IL-2-Rezeptormoleküle ohne Membranverankerungssequenz sezernieren. NKT-Zellen sind z. T. CD4-positiv und exprimieren evolutionär konservierte TCR, die an CD1-Moleküle gebundene bakterielle Lipide und Glykolipide erkennen.

19.7 B-Lymphozyten und Antikörperproduktion

Die B-Zellen sind in Kooperation mit T_H-Zellen nach Kontakt mit „ihrem" Antigen in der Lage, spezifische Antikörper gegen dieses Antigen zu sezernieren. Ein Antikörpermolekül (Immunglobulin, Ig) ist aus je zwei leichten und zwei schweren Ketten Y-förmig zusammengefügt, wobei die beiden großen Polypeptidketten an einem Ende miteinander verbunden sind und am anderen Ende jeweils mit einer kleineren Kette assoziieren und eine Antigenbindungsstelle bilden. Als antigenspezifische Rezeptoren besitzen B-Lymphozyten membranständige Antikörper. Auf der Stufe von Vorläufer-B-Zellen werden in einer schrittweisen, kontrollierten Entwicklungskaskade durch somatische Rekombination von drei bzw. vier Gensegmenten die Gene für die leichte L-Kette bzw. die schwerere H-Kette zusammengesetzt. Wie bei den TCR wird die Antigenspezifität gemeinsam von den variablen Teilen der beiden Polypeptidketten bestimmt, wodurch eine ähnlich hohe Zahl unterschiedlicher Spezifitäten (B-Zellrepertoire) generiert wird.

B-Zellen exprimieren ihren Antikörper zunächst als membranständiges IgM. In diesem frühen Entwicklungsstadium führt die Bindung von Antigenen zur Apoptose der B-Zelle, um die Bildung reifer autoreaktiver B-Zellen zu verhindern (zentrale Toleranz). In der weiteren Entwicklung zu reifen B-Zellen werden unter anderem IgD und weitere akzessorische Oberflächenmarker exprimiert.

Wie oben beschrieben binden Antikörper – anders als der TCR – das intakte, nicht prozessierte Antigen. Die B-Zelle nimmt gebundenes Antigen, z. B. ein bakterielles Toxin, durch Endozytose auf, prozessiert das Antigen in Phagolysosomen und präsentiert die entstandenen Peptide an MHC-II-Moleküle gebunden auf der Zelloberfläche. Antigenspezifische $CD4^+$-T_H-Zellen erkennen diese und werden zur Ausschüttung von Zytokinen stimuliert, die die B-Zelle zu klonaler Expansion und zur Differenzierung in die antikörpersezernierenden Plasmazellen sowie in Gedächtnis-B-Zellen anregen.

Der konstante Teil der H-Kette eines Immunglobulins bestimmt, zu welcher der fünf Ig-Klassen oder -Isotypen (IgM, IgD, IgA, IgE, IgG) ein Antikörper gehört. Die Antikörperklasse entscheidet über den immunologischen Effektormechanismus, der durch die Bindung des Antikörpers an sein Antigen ausgelöst wird. Beispielsweise führt die „Markierung" von eingedrungenen Bakterien mit IgG zur Lyse und/oder Phagozytose durch NK- und T_C-Zellen, die auf ihrer Oberfläche $F_c\gamma$-Rezeptoren für den nicht-variablen Teil der schweren γ-Kette des IgG besitzen. Die initiale Bildung der von IgM- und IgD-Antikörpern, die durch alternatives Splicing gebildet werden, kann wiederum durch somatische Rekombination auf eine andere Ig-Klasse umgestellt werden, bei der das antigenspezifische, variable Gensegment der H-Kette mit einem anderen Gensegment für den konstanten Teil (α-, ε- oder γ-Kette) kombiniert wird. Durch die von T_H-Zellen abgegebenen Zytokine kann somit in der B-Zelle ein Wechsel der Ig-Klasse erfolgen, ohne dass sich die Spezifität der produzierten Antikörper dabei ändert.

19.8 Immunologische Toleranz

> Während das Immunsystem auf der einen Seite gegen eine Vielzahl körperfremder Antigene reagiert, treten gegen körpereigene Strukturen normalerweise keine Immunreaktionen auf. Diese immunologische Toleranz der Lymphozyten gegen „Selbst" ist nicht von vornherein gegeben, sondern muss durch Kontakt mit Selbstantigenen erworben und aktiv aufrechterhalten werden.

In einem frühen Entwicklungsstadium der Lymphozytenreifung im Knochenmark bzw. im Thymus werden die Antigenrezeptoren durch somatische Genrekombination zunächst unabhängig davon erzeugt, ob sie für fremde oder körpereigene Antigene spezifisch sind. Um die Entstehung reifer T-Zellen zu verhindern, die gegen präsentierte körpereigene Peptide reagieren, durchlaufen die Vorläufer-T-Zellen im Thymus als sogenannte Thymozyten komplexe Differenzierungsschritte. Die einwandernden $CD4^-$-$CD8^-$ (doppelt negativen)-Vorläufer-T-Zellen proliferieren und differenzieren in $CD4^+$-$CD8^+$ (doppelt positive)-Thymozyten. Diese werden nur dann durch Zell-Zell-Kontakte und Zytokinausschüttung von den Thymusepithelzellen am Leben erhalten, wenn sie prinzipiell mit ihrem TCR Antigenpeptide auf körpereigenen MHC-Molekülen erkennen können (positive Selektion von Thymozyten mit der richtigen MHC-Restriktion). Autoreaktive T-Zellen mit hoher Affinität für MHC-Selbstpeptid-Komplexe werden im Thymus vernichtet (*negative Selektion* oder *klonale Deletion*). Dazu können medulläre Thymusepithelzellen auch Proteine exprimieren, die ansonsten exklusiv in anderen Organen vorkommen. Nur ein kleiner Prozentsatz der in den Thymus eingewanderten unreifen T-Zellen wandern nach diesen Selektionsschritten als reife, naive T-Zellen in die peripheren lymphatischen Organe.

Da nicht alle Selbstantigene im Thymus exprimiert und folglich nicht alle potenziell autoreaktiven T-Lymphozyten in diesem Organ vernichtet werden, existieren weitere Mechanismen, um autoreaktive T-Zellen entweder zu vernichten oder durch Kontakt mit „ihrem" Selbstantigen funktionell zu inaktivieren (anergisch zu machen). Entscheidend für die Induktion der Anergie ist, dass der autoreaktive Klon das entsprechende Antigen erkennt (Signal 1), ohne jedoch gleichzeitig ein akzessorisches Signal 2 in Form von Zytokinen und/oder Adhäsionsmolekülen zu erhalten, wozu in der Regel nur professionelle APC, nicht aber normale Organzellen in der Lage sind.

Aus der Beschreibung der Funktionen des Immunsystems, seiner Bestandteile und den vielfältigen Regelkreisen von Zellaktivierung und -hemmung lässt sich bereits schließen, zu welchen Effekten die Einwirkung von und Interaktionen mit Chemikalien führen können: Eine generelle zytotoxische Schädigung wird zu einer Schwächung der Immunabwehr (Immunsuppression), d. h. einem verminderten Schutz gegen infektiöse Mikroorganismen sowie gegen tumorigene Zellen, führen. Eine partielle Schädigung einzelner Zellen oder eine generelle, unspezifische Immunstimulation können eine veränderte Homöostase oder Reaktionsbereitschaft verursachen und so partiell immunsuppressiv wirken oder die Bereitschaft zu autoimmunen und allergischen Reaktionen erhöhen. Schließlich kann das Immunsystem auch spezifisch gegen die Chemikalie oder die von ihr veränderten körpereigenen Strukturen reagieren und so zu allergischen oder autoimmunen Symptomatiken führen.

19.9 Sensibilisierung und Allergie

Überempfindlichkeitsreaktionen treten beim Menschen von allen immuntoxischen Wirkungen von Chemikalien wohl am häufigsten auf, wobei zwei Phasen zu unterscheiden sind: die Induktions- (Sensibilisierungs-)Phase und die Auslösephase. Etablierte und regulatorisch anerkannte Methoden zur Identifizierung des Gefährdungspotenzials gibt es praktisch nur für den Bereich der Hautsensibilisierung (dermaler Kontakt), nicht für andere Expositionswege, also Inhalation (Atemwegssensibilisierung), parenterale oder orale Applikation (systemische Sensibilisierung).

In der *Induktions- oder Sensibilisierungsphase* läuft die Erstantwort des Immunsystems mit der Bildung von spezifischen T-, eventuell auch B-Lymphozyten (mit Antikörperbildung) ab – oftmals ohne für den Betroffenen wahrnehmbare Symptome. Hierfür reicht manchmal ein einmaliger Kontakt (beispielsweise ein potentes Allergen in genügend hoher Dosis). In anderen Fällen sind mehrfache Kontakte erforderlich oder es kann ein längerer Zeitraum vergehen, in dem es zwar zu Kontakten kommt, die Dosis aber erst beim Zusammentreffen mit weiteren Umständen für eine Sensibilisierung ausreicht (beispielsweise Kontakt auf entzündeter Haut mit bereits aktivierten Immunzellen).

In der *Auslösephase* kommt es nach erneutem, unabsichtlichen oder absichtlichen (z. B. diagnostischer Patch-Test), Kontakt zu einer immunologischen Zweitantwort (Challenge-Reaktion), in der die immunologischen Effektormechanismen letztlich zu einer wahrnehmbaren Symptomatik führen, die ein breites Spektrum umfassen kann, von geröteter Haut über Augenjucken und Nasenfluss bis zum anaphylaktischen Schock. Allergische Reaktionen, die eine Einwanderung von Zellen zur Allergenkontaktstelle erfordern, z. B. die typische Kontaktallergie, brauchen einen bis wenige Tage bis zur vollen Ausprägung, weshalb sie als Überempfindlichkeitsreaktionen vom verzögerten Typ (*delayed type hypersensitivity*, DTH) bezeichnet werden. Dagegen treten Überempfindlichkeitsreaktionen vom Soforttyp innerhalb weniger Minuten auf, da die Antigene dabei an IgE binden, die an $F_c\varepsilon$-Rezeptoren auf der Oberfläche von Mastzellen gebunden sind, welche durch die Antigenerkennung zur Ausschüttung von Histaminen und anderen Entzündungsmediatoren stimuliert werden. Sowohl für die Induktions- als auch für die Auslösephase können Dosis-Wirkungs-Kurven etabliert werden. Aus der Alltagserfahrung ist bekannt, dass Allergiker unter Umständen auf extrem geringe Mengen „ihres" Allergens reagieren können. Somit muss die Risikobewertung differenzieren, ob ein Schutz von Nichtsensibilisierten vor einer Sensibilisierung oder der Schutz von bereits sensibilisierten (also allergisch reagierenden) Personen vor der Auslösung allergischer Reaktionen das Ziel ist oder beide Endpunkte bzw. Schutzgüter betrachtet werden sollen.

19.10 Methoden zur Ermittlung eines sensibilisierenden Potenzials

Zur Ermittlung eines möglichen sensibilisierenden Potenzials nach Hautkontakt, Einatmen, Verschlucken oder Injektion stehen bislang nur für den Endpunkt Hautsensibilisierung international harmonisierte und anerkannte OECD-Testrichtlinien zur Verfügung. Experimentelle Methoden für andere Expositionsrouten wurden z. T. von verschiedenen Forschergruppen beschrieben, finden aber bislang keine breite Anwendung. Tabelle 19.1 gibt eine Übersicht über die wichtigsten Methoden zur Ermittlung sensibilisierender Eigenschaften von Stoffen.

Die Ermittlung eines sensibilisierenden Potenzials eines Stoffes bedeutet immer auch, dass eine allergische Reaktion in sensibilisierten Organismen (Versuchstieren oder Menschen) ausgelöst werden kann, und oft wird eine Auslösereaktion (*challenge reaction*) in einem Sensibilisierungstest als Bestimmungsparameter verwendet. Somit bedarf es für die Allergieauslösung keiner eigenen Tests zur Identifizierung eines Hazards.

Viele prädiktive Methoden zur Ermittlung eines Sensibilisierungspotenzials beschränken sich in ihrer Aussagemöglichkeit auf eine Ja/Nein-Antwort, geben aber wenig oder keine Informationen zur sensibilisierenden Wirkstärke der untersuch-

Tab. 19.1 Wichtige Testmethoden zur Ermittlung hautsensibilisierender Eigenschaften.

Methode	Prinzip	Nummer der Methode: OECD-Testrichtlinie EU-Prüfmethodenrichtlinie EC/440/2008[a)]	Kommentar
***In-vivo*-Tests**			
LLNA (mit tritiummarkiertem Thymidin) an weiblichen CBA Mäusen	Messung der im drainierenden Lymphknoten ausgelösten DNA-Replikation (Proliferation von Immunzellen)	429 B.42	Varianten mit zusätzlicher UV-Belichtung zur Identifizierung fotosensibilisierender Substanzen sind beschrieben
LLNA (DA-Methode)	Nicht radioaktive Variante, die Adenosintriphosphat durch Biolumineszenz als Parameter für die Zellzahl misst	442A B.50	Als Schwellenwert für eine positive Reaktion gilt hier SI = 1,8
LLNA (BrdU-ELISA)	Nicht radioaktive Variante, die den Einbau von 5-Brom-2′-deoxyuridin (BrdU) bei der DNA-Replikation durch einen BrdU-spezifischen ELISA misst	442B B.51	Als Schwellenwert für eine positive Reaktion gilt hier SI = 1,6
GPMT (Meerschweinchen-Maximierungstest nach Magnusson und Kligman)	Beurteilung der Hautrötung und -schwellung (Auslösereaktion) nach intrakutaner und epikutaner Immunisierung	406 B.6	
Epikutantest am Meerschweinchen nach Bühler	Beurteilung der Hautrötung und -schwellung (Auslösereaktion) nach epikutaner Immunisierung	406 B.6	Variante mit zusätzlicher UV-Belichtung zur Identifizierung fotosensibilisierender Substanzen sind beschrieben
MEST (Mausohrschwellungstest, z. B. an weiblichen Balb/c Mäusen)	Messung der Ohrschwellung (Auslösereaktion nach Applikation auf das Ohr), z. B. nach intradermaler Immunisierung mit FCA	Keine	

Tab. 19.1 Fortsetzung.

Methode	**Prinzip**	**Nummer der Methode: OECD-Testrichtlinie EU-Prüfmethodenrichtlinie EC/440/2008**[a)]	**Kommentar**
***In-vitro* Tests**			
DPRA (*direct peptide reactivity assay*)	Nachweis der Bindung reaktiver Chemikalien an Lys- oder Cys-Seitenketten in Modellpeptiden (auch Oxidation der Peptide) durch Flüssigchromatografie/Massenspektrometrie (LC/MS)	442C	Eine Testvariante mit Metabolisierung zur Identifizierung von Pro-Haptenen konnte bislang nicht entwickelt werden
KeratinoSens™ LuSens	Aktivierung des Keap1/Nrf2 Signalweges mittels Reportergenen unter ARE-Promotorkontrolle	442D	
h-CLAT	Aktivierung der humanen Monozytentumorzelllinie THP-1 mittels durchflusszytometrischer Messung der Oberflächenmarker CD86 und CD54	442E	Alternativ MUSST-Test: Messung von CD86 Expression auf humaner myeloider Zelllinie U937 (in Validierung)

a) OECD Testmethoden sind verfügbar auf der OECD Internetseite http://www.oecd.org/env/ehs/testing/, EU-Prüfmethoden sind verfügbar auf der der Internetseite http://eur-lex.europa.eu/legal-content/EN/ALL/?uri=CELEX:32008R0440.

ten Substanz, ermitteln also nicht die höchste nicht sensibilisierende Dosis (NOEL). Das hat seine Ursache oft darin, dass keine Dosis-Wirkungs-Beziehung ermittelt wird, wie z. B. beim Meerschweinchen-Maximierungstest, in dem – wie der Name sagt – unter einer definierten maximalen Induktionsbedingung getestet wird.

19.10.1 Local Lymph Node Assay (LLNA)

Zur Ermittlung eines hautsensibilisierenden Potenzials ist der lokale Lymphknotentest (*local lymph node assay*, LLNA) an der Maus der heute am verbreitesten eingesetzte Test.

Sein Vorteil gegenüber den älteren Meerschweinchentests liegt zum einen in der geringeren Belastung der Versuchstiere, weshalb er als Ersatzmethode unter dem 3R-Konzept gilt und zum anderen darin, dass sich aus den Ergebnissen für positiv (also sensibilisierend) getestete Stoffe der EC_3-Wert (Konzentration, die einen Stimulationsindex von 3 hervorruft) ableiten lässt, der sich als geeigneter Parameter für die Wirkstärke (sensibilisierende Potenz) erwiesen hat.

Im LLNA nach der klassischen Version der OECD TG 429 werden Mäusen an drei aufeinander folgenden Tagen 25 µl Testsubstanz, gelöst in einem geeigneten Vehikel (Lösungsmittel), auf beide Ohren aufgetragen und mit der Pipettenspitze verteilt (die behandelte Fläche entspricht ca. 1 cm^2 je Ohr). Am sechsten Tag wird den Mäusen tritiummarkiertes Thymidin in die Schwanzvene gespritzt. Nach 5 h werden die Tiere getötet und die die Expositionsstelle drainierenden aurikulären Lymphknoten entnommen. Die darin gemessene Radioaktivität stellt ein Maß für die von den Zellen des Lymphknotens in ihre DNA eingebaute Thymidinmenge und damit für die Zellproliferation dar. Diese Zellproliferation ist Ausdruck der von der Substanz ausgelösten Aktivierung der Zellen des Immunsystems, die damit quantitativ bestimmt werden kann. Die Zellproliferation korreliert eng mit der Zellzahl im Lymphknoten, die alternativ zur Zellproliferation gemessen werden kann (siehe OECD TG 442A in Tab. 19.1). Die gemessene Radioaktivität für jede Dosisgruppe wird zu einer Kontrollgruppe, die nur mit dem Vehikel behandelt wurde, durch Quotientenbildung ins Verhältnis gesetzt und das Ergebnis als Stimulationsindex (SI) ausgedrückt. Die Testsubstanz wird als sensibilisierend angesehen, wenn mindestens eine Testkonzentration einen SI ≥ 3 hervorruft. Aus den SI der drei (oder mehr) getesteten Konzentrationen (die keine unspezifische Irritation am Mausohr hervorrufen dürfen) ergibt sich eine Dosis-Wirkungs-Beziehung, aus der als quantitatives Maß für die Wirkstärke der EC_3-Wert bestimmt werden kann, indem zwischen den Konzentrationen, die einen SI < 3 bzw. einen SI > 3 hervorrufen, linear interpoliert wird. Alternativ kann ein entsprechender Wert auch als Benchmark-Konzentration ermittelt werden. Je geringer die Menge der Testsubstanz ist, die zu einem SI von drei führt, desto potenter ist die Substanz als Allergen.

19.10.2
Meerschweinchentests

Bevor am Beginn dieses Jahrhunderts der LLNA als Ersatzmethode breite regulatorische Akzeptanz fand, wurden etwa ein halbes Jahrhundert lang zwei Methoden am Meerschweinchen zur Identifizierung von hautsensibilisierenden Stoffen verwendet, die gemeinsam Eingang in die OECD TG 406 fanden und die in Einzelfällen auch heute noch aus wissenschaftlichen oder regulatorischen Gründen erforderlich sind.

Der Vorteil der Meerschweinchentests liegt darin, dass sie eine spezifische immunologische Zweitantwort messen und einen großen Teil des Schädigungswegs (*adverse outcome pathway*) abdecken und so näher am klinischen Bild einer allergischen Kontaktdermatitis sind als der LLNA oder *In-vitro*-Methoden.
Der Nachteil der Bühler-Variante des Meerschweinchentests ist, dass er als wenig sensitiv angesehen wird und daher als Methode zur Gefährlichkeitsmerkmalermittlung (*hazard identification*) allgemein nicht mehr akzeptiert wird. Der Nachteil der Maximierungsvariante nach Magnusson und Kligman besteht darin, dass keine Dosis-Wirkungs-Beziehung ermittelt wird und daher aus den Ergebnissen nur schwer Aussagen zur sensibilisierenden Potenz zu ziehen sind.

Bei der *Maximierungsmethode* (*Guinea pig maximisation test*, GPMT) wird Meerschweinchen während der Induktionsphase eine Emulsion von Testsubstanz in Vehikel und Freunds komplettem Adjuvans (abgetötete Mykobakterien in Mineralöl, engl. Abk. FCA) subkutan injiziert. Zusätzlich wird sechs bis acht Tage später ein mit Testsubstanz in Vehikel getränktes Filterpapier oder Zellstoffläppchen von 2 × 4 cm Größe auf die Injektionsstellen gelegt und durch einen Okklusionsverband für 48 h in einen intensiven Hautkontakt gebracht. Nach einer behandlungsfreien Zeit wird an Tag 20 bis 22 eine oder mehrere Challenge-Konzentrationen der Testsubstanz in Vehikel sowie das Vehikel allein mittels Filterpapier- oder Zellstoff-Patch auf einem benachbarten Hautbereich für 24 h okklusiv appliziert (Provokationstest). Die Hautreaktionen in Form von Rötung und Ödembildung oder weiterer Symptome werden 24, 48 (z. T. auch 72) h nach Entfernen des Challenge-Patches in verblindeter Weise auf einer Skala von 0–3 beurteilt. Wenn mehr als 30 % der Tiere in der Testgruppe eine Hautreaktion (mindestens Grad 1) gegen die Testsubstanz zeigen, wird die Substanz nach der Testrichtlinie als sensibilisierend angesehen. In Zweifelsfällen können die Testtiere nach mindestens einer weiteren behandlungsfreien Woche erneut einem Provokationstest unterzogen werden, z. B. mit einer niedrigeren Testsubstanzkonzentration, falls diese in der Kontrollgruppe unspezifische Irritationsreaktionen verursacht hat.

Bei der *Bühler-Variante* des Meerschweinchentests wird der Provokationstest genauso wie bei der Maximierungsvariante durchgeführt. Die Induktion erfolgt hier ausschließlich dermal, indem ein Filterpapier- oder Zellstoffläppchen mit der höchsten Konzentration der Testsubstanz, die eine ganz leichte Hautreaktion verursacht, in einem geeigneten Vehikel für 6 h okklusiv mit der Haut in Kontakt gebracht wird. Diese Induktionsbehandlung wird mit einem Abstand von je einer Woche noch zweimal wiederholt. Eine andere Vorbehandlung oder die Verwendung eines Adjuvans erfolgt nicht. Aufgrund der milderen Induktionsbedingungen gilt bei dieser Variante ausgleichend eine Inzidenz von 15 % reagierender Tiere als Kriterium für ein positives Ergebnis (d. h., die Testsubstanz ist als hautsensibilisierend einzuordnen).

19.10.3
Humanstudien

Sensibilisierungstests am Menschen ähneln prinzipiell dem Bühler-Test, d. h., es werden zeitlich gestaffelt mehrere dermale Induktions-Patches auf das Testareal gebracht und nach einer behandlungsfreien Zeitspanne ein Provokations-Patch-Test durchgeführt. Hautrötung und -schwellung werden nach 24, 48 und/oder 72 h beurteilt. Im Laufe der Zeit wurden verschiedene experimentelle Protokolle entwickelt, die sich hinsichtlich Läppchenmaterial und -größe, der Anzahl der Induktionsbehandlungen, dem benutzten Hautbereich, der Patch-Kontaktzeit und der Verwendung von Natriumdodecylsulfat zur „Vorirritation" der Haut (beim *human maximisation test*) unterschieden. Die heute noch verwendete Variante ist der *human repeat insult patch test* (HRIPT), der neun, über drei Wochen verteilte, 24-Stunden-Induktions-Patches unter okklusiven Bedingungen verwendet. Der Provokationstest ermittelt die Inzidenz, mit der Hautreaktionen gegen die (nicht irritierend wirkende) Challenge-Konzentration auftreten.

Aus ethischen Gründen werden heutzutage humane Sensibilisierungstests nicht mehr zur Prüfung von Substanzen auf ein sensibilisierendes Potenzial (*hazard identification*) herangezogen. Der HRIPT wird jedoch für als hautsensibilisierend erkannte Stoffe, die in Verbraucherprodukten mit Hautkontakt eingesetzt werden, z. B. Bedarfsgegenstände, Haushaltsreiniger oder Kosmetika, als konfirmatorischer Test eingesetzt. Dabei wird eine Hautflächendosis, die aufgrund von Tierversuchen, quantitativen Struktur-Wirkungs-Vorhersagen oder *Read-Across*-Ansätzen als nicht sensibilisierend eingeschätzt wurde, an Probanden getestet (üblicherweise einer Gruppe von mindestens 100 Personen, deren Altersverteilung möglichst den gesamten Erwachsenenaltersbereich abdecken sollte), um die Vorhersage zu bestätigen, dass die gewählte Konzentration im Produkt, genauer gesagt die daraus und aus der Produktverwendung resultierende Hautflächendosis, keine Sensibilisierungsinduktion verursacht. Als Vehikel werden für HRIPT und Epikutantest oft Vaseline (Petrolatum) oder Diethylphthalat/Ethanol 3 : 1 (v/v) verwendet.

Für Substanzen, die bereits seit längerem als Arbeitsplatzstoffe oder in Verbraucherprodukten eingesetzt werden, liegen z. T. *epidemiologische Daten* oder Fallberichte vor, in denen eine vorliegende Sensibilisierung zumeist durch diagnostische Patch-Tests nachgewiesen wird. Diese Daten können zur Ermittlung eines sensibilisierenden Potenzials dienen und in einer Einstufungsbegründung herangezogen werden. Chemikalienrechtlich erfolgt diese nach EU-Verordnung 1272/2008 über die Einstufung, Kennzeichnung und Verpackung von Substanzen und Gemischen (CLP-Verordnung). Bei der Einstufung von Chemikalien als Allergene durch die MAK-Kommission reicht ein einziger positiver Test mit Adjuvans (also z. B. der Meerschweinchen-Maximierungstest) nicht aus. Negative epidemiologische Daten sind in der Regel nicht ausreichend, um ein Sensibilisierungspotenzial auszuschließen, allerdings kann bei sehr kleiner Prävalenz der allergischen Kontaktdermatitis gegen einen gegebenen Stoff auf Basis einer großen Anzahl getesteter Personen und einer breiten Verwendung (mit entsprechender

Hautexposition) auf eine sehr geringe sensibilisierende Potenz geschlossen werden. Unter Umständen lassen sich epidemiologische Daten auch quantitativ interpretieren und die Dosis-Wirkungs-Beziehung charakterisieren (NOEL, LOEL, BMD), sodass sie für eine Risikobewertung herangezogen werden können.

19.10.4
In-silico- und *In-vitro*-Tests

Seit Beginn dieses Jahrhunderts werden große Anstrengungen unternommen, tierversuchsfreie Alternativmethoden zur Identifikation hautsensibilisierender Stoffe (und möglichst der Charakterisierung ihrer Wirkstärke) zu entwickeln.

Anstoß dafür war neben dem 3R-Konzept insbesondere die 7. Änderung der EU-Kosmetikdirektive 76/768/EEC (in der Zwischenzeit neu gefasst als EU-Kosmetikrichtlinie EC/1223/2009), die die Prüfung sowohl von kosmetischen Fertigprodukten als auch von kosmetischen Rohstoffen zum Zwecke der Durchführung einer kosmetischen Sicherheitsbewertung nach der Kosmetikrichtlinie seit dem 11. März 2013 verbietet und bei einem Verstoß ein Vermarktungsverbot für entsprechende Kosmetikprodukte vorsieht.

Computergestützte Methoden umfassen auf strukturbasierten Regeln beruhende Expertensysteme, wie z. B. Derek für Windows, statistische Methoden, die empirische Befunden mit physikochemischen Strukturparametern korrelieren, wie TOPKAT (*toxicity prediction komputer-assisted technology*) und CASE (*computer automated structure evolution*), und Hybridmethoden aus wissensbasierten und statistischen Expertensystemen, z. B. TIMES-SS (*tissue metabolism simulator for skin sensitization*). Alle Methoden ordnen die untersuchten Strukturen in Klassen ein, wie Sensibilisierer/Nichtsensibilisierer oder schwache/mittelstarke/starke Sensibilisierer. Quantitative Struktur-Wirkungs-Beziehungen zur Vorhersage der Wirkstärke sind derzeit nur in einigen lokalen Modellen, z. B. für die chemischen Gruppen der aliphatischen Aldehyde oder α,β-ungesättigten Ketone, möglich.

Da der gesamte Ablauf einer immunologischen Erstreaktion, eventuell mit anschließender Zweitreaktion (Challenge-Reaktion) nicht in einem einzigen *In-vitro*-Test nachstellbar ist, muss ein tierversuchsfreier experimenteller Ansatz mehrere Tests kombinieren, die die wichtigsten molekularen Entscheidungsschritte (*molecular initiating events*) des Schädigungsweges (*adverse outcome pathway*) untersuchen. *In vitro* lassen sich die Hautpermeation (Bioverfügbarkeit) der Substanz an Schweine- oder menschlicher Haut untersuchen (OECD TG 428) und die chemische Bindung der Substanz an Cystein- und Lysinseitenketten synthetischer Heptapeptide als Maß für die Proteinbindung (OECD 442C) ableiten. Als Hapten wirkende Stoffe sind oft kleine elektrophile Moleküle, die Keratinozyten aktivieren, indem sie die Cysteinseitenketten des „Sensor"-Proteins Keap1 verändern, welches dann vom Transkriptionsfaktor Nrf2 dissoziiert, der dann in den Zellkern gelangen und dort die Transkription von unter Kontrolle des ARE (*antioxidant/electrophile response element*)-Promotors stehenden Genen (z. B. Phase-II-Metabolismusgene) verstärken kann. Experimentell werden für den Test Keratinozytenzelllinien (z. B. die humane HaCaT-Linie) benutzt, die beispielsweise mit einem unter ARE-Nrf2-Kontrolle stehenden Luciferasegen transfiziert sind, wodurch die Zellaktivierung als Lumineszenz gemessen werden kann (OECD 442D).

Die Aktivierung von Langerhans-Zellen, die sich phänotypisch in dendritische Zellen differenzieren, in den Lymphknoten einwandern und dort zuvor aufgenommene Antigene (z. B. haptenisierte Peptide) an T-Lymphozyten präsentieren, kann *in vitro* an *Ex-vivo*-Hautproben oder isolierten primären Zellen (z. B. Langerhans-Zellen oder aus Blutmonozyten differenzierten dentritischen Zellen) gemessen werden. Allerdings sind diese Methoden vergleichsweise aufwendig und weisen z. T. eine von der Heterogenität des Ausgangsmaterials hervorgerufende hohe Schwankungsbreite auf. Daher weisen Zelllinien, wie die humane Leukämiezelllinie THP-1, entscheidende Vorteile auf. THP-1 reagiert auf die Exposition gegen Haptene mit einer Hochregulation der zellmembranständigen Proteine CD86 und CD54, die als Oberflächenmarker mittels spezifischer Antikörper durchflusszytometrisch quantitativ gemessen werden können (OECD 442E).

Ein weiterer wichtiger Schritt im Schädigungsweg stellt die Aktivierung naiver T-Lymphozyten dar. Hierzu werden seit Jahrzehnten Experimente durchgeführt, jedoch bislang mit begrenztem Erfolg. Als Ursache wurde lange Zeit eine die niedrige Frequenz von T-Zellen mit einem gegen das jeweils untersuchte Antigen oder Hapten reagierenden TCR angesehen. In letzter Zeit wird jedoch zunehmend der hemmende Einfluss regulatorischer T-Lymphozyten (T_{REG}) und dendritischer Zellen auf die T-Zellproliferation für diesen Umstand verantwortlich gemacht.

Zurzeit werden die drei in Tab. 19.1 aufgeführten Tests eingesetzt, um Substanzen mit hautsensibilisierendem Potenzial zu identifizieren, wobei verschiedene Verfahren und Entscheidungsmodelle diskutiert werden, um zu entscheiden, ob eine Substanz als sensibilisierend anzusehen ist und eine Aussage zur sensibilisierenden Wirkstärke gewonnen werden kann.

19.11 Allergieauslöseschwellen

> Für die Risikobewertung relevante Dosis-Wirkungs-Beziehungen zur Auslösung einer allergischen Reaktion lassen sich praktisch nur an sensibilisierten Menschen erheben.

In dermatologischen Kliniken und Praxen werden Epikutantests bei Verdacht auf eine allergische Hautreaktion zu diagnostischen Zwecken durchgeführt. *Kontaktallergie* bezeichnet hier keine Erkrankung, sondern beschreibt lediglich, dass eine Sensibilisierung stattgefunden hat. In einem zweiten Schritt muss dann geklärt werden, ob beobachtete Reaktionen auch eine Relevanz für die klinische Symptomatik besitzen, wegen derer der Patient den Arzt aufgesucht hat. Dieses wird in der Anamnese und eventuell zusätzlichen Tests mit den vom Patienten im Alltag benutzten Arbeitsplatz-, Haushalts- oder Kosmetikprodukten oder Bedarfsgegenständen (z. B. Schuhe, Kleidung, Schmuck) geklärt, z. B. mit dem *repeated open application test*.

Wenn mit hinreichender Wahrscheinlichkeit geschlussfolgert werden kann, dass die allergische Reaktion gegen eine Substanz, die in einem oder mehreren vom Patienten verwendeten Produkten enthalten ist, die Ursache für die klinischen Beschwerden (z. B. entzündliche Hautveränderungen an Kontaktstellen) darstellt, wird das Krankheitsbild als *allergische Kontaktdermatitis* bezeichnet. Schwieriger zu beantworten ist die Frage, welche Exposition zur Induktion der Sensibilisierung geführt hat, da das Auftreten von Hautreaktionen beispielsweise mit dem verwendeten Haushaltsreiniger in Zusammenhang stehen kann, die Induktion jedoch auch durch andere Expositionen verursacht worden sein kann, z. B., weil die Substanz in einem am Arbeitsplatz verwendeten Produkt oder in Gartenpflanzen ebenfalls enthalten ist. Auch die Sensibilisierungsinduktion gegen eine andere, aber strukturähnliche und immunologisch kreuzreagierende Substanz könnte die Ursache für eine Sensibilisierung darstellen.

In den erwähnten diagnostischen *Epikutantests* sollen möglichst alle bestehenden Sensibilisierungen des Patienten erfasst werden. Daher werden in der Regel Applikationssysteme mit vielen Kammern verwendet (z. B. Finn-Chambers), um Duzende von allergenen Stoffen gleichzeitig testen zu können, und auf den oberen Rückenbereich geklebt, nach 24 oder 48 h entfernt und die Hautreaktion kurze Zeit danach sowie ein, zwei und eventuell mehrere Tage später abgelesen. Die Konzentration jedes einzelnen Stoffes muss so gewählt sein, dass sie hoch genug ist, um bestehende Sensibilisierungen anzuzeigen (Minimierung falsch-negativer Antworten), aber nicht so hoch, dass sie eine unspezifische Irritationsreaktion (falsch-positive Antwort) hervorrufen oder gar eine Sensibilisierung des Patienten induzieren kann.

Zur Charakterisierung der Dosis-Wirkungs-Beziehung einer Auslösereaktion müssen in sensibilisierten Personen verschiedene Konzentrationen (oft über mehrere Größenordnungen) im Epikutantest (anstelle vieler verschiedener Stoffe) getestet werden. Als Ergebnis kann neben NOEL- und LOEL-Werten für jeden Patienten einer Patientengruppe auch eine Benchmark-Dosis, die MET_{10}, d. h. die minimale Auslöseschwelle (*minimum elicitation threshold*) berechnet werden, die in 10 % der Sensibilisierten noch eine (schwache) Reaktion hervorruft.

Neben dem Epikutantest kann auch ein Produktnutzungstest (*repeated open application test*, ROAT) durchgeführt werden, um NOEL- und LOEL-Werte für die Allergieauslösung zu ermitteln. Dabei tragen die Patienten auf ein bestimmtest Hautareal, z. B. am Unterarm, täglich eine festgelegte Menge eines Produktes auf, in dem die allergene Substanz in einer niedrigen Testkonzentration eingearbeitet ist. Es kann sich dabei um ein Leave-on-Produkt, z. B. eine Hautcreme, oder ein Rinse-off-Produkt, z. B. eine Flüssigseife, handeln. Treten nach zwei bis drei Wochen keine Hautreaktionen auf, wird das Produkt gegen eines mit der nächst höheren Testkonzentration ausgetauscht. Die Prozedur wird fortgesetzt, bis entweder eine Hautreaktion eintritt oder die vorab festgelegte höchste Testkonzentration erreicht wurde. Durch Extrapolation kann dann die Konzentration ermittelt werden, die von 90 % der Sensibilisierten vertragen wird (ED_{10}), die im Allgemeinen als akzeptable (sichere) Konzentration angesehen wird. Der Vorteil des ROAT ist, dass sowohl die offene Auftragung (anstelle der okklusiven Epikutantestbedingungen, die z. B. eine stärkere Hydratisierung des Stratum corneum infolge der mangelnden Wasserverdunstung von der Haut verursachen kann) als auch die Verwendung einer verbraucherproduktähnlichen Matrix (das im Epikutantest verwendete unpolare Petrolatum (Vaseline) kann die Hautpermeation der Testsubstanz, abhängig von ihrer Verteilung zwischen Petrolatum und hydrophiler Dermis, beeinflussen) der Alltagssituation näher kommen.

Im Konzentrationsreihen-Epikutantest und im ROAT werden Auslöseschwellen an Personen ermittelt, die in der Regel eine seit längerem bestehende Sensibilisierung mit mehr oder weniger häufigen allergischen Auslösereaktionen aufweisen. Anzumerken ist hier auch, dass Auslöseschwellen für eine gegebene Substanz eine hohe interindividuelle Streuung (üblicherweise mehrere Größenordnungen) aufweisen sowie auch eine große intraindividuelle Variabilität, die sich zeigt, wenn Tests an denselben Individuen wiederholt durchgeführt werden.

19.12 Risikobewertung Hautsensibilisierung

> Das primäre Ziel von Risikominderungsmaßnahmen im Zusammenhang mit hautsensibilisierenden Stoffen sollte stets die Vermeidung der Induktion einer Sensibilisierung sein.

Seit Beginn dieses Jahrhunderts wird eine quantitative Risikobewertung für hautsensibilisierende Stoffe entwickelt. Ziel ist die Ableitung sicherer Einsatzkonzentrationen bzw. Expositionslevel, die in exponierten Personen keine Induktion einer Sensibilisierung bzw. keine Auslösung von Symptomen bei bestehender Kontaktallergie verursachen. Ausgangspunkt für die Risikocharakterisierung der Induktion ist dabei der *no-expected sensitisation induction level* (NESIL). Dieser stellt die höchste Hautflächenkonzentration (ausgedrückt in mg/cm^2 Haut/Tag) dar, die keine Induktion einer Sensibilisierung auslöst. Der NESIL wird – wie oben beschrieben – oft aus LLNAs an der Maus in Kombination mit einem konfirmatorischen HRIPT erhalten. Auf den NESIL werden eine Reihe von Bewertungsfaktoren (*sensitisation assessment factors*, SAFs) angewendet, um ein akzeptables Expositionslevel (AEL, ebenfalls in mg/cm^2 Haut/Tag) abzuleiten, mit dem dann die gemessene, angenommene oder modellierte Exposition verglichen werden kann, um eine gegebene Exposition zu bewerten oder eine geeignete Einsatzkonzentration festzulegen. Dieses quantitative Risikobewertungskonzept wurde insbesondere vom Research Institute on Fragrance Materials (www.rifm.org) entwickelt und wird unter Verwendung eines aggregierten Expositionsmodells für die Sicherheitsbewertung von Duftstoffen eingesetzt (siehe http://fragrancematerialsafetyresource.elsevier.com/).

Aufgrund der extrem flexiblen Reaktionsfähigkeit des Immunsystems und seiner Fähigkeit gegen eine praktisch unbegrenzte Anzahl unterschiedlicher chemischer Strukturen zu reagieren, verbunden mit einer genetisch bedingten hohen interindividuellen Variabilität (ein evolutionärer Vorteil für die Arterhaltung), der Heterogenität der Exposition bezüglich Hautflächenkonzentration und exponiertem Hautareal, verbunden mit Einflüssen anderer Faktoren, wie z. B. bestehende Entzündung der Haut, herabgesetzte Hautbarriere, ein bereits durch lokale oder systemische Infektionen, UV-Strahlung etc. stimuliertes Immunsystem, werden sich Hautallergien auch mit der beschriebenen quantitativen Risikobewertung nie vollständig vermeiden lassen. Die Prävalenz von Kontaktallergien in der unselektierten Allgemeinbevölkerung ist nicht bekannt, da entsprechende Untersuchungen nur selten durchgeführt werden. Bei dermatologischen Patienten liegt die Prävalenz für häufige Kontaktallergene in der Regel im einstelligen Prozentbereich. Zur Frage, wie hoch in dieser Gruppe der Anteil der Patienten ist, bei denen die bestehende Sensibilisierung auch zur Krankheit, also einer allergischen Kontaktdermatitis, führt (klinische Relevanz), berichtet die Literatur stark divergierende Auffassungen, von nahe 100 % bis deutlich unter 10 %.

IPCS (2012) hat strukturierte Vorgehensweisen (Entscheidungsbäume) zur Erkennung und Bewertung von immuntoxischen Effekten, nämlich für chemikalieninduzierte Sensibilisierung, Autoimmunität, generalisierte Immunstimulation und Immunsuppression vorgeschlagen. Dabei werden vorhandene Daten bezüglich ihrer Beweiskraft beurteilt und im Hinblick auf das sich ergebende Gesamtbild sowie auf Konsistenz, biologische Plausibilität und mögliche Datenlücken geprüft.

Beispiele für hautsensibilisierende Stoffe sind in Tab. 19.2 zusammengestellt.

19.13 Atemwegssensibilisierung

> Unter den verschiedenen Formen von Atemwegssensibilisierung hat das allergische Asthma bronchiale mehr Aufmerksamkeit von Risikobewertern bekommen als beispielsweise allergische Rhinitis oder Alveolitis, da es häufiger auftritt bzw. diagnostiziert wird und zu schweren Verläufen mit lebensbedrohlichen Zuständen führen kann.

Während allergisches Asthma und allergische Rhinitis durch allergenspezifische Immunglobuline (besonders mastzellgebundenes IgE) vermittelte Soforttypreak-

Tab. 19.2 Beispiele für hautsensibilisierende Stoffe (Verändert nach Davis *et al.*, 2013).

Stoffgruppe	Beispiele
Arzneimittel	Antibiotika wie Bacitrazin, Chinolone (Gyrasehemmer wie z. B. Ciprofloxacin), Neomycinsulfat in antibiotischen Hautsalben; Anästhetika, z. B. Benzocain, Dibucain, Tetracacin; Corticoide, z. B. Budesonid
Biozide	Isothiazolinone, Dimethylfumarat, z. B. Behandlung von Kleidung, Schuhen und Möbeln; Formaldehyd
Duftstoffe	Synthetische und pflanzliche Duftstoffe, z. B. Zimtaldehyd, Hydroxycitronella, Isoeugenol, Farnesol, Lyral®, u. a. in Kosmetika, Haushaltsprodukten, siehe Kapitel 42
Gummichemikalien (z. B. Monomere)	*N*-Isopropyl-*N*′-phenyl-*p*-phenylendiamin (PPD), *N*-cyclohexyl-*N*′-phenyl-PPD, *N*,*N*′-diphenyl-PPD, Diphenylguanidin, Zinkdibutyldithiocarbamat, Zinkdietyldithiocarbamat, Mercaptobenzothiazole, Tetramethylthiurammonosulfid, -disulfid, Disulfiram; u. a. Herstellung von Reifen, Gürteln, Schuhen, Schläuchen, Kabeln
Industriechemikalien	Ethylendiamindihydrochlorid, Formaldehyd, Paraphenylendiamin (auch in dunklen Haarfärbemitteln)
Konservierungsstoffe	Formaldehyd, Bronopol (2-Brom-2-nitro-1,3-propandiol), Diazolidinylharnstoff, Imidazolidinylharnstoff, Quaternium-15 (alle HCHO-Abspalter), Chlormethylisothiazolinon/Methylisothiazolinon, Methyldibromoglutaronitril; u. a. Arzneimittel, Kosmetika, Farben, Haushaltsreiniger; Thimerosal in antiseptischen Sprays, Augenmedikamenten, Impfstoffen
Metalle	Nickel (Ni(II)-Verbindungen), Cobalt (Co(II)-Verbindungen), Chrom (Cr(VI)-Verbindungen); z. B. in Werkzeugen, Münzen, Zement (Cr)
Monomere	Diglycidylether in Epoxidharzen (z. B. Faserverbundkunststoffe), Acrylsäureester (z. B. Ethylacrylat)
Pflanzenprodukte	Perubalsam (aus dem Stamm von Myroxylon balsanum var. pereirae) als Aromastoff in Getränken und Lebensmitteln, Duftstoff, Medikamente und Medizinprodukte Kolophonium (Harz aus dem Balsam von Koniferen oder dem Tallöl aus der Papierherstellung) in Lötfließmittel, Papierleimung, Haftharze für Sport, Instrumentenbögen, Klebstoffen Sesquiterpenlactone (bes. in Korbblütlern, z. B. Arnica) in Blumen, Gartenpflanzen
Reaktivfarbstoffe	Dispersionsblau 106, z. B. Textilfärbung
Tenside	Cocoamidopropylbetain, z. B. Handseifen, Shampoo, Duschgels
Tierische Produkte	Wollfett (Lanolin) aus den Talgdrüsen von Schafen; u. a. in Schafwolle, Kosmetika, Medizinprodukten

tionen darstellen, ist die allergische Alveolitis eine zellvermittelte Überempfindlichkeitsreaktion, deren akute Symptomatik eine erschwerte Atemtätigkeit, subjektive Luftnot, Husten und Fieber umfasst und das Risiko einer Lungenfibrose bei chronischem Verlauf besitzt.

Da im Gegensatz zur Haut an den Atemwegen keine nennenswerte Barriere besteht, die den Kontakt von Allergenen mit Immunzellen verhindert, können nicht nur reaktive Chemikalien mit geringem Molekulargewicht nach Bindung an körpereigene Proteine eine Immunreaktion auslösen, sondern auch Stoffe mit großer Molekularmasse, wie körperfremde Proteine, die auch Bestandteil noch größerer Partikel, z. B. Blütenpollen, sein können, solange diese inhalierbar sind. Tabelle 19.3 listet einige bekannte Inhalationsallergene auf.

Bislang steht für die Identifikation eines atemwegssensibilisierenden Potenzials (*hazard*) kein validiertes und international anerkanntes Testverfahren zur Verfügung. Die chemikalienrechtliche Einstufung als atemwegssensibilisierend (CLP H334) beruht zumeist auf Humanerfahrungen und für manche Stoffe (z. B. Isocyanate und organische Säureanhydride) auf *Read-Across*-Ansätzen (Akzeptanz von toxikologischen Daten zu einer Substanz auf eine andere, strukturähnliche Substanz). Insbesondere bei klinischen Sofortreaktionen ist es häufig schwierig zwischen Reizwirkung und allergischer Reaktion zu differenzieren.

Tab. 19.3 Beispiele für atemwegssensibilisierende Stoffe (Entnommen und angepasst aus: Technische Regeln für biologische Arbeitsstoffe und Gefahrstoffe, TRBS/TRGS 406 (2008) http://www.baua.de/de/Themen-von-A-Z/Gefahrstoffe/TRGS/TRGS-TRBA-406_content.html).

Stoffgruppe	Stoffnamen	Verwendung
Metalle	Beryllium Cobalt und Verbindungen Nickel und Verbindungen Platinverbindungen (z. B. Chloroplatinate)	Leuchtstoffröhrenherstellung, Werkzeuge Glas-, Keramik-, Metallindustrie Verhüttung, Galvanik, Schweißen Platinscheidereien, Katalysatorherstellung
Dicarbonsäureanhydride	Phthalsäureanhydrid und hydrierte Verbindungen Maleinsäureanhydrid Trimellitsäureanhydrid	Verarbeitung von Epoxidharzsystemen, Elektro- und Elektronikindustrie
Isocyanate	Diisocyanattoluol (Toluylendiisocyanat, TDI) Diphenylmethan-Diisocyanat (Methylendiphenylisocyanat, MDI) Hexamethylen-Diisocyanat (HDI) Isophoron-Diisocyanat (IPDI)	Herstellung und Verarbeitung von Polyurethanen (Schäume, Kleber etc.)
Persulfate	Alkalipersulfate Diammoniumperoxodisulfat	Herstellung und Verwendung (Frisöre) von Haarblondiermitteln
Antibiotika	Cephalosporine Gyrasehemmer Makrolide Penicilline Tetracycline	Pharmazeutische Industrie, Heil- und Pflegeberufe

Tab. 19.3 Fortsetzung.

Stoffgruppe	Stoffnamen	Verwendung
Andere	Glutardialdehyd	Desinfektionsmittel, Fixiermittel (Pathologie)
	1,2-Diaminoethan (Ethylendiamin)	Kunstharzherstellung (Diaminhärter)
	Piperazin	Pharmazeutische Industrie
Pflanzliche Stoffe	Getreide und Futtermittel	Landwirtschaftliche Berufe, Transport und Lagerung, Getreidemühlen
	Mehl (aus Weizen, Roggen etc.)	Bäckereien, Konditoreien, Getreidemühlen
	Naturgummilatex	Herstellung von Latexprodukten, Benutzung von Latexhandschuhe (z. B. Heil- und Pflegeberufe, Lebensmittelindustrie)
	Harthölzer, z. B. Rotzeder, Abachi, Limba	Holzver- und -bearbeitung
	Blumen, Obst, Gemüse, Gräser- und Baumpollen Sojabohneninhaltsstoffe Rizinusproteine Gewürze und Kräuter Tee Kaffeebohnen (unbehandelt und geröstet) Unkräuter, z. B. Beifuß, Ambrosia	Gärtnereien, Blumengeschäfte, Gärten, Parks, Futter- und Lebensmittelherstellung und -verarbeitung, Landwirtschaft, Privathaushalte
Tierische Stoffe	Haare, Borsten, Federn, Horn, Kot, Urin	Land- und Forstwirtschaft, Tierpflege, -umgang, -verarbeitung
	Fische und Schalentiere	Lebens- und Futtermittelherstellung, -verwendung
	Milben (Vorrats-, Hausstaub-, Spinnmilben)	Landwirtschaft, Gärtnereien, Tierpflege, Transport und Lagerung von Naturstoffen, Privathaushalte
	Zuckmückenlarven	Zoofachhandel, Fischzucht, Aquaristik
Mikroorganismen	Bakterien, z. B. *Thermoactinomyces vulgaris*, *Saccharopolyspora rectivirgula*	Landwirtschaft/Gartenbau, Papierarchive
	Schimmelpilze, z. B. *Aspergillus* spp., *Penicillium* spp., *Cladosporium* spp.	Lüftungsanlagen, Holz-, Papier- und Lebensmittelindustrie
Enzyme	Bromelain Cellulasen Hemicellulasen Papain Pepsin Subtilisine	Nahrungsmittel-, Futtermittel-, Arzneimittel- und Waschmittelindustrie, Bäckereien, Landwirtschaft

Es wurden verschiedene experimentelle Testmethoden an Meerschweinchen, Mäusen und Ratten zur Identifizierung eines atemwegssensibilisierenden Potenzials beschrieben. Während dafür die Inhalation die relevanteste Expositionsroute darstellt, sind Inhalationsstudien besonders arbeits- und kostenintensiv, weshalb auch andere Expositionsformen, wie intratracheale und intranasale Instillation oder intradermale Injektion, zum Einsatz kommen. Allergische Reaktionen der Atemwege wurde auch nach Sensibilisierung an der Haut, z. B. mit Diisocyanaten, beobachtet. Die induzierte Sensibilisierung kann durch Messung spezifischer Antikörper oder T_H2-assoziierter Zytokine (z. B. IL-5) im Serum (z. B. mittels *enzyme-linked immonosorbent assay*, ELISA) nachgewiesen werden. Eine allergische Reaktion kann nach inhalativer Challenge durch Ganzkörperplethysmografie (Effekte auf Atemrate und Atemvolumen als Anzeichen einer Atemwegsverengung) oder durch bronchoalveoläre Lavage (Effekte auf die Anzahl eosinophiler und neutrophiler Granulozyten sowie auf Zytokinkonzentrationen) gemessen werden. Durch Variation der luftgetragenen Konzentrationen bzw. applizierten Mengen sowie die Anzahl der Induktionsexpositionen können Dosis-Wirkungs-Beziehungen sowohl für die Induktion einer Atemwegssensibilisierung als auch für die Auslösung einer allergischen Reaktion erhalten werden. Oft liefern nur aufwendige Inhalationsversuche Konzentrationen ohne Effekt (NOEC für Induktion bzw. Auslösung), die für eine quantitative Risikobewertung herangezogen werden können. Dabei scheint für gleiche Konzentrations-Zeit-Produkte ($C \times t$) für eine kürzere Exposition gegen hohe Konzentrationen ein höheres Risiko für die Induktion einer Sensibilisierung zu bestehen als für geringere Konzentrationen über längere Zeit.

19.14
Orale und parenterale Sensibilisierung

> Während sich bei Haut- und Atemwegsallergien die allergischen Symptome überwiegend im Bereich des primären Allergenkontaktes ausbilden, kann es nach Sensibilisierung über den oralen (z. B. Nahrungs- oder Medikamentenaufnahme) oder den parenteralen (z. B. Arzneimittelinjektionen) Pfad zur systemischen Ausprägung allergischer Symptome kommen.

Nahrungsmittelallergien werden oftmals durch antigenspezifische IgE vermittelt, die eine Mastzellaktivierung auslösen, und können nicht nur gastrointestinale Beschwerden (Übelkeit, Erbrechen, Durchfall) verursachen, sondern auch Reaktionen an der Haut (z. B. akute Urticaria, atopische Dermatitis) oder an den Atemwegen, bis hin zur systemischen Anaphylaxie, bei der es durch eine generalisierte Freisetzung von Entzündungsmediatoren zu einer Multiorganreaktion mit drohendem Kreislaufzusammenbruch kommen kann. Während diese antikörpervermittelten allergischen Reaktionen rasch einsetzen, kann ein ähnliches gastrointestinales Krankheitsbild auch um ein bis mehrere Tage verzögert durch eine T-zellvermittelte Immunantwort auftreten. Häufigste Ursachen für orale Allergien sind Nahrungsmittel, insbesondere Milcheiweiß, Hühnerei, Erdnüsse, Hasel- und andere Nüsse, Fisch, Krusten- und Schalentiere, Soja, Früchte und Gemüse. Die Häufigkeit von Allergien hängt vom Alter und der durch die geografische Region bestimmte Exposition (Ernährungsgewohnheiten) ab. Neben Nahrungsmitteln können insbesondere Arzneimittel (z. B. Penicilline und andere β-Lactamantibiotika, Chinolone, nicht steroidale Antiphlogistika wie Aspirin, Ibuprofen, Diclofenac, Protonenpumpeninhibitoren, monoklonale Antikörper) und Insektengifte (z. B. Bienen, Wespen) bei allergischen Personen systemische anaphylaktische Reaktionen auslösen.

Für Nahrungsmittelallergien, die etwa 2–4 % der Bevölkerung betreffen, fokussieren Risikobewertungen in der Regel auf die Auslösung allergischer Reaktionen bei bereits sensibilisierten Konsumenten. Dafür wurden Methoden für eine probabilistische Risikobewertung etabliert (siehe z. B. *Food Allergy Task Force*, ILSI), die unter anderem die Häufigkeit des Vorkommens und gemessene Konzentrationen von Allergenen (z. B. Erdnuss- und Sojaproteine) in Lebensmitteln (in der Regel als Kontaminationen) berücksichtigt. Durch Verknüpfung mit Häufigkeitsdaten zu Allergieauslöseschwellen und Konsumverhalten lässt sich abschätzen, wie viele Fälle von Allergieauslösung eines bestimmten Schweregrades (z. B. anaphylaktischer Schock) eine bestimmte Allergenkonzentration in einem Produkt in der Allergikersubpopulation pro Jahr verursacht.

Einige Fremdstoffe können auch direkt, d. h. ohne Bindung an Antikörper, Mastzellen zur Freisetzung von Mediatoren veranlassen und somit zu Symptomen führen, die denen einer IgE-vermittelten Reaktion gleichen. Um dies von einer allergischen Reaktion abzugrenzen, spricht man von einer *Pseudoallergie* oder anaphylaktoiden Reaktion. Solche Reaktionen können unter anderem durch natürlich vorkommende oder zugesetzte Nahrungsmittelbestandteile wie Farbstoffe, Benzoate, Salizylate, Natriumglutamat, Sulfite, biogene Amine, physikalische Reize wie Kälte, Injektion von Arzneistoffen, z. B. iodierte Röntgenkontrastmittel und Heparin, hervorgerufen werden. Derartige Reaktionen werden über unterschiedliche Wirkweisen verursacht, z. B. direkte Mastzellstimulation und folgende Freisetzung von gefäßaktiven Mediatoren wie Histamin, klassische und nicht klassische Komplementaktivierung und damit einhergehende Freisetzung der Anaphylatoxine C3a und C5a, Cyclooxygenasehemmung und dadurch bedingte vermehrte Bildung bronchokonstriktorisch wirkenden Cysteinylleukotriene (z. B. „Aspirin-Asthma"), Stimulation peripherer oder zentraler Nervenzellen und genetische Enzympolymorphismen.

19.15 Chemikalieninduzierte Autoimmunität

Autoimmunität und Autoimmunerkrankungen sind das Resultat von Immunreaktionen gegen körpereigene Moleküle, Zellen, Gewebe oder Organe. Ihre Auslöser sind für die überwiegende Mehrheit der Autoimmunerkrankungen nicht bekannt. Sie resultieren wahrscheinlich aus einer schicksalhaften Kombination von intrinsischem Faktoren, wie genetischer Prädisposition, Sexualhormonen, dem Alter und extrinsischen Faktoren, wie bestimmten Infektionserregern und der Einnahme von Medikamenten oder der Exposition gegen chemische Noxen wie Tabak, Alkohol und Drogen.

Zu den intrinsischen Faktoren, die zum Auftreten einer Autoimmunerkrankung beitragen können, gehören genetische Prädisposition (insbesondere Polymorphismen von $F_c\gamma$-Rezeptoren, TGFβ, IL-1α, IL-10), Sexualhormone (Frauen sind bei vielen Autoimmunkrankheiten häufiger betroffen als Männer) und das Alter (viele Autoimmunkrankheiten treten erst nach dem dritten Lebensjahrzehnt auf). Die immunologischen Effektormechanismen, die bei Autoimmunerkrankungen zur Schädigung des Organismus führen, sind dieselben, die den Organismus gegen Pathogene oder Tumorzellen schützen. Allerdings sind hier die aktivierten T-Lymphozyten und (eventuell) aktivierten B-Zellen und die von ihnen sezernierten Antikörper gegen körpereigene Proteine, glykosylierte Proteine oder Polysaccharide gerichtet.

Die meisten Autoimmunerkrankungen sind ideopathischer Natur, d. h., ihre molekularen Initiierungsschritte sind überwiegend unbekannt. Mögliche Beiträge von Chemikalien sind die Erhöhung der Menge des präsentierten relevanten Selbstpeptids (Erhöhung der Epitopdichte), z. B. indem Selbstproteine durch Chemikalienbindung oder -einwirkung vermehrt abgebaut oder in anderer Weise proteolytisch zerlegt werden. Zum anderen kann eine vermehrte Freisetzung von Zytokinen in ausreichender Weise das zweite Signal bereitstellen. So könnte beispielsweise für Hexachlorbenzol gezeigt werden, dass es durch direkte Aktivierung von Makrophagen und anderen Zellen der unspezifischen Immunabwehr ein inflammatorisches Signal generieren kann, dass zur unspezifischen, polyklonalen T-Zellaktivierung führt. Auf der anderen Seite kann eine Inhibition der Apoptose autoreaktiver Zellen zu deren Überleben und so zur Auslösung einer Autoimmunreaktion führen. Ein solcher Mechanismus wird für die rheumatoide Arthritis, die Hashimoto-Thyreoditis und den systemischen Lupus erythematodes vermutet.

Weiterhin wird eine oxidative Schädigung durch Sauerstoffradikale und Lipidperoxidation mit verschiedenen Autoimmunerkrankungen in einen Zusammenhang gestellt. Autoantikörper gegen oxidativ veränderte Proteine und DNA wurden in Patienten mit systemischem Lupus erythematodes, rheumatoider Arthritis, Typ-I-Diabetes und autoimmuner Hepatitis beschrieben. Dabei könnten oxidierte Proteine Neoantigene darstellen, gegen die noch keine immunologische Toleranz ausgebildet wurde.

Eine Chemikalienexposition kann auch zeitlich stark verzögert zu vermehrten Autoimmunerkrankungen führen. Beispielsweise wurde für TCDD sowohl an spontan Autoimmunität entwickelnden als auch nicht autoimmunen Mausstämmen gezeigt, dass eine prä- oder perinatale TCDD-Exposition bei adulten Nachkommen zu Thymusatrophie, vermehrten peripheren autoreaktiven T-Zellen (verminderte negative Selektion im Thymus), früherer Ausbildung der prädisponierten Autoimmunität sowie zu erhöhten Autoantikörpertitern und Immunkomplexablagerungen in den Nieren führte.

Zur Identifikation von Substanzen, die möglicherweise Autoimmunreaktionen auslösen können, existieren keine validierten und standardisierten Testmethoden. Eine Vielzahl von Arzneimitteln und anderen Chemikalien wurde durch epidemiologische Untersuchungen oder Fallberichte als autoimmunitätsauslösend identifiziert. Auch Studien an beruflich exponierten Personen, die oft – im Vergleich zur Allgemeinbevölkerung – einer hohen Chemikalienexposition ausgesetzt sind, können geeignet sein, Substanzen mit autoimmunogenem Potenzial zu identifizieren. Beispiele hierfür stellen kristallines Silica, Vinylchlorid, Schwermetalle und Lösemittel dar.

Neben epidemiologischen Untersuchungen besitzen auch Studien, in denen die Testsubstanz eine erhöhte Inzidenz oder beschleunigte Entwicklung von Autoimmunität (z. B. als Autoantikörper gemessen) an Versuchstiermodellen zu Autoimmunerkrankungen verursachte, eine eindeutige Beweiskraft. Hierfür können beispielsweise genetisch prädisponierte Stämme, z. B. lupusprone MRL-Mäuse oder *non-obese diabetic* (NOD) Mäuse, eingesetzt werden. Der Nachweis veränderter Immunzellpopulationen, Zytokinfreisetzungen, Gewichten sekundärer Immunorgane in anderen Toxizitätstests oder einer biologisch relevanten Immunstimulation, beispielsweise im Popliteallymphknotentest (PLNA), stützen die Beweiskraft der Befunde und können Hinweise auf einen möglichen Schädigungsmechanismus liefern.

Tabelle 19.4 listet eine Reihe von Substanzen sowie die mit ihnen assoziierten Autoimmunerkrankungen auf.

19.16
Generelle Immunstimulation

Ein „normal“ funktionierendes Immunsystems, dessen Zellen ständig durch den Körper patrouillieren und nach möglichen Bedrohungen fahnden, stellt ein komplexes Gleichgewicht aus Zellstimulation und Zellhemmung dar. Nur wenn Zellen aktiviert werden, können sie beispielsweise in den Körper eingedrungene Mikroorganismen abwehren, tumorigen entartete Zellen zerstören oder eine orale Toleranz gegen neue Nahrungsmittel etablieren. Durch vielfältige Regelkreise müssen diese Zellaktivierungen auch wieder herunterreguliert oder abgeschaltet werden, da sie ansonsten selbst zur Schädigung des Organismus führen können. Eine ge-

Tab. 19.4 Beispiele für Autoimmunerkrankungen, die mit Expositionen gegen chemische Substanzen oder andere exogene Faktoren assoziiert sind (modifiziert nach IPCS, 2012).

Autoimmunerkrankung	Mechanismus und Zielstruktur	Assoziierte exogene Faktoren
Hämolytische Anämie	Autoantikörper gegen haptenisierte Membranproteine auf Erythrozyten	Chlorpromazin, α-Methlydopa, Penicilline, Dapsone, Quinidine, nicht steroidale Antiphlogistika
Hepatitis	Autoreaktive T-Lymphozyten und Autoantikörper gegen haptenisierte Hepatozytenproteine	Ethanol, Halothan, IFN-α, Lipidsenker
Myositis	Autoantikörper gegen intrazelluläre Bestandteile von Zellen der quergestreiften Muskulatur	Östrogene, L-Tryptophan, UV-Strahlung, Heroin, Penicillamin, verschiedene Viren, Bakterien
Rheumatoide Arthritis	Autoantikörper gegen Bindegewebsbestandteile, Reaktionen von Immunzellen gegen in Gelenken abgelagerte Immunkomplexe	IFN-γ, organochlorierte Pflanzenschutzmittel, PCBs, Chinidine, Silica, Tetracycline, Zigarettenrauch
Scleroderma/ systemische Sklerose	Autoantikörper gegen Zellkernproteine (bes. in Haut, Herz, Lunge, Darm, Niere)	Diphenylhydantoin, IL-2, Silicone, spanisches toxisches Öl, Trichlorethen, Tryptophan, Vinylchlorid
Systemischer Lupus erythematodes (SLE) und lupusähnliche Syndrome	Autoantikörper gegen DNA, Zellkernproteine, Membranproteine von Erythrozyten und Thrombozyten; Reaktionen durch Immunkomplexablagerungen	Aromatische Amine, Chlorpromazin, Formaldehyd, Hydralazine, IFN-γ, Isoniazid, Procainamid, Silica, Trichlorethen
Thrombozytopenie	Autoantikörper gegen (haptenisierte) Membranproteine auf Thrombozyten	IFN-α, Iod, Chinidine, Rifampicin
Thyroiditis	Autoantikörper und autoreaktive T-Zellen gegen Schilddrüsenproteine	Iod, Lithium, PCBs, PBBs

zielte Immunstimulation durch chemische oder biologische Adjuvanzien macht sich die Medizin zunutze, um z. B. eine möglichst hohe Immunisierungsrate bei Impfungen zu erzielen. Diese erwünschten immunstimulierenden Prozesse sind in der Regel dadurch gekennzeichnet, dass sie auf Immunzellen in einem begrenzten Bereich des Körpers beschränkt sind, nur B- und T- Lymphozyten mit geeigneten Antigenrezeptoren einbeziehen und zeitlich eng begrenzt sind. Eine darüber hinausgehende Immunstimulation wird in diesem Kapitel als „generelle Immunstimulation" bezeichnet, womit eine Immunstimulation gemeint ist, die nicht mit einer nützlichen Abwehrreaktion oder Erhalt der Homöostase einhergeht, die jedoch nicht (notwendigerweise) zur Stimulation vieler oder aller verschiedenen Zellarten (im Sinne einer generalisierten Reaktion) führen muss. Eine generelle Immunstimulation kann allergische oder autoimmune Reaktionen begünstigen oder verstärken oder die Art der Immunreaktion verschieben, wodurch es zu vermehrt auftretenden oder schwerer verlaufenden Infektionen kommen kann. Beispielsweise kann eine chemikalienbedingte Immunmodulation in Richtung einer T_H-2-Reaktivität die Abwehr einer Virusinfektion erschweren, da diese durch die in einer T_H-1-Reaktion aktivierten T_C-Zellen besser bekämpft werden kann.

Epidemiologische Untersuchungen zur Immunstimulation an exponierten Kollektiven, z. B. kontrollierte klinische Studien oder Arbeitsplatzuntersuchungen, zielen darauf ab, eine Korrelation zwischen Exposition und einer generellen Immunstimulation (z. B. in Form einer erhöhten/vermehrten zellulären oder humoralen Immunreaktion, Autoimmunität oder Allergie) zu belegen. Eindeutige Beweiskraft besitzen auch Tierstudien, in denen die Testsubstanz eine Verstärkung von Überempfindlichkeitsreaktionen oder Autoimmunerkrankungen oder eine Veränderung in Infektionsmodellen oder Tumorzellresistenztests verursachte. Daneben können auch Veränderungen von Antikörperproduktion, DTH-Reaktionen oder T_H-1-T_H-2-Zytokinverschiebungen für eine Dosis-Wirkungs-Beziehung relevant sein, insbesondere, wenn sie in mehr als einer Spezies oder mehr als einem Test gleichsinnig auftreten und eventuell zusätzlich durch Änderungen funktioneller Endpunkte (z. B. Zytokinverschiebung, histopathologische oder Gewichtsänderungen von Immunsystemorganen) unterstützt werden.

Beispielsweise führten Chemikalien, die T_H-2-Reaktionen und somit die Antikörperproduktion begünstigen, wie z. B. die Metalle Quecksilber, Cadmium und Blei, die Pestizide Malathion, Aminocarb, Deltamethrin und α-Cypermethrin, in entsprechend exponierten Mäusen bei Immunisierung gegen Schafserythrozyten zu erhöhten Antikörpertitern gegen das Testantigen.

Weibliche Sexualhormone sind wahrscheinlich ursächlich daran beteiligt, dass viele Autoimmunerkrankungen häufiger bei Frauen als bei Männern auftreten. Viele endokrin wirkende Chemikalien mit östrogener Aktivität können zu einer generellen Immunstimulation führen. Beispielsweise begünstigt Nonylphenol bei Mäusen die Verschiebung zu einer T_H-2-Reaktion und führt zu einer verstärkten allergischen Atemwegsreaktion gegen das Testantigen Ovalbumin.

Deutet die Beweislage auf die Auslösung einer generellen Immunstimulation hin, erfolgt die Untersuchung der Dosis-Wirkungs-Beziehungen, um den bestgeeigneten, kritischen Effekt zu identifizieren. Für diesen kann dann ein NOEL abgeleitet werden, auf den übliche Extrapolations-/Unsicherheitsfaktoren angewendet werden.

Ein anderes Beispiel für eine generelle Immunstimulation stellen *Superantigene* dar, die gleichzeitig an MHC-II-Moleküle und bestimmte Vβ-Ketten des TCR binden und so – unabhängig von einer spezifischen Peptid-MHC-II-Erkennung – eine polyklonale T-Zellstimulation hervorrufen können. Superantigene können eine Rolle bei Lebensmittelvergiftungen (Staphylokokkus Enterotoxine A, B, C, D, E), septischem Schock (*toxic shock syndrome toxin 1*, Mycoplasma arthritidis (MA), pyrogene Streptokokken-Exotoxine (SPE) A, B, C, D) und Arthritis/rheumatischem Fieber (MA, SPE) spielen.

19.17 Immunsuppression

> Ähnlich wie eine generelle Immunstimulation kann auch eine unerwünschte Immunsuppression zu negativen Auswirkungen führen, welche zu einer erhöhten Inzidenz oder Schwere von Infektionen oder Tumorerkrankungen führen können.

Epidemiologische, klinische und Fallstudien, die eine Assoziation zwischen Exposition und Immunsuppression (z. B. Infektionsinzidenzen, primäre Antikörperantwort auf Impfung gegen Influenzaviren, sekundäre Antikörperantwort auf Tetanustoxoid, DTH-Reaktionen gegen natürliche Antigene) zeigen, können prinzipiell eine immunsupprimierende Wirkung belegen, sind jedoch aufwendig und werden selten durchgeführt.

In klinischen Studien zu Zytostatika wurden opportunistische Infektionen und/oder Neutropenie häufig bei Patienten beobachtet, die akute, hohe Dosen von IFN-α, Azathioprin, Cyclophosphamid oder Methotrexat erhielten, während Tumore vermehrt nach Dauertherapie auftraten. Im Vergleich zu diesen kontrollierten Bedingungen und der Exposition gegen stark immunsuppressiv wirkende Medikamente ist es in epidemiologischen Studien oft schwierig, schwach immunsuppressive Wirkungen (oft eher Immundysfunktionen) zu identifizieren.

Beispiele für Mikroorganismen, die bei bestehender Immunsuppression vermehrt zu Infektionen führen, sind extrazelluläre Bakterien wie *Streptococcus pneumoniae* und Haemophilus influenzae, die von einer gestörten Phagozytoseaktivität (z. B. durch Neutropenie oder die Hemmung der Produktion von Antikörpern, die die Bakterien für eine Phagozytose „markieren") begünstigt werden, sowie intrazelluläre Bakterien (z. B. *Mycobacterium tuberculosis*) und alle Viren (z. B. Herpes-simplex-Virus, Cytomegalievirus), die sich bei einer herabgesetzten Lysefähigkeit der Phagozyten und/oder einer geringeren Abtötung infizierter Körperzellen durch T_C-Zellen vermehren können. Bei den Krebserkrankungen, die durch Immunsuppression begünstigt werden, dominieren vor allem virusverursachte Tumore, wie Non-Hodgkin-Lymphome und Hauttumore, Kaposi-Sarkome und Epstein-Barr-Virus (EBV)-assoziierte B-Zelllymphome.

Eine eindeutige Beweiskraft besitzen auch Studien an Labortieren, die eine Veränderung in Infektionsmodellen oder Tumorzellresistenztests zeigen, insbesondere wenn derselbe Test oder ähnliche Tests in mehreren Spezies zu konkordanten Ergebnissen führen und wenn weitere Daten zu funktionellen Immunparametern vorliegen, die auf eine mögliche Wirkweise der im Tier beobachteten Immunsuppression hinweisen. Einen Überblick über mögliche humane und tierexperimentelle Testmethoden gibt Tab. 19.5. Eine Beschreibung und Diskussion von immuntoxikologischen Endpunkten findet sich in IPCS (1996). Dort wird auch anhand von Daten zur immunsuppressiven Wirkung von Cyclosporin A in Mäusen, Ratten, Meerschweinchen, Hunden, Rhesusaffen und Menschen dargestellt, dass im Allgemeinen eine gute Korrelation immuntoxischer Wirkungen bei Mensch und Tier besteht.

Deutet die Beweislage auf die Auslösung einer generellen Immunsuppression hin, erfolgt die Untersuchung der Dosis-Wirkungs-Beziehungen, um den bestgeeigneten, kritischen Effekt zu identifizieren. Für kritische Effekte können NOELs abgeleitet werden, auf die in der Risikocharakterisierung übliche Extrapolations-/Unsicherheitsfaktoren angewendet werden.

Aus klinischen Erfahrungen mit immunsuppressiven Medikamenten ist bekannt, dass infolge der hohen Regenerationsfähigkeit und Anpassungsfähigkeit die Funktionalität des Immunsystems im Allgemeinen nach Beenden der Exposition rasch wieder hergestellt wird. Allerdings ist Immunsuppression nicht immer ein reversibles Phänomen, sondern kann, z. B. nach hohen Dosen oder länger andauernder Exposition, auch irreversibel werden, was auf eine Schädigung der hämatopoetischen Stammzellen zurückgeführt wird.

Auch die Schädigung des sich entwickelnden Immunsystems in Ungeborenen kann langanhaltende Effekte haben. So sind die in industrialisierten Ländern gefundenen Level von polyhalogenierten aromatischen Kohlenwasserstoffen mit vermehrten Infektionen und verringertem Impferfolg bei Kindern assoziiert. Bei Kindern mit erhöhten Spiegeln des DDT-Metaboliten Dichlordiphenyldichlorethen, PCB oder HCB wurden vermehrt Mittelohrentzündungen beobachtet. In Ratten führte eine perinatale Exposition gegen TCDD während der Gestation, Laktation und juvenilen Phase zu immunsuppressiven Effekten, die noch im Alter von 19 Monaten (also am Lebensende der Tiere) nachweisbar waren. Neben TCDD erwies sich das unreife Immunsystem auch gegenüber Diethylstilbestrol, Diazepam, Blei und Tributylzinnoxiden als empfindlicher als das Immunsystem adulter Tiere, was sich in niedrigeren Effektdosen und/oder längerer Dauer der immunsuppressiven Effekte zeigte.

In der Literatur ist ausgiebig belegt, dass die Schädigung des Immunsystems durch TCDD und andere halogenierte aromatisch Kohlenwasserstoffe über die Bindung an den Arylhydrocarbonrezeptor (AhR) und die dadurch ausgelöste Transkription von Genen mit Dioxinresponsiven Elementen (DRE) in der Promotorregion hervorgerufen wird (siehe Abschn. 34.8.1). In empflindlichen Mausstämmen verursachen AhR-Liganden eine direkte Suppression von T_H-, T_C- und B-Zellen (inklusive Antikörperproduktion) sowie von hämatopoetischen Knochenmarkstammzellen und eine erhöhte Anzahl von T_{REG}-Lymphozyten. Im fetalen Thymus verursachte die AhR-Stimulation Veränderungen in Thymusepithelzellen, die zu einer vermehrten Apoptose von Thymozyten und einer herabgesetzten Immunantwort gegen Influenzaviren führten. Der Nachweis und die Relevanz möglicher immuntoxischer Effekte im Menschen sind weit weniger klar als in Versuchstieren. Experimentelle und epidemiologische Daten zu immunsuppressiven Effekten, die für eine quantitative Risikobewertung herangezogen werden, müssen sorgsam analysiert und interpretiert werden.

Tab. 19.5 Möglichkeiten zur experimentellen Bestimmung immunsuppressiver Effekte (nach IPCS, 2012, 1996).

Endpunkte	Parameter in speziellen immuntoxikologischen Tierstudien	Parameter in Standard subakuten, subchronischen oder chronischen Tierstudien	Möglicher Parameter in (epidemiologischen) Humanstudien
Nichtfunktionelle Tests			
Organgewichte	Thymus, Milz, Lymphknoten	Ja	Nein
Organhistologie	Thymus, Milz, Knochenmark, drainierender und distaler Lymphknoten, Peyer's Patches	Ja	Nein
Plasma Ig-Konzentrationen	Gesamt IgM, IgG, IgE, evtl. andere in ELISAs	Ja	Ja
Leukozytenanzahl und -typisierung	Im Blut oder bronchoalveolärer Lavageflüssigkeit; Typisierung mittels mAb und Durchflusszytometrie	Ja	Ja
Funktionelle Tests			
Phagozytenaktivität	*Ex-vivo*-Phagozytose von Latexpartikeln oder Erythrozyten, z. B. vom Schaf (SRBC), Messung des *respiratory burst*	Zusätzlich möglich	Ja
NK-Zellaktivität	*Ex-vivo*-Lyse von Targetzellen (z. B. ^{51}Cr-markierte YAC-Lymphomzellen)	Zusätzlich möglich	Ja, z. B. Lyse von K562-Tumorzellen
Antigenspezifische Antikörperbildung	*In-vivo*-Bildung von IgM und IgG (ELISA-Nachweis) gegen Modellantigene (z. B. Tetanustoxin, Ovalbumin, Napfschnecken-Hämocyanin (KLH), SRBC)	In Satellitengruppe möglich	Ja, z. B. Immunisierung mit Diphtherie-, Tetanus- oder Influenza-Impfstoffen
Proliferation gegen Mitogene	*Ex-vivo*-Proliferation von B- bzw. T-Zellen nach polyklonaler Stimulation mit Lipopolysaccharid bzw. Concanavalin A oder Phytohämagglutinin	Zusätzlich möglich	Ja
Gemischte Lymphozytenreaktion	*Ex-vivo*-Proliferation gegen allogene (MHC-verschiedene) Stimulatorzellen	Zusätzlich möglich	Ja

Tab. 19.5 Fortsetzung.

Endpunkte	Parameter in speziellen immuntoxikologischen Tierstudien	Parameter in Standard subakuten, subchronischen oder chronischen Tierstudien	Möglicher Parameter in (epidemiologischen) Humanstudien
CTL-Test	Nach *In-vivo*-Immunisierung von Mäusen mit P815 Mastozytomzellen, *Ex-vivo*-Messung der Zelllyse von ^{51}Cr-markierten P815.	In Satellitengruppe möglich	Ja, z. B. gegen Influenza
DTH-Test	*In-vivo*-Immunisierung und Challenge (z. B. Ohrschwellungsmessung) mit Proteinantigenen (z. B. Ovalbumin, Listeria, BCG)	In Satellitengruppe möglich	Ja, z. B. Auslösereaktion gegen Tetanus-, Diphtherie-, Streptokokkenantigen oder Tuberkulin
Host resistance tests	*In-vivo*-Challenge mit pathogenen Mikroorganismen (z. B. Listeria monocytogenes, Streptococcus pneumoniae, Candida albicans, Influenzavirus, CMV, Trichinella spiralis) oder syngene Tumorzellen (z. B. B16F10 Melanom oder PYB6 Fibrosarkom in der C57BL/6 Maus oder MADB106 Adenokarzinom in Fischer 344 Ratte)	In Satellitengruppe möglich (z. T. hohe Laboranforderungen)	Nein (ethische Gründe)

19.18 Zusammenfassung

Das Immunsystem wird von einer Vielzahl von Zellen gebildet, die entweder der unspezifischen Immunabwehr, z. B. neutrophile Granulozyten, Monozyten, Makrophagen oder der antigenspezifischen Immunabwehr (B- und T-Lymphozyten) angehören. Sie kommen in bestimmten Organen gehäuft vor (Knochenmark, Thymus, Milz und Lymphknoten), patrouillieren aber durch den ganzen Körper, um ihn vor dem Eindringen und der Ausbreitung von Krankheitserregern, Toxinen und Tumorzellen zu schützen. Dieses geschieht, indem durch ein komplexes Zusammenspiel von Phagozyten, Lymphozyten und löslichen Proteinen, wie dem Komplementsystem und Akute-Phase-Proteinen, antigenspezifische zytotoxische T-Zellen und antikörperproduzierende B-Zellen heranreifen, wodurch Toxine neutralisiert und Mikroorganismen, virusinfizierte Zellen und Tumorzellen lysiert und phagozytiert werden können. Chemikalien können auf vielfältige Weise mit den Zellen des Immunsystems interagieren und in seine komplexen

Regelmechanismen eingreifen. Eine Reihe von Chemikalien kann an Proteine binden und dann von den T- und B-Zellen als körperfremd angegriffen werden, wodurch es zu allergischen Reaktionen, wie z. B. der allergischen Kontaktdermatitis oder dem allergischen Asthma bronchiale, kommen kann. Diese spezifischen Immunreaktionen sowie die Auslösung generell immunstimulierender Effekte oder die Immunantwort modulierender Effekte durch Chemikalien können auch zu Autoimmunreaktionen führen oder die Entstehung von Allergien gegen andere Allergene und anderer Autoimmunerkrankungen begünstigen. Einige Chemikalien können das Immunsystem auch teilweise oder generell schädigen, wodurch eine partielle oder generelle Immunsuppression hervorgerufen werden kann, was wiederum die Häufigkeit oder Schwere von Infektionserkrankungen erhöhen und die Entstehung von Tumoren begünstigen kann. Für die Identifikation und toxikologische Bewertung von allergischen Reaktionen gegen Chemikalien und durch Chemikalien ausgelöste Autoimmunreaktionen sowie generelle immunstimulierende oder immunsuppressive Wirkungen wurden methodische Konzepte entwickelt, die Ergebnisse einer Vielzahl unterschiedlicher *In-vitro*-und *In-vivo*-Tests sowie Struktur-Wirkungs-Vorhersagen heranziehen.

Literatur

Davis, M., Hylwa, S.A. und Allen, E.M. (2013) Basics of patch testing for allergic contact dermatitis. *Semin. Cutan. Med. Surg.*, **32**, 158–168D.

IPCS, International Programme on Chemical Safety (1996) Principles and methods for assessing direct immunotoxicity associated with exposure to chemicals. Environmental Health Criteria 180, World Health Organization, Geneva, http://www.inchem.org/documents/ehc/ehc/ehc180.htm, (letzter Zugriff: Januar 2017).

IPCS (2012) Guidance for Immunotoxicity Risk Assessment for Chemicals. IPCS Harmonization Project Document No. 10, World Health Organization, Geneva, http://www.inchem.org/documents/harmproj/harmproj/harmproj10.pdf.

Weiterführende Literatur

Api, A.M. (2008) The use of human data when conducting dermal sensitisation quantitative risk assessments for fragrance ingredients. *Regul. Toxicol. Pharmacol.*, **50**, 163–165.

Basketter, D., Ball, N., Cagen, S., Carrilo, J.C., Certa, H., Eigler, D., Garcia, C., Esch, H., Graham, C., Haux, C., Kreiling, R. und Mehling, A. (2009) Application of a weight of evidence approach to assessing discordant sensitisation datasets: Implications for REACH. *Regul. Toxicol. Pharmacol.*, **55**, 90–96.

Baur, X. (2003) Are we closer to developing threshold limit values for allergens in the workplace? *Ann. Allergy Asthma Immunol.*, **90** (Suppl. 2), 11–18.

Boverhof, D.R., Billington, R., Gollapudi, B.B., Hotchkiss, J.A., Krieger, S.M., Poole, A., Wiescinski, C.M. und Woolhiser, M.R. (2008) Respiratory sensitization and allergy: current research approaches and needs. *Toxicol. Appl. Pharmacol.*, **226**, 1–13.

ILSI (International Life Science Institute) Food Allergy Task Force, http://www.ilsi.eu/task-forces/food-safety/food-allergy/, (letzter Zugriff: Januar 2017).

IPCS (1999) Principles and methods for assessing allergic hypersensitization associated with exposure to chemicals. Environmental Health Criteria 212, World Health Organization, Geneva, http://www.inchem.org/documents/ehc/ehc/ehc212.htm.

IPCS (2006) Principles and methods for assessing autoimmunity associated with exposure to chemicals. Environmental Health Criteria 236, World Health Organization, Geneva, http://www.who.int/ipcs/publications/ehc/ehc/ehc236.pdf.

Jerschow, E., Hostynek, J.J. und Maibach, H.I. (2001) Allergic contact dermatitis elicitation thresholds of potent allergens in humans. *Food Chem. Toxicol.*, **39**, 1095–1108.

OECD (2012) The Adverse Outcome Pathway for Skin Sensitisation Initiated by Covalent Binding to Proteins. Part 1: Scientific Evidence, ENV/JM/MONO(2012)10/PART1. Part 2: Use of the AOP to Develop Chemical Categories and Integrated Assessment and Testing Approaches, ENV/JM/MONO(2012)10/PART2. OECD Environment, Health and Safety Publications, Series on Testing and Assessment, No. 168, Paris, 2012.

Owen, J.A., Punt, J. und Stranford, S.A. (2013) *Kuby Immunology*, 7. Aufl., W.H. Freeman and Company, New York.

Schnuch, A., Mildau, G., Kratz, E.M. und Uter, W. (2011) Risk of sensitization to preservatives estimated on the basis of patch test data and exposure, according to a sample of 3541 leave-on products. *Cont. Dermat.*, **65**, 167–174.

Urbisch, D., Mehling, A., Guth, K., Ramirez, T., Honarvar, N., Kolle, S., Landsiedel, R., Jaworska, J., Kern, P.S., Gerberick, F., Natsch, A., Emter, R., Ashikaga, T., Miyazawa, M. und Sakaguchi, H. (2015) Assessing skin sensitization hazard in mice and men using non-animal test methods. *Regul. Toxicol. Pharmacol.*, **71**, 337–351.

20
Das Herz- und Kreislaufsystem

H. Greim

20.1
Anatomie und Funktion

Das Herz, ein vorwiegend aus einem Muskel bestehendes Organ, stellt die treibende Kraft für den Lungenkreislauf (rechte Herzhälfte) und für den großen Körperkreislauf (linke Herzhälfte) dar. Das aus dem Körper durch die Venen zurückströmende, sauerstoffarme Blut wird von der rechten Herzhälfte aufgenommen und durch die Lunge gepumpt. Das dort mit Sauerstoff angereicherte Blut strömt durch die Lungenvenen der linken Herzhälfte zu, von der es über die große Schlagader (Aorta) wieder in den Körper zurückbefördert wird (siehe Abb. 20.1).

20.1.1
Das Myokard

Die Pumpwirkung des Herzens kommt durch eine rhythmische Folge von Kontraktion (**Systole**) und Erschlaffung (**Diastole**) des Myokards zustande. Die Richtung des Blutstromes wird durch Öffnung und Schließung von Ventilen (Herzklappen) bestimmt.

Die Kontraktion der Zellen des Myokards wird dadurch ausgelöst, dass das an ihrer äußeren Membran vorhandene Potenzial (80 mV, innen negativ) durch

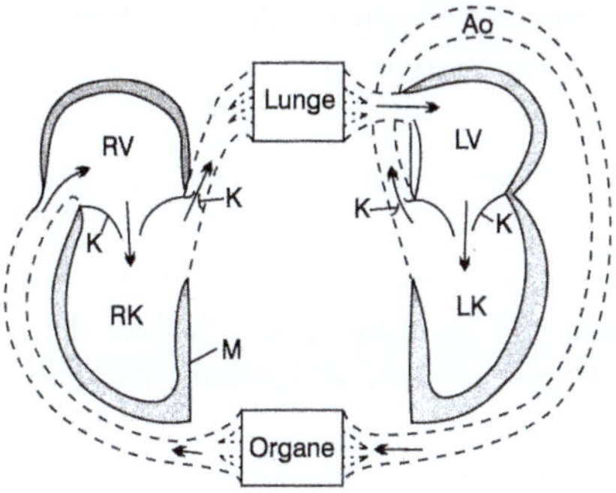

Abb. 20.1 Schema des Herzkreislaufs. Die Pfeile beschreiben die Richtung des Blutstromes. Linke Bildhälfte: Aus den Organen stammendes, sauerstoffarmes Blut, das in die Lunge befördert wird. Rechte Bildhälfte: Aus der Lunge zurückströmendes, sauerstoffreiches Blut, das die Organe versorgt. (M: Myokard; K: Herzklappe; RV: rechter Vorhof; RK: rechte Kammer; LV: linker Vorhof; LK: linke Kammer; Ao: Aorta, Hauptschlagader).

Das Toxikologiebuch, 1. Auflage. Helmut Greim (Hrsg.).

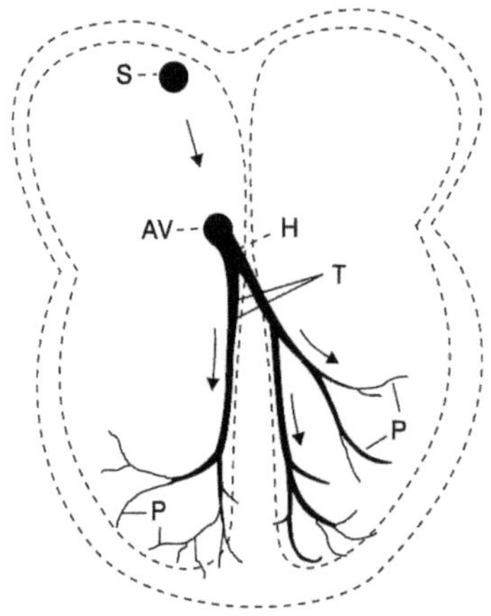

Abb. 20.2 Schema des Systems der Erregungsbildung. Die Pfeile geben den Weg des Erregungsablaufes an. (S: Sinusknoten, Ort der normalen Erregungsbildung; AV: Atrioventrikularknoten; H: Hisbündel; T: Tawaraschenkel; P: Purkinje-Fasern).

transmembranale Ionenströme abrupt seine Richtung ändert (**Aktionspotenzial**). Das Aktionspotenzial setzt aus intrazellulären Calciumspeichern (**sarkoplasmatisches Retikulum**) Calciumionen frei, die ihrerseits die Kontraktion der kontraktilen Elemente **Aktin** und **Myosin** in den Myokardzellen auslösen. Die während des Aktionspotenzials fließenden Ionenströme regulieren den Füllungszustand der intrazellulären Calciumspeicher und damit – zusammen mit anderen Faktoren – die Stärke der Kontraktion.

20.1.2
Erregungsbildung und -leitung

Die Aktionspotenziale des Herzens entstehen in einem dazu spezialisierten Gebiet (Sinusknoten), werden über die Vorhöfe dem Atrioventrikularknoten an der Vorhofkammergrenze zugeleitet und breiten sich von dort über ein auf Erregungsleitung spezialisiertes Fasersystem (Hisbündel, Tawaraschenkel, Purkinje-Fasern) auf das gesamte Myokard der Kammern aus (Abb. 20.2).

Schädigungen des Systems der Erregungsbildung und -leitung, z. B. durch Sauerstoffmangel, Nekrosen, Narben, direkte toxische Beeinträchtigung der Ionenpumpen und Ionenströme, führen zu Herzrhythmusstörungen, die die Pumpleistung des Myokards und damit das Leben bedrohen können.

20.1.3
Koronargefäße

Die Versorgung des Herzens mit Substraten und Sauerstoff geschieht über das System der Koronararterien, die aus der Hauptschlagader entspringen und sich über das gesamte Herz ausbreiten.

Nach Durchströmung der Gewebe des Herzens wird das an Sauerstoff verarmte Blut in den Koronarvenen gesammelt und dem rechten Herzen zugeführt. Bemerkenswert ist, dass die Sauerstoffextraktion aus dem Koronarblut durch das Herz bereits bei körperlicher Ruhe im Vergleich zu anderen Organkreisläufen sehr hoch ist. Bei einem Mehrbedarf an Sauerstoff, z. B. bei körperlicher oder psychischer Belastung, kann die Versorgung des Herzens also nicht durch eine Erhöhung der Sauerstoffausschöpfung des Koronarblutes gedeckt werden, sondern es muss eine Steigerung des Blutflusses stattfinden. Dies macht ein sehr reagibles und wirksames Regulationssystem der Koronardurchblutung notwendig. Eine krankhafte Einengung einer oder mehrerer Koronararterien muss sich deshalb am Herzen besonders rasch in Symptomen des Sauerstoffmangels auswirken. Primäre toxische Schädigungen des Systems der Koronararterien haben also in der Regel ernste Folgen für das Myokard und das System der Erregungsbildung und der Erregungsleitung.

20.1.4 Das periphere Gefäßsystem

> Das Gefäßsystem besteht aus dem Großen Kreislauf (Körperkreislauf), in dem mit Sauerstoff angereichertes Blut aus der linken Herzkammer durch die Arterien in die Organe gepumpt wird, und dem Kleinen Kreislauf (Lungenkreislauf), in dem Sauerstoff-armes (venöses) Blut über die Venen zurück zum Vorhof des rechten Herzens fließt.

Im Lungenkreislauf wird das sauerstoffarme Blut aus der rechten Herzkammer über die Lungenarterie in die Lunge gepumpt und fließt nach Abgabe von Kohlendioxid und Aufnahme von Sauerstoff über die Lungenvene zurück zum linken Vorhof. Durch Erschlaffen der Herzmuskulatur erhöht sich das Volumen der linken Herzkammer, sodass das Blut aus dem linken Vorhof in die Kammer gesogen wird. Die linken Herzklappen sorgen dafür, dass das Blut bei der darauf folgenden Kontraktion nicht wieder in den Vorhof zurückfließt, sondern über die Aorta in die Arterien des großen Kreislaufs gepumpt wird. Damit werden die Organe des Körpers mit Sauerstoff und allen für deren Funktion wichtigen Substanzen versorgt. In den Geweben verzweigen sich die Arterien, gehen in die kleineren Arteriolen und schließlich in Kapillaren über. Die Wände der Kapillaren bestehen zumeist nur aus einer Zellschicht, durch die Sauerstoff und Nährstoffe in das umgebende Gewebe abgegeben und Kohlendioxid und andere Abfallprodukte des Stoffwechsels aufgenommen werden. Die Kapillaren gehen in die Venolen über, die in die größeren Venen und schließlich die Vena cava münden, über die das venöse Blut in den rechten Vorhof gelangt. Da der arterielle Druck nicht mehr ausreicht, um das venöse Blut zum Herzen zurückzutransportieren und die Sogwirkung des rechten Vorhofs gering ist, wird ein Zurückfließen des Blutes in den Venen durch die Venenklappen verhindert. Die Druckunterschiede sind erheb-

Tab. 20.1 Bedarf an arteriellem Blut (ml/min).

Herz	150
Arme	300
Beine	500
Haut/Skelett	500
Gehirn	750
Nieren	1000
Verdauungssystem	2000

lich. In der Aorta beträgt der Druck 100 mmHg, in der Vena cava 17 mmHg. Das linke Herz pumpt pro Minute etwa 5000 ml arterielles Blut in den großen Kreislauf und damit in die einzelnen Organe, deren Bedarf von Funktion, Stoffwechselaktivität und Größe abhängt (Tab. 20.1). Die über die Vena cava zum Herzen zurücktransportierten 5000 ml venösen Blutes werden von der rechten Herzkammer über die Lungenarterie in die Lungen gepumpt und fließen sauerstoffreich über die Lungenvene zurück zum linken Herzen (Arterien leiten vom Herzen weg, Venen führen zu Herzen hin).

20.2 Toxikologie

Prinzipiell kann jedes der vier funktionellen Systeme des Herzens sowie die Gefäße, insbesondere der große Kreislauf, durch toxische Stoffe geschädigt werden.

20.2.1 Schädigungen des Myokards

20.2.1.1 Cadmium

Cadmium vermindert die **Kontraktionskraft** des Myokards, indem es den während des **Aktionspotenzials** den zelleinwärts fließenden Calciumstrom blockiert. Zudem besitzt die Membran der Myokardzelle ein Ionenaustauschsystem, das Natrium und Calcium transportiert. Cadmium konkurriert hier vor allem an der Außenseite der Zellmembran mit Calcium um die Bindung. Durch diese Mechanismen mindert Cadmium den Calciumeinstrom in die Herzmuskelzelle, sodass im Inneren weniger Calcium zur Kontraktion zur Verfügung steht.

Cadmium dringt aber auch in die Zelle ein und vermindert den Gehalt an Adenosintriphosphat und Phosphokreatin sowie die Phosphorylierung des kontraktilen Proteins. Außerdem konkurriert Cadmium stärker als andere divalente Kationen mit Calcium um diejenige Bindungsstelle am kontraktilen Protein, die letztlich die Kontraktion auslöst.

20.2.1.2 Cobalt
Zur Wirkung von Cobalt auf das menschliche Herz hat man durch eine Vergiftung viel Erfahrung gesammelt. In den Jahren 1965/1966 wurde in den USA, Canada und Belgien Cobalt zur Stabilisierung des Schaumes zum Bier gemischt. Dies hat zu sehr schweren, zum Teil tödlichen Schädigungen des Myokards geführt. Zum Tod kam es unter den Zeichen der schweren Herzinsuffizienz mit Kreislaufversagen und Acidose. Ein ähnliches Vergiftungsbild trat auch durch industrielle Cobaltexposition auf. Die entscheidende Wirkung auf das Herz ist in einer Störung des Energiestoffwechsels des Myokards zu sehen.

Von Bedeutung für die Giftigkeit des Cobalts für das Myokard ist die Bindung an Disulfidgruppen der Liponsäure. Es war auffällig, dass bei der eingangs geschilderten Katastrophe Personen mit unzureichender Nahrungszufuhr anfälliger für die Intoxikation mit Cobalt waren als solche mit normaler Ernährung. Dies dürfte sich dadurch erklären lassen, dass Cobalt an Sulfhydrylgruppen von Nahrungsbestandteilen (z. B. Histidin und Cystein aus Proteinen) gebunden wird, wodurch die Bindung an körpereigene Disulfidgruppen vermindert wird.

20.2.1.3 Arsenik (Arsentrioxid)
Ähnlich wie später mit Cobalt kam es um 1900 zu einer epidemischen Vergiftung durch Bier, dem Arsenik zugesetzt war. 70 Todesfälle traten bei etwa 6000 Vergifteten auf. Es handelte sich in fast allen Fällen um Versagen des Herzens. Es muss offen bleiben, ob die Wirkungen des Arseniks auf das Myokard Folgen der durch dieses Gift bekanntermaßen hervorgerufenen Kapillarschädigungen sind oder durch eine direkte Einwirkung auf die Myokardzellen zustande kommen.

20.2.1.4 Arsine
Vergiftungen durch Inhalation von Arsinen sind in der metallerzeugenden Industrie nicht selten. Das hervorstechendste Merkmal einer solchen Vergiftung ist eine **Hämolyse** (Erythrozytenzerfall). Es scheint jedoch zu zusätzlichen Schädigungen des Herzens zu kommen. Bei Personen, die an einer Arsinvergiftung verstorben waren, fand man eine Erweiterung der Herzkammern und mikroskopisch eine Fragmentation der Myokardfasern.

20.2.1.5 Blei
Nicht alle Schädigungen des Herzens durch Blei sind als Folge einer primären Einwirkung auf die Koronargefäße anzusehen. Vielmehr kann es im Rahmen einer Bleivergiftung auch zu einer direkten Schädigung des Myokards kommen. Es wurden Fälle von akuter bis subakuter Bleivergiftung beschrieben, die in wenigen Tagen zum Tod geführt haben. Zeichen der schweren akuten **Herzinsuffizienz**, die auf Schädigungen des Myokards hinweisen, gingen dem Tod jeweils voraus. Das Auftreten schwerer **Herzrhythmusstörungen** weist darauf hin, dass zusätzlich zum Myokard auch das System der Erregungsbildung und -leitung durch Blei geschädigt wird.

20.2.1.6 Antimon

Vergiftungen mit Antimon kommen gegenüber früheren Jahren nicht mehr so häufig vor. Antimontartrat ist lange Zeit medizinisch verwendet worden. An größeren Gruppen dieser Patienten zeigte sich, dass Störungen der Erregungsrückbildung, die auf eine Schädigung des Myokards hinwiesen, im Vordergrund standen.

20.2.1.7 Ethylalkohol

Etwa 1 % der starken Alkoholtrinker erkrankt an einer alkoholbedingten Schädigung des Myokards (**Kardiomyopathie**). In Anbetracht der weiten Verbreitung des starken Alkoholkonsums stellt diese Erkrankung eine der häufigsten Formen der Herzschädigung dar. In der Regel scheint der Entstehung der Alkoholkardiomyopathie ein etwa zehn Jahre dauernder starker Alkoholkonsum vorauszugehen. Diese alkoholbedingte Schädigung darf nicht gleichgesetzt werden mit der Kardiomyopathie, die durch Mangel an Vitamin B1 zustande kommt und bei Alkoholikern relativ häufig auftritt.

Unter den akuten Wirkungen des Alkohols auf das Herz ist die Minderung der Kontraktionskraft hervorzuheben, die bei Konzentrationen um vier Promille an isolierten Herzen bereits extrem ausfällt. Die einmalige Gabe von 110 g Ethylalkohol mindert bei herzgesunden Menschen das Schlagvolumen des Herzens und führt zu einer Minderung der Kontraktionskraft des Myokards.

20.2.2 Schädigungen der Erregungsbildung und -leitung

20.2.2.1 Halogenierte Kohlenwasserstoffe

Eine große Zahl von halogenierten Kohlenwasserstoffen hat in den letzten Jahren zu tödlichen Vergiftungen geführt, die vorwiegend auf Schädigungen des Systems der Erregungsbildung und -leitung des Herzens zurückzuführen waren. Eine sichere Differenzierung dieser Stoffe nach ihrer Toxizität oder gar nach Unterschieden im Wirkungsmechanismus ist nicht möglich. Hinsichtlich der Häufigkeit des Vorkommens tödlicher Schädigungen sind besonders hervorzuheben: das früher als Narkosemittel und in der Industrie verwendete **Trichlorethylen**, **Trichlorethan** und die als Treibgas für Aerosole und als Gefriermittel verwendeten Stoffe **Dichlordifluormethan**, **Trichlorfluormethan**, **Dichlortetrafluorethan** und **Trichlorfluorethan**.

In den 1960er-Jahren kam es in Amerika unter Jugendlichen in Mode, durch Inhalation von Lösungsmitteln rauschartige Zustände zu erzeugen. Dabei sind in relativ kurzer Zeit mehr als 100 Todesfälle bekannt geworden. Unter den verwendeten Stoffen sind am häufigsten die als Treibgas verwendeten fluorierten Kohlenwasserstoffe und Trichlorethan verantwortlich gewesen. Die Todesfälle ereigneten sich kurz nach der Inhalation so plötzlich, dass eine tödliche Herzrhythmusstörung als wahrscheinliche Todesursache angesehen werden muss.

Im Tierversuch konnte gezeigt werden, dass halogenierte Kohlenwasserstoffe in niedrigen Konzentrationen, in denen sie alleine noch nicht in der Lage sind, Herzrhythmusstörungen hervorzurufen, die arrhythmogene Wirkung von Adrenalin verstärken. Solche Stoffe sind z. B. Dichlortetrafluorethan und Chlordifluormethan, während Trichlorfluormethan, Trichlortrifluorethan, Dichlormonofluormethan und Trichlorethan auch alleine zu Herzrhythmusstörungen führen.

Es ist unklar, ob die aufgezeigten Phänomene durch eine direkte Einwirkung der halogenierten Kohlenwasserstoffe auf das System der Erregungsbildung und -leitung zustande kommen oder indirekt durch reflektorisch ausgelöste Impulse der sympathischen und parasympathischen Nerven auf dieses System.

Zusätzlich mindern halogenierte Kohlenwasserstoffe die Kontraktionskraft des Herzens und senken das Herzminutenvolumen und den Blutdruck. Dabei sind bei manchen Stoffen relativ niedrige Konzentrationen in der Einatmungsluft schon nach sehr kurzer Zeit wirksam, z. B. 1 % Trichlorfluorethan oder 2,5 % Dichlortetrafluorethan.

20.2.2.2 Cadmium

Neben der eingangs erwähnten Blockierung des zelleinwärts fließenden Calciumstromes hemmt Cadmium auch die Erregungsleitung im Atrioventrikularknoten. An Arbeitern, die einer Konzentration von 0,04–0,5 mg Cadmium pro m^3 Einatmungsluft ausgesetzt waren, wurde eine signifikant gestörte Erregungsleitung nachgewiesen.

20.2.2.3 Quecksilber

Obwohl Quecksilberchlorid und organische Quecksilberverbindungen auf das Herz ähnlich wirken wie die hochgiftigen **Digitalisglykoside**, findet eine Beteiligung des Herzens bei den Beschreibungen epidemischer Vergiftungen mit organischen Quecksilberverbindungen (in Minamata, Japan, und im Irak) neben den massiven Schäden des Nervensystems wenig Erwähnung.

Bei einer sorgfältigen elektrokardiografischen Untersuchung im Irak wurde jedoch gefunden, dass alle Vergifteten Veränderungen im Elektrokardiogramm zeigten. Dabei kam es in allen Fällen zu Störungen der Erregungsrückbildung, die Schäden des Myokards anzeigten, aber auch in einem hohen Prozentsatz zu verschiedenartigen Rhythmusstörungen, sodass zudem toxische Wirkungen auf das System der Erregungsbildung und -leitung angenommen werden müssen.

20.2.2.4 Barium

Akute Vergiftung mit Bariumchlorid, das irrtümlich als Abführmittel eingenommen wurde, führte zu Herzrhythmusstörungen.

20.2.3
Schädigungen der Koronararterien und der Gefäße des Kreislaufs

20.2.3.1 Endotheliale Mechanismen

Die Arterien und Venen sind mit Endothelzellen ausgekleidet. Insbesondere in den Arterien verhindern sie das Passieren von Inhaltsstoffen des Blutes in die Gewebe, das Anhaften von weißen Blutzellen und Thromben, regulieren den Blutdruck, indem sie Moleküle freisetzen, die den Tonus der anliegenden glatten Muskulatur steuern. Zwar besitzen die Endothelzellen ein hohes Potenzial, die zelluläre Homöostase und damit ihre Funktion aufrechtzuerhalten. Jede Schädigung dieser Zellen führt jedoch zu funktionellen Störungen des Kreislaufsystems und als Folge davon der betroffenen Organe. In den Endothelien selbst kommt es zur Oxidation von LDL (*low density lipoprotein*), das für den Transport von Cholesterin im Blut verantwortlich ist. Oxidiertes LDL führt zu direkten Schäden der Zellen, sodass sich weiße Blutzellen festsetzen, Cholesterin abgelagert wird und es zu arteriosklerotischen Gefäßveränderungen kommt.

Die Endothelzellen sind über *„tight junctions"* eng miteinander verbunden, die auch die sogenannte **Blut-Hirn-Schranke** bilden, die das Blut von dem Extravasalraum des Gehirns trennt, sodass bei intakter Endothelschicht Krankheitserreger, Toxine oder Botenstoffe nicht in das Gehirn gelangen. So führt Sauerstoffmangel zu einer Schwellung der Endothelzellen und damit zu einer Lockerung der *„tight junctions"*. Alcohol löst Lipide aus den Zellmembranen, Blei reagiert mit SH-Gruppen verschiedener endothelialer Enzyme und stört damit die zelluläre Homöostase und damit die Funktion der Blut-Hirn-Schranke.

In der Leber führt Dimethylnitrosamin durch Zytotoxizität zur regenerativen Proliferation von Endothelzellen und verstärkter Bildung von Bindegewebe, das den Blutfluss vermindert und schließlich blockiert. Monocrotalin, ein pflanzliches Pyrrolizidin, wird in der Leber metabolisch aktiviert und führt nicht nur in der Leber, sondern auch in der Lunge zu Gefäßschäden und damit zur Steigerung des Blutdruckes im Lungenkreislauf.

Die Nierentoxizität einiger Metalle wie Cadmium, Chrom und Quecksilber beruht ebenfalls auf Störungen der Gefäßwände der Arteriolen. Ähnlich wie beim Nitrosamin kommt es zu Endothelschäden, gesteigerter Bildung von Bindegewebe in der Gefäßwand und damit zu Durchblutungsstörungen.

Die arteriosklerotischen Folgen des Rauchens werden auf endotheliale Veränderungen unter anderem durch PAHs, Allylamin und Acrolein zurückgeführt.

Grundsätzlich sind Schädigungen der Gefäßwände durch kurzfristige Einwirkung eines Umweltgiftes selten. Zumeist handelt es sich um die Beschleunigung der Entwicklung einer Sklerose, z. B. der Koronararterien, unter der langfristigen Einwirkung eines Umweltgiftes. Dabei sind zusätzliche Faktoren wie hoher Blutdruck und hohe Cholesterinspiegel im Blut in der Regel mit beteiligt.

20.2.3.2 Stoffe, die toxische Schädigungen der Blutgefäße verursachen

Zigarettenrauch

Es ist epidemiologisch gut gesichert, dass Rauchen die Entstehung von arteriosklerotischen Erkrankungen des Herzens und anderer Organe fördert. Offenkundig sind Pfeifenraucher und Zigarrenraucher weniger stark gefährdet als Zigarettenraucher. Dies findet wahrscheinlich darin eine Erklärung, dass Zigarettenraucher häufiger inhalieren, wodurch es in stärkerem Maße zur Resorption von Inhaltsstoffen des Rauches kommt. Welchen oder welche der Inhaltsstoffe des Zigarettenrauches man für die Entstehung der **Arteriosklerose** verantwortlich machen muss, ist umstritten. Wahrscheinlich spielt dabei die Lipidperoxidation durch Radikale eine entscheidende Rolle.

Neben der chronischen Wirkung hat der Zigarettenrauch auch akute Wirkungen, die für vorgeschädigte Herzen von Bedeutung sein können. So führt Rauchen durch eine Erhöhung des HbCO-Gehaltes des Blutes zu einer, für koronarsklerotische Herzen bedeutungsvollen **Minderung der Sauerstoffversorgung**. Zudem bewirkt Rauchen, vorwiegend das Nicotin, durch seine Wirkung auf das vegetative Nervensystem und durch die Freisetzung von körpereigenen Catecholaminen einen Anstieg des Blutdrucks und der Herzfrequenz.

Blei

Personen mit chronischer Bleivergiftung klagen häufig über Anfälle von Herzklopfen, Atemnot und präkordialem Schmerz, das ist das seit alters her bekannte Krankheitsbild der **Angina pectoris saturnina**. Man vermutet, dass es auf Kontraktionen der Koronararterien beruht.

Hiervon abzutrennen ist die Frage, ob eine langzeitige Einwirkung von Blei die Häufigkeit des koronarsklerotischen Herzleidens und anderer arteriosklerotischer Erkrankungen erhöht. Auf eine fördernde Wirkung der chronischen Bleivergiftung auf die Entwicklung einer Arteriosklerose, sowohl der Koronarterien wie der Aorta, weisen epidemiologische Untersuchungen und Tierexperimente hin.

Cadmium

Nach Aussage mehrerer, jedoch nicht aller Autoren besteht bei chronisch cadmiumexponierten Personen ein erhöhtes Risiko, an Koronarsklerose und anderen arteriosklerotischen Erkrankungen zu versterben. Auf welche Art eine Wirkung des Cadmiums auf die Koronargefäße zustande kommen könnte, ist nicht bekannt. Da erhöhter Blutdruck einer der wesentlichen Faktoren für die Entstehung der Arteriosklerose ist, muss hier die Wirkung des Cadmiums auf den Blutdruck Erwähnung finden.

Tierexperimentell lässt sich durch eine längerfristige Fütterung mit geringen bis mäßigen Mengen an Cadmium eine Hypertonie erzeugen, was jedoch nicht in allen Untersuchungen reproduziert werden konnte. Dieser Widerspruch löst sich dadurch weitgehend auf, dass die Abhängigkeit des Blutdrucks von der Cadmiumdosis zwei Phasen aufweist. Der den Blutdruck steigernde Effekt beginnt bei einer im Vergleich zu häufigen humanen Expositionen niedrigen Dosis von 0,01 ppm im Trinkwasser, erreicht ein Maximum bei 1 ppm, fällt dann steil ab und schlägt bei 10 ppm in einen den Blutdruck senkenden Effekt um.

Schwefelkohlenstoff (CS_2)

Die meisten Organschäden, die durch CS_2 hervorgerufen werden, sind als Folge einer primären Schädigung der Blutgefäße anzusehen. Dies gilt für die Schäden am Herzen durch chronische Einwirkungen von CS_2 ganz ausschließlich.

Vieles deutet darauf hin, dass CS_2 nicht nur die Inzidenz der koronarsklerotischen Herzerkrankung erhöht, sondern vor allem ihren Schweregrad beeinflusst. CS_2 hat eine fördernde Wirkung auf die Entstehung des koronarsklerotischen Herzleidens zusammen mit anderen Faktoren.

Bei der Frage nach dem möglichen Mechanismus dieser Wirksamkeit von CS_2 verdienen Befunde, die auf eine Veränderung des **Cholesterinstoffwechsels** durch dieses Gift hinweisen, besondere Beachtung, da mittlerweile kaum mehr Zweifel daran bestehen, dass eine Erhöhung der Cholesterinkonzentration im Blutplasma eine fördernde Wirkung auf die Entstehung der **Koronarsklerose** hat. In mehreren Studien wurde eine z. T. massive Erhöhung der Cholesterinkonzentration im Blutplasma bei Personen mit CS_2-Exposition gefunden. Dabei ist eine Störung des Glucosestoffwechsels durch CS_2 zu erwähnen, da die bei der Zuckerkrankheit auftretenden Stoffwechselstörungen eine fördernde Wirkung auf die Bildung der Koronarsklerose haben.

Gegenüber diesem chronischen Effekt haben akute Wirkungen des CS_2 auf das Herz wenig Bedeutung. Die Konzentrationen, mit denen man am Tier akute Effekte erzielt, sind relativ hoch.

Feinstaub

Aus epidemiologischen Untersuchungen wird abgeleitet, dass die Belastung der Umgebungsluft mit Partikeln mit Durchmessern bis zu 10 µm (PM_{10}) zu Erkrankungen der Lunge und des kardiovaskulären Systems und zu Todesfällen führt (Kapitel 36). Die kardiovaskulären Wirkungen werden mit Störungen der Blutzirkulation, Störung der Erregungsbildung und -leitung, vor allem aber mit entzündlichen Vorgängen in der Lunge, die sich indirekt systemisch auswirken, erklärt. Die entzündlichen Reaktionen der Lunge führen zur Freisetzung von Entzündungsmediatoren und damit entzündlichen Reaktionen der Gefäßwände und als Folge davon zur Bildung sogenannter Plaques und dem Krankheitsbild der Arteriosklerose. Ob dies auch direkt von Partikeln in der Gefäßwand ausgelöst wird, ist umstritten. Grundsätzlich führen arteriosklerotische Gefäßschäden zu Durchblutungsstörungen und Bildung von Thromben, die sich loslösen und kleinere Gefäße verstopfen können. Je nach Größe und Funktion des nicht mehr durchbluteten Gewebes kommt es zu unterschiedlich ausgeprägten akuten Symptomen, im ungünstigsten Fall z. B. zum Herzinfarkt oder zum Schlaganfall. Die entzündlichen Reaktionen können auch die Erregungsbildung und -leitung im Herzen mit der Folge von Herzrhythmusstörungen beeinflussen. Bei Versuchspersonen, die gegenüber Partikeln exponiert waren, kam es zu Wirkungen auf Frequenz und Rhythmus des Herzschlags. Diese Wirkungen sind durch Tierversuche, allerdings bei im Vergleich zur Umweltexposition hoher Exposition gegenüber Partikeln, belegt.

> Aus toxikologischer Sicht sind die Ergebnisse der epidemiologischen Studien zu Partikeln wie PM_{10} oder auch Nanopartikeln durchaus plausibel, wenn auch nur für hohe Expositionen. Problematisch ist jedoch, dass von Befunden bei hoher Exposition linear auf niedrige Konzentrationen extrapoliert und damit Erkrankungsraten oder Todesfälle errechnet werden.

Aus Tierversuchen und Studien an Probanden mit lungengängigen Partikeln sind unwirksame Konzentrationen von 0,3–0,5 mg/m^3 abgeleitet worden, für Nanopartikel von 0,05 mg/m^3. Dabei wird davon ausgegangen, dass Nanopartikel kein anderes Wirkungsspektrum aufweisen als größere Partikel, sie jedoch eine stärkere Wirkungsintensität (*potency*) besitzen (Kapitel 37). Auch Dieselpartikel haben eine stärkere Wirkung als inerte Partikel vergleichbarer Größe, da ihnen weitere toxische Stoffe anhaften, wie auch das Abgas toxische Verbrennungsprodukte enthält. Bei allen Partikeln wird jedoch davon ausgegangen, dass der zugrunde liegende Mechanismus die Auslösung entzündlicher Reaktionen in der Lunge ist und bei niedriger Exposition keine Entzündung und damit Wirkung erwartet werden kann.

Ein weiterer Kritikpunkt an den epidemiologischen Studien ist, dass sie die Belastung der untersuchten Personen in Innenräumen nicht berücksichtigen. Das ist insofern problematisch, da die Schadstoffkonzentrationen in Innenräumen zumeist höher sind als in der Außenluft und sich die Bevölkerung Mitteleuropas mehr innen (bis zu 90 % der Zeit) als außen aufhält. Damit sind die Ergebnisse epidemiologischer Untersuchungen zumindest bei niedriger Exposition aus toxikologischer Sicht wenig plausibel und eine Extrapolation der Ergebnisse von hoher auf niedrige Exposition sehr fragwürdig.

20.2.3.3 Weitere Mechanismen der Gefäßschädigung

Nitratester

Akute Intoxikationen mit organischen Nitroverbindungen spielen in der Toxikologie eine relativ kleine Rolle. Chronische Vergiftungen, insbesondere mit Glycerintrinitrat und Ethylenglykoldinitrat, sind jedoch in der Vergangenheit relativ häufig vorgekommen. Glycerintrinitrat wird durch die Haut sehr gut resorbiert und bei Vergiftungen in der Regel auch auf diesem Weg aufgenommen. Auch Ethylenglykoldinitrat penetriert sehr leicht durch die Haut. Da es jedoch sehr flüchtig ist, geschieht die Vergiftung in der Regel auf dem Wege der Inhalation.

Beide Stoffe bewirken, ähnlich wie andere in der Medizin verwendeten länger wirksamen Arzneimittel, in hoher Dosis eine Erweiterung aller Blutgefäße, in niedriger Dosis vorwiegend der Venen. So kommt es bereits bei niedrigen Dosen zu einem Versacken von Blut in den Venen der unteren Extremitäten und des Bauchraumes und dadurch zu einem verringerten Blutrückstrom zum Herzen. Die Füllung des Herzens lässt nach, und das Volumen des geförderten Blutes wird geringer. Auf diese Weise und durch die direkte Wirkung auf die Blutgefäße sinkt der Blutdruck ab. Die Herzschlagfolge steigt reflektorisch an. Bei aufrechter Körperhaltung kann es zum orthostatischen Kollaps kommen. Der charakteristische **Nitratkopfschmerz** ist als eine Folge der Gefäßerweiterung anzusehen und kommt nach Gabe anderer gefäßerweiternder Mittel auch vor. Zusätzlich könnte ein Abfall des Druckes des Liquor cerebrospinalis für das Zustandekommen des Kopfschmerzes eine Rolle spielen.

Bei Aufnahme höherer Dosen kommt es innerhalb von ein bis zwei Tagen zur Toleranz (**Tachyphylaxie**) des Organismus gegenüber den beschriebenen Wirkungen der organischen Nitratester. Wird die Zufuhr dieser Stoffe unterbrochen, stellt sich nach relativ kurzer Zeit (ca. zwei Tage) die Reaktionsfähigkeit wieder her, sodass bei einer erneuten Exposition die oben beschriebenen Symptome wieder auftreten (Montagskopfschmerz exponierter Arbeiter).

Eine völlig andersartige Reaktion kann nach mehrjährigem Kontakt mit Ethylenglykoldinitrat oder Glycerintrinitrat in Form von Entzugssymptomen bei Abbruch der Exposition auftreten. Zwei bis drei Tage nach Beendigung der Zufuhr stellt sich in solchen Fällen eine belastungsunabhängige *Angina pectoris* oder ein *Herzinfarkt* ein. Auch Todesfälle sind vorgekommen. Da sklerotische Veränderungen der Koronararterien meist nicht vorhanden sind, hat man den Begriff einer „nicht arteriosklerotischen ischämischen Herzerkrankung" geprägt. Man hat bei solchen Erkrankungen durch eine spezielle Röntgenuntersuchung spastische Verengungen der Koronararterien nachgewiesen, die nach Zufuhr von Glycerintrinitrat reversibel waren.

Kohlenmonoxid

Eine Erhöhung der HbCO (CO-Hämoglobin)-Konzentration auf nicht mehr als 5 % steigert, ähnlich wie Hypoxie, den Blutfluss durch die Koronargefäße, ein Befund, der als Reaktion auf die verminderte O_2-Zufuhr ins Myokard anzusehen ist. Dementsprechend sieht man, dass bei Vorbestehen einer belastungsabhängigen Angina pectoris (Missverhältnis zwischen Sauerstoffversorgung und Sauerstoffbedarf des Myokards) HbCO-Konzentrationen von im Mittel nur 5 % bereits zu einer Verminderung der körperlichen Belastbarkeit bis hin zum Auftreten des Angina-pectoris-Anfalls führen.

Höhere Konzentrationen von HbCO im Blut vermindern schließlich die Kontraktionskraft des Herzens und die Pumpleistung. Im Elektrokardiogramm treten auch bei primär gesunden Herzen dieselben Zeichen auf wie bei einer Minderdurchblutung des Herzmuskels. Häufig kommt es zu Herzrhythmusstörungen.

Bei tödlicher CO-Vergiftung findet der Pathologe Nekrosen des Myokards. Dabei geht es nicht nur, wie man lange glaubte, um die Bindung an das Hämoglobin, sondern auch um Bindung von CO intrazellulär an Myoglobin und Cytochrome. So hat sich z. B. gezeigt, dass die CO-Myoglobin-Konzentration jeweils zwei- bis dreimal höher ist als die entsprechende HbCO-Konzentration. Auch ist die Affinität des CO zu Cytochrom P450 größer als die zum Hämoglobin.

20.3 Zusammenfassung

Das Herz ist eine funktionelle Einheit aus Arbeitsmuskulatur (Myokard), dem System der elektrischen Erregungsbildung und -leitung und dem System der Koronararterien und -venen, das den Herzmuskel versorgt. Prinzipiell können alle drei Systeme durch toxische Stoffe geschädigt werden.

So führen Metalle sowohl zu Schäden des Herzmuskels als auch des Erregungsleitungssystems, während halogenierte Kohlenwasserstoffe Herzrhythmusstörungen auslösen, d. h. die Regulation der Schlagfrequenz stören können. Wirkungen auf die Koronararterien gehen vor allem von Chemikalien aus, die entweder akut, wie organische Nitroverbindungen, zu einer Verengung dieser Blutgefäße führen oder sie bei Langzeitbelastung durch Sklerosierung (Koronarsklerose) einengen. Die Konsequenz in beiden Fällen ist eine unzureichende Sauerstoffversorgung des Herzmuskels, wie sie auch durch erhöhte CO-Hämoglobingehalte im Blut ausgelöst wird. Sklerosierende Wirkungen gehen z. B. von Zigarettenrauch, Schwefelkohlenstoff, Blei und Cadmium aus.

Für die kardiovaskulären Wirkungen von Partikeln werden entzündliche Reaktionen in der Lunge angesehen – mit indirekten Konsequenzen für Herz und Gefäßsysteme. Eine direkte Wirkung von Partikeln auf die Gefäßwände des Herzkreislaufsystems ist umstritten.

Weiterführende Literatur

Cardiovascular System: http://www.innerbody.com/anim/card.html, (letzter Zugriff: 06.01.2017).

Frishman, W.H., Del Veccio, A., Sanal, S. und Ismail, A. (2003) Cardiovascular manifestations of substance abuse: Part 2: Alcohol, amphethamines, heroin, cannabis, and caffeine. *Heart Disease*, **5**, 253–271.

Leone, A. (2005) Biochemical markers of cardiovascular damage from tobacco smoke. *Curr. Pharm. Des.*, **11**, 2199–2208.

Olsen, Y., Karottki, D.G., Jensen, D.M., Bekö, G., Kjeldsen, B.U., Clausen, G., Hersoug, L.-G., Holst, G.J., Wierzbicka, A., Sigsgaard, T., Linneberg, A., Møller, P. und Loft, S. (2014) Vascular and lung function related to ultrafine and fine particles exposure assessed by personal and indoor monitoring: A cross-sectional study. *Environ. Health*, **13**, 112–128.

21
Endokrines System

V. Strauss und B. van Ravenzwaay

21.1
Einleitung

> Im Säugetier dienen das Nervensystem und das endokrine System zur Signalübermittlung. Nerven leiten die Signale rasch weiter, während das endokrine System Signale langsamer über Botenstoffe (Hormone) vermittelt.

Hormone im engeren Sinne werden in endokrinen Drüsenzellen produziert. Sie werden über das Kreislaufsystem transportiert und wirken an rezeptortragenden Zielzellen.

Als *Gewebshormone* (z. B. Gastrin) bezeichnet man Botenstoffe, die nicht über das Blut transportiert werden, sondern direkt in der Nachbarschaft der produzierenden Zellen wirken. Eine spezielle Form der Gewebshormone sind die Neurotransmitter (z. B. Acetylcholin). Demgegenüber werden Mediatoren (z. B. Wachstumsfaktoren, Zytokine) als Botenstoffe nicht von speziellen Drüsenzellen, sondern von vielen Zelltypen produziert. Der Übergang zwischen Hormonen und Mediatoren ist jedoch fließend (z. B. Histamin).

Alle Hormonregulationen können durch exogene Substanzen beeinflusst werden. In diesem Kapitel und im Kapitel 38 beschränken wir uns jedoch auf die in der Toxikologie im Fokus stehenden endokrinen Systeme bei Menschen und Labortieren im Zusammenhang mit Schilddrüsen- und Sexualhormonen.

21.2
Bau und Funktion

Die Hormone teilt man chemisch in folgende Substanzgruppen ein: Steroidhormone, Aminosäurederivate (z. B. Schilddrüsenhormone, Katecholamine), Peptidhormone (z. B. *thyrotropin-releasing hormone* (TRH)), Proteohormone (z. B. Cal-

Das Toxikologiebuch, 1. Auflage. Helmut Greim (Hrsg.).

citonin), Glykoproteinhormone (z. B. *thyroid-stimulating hormone* (TSH)) und Eikosanoide (z. B. Prostaglandine).

> Zum endokrinen System bei Säugetieren im engeren Sinne zählt man die verschiedenen hormonproduzierenden Zelltypen, die auf viele Körperorgane verteilt sind und die Hormone selbst. Für die Hormonwirkung entscheidend sind das Kreislaufsystem als Transportmedium, die Zielzellen mit ihren Hormonrezeptoren in verschiedenen Geweben und die abbauenden und ausscheidenden Körperorgane (meist Leber und Niere). Die Hormonausschüttung von endokrin aktiven Zellen unterliegt einer Regulation.

Die Regulation der Hormonausschüttung von endokrin aktiven Zellen erfolgt innerhalb eines Regelkreises. So beeinflussen Steroidhormonkonzentrationen die Ausschüttung der hierarchisch übergeordneten Hormone im Hypothalamus und der Hypophyse. Darüber hinaus werden die endokrin aktiven Zellen jedoch auch von vielen anderen steuernden Einflüssen (andere Hormone, Stress, Tageslicht, Jahreszeit etc.) beeinflusst.

Die Hormone werden im Blut zu den Zielorganen transportiert, manche hauptsächlich in inaktiver Form an Proteine gebunden (z. B. Steroid- und Schilddrüsenhormone). An den Zielzellen werden manche Hormone enzymatisch in eine aktivere Form umgewandelt (z. B. T4 in das aktivere T3 durch Deiodase oder Testosteron in das aktivere Dihydrotestosteron (DHT)).

An den Zielzellen werden die Hormone an Rezeptoren gebunden. Es gibt zwei Gruppen von Rezeptoren: nukleäre (für Steroidhormone, T3 und T4) und zellmembrangebundene (für Proteohormone und Katecholamine). Ein Hormon kann an mehrere Rezeptoren binden (z. B. Estradiol zumindest an ERα und ERβ), ein Rezeptor kann jedoch auch mehrere Hormone binden (z. B. $\alpha 1$ *adrenergic receptor norepinephrine und epinephrine*). Die Rezeptordichte und die Affinität für die Hormone ist in den verschiedenen Zielzelltypen unterschiedlich und kann sich je nach Entwicklungsstand des Körpers (Alter, Schwangerschaft, Menstruationszyklus) ändern, sodass die Hormonwirkung nach Zelltyp und Zeit unterschiedlich sein kann. Bei nukleären Rezeptoren wird die Hormonwirkung zusätzlich durch Bindung von Koregulatoren an den Rezeptor beeinflusst.

Abbildung 21.1 zeigt eine Übersicht, an welchen Stellen im Hormonhaushalt eine exogene Substanz den Hormonhaushalt in Säugetieren beeinflussen kann.

> Hormonaktive Substanzen haben bei Erwachsenen in der Regel nur eine Wirkung, solange die Substanz im Körper wirkt. Der Effekt ist meist reversibel. Wenn dieselbe Substanz jedoch in bestimmten Phasen der Schwangerschaft gegeben wird, kann sie zu bleibenden Schäden an den Nachkommen führen.

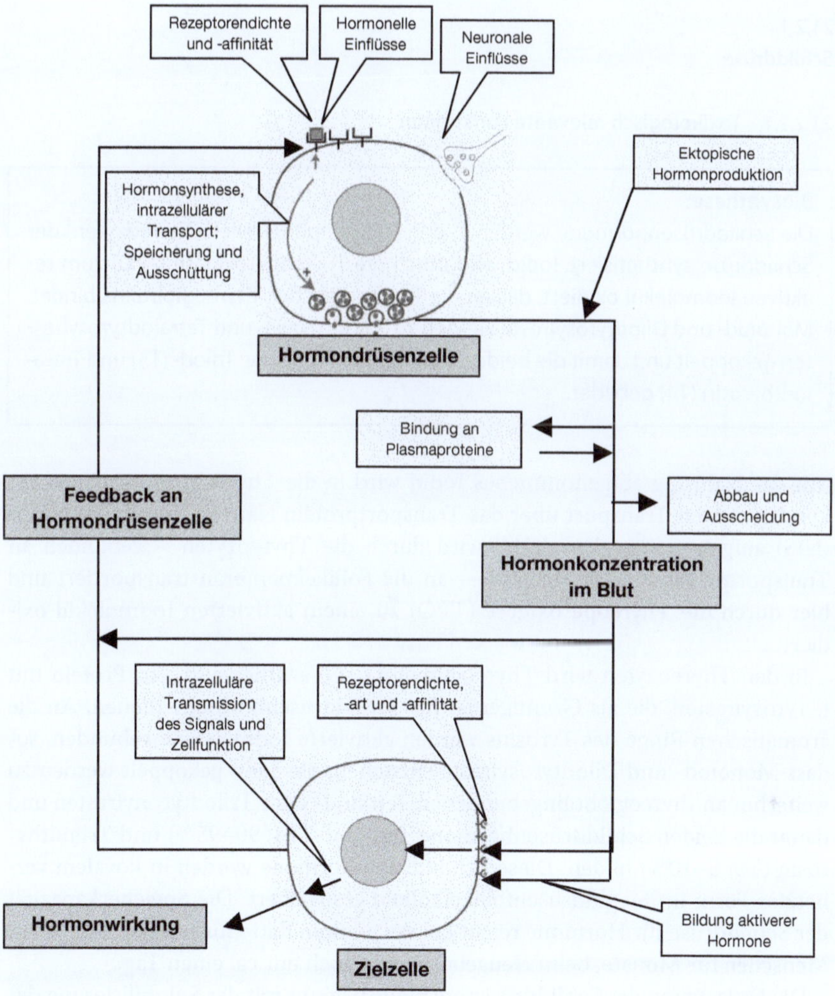

Abb. 21.1 Übersicht über die Bestandteile und die Einflussfaktoren in einem endokrinen System.

Für die Beurteilung von endokrin aktiven Substanzen sind daher die Unterschiede in der Entwicklungsphysiologie von Mensch und Labortieren (vor allem Ratte und Kaninchen) sowie die Toxikokinetik der Hormone und der untersuchten Substanzen zu berücksichtigen (Abschn. 21.2.1 und 21.2.2). Im Folgenden werden dabei nur die Aspekte im Zusammenhang mit den Sexual- und Schilddüsenhormonen besprochen.

21.2.1 Schilddrüse

21.2.1.1 Toxikologisch relevante Funktionen

Biosynthese:
Die Schilddrüsenhormone werden in den Follikelepithelzellen (Thyreozyten) der Schilddrüse synthetisiert. Iodid wird durch die Thyreoperoxidase (TPO) zum reaktiven Iodmolekül oxidiert, das an die Tyrosylreste des Thyreoglobulins bindet. Monoiod- und Diiodtyrosylreste werden zu Triiodtyronyl- und Tetraiodtyrosylresten gekoppelt und damit die beiden Schilddrüsenhormone Triiod- (T3) und Tetraiodthyrosin (T4) gebildet.

Mit der Nahrung aufgenommenes Iodid wird in die Thyreozyten in einem sekundär aktiven Transport über das Transportprotein Natrium-Iodid-Symporter (NIS) aufgenommen. Das Iodid wird durch die Thyreozyten – gebunden an Transportproteine (z. B. Pendrin) – an die Follikelmembran transportiert und hier durch die Thyreoperoxidase (TPO) zu einem aktivierten Iodmolekül oxidiert.

In den Thyreozyten wird Thyreoglobulin (TG) synthetisiert, ein Protein mit L-Tyrosylresten, die als Grundgerüst für Schilddrüsenhormone dienen. An die aromatischen Ringe des Tyrosins werden aktivierte Iodmoleküle gebunden, sodass Monoiod- und Diiodtyrosylreste entstehen, die dann gekoppelt werden zu weiterhin an thyreoglobulingebundenen Tetraiod- oder Triiodtyronylresten und damit die beiden Schilddrüsenhormone Tetraiod- (T4; 90–95 %) und Triiodthyrosin (T3; 5–10 %) bilden. Diese Schilddrüsenhormone werden in kovalent vernetzter Form im Schilddrüsenfollikelkolloid gespeichert. Die Speicherkapazität der Schilddrüse für Hormone reicht bei der adulten Ratte für wenige Tage, beim Menschen für Monate, beim Neugeborenen jedoch nur ca. einen Tag.

Die Freisetzung der Schilddrüsenhormone beginnt mit der Solubilisierung des kovalent vernetzten Thyreoglobulins im Schilddrüsenfollikel, der Endozytose in den Thyreozyten und der weiteren Degradierung in den Endolysosomen mittels Cathepsinen. Das frei gewordene T4 (und in geringen Mengen T3) wird durch Exozytose in die Blutbahn abgegeben, hier jedoch zum überwiegenden Teil an Proteine gebunden transportiert.

Die Transportproteine sind speziesspezifisch verschieden: beim Menschen werden 80 % T4 und 90 % T3 an das hochaffine Transportprotein Thyroxin-bindendes Globulin (TBG) gebunden transportiert, ein kleiner Teil gebunden an das weniger bindungsaktive und unspezifische Transthyretin (= Prealbumin), Albumin und an Lipoproteine. Die Ratte bildet nur pränatal (ab fetalem Tag 16) bis ca. vier Wochen nach der Geburt TBG. Bei älteren Ratten sind die Schilddrüsenhormone hauptsächlich an Albumin gebunden.

Tab. 21.1 Vergleich von Schilddrüsenparametern bei Mensch und Ratte (T4 = Thyroxin; T3 = Triiodothyronin; TSH = *thyroid-stimulating hormone*; KG = Körpergewicht, aus US EPA, 1998, modifiziert).

Parameter	Mensch	Ratte
Hauptbindungsprotein von T4 und T3 im Blut	Thyroxin-bindendes Globulin (TBG)	Bei Adulten Albumin
Halbwertszeit von T4 im Blut (Tage)	5–9	0,5–1
Halbwertszeit von T3 im Blut (Tage)	1	0,25
T4 Produktionsrate/kg KG	1	10-mal *höher*
TSH-Konzentration[a)] im Blut	1	5- bis 10-mal *höher*

a) Humaner und Ratten-TSH-Wert umgerechnet nach dem 2. IRP-WHO 80/558 Standard (37 mIU = 7,5 µg TSH).

Durch die lockerere Bindung der Hormone bei der Ratte können diese schneller metabolisiert werden. Daher beträgt die Halbwertzeit (HWZ) von T4 im Blut der Ratte ca. nur 1/10, von T3 nur 14 der beim Menschen. Um die Bluthormonspiegel aufrechterhalten zu können, muss die Schilddrüse der Ratte ca. 10-mal mehr T4 pro Kilogramm Körpergewicht synthetisieren als der Mensch. Um diese erhöhte Syntheserate zu gewährleisten, sind auch die TSH-Werte bei der Ratte höher als beim Menschen (Tab. 21.1).

Der beschriebene Unterschied zwischen Ratte und Mensch führt dazu, dass eine länger andauernde Stimulation der Schilddrüse durch erhöhte TSH-Spiegel (z. B. durch Substanzen, die zu einem verstärkten Abbau von Schilddrüsenhormonen führen) bei der Ratte zu Schilddrüsentumoren führt, jedoch nicht beim Menschen.

Wirkung an Zielzellen

Schilddrüsenhormone können mittels passiver Diffusion (lipidlösliche Hormone) in die Zielzellen gelangen, werden jedoch hauptsächlich aktiv mittels Transportproteinen (*organic anionic transport proteins*, OATP und *monocarboxylate transporter*, MCT) aufgenommen und gegenüber den Blutspiegeln 10-fach konzentriert. T4 wird in der Regel durch membranständige Deiodasen in das aktivere T3 umgewandelt. Es gibt drei Deiodasen, die sich in der Lokalisation der Deiodierung am Hormonmolekül und im Vorkommen in verschiedenen Geweben in Abhängigkeit von der Entwicklung des Gewebes unterscheiden. Für den Menschen und die Ratte gilt generell:

Deiodase Typ I: wandelt T4 in T3 oder rT3 (nicht als Schilddrüsenhormon wirksames reverses T3-Molekül) um; kommt vor allem in

Schilddrüse, Niere, Leber, Gehirn, Skelettmuskel und Plazenta vor.

Deiodase Typ II: wandelt T4 in T3 um; kommt vor allem im Gehirn, Hypophyse, braunem Fettgewebe und Plazenta vor.

Deiodase Typ III: wandelt T4 in rT3 und T3 in T2 (Diiodothyronine) um; kommt in vielen Geweben, außer Leber, Niere, Schilddrüse und Hypophyse vor.

Intrazellulär wird T3 an das zytosolische T3-Bindungsprotein (CTBP) gebunden und zum nukleären Schilddrüsenhormonrezeptor (*thyroid hormone receptor*, TR) transportiert. Es gibt zwei Schilddrüsenhormonrezeptoren mit zwei bzw. drei Isoformen: TRα1, TRα2 (bindet normalerweise keine Schilddrüsenhormone), TRβ1, TRβ2 und TRβ3. Die Anzahl und das Verhältnis der Rezeptoren in den Zielzellen sind unterschiedlich je nach Art und Entwicklungszustand der Gewebe. T3 bindet mit gleicher Affinität zu den verschiedenen TR. Schilddrüsenanaloge Substanzen können jedoch an spezifische Isoformen binden (z. B. Desethylamiodarone an TRβ1). Die verschiedenen TR können durch Bindung an unterschiedliche DNA-Bereiche und durch Bindung unterschiedlicher Kofaktoren verschiedene Funktionen in der Zielzelle auslösen.

Die Haupteffekte der Schilddrüsenhormone – neben der Steuerung der fetalen und postnatalen Entwicklung – sind beim Erwachsenen die Erhöhung des basalen Energiestoffwechsels und eine Erhöhung der Gluconeogenese, Glykogenolyse, Proteolyse sowie Lipidsynthese und Lipolyse.

Schilddrüsenhormone interagieren auch mit einer Reihe anderer Hormone, z. B. Wachstumshormon, Insulin, Katecholamine und auch Sexualhormonen.

Auch wird nicht über TR vermittelte Effekte von T3 an Zielzellen diskutiert wie erhöhte Glukoseaufnahme in Zellen und Beeinflussung oxidativer Phosphorylierung in Mitochondrien.

Regulation der Synthese

Die T3- und T4-Hormonspiegel im Blut regulieren in einem negativen Feedback-Mechanismus die Freisetzung von *thrytropin-releasing hormone* (TRH) im Hypothalamus und *thyroid-stimulating hormone* (Thyrotropin, TSH) in der Hypophyse. TRH seinerseits erhöht die Ausschüttung und die Glykolisierung (wichtig für die biologische Aktivität) von TSH.

Die TRH-Ausschüttung wird nicht nur vom Schilddrüsenhormonspiegel, sondern auch von anderen Hormonen (z. B. Hemmung durch Dopamin, Serotonin, Glukokortikoide) oder durch Nervenimpulse (z. B. Hemmung durch Kälte, Stress,

Hunger) reguliert. Die TSH-Ausschüttung in der Hypophyse wird nach vorheriger Konversion von T4 zu T3 von diesem Hormon bestimmt. TSH kontrolliert in einer ultrakurzen Feedback-Schleife seine eigene Freisetzung. Ein Einfluss von TSH auf die TRH-Freisetzung ist nicht beschrieben. TSH reguliert die Iodaufnahme in der Schilddrüse, verschiedene Schritte der Schilddrüsenhormonsynthese und -freisetzung und beeinflusst die Thyreozytenhypertrophie/-hyperplasie. Dabei wirkt TSH als Proteohormon über Protein-G-gekoppelte Membranrezeptoren an den Thyreozyten. Iodid ist nicht nur für die Schilddrüsenhormonsynthese notwendig, es reguliert auch Schilddrüsenfunktionen (z. B. Hemmung des Natrium-Iodid-Symporters (NIS) bei Überschuss, Wolff-Chaikoff-Effekt).

Metabolismus

Die Schilddrüsenhormone werden in den Mikrosomen der Leber an Glucuronsäure (durch *UDP-glucuronosyl transferases*, UDPGT) oder Schwefelsäure (durch Sulfotranferasen, SULT) konjugiert und über die Galle in den Darm ausgeschieden. Weitere Abbauwege sind Decarboxylierung der Aminosäuregruppe und die oxidative Desaminierung der Amine.

Nach Glucuronidierung und Sulfatierung kann ein geringer Teil der Konjugate im Darm deglucuronidiert und wieder resorbiert werden. Ein weiterer Abbauweg der Schilddrüsenhormone ist die Decarboxylierung der Aminosäuregruppe zu den Thyroninaminen (Thyroxamin, Triiodothyramin) und die oxidative Desaminierung der Amine zu den Essigsäurederivaten (Tetraiodthyreoessigsäure, TETRAC, und Triiodthyreoessigsäure, TRIAC). Auch die deiodierten T3/T4-Moleküle können im beschriebenen Weg metabolisiert werden. Dabei entstehen endogene Metabolite, die selbst eine Wirkung zeigen (z. B. 3-Iodthyronamin, T1AM, führt in pharmakologischen Dosen zu einem hypometabolen Status). Theoretisch wäre auch eine Etherspaltung des T4/T3-Moleküls möglich, die zur Bildung von Diiodtyrosin und Monoiodtyrosin führt. Dieser Metabolismusweg spielt unter physiologischen Bedingungen aber kaum eine Rolle.

Decarboxylasen, Monoaminoxidasen, UDPGTs und SULTs können im Rahmen des Fremdstoffmetabolismus induziert werden (Aktivierung des *constitutive androstane receptors*, CAR und des *pregnane x receptors*, PXR) und dadurch die Clearance der Schilddrüsenhormone erhöhen.

Fetale Entwicklung der Hypothalamus-Hypophysen-Schilddrüsenachse (HPT)

Das Schilddrüsensystem reift im Vergleich zum Geburtszeitpunkt (Mensch 39 Wochen, Ratte 22 Tage nach Befruchtung) beim Menschen früher als bei der Ratte: als Erstes sind Schilddrüsenhormonrezeptoren (Mensch ab der 10. Schwangerschaftswoche (GW), Ratte ab dem 14. Trächtigkeitstag (GD)) im Fetus nachweisbar. Die ersten T4-Level im Fetus kann man beim Menschen in der 11. GW messen. Die Konversion von T4 in T3 erfolgt im Fetus gewebsspezifisch durch Deiodasen. Ab der 18. GW sind beim Menschen im Fetus auch T3 und TSH messbar. In der Ratte sind TSH, T3 und T4 im Fetus ab GD 17 messbar. Im menschlichen Fetus ist die HPT-Achse funktionsfähig im letzten Trimester der Schwangerschaft (ab 27. GW), in der Ratte erst bei Neugeborenen. Eine volle Ausreifung erfolgt bei beiden Spezies vier Wochen nach der Geburt.

21.2.1.2 Überprüfung der Schilddrüsenfunktion in der Toxikologie

Schilddrüsenendpunkte in regulatorischen *In-vivo*-Studien

In regulatorischen *In-vivo*-Toxikologiestudien sind im Rahmen eines Screenings von Schilddrüsenfunktionsstörungen folgende Endpunkte vorgesehen: TSH-, T3- und T4-Bestimmung im Blut; Schilddrüsengewichte und histologische Untersuchung.

Bezüglich der Hormonbestimmungen im Blut von Ratten sollte beachtet werden, dass für das Proteinhormon TSH ein speziesspezifischer Immunoassay verwendet wird und für T3 und T4 Immunoassays, in denen eine Erniedrigung der Hormonkonzentrationen auch zuverlässig messbar ist. In der OECD 407 TG (28 Tage wiederholte orale Gabe bei Nagern) wird vorgeschrieben, dass man in der Kontrollgruppe der Ratten einen Variationskoeffizient der Werte bei 25 % für T3 und T4 und 35 % für TSH unterschreitet. Neben der Variation der Messung im Immunoassay werden die Hormonwerte durch das Handling der Ratten während der Blutabnahme (Stress), durch die Tageszeit der Abnahme sowie bei den Weibchen durch den Sexualzyklus bestimmt (möglichst Blutabnahme morgens in definiertem Zeitintervall). Anästhesieart der Ratten, Art der Blutabnahme, Alter der Ratten und Rattenstamm bestimmen auch die Hormonkonzentrationen, sodass der Vergleich mit historischen Kontrollwerten nur bei gleichen Bedingungen erfolgen kann.

Mögliche zusätzliche Schilddrüsenendpunkte in *In-vivo*-Studien

Neben den oben beschriebenen Endpunkten der Schilddrüsenstörungen können in *In-vivo*-Studien andere Methoden angewendet werden: aufwendigere histologische Methoden, wie z. B. morphometrische Messungen am Rattengehirn in verschiedenen Entwicklungsphasen; Zusatzfärbungen um z. B. den Myelinierungsgrad im Gehirn zu bestimmen; Deiodaseaktivitäten in verschiedenen Geweben und UDPGT-Aktivitäten im Lebergewebe *ex vivo* gemessen. Außerdem können eigene mechanistische *In-vivo*-Studien zur Aufklärung des *Mode of Action* der Substanz durchgeführt werden (z. B. *Perchlorate Discharge Assay*: Frage nach Inhibition der direkten Iodaufnahme in der Schilddrüse durch Blockierung des Natrium-Iodid-Symporters (NIS; Perchlorat) oder Erhöhung der Hormon-Clearance durch die Leber (Phenobarbital). TRH-Stimulationstest: Frage nach

Inhibition der Hypophysen- oder der Schilddrüsenaktivität). Darüber hinaus werden Studien mit Knock-out-Mäusen durchgeführt, um Fragestellungen zum *Mode of Action* zu klären (z. B. Pax-/-Maus kann keine Schilddrüsenhormone synthetisieren; Mäuse mit verschiedenen Schilddrüsenhormonrezeptordefizienzen). Mit Blut- oder Gewebeproben aus den *Repeated-Dose*-Rattenstudien können mit omics-Untersuchungen auch Hinweise zum *Mode of Action* der exogenen Substanzen gewonnen werden.

In-vitro-Screens zur Schilddrüsenfunktion

> Einzelne Mechanismen können in zahlreichen *In-vitro*-Testsystemen überprüft werden. Bei einigen Testen steht jedoch noch eine Validierung aus (Übersicht im OECD, TSEG Draft Paper, 2013).

Diese Tests können in Gruppen unterteilt werden:

- Schilddrüsenhormonsynthese und -transport: Die Überprüfung der Inhibition der Thyreoperoxidase (TPO) mit Ratten-, Schweine- und humaner TPO wird durchgeführt. Außerdem kann die Iodaufnahme in verschiedenen Zelllinien (z. B. FRTL-5) getestet werden. In Bindungsstudien wird überprüft, ob eine Substanz Schilddrüsenhormone von den Bindungsproteinen (TBG und Transthyretin) löst und dadurch zu schnellerem Abbau der Hormone führt.
- Metabolismus: Es gibt einige Enzymaktivitätstests, welche die Deiodase (hauptsächlich D1), UDP-Glucuronosyltransferase- (UDPGT) und Sulfotransferase (ST)-Aktivität in Lebermikrosomen bestimmen. Außerdem kann die Bindung von Substanzen an hepatische nukleäre Rezeptoren (CAR und PXR) und deren Aktivierung *in vitro* getestet werden.
- Wirkung an Zielzellen: Die Aufnahme von Schilddrüsenhormonen in Zielzellen wird mittels radioaktiv markiertem T3 und T4 in Zellkulturen getestet. In *reporter gene assays* kann die Bindung und die Aktivierung oder Inhibition von verschiedenen nukleären Schilddrüsenrezeptoren (TRα1, TRα2 und TRβ1) getestet werden (in Rattenzellinien, z. B. GH3 oder PC12; in humanen Zellinien, z. B. HEK293T oder in Hefen).

21.2.2
Sexualhormone

21.2.2.1 Toxikologisch relevante Funktionen
Biosynthese

> Sexualhormone werden beim männlichen Tier in den Leydig-Zellen der Hoden (Testosteron), beim weiblichen Tier in den Ovarfollikeln (Theca-interna-Zellen, Progesteron, Androgene) und in den Granulosazellen (Aromatisierung Androge-

ne zu Estrogenen)) und in den Gelbkörpern des Ovars (große und kleine Luteinzellen, Progesteron; speziesspezifisch Estrogen, z. B. Mensch) sowie speziesspezifisch während der Schwangerschaft in der Plazenta (z. B. Mensch, Meerschweinchen: Progesteron und Estrogen) gebildet. Daneben werden in beiden Geschlechtern in der Zona reticularis der Nebennierenrinde Estrogene und Androgene synthetisiert.

Die steroidhormonproduzierende Zelle nimmt Cholesterin über hormonsensitives LDL-Lipoprotein auf (membranrezeptorvermittelte Aufnahme) und speichert es in Form eines Esters. Der Cholesterinester wird gespalten und das freie Cholesterin aktiv durch das *steroidogenic acute regulatory* (StAR) Protein in das Mitochondrium transportiert. Hier wird durch das *cholesterol side chain cleavage enzyme* (P450scc) Pregnenolon gebildet, welches aus dem Mitochondrium in das Zytoplasma transportiert wird. Die weitere Synthese der Steroidhormone findet im Zytoplasma mithilfe mikrosomaler Enzyme statt. Eine Übersicht über die Sexualsteroidsynthese gibt Abb. 21.2. Steroidhormone werden nicht intrazellular gespeichert, sondern als lipidlösliche Moleküle durch die Zellmembran in die Blutbahn abgegeben. Im Blut liegen die Steroidhormone fast vollständig an Transportproteine gebunden vor, vor allem an Albumin, im Fetus zusätzlich an α-Fetoprotein (AFP) und speziesspezifisch steroidhormonbindendes Globulin (SHBG; nicht bei adulten Nagern).

Wirkung an Zielzellen

An den Zielzellen können die lipidlöslichen (nicht an Protein gebundenen) Steroidhormone passiv durch die Zellmembran gelangen und binden dann an Rezeptoren im Zytoplasma.

Für Sexualsteroide gibt es einen Androgenrezeptor (AR) mit zwei Isoformen (ARa und ARb), zwei Estrogenrezeptoren (ERα und ERβ; ERγ nicht in Säugetieren) und einen Progesteronrezeptor (PR) mit ebenfalls zwei Isoformen (PRa und PRb). Die Bindung von Hormon an diese Typ-I-nukleären Rezeptoren führt zur Spaltung von *Heat-Shock*-Proteinen, einen aktiven Transport des Rezeptor-Hormon-Komplexes in den Zellkern, Bindung an *hormone-responsive elements* (HRE) der DNA mit Bindung von anderen Proteinen als Koregulatoren. Davon abhängig erfolgt die Transkription von mRNA, welche in Proteine translatiert wird. Die Proteine ändern Zellfunktionen. Daneben wurden für Estrogene zellmembrangebundene Rezeptoren (z. B. GPR30) gefunden, welche für schnelle (nicht genomische) Effekte der Zelle nach Hormonbindung verantwortlich sein sollen.

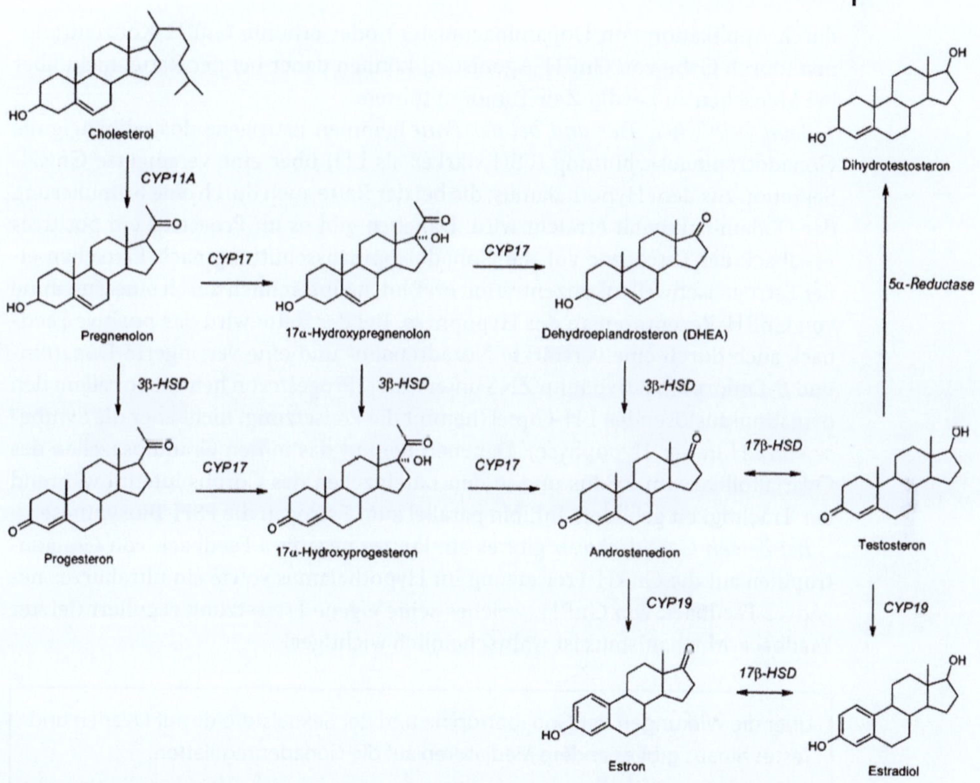

Abb. 21.2 Übersicht über die Synthese von Androgenen und Estrogenen und die daran beteiligten Enzyme (Sanderson und van den Berg, 2003, Reproduced with permission of De Gruyter).

Regulation der Synthese

> Die Sexualsteroidhormone regulieren in einem Feedback-Mechanismus die Ausschüttung von Gonadotropin-Releasing Hormon (GnRH) im Hypothalamus und Gonadotropinen (luteinisierendes Hormon (LH) und Follikel-stimulierendes Hormon (FSH)) in der Hypophyse.

Beim männlichen Tier und beim Mann hemmt das in den Leydig-Zellen synthetisierte Testosteron (evtl. nach lokaler Aromatisierung zu Estradiol oder Hydrierung zum stärker wirksamen Dihydrotestosteron) die LH-Ausschüttung in der Hypophyse. Die FSH-Synthese wird in erster Linie durch Inhibin (ein Proteohormon, welches beim männlichen Tier vor allem in den Sertoli-Zellen gebildet wird) gehemmt. Im Gegensatz zum Mensch haben die Ratten-Leydig-Zellen auch Prolactin- und GnRH-Rezeptoren. Prolactin erhöht in den Leydig-Zellen die LH-Rezeptordichte und damit die Kapazität der Steroidogenese. GnRH kann direkt die Testosteronsynthese aktivieren. Dauerhaft erniedrigte Prolactinspiegel (z. B.

durch Applikation von Dopaminagonisten) oder erhöhte GnRH-Konzentrationen (durch Gabe von GnRH-Agonisten) können daher bei der Ratte, nicht aber bei Menschen zu Leydig-Zell-Tumoren führen.

Beim weiblichen Tier und bei der Frau hemmen Estrogene dosisabhängig die Gonadotropinausschüttung (FSH stärker als LH) über eine verringerte GnRH-Sekretion aus dem Hypothalamus, die bei der Ratte auch durch eine Stimulierung der Dopaminaktivität erreicht wird. Daneben gibt es im Proestrus ein positives Feedback der Estrogene auf die Gonadotropinausschüttung nach Erreichen einer Estrogenschwellenkonzentration im Blut, hauptsächlich durch eine Zunahme von GnRH-Rezeptoren an der Hypophyse. Bei der Ratte wird das positive Feedback auch durch eine verstärkte Noradrenalin- und eine verringerte Dopamin- und β-Endorphinaktivität im ZNS unterstützt. Progesteron hemmt vor allem den ovulationsauslösenden LH-Gipfel (hemmt die Freisetzung, nicht aber die Synthese von LH in der Hypophyse). Daneben hemmt das in den Granulosazellen des Ovarialfollikels im Zyklus und in den Luteinzellen des Corpus luteum während der Trächtigkeit gebildete Inhibin parallel zum Estrogen die FSH-Biosynthese.

Bei beiden Geschlechtern gibt es ein kurzes negatives Feedback von Gonadotropinen auf die GnRH-Freisetzung im Hypothalamus sowie ein ultrakurzes negatives Feedback von GnRH, welches seine eigene Freisetzung reguliert (letzter Feedback-Mechanismus ist wahrscheinlich wichtiger).

Über die Wirkungen der Gonadotropine und der Sexualsteroide auf Ovarien und Testes hinaus gibt es andere Mediatoren auf die Gonadenregulation.

1. Intragonadale Peptidhormone (z. B. *insulin-like growth factor 1* (IGF-1); Follistatin; Angiotensin; Oxytocin) (Übersicht Döcke, 1994),
2. Stoffwechselhormone (z. B. Schilddrüsenhormone, Glukokortikoide, Insulin, Wachstumshormone),
3. Zytokine,
4. spezielle Enzyme (z. B. Plasminogenaktivator),
5. vegetatives Nervensystem (vor allem β-adrenerges System).

Abläufe und generelle Unterschiede im Sexualzyklus zwischen Mensch, Nagern und Kaninchen sind der Literatur über die Reproduktionphysiologie zu entnehmen (z. B. Neill und Wassarmann, 2005).

Metabolismus

Die Steroidhormone werden vor allem in der Leber aber auch in anderen Geweben, wie Nieren, Lunge, Gonaden und auch im Blut mit einer Halbwertszeit von wenigen Minuten inaktiviert, vor allem durch Einführung von Hydroxylgruppen und Oxidation, dann mit Glucuron- oder Schwefelsäure konjugiert und vor allem über Harn, Faeces aber auch die Milch ausgeschieden.

Estrogene können an verschiedenen Molekülpositionen hydroxyliert werden (Abb. 21.3), wobei genotoxische Abbauprodukte (4-OH-Estradiol; 16α-OH-Estron)

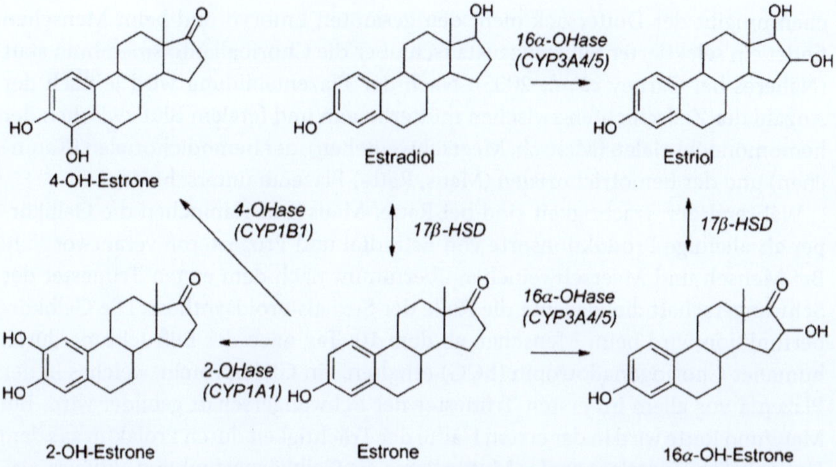

Abb. 21.3 Hydroxylierungen von Estradiol. Der weitere Abbau erfolgt bei 2-OH- und 4-OH-Estron (= Katecholestrogene) durch Methylierung mit Catechol-*O*-methyltransferase (COMT) und bei allen hydroxylierten Estrogenen durch Glucuronidierung oder Sulfatierung (Sanderson und van den Berg, 2003, Reproduced with permission of De Gruyter).

entstehen können. Die Richtung des Estrogenabbaus kann durch Aktivierung entsprechender CYP-Enzyme aktiviert werden.

21.3 Fetale Entwicklung der Hypothalamus-Hypophysen-Gonaden-Achse (HPG)

Im Folgenden werden die für die Toxikologie wichtigen Aspekte der Entwicklung angesprochen, die durch Einwirkung auf die HPG-Achse beeinflusst werden können. Für Einzelheiten wird auf die Literatur zur Reproduktion verwiesen (z. B. Neill und Wassarmann, 2005).

> Endokrine Störungen bei den Elterntieren können zunächst die Fertilisation beeinflussen. Bei weiblichen Tieren können hormonaktive Substanzen die Follikelreifung im Ovar und damit den Sexualzyklus stören, beim männlichen Tier die Spermienreifung oder die Libido.

Um eine Implantation der befruchteten Eizelle in der Gebärmutterschleimhaut zu gewährleisten, ist eine hormonelle Vorbereitung der Gebärmutter bei Ratte und Maus durch Estradiol und Progesteron aus dem Ovar notwendig, während bei Meerschweinchen und Kaninchen nur Progesteron vom Gelbkörper für die Implantation verantwortlich ist. In der frühen Embryonalphase ist der Substanzaustausch zwischen dem mütterlichen Blut und dem Embryo bei Nagern besonders eng dadurch, dass der Embryo in einem invertierten Dottersack liegt. Bei Kaninchen umgibt der Dottersack nicht den gesamten Embryo und beim Menschen findet ein selektierter Substanzaustausch über die Chorioallantoismembran statt (Näheres bei Carney *et al.*, 2005). Nach der Plazentabildung wird je nach der Anzahl der Zellschichten zwischen mütterlichem und fetalem Blut zwischen der hemomonochorialen (Mensch, Meerschweinchen), der hemodichorialen (Kaninchen) und der hemotrichorialen (Maus, Ratte) Plazenta unterschieden.

Während der Trächtigkeit sind bei Ratte, Maus und Kaninchen die Gelbkörper als alleinige Produktionsorte von Estradiol und Progesteron verantwortlich. Bei Mensch und Meerschweinchen übernimmt nach dem ersten Trimester der Schwangerschaft die Plazenta die Rolle der Sexualsteroidsynthese. Die Gelbkörperfunktion wird beim Menschen ab dem 10. Tag nach der Befruchtung durch humanes Choriogonadotropin (hCG) erhalten, ein Glykoprotein, welches in der Plazenta vor allem im ersten Trimester der Schwangerschaft gebildet wird. Bei Maus und Ratte wird in der ersten Hälfte der Trächtigkeit durch Prolaktin aus dem Hypophysenvorderlappen des Muttertieres die Gelbkörperfunktion aktiviert, danach durch laktogene Hormone (Polypeptidhormone ähnlich dem Wachstumshormon), die im fetalen Teil der Plazenta produziert werden.

Während der Trächtigkeit werden auch Androgene gebildet, welche vor allem in der zweiten Hälfte durch Aromatisierung zu Estrogenen umgewandelt werden. Bei Ratte und Maus werden Androgene (vor allem Androstendion) in der Plazenta gebildet und in den Gelbkörpern aromatisiert. Dies führt zu einem Estradiolanstieg im Blut des Muttertieres von der Mitte der Trächtigkeit bis ein bis zwei Tage vor der Geburt. Beim Menschen synthetisieren die Nebennierenrinden der Schwangeren und des Fetus in den letzten beiden Trimestern der Schwangerschaft vermehrt Androgene (vor allem Dehydroepiandrosteronsulfat), welche in der Plazenta zu Estrogenen umgewandelt werden. Der Gelbkörper bei den Nagetieren synthetisiert Estradiol und Estron, die Plazenta des Menschen noch zusätzlich vor allem Estriol. Für die Beeinflussung der Estradiolspiegel durch externe estrogen wirkende Substanzen ist entscheidend, dass die Estradiolspiegel im mütterlichen Blut beim Menschen mehrere hundert Mal höher sind (ca. 15–20 ng/ml) als bei Nagern (ca. 20–60 pg/ml).

Entsprechend der speziesspezifisch unterschiedlichen Steroidhormonsyntheseorte während der Trächtigkeit sind auch die Hormonkonzentrationen in den Muttertieren nahe der Geburt verschieden: Bei Ratte, Maus und Kaninchen ist zur Geburtsauslösung ein Abfall des Progesteronspiegels durch Luteolyse der Gelbkörper notwendig, ausgelöst durch Prostaglandin F2α-Synthese aus der reifen Plazenta. Beim Menschen und beim Meerschweinchen fallen die Progesteronspiegel im mütterlichen Blut nahe der Geburt nicht ab. Hier wird ein „funktioneller Progesteronblock" durch Änderung der Rezeptorenisoformen an der Gebärmutter, eine geänderte Progesteronwirkung durch transkriptionale Koregulatoren, lokal verstärkter Progesteronmetabolismus oder andere parakrine Faktoren an der Gebärmutter diskutiert.

Neben dem Verlauf der Trächtigkeit können exogene Substanzen auch die fetale Entwicklung beeinflussen.

Die primäre Geschlechtsdetermination ist chromosomal bei den Säugetieren festgelegt. Die Maskulinisierung des männlichen Fetus ist jedoch vor allem abhängig von drei Hormonen: Testosteron, Insulin-like Faktor-3 (in den fetalen Leydig-Zellen synthetisiert) sowie Anti-Muellerian Hormon (AMH; in den fetalen Sertoli-Zellen produziert). In dem Zeitfenster der Maskulinisierung ist der Fetus besonders sensibel für endokrin aktive, exogene Substanzen. Dieses Zeitfenster liegt bei Ratten zwischen dem Trächtigkeitstag (*gestation day*, GD) 15,5 und 19,5 (gesamte Trächtigkeit in der Regel 22 Tage abhängig vom Rattenstamm) beim Menschen zwischen der 8. und 15. Schwangerschaftswoche (*gestation week*, GW; gesamte Schwangerschaft 39 Wochen). Im fetalen Rattenhoden fängt die Testosteronsynthese und die Exprimierung von LH-Rezeptoren zwischen GD 14,5 und 15,5 an. Die LH-Sekretion aus der Hypophyse erfolgt aber erst später (> GD 17,5). Der menschliche Fetus synthetisiert Testosteron und LH-Rezeptoren auch zu Beginn des Maskulinisierungszeitfensters (GW 8 bis 12). Hier wirkt das plazentär produzierte hCG jedoch sofort als Induktor der Testosteronsynthese (LH wird ab der GW 16 gebildet). Dieser Unterschied führt dazu, dass die fetale Rattentestosteronsynthese im Maskulinisierungszeitfenster durch Estrogene und Glukokortikoide inhibiert werden kann, nicht aber die fetale Hormonsynthese beim humanen Fetus. Testosteron im Fetus ist z. B. für die Ausbildung und Wachstum der männlichen Geschlechtsorgane (die Entwicklung des Wolff'schen Ganges zu Nebenhoden, Samenleiter und akzessorischen Geschlechtsdrüsen) und nach lokaler Aromatisierung zu Estrogenen auch für die fetale Gehirnentwicklung notwendig. Der ebenfalls in den fetalen Leydig-Zellen des Hodens synthetisierte Insulin-like Faktor-3 ist für den intraabdominalen ersten Teil des Hodenabstiegs im Fetus und die Ausbildung des Gubenaculumstranges zwischen Hoden und Hodensack verantwortlich. Der zweite Teil des Hodenabstiegs (inguinoscrotal) durch die Leisten bis in den Hodensack wird durch Androgene vermittelt. Das in den Leydig-Zellen synthetisierte Anti-Muellerian Hormon führt zur Regression des Mueller'schen Ganges aus dem sich bei weiblichen Feten die Gebärmutter, Eileiter und Teile der Scheide entwickeln. Der Vergleich der Entwicklung des männlichen Fetus bei der Ratte und beim Menschen wird in Abb. 21.4 zusammengefasst.

Die Entwicklung und Proliferation von Sertoli-Zellen im fetalen Hoden bestimmt die Spermienzahl im geschlechtsreifen Individuum. Die Proliferation der Sertoli-Zellen findet in einem bestimmten Zeitfenster statt, welches bei der Ratte vom Ende der Trächtigkeit bis zum 15. Tag post partum liegt (ähnliches Zeitfenster bei Maus und Kaninchen).

Beim Menschen gibt es zwei Proliferationsphasen: 1. Phase von der Mitte der Schwangerschaft bis ein Jahr nach der Geburt, 2. Phase ab dem 10. Lebensjahr bis zur Pubertät. Werden in diesem Zeitfenster exogene Estrogene verabreicht, wird die hypophysäre FSH-Sekretion unterdrückt, was zur einer geringeren Proliferation der Sertoli-Zellen und damit zu geringerer Spermienproduktion und kleineren Testes in der Geschlechtsreife führt.

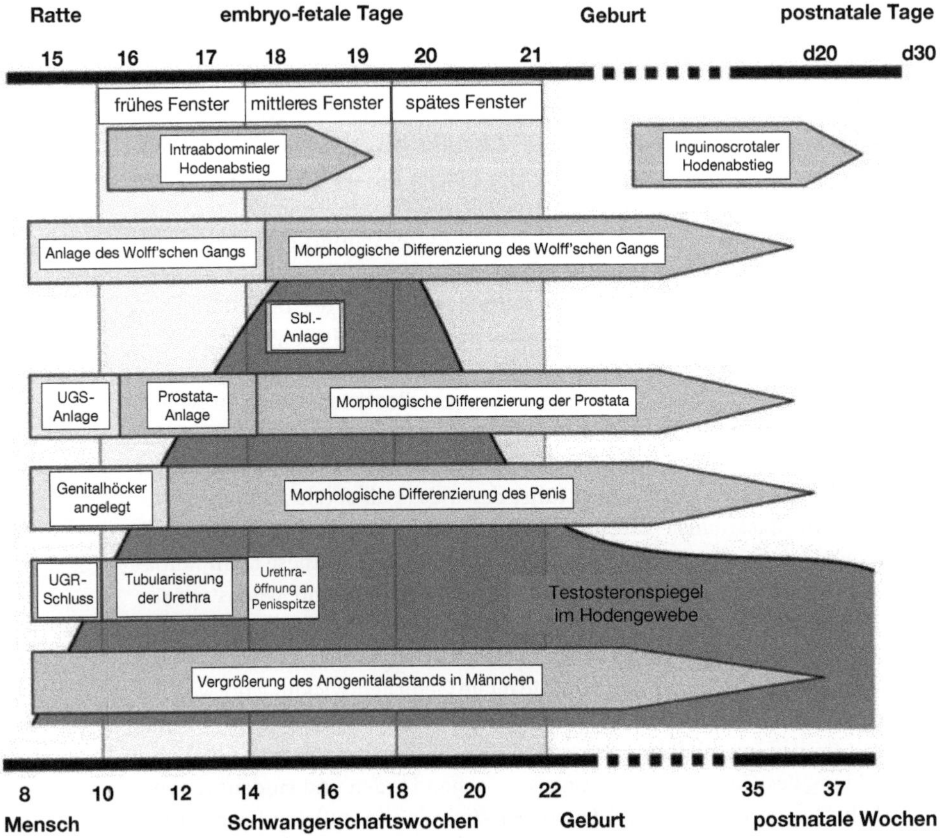

Abb. 21.4 Übersicht über die Entwicklung der männlichen Geschlechtsorgane im Vergleich bei der Ratte und beim Menschen (Sbl.: Samenblase; UGS: Urogentialsinus; UGR: Urogenitalrinne; frühes, mittleres, spätes Fenster: Maskulinierungszeitfenster; Welsh, http://www.jci.org/articles/view/34241. Used under CC-BY-4.0 https://creativecommons.org/licenses/by/4.0/).

21.4 Überprüfungen der Sexualfunktionen in der Toxikologie

21.4.1 Endpunkte der Sexualfunktionen in regulatorischen *In-vivo*-Studien

> Morphologische Veränderungen an den Sexualorganen bei adulten Tieren durch Gabe von endokrin aktiven Substanzen werden in Ratten-, Mäuse- und Hundestudien mit wiederholter Verabreichung durch anatomisch pathologische und histologische Untersuchungen der Geschlechtsorgane untersucht.

Die Bestimmung von Hormonspiegeln im Blut kann optional vorgenommen werden. Hierbei sind jedoch große inter- und intraindividuelle Schwankungen der Hormonspiegel zu beachten. Um Substanzeffekte auf Hormonspiegel zu erkennen, müssten die Tierzahlen pro Gruppe in den Studien meist erhöht werden. Bei weiblichen Tieren ist die Sexualzyklusphase zu beachten. Der Bluthormonspiegel gibt auch nicht die Hormonkonzentration an den Synthese- oder Zielgeweben wieder.

Zusätzlich zu den oben genannten Endpunkten werden in Reproduktionsstudien das Paarungsverhalten, die Befruchtungsfähigkeit, die Entwicklung und Anzahl der Feten, die Geburt und die Entwicklung der Nachkommen untersucht (nähere Angaben im Kapitel 9). In folgenden Studien werden die oben genannten Endpunkte überprüft: OECD TG 414, 415, 416, 421, 422. Eine besonders aufwendige reproduktionstoxikologische Studie stellt die OECD TG 443 (*Extended One-Generation Reproductive Toxicity Study*) dar, welche zusätzlich zu den oben genannten Endpunkten eine eingehende histopathologische Untersuchung sowie neurotoxikologische, schilddrüsentoxische und immuntoxikologische Untersuchungen an den Nachkommen vorsieht.

21.4.2
In-vivo-Screening-Assays für endokrin aktive Substanzen

> Außer den vorher genannten regulatorischen Studien, welche für die toxikologische Bewertung von Substanzen für die Zulassung bei Behörden notwendig sind, gibt es Rattenstudiendesigns für spezielle Fragestellungen von endokrin aktiven Substanzen.

Uterotrophic Assay (OECD TG 440): Er wird zur Untersuchung von Estrogenrezeptoragonisten und -antagonisten sowie von Aromataseinhibitoren durchgeführt. Hierzu werden präpubertären – oder präadulten Ratten nach Ovariektomie (um die endogene Estrogensynthese zu stoppen) – drei Tage die Substanzen appliziert. Estrogen aktive Substanzen führen zu einer Vergrößerung des Uterus. Estrogenrezeptorblocker werden zusammen mit Estrogenen gegeben, um die inhibitorische Wirkung auf die Uterusvergrößerung zu testen. Aromataseinhibitoren werden zusammen mit einem Androgen an präpubertäre Ratten verabreicht. Die endogene Aromatase, welche das Androgen in Estrogen umwandelt, wird dann durch die Substanz inhibiert.

Hershberger Assay (OECD TG 441): Er wird zum Nachweis von Androgenrezeptoragonisten oder -antagonisten verwendet. Hierbei werden kastrierten peripubertären Männchen (PND42) fünf bis sieben Tage die Substanzen appliziert und die Gewichte von androgensensitiven Organen wie der ventralen Prostata, der Samenblase, Cowper'schen Drüse, dem Musculus bulbocarvenosus und Musculus levator ani sowie der Glans penis bestimmt. Antiandrogene werden zusammen mit Androgenen appliziert und die Hemmung der androgenen Wirkung erfasst.

Pubertäre Entwicklung mit männlichen oder weiblichen Ratten (OPPTS 890.1450 und OPPTS 890.1500): Es wird die Entwicklung der Geschlechtsorgane bei Gabe von Substanzen an präpubertären Ratten (PND22/23) bis PND 43 (bei Weibchen) und bis PND54 (bei Männchen) untersucht.

15-Day Intact Adult Male Assay (EDSTAC, 1998): In diesem Test werden die Substanzen 70–90 Tage alten männlichen Ratten für 14 Tage verabreicht. Danach werden die Geschlechtsorgane und Sexualhormone im Blut untersucht. Um die statistische Power der Untersuchungen zu erhöhen werden 15 Tiere pro Gruppe verwendet. Mit diesem Test sollen Androgenrezeptor-, Testosteronsynthese- und 5α-Reduktasehemmer nachgewiesen werden.

21.4.3
In-vitro-Screening-Tests für endokrin aktive Substanzen

> Einzelne Endpunkte der Sexualhormonsynthese und -wirkung können in *In-vitro*-Testsystemen überprüft werden.

Beeinflussung der Steroidsynthese

Hierfür werden Substanzen mit einer humanen Adenokarzinomzelllinie (H295R) für 48 h inkubiert und im Überstand Steroidhormone (vor allem Estradiol und Testosteron) gemessen (OECD TG 456). Als wichtiges Enzym der Steroidsynthese kann die Aktivität der Aromatase (plus CYP450-Reduktase) in Mikrosomen von verschiedenen Zellen gemessen werden (OPPTS 890.1200)

Wirkung der Sexualhormone an Zielzellen

Hier kann die Bindung von endokrin aktiven Substanzen an *Estrogenrezeptoren* (ER, OPPTS 890.1250) oder Androgenrezeptoren (AR, OPPTS 890 1150) durch Verdrängung von radioaktiv markierten Liganden (Estradiol oder Androgen) von Rezeptoren in Rattenuterus- oder -prostatazellen getestet werden.

Um nicht nur die Bindungskapazität von Substanzen, sondern auch die Aktivierung der Transkription an der DNA in den Zielzellen zu überprüfen, gibt es *ER- und AR-Transkriptionsaktivierungstests* mit humanen Rezeptoren und rezeptorregulierten Reportergenen transfizierten Zelllinien wie ER: hERα-HeLA-9903 (OECD TG 455, OPPTS 890.1300) oder hERα-MCF-7 (EDSTAC, 1998) oder AR: hAR CV-1 (EDSTAC, 1998).

Alternativ können auch mit ER und AR *transfizierte Hefezellen* verwendet werden (YES/YAS-Assay). Estrogen-/Androgenagonisten werden mit den Zellen inkubiert, und eine Aktivierung der Rezeptoren wird durch ein vom Reportergen vermitteltes Signal quantitativ angezeigt. Antiandrogene/-estrogene werden mit einem Androgen/Estrogen zusammen inkubiert und die hemmende Wirkung auf die Androgen-/Estrogenwirkung nachgewiesen.

21.5 Zusammenfassung

In dem vorliegenden Kapitel wird das endokrine System der Hypothalamus-Hypophysen-Schilddrüsen (HPT)- und der Hypothalamus-Hypophysen-Gonaden (HPG)-Achse im Vergleich vom Menschen und von in der Toxikologie verwendeten Labortieren dargestellt. Endokrine Effekte bei Erwachsenen treten meist nur solange auf, wie die Substanz wirkt, während bei Einwirkung in bestimmten Phasen der Schwangerschaft bleibende Entwicklungsschäden bei den Nachkommen auftreten können. Daher sind Gemeinsamkeiten und Unterschiede in der fetalen Entwicklung bei Labortieren und beim Menschen für die Risikoabschätzung von endokrin aktiven Substanzen notwendig. Außerdem werden in dem Kapitel die in der Toxikologie verwendeten Tests zur Untersuchung von Substanzen auf Beeinflussung der HPT- und HPG-Achse aufgeführt.

Literatur

EDSTAC (1998) Final Report, Webpage: http://www.epa.gov/endocrine-disruption/endocrine-disruptor-screening-and-testing-advisory-committee-edstac-final, (letzter Zugriff: 22. Dez. 2016).

Sanderson, T. und van den Berg, M. (2003) Topic 3.1: Interactions of xenobiotics with the steroid hormone biosynthesis pathway. *Pure Appl. Chem.*, **75** (11–12), 1957–1971.

Weiterführende Literatur

Bergman, A., Heindel, J.J., Jobling, S., Kidd, K.A. und Zoeller, R.T. (Hrsg.) (2013) *WHO und UNEP, State of the Science of Endocrine Disrupting Chemicals – 2012*, WHO Library.

Carney, E.W., Scialli, A.R., Watson R.E. und DeSesso, J.M. (2005) Mechanisms regulating toxicant disposition to the embryo during early pregnancy: An interspecies comparison. *Birth Def. Res., Pt. C: Embryo Today*, **72**, 345–360.

Döcke, F. (Hrsg.) (1994) *Veterinärmedizinische Endokrinologie*, 3. Aufl., Gustav Fischer Verlag, Jena.

ECETOC Workshop and Technical Reports 2013, http://www.ecetoc.org/publications, (letzter Zugriff: 22. Dez. 2016).

EFSA, Scientific Opinion on endocrine active Substances, EFSA Journal, webpage: http://www.efsa.europa.eu/en/efsajournal/all.htm, (letzter Zugriff: 22. Dez. 2016).

Neill, J.D. und Wassarman, P. (Hrsg.) (2005) *Knobils and Neill's Physiology of Reproduction*, 3. Aufl., Academic Press, 3296 S.

OECD (2013) In Vitro Ex Vivo Assays for Identification of Modulators of Thyroid Hormone Signalling, Part 1 and 2, Nov/Dec 2013.

OECD Guidelines for the testing of chemicals, Section 4. Health Effects, http://www.oecd-ilibrary.org/environment/oecd-guidelines-for-the-testing-of-chemicals-section-4-health-effects_20745788, (letzter Zugriff: 22. Dez. 2016).

OECD Draft Detailed Review Paper State of the Science on Novel *in vitro* and *in vivo* Screening and Testing Methods and Endpoints for Evaluating Endocrine Disruptors, Jul 2011.

OECD Series on Testing and Assessment No. 150: Guidance Document on Standardized Test guidelines For Evaluating Chemicals For Endocrine Disruption, Aug 2012.

Welsh, M., Saunders, P.T.K., Fisken, M., Scott, H.M., Hutchison, G.R., Smith, L.B. und Sharpe, R.M. (2008) Identification in rats of a programming window for reproductive tract masculinization, disruption of which leads to hypospadias and cryptorchidism, *J. Clin. Invest.*, **118**, 1479–1490.

Teil III
Toxikologische Prüfverfahren

22
Methoden in der Toxikologie – OECD-Prüfrichtlinien für Toxizitätstests *in vivo*

R. Bartsch

22.1
Einleitung

Tierversuche sind notwendig, um mögliche nachteilige Effekte von Chemikalien oder Pharmaka für den Menschen nachzuweisen. Verschiedene *In-vivo*-Tests sind deshalb von regulatorischen Behörden vorgeschrieben und müssen entsprechend international anerkannter Prüfrichtlinien in qualifizierten Testlaboren durchgeführt werden.

Tests an Tieren sind immer noch die Voraussetzung für die Bewertung der Toxizität von Chemikalien für den Menschen. Obwohl *In-vitro*-Tests ein wertvolles Mittel für die Bewertung mancher Effekte sind, kann das Verhalten einer Chemikalie im Körper damit noch nicht zuverlässig vorhergesagt werden. Die Aufnahme über die verschiedenen Applikationswege, die Verteilung und der Metabolismus können mit physiologisch basierten pharmakokinetischen Modellen (PBPK-Modellen) vorhergesagt werden. Die komplexen Interaktionen der Substanz oder ihrer Metaboliten mit Zellkomponenten, wie Proteinen oder Enzymen, und die daraus resultierende Toxizität können nur am lebenden Organismus untersucht werden. Tierversuche wurden kritisiert, weil ihre Resultate nicht auf den Menschen übertragbar seien. Es ist zwar richtig, dass einige Wirkungen im Tierversuch nicht zuverlässig nachgewiesen werden können, z. B. die Wechselwirkungen von Pharmaka und Überempfindlichkeiten u. a., die meisten nachteiligen Wirkungen können aber im Versuch an Säugetieren erkannt werden. Deshalb sind Tierversuche notwendig und werden von Zulassungsbehörden weltweit vorgeschrieben, um Patienten, Verbraucher und Arbeiter vor den Gefährdungen von Chemikalien zu schützen, denen sie ausgesetzt sind.

In-vivo-Tests werden für eine Reihe von regulatorischen Zwecken benötigt:

- Autorisierung für den Verkauf und die Anwendung von Pharmaka, Pestiziden, Düngemittel und Lebensmittelzusatzstoffen
- Registrierung von Arbeitsplatz-Chemikalien (REACH)

Das Toxikologiebuch, 1. Auflage. Helmut Greim (Hrsg.).

Für diese Bereiche sind unterschiedliche Anforderungen und Tests notwendig. Die Tests lassen sich jedoch grundsätzlich wie folgt einteilen:

- Akute Toxizität
- Haut- und Augenreizung
- Sensibilisierung
- Toxizität nach wiederholter Gabe
- Reproduktionstoxizität
- Genotoxizität (siehe nächstes Kapitel)
- Kanzerogenität

Die Ergebnisse dieser Tests müssen zuverlässig und reproduzierbar sein, um von regulatorischen Behörden anerkannt zu werden. Dies wird durch standardisierte Versuchsprotokolle und einen ausführlichen Bericht des Studienleiters über die Durchführung der Studie sichergestellt. Dadurch kann jede Abweichung von der Prüfrichtlinie nachvollzogen und beurteilt werden, ob sie das Ergebnis der Studie signifikant beeinflusst hat. Nur qualifizierte Prüflabore werden akkreditiert, Tests für regulatorische Zwecke durchzuführen, und sie müssen national und international akzeptierte Richtlinien der Guten Laborpraxis (GLP) einhalten. Diese Richtlinien legen fest, wie die Versuchsergebnisse beschrieben und archiviert werden müssen, um Manipulationen der Ergebnisse zu verhindern. Die GLP-Richtlinien erfordern auch die Aufstellung und Einhaltung von Standing Operating Procedures (SOP), die statistische Behandlung der Daten, die Instrumentenvalidierung, die Zertifizierung der verwendeten Materialien, die Qualifizierung des Personals, angemessene Behandlung und Unterbringung der Tiere und eine externe Qualitätssicherung. GLP-Richtlinien wurden erstmals von der US-amerikanischen Food and Drug Administration entwickelt. Die letzte Version ist online verfügbar: http://www.fda.gov/downloads/ICECI/EnforcementActions/BioresearchMonitoring/UCM133730.pdf. Ähnliche Richtlinien wurden auch von der Organisation für wirtschaftliche Zusammenarbeit und Entwicklung (OECD): http://www.oecd.org/document/63/0,2340,en_2649_34381_2346175_1_1_1_37465,00.html und der WHO: http://www.who.int/tdr/publications/documents/glp-handbook.pdf aufgestellt.

Die OECD wurde 1961 die Nachfolgeorganisation der 1948 gegründeten Organisation für europäische wirtschaftliche Zusammenarbeit und umfasste damals 20 hauptsächlich europäische Staaten. Die gegenwärtig 34 Mitgliedsstaaten bilden ein Forum für den Erfahrungsaustausch und die Lösung gemeinsamer Probleme. Dabei werden auch gemeinsame rechtlich verbindliche Standards und Richtlinien erarbeitet. Die Tests für regulatorische Zwecke sind von der OECD seit den 1980er-Jahren international standardisiert worden und werden als OECD-Prüfrichtlinien (OECD-PR) bezeichnet. Tests, die nach diesen Richtlinien durchgeführt worden sind, werden deshalb von den regulatorischen Behörden aller OECD-Mitgliedsstaaten anerkannt. Dadurch kann die Zahl der Versuchstiere reduziert werden. Denn jede Substanz muss nur einmal in jedem Assay getestet werden und die Ergebnisse werden in jedem OECD-Mitgliedsstaat akzeptiert (vgl. auch Abschn. 32.3).

Nachfolgend wird ein Überblick über die wichtigsten OECD-PR für *In-vivo*-Tests gegeben. Es ist nicht möglich, jede Einzelheit der Richtlinien wiederzugeben, stattdessen werden die wichtigsten Aspekte hervorgehoben.

22.2 Voraussetzungen für *In-vivo*-Tests

> Die erste Voraussetzung für die Durchführung von Tests ist, dass die physikochemischen Eigenschaften und die Reinheit der Testsubstanz dokumentiert worden sind. Die Applikationsroute sollte dieselbe wie für die erwartete oder bekannte Exposition des Menschen sein. Mehrere Dosisgruppen werden verwendet, um eine mögliche Dosis-Wirkungs-Beziehung aufzuzeigen sowie einen no-observed-adverse-effect-level (NOAEL) und einen lowest-observed-adverse-effect-level (LOAEL) zu erhalten. Die Versuchstiere müssen gesund sein, um sicherzustellen, dass keine Erkrankungen mit substanzbezogenen Effekten interferieren. Es sollte eine ausreichende Zahl an Kontrolltieren und eine gründliche statistische Auswertung erfolgen, damit sichergestellt ist, dass ein beobachteter Effekt kein Zufallsbefund ist.

Testsubstanz

Die verwendete Testsubstanz sollte die höchstmögliche Reinheit besitzen, damit mögliche Einflüsse von Verunreinigungen vermieden werden. Mithilfe von physikochemischen Analysen wie Massenspektrometrie, Kernresonanzspektroskopie, Gaschromatografie etc. können die Identität und die Reinheit der Prüfsubstanz festgestellt werden. Normalerweise werden nur Reinsubstanzen getestet, außer wenn die Exposition gegenüber technischen Produkten stattfindet, die generell eine geringere Reinheit aufweisen.

Die Stabilität der Substanz im für den Test verwendeten Vehikel muss sichergestellt sein, um Verluste durch Zersetzung zu vermeiden. Falls die Testsubstanz mit dem Futter verabreicht wird, muss die Homogenität der Mischung kontrolliert werden. Auch bei Inhalationsstudien ist es notwendig, die Homogenität der Testatmosphäre nachzuweisen.

Applikationsroute

Die Applikationsroute sollte dieselbe wie die für den Menschen erwartete oder bekannte sein. Orale Exposition per Gavage, also per Magensonde, hat den Vorteil, dass die applizierte Dosis genau bekannt ist. Oft wird das Testmaterial mit dem Futter oder dem Trinkwasser verabreicht, wobei aus dem Futter- bzw. dem Trinkwasserverbrauch und der Körpergewichtsentwicklung während der Studie nur eine durchschnittliche Dosis pro kg KG errechnet werden kann. Durch entsprechende Anpassung der Konzentration im Futter oder Trinkwasser während der Studie kann aber auch eine konstante Dosis über den Studienverlauf erreicht werden. Die Gabe per Magensonde ist weniger günstig, weil durch die Gabe einer Bolusdosis die Substanz den Metabolismus überlasten kann. Außerdem entspricht diese Applikation in vielen Fällen nicht der Exposition des Menschen. Bei Exposition per Futter oder Trinkwasser muss darauf geachtet werden, dass die Testsubstanz die normale Ernährung und den Wasserhaushalt nicht stört. Bei diesen Applikationswegen kann der schlechte Geschmack einer Testsubstanz die Futter- oder Wasseraufnahme verringern, was wiederum das Körpergewicht und die Funktion von Organen wie den Nieren beeinträchtigen kann.

Weitere übliche Applikationsrouten sind dermale Applikation und Inhalation. Bei der dermalen Exposition ist darauf zu achten, dass das Tier die Substanz nicht oral aufnehmen kann. Die Applikation kann offen, semiokklusiv oder okklusiv erfolgen, in Abhängigkeit von der Flüchtigkeit der Substanz. Die Exposition für Nager bei Inhalationsversuchen kann per Ganzkörper, nur per Kopf oder nur per Nase erfolgen. Die letztere Möglichkeit ist zu bevorzugen, wenn die Testsubstanz ein Aerosol (Nebel oder Staub) ist, das sich auf dem Fell der Tiere niederschlagen und von ihnen durch Lecken aufgenommen werden kann.

Tiere

Die Prüfrichtlinien erfordern, dass nur gesunde Tiere verwendet werden und deren Gesundheit vor und während der Studie überprüft wird. Die Tiere sollten frei von Infektionen sein, da diese zu Effekten führen können, die die Versuchsergebnisse bedeutend beeinflussen können. Spezifisch pathogenfreie Tiere (SPF-Tiere), die nachgewiesenermaßen frei von bestimmten bekannten Krankheiten sind, werden deshalb benutzt, um diese Variable zu kontrollieren. Eine Änderung des Körpergewichts am Ende einer Studie ist ein wichtiges, wenn auch unspezifisches Maß für Toxizität. Deshalb werden die Versuchstiere am Beginn der Studie so auf die Dosisgruppen verteilt, dass das mittlere Körpergewicht der Tiere in allen Gruppen möglichst gleich ist.

Kontrolltiere

Mit Ausnahme von akuten Tests wird gleichzeitig eine Gruppe von Kontrolltieren des gleichen Stammes und Geschlechts mitgeführt, um sicherzustellen, dass der beobachtete Effekt tatsächlich durch die Chemikalie verursacht worden ist. Die Kontrolltiere werden genauso behandelt wie die exponierten Tiere und erhalten nur das Vehikel, falls eines verwendet wird, in der höchsten Menge, die auch den exponierten Tieren verabreicht wird. Für Stoffe, die mit dem Futter appliziert werden und die eine verringerte Futteraufnahme verursachen, sollte eine paargefütterte Kontrollgruppe verwendet werden. Diese Tiere erhalten dieselbe Futtermenge, die die exponierten Tiere aufgenommen haben. In Kanzerogenitätsstudien ist wichtig, die Resultate mit denen einer „historischen Kontrolle“ (alle Kontrolltiere des gleichen Geschlechts und Stammes, die für den gleichen Test und die gleiche Applikationsroute vom Untersuchungslabor in den letzten Jahren verwendet worden sind) zu vergleichen, da die Tumorinzidenzen mit der Zeit variieren können und einige Tumorlokalisationen eine hohe Variabilität der Spontaninzidenz aufweisen.

Bewertung der Ergebnisse und statistische Auswertung

Bei Beendigung der meisten Studien werden die Tiere makro- und mikroskopisch untersucht. Idealerweise erfolgt die histopathologische Untersuchung der Organe der Tiere ohne zu wissen, ob sie exponiert gewesen sind oder nicht, um einen Bias zu vermeiden. Die Ergebnisse der Kontrolltiere und der exponierten Tiere werden verglichen und mit geeigneten statistischen Tests ausgewertet, um Zufallsbefunde auszuschließen. Nur mit statistisch signifikanten Ergebnissen kann auf eine Wirkungs-Effekt-Beziehung zwischen der Testsubstanz und dem Auftreten eines adversen Effekts geschlossen werden. Die Bewertung der Daten sollte auch die biologische Plausibilität der Ergebnisse beinhalten. Manchmal ist trotz eines mechanistisch plausiblen zu erwartenden Effekts dieser nicht statistisch signifikant gegenüber der Kontrolle. Aber auch der umgekehrte Fall ist möglich, nämlich, dass ein Effekt statistisch signifikant ist, aber biologisch nicht plausibel. Deshalb ist ein hohes Maß an Expertise bei der Interpretation marginaler oder widersprüchlicher Effekte nötig.

22.3 Akute Toxizität

Akute Toxizitätstests liefern Informationen zu Mortalität (bei hohen Dosen), Symptomen (bei geringeren Dosen) und Zielorganen nach einmaliger oraler, dermaler oder inhalativer Applikation von abgestuften Mengen einer Substanz. Anstrengungen, die Anzahl der für diese Tests verwendeten Tiere zu verringern, haben dazu geführt, den sogenannten „LD_{50}-Test" für akute Toxizität abzuschaffen. Neue Prüfrichtlinien erfordern relativ wenige Tiere, um Stoffe in vordefinierte akute Toxizitätsklassen für regulatorische Zwecke einzugruppieren.

22.3.1 Bedeutung von akuten Toxizitätstests

Akute Toxizitätstests geben Aufschluss über die Symptome einer akuten Überdosierung, Hinweise auf die allgemeine Toxizität und die grundlegenden Mechanismen der toxischen Wirkung. Sie sind Ausgangspunkt für weitere aufwendigere Tests, z. B. Genotoxizität *in vivo*, subchronische und chronische Toxizität. Da die Ergebnisse von LD_{50}-Tests sich bei ein und derselben Substanz unterscheiden können, ist die Eingruppierung in eine akute Toxizitätsklasse für Zwecke der Einstufung und Kennzeichnung ausreichend. Außerdem ist die Kenntnis der akuten Toxizität eines Stoffes wichtig für die Notfallplanung.

Tab. 22.1 OECD-Prüfrichtlinien für akute Toxizitätstests an Säugetieren.

Test (OECD-Prüfrichtlinie)	Spezies, Zahl der Tiere pro Dosisgruppe	Dauer Verabreichungsschema	Beobachtungszeitpunkte
PR 420, 423, 425 (oral)	Ratte, siehe Text	Stufenweise Prozedur	Siehe Text
PR 402 (dermal)	Kaninchen, (Ratte) 5 (10)	Einmalige Applikation, ≥ 3 Dosen	Mortalität, bis zu 14 Tage nach Applikation
PR 403 (inhalativ)	Ratte, 10	4 h, ≥ 3 Konzentrationen	Mortalität, bis zu 14 Tage nach Applikation

22.3.2 Orale Toxizität

Das Ziel von oralen Toxizitätstests ist die Bestimmung der durch einmalige Applikation per Magensonde hervorgerufenen Mortalität durch eine Chemikalie. Vor 2002 wurde dazu der LD_{50}-Test (OECD PR 401) verwendet. Gruppen von Ratten wurde die Testsubstanz in abgestuften Dosen appliziert und die Mortalität bis 14 Tage nach Gabe bestimmt. Die Dosis, die 50 % Mortalität bei den Tieren hervorrief (LD_{50}), wurde mit standardisierten mathematischen Verfahren errechnet. Der LD_{50}-Test wurde durch drei neue Methoden ersetzt (Tab. 22.1): die „fixed-dose procedure“ (OECD PR 420), die „acute toxic class method“ (OECD PR 423) und die „up-and-down procedure“ (OECD PR 425). Diese Tests wurden gegen den LD_{50}-Test validiert und ergeben ähnliche Toxizitätsrangfolgen für verschiedene Chemikalien.

22.3.2.1 OECD PR 420

Gruppen von Tieren (normalerweise fünf weibliche Ratten) erhalten in einer gestuften Abfolge den Stoff in Dosen von 5, 50, 300 oder 2000 mg/kg Körpergewicht (KG). Die Anfangsdosis, die einige Anzeichen von Toxizität, aber keine starken Wirkungen hervorrufen sollte, wird durch Dosisfindungsstudien mit einzelnen Tieren ermittelt. In der Hauptstudie erhalten weitere Gruppen von Tieren höhere oder niedrigere dieser festen Dosen, abhängig vom Auftreten oder der Abwesenheit von toxischen Wirkungen oder von Mortalität bei der Anfangsdosis. Ein Zeitraum von drei bis vier Tagen zwischen den Applikationen der einzelnen Dosen wird, wenn nötig, empfohlen, um eventuelle verzögerte Wirkungen erfassen zu können. Diese Prozedur wird fortgeführt bis 1) die Dosis, die zu evidenter Toxizität führt, gefunden ist, 2) nicht mehr als ein Tier stirbt, 3) bis keine Effekte bei der höchsten Dosis auftreten oder 4) Tiere bei der niedrigsten Dosis sterben.

22.3.2.2 OECD PR 423

Gruppen von Tieren (normalerweise drei weibliche Ratten) erhalten in einer gestuften Abfolge den Stoff in Dosen von 5, 50, 300 oder 2000 mg/kg KG. Je nachdem, ob Mortalität auftritt oder nicht, wird entschieden, ob 1) der Test beendet ist, 2) drei weitere Tiere dieselbe Dosis erhalten oder 3) drei weitere Tiere eine höhere oder niedrigere Dosisstufe bekommen. Die Gabe der nächsten Dosisstufe sollte verzögert werden, bis das Überleben der vorher dosierten Tiere sicher ist. Diese Methode erlaubt die Klassifizierung einer Substanz in eine Reihe von akuten Toxizitätsklassen, die durch feste LD_{50}-Klassifizierungswerte definiert sind.

22.3.2.3 OECD PR 425

Der Test besteht aus einer geordneten Dosisabfolge, bei der Tiere, meist weibliche Ratten, eines pro Dosis, in mindestens 48-stündigen Abständen dosiert werden. Das erste Tier erhält eine Dosis, die einen Schritt unter der besten Schätzung der LD_{50} liegt. Überlebt das Tier, wird für das nächste Tier die Dosis um den Faktor 3,2 erhöht, wenn es stirbt, um den Faktor 3,2 verringert. Jedes Tier wird sorgfältig bis zu 48 h nach der Substanzgabe beobachtet, bevor entschieden wird, ob und wie viel das nächste Tier erhält. Die Dosierung wird beendet, wenn eines der Stoppkriterien erfüllt ist. Die LD_{50} und ein Konfidenzintervall können mit der „maximum likelihood"-Methode basierend auf dem Status aller Tiere bei Beendigung des Tests abgeschätzt werden.

Der Unterschied zwischen OECD PR 401, PR 423 sowie PR 425 und PR 420 ist, dass bei der Letzteren der entscheidende Endpunkt nicht Mortalität, sondern deutliche Zeichen von Toxizität ist. Die exakte LD_{50} kann mit keiner der Ersatzmethoden berechnet werden. Diese Methoden erlauben jedoch die Klassifizierung einer Substanz in eine der akuten Toxizitätsklassen, die vom Globally Harmonised System (GHS) für die Klassifizierung von Chemikalien vorgegeben sind.

22.3.3 Dermale Toxizität

Die bevorzugte Spezies für die Testung von Stoffen, die über die Haut appliziert werden, ist das Kaninchen. Der Stoff wird einmalig als Flüssigkeit unverdünnt oder als Feststoff mit Wasser angefeuchtet in mindestens drei Dosisstufen mit adäquatem Abstand auf die rasierte Rückenhaut von fünf Tieren des gleichen Geschlechts unter einer semiokklusiven Abdeckung appliziert, um die orale Aufnahme zu verhindern. Die Behandlungsdauer beträgt 24 h. Die Studie wird nach 24 h beendet und die LD_{50} wird berechnet. Der Test wird mit fünf Tieren des anderen Geschlechts wiederholt, außer wenn nachgewiesen worden ist, dass das Geschlecht, das ursprünglich getestet wurde, empfindlicher ist.

22.3.4 Inhalative Toxizität

Gase, Dämpfe und Aerosole (Nebel oder Stäube) in Luft werden an Gruppen von fünf männlichen und fünf weiblichen Tieren (üblicherweise Ratten) per Inhalation verabreicht. Mindestens drei Konzentrationen in ausreichendem Abstand zueinander werden verwendet. Die Expositionsdauer beträgt 4 h. Für verschiedene regulatorische Anforderungen (z. B. Notfallplanung) kann die Expositionsdauer auch variiert werden. Aus den Daten wird die LC_{50} berechnet. In der neu gefassten Richtlinie von 2009 wird auch eine zweite Methode, die C × T-Methode beschrieben, bei der die Tiere gegen verschiedene Konzentrationen für unterschiedliche Zeiten exponiert werden. Die Tiere können ganzkörperexponiert werden, doch die „nose-only"-Exposition wird meist bevorzugt, um die Aufnahme über die Haut oder durch Ablecken des Fells zu vermeiden. Im Fall von Aerosolen ist es nötig, die Partikelgrößenverteilung der Substanz in der Atmosphäre zu bestimmen. Nur Partikel mit einem massenmedianen aerodynamischen Durchmesser (MMAD) von weniger als 4 μm können den unteren Atemtrakt von Ratten erreichen. Die Partikelgrößenverteilung sollte 1 bis 4 μm mit einer geometrischen Standardabweichung von 1,5 bis 3,0 betragen. Weitere Angaben zur Durchführung und Interpretation der Studien nach dieser Prüfrichtlinie finden sich im Guidance Document on Acute Inhalation Toxicity Testing: http://www.oecd.org/officialdocuments/displaydocument/?cot$e=env/jm/$mono(2009)28&doclanguag$e=en$.

Mittlerweile gibt es auch eine „acute toxic class"-Methode für akute Inhalationstoxizität (OECD PR 436).

22.3.5
Limit Test (alle Expositionsrouten)

Wenn zu vermuten ist, dass die Toxizität eines Stoffs gering ist, z. B. aus Versuchen mit strukturähnlichen Stoffen, kann eine einzelne orale oder dermale Dosis von 2000 mg/kg KG (5000 mg/kg KG, wenn regulatorisch erfordert) oder eine Inhalationskonzentration von 5 mg/l an je fünf Tieren pro Geschlecht getestet werden. Wenn diese Dosen bzw. Konzentrationen nicht zu Mortalität führen, kann auf eine volle Studie verzichtet werden.

22.3.6
Notwendige Untersuchungen für alle akuten Tests

Die Tiere werden hinsichtlich klinischer Zeichen mehrfach während der Studie beobachtet. Die überlebenden Tiere werden getötet und wie die während der Studie gestorbenen Tiere auf makroskopisch sichtbare Organschäden untersucht, die möglicherweise auf einen Mechanismus der Toxizität hindeuten. Die histopathologische Untersuchung ist optional.

22.4
Haut- und Augenreizwirkung

Mit diesen Tests wird die Wirksamkeit eines Stoffes bestimmt, adverse Effekte nach Applikation an Haut und Augen hervorzurufen. Die benutzte Spezies ist das Kaninchen.

22.4.1
Akute Hautreizung/-ätzwirkung

Hautreizung ist das Hervorrufen eines reversiblen Schadens an der Haut nach Applikation einer Testsubstanz für bis zu vier Stunden auf die Haut. Dermale Ätzwirkung bedeutet einen irreversiblen Hautschaden, beobachtbar als sichtbare Nekrose durch die Epidermis und in die Dermis nach Applikation einer Testsubstanz für bis zu vier Stunden auf die Haut.

Eine festgelegte Menge an Substanz wird auf die rasierte Haut aufgebracht und mit einem semiokklusiven Verband in Kontakt gehalten. Feste Stoffe werden angefeuchtet, um einen guten Kontakt sicherzustellen, während Flüssigkeiten unverdünnt appliziert werden. Am Ende der Expositionszeit wird das überschüssige Material von der Haut entfernt, ohne die vorhandene Reizwirkung bzw. die Integrität der Epidermis zu beeinflussen. Erytheme und Ödeme an der Applikationsstelle werden nach den in Tab. 22.2 angegebenen Zeitpunkten abgelesen und graduiert. Wenn die Effekte länger als 72 h bestehen, werden die Tiere bis zu 14 Tage weiter beobachtet. Wenn sich die Wirkung vorher zurückbildet, wird der Test zu diesem Zeitpunkt beendet. Der Test zeigt Hautreizwirkungen an, also reversible Schädigungen der Haut und Hautätzwirkungen, also sichtbare Nekrosen, die durch die Epidermis reichen. Die PR wurde 2002 überarbeitet, um sowohl die für den Test nötige Tierzahl als auch das Ausmaß der Schmerzen für die Tiere zu verringern. Dazu wird eine sequenzielle Teststrategie verwendet, bei der so viele Informationen wie möglich vorher berücksichtigt werden, um unnötige Tests zu vermeiden: Stoffe, die ein oder mehrere der nachfolgenden Kriterien erfüllen, brauchen nicht getestet zu werden: 1) bekannte reizende oder ätzende Wirkung an der Haut, 2) Struktur-Wirkungs-Beziehungen, die Ähnlichkeiten mit bekannten Hautreizstoffen nahelegen, 3) chemische Reaktivität, z. B. pH-Wert ≤ 2 oder $\geq 11{,}5$, 4) hohe Toxizität bei dermaler Applikation, 5) Daten aus validierten *In-vitro-* oder *Ex-vivo-*Tests, die das Potenzial für starke Reizwirkung oder Ätzwirkung anzeigen. Wenn keine der genannten Informationen zur Verfügung steht, wird zunächst ein Test mit einem Kaninchen durchgeführt. Wenn das Ergebnis eine Ätzwirkung anzeigt, ist kein weiterer Test notwendig, andernfalls werden zwei weitere Tiere für eine zusätzliche Applikation eingesetzt.

22.4.2
Akute Augenreizung/Ätzwirkung

Augenreizwirkung ist definiert als das Hervorrufen von Änderungen am Auge, die innerhalb von 21 Tagen vollständig reversibel sind, wenn die Substanz auf die vordere Oberfläche des Auges aufgebracht worden ist. Ätzwirkung ist die Verursachung eines Gewebeschadens am Auge oder eine ernsthafte Beeinträchtigung des Sehens, die nicht innerhalb von 21 Tagen reversibel sind, nachdem die Testsubstanz auf die äußere Oberfläche des Auges aufgebracht worden ist.

Tab. 22.2 OECD-Prüfrichtlinien für die *In-vivo*-Testung auf Haut- und Augenreizung und Sensibilisierung.

Test (OECD-Prüfrichtlinie)	Spezies, Zahl der Tiere	Dauer Applikationsschema	Beobachtungszeitpunkte
Akute Hautreizwirkung/Ätzwirkung			
PR 404	Kaninchen siehe Text	0,5 ml für Flüssigkeiten, 0,5 g für Feststoffe, 6 cm^2, 4 h	60 min, 24, 48 und 72 h nach Entfernung des Verbands
Akute Augenreizwirkung/Ätzwirkung			
PR 405	Kaninchen siehe Text	0,1 ml für Flüssigkeiten, 0,1 g für Feststoffe, Aerosole gesprüht aus 10 cm	60 min, 24, 48 und 72 h nach Applikation
Hautsensibilisierung			
PR 406	Meerschweinchen		
Maximierungstest	10 5 Kontrollen	**1. Induktion**: Tag 0, intradermal ± FCA **2. Induktion**: Tag 6–8, epikutan, okklusiv, 48 h ± FCA **Auslösung**: Tag 20–22, epikutan, okklusiv, 24 h, unbehandelte Applikationsstelle	48 und 72 h nach Beginn der Auslösung
Buehler-Test	20 10 Kontrollen	**1. Induktion**: Tag 0, epikutan, okklusiv, 6 h **2. Induktion:** Tag 6–8 epikutan, okklusiv, 6 h, auf gleiche Applikationsstelle **3. Induktion:** Tag 13–15 epikutan, okklusiv, 6 h, auf gleiche Applikationsstelle **Auslösung**: Tag 27–29, epikutan, okklusiv, 24 h, unbehandelte Applikationsstelle	30 und 54 h nach Beginn der Auslösung
Local lymph node assay PR 429	≥ 4 CBA-Mäuse 4 Negativkontrollen ± 4 Positivkontrollen	Mindestens drei Konzentrationen, **1., 2., 3. Tag:** je 25 µl auf Rückseite des Ohrs **6. Tag:** i.v. Injektion von ^{3}H-Methylthymidin oder ^{125}I-Ioddesoxyuridin, nach 5 h Entnahme der aurikalen Lymphknoten, Messung der Radioaktivität in DNA	

Eine bestimmte Menge der Prüfsubstanz wird in den Bindehautsack eines Auges von jedem verwendeten Tier eingebracht. Die Lider werden für eine Sekunde sanft zusammengehalten. Die Augen sollten wenigstens 24 h nach der Applikation nicht gewaschen werden, außer bei Feststoffen, oder wenn unmittelbar Reiz- oder Ätzwirkung auftritt. Die Augen werden nach den in Tab. 22.2 genannten Zeitpunkten untersucht und das Ausmaß der Reaktionen von Bindehaut, Hornhaut und Regenbogenhaut nach einem standardisierten Bewertungsschema erfasst. Tiere, die keine Wirkung am Auge zeigen, werden nur bis zum dritten Tag nach Applikation untersucht. Tiere mit leichten bis mäßigen Läsionen werden bis zu 21 Tage nachbeobachtet, um die Reversibilität der Effekte festzustellen zu können. Die PR wurde 2012 überarbeitet und empfiehlt nun die Verwendung von lokalen und systemischen Anästhetika, um die Schmerzen für die Tiere zu verringern.

Stoffe, die eines der folgenden Kriterien erfüllen, müssen nicht weiter getestet werden: 1) bekannte stark reizende oder ätzende Wirkung am Auge oder an der Haut, 2) Struktur-Wirkungs-Beziehungen, die Ähnlichkeiten mit bekannten Augenreizstoffen nahelegen, 3) chemische Reaktivität, z. B. pH-Wert ≤ 2 oder $\geq 11{,}5$, 4) hohe dermale Toxizität, 5) zunächst Abklärung des Potenzials für Ätzwirkung an der Haut; wenn der Stoff ätzend oder stark reizend an der Haut ist, kann dasselbe auch für das Auge angenommen werden, 6) Daten aus validierten *In-vitro-* oder *Ex-vivo-*Tests, die das Potenzial für starke Reizwirkung oder Ätzwirkung anzeigen. Wenn keine dieser Informationen vorliegt und der Stoff weder ätzend noch stark reizend an der Haut ist, wird ein Augenreiztest an einem Kaninchen durchgeführt. Deutet das Resultat auf eine ätzende Wirkung hin, ist keine weitere Testung nötig, andernfalls werden ein oder zwei weitere Tiere für zusätzliche Tests eingesetzt.

22.5 Hautsensibilisierung

> Im Hautsensibilisierungstest wird die immunologisch mediierte Reaktion der Haut auf eine epikutan applizierte Substanz geprüft. Gewöhnlich zeigt sich eine positive Reaktion durch dermale Ödeme und Erytheme bei den Versuchstieren.

Validierte Struktur-Wirkungs-Beziehungen und *In-vitro*-Modelle sind nicht vorhanden. Derzeit sind zwei *In-vitro*-Modelle validiert, um grob zwischen sensibilisierenden und nicht sensibilisierenden Stoffen im Einklang mit dem GHS zu unterscheiden (OECD PR-442C und PR-442D). Diese können jedoch *In-vivo*-Tests nicht ersetzen.

Die für den *In-vivo*-Test verwendete Spezies ist das Meerschweinchen. Es gibt zwei Testverfahren: der Maximierungstest nach Magnusson und Kligman, in dem die Sensibilisierung durch die Injektion von Freund'schem Adjuvans verstärkt wird, und den Buehler-Test, der ohne Adjuvans durchgeführt wird. Es gibt noch weitere mögliche Tests, aber nur diese beiden werden in der PR im Detail beschrieben. Weiterhin wurde als Alternative ein neuer Test an Mäusen entwickelt, der „local lymph node assay" (PR 429), für den noch zwei weitere Modifikationen existieren (PR 442A, PR 442B). Die Tests benötigen weniger Tiere als die Meerschweinchen-Tests und sind weniger belastend.

In beiden Meerschweinchen-Tests wird den Tieren am Anfang die Testsubstanz appliziert (Induktionsdosis) und nach einer gewissen Zeit (Induktionsperiode), während der sich eine Immunreaktion entwickeln kann, wird den Tieren die Substanz nochmals aufgebracht (Auslösedosis). Zu zwei definierten Zeitpunkten nach Beginn der Auslösung wird das Ausmaß der Hautreaktionen erfasst und mit dem einer Kontrollgruppe verglichen, die ebenso behandelt wird, aber nur das Vehikel erhält. Eine mitlaufende positive Kontrollgruppe ist nicht erforderlich, stattdessen werden Tiere alle sechs Monate gegen einen bekannten sensibilisierenden Stoff exponiert, um nachzuweisen, dass das Testsystem stabil und ausreichend sensitiv ist. Die Konzentrationen der Testsubstanz müssen in einem Vortest so gewählt werden, dass die Induktionsdosis eine leichte bis mäßige Hautreizung hervorruft, die Auslösedosis jedoch nicht zu einer Hautreaktion führt. Eine Substanz wird als hautsensibilisierend angesehen, wenn sie bei mindestens 30 % der Tiere im Maximierungstest oder bei 15 % der Tiere im Buehler-Test zu einer positiven Reaktion führt. In Zweifelsfällen können zusätzliche Tiere getestet werden.

Im „local lymph node assay" erhalten Mäuse mindestens drei Konzentrationen der Testsubstanz auf die Rückseite des Ohrs an drei aufeinanderfolgenden Tagen. Die Dosiswahl erfolgt in einem Vorversuch, bei dem die lokale und systemische Verträglichkeit der Substanz ermittelt wird. Am sechsten Tag erhalten die Tiere intravenös ^{3}H-Methylthymidin oder ^{125}I-Ioddesoxyuridin und Fluordesoxyuridin. Dann werden die aurikalen Lymphknoten entnommen und der Einbau der radioaktiv markierten Substanzen in die DNA der Lymphknotenzellen als Maß für deren durch die Sensibilisierung ausgelöste Proliferation gemessen. Wenn der Stoff dosisabhängig die Proliferation gegenüber der Negativkontrolle mindestens verdreifacht, wird er als hautsensibilisierend angesehen.

22.6
Toxizität nach wiederholter Gabe

In Bioassays, bei denen kurze oder längere Expositionen des Menschen nachgestellt werden sollen, werden die Tiere täglich für Zeiträume zwischen zwei Wochen und zwei Jahren exponiert. Mögliche Applikationswege können oral, dermal oder inhalativ sein und Gruppen von Tieren werden gegen unterschiedliche Konzentrationen oder Dosen exponiert. Hauptziel ist die Identifizierung eines NOAEL, der als Startpunkt für die Berechnung akzeptabler Expositionen für den Menschen verwendet wird. Hämatologische, klinisch-biochemische und histopathologische Veränderungen der meisten Gewebe und Organe werden erfasst. Kanzerogenitätsstudien an Tieren werden durchgeführt, um eine mögliche onkogene Wirkung beim Menschen vorherzusagen. Da die Inzidenz einer gegebenen Tumorart bei humanrelevanten Dosen gering sein kann und die Zahl der verwendeten Tiere in der Praxis limitiert ist, müssen hohe Dosen verwendet werden, die zu einem frühzeitigen Nachweis von Neoplasien führen können, und um die geringe statistische Power dieser Versuche auszugleichen. Alle diese Studien bedürfen der sorgfältigen Interpretation der beobachteten Effekte bei Nagern und der Extrapolation auf den Menschen.

Bioassays, mit denen die Effekte von Chemikalien nach mehrfacher Applikation erfasst werden, werden als subakute (14–28 Tage), subchronische (90 Tage) oder chronische (ca. die Lebensspanne der Tiere) Studien durchgeführt. Die verwendeten Testspezies sind normalerweise Ratten und Mäuse, für dermale Toxizitätsstudien Kaninchen oder Hamster. Für chronische Tests mit Pharmaka an einer Nicht-Nagerspezies werden bevorzugt Hunde verwendet. Mindestens drei Dosisgruppen und eine optionale Satellitengruppe (zusätzliche Tiere der Hochdosisgruppe, die nach Beendigung der Exposition einen weiteren Zeitraum unbehandelt nachbeobachtet werden, um verzögerte oder reversible Effekte nachzuweisen). Die Dosiswahl und die Abstände der Dosen zueinander sind kritische Faktoren, um mögliche toxische Wirkungen zu entdecken und einen NOAEL zu erhalten.

Idealerweise sollte die höchste Dosis zu klaren toxischen Wirkungen führen, aber nicht zu Mortalität, da der vorzeitige Tod der Tiere die Substanzeinwirkung über die ganze vorgesehene Zeit verhindert und die Bewertung der Resultate erschwert. Die niedrigste Dosis sollte keine adversen Effekte hervorrufen. Die Festlegung eines NOAEL in einer chronischen Studie ist eine der wichtigsten und teuersten Aufgaben bei der Testung von Chemikalien oder Pharmaka. Deshalb ist die richtige Dosiswahl von großer Wichtigkeit.

Um sicherzustellen, dass der effektive Dosisbereich adäquat abgedeckt wird, sind den chronischen Studien immer kurzzeitigere Studien vorgeschaltet, deren Resultate für die Wahl angemessener Dosen für die chronische Studie verwendet werden. Eine Kurzzeitstudie kann deshalb als Dosisfindungsstudie für eine längerfristige betrachtet werden.

22.6.1
Datenerhebung während und nach der wiederholten Gabe von Chemikalien

Vor dem Beginn der eigentlichen Studie werden die Tiere Kontroll- und Behandlungsgruppen so zugeteilt, dass das mittlere Körpergewicht in jeder Gruppe etwa gleich ist. Die Körpergewichte der Tiere werden während und bei Beendigung der Studie bestimmt. Während der Studie werden Futter- und Wasseraufnahme gemessen und die Tiere täglich auf klinisch sichtbare Zeichen von Toxizität beobachtet.

Die Laboruntersuchungen von Proben, die in Abständen von den Tieren gewonnen werden, umfassen z. B. die Bestimmung von Blutzellzahl, Hämoglobin, Hämatokrit, Gerinnungszeit und die klinische Biochemie von Plasma und Serumkomponenten wie Leberenzymen, Kreatinin und Blut-Harnstoff-Stickstoff. Für subakute und subchronische Studien ist die Untersuchung des Urins optional. Diese Bestimmungen können eine substanzbedingte funktionale Beeinträchtigung von Organen wie Knochenmark, Nieren oder Leber anzeigen. In manchen Fällen kann es auch angebracht sein, Methämoglobin, Acetylcholinesterase und verschiedene Hormone zu messen.

Bei Beendigung der Studie werden die überlebenden Tiere getötet und wie die zwischenzeitlich gestorbenen einer makroskopischen Nekropsie unterzogen. Ausgewählte Organe werden gewogen (Tab. 22.3). Alle Organe mit sichtbaren Läsionen und zusätzlich ausgewählte Organe von allen Tieren der Kontrollgruppe und der höchsten Dosisgruppe werden histopathologisch untersucht. Die Untersuchungen werden auf die anderen Dosisgruppen ausgedehnt, wenn substanzbedingte Schäden bei den dosierten Tieren sichtbar werden. Schließlich kann die funktionale Neurotoxizität, z. B. die Griffstärke oder die motorische und sensorische Aktivität, in einer subakuten oder subchronischen Studie bestimmt werden.

Die Resultate werden statistisch ausgewertet und der eventuelle NOAEL wird identifiziert. Das Studiendesign der Tests auf Toxizität nach wiederholter Gabe ist in Tab. 22.3 dargestellt.

22.6.2 Subchronische Studien

Ophthalmologische Untersuchungen müssen vor und bei Beendigung der Studie durchgeführt werden. Die Neufassung der Prüfrichtlinie 413 erlaubt dem Studiendirektor, zusätzliche Satellitengruppen, Zwischentötungen, bronchoalveolare Lavage, neurologische Tests, klinisch-pathologische und histopathologische Untersuchungen durchzuführen.

22.6.3 Chronische Studien

Für Pharmaka werden sowohl eine Nagerspezies als auch eine Nicht-Nagerspezies, zumeist Hunde, verwendet. Die Expositionsroute und die Häufigkeit der Applikation sollte die wahrscheinliche Humanexposition simulieren. Daten aus Toxikokinetikstudien können verwendet werden, um die Applikationshäufigkeit festzulegen. Die Untersuchung von Blut und Urin sollte alle drei Monate erfolgen, klinisch-chemische Analysen alle sechs Monate bei zehn Nagern pro Dosis bzw. bei allen Nichtnagern.

Tab. 22.3 OECD-Prüfrichtlinien für *In-vivo*-Tests auf Toxizität nach wiederholter Applikation und Kanzerogenität.

Test (OECD-Prüfrichtlinie)	Tierzahl pro Geschlecht und Dosisgruppe	Dauer Applikationsschema	Organgewichte	Zahl der histopathologisch untersuchten Organe/Gewebe
Subakut	5 (Hochdosis-Satellitengruppe optional)	7 Tage/Woche, kann auf 5 Tage/Woche reduziert werden		
PR 407 (oral)		Magensonde, 1×/Tag, im Futter oder Trinkwasser kontinuierlich, 4 Wochen	9	20
PR 410 (dermal)		Rasierte Haut, 10 % der Körperoberfläche, 6 h/Tag, 21 oder 28 Tage, semiokklusiv	4	4
PR 412 (inhalativ)		„nose-only", „head-only" oder Ganzkörper, 6 h/Tag, 14 oder 28 Tage, MMAD 1–3 µm, GSD 1,5–3,0	4	6
Subchronisch	10 (Hochdosis-Satellitengruppe optional)	7 Tage/Woche, kann auf 5 Tage/Woche reduziert werden, 13 Wochen; Satellitengruppe mindestens 28 Tage		
PR 408 (oral) – Nagetiere		Magensonde, 1×/Tag bzw. im Futter oder Trinkwasser kontinuierlich	11	30
PR 411 (dermal)		Rasierte Haut, 10 % der Körperoberfläche, 6 h/Tag, semiokklusiv	4	27
PR 413 (inhalativ)		„nose-only", „head-only" oder Ganzkörper, 6 h/Tag, MMAD 1–3 µm, GSD 1,5–3,0	5	30
Chronisch				
PR 452	20 Nagetiere 4 Nicht-Nagetiere	≥12 Monate Expositionsroute und -häufigkeit abhängig von erwarteter Exposition des Menschen	5	35 + Atemtrakt, wenn Inhalationsstudie

Tab. 22.3 Fortsetzung.

Test (OECD-Prüfrichtlinie)	Tierzahl pro Geschlecht und Dosisgruppe	Dauer Applikationsschema	Organgewichte	Zahl der histopathologisch untersuchten Organe/Gewebe
Kanzerogenität				
PR 451	50	Dauer: Mäuse, Hamster: ≥ 18 Monate, Ratten: ≥ 24 Monate (abhängig vom Stamm), oder wenn 25 % Überlebende in den unteren Dosisgruppen erreicht Expositionsroute und Häufigkeit abhängig von erwarteter Humanexposition		34 + Atemtrakt, wenn Inhalationsstudie + alle makroskopisch sichtbaren Tumoren oder tumorverdächtigen Läsionen
Kombinierte Studie auf chronische Toxizität/Kanzerogenität				
PR 453	50 + 20 für Satellitengruppe + zusätzliche Tiere für Zwischenuntersuchungen	Siehe PR 451	5	34 + Atemtrakt, wenn Inhalationsstudie

GSD – geometrische Standardabweichung; MMAD – massenmedianer aerodynamischer Durchmesser.

22.6.4 Kombinierte Studie auf chronische Toxizität/Kanzerogenität

Die verwendeten Testspezies sind gewöhnlich Ratten, Mäuse oder Hamster. Eine Satellitengruppe von 20 Tieren/Geschlecht erhält zusätzlich die höchste Dosis für wenigstens zwölf Monate, um die chronische Toxizität abzuklären. Für die Kanzerogenitätsstudie werden 50 Tiere/Dosis/Geschlecht verwendet, die über den größten Teil der Lebenszeit der verwendeten Spezies exponiert werden. Die Expositionsdauer ist nicht festgelegt. Die Untersuchung von Blut und Urin sollte alle drei Monate erfolgen, klinisch-chemische Analysen alle sechs Monate. Damit ein Test als valide negativ akzeptiert werden kann, dürfen nicht mehr als 10 % der Tiere jeder Gruppe aufgrund von Autolyse, Kannibalismus oder Laborproblemen verloren gegangen sein und mehr als 50 % der Tiere jeder Dosisgruppe müssen im Fall von Hamstern und Mäusen nach 18 Monaten und im Fall von Ratten nach 24 Monaten überlebt haben.

22.6.5 Kanzerogenitätsstudien

Verwendet werden Ratten und Mäuse wegen ihrer vergleichsweise kurzen Lebensspanne und der zahlreichen Daten über ihre Empfindlichkeit für die Induktion von Tumoren, Physiologie und Pathologie. Außerdem liegt eine große historische Datenbasis über die Tumorinzidenz bei den meisten Stämmen und Organen vor, was im Hinblick auf die hohe Variabilität der Tumorinzidenz bei Kontrolltieren und verschiedenen Stämmen wichtig ist. Die Tiere werden nach dem Absetzen über den größten Teil ihrer Lebensspanne exponiert, der Versuch wird jedoch vor dem natürlichen Tod der Tiere beendet (Tab. 22.3). Es ist notwendig, die Studie nach einer definierten Zeit zu beenden, da die Inzidenz von spontanen und substanzinduzierten Tumoren mit dem Alter zunimmt, um so zu vermeiden, dass die unterschiedliche Lebensdauer der einzelnen Tiere die Interpretation des Resultats beeinflusst.

Mindestens drei adäquat gestaffelte Dosen werden verabreicht. Es ist nötig, relativ hohe Dosen/Konzentrationen zu verwenden, um die Wahrscheinlichkeit einer möglichen Erhöhung der Tumorinzidenz zu maximieren, da aus praktischen Gründen nur relativ wenige Tiere (50/Geschlecht/Dosis) exponiert werden können. Die höchste Dosis ist die „maximal tolerierte Dosis" (MTD). Sie sollte die vorzeitige Mortalität nicht zu sehr erhöhen, was die Zahl der Tiere unter Risiko reduzieren würde. Idealerweise sollte die höchste Dosis nicht zu offensichtlichen Zeichen von Toxizität, aber zu einem Gewichtsverlust von nicht mehr als 10–15 % verglichen mit der Kontrollgruppe führen. Die sorgfältige Wahl der höchsten Dosis ist wichtig, denn wenn die MTD nicht erreicht worden ist und es zu keiner erhöhten Tumorinzidenz gekommen ist, kann das Ergebnis als falsch negativ angezweifelt werden.

Nach zwölf Monaten, 18 Monaten und vor Beendigung der Studie wird das Blut der Tiere untersucht. Ein Differenzialblutbild der Hochdosis- und Kontrolltiere wird angefertigt. Klinisch-chemische Untersuchungen und eine Analyse des Urins sind nicht erforderlich. Damit ein Test als valide negativ akzeptiert werden kann, dürfen nicht mehr als 10 % der Tiere jeder Gruppe aufgrund von Autolyse, Kannibalismus oder Laborproblemen verloren gehen und mehr als 50 % der Tiere jeder Dosisgruppe müssen im Fall von Hamstern und Mäusen nach 18 Monaten und im Fall von Ratten nach 24 Monaten überlebt haben. Wenn ein statistisch signifikanter Unterschied der Inzidenzen von hyperplastischen, präneoplastischen oder neoplastischen Läsionen zwischen der Hochdosis- und der Kontrollgruppe auftritt, sollten mikroskopische Untersuchungen des betreffenden Gewebes/Organs bei allen Tieren durchgeführt werden. Wenn deutlich weniger Tiere in der Hochdosisgruppe überlebt haben als in der Kontrollgruppe, sollte die nächstniedrige Dosisgruppe mikroskopisch untersucht werden. Es muss hervorgehoben werden, dass durch die hohen Dosen der Metabolismus der Tiere überlastet sein kann und damit toxifizierende oder detoxifizierende Mechanismen nicht mehr wirksam sind. Bei der Interpretation der Daten muss man berücksichtigen, dass gewisse Tumorarten speziesspezifisch und deshalb nicht relevant für den Menschen sind. Die Inzidenz und die Typen der festgestellten Tumoren müssen von Experten bewertet werden und die zuvor genannten Einflüsse des Metabolismus müssen bei der abschließenden Beurteilung, ob die Substanz kanzerogen für den Menschen ist, berücksichtigt werden.

Besondere Überlegungen bei dermalen Studien

Die Konzentration der Testsubstanz im Vehikel kann reduziert werden, wenn starke Hautreizung auftritt. Falls die Haut zu Beginn zu stark geschädigt worden ist, kann es notwendig sein, die Studie mit niedrigeren Konzentrationen neu zu starten.

Limit-Tests

Für relativ untoxische Stoffe können subakute und subchronische „limit tests" bei oraler oder dermaler Exposition gegen eine einzige Dosis von 1000 mg/kg KG durchgeführt werden. Dies gilt nicht, wenn die Humanexposition nahelegt, dass es nötig ist, höhere Dosen zu testen.

22.7 Reproduktionstoxizität

> In Tests auf Reproduktionstoxizität werden die Wirkungen auf die Fertilität der Elterngeneration und auf die Entwicklung der Nachkommen festgestellt. In Entwicklungstoxizitätsstudien erhalten trächtige Tiere den Stoff von der Implantation bis zum Werfen. Die Weichteile und das Skelett der Nachkommen werden detailliert untersucht. Bei Fertilitätsstudien werden die männlichen und weiblichen Tiere während der Vorverpaarungs- und der Paarungszeit exponiert. Die weiblichen Tiere erhalten den Stoff weiterhin während der Trächtigkeit und Laktation bis zum Absetzen der Jungtiere (Eingenerationenstudie). Die Nachkommen können dann weiter exponiert werden bis zur Reproduktion, um mögliche Effekte von der Konzeption bis zum Reproduktionsalter zu erfassen (Zweigenerationenstudie). Mit diesen Tests können NOAEL für toxische Effekte auf Fertilität und Entwicklung bestimmt werden.

22.7.1 Entwicklungstoxizität

In Studien zur Entwicklungstoxizität werden Effekte von Chemikalien untersucht, die Tieren zwischen der Implantation und dem Werfen gegeben werden. Die Testspezies ist die Maus oder bevorzugt die Ratte und eine Nicht-Nagerspezies wie das Kaninchen. Jede Test- und Kontrollgruppe sollte eine ausreichende Zahl an weiblichen Tieren umfassen, sodass etwa 20 Tiere mit nachgewiesenen Implantationsstellen erhalten werden. Gruppen mit weniger als 16 Tieren mit Implantationsstellen können nicht ausreichend sein. Die Expositionsroute sollte dieselbe wie die für den Menschen erwartete sein. Mindestens drei Dosisgruppen und eine Vehikelkontrollgruppe werden verwendet. Idealerweise sollte die höchste Dosis bei den Muttertieren Toxizität, aber keine Mortalität hervorrufen. Maternale Mortalität führt nicht unbedingt dazu, dass die Studie invalide ist, solange sie nicht mehr als 10 % beträgt. Die Substanz wird täglich vom Tag der Implantation an bis zum Tag vor dem erwarteten Wurftermin verabreicht, an dem die Muttertiere getötet und der Uterusinhalt untersucht wird. Die Muttertiere werden am Tag 0 (Verpaarungstag), am ersten Dosierungstag und mindestens jeden dritten Tag während der Expositionszeit und am Tag der Beendigung der Studie gewogen. Der Futterverbrauch wird an denselben Tagen gemessen. Die Feten werden unmittelbar nach Tötung der Muttertiere untersucht. Bei Nagern wird die Hälfte der Tiere auf skelettale Veränderungen, die andere Hälfte auf Änderungen an den Weichteilen untersucht. Jeder Kaninchenfetus wird auf beide Arten von Veränderungen untersucht. Die numerischen Resultate sollten bezogen auf den Wurf als Einheit für die Analyse der Daten ausgewertet werden. Die Daten der Tiere, die nicht bis zum geplanten Ende der Studie überlebten, sollten ebenfalls berichtet werden. Ob sie in die Auswertung eingehen, muss von Fall zu Fall entschieden werden. Für einige Endpunkte sind historische Kontrolldaten hilfreich. Falls möglich, sollten NOAEL für maternale und Entwicklungstoxizität abgeleitet werden. Sehr wichtig ist, ob die entwicklungstoxische Wirkung bei gleichzeitiger Maternaltoxizität auftritt oder nicht. Im letzteren Fall ist die Entwicklungstoxizität klar auf die Substanz zurückzuführen, wogegen im ersten Fall man die Effekte nicht eindeutig der Substanzwirkung zuschreiben kann, weil die Maternaltoxizität dazu beigetragen haben kann. Zum Beispiel führt eine verringerte Körpergewichtszunahme der Muttertiere zu einer verzögerten skelettalen Ossifikation bei den Feten.

22.7.2 Fertilität

22.7.2.1 Ein- und Zweigenerationenstudien

Mit diesen Studien wird die Reproduktionstoxizität geprüft, die sowohl Effekte auf die Fertilität der Elterntiere als auch auf die Entwicklung der Jungtiere umfasst. Wirkungen auf Trächtigkeit und Laktation können in der Elterngeneration (F0-Generation) und auf die postnatale Entwicklung bei den Nachkommen (F1-Generation) beobachtet werden (PR 415). In einer Zweigenerationenstudie (PR 416) wird die F1-Generation weiter exponiert und verpaart, um mögliche reproduktionstoxische Wirkungen in dieser Generation als Folge der Exposition von der Konzeption bis zum Reproduktionsalter zu erfassen.

Die verwendeten Testspezies sind Mäuse oder Ratten, wegen ihrer hohen Fruchtbarkeit. Die männlichen Tiere sollten mindestens für einen kompletten

Spermatogenesezyklus dosiert werden, d. h. 70 Tage bei Ratten, 56 Tage bei Mäusen. Die weiblichen Tiere sollten den Stoff mindestens zwei komplette Östruszyklen erhalten. Anschließend werden die Tiere verpaart, wobei die Testsubstanz beiden Geschlechtern verabreicht wird. Danach werden nur die weiblichen Tiere während Trächtigkeit und Laktation behandelt. Die Expositionsroute sollte der für den Menschen erwarteten entsprechen. Mindestens drei Dosisstufen und eine Vehikelkontrollgruppe sollten verwendet werden. Die höchste Dosis sollte Toxizität, aber keine Mortalität bei den Elterntieren hervorrufen. Die Zahl der Tiere pro Dosisgruppe ist nicht genau vorgeschrieben, sollte aber so hoch sein, dass etwa 20 trächtige Tiere kurz vor dem oder beim Wurftermin zur Verfügung stehen. Falls diese Zahl nicht erreicht wird, ist die Studie damit nicht unbedingt invalide, die Resultate sollten von Fall zu Fall beurteilt werden. Ein männliches Tier kann mit einem oder zwei weiblichen Tieren verpaart werden. Die maximale Verpaarungszeitdauer ist drei Wochen. Die Reproduktionsorgane von Paaren, die keinen Paarungserfolg zeigten, sollten untersucht werden, um den Grund für die offensichtliche Unfruchtbarkeit zu ermitteln. Die männlichen Tiere werden nach der Verpaarungszeit untersucht. Den weiblichen Tieren wird erlaubt, normal zu werfen und ihre Jungen bis zum Absetzen aufzuziehen. Entweder werden alle Jungtiere für die weitere Studie verwendet oder die Würfe werden am vierten Tag nach der Geburt möglichst auf je vier männliche und weibliche Nachkommen pro Wurf standardisiert. Die Studie wird nach dem Absetzen der Jungtiere beendet und die Muttertiere und die Nachkommen untersucht.

Bei einer Zweigenerationenstudie werden die F1-Tiere genauso dosiert wie die F0-Tiere, außer dass die Verabreichung der Testsubstanz nach dem Absetzen beginnt. Die F1-Tiere werden mit Jungtieren eines anderen Wurfs derselben Dosisgruppe verpaart, wenn die Tiere 13 Wochen (Ratten) bzw. elf Wochen (Mäuse) alt sind. Die weitere Studiendurchführung ist wie oben für die F0-Tiere. In verschiedenen Fällen wie substanzbedingte Änderungen der Wurfgröße oder unklare Effekte bei der ersten Verpaarung wird empfohlen, die Elterntiere nochmals zu verpaaren, um einen zweiten Wurf zu erhalten.

Welche Daten erhoben und berichtet werden, ist in Tab. 22.4 aufgeführt. PR 416 sieht einen detaillierteren Bericht der Daten vor als PR 415.

Bei der erweiterten Eingenerationenstudie (PR 443) werden neben der Beeinflussung der Fertilität und Entwicklung auch Wirkungen der Testsubstanz auf das sich entwickelnde Nerven- und Immunsystem in der F1-Generation durchgeführt. Es kann auch optional eine F2-Generation auf Reproduktionstoxizität untersucht werden.

Es ist zu beachten, dass die Nachkommen in Fertilitätsstudien indirekt *in utero* über das Blut exponiert werden, wenn die Substanz die Blut-Plazenta-Schranke überwinden kann, während der Laktation über die Milch, wenn die Substanz mit der Milch ausgeschieden werden kann und im Fall von Fütterungsstudien über das Futter, da die Jungen während der letzten Woche der Laktation beginnen, selbst Futter aufzunehmen, bevor die geplante Dosierung beginnt.

Tab. 22.4 OECD-Prüfrichtlinien für *In-vivo*-Tests auf Reproduktionstoxizität.

Test (OECD-Prüfrichtlinie)	Zahl der Tiere pro Geschlecht und Dosis	Dauer Applikationsschema	Untersuchte Parameter
Entwicklungstoxizität			
Pränatale Entwicklungstoxizität PR 414	> 16	Ratte, Kaninchen: vom Tag der Implantation bis einen Tag vor Schnittentbindung (ca. 6. bis 19. Tag nach Verpaarung)	**Muttertiere**: Körpergewicht, Futterverbrauch, klinische Beobachtungen, Gewicht des graviden Uterus, Zahl der Gelbkörper und Implantationsstellen; **Nachkommen:** Prä- und Postimplantationsverluste, Zahl der toten und lebensfähigen Feten, Geschlecht und Gewicht jedes Feten, äußerliche Veränderungen, skelettale und viszerale Variationen, Anomalien und Missbildungen
Fertilitätstoxizität			
Eingenerationen-Reproduktionstoxizitäts-Studie PR 415	> 20	Männliche Tiere (Ratte 70 Tage, Maus 56 Tage) + Verpaarungszeit; weibliche Tiere: 2 Wochen + Verpaarungszeit + Trächtigkeit + Laktation bis zum Absetzen, 7 Tage/Woche	**Elterntiere**: klinische Beobachtungen, Körpergewicht, Futterverbrauch, Zahl der fertilen männlichen Tiere und der trächtigen Tiere, Dauer der Trächtigkeit **Nachkommen**: Zahl der Jungtiere, Geschlechterverhältnis, Totgeburten, Lebendgeburten, makroskopische Anomalien, Gewicht des Wurfs bei der Geburt sowie 4 und 7 Tage später, danach wöchentlich bis zum Absetzen **Histopathologie Elterntiere**: alle Zielorgane und Ovarien, Uterus, Cervix, Vagina, Hoden, Nebenhoden, Samenbläschen, Prostata, Koagulationsdrüse, Hypophyse der Hochdosis- und Kontrollgruppe, falls noch nicht in anderen Studien mit wiederholter Gabe untersucht

Tab. 22.4 Fortsetzung.

Test (OECD-Prüfrichtlinie)	Zahl der Tiere pro Geschlecht und Dosis	Dauer Applikationsschema	Untersuchte Parameter
Erweiterte Eingenerationen-Reproduktionstoxizitäts-Studie PR 443	> 20	F0-Generation: mindestens 2 Wochen vor Verpaarung + 2 Wochen Verpaarungszeit + Trächtigkeit + Laktation bis zum Absetzen (ca. 10 Wochen für männliche und weibliche Tiere); F1-Generation: vom Absetzen bis zum Erwachsenenalter, optional Ausdehnung auf eine F2-Generation, 7 Tage/Woche	**Elterntiere**: klinische Beobachtungen, Körpergewicht, Futterverbrauch, Zahl der fertilen männlichen Tiere und der trächtigen Tiere, Dauer bis zur Trächtigkeit, Dauer der Trächtigkeit; Gewichte der Reproduktionsorgane, akzessorischen Geschlechtsorgane, Gehirn, Leber, Niere, Herz, Milz, Thymus, Hypophyse, Schilddrüse, Nebennieren, bekannte Zielorgane, Spermienparameter **Nachkommen:** Zahl der Jungtiere, Geschlechterverhältnis, Totgeburten, Lebendgeburten, makroskopische Anomalien, klinische Beobachtungen, Körpertemperatur, Aktivität, Reaktion auf Handhabung, Gewicht des Wurfs bei der Geburt sowie 4 und 7 Tage später, danach wöchentlich bis zum Absetzen **Kohorte 1A:** 20 männliche und 20 weibliche Tiere zur Untersuchung auf Reproduktionstoxizität, klinische Biochemie, Schilddrüsenhormone, Hämatologie, Urinanalyse, Spermienparameter, Gewichte von Organen wie für Elterntiere, zusätzlich Lymphknoten **Kohorte 1B**: 20 männliche und 20 weibliche Tiere, Gewichte der Reproduktionsorgane, akzessorischen Geschlechtsorgane, bekannten Zielorgane **Kohorte 2A**: 10 männliche und 10 weibliche Tiere zur Untersuchung auf funktionale Entwicklungsneurotoxizität am 24. Tag post partum und zwischen dem 63. und dem 75. Tag post partum; nach dem 75. Tag post partum histopathologische Untersuchung auf Neurotoxizität **Kohorte 2B**: 10 männliche und 10 weibliche Tiere zur histopathologischen Untersuchung des Gehirns am 21. oder 22. Tag post partum **Kohorte 3**: 10 männliche und 10 weibliche Tiere zur Untersuchung auf Immuntoxizität **Histopathologie Elterntiere und Kohorte 1A**: alle bekannten Zielorgane und Organe, deren Gewichte bestimmt wurden **Histopathologie Kohorte 1B**: Reproduktionsorgane, wenn Ergebnisse der Kohorte 1A unklar oder bei vermuteten reproduktionstoxischen oder endokrin wirkenden Stoffen

Tab. 22.4 Fortsetzung.

Test (OECD-Prüfrichtlinie)	Zahl der Tiere pro Geschlecht und Dosis	Dauer Applikationsschema	Untersuchte Parameter
Zweigenerationen-Reproduktionstoxizitäts-Studie PR 416	> 20	F0-Generation: wie bei PR 415, F1-Generation: nach dem Absetzen bis zum Alter von 13 (Ratte) oder 11 (Maus) Wochen + Verpaarungszeit, weibliche Tiere: + Trächtigkeit + Laktation bis zum Absetzen der F2-Tiere	Wie bei PR 415 **Zusätzlich**: Berechnung von Verpaarungs-, Fertilitäts-, Trächtigkeits-, Geburts-, Lebensfähigkeits- und Laktationsindex. Zeit bis zur Verpaarung, Zahl der Implantationen und Gelbkörper, Wurfgröße, Zahl der Lebendgeburten, der Postimplantationsverluste, der Nachkommen mit äußerlichen Missbildungen und der Kümmerlinge **Elterntiere**: Spermienanalyse bei den männlichen Elterntieren, Wasserverbrauch, wenn Substanz im Trinkwasser appliziert, Östruszykluslänge und -normalität bei weiblichen Elterntieren, physische oder Verhaltensabweichungen bei Muttertieren und Nachkommen, Organgewichte von Uterus, Ovarien, Hoden, Nebenhoden (gesamt und Cauda), Samenbläschen mit Koagulationsdrüse und ihren Flüssigkeiten, Gehirn, Leber, Nieren, Milz, Hypophyse, Schilddrüse, Nebennieren und bekannte Zielorgane **Nachkommen**: Alter und Körpergewicht bei Vaginalöffnung, oder Präputialtrennung, anogenitaler Abstand bei den F2-Tieren, wenn ausgelöst durch Veränderung des Geschlechterverhältnisses oder Zeitpunkt der sexuellen Reife, funktionale Untersuchungen (motorische Aktivität, sensorische Funktion, Reflexontogenese), wenn nicht in anderen Studien untersucht; zusätzlich können Ohren- und Augenöffnung, Zahndurchbruch und Haarwuchs aufgezeichnet werden. Funktionale Untersuchungen können in Dosisgruppen mit deutlichen Zeichen anderweitiger Toxizität weggelassen werden; bei Nachkommen, die zur Verpaarung ausgewählt wurden, sollten sie nicht durchgeführt werden. Gewichte von Gehirn, Milz und Thymus von einem Nachkommen/Geschlecht/Wurf.

Tab. 22.4 Fortsetzung.

Test (OECD-Prüfrichtlinie)	Zahl der Tiere pro Geschlecht und Dosis	Dauer Applikationsschema	Untersuchte Parameter
Reproduktions-/Entwicklungstoxizitäts-Screeningtest PR 421	10	7 Tage/Woche, 2 Wochen vor Verpaarung + während Verpaarungszeit, männliche Tiere: weiter dosiert bis 28 Tage insgesamt, weibliche Tiere: + Trächtigkeit + bis zu 3 Tage post partum (dermal und inhalativ: bis zum 19. Tag der Trächtigkeit)	**Elterntiere**: Körpergewicht (wöchentlich), Futteraufnahme, klinische Beobachtungen, makroskopische Nekropsie, Gewicht von Hoden und Nebenhoden (alle Tiere). Histopathologie von Hoden, Nebenhoden, Ovarien, und optional von akzessorischen Geschlechtsorganen und allen Organen, die makroskopische Läsionen zeigen (alle Tiere) **Nachkommen**: Zahl und Geschlecht, Totgeburten, Lebendgeburten, Kümmerlinge, makroskopische Anomalien, Gewicht des Wurfs am Tag der Geburt und an den Tagen 1 und 4 post partum
Kombinierte Studie zur Toxizität nach wiederholter Gabe, Kanzerogenität und Reprodutions-/Entwicklungstoxizitäts-Screeningtest PR 422	10	7 Tage/Woche, 2 Wochen vor Verpaarung + während Verpaarungszeit, männliche Tiere: weiter dosiert bis 28 Tage insgesamt, weibliche Tiere: + Trächtigkeit + bis zu 3 Tage post partum (dermal und inhalativ: bis zum 19. Tag der Trächtigkeit)	Wie bei PR 421 **Zusätzlich:** **Elterntiere**: Hämatologie, klinische Chemie, funktionelle Beobachtungen (außer, wenn in 90 Tage-Studie bereits erhoben), optional: Urinanalyse (jeder Endpunkt 5 Tiere/Geschlecht). Gewichte von Leber, Nieren, Nebennieren, Thymus, Milz, Gehirn und Herz (5 Tiere/Geschlecht). Histopathologie dieser 7 Organe und von makroskopischen Läsionen, Rückenmark, Magen, Dünn- und Dickdarm, Schilddrüse, Trachea, Lungen, Uterus, Harnblase, Lymphknoten, periphere Nerven, Knochenmark (5 Tiere/Geschlecht)

22.7.2.2 Screening-Tests

Mit diesen Tests können erste Informationen über mögliche Wirkungen auf die Reproduktion und die Entwicklung erhalten werden, entweder während der frühen Phase der Beurteilung der toxikologischen Eigenschaften einer Substanz oder für besorgniserregende Stoffe oder für Chemikalien, für die wenig oder keine Informationen verfügbar sind. Die Tests geben keine vollständigen Informationen über alle Aspekte der Reproduktion und Entwicklung. PR 421 ist ein Screening-Test für reproduktive/entwicklungstoxische Wirkungen mit verkürzter Expositionszeit für die männlichen Tiere, aber mit Untersuchung der männlichen Reproduktionsorgane nach 28 Tagen Exposition. PR 422 ist ähnlich, umfasst aber eine detaillierte histopathologische Befundung der Organe, die normalerweise in einem subakuten Versuch (PR 407) untersucht werden. Außerdem ist die in PR 407 optionale Untersuchung auf funktionale Neurotoxizität enthalten. Mindestens drei Dosisgruppen und eine Kontrollgruppe werden verwendet. Zunächst werden nur die Tiere der höchsten Dosisgruppe und der Kontrollgruppe histopathologisch untersucht. Falls hierbei adverse Befunde erhalten werden, muss die Untersuchung auf die Tiere der niedrigeren Dosisgruppen ausgedehnt werden.

Folgende Unterschiede zwischen einem kompletten Fertilitätstest und PR 421 bzw. PR 422 machen diese weniger empfindlich: Die männlichen Tiere werden während der Vorverpaarungszeit nicht für die ganze Länge eines Spermatogenesezyklus exponiert, die Zahl der Tiere und Nachkommen ist nur halb so groß, was die Wahrscheinlichkeit verringert, Effekte zu entdecken und die Tests werden schon am vierten Tag post partum und nicht erst beim Absetzen beendet, sodass verzögerte Effekte während der Laktationsperiode nicht erfasst werden können.

22.7.2.3 Limit-Tests

Ein „limit test" (trifft für Fertilitäts- und Entwicklungstoxizitätstests und für beide Screening-Tests zu) mit einer einzigen Dosis von mindestens 1000 mg/kg KG kann für Substanzen durchgeführt werden, die bei dieser Dosis in Studien mit wiederholter Applikation keine toxischen Wirkungen hervorrufen. Dadurch werden die Zahl der benötigten Tiere und die Kosten im Vergleich zu einer kompletten Studie verringert. Der „limit test" ist nicht anwendbar, wenn die Humanexposition nahelegt, dass es nötig ist, höhere Dosen zu testen. Für andere Arten der Verabreichung können physikalische und chemische Eigenschaften der Substanz die maximal erreichbare Dosis vorgeben (z. B. sollte die dermale Applikation nicht zu starker lokaler Toxizität führen).

22.8 Andere Prüfrichtlinien

Neben den oben aufgeführten Prüfrichtlinien gibt es welche, die Tests zu speziellen Endpunkten beschreiben: PR 424 Neurotoxizitätsstudie, PR 426 Entwicklungsneurotoxizitätsstudie, PR 440 Uterotrophie Bioassay, PR 441 Hershberger Bioassay.

22.9
Andere Gremien

Andere regulatorische Behörden, wie die Europäische Gemeinschaft, die US-amerikanische Food and Drug Administration und die US Environmental Protection Agency haben ähnliche Prüfrichtlinien veröffentlicht. Sie sind über die im Literaturverzeichnis angegebenen Webadressen zu erreichen.

22.10
Zusammenfassung

In-vivo-Tests sind nötig, um mögliche adverse Wirkungen von Chemikalien oder Pharmaka auf den Menschen zu entdecken. Sie müssen gemäß international anerkannter Richtlinien unter den Prinzipien der Guten Laborpraxis durchgeführt werden, um die Validität der Daten zu gewährleisten. Obwohl *In-vitro*-Tests einen großen Teil der Informationen über die Wirkungen von Substanzen liefern, können sie *In-vivo*-Tests, wegen der Komplexität des Organismus und verschiedenen Möglichkeiten der Toxifizierung, Detoxifizierung und Reaktionen an der Zelloberfläche, in der Zelle und mit subzellulären Bestandteilen, nicht ersetzen. Es sind jedoch Anstrengungen unternommen worden, die Zahl der Versuchstiere zu reduzieren.

Wichtige *In-vivo*-Tests betreffen akute Toxizität, also Toxizität nach einmaliger Applikation, Haut- und Augenreizwirkung, Hautsensibilisierung, Toxizität nach wiederholter Gabe, Kanzerogenität und Reproduktionstoxizität, die die Wirkungen auf den sich entwickelnden Fetus und die Fertilität der Elterntiere umfasst. Für jeden dieser Tests werden die wichtigsten Prinzipien und Erfordernisse nach den neuesten OECD-Prüfrichtlinien beschrieben. Voraussetzungen sind die bekannte Reinheit der Testsubstanz, gesunde Tiere in ausreichender Zahl, angemessene Kontrolltiere und statistische Evaluation der Resultate. Die Applikationsroute sollte dieselbe wie die für die angenommene oder bekannte Exposition des Menschen sein. Die Dosiswahl ist von kritischer Wichtigkeit. Deshalb gehen Langzeitstudien oder aufwendigeren Studien, Tests mit geringerer Zeitdauer bzw. geringerer Tierzahl voraus, um geeignete Dosen zu finden. Im Idealfall sollten Studien mit wiederholter Applikation eine Dosis-Wirkungs-Beziehung ergeben und einen klaren no-effect-level, von dem aus sichere Expositionen für den Menschen extrapoliert werden können. Eine Dosis, die zu einer gewissen, aber nicht übermäßigen Toxizität führt, ist notwendig, damit ein Test als valide anerkannt wird. Die Möglichkeiten und Limitierungen der verschiedenen Tests und die Wichtigkeit der Beurteilung der Ergebnisse durch Experten werden hervorgehoben.

Weiterführende Literatur

European Communities, Directive 67/548/EEC Annex V Part B, Testmethoden, http://ec.europa.eu/environment/archives/dansub/pdfs/annex5b_da.pdf, (letzter Zugriff: 1. Mai 2016).

Organisation für wirtschaftliche Zusammenarbeit und Entwicklung, GLP-Richtlinien, http://www.oecd.org/chemicalsafety/testing/oecdseriesonprinciplesofgoodlaboratorypracticeglpandcompliancemonitoring.htm, (letzter Zugriff: 1. Mai 2016).

Organisation für wirtschaftliche Zusammenarbeit und Entwicklung, OECD-Prüfrichtlinien, http://www.oecd-ilibrary.org/environment/oecd-guidelines-for-the-testing-of-chemicals-section-4-health-effects_20745788, (letzter Zugriff: 1. Mai 2016).

US Food and Drug Administration, Good Laboratory Practice Regulations; Final Rule, http://www.fda.gov/downloads/ICECI/EnforcementActions/BioresearchMonitoring/UCM133730.pdf, (letzter Zugriff: 1. Mai 2016).

US Environmental Protection Agency, OCSPP Harmonized Test Guidelines, Series 870 – Health Effects Test Guidelines, http://www.epa.gov/ocspp/pubs/frs/publications/Test_Guidelines/series870.htm, (letzter Zugriff: 1. Mai 2016).

US Food and Drug Administration, Red Book 2000, revised July 2007, Toxicological Principles for the Safety Assessment of Food Ingredients, www.fda.gov/downloads/Food/GuidanceRegulation/UCM222779.pdf, (letzter Zugriff: 1. Mai 2016).

23
Genotoxizitätstests *in vitro*

U. Andrae und H.-J. Martus

23.1
Einleitung

> Untersuchungen zur Genotoxizität von Substanzen *in vitro* werden durchgeführt, um Informationen darüber zu erhalten, ob eine Substanz toxische Wirkungen auf das genetische Material von Zellen ausüben kann. *In-vitro*-Tests haben dabei den Vorteil, dass sie oft einfacher und schneller eingesetzt werden können, oft sensitiver reagieren als *In-vivo*-Systeme und dass keine Versuchstiere benötigt werden. Des Weiteren erlauben sie die einfache Beeinflussung von Systemkomponenten wie z. B. Substanzkonzentrationen oder genetischen Parametern, etwa durch die Verwendung spezieller Zelllinien oder durch Expression bestimmter Gene.

Der Begriff *genetisches* Material schließt nicht nur die DNA-Moleküle oder die Chromosomen ein, sondern auch Strukturen, die für die korrekte Weitergabe der genetischen Informationen einer Zelle an die Tochterzellen von Bedeutung sind, wie z. B. die Proteine des Spindelapparates. *Genotoxizität* ist deshalb nicht gleichbedeutend mit *DNA-Reaktivität*, schließt diese aber ein.

23.1.1
Fremdstoffmetabolismus in *In-vitro*-Testsystemen

Im Tier und im Menschen hängt die Wirkung einer Chemikalie von verschiedenen toxikokinetischen Parametern ab, d. h. von der Aufnahme in den Organismus, der Verteilung in die einzelnen Organe und Gewebe, dem Metabolismus und der Ausscheidung. Ein grundsätzliches Problem aller *In-vitro*-Testsysteme besteht darin, dass sich Aufnahme, Verteilung und Ausscheidung *in vitro* nicht einfach simulieren lassen. Des Weiteren entfalten viele Substanzen ihre toxischen Wirkungen erst nach ihrer metabolischen Aktivierung, die Unterschiede zwischen Spezies, Organen und diversen Zelltypen eines Organs aufweisen kann. Da in den für Genotoxizitätsprüfungen verwendeten Bakterien und der Mehrzahl

Das Toxikologiebuch, 1. Auflage. Helmut Greim (Hrsg.).

Tab. 23.1 Aktivitäten fremdstoffmetabolisierender Enzyme in verschiedenen in der *In-vitro*-Genotoxizitätstestung eingesetzten Zellen.

Enzym	**Zelltyp**		
	Hepatozyten	V79	*Salmonella*
Cytochrom P450	++	–	–
UDP-Glucuronosyltransferase	++	–	–
Glutathion-*S*-Transferase	++	++	+
N-Acetyltransferase	++	–	+
Phenolsulfotransferase	++	–	–
Epoxidhydrolase	++	–	–

der Säugetierzellen bestimmte Aktivitäten fremdstoffmetabolisierender Enzyme weitgehend fehlen, müssen diese experimentell simuliert werden. Dies geschieht, indem Zellfraktionen oder Zellen mit den entsprechenden Enzymaktivitäten zugesetzt werden oder indem *per se* oder genetisch manipulierte metabolisch kompetente Zellen verwendet werden. Bei der Routinetestung werden normalerweise die experimentellen Ansätze sowohl mit als auch ohne metabolische Aktivierung parallel durchgeführt, um direkt wirkende Mutagene als auch solche, bei denen die Metaboliten aktiv sind, zu erfassen. Die in Hepatozyten, V79 Zellen und Salmonellen enthaltenen fremdstoffmetabolisierenden Enzyme sind in Tab. 23.1 dargestellt.

23.1.2 Genetische Endpunkte in *In-vitro*-Testsystemen

In der genetischen Toxikologie unterscheidet man traditionell zwischen Genmutationen und Chromosomenmutationen. Genmutationen sind an Tochterzellen oder auch, wenn sie in Keimzellen auftreten, an Nachfolgegenerationen vererbbare Veränderungen in einzelnen Genen. Technisch werden diese durch die Veränderung der Funktion von Genen bestimmt. In den meisten Fällen handelt es sich um den Verlust einer Enzymaktivität, es kann aber auch, wie im Fall des *Salmonella*-Mutagenitätstests (Ames-Tests) die Reversion eines Verlusts, also das Wiederherstellen einer Enzym-Profizienz, als Selektionskriterium verwendet werden. Generell sind diese Tests vor allem empfindlich auf Agenzien, die Punktmutationen oder kleine Deletionen verursachen. Die zweite große Gruppe genetischer Endpunkte sind chromosomale Veränderungen. Traditionell wurden diese mithilfe mikroskopischer Techniken bestimmt, neuerdings kommen aber auch vermehrt zytometrische Methoden zum Einsatz. Bei dieser Gruppe unterscheidet man vor allem klastogene und aneugene Effekte, also solche, die zu strukturellen Veränderungen (Chromosomenbrüchen, Translokationen, etc.) und solche, die zu einer veränderten Chromosomenzahl führen. Oft sind direkt DNA-interaktive Substanzen für klastogene Effekte verantwortlich, während Aneugene, also solche Agenzien, die zu einer Fehlverteilung ganzer Chromosomen führen, auch mit Nicht-DNA-Strukturen in der Zelle, wie z. B. Spindelfasern, interagieren können. Zusätzlich zu diesen beiden primären Gruppen von Endpunkten kann man noch genotoxische Effekte verwenden, die indirekt mit DNA- oder Chromosomenschädigung in Verbindung stehen, wie DNA-Reparatur oder Genexpression. Oft sind diese Vorgänge, die man auch als Indikator-Endpunkte bezeichnet, transient, sodass ein gutes Timing der Messung kritisch ist.

23.2 Fremdstoffmetabolismus *in vitro*

23.2.1 Primäre Säugetierzellen

> Primäre Säugetierzellen, d. h. Zellen, die aus einem Organ isoliert und in Kultur gebracht werden, spiegeln den Fremdstoffmetabolismus des betreffenden Organs meist recht gut wider, zumindest während der ersten Stunden nach ihrer Isolierung.

Ein Nachteil primärer Säugetierzellen liegt jedoch darin, dass sie normalerweise kaum proliferieren und deshalb schlecht für den Nachweis erblicher Veränderungen des genetischen Materials, also von Mutationen, geeignet sind. Allerdings ist es möglich, einige primäre Zellen z. B. durch Zytokine zur Proliferation zu stimulieren. Die Zellen können jedoch auch ohne Proliferation in Testsystemen, bei denen die Induktion von DNA-Schäden oder von DNA-Reparatur als Indikator einer potenziell mutagenen Wirkung der Substanz herangezogen wird, eingesetzt werden. Aufgrund der hohen Aktivität fremdstoffmetabolisierender Enzyme sind Leberparenchymzellen (Hepatozyten) ein wünschenswertes Testsystem. Wegen der beschränkten Lebensdauer ist es aber oft schwierig, ein informatives Testdesign zu erstellen. Kokultursysteme, bei denen die Hepatozyten mit Helferzellen zusammen kultiviert werden, oder auch andere Technologien wie Sandwich-Kulturen, zeigen oft vielversprechende Ergebnisse.

23.2.2 Zelllinien

> In Zelllinien, d. h. Abkömmlingen primärer Zellen, die die Fähigkeit zur unbegrenzten Zellteilung (Immortalisierung) gewonnen haben, ist der organspezifische Fremdstoffmetabolismus meistens stark vermindert.

Der Verlust der metabolisierenden Aktivität in Zelllinien beruht darauf, dass die Immortalisierung der Zellen in aller Regel mit Dedifferenzierungsvorgängen, d. h. dem Verlust organspezifischer Funktionen, einhergeht. Besonders stark betroffen sind häufig die Aktivitäten Cytochrom P450 abhängiger Monooxygenasen. Einen interessanten Ansatz zur Lösung des Problems stellen Säugerzelllinien dar, in die mithilfe gentechnologischer Verfahren definierte Gene fremdstoffmetabolisierender Enzyme eingeschleust wurden, sodass sie eine gewisse metabolische Kompetenz aufweisen. Diese Methode erlaubt außerdem die Analyse humaner Stoffwechselwege.

23.2.3
Bakterien

> Bei Bakterien kann man generell davon ausgehen, dass sie nur geringe Aktivitäten Cytochrom P450 abhängiger Monooxygenasen, die Fremdstoffe metabolisieren können, enthalten.

Neben der geringen Aktivität P450 abhängiger Monooxygenasen sind auch die Aktivitäten der Epoxidhydrolase- und UDP-Glucuronosyltransferaseaktivitäten sehr niedrig. Verschiedene andere Enzyme, die eine wichtige Rolle im Metabolismus von Fremdstoffen spielen können, wie Nitroreduktasen, Amidasen, Acetyl- und Glutathiontransferasen, sind dagegen in Bakterien vorhanden.

23.2.4
Subzelluläre Organfraktionen

> Bei den meisten Routinetestsystemen wird den Testorganismen eine subzelluläre Fraktion aus den Lebern von Ratten zur metabolischen Aktivierung der Testsubstanz zugesetzt.

Als metabolisierende Komponente werden in den Testsystemen in der Regel Leberzellfraktionen von Tieren verwendet, die mit einer Mischung polychlorierter Biphenyle, die ein breites Spektrum verschiedener Cytochrom P450 abhängiger Monooxygenasen induzieren, behandelt wurden. Die Leber wird homogenisiert und das Homogenat zur Entfernung größerer Zellfragmente, der Zellkerne und Mitochondrien, bei 9000 *g* zentrifugiert. Der erhaltene Überstand, die sogenannte S9-Fraktion (9000 *g* supernatant), besteht aus den Membranen des endoplasmatischen Retikulums, den sogenannten Mikrosomen, und dem Cytosol der Zellen. Die Mikrosomen enthalten die verschiedenen Cytochrom P450-abhängigen Monooxygenasen sowie weitere Enzyme, wie die Cytochrom P450 Reduktase, UDP-Glucuronosyltransferasen und Epoxidhydrolase. Der zytosolische Anteil der S9-Fraktion enthält u. a. den größten Teil der Aktivitäten verschiedener Transferasen, wie der Acetyl-, Sulfo- und Glutathiontransferasen, sowie ebenfalls Epoxidhydrolaseaktivität. Der für die Aktivität der Monooxygenasen benötigte Kofaktor NADPH wird durch die in der S9-Fraktion enthaltenen Enzyme Isocitratdehydrogenase oder Glucose-6-phosphat-Dehydrogenase aus NADP und Isocitrat bzw. Glucose-6-phosphat, die der S9-Fraktion zugesetzt werden, gebildet. S9-Fraktion, NADP und Isocitrat bzw. Glucose-6-phosphat bilden den sogenannten S9-Mix.

Die Aktivität der konjugierenden Enzyme liegt im resultierenden Inkubationsansatz aufgrund der starken Verdünnung der erforderlichen Kofaktoren (Acetyl-Coenzym A, 3′-Phosphoadenosin-5′-phosphosulfat, UDP-Glucuronsäure) sehr niedrig. Als Folge ist das in der intakten Leberzelle vorliegende Verhältnis zwischen den aktivierenden und den inaktivierenden Reaktionen in vielen *In-vitro*-Testsystemen in Richtung metabolische Aktivierung verschoben. Um die Bedeutung konjugierender Enzyme für die Genotoxizität zu überprüfen, können die entsprechenden Kofaktoren zugesetzt werden.

Ein Problem bei der Verwendung von S9-Mix ergibt sich daraus, dass die Aktivierung der Testsubstanzen außerhalb der Zielzelle erfolgt. Reaktive Metaboliten, die sehr kurzlebig sind, oder wie Sulfatkonjugate aufgrund ihrer Ladung die Zellmembran praktisch nicht passieren, können nur schwer oder gar nicht mit dem genetischen Material der Zelle in Wechselwirkung treten und sind deshalb unter Umständen in ihrer Wirkung nicht erfassbar. Meistens übt der S9-Mix auch zytotoxische Wirkungen auf die Zellen aus, sodass Versuchsansätze von Säugerzellen mit S9 nur für eine beschränkte Zeitdauer inkubiert werden können.

23.2.5
Kokultivierungsverfahren

Eine Alternative zur metabolischen Aktivierung von Testsubstanzen durch zugesetzte Gewebepräparationen bieten Kokultivierungsverfahren. Dabei werden proliferierende Zellen, in denen Mutationen erfasst werden können, zusammen mit metabolisch kompetenten Zellen, z. B. Rattenhepatozyten, kultiviert, aber auch humane Hepatozyten können eingesetzt werden. Für einen effizienten Transfer der gebildeten reaktiven Metaboliten in die Indikatorzelle ist dabei meistens ein direkter Kontakt der beiden Zelltypen erforderlich. Wenig Erfolg versprechend ist dieses Verfahren, wenn die gebildeten Metaboliten so reaktiv sind, dass sie die aktivierende Zelle nicht verlassen können, oder wenn sie in der aktivierenden Zelle wirkungsvoll enzymatisch inaktiviert werden.

23.3
Testsysteme mit Bakterien

23.3.1
Genmutationstests

Zum Nachweis von Genmutationen in Bakterien stehen verschiedene Testsysteme zur Verfügung, mit denen sowohl Vorwärtsmutationen als auch Rückmutationen erkannt werden können. Vorwärts- oder Verlustmutationen führen zum Ausfall der Funktion bestimmter Gene, während Rückmutationen (Reversionen) mit der Wiederherstellung einer vorher entfernten (normalerweise genetisch mutierten) Genfunktion verbunden sind. Das bei Weitem wichtigste dieser Testsysteme ist der sogenannte *Salmonella*-Mutagenitätstest, bei dem die Reversion zur Histidinunabhängigkeit in *Salmonella typhimurium* bestimmt wird.

23.3.1.1 Salmonella-Mutagenitätstest (Ames-Test)

Bei diesem Testsystem, auch als Ames-Test bekannt, handelt es sich um den am häufigsten eingesetzten *In-vitro*-Mutagenitätstest. Als Indikatororganismen für den Nachweis der Mutationen werden verschiedene *Salmonella typhimurium*-Stämme verwendet, die aufgrund von Mutationen in Genen, die für Enzyme der Biosynthese der Aminosäure Histidin codieren, die Fähigkeit zum Wachstum auf histidinfreiem Agar verloren haben. Durch mutagene Agenzien werden im Genom dieser his^--Zellen Rückmutationen (Reversionen) induziert, d. h. die Zellen erlangen ihre Fähigkeit zur Histidinsynthese zurück. Diese histidinunabhängigen Zellen können auch in Abwesenheit dieser Aminosäure im Nährmedium wachsen und Kolonien bilden. In einigen Labors werden auch *Escherichia coli*-Stämme eingesetzt, bei denen die Selektion auf Tryptophan- statt Histidindefizienz beruht.

Die Veränderungen der Basensequenz der DNA, die zur Histidinabhängigkeit geführt haben, sind in den einzelnen Teststämmen genetisch induziert und deswegen genau definiert. Deshalb sind auch Aussagen über die Art der Mutationen möglich, die zur Reversion der vorliegenden Mutationen führen.

Die meisten Teststämme tragen zusätzliche Mutationen, die gezielt eingeführt wurden, um die Empfindlichkeit der Zellen gegenüber Mutagenen zu erhöhen. Eine dieser Mutationen (rfa) verursacht den teilweisen Verlust der Lipopolysaccharidschicht der äußeren der beiden Zellmembranen. Dadurch wird die Aufnahme großer hydrophober Moleküle erleichtert. Eine andere Mutation (uvr) führt zu einem Defekt bei der Reparatur von DNA-Schäden, wodurch die mutagene Wirkung vieler Substanzen verstärkt wird.

Die Tab. 23.2 gibt einen Überblick über die zurzeit am häufigsten eingesetzten Teststämme und die Art der Mutationen, die sie erfassen.

Tab. 23.2 Eigenschaften häufig verwendeter *Salmonella*-Stämme.

Teststamm	Reparaturdefekt (uvrB)	Plasmid	Erkennbare Mutationstypen
TA1535	+	–	Basensubstitution
TA100	+	pKM101	Basensubstitution
TA1538	+	–	Leseraster
TA98	+	pKM101	Leseraster
TA1537	+	–	Leseraster
TA97	+	pKM101	Leseraster
TA102	–	PKM101, pAQl	Basensubstitution, Leseraster

Für die Routinetestung von Chemikalien hat sich der Einsatz einer Testbatterie aus den Basensubstitutionsstämmen TA1535 und TA100, den Leserasterstämmen TA1537 (oder TA97a) und TA98 sowie dem Stamm TA102, der besonders empfindlich auf oxidierend wirkende Mutagene anspricht, etabliert. TA102 kann hierbei durch einen *E. coli*-Stamm ersetzt werden.

Der *Salmonella*-Mutagenitätstest wird üblicherweise als sogenannter *Platteninkorporationstest* durchgeführt (Abb. 23.1). Dabei werden die Bakterien, das fremdstoffmetabolisierende System (in der Regel S9-Mix) und die gelöste Testsubstanz mit Weichagar (Topagar) gemischt und anschließend auf Bodenagar ausplattiert. Bei einer Variante, dem *Präinkubationstest*, werden die Bakterien, das fremdstoffmetabolisierende System und die Testsubstanz zunächst ca. 20–30 min zusammen vorinkubiert und erst danach mit dem Weichagar vermischt und ausplattiert, wodurch während der Präinkubationsphase höhere Konzentrationen von Testsubstanz, S9-Mix und Bakterien bestehen, was zu einer Erhöhung der Empfindlichkeit für einige Mutagene führt, aber auch zu einer erhöhten Bakteriotoxizität, die die Höchstkonzentration von Testsubstanzen, die

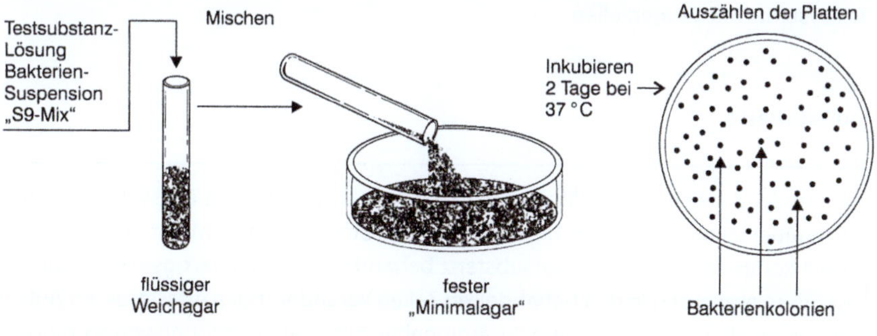

Abb. 23.1 Schema der Durchführung des *Salmonella*-Mutagenitätstests (Ames-Test, Platteninkorporationstest).

eingesetzt werden können, beschränkt. Das Ausplattieren erfolgt auf Agar, der nur Spuren von Histidin enthält (Minimalagar). Die geringe Histidinmenge ermöglicht den Bakterien, einige wenige Teilungszyklen zu durchlaufen, was die Fixierung induzierter DNA-Schäden als Mutationen erlaubt. Innerhalb von 2–3 Tagen bilden Mutanten makroskopisch sichtbare Kolonien, die sich deutlich vom gleichmäßigen dünnen Rasen der his^--Bakterien abheben und gezählt werden. In den meisten Labors wird eine Verdopplung der Kolonienzahl der parallelen Lösungsmittelkontrolle als Minimalkriterium für eine mutagene Aktivität in der Mehrzahl der Stämme verwendet, wobei Reproduzierbarkeit und Dosisabhängigkeit als Kriterien für die Validität eines Experiments gelten. Statistische Verfahren, die gelegentlich zum Einsatz kommen, erbringen eine ähnliche Sensitivität.

Die breite Anwendung des *Salmonella*-Mutagenitätstests beruht in erster Linie auf der Einfachheit und Schnelligkeit, mit der sich eine Mutagenität von Substanzen in diesem Testsystem nachweisen lässt. Ein weiterer Vorteil liegt in der Tatsache, dass mit der Erfassung von Genmutationen ein für die Kanzerogenese und die Induktion vererbbarer Mutationen relevanter und permanenter Endpunkt eingesetzt wird. Ein Nachteil des Testsystems liegt in der sehr beschränkten Kapazität der Bakterien zur Metabolisierung von Fremdstoffen, die den Zusatz eines exogenen metabolisierenden Systems (in der Regel „S9-Mix“) erforderlich macht. Außerdem unterscheidet sich die Struktur des bakteriellen „Chromosoms“ sehr stark von der viel komplexeren Struktur der Chromosomen in Säugerzellen. Als Folge davon können z. B. Substanzen, die in Säugetierzellen aufgrund von Wechselwirkungen mit DNA-assoziierten Proteinen zu Chromosomenmutationen führen, in bakteriellen Testsystemen nicht als Mutagene erkannt werden. Inzwischen sind auch reine Flüssigkeitssysteme im Einsatz, bei denen statt Kolonien die Anzahl bewachsener Wells in Mikrowellplatten gezählt wird, nach entsprechender Verdünnung der Bakteriensuspension. Dieses System hat den Vorteil, dass es einfacher automatisierbar ist, da es keinen Agar benutzt. Des Weiteren kommen miniaturisierte Versionen des Agar-Ames-Tests (z. B. mini-screen) zum Einsatz, die eine Verringerung der Testkomponenten inklusive der Testsubstanz erlauben.

23.4 Testsysteme mit Säugerzellen

23.4.1 Indikatortests

Unter der Bezeichnung Indikatortests fasst man eine Reihe von Testsystemen mit Säugetierzellen zusammen, bei denen nicht die Induktion von Mutationen in den Nachkommen der mit der Testsubstanz behandelten Zellen nachgewiesen wird, sondern es werden in den behandelten Zellen Veränderungen erfasst, deren Auftreten mechanistisch in engem Zusammenhang mit der Entstehung von Mutationen steht, z. B. Interaktion mit der DNA oder DNA-Strangbrüche.

23.4.1.1 Kovalente Bindung von Fremdstoffen an die DNA

Die Fähigkeit, eine kovalente Bindung mit der DNA einzugehen und DNA-Addukte bilden zu können, ist eine charakteristische Eigenschaft zahlreicher – jedoch nicht aller – genotoxischer Mutagene bzw. ihrer Metaboliten.

Zum Nachweis der DNA-Bindung werden Zellen mit der radioaktiv markierten Testchemikalie behandelt und nach einer gewissen Inkubationszeit auf kovalent an die DNA gebundene Radioaktivität untersucht.

Die zur Erkennung möglicher Artefakte notwendigen Zusatzuntersuchungen machen Bindungsuntersuchungen in vielen Fällen allerdings sehr aufwendig. Größere Bedeutung besitzt eine *In-vivo*-Variante des Verfahrens, bei der die kovalente Bindung radioaktiv markierter Substanzen an die DNA der Leber von Ratten bestimmt wird.

Immunologische Techniken und das ^{32}P-Postlabelling-Verfahren ermöglichen einen empfindlichen Nachweis von DNA-Addukten, ohne dass die Testsubstanz radioaktiv markiert vorliegen müsste.

23.4.1.2 Induktion von DNA-Strangbrüchen

Bei den zur Strangbruchmessung eingesetzten Verfahren wird die DNA-Doppelhelix üblicherweise zunächst durch Behandlung mit Alkalien in ihre Einzelstränge aufgespalten. Anschließend werden charakteristische Veränderungen physikalisch-chemischer Eigenschaften des DNA-Moleküls, die als Folge von Strangbrüchen auftreten, gemessen.

Eine Induktion von DNA-Strangbrüchen durch eine Testsubstanz kann entweder direkt durch einen radikalischen Angriff reaktiver Spezies auf das Zucker-Phosphat-Rückgrat der DNA oder durch die Einwirkung von Endonukleasen während der Reparatur geschädigter DNA erfolgen. Daneben gibt es DNA-Schäden, die in der Zelle zwar nicht als Strangbrüche vorliegen, unter den alkalischen Bedingungen der Strangbruchanalyse jedoch in DNA-Einzelstrangbrüche überführt werden. Zu diesen sogenannten „alkalilabilen Stellen" gehören u. a. die basenfreien Stellen, die durch enzymatische oder spontane Abspaltung einer Base von der Desoxyribose entstehen, und Phosphotriester, d. h. Alkylierungsprodukte der Phosphorsäuregruppen der DNA.

DNA-Strangbrüche können auch durch Substanzen hervorgerufen werden, die spezifische Proteine, die für die Aufrechterhaltung der DNA-Struktur wichtig sind, in ihrer Funktion beeinträchtigen. Zu derartigen Substanzen gehören z. B. Hemmer von DNA-Polymerasen oder interkalierende Verbindungen, die eine Hemmung von Topoisomerase-Enzymen verursachen. Strangbrüche können auch als Folge unspezifischer zytotoxischer Wirkungen, wie Membranschäden, Verschiebung der intra- und extrazellulären Ionenverteilung, Energiemangel oder einer Hemmung der Proteinsynthese, auftreten.

Alkalische Elution

DNA-Moleküle eluieren umso schneller durch die Poren eines Membranfilters, je geringer die Länge des Moleküls ist. Anhand eines Vergleichs der Elutionsgeschwindigkeiten der DNA aus behandelten und aus unbehandelten Zellen lässt sich deshalb erkennen, ob eine Testsubstanz die durchschnittliche Kettenlänge der DNA reduziert, d. h. Strangbrüche induziert.

Die Zellen werden nach der Behandlung mit der Testsubstanz auf einem Membranfilter gesammelt, lysiert und proteolytisch verdaut. Der Filter mit der freigesetzten DNA wird langsam mit einem alkalischen Puffer durchströmt, der in einzelnen Fraktionen gesammelt wird. Anschließend wird die in den Fraktionen enthaltene DNA-Menge bestimmt. Die Elutionsgeschwindigkeit, d. h. die pro Zeiteinheit vom Filter eluierte DNA-Menge, ist proportional zur Zahl der Strangbrüche pro Molekül (Abb. 23.2). Durch Modifikationen des experimentellen Protokolls lassen sich mit diesem Verfahren auch DNA-DNA- und DNA-Protein-Vernetzungen sowie DNA-Doppelstrangbrüche nachweisen.

Die Elutionstechniken sind grundsätzlich auf jeden Zelltyp anwendbar. Bei proliferierenden Zellen kann die DNA vor der Behandlung der Zellen mit radioak-

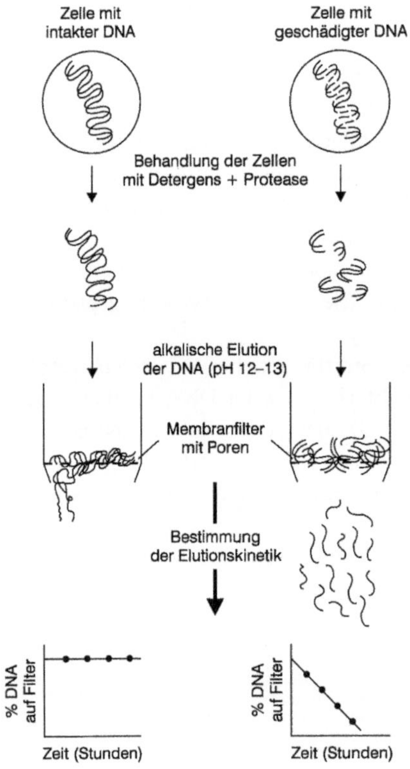

Abb. 23.2 Nachweis von DNA-Strangbrüchen durch alkalische Elution.

tivem Thymidin markiert werden, sodass sich die eluierte DNA durch Messung der im Eluat erscheinenden Radioaktivität bestimmen lässt. Bei nicht proliferierenden Zellen, wie Hepatozyten, wird die DNA fluorimetrisch quantifiziert.

Alkalische Einzelzellgelelektrophorese (Comet-Assay)

> Bei der alkalischen Einzelzellgelelektrophorese nutzt man aus, dass die elektrophoretische Beweglichkeit der DNA von der Größe und der Konformation des DNA-Moleküls abhängt. Fragmentierte DNA wandert schneller im Elektrophoresegel als native DNA.

Die mit der Testsubstanz behandelten Zellen werden als Einzelzellsuspension auf einem Objektträger in einem Agarose-Minigel eingebettet, sodass sie vereinzelt vorliegen, und zur Freisetzung der DNA in einer Detergenzienlösung lysiert. Bei der alkalischen Variante, die auch eine Bestimmung von Einzelstrang-DNA-Brüchen erlaubt, werden die Präparate in einem alkalischen Puffer inkubiert und einer Elektrophorese unterzogen. Nach dem Anfärben der DNA mit einem Fluoreszenzfarbstoff, z. B. Ethidiumbromid, wird die Länge der maximalen Wanderung und aus dem Kern die Menge der gewanderten DNA mikroskopisch manuell oder mit Bildanalyseverfahren analysiert. Ungeschädigte DNA liegt im Zellkern in hochmolekularer, extrem kondensierter Form vor und wandert deshalb praktisch nicht in Richtung der Anode. Strangbrüche und alkalilabile Stellen in der DNA führen unter den alkalischen Inkubationsbedingungen zu einer teilweisen Entspannung der kompakten DNA-Struktur und Entwindung der DNA-Stränge. Dadurch wandern die DNA-Fragmente aus dem Zellkern, was mikroskopisch einem „Kometenschweif“ ähnelt (daher der Name des Tests) (Abb. 23.3).

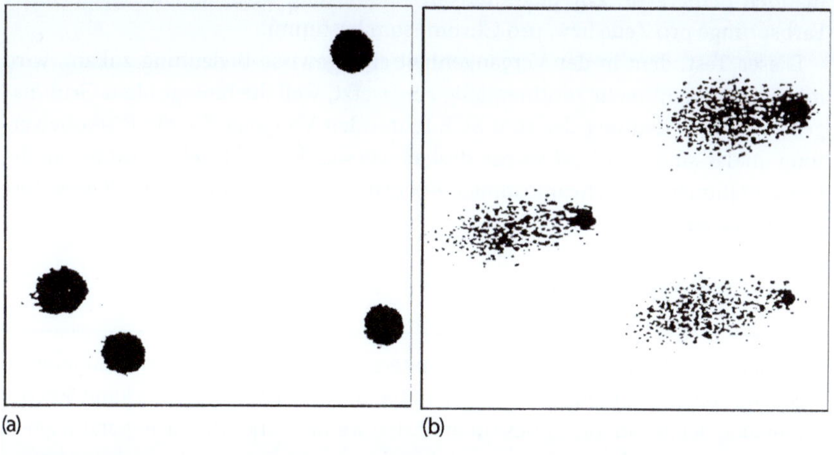

Abb. 23.3 Nachweis von Strangbrüchen mithilfe des Comet-Assays. (a) DNA aus Kontrollzellen; (b) DNA aus Zellen nach Behandlung mit einer Strangbrüche verursachenden Substanz.

Die Vorteile des Verfahrens, das auf jeden Zelltyp angewendet werden kann, von dem man Einzelzellsuspension herstellen kann, beruhen auf der hohen Empfindlichkeit, mit der Strangbrüche nachgewiesen werden können, und auf der Möglichkeit, individuelle Zellen zu analysieren.

23.4.1.3 **Schwesterchromatidenaustausch-Test (SCE-Test)**

Unter Schwesterchromatidenaustausch (*sister chromatid exchange*, SCE) versteht man den Austausch homologer DNA-Abschnitte zwischen den beiden Chromatiden eines Chromosoms während der DNA-Synthese. Dem Austauschvorgang liegen Brüche der DNA-Moleküle beider Chromatiden an homologen Stellen mit anschließender Wiedervereinigung der beiden DNA-Moleküle an den Bruchstellen zugrunde, d. h. der Austausch verläuft „reziprok".

Für den Nachweis von SCEs ist es erforderlich, die DNA-Moleküle der beiden Schwesterchromatiden voneinander unterscheiden zu können. Diese Differenzierung erfolgt in der Regel dadurch, dass man die Zellen zwei Zellzyklen in Gegenwart des synthetischen Nukleosids Bromdesoxyuridin (BrdUrd) wachsen lässt. BrdUrd ähnelt in seiner Struktur dem Thymidin und wird deshalb bei der DNA-Synthese anstelle von Thymidin in den neu synthetisierten DNA-Strang eingebaut. Nach zwei DNA-Synthesezyklen in Gegenwart von BrdUrd erhält man Chromosomen, die jeweils aus zwei asymmetrisch mit BrdUrd substituierten Chromatiden bestehen. In der Metaphase, wenn die Chromosomen in extrem kondensierter Form vorliegen, verhalten sich die beiden Schwesterchromatiden bei einer Fluoreszenzfärbung verschieden und können dadurch voneinander unterschieden werden. SCEs machen sich als Farbsprünge zwischen beiden Chromatiden bemerkbar. Zur quantitativen Auswertung wird die Häufigkeit dieser Farbsprünge pro Zelle bzw. pro Chromosom bestimmt.

Dieser Test, dem in der Vergangenheit eine gewisse Bedeutung zukam, wird inzwischen nicht mehr routinemäßig eingesetzt, weil die biologischen Grundlagen und die Bedeutung der zum SCE führenden Vorgänge für die Risikobewertung unklar sind. Der Test wurde deshalb verwendet, weil viele Substanzen, die Genmutationen oder chromosomale Aberrationen auslösen, auch in diesem Test positiv waren.

23.4.1.4 **DNA-Reparaturtests**

Mithilfe des DNA-Reparaturtests wird untersucht, ob eine Substanz in Säugetierzellen zu einer Erhöhung der DNA-Reparatur führt. Die DNA-Reparatur kann durch Messung der Reparatursynthese quantifiziert werden. Eine erhöhte Reparatursynthese ist ein spezifischer Hinweis auf die Fähigkeit der Substanz bzw. eines Metaboliten, die chemische Struktur des DNA-Moleküls zu verändern.

Der Prozess, der dem Test zugrunde liegt, ist die sogenannte Exzisionsreparatur. Dabei entsteht im betroffenen DNA-Einzelstrang eine Lücke von ca. 30 Nukleotiden, die durch Neusynthese wieder geschlossen wird, wobei der ungeschädigte Strang als Matrize dient. Das Wiedereinfügen der entfernten Nukleotide wird als Reparatursynthese bezeichnet.

Experimentell lässt sich die Reparatursynthese über die Bestimmung des Einbaus radioaktiv markierter DNA-Bausteine, wie [^{3}H]-Thymidin oder [^{3}H]-Desoxycytidin, nachweisen. Diese Nukleoside werden jedoch auch durch „normale" replikative Synthese in die DNA inkorporiert, und zwar in der Regel in erheblich größeren Mengen als durch Reparatursynthese. Deshalb muss zur Bestimmung der Reparatur zwischen den beiden Arten der DNA-Synthese unterschieden werden.

Autoradiografisches Verfahren (UDS-Test)

> Bei der autoradiografischen Bestimmung der Reparatur von DNA-Schäden nutzt man aus, dass die replikative DNA-Synthese auf einen bestimmten Abschnitt des Zellzyklus (S-Phase) beschränkt ist, während die DNA-Reparatur unabhängig von der S-Phase (unscheduled DNA synthesis, UDS) in allen Phasen des Zellzyklus ablaufen kann.

Werden Zellen mit einer Testsubstanz und [^{3}H]-Thymidin inkubiert und anschließend autoradiografisch analysiert, so erscheint die Filmemulsion über den Kernen von Zellen, die sich während der Behandlung in der S-Phase befanden, als Folge der eingebauten großen Radioaktivitätsmenge geschwärzt. Kerne von Zellen, die sich nicht in der S-Phase befanden, sind dagegen praktisch nicht markiert, es sei denn, die Testsubstanz hat DNA-Reparatur induziert (Abb. 23.4). Durch Auszählen der Zahl der Silberkörner pro Zellkern lässt sich die DNA-Reparatursynthese quantitativ bestimmen.

In der Regel werden Rattenhepatozyten eingesetzt, die ca. 18 h lang mit der Testsubstanz und [^{3}H]-Thymidin inkubiert werden. Die Auswertung der Autoradiografien wird allerdings dadurch erschwert, dass in Hepatozyten auch in Abwesenheit einer Testsubstanz sowohl über dem Zytoplasma als auch über dem

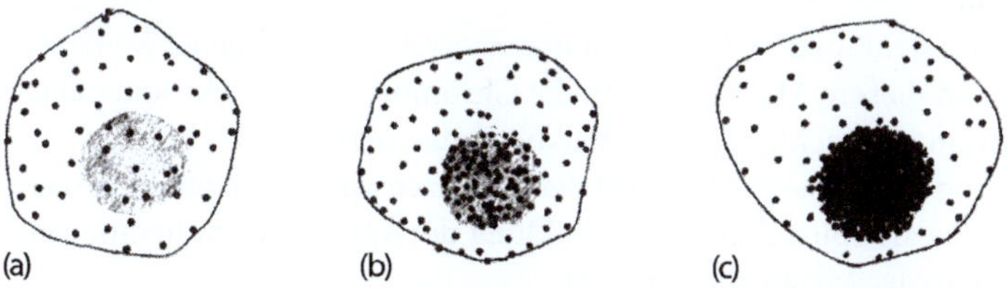

Abb. 23.4 DNA-Reparaturtest an Rattenhepatozyten: autoradiografische Methode. (a) Kontrollzelle; (b) Zellen nach Behandlung mit einer reparaturinduzierenden Substanz; (c) S-Phase-Zelle.

Zellkern zahlreiche Silberkörner auftreten. Die Markierung des Zytoplasmas beruht auf dem Einbau von [^{3}H]-Thymidin in die DNA der Mitochondrien. Die Markierung des Zellkerns ist dagegen offenbar der Ausdruck einer bereits in den unbehandelten Zellen ablaufenden DNA-Reparatur. Zur quantitativen Auswertung der Autoradiografien wird die Zahl der Silberkörner im Zellkern ermittelt und um die Zahl der über einer gleich großen Zytoplasmafläche gezählten Silberkörner korrigiert. Die als Ergebnis dieser Korrektur erhaltene Körnerzahl pro Kern stellt ein indirektes Maß für den [^{3}H]-Thymidineinbau in den Zellkern, d. h. für die DNA-Reparatursynthese, dar.

Weitere Verfahren wie die Identifizierung der neuen durch Reparatursynthese eingebauten DNA-Stränge mittels Dichtegradientenzentrifugation oder die Bestimmung der DNA-Reparatur bei z. B. durch Hydroxyharnstoff gehemmter replikativer DNA-Synthese haben sich als Prüfverfahren nicht durchgesetzt.

23.4.2
Chromosomenaberrationstests

Als Chromosomenaberrationen bezeichnet man sowohl Veränderungen der Chromosomenstruktur, die lichtmikroskopisch erkennbar sind (strukturelle Aberrationen), als auch Veränderungen der Chromosomenzahl einer Zelle (numerische Aberrationen).

> Im *In-vitro*-Chromosomenaberrationstest werden vor allem strukturelle Aberrationen erfasst, während Veränderungen der Chromosomenzahl, sofern es sich nicht um Polyploidien handelt, auch Präparationsartefakte darstellen können, sodass man auf eine Bewertung numerischer Aberrationen normalerweise verzichtet. Bei diesem Test werden die ersten nach der Behandlung der Zellen mit einer Testsubstanz auftretenden Mitosen ausgewertet, d. h. die analysierten Zellen haben sich nach der Behandlung noch nicht geteilt. Demnach werden im Aberrationstest keine Mutationen nachgewiesen, sondern lediglich mögliche Vorläufer vererbbarer Chromosomenaberrationen, d. h. von Chromosomenmutationen.

Stoffe, die strukturelle Chromosomenaberrationen hervorrufen, werden als Klastogene bezeichnet.

Die Analyse der strukturellen Chromosomenaberrationen erfolgt an Metaphasezellen, da nur in diesem Mitosestadium die Chromosomen in sehr kompakter Form vorliegen und hinsichtlich ihrer Struktur untersucht werden können. Zur Anreicherung von Metaphasezellen wird den Kulturen vor der Fixierung Colcemid zugesetzt, das als Spindelgift die Ausbildung der Spindelfasern hemmt und damit die Zellen in der Metaphase arretiert.

Voraussetzung für die Induktion von Chromosomenaberrationen durch eine Substanz ist deren Fähigkeit, entweder direkt Doppelstrangbrüche in der DNA hervorzurufen oder DNA-Veränderungen zu bewirken, die durch weitere Prozesse, die in der Regel an die S-Phase des Zellzyklus gekoppelt sind, in Doppelstrangbrüche überführt werden.

Die Induktion von Chromosomenaberrationen durch Testsubstanzen lässt sich grundsätzlich in allen proliferierenden Säugerzellen nachweisen, wobei oft menschliche Lymphozyten verwendet werden.

Obwohl DNA-Doppelstrangbrüche eine zentrale Rolle bei der Entstehung struktureller Chromosomenaberrationen spielen, kann die Induktion von Chromosomenaberrationen durch eine Substanz nicht automatisch als Indikator für eine DNA-Reaktivität der Substanz bzw. eines Metaboliten herangezogen werden. Chromosomen stellen komplexe dynamische Strukturen aus DNA und Proteinen dar, und ihre strukturelle Integrität hängt offenbar von zahlreichen Faktoren, wie der Aufrechterhaltung eines definierten intrazellulären Milieus und der Aktivität verschiedener Enzyme, ab. So können Veränderungen der Osmolalität oder des pH-Wertes des Zellkulturmediums durch eine Testsubstanz eine Veränderung der Chromosomenstruktur bewirken, ebenso Störungen der DNA-Replikation und der DNA-Reparatur, Wechselwirkungen mit DNA-Topoisomerasen, die Induktion eines Energiemangelzustandes und Störungen der Funktion der Zellmembran. Entscheidend ist daher, wie bei allen Säugerzelltests, eine verlässliche Bestimmung der Zytotoxizität, sodass gewährleistet wird, dass nicht bei exzessiv zytotoxischen Testsubstanzkonzentrationen getestet wird, was zu irrelevant positiven Ergebnissen führen kann.

23.4.3
Mikrokerntest

> Mikrokerne sind chromatinhaltige, von einer Membran umgebene Körperchen, die zusätzlich zum normalen Kern in einer Zelle vorkommen. Sie bestehen aus Chromosomenfragmenten oder ganzen Chromosomen, die bei der Zellteilung nicht in einen Zellkern der Tochterzellen integriert wurden. Mikrokerne sind erheblich kleiner als der Hauptkern. Sie können nach ihrer Anfärbung lichtmikroskopisch leicht identifiziert werden, wobei heute oft bildanalytische Verfahren als auch Flowzytometrie zum Einsatz kommen.

Substanzen können zur Entstehung von Mikrokernen führen, indem sie in proliferierenden Zellen Chromosomenbrüche oder Störungen des Mitoseapparates verursachen (Abb. 23.5). In der Mitose ordnen sich die Chromosomen in die Äquatorialebene der Zelle ein, die Schwesterchromatiden werden getrennt und auf die Zellpole verteilt. Anschließend kommt es zur Zellteilung und zur Ausbildung neuer Zellkerne. Die Trennung der beiden Schwesterchromatiden erfolgt durch den Spindelapparat der Zellen, indem sich die Spindelfasern an Proteine des Zentromerbereiches, die Kinetochoren, anheften und die Chromatiden zu den Zellpolen ziehen. Durch Chromosomenbrüche entstehen sogenannte azentrische Fragmente, d. h. Bruchstücke, die keinen Zentromerbereich enthalten.

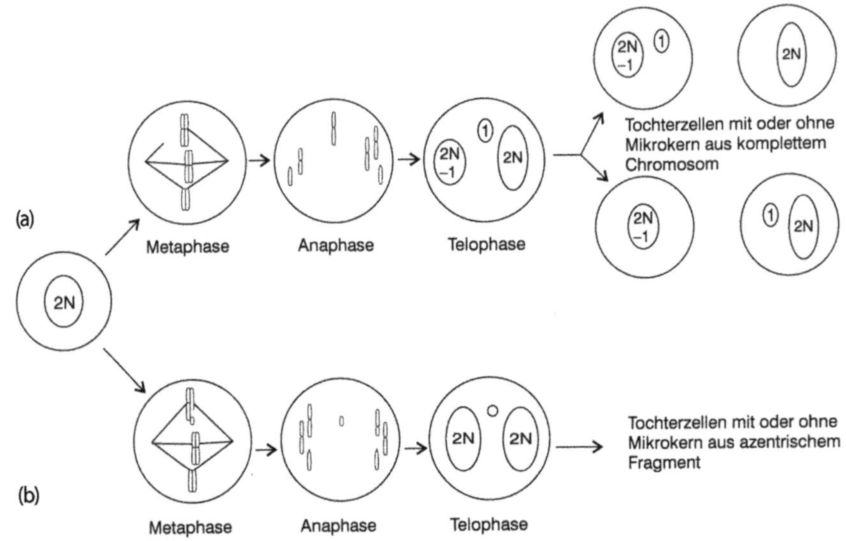

Abb. 23.5 Mikrokerntest: schematische Darstellung der Entstehung von Zellen mit Mikrokernen aus (a) intakten Chromosomen; (b) azentrischen Chromosomenfragmenten (Modifiziert nach Eastmond 1989, John Wiley & Sons.).

Diese Fragmente bleiben in der Äquatorialebene liegen und bilden nach der Zellteilung in einer der beiden Tochterzellen den Mikrokern. Mikrokerne, die ganze Chromosomen enthalten, entstehen, wenn durch die Behandlung der Zellen die Funktion des Spindelapparates beeinträchtigt wird.

Da der Bildung von Mikrokernen aus azentrischen Fragmenten und ganzen Chromosomen grundsätzlich verschiedene Mechanismen zugrunde liegen, können durch Unterscheidung der beiden Mikrokerntypen wertvolle Informationen über den Wirkungsmechanismus einer Testsubstanz erhalten werden, was für eine Risikobewertung wertvoll sein kann. Der Grund hierfür liegt in der Erkenntnis, dass für direkt DNA-interagierende Substanzen, die bevorzugt Chromosomenbrüche induzieren, *per se* zunächst kein Schwellenwert angenommen wird, unterhalb dessen kein Risiko besteht, weil auch geringe Schäden zu einem persistenten Schaden führen können, da die DNA kein redundantes Molekül in der Zelle ist. Für Substanzen hingegen, die beispielsweise über die Inaktivierung von Nicht-DNA-Molekülen wie beispielsweise Spindelfasern wirken, also Aneugene, muss eine gewisse Konzentration innerhalb der Zelle vorliegen, damit eine biologisch relevante Hemmung der Funktion der Spindelfasern zustande kommt, sodass für Konzentrationen darunter ein Schwellenwert angenommen werden kann, bei dem keine Schadwirkung auftritt. Zur Unterscheidung dieser beiden Mechanismen untersucht man die Mikrokerne mithilfe von spezifischen DNA-Sonden oder Antikörpern auf das Vorkommen zentromerspezifischer Chromosomenbereiche.

In-vitro-Mikrokerntests sind einfach durchzuführen, leicht auszuwerten und können auf alle proliferierenden Säugerzellen angewandt werden.

23.4.4 Genmutationstests

Bei Genmutationstests erkennt man die Mutagenität einer Testsubstanz an veränderten Zelleigenschaften, die nach der Behandlung der Zellen in Tochterzellen auftreten. Im Gegensatz zum *Salmonella*-Mutagenitätstest, bei dem die veränderte Zellfunktion auf einer Rückmutation, d. h. auf der Wiedergewinnung einer verlorenen Funktion beruht, liegen den gängigen Genmutationstests mit Säugerzellen in der Regel Vorwärtsmutationen zugrunde, d. h. Mutationen, die mit dem Verlust einer Funktion verbunden sind. Der große Vorteil von Genmutationstests gegenüber anderen Genotoxizitätstests liegt darin, vererbbare permanente DNA-Sequenzveränderungen zu erfassen, also einen Endpunkt, der relevant ist für die Tumorinitiation und die Induktion vererbbarer Mutationen.

Die Identifizierung der funktionell veränderten Zellen erfolgt durch Selektionsverfahren, mit denen die Mutanten in der großen Zahl nicht mutierter Zellen erkannt und quantifiziert werden. Die Selektion beruht üblicherweise auf einer durch Mutationen erzeugten Resistenz gegenüber toxischen Substanzen, die zum Absterben der nicht mutierten Zellen führen, während die Mutanten überleben und, da die Resistenz vererbt wird, Zellkolonien bilden können. Zur Selektion mutierter Säugetierzellen werden vor allem toxische Guaninanaloge (z. B. 6-Thioguanin), Thymidinanaloge (z. B. Trifluorthymidin) und das Glykosid Ouabain (g-Strophanthin) eingesetzt (Tab. 23.3). In der Routinetestung haben sich vor allem Zelllinien des chinesischen Hamsters (V79, CHO) zum Nachweis der Resistenz gegen Guaninanaloge und Ouabain sowie die Mäuselymphomzelllinie L5178Y zum Nachweis der Resistenz gegen Thymidinanaloge durchgesetzt. Diese Zellen haben einen stabilen und homogenen Karyotyp, besitzen die Fähigkeit zur Koloniebildung und proliferieren sehr schnell.

Die Zellen werden zunächst in An- und Abwesenheit eines Metabolisierungssystems (zumeist S-9) mit der Testsubstanz behandelt. Anschließend werden die Zellen für eine bestimmte Zeit in normalem Wachstumsmedium weiterkultiviert, um eine Fixierung von erzeugten DNA-Schäden als Mutationen durch die DNA-Synthese zu ermöglichen. In Mutationssystemen, wie dem HPRT- und dem Thy-

Tab. 23.3 Endpunkte zur Erfassung von Genmutationen *in vitro*.

Betroffenes Enzym	Genetik	Selektionsmittel
Hypoxanthin-Phosphoribosyl-Transferase (HPRT)	Rezessiv, X-chromosomal	6-Thioguanin
Thymidinkinase (TK)	Rezessiv, autosomal, heterozygot in Testzellen	Trifluorthymidin
Na^+/K^+-ATPase	Dominant	Ouabain

midinkinase-Genmutationstest, bei denen die Resistenzentwicklung auf dem Verlust einer Enzymaktivität beruht, dient dieser als „Expressionszeit" bezeichnete Zeitraum auch zum Ausdünnen des betreffenden Enzymproteins und der mRNA durch Zellteilung und Abbaureaktionen. Danach kultiviert man die Zellen mehrere Tage im Medium, dem das Selektionsmittel zugesetzt wurde, und ermittelt die Zahl der gewachsenen Mutantenklone. Gleichzeitig wird durch Aussäen der Zellen in ein Medium ohne Selektionsmittel die Zahl der Zellen bestimmt, die die Behandlung mit der Testsubstanz überlebt haben, gegenüber der mithilfe der Zahl der Mutantenklone die Mutantenfrequenz bestimmt wird.

23.4.4.1 **HPRT-Test an Zelllinien des chinesischen Hamsters**

Im HPRT-Genmutationstest werden Mutationen am Verlust der Aktivität des Enzyms Hypoxanthin-Phosphoribosyl-Transferase (HPRT) erkannt. Mit dem HPRT-System lassen sich in erster Linie Mutationen innerhalb des *hprt*-Gens erkennen, z. B. Basenpaarsubstitutionen, Leserastermutationen oder kleinere Deletionen. Große Deletionen, die in benachbarte essenzielle Gene übergreifen und sich lichtmikroskopisch als Chromosomenaberrationen bemerkbar machen, sind jedoch häufig letal und können mit dem HPRT-Test nicht gut erfasst werden.

Die HPRT ist ein Enzym, das freie Purinbasen in die entsprechenden Nukleosidmonophosphate umwandelt und sie dadurch für die Synthese von Nukleinsäuren verfügbar macht. Die Selektion der Mutanten beruht auf der unterschiedlichen Toxizität der synthetischen Purinbase 6-Thioguanin (TG) (Abb. 23.6) für die mutierten und die nicht mutierten Zellen. TG wird in Zellen mit funktionsfähiger HPRT in Nukleotide überführt, die toxisch wirken und zum Absterben der Zelle führen. Der Verlust der HPRT-Aktivität macht die Zellen resistent gegen TG.

Das *hprt-Gen* ist auf dem X-Chromosom lokalisiert. Zellen männlicher Tiere (z. B. V79-Zellen) enthalten nur ein X-Chromosom, sind also hemizygot für das *hprt-Gen.* In Zellen weiblicher Tiere (z. B. CHO-Zellen) kommen zwar zwei X-Chromosomen vor, von denen eines jedoch inaktiviert ist. Demnach sind auch diese Zellen funktionell hemizygot bezüglich des *hprt-Gens.* In beiden Zelltypen kann deshalb eine einzige Mutation zum Verlust der HPRT-Aktivität und zur Erzeugung des Thioguanin resistenten Phänotyps führen.

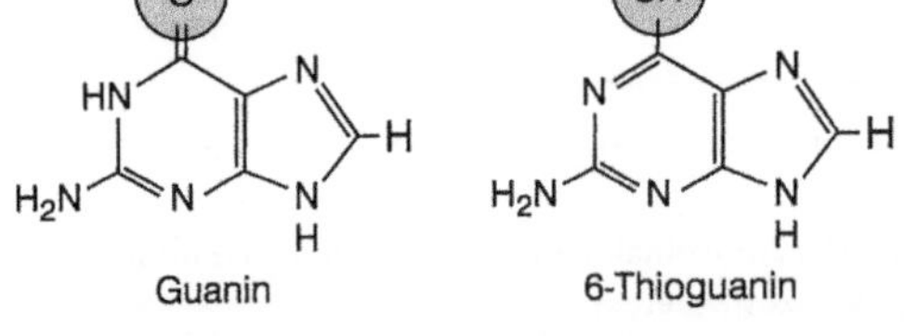

Abb. 23.6 Strukturen von Guanin und 6-Thioguanin.

23.4.4.2 Thymidinkinasetest an L5178Y-Mäuselymphomzellen

> Der L5178Y/TK-Genmutationstest weist den erblichen Verlust der Aktivität des Enzyms Thymidinkinase (TK) in der für das *tk*-Gen heterozygoten Mäuselymphomzelllinie L5178Y TK$^{+/-}$ nach. Mit dem Test lassen sich sowohl Mutationen, die auf das *tk*-Gen beschränkt sind, als auch große, lichtmikroskopisch als Chromosomenaberration erkennbare Mutationen erfassen.

Für die Selektion nutzt man die unterschiedliche Toxizität des Thymidinanalogons Trifluorthymidin (TFT) (Abb. 23.7) in den mutierten und den nicht mutierten Zellen. TFT wird wie Thymidin, das physiologische Substrat der Thymidinkinase, durch das Enzym in phosphorylierte Produkte überführt, die im Falle des TFT jedoch toxisch sind und zum Absterben der Zellen führen.

Da das *tk*-Gen nicht – wie das *hprt-Gen* – auf dem X-Chromsom lokalisiert ist und demnach zweimal in aktiver Form in jeder Zelle vorkommt, wird der Trifluorthymidin resistente (TFT^r) Phänotyp erst ausgeprägt, wenn beide Gene inaktiviert sind, d. h. Mutationen im *tk*-Locus sind rezessiv. In der Routine-Mutagenitätstestung wird deshalb eine spezielle heterozygote Zelllinie eingesetzt, bei der nur noch eines der beiden *tk*-Gene funktionell aktiv ist (L5178Y TK$^{+/-}$). In diesen Zellen kann bereits eine Mutation im *tk*$^{+}$-Allel zur Erzeugung des TK$^{-/-}$-Phänotyps ausreichen. Eine weitere *tk*-heterozygote Zelllinie ist die humane TK6-Linie, die auch eingesetzt wird.

Mutanten, die auf Mutationen in dem für das Wachstum nicht essenziellen *tk*$^{+}$-Allel beruhen, bilden theoretisch schnell wachsende, große Kolonien. Dieser Mutantentyp entspricht anscheinend weitgehend den im HPRT-System erfassbaren Mutationen. Mit dem L5178Y/TK$^{+/-}$-System können jedoch auch große Deletionen von mehreren Kilobasen, die mit spezifischen Chromosomenmutationen assoziiert sind, als Mutationen erkannt werden. Die auf Chromosomenaberrationen beruhenden Mutationen äußern sich theoretisch im Auftreten kleiner, langsam wachsender Kolonien mutierter Zellen. Allerdings scheint diese Korrelation des mutagenen Mechanismus aufgrund der Koloniegröße nicht in jedem Fall zuzutreffen, sodass, obwohl eine Aufzeichnung der Koloniegröße routinemäßig durchgeführt wird, dieser Parameter nicht überbewertet werden sollte.

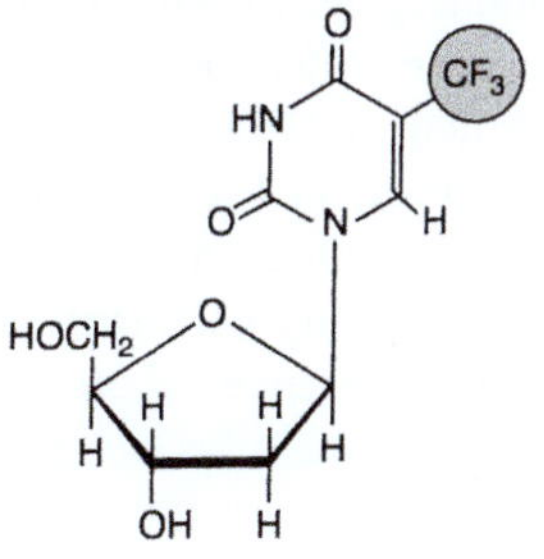

Abb. 23.7 Trifluorthymidin.

Das Ansprechen des L5178Y/TK$^{+/-}$-Systems auf Deletionen und Insertionen hat eine im Vergleich zum HPRT-System erweiterte Sensitivität zur Folge, die auch die Erfassung klastogener Substanzen erlaubt.

23.5
Zelltransformationstests

In bestimmten Säugerzellen lassen sich durch kanzerogene Chemikalien erhebliche Veränderungen der Zellmorphologie und des Wachstumsverhaltens hervorrufen, durch die diese Zellen Tumorzellen ähnlich werden. Zu den Veränderungen, die als Folge dieser „Transformation" auftreten können, gehört der Verlust der Wachstumskontrolle, der sich in veränderten Zelleigenschaften äußern kann, z. B. als Verlust der Kontakthemmung, als Fähigkeit zum Wachstum im Weichagar oder zur unbegrenzten Zellteilung (Immortalisierung). Somit stellt sich der Prozess der Transformation als komplexer Prozess dar, der in vielen Aspekte dem mehrstufigen Prozess der Krebsentstehung ähnelt.

Dass die in den transformierten Zellen beobachteten Veränderungen tatsächlich in enger Beziehung zur Krebsentwicklung stehen, geht aus der Beobachtung hervor, dass transformierte Zellen nach Implantation in Versuchstiere häufig zu Tumoren führen.

Die molekularen Mechanismen, die den verschiedenen Transformationsschritten zugrunde liegen, sind bis jetzt nur unzureichend aufgeklärt. Offenbar können die Transformationstestsysteme nicht nur Mutagene, sondern auch bestimmte Tumorpromotoren identifizieren.

23.5.1
Transformationstest mit Mäusefibroblasten-Zelllinien

Bestimmte Mäusefibroblasten-Zelllinien, wie die C3H10T1/2-, Balb/c3T3- oder M2-Zellen, unterliegen trotz ihrer Fähigkeit zum unbegrenzten Wachstum einer Wachstumshemmung bei Kontakt mit benachbarten Zellen. Der Verlust dieser Kontakthemmung in einzelnen Zellklonen nach Behandlung der Zellen mit einer transformierenden Substanz führt zur Ausbildung sogenannter Foci, die aus mehrschichtigen Zellenhaufen bestehen und sich nach dem Anfärben deutlich vom darunterliegenden Zellrasen abheben. Die Häufigkeit dieser Foci wird als quantitatives Maß für die transformierende Wirkung der betreffenden Testsubstanz herangezogen. Zwar ist die Auswertung der Experimente unproblematisch, die Technik stellt jedoch hohe Anforderungen an das durchführende Labor, zumal die Zellen 1–2 Monate kultiviert werden müssen.

23.5.2 Transformationstest mit embryonalen Zellen des syrischen Hamsters

Dieses Testsystem bietet gegenüber dem Mäusefibroblastensystem den Vorteil, dass die Untersuchungen an normalen Zellen, die noch keine transformierten Eigenschaften aufweisen, durchgeführt werden. Die Ausgangszellen werden aus ganzen Embryonen syrischer Hamster gewonnen (syrian hamster embryo cells, SHE-Zellen) und sind dementsprechend sehr heterogen. Üblicherweise werden frühe Subkulturen mehrerer Embryonen kombiniert und eingefroren, was den Vorteil bietet, dass eine größere Zahl von Experimenten mit dem gleichen Ausgangsmaterial, dessen Eignung für Transformationstests sich in einem Pilotexperiment mit einem Standardkanzerogen erwiesen hat, durchgeführt werden kann.

Bei der meistens angewandten Variante dieses Transformationstests werden die Zellen in geringer Dichte ausgesät, mit der Testsubstanz behandelt und nach ca. einer Woche mikroskopisch untersucht. Transformierte Kolonien können daran erkannt werden, dass die Zellen ungeordnet *(criss-cross)* wachsen und sich bezüglich ihres Zytoplasma-Zellkern-Verhältnisses von normalen Zellen unterscheiden. Spontane Transformationen werden selten beobachtet, aber auch die Häufigkeit der induzierten Transformationen ist in aller Regel sehr niedrig (meistens weniger als fünf transformierte pro 1000 Kolonien), und eindeutige Konzentrations-Wirkungs-Beziehungen werden selten erhalten. Üblicherweise werden mindestens 1000 Kolonien pro Behandlungsgruppe untersucht, was die Auswertung sehr arbeitsaufwendig macht.

Eine günstige Eigenschaft der SHE-Zellen liegt darin, dass sie, vor allem während der ersten Passagen, noch ein vergleichsweise breites Spektrum fremdstoffmetabolisierender Enzyme aufweisen.

23.6 Zusammenfassung

Das breite Spektrum genotoxischer Wirkungen, die Chemikalien in Zellen entfalten können, spiegelt sich in der großen Vielfalt der *In-vitro*-Testsysteme wider, die zur Identifizierung und Quantifizierung dieser Wirkungen zur Verfügung stehen. *In-vitro*-Genotoxizitätsuntersuchungen können an verschiedenen Testorganismen durchgeführt werden, die sich in ihrer Fähigkeit zur Metabolisierung von Fremdstoffen häufig sehr stark unterscheiden und mit denen jeweils ein breites Spektrum unterschiedlichster Endpunkte für den Nachweis genotoxischer Wirkungen erfasst werden kann. Die meisten dieser Endpunkte können wiederum mithilfe verschiedener experimenteller Verfahren bestimmt werden. Da viele Substanzen ganz spezifische genotoxische Wirkungen auf Organismen ausüben, lassen sich ihre Effekte auf die Zelle nur durch den Einsatz der Testsysteme, die sich zum Nachweis dieser Wirkungen eignen, erkennen. Eine pauschale Charakterisierung einer Substanz als genotoxisch bzw. nicht genotoxisch ohne Angabe der Testsysteme, die bei den durchgeführten Untersuchungen zum Einsatz kamen, ist deshalb nicht sinnvoll. Widersprüchliche Befunde über die Wirkung einer Substanz in verschiedenen *In-vitro*-Systemen lassen sich bei Kenntnis der Mechanismen, auf denen die jeweiligen genotoxischen Wirkungen beruhen können, häufig als logische Konsequenz der spezifischen Eigenschaften der Substanz verstehen. Genotoxizitätsuntersuchungen *in vitro* sind deshalb nicht nur für den Einsatz als schnelle und einfache Verfahren zur Erkennung genotoxischer Eigenschaften geeignet, sondern sie können auch zur Aufklärung der Wirkungsmechanismen von Substanzen herangezogen werden.

Weiterführende Literatur

International Conference on Harmonization of Technical Requirements for Registration of Pharmaceuticals for Human Use (2011) ICH S2(R1), *Guidance on genotoxicity testing and data interpretation for pharmaceuticals intended for human use*, http://www.ich.org/products/guidelines/safety/article/safety-guidelines.html (21 December 2015).

OECD guidelines for the testing of chemicals, http://www.oecd-ilibrary.org/environment/oecd-guidelines-for-the-testing-of-chemicals-section-4-health-effects_20745788 (21 December 2015).

Pfuhler, S., Fellows, M., van Benthem, J., Corvi, R., Curren, R., Dearfield, K., Fowler, P., Frötschl, R., Elhajouji, A., Le Hégarat, L., Kasamatsu, T., Kojima, H., Ouédraogo, G., Scott, A. und Speit, G. (2011). In vitro Genotoxicity Test Approaches with Better Predictivity: Summary of an IWGT workshop. *Mut. Res.*, **723**, 101–107.

24
Mutagenitätstests *in vivo*

I.-D. Adler

24.1
Einleitung

> Die Tierversuche zur Mutagenitätstestung lassen sich in zwei Gruppen einteilen: (1) Untersuchungen in somatischen Zellen und (2) Untersuchungen in Keimzellen bzw. Nachkommen. Die Mutationen in somatischen Zellen werden als Indikation für eine kanzerogene Wirkung der Testsubstanz gewertet. Mutationen in Keimzellen weisen auf eine genetische Gefährdung der menschlichen Nachkommen hin. Grundsätzlich unterscheidet man drei Klassen der mutagenen Veränderungen: Chromosomenmutationen, Genmutationen und Genommutationen (klastogene, mutagene oder aneugene Wirkung).

Unter *Chromosomenmutationen* versteht man alle strukturellen Veränderungen der Chromosomen, die mit Gewinn, Verlust oder Umlagerung von Chromosomenabschnitten einhergehen, *Genmutationen* sind alle Änderungen im Informationsgehalt eines Gens und *Genommutationen* beinhalten Änderungen der Chromosomenzahl. Eine Reihe von Indikatortests, die DNA-Strangbrüche (Comet-Assay, alkalische Eluation), DNA-Reparaturvorgänge (USD-TEST) oder Schwesterchromatidaustausche (SCE-Test) nachweisen, sind als Genotoxizitätstests nicht Gegenstand dieses Kapitels. Diese unter *In-vitro*-Genotoxizitätstests beschriebenen Verfahren können auch *in vivo* an somatischen Zellen und Keimzellen eingesetzt werden.

Zur Erfassung der Induktion von *Chromosomenmutationen in somatischen Zellen* stehen die Analyse struktureller Chromosomenveränderungen in mitotischen Zellen und die Beobachtung von Mikronuklei in polychromatischen Erythrozyten des Knochenmarks im Vordergrund. Diese Untersuchungen können aber auch an sich teilenden Zellen anderer Gewebe oder Organe durchgeführt werden (Leber, Colonepithel, Mundschleimhaut, Lungenepithel u. Ä.).

Zur Untersuchung der Induktion von *Genmutationen in somatischen Zellen* wurde ursprünglich nur der Fellfleckentest der Maus eingesetzt, in dem Mutationen zu rezessiven Fellfarben-Allelen in Melanoblasten transplazental behandelter

Das Toxikologiebuch, 1. Auflage. Helmut Greim (Hrsg.).

Mäusefeten erfasst werden. Unter Einsatz molekularbiologischer Methoden und um die Zahl der Versuchstiere zu verringern, wurden transgene Mäuse- und Rattenstämme (Big Blue® und Muta™ Maus oder Ratte, gpt delta Maus oder Ratte) durch Integration mikrobieller Reportergene entwickelt. Nach Isolation der integrierten DNA können darin mit *In-vitro*-Methoden Mutationen festgestellt werden. Der neueste Pig-A Assay untersucht Mutationen in einem endogenen, X-chromosomalen Gen, das für Ankerproteine auf der Zelloberfläche von Zellen der blutbildenden Systeme codiert.

In den *Keimzellen* werden die *Chromosomenaberrationen* in Teilungsstadien der männlichen Keimzellen, Mitosen der Spermatogonien, ähnlich wie im Knochenmark, direkt untersucht. Indirekt gibt der *Mikronukleustest in frühen Spermatidenstadien* Aufschluss über die Induktion von Chromosomenfragmenten oder die Fehlverteilung ganzer Chromosomen in Spermatozyten. Mit dem Dominant Letaltest erhält man Information über die Induktion von Chromosomenmutationen in den verschiedenen Entwicklungsstadien der männlichen Keimzellen, da Chromosomenaberrationen mit Informationsverlust zum Absterben der Embryonen führen. Der erbliche Translokationstest erfasst in den Nachkommen exponierter Tiere die Aberrationsformen, die mit dem Überleben der Embryonen vereinbar sind, vorwiegend reziproke Translokationen, aber auch Robertson'sche Translokationen und Aneuploidien der Geschlechtschromosomen (X0, XXY und XYY). Zur Erfassung von induzierten *Chromosomenfehlverteilungen* (Genommutationen) wurde der Spermien-FISH-Assay entwickelt, in dem chromosomenspezifische, fluoreszenzmarkierte DNA-Proben erlauben, überzählige oder fehlende Chromosomen in Spermien zu erkennen.

Für die Untersuchung von *Genmutationen in Keimzellen* stand bisher nur der spezifische Locustest als klassische Methode zur Verfügung, der Mutationen an sieben rezessiven Genen der Maus erfasst. Da diese Versuche große Tierhaltungen und spezielle Mäusestämme erfordern, hat man sich in den letzten Jahren darauf konzentriert, die *molekularbiologischen Methoden* (Big Blue und MutaMaus oder Ratte, gpt delta Mäuse) aus der somatischen Mutationstestung auch *auf Keimzellen zu übertragen*. Die neuesten Entwicklungen zielen darauf ab, molekulargenetische Methoden der Humangenetik zur Mutationserkennung in Familien mit Erbkrankheiten – Expanded Single Tandem Repeats (ESTR), Single Nucleotid Polymorphismen (SNP), Copy Number Variations (CNV) – für die Keimzellmutationstestung in Tierversuchen einsetzbar zu machen.

Die meisten Untersuchungen zur Keimzellmutagenität werden an männlichen Tieren durchgeführt, weil die Keimzellvermehrung während der gesamten reproduktiven Phase männlicher Tiere abläuft. Die Zahl der zur Verfügung stehenden Spermien ist im männlichen Tier nahezu unbegrenzt und alle Entwicklungsstadien von den Stammzellen bis zu den reifen Spermien können untersucht werden. In weiblichen Tieren finden die Keimzellvermehrung und ein Teil der Keimzellentwicklung vorgeburtlich statt. Bei der Geburt ist die Zahl der zur Verfügung stehenden Eizellen festgelegt und im geschlechtsreifen weiblichen Tier findet wie beim Menschen nur noch die letzte Phase der Keimzellentwicklung statt.

Zur Untersuchung der mutagenen und klastogenen (chromosomenbrechenden) Wirkung von Umweltnoxen und Arzneimitteln werden in der Regel Mäuse eingesetzt und für einige der Tests sind spezielle Mäusestämme absolute Voraussetzung (z. B. Fellfleckentest, spezifischer Locustest, Big Blue und MutaMaus). Im Bemühen, die genetischen Tests in die Versuchsabläufe der allgemeinen Toxikologie zu integrieren, werden verschiedene Tests auch an Ratten durchgeführt (Mikronukleustest, Genmutationstests in Big Blue- und MutaRatten, gpt delta Ratten).

Die Tiere werden mit den Testsubstanzen durch intraperitoneale Injektion (ip), per Schlundsonde (po) oder Inhalation behandelt. Verabreichungen der Testsubstanz im Futter oder Trinkwasser sind selten, da sich die aufgenommene Menge der Testsubstanz nur ungenau bestimmen lässt. Gelegentlich wird dermale Applikation (skin painting) eingesetzt, wenn der Verdacht auf Induktion von Hautkrebs vorliegt und man feststellen will, ob ein genetischer Mechanismus zugrunde liegt.

Eher ungebräuchlich sind intravenöse, intramuskuläre oder subkutane Injektionen. In den meisten Chromosomenaberrationstests ist eine akute Behandlung der subchronischen oder chronischen Behandlung vorzuziehen, weil erste Teilungen nach der Behandlung untersucht werden müssen. Mutagenitätstests nach chronischen Behandlungen werden sicher zunehmen, wenn sie in die allgemeinen Toxizitätsprüfungen integriert werden. Die Behandlung erfolgt mit einer maximal tolerierbaren Dosis (MTD), um die Wirkung zu optimieren, aber toxische Effekte zu vermeiden. Zur Erstellung einer Dosis-Wirkungs-Beziehung werden zwei weitere, niedrigere Dosierungen verwendet (z. B. MTD/2 und MTD/5). Bei nicht toxischen Substanzen werden in der Regel 2 g/kg als einzige Dosierung vorgeschlagen.

Im Rahmen der alle vier Jahre stattfindenden Meetings der International Association of Environmental Mutagenesis Societies (IAEMS) werden seit 1993 Workshops on Genotoxicity Testing (IWGTs) durchgeführt, bei denen sich die Fachleute mit der Entwicklung und Standardisierung von neuen Testmethoden beschäftigen. Dabei werden auch nationenübergreifende Ringversuche initiiert, um die Datenbanken zu vervollständigen und Laborvergleiche zu ermöglichen. Aufgrund der Veröffentlichungen der Workshops konnten neue Methoden in die Legislative Eingang finden. Zurzeit wird der Pig-A Assay überprüft und eine Aufnahme in die OECD-Prüfrichtlinien ist 2017/2018 zu erwarten.

24.2
Chromosomenmutationen in somatischen Zellen

Zur Feststellung der klastogenen Wirkung einer Testsubstanz erfolgt die mikroskopische Analyse von Chromosomenaberrationen vorwiegend in mitotischen Teilungen der Knochenmarkzellen. Das Prinzip jeder mikroskopischen Auswertung von Chromosomenaberrationen ist die Untersuchung der ersten mitotischen Teilung nach der Behandlung.

Der Grund für die Untersuchung der ersten mitotischen Teilung nach der Behandlung ist die Tatsache, dass verschiedene Aberrationsformen, z. B. Chromosomenfragmente, beim Durchlaufen der Zellteilung verloren gehen und somit zum Absterben der Zelle führen. Die mikroskopisch sichtbaren Chromosomenaberrationen werden in Chromatidentyp- und Chromosomentypaberrationen unterteilt, je nachdem ob sie eine oder beide Chromatiden eines Chromosoms betreffen. Man unterscheidet Chemikalien danach, ob die Induktion von Chromosomenaberrationen eine DNS-Synthese (S-Phase abhängige Wirkung) benötigt, in der die Primärläsionen (z. B. Doppelstrangbrüche) in strukturell sichtbare Chromosomenveränderungen umgesetzt werden, oder nicht (S-Phase unabhängige Wirkung). Die Versuchsdurchführung ist in der EWG-Direktive (1986) sowie in der OECD-Prüfrichtlinie 475 (2014) vorgegeben. Chromosomenanalysen können auch in mitotischen Zellen anderer Gewebe/Organe durchgeführt werden, wenn entsprechende Vorinformationen, z. B. der Verdacht auf eine organspezifische kanzerogene Wirkung, vorhanden sind und der Wirkungsmechanismus geklärt werden soll.

In Ringstudien hat sich gezeigt, dass die Beurteilung von Aberrationen, insbesondere die Unterscheidung von achromatischen Läsionen (Gaps) und Brüchen, sehr unterschiedlich gehandhabt wird. *Gaps* sind als Farblücken in den Chromatiden definiert, die keine Diskontinuität in der DNA bedeuten, sondern eher als Änderungen im Kondensationsgrad des Chromatins zu betrachten sind. Sie sollten von *Brüchen* klar abgegrenzt werden, die eine Unterbrechung der Chromatiden darstellen, was sich am sichersten an der Dislokation des entstandenen Fragments erkennen lässt. Substanzen, die nur die Zahl der Gaps erhöhen, werden nicht als klastogen angesehen. Mit der Entwicklung der Fluoreszenz-in-situ-Hybridisierung (FISH) mit chromosomenspezifischen DNA-Proben ist es möglich geworden, reziproke Translokationen und andere balancierte Aberrationsformen zu erkennen. Die Erhöhung dieser stabilen Chromosomenveränderungen ist besonders bedeutsam, da sie an Tochterzellen weitergegeben werden und somit einen Klon chromosomal veränderter Zellen hervorrufen, die als Grundlage der Krebsentstehung angesehen werden.

Der zur Prüfung auf klastogene Wirkung eingesetzte *Mikronukleustest* wird klassischerweise in jungen (polychromatischen) Erythrozyten des Knochenmarks durchgeführt. Mikronuklei können nach der Zellteilung in den Tochterzellen durch Chromosomenfragmente oder durch ganze Chromosomen gebildet werden (Abb. 24.1).

> Prinzipiell bieten alle proliferierenden Gewebe die Möglichkeit zur Untersuchung der Induktion von Mikronuklei. Polychromatische (junge) Erythrozyten eignen sich jedoch besonders gut zur Zählung von Mikronuklei, da der Hauptkern nach der letzten Zellteilung der Erythroblasten ausgestoßen wird, nicht aber die Mikronuklei.

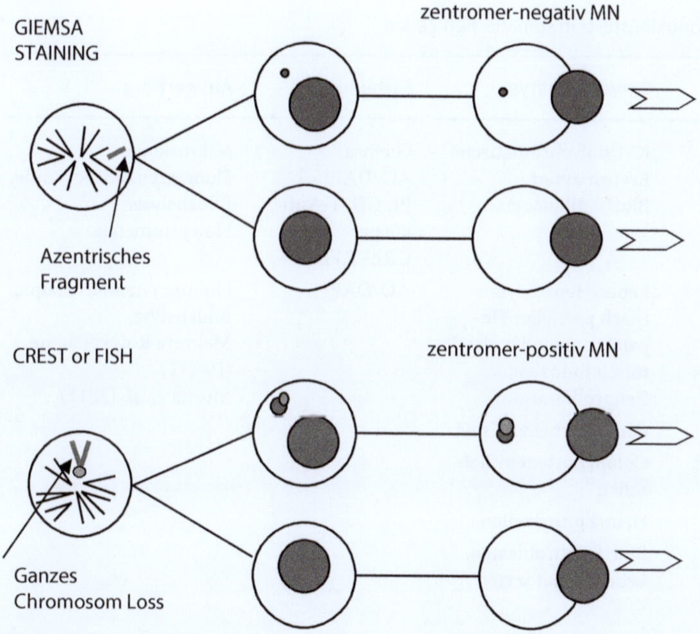

Abb. 24.1 Schematische Darstellung der Mikronukleusentstehung. Der graue Punkt zeigt die Zentromerregion an (Pfeil). Die großen Pfeile deuten an, dass der Hauptkern ausgestoßen wird. MN = Mikronukleus; CREST = immunologische Fluoreszenzmarkierung von zentromernahem Chromatin; FISH = Fluoreszenz-in-situ-Hybridisierung mit zentromernahen DNA-Proben.

Ringstudien haben gezeigt, dass die Übereinstimmung zwischen verschiedenen Labors für den Mikronukleustest wesentlich besser ist als für die Analyse von Chromosomenaberrationen. Die Versuchsdurchführung ist in der EWG-Direktive (1986) sowie der OECD-Prüfrichtlinie 474 (1997, 2014) vorgegeben.

In den letzten Jahren sind einige Varianten in der Präparateherstellung und in den Färbemethoden publiziert worden, die zu Verbesserungen der Methode geführt haben. So wird z. B. eine Anreicherung der polychromatischen Erythrozyten durch Filtrierungs- und Zentrifugierungsschritte erreicht, die eine automatisierte bildanalytische oder durchflusszytometrische Auswertung der Präparate erleichtern. Außerdem werden je nach Auswertungstechnik fluoreszierende Farbstoffe eingesetzt, um die Unterscheidbarkeit zwischen jungen und alten Erythrozyten zu verbessern, die sich hauptsächlich in ihrem Gehalt an RNA differenzieren lassen. Junge Erythrozyten sind noch voller RNA, die alten haben diesen Vorrat verbraucht.

Tab. 24.1 Mikronukleustests in somatischen Zellen.

Spezies	Gewebe/Zelltyp	Färbung	Auswertung
Maus/Ratte	KM/polychromatische Erythrozyten Blut/Retikulozyten	Giemsa, AO/DAPI, PI, CD71-Antikörper CREST,FISH	Mikroskopie, Fluoreszenzmikroskopie, Bildanalyse, Flowzytometrie
Maus/Ratte, (adult)	Leber/Hepatozyten (nach partieller Hepatektomie oder chemisch induzierter Zellproliferation)	AO/DAPI	Fluoreszenzmikroskopie, Bildanalyse, Mehrere Ringversuche (IWGT) Morita *et al.* (2011)
Ratte (jung)	Ohne Vorbehandlung		
Maus/Ratte	Colon/Zottenepithelzellen		
Maus/Ratte	Haut/Epithelzellen		
Maus/Ratte (Feten, Neugeborene)	Blut/Erythroblasten, Leber/Hepatozyten		

KM – Knochenmark; AO – Acridin Orange; DAPI – 4,6-Diamidino-2-phenolindoldihydrochlorid; CREST – Antikörper gegen zentromernahes Heterochromatin; FISH – Fluoreszenz-in-situ-Hybridisierung mit zentromerspezifischen DNA-Proben; PI – Propidiumjodid; CD71 Antikörper gegen Oberflächenprotein von Retikulozyten; IWGT – International Workshop on Genotoxicity Testing; OECD – Organization for Economic Cooperation and Development; FDA – Food and Drug Administration (USA); EFSA – European Food Safety Authority.

Die neuere Entwicklung geht dahin, dass der Mikronukleustest auch zur Erkennung der Induktion von Genommutationen eingesetzt wird, denn Mikronuklei können auch aus kompletten Chromosomen bestehen, die den Anschluss an die Spindel bei der Zellteilung verloren haben (Abb. 24.1).

Um eine Unterscheidung der Mikronukleusentstehung zu ermöglichen, verwendet man immunologische (CREST-Färbung, CD71-Antikörper) und molekulargenetische Methoden (FISH mit zentromernahen DNA-Proben). Damit kann die Anwesenheit eines Zentromers im Mikronukleus nachgewiesen werden, d. h. der Mikronukleus enthält ein ganzes Chromosom und ist durch die aneugene Wirkung der Testsubstanz entstanden.

Tabelle 24.1 fasst die verschiedenen Möglichkeiten für Mikronukleusuntersuchungen zusammen. Es hat sich gezeigt, dass sich auch die polychromatischen Erythrozyten (Retikulozyten) im peripheren Blut der Maus oder der Ratte zur Zählung von Mikronuklei eignen, weil man mit der Fluoreszenzfärbung und anschließender Duchflusszytometrie große Stichproben verarbeiten kann. Diese Methode hat ihren besonderen Vorteil darin, dass sie sich in die Toxizitätsstudien integrieren lässt, indem man den Tieren mehrmals kleine Blutproben abnimmt, sodass eine Behandlung zusätzlicher Tiere vermieden wird.

> Die Induktion von Chromosomen- und Genomveränderungen in somatischen Zellen *in vivo* durch eine Substanz führt nicht nur zur Klärung des Wirkmechanismus eines Karzinogens, sondern auch zur Einstufung als Keimzellmutagen (Tab. 24.6).

Es ist nicht unbedingt davon auszugehen, dass die Metaboliten indirekter Mutagene zum Knochenmark gelangen. Da die Leber das metabolisch aktivste Organ ist, wurden verschiedene Methoden entwickelt, die eine Mikronukleuszählung in Hepatozyten der Ratte erlauben. Andere Gewebe mit mitotischer Aktivität, wie Darmzotten, Lungenepithel, Mundschleimhaut oder Haut eignen sich auch zur Mikronukleusanalyse.

In der Regel wird ein Test für Klastogenität zur Verifikation eines positiven *In-vitro*-Tests für *In-vivo*-Chromosomenaberrationen eingesetzt. Die Möglichkeiten für falsch-positive und falsch-negative Ergebnisse im *In-vivo*-Mikronukleustest im Knochenmark von Nagern wurden auf dem 4. IWGT-Workshop ausführlich dargestellt. Substanzabhängige Störungen in der Physiologie des Testorganismus (Ratte oder Maus) können zur Mikronukleusbildung führen und haben daher nichts mit einer genotoxischen Wirkung zu tun. Zu diesen Störungen gehören längere Änderungen der Körpertemperatur (Hypothermie oder Hyperthermie), Änderungen in der Zellteilungsrate der Erythroblastenpopulation und Inhibition der Proteinsynthese. Um falsch-positive Urteile zu vermeiden, sollte der Wirkungsmechanismus der Testsubstanz in Betracht gezogen und gegebenenfalls ein Chromosomenaberrationstest angeschlossen werden. Sollte ein nachgewiesenes Karzinogen im Knochenmarktest eindeutig negative Ergebnisse zeigen, so ist an eine organspezifische Wirkung zu denken und eine der o. g. Varianten des Mikronukleustests kann eingesetzt werden, um eine falsch-negative Beurteilung zu vermeiden.

24.3 Genmutationen in somatischen Zellen

Im Fellfleckentest werden Genmutationen in pigmentbildenden Melanozyten nach intrauteriner Behandlung von Mäusen erfasst. Es werden Mäuse bestimmter genetischer Konstitution gekreuzt, die sich in mehreren Fellfarbgenen unterscheiden. Die Embryonen sind homozygot für non-agouti (schwarzes Fell) und heterozygot für verschiedene rezessive Fellfarbgene und damit haben sie ein schwarzes Fell. Die trächtigen Weibchen werden zwischen dem 8. und 12. Gestationstag behandelt. Die Mutation eines rezessiven Farbgens in einem embryonalen Melanoblasten bildet einen Zellklon, der sich als Fleck mit veränderter Pigmen-

Tab. 24.2 Genmutationstests in somatischen Zellen.

Tierstämme	Testsystem	Reportergen	Zelltyp	Auswertung	Akzeptanz
Transgene Mäuse und Ratten	Big Blue® Muta™Mouse GPG	*Lac Z* *Lac I* *Gpt delta*	Alle Organe	Bakterien Plaques mit Farbänderung, Phagenplasmide	OECD-488 (2013)
Wildtyp-Mäuse und Ratten, Menschen	Pig-A	*Endogen*	Knochenmark und Milz	Flowzytometrie für CD59- und CD48-negative Zellen	Im Validierungsstadium Dertinger *et al.* (2015)
Wildtyp- und Teststock-Mäuse	Maus Spottest	5 Fellfarbengene	Melanoblasten	Visuell als Fellflecken	EWG-Direktive (1986)

Lac Z – bakterielles Gen (codiert β-Galaktosidase); Lac I – bakterielles Gen (codiert Laktosidaserepressorprotein); Gpt delta – bakterielles Gen in λ EG10 Phagen DNA; Pig-A – X-chromosomales Gen (codiert für Ankerproteine der Zelloberfläche); CD59 und CD48 – Antikörper gegen Oberflächenproteine; WHO – Weltgesundheitsorganisation; OECD – Organization for Economic Cooperation and Development; EWG – Europäische Wirtschaftsgemeinschaft.

tierung auf dem Fell des Nachkommen ausprägt. Die mikroskopische Untersuchung der Pigmentierung von Haarproben aus dem Fellfleck erlaubt eine genaue Bestimmung des mutierten Gens. Es besteht eine gute Korrelation zwischen den Ergebnissen im Fellfleckentest und im spezifischen Locustest.

Die Versuchsdurchführung ist in der EWG-Direktive (1986) vorgegeben. Allerdings sind die Mäusestämme mit den entsprechenden Genkonstellationen nahezu ausgestorben, sodass der Test nicht mehr eingesetzt wird. Es besteht aber eine gute Datenbasis mit unterschiedlichsten Chemikalien, gegen die die neueren molekulargenetischen Tests kalibriert werden können. Tabelle 24.2 gibt einen Überblick über Genmutationstests in somatischen Zellen.

Mit der Entwicklung der Übertragung bakterieller Gene in Säugerzellen ergab sich die Möglichkeit transgene Mäusestämme zu entwickeln. Dabei wurde z. B. das bakterielle *Lac*Z (Muta™Maus) oder das *LacI*-Gen (Big Blue®) mithilfe von λ-Vektoren stabil in das Mäuse- oder Rattengenom von befruchteten Eizellen integriert. Aus dem zu untersuchenden Gewebe wird die DNA isoliert, *in vitro* in λ-Phagen verpackt, mit denen *Escherichia coli* (*E. coli*) Bakterien infiziert werden. Das *Lac*-Operon regelt den Laktosestoffwechsel durch die Bildung von β-Galaktosidase und wird in den Bakterien exprimiert. Als Selektionsfaktor wird das Substrat 5-Bromo-4-chloro-3-indolyl-b-galactopyranosid (X-gal) eingesetzt, durch das mutante Bakterienkolonien weiß (MutaMaus) auf blauem Bakterienrasen oder blau (Big Blue) auf weißem Bakterienrasen erkannt werden können (Transgenic Rodent Somatic and Germ Cell Gene Mutation Assay: OECD Prüfrichtlinie 488).

Die *In-vivo-/In-vitro*-Untersuchungen der bakteriellen Reportergene haben einige Nachteile. Einer liegt darin, dass sie hoch methyliert und in der Säugerzelle nicht transkribiert sind und somit anderen Reparaturmechanismen unterliegen als endogene DNA. Außerdem enthalten sie unproportional viele Guanin (G)- und Cytosin(C)-Basen in Form von CpG-Dinukleotiden. Daher können sich diese Reportergene in ihrer Mutabilität von codierenden Genen des Säugerorganismus erheblich unterscheiden. Ähnliches gilt für einen weiteren Test mit transgenen Nagern, bei dem λ-Phagen-EG10 DNA in die Säugerchromosomen integriert wurde. Mit den aus den tierischen Gewebeproben isolierten Phagen werden in *E. coli* YG6020 Kolonien infiziert. Die Phagen-DNA wird dadurch in ein Plasmid (pYG142) verwandelt, das die bakteriellen Gene Chloramphenicolresistenz und *Gpt* enthält. Das *gpt*-Gen codiert zytosolische Alanin-Aminotransferase1 (ALT1), auch als GPT (Glutamat-Pyruvat-Transaminase bekannt), und spielt im intermediären Stoffwechsel von Glukose und Aminosäuren eine entscheidende Rolle. *gpt*-Mutanten bilden Kolonien in Kulturen, denen Chloramphenicol und 6-Thioguanin zugesetzt wird. Diese Selektionsmethode erkennt Genmutationen. Ein zweiter Selektionsweg läuft über den *chi*-Komplex, der durch *red* und *gam*-Gene flankiert ist. In Kulturmedien mit P2-Lysogen von *E. coli* überleben nur Plasmide mit Deletionen im *chi*-Komplex, die gegen P2-Lysogen unempfindlich sind und Plaques bilden. Die Mutanten werden Lambda Spi- genannt. Diese Methode erlaubt die Erkennung von Deletionen unterschiedlicher Größe.

> Die Induktion von Genmutationen in somatischen Zellen *in vivo* durch eine Substanz führt nicht nur zur Klärung des Wirkmechanismus eines Karzinogens, sondern auch zur Einstufung als Keimzellmutagen (Tab. 24.6).

Die neueste Entwicklung richtete sich auf die Untersuchung von Mutationen an einem körpereigenen Gen, das in Zellen der blutbildenden Systeme exprimiert wird. Mutationen im X-chromosomalen Pig-A Gen sind aus der Humangenetik bekannt und liegen der lebensbedrohlichen Blutkrankheit *paroxysmale, nächtliche Hämoglobinurie* (PNH) zugrunde. Bei dieser Form der hämolytischen Anämie kommt es zur fehlenden oder reduzierten Expression membranschützender Proteine (Ankerproteine, z. B. CD55 und CD59), sodass das Immunsystem im Blut (Komplementsystem) die Zellen zerstören kann. Plötzlich und unregelmäßig auftretender (paroxysmaler, hämoglobinhaltiger) dunkler Urin in der Nacht oder den frühen Morgenstunden gab der Erkrankung den Namen. Diese Ankerproteine kommen in Zellen der blutbildenden Systeme (Knochenmark und Milz) auch bei Nagern vor. In den bereits durch mehrere Ringversuche erprobten Tierversuchsmethoden zur Erkennung und Quantifizierung von Pig-A Mutationen werden fluoreszenzmarkierte Anti-CD59 (Retikulozyten, Blut) oder Anti-CD48 (T-Zellen, Milz) Antikörper eingesetzt. Defiziente, mutierte Zellen lassen sich durchflusszytometrisch auswerten. Da dieser Test mit dem Mikronukleustest an Retikulozyten kombiniert werden kann, ist geplant, beide in akute und 28 Tage-

Toxizitätstests einzufügen. So könnten sowohl klastogene Effekte als auch Genmutationen in kleinen Blutproben parallel entdeckt werden. Die Erprobungsphase läuft. Kürzlich ist von einem Pig-A Test beim Menschen berichtet worden (Dertinger *et al.*, 2015), der den Vergleich von Tierversuchsdaten mit menschlichen Daten aus Biomonitoringstudien erlauben soll.

24.4 Chromosomenmutationen in Keimzellen

Alle genetischen Untersuchungen in Keimzellen setzen die Kenntnis der Keimzellentwicklung und ihres zeitlichen Ablaufes voraus. Am gebräuchlichsten ist die Untersuchung von Chromosomenaberrationen in mitotischen Keimzellstadien, den differenzierten Spermatogonien. Sie entspricht methodisch weitgehend der zytogenetischen Analyse im Knochenmark.

Die Keimzellentwicklung ist in Abb. 24.2 für die männlichen Keimzellen der Maus, der Ratte und des Menschen dargestellt. Stammzellspermatogonien am Boden der Hodenkanälchen teilen sich langsam (alle 6–8 Tage) und bilden neue Stammzellen. Durch einen noch unbekannten Impuls verkürzt sich der Zellzyklus und die Spermatogonien durchlaufen mehrere mitotische Teilungen innerhalb von wenigen Tagen. Während der Spermatozytenphase findet die erste meiotische Teilung statt (Reduktionsteilung), in der jede Tochterzelle nur die halbe Anzahl von Chromosomen erhält. In der zweiten meiotischen Teilung werden die Chromatiden getrennt und jede Tochterzelle besitzt dann einen einfachen (haploiden) Chromosomensatz. In den postmeiotischen Stadien (Spermatiden) werden die Stoffwechselvorgänge heruntergefahren, DNA-Reparatur wird eingestellt und die DNA wird mithilfe bestimmter Proteine (Protamine) in eine Transportform kondensiert. Die reifen Spermien verlassen die Hodenkanälchen durch aktive Geißelbewegung und werden im Nebenhoden (Epidydimis) bis zur Ejakulation gespeichert. Die Stadien unterscheiden sich nur in ihrer jeweiligen Dauer zwischen Maus, Ratte und Mensch.

Die Analyse von Chromosomenaberrationen kann in mitotischen und meiotischen Teilungen der Keimzellen durchgeführt werden (Tab. 24.3).

Am gebräuchlichsten ist die Untersuchung von *Chromosomenaberrationen in mitotischen Keimzellstadien*, den differenzierten Spermatogonien. Sie entspricht methodisch weitgehend der zytogenetischen Analyse im Knochenmark.

Der Versuchsablauf unterscheidet sich allerdings gewebebedingt. Der Zellzyklus im Knochenmark der Maus dauert etwa 14 h, in den sich mitotisch teilenden (differenzierten) Spermatogonien etwa doppelt so lange. Der Spermatogonientest zeigt, dass eine Substanz die Keimzellen erreicht und dort eine klastogene Wirkung hat.

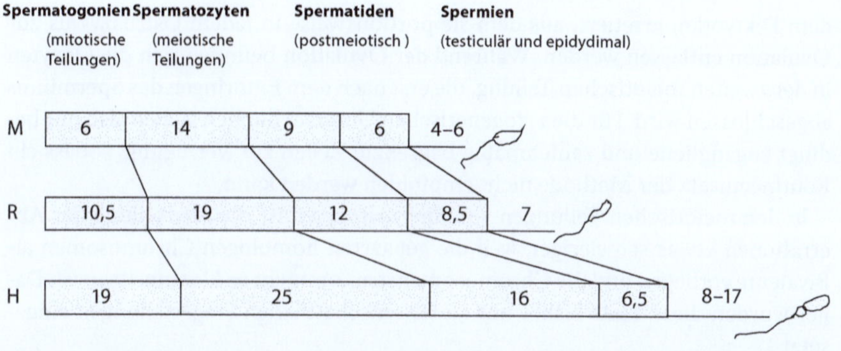

Abb. 24.2 Vergleich der Dauer der verschiedenen Spermatogenesestadien der Maus (M), der Ratte (R) und des Menschen (H). Angaben in Tagen.

Tab. 24.3 Chromosomenmutationstests in Keimzellen.

Testmethode	Keimzellstadien behan-delt/analysiert	Endpunkt	Auswertung	Akzeptanz
Chromosomen-analyse	Differenzierte Spermatogonien	Chromatiden-aberrationen	Mikroskopisch	EWG-Direktive (1986); OECD 483, 1997
Mikronuklei	Spermatozyten/ frühe Spermati-den	Azentrische Chromoso-menfragmente, ganze Chromo-somen	Mikroskopisch Flowzytometrisch nach CREST oder FISH Markierung	Parry und Parry (2012)
Spermien-FISH	Spermatozyten/ Spermien	Chromosomen-fehlverteilung	Mikroskopisch Flowzytometrisch	Parry und Parry (2012)
Dominante Letalmuta-tionen(nach Verpaarung)	Gesamte Sper-matogenese/ F_1 Implantate	Unbalancierte Chromosomen-aberrationen	Makroskopisch *in utero* (Re-sorptionen, tote Implantate)	EWG-Direktive (1986); OECD 478, 1984
Erbliche Trans-lokationen(nach Verpaarung)	Gesamte Sper-matogenese/ F_1 Nachkom-men	Reziproke Translokatio-nen	Fertilitätstestung, zytogenetischer Translokations-nachweis	EWG-Direktive (1986); OECD 485, 1986

Die Aberrationsformen lassen sich in den differenzierten Spermatogonien ebenso mikroskopisch untersuchen wie in den Knochenmarkzellen.

Die Versuchsdurchführung ist in der EWG-Direktive (1986) und in der OECD-Prüfrichtlinie 483 (1997) vorgegeben.

Zytogenetische Untersuchungen in weiblichen Keimzellen sind selten, da die mitotischen Teilungen der Oogonien und die ersten Stadien der meiotischen Prophase während der Fetalentwicklung ablaufen. Zum Zeitpunkt der Geburt ist die Zahl der Oozyten festgelegt, und sie sind in einem bestimmten Prophasestadium, dem Diktyotän, arretiert, aus dem sie portionsweise in jedem Östruszyklus zur Ovulation entlassen werden. Während der Ovulation befinden sich die Oozyten in der zweiten meiotischen Teilung, die erst nach dem Eindringen des Spermiums abgeschlossen wird. Für die zytogenetischen Untersuchungen stehen also nur bedingt zugängliche und zahlenmäßig begrenzte Zellen zur Verfügung, sodass ein Routineeinsatz der Methode nicht empfohlen werden kann.

In den meiotischen Teilungen von Spermatozyten ist die Beurteilung der Aberrationen etwas schwieriger, weil die gepaarten homologen Chromosomen als Bivalente vorliegen und die Chromosomenstruktur nicht so klar umrissen ist. Daher wurden diese Tests bisher nur zu wissenschaftlichen Fragestellungen eingesetzt.

Die in postmeiotischen Keimzellen – Spermatiden und Spermatozoen – induzierten Chromosomenaberrationen lassen sich in der ersten Furchungsteilung nach der Befruchtung zytogenetisch untersuchen. Da diese Methode präparatorisch sehr aufwendig ist, wird sie nur unter bestimmten wissenschaftlichen Fragestellungen eingesetzt.

> Der Mikronukleustest in Spermatiden hat für die Routineanwendung einen ähnlichen Stellenwert bekommen wie im Knochenmark und kann mit modernen molekulargenetischen Färbemethoden (CREST, FISH) zur Differenzierung von klastogener und aneugener Wirkung beitragen.

Der Mikronukleustest in Spermatiden bietet die Möglichkeit der durchflusszytometrischen Auswertung, die schneller ist als die mikroskopische Zählung, und damit kann die Zahl der analysierten Zellen drastisch erhöht werden. Durchflusszytometrie und FISH sind auch zur Erkennung von induzierten Chromosomenfehlverteilungen eingesetzt worden (*Spermien-FISH Assay*). Dabei werden Spermien mit unterschiedlich fluoreszenzmarkierten DNA-Proben von Autosomen und Geschlechtschromosomen (z. B. Chromosom 8 rot, X weiß und Y grün) markiert. Fluoreszenzmikroskopisch oder flowzytometrisch können Spermien mit abweichender Zahl von Farbsignalen erkannt werden. Bei entsprechendem Abstand zwischen Behandlung und Probennahme der Spermien kann man Verteilungsfehler in den meiotischen Teilungen erfassen. Diese Untersuchungsmethode lässt sich auch auf Spermienproben von exponierten Männern anwenden. So konnte gezeigt werden, dass Diazepam (Valium®) nicht nur in Spermien der Maus, sondern auch in Spermien von männlichen Patienten nach erfolglosen Suizidversuchen zu Aneuploidien (Veränderungen der Chromosomenzahl) führt. Diese Information ist von Bedeutung, da Trisomien, speziell die Trisomie 21, bisher immer auf Verteilungsfehler in der weiblichen Meiose zurückgeführt wurden, die mit der Alterung der weiblichen Eizellen zunehmen. Offenbar erhöht auch die Exposition des Vaters mit einem aneugenen Stoff wie Diazepam bei hoher Exposition das Risiko, ein Kind mit Trisomie 21 zu zeugen. Da die Gefahr nur von Zellen in der Meiose ausgeht, kann das Risiko auf das der normalen, nicht exponierten Bevölkerung zurückgesetzt werden, wenn zwischen akuter (einmaliger Exposition) und Konzeption ein Abstand eingehalten wird, der der Länge der Entwicklungsphase von Spermatozyten zu reifen Spermien entspricht. Die Empfehlung für akut exponierte Männer ist dreimonatige Abstinenz. Auch bei chronischer Exposition, z. B. am Arbeitsplatz, sollte eine Abstinenz von drei Monaten nach Expositionsende eingehalten werden.

Die Induktion von Chromosomen- und Genomveränderungen in Keimzellen *in vivo* durch eine Substanz führt zur Einstufung als Keimzellmutagen (Tab. 24.6).

Ähnlich wie in den zytogenetischen Tests in somatischen Zellen, kann es auch in den Keimzelltests zu falsch-positiven Ergebnissen kommen. Die Gründe sind dieselben. Falsch-negative Resultate lassen sich nur anhand der Datenbasis der nicht mehr eingesetzten Tests beurteilen. Vermutlich liegt dann ein Fehler in der Versuchsdurchführung vor.

24.5 Nicht mehr eingesetzte Tests

Mit diesen zytogenetischen Methoden kann aber die Übertragung von Chromosomenveränderungen auf die nächste Generation nicht gezeigt werden. Dazu sind Tierversuche größeren Umfangs notwendig, die allerdings aus Tierschutzgedanken heute kaum noch durchgeführt werden. Sie sollen trotzdem hier kurz beschrieben werden, weil es zum Verständnis älterer Publikationen beiträgt und weil dafür eine große historische Datenbank besteht, an der verglichen werden kann, ob die zytogenetischen Tests mit begrenzter Tierzahl die großen Tierversuche sinnvoll ersetzen können.

Dominante Letalmutationen beruhen auf strukturellen Chromosomenaberrationen in den Keimzellen und geben einen indirekten Hinweis auf die klastogene Wirkung einer Substanz. Chromosomenaberrationen in Keimzellen, die mit dem Verlust von genetischem Material verbunden sind, führen nach der Befruchtung zum Absterben der Embryonen etwa um den Zeitpunkt der Einbettung in die Uterusschleimhaut. Zur Versuchsdurchführung werden keine speziellen Mäuse- oder Rattenstämme benötigt, jedoch sollte der eingesetzte Tierstamm eine relativ hohe und konstante Wurfgröße haben. Nach der Behandlung werden die männlichen Tiere in aufeinanderfolgenden Intervallen von vier oder sieben Tagen mit unbehandelten Weibchen verpaart. Der Tag der Befruchtung wird durch die Ausbildung von Vaginalpfropfen festgestellt. Am 14.–16. Tag der Trächtigkeit werden die Weibchen getötet, und der Uterusinhalt wird untersucht. Tote Implantate (Resorptionen, früh und spät abgestorbene Embryonen) werden notiert. Die induzierte Rate der dominanten Letalmutationen ergibt sich aus der Zahl der lebenden Implantate pro Weibchen in der behandelten Versuchsgruppe geteilt durch

Tab. 24.4 Paarungsintervalle für verschiedene Spermatogenesestadien der Maus.

Paarungsintervalle (Tage)	Behandelte Spermatogenesestadien
1–7	Spermien
8–14	Späte Spermatiden
15–21	Mittlere und frühe Spermatiden
22–28	Spermatozyten
29–35	Spermatozyten
36–42	Differenzierte Spermatogonien
43–mehrere Monate	Spermatogoniale Stammzellen

die Zahl der lebenden Implantate pro Weibchen in der Kontrollgruppe. Dieser Quotient umfasst sowohl die vor als auch die nach der Implantation abgestorbenen Embryonen (prä- und postimplantativer Verlust).

Die Befruchtungen in den verschiedenen Paarungsintervallen repräsentieren verschiedene Entwicklungsstadien der männlichen Keimzellen (Tab. 24.4). Chemische Mutagene sind dadurch charakterisiert, dass sie eine stadienspezifische Wirkung aufweisen, d. h. sie wirken in Entwicklungsstadien der Keimzellen, die für die Substanz oder Substanzklasse besonders empfindlich sind. Dabei können chemisch sehr ähnliche Verbindungen eine sehr unterschiedliche Stadienspezifität aufweisen. Das hängt davon ab, welche physiologischen Vorgänge in den Stadien ablaufen, wie DNA-Replikation, DNA-Reparatur, Chromosomenverteilung (Meiose), Besatz mit Proteinen (Chromatinstatus), Kompaktierung in Spermatozoen. Damit kann durch ein spezifisches Paarungsschema die stadienspezifische Wirkung einer Substanz identifiziert werden.

Die Versuchsdurchführung ist in der EWG-Direktive (1986) und in der OECD-Prüfrichtlinie 478 (1986) beschrieben worden.

> Die Induktion von dominanten Letalmutationen durch eine Substanz führt zur Einstufung als Keimzellmutagen (Tab. 24.6).

Der *erbliche Translokationstest* bestimmt die Zahl der Nachkommen behandelter Mäuse, die eine reziproke Translokation tragen. Im Gegensatz zum Dominant Letaltest erfasst der erbliche Translokationstest die strukturellen Chromosomenveränderungen, bei denen kein genetisches Material verloren geht, die reziproken Translokationen. Keimzellen mit reziproken Translokationen führen zu lebensfähigen Embryonen, die nach der Geburt in aller Regel auch zu äußerlich normalen Tieren heranwachsen, deren Fertilität jedoch reduziert ist.

Die Untersuchung der Nachkommen behandelter Elterntiere kann auf zweierlei Weise geschehen. Der klassische Test erfasst nur männliche Nachkommen (F1-Männchen) und verwendet als Kriterium für den Verdacht auf das Vorhandensein einer Translokation die reduzierte Fertilität. Durch die meiotische Ver-

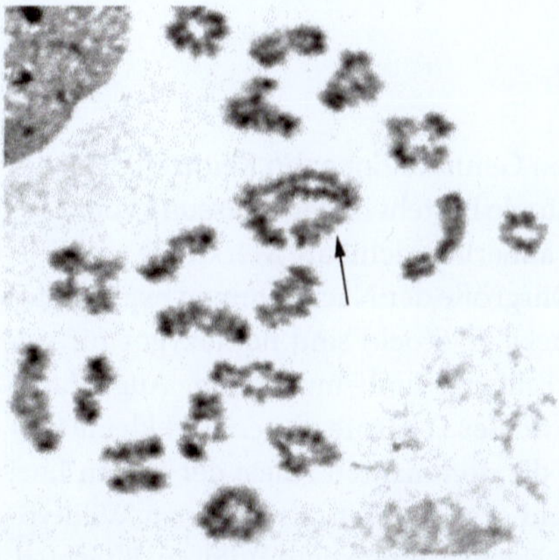

Abb. 24.3 Translokationsmultivalent in der ersten meiotischen Teilung der Spermatozyten der Maus: Ring aus vier Chromosomen (RIV) (Pfeil).

teilung der Translokationschromosomen und ihrer unveränderten Homologen entstehen etwa 50 % unbalancierte Spermien, die zum Tod der Embryonen um den Zeitpunkt der Einbettung in die Uterusschleimhaut führen. Die Fertilität der translokationstragenden F1-Männchen ist daher auf etwa die Hälfte reduziert (Semisterilität). Völlige Sterilität kann durch eine XYY-Konstitution, durch besondere Translokationen, bei denen der Bruch in einem Chromosom nahe dem Zentromer (Spindelansatzstelle) und in dem anderen Chromosom nahe dem Telomer (Chromosomenende) aufgetreten ist, oder das Vorhandensein mehrerer Translokationen verursacht sein. Die Translokation wird durch den zytogenetischen Nachweis bestätigt, bei dem man in einer Testespräparation des F1-Tieres mit reduzierter Fertilität in der ersten meiotischen Teilung Ketten- oder Ringkonfigurationen aus vier Chromosomen (Translokationsmultivalente) beobachtet (Abb. 24.3).

In einer Variante des Tests werden auch die weiblichen F1-Nachkommen in die Untersuchungen einbezogen, sodass keine zusätzlichen Weibchen für die Fertilitätsprüfung der F1-Männchen benötigt werden und gleichzeitig die Zahl der getesteten F1-Tiere nahezu verdoppelt wird. Mit diesem Versuchsansatz können auch XO und XXY-Nachkommen, d. h. Resultate von Fehlverteilungen der Geschlechtschromosomen, erfasst werden. Für die Quantifizierung eines genetischen Risikos waren die Ergebnisse der Translokationstests mit Zytostatika von Bedeutung. Krebspatienten wird bei Kinderwunsch nach Abschluss einer erfolgreichen Chemotherapie eine Abstinenz von sechs Monaten empfohlen.

Die Versuchsdurchführung ist in der EWG-Direktive (1986) und in der OECD-Prüfrichtlinie 485 (1986) beschrieben worden.

Die Induktion von erblichen Translokationen durch eine Substanz führt zur Einstufung als Keimzellmutagen (Tab. 24.6).

24.6
Genmutationen in Keimzellen

Die klassische Methode zur Erkennung von Genmutationen in Keimzellen ist der *spezifische Locustest.* Das Prinzip der Methode besteht in der Erfassung von Genmutationen an sieben rezessiven Loci, die äußerlich sichtbare Merkmale, wie Fellfarbe und -musterung, Augenfarbe und Ohrgröße der Nachkommen exponierter Elterntiere bestimmen. Tiere des Teststocks (T-Stock) sind homozygot für sieben rezessive Allele von Genen, die die Fellfarbe und -musterung, Augenfarbe und Ohrgröße bestimmen. Sie haben ein weißes Fell, rote Augen und kleine Ohren. Wildtyp-Mäuse sind homozygot für die dominanten Allele der sieben Loci und haben braunes Fell, braune Augen und große Ohren. Kreuzt man Wildtyp-Mäuse mit T-Stock-Mäusen, gleichen alle Nachkommen dem Wildtyp-Elternteil, denn sie sind heterozygot und die dominanten Wildtyp-Gene prägen das Aussehen (Phänotyp). Die Wildtyp-Elterntiere werden behandelt. Eine Mutation an einem der sieben Gene zu dem rezessiven Allel in einer Keimzelle eines behandelten Tieres führt zu einem genetisch veränderten Nachkommentier (mutanter Phänotyp). Die Mutante ist dann homozygot für das betroffene rezessive Allel und ist dadurch zu erkennen, dass sie z. B. rote Augen und helles Fell, kurze Ohren, weiße Flecken im Fell oder eine andere Veränderung in der Fellfärbung zeigt.

Mutationshäufigkeiten in den verschiedenen Entwicklungsstadien der Keimzellen können wie im Dominant Letaltest durch das Paarungsschema bestimmt werden. Anschließend an die Behandlung erfolgen Intervallpaarungen (wöchentlicher Wechsel der T-Stock-Weibchen), und dabei kommen behandelte postspermatogoniale Keimzellstadien zur Befruchtung. Nach 42 Tagen beginnt die Dauerpaarung, und es kommen behandelte Spermatogonien zur Befruchtung. Die Stadienspezifität in den postspermatogonialen Entwicklungsstadien der männlichen Keimzellen stimmt für verschiedene Chemikalien zwischen dem spezifischen Locustest und dem dominanten Letaltest überein. Es konnte von der Forschergruppe um Liane B. Russell in Oak Ridge nachgewiesen werden, dass die Mehrzahl der durch Chemikalien in postspermatogonialen Keimzellen induzierten spezifischen Locusmutationen auf Deletionen beruhen, also auf der klastogenen Wirkung der Testsubstanz, während von nur wenigen alkylierenden Substanzen in Spermatogonien Genmutationen induziert werden.

Die Mutationen in den Stammzellen sind für die Quantifizierung des strahlengenetischen Risikos von Bedeutung gewesen. Im Gegensatz zu den Mutationen in den postspermatogonialen Stadien werden Mutationen in den Stammzellen mit dem Ausscheiden des Zelltyps aus dem System nicht eliminiert, sondern mit der Nachbildung von Keimzellen aus der Stammzellpopulation immer wieder kopiert.

Leider existieren keine Labors mehr, die den spezifischen Locustest durchführen können, denn es bedarf einer großen Tierversuchsanlage und die T-Stock-Zucht ist eingestellt worden. Der spezifische Locustest lieferte die wichtigsten experimentellen Daten für die Abschätzung des genetischen Risikos, das für den einzelnen Menschen oder die menschliche Population von einem Mutagen ausgeht.

In der Mehrzahl wurden Krebstherapeutika getestet, deren genetischer Wirkmechanismus bekannt war. Geheilte Patienten haben oft einen besonders starken Kinderwunsch und möchten das Risiko wissen, ein erbkrankes Kind zu zeugen. Seit der Entwicklung der Einfriermethoden für Spermien und Eizellen sowie der *In-vitro*-Fertilisierung (IVF) kann man dem Risiko durch Samen- oder Eispenden vor Behandlungsbeginn vorbeugen.

Molekulargenetische Methoden zur Erkennung von Genmutationen

Ähnlich wie für somatische Zellen, hat man auch *für Keimzellen molekulargenetische Methoden* zur Erkennung von Genmutationen eingesetzt (Tab. 24.5). Allerdings wird nur die Induktion von Genmutationen in Keimzellen und nicht deren Übertragung auf die nächste Generation getestet. Um Letzteres nachzuweisen, müsste man, ähnlich wie im spezifischen Locustest, die Nachkommen behandelter Tiere untersuchen. Vereinzelte Versuche mit Nachkommen bestrahlter oder ENU- (Ethyl-Methansulfonat) behandelter Mäuse sind beispielhaft durchgeführt worden. Der Aufwand ist jedoch groß und die Zahl der eingesetzten Versuchstiere ebenfalls.

Vorteile der transgenen Testtiere in der Keimzelluntersuchung liegen darin, dass man Mutationsraten in DNA-Proben aus somatischen Geweben und Keimzellen miteinander vergleichen kann. Die OECD schlägt sogar die Integration in multiple Teststrategien vor. Außerdem sind die automatisierten Auswertungsverfahren eine große Erleichterung und verringern den Einsatz von Versuchstieren. Eine Videoanleitung zur Durchführung des Keimzellmutationstests mit transgenen Nagern ist im Internet zu finden (O'Brien *et al.*, 2014).

Nachteile sind, dass die Stadienspezifität durch die Gewinnung testikulären Gewebes nicht immer klar erkennbar ist, dass spezielle Tierstämme verwendet werden müssen (Big Blue, Muta, GPG), und dass die untersuchten Gene nicht transkribierende, exogene DNA darstellen, die hochgradig methyliert ist. Damit entspricht sie eher nicht codierender endogener DNA, und die Mutabilität mag sich sehr von der aktiver Gene unterscheiden.

Genmutationen in Keimzellen durch eine Substanz führen zur Einstufung als Keimzellmutagen (Tab. 24.6).

Endogene Mikrosatelliten-DNA, die aus langen, homogenen Reihen kurzer, nicht codierender Basensequenzen besteht, kann spontane und induzierte Längenunterschiede aufweisen. Daraus wurde der „extended simple tandem repeat" (ESTR) Assay entwickelt. Auch er lässt sich mit Gewebeproben aller Organe von Versuchstieren und vor allem mit Proben menschlicher Zellen durchführen. Die spontane Mutationsrate ist relativ hoch und replikationsabhängig. Die ersten Anwendungen richteten sich auf Spermien-DNA, die extrahiert, verdünnt und dann in multiplen Proben amplifiziert wurde. Jede Probe enthält etwa ein ESTR-Molekül. So kann eine unendlich große Zahl von *De-novo*-Mutationen erkannt werden, was die Zahl der verwendeten Versuchstiere erheblich reduziert. Es zeigte sich, dass niedrige Dosierungen von ionisierenden Strahlen und Chemotherapeutika als positiv erkannt werden konnten. Allerdings ist der Mechanismus der Entste-

Tab. 24.5 Genmutationstests in Keimzellen.

Organismen	Testsystem	Reportergen/ Merkmal	Zelltyp	Auswertung	Akzeptanz
Wildtyp- und Teststock-Mäuse	Spezifischer Locustest	5 Fellfarbengene 1 Augenfarbegen, 1 Ohrgrößengen	Gesamte Spermatogenese exponiert, Mutanten unter F1-Nachkommen analysiert	Visuell als Veränderung der Fellfarbe, Augenfarbe oder Ohrengröße	EWG-Direktive (1986); OECD 485, 1986
Transgene Mäuse und Ratten	Big Blue® Muta™Mouse GPG	*Lac Z* *Lac I* *Gpt delta*	Spermatogonien bis Spermatiden exponiert, Spermien-DNA analysiert	Flowzytometrie	OECD 488, 2013
Maus, Mensch	ESTR	Mikrosatelliten-DNA	Testes und andere Organe	PCR einzelner DNA-Proben des Gesamtgenoms	Hardwick *et al.* (2009)
Mensch	SNP	Single Nukleotid Polymorphismus	Spermien	Mikro Arrays, aCGH	Relevant in der Humangenetik, Einsatz für Tierexperimente zu entwickeln Campbell und Eichler (2013)
Mensch	CNV	Kopiezahlvariationen			
Mensch	SCSATUNEL	Strukturänderungen des Chromatins; DNA-Fragmentierung	Spermien	Flowzytometrie	Fertilitätsstörungen beim Menschen, Einsatz für Tierexperimente zu entwickeln Sharma *et al.* (2015)

Lac Z – bakterielles Gen (codiert β-Galaktosidase); Lac I – bakterielles Gen (codiert Laktosidaserepressorprotein); Gpt delta – bakterielles Gen in λ EG10 Phagen DNA; Pig-A – X-chromosomales Gen (codiert für Ankerproteine der Zelloberfläche); CD59 und CD48 – Antikörper gegen Oberflächenproteine; ESTR – Expanded simple tandem repeats; PCR – Polymerase chain reaction; aCGH – high-resolution array comparative genomic hybridization; WHO – Weltgesundheitsorganisation; OECD – Organization for Economic Cooperation and Development; EWG – Europäische Wirtschaftsgemeinschaft.

hung von Mutationen in den ESTR-Loci noch nicht geklärt. Die Mutationsrate ist zu hoch, um durch direkte Wirkung auf diese relativ kleinen Loci erklärt werden zu können. Es wurde vermutet, dass ursprüngliche mutageninduzierte DNA-Schäden irgendwo anders im Genom die Mutationsrate in diesen Loci erhöhen.

Tab. 24.6 Konsequenzen für die Einstufung als Keimzellmutagen.

Positive Daten aus Testsystemen Bezeichnung	GSH/CLP-Verordnung: EU Nr. 1272/2008 Kategorie Neu: Keimzellmutagen	EWG-Direktive (1986) Kategorie Alt: Erbgutverändernd	MAK Kategorie Keimzellmutagen
In-vivo-Tests an somatischen Zellen	2	2	3A[a)]/3B
Zytogenetische Tests an Keimzellen (CA, MN, ANEU)	1B	1B	3A
Zytogenetische Tests an Nachkommen(DL, HT)	1B	1B	2
Genmutationstests an Keimzellen(BigBlue®, Muta™, GPG)	1B	2	3A
Genmutationstests an Nachkommen(SL)	1B	2	2
Nachweis von erblichen Mutationen beim Menschen	1A	1	1

a) Zusätzlicher Nachweis, dass die Testsubstanz oder ein Metabolit die Keimzellen erreicht, erforderlich.

CA – Chromosomenaberrationen; MN – Mikronuklei; ANEU – Tests mit Zentromermarkierung (MN mit FISH oder Spermien-FISH); DL – Dominant Letaltest; HT – F1-Translokationstest; BigBlue®, Muta™, GPG – transgene Mäuse- oder Rattenstämme; SL – spezifische Locusmutationen.

Insgesamt bedarf diese eigentlich vielversprechende Methode, die auch in andere Versuchsansätze integriert werden könnte, noch einer grundlegenden Klärung.

In Tab. 24.5 sind noch einige Methoden aufgeführt, die in der Humangenetik und in der Andrologie eine Rolle spielen und auch auf Tierversuche anwendbar wären. So würde sich die Lücke zwischen Tierversuch und Mensch vielleicht noch besser schließen lassen. Single Nucleotid Polymorphismen (SNP) und Kopiezahlvariationen (CNV) werden in der Humangenetik zur Diagnostik genetisch bedingter, aber nicht mendelnder Krankheiten (Autismus, Schizophrenie u. a.) eingesetzt. SCSA (Strukturänderungen des Spermienchromatins) und TUNEL (terminal desoxynucleotide transferase-mediated dUTP nick-end labeling; erkennt Apoptose und DNA-Fragmentierung) sind gebräuchliche Methoden in der Andrologie und zur Vorbereitung des Spermas subfertiler Männer auf die *In-vitro*-Fertilisierung (IVF). Diese molekularen Techniken ließen sich auch in der experimentellen Mutagenitätstestung anwenden.

24.7 Zusammenfassung

- In den 1950er- und 1960er-Jahren wurden die klassischen *In-vivo*-Mutagenitätstests (Test auf erbliche Translokationen, Fellfleckentest, Dominant Letaltest, erblicher Translokationstest, spezifischer Locustest) zur Untersuchung der genetischen Wirkung von ionisierenden Strahlen und alkylierenden Chemikalien entwickelt.
  Das Ziel war, das Erbgut der menschlichen Bevölkerung, d. h. die Nachkommen vor der Einwirkung mutagener und kanzerogener Noxen zu schützen. Diese Tests werden heute nicht mehr eingesetzt, weil sie große Versuchstieranlagen erfordern und dem Tierschutzgedanken entgegenstehen.
- Mit den neu entwickelten und bereits kommerziell verfügbaren transgenen Nagern „Muta" und „Big Blue" hat ein neues Zeitalter der Mutagenitätstestung begonnen, in dem durch molekularbiologische Methoden die Einfachheit und Schnelligkeit der Mutationserkennung *in vitro* mit der Komplexität der *In-vivo*-Testung kombiniert werden kann. Außerdem lassen sich Mutationsraten in somatischen Zellen und Keimzellen vergleichen.
- Besondere Hoffnungen liegen auf dem Pig-A Assay, da er sich mit dem Mikronukleustest kombinieren lässt, sodass man klastogene, aneugene und mutagene Ereignisse in einem Versuchsansatz prüfen kann. Die notwendige Datenbasis zur Standardisierung dieser Testkombination wird derzeit erarbeitet (Gollapudi *et al.*, 2015).
- Mit dem interdisziplinären Workshop 2007 am Jackson Laboratory in Bar Harbor, Maine, USA, (Wyrobek *et al.*, 2007) wurde der Fokus auf die ursprüngliche Fragestellung der Mutagenitätstestung zurückgeführt. Hier wurden auch die ersten Anregungen gegeben, aus der Humangenetik zu lernen und dort eingeführte Methoden in die Keimzellmutagenitätstestung zu übernehmen. Die Ergebnisse der Diskussionen über neue Ansätze zur Keimzellmutagenitätstestung auf dem 6. IWGT-Workshop 2013 wurden 2015 publiziert (Yauk *et al.*, 2015).
- Um die für die Untersuchungen erforderliche Tierzahl zu reduzieren, wird zunehmend versucht, die Mutagenitätstests (oder auch die Indikatortests für Genotoxizität) in die allgemeine Toxizitätstestung einzubauen. Das ist mit den neuen, molekularbiologischen Methoden möglich. Dabei muss man experimentelle Kompromisse schließen, denn die Biologie der genetischen Testsysteme macht bestimmte Versuchsabläufe notwendig. Ist die Fragestellung „Yes or No", sind solche Kompromisse akzeptabel. Ist die Fragestellung aber eine nach dem Mechanismus der genetischen Wirkung eines bekannten Kanzerogens, kommt man ohne individuelle, dem biologischen System angepasste Versuchsszenarien nicht aus.
- Die Einbeziehung molekulargenetischer Methoden wird zu Verbesserungen der Schnelligkeit und Sensitivität der Tests beitragen, aber es ist unabdingbar, dass die Brücke zwischen der molekularen DNA-Veränderung und der Auswirkung auf den Phänotyp der Zelle oder des Organismus geschlagen wird (siehe

auch Kapitel Toxikokinetik und Omics). Damit besteht die vorrangige Aufgabe der Mutagenitätsforschung darin zu ermitteln, welche phänotypischen Auswirkungen bestimmte molekulare Veränderungen in der DNA haben, um zu einer sinnvollen und quantitativen Beurteilung des kanzerogenen und mutagenen Risikos zu kommen.

Weiterführende Literatur

Campbell, C.D. und Eichler, E.E. (2013) Properties and rates of germline mutations in humans. *Trends Genet.*, **29**, 575–584.

CLP-Verordnung (EG) Nr. 1272/2008 über die Einstufung, Kennzeichnung und Verpackung von Stoffen und Gemischen (CLP-Verordnung), http://www.umweltbundesamt.de/publikationen/neue-einstufungs-kennzeichnungssystem-fuer.

Dertinger, S.D., Avlasevich, S.L., Bemis, J. *et al.* (2015) Human erythrocyte PIG-a assay: Easily monitored index of gene mutation requiring low volume blood samples. *Environ. Mol. Mutagen.*, **56**, 366–377.

EWG-Direktive (1986) 79-831, Anlage V: Toxikologische Methoden für Anlage VIII. Kommission der Europäischen Gemeinschaften, Luxemburg, S. 75–115.

Gollapudi, B.B., Lynch, A.M., Heflich, R.H. *et al.* (2015) The in vivo Pig-a assay: A report of the International Workshop On Gentoxicity Testing (IWGT) Workgroup. *Mutat. Res.*, **783**, 23–35.

Hardwick, R.J., Tretyakov, M.V. und Dubrova, Y.E. (2009) Age related accumulation of mutations support a replication-dependent mechanism of spontaneous mutation at tandem repeat DNA loci in mice. *Mol. Biol. Evol.*, **26**, 2647–2654.

MAK- und BAT-Werte-Liste 2014, Senatskommission der DFG zur Prüfung gesundheitsschädlicher Arbeitsstoffe, Mitteilung 50, Wiley-VCH, Weinheim, S. 211–212. www.mak-collection.com.

Morita, T., MacGregor, J.T. und Hayashi, M. (2011) Micronucleus assays in rodent tissues other than bone marrow. *Mutagenesis* **26**, 223–230.

OECD Guideline for the testing of Chemicals. Genetic Toxicology: Rodent Dominant Lethal Test. Guideline 478 (1984), http://www.ehs/testing/more-about-oecd-test-guidelines.htm.

OECD Guideline for the testing of Chemicals. Genetic Toxicology: Mouse Heritable Translocation Assay. Guideline 485 (1986), http://www.ehs/testing/more-about-oecd-test-guidelines.htm.

OECD Guideline for the testing of Chemicals. Mammalian spermatogonial chromosome aberration test. Guideline 483 (1997), http://www.ehs/testing/more-about-oecd-test-guidelines.htm.

OECD Guideline for the testing of Chemicals. Transgenic rodent somatic and germ cell gene mutation assays. Guideline 488 (2013), http://www.ehs/testing/more-about-oecd-test-guidelines.htm.

OECD Guideline for the testing of Chemicals. Mammalian erythrocyte micronucleus test. Guideline 474 (1997) updated (2014), http://www.ehs/testing/more-about-oecd-test-guidelines.htm.

OECD Guideline for the testing of Chemicals. Mammalian bone-marrow chromosomal aberration test. Guideline 475 (1984) updated (2014), http://www.ehs/testing/more-about-oecd-test-guidelines.htm.

O'Brien, J.M., Beal, M.A., Gingerich *et al.* (2014) *J. Vis. Exp.*, **90**, e51576. doi:10.3791/51576, http://www.jove.com/video/51576/transgenic-rodent-assay-for-quantifying-male-germ-cell-mutant-frequency.

Parry, J. M und Parry, E.M. (Hrsg) (2012) *Genetic Toxicology. Princ. Meth.*, Humana Press, c/o Springer Science + Buisiness Media, New York, USA.

Sharma, R., Agarwal, A., Rohra, V.K. *et al.* (2015) Effects of increased paternal age on sperm quality, reproductive outcome and associated epigenetic risks to offspring. *Repro. Biol. Endocrinol.*, **13**, 35–45, doi:10.1186/s12958-015-0028-x, http://www.rbej.com/content/13/1/35 (11. Juli 2015).

Wyrobek A.J., Mulvihill, J.J., Wassom, J.S. *et al.* (2007) Assessing human germ-cell mutagenesis in the postgenome era: A celebration oft the legacy of William Lawson (Bill) Russell. *Environ. Mol. Mutagen.*, **48**, 71–95.

Yauk, C.L., Aardema, J., Bentham, J. van *et al.* (2015) Approaches for identifying germ cell mutagens: Report of the 2013 IWGT workshop on germ cell assays. *Mutat. Res.*, **783**, 36–54.

25
Teststrategien für die Bewertung von Genotoxizität

H.-J. Martus

25.1
Einführung

> Genotoxizitätstestung dient primär der Abklärung des kanzerogenen Potenzials als auch der Induktion von vererbbaren Mutationen.

Genotoxizitätstestung wird im Allgemeinen als Abklärung eines der wichtigsten Mechanismen für die Induktion von Tumoren oder auch Keimzellmutationen angewandt. Die systematische Abklärung dieses Potenzials erhielt eine deutliche Vereinfachung mit der Einführung des sogenannten Ames-Tests, eines bakteriellen Tests zur Analyse von Genmutationen. Aufgrund seiner einfachen Durchführung und guten Prädiktivität für DNA-interaktive Mutagene ist er heute der am meisten eingesetzte Test in der genetischen Toxikologie. Des Weiteren erlaubte er, Hypothesen wie die Verbindung von Mutagenität und Kanzerogenität (Carcinogens are mutagens) zu entwickeln, nachdem Mutagenitätstestung ursprünglich vor allem der Identifizierung von vererbbaren Mutationen gedient hatte. Schließlich wurden Methoden entwickelt, die der Erkenntnis Rechnung tragen, dass viele Mutagene und Kanzerogene eine metabolische Aktivierung benötigen, um aktiv zu werden, dass also mit anderen Worten nicht die Substanzen selbst mit der DNA interagieren, sondern enzymatisch gebildete Metaboliten. Hier ist vor allem der in den meisten *In-vitro*-Testsystemen eingesetzte S9-Mix von Bedeutung, ein Präparat aus der Leber von Ratten, die mit Enzyminduktoren behandelt wurden und eine hohe Cytochrom-P450-Aktivität aufweisen, das eine metabolische Aktivierung vieler sogenannter Pro-Mutagene *in vitro* durchführt. Weitere Modifikationen zur Darstellung der metabolischen Aktivierung benutzen isolierte Hepatozyten aus verschiedenen Spezies inklusive des Menschen oder auch genetisch manipulierte Zellen, die bestimmte Enzymaktivitäten intrazellulär exprimieren.

Das Toxikologiebuch, 1. Auflage. Helmut Greim (Hrsg.).

25.2 Grundlagen der Genotoxizitätstestung

Genotoxizitätstestung beruht auf einer Kombination von Tests, um die verschiedenen Endpunkte und biologischen Systeme abzubilden. Des Weiteren ist die metabolische Aktivierung von Chemikalien ein wichtiger Bestandteil von Genotoxizitätstests. Zu berücksichtigen bei der Auswertung der Testergebnisse sind Zytotoxizität, die Notwenigkeit ausreichender Zellteilungsraten und die Relevanz des Testsystems für Organspezifität.

Die Testung auf Genotoxizität muss den besonderen Eigenschaften dieses Bereichs von unerwünschten Chemikalienwirkungen Rechnung tragen. Vor allem sind dies folgende:

Genetischer Endpunkt

Man unterscheidet drei Typen von Mutationen: Genmutationen, strukturelle Chromosomenaberrationen und numerische Chromosomenaberrationen.

25.2.1 Genmutationen

Genmutationen sind Ereignisse, die innerhalb eines Gens auftreten, und die normalerweise durch Punktmutationen, also Austausch einzelner Basen, oder durch Insertion oder Deletion weniger Basenpaare hervorgerufen werden. Sie können die Funktion eines Gens beeinflussen, wodurch Tumorsuppressorgene ausgeschaltet und Protoonkogene aktiviert werden können. Technisch werden Genmutationen durch Tests analysiert, die die Funktion eines Gens messen (z. B. Ames-Test, Maus-Lymphoma TK-Test oder Pig-A Test). Für die Routinetestung eignen sich tumorrelevante Gene nicht, um die geringen Mutationsfrequenzen zu analysieren, sodass mit Surrogatgenen gearbeitet wird, unter der Annahme, dass Substanzen, die in diesen Genen mutagen sind, dies auch in Protoonkogenen oder Tumorsuppressorgenen sein können.

25.2.2 Strukturelle Chromosomenaberrationen

Strukturelle Chromosomenaberrationen sind Ereignisse, die die chromosomale Integrität beeinflussen. Hierzu zählt man z. B. Deletionen, Insertionen, Inversionen oder Translokationen. Durch strukturelle Chromosomenaberrationen können Tumorsuppressorgene inaktiviert werden, aber auch Genabschnitte dergestalt reorganisiert werden, dass tumorrelevante Gene unter die Kontrolle besonders aktiver Promotoren gelangen, was faktisch zu einer Protoonkogenaktivierung führt. Strukturelle Chromosomenaberrationen werden durch direkte Analyse von Chromosomen, normalerweise nach Kondensation in der Metaphase, untersucht oder durch Methoden, die auf der Quantifizierung von Chromosomenfragmenten basieren. Hierbei ist der Mikrokerntest der wichtigste. Der Mechanismus wird als Klastogenität bezeichnet.

25.2.3 Numerische Chromosomenaberrationen

Numerische Chromosomenaberrationen sind solche Ereignisse, bei denen es zu einer aberranten Anzahl von Chromosomen in der Zelle kommt, ohne dass deren Struktur beeinflusst wäre (also keine Chromosomen-Brüche). Man unterscheidet vor allem Polyploidien, also die Verdopplung oder Vervielfältigung des ganzen Chromosomensatzes, und Aneuploidien, also die Verdopplung oder das Fehlen einzelner Chromosomen. Für die Analyse dieses Endpunkts eignet sich auch der Mikrokerntest, wobei spezielle Färbemethoden es erlauben, zwischen klastogenen und aneugenen Wirkmechanismen zu differenzieren. Dies ist insofern von Bedeutung, dass Aneugenität in aller Regel nicht durch DNA-Interaktion hervorgerufen wird, sondern durch Beeinflussung beispielsweise des zellulären Spindelapparats, was zu einer Fehlverteilung von Chromatiden bei der Zellteilung führen kann. Da hierfür aber, analog zu anderen pharmakologischen oder toxikologischen Wirkmechanismen, ein minimaler Anteil der multipel in der Zelle vorhandenen Zielmoleküle inaktiviert werden muss, um einen Effekt hervorzurufen, lassen sie für Aneugenität normalerweise Schwellenwerte bestimmen, unterhalb derer es zu keiner Schädigung kommt.

Obwohl es zu einer gewissen Überlappung im Spektrum von Chemikalienwirkungen kommt, sind diese drei Mechanismen doch relativ deutlich voneinander abgegrenzt, sodass zu einer plausiblen Risikoanalyse die Bestimmung aller drei Endpunkte nötig ist. Des Weiteren kann man genetische Endpunkte einsetzen, die nicht direkt einem dieser drei eher relevanten Endpunkte zuzuordnen sind. Beispiele hierfür ist der Einzelzell-Gelelektrophorese-Test, der aufgrund des mikroskopischen Bilds auch oft als Comet-Assay bezeichnet wird. In diesem Test wird DNA-Fragmentierung als Maß für DNA-Schädigung analysiert. Diese DNA-Schäden können allerdings sehr effizient repariert werden und sind normalerweise nicht permanent, sodass eine korrekte zeitliche Abfolge von Chemikalienbehandlung und Probennahme unerlässlich ist. Trotzdem können Tests dieser Art, die man auch als Indikatortests bezeichnet, für die Risikoabschätzung wertvolle Informationen liefern, die möglicherweise auf anderem Weg nicht zugänglich wären.

Zellsystem

Ein breites Spektrum verschiedener Zellsysteme eignet sich zur Analyse genotoxischer Effekte *in vivo* und *in vitro*. Aufgrund der Übereinstimmung in der DNA-

Sequenz zwischen verschiedenen Taxa ist es möglich, beispielsweise von der Mutagenität in einem bakteriellen System wie dem Ames-Test auf das mutagene Risiko für den Menschen zu extrapolieren. Trotzdem muss natürlich für jede Fragestellung das adäquate Testsystem gewählt werden. So kann beispielsweise die Aneugenität nur in Säugerzellen nachgewiesen werden, da Bakterienzellen eine gänzlich andere chromosomale Struktur aufweisen als Säugerzellen.

Metabolische Aktivierung

Eine Reihe von Substanzen sind nicht *per se* genotoxisch oder auch kanzerogen, sondern sie benötigen eine metabolische Aktivierung. Biologisch besteht der „Zweck" der Aktivierung natürlich nicht in einer Toxifizierung eigentlich harmloser Substanzen, sondern dient zur Kopplung oft inerter Moleküle mit hydrophilen Gruppen wie Glucuronsäure oder Sulfat, um eine renale Ausscheidung zu vereinfachen. Die im ersten Schritt dieses Metabolismus gebildeten Intermediate sind allerdings oft in der Lage, auch mit anderen meist nukleophilen Molekülen in der Zelle zu reagieren, wozu auch bestimmte Positionen der DNA-Basen gehören. Verantwortlich sind hierfür oft Cytochrom P450 (CYP450), ein Enzymsystem, das eine besonders hohe Aktivität in der Leber aufweist. So können durch die gebildeten Metabolite Mutationen hervorgerufen werden. Bei der Testung auf genotoxische Aktivität muss dieser biologisch relevante Mechanismus natürlich berücksichtigt werden. Bei oral verabreichten Substanzen, die *in vivo* untersucht werden, führt die normale gastrointestinale Resorption dazu, dass über die Pfortader in der Leber eine hohe Stoffkonzentration erzeugt wird und damit auch ein effizienter Metabolismus, da die Leber das metabolisch aktivste Organ für die meisten dieser Enzymsysteme ist. Unter der Voraussetzung, dass die gebildeten Metaboliten hinreichend stabil sind, werden sie dann zu den Zielorganen der Genotoxizitätstestung, oft dem Knochenmark, transportiert, sodass ein repräsentativer Metabolismus in den meisten *In-vivo*-Tests gewährleistet wird, vorausgesetzt die Isoenzyme der verwandten Tierspezies (oft Nager) weisen die für den Menschen relevanten Substratspezifitäten auf. Bei *In-vitro*-Experimenten besteht das Problem darin, dass die meisten routinemäßig eingesetzten Zellkultursysteme die relevanten fremdstoffmetabolisierenden Enzyme nicht aufweisen oder in der Zellkultur verloren haben. Routinemäßig wird deshalb bei *In-vitro*-Versuchen eine Leberpräparation aus Ratten verwendet, die mit Enzyminduktoren für Phase 1-Enzyme behandelt wurden, das sogenannte S9, dem die entsprechenden Kofaktoren für Phase 1-Enzyme zugesetzt werden (S9-Mix). Dieser Versuchsaufbau erlaubt die Detektion genotoxisch aktiver Metaboliten, sofern diese adäquat in den Zellkern der Testzellen gelangen. Diese Methode erlaubt es auch, Präparationen aus anderen Organen oder anderen Spezies inklusive des Menschen einzusetzen und organ- oder speziesspezifische Effekte zu untersuchen. Durch Einsatz geeigneter Kofaktoren ist es außerdem möglich, andere Enzymsysteme zu aktivieren, die beispielsweise über Konjugationsreaktionen zu einer metabolischen Aktivierung von Prämutagenen führen können. Eine andere Modifikation von *In-vitro*-Systemen besteht darin, intakte Zellen, z. B. Hepatozyten, als metabolisierende Systeme einzusetzen und diese mit den Testzellen zu inkubieren oder einen genetischen Endpunkt der metabolisch aktiven Zellen zu verwenden, wie das beispielsweise für DNA-Strangbrüche (Comet-Assay) möglich ist. Schließlich ist es noch möglich, für Genotoxizitätstests geeignete Zellen genetisch zu manipulieren und die gewünschten metabolisierenden Enzyme heterolog zu exprimieren, sodass die Testzellen selbst in der Lage sind, die relevanten Metaboliten intrazellulär zu bilden. Der Nachteil dieser Methode liegt darin, dass nur ein oder wenige Isoenzyme gleichzeitig gebildet werden können, sodass diese Alternative weniger zur Risikoabschätzung unbekannter Substanzen geeignet ist als zur Abklärung mechanistischer Fragestellungen.

Zytotoxizität

Genotoxische Effekte können auch durch sekundäre Mechanismen induziert werden. Für die meisten genotoxischen Effekte ist die DNA das primäre Target. Genomische Schäden können allerdings auch durch Interaktion mit Nicht-DNA-Molekülen induziert werden. Ein klassisches Beispiel sind Inhibitoren des zellulären Spindelapparats, die zu einer Fehlverteilung von Chromatiden bei der Zellteilung und damit zu einer aberranten Chromosomenzahl in Zellen führen können. Des Weiteren sind epigenetische Faktoren wie z. B. chromosomale Proteine denkbar oder auch DNA-Reparaturfaktoren. Schließlich kann durch Erzeugung von Hyper- oder Hypothermie beispielsweise in Ratten eine erhöhte Mikrokernrate in Knochenmark und peripherem Blut erzeugt werden. In der Praxis liegt die Herausforderung darin, biologisch für eine Risikoabschätzung relevante Effekte von solchen zu unterscheiden, die auf testsystemspezifische Mechanismen zurückzuführen sind, aber nicht auf ein erhöhtes genotoxisches Risiko hinweisen.

Zellproliferation

Für viele Genotoxizitätsendpunkte wie beispielsweise Genmutation, Mikronukleus oder Chromosomenaberration ist es erforderlich, dass die Zellen eine Teilung durchlaufen, um einen primären DNA-Schaden in eine Mutation oder eine Chromosomenaberration zu fixieren. Für andere Endpunkte wie DNA-Fragmentierung (Comet-Test) oder Adduktbildung ist dies nicht erforderlich. Dies kann ein entscheidender Faktor bei der Wahl des richtigen Zellkultursystems sein, und vor allem *in vitro* kommen daher hauptsächlich rasch teilende Zelllinien zum Einsatz. Verwendet man primäre Zellen wie z. B. Blutleukozyten, dann müssen sie unter Umständen zur Zellteilung angeregt werden, was beim Design der Studie berücksichtigt werden muss.

Organspezifische Effekte

Grundsätzlich sind die Mechanismen, die zu genotoxischen Effekten in Zellen verschiedener Organen führen, vergleichbar. Bei der Beurteilung von Ergebnissen ist allerdings in Betracht zu ziehen, dass Aufnahme, Verteilung, Metabolismus und Ausscheidung von Substanzen über den jeweiligen Aufnahmeweg zu stark unterschiedlichen Konzentrationen der Moleküle oder ihrer Metaboliten in den verschiedenen Geweben führen. So kann es für bestimmte Fragestellungen wichtig sein, gewebsspezifische Effekte zu untersuchen, beispielsweise um Tumorbefunde in chronischen Nagerstudien oder Effekte in Organen mit hoher lokaler Konzentration abzuklären. Gleichwohl wird Information, die in somatischen Geweben gewonnen wird (z. B. im Knochenmark), zur Beurteilung potenzieller Keimzellmutagenität herangezogen. Auch wenn die Biologie von Keimzellen sich in einigen Punkten von der anderer Zellen unterscheidet, so wird doch grundsätzlich angenommen, dass eine relevante genotoxische Potenz in einem somatischen Gewebe auch indikativ für ein potenzielles Keimzellrisiko ist. Dies wird auch dadurch bestätigt, dass bisher noch kein keimzellspezifisches Genotoxin beschrieben ist, dass nicht auch in Somazellen oder *in vitro* wirkt.

25.3 Teststrategien

Eine Teststrategie muss sicherstellen, dass die drei wichtigsten genetischen Endpunkte, nämlich Genmutation, Klastogenität (strukturelle Chromosomenaberration) und Aneugenität (numerische Chromosomenaberration) hinreichend erfasst werden. Des Weiteren ist es wichtig, eine repräsentative Metabolisierung von Substanzen zu gewährleisten, um die Effekte reaktiver Metaboliten bzw. sogenannte indirekte Genotoxizität zu erfassen.

Grundsätzlich wird es für die meisten Strategien sinnvoll sein, zunächst mit möglichst sensitiven Methoden zu testen, um zu gewährleisten, dass echte genotoxische Effekte nicht übersehen werden, um in einer weiteren Phase die Relevanz der gefundenen Resultate zu verifizieren. Der Einsatz besonders sensitiver Methoden bedingt, dass das Vertrauen in ein negatives Resultat sehr hoch ist, während mit einem gewissen Anteil positiver Resultate gerechnet werden muss, der sich bei weiteren Prüfungen als irrelevant zeigt, was wiederum einen erhöhten Aufwand zur Abklärung dieser Resultate bedingt.

Bei allen Teststrategien für verschiedene Einsatzzwecke, also Chemikalien, pharmazeutische Wirkstoffe oder Umweltchemikalien, stehen ein oder wenige *In-vitro*-Tests am Anfang der Testung. In praktisch allen Fällen wird ein *Salmonella*-Mutagenitätstest (Ames-Test) in der ersten Phase der Testung eingesetzt werden. Dieser Test, der der am weitesten eingesetzte Genotoxizitätstest ist, eignet sich vor allem wegen seiner einfachen technischen Durchführbarkeit für viele Einsatzgebiete. Gleichzeitig ist er sowohl sensitiv für DNA-reaktive Chemikalien und deren Metaboliten, aber auch relativ spezifisch, indem er nur in geringem Maße irrelevante positive Resultate generiert, wie sie beispielsweise aufgrund hoher Zytotoxizität in Säugerzell-Tests vorkommen. Auch ist es relativ einfach, echte Mutanten durch Neuplattierung auf Selektionsplatten von Phänokopien, also Kolonien, die keine echten Mutanten darstellen, zu unterscheiden. Aufgrund seiner weiten Verbreitung existiert eine enorme Erfahrung und historische Datenbasis, sowohl in der publizierten Literatur als auch in vielen Prüfeinrichtungen. Des Weiteren erlaubt dieses große Wissen eine gute Abschätzung von Struktur-Aktivitäts-Beziehungen, was auch für die Voraussage von Ames-Mutagenität mithilfe von Computersystemen eingesetzt wird.

In fast allen Fällen wird der *Salmonellen*-Mutagenitätstest durch einen Säugerzell-Genotoxizitätstest komplementiert, um Effekte zu erfassen, die spezifisch für Eukaryonten sind. In Säugerzellen stehen verschiedene Tests zur Verfügung, wobei routinemäßig unterschiedliche Endpunkte verwendet werden. In den meisten Fällen wird ein Säugerzelltest benutzt, der sensitiv für chromosomale Schäden ist, wie beispielsweise der Chromosomenaberrationstest an in Metaphase angereicherten Zellkulturen, der Mikrokerntest oder der Thymidinkinase (TK)-Test in L5178Y Maus-Lymphomazellen. In vielen Bereichen der Genotoxizitätstestung, wie z. B. der innerhalb der ICH-Initiative weltweit harmonisierten Prüfung von Arzneimittelwirkstoffen, werden diese drei genannten Tests als weitgehend äquivalent betrachtet, um eine genotoxische Potenz in Säugerzellen *in vitro* nachzuweisen. In einigen Fachgebieten, wie z. B. der Europäischen Behörde für Lebensmittelsicherheit (EFSA), herrscht allerdings eine stringentere Sichtweise vor und es wird der *In-vitro*-Mikrokerntest favorisiert. Für den TK-Test in L5178Y Maus-Lymphomazellen wird oft eine Unterscheidung zwischen kleinen und großen Mutantenkolonien herangezogen, um zwischen einem reinen Genmutationsmechanismus und einer Einbeziehung genomischer Abschnitte, die das TK-Gen flankieren, zu unterscheiden, dies erlaubt aber keine sichere Identifizierung des genotoxischen Mechanismus.

In allen *In-vitro*-Tests wird ein Metabolisierungssystem eingesetzt, wobei routinemäßig S9-Mix aus Rattenleber zum Einsatz kommt, während andere Methoden wie z. B. humanes S9, intakte Hepatozyten oder Zellsysteme, die die metabolisierenden Enzyme heterolog exprimieren, eher zur mechanistischen Abklärung von Datenlagen oder Befunden Verwendung finden.

Eine besondere Problematik für die Durchführung und Interpretation von *In-vitro*-Versuchen liegt in der Wahl geeigneter Testbedingungen. Vor allem bei Tests, die sensitiv für die Induktion von strukturellen Chromosomenaberrationen sind, ist zu beachten, dass durch exzessiv zytotoxische Bedingungen positive Resultate erzielt werden können, die nicht auf einer primären Interaktion der Testsubstanz mit der DNA beruhen, sondern auf indirekten Mechanismen, die *in vivo* oder für die Beurteilung humanrelevanter Effekte nicht aussagekräftig sind. Deshalb lag ein besonderes Augenmerk in den letzten Jahren in einer Optimierung der Definition der Zytotoxizitätsparameter, bis zu denen die Testung ein für die Risikoabschätzung relevantes Ergebnis liefert, was inzwischen in den aktuellen OECD-Richtlinien für die einzelnen Testsysteme reflektiert wird.

Genotoxizitätstestung dient primär drei Zielen:

1. Abklärung eines mechanistischen kanzerogenen Potenzials
2. Abklärung des Potenzials, Keimzellmutationen zu induzieren
3. Abklärung von Tumorbefunden in Tierstudien

In verschiedenen Bereichen, in denen Genotoxizitätstests zur Risikoabschätzung eingesetzt werden, existieren teilweise unterschiedliche strategische Vorgaben. Praktisch allen Teststrategien ist gemeinsam, dass sie davon ausgehen, dass eine komplette Beurteilung des genotoxischen Risikos einer Substanz nur durch die Kombination verschiedener Endpunkte und verschiedener Testsysteme zu erreichen ist. Des Weiteren herrscht weitgehende Übereinstimmung in der Vorgehensweise, zunächst mit *In-vitro*-Tests ein grundsätzliches genotoxisches Potenzial abzuschätzen und dann mithilfe von *In-vivo*-Tests das Risiko im Gesamtorganismus präziser zu definieren. Verschiedene Bereiche unterscheiden sich allerdings in der Art und Weise, wie diese Tests eingesetzt werden. So wird die Testabfolge bzw. Testtiefe beispielsweise bei Chemikalien, die nach der Europäischen Chemikalienverordnung REACH (Registration, Evaluation, Authorization and Restriction of Chemicals) getestet werden, vor allem durch das Herstellungsvolumen im Zuge einer sogenannten flexiblen Stufenprüfung definiert. Bei Stoffen, die mit einem Volumen von 1–10 t/Jahr in den Verkehr gebracht werden (Annex VII), ist lediglich ein *Salmonella*-Mutagenitätstest vorgesehen (außer in Fällen, in denen dies nicht möglich ist, wie beispielsweise bei exzessiver Bakteriotoxizität). Bei einem Produktionsvolumen von 10–100 t/Jahr (Annex VIII) ist zusätzlich ein zytogenetischer Test *in vitro* vorgesehen, wobei der Chromosomenaberrationstest oder der Mikrokerntest akzeptabel sind. Ist dieser Test positiv, so ist keine weitere Testung vorgesehen. Bei einem negativen Ergebnis soll noch ein *In-vitro*-Säugerzelltest mit einem Genmutationsendpunkt durchgeführt werden, also ein Maus-Lymphoma TK- oder ein HPRT-Test. Erst bei Substanzen mit einem Produktionsvolumen von über 100 t/Jahr (Annex IX oder X) sind *In-vivo*-Tests vorgesehen, wobei Überlegungen zum genetischen Endpunkt, zur Bioverfügbarkeit etc. die Wahl des Testsystems beeinflussen.

Bei pharmazeutischen Wirkstoffen, deren Teststrategien vor allem durch die international harmonisierten Richtlinien ICH S2(R1) und ICH S9 definiert sind, steht eine Risiko-Nutzen-Abschätzung im Vordergrund. Für Stoffe, die in der Behandlung fortgeschrittener Tumorerkrankungen entwickelt werden, ist praktisch keine Genotoxizitätsprüfung nötig, um ein klinisches Entwicklungsprogramm in Patienten durchzuführen. Das genotoxische Potenzial muss erst zur Marktzulassung abgeklärt werden, wie in der Richtlinie ICH S9 beschrieben. Für andere Indikationsgebiete, beschrieben in der Richtlinie ICH S2(R1), beginnt die Testung mit einem *Salmonella*-Mutagenitätstest und einem Säugerzelltest *in vitro*, wobei der Chromosomenaberrationstest, der Mikrokerntest und der Maus-Lymphoma-TK-Test als äquivalent akzeptiert sind (Abb. 25.1). Sind beide Tests negativ, so kann ein genotoxisches Risiko hinreichend sicher ausgeschlossen werden, um klinische

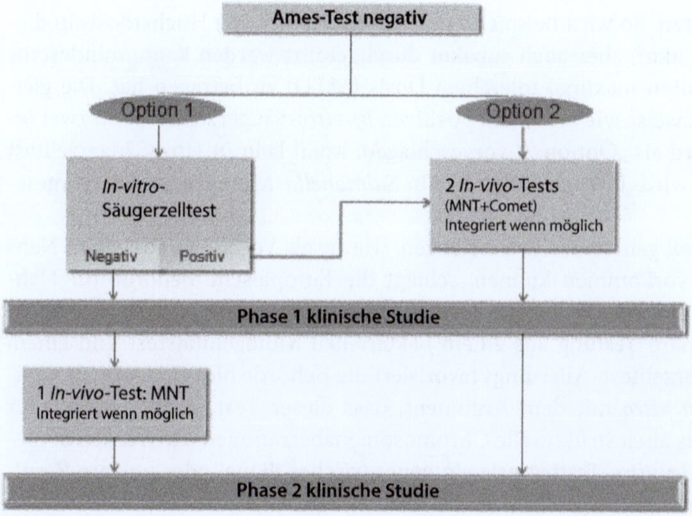

Abb. 25.1 Testschema für pharmazeutische Wirkstoffe nach ICH S2(R1)-Richtlinie.

Phase 1-Studien durchzuführen, also Studien in einer beschränkten Anzahl Personen, normalerweise gesunde Freiwillige. Dies wird als akzeptabel angesehen, weil die *In-vitro*-Tests vor allem sehr sensitiv reagieren, sodass ein negatives Resultat ein geringes Risiko birgt, ein genotoxisches Potenzial nicht detektiert zu haben. Sollen eine größere Anzahl gesunder Probanden oder auch Patienten exponiert werden, wie es normalerweise in der klinischen Phase 2 der Fall ist, so ist eine vollständige Abklärung des genotoxischen Potenzials inklusive *In-vivo*-Tests nötig. Hierfür ist der Mikrokerntest im Knochenmark oder peripheren Blut von Mäusen oder Ratten vorgesehen, wobei es akzeptabel ist, diesen mit anderen Toxikologieuntersuchungen zu kombinieren. In der Praxis wird deshalb oft peripheres Blut von Tieren verwendet, die in einer subakuten Studie behandelt worden sind, um die generelle Toxizität abzuklären. Mit dieser Vorgehensweise erübrigt sich die Behandlung von Tieren zum Zweck der Genotoxizitätsprüfung, und gleichzeitig testet man auf Mikrokerninduktion in Tieren, von denen man im Zuge der allgemeinen Toxizitätsprüfung eine Vielzahl weiterer Parameter erhält (z. B. Toxikokinetik, Histopathologie, klinische Pathologie etc.), was die Interpretation der Genotoxizitätsergebnisse vereinfachen kann und qualitativ verbessert. Ist einer der *In-vitro*-Tests positiv, so schlägt die Richtlinie einen zweiten *In-vivo*-Test vor, wobei oft der Einzelzell-Gelelektrophorese (Comet)-Test favorisiert wird. Das Design dieses Tests, der die Analyse von DNA-Schädigung in verschiedenen Geweben erlaubt, wird entsprechend vorliegender Information über die Substanz angepasst, also die Wahl der zu untersuchenden Organe richtet sich beispielsweise nach Informationen über hohe lokale Konzentrationen, Toxizität in Organen oder Metabolismus. Gleichzeitig sind bei einem positiven *In-vitro*-Resultat die Kriterien für die Akzeptanz der *In-vivo*-Tests z. B. in Bezug auf minimale Höchstdosen stringenter, um eine ausreichende Sensitivität des *In-vivo*-Testprogramms zu gewährleisten. So wird beispielsweise gefordert, dass die Höchstdosis in diesem Test, der akut, aber auch subakut durchgeführt werden kann, mindestens 50 % einer akuten maximal tolerablen Dosis (MTD) zu betragen hat. Die gleiche Vorgehensweise wie bei einem positiven *In-vitro*-Säugerzelltest, also zwei *In-vivo*-Tests, wird als „Option 2" vorgeschlagen, wenn kein *In-vitro*-Säugerzelltest durchgeführt wird. In allen Fällen ist ein *Salmonella*-Mutagenitätstest vorgesehen.

Für potenziell genotoxische Substanzen, wie sie als Verunreinigungen in Nahrungsmitteln vorkommen können, schlägt die Europäische Behörde für Nahrungsmittelsicherheit (EFSA) eine ähnliche Vorgehensweise vor. Auch hier besteht die primäre Testung aus einem bakteriellen Mutagenitätstest und einem *In-vitro*-Säugerzelltest. Allerdings favorisiert die Behörde hier eindeutig den Mikrokerntest *in vitro* mit dem Argument, dass dieser Test sensitiv sowohl für numerische als auch strukturelle Chromosomenaberrationen ist. Werden in dieser primären *In-vitro*-Testbatterie ein genotoxisches Signal oder unklare Resultate gefunden, so schlägt die Behörde vor, die Sachlage entweder mit anderen *In-vitro*-Tests, beispielsweise mit veränderten Versuchsbedingungen, oder mit geeigneten *In-vivo*-Tests abzuklären. Hierbei werden der Erythrozytenmikrokerntest im peripheren Blut oder Knochenmark, der transgene Nagertest und der *In-vivo*-Comet-Test vorgeschlagen, wobei die Entscheidung auf Basis der vorhandenen Datenlage (genetischer Endpunkt, Organspezifität, etc.) fällt. Inzwischen wurden auch Tests zur Analyse von Punktmutationen *in vivo* entwickelt, wie beispielsweise transgene Vektor-Systeme oder auch der Pig-A-Test. Diese sind aber noch nicht routinemäßig in Teststrategien vorgesehen.

All diesen Teststrategien ist gemeinsam, dass ein als relevant angesehenes genotoxisches Potenzial das Ende der Testung darstellt und die Substanz als genotoxisch anzusehen und entsprechend zu behandeln ist. In Bereichen, wo dies möglich ist, wie z. B. Chemikalien oder Nahrungsmittelinhaltsstoffen, muss dann die Exposition minimiert werden. Bei Arzneistoffen, wo definitionsgemäß eine Exposition unumgänglich ist, wird eine Risikoabwägung im Zusammenhang mit dem therapeutischen Nutzen vorgenommen, sodass genotoxische Substanzen praktisch nur in der Onkologie oder in anderen schwerwiegenden Krankheiten eingesetzt werden können, bei denen ein längerfristiges kanzerogenes Risiko als akzeptabel angesehen wird. Unklare Resultate benötigen allerdings eine Abklärung, wobei *In-vivo*-Daten aufgrund der relevanteren Situation bezüglich ADME (Absorption, Verteilung, Metabolismus, Ausscheidung) häufig eine höhere Bedeutung zukommt als *In-vitro*-Daten, sofern keine Argumente dagegen sprechen (z. B. irrelevanter Metabolismus in der verwendeten Tierspezies, der *in vitro* durch humane Enzymaktivitäten besser dargestellt werden könnte).

Allen Teststrategien ist außerdem gemeinsam, dass keine spezifischen Keimzellgenotoxizitätstests durchgeführt werden, solange keine spezielle Fragestellung dies erfordert. Vielmehr wird davon ausgegangen, dass wenn ein signifikantes genotoxisches Potenzial identifiziert wurde, dies auch in gleichem Maße für Keimzellen relevant ist, solange keine anderslautenden Daten vorliegen.

25.4 Quantifizierung genotoxischer Effekte

Eine generelle Sichtweise bei der Beurteilung genotoxischer Effekte ist die, keine Schwellenwerte oder No-Effect-Levels zu postulieren. Ausgehend von der irreversiblen Natur von Mutationen und den potenziell schwerwiegenden Konsequenzen wird auch ein sehr geringes Risiko von DNA-reaktiven Mutagenen als relevant angesehen, zumal die genomische DNA nicht in redundanter Form vorliegt. Abweichend hiervon werden Effekte beurteilt, die auf Interaktion mit Nicht-DNA-Molekülen beruhen, wie dies beispielsweise für die Induktion numerischer Chromosomenaberrationen durch Substanzen der Fall ist, die die Funktion von Spindelfasern über Beeinflussung von Tubulinpolymerisation beeinträchtigen. In diesen Fällen entspricht die Wirkweise einer klassisch pharmakologischen, d. h. es muss eine gewisse Mindestkonzentration des Inhibitors vorhanden sein, um den Effekt zu induzieren, während unterhalb dieser Konzentration kein Effekt auftritt. Deshalb ist es möglich, für solche Effekte Schwellenwerte zu definieren, die frei von Risiko sind, sowie Sicherheitsfaktoren gegenüber diesen.

Allerdings gibt es inzwischen einige Beispiele, wo Schwellenwerte für mutagene Effekte auch für DNA-interaktive Mutagene nachgewiesen werden konnten. Als Mechanismen hierfür sind beispielsweise effiziente DNA-Reparaturenzymsysteme gezeigt worden, die bei geringer Belastung eine fehlerfreie Korrektur von DNA-Addukten katalysieren und erst oberhalb gewisser Konzentrationen eine mutagene Primärschädigung erlauben. Diese Beispiele sind allerdings noch sehr selten und eine solche Hypothese benötigt eine detaillierte experimentelle Aufklärung des Mechanismus, bevor risikorelevante Schlussfolgerungen gezogen werden können.

25.5 Kritische Aspekte bei der Durchführung von Genotoxizitätstests und der Beurteilung von Daten

Vor allem in *In-vitro*-Tests ist es möglich, durch unphysiologische extreme Versuchsbedingungen positive Ergebnisse zu erzeugen, die irrelevant sind für die Abschätzung eines Risikos unter menschlichen Expositionsszenarien. Insbesondere bei *In-vitro*-Versuchen mit chromosomalen Endpunkten wurden regelmäßig positive Resultate erhalten, die sich bei einer weiteren Überprüfung als nicht relevant herausgestellt haben. Zu diesen Bedingungen zählen beispielsweise Testung unter unphysiologischen pH-Werten, Substanzpräzipitation oder starke Zytotoxizität. Deshalb haben die Bemühungen in den letzten Jahren darauf abgezielt, Zytotoxizitätsparameter für die einzelnen Testsysteme dahin gehend zu optimieren und validieren, um extreme Bedingungen zu vermeiden, ohne die Sensitivität der Tests zu beeinträchtigen. Diese Bedingungen sind nun weitgehend in OECD- und anderen Richtlinien niedergelegt und sollten streng befolgt werden. Bei *In-vivo*-Versuchen sollte des Weiteren die Frage nach der biologischen Adäquanz der Methode beantwortet sein, also ob der richtige Endpunkt, aber vor allem das richtige Gewebe verwendet wird, d. h. ob beispielsweise die Substanz im Zielgewebe in genügend hoher Konzentration vorkommt oder der Metabolismus im Zielgewebe repräsentativ ist bzw. Metaboliten in ausreichendem Ausmaß ins Gewebe transportiert werden. Bei inkongruenten Datenlagen, also wenn sowohl positive als auch negative Resultate eine Interpretation erschweren, muss man eine Gewichtung der Daten entsprechend ihrer biologischen Relevanz und experimentellen Akzeptanz vornehmen (Weight-of-Evidence). Hierbei kommen Überlegungen zum Tragen, ob beispielsweise ein Effekt reproduzierbar ist, ob eine Konzentrations- oder Dosisabhängigkeit erkennbar ist, ob positive Befunde nur bei großer Zytotoxizität erkennbar sind oder ein positiver Effekt eventuell auf eine in einer Testsubstanz vorhandene Verunreinigung zurückzuführen ist.

25.6 Zusammenfassung

Genotoxizitätstestung dient dem Zweck, Substanzen zu identifizieren, die vererbbare Mutationen oder Tumoren induzieren können. Die Untersuchung des genotoxischen Potenzials erfolgt mithilfe von Kombinationen verschiedener Tests, weil genetische Schäden auf verschiedenen Mechanismen beruhen können. Hierbei kommen sowohl verschiedene genetische Endpunkte (Genmutation, numerische Chromosomenaberration, strukturelle Chromosomenaberration) als auch *In-vitro-* und *In-vivo*-Systeme (Bakterien, Säugerzellkulturen, Erythrozyten oder andere Gewebe in Ratten oder Mäusen) infrage. Es ist wichtig, die für jedes Testsystem spezifischen Parameter, vor allem in Bezug auf Zytotoxizität und adäquate Kulturbedingungen *in vitro*, optimal zu gestalten, um irrelevant positive Resultate zu vermeiden. Generell beruhen Teststrategien darauf, zunächst sensitive *In-vitro*-Tests durchzuführen und die Relevanz der gefundenen Ergebnisse durch komplexere Systeme, oft *in vivo*, zu verifizieren. Bei der Beurteilung von Datensätzen sind *In-vivo*-Ergebnisse allerdings nicht automatisch relevanter als *In-vitro*-Ergebnisse, sodass die biologische Plausibilität wie z. B. Exposition des Zielgewebes, in Betracht gezogen werden muss. Generell besitzen DNA-reaktive genotoxische Substanzen keinen Schwellenwert. Dies mag aber für Substanzen gelten, die nicht primär mit der DNA interagieren, sondern mit anderen Zielstrukturen wie z. B. Spindelfasern. In Einzelfällen sind nicht lineare Dosis-Wirkungs-Beziehungen auch für DNA-reaktive Genotoxine nachgewiesen worden.

Weiterführende Literatur

Dearfield, K. L. und Moore, M. M. (2005) Use of genetic toxicology information for risk assessment. *Environ. Mol. Mutagenesis*, **46**, 236–247.

International Conference on Harmonization of Technical Requirements for Registration of Pharmaceuticals for Human Use (2011) ICH S2(R1), Guidance on genotoxicity testing and data interpretation for pharmaceuticals intended for human use, http://www.ich.org/products/guidelines/safety/article/safety-guidelines.html (21 December 2015).

Kirkland, D.J., Aardema, M., Henderson, L. und Müller, L. (2005) Evaluation of the ability of a battery of three *in vitro* genotoxicity tests to discriminate rodent carcinogens and non-carcinogens. I. Sensitivity, specificity and relative predictivity. *Mutation Res.*, **584**, 1–256.

Speit, G., Autrup, H., Crebelli, R., Henderson, L., Kirsch-Volders, M., Madle, S., Parry, J.M., Sarrif, A.M. und Vrijhof, H. (2000) Thresholds in genetic toxicology. Concluding remarks. *Mutation Research*, **464**, 149–153.

Stefan Pfuhler, A., Albertini, S., Fautz, R., Herbold, B., Madle, S., Utesch, D. und Poth, A. (2007) Genetic Toxicity Assessment: Employing the Best Science for Human Safety Evaluation. Part IV: Recommendation of a Working Group of the Gesellschaft fuer Umwelt-Mutationsforschung (GUM) for a Simple and Straightforward Approach to Gentoxicity Testing. *Toxicol. Sci.*, **97**, 237–240.

26
Erfassung der individuellen Fremdstoffbelastung (Biomonitoring)

T. Göen

26.1
Einleitung

Unter Biomonitoring versteht man die quantitative Bestimmung von Substanzen, deren Metaboliten und Reaktionsprodukten mit körpereigenen (Makro)-Molekülen sowie durch diese beeinflussbare Beanspruchungsindikatoren in humanbiologischen Materialien. Im toxikologischen Fachgebiet kann dieser Begriff auch auf das Monitoring im biologischen Material von Versuchstieren ausgedehnt werden.

Die Einsatzgebiete des Biomonitorings lassen sich wie folgt kategorisieren:

- Expositionsstudien mit Probanden und Versuchstieren zur Bestimmung der Toxikokinetik und des Metabolismus einer Substanz
- Erfassung der Belastung und möglicher biologischer Effekte in Probanden- bzw. tierexperimentellen Studien zum toxischen Wirkungsmuster bzw. der Wirkungsstärke von Fremdstoffen
- Erfassung der Belastung und Beanspruchung in beruflich belasteten Personen (Arbeitsmedizin) oder Personen mit außerberuflichen Belastungen (Umweltmedizin)

In den beiden letzten Einsatzgebieten soll letztendlich das Gesundheitsrisiko des Menschen durch eine Fremdstoffbelastung abgeschätzt werden. Dazu sind die Ergebnisse des Biomonitorings mit Beurteilungswerten zu vergleichen, die zum Teil auch aus Studien der ersten beiden Einsatzgebiete abgeleitet werden können.

Das Ziel des Humanbiomonitorings ist es, die Belastung und die Gesundheitsgefährdung des Menschen zu erfassen und die erhaltenen Analysenwerte mit Beurteilungswerten zu vergleichen, um eine Gesundheitsgefährdung des Patienten zu erkennen und ggf. geeignete Maßnahmen vorzuschlagen, um die Belastung und damit die Gesundheitsgefährdung zu reduzieren.

Der größte Teil der derzeit zur Verfügung stehenden Verfahren bezieht sich auf die quantitative Erfassung der inneren Belastung durch die Bestimmung der Stoffe

Das Toxikologiebuch, 1. Auflage. Helmut Greim (Hrsg.).

und deren Metabolite im biologischen Material (*Belastungsmonitoring*). Dagegen spricht man vom biologischen *Effektmonitoring*, wenn biologische Veränderungen erfasst wurden, die sensitiv und möglichst spezifisch auf die Exposition reagieren, auch dann, wenn von diesen Veränderungen selbst noch keine nachteiligen Wirkungen für den Organismus ausgehen. Parameter des biologischen Effektmonitorings sind u. a. Veränderungen von Enzymaktivitäten, Produkte des Intermediärstoffwechsels und cytogenetische Parameter. Weiterhin wird häufig das sogenannte *biochemische Effektmonitoring* als eigenständige Parameterkategorie genannt. Darunter versteht man im Wesentlichen die Quantifizierung von Reaktionsprodukten mutagener Substanzen, die kovalent als Addukte an Makromoleküle wie Proteine (z. B. Albumin oder Hämoglobin) und DNA gebunden sind.

> Biomonitoring ist im besonderen Maße für die Beurteilung der individuellen Gesundheitsgefährdung geeignet, weil es die Gesamtbelastung des Körpers unabhängig vom Aufnahmepfad (inhalativ, oral, dermal) erfasst, eine differenzierte Bewertung der Gesundheitsgefährdung durch Messung der biologisch wirksamen Stoffkonzentration ermöglicht und einen Großteil der individuellen Dispositionsfaktoren, die bei der Toxikokinetik und Toxikodynamik eines Stoffes eine Rolle spielen, einschließt.

Das Schema in Abb. 26.1 stellt die Zusammenhänge zwischen äußerer Belastung, innerer Belastung und toxischen Effekten dar. Es verdeutlicht, dass auf dem gesamten Belastungs- und Wirkungspfad eine Beeinflussung durch individuelle Dispositionsfaktoren erfolgen kann. Derartige Dispositionsfaktoren können sowohl im Status biochemischer Faktoren, insbesondere Enzymaktivitäten, als auch in morphologischen oder funktionellen Gegebenheiten begründet liegen.

Im ersten Schritt dieses Prozesses beeinflussen z. B. Einschränkungen bzw. Promotionen der Lungenfunktion oder Irritationen bzw. Verletzungen der Haut die Aufnahme von Stoffen. Auf dem Weg zur biologisch aktiven Dosis spielen dann der Metabolismus, und hier insbesondere das Gleichgewicht zwischen Phase I- und Phase-II-Metabolisierung, eine entscheidende Rolle. Deshalb wird die individuelle Disposition auf dieser Stufe insbesondere durch die Verfügbarkeit und Aktivität der am Metabolismus beteiligten Enzyme bestimmt. Grundsätzlich gilt, je enger der diagnostische Parameter mit den tatsächlichen adversen Effekten im Menschen verknüpft ist, umso mehr sind die individuellen Dispositionsfaktoren bereits im Messergebnis berücksichtigt.

Bei beruflichen Tätigkeiten sind die Belastungssituationen meist viel klarer charakterisiert als bei umweltbedingten Expositionen. Grundsätzlich ist ein Biomonitoring zur korrekten Abschätzung der individuellen Belastung in folgenden Situationen besonders wichtig:

- wenn Hautkontakt besteht und die Aufnahme über die Haut einen relevanten Beitrag zur Gesamtbelastung leistet,
- wenn eine orale Aufnahme in Betracht gezogen werden muss,

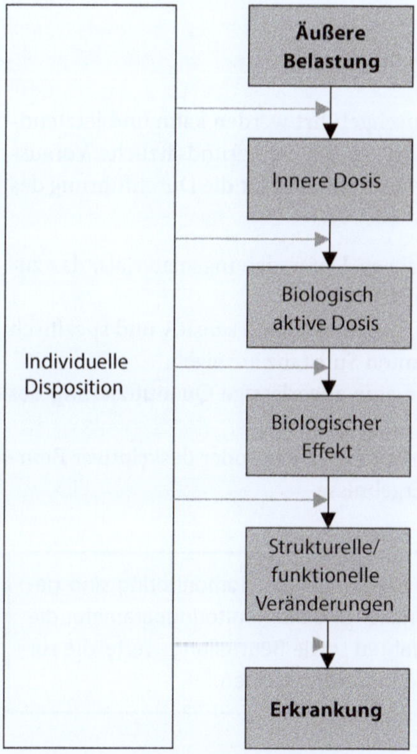

Abb. 26.1 Zusammenhänge zwischen äußerer Belastung, innerer Belastung und toxischen Effekten sowie individuelle Variabilität.

- bei Exposition gegenüber Substanzen mit langen biologischen Halbwertszeiten,
- bei unfallartigen Belastungen
- bei stark fluktuierender äußerer Belastung, z. B. bei stark schwankenden Luftkonzentrationen, und
- bei Situationen, bei denen das Atemminutenvolumen durch körperliche Aktivität modifiziert sein kann.

Dagegen gibt es auch Belastungssituationen, bei denen ein Biomonitoring nicht oder nur sehr eingeschränkt angewendet werden kann. Ein Biomonitoring ist nicht geeignet:

- für Stoffe, die nicht oder nur in geringem Umfang vom Körper aufgenommen werden (Dies trifft beispielsweise für inerte Stäube, Faserstäube und unlösliche Stoffe zu.),
- für Substanzen mit irritativer Wirkung auf Haut und Schleimhäute,
- für Stoffe mit extrem kurzer biologischer Halbwertszeit,
- für chemische Strukturen, die bereits physiologisch in hohen Mengen im Körper gebildet werden.

26.2 Voraussetzungen zur Durchführung eines Biomonitorings

Damit ein Biomonitoring zweckmäßig durchgeführt werden kann und letztendlich zu interpretierbaren Ergebnissen führt, sind einige grundsätzliche Voraussetzungen zu erfüllen. Fundamentale Voraussetzungen für die Durchführung des Biomonitorings sind:

- die Auswahl eines geeigneten biologischen Untersuchungsmaterials, das zumutbar und praktikabel gewonnen werden kann,
- Biomonitoringparameter (Biomarker), die ausreichend sensitiv und spezifisch die Belastung gegenüber einer bestimmten Substanz anzeigen,
- leistungsfähige Analysenverfahren, die eine zuverlässige Quantifizierung des Biomarkers erlauben,
- Verfügbarkeit gesundheitsbezogener, risikobezogener oder deskriptiver Beurteilungswerte für die Bewertung der Ergebnisse.

> Fundamentale Voraussetzungen für ein zweckmäßiges Biomonitoring sind geeignete biologische Untersuchungsmaterialien und Biomonitoringparameter, die Verfügbarkeit zuverlässiger Analysenverfahren sowie Beurteilungswerte, die zur Interpretation der Ergebnisse herangezogen werden können.

26.2.1 Biologisches Untersuchungsmaterial

Wie aus dem Schema in Abb. 26.1 ersichtlich, ist die Beurteilung der Gesundheitsgefährdung bzw. des Gesundheitsrisikos aufgrund chemischer Belastungen prinzipiell am zuverlässigsten durch die Quantifizierung der Substanzen oder deren Metabolite in den Zielorganen der toxischen Wirkungen gewährleistet. Da aus ethischen Gründen eine direkte Bestimmung der Stoff- bzw. Metabolitenkonzentrationen in den Zielorganen häufig nicht vertretbar ist, werden für diesen Zweck in der Regel die Gehalte der Analyten in leicht zugänglichen und minimal invasiv gewinnbaren Körpermedien, die mit den Organbelastungen in einem Fließgleichgewicht stehen, verwendet. Diese Bedingungen werden insbesondere von den Medien Blut und Urin erfüllt. Darüber hinaus schließen toxikologische Untersuchungen fast immer Untersuchungen in diesen beiden Medien ein, sodass hierfür auch der beste Kenntnisstand zur Toxikokinetik und Toxikodynamik existiert. Prinzipiell können aber auch weitere Medien, wie Alveolarluft, Speichel, Haare, Zähne, Finger- oder Zehennägel als Untersuchungsmaterialien verwendet werden. Allerdings fehlen für diese Matrizes häufig der Kenntnisstand zur Toxikokinetik und Toxikodynamik sowie toxikologisch begründete Beurteilungswerte, sodass die Gehalte in diesen Materialien keine Abschätzung des Gesundheitsrisikos erlauben, sondern nur auf eine vorausgegangene Exposition hinweisen.

Blut und Urin stellen die bevorzugten biologischen Untersuchungsmaterialen dar, weil sie zentrale Kompartimente des Stofffließgleichgewichtes sind und weil hierfür der beste Kenntnisstand besteht.

Mit der Auswahl des Untersuchungsmaterials stellt sich gleichzeitig die Frage nach dem korrekten Probenahmezeitpunkt, die in der Regel nur unter Berücksichtigung der Spezifikationen des jeweiligen Biomonitoringparameters beantwortet werden kann. Grundsätzlich ist aber zu klären, ob eine akute, unfallartige Exposition oder eine chronische Exposition mit längeren Expositionszeiträumen vorliegt. Bei unfallartigen Expositionen sollte die Probenahme grundsätzlich möglichst direkt nach der Exposition erfolgen. Bei der Verwendung von Biomonitoringparametern mit besonders langer Persistenz, wie Hämoglobinaddukte (siehe Abschn. 26.3.3), kann von dieser Regel abgewichen werden. Ferner ist nach unfallartigen, massiven Hautbelastungen eine verzögerte Aufnahme der Gefahrstoffe in Betracht zu ziehen. Bei länger andauernden Expositionssituationen sollte die Probenahme zu einem Zeitpunkt erfolgen, bei dem sich die innere Belastung des Probanden im Gleichgewichtszustand mit der äußeren Belastung befindet. Dies kann je nach Untersuchungsparameter sehr unterschiedlich sein. Beispielsweise ist ein Gleichgewicht zwischen Luftbelastung und Blutkonzentration bei vielen leichtflüchtigen Substanzen bereits nach einer Viertelstunde erreicht. Dagegen kann das Fließgleichgewicht für viele Metabolite, die über den Urin ausgeschieden werden, auch nach mehreren Stunden noch nicht erreicht sein. In diesen Fällen ist es dann sinnvoll, die Urinprobe möglichst bei Expositionsende zu gewinnen oder mehrere Proben nacheinander zu untersuchen, um die maximal kumulierte Menge nachweisen zu können. Für Untersuchungsparameter, die im Urin bestimmt werden, stellt sich auch die Frage, ob ein Sammelurin (z. B. 24 h-Urin) gegenüber der Spontanurinprobe Vorteile bietet. Entscheidend für die Beantwortung ist, auf welcher Basis die Vergleichswerte gewonnen wurden, die später zur Beurteilung herangezogen werden. Toxikokinetische Untersuchungen präsentieren ihre Ergebnisse häufig auf Basis der kumulativen Urinausscheidung innerhalb von 24 h nach Exposition. Dagegen sind Grenzwerte, die z. B. aus arbeitsmedizinischen Studien gewonnen wurden, in der Regel auf Basis von Spontanurinproben, die am Ende der Exposition (Schichtende) gewonnen wurden, abgeleitet. Die Ausscheidungsmengen, die in einer Spontanurinprobe bestimmt werden können, sind grundsätzlich durch diuresebedingte Schwankungen beeinflusst. Allerdings kann in vielen Fällen der Kreatiningehalt oder das spezifische Gewicht der Urinprobe als Bezugsgröße verwendet werden, um diese Schwankungen zu berücksichtigen.

26.2.2 Biomonitoringparameter

Für einen geeigneten Biomonitoringparameter gilt, dass er die Belastung bzw. Beanspruchung (Effekt) durch eine Substanz zuverlässig, empfindlich und insbesondere spezifisch anzeigt. Prinzipiell gilt, dass Parameter des biologischen Effektmonitorings eine niedrigere Substanzspezifität als Parameter des biologischen Belastungsmonitorings aufweisen, weil selbst aufgrund des Substanzbezuges ausgewählte Effektparameter durch unterschiedliche Noxen beeinflusst werden können. Aber auch innerhalb der Parametergruppe des biologischen Belastungsmonitorings kann die Substanzspezifität erheblich variieren. Die höchste Spezifität stellt die Bestimmung der unveränderten Substanz im biologischen Material dar. Allerdings ist für viele Stoffe ein derartiger Biomonitoringparameter aufgrund eines schnellen Stoffwechsels nicht verfügbar. Je weiter der Metabolismus vorangeschritten ist, umso weiter entfernt sich die Struktur des Metaboliten von der Struktur der Substanz und verliert somit die Spezifität. Besonders extrem gilt dies, wenn man den Metabolismus von Fremdstoffen auf Kohlenwasserstoffbasis betrachtet. Für fast alle organischen Stoffe stellt hierbei Kohlendioxid den ultimativen Metaboliten dar, der schließlich über die Lunge ausgeschieden wird. Allerdings ist Kohlendioxid zum einen ein Parameter ohne Substanzspezifität und zum anderen kann die stoffbezogene Kohlenstoffdioxidbildung im allgemeinen Kohlenhydratstoffwechsel des Organismus untergehen.

> Neben der Verknüpfung zur toxischen Wirksamkeit ist die Stoffspezifität das wichtigste Kriterium für einen Biomonitoringparameter. Diese verringert sich mit fortschreitender Metabolisierung.

Beim biologischen Effektmonitoring sind nur wenige Parameter bekannt, die spezifisch auf die Exposition reagieren. Klassisches Beispiel für dieses Monitoring ist die Messung der renalen Delta-Aminolävulinsäure-Ausscheidung oder des Protoporphyrinspiegels in den Erythrozyten bei einer Bleiexposition. Die Effektparameter sollten aufgrund der geringen Substanzspezifität in Verbindungen mit Belastungsparametern untersucht und bewertet werden.

Bei den biochemischen Effektparametern handelt es sich um Protein- und DNA-Addukte, die mit modernen Analysentechniken bei äußerst geringen Konzentrationen gemessen werden. Bei Addukten handelt es sich in der Regel um Reaktionsprodukte aus besonders reaktiven Intermediaten, die im Phase I- oder Phase II-Metabolismus einer Substanz entstanden sind.

Tab. 26.1 Kategorien von Beurteilungswerten für Biomonitoringergebnisse.

Bezeichnung	Abkürzung	Quelle/Gremium
Gesundheitsbezogene Werte		
Biologischer Arbeitsstoff-Toleranzwert	BAT	DFG-Arbeitsstoffkommission
Biologischer Leitwert	BLW	DFG-Arbeitsstoffkommission
Biological Limit Value	BLV	SCOEL
Biological Exposure Limit	BEI	ACGIH
Risikobezogene Werte		
Äquivalenzwert zum Akzeptanzrisiko	–	Ausschuss für Gefahrstoffe
Äquivalenzwert zum Toleranzrisiko	–	Ausschuss für Gefahrstoffe
Deskriptive Werte/Orientierungswerte		
Referenzwert	RV_{95}	Kommission Human-Biomonitoring
Biologischer Arbeitsstoff-Referenzwert	BAR	DFG-Arbeitsstoffkommission
Biological Guidance Value	BGV	SCOEL
Expositionsäquivalente für krebserzeugende Arbeitsstoffe	EKA	DFG-Arbeitsstoffkommission

26.2.3 Analysenverfahren

Beschreibungen der Analysenverfahren finden sich zwar in den Publikationen der Studien, in denen derartige Parameter untersucht wurden. Nicht immer ist aus diesen Beschreibungen jedoch die Zuverlässigkeit der verwendeten Verfahren ersichtlich. Eine Besonderheit stellt die Methodensammlung der DFG-Senatskommission zur Prüfung gesundheitsschädlicher Arbeitsstoffe für Analysen im biologischen Material dar. Erstens gewährt diese Methodensammlung einen guten Überblick über die derzeit verfügbaren Biomonitoringverfahren. Zweitens handelt es sich bei den hier veröffentlichten Methoden um analytische Verfahren, deren Etablierungsfähigkeit sowie deren Zuverlässigkeitsdaten durch mindestens ein unabhängiges Laboratorium in der Praxis geprüft und bestätigt wurden. Zusätzlich ist darauf hinzuweisen, dass für den Großteil, der in Tab. 26.2 aufgeführten Biomonitoringparameter ein spezielles Ringversuchssystem besteht, dass eine externe Qualitätssicherung und damit den Nachweis der Vergleichbarkeit und Richtigkeit der Biomonitoringverfahren ermöglicht.

26.2.4 Beurteilungswerte

Zur Beurteilung von Biomonitoringergebnissen stehen Vergleichswerte mit unterschiedlichen Bewertungsstrategien zur Verfügung (siehe dazu Tab. 26.1).

Tab. 26.2 Anerkannte Biomonitoringparameter mit Beurteilungswerten (vgl. MAK- und BAT-Werte-Liste, Deutsche Forschungsgemeinschaft 2015). Angaben zum Probenahmezeitpunkt: a – keine Beschränkung, b – Expositionsende bzw. Schichtende, c – bei Langzeitexposition: nach mehreren vorangegangenen Schichten, d– vor nachfolgender Schicht, e– nach Expositionsende: … Stunden.

Gefahrstoff	Parameter	Untersuchungsmaterial	Probenahmezeitpunkt	BW	Beurteilungswert bzw. Korrelation
Aceton [67-64-1]	Aceton	Urin	b	BAT	80 mg/l
Acetylcholinesterasehemmer	Acetylcholinesterase	Erythrozyten	c, b	BAT	Reduktion der Aktivität auf 70 % des Bezugswertes
Acrylamid [79-06-1]	*N*-(2-Carbonamidethyl)valin	Erythrozyten	a	BAR	50 pmol/g Globin
		Erythrozyten	a	BLW	550 pmol/g Globin
		Erythrozyten	a	EKA	Korrelation
	S-(2-Carbonamidethyl)-merkaptursäure	Urin	b	BAR	100 µg/g Kreatinin
Acrylnitril [107-13-1]	*N*-(2-Cyanoethyl)-valin	Erythrozyten	a	EKA	Korrelation
		Erythrozyten	a	BAR	0,3 µg/l Blut[a]
Alkalichromate (Chrom(VI)-Verbindungen)	Chrom	Erythrozyten	c, b	EKA	Korrelation
	Chrom	Urin	c, b	EKA	Korrelation
Aluminium [7429-90-5]	Aluminium	Urin	a	BAT	60 µg/g Kreatinin
4-Aminobiphenyl [92-67-1]	4-Aminobiphenyl (aus Hämoglobinkonjugat freigesetzt)	Vollblut	a	BAR	15 ng/l[a]
Anilin [62-53-3]	Anilin (nach Hydrolyse)	Urin	c, b	BAT	500 µg/l
	Anilin (aus Hämoglobinkonjugat freigesetzt)	Vollblut	c, b	BLW	100 µg/l
Arsen [7440-38-2] und anorganische Arsenverbindungen[b]	Anorganisches Arsen und methylierte Metaboliten im Urin[c]	Urin	c, b c	BLW BAR	50 µg/l 15 µg/l
Arsentrioxid [1327-53-3]	Anorganisches Arsen und methylierte Metaboliten im Urin[c]	Urin	c	EKA	Korrelation

Tab. 26.2 Fortsetzung.

Gefahrstoff	Parameter	Untersuchungsmaterial	Probenahmezeitpunkt	BW	Beurteilungswert bzw. Korrelation
Bariumverbindungen, löslich (als Ba [7440-39-3] berechnet)	Barium	Urin	c, b	BAR	10 μg/l
Benzol [71-43-2]	*S*-Phenylmerkaptursäure	Urin	b	EKA	Korrelation
	trans, trans-Muconsäure	Urin	b	EKA	Korrelation
Beryllium [7440-41-7] und seine anorganischen Verbindungen	Beryllium	Urin	c, b	BAR	0,05 μg/l
Bisphenol A (4,4′-Isopropyliden-diphenol) [80-05-7]	Bisphenol A (nach Hydrolyse)	Urin	b	BLW	80 mg/l
Blei [7439-92-1] und seine Verbindungen (außer Bleiarsenat, Bleichromat und Alkylbleiverbindungen)	Blei	Vollblut	a	BLW	300 μg/l (für Männer und Frauen > 45 J.)
	Blei	Vollblut	a	BAR	70 μg/l (für Frauen)
Bleitetraethyl [78-00-2]	Diethylblei	Urin	b	BAT	25 μg/l, als Pb berechnet
	Gesamtblei (gilt auch für Gemische mit Bleitetramethyl)	Urin	b	BAT	50 μg/l
Bleitetramethyl [75-74-1]	Gesamtblei	Urin	b	BAT	50 μg/l
2-Brom-2-chlor-1,1,1-trifluorethan (Halothan) [151-67-7]	Trifluoressigsäure	Vollblut	c, b	BAT	2,5 mg/l
Brommethan (Methylbromid) [74-83-9]	Bromid	Plasma/Serum	c	BLW	12 mg/l
1-Brompropan [106-94-5]	*S*-(*n*-Propyl)-merkaptursäure	Urin	c	EKA	Korrelation

Tab. 26.2 Fortsetzung.

Gefahrstoff	Parameter	Untersuchungs-material	Probe-nahme-zeit-punkt	BW	Beurteilungswert bzw. Korrelation
1,3-Butadien [106-99-0]	*N*-Acetyl-*S*-(3,4-di-hydroxybutyl)-L-cystein	Urin	b	EKA	Korrelation
1-Butanol [71-36-3]	1-Butanol	Urin	d	BAT	2 mg/g Kreatinin
		Urin	b	BAT	10 mg/g Kreatinin
2-Butanon (Methyl-ethylketon) [78-93-3]	2-Butanon	Urin	b	BAT	2 mg/l
2-Butoxyethanol [111-76-2]	Butoxyessigsäure (nach Hydrolyse)	Urin	c	BAT	150 mg/g Kreatinin
2-Butoxyethyl-acetat [112-07-2]	Butoxyessigsäure (nach Hydrolyse)	Urin	c	BAT	150 mg/g Kreatinin
p-tert-Butyl-phenol (ptBP) [98-54-4]	*p*-tert-Butylphenol	Urin	b	BAT	2 mg/l
Cadmium [7440-43-9] und seine anorganischen Verbindungen	Cadmium	Urin	a	BAR	1 µg/l[a]
	Cadmium	Vollblut	a	BAR	0,8 µg/l[a]
Chlorbenzol [108-90-7]	4-Chlorkatechol (nach Hydrolyse)	Urin	d	BAT	25 mg/g Kreatinin
		Urin	b	BAT	150 mg/g Kreatinin
2-Chloropren [126-99-8]	3,4-Dihydroxy-butyl-merkaptursäure	Urin	b, c	BAR	400 µg/g Kreatinin
Chrom [7440-47-3] und seine Verbindungen	Chrom	Urin	b	BAR	0,6 µg/l
Cobalt [7440-48-4] und seine anorganischen Verbindungen	Cobalt	Urin	a	EKA	Korrelation
Cyclohexan [110-82-7]	1,2-Cyclohexandiol (nach Hydrolyse)	Urin	c, b	BAT	150 mg/g Kreatinin
Cyclohexanon [108-94-1]	1,2-Cyclohexandiol (nach Hydrolyse)	Urin	c, b	EKA	Korrelation
	Cyclohexanol (nach Hydrolyse)	Urin	b	EKA	Korrelation

Tab. 26.2 Fortsetzung.

Gefahrstoff	Parameter	Untersuchungsmaterial	Probenahmezeitpunkt	BW	Beurteilungswert bzw. Korrelation
4,4′-Diaminodiphenylmethan	4,4′-Diaminodiphenylmethan	Urin	b	BAR	$< 0,5\ \mu g/l$
[101-77-9]	4,4′-Diaminodiphenylmethan (aus Hämoglobinkonjugat freigesetzt)	Vollblut	a	BAR	< 5 ng/l
1,2-Dichlorbenzol [95-50-1]	1,2-Dichlorbenzol	Vollbllut	b	BAT	140 µg/l
	3,4- und 4,5-Dichlorkatechol	Urin	b	BAT	150 mg/g Kreatinin
1,4-Dichlorbenzol [106-46-7]	2,5-Dichlorphenol (nach Hydrolyse)	Urin	b	EKA	Korrelation
Dichlormethan [75-09-2]	Dichlormethan	Vollblut	b	BAT	500 µg/l
N,*N*-Dimethylacetamid [127-19-5]	*N*-Methylacetamid plus *N*-Hydroxy-methyl-*N*-methylacetamid	Urin	c, b	BAT	30 mg/g Kreatinin
Dimethylformamid [68-12-2]	*N*-Methylformamid plus *N*-Hydroxy-methyl-*N*-methylformamid	Urin	b	BAT	35 mg/l
Dimethylsulfat [77-78-1]	*N*-Methylvalin	Erythrozyten	a	EKA	Korrelation
1,4-Dioxan [123-91-1]	*β*-Hydroxyethoxyessigsäure	Urin	b	BAT	400 mg/g Kreatinin
Diphenylmethan-4,4′-diisocyanat [101-68-8]	4,4′-Diaminodiphenylmethan	Urin	b	BLW	10 µg/l
2-Ethoxyethanol [110-80-5]	Ethoxyessigsäure	Urin	c, b	BAT	50 mg/l
2-Ethoxyethylacetat [111-15-9]	Ethoxyessigsäure	Urin	c, b	BAT	50 mg/l

Tab. 26.2 Fortsetzung.

Gefahrstoff	Parameter	Untersuchungsmaterial	Probenahmezeitpunkt	BW	Beurteilungswert bzw. Korrelation
1,2-Epoxypropan [75-56-9]	*N*-(2-Hydroxypropyl)-valin	Erythrozyten	a	BAT	2500 pmol/g Globin
	N-(2-Hydroxypropyl)-valin	Erythrozyten	a	BAR	10 pmol/g Globin
	N-(2-Hydroxypropyl)-valin	Erythrozyten	a	EKA	Korrelation
	S-(2-Hydroxypropyl)-merkaptursäure	Urin	b, c	BAR	25 µg/g Kreatinin
Ethylbenzol [100-41-4]	Mandelsäure plus Phenylglyoxylsäure	Urin	b	BAT	250 mg/g Kreatinin
Ethylen [74-85-1]	Hydroxyethylvalin	Erythrozyten	a	EKA	Korrelation
Ethylenoxid [75-21-8]	Hydroxyethylvalin	Erythrozyten	a	EKA	Korrelation
Fluorwasserstoff [7664-39-3] und anorganische Fluorverbindungen (Fluoride)	Fluorid	Urin	b	BAT	4 mg/l
Hexachlorbenzol [118-74-1]	Hexachlorbenzol	Plasma/Serum	a	BAT	150 µg/l
Hexamethylendiisocyanat [822-06-0]	Hexamethylendiamin (nach Hydrolyse)	Urin	b	BAT	15 µg/g Kreatinin
n-Hexan [110-54-3]	2,5-Hexandion plus 4,5-Dihydroxy-2-hexanon	Urin	b	BAT	5 mg/l
2-Hexanon (Methylbutylketon) [591-78-6]	2,5-Hexandion plus 4,5-Dihydroxy-2-hexanon	Urin	b	BAT	5 mg/l
Hydrazin [302-01-2]	Hydrazin	Urin	b	EKA	Korrelation
	Hydrazin	Plasma/Serum	b	EKA	Korrelation
Kohlenmonoxid [630-08-0]	CO-Hb	Vollblut	b	BAT	5 %

Tab. 26.2 Fortsetzung.

Gefahrstoff	Parameter	Untersuchungs-material	Probe-nahme-zeit-punkt	BW	Beurteilungswert bzw. Korrelation
Kresol (alle Isomeren) [1319-77-3]: *o*-Kresol [95-48-7], m-Kresol [108-39-4], *p*-Kresol [106-44-5]	Gesamt-Kresol (nach Hydrolyse)	Urin	b	BLW	200 mg/l
Lindan (*γ*-1,2,3,4,5,6-Hexachlor-cyclohexan) [58-89-9]	Lindan	Plasma/ Serum	b	BAT	25 µg/l
Lithium [7439-93-2]	Lithium	Urin	a	BAR	50 µg/l
Mangan [7439-96-5] und seine anorganischen Verbindungen	Mangan	Vollblut	b, c	BAR	15 µg/l
Methanol [67-56-1]	Methanol	Urin	c, b	BAT	30 mg/l
2-Methoxy-ethanol [109-86-4]	Methoxyessig-säure	Urin	b	BAT	15 mg/g Kreatinin
2-Methoxy-ethylacetat [110-49-6]	Methoxyessig-säure	Urin	b	BAT	15 mg/g Kreatinin
1-Methoxy-propanol-2 [107-98-2]	1-Methoxy-propanol-2	Urin	b	BAT	15 mg/l
4-Methylpentan-2-on (Methylisobutyl-keton) [108-10-1]	4-Methylpentan-2-on	Urin	b	BAT	0,7 mg/l
N-Methyl-2pyrrolidon (Dampf) [872-50-4]	5-Hydroxy-*N*-methyl-2-pyrrolidon	Urin	b	BAT	150 mg/l
Naphthalin [91-20-3]	1-Naphthol plus 2-Naphthol (nach Hydrolyse)	Urin	b, c	BAR	35 µg/l[a)]

Tab. 26.2 Fortsetzung.

Gefahrstoff	Parameter	Untersuchungsmaterial	Probenahmezeitpunkt	BW	Beurteilungswert bzw. Korrelation
Nickel [7440-02-0] und seine Verbindungen	Nickel	Urin	c	BAR	3 µg/l
Nickel [7440-02-0] (Nickelmetall, -oxid, -carbonat, -sulfid, sulfidische Erze)	Nickel	Urin	c	EKA	Korrelation
Nickel (leicht lösliche Nickelverbindungen wie Nickelacetat und vergleichbare lösliche Salze, Nickelchlorid, Nickelsulfat)	Nickel	Urin	c	EKA	Korrelation
Nitrobenzol [98-95-3]	Anilin (aus Hämoglobinkonjugat freigesetzt)	Vollblut	c	BAT	100 µg/l
Parathion [56-38-2]	*p*-Nitrophenol	Urin	c	BAT	500 µg/l
	Acetylcholinesterase	Erythrozyten	c	BAT	Reduktion der Aktivität auf 70 % des Bezugswertes
Pentachlorphenol [87-86-5]	Pentachlorphenol	Urin	a	EKA	Korrelation
	Pentachlorphenol	Plasma/Serum	a	EKA	Korrelation
Perfluoroctansäure [335-67-1] und ihre anorganischen Salze	Perfluoroctansäure	Plasma/Serum	a	BAT	5 mg/l
Perfluoroctansulfonsäure [1763-23-1]	Perfluoroctansulfonsäure	Plasma/Serum	a	BAT	15 mg/l
Phenol [108-95-2]	Phenol (nach Hydrolyse)	Urin	b	BLW	200 mg/l

Tab. 26.2 Fortsetzung.

Gefahrstoff	Parameter	Untersuchungs-material	Probe-nahme-zeit-punkt	BW	Beurteilungswert bzw. Korrelation
Polychlorierte Biphenyle [1336-36-3]	∑ PCB 28, PCB 52, PCB 101, PCB 138, PCB 153, PCB 180	Plasma/ Serum	a	BAT	15 µg/l
	PCB 28	Plasma/ Serum	a	BAR	0,02 µg/l
	PCB 52	Plasma/ Serum	a	BAR	< 0,01 µg/l
	PCB 101	Plasma/ Serum	a	BAR	< 0,01 µg/l
Polyzyklische aromatische Kohlenwasserstoffe (PAH)	3-Hydroxy-benzo[a]pyren (nach Hydrolyse)	Urin	D	EKA	Korrelation
	1-Hydroxypyren (nach Hydrolyse)	Urin	b, c	BAR	0,3 µg/g Kreatinin
2-Propanol [67-63-0]	Aceton	Vollblut	b	BAT	25 mg/l
		Urin	b	BAT	25 mg/l
2-Propenal (Acrolein) [107-02-8]	3-Hydroxypropyl-merkaptursäure	Urin	b, c	BAR	600 mg/g Kreatinin
iso-Propylbenzol (Cumol) [98-82-8]	2-Phenyl-2-propanol (nach Hydrolyse)	Urin	b	BAT	10 mg/g Kreatinin
Quecksilber [7439-97-6] und seine anorganischen Verbindungen	Quecksilber	Urin	a	BAT	25 µg/g Kreatinin
Schwefelkohlenstoff (Kohlendisulfid) [75-15-0]	2-Thiothiazolidin-4-carboxylsäure (TTCA)	Urin	b	BAT	2 mg/g Kreatinin
Selen [7782-49-2] und seine anorganischen Verbindungen	Selen	Plasma/ Serum	a	BAT	150 µg/l
Styrol [100-42-5]	Mandelsäure plus Phenylglyoxylsäure	Urin	c, b	BAT	600 mg/g Kreatinin
Tetrachlorethen [127-18-4]	Tetrachlorethen	Vollblut	e (16 h)	EKA	Korrelation

Tab. 26.2 Fortsetzung.

Gefahrstoff	Parameter	Untersuchungsmaterial	Probenahmezeitpunkt	BW	Beurteilungswert bzw. Korrelation
Tetrachlormethan (Tetrachlorkohlenstoff) [56-23-5]	Tetrachlormethan	Vollblut	c, b	BAT	3,5 µg/l
Tetrahydrofuran [109-99-9]	Tetrahydrofuran	Urin	b	BAT	2 mg/l
o-Toluidin [95-53-4]	*o*-Toluidin (nach Hydrolyse)	Urin	b	BAR	0,2 µg/l[a)]
Toluol [108-88-3]	Toluol	Vollblut	b	BAT	600 µg/l
	o-Kresol (nach Hydrolyse)	Urin	c, b	BAT	1,5 mg/l
2,4-Toluylendiamin [95-80-7]	2,4-Toluylendiamin (nach Hydrolyse)	Urin	b	EKA	Korrelation
1,1,1-Trichlorethan (Methylchloroform) [71-55-6]	1,1,1-Trichlorethan	Vollblut	c, d	BAT	550 µg/l
Trichlorethen [79-01-6]	Trichloressigsäure	Urin	b, c	BAR	0,07 mg/l
	Trichloressigsäure	Urin	b, c	EKA	Korrelation
Trimethylbenzol (alle Isomeren): 1,2,3-Trimethylbenzol [526-73-8], 1,2,4-Trimethylbenzol [95-63-6], 1,3,5-Trimethylbenzol [108-67-8]	Gesamt-Dimethylbenzoesäuren (nach Hydrolyse)	Urin	c, b	BAT	400 mg/g Kreatinin
2,4,6-Trinitrotoluol [118-96-7] (und Isomeren in technischen Gemischen)	4-Amino-2,6-dinitrotoluol (nach Hydrolyse)	Urin	b	BAR	< 1 µg/l
	2-Amino-4,6-dinitrotoluol (nach Hydrolyse)	Urin	b	BAR	< 4 µg/l
Vanadium [7440-62-2] und seine anorganischen Verbindungen	Vanadium	Urin	c, b	EKA	Korrelation
Vinylchlorid [75-01-4]	Thiodiglykolsäure	Urin	c	EKA	Korrelation
		Urin	d	BAR	1,5 mg/l

Tab. 26.2 Fortsetzung.

Gefahrstoff	Parameter	Untersuchungsmaterial	Probenahmezeitpunkt	BW	Beurteilungswert bzw. Korrelation
Vitamin K-Antagonisten	Quick-Wert	Vollblut	a	BAT	Reduktion auf nicht weniger als 70 %
Xylol (alle Isomeren) [1330-20-7]	Methylhippur-(Tolur-)säure	Urin	b	BAT	2000 mg/l

a) Für Raucher gelten andere Werte.
b) Mit Ausnahme von Arsenwasserstoff.
c) durch direkte Hydrierung bestimmte flüchtige Arsenverbindungen.

BW – Art des Beurteilungswertes.

26.2.4.1 Gesundheitsbezogene Werte

Die wichtigste Gruppe von Beurteilungswerten umfasst Werte, die sich aus den Schwellenkonzentrationen bzw. -dosiswerten der jeweiligen adversen Effekte (No Observed Adverse Effect Level (NOAEL), Lowest Observed Adverse Effect Level (LOAEL)) ergeben. Dabei werden diese Beurteilungswerte entweder direkt aus Studien abgeleitet, in denen sowohl die Belastung des Menschen über die Messung der Biomonitoringparameter als auch die Beanspruchung ermittelt wurde, oder über den Zusammenhang zwischen äußerer und innerer Belastung aus Luftgrenzwerten abgeleitet, die ihrerseits auf den toxikologischen Wirkungsschwellen basieren. In einigen Fällen erfolgt auch eine Übertragung aus tiertoxikologischen Studien auf den Menschen. Prinzipiell können für einen Gefahrstoff verschiedene toxikologisch hergeleitete Beurteilungswerte existieren, die für unterschiedliche Schutzziele definiert werden und sich dementsprechend unterscheiden. Beurteilungswerte, die in der Arbeitsmedizin verwendet werden, wie z. B. Biologische Arbeitsstoff-Toleranzwerte (BAT-Werte), beziehen sich in der Regel auf den durchschnittlichen Menschen im erwerbsfähigen Alter. Ein Unsicherheitsfaktor, der sicherstellt, dass auch besonders empfindlicher Personen hinreichend geschützt werden, wird bei der Ableitung dieser Werte in der Regel nicht eingerechnet. Dagegen werden bei der Ableitung toxikologischer Beurteilungswerte für umweltmedizinische Fragestellungen, wie die sogenannten Human-Biomonitoring-Werte (HBM I, HBM II)[1], in der Regel mehrere Unsicherheitsfaktoren, die

1) Der HBM-I-Wert ist ein Prüf- oder Kontrollwert, der HBM-II-Wert entspricht der Konzentration eines Stoffes in einem Körpermedium, bei deren Überschreitung nach dem Stand der derzeitigen Bewertung eine als relevant anzusehende gesundheitliche Beeinträchtigung möglich ist, sodass akuter Handlungsbedarf zur Reduktion der Belastung besteht und eine umweltmedizinische Betreuung (Beratung) zu veranlassen ist. Der HBM-II-Wert ist somit als Interventions- und Maßnahmenwert anzusehen.

die interindividuelle Variabilität widerspiegeln sollen, berücksichtigt. Ähnlich ist das Vorgehen bei der Ableitung von Derived No-Effekt Levels (DNEL) im Rahmen der REACH-Registrierung. Ferner gilt zu beachten, dass die Ermittlung arbeitsmedizinischer Beurteilungswerte eine Belastung über das gesamte Arbeitsleben berücksichtigt, wobei eine Gesamtdauer von 40 Jahren und eine Wochenbelastung von 40 h angenommen wird, während Beurteilungswerte für umweltmedizinische Fragestellungen eine kontinuierliche Belastung über die gesamte Lebensdauer (24 h pro Tag, 70 Jahre) in Betracht zieht. Beispiele für gesundheitsbezogene Beurteilungswerte sind die von der DFG-Senatskommission zur Prüfung gesundheitsschädlicher Arbeitsstoffe (Arbeitsstoffkommission) ermittelten Biologischen Arbeitsstoff-Toleranzwerte und Biologischen Leitwerte, die vom EU-Gremium Scientific Committee on Occupational Exposure Limits (SCOEL) erarbeiteten Biological Limit Values sowie die von der American Conference of Governmental Industrial Hygienists (ACGIH) veröffentlichten Biological Exposure Indices. Für umweltmedizinische Fragestellungen werden von der Kommission Humanbiomonitoring des Umweltbundesamtes die Human-Biomonitoring-Werte HBM I und HBM II aufgestellt.

Eine Beurteilung von Biomonitoringergebnissen kann durch den Vergleich mit Beurteilungswerten erfolgen, die entweder gesundheitsbasiert oder risikobasiert sind oder ein statistisches Maß für die Belastung der Allgemeinbevölkerung darstellen.

26.2.4.2 **Risikobezogene Werte**

Eine zweite Gruppe an Beurteilungswerten bilden risikobezogene Werte. Diese Werte werden insbesondere für Effekte aufgestellt, für die wie im Falle der genotoxisch wirksamen Kanzerogene keine Schwellenkonzentration bzw. -dosis angegeben werden kann. Für diese Effekte lassen sich in der Regel jedoch stochastische Beziehungen zwischen der Expositionshöhe und dem Krebsrisiko aufstellen. Unter der Voraussetzung von gesellschaftspolitisch akzeptierten bzw. tolerierten Risikowerten und auf der Basis entsprechender Expositionsszenarien können Expositionswerte festgelegt werden, die mit einem definierten Risiko verbunden sind. In Deutschland wurde ein derartiges Konzept vom Ausschuss für Gefahrstoffe (AGS), einem Gremium des Bundesministeriums für Arbeit und Soziales, für berufliche Belastungen erarbeitet. Für die Konzentration einiger krebserzeugender Gefahrstoffe in der Arbeitsplatzluft wurden durch den AGS sogenannte „Akzeptanzwerte“ und „Toleranzwerte“ veröffentlicht, die entsprechend der epidemiologisch-toxikologischen Datenlage mit einem „Akzeptanzrisiko“ zusätzlicher Krebsfälle von 4 : 1000 bzw. einem „Toleranzrisiko“ von zunächst 4 : 10 000 und ab 2018 von 4 : 100 000 korrespondieren (TRGS 910). Um diese Akzeptanz- und Toleranzwerte auf das Biomonitoring zu übertragen, bedarf es der Kenntnis von quantitativen Zusammenhängen zwischen Luftbelastung und resultierender inneren Belastung. Diese Übertragung ermöglichen die Expositionsäquivalente für krebserzeugende Arbeitsstoffe (EKA), die von der Arbeitsstoffkommission seit über 30 Jahren für Arbeitsstoffe, die sich entweder im Tierversuch oder beim Menschen als krebserzeugend erwiesen haben, aufgestellt werden. Aus den EKA-Tabellen kann entnommen werden, welche innere Belastung sich bei ausschließlich inhalativer Stoffaufnahme ergeben würde. Auf der Basis der EKA können dann aus den Luftgrenzwerten die entsprechenden Werte für Biomonitoringparameter abgeleitet werden, die den Akzeptanz- und Toleranzrisiken entsprechen.

26.2.4.3 Referenzwerte und weitere deskriptive Beurteilungswerte

Die dritte Gruppe von Beurteilungswerten umfasst deskriptive Werte, die entweder einer Häufigkeitsverteilung oder einer Korrelation entnommen werden. Das Konzept der Häufigkeitsverteilung wird angewendet, um den Normwertbereich eines Biomonitoringparameters zu beschreiben. Dabei wird dem Umstand Rechnung getragen, dass für jeden Menschen auch ohne spezifische Expositionssituation eine gewisse, wenn auch in der Regel geringe Belastung mit nahezu jeder Substanz besteht. Für Effektparameter gilt ohnehin, dass eine allgemeine Ausprägung auch bei unbelasteten Personen bestehen sollte. In der Regel wird im Biomonitoring der sogenannte „Referenzwert" als deskriptiver Beurteilungswert verwendet. Der Referenzwert für einen chemischen Stoff in einem Körpermedium ist definitionsgemäß ein Wert, der aus einer Reihe von entsprechenden Messwerten einer Stichprobe aus einer definierten Bevölkerungsgruppe nach einem vorgegebenen statistischen Verfahren abgeleitet wird. Es handelt sich dabei um einen rein statistisch definierten Wert ohne Bezug zum Gesundheitsrisiko. In der Regel wird der Referenzwert aus dem 95. Perzentil einer beruflichen, nicht gegenüber dem Stoff exponierten Personengruppe abgeleitet. Dies bedeutet jedoch auch, dass bereits in Blut- und Urinproben eines Teils der Allgemeinbevölkerung Konzentrationen auftreten können, die oberhalb des angegebenen Referenzwertes liegen. Referenzwerte werden für die Beurteilung von Biomonitoringergebnissen sowohl von arbeitsmedizinischen als auch umweltmedizinischen Fragestellungen verwendet. Mit Blick auf die Versorgung des umweltmedizinischen Bereiches werden von der Kommission Human-Biomonitoring des Umweltbundesamtes Referenzwerte zum Teil nach Geschlecht und Alter differenziert veröffentlicht. Für den arbeitsmedizinischen Anwendungsbereich werden seit einigen Jahren von der Arbeitsgruppe „Aufstellung von Grenzwerten in biologischen Materialien" der Arbeitsstoffkommission sogenannte Biologische Arbeitsstoff-Referenzwerte (BAR) evaluiert und veröffentlicht. Die Evaluierung dieser Grenzwerte erfolgt primär unter dem Aspekt der arbeitsmedizinischen Vorsorge und bezieht sich auf Personen im erwerbstätigen Alter. Durch den Vergleich von Biomonitoringergebnissen mit Referenzwerten kann festgestellt werden, ob eine Stoffbelastung das allgemeine Ausmaß übersteigt. Grundsätzlich beschreibt ein Referenzwert die Belastungssituation einer Referenzpopulation zum Zeitpunkt der Stichprobenerhebung und muss nach Veränderung der allgemeinen Belastungssituation, z. B. durch Minderung der Umweltbelastung neu ermittelt werden. Das zweite Konzept der deskriptiven Werte bilden die bereits erwähnten Expositionsäquivalente für krebserzeugende Arbeitsstoffe, die wie oben beschrieben die Zusammenhänge zwischen der äußeren Belastung des Beschäftigten (Luftbelastung am Arbeitsplatz) und der Konzentration eines Biomarkers beschreiben (siehe oben).

26.3 Beispiele für das Biomonitoring spezieller Stoffgruppen bzw. besondere Biomonitoringparameter

26.3.1 Substanzen mit hohem Dampfdruck

Substanzen mit hohem Dampfdruck wirken auf den Menschen in der Regel als Gas oder Dampf ein und werden somit fast ausschließlich über die Atemwege aufgenommen. An manchen Arbeitsplätzen ist jedoch ein direkter Hautkontakt mit derartigen Gefahrstoffen möglich; aufgrund des niedrigen Dampfdruckes ist die Verweilzeit auf der Haut nur sehr kurz. Bei konstanter Luftbelastung stellt sich z. T. sehr schnell ein Gleichgewicht zwischen der äußeren Belastung und der Konzentration des Gefahrstoffes im Blut ein. Dabei wird die Lage des Gleichgewichtes durch die Blut-Luft-Verteilungskoeffizienten beschrieben. Hohe Blut-Luft-Verteilungskoeffizienten, die eine hohe Aufnahme ins Blut bedeuten, finden sich in der Regel für hydrophile Substanzen, während hydrophobe Stoffe niedrige Blut-Verteilungskoeffizienten aufweisen. Untersuchungen für Toluol und Styrol zeigen eine Einstellung des Steady-State-Zustandes innerhalb von 15–30 min. Gleichzeitig impliziert die hohe Flüchtigkeit auch, dass am Ende der Exposition diese Stoffe sehr schnell über die Atemwege eliminiert werden können. Hier gilt umgekehrt zur Resorptionsphase, dass Verbindungen mit niedrigen Blut-Luft-Verteilungskoeffizienten in höherem Maße über die Atemwege eliminiert werden können als Stoffe mit hohem Verteilungskoeffizienten. Die Eliminationshalbwertszeiten liegen ebenfalls häufig im Bereich von 15–30 min. Aufgrund der hohen Bedeutung des Gleichgewichtes zwischen Blutkonzentration und der Konzentration im Alveolargasraum kann sowohl die Bestimmung der unveränderten Substanzen im Blut als auch in der Ausatemluft für ein biologisches Belastungsmonitoring herangezogen werden. Allerdings bedeutet die kurze Halbwertszeit der Blutkonzentration nach Expositionsende, dass eine Probenahme entweder direkt nach der Exposition oder nach einer definierten Zeitspanne nach Expositionsende erfolgen muss, um einen interpretierbaren Messwert zu erhalten. Beispiele dieser Biomonitoringstrategie sind die Bestimmung von Dichlormethan oder Tetrachlorethen in Blut, für die Beurteilungswerte für eine Probenahme direkt nach Exposition bzw. 16 h nach Expositionsende existieren (siehe Tab. 26.2).

Auch wenn die Abatmung über die Atemwege einen wesentlichen Anteil an der Elimination der Substanzen mit hohem Dampfdruck darstellt, werden einige Vertreter dieser Stoffgruppe in relevantem Ausmaß metabolisiert. In diesen Fällen kann auch die Bestimmung von Metaboliten im Urin für ein Biomonitoring dieser Stoffe verwendet werden. Beispiele hierfür stellen die Bestimmung der Trichloressigsäure als Parameter für Trichlorethen, *o*-Cresol für Toluolbelastungen oder 2,5-Hexandion für *n*-Hexanbelastungen dar.

Für hydrophile flüchtige Stoffe gilt, dass ihre physikalische Eigenschaft zum einen dazu führt, dass sie nur mäßig über die Atemwege eliminiert werden, und zum anderen eine Elimination ohne Metabolismus über die Harnwege möglich ist. Deshalb kann für derartige Stoffe die Bestimmung der unveränderten Substanz im Urin für ein Biomonitoring verwendet werden. Beispiele hierfür sind die Bestimmung der Urinkonzentrationen von Methanol, Aceton, Methylethylketon (2-Butanon) und Tetrahydrofuran (siehe dazu auch Tab. 26.2).

26.3.2
Phase-I- und Phase-II-Produkte

Vollständig anders präsentiert sich die Situation für Substanzen, die selbst sehr reaktiv sind oder sehr leicht metabolisch aktiviert werden können. Auch diese Stoffe werden zügig aus dem Blut eliminiert, jedoch in der Regel nur sehr gering über die Atemwege, sondern in besonderem Maße als Metabolite über den Urin. Eine Sonderstellung nehmen Metabolite ein, die gut über die Atemwege eliminiert werden. Hierbei ist insbesondere das Kohlendioxid zu nennen, das am Ende einer vollständigen oxidativen Umsetzung von organischen Substanzen steht. Dabei handelt es sich allerdings wie bereits erwähnt um einen unspezifischen Metaboliten, der deshalb nicht als Biomonitoringparameter verwendet werden kann. Für die meisten Gefahrstoffe sind die vorher gebildeten Zwischenstufen entweder selbst oder nach Phase-II-Reaktionen gut harngängig. Beispiele für Metabolite, die ohne Phase-II-Reaktion über die Harnwege ausgeschieden werden, sind Ethoxyessigsäure nach Ethoxyethanolexposition sowie 5-Hydroxy-*N*-methylpyrrolidon nach *N*-Methylpyrrolidonexposition (siehe Tab. 26.2). Hydroxygruppen, insbesondere in phenolischen Strukturen, werden häufig mit Glucuronsäure oder Sulfat konjugiert und somit als Glucuronide und Sulfate im Urin ausgeschieden. Metabolite, die nahezu vollständig als Glucuronid- und Sulfatkonjugate ausgeschieden werden, sind para-Nitrophenol nach Parathion-Exposition und Bisphenol A (siehe auch Tab. 26.2). Neben der Glucuronsäure- und Sulfatkonjugation ist die Glutathion-*S*-Transferasereaktion eine der bedeutendsten Phase II-Reaktionen des Fremdstoffmetabolismus. Dabei handelt es sich um Additionsreaktionen mit elektophilen Gefahrstoffen bzw. Metaboliten, wie z. B. Epoxide, α,β-ungesättigte Nitrile und Ketone. Aber auch Substitutionsreaktionen mit Halogenkohlenwasserstoffen können zur Glutathionkonjugation führen. Nach Abspaltung der Aminosäuren Glutaminsäure und Glycin sowie einer Acetylierung wird das gebildete *S*-konjugierte Acetylcystein (Synonym: Merkaptursäure) über den Urin ausgeschieden. Beispiele für derartige Biomonitoringparameter sind *S*-Phenylmerkaptursäure nach Benzolexposition und 3-Hydroxypropylmerkaptursäure nach Acroleinbelastung (siehe dazu auch Tab. 26.2).

26.3.3 Biomonitoringparameter mit hoher biologischer Persistenz

Eine besondere Klasse stellen Substanzen dar, die einen geringen Dampfdruck oder eine hohe Lipophilie aufweisen, sich gut an Zelloberflächen oder Makromoleküle adsorbieren und die metabolisch nur langsam umgesetzt werden. Beispiele derart persistierender und somit auch im menschlichen Körper akkumulierender Substanzen sind die Polychlorierten Biphenyle (PCB) sowie die perfluorierten Verbindungen Perfluoroctansäure (PFOA) und Perfluoroctansulfonsäure (PFOS). Für die Vertreter beider Stoffgruppen wurden Halbwertszeiten für die Elimination aus dem Blut von mehreren Jahren ermittelt. Aufgrund der geringen Elimination wird das Biomonitoring dieser Stoffe in der Regel in Blut oder in Blutplasma durchgeführt (siehe Tab. 26.2).

Biomonitoringparameter mit langen Halbwertszeiten stellen auch die Addukte an den Globinketten des Hämoglobins dar. Analog zur Glutathionkonjugation erfolgt eine derartige Adduktbildung insbesondere mit elektrophilen Stoff- und Metabolitenstrukturen sowie als Substitutionsreaktionen mit Stoffen, die chemisch leicht zu eliminierende funktionelle Gruppen, wie Halogenide, enthalten. Addukte sind kovalente und in der Regel sehr stabile Reaktionsprodukte. Zudem stellt der Erythrozyt eine „Cave-Situation" dar, die das Reaktionsprodukt vor einem Abbau durch extrazelluläre Enzyme schützt. Somit ist das Addukt so lange im Blut nachweisbar, bis der Erythrozyt abstirbt. In der Regel ist die Exposition in einer Größenordnung, die keine Überlastungssituation für den Erythrozyten darstellt. Damit gilt als Lebensdauer für das Addukt die mittlere Lebensdauer eines Erythrozyten von ca. 120 Tagen. Über diesen Zeitraum kann somit der Adduktspiegel bei chronischer Exposition auch akkumulieren. Eine besondere Rolle spielt für das Biomonitoring, dass insbesondere auch die *N*-terminale Aminosäure Valin eine bevorzugte Reaktionsstelle für derartige Addukte ist. Solche *N*-terminale Addukte können ohne Totalhydrolyse unter Verwendung eines modifizierten Edman-Abbaus gezielt von der Proteinstruktur abgespalten und der analytischen Bestimmung zugeführt werden. Beispiele für Biomonitoringparameter auf Basis der *N*-terminalen Hämoglobinaddukte sind *N*-2-Hydoxyethylvalin für Ethylenoxidexpositionen und *N*-Methylvalin für Dimethylsulfatbelastungen (siehe dazu Tab. 26.2).

26.4 Zusammenfassung

Durch Biomonitoring können sowohl die Stoffbelastung eines Organismus (Belastungsmonitoring) als auch daraus resultierende Effekte auf biochemischer Ebene (Effektmonitoring) erfasst werden. Während im Probanden- oder Tierversuch das Biomonitoring dazu dient, die Konzentration eines Stoffes oder eines Intermediates im Zielorgan zu bestimmen oder den Metabolismus und die Toxikokinetik aufzuklären, dient das Humanbiomonitoring in der Routineanwendung dazu, über die Quantifizierung der Stoffbelastung die daraus resultierende Gesundheitsgefährdung des Menschen abzuschätzen. Dazu sind geeignete biologische Materialien und Biomonitoringparameter auszuwählen. Für die Planung von Biomonitoringuntersuchungen und die Interpretation der Ergebnisse ist die Kenntnis des Metabolismus und der Toxikokinetik eines Stoffes bzw. seiner Metaboliten unerlässlich. Dies bestimmt, ob ein Belastungsmonitoring durch die Bestimmung des unveränderten Stoffes, eines Metaboliten oder eines Adduktes in Blut oder Urin erfolgen sollte und zu welchem Zeitpunkt einer Expositionsphase die Probenahme stattfindet. Zur Interpretation werden Biomonitoringergebnisse mit Beurteilungswerten verglichen, die entweder auf Basis toxikologischer Schwellenkonzentrationen bzw. -dosiswerte oder mit Bezug auf bestimmte Risikoniveaus festgelegt wurden oder lediglich die Grundbelastung in der allgemeinen Bevölkerung (Referenzwerte) beschreiben. Biomonitoring stellt somit eine effektive Methode dar, um Stoffbelastungen als vermutete Ursachen einer Gesundheitsgefährdung zu bestätigen oder auszuschließen.

Weiterführende Literatur

Bolt, H.M., Their, R. (2006). Biological monitoring and Biological Limit Values (BLV): The strategy of the European Union. *Toxicol. Lett.*, **162**, 119–124.

Boogaard, P.J., Hays, S.M., Aylward, L.L. (2011) Human biomonitoring as a pragmatic tool to support health risk management of chemicals – Examples under the EU REACH programme. *Regul. Toxicol. Pharmacol.*, **59**, 125–132.

Deutsche Forschungsgemeinschaft (2015) MAK- und BAT-Werte-Liste 2015. Ständige Senatskommission zur Prüfung gesundheitsschädlicher Arbeitsstoffe. Mitteilung 51. Wiley-VCH, Weinheim.

Deutsche Gesellschaft für Arbeitsmedizin und Umweltmedizin (2013) Arbeitsmedizinische Leitlinie „Biomonitoring", AWMF-Register Nr. 002/027, www.awmf.de.

Drexler, H., Lehnert, G., Hartwig, A., Greim, H., Henschler, D. (1983–2015) Biologische Arbeitsstoff-Toleranz-Werte (BAT-Werte), Expositionsäquivalente für krebserzeugende Arbeitsstoffe (EKA), Biologische Leitwerte (BLW) und Biologische Arbeitsstoff-Referenzwerte (BAR). Arbeitsmedizinisch-toxikologische Begründungen. 1.-21. Lieferung, Wiley-VCH, Weinheim.

Drexler, H. und Göen, T. (2012) Biomonitoring in der arbeitsmedizinischen Praxis. Anerkannte Analysenverfahren und Beurteilungswerte als essentielle Voraussetzung. *Arbeitsmed. Sozialmed. Umweltmed.*, **47**, 450–446.

Göen, T., Angerer J., Pilz, W., Hartwig, A., Greim, H. und Henschler, D. (1976–2015) Analytische Methoden zur Prüfung gesundheitsschädlicher Arbeitsstoffe. Band 2: Analysen in biologischem Material. 1.–21. Lieferung, Wiley-VCH, Weinheim.

Göen, T. (2014) Biomonitoring als Bestandteil der arbeitsmedizinischen Vorsorge bei Belastungen mit kanzerogenen Gefahrstoffen. *Arbeitsmed. Sozialmed. Umweltmed.*, **49**, 120–128.

Greim, H. (2001) Endpoints and surrogates for use in population studies in toxicology. *Toxicol. Lett.*, **120**, 395–403.

Greim, H., Csanády, G., Filser, J.G., Kreuzer, P., Schwarz, L., Wolff, T. und Werner, S. (1995) Biomarkers as tools in human health risk assessment. *Clin. Chem.*, **41**, 1804–1808.

Triebig, G., Drexler, H., Letzel, S. und Nowak, D. (2012) Biomonitoring in der Arbeitsmedizin und Umweltmedizin. Orientierungshilfe für Betrieb, Praxis und Klinik. Ecomed Medizin, Landsberg.

27
Epidemiologie

K. Ulm

27.1
Einleitung

Eine Definition der Epidemiologie lautet: Die Epidemiologie befasst sich mit der Untersuchung der Verteilung von Krankheiten und deren Einflussfaktoren in menschlichen Bevölkerungsgruppen und deren Umsetzung zur Kontrolle des Gesundheitsverhaltens.

Die intensive Beschäftigung mit dieser Problematik fand erstmals Mitte des 19. Jahrhunderts statt, als John Snow 1854 in London die Sterblichkeit an Cholera mit der Qualität des Trinkwassers in Verbindung brachte (Hempel, 2006). In den folgenden Jahren beschäftigte man sich mit den verschiedensten Infektionskrankheiten.

Eine systematische Entwicklung von epidemiologischen Begriffen und Methoden setzte erst Mitte des 20. Jahrhunderts ein. Zielgebiete waren zu diesem Zeitpunkt die chronischen Krankheiten, in erster Linie Krebs und koronare Herzerkrankungen. Eine der ersten Untersuchungen war die Framingham-Studie, die 1949 begann, mögliche Risikofaktoren für das Auftreten von kardiovaskulären Krankheiten zu erkennen. Im Bereich der Krebserkrankungen sind zur gleichen Zeit die ersten epidemiologischen Studien zur Untersuchung des Einflusses von Rauchen zu nennen.

27.2
Maßzahlen zur Beschreibung des Krankheitsrisikos

Das Krankheitsrisiko wird durch zwei Maßzahlen beschrieben, die Prävalenz und die Inzidenz.

Das Toxikologiebuch, 1. Auflage. Helmut Greim (Hrsg.).

Die *Prävalenz* (Krankheitsbestand) gibt die Häufigkeit einer Krankheit zu einem bestimmten Zeitpunkt an, während sich die *Inzidenz* (Neuerkrankungsrate) auf die Anzahl von neu auftretenden Fällen in einer definierten Zeitperiode bezieht.

$$\text{Prävalenz} = \frac{\text{Anzahl der Kranken zu einem Stichtag}}{\text{Personen unter Risiko an diesem Stichtag}}$$

$$\text{Inzidenz} = \frac{\text{Anzahl der Neuerkrankten in einem Zeitraum}}{\text{Summe aller Beobachtungsdauern}}$$

Zur Erfassung der Häufigkeit einer Krankheit ist es erforderlich, den Anteil in der Bevölkerung zu bestimmen, der erkranken kann, d. h. der unter Risiko steht. Der Anteil kann durch demografische Faktoren, wie Alter, Geschlecht oder Wohnort, definiert werden oder aber durch die Zugehörigkeit zu einer bestimmten Berufsgruppe.

Die Prävalenz und die Inzidenz sind zwei unterschiedliche Ansätze, die Häufigkeit einer Krankheit zu beschreiben. Es kann eine hohe Prävalenz mit einer geringen Inzidenz gekoppelt sein (z. B. Diabetes) bzw. eine geringe Prävalenz mit hoher Inzidenz (z. B. Grippe). Hierbei spielt die Krankheitsdauer eine entscheidende Rolle. Als Beispiel für die Berechnung der Prävalenz dient eine Untersuchung aus der Schweiz zur Frage eines Zusammenhangs zwischen der Einnahme von Analgetika in Form von Phenacetin und dem Auftreten von Nierenerkrankungen. Die Krankheit wurde in Form einer Proteinurie erfasst. Es wurden 7311 Frauen nach ihrer Einnahme von Phenacetin befragt, wobei 623 Frauen die Einnahme zum Zeitpunkt der Befragung bejahten. Davon hatten 39 eine Proteinurie, d. h. die Prävalenz betrug 6,3 % (= 39/623). Unter den restlichen Frauen wurde eine Gruppe von 621 Frauen zufällig ausgewählt. Hierbei hatten 19 eine Proteinurie, d. h. die Prävalenz unter den Frauen, welche die Einnahme von Phenacetin zum Zeitpunkt der Befragung verneinten, betrug 3,1 %.

Für die Angabe der Inzidenz sind sowohl die Anzahl von neu aufgetretenen Fällen als auch der entsprechende Zeitraum von Bedeutung. Ferner ist die Möglichkeit einer Mehrfacherkrankung von ein und derselben Person zu berücksichtigen. Die Inzidenz kann sich z. B. per Definition nur auf das erstmalige Auftreten einer Erkrankung beziehen.

Für die Berechnung der Inzidenz ist zu berücksichtigen, dass die Bevölkerung eine dynamische Population sein kann. Die Personen können zu den unterschiedlichen Zeitpunkten in die Beobachtung ein- bzw. austreten. Bei der Untersuchung von Arbeitern sind dies die Beschäftigten, die im Betrieb neu eingestellt werden bzw. den Betrieb aus den verschiedensten Gründen verlassen und anschließend nicht weiter beobachtet werden können. Für jede Person wird daher die individuelle Beobachtungsdauer bestimmt, d. h. der Zeitraum zwischen Beginn und Ende der Beobachtung. Das Ende wird durch eines der folgenden Ereignisse definiert:

- die Person ist erkrankt,
- das Beobachtungsende ist erreicht,
- die Person scheidet aus der Beobachtung aus.

Die Inzidenz I ist das Verhältnis der Zahl aller Neuerkrankungen (= d) in einem Zeitraum, dividiert durch die Summe aller Beobachtungsdauern (= $\sum t$).

Als Beispiel für die Inzidenz dient eine Untersuchung aus Dänemark, in der die Tumorinzidenz von Arbeitern untersucht wurde, die mit der Herstellung von Pflanzenschutzmitteln beschäftigt waren (Lynge, 1985). Diese Pflanzenschutzmittel bestanden z. T. aus 2,4-D (Dichlorphenoxyessigsäure) und 2,4,5-T (Trichlorphenoxyessigsäure) und waren zudem durch 2,3,7,8-TCDD (Dioxin) verunreinigt. Von den 3390 Arbeitern sind zwischen 1964 und 1981 insgesamt 159 an einem Tumor neu erkrankt bei 49 879 Personenjahren unter Risiko. Die Tumorinzidenz pro Jahr ergibt sich zu 159/49 879 = 0,0032 oder 3,2 Fälle pro 1000 Personenjahre. Für die Berechnung der Personenjahre spielt es keine Rolle, ob z. B. 100 Personen jeweils zehn Jahre oder 200 Personen je fünf Jahre beobachtet wurden. Weiter gilt die Annahme, dass die Inzidenz für alle Personen gleich ist. Trifft dies nicht zu, so sind die Personenjahre unter Risiko aufzuteilen, z. B. nach dem Alter. Die Inzidenz ist dann für die verschiedenen Altersgruppen getrennt zu bestimmen.

Mit der gleichen Methodik wird auch die Mortalität, d. h. das Sterberisiko für eine spezielle Krankheit bestimmt. So wurden in einer erweiterten Beobachtung der British Doctors Study von Doll und Peto (1978) unter den Rauchern 195 Gestorbene mit der Todesursache Lungenkarzinom bei insgesamt 109 386 Personenjahren registriert. Die Mortalität an Lungenkarzinom beträgt 195/109 386 = 0,001 78 oder 1,78 pro 1000 Personenjahre.

Für die Bewertung der Krankheits- oder Sterberate bei Exponierten ist ein Vergleich mit nicht bzw. gering Exponierten erforderlich.

Der Unterschied zwischen beiden Gruppen wird meist in Form des Verhältnisses beider Inzidenzen angegeben und als *relatives Risiko* (RR) bezeichnet. In der bereits erwähnten British Doctors Study betrug bei den Rauchern die Mortalität an Lungenkarzinom 1,78 pro 1000 Personenjahre. Unter den Nichtexponierten lag diese Mortalitätsrate bei 0,086 pro 1000 Personenjahre. Das relative Risiko errechnet sich zu 1,78/0,086 = 20,7.

$$\text{relatives Risiko (RR)} = \frac{\text{Inzidenz der Exponierten}}{\text{Inzidenz der Nichtexponierten}}$$

Das heißt, unter den Rauchern ist das Risiko, an einem Lungenkarzinom zu sterben, 20,7-mal höher im Vergleich zu den Nichtrauchern.

Neben dem relativen Risiko gibt es noch weitere Maßzahlen wie das Exzess- oder das attributable Risiko, die z. B. bei Rothman (2012) beschrieben sind.

Die Berechnung des relativen Risikos gibt einen Durchschnittswert an. Informativer ist es, das relative Risiko für verschiedene Expositionsgruppen zu berechnen. So ergeben sich für den Faktor Rauchen die in der Tab. 27.1 angegebenen relativen Risiken für die Todesursache Lungenkarzinom in Abhängigkeit des Rauchkonsums, jeweils bezogen auf die Nichtraucher.

Tab. 27.1 Ergebnisse der British Doctors Study von Doll und Peto (1978). Reproduced with permission of BMJ.

Zigaretten/Tag	Fälle mit Lungenkarzinom	Personenjahre	Inzidenz 1000	RR
0	6	69 905	H	1
1–9	7	14 877	0,471	5,48
10–19	34	35 037	0,970	11,31
20–29	88	42 862	2,053	23,92
> 4 30	66	16 610	3,973	46,29

Aus dieser differenzierten Betrachtung lässt sich der Anstieg des Risikos in Abhängigkeit vom Zigarettenkonsum, d. h. eine Dosis-Wirkungs-Beziehung, ableiten.

27.3 Standardisierte Maßzahlen

Für eine Bewertung der Risiken ist es erforderlich, den Einfluss anderer Faktoren, im Wesentlichen des Alters, auszuschalten.

Wie schon erwähnt, können sich die Inzidenzen hinsichtlich des Alters unterscheiden. Analoges gilt auch für das relative Risiko. Für einen korrekten Vergleich ist es daher erforderlich, den Einfluss des Alters zu eliminieren.

27.3.1 Direkte Standardisierung

Um den Einfluss des Alters auszuschalten, wird eine standardisierte Inzidenz (SI) berechnet. Hierbei werden die Inzidenzen I_i der einzelnen Altersgruppen ($i = 1, \ldots, n$) gewichtet aufsummiert. Die Gewichte w_i müssen sich zu 1 ergänzen ($\sum w_i = 1$). Meist bestimmen sich die Gewichte w_i als Anteil der Personenjahre in der Altersklasse i bezogen auf alle Personenjahre.

$$\text{Standardisierte Inzidenz (SI)} = \sum w_i I_i$$

$$I_i = \text{Inzidenz in Altersklasse } i \quad (i = 1, \ldots, n)$$

$$w_i = \text{Gewicht der Altersklasse } i \text{ mit } \sum w_i = 1$$

In den zu vergleichenden Gruppen werden die gleichen Gewichte w_i verwendet. Der Quotient beider standardisierten Inzidenzen wird wieder als relatives Risiko (RR) bezeichnet.

Tab. 27.2 Mortalität der British Doctors Study von Doll und Peto (1978). Reproduced with permission of BMJ.

Altersklasse (Jahre)	Nichtraucher		Raucher (> 30 Zig./Tag)		
	LK	$\sum t$	LK	$\sum t$	w_i
40–49	0	33 679	3	5 881	0,46
50–64	3	27 380	34	8 682	0,42
> 65	3	8 846	29	2 047	0,12
$\sum$	6	69 905	66	16 610	1,00

LK – Lungenkarzinom; $\sum t$ – Personenjahre unter Risiko; w_i – Gewichte.

Beispiel: In der Studie über das Rauchen ergibt sich für die britischen Ärzte, die pro Tag 30 Zigaretten oder mehr rauchten, bezogen auf die Nichtraucher, ein relatives Risiko von 46,29 (Tab. 27.1). Bei der Aufteilung auf drei Altersklassen ergeben sich die in Tab. 27.2 aufgeführten Werte.

Die standardisierte Mortalität pro 1000 Personenjahre bei den Nichtrauchern (NR) ergibt sich zu

$$SM_{NR} = (0/33\,679 \cdot 0{,}46 + 3/27\,380 \cdot 0{,}42 + 3/8846 \cdot (0{,}12) \cdot 1000 = 0{,}088$$

Dies bedeutet eine geringe Erhöhung im Vergleich zur sogenannten „rohen" Mortalität von 0,086. Bei den Rauchern (R) berechnet sich die SM_R zu 3,649 und ist dann niedriger als die „rohe" Mortalität von 3,973. Das standardisierte relative Risiko verringert sich daher zu $SR_R = 3{,}649/0{,}088 = 41{,}29$.

Bei der direkten Standardisierung werden die beiden Gruppen direkt miteinander verglichen.

Analog wird die standardisierte Mortalität (SM) berechnet.

27.3.2 Indirekte Standardisierung

Hierbei wird die Inzidenz oder Mortalität mit der in einer Standardbevölkerung verglichen. Dieser Ansatz wird häufig in der Arbeitsmedizin verwendet. Meist dient die Gesamtbevölkerung zum Vergleich. Die Mortalitätsraten der Bevölkerung finden sich in der amtlichen Statistik.

Anhand dieser Mortalitätsraten wird die erwartete Zahl der Todesfälle an den verschiedenen Todesursachen entsprechend den beobachteten Personenjahren unter Risiko berechnet, wobei die Faktoren Alter, Kalenderzeit und Geschlecht berücksichtigt werden. Das Ergebnis nennt man „erwartete Anzahl an Gestorbenen". Das relative Risiko ergibt sich als Quotient von beobachteter zu erwarteter Anzahl, da die Personenjahre in beiden Mortalitätsraten ja gleich sind. Dieser Quotient wird als *Standardmortalitätsrate* (SMR) bezeichnet.

Beispiel: In einer Studie zur Bestimmung des Risikos einer Dioxinexposition wurden in den USA alle Beschäftigen in entsprechenden Produktionsfirmen erfasst. In dieser Studie wurden insgesamt 5172 Arbeiter aus zwölf Firmen durchschnittlich 22,5 Jahre beobachtet. Von diesen Arbeitern sind im Beobachtungszeitraum 984 verstorben, bei 265 davon war ein Tumor als Todesursache angegeben. Aufgrund der amtlichen Statistik bezogen auf die Bevölkerung der USA errechnete sich die erwartete Anzahl an Tumortodesfällen zu 229,9. Die SMR beträgt somit $265/229{,}9 = 1{,}15$, d. h., es sind 15 % mehr Todesfälle mit der Todesursache Tumor aufgetreten, als anhand der Mortalitätsraten der Bevölkerung zu erwarten waren.

Eine weitere Möglichkeit, den Einfluss von Alter zu berücksichtigen, bieten Regressionsansätze. Hier können neben dem Alter auch weitere Faktoren eingeschlossen werden (für Details s. Rothman 2012).

27.4 Typen epidemiologischer Studien

> Epidemiologische Studien lassen sich in Beobachtungs- und experimentelle Studien unterteilen. Die Beobachtungsstudien werden unterteilt in Kohorten- und Fall-Kontroll-Studien. Experimentelle Studien sind Interventionsstudien.

27.4.1 Kohortenstudie

Bei einer Kohortenstudie, auch prospektive Studie genannt, wird eine definierte Gruppe von Personen über einen gewissen Zeitraum beobachtet. In der British Doctors Study waren dies alle Ärzte, die sich bereit erklärten, an der Studie teilzunehmen. Die gesamte Kohorte kann je nach Höhe der Exposition in verschiedene Teilkohorten unterteilt werden. Bei diesem Ansatz können Inzidenzen bzw. Mortalitätsraten und damit auch relative Risiken bestimmt werden. Zwischen dem Beginn der Exposition und dem Auftreten der Krankheit können oft mehrere Jahre liegen. Diese Zeitspanne wird als Latenzzeit bezeichnet. Beim Mesotheliom, d. h. einem bösartigen Tumor des Bauch- oder Rippenfells, beträgt diese Latenzzeit ca. 35 Jahre. Wird als Expositionsbeginn heute angenommen, ist frühestens nach 35 Jahren mit einem Ergebnis zu rechnen. Zur Abkürzung dieser langen Dauer können sowohl der Beginn der Exposition als auch der Beobachtungsbeginn in die Vergangenheit verlegt werden. Man spricht dann von einer historischen Kohortenstudie. Dieser Ansatz wird häufig in der Arbeitsmedizin verwendet.

27.4.2 Fall-Kontroll-Studie

In der Fall-Kontroll-Studie, auch als retrospektive Studie bezeichnet, werden definierte Fälle, also Personen mit einer bestimmten Erkrankung, mit Kontrollen, d. h. Personen ohne diese Erkrankung, hinsichtlich der Exposition verglichen. Zur Frage eines Zusammenhangs zwischen Rauchen und Lungenkarzinom werden Patienten mit der Diagnose Lungenkarzinom mit Kontrollen hinsichtlich des Rauchverhaltens verglichen. Dieser Ansatz ist gegenüber der Kohortenstudie zeitlich kürzer und bei geringer Inzidenz auch effizienter. Der Nachteil besteht darin, dass sich keine Inzidenzen und damit auch direkt keine relativen Risiken berechnen lassen.

Der Grund, dennoch Fall-Kontroll-Studien durchzuführen, liegt darin, dass sich das relative Risiko abschätzen lässt. Besteht z. B. eine Kohorte von Exponierten aus P_1 Personen, die durchschnittlich eine Zeit t beobachtet werden und a von ihnen erkranken, dann ergibt sich die Inzidenz zu $I_1 = a/(P_1 \cdot t)$. Für die Inzidenz der Nichtexponierten gilt analog $I_0 = b/(P_0 \cdot t)$. a und b sind die Zahl der Neuerkrankten der entsprechenden Gruppe.

In einer Kohortenstudie können sowohl Zähler als auch Nenner der Inzidenz bestimmt werden. In einer Fall-Kontroll-Studie werden dagegen als Fälle nur die Personen erfasst, die erkranken, also die $(a + b)$ Personen. Als Kontrollen werden jeweils ein Anteil (k) aus den Exponierten und Nichtexponierten erfasst, die nicht erkranken. Unter den Exponierten sind dies c $(c = (P_1 - a)/k \approx P_1/k)$ und unter den Nichtexponierten d $(d = (P_0 - b)/k \approx P_0/k)$ Kontrollen.

Die Inzidenzen lassen sich wie folgt abschätzen, indem die Gesamtzahl aller Personen durch die Zahl der Nichterkrankten ersetzt wird:

$$I_1 = \frac{a}{P_1 \cdot t_1} \approx \frac{a}{c \cdot k \cdot t_1}\ ; \quad I_0 = \frac{b}{P_1 \cdot t_1} \approx \frac{b}{d \cdot k \cdot t_1}$$

Ist der Anteil k bekannt, dann können Inzidenzen direkt bestimmt werden. Bei unbekanntem k, was der Regelfall sein dürfte, lässt sich aber das relative Risiko wie folgt abschätzen:

$$\mathrm{RR} = \frac{I_1}{I_0} \approx \frac{a/(c \cdot k \cdot t)}{b/(d \cdot k \cdot t)} = \frac{a/c}{b/d} = \frac{a \cdot d}{b \cdot c} = \mathrm{OR}$$

Das heißt, aus den Daten einer Fall-Kontroll-Studie lässt sich das relative Risiko abschätzen. Die Größe wird als *Odds Ratio* (OR) bezeichnet. Als Odds wird das Verhältnis der Exponierten zu den Nichtexponierten bezeichnet. Die Odds der Fälle (= odds(K^+)) ist der Quotient (a/b). Analoges gilt für die Kontrollen (= odds(K^-) = (c/d)). Das Verhältnis beider Odds ist die erwähnte Odds Ratio.

Entscheidend ist, dass für die Wahl der Kontrollen die Auswahl der Exponierten und Nichtexponierten vergleichbar sein muss, d. h. das Verhältnis von c/d muss gleich P_1/P_0 sein, bzw. der Anteil k muss in beiden Gruppen gleich sein. Eine Über- oder Unterrepräsentation von Exponierten unter den Kontrollen führt zu

Tab. 27.3 Ergebnis einer Fall-Kontroll-Studie zur Prüfung eines Zusammenhangs zwischen Formaldehyd und Nasenkarzinom (Hayes *et al.*, 1986, WileyLiss, Inc.).

	K^+	K^-	Σ
F^+	31 *a*	34 *c*	65
F^-	60 *b*	161 *d*	221
Σ	91	195	286 *n*

K^+ – Nasenkarzinom; K^- – Kontrolle; F^+ – mit einer Exposition gegenüber Formaldehyd; F^- – nicht exponiert.
$OR = \text{odds}(K^+)/\text{odds}(K^-) = (a/b)/(c/d) = (a \cdot d)/(b \cdot c) = 31 \cdot 161/(60 \cdot 34) = 2{,}45$
n = Summe aller Probanden.

einer verzerrten Schätzung der Odds Ratio. Die Anpassung der Odds Ratio an das relative Risiko ist umso besser, je geringer beide Inzidenzen sind.

Beispiel: Als Beispiel für eine Fall-Kontroll-Studie sei eine Untersuchung von Hayes *et al.* (1986) zur Prüfung eines Zusammenhangs zwischen einer Exposition gegenüber Formaldehyd und dem Auftreten eines Nasenkarzinoms erwähnt. Dabei wurden 91 Fälle 195 Kontrollen gegenübergestellt und die in Tab. 27.3 angegebenen Daten beobachtet. Das Risiko für das Auftreten eines Nasenkarzinoms ist bei einer Exposition gegenüber Formaldehyd um den Faktor 2,45 höher als beim Fehlen einer entsprechenden Exposition.

Eine Kohortenstudie kann auch in Form einer Fall-Kontroll-Studie ausgewertet werden. Dies ist z. B. dann sinnvoll, wenn die Erfassung der Exposition äußerst aufwendig ist. Dies wird dann als eingebettete Fall-Kontroll-Studie bezeichnet. Bei einer Fall-Kontroll-Studie ist die Ermittlung der Exposition bei allen Fällen und nur einer Stichprobe der Kontrollen notwendig und erfordert daher nur einen geringeren Aufwand.

27.4.3 Querschnittsstudie

Neben diesen beiden wesentlichen Ansätzen für eine Beobachtungsstudie gibt es noch die Querschnitts- oder Prävalenzstudie. Hier werden an einem Stichtag sowohl der Krankheitszustand als auch die Höhe der Exposition bestimmt. Damit lassen sich Prävalenzen angeben. Da man bei diesem Ansatz allerdings nicht weiß, ob die Exposition die Krankheit beeinflusst oder umgekehrt, wird er sehr selten verwendet.

27.4.4 Interventionsstudien

Die experimentellen Studien, auch Interventionsstudien genannt, sind mit den Kohortenstudien vergleichbar. Der wesentliche Unterschied liegt jedoch darin, dass die Zuordnung in eine von zwei oder mehreren Kohorten vom Untersucher vorgenommen wird. Als Beispiel sei die *MRFIT-Studie* („multiple risk factor intervention trial") genannt, in der der Effekt mehrerer präventiver Maßnahmen (z. B. Diät) gegen das Auftreten eines Myokardinfarktes bei Hochrisikopersonen untersucht wurde. Die Zuteilung zu den verschiedenen Interventionen erfolgt hierbei zufällig, d. h. randomisiert.

Als weiterer Studientyp sei noch die sogenannte *Korrelationsstudie* erwähnt. Hierbei werden nicht Einzelpersonen betrachtet, sondern Gruppen, z. B. die Bewohner einer Gegend. Für diese Gruppe wird die Inzidenz oder Prävalenz für eine definierte Krankheit bestimmt und der Höhe der Exposition gegenüber dem zu untersuchenden Faktor in dieser Gegend gegenübergestellt.

27.5 Statistische Tests zur Beurteilung eines erhöhten Risikos und Konfidenzbereiche

> Zusätzlich zur Schätzung von relativen Risiken (RR), Odds Ratio (OR) oder Standardmortalitätsraten (SMR) wird noch ein P %-Konfidenzbereich angegeben. Mit einer Wahrscheinlichkeit von P % (meist P % = 95 %) liegt der „wahre" Wert innerhalb dieses Bereichs. Bei RR, OR und SMR erfolgt zusätzlich ein statistischer Test, ob der beobachtete Wert statistisch signifikant über 1,0 (erhöhtes Risiko) liegt.

27.5.1 Relatives Risiko (RR)

Die Inzidenzen unter den Exponierten bzw. Nichtexponierten werden mit I_1 bzw. I_0, mit d_1 bzw. d_0 die beobachteten Fällen bezeichnet. Das relative Risiko als Quotient beider Inzidenzen ergibt sich zu $\mathrm{RR} = I_1/I_0$. Der 95 %-Konfidenzbereich für das relative Risiko ergibt sich zu:

$$\mathrm{RR} \cdot e^{\pm 1{,}96 \cdot \sqrt{1/d_1 + 1/d_0}}$$

Die Testgröße zur Prüfung der Hypothese $H_0 : \mathrm{RR} = 1$ gegen die Alternative $H_1 : \mathrm{RR} > 1$ lautet:

$$t = \frac{\ln I_1 - \ln I_0}{\sqrt{1/d_1 + 1/d_0}} = \frac{\ln \mathrm{RR}}{\sqrt{1/d_1 + 1/d_0}}$$

und ist unter Gültigkeit von H_0 asymptotisch standardnormalverteilt. Ergibt die Testgröße t einen Wert über 1,645, dann liegt mit einer Irrtumswahrscheinlichkeit von < 5 % ein statistisch signifikant erhöhtes relatives Risiko vor.

Beispiel: Vergleich der Mortalität in den Daten von Doll und Peto (1978) zwischen den Nichtrauchern und den Rauchern mit weniger als zehn Zigaretten pro Tag (s. Tab. 27.1):

$$M_{\mathrm{NR}} = 0{,}086\,; \quad d_{\mathrm{NR}} = 6$$

$$M_R = 0{,}471\,; \quad d_R = 7$$

$$\mathrm{RR} = 5{,}48$$

95 %-Konfidenzbereich:

$$\mathrm{RR} : 5{,}48 \cdot e^{\pm 1{,}96 \cdot \sqrt{1/6+1/7}} = (1{,}84; 16{,}31)$$

$$T = \frac{\ln 5{,}48}{\sqrt{1/6+1/7}} = 3{,}06 > 1{,}645 \quad (p < 0{,}05)$$

Der 95 %-Konfidenzbereich für das relative Risiko von 5,48 reicht von 1,84 bis 16,31. Der Wert von 5,48 ist statistisch signifikant erhöht bei einer Irrtumswahrscheinlichkeit von $p < 0,05$.

27.5.2
Odds Ratio (OR)

Die Berechnung des exakten Konfidenzbereichs für die Odds Ratio ist aufwendig. Daher gibt es mehrere Näherungsformeln. Die mit am häufigsten verwendete Formel stammt von Miettinen (s. Rothman 2012) und benutzt die χ^2-Teststatistik zur Prüfung eines Zusammenhangs zwischen dem Faktor und der Krankheit

$$\chi^2 = \frac{n \cdot (ad - bc)^2}{(a+b) \cdot (a+d) \cdot (b+d) \cdot (c+d)} \,.$$

Für die Bedeutung der Buchstaben a bis d und n siehe (Tab. 27.3).

Der 95 %-Konfidenzbereich für die $\mathrm{OR} = (a \cdot d)/(b \cdot c)$ ergibt sich zu $\mathrm{OR}^{1 \pm 1{,}96/\sqrt{\chi^2}}$.

In dem Beispiel zwischen Formaldehyd und Nasenkarzinom aus Tab. 27.3 mit einer OR von 2,45 errechnet sich die Testgröße χ^2 zur Prüfung der Hypothese $H_0 : \mathrm{OR} = 1$ zu

$$\chi^2 = \frac{286 \cdot (31 \cdot 161 - 60 \cdot 34)^2}{91 \cdot 195 \cdot 65 \cdot 221} = 9{,}77 \quad (p < 0{,}05)$$

Der 95 %-Konfidenzbereich für das OR reicht von 1,40 bis 4,29.

27.5.3
Standardmortalitätsrate (SMR)

Bei der Prüfung der Signifikanz und damit auch bei der Berechnung von Konfidenzbereichen der SMR geht man davon aus, dass die Anzahl der beobachteten Sterbefälle einer Poisson-Verteilung folgt. Da die Berechnung aufwendig ist, wird meist eine Näherungsformel verwendet (z. B. Ulm 1990).

Mit der beobachteten Anzahl an Sterbefällen *(B)* und der erwarteten Anzahl an Sterbefällen (*E*) bestimmt sich die SMR zu *B/E*. Für den Test der Hypothese $H_0 : \mathrm{SMR} \leq 1$ gegen die Alternative $H_1 : \mathrm{SMR} > 1$ wird folgender Wert errechnet:

$$t = 2(\sqrt{B} - \sqrt{E})$$

Ist $t > 1{,}645$ (95 %-Quantil der Standardnormalverteilung), so wird H_0 abgelehnt.

Der 95 %-Konfidenzbereich für die SMR (SMR_u; SMR_0) errechnet sich zu

$$SMR_u = \frac{E_u}{E}, \quad SMR_0 = \frac{E_0}{E}$$

mit

$$E_u = (\sqrt{B} - 1)^2 \quad \text{und} \quad E_0 = (\sqrt{B + 1} + 1)^2 .$$

In der erwähnten Dioxin-Studie von Fingerhut *et al.* (1991) mit $B = 265$ beobachteten Tumortodesfällen bei $E = 229{,}9$ erwarteten Fällen und einer SMR von 1,15 errechnet sich die Testgröße t zu

$$t = 2(\sqrt{265} - \sqrt{229{,}9}) = 2{,}23 \quad (p < 0{,}05) .$$

Die SMR ist also statistisch signifikant erhöht. Der 95 %-Konfidenzbereich für die SMR erstreckt sich mit $E_u = 233{,}4$ und $E_0 = 299{,}2$ von 1,02 bis 1,30.

27.6 Metaanalyse

> Wenn zu einer Fragestellung mehrere Studien vorliegen, ist es sinnvoll, diese Studien zu einem Gesamtergebnis zusammen zufassen. Dieser Ansatz wird nach einem Vorschlag von G. Glass (1976) als Metaanalyse bezeichnet.

Das Ergebnis der Metaanalyse ist ein gewichteter Durchschnitt aller eingeschlossenen Studien. Der kritische Teil besteht in der Erfassung aller validen Studien zu dieser Fragestellung.

Für eine Metaanalyse werden die Datendanken (z. B. Pubmed) nach den vorhandenen Studien abgesucht. Wichtig ist die Festlegung der Ein- und Ausschlusskriterien für die Studien. Diese Kriterien müssen vor Beginn der Auswahl festgelegt werden. So kann z. B. eine ungenügende Beschreibung der Exposition ein Ausschlusskriterium sein. Die einzelnen Studien werden mit dem Reziproken der Varianz gewichtet.

Es können Kohorten- und Fall-Kontroll-Studien berücksichtigt werden. Das Ergebnis wird meist in Form eines sogenannten Forest-Plots dargestellt.

Als Beispiel dient eine Metaanalyse über das Blasenkrebsrisiko bei Arbeitern in chemischen Reinigungen. Insgesamt sind drei Kohorten- und vier Fall-Kontroll-Studien vorhanden.

Die Kohorten-Studien zeigen insgesamt ein relatives Risiko von 1,46, die Fall-Kontroll-Studien ergeben ein OR von 1,50 und alle Studien zusammen führen zu einem RR von 1,47 mit einem 95 %-Konfidenzbereich von 1,16–1,85 (Abb. 27.1). Die Arbeiter aus chemischen Reinigungen haben damit ein statistisch signifikant erhöhtes Blasenkrebsrisiko.

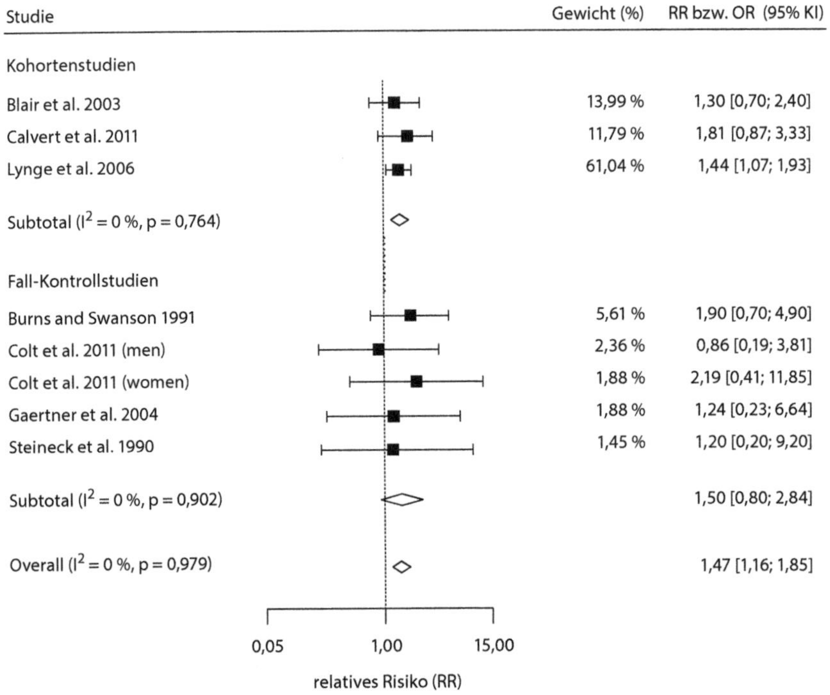

Abb. 27.1 Forest plot der Kohorten- und Fall-Kontroll-Studien, die in der Metaanalyse zum Blasenkrebsrisiko der Arbeiter von chemischen Reinigungen berücksichtigt wurden.

Das Hauptproblem bei Metaanalysen ist der sogenannte Publikationsbias. Es ist denkbar, dass nicht alle Studien auch wirklich publiziert wurden und die veröffentlichten Studien möglicherweise eine positive bzw. negative Selektion darstellen.

27.7 Kriterien zur Annahme eines kausalen Zusammenhangs

> Durch eine epidemiologische Studie lassen sich statistische Assoziationen nachweisen. Für den Schluss auf eine kausale Beziehung muss eine Reihe von Kriterien erfüllt sein (s. Hill, 1965).

Bevor jedoch diese Kriterien überprüft werden, müssen andere Faktoren untersucht werden.

27.7.1 Bias

Bei der Bewertung des Ergebnisses einer Studie ist immer die Möglichkeit eines „Bias“ (Verzerrung) zu untersuchen. Es gibt Gründe, die zu einer Erhöhung, aber auch zu einer Verringerung des tatsächlichen Risikos führen können. Bei Kohortenstudien in der Arbeitsmedizin, in denen die Mortalität von Exponierten mit der in der Bevölkerung verglichen wird, kann ein Bias in der Erfassung der Todesursachen vorliegen. Die Daten der amtlichen Statistik beruhen auf dem Totenschein. Falls in der Kohorte der Exponierten andere Unterlagen, z. B. Berichte aus der Klinik, verwendet werden, liegt ein sogenannter „observer sensitivity bias“ vor. Bei einer Reihe von Verstorbenen wird dann z. B. Lungenkarzinom als Todesursache angenommen. Auf dem Totenschein ist jedoch eine andere Todesursache vermerkt. Dies führt zu erhöhten SMR-Werten für Tumoren. Lässt sich andererseits kein erhöhtes Risiko feststellen, ist immer zu prüfen, ob sogenannte Fehlklassifikationen vorliegen. Dies trifft dann zu, wenn sich unter den Exponierten fälschlicherweise auch Nichtexponierte befinden.

Weitere Möglichkeiten eines Bias können gegeben sein durch:

- Art der Befragung (Interviewer-Bias)
- Auswahl der Kontrollen in einer Fall-Kontroll-Studie (Selektions-Bias)
- Teilnahmeverweigerung
- Ausscheiden aus einer Studie
- fehlende strukturelle Vergleichbarkeit (Alter, Geschlecht usw.)

27.7.2 Confounding

Confounding (= Vermischung) liegt dann vor, wenn sich die Gruppen der Exponierten und Nichtexponierten nicht nur in der Exposition, sondern auch in anderen Faktoren unterscheiden, deren Einfluss auf die zu untersuchende Erkrankung bekannt ist. Ein Beispiel ist das Rauchen bei der Frage nach dem Einfluss von Quarz auf das Lungenkrebsrisiko. Die quarzexponierten Arbeiter rauchen mehr als der Durchschnitt der Bevölkerung. Aufgrund des höheren Anteils an Rauchern unter den Exponierten ist mit einem erhöhten Lungenkrebsrisiko zu rechnen.

27.7.3 Zufall

Dieser spielt in der Epidemiologie eine große Rolle. In der Fall-Kontroll-Studie können verschiedene Faktoren untersucht werden. Zeigen einige dieser Faktoren einen statistisch signifikanten Einfluss, so kann dies zutreffen. Eine andere Interpretation ist die, dass bei einigen Faktoren der Zusammenhang rein zufällig signifikant ist. Dies hängt mit der vorgegebenen Irrtumswahrscheinlichkeit (meist $\alpha = 5\,\%$) zusammen. Bei 5 % aller Tests ergibt sich ein signifikantes Ergebnis, auch wenn in Wirklichkeit kein Zusammenhang vorliegt. Dies wird auch als multiples Testen bezeichnet. Eine Möglichkeit, dies zu vermeiden, besteht darin, einen der Faktoren als den entscheidenden vorher auszuwählen (primärer Zielparameter). Alle übrigen Faktoren werden auch untersucht. Aber das Ergebnis der Studie wird durch den primären Zielparameter bestimmt.

Kann der Einfluss dieser drei Faktoren verneint werden, dann kann die Frage der Kausalität untersucht werden. Hierzu gibt es die folgenden Kriterien. In Klammern sind die Bezeichnungen von Bradford Hill aufgeführt:

(1) **Höhe des Risikos („strength")** Je höher das beobachtete Risiko ist, umso mehr spricht für eine kausale Beziehung. Nach dem vorherigen Punkt hängt die Höhe des Risikos jedoch von der Höhe der Exposition ab. Je kleiner das tatsächliche Risiko ist, umso schwerer fällt es, dieses auch nachzuweisen.

(2) **Übereinstimmung der Ergebnisse verschiedener Studien („consistency")** Ein wichtiger Punkt, vor allem bei Faktoren, die zu leicht erhöhten Risiken führen, ist die Übereinstimmung der Ergebnisse verschiedener Studien. Dieses Kriterium beinhaltet auch die Übereinstimmung mit Ergebnissen von Tierexperimenten.

(3) **Spezifität der Assoziation („specificity")** Zwischen der Exposition und der Zielerkrankung sollte eine biologische Erklärung gegeben sein.

(4) **Zeitliche Folge („temporality")** Die Erkrankung muss zeitlich nach der Exposition liegen. Unter dieses Kriterium fällt auch die Berücksichtigung der Latenzzeit. Bei Kohortenstudien ist die Prüfung dieses Kriteriums einfacher als bei Fall-Kontroll-Studien.

(5) **Nachweis einer Dosis-Wirkungs-Beziehung („biological gradient")** Mit höherer Dosis bzw. Exposition soll das Erkrankungs- oder Sterberisiko ansteigen.

(6) **Plausibilität („plausibility")** Ist der Zusammenhang zwischen der Exposition und der Wirkung biologisch plausibel? Dieser Punkt hängt stark vom gegenwärtigen Wissensstand ab. Bradford Hill selbst schreibt, dass die Erfüllung dieses Kriteriums nicht immer gefordert werden kann.

(7) **Kohärenz („coherence")** Die Bewertung des Zusammenhangs zwischen Ursache und Wirkung soll nicht dem gegenwärtigen Wissensstand widersprechen.

(8) **Interventionseffekt („experiment")** Um einen kausalen Faktor von einem sogenannten Indikator zu unterscheiden, ist der Nachweis dieses Kriteriums erforderlich. Bei Verringerung der Exposition sollte sich das Risiko verringern. Als Indikator wird ein Merkmal bezeichnet, das zwar in Zusammenhang mit einer Krankheit auftritt, die Entstehung jedoch nicht beeinflusst.

(9) **Analogie („analogy")** Wenn zu dem zu untersuchenden Faktor der Effekt einer verwandten Substanz bereits bekannt ist, dann kann mit Analogie gehandelt werden.

Bei der Beurteilung der Kausalität eines Faktors sind die vorhandenen Ergebnisse der verschiedenen Studien anhand der genannten Kriterien zu bewerten und zu einem Gesamturteil zusammenzufassen.

27.8 Zusammenfassung

Die Aufgabe der Epidemiologie liegt darin, sich mit Krankheiten und deren Einflussfaktoren zu beschäftigen. Die wichtigsten Maßzahlen zur Beschreibung der Häufigkeit einer Krankheit sind die Prävalenz (= Krankheitsbestand) und die Inzidenz (= Neuerkrankungsrate). Diese beiden Maßzahlen werden im Rahmen von epidemiologischen Studien, meist Kohorten- bzw. Fall-Kontroll-Studien, bestimmt. Für den Vergleich der Krankheitshäufigkeit von Personen mit einem bestimmten Faktor und Personen ohne diesen Faktor wird das Verhältnis der Inzidenzen bestimmt und als relatives Risiko bezeichnet. Ein erhöhtes Risiko wird mithilfe von statistischen Tests im Hinblick auf eine signifikante Abweichung von 1,0 (= gleiches Risiko für die Personen mit bzw. ohne den Faktor) geprüft. Damit lassen sich statistische Assoziationen nachweisen. Für den nächsten Schritt, die Annahme einer kausalen Beziehung, ist die Erfüllung mehrerer Kausalitätskriterien erforderlich.

Literatur

Doll, R. und Peto, R. (1978) Cigarette smoking and bronchial carcinoma: dose and time relationships among regular smokers and lifelong non smokers. *J. Epidem. Community Health*, **52**, 303–313.

Fingerhut, M.A. *et al.* (1991) Cancer mortality in workers exposed to 2,3,7,8-Tetrachlorodibenzo-p-dioxin. *New Eng. J. Med.*, **324**, 212–218.

Glass, G. (1976) Primary, secondary and meta-analysis of research. *Educ. Res.*, **5**, 3–8.

Hayes, R.B. *et al.* (1986) Cancer of the nasal cavity and paranasal sinuses, and formaldehyde exposure. *Int. J. Cancer*, **37**, 487–492.

Hempel, S. (2006) *The Medical Detective: John Snow and the Mystery of Cholera*, Granta, London.

Hill, A.B. (1965) The environment and disease: association or causation? *Proc. R. Soc. Med.*, **58**, 295–300.

Lynge, E. (1985) A follow-up study of cancer incidence among workers in manufacture of phenoxy herbicides in Denmark. *Br. J. Cancer*, **52**, 259–270.

Rothman, K.J. (2012) *Epidemiology. An Introduction*, Oxford Academic Press.

Ulm, K. (1990) A simple method to calculate the confidence interval of a standardized mortality ratio (SMR). *Am. J. Epidem.*, **131**, 373–375.

Weiterführende Literatur

Dawber, T.R., Moore, F.E. und Mann, G.V. (1957) Coronary heart disease in the Framingham study. *Am. J. Pub. Health*, **47**, 4–24.

Doll, R. und Hill, A.B. (1952) A study for the aetiology of carcinoma of the lung. *Br. Med. J.*, **2**, 1271–1286.

Dubach, U.C., Levy, P.S. und Mueller, A. (1971) Relationships between regular intake and urorenal disorders in a working female population of Switzerland. I. Initial results (1968). *Am. J. Epidemiol*, **93**, 425.

Hill, A.B. (1965) The environment and disease: Association or causation? *Proc. R. Soc. Med.*, **58**, 295–300.

Kolata, G. (1982) Heart study produces a surprise result. *Science*, **218**, 31–32.

Last, J.M. (Hrsg.) (1988) *A Dictionary of Epidemiology*, Oxford University Press, New York.

Vlaanderen, J. *et al.* (2014) Tetrachloroethylene exposure and bladder cancer risk: a meta-analysis of dry-cleaning-worker studies. *Environ Health Perspect.* **122** (7), 661–666

Wynder, E.L. und Graham, E.A. (1950) Tobacco smoking as a possible aetiological factor in bronchogenic carcinoma. A study of six hundred and eighty-four proved cases. *J.A.M.A.*, **143**, 329–336.

28
Alternativen zu Tierversuchen

T. Hartung

28.1
Einleitung

Die historische Verwendung von Tierversuchen in der Toxikologie

> In den letzten 150 Jahren haben Chemiker rund 85 Mio. Substanzen synthetisiert, das ist die Zahl der Chemical Abstracts über individuelle Chemikalien – über 100 000 davon finden sich in Produkten des täglichen Bedarfs, in Medikamenten, in Kosmetika, in Reinigungsmitteln, unserem Essen oder unserer Kleidung und nicht zuletzt als Verschmutzung in unserer Umwelt. Dazu kommt eine ungleich größere Zahl von natürlichen Substanzen, mit denen wir in Berührung kommen und die ebenfalls ein Risiko darstellen können.

Als vor 120 Jahren Aspirin von Bayer auf den Markt gebracht wurde – unser ältestes synthetisches Medikament – gab es noch keine gesetzlich vorgeschriebene Sicherheitsprüfung an Tieren. Wenn überhaupt, wurde der Hersteller für die Probleme seiner Produkte verantwortlich gemacht. Das ging nicht immer so gut aus wie für Aspirin. Nur wenige Tage später entwickelte derselbe Chemiker, Felix Hoffmann (1868–1946), in derselben Firma einen Hustensaft: Heroin… Nicht jedes Produkt ist eben so unbedenklich wie Aspirin. Man kann verstehen, dass mit jedem Problemfall das Bedürfnis nach Sicherheitsprüfungen wächst. Erst in den 1920er-Jahren hat man angefangen, Mäuse und Ratten in großem Stil im Labor zu verwenden. Bis dahin schien es abwegig, dass diese Tiere den Menschen widerspiegeln könnten. Aber es war einfach überzeugend, wie rasch sich mit ihnen Experimente machen ließen: Die Tiere kosteten nicht viel, vermehrten sich rasch und viele von ihnen konnten in kleinen Käfigen gehalten werden. Das löste einen regelrechten Forschungsboom aus, ähnlich wie heute die Einführung von Stammzellen.

Mit jedem Skandal wuchs dann das Methodenarsenal, um eine Wiederholung in Zukunft zu verhindern. Anfang der 1930er-Jahre führte zum Beispiel in den USA LashLure zu einem Skandal: Das Produkt wurde zum dauerhaften Färben

Das Toxikologiebuch, 1. Auflage. Helmut Greim (Hrsg.).

der Lider eingesetzt; leider führte der darin enthaltene Anilinfarbstoff jedoch zum Teil zu schweren Entzündungen. Über dreitausend Berichte von Nebenwirkungen wurden gesammelt, fünf Frauen erblindeten und es kam sogar zu einem Todesfall. Dies führte zur ersten Gesetzgebung für Kosmetika, die seitdem in Amerika von der FDA (Food and Drug Administration) kontrolliert werden. Deren Mitarbeiter John H. Draize (1900–1992) entwickelte dann 1944 den Kaninchen-Augenreizungs-Test, bei dem die Chemikalie in ein Auge des Tieres gegeben wird. Viele empfinden ein solches Vorgehen heute als grausam, aber letztlich verhinderte der Test die letzten 70 Jahre hindurch, dass es noch einmal zu einem Fall wie LashLure kommen konnte. Und so wuchs die Toxikologie mit jedem Skandal wie eine Patchworkdecke. Der Contergan-Skandal der 1960er-Jahre bescherte uns zum Beispiel die Reproduktionstoxikologie.

28.2 Die Geburt des Zweifels an Tierversuchen

Bedenken gegen Tierversuche hat es schon immer gegeben. Schon die alten Griechen diskutierten, ob man Tiere töten darf. In Deutschland gab es in den 1920er-Jahren 700 Tierschutzvereine.

> Erst 1959 entwickelten zwei Engländer, Bill Russel und Rex Burch, ein Konzept, das sie das 3R-Prinzip nannten: Man muss, wo immer möglich, die Tierzahlen reduzieren (Reduce), wenn man auch mit weniger Tieren die gleiche Antwort bekommen kann. Man muss den Tieren im Experiment und danach jedes unnötige Leiden ersparen (Refine), indem man ihnen beispielsweise Schmerzmittel gibt oder sie in Narkose versetzt. Und letztlich muss man, wenn möglich, den Tierversuch ersetzen (Replace), wenn es eine Alternative gibt.

Insbesondere der letzte Punkt war vor knapp 60 Jahren noch eine Utopie – Zellkulturen oder Computerprogramme standen noch ganz am Anfang und kaum jemand hätte sich vorstellen können, dass diese Methoden einmal zum Erfolg führen. Über die letzten Jahrzehnte hat die Selbstverpflichtung von Industrie, Wissenschaft und Politik zu einem gesellschaftlichen Kompromiss mit vielen von denen geführt, die Tierversuche lieber heute als morgen beendet sehen würden – ein glaubhaftes Investment in die Ablösung von Tierversuchen. Tatsächlich gingen diese bis zur Jahrtausendwende deutlich zurück, geschätzt waren es zwei Drittel weniger als Mitte der 1970er-Jahre. Seitdem steigen die Zahlen aber wieder an – die Hauptursache dafür sind neue Techniken zur Genmanipulation in Mäusen.

Neben dem ethischen Argument, das Leiden von Tieren zu vermeiden, gibt es eine Reihe weiterer Gründe, warum die Toxikologie neue (alternative) Methoden braucht, die nicht auf Tierversuchen basieren:

1. Die meisten Tierversuche wurden nie validiert; ihre Reproduzierbarkeit ist oft erschreckend niedrig, selbst für die hoch standardisierten und qualitätsgesicherten OECD-Richtlinien-Studien; so wurden z. B. rund 120 Karzinogenitätsstudien wiederholt mit nur 57 % übereinstimmenden Ergebnissen, oder selbst „OECD-validierte“ Tests des letzten Jahrzehnts wie der Uterotrophic Assay für Oestrogene Disruptoren lieferte zum Beispiel für Bisphenol-A bis zu einem Faktor 10 000 verschieden Effektstärken und sowohl positive wie auch negative Ergebnisse; ähnliche Schwankungen wurden auch für die akute Fischtoxizität berichtet. Die meisten Tierversuche wurden einfach nie wirklich darauf untersucht.
2. Die Kosten von Sicherheitsprüfungen in Tierversuchen im fünf- bis siebenstelligen Bereich (z. B. etwa eine Million Euro pro Substanz für einen Karzinogenitätstest in der Ratte) limitieren die Zahl solcher Testungen. Die umfassende Sicherheitsprüfung eines Pestizids kostet rund 20 Mio. Euro.
3. Viele Tests dauern zu lang – ein Karzinogenitätstest kann mehr als vier Jahre von Planung bis Ergebnis dauern.
4. Wir sind keine 70 kg-Ratten – selbst Maus und Ratte stimmen im Allgemeinen nur zu 60–70 % bei Toxizitätstests überein.
5. Die meisten Methoden wurden für Medikamente entwickelt, d. h. für neue, also unbekannte, gezielt biologisch aktive Substanzen, die in hohen Dosen am Menschen eingesetzt werden sollen – sie sind nicht unbedingt übertragbar für bekannte Industrie- und niedrig konzentrierte Umweltchemikalien.
6. Neue Produkte wie biologische Arzneimittel (z. B. menschliche Proteine und Antikörper), Zelltherapien oder Nanopartikel lassen sich nicht mit den traditionellen Methoden testen.
7. Für eine Reihe von möglichen Gesundheitsschäden durch Chemikalien haben wir keine geeigneten Tiermodelle, z. B. schwache endokrine Effekte, Asthma bei Kindern, Immuntoxizität, Autismus, Diabetes, Arteriosklerose und Übergewicht.
8. Die kombinierte Wirkung von Chemikalien kann kaum getestet werden, da die Tests zu aufwendig sind und die vielen möglichen Kombinationen nicht bezahlbar sind.
9. Individuelle Unterschiede in der Empfindlichkeit oder besonders empfindliche Bevölkerungsgruppen können nicht im Tierversuch studiert werden.

28.3 Erfolgreiche erste Alternativmethoden

In der Zwischenzeit haben wir aber eine ganze Reihe von Beispielen, die zeigen, dass man tatsächlich mit den 3R zum Erfolg gekommen ist (Tab. 28.1): Seit den 1920er-Jahren wurde z. B. der LD_{50}-Test verwendet. Hierbei wird die letale Dosis ermittelt, die 50 % der behandelten Ratten tötet. Bis 1989 wurden dazu traditionell 150 Tiere pro Substanz verwendet (je zehn weibliche und zehn männliche bei sieben Testdosierungen und eine unbehandelte Kontrolle von zehn Tieren). Dies war ein gewaltiger Tierverbrauch, insbesondere auch, weil praktisch jede Substanz, die auf den Markt kam, getestet wurde. Aufgrund dieser Prüfung wurde z. B. die Kennzeichnung als Giftstoff bestimmt, aber auch der Schutz von Arbeitern in Firmen oder die Sicherheitsmaßnahmen beim Transport dieser Stoffe festgelegt. Im Jahr 1989 konnte man sich nach einer eingehenden Analyse der Daten im Rahmen der OECD jedoch darauf verständigen, die Tierzahl drastisch zu reduzieren: Seitdem wurden nur noch 5er-Gruppen eines Geschlechts verwendet, von 150 Tieren kam man damit auf 45. In den 1990er-Jahren ging man dann noch einen Schritt weiter. Die Idee war simpel: Warum soll man alle Tiere gleichzeitig behandeln? Wenn man mit einer Dosierung anfängt, kann man als Nächstes eine höhere Dosis verwenden, wenn die Tiere überleben. Versterben die Tiere, wird die Dosis gesenkt. Gleichzeitig konnte gezeigt werden, dass 3er-Gruppen ausreichen. Als Konsequenz wurden 2002 drei Methoden international akzeptiert, die durchschnittlich nur noch 8–12 Tiere pro Substanz brauchen. Von 150 auf 45 und dann auf 8–12 Tiere – eine enorme Reduzierung. In einer dieser Methoden wurde noch zusätzlich eingeführt, dass man nicht den Tod der Tiere abwartet, sondern bei entsprechenden Anzeichen, dass diese das Experiment nicht überleben oder schwer geschädigt werden, die Versuchstiere vorher so schmerzlos wie möglich töten kann. Man spricht hier von humanen Endpunkten. Dies wäre ein Beispiel für „Refinement" – das zweite R der Verbesserung von Tierversuchen.

Ein anderes Beispiel ist die allergische Sensitivierung der Haut (Kontaktdermatitis), die traditionell am Meerschweinchen durchgeführt wurde; mit dem lokalen Lymphknotentest (Local Lymphnode Assay) steht uns seit 2001 international akzeptiert ein Test an Mäusen zur Verfügung, der bereits bei der typischen Lymphknotenschwellung stoppt und den Tieren die eigentliche Kontaktdermatitis erspart; außerdem senkt er die Tierzahl von mindestens 20 auf 8–16 (ein Beispiel für Refinement und Reduction).

Daneben entstehen zunehmend auch computergestützte Methoden (*In-silico*-Methoden), die Tierversuche ergänzen oder z. T. auch ersetzen. Noch ist keine dieser Methoden formell als Alternative zum Tierversuch validiert worden, aber insbesondere in Kombination mit anderen Ansätzen sind sie sehr erfolgreich.

28.4
Es geht auch anders – der Ersatz von Tierversuchen

Zunehmend können wir in der Toxikologie Tierversuche auch ganz ersetzen – das R für „Replacement": So kann man menschliche Haut, die bei Operationen anfällt, im Labor weiterzüchten. Eine winzige Probe kann mehrere Quadratmeter Haut ergeben. Diese Verfahren wurden ursprünglich für Hauttransplantationen z. B. nach Verbrennungen entwickelt. Sehr schnell kam man aber auf die Idee, dass dies auch für die Prüfung von Chemikalien eingesetzt werden kann. Tatsächlich konnte gezeigt werden, dass mit solcher Kunsthaut ebenso gut Hautschädigungen durch Chemikalien geprüft werden können wie mit einem Kaninchen. Entsprechende internationale Testrichtlinien wurden nach erfolgreicher Validierung der Methoden im Vergleich zum Tierversuch verabschiedet (Tab. 28.1). Dies war ein Meilenstein nicht nur besonders für die kosmetische Industrie, sondern auch ein Beweis, dass man Tierversuche international in einem Konsens ersetzen kann.

Ähnlich erfolgreich war auch ein Test für Fototoxizität, bei dem die Giftigkeit von Substanzen in Zellkultur mit und ohne UV-Bestrahlung verglichen wird (Tab. 28.1).

Ein anderes Beispiel für den erfolgreichen Ersatz von Tierversuchen ist die Prüfung von Medikamenten auf Pyrogen-Verunreinigungen, insbesondere Endoto-

Tab. 28.1 ECVAM-validierte und OECD-akzeptierte Alternativmethoden in der Toxikologie. Weitere validierte Methoden für Impfstoffe, Pyrogentestung etc. sowie Aktualisierungen finden sich auf der ECVAM-Webseite.

Gebiet	Methode	ECVAM-Validierung	OECD-Akzeptanz (Test-Guideline)
Kinetik	Hautadsorption	–	TG 428, 2004
	P450-Induktion	laufend	
Augenreizung	Bovine Corneal Opacity & Permeability test	2007	TG 437, 2009, revidiert 2013
	Isolated Chicken Eye	2007	TG 438, 2009, revidiert 2013
	Fluoreszein- Freisetzungstest	2009	TG 460, 2012
	Cytosensor- Microphysiometer	2009	
	Humane Kornea-Epithelzellen	2014	TG 492, 2015
	Kurzzeit-Expositionstest	2009	TG 491, 2015
Fototoxizität	3T3-NRU *In-vitro*-Fototoxizitätstest	1997/1998 (UV-Filter)	TG 432, 2004
Hautkorrosion	Transkutaner Elektrischer-Widerstand-Test	1998	TG 430, 2004, revidiert 2013
	EpiSkin™, EpiDerm™, SkinEthic™ und epiCS® Rekonstruierte humane Epidermis	1998, 2000, 2006, 2009	TG 431, 2004, revidiert 2014
	Corositex™	2000	TG 435, 2006
Hautirritation	EpiSkin™, EpiDerm™ SIT (EPI-200), Modifizierter EpiDerm (EPI-200) und SkinEthic™ Rekonstruierte humane Epidermis	2007, 2009, 2008, 2009	TG 439, 2010, revidiert 2013
Hautsensitivierung	Lokaler Lymphknotentest (Refinement-Methode), tierzahlreduzierte und nicht radioaktive Varianten	2000, 2007, – (nur USA)	TG 429 und TG 442 a & b, 2010
	Direkter Peptid-Bindungstest	2012	TG 442 c, 2015
	KeratinoSens™	2012	TG 442 d, 2015
	Humaner Zelllinien Aktivierungstest (h-CLAT)	2015	TG 442 e, 2016

Tab. 28.1 Fortsetzung.

Gebiet	Methode	ECVAM-Validierung	OECD-Akzeptanz (Test-Guideline)
Akute Toxizität	Feste-Dosis-Prozedur (Refinement-Methode)	2007	TG 420, 2001
	Akute Toxische Klasse-Methode (Refinement-Methode)	2007	TG 423, 2001
	Auf-und-ab-Prozedur (Refinement-Methode)	2007	TG 425, 2001
	Akute Inhalationstoxizität – Akute Toxische Klasse-Methode (Refinement-Methode)	–	TG 436, 2009
	Koloniebildende Einheiten Granulozyten/ Makrophagen (CFU-GM)-Test	2006	
	3T3 Neutralrot-Aufnahme Zytotoxizitätstest	2011	Richtlinien-Dokument 129, 2010
Karzinogenität	Zelltransformationstest	2012	TG 214, 2015
Genotoxizität	Ames-Test	–	TG 471, 1997
	Säugetier-Chromosomenaberrationstest	–	TG 473, 1997
	Säugetierzellen Genmutationstest	–	TG 476 (unter Revision), 1997
	Mikrokerntest	2006	TG 487, 2010
	Säugetier-Erythrozyten-Mikrokerntest	–	TG 474
	Säugetier-Knochenmark Chromosomen-aberrationstest	–	TG 475
	Transgener Nagetier-Genmutationstest mit somatischen und Keimzellen	–	TG 488
	Kometen-Test *in vivo* (Refinement-Methode)	– (Japan)	TG 489, 2014
Reproduktionstoxizität	Embryonenstammzelltest	2002	
	Mikromassen-Test für Embryotoxizität	2002	
	Rattenembryo-Test	2002	
(Sub-)chronische Toxizität	1-Jahr Hundestudie für Pflanzenschutzmittel (obsolet)	2006	
Akute Toxizität im Fisch	Schwellwertmethode	2006	TG 203, Richtlinie 126, 2010
	Zebrafisch Embryotoxizitätstest	2014	TG 236, 2013
Biokonzentration/Bioakkumulation	–		

xinen von gramnegativen Bakterien; neue Tests auf der Basis der menschlichen Fieberreaktion (Monozyten-Aktivierungstests) wurden 2010 in den USA und Europa anerkannt. Tatsächlich sind sie dem Kaninchenversuch sogar in mancher Hinsicht überlegen: Sie sind quantitativ, besser reproduzierbar, schneller, preiswerter und schließen eine Positivkontrolle mit ein.

28.5 Validierung von Ersatzmethoden – Tierschutz darf nicht auf Kosten der Sicherheit erfolgen

Die Voraussetzung für den Einsatz von Ersatzmethoden war jedoch, dass für den Verbraucher keine Sicherheitsstandards gesenkt werden. Es wurde deshalb das Konzept der formalen Validierung eingeführt. Im Jahr 1991 wurde dazu in Ispra, Italien, das Europäische Zentrum für die Validierung von Alternativmethoden (ECVAM) als Teil der Gemeinsamen Forschungsstelle der Europäischen Kommission gegründet. Bis heute wurden hier rund 50 Alternativmethoden validiert (Tab. 28.1) und eine ganze Reihe sind im Moment in entsprechenden Ringversuchen und deren Beurteilung. Ein amerikanisches (1995), ein japanisches (2005), ein koreanisches (2009) und ein brasilianisches (2014) Gegenstück folgten und im Moment wird z. B. die Errichtung eines entsprechenden Zentrums in China diskutiert.

Zur Validierung von Alternativmethoden sind verschiedene Kriterien zu berücksichtigen: (1) Ist die Methode ausreichend klar definiert – insbesondere ist definiert, wofür man sie einsetzen kann und wofür nicht? (2) Hat die Methode eine wissenschaftliche Basis, die unserem Verständnis der Abläufe im Tier oder im Menschen entspricht? (3) Ist die Methode reproduzierbar, d. h. erhält man bei Wiederholung auch in anderen Laboratorien dieselben Ergebnisse? (4) Liefert die Methode relevante Ergebnisse, d. h. im Allgemeinen: Kann sie die Ergebnisse des Tierversuchs vorhersagen?

Der letzte Punkt ist sicher der kritischste, zumal die meisten Tierversuche selbst nie auf ihre Relevanz getestet worden sind. Nur selten gibt es Daten aus Vergiftungszentralen oder medizinischen Prüfungen von Medikamenten, die uns helfen können. Man kann aber z. B. denselben Tierversuch mit verschiedenen Tieren machen und sich fragen, wie gut Ratten Mäuse vorhersagen oder Hamster Meerschweinchen? Natürlich gibt es keinen Grund, warum irgendeine Tierart Menschen besser vorhersagen sollte als beispielsweise Ratten Mäuse und umgekehrt. Natürlich sind sich z. B. viele Nagetiere, die typischerweise verwendet werden, viel näher als dem Menschen. Selbst Menschenaffen sind von uns weit entfernt. Insgesamt beträgt die Übereinstimmung zwischen verschiedenen Spezies meist nur 60–70 %. Was kann man tun? Traditionell werden zwei Wege beschritten: Man testet in zwei Tierarten und man macht die Tests übervorsichtig, z. B. indem man extrem hohe Dosierungen testet. Beides geht jedoch zulasten der falsch-positiven Resultate, d. h. wir schließen Substanzen – oft nach erheblichem Entwicklungsaufwand – unnötig von weiterem Einsatz aus. Bei Medikamenten lohnt sich oft der Aufwand, durch investigative Toxikologie zu zeigen, dass bestimmte Befunde nicht relevant für den Patienten sind, und so die Substanz weiterzuentwickeln, obwohl man dabei gegen die Uhr der verbleibenden Patentlaufzeit arbeitet; durch die viel geringeren Gewinnmargen bei Industriechemikalien ist das zumindest für Neusubstanzen meist nicht wirtschaftlich.

28.6
Wie verlässlich sind Tierversuche?

Diese Ansätze auf der Basis von Tierversuchen haben die Welt sicherer gemacht, aber es ist problematisch, wenn wir immer mehr Substanzen wegen möglicher Probleme aussortieren. Das Beispiel von Aspirin ist sehr interessant: Aspirin würde heute durch praktisch alle Sicherheitsprüfungen fallen. Aspirin tötet die Hälfte aller Ratten (LD_{50}) bei den Dosierungen, die wir maximal bei Patienten einsetzen. Aspirin reizt Augen, Haut und Lunge. Aspirin hat in einigen Tests Erbschäden produziert, zwar selbst keinen Krebs hervorgerufen, aber die krebserzeugende Wirkung anderer Substanzen verstärkt. Außerdem führt Aspirin zu embryonalen Missbildungen in praktisch jeder geprüften Tierart (Ratten, Mäuse, Kaninchen, Katze, Hund und Affen). Alles dies sind Tests, wie sie heute bei Medikamenten, Pestiziden und Industriechemikalien üblich sind und bei entsprechenden Wirkungen die Weiterentwicklung einer Substanz infrage stellen. Über Aspirin wissen wir sehr gut Bescheid – 23 000 wissenschaftliche Artikel sind geschrieben worden, eine Trillion (1000 Mrd.) Tabletten sind geschluckt worden – man hat den Eindruck, dass die toxikologischen Befunde nicht sehr relevant für den Menschen sind. Das zeigt, dass es heute praktisch unmöglich wäre, Aspirin auf den Markt zu bringen, auch das sind Kosten unseres Sicherheitsbedürfnisses. Und auch das tötet Menschen – ein Medikament, das wir nicht bekommen, weil übervorsichtige Tierversuche es aussortiert haben, kann eben keine Patienten heilen.

> Tiere sind nur ein Modell des Menschen und wie George Box schon 1970 formulierte: *„Alle Modelle sind falsch, aber einige sind nützlich"*. Dies gilt in gleichem Masse für die Tiermodelle wie für die Alternativmethoden, die im Folgenden behandelt werden. Die Kunst der Toxikologie besteht darin, durch eine geeignete Kombination von verschiedenen Informationsquellen, traditionellen sowie den neueren alternativen Methoden, und eine gewisse Vorsicht (Vorsorgeprinzip), einen hohen Sicherheitsstandard zu erzielen. Dazu gehören der Vergleich verschiedener Spezies, die vergleichende Toxikokinetik und zunehmend das mechanistische Verständnis, wie eine Substanz den Organismus schädigt. Wichtig ist, dass wir uns immer bewusst bleiben, dass wir Modelle verwenden, die nur einen Teil der Realität abbilden.

Trotzdem ist die Prüfung von Substanzen im Tierversuch bei Weitem nicht in der Lage, alle Gefahren abzuwenden. Wenn Medikamente nach den entsprechenden Tierversuchen an Freiwilligen und Patienten geprüft werden, zeigen 10–30 % Nebenwirkungen, sodass sie nicht weiterentwickelt werden können. Wir sind eben keine 70 kg-Ratten … Es bleibt eine Unsicherheit auf beiden Seiten nach den Tierversuchen – es gibt falsch-positive und falsch-negative Ergebnisse.

Genauso sind aber auch Alternativmethoden Modelle mit entsprechenden Schwächen. Entscheidend ist, dass wir diese Schwächen analysieren und Methoden adäquat kombinieren.

28.7 Das Verbot von Tierversuchen für Kosmetika in Europa als Motor von Ersatzmethoden

Mit der siebten Änderung der Europäischen Kosmetika-Direktive von 2002 wurde ein Verbot für die Testung von Kosmetika in 2004 und ihrer Inhaltstoffe in 2009 bzw. 2013 für die komplexeren Gesundheitseffekte beschlossen. Die EU stellt 50 % des Weltmarktes für Kosmetika dar und damit entstand für Firmen weltweit ein Druck, auf Tierversuche zu verzichten, insbesondere da die europäische Gesetzgebung unabhängig vom Ort der Testdurchführung ein Verkaufsverbot für Kosmetika vorsieht, deren Inhaltsstoffe nach dem Stichtag im Tierversuch getestet wurden. Diese Gesetzgebung hat die kosmetische Industrie zu einem Motor der Entwicklung und Validierung von Ersatzmethoden gemacht. Einige der oben genannten Methoden (Tab. 28.1) sind das Resultat dieser Anstrengungen. Trotzdem waren zum Stichtag 2013 viele Gesundheitseffekte nicht durch Ersatzmethoden abgedeckt wie eine unabhängige Evaluierung bestätigte. Dies stimulierte auch die Entwicklung eines strategischen Planes, um den gesetzlichen Anforderungen zu entsprechen.

28.8 „Toxikologische Ignoranz" – Das REACH-Projekt als Motor von Ersatzmethoden

Ein weiteres Problem ist, dass die Prüfung im Tierversuch viel zu teuer und aufwendig ist: wenn man z. B. prüfen will, ob eine Substanz Krebs auslöst, dauert das wie bereits erwähnt rund vier Jahre und kostet eine Million Euro. Kein Wunder, dass in den letzten 30 Jahren nur 14 von 5000 neuen Industriechemikalien in Europa auf krebserzeugende Wirkungen getestet wurden; von mehr als 100 000 Chemikalien auf dem Markt sind es nur gut 3000. Das hat man als „toxikologische Ignoranz" bezeichnet. Die europäische REACH-Gesetzgebung geht das Problem zwar an, aber mit den traditionellen Tierversuchen ist der Durchsatz nicht zu erreichen. Mehr als 30 000 Substanzen müssen geprüft werden in zwei bis maximal sechzehn Tierversuchen je nach Produktionsmenge und bereits existierenden Daten. Wir haben einfach nicht genug Laboratorien, um plötzlich so viele Substanzen zu testen. Deshalb ruft die Gesetzgebung zwar nach neuen Methoden, aber der Abschluss ist bereits für die nächsten zehn Jahre geplant. Dies lässt nur wenig Zeit, neue Ansätze zu entwickeln und zu validieren.

REACH ist die größte Sicherheitsprüfung von Chemikalien aller Zeiten. Bemerkenswerterweise, ist eines von drei Zielen von REACH definiert in Paragraph 1 der Gesetzgebung, die Förderung von Ersatzmethoden zum Tierversuch. Es stehen auch in einigen Gebieten Ersatzmethoden zur Verfügung (Haut- und Augenreizung, Hautkorrosion, akute Fischtoxizität, Genotoxizität), die ohne Tierversuche auskommen; in einigen anderen Bereichen (Hautsensitivierung, akute Toxizität, dermale (sub)chronische Toxizität) gibt es Strategien, wie man solche Tests oft oder zumindest in naher Zukunft vermeiden kann. Allerdings fehlen akzeptierte Ansätze für einige der besonders stark tierverbrauchenden Methoden, wie die Langzeittoxizität, die Karzinogenität oder die Reproduktionstoxikologie.

Die Industrie setzt dabei insbesondere auf „Read-across", d. h. dass aufgrund ähnlicher Struktur und z. T. auch aufgrund ähnlicher biologischer Aktivität, von anderen Substanzen auf die Eigenschaft der anzumeldenden Chemikalie geschlossen wird. Wie sicher eine solche Schlussfolgerung tatsächlich ist, ist umstritten, aber durch die enorme Bedeutung z. B. für das REACH-Chemikalien-Programm, das Zehntausende von Substanzen erfasst, arbeiten mehrere Gruppen daran, Read-across zu verbessern und die Zuverlässigkeit zu quantifizieren.

28.9
Die nächste Generation von Ersatzmethoden – Toxikologie für das 21. Jahrhundert (Abb. 28.1)

Zu der ethischen Kritik der Tierversuche kommt deshalb zunehmend eine praktische: Wir können nicht sicher genug und nicht schnell genug prüfen, was auf den Markt kommt. Die US-amerikanische National Academy of Science hat 2007 vorgeschlagen, dass wir deshalb in diesem Jahrhundert von Tierversuchen wegkommen müssen und eine neue Toxikologie brauchen. Das hat eine enorme Aufbruchstimmung hervorgerufen. Zurzeit wird an vielen Stellen diskutiert, wie man dies umsetzen kann. Ähnlich wie das menschliche Genomprojekt (Human Genome Project) spricht man von einem menschlichen Toxikologie-Projekt (Human Toxicology Project) oder dem Humanen Toxom. Es bleibt abzuwarten, ob das finanzierbar ist. Zumindest verspricht es, die Sicherheit von Produkten auf eine völlig neue Stufe zu heben.

Wir kennen viele der Wege, wie die Zellen arbeiten und wie diese Vorgänge durch Fremdstoffe gestört werden. Feine analytische Methoden, Roboter-Testungen und komplexe Messsysteme erlauben es heute, sehr viel Information zu gewinnen, und moderne Computer, diese auch entsprechend auszuwerten. Das

Schlagwort „Systems Toxicology“ wurde dafür geprägt, es beschreibt die Verknüpfung des bestehenden Wissens über Computermodelle mit großen Datensätzen, z. B. von Genchips, die durchaus alle rund 27 000 Gene des Menschen umfassen können. Damit wird erfasst, welche Gene bei dem Kontakt mit einem Gift an- oder abgeschaltet werden. Ähnliche Gifte führen zu ähnlichen Antworten (Signaturen). Man kann das auch auf der Ebene der produzierten Eiweiße (Proteomics) oder der Veränderungen im Stoffwechsel (Metabolomics) erfassen. Zunehmend kommt auch der automatisierten Bildverarbeitung eine Rolle zu.

Wo liegen die Hoffnungen und was sind die neuen Technologien? Man sagt, dass sich in der Medizin und den Lebenswissenschaften das Wissen alle sieben Jahre verdoppelt. Dann haben wir heute rund 1000-mal mehr Wissen als zu der Zeit, als die meisten Tierversuche entwickelt wurden. Die Revolution der Biotechnologie und Informatik haben neue Technologien in das Labor gebracht: Heute haben wir für praktisch alle Organe und Gewebe des Menschen Zellkulturen.

Die Strategien in den USA und Europa unterscheiden sich dabei deutlich: In den USA haben große gemeinsame Programme von EPA, NIH und FDA begonnen, robotergestützte Testungen von Tausenden Substanzen in vielen Hunderten von Tests durchzuführen und die Informationen öffentlich zugänglich zu machen. Diese breiten Substanzcharakterisierungen werden primär für die Priorisierung von weiteren Tests genutzt. Es gibt aber auch schon erste Verwendungen im Be-

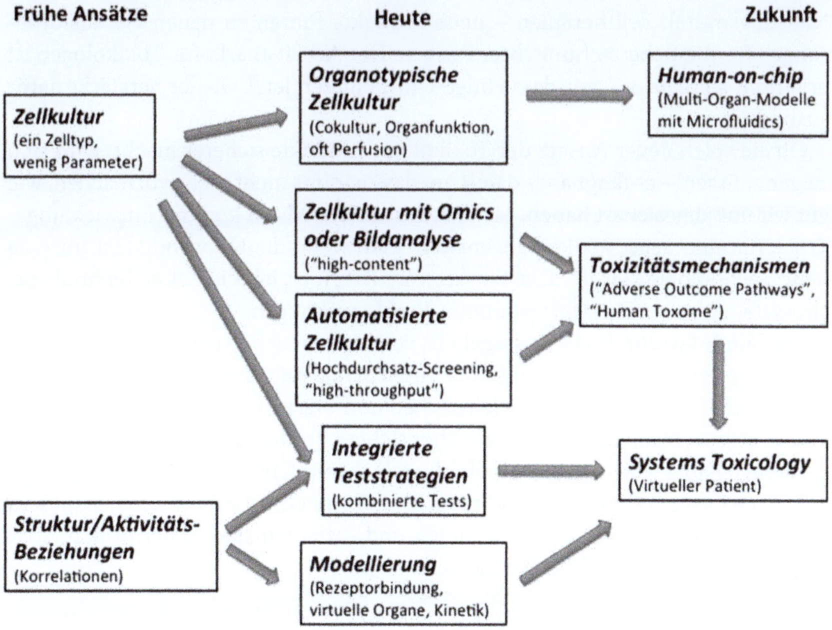

Abb. 28.1 Die Technologien des 21. Jahrhunderts für die Toxikologie des 21. Jahrhunderts.

reich der endokrinen Störungen durch Chemikalien, solche Daten zur Entscheidungsfindung einzusetzen. In Europa setzt man mehr auf den Eins-zu-eins-Ersatz von traditionellen Methoden durch Alternativen; für den Einsatz der modernen Technologien der Grundlagenforschung in der regulatorischen Praxis besteht hier eine größere Lücke. Sie werden insbesondere zur weiteren Argumentation (weight of evidence, d. h. das Abwägen der vorhandenen Informationen) bei inkompletten und widersprüchlichen Datenlagen herangezogen. Insgesamt setzt man in Europa beim Ersatz von Tierversuchen vor allem auf organspezifische Zellkulturen zur Identifizierung der Toxizität (hazard) und die Bestimmung der Dosis-Wirkungs-Beziehung mit NOAEL (no-observed adverse effect level); mittels Modellierung und der Abschätzung der externen Dosis, die im intakten Organismus im Zielorgan der NOAEL-Konzentration *in vitro* entspricht, kann dann abgeschätzt werden, ob eine entsprechende Wirkung im Zielorgan überhaupt erreicht werden kann.

Noch ist eine Sicherheitsprüfung, die nur auf solchen Methoden basiert und keine Tiere verbraucht, eine Utopie, aber das waren vor 20 Jahren auch Mobiltelefone und das heutige Internet, die auch nur in ersten Ansätzen verfügbar waren. In den Entwicklungslaboren gibt es die Techniken einer neuen Toxikologie schon, sie müssen nur ihren Markt finden und entsprechend optimiert werden.

Ein Markt besteht durchaus: Jedes Jahr gibt die Industrie weltweit rund 3 Mrd. Euro für Sicherheitsprüfungen aus. Allein das europäische REACH-Programm für Altchemikalien soll in den nächsten zehn Jahren Daten im Wert von 9 Mrd. Euro sammeln. Und damit fängt es erst an: Nanoteilchen, genetisch veränderte Nahrungsmittel, Zelltherapien – neue Produkte führen zu neuen Herausforderungen für die Beherrschung ihrer Risiken. Der Arbeitsmarkt für Toxikologen ist praktisch leergefegt – gut dass einige Universitäten jetzt wieder verstärkt dafür ausbilden.

Ob ein solch neuer Ansatz der Toxikologie Produkte sicherer macht, wird sich zeigen müssen – es fängt aber damit an, dass wir uns nicht mehr vormachen, wie gut wir uns abgesichert haben, bevor etwas auf den Markt kommt. Entwicklungsdruck für eine neue Toxikologie entsteht erst, wenn die Notwendigkeit für eine neue Technologie klar ist. Der Einsatz von Tieren ist letztlich eine Technologie, ein systematischer Einsatz bestimmter Problemlösungen.

Der blinde Glaube an die Aussagekraft von Tierversuchen macht die Tiere letztlich zu Opfern zur Beschwörung eines guten Schicksals für unsere Produkte. Eine realistische Einschätzung ihrer Schwächen und Stärken hingegen erlaubt, sie so gezielt einzusetzen, dass die Verbraucher sichere Produkte bei akzeptablem Tierverbrauch haben, die Hersteller Sicherheitslücken verstehen und Toxikologen gezielt neue Lösungen entwickeln können. Damit sinkt der Tierverbrauch in diesem Bereich automatisch. Denn Verbraucher und Patienten sind sicher primär, aber die Tiere sollten uns nicht sekundär sein.

28.10 Zusammenfassung

Tierversuche, vor allem an Nagetieren, haben sich in den letzten hundert Jahren zum zentralen experimentellen Ansatz in der Toxikologie entwickelt. Mit Bill Russel und Rex Burch und ihrem visionären 3R-Prinzip (reduce, refine, replace) von 1959 und seit den 1970er-Jahren vor allem aus Tierschutzgründen entstand eine Bewegung zum Ersatz von Tierversuchen, die insbesondere Tierversuche bei Sicherheitsprüfungen anging. Rund 50 Ersatzmethoden wurden seitdem international validiert und zunehmend eingesetzt. In den letzten Jahren kommen aber auch zunehmend Zweifel zur Relevanz der Tierversuche auf. Gleichzeitig versprechen neue Technologien einen neuen Ansatz, der sich auf das mechanistische Verständnis der Wirkung von Giftstoffen gründet. Unter dem Schlagwort *Toxikologie für das 21. Jahrhundert* findet im Moment eine möglicherweise revolutionäre Umwälzung statt.

Weiterführende Literatur

Adler, S., Basketter, D., Creton, S. *et al.* (2011) Alternative (non-animal) methods for cosmetics testing: current status and future prospects-2010. *Arch. Toxicol.*, **85**, 367–485.

Basketter D.A., Clewell H., Kimber I. *et al.* (2012) A roadmap for the development of alternative (non-animal) methods for systemic toxicity testing. *ALTEX*, **29**, 3–89.

Bouhifd, M., Andersen, M.E., Baghdikian, C. *et al.* (2015) The human toxome project. *ALTEX*, **32**, 112–124.

Eskes, C., Detappe, V., Koeter, H., Kreysa, J., Liebsch, M., Zuang, V. *et al.* (2012) Regulatory assessment of *in vitro* skin corrosion and irritation data within the European framework: Workshop recommendations. *Regulatory Toxicol. Pharmacol.*, **62**, 393–403.

Hartung, T. (2017) Evolution of toxicological science: The need for change. *Int. J. Risk Asses. Manag.*, in press.

Hartung, T. und Hoffmann, S. (2009) Food for thought on… in silico methods in toxicology. *ALTEX*, **26**, 155–166.

Hartung, T., van Vliet, E., Jaworska, J., Bonilla, L., Skinner, N. und Thomas, R. (2012) Systems toxicology. *ALTEX*, **29**, 119–128.

Hartung, T. (2009) Toxicology for the twenty-first century. *Nature*, **460**, 208–212.

Hartung, T. (2013) Look Back in anger – what clinical studies tell us about preclinical work. *ALTEX*, **30**, 275–291.

Hartung, T., Luechtefeld, T., Maertens, A. und Kleensang, A. (2013) Integrated testing strategies for safety assessments. *ALTEX*, **30**, 3–18.

Hartung, T. (2010) Food for thought… on alternative methods for chemical safety testing. *ALTEX*, **27**, 3–14.

Leist, M., Hasiwa, N., Rovida, C. *et al.* (2014) Consensus report on the future of animal-free systemic toxicity testing. *ALTEX*, **31**, 341–356.

NRC (2007) Toxicity Testing in the Twenty-first Century: A Vision and a Strategy. Washington DC, USA, National Academies Press, http://www.nap.edu/catalog.php?record_id=11970, (letzter Zugriff: 10. Januar 2017).

Patlewicz, G., Ball, N.K., Becker, R.A. *et al.* (2014) Read-across approaches – misconceptions, promises and challenges ahead. *ALTEX*, **31**, 387–396.

Spielmann, H. (2009) The way forward in reproductive/developmental toxicity testing. Alternatives to Laboratory Animals. *ATLA*, **37**, 641–656.

van Vliet, E. (2011) Current standing and future prospects for the technologies proposed to transform toxicity testing in the 21st century. *ALTEX*, **28**, 17–44.

29
Omics in der Toxikologie

L. Suter-Dick

29.1
Einleitung

Unter Omics-Technologien verstehen wir vor allem Genomik (auch Transkriptomik genannt), Proteomik und Metabolomik. Die holistische Vorgehensweise, die durch diese Technologien ermöglicht wird, hat die Toxikologie einschneidend verändert. Maßgebend dafür war der technologische Fortschritt der letzten Jahrzehnte, der es ermöglicht hat, die Gesamtheit von Analyten in einer Probe schnell und relativ kostengünstig zu messen. Die Anwendung dieser Omics-Technologien in der Toxikologie, die manchmal nur als Toxikogenomik bezeichnet werden, generieren extrem viele Messwerte und geben uns somit die Möglichkeit, Nebenwirkungen vorherzusagen und die damit verbundenen molekularen Ereignisse besser zu verstehen. Darüber hinaus ermöglichen Omics-Technologien die bessere Integration von toxikologisch relevanten Untersuchungen in frühen Entwicklungsphasen pharmazeutischer Produkte, da sie sensitivere Parameter als konventionelle Methoden darstellen und somit mögliche Nebenwirkungen auch bei niedrigen (pharmakologischen) Dosierungen beziehungsweise schon nach kürzerer Anwendung anzeigen.

29.2
Das Grundkonzept von Toxikogenomik

Der Begriff Toxikogenomik (engl.: *toxicogenomics*) entstand in den späten 1990er-Jahren durch die Zusammenführung von *Toxikologie* und *Genomik*. Die Entwicklung von Microarrays für Genexpressionsanalysen hat eine neue Disziplin entstehen lassen, wobei Microarrays (oder Chips) die gleichzeitige Messung von Tausenden Transkripten (mRNAs) ermöglichen und somit die Bewertung der gesamten Genexpression. Toxikogenomik ist die Anwendung dieser Technologien zur Abklärung toxikologischer Fragestellungen. Wenn sie zur Klärung toxikologischer Fragestellungen eingesetzt werden, lassen sich auch Technologien wie Proteomik und Metabolomik dem Gesamtbegriff Toxikogenomik zuordnen.

Das Toxikologiebuch, 1. Auflage. Helmut Greim (Hrsg.).

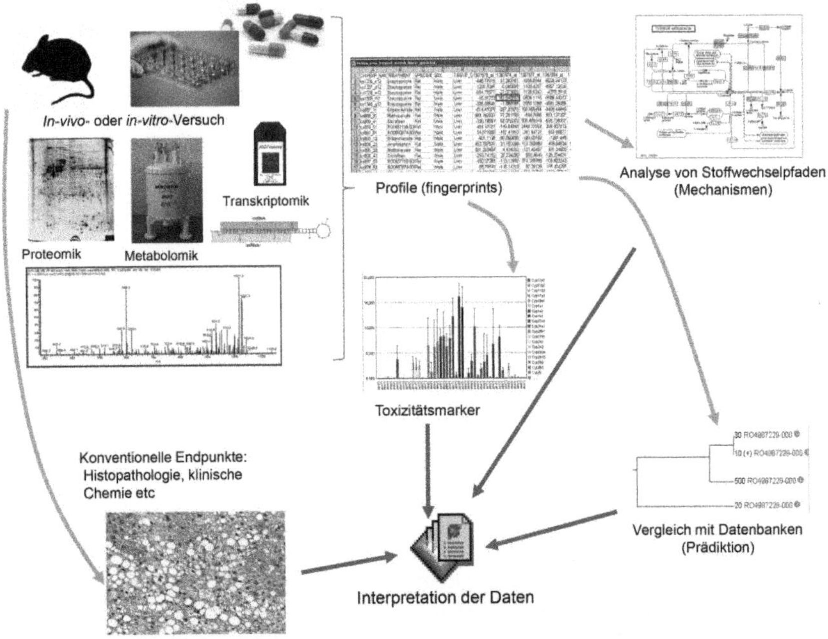

Abb. 29.1 Schematische Darstellung des Vorgehens bei der Anwendung von Omics-Verfahren in der Toxikologie. Die Ergebnisse liefern mechanistische Hypothesen und ermöglichen die Klassifizierung von Substanzen anhand von Informationen in vorhandenen Datenbanken. Die Omics-Ergebnisse werden im Kontext mit konventionellen Endpunkten interpretiert.

Ursprünglich umfasste Toxikogenomik nur die Genexpressionsanalyse von Genen, die Proteine codieren (mRNA), die für die Untersuchung der Wirkung von chemischen Substanzen und Arzneimitteln eingesetzt wurde. Auf der Grundlage neuer Erkenntnisse wird heutzutage nicht nur die mRNA untersucht, sondern auch andere RNA-Spezies, vor allem miRNA (nicht codierende microRNA). Außerdem erlauben die Fortschritte in der Proteinanalytik, zusammen mit öffentlich zugänglichen, flächendeckenden Sequenz-Datenbanken, die Identifizierung von Peptiden durch Massenspektroskopie, 2D-Elektrophorese und auch Protein-Microarrays (Proteinchips) eine vergleichbare Anwendung der Proteomik Technologien in der Toxikologie. Damit kann nicht nur die Transkription von Genen, sondern auch eine Vielfalt von daraus entstehenden oder modifizierten Proteinen untersucht werden (z. B. Phosphoproteomik). Schließlich befasst sich Metabolomik mit der Bestimmung von endogenen (zell- oder körpereigenen) Metaboliten in Körperflüssigkeiten wie zum Beispiel Serum oder Urin. Zu diesem Zweck werden meistens Technologien wie H-NMR und/oder LC-MS/GC-MS verwendet (Abb. 29.1).

Tab. 29.1 Zusammenfassung von Technologien, biologischen Matrices und Analyten, die in Omics-Studien verwendet werden.

„Omics"	Biologische Matrix	Analytische Methode	Parameter	Beispiel	Anzahl Analyten
Genomik/ Transkriptomik	Gewebe; Zellkultur	Nex Gen Seq Microarray q-PCR	mRNA (Transkripte) miRNA	Induktion von Heat-Shock-Proteinen Freisetzung von miR122 nach Hepatotoxizität	> 10 000 ~ 1 000
Proteomik	Gewebe; Zellkultur; Blut, Urin	2D-PAGE, MS, MALDI, SELDI, DIGE	Proteine/ Peptide Posttranslationale Modifizierungen	Erhöhte Expression von P450 Bildung von Addukten	> 1 000
Metabolomik	Urin, Blut	NMR, LC-MSGC-MS	Endogene Metabolite	Abnahme von Metaboliten des Krebs-Zyklus durch mitochondriolle Schädigung	> 500

Toxikogenomik ist die Analyse von Gen- und Proteinexpression sowie von Metaboliten, die im Zusammenhang mit einer Toxizität verändert werden. Die analytischen Methoden und Parameter sind in der folgenden Tab. 29.1 zusammengefasst.

In der Fachliteratur werden auch noch andere Omics-Technologien genannt, wie Lipomics und Gykomics. Diese Technologien befassen sich mit bestimmten Subgruppen von Analyten. Sie werden in der Toxikologie meist der Proteomik oder Metabolomik zugeordnet.

Die Erkenntnis, dass Gen-und Proteinexpression sowie Stoffwechselmetabolite wie die Bestimmung von Glukose im Blut, eine wichtige Aussage zu toxikologischen Fragestellungen beisteuern könnten, ist nicht neu. Was aber diese relativ neuen Disziplinen entstehen ließ und vorantrieb, waren die Mengen an Daten und Information, die mit relativ geringem Aufwand mit den neuen Technologien erzeugt werden können und die das Gebiet der Molekulartoxikologie geschaffen haben. Man bedenke, dass erst vor einem halben Jahrhundert die DNA-Struktur und -Funktion aufgeklärt wurden und bereits im Jahr 2002 die Genome von 800 Spezies einschließlich dem des Menschen vollständig sequenziert wurden. Parallel zu den Genomsequenzierungsprojekten enthalten Proteindatenbanken Informationen über Tausende Proteine und deren Aminosäuresequenzen wie auch die Strukturen einer Vielfalt von endogenen Metaboliten. Ein Großteil dieser Informationen ist mittlerweile in öffentlich zugänglichen Datenbanken verfügbar.

Der Zusammenhang der durch toxikogenomische Verfahren identifizierten Veränderungen mit toxikologisch relevanten Vorgängen ist wissenschaftlich belegt und zeigt, dass Omics-Daten für die Aufklärung von Mechanismen der Toxizität, für die Vorhersage von Nebenwirkungen (Prädiktion) und schließlich auch als Biomarker benutzt werden können.

miRNA

MicroRNA sind kurze (ca. 21–23 Nukleotide lange), hoch konservierte, nicht codierende RNAs, welche die Proteinexpression von spezifischen Zielgenen regulieren. miRNAs sind von großer Bedeutung im komplexen Netzwerk der Genregulation, insbesondere beim „Gen-Silencing".

MicroRNA wurden im Jahr 1993 in *C. elegans* entdeckt. Sie regulieren nicht die Transkription der DNA, sondern wirken auf der posttranskriptionalen Ebene. Alle miRNAs werden durch „Splicing" von einem primären Transkript (pri-miRNA) durch das Enzym DROSHA generiert, wodurch eine prä-miRNA (precursor miRNA) entsteht. Die prä-miRNA wird aus dem Zellkern exportiert und im Zytoplasma durch die RNAse DICER weiter prozessiert. Die entstandenen miRNAs haben Sequenzen, die zu den zu regulierenden Transkripten komplementär sind. Durch die Hybridisierung zu diesen spezifischen mRNAs führen die im RISC-Komplex eingebauten miRNAs zum Abbau der Ziel-mRNA oder blockieren gezielt die Translation der Proteine. Beide Mechanismen führen zu einer spezifischen Repression der Synthese von Zielproteinen. Bemerkenswert ist, dass miRNAs einerseits spezifische Zielgene ausschalten, andererseits eine einzige miRNA mehrere (bis zu 100) Gene regulieren kann. Diese pleiotropen Effekte unterstreichen die äußerst wichtige Rolle von miRNAs in der Entwicklungsbiologie, in der Onkologie und auch in der Toxikologie. Darüber hinaus ist das Interesse in der Toxikologie dadurch erweckt worden, dass miRNAs nicht nur in Zellen und Geweben zu finden sind, sondern auch im zirkulierenden Blut. Der genaue Mechanismus, wie und warum die miRNAs ins Blut gelangen, ist nicht geklärt. Aber da miRNAs gewebespezifisch und stabil im Blut vorhanden sind, erfüllen sie die idealen Voraussetzungen eines Biomarkers für Organschädigungen. Tatsächlich kann der leberspezifische Marker mir122 nach acetaminopheninduzierter Lebertoxizität bei Mensch und Tieren im Blut bestimmt werden.

29.3 Technologien

In diesem Abschnitt werden die in der Toxikogenomik gängigsten Technologien aufgeführt und die allgemeinen Grundlagen dargestellt, auf denen sie beruhen. Für spezifischere Angaben wird auf die weiterführende Literatur verwiesen.

29.3.1 Genomik

> **Nukleinsäuren bestehen aus vier Basen, die eine sehr gut definierte Komplementarität aufweisen und die für die fehlerlose Replikation und Transkription der Nukleinsäuren verantwortlich sind. Diese Komplementarität eignet sich bestens für Hybridisierungsmethoden, wie die bei der Probendetektion in Microarrays.**

Methoden

Bei den verschiedenen verwendeten Microarrays werden spezifische, komplementäre Sequenzen zu den zu untersuchenden Transkripten auf einem festen Trägermaterial (z. B. Membranen oder Glas) immobilisiert und dienen dazu, die Transkripte in einem Extrakt spezifisch zu binden und letztendlich zu quantifizieren. Alle Transkripte, die auf dem Microarray repräsentiert sind, können mittels dieser Technologie gleichzeitig quantifiziert werden.

Andere Methoden, wie „Next Generation Sequencing" wurden erst im vergangenen Jahrzehnt entwickelt und stellen eine Alternative zu den Microarrays dar. „RNA Sequencing" basiert auf Methoden mit hohem Durchsatz, welche die Sequenzierung von RNA parallelisieren. Somit kann man die Transkripte anstatt der klassischen Hybridisierungsmethoden der Microarrays auch mit der RNA-Sequenzierung bestimmen. Beide Methoden erlauben die Quantifizierung des ganzen Transkriptoms und werden als Transkriptomik oder Genomik bezeichnet.

29.3.1.1 Microarrays

Für jedes Transkript, das auf einem Microarray quantifiziert werden soll, werden eine oder mehrere *Proben* auf einer festen Oberfläche immobilisiert, die eine komplementäre Sequenz zu der zu untersuchenden mRNA haben. Die meisten Systeme benutzen Proben, die eine Länge zwischen 20 und 70 Basen besitzen. Die hohe Dichte, mit der diese Proben auf die Trägeroberflächen angebracht werden können, erlaubt es Tausende von Proben gleichzeitig zu untersuchen und somit praktisch das ganze bekannte Transkriptom in einem Versuch zu analysieren. Deshalb wird das ganze Transkriptom (die Gesamtheit aller Gene, die in einem Gewebe in einem gewissen Zeitpunkt exprimiert werden) eines Gewebes in einem Microarray analysiert. Die experimentelle Vorgehensweise sieht meistens vor, dass eine Extraktion der gesamten RNA durchgeführt wird, gefolgt von einer Amplifizierung, einer Fluoreszenzmarkierung und letztlich der Hybridisierung auf dem Microarray. Die markierten, hybridisierten RNA-Fragmente können dann mittels eines Fluoreszenzscanners quantifiziert werden: Die Intensität der gemessenen Signale ist proportional zu den Mengen an Transkripten im Gewebe. Manche Anbieter von Microarrays benutzen zwei verschiedene Fluorophore, um zwei Gewebeproben (z. B. Referenz und Probe nach Behandlung) gleichzeitig zu messen. In diesen Fällen werden beide Proben gleichzeitig und unter denselben Bedingungen auf dem Microarray hybridisiert, was die Errechnung von relativen Intensitäten vereinfacht und die technische Variabilität verringert. Allerdings besteht der Nachteil, dass die Referenzprobe willkürlich ausgewählt wird und diese Probe alle Ergebnisse stark beeinflusst. Bei allen Microarray Methoden sind die Werte semiquantitativ und bei der Normalisierung der Daten ist äußerste Vorsicht geboten. Wegen der inhärenten Speziesunterschiede im genetischen Code sind Microarrays sehr speziesspezifisch. Es gibt mehrere kommerzielle Anbieter von Microarrays, wie Affymetrix, Agilent und Illumina. „Spotters" und Drucker ermöglichen die Herstellung von selbst entwickelten Microarrays, die kostengünstiger als die kommerziellen Produkte sein können und deshalb in vielen Labors akademischer Einrichtungen eingesetzt werden.

29.3.1.2 Next Generation Sequencing (NGS)

Vor der Entwicklung von Next Generation Sequencing (NGS) Systemen war die klassische Methode von Sanger die zumeist benutzte Sequenzierungstechnik. Diese Methode ist sehr leistungsfähig und wird trotz ihres geringen Durchsatzes weiterhin für kleine Validierungsstudien verwendet. Für Experimente, die einen höheren Durchsatz benötigen, wurde die Sanger Methode durch NGS weitgehend ersetzt. Diese basiert auf Miniaturisierung von „Microfluidics", welche die Parallelisierung von Millionen von Sequenzierungsreaktionen ermöglichen. Die DNA oder RNA (RNA Seq) d. h. die „Templates" werden vor der Sequenzierung fragmentiert und dann mittels Emulsion-PCR (auf „Beads": Roche/454, IonTorrent, ABI/SOLiD) oder Brücken-PCR an immobilisierten Nukleotiden (Illumina) amplifiziert. Die verschiedenen Sequenzierungsreaktionen werden durch Immobilisierung in Pikotiter- oder Mikrowellplatten (Roche/454, IonTorrent) oder durch Microfluidic-Oberflächen (Illumina, ABI/SOLiD) physisch getrennt.

29.3.1.3 Quantitative Reverse Transcriptase Polymerase Chain Reaction (qPCR)

Zusätzlich zu den hybridisierungsbasierten Microarrays ist es möglich, mit qRT-PCR und der spezifischen Amplifizierung von Sequenzen die Expression von bestimmten Transkripten zu ermitteln. Das amplifizierte Produkt, das nach jedem Amplifizierungszyklus anhand eines Fluorophors detektiert wird, ist durch die Benutzung von spezifischen Primerpaaren und manchmal von zusätzlichen Proben (TaqMan PCR) hochspezifisch für das Ziel-Gen. Die Reaktion kann nach jedem Zyklus evaluiert werden (Real Time), wird für sensitiver als Microarrays gehalten und wird oft für die Bestätigung von Genexpressionsveränderungen, die mit Microarray-Daten beobachtet wurden, benutzt. Genau gesehen ist qPCR keine Omics-Technologie, weil sie zunächst für einzelne Transkripte vorgesehen war und nicht für globale Genexpressionsanalysen. Fortschritte in Microfluidics und Automatisierung auf 384-Well Platten und Microfluidics Cards (z. B. von Applied Biosystems) haben die Methode jedoch so weit entwickelt, das Hunderte von Gentranskripten mit gezielten qPCR-Reaktionen gleichzeitig bestimmt werden können. Darüber hinaus ist qPCR nach wie vor die Technologie der Wahl für die

Bestätigung von Befunden von Microarrays oder NGS und spielt deshalb eine sehr wichtige Rolle in Toxikogenomik. Derzeit ist qPCR auch die Methode der Wahl, wenn man miRNAs in Zellen, Gewebe oder Blut bestimmen möchte.

29.3.2 Proteomik

> Proteomik untersucht das Proteom. Dies ist die Summe aller Proteine, die in einem Gewebe zu einem gewissen Zeitpunkt exprimiert werden. Die Komplexität von Proteomik ist viel größer als die von Transkriptomik, da sie sich nicht nur mit den translatierten Proteinen befasst, sondern auch posttranslationale Modifizierungen wie Phosphorylierung erfasst, welche die Funktion eines Proteins maßgeblich beeinflussen. Außerdem sind die physikochemischen Eigenschaften von Proteinen vielfältiger als die von Nukleinsäuren, vor allem bezüglich Größe, Ladung, Konzentration (Menge) und Hydrophilität. Die meisten Methoden bestehen aus drei Schritten: Auftrennung, Quantifizierung und Identifizierung der Proteine in einer bestimmten Matrix.

Proteine sind chemisch viel komplexer als Nukleinsäuren. Zunächst gibt es keine natürliche Komplementarität, wie im genetischen Code, die einen einfachen Hybridisierungsprozess ermöglichen würde. Zusätzlich ist zu beachten, dass die meisten Proteine posttranslationale Modifizierungen durchlaufen (z. B. Trennung von Signalpeptiden, Phosphorylierung und Dephosphorylierung, Glykosilierung usw.), bevor sie ihre Funktion ausüben können. Insbesondere in der Toxikologie ist zu berücksichtigen, dass die Exposition von Fremdsubstanzen und Chemikalien zu kovalenten Proteinmodifizierungen führen kann. Bei vielen Enzymen wird die Aktivität gezielt durch Phosphorylierung und Dephosphorylierung reguliert und somit können diese Veränderungen für biologische Prozesse relevanter sein als Veränderungen der Proteinmenge durch Synthese oder Abbau. Ein weiterer zu beachtender Faktor ist, dass Proteine in Serum und in Gewebe in einem sehr weiten dynamischen Bereich vorhanden sind: Manche Proteine sind sehr häufig, während andere in geringeren Konzentrationen vorhanden sind. Ein spezifisches Beispiel dafür ist Albumin, das häufigste Serumprotein, das in 10^{12}-mal höherer Konzentration vorliegt als ein Zytokin wie das Interleukin-6 (IL-6). Diese Situation ist technisch schwer zu bewältigen, da analytische Methoden normalerweise einen so breiten dynamischen Bereich nicht abdecken können.

Methoden

Die Auftrennung von Proteinen wird durch verschiedene Methoden erreicht, die für verschiedene Fragestellungen optimiert werden. Abhängig von der Fragestellung kann man subzelluläre Bestandteile der Zelle trennen (subcellular fractionation) und diese Extrakte mittels zweidimensionaler Elektrophorese

(2D-PAGE) oder chromatografischer Methoden weiter auftrennen. 2D-PAGE ist sehr weit verbreitet in der Proteomik, obwohl die Methode sehr zeitaufwendig ist. 2D-PAGE ist auch wenig geeignet, um seltene und sehr hydrophobe Proteine wie Cytochrome P450 aufzutrennen bzw. zu bestimmen. Im Gebiet der Proteomik wurden 2D-PAGE Technologien dennoch weiter entwickelt, um die Proteinprofile zweier Proben zu vergleichen. Die 2D-DIGE (2D-differential in gel expression) Methode basiert darauf, dass die Proteinextrakte vor der elektrophoretischen Trennung mit einem Fluorophor markiert werden. Dafür werden zwei Proben (eine Referenz- und eine behandelte Probe) mit zwei Farben markiert (z. B. Cy3 und Cy5). Die Proben werden daraufhin gemischt und zusammen auf ein 2D-Gel aufgetragen und getrennt. Die Messung der Fluoreszenzintensität der verschiedenen Proteine (Spots) erlaubt eine zur Referenzprobe relative Quantifizierung, was die technische Variabilität der Methode korrigiert und somit die Sensitivität der Detektion erhöht.

RC-MS (retentate chromatography-mass spectrometry), auch als SELDI (surface enhanced laser desorption/ionization) bekannt, wurde als eine Alternative zu 2D-PAGE-basierten Methoden gesehen. SELDI benutzt Oberflächen, die verschiedene physikochemische Eigenschaften aufweisen, um Proteine in komplexen Mischungen, wie Zell- und Gewebeextrakten, aufzutrennen. Bei dieser Technologie, wirkt die chromatografische Oberfläche, die auf einem Metallchip aufgetragen ist, als Anziehungspunkt, der Proteine mit verschiedenen Affinitäten adsorbiert. Die Affinität der Adsorption spezifischer Proteingruppen wird durch die verschiedenen chemischen Eigenschaften der Adsorptionsoberflächen bestimmt. Die Proteine werden dann desorbiert und ein Profil der Massenspektra durch das MALDI (matrix assisted laser disorption ionization) Instrument generiert. SELDI ist recht einfach anzuwenden, bedarf nur kleiner Probenvolumina und hat einen höheren Durchsatz als 2D-PAGE. Nachteilig sind die oft sehr hohe Variabilität und geringe Reproduzierbarkeit der Ergebnisse.

Die Identifizierung von Proteinen nach der Trennung durch 2D-PAGE wird meist durch einem Trypsinverdau der aufgetrennten und ausgeschnittenen Proteine bewerkstelligt, gefolgt von der Bestimmung der Massen der generierten Fragmente (Peptide) durch Massenspektroskopie (MS). Diese Massenprofile sind wie Fingerabdrücke, die mit Profilen in existierenden Peptiddatenbanken verglichen werden können, um die eindeutige Identifizierung der Proteine zu ermöglichen. Nach Anwendung der SELDI Technologie ist die Identifizierung der möglichen Marker schwieriger, da große Mengen an Proteinen benötigt werden, um die Identifizierung durch Peptide oder Tandem-MS zu ermöglichen. Deshalb wird SELDI zum Teil als globale „Fingerprinting" Methode benutzt, ohne die Identität der Marker zu bestimmen.

Vergleichbar zu den RNA- und DNA-Microarrays wird angestrebt, auch für globale Proteinbestimmungen Microarrays zu benutzen. Diese Proteinchips basieren auf einer Anordnung von Antikörpern, die spezifisch für die Zielproteine sind. Die Antiköper werden auf eine Glasoberfläche mittels eines „Spotters" angebracht und erlauben durch Hybridisierung mit dem Proteingemisch in einer Probe sowohl die Identifizierung als auch Quantifizierung von Proteinen. Ein bedeutender Nachteil dieser Arrays ist der Bedarf an hoch spezifischen und hoch qualitativen Antikörpern gegen eine große Anzahl von Proteinen.

29.3.3 Metabolomik

Metabolomik (auch Metabonomik genannt) befasst sich mit der Untersuchung der Gesamtheit endogener Metaboliten, die in Körperflüssigkeiten, Geweben, Zellextrakten, oder Zellkulturmedien vorhanden sind. Während Proteomik und Transkriptomik ein Bild über die vorhandenen Effektoren eines biologischen Systems geben (z. B. Proteine oder Gene), zeigen metabolische Profile ein Gesamtbild der zellulären Physiologie, die durch diese Effektoren bewirkt wird. Darüber hinaus geben Veränderungen der metabolischen Profile gute Hinweise auf die Reaktionen des biologischen Systems auf externe Einflüsse, wie Ernährung oder Einwirkung von Chemikalien.

Das Metabolom stellt das finale Produkt dar, das durch funktionelle Veränderungen im Transkriptom und Proteom sowie auch deren gegenseitige Wechselwirkungen zustande kommt. Es besteht aus der gesamten, quantitativen Auflistung chemischer Spezies mit kleinem Molekulargewicht (Metaboliten), die zu einem gewissen Zeitpunkt in einer gewissen Zelle oder einem Organismus vorhanden sind und die an Prozessen wie Wachstum, Homöostase oder Stressantworten beteiligt sind. Manche Forscher definierten das Metabonom als die Summe der Metabolome von jeder einzelnen Zelle in einem komplexen Organismus. Die Begriffe Metabolom und Metabonom werden aber heutzutage weitgehend synonym verwendet. Wichtig ist festzuhalten, dass Metabolomik ein Gesamtbild der Physiologie eines Individuums und die Antworten auf spezifische Behandlungen vermittelt. Das Metabolom kann ohne invasive Methoden bestimmt werden, da das Profil von Metaboliten in Körperflüssigkeiten wie Urin oder Serum gemessen werden kann.

Als Hauptanwendungsgebiete von Metabolomik gelten die Charakterisierung von Toxizität, die Diagnose und Überwachung von Krankheiten in der Klinik, die Beurteilung therapeutischer Wirkungen und der Einfluss der Nahrung. Diese Untersuchungen werden mittels der Bestimmung des metabolischen Profils in Urin, Serum oder Plasma durchgeführt, obschon Metaboliten direkt in festen Geweben bestimmt werden können. Die Untersuchungen gehen mit ähnlichen technischen Schwierigkeiten einher wie Untersuchungen des Proteoms, da Metaboliten aufgetrennt, identifiziert und quantifiziert werden müssen. Metaboliten zeigen sogar eine höhere chemische Vielfalt als Proteine und sind in einem breiten dynamischen Bereich vorhanden, mit of mehr als 10^9-fachen Konzentrationsunterschieden. Die Untersuchungen auf diesem Gebiet verwenden entweder Methoden mit hohem Durchsatz oder analysieren gezielt Metaboliten, die einen direkten Zusammenhang mit der Fragestellung aufweisen.

Methoden

Metabolomik macht sich Technologien wie H-NMR-Spektroskopie (proton nuclear magnetic resonance) oder chromatografische Trennung (Flüssig- oder Gaschromatografie), gekoppelt mit Massenspektroskopie (MS) zunutze. NMR-Spektroskopie ist eigentlich die einzige Methode, die nicht auf eine Trennung der Analyten fundiert und ist auch eine nicht destruktive Methode, d. h. die Proben können für weitere analytische Verfahren benutzt werden. NMR-Spektroskopie hat auch den Vorteil, dass sie nur wenig Probenaufbereitung voraussetzt, die Messzeit kurz ist und somit ein relativ hoher Durchsatz möglich ist. Verschiedene Klassen von kleinen Molekülen, die in einer komplexen Matrix vorhanden sind, können somit gleichzeitig gemessen werden. Ein Nachteil ist, dass diese Methode weniger empfindlich ist als die Massenspektroskopie. Außerdem sind die Ausführung und die Analyse der generierten Spektra recht komplex, setzen deshalb spezielle Expertise voraus und nehmen viel Zeit in Anspruch. Eine zusätzliche Hürde stellt die schwierige Identifizierung der Metabolite dar. Zurzeit wird deshalb mehr auf chromatografische Auftrennung, gefolgt von Massenspektroskopie (LC-MS oder GC-MS) zurückgegriffen. Bei diesen Verfahren werden die Proben durch Flüssig- oder Gaschromatografie aufgetrennt und die Bestandteile der so gewonnenen Fraktionen durch Massenspektroskopie bestimmt. Diese Methoden sind empfindlicher als NMR-Spektroskopie, aber mit dem Nachteil behaftet, dass die Proben spezifisch für die Chromatografie vorbereitet werden müssen.

29.4 Bioinformatik und Biostatistik

Alle Technologien, die für Transkriptomik, Proteomik und Metabolomik eingesetzt werden, haben als Ziel, die Gesamtheit der Analyten im jeweiligen Bereich zu bestimmen. Somit generieren sie derart große Datenmengen, wie man sie von anderen in der Biologie traditionell eingesetzten Methoden kaum kennt. Erschwerend kommt hinzu, dass Tausende Parameter (Transkripte, Proteine und Metaboliten), die gleichzeitig bestimmt werden können, durch Kosten- und Durchsatzlimitierung nur an wenigen (normalerweise 3 bis 5) Replikaten gemessen werden. Alle diese Tatsachen stellen eine Herausforderung für die Statistikexperten dar, die sich mit Datenverarbeitung und Datenanalysen befassen.

Omics-Technologien stellen eine besondere Herausforderung für die statistische Auswertung dar. Die großen Datenmengen, die durch sie generiert werden, erfüllen meist nicht die Kriterien, die es rechtfertigen würden, parametrische Statistik anzuwenden. Es wird oft angenommen, dass alle Variablen normalverteilt und unabhängig voneinander sind. In Wirklichkeit sind viele der gemessenen Variablen miteinander hoch korreliert. Dies kommt zustande, da zum einem Gene und Proteine oft koreguliert werden, und zum anderem, weil bei NMR oder massenspektroskopischen Methoden verschiedene Peaks von einzelnen Analyten entstehen. Meist wird die Normalverteilung der Parameter vorausgesetzt, eine rigorose Überprüfung liegt aber wegen der geringen Anzahl an Replikaten oft nicht vor. Die meistbenutzten statistische Methoden sind Abwandlungen der univariaten Statistik, wie Varianzanalyse (ANOVA) und paarweise Vergleiche (Student's *t*-test), die oft mit einer Korrektur für die Multiparametersituation (z. B. Bonferroni) zusammen angewendet werden. Spezifische Methoden für Multivariatanalyse schließen „Significance Analysis of Microarrays" (SAM) sowie Clusteranalyse „Principal Component Analysis" (PCA) und „Self Organizing Maps" (SOM) ein. Diese Methoden gehören zu den nicht supervisierten Analysemethoden und ermöglichen es, Gruppen anhand der gemessenen biologischen Parameter zu unterscheiden. Typische Beispiele dafür sind die Trennung von behandelt/nicht behandelt, krank/gesund, aber auch weiblich/männlich basiert auf den Genexpressionsprofilen. Zusätzlich zu den nicht supervisierten Methoden können Omics-Technologien als prädiktive Methoden eingesetzt werden, wenn gewisse Profile für einen bestimmten Befund indikativ sind, wie Lebertoxizität. Dafür müssen zunächst mathematische Modelle generiert werden, die den Zusammenhang zwischen Expressionsprofil und Antwort widerspiegeln. Für diese Zwecke werden meist supervisierte statistische Methoden verwendet, welche die Profile oder Signaturen mit Daten einer vorhandenen Datenbank modellieren und somit neue Proben mehr oder weniger eindeutig einordnen können, um somit die Klassifizierung von unbekannten Substanzen zu ermöglichen. Diese Applikationen bedürfen nicht nur qualitativ guter Datenbanken, sondern auch komplexer multivariater Analysemethoden, wie „Support Vector Machines" (SVM), „Discriminant Analysis", „Partial Least Squares" (PLS) und „Neuronal Networks". Alle diese supervisierten Methoden basieren auf prädiktiven Modellen, die im Allgemeinen drei Schritte durchlaufen müssen: i) Training mit Daten aus einer Datenbank, ii) Kreuzvalidierung mit Daten von unabhängigen, bekannten Proben und iii) Klassifizierung der unbekannten Proben. Die Leistungsfähigkeit dieser Modelle hängt sehr von der Größe und Qualität der Datenbank sowie der genügenden Kreuzvalidierung ab, vor allem weil die Modelle durch mangelhafte Kreuzvalidierung und das sogenannte „Overfitting" falsche Klassifizierungen erzeugen können. Es muss auch beachtet werden, dass bei einer großen Anzahl von Parametern eine gewisse Häufigkeit von Zufallsbefunden zu erwarten ist, die als „False Discovery Rate" bezeichnet werden.

Zusätzlich zu statistischen Überlegungen muss man bei Omics-Daten besonders auf die adäquate Standardisierung achten. Dies betrifft sowohl die experimentellen Bedingungen als auch bioinformatische und biostatistische Aspekte. Signifikante Ergebnisse müssen rigoros überprüft und deren biologische Relevanz ausreichend bewiesen werden. Ein wichtiger Schritt in Richtung Standardisierung kann in den MIAME („minimum information about a microarray experiment") Standards gefunden werden, die den Vergleich der Ergebnisse verschiedener Forschungslabors und Technologien ermöglichen. Darüber hinaus werden oft einzelne wichtige Ergebnisse aus Omics-Untersuchungen durch andere Technologien bestätigt (z. B. qPCR).

29.5 Anwendungen von Toxikogenomik

Die Hauptziele von Untersuchungen zur Toxikogenomik sind prädiktive Aussagen und Erkenntnisse zu den Mechanismen, die den adversen Nebenwirkungen zugrunde liegen. Darüber hinaus dienen Omics-Daten der Identifizierung neuer Biomarker. Vorzugsweise würde man diese Ziele mittels *In-vitro*-Experimenten oder kurz dauernden Tierstudien erreichen. *In-vitro*-Tests können jedoch nicht die Reaktionen eines Gesamtorganismus widerspiegeln. Deshalb wird oft, vor allem für prädiktive Aussagen, auf Tierversuche zurückgegriffen, während für gezielte mechanistische Fragestellungen eher *In-vitro*-Modelle herangezogen werden (Abb. 29.2).

29.5.1 Prädiktive Toxikogenomik

Prädiktive Toxikogenomik befasst sich mit der Anwendung von Gen-, Protein- und Metabolitenprofilen für die Vorhersage möglicher Nebenwirkungen beim Menschen. Zu diesem Zweck werden Gen-, Protein- oder Metaboliten Expressionsdaten nach Exposition durch unbekannte Substanzen mit Toxizitätsprofilen, die in Datenbanken abgelegt sind, verglichen. Somit kann das toxische Potenzial der unbekannten Substanzen ermittelt werden.

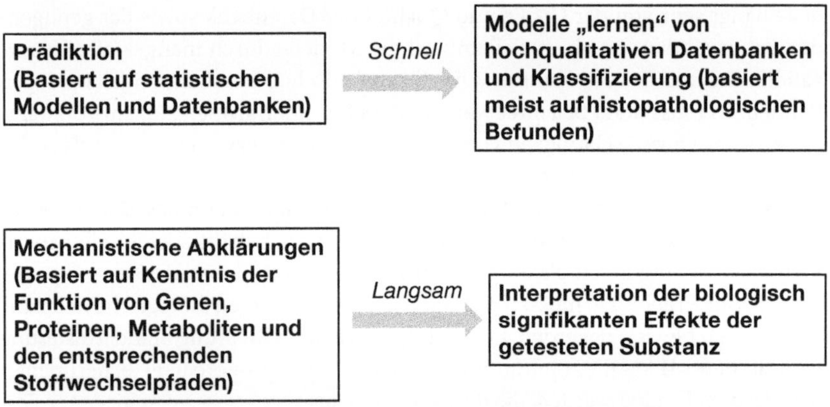

Abb. 29.2 Vorgehensweise bei der Anwendung von Toxikogenomik-Daten.

Besonders bei der Entwicklung neuer Arzneimittel war die Hoffnung groß, dass prädiktive Omics-Untersuchungen schnellere, genauere und womöglich sensitivere Aussagen liefern, als konventionelle toxikologische Untersuchungen. Da Nebenwirkungen von Medikamenten bisweilen erst in den klinischen Studien oder nach der Markteinführung offensichtlich werden, hat man sich von Omics-Technologien eine substanzielle Verbesserung der Situation erhofft. Die hohen Erwartungen an diese Vorgehensweise haben auch dazu geführt, dass relativ teure Technologien mit einem mittelhohen Durchsatz (z. B. Microarrays) in der Industrie regelmäßig benutzt wurden. Es war ein weiteres Ziel, die prädiktiven Profile auch *in vitro* generieren zu können, um Tierversuche zu vermeiden oder deren Zahl zu vermindern. Allerdings sind Tierversuche diesbezüglich immer noch aussagekräftiger als *In-vitro*-Experimente, was dazu führte, dass Datenbanken und Algorithmen hauptsächlich auf der Grundlage von Tierversuchsdaten mit Fokus auf Leber-, Nieren- und Kardiotoxizität (ohne arrhythmische Endpunkte) entstanden sind.

Abbildung 29.3 zeigt, wie prädiktive Toxikogenomik angewendet werden kann. Bei diesem Beispiel wurde eine Datenbank zur Hepatotoxizität mit Genexpressionsdaten von Rattenlebern generiert, um einen „Support Vector Machine"-basierten Algorithmus zu entwickeln. Das Modell erlaubte die Differenzierung von Befunden aus nicht behandelten und nicht beeinträchtigten (= keine histopathologischen Befunde) Tieren. Expressionsprofile behandelter Tiere, die keine eindeutigen Befunde zeigten, haben sich geringfügig von den Kontrolltieren unterschieden, was darauf hinweist, dass Genexpression etwas sensitiver als konventionelle Endpunkte ist. Zusätzlich kann die Genexpressionsanalyse auch

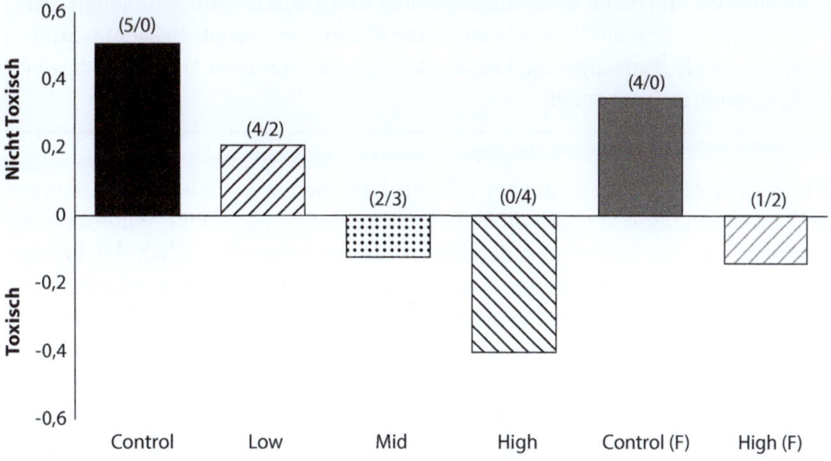

Abb. 29.3 Beispiel der Einordnung einer Substanz als toxisch oder nicht toxisch, basierend auf Genexpressionsdaten. Vehikel (*Control*) oder drei Substanzkonzentrationen (*Low*, *Mid* und *High*) wurden an männliche oder weibliche (F) Ratten verabreicht und die Genexpression in der Leber mit Affymetrix Microarrays bestimmt. *Y*-Achse ohne Einheit („arbitraty units"); die Zahlen über den Balken: Gesamtanzahl Tiere in der Gruppe/Anzahl eindeutig klassifizierte Tiere.

semiquantitative Aussagen bezüglich des Schweregrades der Leberschädigung erlauben.

Trotz der geringeren Aussagekraft der *In-vitro*-Prädiktionsmodelle wurden einige vielversprechende Ergebnisse mit primären Hepatozyten von Menschen und Ratten erzielt (siehe Fielden *et al.*, 2011). Bezüglich der Vorhersage von Lebertumoren, die durch nicht genotoxische Karzinogene verursacht werden und *in vivo* erst nach längerer Exposition entstehen, weisen Publikationen auf die Aussagekraft der Transkriptomikanalyse von Zellkulturen hin. Die *in vivo* sowie einige *in vitro* erzielten Ergebnisse belegen, dass Geneexpressionsprofile prädiktiv sein können. Wirkungen können aufgezeigt werden, bevor sie mit anderen gängigen Methoden, wie histologische Untersuchungen, nachgewiesen werden können. Die Histopathologie bleibt jedoch ein Referenzstandard der Toxikologie, auch bezüglich behördlicher Anforderungen. Organschädigungen sind nach etwas längeren Expositionszeiten auch meistens mit konventionellen Methoden nachweisbar, was die Bedeutung der Omics-Technologien in der prädiktiven Toxikologie etwas in den Hintergrund gerückt hat. Aktuell werden Omics-Technologien weniger als prädiktive Methoden genutzt und der Fokus liegt mehr auf der Identifizierung von Stoffwechselpfaden und mechanistischen Untersuchungen.

29.5.2 **Mechanistische Ansätze**

> Mechanistische Untersuchungen in der Toxikologie befassen sich mit Genen, Proteinen oder Metaboliten, die Informationen bezüglich zellulärer und molekularer Prozesse und deren Beeinflussung durch eine (toxische) Substanz liefern. Der Schwerpunkt liegt auf Veränderungen spezifischer und bereits bekannter Stoffwechselpfade (Pathways), die kausal oder assoziativ mit einer Fremdsubstanz in Verbindung stehen können.

Mechanistische Untersuchungen können Ursachen von toxischen Wirkungen aufklären und diese in einen biologischen Kontext bringen. Eine Voraussetzung ist zunächst, dass exakte und detaillierte Informationen bezüglich der biologischen Funktion der veränderten Analyten (Gene, Proteine oder Metaboliten) zur Verfügung stehen. Darüber hinaus muss vermieden werden, dass die Interpretation der Ergebnisse auf der Grundlage einer kleinen Anzahl von Daten durchgeführt wird und möglicherweise andere, relevante Befunde außer Acht gelassen werden. Deshalb müssen alle Ergebnisse durch Nachfolgeexperimente bestätigt oder verworfen werden. In diesem Zusammenhang müssen zunächst technische Artefakte ausgeschlossen werden, zum Beispiel durch die Anwendung alternativer Messmethoden, wie qPCR, Western-Blot oder enzymatische Bestimmungen. Weiterhin muss zweifelsfrei festgestellt werden, dass signifikante Befunde keine statistischen Artefakte darstellen und nicht sogenannte falsch-positive Ereignisse sind, die mit einer gewissen Wahrscheinlichkeit zufällig entstehen können.

Das stellt bei Omics-Technologien, bei denen multivariable Statistikmethoden angewandt werden (siehe Abschn. 29.4 dieses Kapitels), eine Gefahr dar, was entsprechend zu beachten ist. Abgesehen von technischen und statistischen Artefakten muss geprüft werden, ob die beobachteten Befunde maßgebend für das Entstehen eines Schadens sind oder ob sie nur mit diesem assoziiert sind und deshalb nicht ursächlich zur Toxizität beitragen. Dies ist wesentlich schwieriger zu bewerten als technische Artefakte und oft wird die Durchführung zusätzlicher biologischer Versuche unerlässlich, d. h. gezielte *In-vitro-* oder *In-vivo-*Versuche, die für eine bestimmte Fragestellung maßgeschneidert sind.

Mechanistische Abklärungen können sich auf Daten von Untersuchungen zur Transkriptomik, Proteomik oder Metabolomik stützen. Veränderungen an Metaboliten, die im Krebszyklus beteiligt sind, weisen auf mitochondriale Schädigungen hin. Die Verminderung der Konzentration gewisser Metabolite geht mit einer Beeinträchtigung des Metabolismus von Fettsäuren einher, was durch *In-vitro*-Experimente bestätigt wurde. Es gibt mehrere Beispiele in der Literatur, bei denen Daten aus Transkriptomik Untersuchungen für die Erstellung mechanistischer Hypothesen verwendet werden. Ein klassisches Beispiel sind die Untersuchungen an Fibraten. Diese Medikamente zeichnen sich durch eine blutfettsenkende Wirkung aus, die durch die Interaktion mit dem nuklearen Rezeptor PPARα vermittelt wird. Es konnte eindeutig gezeigt werden, dass dieser Rezeptor Gene reguliert, die den Fettsäuremetabolismus in der Leber steuern.

Darüber hinaus zeigten Untersuchungen an Ratten und Affen klare Unterschiede in der Wirkung der Fibrate. Die unerwünschte, für Fibrate charakteristische Peroxisomenproliferation, Hypertrophie und Hyperplasie in der Leber von Nagetieren, die längerfristig zur Bildung von Lebertumoren führt, wird bei Primaten nicht beobachtet. Die molekularen Mechanismen dieses Speziesunterschiedes sind noch nicht völlig aufgeklärt worden, aber Genexpressionsprofile in Ratten und Affen haben mehrere Hinweise geliefert, die wie folgt interpretiert werden: Es gibt quantitative Unterschiede zwischen Nagern und Affen bezüglich der Gene, die für die Regulierung des Fettsäuremetabolismus verantwortlich sind; Affen zeigen eine viel geringere Regulierung. Das Gleiche gilt für einige Gene, die mit DNA-Schädigung, oxidativem Stress, und Proliferation in Verbindung gebracht werden und nach Behandlung mit Fibraten bei Nagern, nicht aber bei Affen, induziert werden. Die Genexpressionsdaten zeigen weiterhin, dass die Speziesunterschiede auf quantitativen und qualitativen Unterschiede der Genexpression beruhen. Diese Ergebnisse wurden auch durch Untersuchungen mit einer Kombination von Daten aus Transkriptomik, Proteomik und Metabolomik belegt. Aktuell wird vermehrt versucht, Ergebnisse von verschiedenen Omics-Technologien untereinander und mit konventionellen Endpunkten zusammenzuführen, um somit ein Gesamtbild der Prozesse zu erlangen. Als Beispiele kann man die Ergebnisse aus einem Forschungsprojekt (EU Framework 6 Project „PredTox“), die Untersuchung zur Lebertoxizität und die Identifizierung von Markern für Cholestase in der Leber nennen. Ein Beispiel aus PredTox ist in Abb. 29.4 dargestellt.

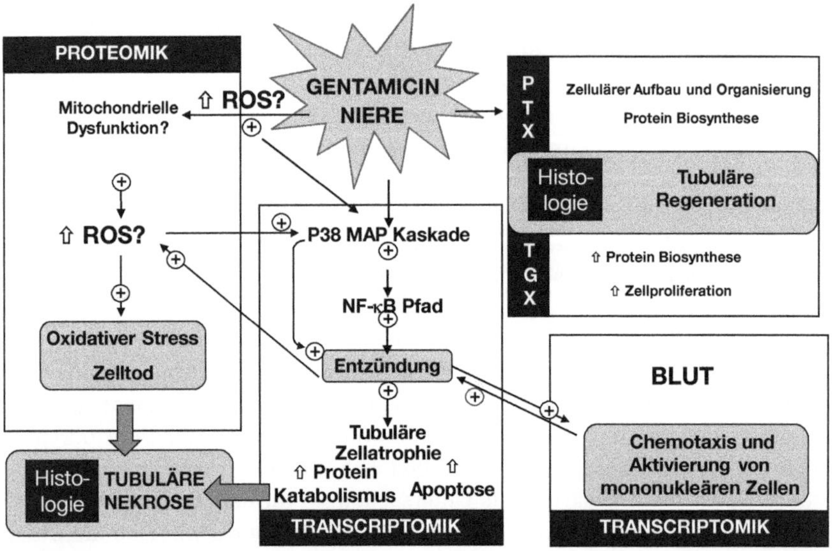

Abb. 29.4 Schematische Darstellung der Interpretation von Omics-Daten nach Verabreichung von Gentamicin an Ratten und Analyse von Nierengewebe (Proteomik, Transkriptomik und Histopathologie) und Blut (Proteomik und Transkriptomik). ROS: reactive oxygen species; PTX: Proteomik; TGX: Toxikogenomik.

Es liegt auf der Hand, dass Analyten mit bekannten biologischen Funktionen, die eindeutig mit Toxizität assoziiert sind, als mögliche Biomarker eingesetzt werden können. Als Durchbruch wird die Qualifizierung neuer Biomarker für Nierentoxizität gesehen, die mittels Genexpressionsanalysen entdeckt wurden. Damit werden Omics-Technologien auch zukünftig einen wichtigen Beitrag zur Identifikation von Biomarkern leisten.

29.6 Zusammenfassung

Toxikogenomik wurde als ein relativ junges Teilgebiet der Toxikologie in den letzten 20 Jahren mit zahlreichen Herausforderungen konfrontiert. Die Disziplin hat sich infolgedessen weiterentwickelt, verändert und in der Toxikologie etabliert. Erwartungen, dass mit Omics-Technologien Tierversuche in der Toxikologie wesentlich reduziert werden können oder dass Nebenwirkungen von Arzneimitteln an Menschen früher und genauer vorhergesagt werden können, haben sich jedoch als zu optimistisch erwiesen. Dennoch ist Toxikogenomik nach wie vor ein bedeutendes Werkzeug der modernen Toxikologie. Die generierten Daten, die technologischen Entwicklungen sowie das Wissen um molekulare Abläufe, die toxischen Wirkungen zugrunde liegen, haben unsere Erkenntnisse bezüglich adverser Wirkungen weitgehend verändert. Mittlerweile werden Omics-Technologien nicht als eigenständige Disziplin betrachtet, sondern als zusätzliche molekularbiologische Methoden angesehen, die in der investigativen Toxikologie und für die Identifizierung von neuen Biomarkern eingesetzt werden. Wie bei allen neuen Technologien in der Toxikologie, werden Omics-Ergebnisse von Behörden, die für die Produktezulassung verantwortlich sind, mit Zurückhaltung bewertet, solange die Validierung der Verfahren nicht nachhaltig erfolgt ist. Allerdings arbeitet eine Reihe von Behörden (z. B. US-FDA und US-EPA) aktiv auf dem Gebiet der Omics-Technologien mit, sodass sie die vorgelegten Ergebnisse mit der pharmazeutischen und chemischen Industrie zumindest wohlwollend diskutieren.

Danksagung

Prof. Dr. med. Friedlieb Pfannkuch danke ich vielmals für die Durchsicht des Manuskripts.

Weiterführende Literatur

Boitier, E., Amberg, A., Barbié, V., Blichenberg, A., Brandenburg, A., Gmuender, H., Gruhler, A., McCarthy, D., Meyer, K. und Riefke, B. (2011) A comparative integrated transcript analysis and functional characterization of differential mechanisms for induction of liver hypertrophy in the rat. *Toxicol. Appl. Pharmacol.*, **252**, 85–96.

Buness, A., Roth, A., Herrmann, A., Schmitz, O., Kamp, H., Busch, K. und Suter, L. (2014) Identification of metabolites, clinical chemistry markers and transcripts associated with hepatotoxicity. *PloS one*, **9**:e97249.

Cariello, N.F., Romach, E.H., Colton, H.M., Ni, H., Yoon, L., Falls, J.G., Casey, W., Creech, D., Anderson, S.P. G., Benavides, R., Hoivik, D.J., Brown, R. und Miller, R.T. (2005) Gene expression profiling of the PPAR-alpha agonist ciprofibrate in the cynomolgus monkey liver. *Toxicol. Sci.*, **88**, 250–264.

Dieterle F., Sistare, F., Goodsaid, F. *et al.* (2010) Renal biomarker qualification submission: a dialog between the FDA-EMEA and Predictive Safety Testing Consortium. *Nat. Biotechnol.*, **28**, 455–462.

Dunn, W.B., Bailey, N.J. und Johnson, H.E. (2005) Measuring the metabolome: current analytical technologies. *Analyst*, **130**, 606–625.

Ellinger-Ziegelbauer, H., Stuart, B., Wahle, B., Bomann, W. und Ahr, H.-J. (2004) Characteristic expression profiles induced by genotoxic carcinogens in rat liver. *Toxicol. Sci.*, **77**, 19–34.

Eriksson, L., Antti, H., Gottfries, J., Holmes, E., Johansson, E., Lindgren, F., Long, I., Lundstedt, T., Trygg, J. und Wold, S. (2004) Using chemometrics for navigating in the large data sets of genomics, proteomics, and metabonomics (gpm). *Anal. Bioanal. Chem.*, **380**, 419–429.

Fielden M.R., Brennan, R. und Gollub, J. (2007) A gene expression biomarker provides early prediction and mechanistic assessment of hepatic tumor induction by nongenotoxic chemicals. *Toxicol. Sci.*, **99**, 90–100.

Fielden M.R., Adai, A., Robert, T. *et al.* On behalf of the Predictive Safety Testing Consortium, Carcinogenicity Working Group (2011) Development and evaluation of a genomic signature for the prediction and mechanistic assessment of nongenotoxic hepatocarcinogens in the rat. *Toxicol. Sci.*, **124**, 54–74

Luhe, A., Suter, L., Ruepp, S., Singer, T., Weiser, T. und Albertini, S. (2005) Toxicogenomics in the pharmaceutical industry: hollow promises or real benefit? *Mutat. Res.*, **575**, 102–115.

Mortishire-Smith, R.J., Skiles, G.L., Lawrence, J.W., Spence, S., Nicholls, A.W., Johnson, B.A. und Nicholson, J.K. (2004) Use of metabonomics to identify impaired fatty acid metabolism as the mechanism of a drug-induced toxicity. *Chem. Res. Toxicol.*, **17**, 165–173.

Nicholson, J.K., Connelly, J., Lindon, J.C. und Holmes, E. (2002) Metabonomics: a platform for studying drug toxicity and gene function. *Nat. Rev. Drug Discov.*, **1**, 153–161.

Starkey Lewis P.J., Dear, J., Platt, V., Simpson, K.J., Craig, D.G., Antoine, D.J., French, N.S., Dhaun, N., Webb, D.J., Costello, E.M., Neoptolemos, J.P., Moggs, J., Goldring, C.E. und Park, B.K. (2011) Circulating microRNAs as potential markers of human drug-induced liver injury. *Hepatology*, **54**, 1767–1776.

Steiner, G., Suter, L., Boess, F., Gasser, R., de Vera, M.C., Albertini, S. und Ruepp, S. (2004) Discriminating different classes of toxicants by transcript profiling. *Environ. Health Perspect*, **112**, 1236–1248.

Suter L., Schroeder, S., Meyer, K., Gautier, J.-C., Amberg, A., Wendt, M., Gmuender, H., Mally, A., Boitier, E. und Ellinger-Ziegelbauer, H. (2011) EU framework 6 project: predictive toxicology (PredTox)—overview and outcome. *Toxicol. Appl. Pharmacol.*, **252**, 73–84.

Taylor, E.L. und Gant, T.W. (2008) Emerging fundamental roles for non-coding RNA species in toxicology. *Toxicology*, **246**, 34–39.

Wetmore, B.A. und Merrick, B.A. (2004) Toxicoproteomics: proteomics applied to toxicology and pathology. *Toxicol. Pathol.*, **32**, 619–642.

Yadav, N.K., Shukla, P., Omer, A., Pareek, S., Srivastava, A.K., Bansode, F.W. and Singh, R.K. (2014) Next generation sequencing: potential and application in drug discovery. *Sci. World J.* 2014:802437.

30
Einführung in die statistische Analyse experimenteller Daten

G. Csanády und I. Zöllner

30.1
Einleitung

Messungen, die unter gleichen experimentellen Bedingungen durchgeführt werden, führen zu Beobachtungen, die wegen zufälliger Schwankungen nicht genau identisch sind. Diese Variabilität könnte leicht zu Fehlinterpretationen der Daten führen, wenn man sich allein vom gesunden Menschenverstand leiten ließe. Angewandte statistische Methoden dienen dazu, die zufälligen Schwankungen zu beschreiben und zu analysieren und können deshalb Forschern helfen, wissenschaftlich und statistisch valide Schlüsse aus den gesammelten Daten zu ziehen. Statistische Verfahren sollten sowohl in der Planungsphase von Experimenten angewandt werden als auch bei der Analyse und Zusammenfassung der Daten sowie bei der Ableitung von Schlussfolgerungen.

Dieses Kapitel ist dazu gedacht, experimentell arbeitende Wissenschaftler durch die Diskussion folgender Punkte zu unterstützen:

- Zusammenfassung von Daten unter Verwendung *deskriptiver Statistiken*,
- wie Unsicherheit durch *Fehlerabschätzungen* charakterisiert werden kann, wenn sich Variabilität in den Daten durch weitere Berechnungen fortpflanzt,
- wie *Wahrscheinlichkeitsverteilungen* genutzt werden können, um Variabilität zu beschreiben,
- wie Daten aus einer Stichprobe verwendet werden können, um mithilfe von Schätzverfahren und Hypothesentests statistische Schlüsse auf eine Gesamtpopulation zu ziehen (*statistische Inferenz*),
- Anwendung der *Regressionsanalyse*, um eine lineare Beziehung zwischen zwei Variablen zu beschreiben,
- Bestimmung der medianen letalen Dosis mithilfe der *Probitanalyse*,
- Versuchsplanung,
- Verwendung von Computern bei statistischen Berechnungen.

Das Toxikologiebuch, 1. Auflage. Helmut Greim (Hrsg.).

In jedem toxikologischen Experiment gibt es mehrere Variablen und Faktoren wie z. B. Spezies, Geschlecht und Alter der Tiere, Jahreszeit, Diät, Dosis, Tageszeit, Erfahrung des Untersuchers usw., die einen Einfluss auf das Ergebnis haben können. Die Interpretation von experimentellen Ergebnissen wird erleichtert, wenn alle bis auf einen Faktor konstant gehalten werden und der Effekt einer einzelnen *unabhängigen Variablen* untersucht wird. In der Toxikologie ist die Dosis eine der häufigsten untersuchten unabhängigen Variablen. Dementsprechend führt in einer experimentellen Situation der Effekt der Dosisänderung zu Beobachtungen der *abhängigen Variablen*, die in Form von Daten gesammelt werden. (Eine einzelne Information wird als Wert oder Datum bezeichnet.) Daten können entweder *qualitativ* sein, z. B. „Tumor oder Entzündung vorhanden", oder *quantitativ* wie z. B. das Körpergewicht oder die Konzentration eines Metaboliten im Blut.

Wenn das Experiment unter den gleichen experimentellen Bedingungen durchgeführt wird, wird das Ergebnis nicht exakt gleich sein. Der Unterschied zwischen zwei Ergebnissen ist in einem gut durchgeführten Experiment hauptsächlich durch Zufall bestimmt. Variabilität ist der Grund, warum es in toxikologischen Studien so wichtig ist, Vergleiche zwischen „behandelten" Gruppen und „Kontrollgruppen" identischer nicht behandelter Tiere durchzuführen. Ein Teil der Variabilität kann bekannten Faktoren zugeschrieben werden. Der Haupanteil der Variabilität wird jedoch als nicht vorhersehbar angenommen und als *zufällige Variabilität* bezeichnet, die sich aus mehreren Faktoren wie biologischer Variabilität, Stichprobenvariation und experimentellem Fehler zusammensetzt. Diese Variabilität ist der Gegenstand der Statistik. Statistische Methoden können helfen, diese Variabilität zu beschreiben und zu kennzeichnen, um eine sorgfältige Interpretation von experimentellen Ergebnissen zu ermöglichen.

Die Gesamtheit aller möglichen Ereignisse eines gegebenen Experiments, das unter identischen Bedingungen durchgeführt wird, wird als *Grundgesamtheit* bezeichnet. Die Grundgesamtheit – ein theoretischer Begriff – kann sich auf eine unendliche Zahl von Experimenten beziehen, die niemals experimentell durchgeführt werden können. Im Ergebnis einer Reihe von Messungen erhält man Daten, die aus statistischer Sicht einer zufällig gezogenen Stichprobe entsprechen (Abb. 30.1).

Beispiel

In einer Studie zur Kanzerogenität werden Sprague-Dawley-Ratten mit einer chemischen Substanz behandelt. Es ist unmöglich, alle existierenden Sprague-Dawley-Ratten zu untersuchen, die die theoretische Gesamtpopulation (Grundgesamtheit) bilden. Stattdessen wird eine vorgegebene Anzahl, normalerweise 50 Ratten, die die Stichprobe bilden, pro Dosisgruppe für etwa zwei Jahre behandelt und das Auftreten von Tumoren beobachtet. Die zugrundeliegende Annahme ist, dass die endliche Stichprobe, die untersucht wird, die unendliche Gesamtpopulation repräsentiert (Abb. 30.1). Von Interesse ist dabei nicht das Einzelergebnis bei einer speziellen Ratte, sondern die Kanzerogenität der untersuchten chemischen Substanz in der Rattenpopulation. Zu diesem Zweck werden die Tumorraten, die

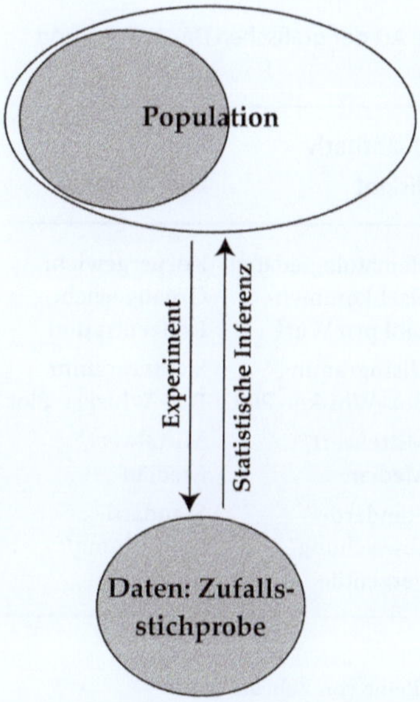

Abb. 30.1 Beziehung zwischen Grundgesamtheit und Stichprobe. Die Stichprobe, die aus einer Menge von Beobachtungen – verkörpert durch die Daten – besteht, wird als eine zufällige Realisation der statistischen Grundgesamtheit angesehen. Die Stichprobe wird mit dem Ziel analysiert, statistische Rückschlüsse (Inferenz) auf die Grundgesamtheit zu ziehen.

in einer behandelten Gruppe und in einer Kontrollgruppe beobachtet wurden, miteinander verglichen.

Kommentar

Verzerrung (Bias) ist ein Fachbegriff, der verwendet wird, um *systematische Fehler* zu beschreiben, die zu Ungenauigkeiten und Fehlinterpretationen der Ergebnisse führen. Zum Beispiel kann die Verwendung nicht zufälliger Stichproben aus der Grundgesamtheit zu einer konstanten Abweichung führen, die nicht *per se* durch statistische Auswertung entdeckt werden kann. *Systematische Fehler* können nur erkannt werden, indem verschiedene experimentelle Methoden eingesetzt werden oder durch die Teilnahme an Labor-Ringversuchen.

30.2 Deskriptive Statistik

Große Datenmengen oder sogar eine einzelne Menge von ähnlichen Zahlen lassen sich nicht einfach als Ganzes erfassen und verstehen. Deshalb sollten sie so angelegt und zusammengefasst werden, dass die Haupteigenschaften der Daten erhalten bleiben. Die deskriptive Statistik liefert Methoden zur Darstellung und Zusammenfassung von Daten durch die Berechnung spezieller Stichprobenmerkmale, die allein durch die Art der Daten festgelegt sind (Tab. 30.1).

Tab. 30.1 Der Typ der gesammelten Daten bestimmt die Art der grafischen Darstellung und die Stichprobencharakteristik.

	Qualitativ		Quantitativ	
	Nominalskala	**Ordinalskala**	**diskret**	**kontinuierlich**
Beispiele	Geschlecht, Blutgruppen	Schwere von Läsionen (+, ++ und +++)	Hämatologiedaten, Nachkommenzahl pro Wurf	Körpergewicht, Organgewicht, Konzentration
Grafische Darstellung	Balken-/Tortendiagramm	Balken-/Tortendiagramm	Histogramm Box-Whisker-Plot	Scattergramm Box-Whisker-Plot
Stichprobencharakteristik	Häufigkeit, Modalwert	Häufigkeit, Modalwert	Mittelwert/ Median	Mittelwert/ Median
		Median	Standardabweichung/ Perzentile	Standardabweichung/ Perzentile

Modalwert: häufigster Wert.
Median: Mittelpunkt in einer der Größe nach geordneten Reihe von Zahlen.

Daten, die in einem Experiment gesammelt werden, sind entweder *qualitativ (kategorial)* oder *quantitativ (numerisch)*. Viele toxikologische Beobachtungen sind qualitativer Natur und können in zweistufige Kategorien eingeordnet werden, z. B. Mortalitätsdaten, Histopathologiedaten, Missbildungen oder klinische Symptome. Es gibt auch Klassifikationen, die mehr als zwei Kategorien erfordern, z. B. Blutgruppen. Diese Merkmale werden auf einer *Nominalskala* angegeben, die keine hierarchische Anordnung erlaubt. Andere Klassifikationen, z. B. die Schwere von Verletzungen (+, ++, +++), basieren auf einer hierarchischen Anordnung entsprechend einer vorgegebenen *Ordinalskala*. Die Größe des Effekts bestimmt die Rangfolge, obwohl Differenzen zwischen den Rängen keine arithmetische Bedeutung haben müssen. Andere Experimente liefern *quantitative Daten*, die entweder diskret oder kontinuierlich sein können.

Diskrete Daten können numerische Werte sein, die als ganze Zahlen angegeben werden, da sie die Anzahl von Ereignissen repräsentieren, wie die Anzahl von Zellen, eine Anzahl von Tumoren oder die Zahl der Jungen in einem Wurf. *Kontinuierliche Daten* sind durch kontinuierliche Größen gekennzeichnet. Die Messungen können alle Werte in einem Bereich zwischen bestimmten Grenzen annehmen. Zu solchen Daten gehören z. B. Körper- oder Organgewichte, Nahrungs- und Wasserverbrauch und Konzentrationen von toxischen Substanzen im Blut.

Bei kontinuierlichen Variablen wird die ursprüngliche Genauigkeit während der Datenanalyse beibehalten, bis auf eine Rundung am Schluss. Die Zahl der dargestellten Ziffern und Dezimalstellen sollte der Genauigkeit der Messung entsprechen. Beispielsweise folgt aus einem Einzelwert von 9 normalerweise, dass die tatsächliche Zahl zwischen 8,5 und 9,5 liegt. Demzufolge liegt die Genauigkeit dieses Wertes bei 11 % (Tab. 30.2). Um die Ergebnisse der meisten toxikologischen Studien darzustellen, sind im Allgemeinen zwei informative Ziffern ausreichend, da

Tab. 30.2 Zahl der maßgeblichen Ziffern eines Wertes in Abhängigkeit von seiner Genauigkeit.

Wert	Zahl der maßgeblichen Ziffern	Begrenzung	Genauigkeit %
1	1	0,5–1,5	*100* (100 · 1/1)
9	1	8,5–9,5	*11* (100 · 1/9)
1,1	2	1,05–1,15	*9,1* (100 · 0,1/1,1)
9,9	2	9,85–9,95	*1,0* (100 · 0,1/9,9)
1,11	3	1,105–1,115	*0,9* (100 · 0,01/1,11)
9,99	3	9,985–9,995	*0,1* (100 · 0,01/9,99)

die Genauigkeit der gemessenen Daten generell nicht unter 1 % liegt. Statistisch deskriptive Merkmale wie Mittelwerte können mit einer weiteren Ziffer angegeben werden.

Rohdaten werden oft in Tabellen und Abbildungen dargestellt. Informationen aus einer großen Datenmenge können komprimiert werden, indem man ihre charakteristischen Maßzahlen berechnet. Daten können zusammengefasst werden, indem Maße für die zentrale Lage und die Variabilität der Daten zusammen mit der Zahl der Beobachtungen berichtet werden. Es gibt mehrere Maße für die zentrale Lage:

- *arithmetischer Mittelwert* oder Durchschnitt, der gleich der Summe der Beobachtungen (X_i) dividiert durch die Anzahl der Beobachtungen (N) ist: $\bar{X} = 1/N \sum_{i=1}^{N} X_i$
- *Median* teilt die der Größe nach geordnete Datenmenge in zwei gleichgroße Gruppen
- *Modalwert* ist der häufigste beobachtete Wert
- *geometrisches Mittel* ist die Nte Wurzel aus dem Produkt aller Beobachtungen: $\sqrt[N]{\prod_{i=1}^{N} X_i}$

Das geeignetste Maß für die zentrale Lage hängt vom Datentyp ab. Der Modalwert beschreibt nominalskalierte Daten, indem er die häufigste Beobachtung der Stichprobe angibt. Für ordinalskalierte Daten wird häufig der Median als geeignet angesehen. Mittelwerte sind angemessen für quantitative Daten. Ausreißer in den Daten verzerren den Mittelwert, während der Median und der Modalwert weniger anfällig dafür sind. Wenn die Daten aus einer symmetrischen (eingipfligen) Verteilung stammen, sind arithmetischer Mittelwert, Median und Modalwert sehr ähnlich (theoretisch nicht unterscheidbar).

Die Varianz oder Streuung, die in den Daten beobachtet wird, kann auch durch verschiedene Maße beschrieben werden, die als *Streubreite, Perzentile, Standardabweichung* und *Variationskoeffizient* bezeichnet werden.

Die *Streubreite* ist definiert als die Differenz zwischen dem größten und dem kleinsten Wert. Sie ist sehr empfindlich gegenüber Ausreißern und spiegelt im Allgemeinen nicht die Mehrheit der Daten wider. Bei kleinen Beobachtungszahlen ist sie aber durchaus geeignet, die Variabilität zu schätzen. Ein *Perzentil* gibt den Wert an, unter dem ein gegebener Prozentsatz der Werte liegt. Die Daten müssen der Größe nach geordnet werden, d. h. $x_1 \leq x_2 \ldots \leq x_N$, bevor Perzentile bestimmt werden können. Der *Median* ist definiert als *50. Perzentil*, weil 50 % der Werte unterhalb dieses Wertes liegen und 50 % darüber. Die Differenz zwischen dem 25. und dem 75. Perzentil (*Quartile*) ergibt den *Interquartilsbereich*, der ebenfalls ein Maß für die Streuung der Daten ist.

Die *Standardabweichung* ($\mathrm{SD} = \sqrt{\sum_{i=1}^{N}(X_i - \bar{X})^2/(N-1)}$) hängt von der mittleren Abweichung der Daten von ihrem Mittelwert ab. Sie ist besonders geeignet, die Streuung der Daten zu beschreiben, wenn die zugrunde liegende Verteilung bekannt ist. Wenn die Daten zum Beispiel einer Normalverteilung folgen (siehe unten), liegt die Mehrzahl der Daten (68 %) innerhalb einer Standardabweichung vom Mittelwert ($\bar{X} \pm \mathrm{SD}$). Der Anteil der Daten steigt auf 95 %, wenn der Bereich erweitert wird auf etwa das Doppelte der Standardabweichung ($\bar{X} \pm 1{,}96\,\mathrm{SD}$). Der Bereich mit exakt zwei Standardabweichungen enthält genau 95,5 % der Daten. Wenn die Verteilung unbekannt ist, dann liegen mindestens 75 % der Daten im Bereich von $\bar{X} \pm 2\,\mathrm{SD}$.

Der *Variationskoeffizient* ($\mathrm{CV} = \mathrm{SD}/\bar{X}$) ist ein Maß der relativen Standardabweichung und weit verbreitet, um die Variabilität zwischen verschiedenen Stichproben zu vergleichen und die sogenannte Fehlerfortpflanzung abzuschätzen (siehe unten). So liegt der Variationskoeffizient bei chemischen Analysen normalerweise unter 0,05, während er bei biologischen Experimenten häufig über 0,4 liegen kann.

Die *Box-Whisker-Grafik* (oder: *Box-Whisker-Plot*) kann dazu dienen, die Verteilung einer großen Datenmenge zu zeigen. In diesen Grafiken werden der Median und die Quartile der Daten in einer Box, d. h. einem Rechteck, dessen eine Seitenlänge durch die Quartile bestimmt ist, dargestellt – zusammen mit den Extremwerten, die die Länge der angefügten Linien (Whisker) bestimmen (Abb. 30.2). Der Median liegt im Zentrum zwischen dem unteren und dem oberen Quartil, wenn die Daten aus einer symmetrischen Verteilung stammen. Eine asymmetrische Lage des Medians zwischen diesen Quartilen oder auch asymmetrische „Whisker" deuten auf eine schiefe Verteilung hin.

Der größte Teil der toxikologischen Daten folgt einer *unimodalen* Verteilung mit einem Gipfel und nach beiden Seiten auslaufenden Enden. Die bekannteste unimodale Verteilung ist eine symmetrische, mit gleichen Enden auf beiden Seiten. Sie kann durch eine symmetrische Box-Whisker-Grafik veranschaulicht werden, die einer glockenförmigen Kurve entspricht (siehe unten). Eine gegebene Stichprobe aus solch einer Verteilung wird durch ihren Mittelwert und die Standardabweichung zusammenfassend dargestellt.

Eine *schiefe* oder asymmetrische Verteilung ist durch asymmetrisch auslaufende Enden gekennzeichnet. Eine solche Verteilung liegt häufig vor, wenn die Daten aus positiven Werten bestehen und die doppelte Standardabweichung größer als der zugehörige Mittelwert ist. In diesem Fall können der Median (oder das geome-

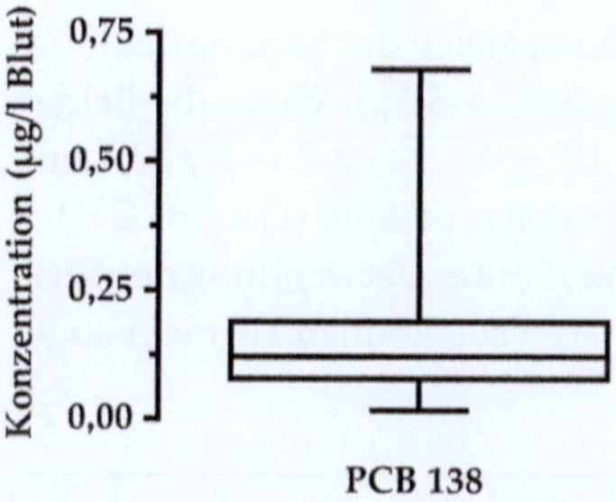

Abb. 30.2 Box-Whisker-Plot der Konzentrationen eines polychlorinierten Biphenyls (PCB138) bestimmt im Blut von Kindern, die eine belastete Schule besuchten (Alter: 6–16 Jahre; Einzelbestimmungen bei $N = 218$ Schüler).

trische Mittel) und der Bereich zwischen dem 5. und dem 95. Perzentil als Maße für die zentrale Lage und die Streuung verwendet werden.

Es ist auch möglich, dass Daten aus Verteilungen stammen, die mehr als einen Gipfel haben. Eine *bimodale* Verteilung könnte zum Beispiel beobachtet werden, wenn die Daten für zwei unterschiedliche Gruppen (unterschiedlichen Geschlechts oder verschiedene Altersgruppen) zusammengefasst dargestellt werden. In solchen Fällen könnte eine angemessene Kategorisierung der Daten zu unimodalen Verteilungen führen.

Beispiel

Die PCB138-Konzentrationen, die in Abb. 30.2 dargestellt sind, zeigen eine schiefe Verteilung, da der Median näher am unteren als am oberen Quartil liegt. Außerdem ist der Bereich zwischen dem höchsten Wert und dem oberen Quartil um ein Vielfaches größer als der Bereich vom kleinsten Wert zum unteren Quartil. Deshalb sind die Daten zusammenfassend beschrieben durch den Median als Maß für die zentrale Lage, d. h. 0,122 µmol/l. Die Variabilität wird charakterisiert durch die 5. und 95. Perzentile, die den Werten 0,056 und 0,357 µmol/l entsprechen.

Kommentar

Vor der Anwendung statistischer Methoden auf die Rohdaten sollten diese sorgfältig auf Plausibilität, Einheitlichkeit und Widerspruchsfreiheit geprüft werden, da jeder Fehler in den Daten, z. B. durch die Messung selbst oder durch Datenübertragung, schwerwiegende Folgen für die Ergebnisse der meisten statistischen Verfahren haben kann.

30.3 Fehlerfortpflanzung

Um diese spezielle Unsicherheit im Endergebnis zu berechnen, wird das Fehlerfortpflanzungsgesetz benutzt. Wenn die Mittelwerte zweier unabhängiger Variablen (X, Y) addiert oder subtrahiert werden ($Z = \bar{X} + \bar{Y}$, or $Z = \bar{X} - \bar{Y}$), dann ist das Quadrat der resultierenden Standardabweichung gleich der Summe der Quadrate der beiden Standardabweichungen ($SD_Z^2 = SD_X^2 + SD_Y^2$). Wenn die beiden Mittelwerte multipliziert oder dividiert werden ($Z = \bar{X} \cdot \bar{Y}$, or $Z = \bar{X}/\bar{Y}$), dann werden die beiden quadrierten Variationskoeffizienten addiert ($CV_Z^2 = CV_X^2 + CV_Y^2$). Danach kann die Standardabweichung von Z unter Verwendung des Wertes von CV_Z^2 berechnet werden. Für kompliziertere Fälle können Formeln abgeleitet oder in der Literatur gefunden werden.

Kontinuierliche Rohdaten, die in einem Experiment gemessen wurden, werden im Allgemeinen durch ihren Mittelwert und die Standardabweichung charakterisiert. In vielen Fällen werden solche Mittelwerte in weiteren Berechnungen genutzt. Da die Mittelwerte, die in der Berechnung verwendet werden, mit einer Unsicherheit behaftet sind, die durch die Standardabweichung beschrieben wird, wird auch das Endergebnis eine bestimmte Unsicherheit aufweisen.

Kommentar

Um die obigen Formeln anwenden zu können, wird vorausgesetzt, dass die Standardabweichungen klein im Vergleich zu den jeweiligen Mittelwerten (< 20 %) sind und, dass die beiden Datenmengen unkorreliert sind.

30.4 Wahrscheinlichkeitsverteilung

Eine Wahrscheinlichkeitsverteilung ist eine mathematische Funktion, die die Wahrscheinlichkeit in Abhängigkeit von allen möglichen Werten der Zufallsvariablen in der Grundgesamtheit beschreibt.

Große Datenmengen mit mehr als 50 Beobachtungen ($N > 50$) können auch durch ein *Häufigkeitshistogramm* dargestellt werden, das die Häufigkeit von Beobachtungen in geordneten Klassen abbildet. Um eine brauchbare Visualisierung zu erhalten, wird die x-Achse in etwa 7–20 *Klassen* eingeteilt, die die gesamte Streubreite der Daten umfassen. Die Zahl der Klassen kann für $N < 500$ durch die Quadratwurzel aus der Zahl der Beobachtungen approximiert werden. Beobachtungen, die in eine gegebene Klasse fallen, werden zusammengefasst. Im relativen Häufigkeitshistogramm (Abb. 30.3a) repräsentiert ein Balken die relative Häufigkeit der Beobachtungen, in eine gegebene Klasse zu fallen, d. h. die Zahl der Beobachtungen in dem Klassenintervall geteilt durch die Gesamtzahl der Beobachtungen. Demnach ist die Gesamtfläche aller Balken gleich eins.

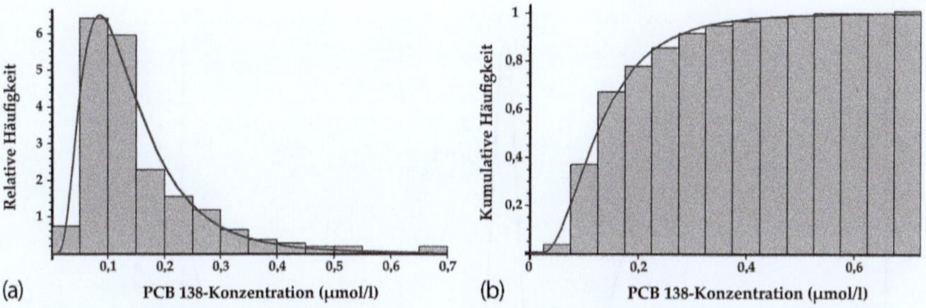

Abb. 30.3 Relatives Häufigkeitshistogramm (a) und kumulatives relatives Häufigkeitshistogramm (b) der Konzentration eines polychlorierten Biphenyls (PCB138) gemessen in Blutproben von Kindern, die eine belastete Schule besuchten (Alter: 6–16 Jahre; Einzelbestimmungen bei $N = 218$ Schülern). Die durchgezogenen grauen Linien entsprechen der Wahrscheinlichkeitsdichtefunktion (a) und der kumulativen Verteilungsfunktion (b).

Das *kumulative Häufigkeitshistogramm* erhält man durch kumulatives Addieren der Balken des Häufigkeitshistogramms. Jede Klasse enthält die Zahl der Beobachtungen, die in diese Klasse fallen, und alle Beobachtungen, die darunterliegen. Das *relative kumulative Häufigkeitshistogramm* erhält man, indem die Klassenwerte noch durch die Gesamtzahl der Beobachtungen geteilt werden (Abb. 30.3b). Deshalb erreicht dieses Histogramm auf der rechten Seite den Wert eins. Das Histogramm würde weniger kantig wirken, d. h. die Spitzen würden verschwinden und eine kontinuierliche, glatte Funktion erscheinen, wenn die Zahl der Datenpunkte gegen unendlich ginge und sich die Klassenbreite der Null näherte. Diese glatten Funktionen – dargestellt durch die durchgezogenen Linien – werden als *Wahrscheinlichkeitsdichtefunktion* (Abb. 30.3a) und *Wahrscheinlichkeitsverteilungsfunktion* (Abb. 30.3b) bezeichnet. Letztere wird auch *kumulative Verteilungsfunktion* genannt. Im Allgemeinen wird die Wahrscheinlichkeitsdichtefunktion durch eine mathematische Gleichung bestimmt, und die kumulative Verteilungsfunktion kann durch Integrieren der Dichtefunktion berechnet werden. Die Fläche unter einer Wahrscheinlichkeitsdichtefunktion ist gleich eins wie auch die Fläche unter einem relativen Häufigkeitsdiagramm.

Beispiel

Das relative Häufigkeitshistogramm der PCB138-Konzentrationen (Abb. 30.3a) zeigt, dass die Daten nicht symmetrisch verteilt sind. Geht man vom Modalwert, der ein Maximum bei etwa 0,09 µmol/l zeigt, nach links, sinken die Werte rasch auf null, während auf der rechten Seite der Rückgang der Werte langsamer verläuft und Werte bis zu 0,7 µmol/l auftreten. Der größte Teil der Datenpunkte (70 %) liegt auf der rechten Seite des Modalwertes. Solch eine Verteilung wird als rechtsschief bezeichnet und hat auf der rechten Seite ein länger auslaufendes Ende.

Die *Gauß'sche Normalverteilung* spielt eine zentrale Rolle in der Statistik. Die Gauß'sche Verteilung wird häufig angenommen, um die zufällige Streuung in den Daten zu beschreiben, insbesondere wenn sich die Variabilität aus mehreren zu-

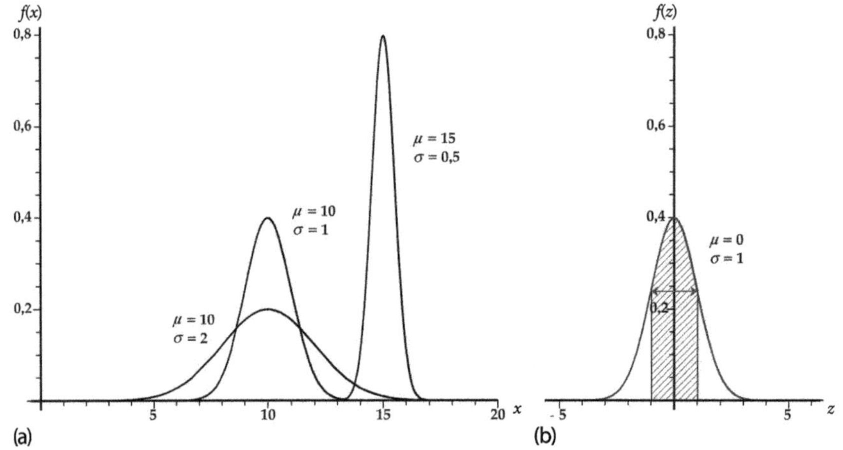

Abb. 30.4 Wahrscheinlichkeitsdichtefunktionen von Normalverteilungen (a) mit verschiedenen Parametern (μ, σ). Die Standardnormalverteilung ist in (b) wiedergegeben. Die schraffierte Fläche entspricht dem Wert 0,68, der die Wahrscheinlichkeit angibt, dass x in den Bereich einer Standardabweichung vom Mittelwert fällt.

fälligen Quellen summiert. Solche Wahrscheinlichkeitsdichtefunktionen sind in Abb. 30.4 dargestellt:

$$f(x) = \frac{1}{\sigma\sqrt{2\pi}} \mathrm{e}^{-(x-\mu)^2/(2\sigma^2)}$$

Die beiden Parameter, die durch die griechischen Buchstaben μ und σ^2 bezeichnet werden, beschreiben die Lage der Funktion auf der x-Achse (*zentrale Lage, Erwartungswert* μ) und die Streuung der Kurve (*Varianz* σ^2). Dargestellt sind zwei Funktionen mit dem gleichen Erwartungswert 10 auf der x-Achse (Abb. 30.4a). Eine der beiden Kurven hat eine viermal so große Varianz wie die andere und eine abgeflachte breite Form. Alle Normalverteilungen können durch Transformation

$$z = \frac{x-\mu}{\sigma}$$

in eine einzige Funktion mit dem Erwartungswert null ($E(z) = 0$) und der Varianz eins ($\sigma = 1$) überführt werden. Diese Funktion heißt *Standardnormalverteilung*

$$f(z) = \frac{1}{\sqrt{2\pi}} \mathrm{e}^{-z^2/2}$$

und ist in Abb. 30.4b dargestellt. Die Fläche unter der Verteilungskurve zwischen zwei beliebigen Werten auf der x-Achse ist gleich der Wahrscheinlichkeit, dass der x-Wert zwischen diese beiden Werte fällt. Tabellierte Werte der Flächen unter der Standardnormalverteilung findet man in vielen statistischen Tabellen.

Kommentar

Der Erwartungswert einer Verteilung, abgekürzt als $E(x)$, bezeichnet ihren Mittelwert oder Zentralwert und wird als ein mit Wahrscheinlichkeiten gewichteter Mittelwert berechnet:

$$E(x) = \int_{-\infty}^{\infty} x \cdot f(x)\,\mathrm{d}x$$

Wendet man diese Definition auf die Gauß'sche Normalverteilung an, erhält man $E(x) = \mu$. Bitte beachten Sie die Analogie zwischen dem arithmetischen Mittelwert und dem Erwartungswert. Es kann gezeigt werden, dass der arithmetische Mittelwert einer Stichprobe eine Näherung des Mittelwertes der Grundgesamtheit liefert. Somit ist der Stichprobenmittelwert eine Schätzung des unbekannten Mittelwertes der Grundgesamtheit, wenn die Stichprobe groß genug, hinreichend repräsentativ und unverzerrt ist.

Die Varianz einer Verteilung, abgekürzt $V(x)$, bezeichnet die Streuung der Kurve. Sie wird berechnet als der Erwartungswert des Quadrats der Abweichung von X vom eigenen Erwartungswert:

$$V(x) = E\{[X - E(X)]^2\} = \int_{-\infty}^{\infty} [x - E(X)]^2 \cdot f(x)\,\mathrm{d}x$$

Die Wahrscheinlichkeitsdichtefunktion ist die Gewichtsfunktion ähnlich wie beim Erwartungswert. Bei Anwendung dieser Definition auf die Gauß'sche Normalverteilung ergibt sich $V(x) = \sigma^2$. Wegen der Analogie zwischen der Standardabweichung und σ kann gezeigt werden, dass das Quadrat der Standardabweichung einer Stichprobe eine Näherung der Varianz der Grundgesamtheit liefert.

Viele Messungen zeigen eine rechtsschiefe Verteilung wie zum Beispiel die *Lognormalverteilung* in Abb. 30.3. Solche Verteilungen beobachtet man, wenn die Variation durch multiplikative Effekte hervorgerufen wird. Biologische Mechanismen sind dafür bekannt, Lognormalverteilungen hervorzubringen. Viele biologische Variablen, wie die alveoläre Ventilation oder der Blutfluss durch Gewebe, Konzentrationen verschiedener exo- und endogener Substanzen in biologischem Material und Latenzzeiten von Krankheiten, folgen einer solchen Verteilung. Schief verteilte Daten wie Blutkonzentrationen polychlorierter Biphenyle können häufig in Normalverteilungen transformiert werden, indem die Daten logarithmiert oder auf einer logarithmischen Skala aufgetragen werden. Folglich können Lognormalverteilungen beschrieben werden, indem die logarithmierte Variable in eine Normalverteilung überführt wird, die durch ihren Erwartungswert und ihre Varianz auf einer logarithmierten Skala charakterisiert wird. Die schiefe Verteilung 30.3a wird zu einer symmetrischen glockenförmigen Kurve 30.5a nach der logarithmischen Transformation durch Streckung des unteren Bereichs und Stauchung des oberen Bereichs der ursprünglichen Verteilung. Die

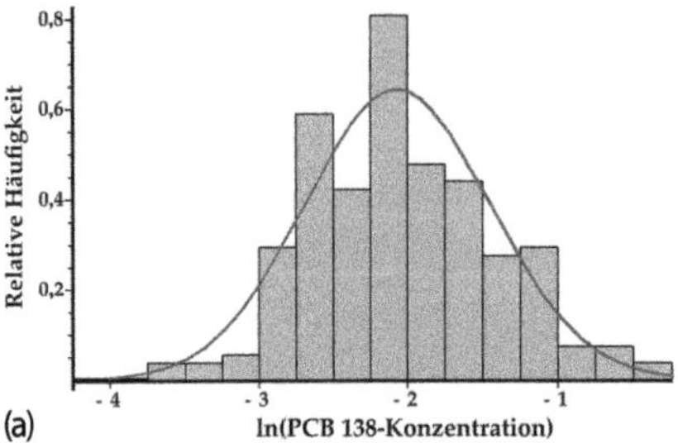

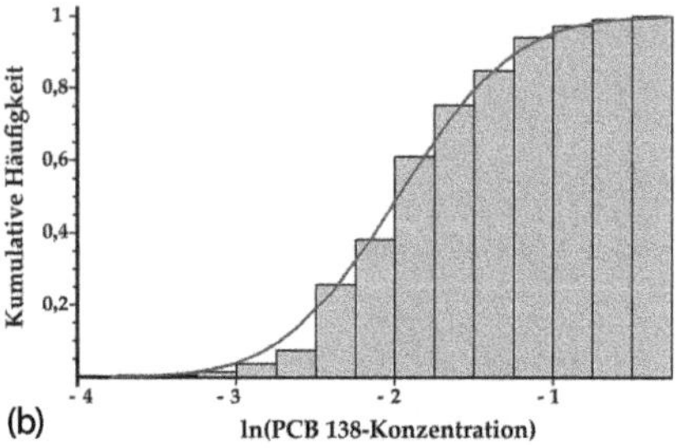

Abb. 30.5 Das relative Häufigkeitshistogramm (a) und das kumulative relative Häufigkeitshistogramm (b) nach einer logarithmischen Transformation der gemessenen Konzentrationen von polychloriertem Biphenyl PCB138 (vgl. Abb. 30.3). Die grauen Linien entsprechen der Wahrscheinlichkeitsdichtefunktion (a) und der kumulativen Verteilungsfunktion (b).

statistische Analyse kann mit den logarithmierten Werten durchgeführt werden, bevor die Ergebnisse auf die Originalskala zurücktransformiert werden.

Beispiel

Auf einer natürlichen logarithmischen Skala sind der Mittelwert und die Standardabweichung der logarithmierten PCB138-Daten gleich −2,072 bzw. 0,621. Mithilfe der Exponentialfunktion erhält man die Werte 0,126 für den Mittelwert und 1,86 für die Standardabweichung. Dann berechnet man den Bereich, der 95,5 % der Daten enthält, auf der logarithmierten Skala entsprechend von −3,31 $(-2{,}072 - 2 \cdot 0{,}621)$ bis −0,83 $(-2{,}072 + 2 \cdot 0{,}621)$. Diese Werte entsprechen den PCB138-Konzentrationen von 0,036 $(0{,}126/(1{,}86^2)$ oder $e^{-3{,}31})$ bis 0,436 $(0{,}126 \cdot (1{,}86^2)$ oder $e^{-0{,}83})$. Das Intervall wird multiplikativ berechnet ($\bar{X}_{\log}/\mathrm{SD}^2_{\log}$ und $\bar{X}_{\log} \cdot \mathrm{SD}^2_{\log}$) im Gegensatz zur additiven Berechnung wie für die Normalverteilung gezeigt ($\bar{X} - 2 \cdot \mathrm{SD}$ und $\bar{X} + 2 \cdot \mathrm{SD}$). Der Index log weist darauf hin, dass beide Parameter, der Mittelwert und die Standardabweichung, mithilfe der logarithmierten Daten bestimmt und anschließend rücktransformiert wurden:

$$\bar{X}_{\log} = \exp\left[\frac{\sum \ln(X_i)}{N}\right]$$

Beachtenswert ist, dass der Mittelwert der logarithmierten Werte ($\bar{X}_{\log}$) dem geometrischen Mittel auf der Originalskala entspricht.

Ein visueller Ansatz festzustellen, ob eine gegebene Datenmenge einer Normalverteilung folgt, basiert auf einer grafischen Darstellung der Daten auf „Normalverteilungspapier" (oder: Wahrscheinlichkeitspapier).
Dieses Wahrscheinlichkeitspapier ist dem Logarithmuspapier ähnlich, auf dem Exponentialfunktionen als gerade Linien abgebildet werden.

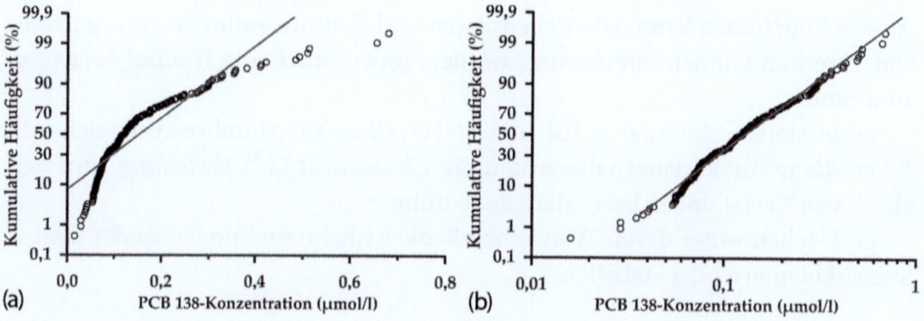

Abb. 30.6 Kumulative Prozente der PCB138-Daten aus Abb. 30.3, dargestellt auf Normal- (a) und Lognormalwahrscheinlichkeitspapier (b).

Auf dem Normalverteilungspapier erhält man bei Normalverteilungen eine gerade Linie, weil die Ordinate in Prozentsätzen skaliert ist, die der inversen Normalverteilung entsprechen. Es zeigt die Bereiche 1–99 % oder 0,1–99,9 %, schließt aber niemals die angrenzenden Werte 0 oder 100 % ein.

Normalverteilte Daten erscheinen als annähernd gerade Linie in der Wahrscheinlichkeitsgrafik, in der die Perzentile von 16, 50 und 84 % den Abszissenwerten von $\bar{X}$ – SD, $\bar{X}$ und $\bar{X}$ + SD entsprechen. Eine Abweichung der Datenpunkte von der theoretischen Linie im mittleren Bereich deutet auf eine Abweichung von der Normalverteilung hin, insbesondere wenn die Differenzen zur Linie einem bestimmten Muster folgen, z. B. einem Bogen oder einer divergierenden Linie oder Kurve.

Im Gegensatz dazu ist eine Abweichung der Daten von der Linie an deren Enden weniger wichtig, weil sie durch Ausreißer oder Stichprobeneffekte bedingt sein kann.

Die PCB138-Daten zeigen eine deutliche Abweichung von der theoretischen Linie in der Wahrscheinlichkeitsgrafik (Abb. 30.6a). Wenn man die Daten jedoch auf einer logarithmisch skalierten x-Achse abbildet, zeigen sie annähernd eine Normalverteilung, die sich ganz gut an eine Gerade anpasst (Abb. 30.6b).

Wahrscheinlichkeitspapier kann verwendet werden, um verschiedene Verteilungen wie *Lognormal-, Exponential- oder Weibull-Verteilungen* zu prüfen. Man kann es käuflich erwerben oder auch herunterladen (www.weibull.com/GPaper).

Es gibt statistische Tests, um formal zu prüfen, ob eine zufällige Stichprobe aus einer Normalverteilung stammt. Darunter sind der *Kolmogorov-Smirnov-Test*, der *Shapiro-Wilk-Test* für $N < 50$ und der *D'Agostino-Pearson-Normalitätstest* für $N \geq 50$. Die beiden Letzteren gelten als robuster und sollen mehr Power haben als der Kolmogorov-Smirnov-Test. Allerdings können alle diese Tests versagen, falls der Stichprobenumfang zu klein ist ($N < 10$).

In der statistischen Theorie ist die Normalverteilung die wichtigste Verteilung.

Es gibt noch andere relevante Verteilungen, die in den verschiedenen Bereichen der toxikologischen Forschung angewandt werden können. Zum Beispiel kann die *Binomialverteilung* nützlich sein, um Ergebnisse aus der Durchflusszytometrie zu analysieren, während die *Poisson-Verteilung* bei Mutagenitätsuntersuchungen

Anwendung finden kann. Überlebensdaten und Zeitintervalle bis zum Auftreten von Tumoren können interpretiert werden, indem man eine *Weibull-Verteilung* annimmt.

Für die statistische Analyse haben die *t-Verteilung* für Mittelwertvergleiche, die *F-Verteilung* für Varianzanalysen und die *Chiquadrat* (χ^2)*-Verteilung* zum Vergleich von Verteilungen besondere Bedeutung.

Die Flächen unter deren Wahrscheinlichkeitsdichtefunktionen findet man in Statistikbüchern oder -tabellen.

Kommentar

Wenn die Zufallsvariable diskret ist, so ist die Wahrscheinlichkeitsverteilung auch diskret.

Zum Beispiel weisen die Lungenkrebstodesfälle in einer Stichprobe aus einer gegebenen Population eine diskrete Verteilung auf.

30.5 Inferenzstatistik/Schließende Statistik/Konfirmative Statistik

> Die größte Herausforderung für viele Toxikologen besteht darin, verlässliche Schlüsse auf der Basis von gemessenen oder publizierten Daten zu ziehen.
> Statistische Inferenz kann wesentliche, auf objektiven Verfahren beruhende Mittel zur Verfügung stellen, um den Bewertungsprozess zu unterstützen.
> Schließende Statistik verallgemeinert auf der Grundlage von gesammelten Daten einer Stichprobe auf die Grundgesamtheit (Population).
> Es gibt zwei Hauptmethoden, die für diesen Zweck eingesetzt werden: Schätzungen und Hypothesentests.
> Schätzverfahren werden benutzt, um Parameter einer Verteilung auf der Basis der Stichprobe zu schätzen, durch Punktschätzungen für Erwartungswert oder Varianz und die zugehörigen Konfidenzintervalle zu konstruieren.
> Hypothesentests kommen zur Anwendung, wenn ein Vergleich durchgeführt werden soll.

30.5.1 Schätzung

> Das Ziel der Schätzung ist es, einen unbekannten Populationsparameter wie den Erwartungswert der zugrunde liegenden Verteilung zu berechnen, unter Verwendung des Mittelwertes der gesammelten Stichprobe (Punktschätzung).
> Danach wird um diesen einzelnen Wert ein Konfidenzintervall konstruiert, das den wahren Wert des Populationsparameters auf einem vorab definierten Konfidenzniveau (Vertrauensniveau) enthält.

Der Mittelwert einer gegebenen Stichprobe ($\bar{X}$) repräsentiert einen einzelnen Wert, der als *Punktschätzung* für den Erwartungswert der normalverteilten Grundgesamtheit (μ) bezeichnet wird, weil bei wachsendem Stichprobenumfang der Stichprobenmittelwert sich dem Erwartungswert annähert.

Bei wiederholter Stichprobenziehung aus der gleichen Grundgesamtheit erhält man unterschiedliche Mittelwerte, die sich um den wahren Erwartungswert der Population verteilen.

Dessen wahrer Wert bleibt unbekannt, bis eine vollausschöpfende Stichprobenziehung durchgeführt wurde, was in den meisten Fällen unmöglich ist.

Deshalb ist es erforderlich, die Punktschätzung mit einem Vertrauensmaß zu versehen. Dieses Maß kann abgeleitet werden, weil der Stichprobenmittelwert normalverteilt ist, wenn die Daten aus einer normalverteilten Grundgesamtheit stammen.

Die Variation der zufälligen Variablen, die dem Stichprobenmittelwert entspricht, wird durch den *Standardfehler des Mittelwertes* (SE) charakterisiert, der das erwartete Ausmaß der Variation zwischen den Mittelwerten verschiedener Stichproben beschreibt, die aus der gleichen Grundgesamtheit gezogen wurden.

Sein Wert wird berechnet, indem σ durch $\sqrt{N}$ geteilt wird, wobei σ^2 die Varianz der Grundgesamtheit ist, aus der die Stichprobe mit N gemessenen Werten gezogen wurde.

Der Standardfehler des Mittelwertes ist ein Maß für die Unsicherheit eines einzelnen Stichprobenmittelwertes im Verhältnis zum Mittelwert der Grundgesamtheit.

Für 68 % der Stichproben wird der Mittelwert in dem Intervall zwischen $\bar{X} - \mathrm{SE}$ und $\bar{X} + \mathrm{SE}$ liegen, wobei $\bar{X} - \mathrm{SE}$ als die untere Grenze UG und $\bar{X} + \mathrm{SE}$ als die obere Grenze OG bezeichnet wird.

Erhöht man die Wahrscheinlichkeit von 68 % auf 95 % wird das Intervall weniger genau und fast doppelt so breit ($\bar{X} \pm 1{,}96\,\mathrm{SE}$).

Solch ein symmetrischer Bereich, der durch seine zwei Grenzen (UG und OG) definiert ist, heißt *Konfidenzintervall* (CI), in dem der Mittelwert der Grundgesamtheit mit einem bestimmten Vertrauensniveau gefunden werden kann.

Die entsprechende Wahrscheinlichkeit wird als *Konfidenzniveau* $(1 - \alpha)$ bezeichnet und ist verbunden mit der komplementären Wahrscheinlichkeit, die als *Signifikanzniveau* (α) bezeichnet wird. Das Signifikanzniveau wird festgelegt, bevor die Experimente durchgeführt werden, meist mit Werten von 0,05 oder 0,01.

Den Faktor für die Multiplikation mit dem Standardfehler kann man ermitteln, indem man in einer statistischen Tabelle das $100(1 - \alpha/2)$-Quantil der Standardnormalverteilung abliest, falls σ bekannt ist.

In vielen Fällen verwendet man die quadrierte Standardabweichung der Stichprobe als Ersatz für die unbekannte Varianz der Grundgesamtheit und SE wird berechnet als Quotient aus SD und $\sqrt{N}$.

Bei solchen Stichproben werden die kritischen Werte zur Berechnung des Konfidenzintervalls aus der *t-Verteilung* ($100(1 - \alpha/2)$ Quantile) auf dem festgelegten Signifikanzniveau α entnommen. Die t-Verteilung ist ebenfalls eine symmetrische

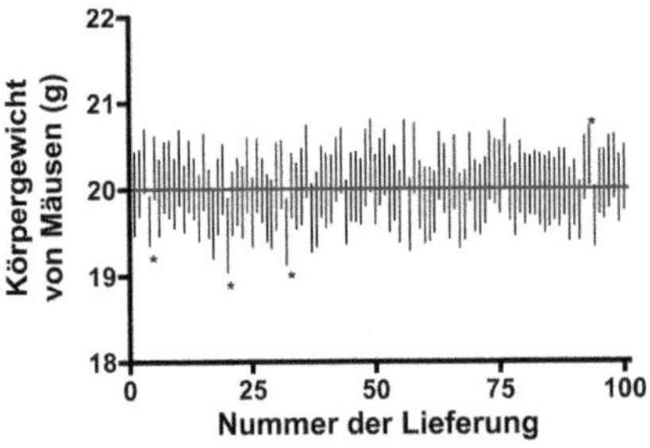

Abb. 30.7 Die Konfidenzintervalle des Körpergewichts berechnet für 100 verschiedene Lieferungen bestehend jeweils aus 100 Mäusen ähnlichen Alters bei einem gewählten Konfidenzniveau von 0,95 (graue vertikale Linien). Die durchgezogene schwarze Linie zeigt das theoretische Populationsmittel von 20 g. Tatsächlich gibt es vier Lieferungen (mit einem Stern markiert), bei denen das berechnete Konfidenzintervall den Populationsmittelwert nicht enthält. Die Konfidenzintervalle, die für die Mehrheit der Lieferungen (96 %) berechnet wurden, enthalten den Populationsmittelwert.

Verteilung, die nur einen Parameter hat, der Freiheitsgrad genannt wird. Bei der Schätzung des Konfidenzniveaus für den Mittelwert einer Stichprobe mit dem Umfang N ist der Freiheitsgrad gleich $N - 1$. Die t-Verteilung nähert sich der Normalverteilung an, wenn der Stichprobenumfang groß genug ist. Die Abweichung von der Normalverteilung wird kleiner als 2,5 %, wenn der Stichprobenumfang größer als 50 ist ($N > 50$).

Beispiel

Zehn fünf Wochen alte Mäuse wurden mit folgenden Körpergewichten erworben: 22,3; 21,8; 22,7; 21,6; 19,8; 20,4; 22,6; 21,9; 20,8; 22,4 g. Der Mittelwert und die Standardabweichung dieser Stichprobe sind $\bar{X} = 21{,}6$ g bzw. SD = 0,988 g. Das 95 %-Konfidenzintervall des Mittelwertes kann wie folgt berechnet werden: $21{,}6 \pm 0{,}706$ $(21{,}6 \pm 2{,}26 \cdot 0{,}988/\sqrt{10})$, wobei der kritische t-Wert von 2,26 aus der statistischen Tabelle für die t-Verteilung mit dem Freiheitsgrad 9 (= 10 − 1) und $\alpha = 0{,}05$ (einseitige Fragestellung) oder $\alpha = 0{,}025$ (zweiseitige Fragestellung) entnommen werden kann. Beachtenswert ist, dass der kritische t-Wert nur etwas höher ist als der entsprechende Wert, den man aus der Standardnormalverteilung erhält (1,96). Diese Abweichung wird stärker sichtbar, wenn der Freiheitsgrad kleiner ist.

Das Wahrscheinlichkeitskonzept des Konfidenzintervalls ist in Abb. 30.7 dargestellt, die zeigt, dass das Konfidenzintervall, das aus einer einzelnen Stichprobe mit dem Konfidenzniveau von 0,95 berechnet wird, wahrscheinlich den wahren Mittelwert der Grundgesamtheit in 95 % der Fälle enthalten wird.

Der Mittelwert ($\bar{X}$) einer normalverteilten Stichprobe stellt nur eine Schätzung eines Wertes oder eine Punktschätzung für μ dar, während das Konfidenzintervall eine Intervallschätzung liefert, bei der der Grad des Vertrauens quantifiziert wird, dass der Mittelwert der Grundgesamtheit innerhalb des berechneten Konfidenzintervalls liegt.

Deshalb wird ein Konfidenzintervall als höherwertig angesehen als eine einzelne Punktschätzung.

Kommentare

Für die Verteilung des Stichprobenmittelwertes ergeben sich interessante Ergebnisse, die aus dem zentralen Grenzwertsatz abgeleitet werden können. Wenn der Stichprobenumfang groß genug ist ($N > 50$), dann ist der Mittelwert wiederholt erhobener Stichproben annähernd normalverteilt und unabhängig von der Verteilung der Stichprobe.

Konfidenzintervalle können für andere Populationsparameter konstruiert werden, z. B. für den Median, die Varianz oder den Anstieg, der durch lineare Regression ermittelt wird.

Das Konfidenzintervall ist ein Begriff, der Ähnlichkeit hat mit dem Referenzintervall (95 %), der in der Medizin verwendet wird und normalerweise die Differenz zwischen dem oberen (97,5-Perzentil) und dem unteren Grenzwert (2,5-Perzentil) einer Mess- oder Testgröße festlegt, wenn dieser in einer Population von dem Anschein nach gesunden Personen gemessen wurde. Die Internationale Gesellschaft für Klinische Chemie und Laboratoriumsmedizin empfiehlt Messungen für Referenzintervalle bei mindestens 120 Personen.

Bei quantitativen Krebsrisikoabschätzungen werden eher obere Grenzwerte (OG) verwendet als Schätzungen von Erwartungswerten oder Konfidenzintervalle.

30.5.2 Hypothesentestung (Signifikanztest)

> Wissen wird oft gewonnen durch Vergleiche von behandelten Gruppen und Kontrollgruppen. Eine objektive Entscheidung zu fällen ist nur mithilfe von statistischer Hypothesentestung möglich. Zu diesem Zweck wird die Wahrscheinlichkeit berechnet, dass die beobachtete Differenz zwischen den beiden Gruppen allein durch Zufall erklärt werden kann. Eine charakteristische Besonderheit statistischer Entscheidungsfindung ist, dass Unsicherheit nicht ausgeschlossen werden kann, da Entscheidungen auf der Basis von endlichen Stichproben getroffen werden müssen.

Viele toxikologische Studien werden durchgeführt, um mögliche unerwünschte Effekte einer gegebenen Chemikalie zu prüfen, wobei eine bestimmte Hypothese formuliert wird, z. B. Styrol ist ein Kanzerogen.

Zu diesem Zweck wird die Zielgröße (Outcome) eines behandlungsbezogenen Effektes, z. B. die Tumorinzidenz, gemessen und ein Vergleich zwischen zwei Gruppen, der Behandlungs- und der Kontrollgruppe, durchgeführt. Der einzige Weg, eine Forschungshypothese zu bestätigen, besteht darin, ihre negative Form abzulehnen.

Deshalb wird die negierte Forschungshypothese als die statistische *Nullhypothese* (H_0) formuliert, die im Allgemeinen konstatiert, dass die Effektvariable sich zwischen den beiden Gruppen nicht unterscheidet oder, anders formuliert, dass die Behandlung keinen Effekt hat. Im Gegensatz dazu beschreibt die *Alternativhypothese* (H_1) die Situation, dass die Nullhypothese nicht gilt, entsprechend der Forschungsannahme.

Einer der am häufigsten verwendeten Tests ist der *t-Test*, der in zwei verschiedenen Situationen eingesetzt werden kann. Mit diesem Test kann entweder ein bekannter Populationsmittelwert mit einem Stichprobenmittelwert verglichen werden oder man vergleicht die Mittelwerte zweier unterschiedlicher Stichproben, vorausgesetzt, die Stichprobe(n) wurden aus einer normalverteilten Grundgesamtheit gezogen. Die Anwendung des t-Tests soll an dem folgenden Beispiel demonstriert werden.

Eine Stichprobe von zehn fünf Wochen alten Mäusen wurde geliefert. Der Mittelwert und die Standardabweichung des Körpergewichts sind $\bar{X} = 21{,}63$ bzw. SD = 0,988. Aus früheren Aufzeichnungen des Züchtungslabors ist bekannt, dass das mittlere Körpergewicht solcher Mäuse in der Vergangenheit bei 22 g lag. Unterscheidet sich das Gewicht der Tiere der gelieferten Stichprobe von dem der historischen Kontrolltiere?

Die Nullhypothese ist, dass die zehn Mäuse das gleiche Körpergewicht haben wie die historische Population (H_0: $\bar{X} = \mu$). Die Alternativhypothese ist, dass sie sich unterscheiden (H_1: $\bar{X} > \mu$ oder $\bar{X} < \mu$).

Wenn der t-Test durchgeführt wird, wird eine Wahrscheinlichkeit (p) berechnet unter der Bedingung, dass die Nullhypothese zutrifft.

Im obigen Fall ist die Teststatistik gegeben durch die Differenz zwischen dem Mittelwert der zehn Mäuse (Stichprobenmittel) und dem mittleren Körpergewicht der historischen Population (μ) bezogen auf den Standardfehler:

$$t = \frac{\text{Stichprobenmittel} - \mu}{\text{Standardfehler des beobachteten Mittels}}$$

In diesem Beispiel erhält man den Wert 1,2 wie folgt:

$$\frac{|21{,}63 - 22|}{0{,}988/\sqrt{10}}$$

Dieser Wert gibt an, dass der Mittelwert der Grundgesamtheit 1,2 Standardfehler unter oder über dem Stichprobenmittelwert liegt.

Der t-Test ergibt die Wahrscheinlichkeit p, die der grauen Fläche in Abb. 30.8 entspricht und die Fläche unter der t-Verteilung über den Grenzwerten zwischen $-\infty$ (minus unendlich) und $-1{,}2$ und zwischen 1,2 und $+\infty$ (plus unendlich) repräsentiert. Der Wert von p steht für die Wahrscheinlichkeit, dass man eine Stichprobe mit einer solchen oder einer größeren Differenz zwischen gemessenem und Populationsmittelwert durch Zufall erhält. In diesem Beispiel hat p den Wert 0,27.

Dieser eher hohe Wert besagt, dass man in mindestens einem von vier Fällen eine Stichprobe erhalten kann, bei der das Stichprobenmittel mindestens eine

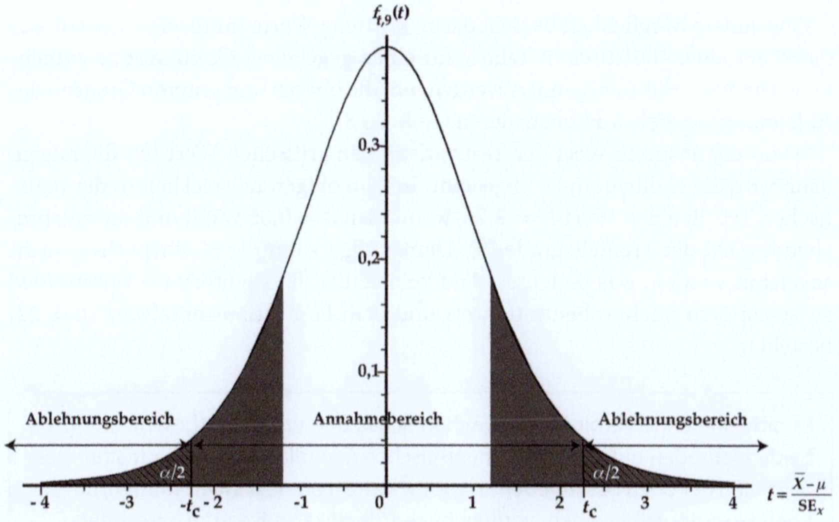

Abb. 30.8 Die Annahme- und Ablehnungsbereiche für den Hypothesentest H_0: $\bar{X} = \mu$ mit H_1: $\bar{X} > \mu$ und $\bar{X} < \mu$ bei einem Signifikanzniveau von $\alpha = 0{,}05$ wie an den Mäusedaten demonstriert. Die dunkle Fläche unter der Kurve ist gleich 0,27. Die schraffierte Fläche unter der Kurve ist gleich 0,05. Die Symbole $-t_c$ und t_c bezeichnen die untere und obere Grenze des Ablehnungsbereichs (siehe Text für detaillierte Informationen).

so große Abweichung vom historischen Kontrollwert aufweist. Weil eine solche Stichprobe häufig beobachtet werden kann, wirkt die Nullhypothese sehr wahrscheinlich. Deshalb kann die Nullhypothese nicht abgelehnt werden, und die Schlussfolgerung ist, dass der Stichprobenmittelwert sich nicht deutlich von dem der historischen Population unterscheidet.

Im Gegensatz dazu würde ein sehr kleiner p-Wert, z. B. 0,001 darauf hinweisen, dass die gesammelte Stichprobe sehr unwahrscheinlich wäre, wenn tatsächlich die Nullhypothese wahr wäre. Mit anderen Worten, es wäre fast unmöglich (in einem von tausend Fällen), rein zufällig die Daten zu beobachten, falls die Nullhypothese zutreffen würde. Demzufolge sollte die Nullhypothese abgelehnt werden zugunsten der höchstwahrscheinlichen Alternativhypothese.

Es ist naheliegend, wie man mit p-Werten über 0,2 und unter 0,001 umgehen kann. Der Bereich zwischen diesen Wahrscheinlichkeiten (0,001 und 0,2) ist lediglich durch Konventionen erfasst. Zu diesem Zweck ist ein willkürlicher Grenzwert oder Trennpunkt von 0,05 (α) festgelegt worden, obwohl auch ein anderer Grenzwert (z. B. 0,01) genauso in Betracht käme. wichtig ist, dass die Grenzwerte festgelegt werden, bevor die Datenerhebung stattfindet.

Wenn der p-Wert unterhalb des Grenzwertes ($p \leq \alpha$) liegt, bezeichnet man die Stichprobe als signifikant verschieden von der untersuchten Grundgesamtheit; anderenfalls gilt sie als nicht signifikant verschieden davon.

Heutzutage liefern statistische Programme den jeweiligen p-Wert, der auch in der Publikation enthalten sein sollte. Um p-Werte zu berichten, genügen häufig zwei Stellen nach dem Komma.

Eine andere Möglichkeit besteht darin, kritische Werte für die Teststatistik (t_c) direkt aus einer statistischen Tabelle für einen gegebenen Grenzwert zu entnehmen. Die Werte können genutzt werden, um die oberen und unteren Grenzen des Ablehnungsbereichs zu konstruieren (Abb. 30.8).

Wenn der absolute Wert der Teststatistik den kritischen Wert (t_c) übersteigt, dann wird die Nullhypothese abgelehnt. In dem obigen Beispiel liefern die statistischen Tabellen den Wert $t_c = 2{,}26$, wenn man $\alpha = 0{,}05$ wählt und die entsprechende Zahl der Freiheitsgrade (9). Demzufolge kann die Nullhypothese nicht abgelehnt werden, was bedeutet, dass kein statistisch signifikanter Unterschied zwischen dem Stichprobenmittelwert und dem Populationsmittelwert ($\mu = 22$) besteht.

> Es gibt eine enge Verbindung zwischen Schätzung und Hypothesentestung, da beide Methoden auf ähnlichen theoretischen Grundlagen aufgebaut sind. Deshalb kann der oben beschriebene Hypothesentest umgewandelt werden, um das Konfidenzintervall zu einem vorgegebenen Signifikanzniveau zu berechnen.

Der Annahmebereich ist im Grunde gleich dem entsprechenden Konfidenzintervall. Folglich kann die Nullhypothese auf dem festgelegten Signifikanzniveau nicht abgelehnt werden (d. h. sie wird angenommen), wenn das Konfidenzintervall eines Stichprobenmittelwertes den hypothetischen Mittelwert (μ) einschließt, der in der Nullhypothese angegeben ist. Für das obige Beispiel zum Körpergewicht ist das berechnete 95 %-Konfidenzintervall des Mittelwertes gleich $21{,}6 \pm 0{,}706$, und es enthält den hypothetischen Mittelwert von 22. Demzufolge kann keine statistisch signifikante Differenz zwischen dem Stichprobenmittelwert (21,6) und dem hypothetischen Mittelwert ($\mu = 22$) berichtet werden.

Konfidenzintervalle werden gegenüber einzelnen p-Werten als besser angesehen, weil sie eine numerische Schätzung der Unsicherheit darstellen.

Der am besten passende statistische Test hängt von der Art der Hypothese und vom Typ der gemessenen Variablen ab. Das Ergebnis von Hypothesentests wird meist in Form eines p-Wertes angegeben, der wie oben beschrieben interpretiert werden kann.

Ein Überblick über verschiedene Tests ist in Tab. 30.3 zu finden.

Kommentar

Die Forschungshypothese sollte von vornherein klar festgelegt werden, um die statistische Nullhypothese eindeutig formulieren zu können. Die Nullhypothese kann als Gleichung formuliert werden, die besagt, dass es keinen Unterschied zwischen den zwei Gruppen gibt. In diesem Fall gibt es zwei Alternativhypothesen, die besagen, dass Abweichungen in beiden Richtungen auftreten können (schraffiert dargestellt in Abb. 30.8). Für so einen zweiseitigen Hypothesentest verwendet man zweiseitige p-Werte. Die Formulierung der Nullhypothese mithilfe einer

Tab. 30.3 Überblick über statistische Methoden basierend auf dem Datentyp und der Verteilungsannahme.

Ziel der Methode	Kontinuierliche Daten mit Normalverteilung	Ränge, Scores oder nicht normalverteilte Daten	Dichotom oder binominal verteilte Daten
Vergleich des Mittelwerts einer Gruppe mit einem Referenzwert	*t*-Test	Wilcoxon-Test Kolmogorov-Smirnov-Test	χ^2-test
Vergleich zweier Mittelwerte aus unverbundenen Stichproben	*t*-Test für unverbundene Stichproben	Mann-Whitney-Test Kolmogorov-Smirnov-Test	Fishers exakter (Wahrscheinlichkeits)test
Vergleich zweier Mittelwerte aus verbundenen Stichproben	*t*-Test für verbundene Stichproben[a)]	Wilcoxon-Vorzeichenrangtest für gepaarte Stichproben	Vorzeichentest nach McNemar
Vergleich der Mittelwerte von drei oder mehr Gruppen	Varianzanalyse (ANOVA)	Friedman-Test Kruskal-Wallis-Test	χ^2-test
Lineare Assoziation zwischen zwei Variablen	Pearson-Korrelationskoeffizient	Rangkorrelationskoeffizient nach Spearman Kendall's Rangkorrelationskoeffizient	Kontingenzkoeffizient
Linearer Zusammenhang zwischen zwei Variablen	Einfache lineare Regression	Lineare Modelle für kategoriale Daten nach Grizzle-Starmer-Koch	Einfache logistische Regression
Linearer Zusammenhang zwischen mehreren Variablen	Multiple lineare Regression	Lineare Modelle für kategoriale Daten nach Grizzle-Starmer-Koch	Multiple logistische Regression
Vergleich der Verteilung von Daten mit einer theoretischen Verteilung	Shapiro-Wilk-Test D'Agostino-Pearson-Test Kolmogorov-Smirnov-Test	χ^2-test Kolmogorov-Smirnov-Test	χ^2-test Kolmogorov-Smirnov-Test

a) Die Verteilung der Differenzen sollte normal sein.

Ungleichung führt zu einem einseitigen Test, der nur auf einer Seite der Verteilung durchgeführt wird. Als Folge davon ist der kritische Wert im einseitigen Test kleiner als im zweiseitigen, d. h. mit einem einseitigen Test ist es wahrscheinlicher einen Effekt zu erkennen.

Um einen Vergleich zwischen Behandlungs- und Kontrollgruppen durchzuführen, sollten diese in Bezug auf bekannte Variationsursachen ähnlich sein, z. B.

in Bezug auf die Testbedingungen, die Jahreszeit, die Herkunft der Chemikalien usw. Der statistische Test kann entweder die Ablehnung der Nullhypothese ergeben oder er führt nicht zur Ablehnung. Wenn die Nullhypothese nicht abgelehnt werden kann, bedeutet dies nicht, dass ihre Richtigkeit bestätigt wurde, weil statistisch nicht signifikante Ergebnisse durch verschiedene Umstände bedingt sein können: zu kleine Differenz in der gemessenen Effektvariablen zwischen den Gruppen, zu große Streuung in den Stichproben oder begrenzte *Power* wegen eines kleinen Stichprobenumfangs. Der Stichprobenumfang, der benötigt wird, um eine besser bestimmte Antwort zu erhalten, kann im Voraus berechnet werden, indem die Power des Tests entsprechend gewählt wird (siehe unten).

Parametrische statistische Tests stützen sich meist auf die Annahme von Normalverteilung und Varianzhomogenität. Es wird weiter angenommen, dass die Stichprobe zufällig aus der Grundgesamtheit gezogen wurde und der Stichprobenumfang groß genug ist, damit sie repräsentativ ist. Einige der Tests, wie der t-Test, gelten als robust gegenüber diesen Annahmen. Statistische Tests, die für kontinuierliche Daten entwickelt wurden, können nicht auf ordinal- oder nominalskalierte Variablen angewandt werden. *Nichtparametrische Tests* sollten angewandt werden, wenn keine Annahme über die zugrundeliegende Population getroffen werden kann, wenn man weiß, dass die Verteilung sehr schief ist oder die Datenerhebung mit einer Nominalskala durchgeführt wurde.

Nichtparametrische Methoden können eine geringere Power aufweisen als parametrische, insbesondere wenn der Stichprobenumfang klein ist.

Zum Vergleich mehrerer Gruppenmittelwerte sollte die *Varianzanalyse* (ANOVA) eingesetzt werden. Zu diesem Zweck wird die Varianz zwischen den Gruppen mit der innerhalb der Gruppen verglichen. Ein mehrfacher Vergleich auf der Basis des t-Tests ist nicht korrekt, da die kumulative Wahrscheinlichkeit eines Fehlers 1. Art sehr schnell auf ein Vielfaches des vorher bestimmten Signifikanzniveaus (α) anwächst. Normalerweise ist der Fehler 1. Art gleich $n \cdot \alpha$, wenn n paarweise Vergleiche durchgeführt werden sollen. Folglich steigt die Wahrscheinlichkeit eines falsch-positiven Ergebnisses.

> Der Hypothesentest kann zu einem falschen Ergebnis führen, da die endgültige Wahrheit über die Hypothese unbekannt ist. Darüber hinaus gibt es die Möglichkeit, dass die begrenzten Zufallsstichproben zu einer falschen Entscheidung führen können.

Zwei Arten von Fehlern sind mit der Hypothesentestung verbunden (Tab. 30.4). Der *Fehler 1. Art (α-Fehler)* tritt auf, wenn man eine signifikante Differenz behaupten würde und die Nullhypothese ablehnt, obwohl sie in der Realität wirklich zutrifft, d. h. das Ergebnis ist falsch-positiv. Der *Fehler 2. Art (β-Fehler)* behandelt die Möglichkeit dass, obwohl die Nullhypothese falsch ist, man sie nicht ablehnen und somit ein falsch-negatives Ergebnis erhalten kann. Mit anderen Worten, der β-Fehler beschreibt die Wahrscheinlichkeit, einen vorhandenen Unterschied

Tab. 30.4 Ein Überblick über mögliche Testergebnisse bezogen auf einen Hypothesentest.

	Testergebnis	
	H_0 wird abgelehnt	**H_0 kann nicht abgelehnt werden**
H_0 ist wahr	falsch-positiv (α-Fehler)	richtige Entscheidung ($1 - \alpha$)
H_0 ist falsch	richtige Entscheidung ($1 - \beta$)	falsch-negativ (β-Fehler)

nicht zu erkennen. Die Größe eines α-Fehlers muss vorab bestimmt werden, z. B. 0,05, während die des β-Fehlers vom α-Fehler, von der Differenz des untersuchten Effekts, von der entsprechenden Varianz und vom Stichprobenumfang abhängt. Der Wert von β wird verwendet, um die *Power* eines Tests ($1 - \beta$) zu berechnen, die gleich der Wahrscheinlichkeit ist, eine bestehende Differenz zu erkennen und eine falsche Nullhypothese abzulehnen. Deshalb gilt die Power als ein Maß für die Qualität des statistischen Tests. Eine höhere Power führt mit größerer Wahrscheinlichkeit zu einem Test, der statistisch signifikante Ergebnisse liefert.

Jede Studie sollte genügend Experimente umfassen, um sicherzustellen, dass das Ergebnis nicht nur wissenschaftlich, sondern auch statistisch signifikant (bedeutsam) ist. Der erforderliche Stichprobenumfang kann im Voraus durch eine Poweranalyse abgeschätzt werden. Bei einem zweiseitigen Test, einem strengeren Signifikanzniveau und einer größeren Power ist ein größerer Stichprobenumfang erforderlich.

Größere Stichprobenumfänge werden auch benötigt, um verlässliche Ergebnisse zu erhalten, wenn die mittlere Effektdifferenz klein und die Messungen sehr variabel sind.

Bei zweiseitigen Fragestellungen, bei denen es darum geht, eine gegebene Differenz (d) zwischen zwei Gruppen zu untersuchen, kann eine einfache Formel abgeleitet werden, wenn für die Differenz (d) eine Normalverteilung angenommen wird, die gleiche Varianz in beiden Gruppen vorausgesetzt und die Werte $\alpha = 0{,}05$ und $\beta = 0{,}2$ (gewöhnlich $\beta = 4 \cdot \alpha$) festgelegt werden:

$$N = 1 + 15{,}7 \cdot \left(\frac{\mathrm{SD}}{d}\right)^2$$

In allgemeineren Fällen kann die voraussichtliche Zahl von Stichproben entweder mithilfe von großen und kommerziellen Statistikprogrammen berechnet werden oder mit kleinen frei verfügbaren Programmen (z. B. G*POWER, http://www.gpower.hhu.de/). Solche Abschätzungen helfen Studien mit optimalen Stichprobenumfängen zu planen. Wenn weniger Experimente ausreichende Daten liefern, verschwenden überflüssige Experimente Ressourcen. Wenn zu wenige Experimente durchgeführt werden, können die gewonnenen Daten nicht ausreichen, um statistisch signifikante Schlussfolgerungen zu erzielen. In einer Studie mit Menschen oder mit Tieren sollte die Größe der Studie auch rechtsverbindlichen ethischen Ansprüchen genügen.

Beispiel

Wie viele Sprague-Dawley-Ratten benötigt man für ein Experiment, in dem eine expositionsabhängige Veränderung des Cytochrom P450 2E1-Gehaltes (CYP 2E1) in der Leber um mindestens 15 % gemessen werden soll? Der CYP 2E1-Gehalt in der Leber von Kontrolltieren (Ratten) wird bei 9,7 ± 0,9 nmol/mg Protein erwartet. Die Behandlung könnte den CYP 2E1-Gehalt steigern oder reduzieren. Deshalb werden die Daten mithilfe eines zweiseitigen Tests ausgewertet. Unter der Annahme einer Normalverteilung und gleicher Varianzen in beiden Gruppen und mit der Festlegung von $\alpha = 0{,}05$ und $\beta = 0{,}2$ sollte die Zahl der Tiere in der Kontrollgruppe und in der exponierten Gruppe gleich

$$7\left[1 + 15{,}7 \cdot \left(\frac{0{,}9}{0{,}15 \cdot 9{,}7}\right)^2\right]$$

sein. Nach Durchführung der Experimente mit 14 Ratten, sollte der statistische Test eine Power von 0,8 haben und eine 15 %ige Differenz zwischen den Gruppenmittelwerten zu erkennen (9,7 in der Kontrollgruppe, entweder weniger als 8,2 oder mehr als 11,2 in der Behandlungsgruppe) sein, wenn die Standardabweichung in beiden Gruppen gleich 0,9 ist.

30.6 Regressionsanalyse

Das letztendliche Ziel vieler Untersuchungen ist die Ableitung und Beschreibung von Abhängigkeiten zwischen gemessenen Variablen. Um funktionale Beziehungen zwischen Variablen zu ermitteln, wird häufig das statistische Verfahren der Regressionsanalyse eingesetzt. Die folgende Betrachtung untersucht die einfachste lineare Beziehung zwischen zwei kontinuierlichen Variablen.

Von Propylenoxidkonzentrationen (PO), die im Blut (C_{Blut}; *Zielgröße* oder *abhängige Variable*) von Ratten gemessen werden, die konstanten PO-Luftkonzentrationen ausgesetzt waren (C_{Luft}; *unabhängige Variable* oder *Prädiktorvariable*), nimmt man aufgrund theoretischer Überlegungen an, dass sie einem linearen Zusammenhang folgen, zumindest in einem bestimmten Konzentrationsbereich der Exposition. Des Weiteren findet man kein PO im Blut der nicht exponierten Kontrolltiere, weil die Verbindung nicht endogen gebildet wird.

Demzufolge kann die theoretische Beziehung in Form einer geraden Linie beschrieben werden, die durch den Nullpunkt verläuft ($C_{\text{Blut}} = m \cdot C_{\text{Luft}}$) und einen Anstieg von m hat. Der „beste" Wert für diesen Anstieg wird mithilfe des Datensatzes bestimmt, der in Abb. 30.9a dargestellt ist. Das Kriterium für die „beste" Lösung hängt vom statistischen Ansatz ab, der verwendet wird. Zum Beispiel wird mit der *Methode der kleinsten Quadrate* die Summe der quadratischen Abweichungen zwischen den gemessenen (C_{Blut}) und den vorhergesagten Blutkonzentrationen ($m \cdot C_{Luft}$) minimiert.

Also wird die Regressionsgerade, die durch die gerade Linie in Abb. 30.9a dargestellt ist, an die Daten angepasst, indem die vertikalen Abweichungen der gemessenen Datenpunkte von der Regressionslinie ($\varepsilon_i = C_{Blut,i} - m \cdot C_{Luft,i}$) minimiert werden. Je kleiner diese Residuen werden, desto näher liegt die Gerade an den Daten. Der Wert der Summe der Quadrate ($\sum_{i=1}^{N} \varepsilon_i^2 = \sum_{i=1}^{N} \left(C_{Blut,i} - m \cdot C_{Luft,i}\right)^2$) kann als Maß für die Qualität der angepassten Geraden angesehen werden. Grafisch kann die Summe der quadrierten Residuen in Abhängigkeit vom Anstieg abgebildet werden, was eine Funktion mit einem eindeutigen Minimum bei etwa 0,058 ergibt (Abb. 30.9b). Andererseits können statistische Programme genutzt werden, um die nötigen Berechnungen für eine Schätzung des Anstiegs und dessen Standardfehlers durchzuführen ($C_{Blut} = (0{,}058 \pm 0{,}0011) \cdot C_{Luft}$).

Kommentar

Um eine fundierte Regressionsanalyse durchzuführen, wird erwartet, dass die Beobachtungen unabhängig sind und die Zielgröße mit einer konstanten Variabilität normalverteilt ist (Homoskedastizität). Die *gewichtete Kleinste-Quadrate-Methode* kann in Betracht gezogen werden, wenn diese Voraussetzungen nicht erfüllt sind. Darüber hinaus wird angenommen, dass die unabhängige Variable fehlerfrei ist. Falls letztere Bedingung nicht erfüllt ist, sollten spezielle Verfahren wie die *Bartlett-Regression* eingesetzt werden. Schließlich wird eine lineare Beziehung zwischen den beiden Variablen erwartet. Die Erfüllung dieser Voraussetzungen kann durch grafische Analyse der Residuen überprüft werden. Die Normalverteilungsgrafik kann genutzt werden, um zu sehen, ob die Residuen normalverteilt sind. Abweichungen von der Linearität, Ausreißer, Unabhängigkeit und konstante Varianz werden klar ersichtlich, wenn die Residuen in Abhängigkeit von der vorhergesagten Variablen oder der unabhängigen Variablen dargestellt werden. In diesen Grafiken sollten die Punkte gleichverteilt sein und kein spezielles Muster, wie ansteigende Linien oder eine Trichterform, aufweisen.

Regressionsanalysen können auch für Beobachtungsstudien durchgeführt werden, wenn die oben beschriebenen Voraussetzungen erfüllt sind. Die Interpretation der Regressionsparameter, d. h. des Anstiegs oder des Achsenschnittpunktes, ist jedoch häufig komplizierter.

Die Annahme einer fehlerfreien unabhängigen Variablen ist durch die Tatsache gerechtfertigt, dass die Variabilität der Luftmessungen vernachlässigbar im Vergleich zur Variabilität der Bestimmungen im Blut ist, da die biologische Variabilität um ein Vielfaches größer anzunehmen ist als die Variabilität, die sich aus dem analytischen Verfahren ergibt. Daher kann C_{Luft} als praktisch fehlerfrei angesehen werden verglichen mit C_{Blut}. Die erforderlichen Voraussetzungen scheinen erfüllt zu sein, da die Streuung der Residuen in Abhängigkeit von der vorhergesagten Variablen zufällig wirkt (Abb. 30.9c) und die Residuen auch nahe an einer geraden Linie in der Normalverteilungsgrafik (Abb. 30.9d) liegen.

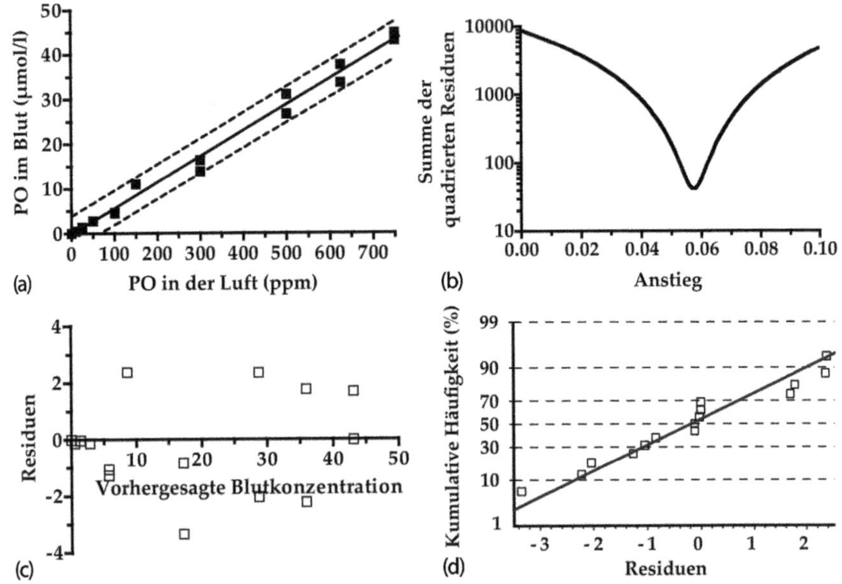

Abb. 30.9 Propylenoxidkonzentrationen (PO) im Blut (C_{Blut}) von Ratten gemessen, die konstanten PO-Luftkonzentrationen (C_{Luft}) ausgesetzt waren (a). Die Symbole stehen für gemessene Werte. Die durchgezogene Linie ist das Ergebnis der linearen Regression ($C_{Blut} = 0{,}058 \cdot C_{Luft}$). Die gestrichelten Linien repräsentieren die Vorhersagebänder, berechnet auf einem Vertrauensniveau von 0,95. Die Grafik der Summe der quadrierten Residuen in Abhängigkeit von den vorhergesagten Werten der Blutkonzentrationen (c) zeigt kein besonderes Muster. Die Normalwahrscheinlichkeitsgrafik der Residuen (d) demonstriert, dass die Residuen nahe an einer geraden Linie liegen.

Der Standardfehler kann dazu verwendet werden, das Konfidenzintervall für den Anstieg ($0{,}058 \pm 0{,}0022$) auf dem Vertrauensniveau von 0,95 zu berechnen, unter der Annahme, dass die Blutkonzentrationen normalverteilt sind. Des Weiteren kann ein Hypothesentest die Annahme prüfen, dass der Anstieg gleich null ist (H_0: $m = 0$ und H_1: $m \neq 0$), wenn das erforderlich sein sollte. Im obigen Beispiel unterscheidet sich der Anstieg deutlich (signifikant) von null, und die Nullhypothese sollte bei $p < 0{,}0001$ abgelehnt werden.

Die Regressionsgerade in Abb. 30.9a repräsentiert die vorhergesagten Werte, die die mittleren PO-Blutkonzentrationen bei gegebener Konzentration der Exposition beschreiben. Das erwartete Konfidenzintervall zum Mittelwert vieler Blutkonzentrationen, die bei einer identischen Konzentration der Exposition gemessen werden, kann zu einem bestimmten Vertrauensniveau (Konfidenzniveau) ebenfalls berechnet werden. Wiederholt man diese Berechnungen über den gesamten Konzentrationsbereich der Exposition erhält man obere und untere *Konfidenzbänder* für die Regressionsgerade. Konfidenzbänder enthalten die tatsächliche Regressionsgerade mit einem vorgegebenen Konfidenzniveau.

Ein Konfidenzintervall kann auch so konstruiert werden, dass es die Unsicherheiten für die Blutkonzentration einer einzelnen neuen Beobachtung bei einer gegebenen Konzentration der Exposition beschreibt.

Wiederholt man diese Berechnungen für einen Bereich von Expositionskonzentrationen mit einem Konfidenzniveau von 0,95, so erhält man *Vorhersagebänder*, in denen eine gemessene Blutkonzentration mit 95 %iger Wahrscheinlichkeit liegt (gestrichelte Linien in Abb. 30.9a). Zum Beispiel wird mit 95 %iger Sicherheit erwartet, dass Ratten, die PO-Konzentrationen von 400 ppm ausgesetzt waren, Konzentrationen im Blut zwischen 19 und 26,9 µmol/l aufweisen. Das Vorhersageband, das für eine einzelne Beobachtung berechnet wurde, ist erwartungsgemäß breiter als das Konfidenzband bezogen auf eine mittlere Reaktion.

Kommentar

Die Regressionsgerade durch den Nullpunkt (Koordinatenursprung) sollte angewandt werden, wenn auf einer theoretischen Basis erwartet werden kann, dass die Regressionsgerade durch den Nullpunkt (Koordinatenursprung) verläuft. Gleichungen, die in Regressionsanalysen bestimmt wurden, werden häufig benutzt, um den Wert der abhängigen Variablen vorherzusagen. Die vorhergesagten Werte können falsch sein, wenn man extrapoliert, d. h. wenn der Wert der unabhängigen Variablen außerhalb des gemessenen Bereichs liegt. Wenn das Scattergramm (Punktediagramm) der Daten auf einen nicht linearen Zusammenhang hindeutet, so sollte ein nicht lineares Regressionsmodell verwendet werden. Eine Linearisierung des Zusammenhangs durch Transformation der abhängigen und der unabhängigen Variablen wird im Allgemeinen nicht empfohlen. Die einfache lineare Regressionsanalyse kann auf mehr als eine unabhängige Variable erweitert werden (*multiple Regression*). Wird ein mehrdimensionaler Vektor aus abhängigen Variablen (Zielgrößen) untersucht, d. h. dass gleichzeitig mehrere abhängige Variablen in das Regressionsmodell aufgenommen werden, spricht man von multivariater Regressionsanalyse.

30.7 Probitanalyse

> Die Probitanalyse dient dazu, die Quantile von Dosis-Wirkungs-Kurven zu bestimmen wie z. B. die LD_{50}, indem die kumulative Normalverteilung linearisiert wird.

Dosis-Wirkungs-Kurven, wie in Bioassays beobachtet, werden durch S-förmige Sigmoidfunktionen dargestellt, ähnlich einer kumulativen Verteilungsfunktion (siehe Abb. 30.5b). Tatsächlich ähnelt die Sigmoidkurve der kumulativen Normalverteilung, wenn die Dosis auf einer logarithmischen Skala aufgetragen wird und die Toleranzniveaus (Schwelle, unterhalb der die Dosis toleriert oder keine

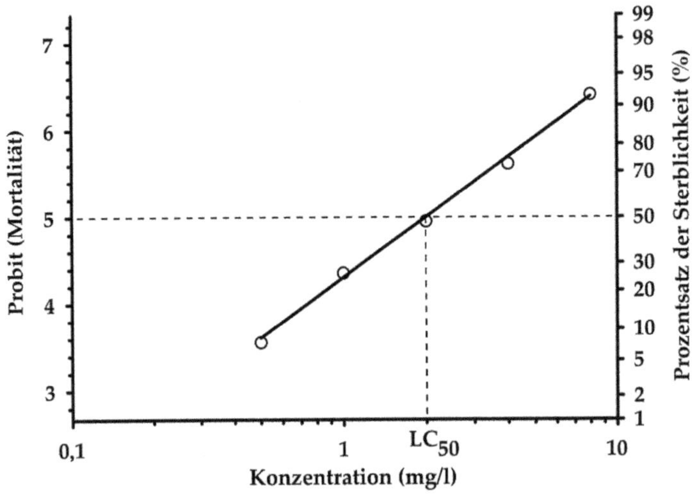

Abb. 30.10 Toxizität eines Insektizids bezogen auf den Apfelwickler (*Cydia pomonella*). Prozentanteil der Sterblichkeit und Probit der Mortalität als Funktion der Insektizidkonzentration. Die grafisch geschätzte mediane letale Dosis liegt bei etwa 2 mg/l. Symbole: simulierte Daten. Durchgezogene Linie: durch visuelle Anpassung ermittelt.

Reaktion beobachtet wird) in der Population normalverteilt sind. Sigmoidkurven wie die, die man in einem Test zur Bestimmung der akuten Toxizität beobachtet, werden üblicherweise *mithilfe der Probitanalyse* untersucht, um die mediane letale Konzentration (LD_{50}) oder die mediane letale Dosis (LD_{50}) zu bestimmen.

Zu diesem Zweck wird die S-förmige Kurve in eine Gerade transformiert, indem man die Skalen der Dosis und der beobachteten Häufigkeiten ändert, z. B. des Anteils der betroffenen Tiere, durch Logarithmus- bzw. *Probit-Transformation*. Diese Transformation ist ähnlich der in Abb. 30.6b dargestellten. Die Ordinate (y-Achse) ist jedoch linear skaliert unter Verwendung des sogenannten *Probits*, bei dem es sich um eine normalverteilte zufällige Variable handelt, mit einem Mittelwert von 5 und einer Varianz von 1. Die Werte der Ordinate sind positiv und linear skaliert in dem Bereich zwischen 2 und 8. Wenn zum Beispiel 50 % der untersuchten Population eine Reaktion zeigen, ist der entsprechende Probitwert auf der Ordinate gleich 5. Die Häufigkeiten von 16 % und 84 % entsprechen den Probitwerten von 4 und 6 (Abb. 30.10). Um die experimentell beobachteten Inzidenzen in Probitwerte umzuwandeln, können passende Tabellen benutzt werden. Danach wird der resultierende lineare Zusammenhang analysiert und die mediane effektive Dosis durch entsprechende Regressionsverfahren berechnet. Für eine grobe Schätzung der medianen letalen Dosis kann eine grafische Methode mithilfe von *Log-Probit-Papier* oder *lognormalem Wahrscheinlichkeitspapier* in Betracht gezogen werden (Abb. 30.10).

30.8 Versuchspläne

Statistische Versuchsplanung sichert, dass die erforderliche Anzahl der richtigen Art von Daten gesammelt wird, um valide und objektive Schlussfolgerungen mit einem akzeptablen Grad an Genauigkeit zu erhalten.

Experimente werden durchgeführt, um Hypothesen zu erhärten oder zu widerlegen. Sorgfältig geplante Versuche sind nötig, um dem Forscher unmissverständliche Schlüsse zu ermöglichen. Das letztendliche Ziel guter Versuchsplanung ist es, jegliche alternative Ursachen oder Störgrößen auszuschließen, die die Ergebnisse beeinflussen und erklären könnten, und Verzerrungen zu minimieren. Zu diesem Zweck sollte das Ziel des Experiments klar durch eine Forschungshypothese definiert sein, bevor irgendeine experimentelle Arbeit ausgeführt wird. Die weitere Planung des Versuchsverfahrens sollte auf drei Hauptprinzipien basieren: *Wiederholung, Randomisierung und Stratifizierung (Blockbildung).*

Eine entsprechende *Vervielfältigung* des Experiments ist erforderlich, um ein statistisch bedeutsames Ergebnis zu erhalten. Die Anzahl der Wiederholungen, die nötig sind, um bedeutsame Ergebnisse zu gewährleisten, kann anhand der Grundlagen der *Poweranalyse* geschätzt werden. Im Allgemeinen reduziert die *Wiederholung* die Variabilität im Ergebnis, was wiederum zu einem engeren Konfidenzbereich und eher zu statistischer Signifikanz führt.

Randomisierung wird oft in Experimenten verwendet, um eine eventuelle Verzerrung zu minimieren, indem homogene Gruppen gebildet werden. Einen vollständig randomisierten Studienplan erhält man, wenn Versuchsteilnehmer rein zufällig der Behandlungs- oder Kontrollgruppe zugeordnet werden. Falls die Versuchspersonen nicht vergleichbar in Bezug auf Alter, Geschlecht, Behandlungsplan usw. sind, kann die einfache Randomisierung dies jedoch nicht kompensieren.

Stratifizierung ist eine Technik, die eingesetzt wird, um heterogene Versuchsteilnehmer in homogene Blöcke (Schichten) entsprechend einiger ihrer Eigenschaften wie Geschlecht einzuteilen. Die resultierende Blockbildung verteilt die Behandlungen gleichmäßig über die Streuung, die zwischen den Blöcken besteht.

Mithilfe dieser Prinzipien kann ein detaillierter Versuchsplan erstellt werden, in dem die Zahl der Versuchstiere oder -teilnehmer aufgelistet ist, wie sie ausgewählt und den Gruppen zugeordnet werden, welche speziellen Behandlungen angewendet und in welcher Reihenfolge diese Behandlungen vorgenommen werden, welche Beobachtungen durchgeführt und welche statistischen Verfahren zur Auswertung der Ergebnisse eingesetzt werden.

Verschiedene Arten von Versuchsplänen können je nach Forschungsziel angewandt werden: *einfacher Vergleichsplan* (zum Vergleich von Effekten bezüglich einer unabhängigen Variablen) oder *faktorieller Versuchsplan* (um Effekte bezüglich zweier oder mehrerer unabhängiger Variablen zu vergleichen oder wichtige

Faktoren zu finden, die Einfluss auf die Zielgröße d. h. Outcome-Variable haben). Eine genauere Beschreibung solcher Versuchspläne findet man in weiterführenden Statistikbüchern. Die Qualität eines Versuchsplans wird an den Kosten, verbunden mit dem experimentellen Aufwand und der Genauigkeit der Schlussfolgerungen, die gezogen werden können, gemessen. Schließlich sollte berücksichtigt werden, dass noch so sorgfältig geplante Experimente nur zu nichtssagenden Ergebnissen führen, wenn eine vernünftige Forschungshypothese fehlt.

Kommentar

Um eine Hypothese zu belegen, ist es häufig erforderlich zu zeigen, dass das untersuchte Phänomen ausschließlich unter den Bedingungen einer bestimmten Behandlung auftritt. Deshalb ist es eine gute Praxis, sowohl eine positive als auch eine negative Kontrolle einzuplanen.

30.9 Statistische Software

> Heutzutage führt man statistische Analysen auf Computern mithilfe eines vorhandenen statistischen Softwarepaketes durch.

Es gibt sehr große Unterschiede zwischen Statistikpaketen in Bezug auf den Preis, die Nutzerfreundlichkeit, grafisches Design, Genauigkeit und Komplexität (siehe Überblick unter: http://www.statsci.org/statcomp.html). Die führenden und umfangreichsten sind *SPSS* von IBM SPSS, *SAS* von SAS Institute Inc., USA, *Statistica* von StatSoft Inc., USA, *STATA* von StataCorp LP, USA und *JMP* von SAS Institute Inc. USA. Auch Software, die für allgemeine mathematische oder technische Berechnungen entwickelt wurde, z. B. *Mathematica* von Wolfram Research Inc., USA oder *Matlab* von The Math Works Inc., USA kann in Betracht gezogen werden.

Es gibt viele andere Produkte wie Prism von Graphpad Software Inc., USA, die weniger kosten, aber dafür auch begrenztere Anwendungsbereiche und Funktionalität bieten (http://www.statsci.org/statcomp.html).

Die frei zugängliche Software *R Foundation for Statistical Computing* wurde im Rahmen der Free Software Foundation entwickelt und läuft sowohl unter Linux, Macintosh OS X als auch auf Windows-Computern (http://www.r-project.org/).

Der größte Nachteil der meisten Statistikprogramme ist, dass sie dem Nutzer erlauben, jeden Test durchzuführen, selbst wenn dieser überhaupt nicht zu den gesammelten Daten passt. Das kann sehr leicht zu einer falschen Schlussfolgerung führen. Deswegen ist zumindest ein grundlegendes Verständnis der statistischen Tests unentbehrlich, bevor irgendein statistisches Softwarepaket benutzt wird. Es muss betont werden, dass Daten, die in einer gut durchgeführten Studie gesammelt wurden, auf viele Weisen analysiert werden können, die zu wissenschaftlich und statistisch bedeutsamen Ergebnissen führen; aber selbst die komplizierteste statistische Methode kann Mängel in den Versuchen oder dem Versuchsplan nicht wieder gutmachen.

30.10 Zusammenfassung

Wiederholte Messungen führen zu Daten, die wegen zufälliger Variabilität nicht identisch sind. Diese Variabilität kann zu Fehlinterpretationen führen. Statistische Methoden sind unverzichtbar für die Analyse und Beschreibung der zufälligen Variabilität und um wissenschaftlich verlässliche Schlussfolgerungen zu ziehen.

Statistik sollte integraler Bestandteil der Versuchsplanung sein, insbesondere um eine ausreichende Anzahl von Daten für die geforderte Genauigkeit zu erheben und Verzerrungen zu minimieren. Im Hinblick auf die entsprechenden Stichprobenparameter sollten die Daten mithilfe von Methoden der deskriptiven Statistik dargestellt werden. Verfahren der schließenden Statistik werden eingesetzt, um wissenschaftliche Hypothesen zu bestätigen oder abzulehnen.

Das vorliegende Kapitel gibt eine Einführung in grundlegende Prinzipien der statistischen Denkweise einschließlich der Fehlerfortpflanzung, der linearen Regression und der Probitanalyse.

Weiterführende Literatur

Online-Quellen

Das „Engineering Statistics Handbook" (*NIST/SEMATECH e-Handbook of Statistical Methods*, (http://www.itl.nist.gov/div898/handbook/index2.htm) liefert einen Überblick und ausführliche Details zu verschiedenen statistischen Methoden. Der Schwerpunkt liegt auf der explorativen Datenanalyse. Es gibt viele technische Beispiele, aber keine aus der Biologie.

Die Online-Ausgabe von „Statistics at Square One" (T:D:V: Swinscow) ist eine beliebte Einführung in die Medizinische Statistik (http://www.bmj.com/about-bmj/resources-readers/publications/statistics-square-one).

Bücher

Der Leser kann für die weiterführende Lektüre auf Bücher zurückgreifen, die zur Einführung verfasst und mit praktischen Beispielen versehen sind (z. B. Gonick und Smith 2009, Weiß 2005).

Für eine gründlichere Behandlung der Themen wird empfohlen, auf ausführliche Statistikbücher zurückzugreifen, entweder mit weniger mathematischer „Exposition" (z. B. Altman 1996) oder mit umfassenden Details (z. B. Sokal und Rohlf 1981).

Einige Bücher behandeln einen oder mehrere Aspekte statistischer Analyse, z. B. mit Schwerpunkt auf der Versuchsplanung (Box *et al.* 1978, Montgomery 2005), auf Regressionsmethoden (Kleinbaum und Küpper 1978), auf der Analyse von Daten zu Dosis-Wirkungs-Beziehungen (Morgan 1992) und darüber, wie statistische Ergebnisse adäquat berichtet werden (Lang und Secic 1997).

Rechentechnische Literatur

Unkomplizierte Einführungen in die frei zugängliche Software R, die eine leistungsfähige Umgebung für die statistische Analyse auf vielen Rechnern bietet:

Rossiter, D. (2003–2006) Introduction to the R, http://www.itc.nl/personal/rossiter/teach/R/RIntro_ITC.pdf.

Zoonekynd, V. (2005) Statistics with R, http://zoonek2.free.fr/UNIX/48_R/all.html.

Veröffentlichungen

Altman, D. (1996) *Practical Statistics for Medical Research*, Chapman & Hall, London, Weinheim, New York, Tokyo, Melbourne, Madras.

Box, G., Hunter, W. und Hunter, J. (1978) *Statistics for Experimenters*, John Wiley & Sons, New York, Chichester, Brisbane, Toronto, Singapore.

Gad, S. (1999) *Statistics and Experimental Design for Toxicologists*, CRC Press, Boca Raton, London, New York, Washington, D.C.

Gonick L., Smith, W. und Cramer, E. (2009) *Statistik in Cartoons*, Verlag Vahlen, München.

Kleinbaum, D. und Kupper, L. (1978) *Applied Regression Analysis and Other Multivariable Methods*, Duxbury Press, Boston, Massachusetts.

Lang, T. und Secic, M. (1997) *How to Report Statistics in Medicine*, American College of Physicians, Philadelphia.

Miller, J. und Miller, J. (1988) *Statistics for Analytical Chemistry*, Horwood Limited, Chichester, Ellis.

Montgomery, D. (2005) *Design and Analysis of Experiments*, John Wiley & Sons, New York.

Morgan, B. (1992) *The Analysis of Quantal Response Data*, and Hall, London.

Sachs, L. und Hedderich, J. (2006) *Angewandte Statistik: Methodensammlung mit R*, Springer, Berlin, Heidelberg, New York.

Sokal, R. und Rohlf, F. (1981) *Biometry*, W.H. Freeman and Company, San Francisco.

Weisbrot, I. (1985) *Statistics for the Clinical Laboratory*, Lippincott Company, Philadelphia.

Weiß, C. (2005) *Basiswissen Medizinische Statistik* (Springer-Lehrbuch), Springer, Berlin, Heidelberg.

31
Mathematische Modelle zur Extrapolation von Risikowerten

J. Timm

Durch mathematische Modelle sollen Risikowerte z. B. aus Tierversuchen mit hoher Exposition auf Menschen mit niedriger Exposition extrapoliert werden.

31.1
Einleitung

Krebserzeugende Stoffe sind ein breites Feld wissenschaftlicher Forschung. Diese ist wichtig für Diagnostik, Therapie und Prophylaxe, aber auch für die Risikoabschätzung menschlicher Populationen, die typischerweise niedrigen Dosierungen solcher Stoffe ausgesetzt sind, und damit auch ein Feld regulativer Aktivitäten. Während die Wissenschaft versucht die zugrunde liegenden Prozesse zu ergründen, benötigt die Praxis behördlicher Regulation zur Vorsorge einfach zu handhabende Obergrenzen für die Risiken. Solche Obergrenzen können nur durch Extrapolation von empirischen Daten abgeleitet werden, weil im Allgemeinen keine Daten für die Krebsrisiken niedriger Expositionen nahe null bei Menschen bekannt sind. Die Ergebnisse von Extrapolationen sind empfindlich gegenüber Modellannahmen und werden oft kontrovers diskutiert. Im Folgenden werden einige Einschränkungen angesprochen, die dabei eine Rolle spielen.

31.1.1
Grenzen der Empirie

Im Wesentlichen bestehen zur empirischen Bestimmung von Krebsrisiken *zwei Zugänge* mit unterschiedlichen Vor- und Nachteilen: das Tierexperiment und Epidemiologie.

Tierexperimente können weitgehend standardisiert werden und ergeben eine kausale Beziehung zwischen der applizierten Dosis d und der beobachteten Tu-

Das Toxikologiebuch, 1. Auflage. Helmut Greim (Hrsg.).

morrate P. Nach Ausschaltung aller Störeinflüsse hängt die erreichte Präzision im Wesentlichen von der Zahl der Versuchstiere ab.

> Die Übertragung auf menschliche Populationen gestaltet sich jedoch schwierig. Sie setzt Kenntnisse oder Annahmen zum kanzerogenen Prozess (mode of action, MOA), von Reparationsmechanismen, Metabolismus und Kinetik voraus.

Epidemiologische Studien zum karzinogenen Risiko durch (zusätzliche) Belastungen in menschlichen Populationen haben das Problem, diesen Effekt von dem zahlreicher Störeinflüsse und anderer Belastungen zu trennen. Das mit der untersuchten *Exposition d* verbundene *Exzessrisiko* ER kann nicht direkt, sondern nur durch Vergleich des Risikos P_e der exponierten Gruppe mit dem einer „unbelasteten" Kontrollgruppe P_0 angegeben werden. Oft wird aber auch nur das *relative Risiko* RR ermittelt. Beide sind durch folgende Gleichungen verbunden:

$$\mathrm{RR}(d) = \frac{P_e}{P_0} \quad (31.1)$$

$$\mathrm{ER}(d) = P_e - P_0 \quad (31.2)$$

> Diese Angaben hängen stark von der richtigen Wahl der Kontrollgruppe und der Elimination von Confoundern ab. Zusätzlich besteht im Gegensatz zum Tierexperiment oft Unklarheit über die tatsächliche Belastung *d* in der exponierten Gruppe. Während tierexperimentelle Ergebnisse kausal interpretiert werden können, sind epidemiologische Ergebnisse eher als assoziativ zu bewerten.

31.1.2
Nachweisgrenzen

Die *Nachweisgrenze* in tierexperimentellen Untersuchungen liegt mit üblichem Aufwand bei einigen Prozenten. Abschätzungen von Risiken unter 10 % erfordern höheren Aufwand, der oft aus technischen, ethischen oder finanziellen Gründen nicht akzeptabel erscheint. Besonders schwierig wird es, wenn eine Spontantumorrate vorliegt.

Epidemiologische Studien sind erfolgreich bei der Risikoabschätzung von massiven Expositionen wie beim Rauchen oder bestimmten Arbeitsplätzen. Bei üblichem Aufwand sind so relative Risiken von 1,1–1,2 (also 10–20 % über P_0) zugänglich. Krebsrisiken durch Umweltrisiken liegen aber deutlich niedriger.

> Weder die tierexperimentelle Methodik noch die Epidemiologie stellen deshalb in der Regel direkte Risikobestimmungen für Umweltbelastungen zur Verfügung.

31.1.3 Grenzen der Perspektive

Ergebnisse der Risikoabschätzung sind auch von der Perspektive oder der Zielsetzung abhängig. Krebsrisiken können unter der wissenschaftlichen Perspektive oder der Perspektive der vorsorglichen Regulation bearbeitet werden.

Wissenschaftler wollen den kanzerogenen Prozess in vollem Detail verstehen und sind insbesondere an den unterschiedlichen Mechanismen (MOA, s. o.) und der resultierenden *Dosis-Wirkungs-Funktion* (DWF) interessiert, mit der die einzelnen Stoffe wirken.

Das tatsächliche Risiko und nicht die Extrapolation steht im wissenschaftlichen Fokus.

Vorsorgliche *behördliche Regulation* sucht nach Abschätzungen „auf der sicheren Seite", um die Bevölkerung oder auch empfindliche Gruppen zu schützen. Für das Risikomanagement und die Kommunikation mit der Öffentlichkeit werden einfache, generalisierende Konzepte bevorzugt, die auch noch anwendbar sind, wenn erst wenige Informationen über die DWF vorliegen.

Nicht das tatsächliche Risiko im Messbereich, sondern die Extrapolation in den Niedrigdosisbereich der täglichen Exposition der Bevölkerung ist der regulatorische Zielpunkt.

31.1.4 Zusammenfassung

Extrapolation von Krebsrisiken mit mathematischen Methoden ist notwendig, da ein direkter empirischer Zugang zum Niedrigdosisbereich fehlt. Die Extrapolation sollte so einfach wie möglich, aber auch so komplex wie notwendig sein.

Aufgrund dieser Grenzen sind in der Regel weder tierexperimentelle noch epidemiologische Studien geeignet eine Risikobestimmung für sehr kleine Expositionen z. B. im Umweltbereich zu leisten, die meist mit Krebsinzidenzen von wenigen Fällen auf 100 000 Personen vermutet werden.

Deshalb ist es notwendig die DWF von relativ hohen Dosierungen in den Bereich nahe null zu extrapolieren. Dabei sollte eine gewisse Überschätzung des Risikos aus Gründen der Vorsorge zugelassen werden. Mathematische Methoden, die dieses leisten können, setzen eine quantitative DWF und eine Extrapolationsfunktion von zugänglichen hohen Dosis-Risiko-Werten auf den Nullpunkt voraus. Die Mathematik sollte dabei nicht besonders kompliziert sein, aber ein vernünftiges Maß für das abzuschätzende Risiko liefern.

Im Hinblick auf das größere Interesse der Regulation an der Risikoextrapolation (s. o.) sollen hier die regulativen Aspekte ausführlicher dargestellt werden als die wissenschaftlichen Aspekte des gesamten Krebsprozesses.

31.2
Grundlagen der linearen Extrapolation

31.2.1
Extrapolierende Geraden

Das Grundprinzip der linearen Extrapolation wird in Abb. 31.1 demonstriert: Die reale DWF-Kurve wird außerhalb des empirischen Bereichs durch Geraden (g_1, g_2 und g_3) extrapoliert. Die Abbildung bezieht sich auf das absolute Risiko (ER), kann aber mit Gl. (31.1) auf das relative Risiko (RR) überragen werden.

Die lineare Extrapolation mit einer Anpassung an die empirischen Punkte ($g1$) unterschätzt im Allgemeinen das Risiko bei niedrigen Dosierungen, weil die meisten DWF sigmoide Kurven sind.

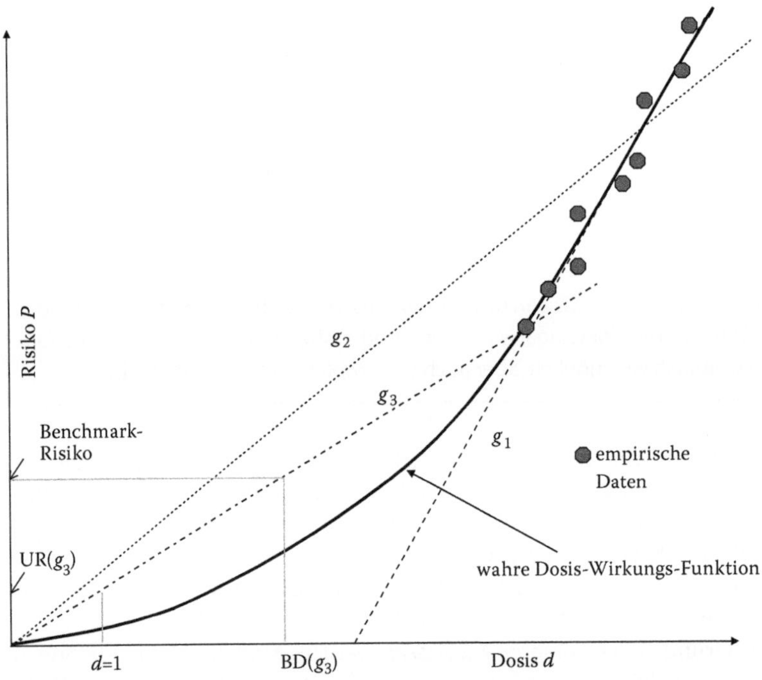

Abb. 31.1 Lineare Extrapolationen. Die durchgezogene Linie stellt die tatsächliche DWF dar, die gestrichelten Geraden mögliche lineare Extrapolationen im Niedrigdosisbereich.

Die lineare Extrapolation $P_{\text{lin}}(d)$ (Gerade g_2) verbindet einen Startpunkt im Messbereich (*point of departure*, POD) mit dem Koordinatenursprung. Geraden durch den Ursprung sind allein durch ihre Steigung charakterisiert, also durch das Risiko $P_{\text{lin}}(1)$ bei $d = 1$ (eine Einheit der Dosis). Dieses Risiko wird als Einheitsrisiko (*unit risk, UR*) bezeichnet und oft zum Vergleich der karzinogenen Potenz verschiedener Stoffe benutzt. Umgekehrt kann ein spezifisches Risiko Y (z. B. 1 %, 5 % oder 10 %) als „Benchmark-Risiko" festgelegt und die zugehörige Dosis dY aufgrund der Extrapolation bestimmt werden. Diese Dosis wird als *(Y)-Benchmark Dose* (BD bzw. BD(Y)) bezeichnet. Die Beziehung dieser beiden Vergleichsmaßstäbe ist durch $Y = \text{UR} \cdot \text{BD}(Y)$ gegeben. Benchmark-Dosierungen werden bevorzugt für die Kommunikation und Interpretation von Ergebnissen benutzt, weil sie mit anschaulichen Risiken definiert sind und nicht von der etwas willkürlichen Festlegung der Dosiseinheit abhängen. Mathematisch ist das Unit Risk der natürliche Parameter dieser linearen Extrapolation.

31.2.2
Geraden als obere Risikogrenze

UR und BD sind nicht die wahren Parameter der DWF, sondern Ergebnisse der linearen Extrapolation. Das tatsächliche Risiko $P(d)$ ist bei kleinen Dosierungen kleiner als das extrapolierte, sofern es sich um eine sigmoide DWF handelt, den „Standardfall" der chemischen Karzinogenese, der auch DWF mit Schwellwerten umfasst. Unter dieser Voraussetzung besteht folgende Beziehung zwischen Extrapolation und Realität, also eine Überschätzung des Risikos und Unterschätzung der BD:

$$P_{\text{lin}}(d) = \text{UR} \cdot d > P(d) \quad \text{und} \quad \text{BD}(Y) = \frac{Y}{\text{UR}} < d_Y \qquad (31.3)$$

> Die Überschätzung des Risikos spricht insofern nicht gegen die lineare Extrapolation als sie für regulative Zwecke im Sinne der Vorsorge als eine einfache und verständliche Obergrenze der möglichen Gefährdung durch niedrige Expositionen genutzt werden kann.

Solange es große Unsicherheit über die DWF einer Chemikalie gibt, kann man sie als praktisch zu handhabende „Default"-Methode nutzen. Aus diesen Gründen ist die lineare Extrapolation bei den regulierenden Behörden beliebt.

31.2.3
Konsistenz mit den empirischen Fakten

Es besteht aber die Gefahr die Vereinfachung so weit zu treiben, dass sie nicht mehr mit den empirischen Fakten vereinbar ist. Das regulatorische Ziel einer konservativen Abschätzung (d. h. Überschätzung) des Risikos muss mit der wissenschaftlichen Erkenntnis über die jeweilige Substanz in einem angemessenen Verhältnis gehalten werden.

Ein erster Schritt dazu ist es, einen POD links vom empirischen Bereich zu suchen, der mit den empirischen Fakten konsistent ist, z. B. einen Punkt auf der oberen 95 %-Konfidenzkurve, die den empirischen Daten angepasst wird. Je weiter der POD dabei vom empirischen Bereich verschoben wird, desto kürzer wird zwar die Extrapolation, aber desto größer die Unsicherheit und das Konfidenzintervall weitet sich, d. h. die Risikoüberschätzung nimmt stark zu. Eine verbreitete Praxis ist es ein Konfidenzintervall einer geeigneten BD für den POD zu nutzen.

Wenn genauere Informationen über die DWF vorliegen, die solch linearer Extrapolation deutlich widersprechen, sind komplexere Methoden der Risikoabschätzung möglich und notwendig. Auf der Basis von theoretisch und empirisch abgesicherter kanzerogener Wirkungsweise (*mode of action*, MOA) kann die tatsächliche DWF immer genauer abgeschätzt werden.

> Die Kurvenform der DWF nahe null ist das zentrale Kriterium für die Entscheidung für oder gegen eine lineare Extrapolation.

Das absolute und relative Ausmaß der Überschätzung leitet sich aus dieser Kurvenform ab und ist dafür ein wichtiges Kriterium (s. Gl. (31.5)).

31.3 Spezielle Methoden der linearen Extrapolation

31.3.1 Nutzung einzelner Datenpunkte

31.3.1.1 WHO-Methode

Eine einfache Extrapolation benutzte die World Health Organization (WHO) 1987 in den „Air Quality Guidelines for Europe“. Dabei werden die Daten einzelner Studien bewertet, unzuverlässige Ergebnisse systematisch verworfen und das Mittel aller verbleibenden Datenpunkte als POD für eine Gerade zum Ursprung benutzt. Das UR wird definiert als „the additional lifetime cancer risk in a hypothetical population in which all individuals are exposed continuously from birth throughout their lifetimes to a concentration of 1 microgram/cubic meter of the agent in the air they breathe“.

31.3.1.2 ICRP-Methode

Die ICRP (International Commission for Ray Protection) benutzte eine etwas andere Methode zur Abschätzung von Risiken niedriger radioaktiver Belastungen bzw. Dosierungen ionisierender Strahlen, indem sie nur die Risiken der beiden niedrigsten Dosierungen aller bearbeiteten Studien verwendete. Dann wurde diejenige Gerade durch den Ursprung als Extrapolation verwendet, die am besten an diese beiden Datenpunkte angepasst war. Die ICRP-Methodik wurde inzwischen ständig weiter entwickelt.

31.3.1.3 Extrapolation mit Funktionsanpassung (EPA-Methode)

Einen grundsätzlich anderen Zugang wählte die EPA 2005. Hier wird zunächst eine Funktion $f(d)$ vom Koordinatenursprung aus an die empirischen Daten angepasst. Diese Funktion ist aus einer Funktionenklasse zu wählen, die mit den Daten und der wissenschaftlichen Erkenntnis über den kanzerogenen Prozess verträglich ist. Im nächsten Schritt wird ein Effektniveau (z. B. $P = 10\,\%$) gewählt, BD(P) und ihr unteres 95 % Konfidenzintervall LBD(P) mit $f(d)$ bestimmt, der Punkt mit den Koordinaten $\langle \mathrm{LDP}(P), P \rangle$ als POD benutzt und durch eine Gerade als konservative Risikoabschätzung mit dem Ursprung verbunden. Die EPA hat eine ganze Reihe Bewertungen von Karzinogenen mit dieser Methode erfolgreich durchgeführt. Der Ansatz hat den Nachteil, erheblich von der Wahl der Funktionenklasse abzuhängen. Die EPA empfiehlt ihn entweder als „Default", wenn zu wenig Information über die DWF vorhanden ist, oder als sinnvolle Extrapolation, wenn Evidenz für eine lineare Komponente der DWF (d. h. eine Tangente mit Steigung > 0 im Ursprung) vorliegt.

31.3.2 Bewertung der Methoden

Die drei beschriebenen Extrapolationsmethoden haben unterschiedliche Vor- und Nachteile. Wegen des geringeren mathematischen Aufwands haben die WHO- und die ICRP-Methode den Vorteil von Laien eher verstanden zu werden. Die ICRP-Methode hat den Nachteil von extremen Messpunkten abzuhängen, deren Präzision viel niedriger ist als die der verworfenen Datenpunkte. Damit ist sie zufälligen Fluktuationen stark ausgeliefert.

Dieses Problem wird bei der WHO-Methode vermieden. Allerdings ist fraglich, ob die vorhandene Information durch die Mittelung genügend berücksichtigt wird und ob die Ergebnisse dabei noch mit der Empirie verträglich sind, da auf die Form der DWF gar nicht eingegangen wird. Deshalb müsste diese Frage bei jedem einzelnen Karzinogen geprüft werden.

Die EPA-Methode nutzt alle vorhandenen Daten und weitere Informationen (Kurvenform) der DWF, ist aber beschränkt auf DWF mit linearer Komponente oder als Default.

31.4 Berücksichtigung des Zeitaspekts

Die bisherigen Abschnitte waren Risikoextrapolationen ohne Berücksichtigung des Zeitaspekts gewidmet. Dieser Ansatz ist effektiv bei akut toxischen Effekten, entspricht der Wirklichkeit aber sehr unvollständig bei chronischen Krankheiten wie dem Krebs, weil er weder die Variation der Exposition über lange Zeiten noch die ganz unterschiedlichen Krebsrisiken verschiedener Altersgruppen berücksichtigt. Für eine gute Gefahrenvorsorge ist man aber am Risiko unter Berücksichtigung dieser Bedingungen interessiert.

31.4.1 Mathematische Beschreibung von Risiko und Überleben

> Man erhält eine genauere mathematische Beschreibung, wenn man die relevanten Größen als Funktionen der Zeit auffasst, sie also im Laufe der Zeit als veränderlich ansieht.

In der folgenden Übersicht sind einige Definitionen zusammengestellt, die in der einschlägigen Literatur zu finden sind:

- $L_0(t)$ *Überlebensfunktion*, die Wahrscheinlichkeit in der *unbelasteten* Bevölkerung zur Zeit t noch zu leben.
- $s_0(t)$ *Hazardfunktion*, die Grenzwahrscheinlichkeit zur Zeit t an den zu untersuchenden Krebsarten zu sterben, wenn man bis dahin überlebte (in der *unbelastet*en Bevölkerung),
- $d(t)$ biologisch *effektive Dosis* (z. B. interne Dosis des ultimativen Karzinogens) zur Zeit t,
- $s(d,t)$ *Hazardfunktion* in der *belasteten* Population unter Belastung $d(t)$
- $L_e(t)$ *Überlebensfunktion*, Wahrscheinlichkeit in der *belasteten* Population zur Zeit t noch zu leben.

31.4.2 Vereinfachungen für Umweltkanzerogene

31.4.2.1 Überlebensfunktion

Die einzelnen typischen Umweltkanzerogene verursachen mit ihren niedrigen Dosierungen nur wenige Todesfälle, verändern also die allgemeine Sterblichkeit der Bevölkerung kaum. Also ist näherungsweise

$$L_e(t) = L_0(t)\,. \tag{31.4}$$

Über das ganze Leben integriert, ergibt sich so:

$$P_0 = \int_0^\infty s_0(t) \cdot L(t)\,\mathrm{d}t \tag{31.5}$$

als unbelastetes Grundrisiko und

$$P(d) = \int_0^\infty s(d,t) \cdot L(t)\,\mathrm{d}t \tag{31.6}$$

für die belastete Population.

31.4.2.2 Proportionalitätsannahme

Üblicherweise wird angenommen, dass die Hazardfunktion sich in einen nur von der Zeit (bzw. vom Alter) abhängigen Grundhazard und einen von der Dosis abhängigen Faktor aufspalten lässt:

$$s(d,t) = s_0(t)[1 + f(d)] \tag{31.7}$$

Dies wird im Allgemeinen als *Proportionalitätsannahme* (proportional hazard assumption) bezeichnet. Hieraus folgt $f(0) = 0$ und $P(d) > 0$ für $d > 0$.

Man erhält damit das auf das gesamte Leben bezogene Exzessrisiko als

$$\mathrm{ER} = P(d) - P_0 = \int_0^\infty f[d(t)] \cdot s_0(t) \cdot L(t)\,\mathrm{d}t \tag{31.8}$$

31.4.2.3 Vom Integral zur Summe

In der Praxis sind natürlich die genauen Funktionen unbekannt. Man kann aber $s_0(t)$ und $L(t)$ aus den Todesursachenstatistiken und Lebenstafeln wenigstens in 5-Jahres-Intervallen entnehmen. Oft gibt es auch grobe Informationen über die Belastungen d_i und man erhält damit die Approximation des Integrals durch die Summe

$$\mathrm{ER} = \sum_{i=1}^{N} f(d_i) \cdot s_{0i} \cdot L_i \cdot \Delta t \quad \text{(für 5-Jahreintervalle ist } \Delta t = 5) \tag{31.9}$$

in der nur noch $f(d_i)$ unbekannt ist.

31.4.2.4 Spezifikation der Dosis

> Vor dem praktischen Einsatz dieser Formeln ist die Zeitabhängigkeit der Dosis zu klären, einschließlich der Konversion von Effekten kurzzeitig hoher Dosierung zu denen lebenslang niedriger Belastungen.

Dosisleistung oder Gesamtdosis?

Aus Ergebnissen der experimentellen Krebsforschung kann geschlossen werden, dass die biologisch effektive Dosis in sehr komplexer Weise von der aufgenommenen Dosis abhängt. Jedenfalls ist sie nicht allein durch die aktuelle Wirkstoffkonzentration (*Dosisleistungsprinzip*) gegeben, sondern auch länger zurückliegende Expositionen führen zu einer späten Krebsinzidenz. Vielfach wird sogar die *kumulierte Gesamtdosis* (*Gesamtdosisprinzip*) als verursachender Parameter bezeichnet.

Veränderliche Dosierungen und ihr Einfluss auf den karzinogenen Prozess sind ein wichtiges Feld der Krebsforschung. Als Ergebnis kann festgehalten werden, dass in den meisten Fällen keines dieser vereinfachenden Prinzipien (aktuelle Dosis oder Gesamtdosis) ausreicht. Ein allgemeines mathematisches Konzept ist die Konstruktion einer „virtuellen" effektiven Dosis $d(t)$ zur Zeit t mithilfe einer Gewichtsfunktion $w(\tau)$ und der ermittelten oder geschätzten zur Zeit τ vorliegenden Expositionsdosis $\delta(\tau)$ nach folgender Formel

$$d(t) = \int_0^t w(\tau) \cdot \delta(\tau) \mathrm{d}\tau \, . \tag{31.10}$$

Bemerkung: $w = 1$ ergibt das Gesamtdosiskonzept und $w = 0$ außer $w = 1$ in der letzten Zeiteinheit das Dosisleistungsprinzip.

In einem regulatorischen Kontext nutzt man oft die Gesamtdosis als obere Grenze der (effektiven) Belastung. Die WHO vereinfachte die Berechnungen mit dem Argument, dass die Mortalität durch Krebs hauptsächlich in der letzten Lebensperiode auftritt, dabei aber frühere Belastungen wegen langer Latenzzeiten einen erheblichen Anteil am Risiko haben. Deshalb könne man ER konservativ approximieren, indem man in Gl. (31.9) die zeitabhängigen Dosierungen $d(t)$ sämtlich durch d_{gesamt} ersetzt:

$$\mathrm{ER} = \sum_{i=1}^{N} f[d_N)] \cdot s_{0i} \cdot L_i \cdot \Delta t = f(d_N) \cdot \sum_{i=1}^{N} s_{0i} \cdot L_i \cdot \Delta t \approx f(d_N) \cdot P_0 \tag{31.11}$$

Zwar wäre der Fehler bei der Dosis in den ersten Zeitintervallen groß, dort ist aber der altersbedingte Hazard extrem klein, sodass der Fehler kaum zu Buche schlägt und tolerabel bleibt.

Konstante Expositionen

Für eine dauerhaft mit der Jahresdosis δ belastete Bevölkerung ergibt sich (mit 5-Jahresintervallen) also

$$d_i = \delta \cdot (i - 0{,}5) \cdot 5 \tag{31.12}$$

und

$$\mathrm{ER} = \sum_{i=1}^{N} f\left[\delta \cdot (i - 0{,}5) \cdot 5\right] \cdot s_{0i} \cdot L_i \cdot 5 \tag{31.13}$$

Folgt man den WHO-Argumenten, so ist die relevante kumulierte Dosis in etwa die ermittelte Gesamtdosis der 70-Jährigen (Intervall 70–75). Mit dieser Approximation wird das Risiko überschätzt und das Ergebnis bleibt auf der sicheren Seite:

$$\mathrm{ER} \approx f(\delta 70) \cdot P_0 \tag{31.14}$$

Dosiskonversion bei unterschiedlichen Belastungsintervallen
Sollen Arbeitsplatzstudien für die Risikoabschätzung im Umweltbereich benutzt werden, müssen die (höheren) Belastungen in einer (kurzen) Lebensphase umgerechnet werden auf lebenslange (niedrige) Belastungen. Üblicherweise werden dazu zwei Faktoren eingeführt:

$g_1 = 8/24$ für die Belastung nur in den Stunden eines Werktags im Verhältnis zum Kalendertag,

$g_2 = 240/365$ für die Belastung nur an Werktagen im Verhältnis zu den Kalendertagen eines Jahres

Wenn T_{werk} die Jahre mit Arbeitsplatzbelastung markiert und T die Lebenserwartung in Jahren ist, wird die (konstante) Arbeitsplatzbelastung δ in die konstante lebenslange Belastung δ' gemäß folgender Formel umgerechnet:

$$\delta' = \delta \cdot g_1 \cdot g_2 \cdot (T_{\text{werk}}/T) \qquad (31.15)$$

Die Situation ist natürlich viel komplizierter, wenn von Tierexperimenten auf Risiken menschlicher Populationen mit Umweltbelastungen geschlossen werden muss.

31.4.2.5 Bestimmung der Dosis-Wirkungs-Funktion *f*(*d*)
Die in Gl. (31.7) eingeführte Funktion $f(d)$ muss noch weiter spezifiziert werden. Dieser Prozess soll im Folgenden an einer typischen Situation mit einer Arbeitsplatzstudie als empirische Datenquelle demonstriert werden. Die Studie enthält Subgruppen j ($j = 0, 1, 2, 3, \dots, k$) mit kumulierten d_j bzw. aktuellen Dosierungen δ_j, für die Krebsrisiken P_j, Exzessrisiken ER_j oder relative Risiken RR_j berechnet wurden. Mit $j = 0$ sei die unbelastete Kontrollgruppe bezeichnet. Mit der obigen Approximation und dem kumulativen Dosiskonzept ergibt sich

$$f(d_j) \approx \frac{\text{ER}_j}{P_0} \quad \text{oder} \quad f(d_j) \approx 1 - \text{RR}_j \quad \text{für} \quad j = 1, 2, 3, \dots, k \qquad (31.16)$$

Die gesamte Funktion f kann dann durch Anpassung einer Funktion aus einer geeigneten Funktionenklasse an diese Datenpunkte gewonnen werden. Wenn die Güte der Anpassung befriedigend ist, können die oben diskutierten linearen Approximationen für niedrige Dosierungen angewendet und $\text{ER}(d) = f(d)P_0$ abgeschätzt werden.

31.5
Nicht lineare Extrapolation

Ausgangspunkt für nicht lineare Extrapolationen ist die Taylor-Entwicklung f der DWF bei $d = 0$:

$$f(d) = a_1 d + a_2 d^2 + a_3 d^3 + \dots \qquad (31.17)$$

Darin ist a_1 die Steigung der Tangente im Ursprung des Koordinatenkreuzes. Der Achsenabschnitt a_0 fehlt, weil $f(0) = 0$ und deshalb $a_0 = 0$ ist. Weiter ist $a_1 \geq 0$, solange nur positive Exzessrisiken betrachtet werden.

Sofern $a_1 > 0$, d. h. f eine positive lineare Komponente hat, konvergiert die relative Überschätzung des Risikos gegen eine Konstante, den Quotienten aus geschätztem *UR* und a_1 bei null. Die absolute Überschätzung ist durch das Risiko beim POD beschränkt. Damit sind konkrete Parameter gegeben, anhand derer man entscheiden kann, ob die vorsorgliche Überschätzung durch lineare Extrapolation sich in einem akzeptablen Rahmen hält.

Für $a_1 = 0$ verläuft die DWF bei $d \to 0$ asymptotisch zur Dosisachse. In diesem Fall wird die oben beschriebene lineare Extrapolation inakzeptabel konservativ, weil der relative Fehler für $d \to 0$ unbeschränkt wächst.

Betrachten wir zunächst den „normalen" Fall, dass $a_i > 0$ für den ersten von null verschiedenen Koeffizienten in Gl. (31.17), d. h. f ist nahe 0 konvex (links drehend). Das trifft für alle sigmoiden Kurven inklusive DWF mit statistisch verteiltem Schwellwert d_0 (z. B. Probit-Modelle) zu. Für Schwellwertmodelle mit festem d_0 kann eine Rechtsverschiebung des Ursprungs bis d_0 und die Interpretation von d als die d_0 überschreitende Dosis genutzt werden.

Eine Lösung bei konvexer DWF ist die Konstruktion einer 95 %-Konfidenzfunktion $Lf(d)$ für $f(d)$ durch den Ursprung des Koordinatensystems als nicht lineare Extrapolation nahe null. Eine andere Möglichkeit ist es, ein akzeptables Risiko P_a z. B. 1 : 100 000 oder 1 : 1 000 000 festzulegen, die entsprechende Dosis d_a aus $f(da) = P_a$ und die untere Grenze Ld_a eines 95 %-Konfidenzintervalls für d_a zu bestimmen. Dann können Expositionen unterhalb von Ld_a als akzeptabel behandelt werden. Das sind nur zwei Möglichkeiten für nicht lineare Abschätzungen des Risikos für solche DWF.

Ein anderer Ansatz ist notwendig, wenn „Hormesis" auftritt, d. h. die DWF ist nahe null negativ ($P < P_0$). In solchem Fall ist der erste von null verschiedene Koeffizient a_i in Gl. (31.17) negativ und es existiert ein Schnittpunkt d_0 mit $f(d_0) = 0$. Vom toxikologischen und regulatorischen Standpunkt (Vorsorge gegen Risiken der jeweiligen Population) kann f durch ein Schwellenwertkonzept ersetzt werden. Wenn auch die positiven Effekte nahe null modelliert werden sollen, ist mehr Information über den U-förmigen Verlauf notwendig.

Ein seltener Fall ist eine DWF, die nahe null rechts gekrümmt ist. Bei einer solchen DWF kann man nicht mehr eine obere Risikogrenze durch eine lineare Verbindung des Ursprungs mit einem geeigneten POD auf der Kurve finden, wohl aber eine Gerade durch den Ursprung mithilfe des (oberen) Konfidenzbereichs für den dortigen Gradienten. Die relative Überschätzung des Risikos geht dabei mit $d \to 0$ gegen einen Konstante, aber der absolute Fehler kann für $d > 0$ sehr groß sein. Die einzige Ausnahme ist hier eine senkrechte Tangente bei null. In diesem Fall gibt es keine sinnvolle Extrapolation durch den Ursprung, höchstens kann eine Parallele zur Dosisachse durch einen geeigneten POD gefunden werden, die als Obergrenze des Risikos für kleine Dosierungen genutzt werden kann. Der relative Fehler wächst dabei für $d \to 0$ aber unbeschränkt an.

31.6 Modelle der Kanzerogenese

Im Prinzip kann man diese Überlegungen für jede beliebige DWF mit der Taylor-Reihe anstellen, die an die empirischen Daten angepasst wurde. Konservative Extrapolationen (linear oder nicht) können mit den oben dargestellten Regeln gefunden werden, aber sie werden erheblich von der Wahl der zugrunde liegenden Funktionenklasse abhängen. Das ist wenig befriedigend und führt zu der Forderung, keine beliebige Klasse von Funktionen, sondern ein möglichst einfaches, aber plausibles biologisches Modell zu nutzen.

31.6.1 Multihit-Multistage-Modelle

Ein solches Modell der Karzinogenese wurde bereits 1961 von Armitage und Doll vorgestellt.

> Das Modell geht davon aus, dass Zellen mehrere Stadien (stages) durchlaufen, bevor sie ungebremstes Wachstum entwickeln und damit zum Tumor werden. Die Übergänge von einem Stadium zum nächsten werden durch sogenannte Treffer (hits) verursacht.

Treffer entsprechen in der chemischen Kanzerogenese der Reaktion einer toxischen Substanz mit der Zelle, die zu einer bleibenden und bei Zellteilung weiterzugebenden Veränderung (Mutation) und damit zu einem neuen Stadium führt. Sie kann schon von kleinen Dosierungen ausgelöst werden, genauer sind die Übergangswahrscheinlichkeiten von der Dosis der Exposition abhängig. Abbildung 31.2 veranschaulicht das Modell.

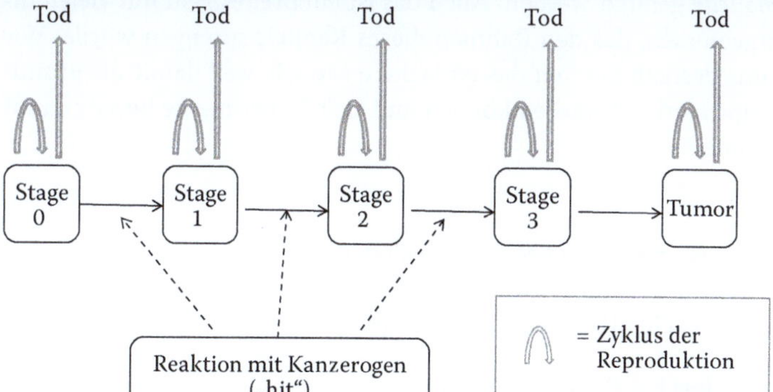

Abb. 31.2 Multihit-Multistage-Modell. Reproduktion und Zelltod sind bis zum Tumorstadium im Gleichgewicht. Das Bild illustriert drei Treffer (hits) und vier Stadien (stages).

Je nach der Zahl der Treffer und Stadien, die man zugrunde legt, kommt man mit einigen vereinfachenden Annahmen zu den folgenden Gleichungen für das zu erwartende Risiko P zur Zeit t und Dosis d.

$$P(t,d) = 1 - \exp(-a \cdot d \cdot t) \quad \text{one hit-one stage} \tag{31.18}$$

$$P(t,d) = 1 - \exp(-a \cdot d^b \cdot t) \quad \text{multi hit-one stage} \tag{31.19}$$

$$P(t,d) = 1 - \exp(-a \cdot d \cdot t^k) \quad \text{one hit-multi stage} \tag{31.20}$$

$$P(t,d) = 1 - \exp(-a \cdot d^b \cdot t^k) \quad \text{multi hit-multi stage} \tag{31.21}$$

Die allgemeinste, die anderen umfassende Formel ist die Gl. (31.21) mit b hits und k stages. Sie ist geeignet viele relevante Experimente in der Krebsforschung zufriedenstellend abzubilden und führt auf eine stochastische Verteilungsfunktion vom Weibull-Typ.

31.6.2
Erweiterungen und alternative Modelle

Weitere Terme für Basisrisiko und Latenzzeit bis zur Entdeckung des Tumors können in Gl. (31.21) eingebaut werden.

Eine komplexere Modellierung erhält man, wenn man außer dem letzten Stadium (Tumor) auch weitere Stadien betrachtet, die sich nicht im Gleichgewicht von Teilungs- und Sterberate befinden. Dann entstehen auch vor dem Endstadium schon Anhäufungen (clones) von Zellen. Solche Modelle werden als *„clonal multistage"-Modelle* bezeichnet. Das Problem dabei ist die sehr aufwendige Risikoberechnung, die oft nicht mehr in geschlossener Form möglich ist, sondern numerische Approximationen erfordert.

Wenn ausreichende biologische Informationen zugänglich sind, sollten sie als Ausgangspunkt für eine komplexere Modellbildung sogenannter *biologisch basierter Krebsmodelle* genutzt werden. Auch das ist ein breites Feld mit vielen interessanten Ergebnissen, das den Rahmen dieses Kapitels sprengen würde. Wir beschränken uns deshalb hier auf das einfachere Modell, weil damit die grundlegenden Prinzipien erklärt werden können und viele Experimente bereits damit gut übereinstimmen.

31.6.3
Empirische Evidenz für das Multihit-Multistage-Modell

Eine Implikation von Gl. (31.21) ist für ein festes P

$$d^b \cdot t^k = -\log(1-P)/a = \text{konstant}\,. \tag{31.22}$$

Das sogenannte Druckrey-Gesetz ist ein Spezialfall. Es besagt, dass Latenzzeit t und applizierte Dosis d, die zu einer Tumorrate von $P = 50\,\%$ führen, diesem Gesetz folgen. Viele Tierexperimente mit unterschiedlichen Karzinogenen haben

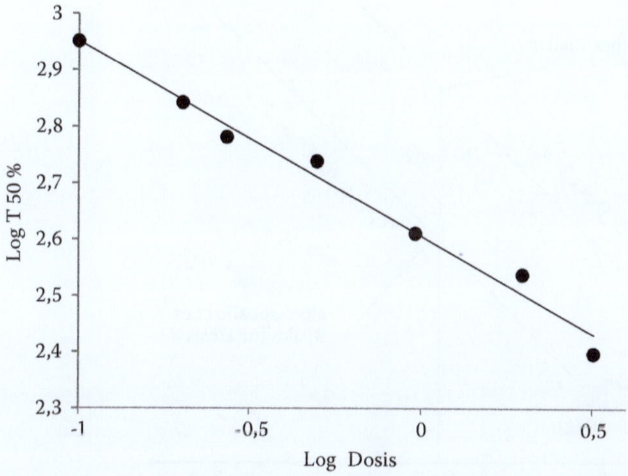

Abb. 31.3 Druckrey-Gesetz. Die Abbildung zeigt an einem Beispiel den linearen Zusammenhang von (50 %-) Tumorinduktionszeit und applizierter Dosis eines Karzinogens wie er von Druckrey gefunden wurde.

die Gültigkeit dieses Gesetzes demonstriert, ein frühes Beispiel der Prüfung von Konsequenzen der Gl. (31.21). Ein solches empirisches Resultat ist in Abb. 31.3 wiedergegeben.

Zur weiteren Prüfung des Modells kann man experimentelle Ergebnisse in doppelt logarithmischem Maßstab für altersspezifische Tumorinzidenz als $\log[-\log(1-P)]$ gegen das logarithmische Alter (Tumorinduktionszeit) abbilden, wobei Gl. (31.22) ein Bündel paralleler Geraden für unterschiedliche Dosierungen vorhersagt. Abbildung 31.4 zeigt dieses Prinzip für ein typisches tierexperimentelles Design und Ergebnisse von Lee und O'Neil aus dem Jahr 1971 mit vier Dosierungen von Benzpyren, von denen zur besseren Übersicht nur zwei dargestellt sind. In menschlichen Populationen kann man ähnliche Ergebnisse mit parallelen Geraden finden wie bereits Armitage und Doll betonten.

31.6.4
Extrapolation im Multihit-Multistage-Modell

Was folgt aus einem Übergang zu sehr kleinen Dosierungen bei festen Beobachtungszeiten? Alle Submodelle von Gl. (31.21) erfüllen in der Nähe vom Ursprung für eine feste Zeit $t = T$ die folgende Gleichung:

$$P(d) = ad^b \tag{31.23}$$

Dieses Resultat ist wichtig, denn es enthält zwei unterschiedliche Fälle:

Für $b = 1$ kollabiert das Modell zum Onehit-Modell mit eventuell vielen Stadien. In diesem (und nur in diesem) Fall liefert die lineare Extrapolation akzeptable Überschätzungen des Risikos für regulative Zwecke. In einigen Publikationen werden diese Modelle „linear no threshold (LNT) models" genannt.

Für $b > 1$ sollten nicht lineare Extrapolationen (s. Abschn. 31.5) benutzt werden.

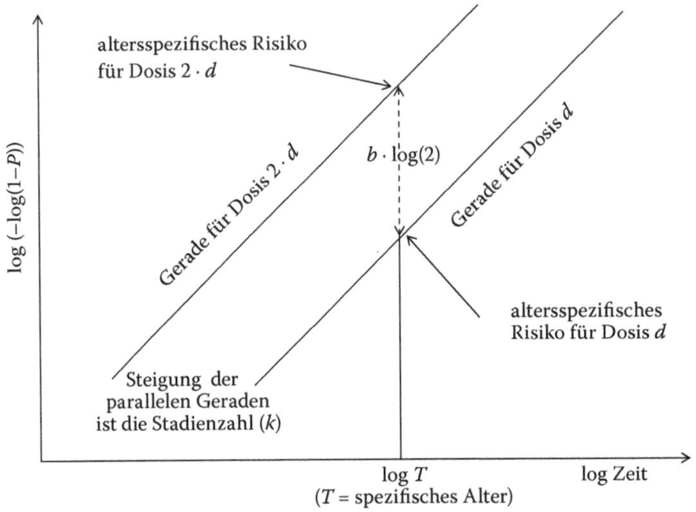

Abb. 31.4 Multihit-Multistage-Modell in doppelt logarithmischem Netz. Zur Überprüfung des Multihit-Multistage-Modells wird das Risiko doppellogarithmisch als $\log[-\log(1-P)]$ und das Alter bzw. die Tumorinduktionszeit logarithmisch aufgetragen. Es ergeben sich parallele Geraden.

31.7 Voraussetzungen und Grenzen der Extrapolation

Abschließend sollen die wichtigsten Voraussetzungen und Grenzen der Extrapolation in den Niedrigdosisbereich diskutiert werden.

31.7.1 Linearität

Linearität ist sicherlich die meist diskutierte Annahme. Nicht lineare DWF können mit einer Geraden durch den Ursprung approximiert (und abgeschätzt) werden, wenn die Steigung der Tangente im Ursprung positiv ist. In diesem Fall erhält man eine akzeptable lineare Abschätzung im Sinne der Vorsorge, weil sowohl die absolute als auch die relative Überschätzung des Risikos begrenzt sind.

Für eine nahe null links gekrümmte DWF mit horizontaler Tangente im Ursprung ist eine vorsorgliche Abschätzung durch eine Gerade durch den Ursprung und einen geeigneten POD möglich, da sie nahe null sublinear verläuft. Dabei ist die absolute Risikoüberschätzung begrenzt, nicht aber die relative, was weniger akzeptabel ist.

Eine rechts gekrümmte DWF erlaubt eine konservative lineare Abschätzung, solange die Tangente im Ursprung nicht senkrecht steht, aber die absolute Überschätzung kann groß sein. Ein nicht linearer Konfidenzbereich mag in diesem Fall die bessere Wahl sein.

Andere Formen der DWF sind zwar selten, benötigen aber spezielle (meist nicht lineare) Abschätzungen.

> Zusammenfassend ist Linearität der DWF nicht erforderlich, wenn man im Rahmen der Vorsorge an linearen Risikoabschätzungen im niedrigen Dosisbereich interessiert ist. Im „klassischen" Fall links gekrümmter DWF mit positiver Steigung im Ursprung sind solche Geraden akzeptabel.

Lineare Abschätzungen können auch in anderen Fällen konstruiert werden, sie haben aber gravierende Nachteile.

31.7.2 Additivität

Die in der folgenden Gleichung definierte Additivität der Risiken wird oft angenommen, wenn es darum geht die Risiken von Gemischen abzuschätzen.

$$P(d1, d2, \ldots, dk) = P(d1) + P(d2) + \ldots + P(dk) \qquad (31.24)$$

Bei extrem niedrigen Dosierungen führt dies praktisch zur Annahme einer unabhängigen Überlagerung der Einzelwirkungen, was mathematisch für $d \to 0$ naheliegt. Die Frage ist aber, ob die gesamte Dosierung bzw. das gesamte Risiko für diese Annahme ausreichend klein ist. Dies scheint für die meisten Gemische karzinogener Umweltbelastungen der Fall zu sein.

> Das ist aber nicht richtig für die Mischungen unter Beteiligung massiver Expositionen wie Rauchen, Stress oder bestimmte Arbeitsplatzbelastungen.

Sofern Mischungen mit solchen Expositionen untersucht werden, sind andere und ergänzende Überlegungen und Experimente notwendig. Die Wirkung von Gemischen ist ein breites Forschungsfeld.

31.7.3 Proportionalität

Die Proportionalitätsannahme aus Gl. (31.7) bedeutet, dass die relativen Risiken der belasteten und unbelasteten Populationen über alle Beobachtungszeiten und Altersgruppen konstant sind. Das in der Epidemiologie weitverbreitete Modell von COX setzt diese Proportionalität voraus. Beim Übertragen von Ergebnissen aus Arbeitsplatzstudien auf Umweltbelastungen ist diese Annahme jedoch meist verletzt. Typischerweise findet man Risikoverläufe wie sie in Abb. 31.5 dargestellt sind. In solchen Fällen sind Modelle ohne Proportionalität der Risiken zu nutzen.

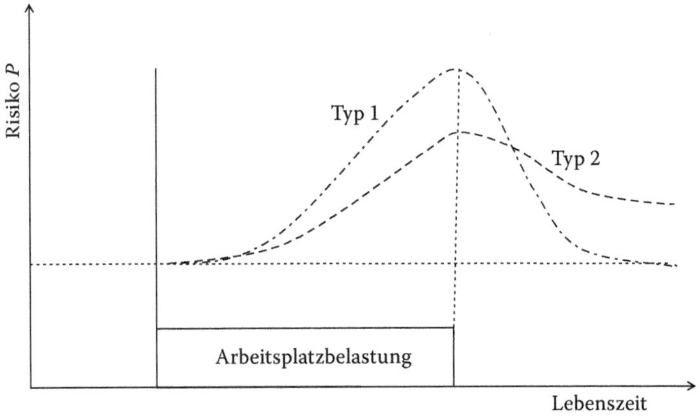

Abb. 31.5 Risikoverlauf bei Arbeitsplatzbelastungen. Während der Belastung steigt das Risiko mit der Gesamtdosis an. Nach dem Ende der Belastung geht das Risiko trotz gleich bleibender Gesamtdosis unterschiedlich stark (Typ 1, 2) zurück.

31.7.4 Akkumulation der Dosis

Bei der üblichen Transformation von Ergebnissen aus Arbeitsplatzstudien auf lebenslange Kontaminationen z. B. durch Umweltkarzinogene wird meist angenommen, dass der Effekt nur von der Gesamtdosis und nicht von der zeitlichen Struktur der Belastung abhängt. Diese Annahme ist aus theoretischen Gründen problematisch und auch in der Praxis relativ selten hinreichend erfüllt. Zwischenzeitliche Risikoanalysen (vgl. Abb. 31.5) zeigen zwar einen Anstieg des Risikos mit der kumulierten Dosis während der Exposition. Danach finden sich aber unterschiedliche Verläufe, die sich mit der (dann konstanten) Gesamtdosis nicht erklären lassen. Das Risiko kann steil bis auf das Kontrollgruppenniveau abfallen (Typ 1) oder aber auch langsam auslaufen und deutlich oberhalb dem der Kontrollgruppe verbleiben (Typ 2).

> Inzidenzverläufe wie in Abb. 31.5 und das Problem der Induktionszeiten, die bei Umweltbelastungen Jahrzehnte dauern können, zeigen, dass die Gesamtdosis nicht allein verantwortlich sein kann.

Diese Problematik verdient mehr Beachtung bei der Risikoabschätzung. Dafür sind die Aspekte der Toxikokinetik, der Metabolisierung und die Reparaturmechanismen zu berücksichtigen und dadurch die Gewichtsfunktion in Gl. (31.10) zu spezifizieren. Bisherige Ergebnisse hierzu sind für die meisten Karzinogene noch sehr unvollständig, sodass weitere Forschung notwendig ist. Erste Ergebnisse weisen darauf hin, dass sich das Gesamtdosiskonzept für Abschätzungen eignet, wenn man die Latenzzeiten berücksichtigt.

31.8 Zusammenfassung

Karzinogene Risiken können mit Tierexperimenten und Epidemiologie erforscht werden. Beide Methoden liefern Informationen über relative hohe Belastungen, versagen aber in der direkten Bestimmung des Risikos von extrem kleinen Dosierungen. Dafür ist eine mathematische Extrapolation erforderlich.

Im regulativen Bereich der Gefahrenvorsorge ist man an einfach zu handhabenden (und zu kommunizierenden) Abschätzungen der Risiken auch kleiner Expositionen interessiert.

> Für das Risikomanagement eignen sich Geraden durch den Ursprung des Koordinatensystems, aber die Voraussetzungen und Grenzen solcher Verfahren sind zu beachten, um inakzeptable Überschätzungen der Risiken zu vermeiden.

Wissenschaftliche Ergebnisse über den jeweiligen Krebsprozess (mode of action) und die anzupassende Funktionenklasse erlauben bessere (nicht lineare) Abschätzungen, wenn genügend Information über das jeweilige Kanzerogen vorliegen. Ist das nicht der Fall können angesichts der verbleibenden Unsicherheiten lineare Extrapolationen (wie z. B. die EPA-Methode) im regulativen Bereich sinnvoll eingesetzt werden.

> In jedem Fall sollte eine biologisch basierte Abschätzung von Krebsrisiken niedriger Expositionen das Ziel weiterer Forschung sein, deren Ergebnisse zu besser begründeten Funktionenklassen und zu besserer Anpassung an empirische Ergebnisse führen und auch für die regulatorische Praxis geeignetere Verfahren ergeben.

Weiterführende Literatur

Alison, M. (Hrsg.) (2007) *Cancer Handbook*, 2. Aufl., John Wiley & Sons, West Sussex.

Cogliano, V.J., Luebeck, E.G. und Zapponi, G.A. (Hrsg.) (1999) *Perspectives on Biologically Based Cancer Risk Assessment, Nato, Challenges of a Modern Society*, Bd. 23.

Greim, H. (1991) *Toxicologische Grundlagen der Risiko-Abschätzungen*, VDI-Bericht, Krebserzeugende Stoffe in der Umwelt.

Hsu, H.-C. und Stedeford, T. (Hrsg.) (2010) *Cancer Risk Assessment*, John Wiley & Sons Hoboken, New Jersey.

Timm, J. (2009) Theorie der gesundheitlichen Risiken – zwei Welten im Streit, *Bundesgesundheitsbl*, 1–6.

Wahrendorf, J. (1990). Quantitative Risiko-Abschätzung für ausgewählte Umweltkanzerogene, *Umweltbundesamt-Berichte*, 1.

Teil IV
Regulatorische Toxikologie

32
Rechtliche Regelungen für gefährliche chemische Stoffe

K.-M. Wollin und W. Lilienblum

32.1
Einleitung

Im *Stoffrecht* werden für gewöhnlich all diejenigen Rechtsvorschriften betrachtet, die in ihrer Intention darauf gerichtet sind, bewusst hergestellte *Stoffe* zu erfassen/registrieren, ihr toxikologisches *Gefahrenpotenzial* (*hazard*) und/oder *Risiko* in definierten Expositionsszenarien zu bewerten oder den Umgang mit ihnen zu kontrollieren. Zu ihnen zählen industriell hergestellte anorganische und organische Grundchemikalien, die als *Zwischenprodukte* für die Umwandlung in einen anderen Stoff hergestellt, also in Prozessen der chemischen Synthese verwendet oder verbraucht werden. Es sind weiterhin alle Stoffe, die mit einem speziellen Nutzungsbezug bewusst produziert werden (Pflanzenschutzmittel, Biozide, Human-/Tierarzneimittel, kosmetische Mittel, Lebensmittel- und Futtermittelzusatzstoffe usw.).

> Das Stoffrecht ist ein komplexes und stark vernetztes Rechtssystem. Es wird grundsätzlich in das *allgemeine* und das *besondere Stoffrecht* differenziert. Das *Chemikalienrecht* als allgemeines Stoffrecht hat den weitesten Zugriff, da es seinen Kontrollbezug auf die unterschiedlichsten Stoffnutzungen ausrichtet. Das besondere Stoffrecht betrifft demgegenüber die spezifischen Stoffverwendungen, die zum Teil seit längerem in eigenen Kontrollsystemen überwacht werden, wie etwa Pflanzenschutzmittel oder Arzneimittel.

Das Toxikologiebuch, 1. Auflage. Helmut Greim (Hrsg.).

32.2
Definitionen

32.2.1
Definitionen der Begriffe Stoff und Gemisch im europäischen und deutschen Stoffrecht

Die eindeutige Definition des zentralen Begriffes *Stoff* ist im Stoffrecht eine Vorbedingung für die Ermittlung bzw. Beschreibung der stofflichen Identität. Im allgemein-chemischen Verständnis, wie von der International Union of Pure and Applied Chemistry (IUPAC) vorgegeben, ist ein chemischer Stoff (*chemical substance*) Materie konstanter Zusammensetzung, die am besten charakterisiert ist durch Entitäten wie Moleküle, Formeleinheiten, Atome, aus denen sie sich zusammensetzt, und durch physikalische Eigenschaften (Dichte, Refraktionsindex, elektrische Leitfähigkeit, Schmelzpunkt usw.) (IUPAC, 2014). Die IUPAC definiert weiterhin als Gemisch (*mixture*) ein *Quantum* Materie, das aus zwei oder mehr chemischen Substanzen – genannt Bestandteile – besteht.

Das geltende europäische Chemikalienrecht baut darauf auf. Die REACH-Verordnung (Registration, Evaluation, Authorisation and Restriction of Chemicals, Verordnung (EG) Nr. 1907/2006) versteht unter *Stoff* (*substance*) ein „chemisches Element und seine Verbindungen in natürlicher Form oder gewonnen durch ein Herstellungsverfahren, einschließlich der zur Wahrung seiner Stabilität notwendigen Zusatzstoffe und der durch das angewandte Verfahren bedingten Verunreinigungen, aber mit Ausnahme von Lösungsmitteln, die von dem Stoff ohne Beeinträchtigung seiner Stabilität und ohne Änderung seiner Zusammensetzung abgetrennt werden können". Ein *Gemisch* wird in REACH (in der deutschen Übersetzung) wie folgt definiert: „Gemenge, Gemische oder Lösungen, die aus zwei oder mehr Stoffen bestehen" (konsolidierte Fassung der Verordnung (EG) Nr. 1907/2006, http://eur-lex.europa.eu/LexUriServ/LexUriServ.do?uri=CONSLEG:2006R1907:20121009:DE:PDF, aufgesucht am 12.1.2017).[1)] Diese Definitionen wurden in Artikel 2 der konsolidierten Fassung der CLP-Verordnung (Verordnung (EG) Nr. 1272/2008 über die Einstufung, Kennzeichnung und Verpackung von Stoffen und Gemischen) übernommen bzw. angepasst.[2)]

Erzeugnisse (*articles*) sind dagegen Gegenstände, die bei der Herstellung eine spezifische Form, Oberfläche oder Gestalt erhalten, die in größerem Maße als die chemische Zusammensetzung ihre Funktion bestimmen. Nach Artikel 7 der REACH-Verordnung müssen, wenn bestimmte Voraussetzungen erfüllt sind, die

1) Die konsolidierte englische Fassung der REGULATION (EC) No 1907/2006 zu REACH formuliert davon leicht abweichend: „Mixture: means a *mixture or solution* composed of two or more substances".

2) Gemische werden nunmehr als „Gemische oder Lösungen, die aus zwei oder mehr Stoffen bestehen" definiert (vgl. Fußnote [1)]). Der in der CLP-Verordnung definierte Begriff „Gemisch" soll zudem die gleiche Bedeutung wie der früher in den Gemeinschaftsvorschriften verwendete Begriff „Zubereitung" haben.

in Erzeugnissen enthaltenen Stoffe registriert werden (siehe auch Artikel 4 der CLP-Verordnung).

Das deutsche Gesetz zum Schutz vor gefährlichen Stoffen (Chemikaliengesetz – ChemG, zuletzt geändert am 18. Juli 2016) definiert die Begriffe *Stoff* und *Gemische* strikt nach Maßgabe der CLP-Verordnung.

Die intrinsischen gefährlichen Eigenschaften von Stoffen können im Sinne ihrer Auswirkungen physikalischer Natur sein (explosiv, leicht entzündlich etc.), die Gesundheit des Menschen schädigen oder schädliche Wirkungen auf die Umwelt haben. Rechtsnormen im umweltbezogenen Gesundheitsschutz betrachten naturgemäß sowohl die toxikologischen als auch die ökotoxikologischen Eigenschaften von Stoffen und Gemischen.

Ziel aller Stoffgesetze und Verordnungen ist es, den Menschen und die Umwelt vor stoffbedingten Schädigungen zu schützen. Der Schwerpunkt in diesem Kapitel liegt grundsätzlich auf den toxikologischen, nicht den ökotoxikologischen Eigenschaften von Stoffen.

32.2.2
Zum Begriff der Gesundheitsgefahr

Was ist ein gefährlicher Stoff? Die von einem Stoff oder Gemisch ausgehenden *Gesundheitsgefahren* (und auch Umweltgefahren), d. h. das *Gefahrenpotenzial*, sind rechtlich eindeutig definiert. Dies geschieht in der CLP-Verordnung (2008) anhand von *Gefahrenklassen* für definierte toxikologische Endpunkte wie beispielsweise der akuten Toxizität mithilfe der Kriterien LD_{50} (oral, dermal), als LC_{50} (inhalativ) oder als Schätzwert akute Toxizität (*acute toxicity estimates*, ATE). Diese sind dann wiederum die Grundlage für die Einstufungen in die *Gefahrenkategorien* der akuten Toxizität (Kategorie 1 bis 4). Die Gefahrenklassen der CLP-Verordnung (2008) zu den Gesundheitsgefahren insgesamt sind in der Tab. 32.1 ersichtlich.

Die CLP-Verordnung umfasst neben den zehn Gefahrenklassen für Gesundheitsgefahren (s. Tab. 32.1) 16 Gefahrenklassen für physikalisch-chemische Gefahren und zwei Gefahrenklassen für Umweltgefahren.

Tab. 32.1 Konkretisierung des Begriffes *Gesundheitsgefahren* durch Gefahrenklassen in der CLP-Verordnung (2008) und in der Gefahrstoffverordnung (2016).

Gefahrenklassen	
Akute Toxizität	Karzinogenität
Ätz-/Reizwirkung auf die Haut	Reproduktionstoxizität
Schwere Augenschädigung/Augenreizung	Spezifische Zielorgantoxizität (einmalige Exposition)
Sensibilisierung der Atemwege oder der Haut	Spezifische Zielorgantoxizität (wiederholte Exposition)
Keimzellmutagenität	Aspirationsgefahr

Tab. 32.2 Gefährlichkeitsmerkmale nach ChemG (2016) und GefStoffV (2015).

Gefährlichkeitsmerkmale	
1. explosionsgefährlich	9. ätzend
2. brandfördernd	10. reizend
3. hochentzündlich	11. sensibilisierend
4. leichtentzündlich	12. krebserzeugend
5. entzündlich	13. fortpflanzungsgefährdend
6. sehr giftig	14. erbgutverändernd oder
7. giftig	15. umweltgefährlich
8. gesundheitsschädlich	

Ein *gefährlicher Stoff* oder ein *gefährliches Gemisch* werden *im ChemG* (hier §3a) anhand von *Gefährlichkeitsmerkmalen* entsprechend Tab. 32.2 charakterisiert.

Das ChemG folgt also praktisch noch der älteren Beschreibung des Merkmals *gefährlich* von Stoffen und Zubereitungen (vgl. Fußnote [2)]) in der mittlerweile nicht mehr gültigen Stoffrichtlinie 67/548/EWG). Ausgenommen sind in beiden Regelungen gefährliche Eigenschaften ionisierender Strahlen; diese sind in rechtlichen Normen (Atomgesetz (AtG) und Strahlenschutzvorsorgegesetz (StrVG)) geregelt.

Bei den toxikologischen Eigenschaften spielen die Stoffdosis oder die Konzentration des Stoffes die entscheidende Rolle als prägendes Kriterium bei der weiteren Differenzierung in Gefahrenkategorien entsprechend der CLP-Verordnung oder entsprechend der gültigen Verordnung zum Schutz vor Gefahrstoffen (Gefahrstoffverordnung – GefStoffV) (zuletzt geändert am 15. November 2016).

32.2.3
Gefahr, Risiko und Restrisiko

Wegen ihrer unterschiedlichen Eintrittswahrscheinlichkeit und mutmaßlichen Schadensausprägung müssen Begriffe wie Gefahr, Risiko oder Restrisiko hinsichtlich ihrer Bedeutung und ihrer Rechtsfolgen unterschieden werden. Die Gefahrenklassen und Gefährlichkeitsmerkmale in Tab. 32.1 und 32.2 beschreiben das Gefahrenpotenzial eines Stoffes; ihnen liegt der juristische Begriff einer *abstrakten Gefahr* zugrunde. In die deutsche Umgangs- oder Alltagssprache übertragen bedeutet dieser Begriff, dass ein Stoff bei geeigneten Voraussetzungen (abhängig von Stoffdosis oder -konzentration *und* Expositionsbedingungen) z. B. ätzend oder giftig oder beides sein *kann*. Anders ist es bei einer *konkreten Gefahr*: In diesem Fall liegen konkrete Anhaltspunkte für eine *Gefährdung* vor, was zwingenden Handlungsbedarf zur Folge hat (gegebenenfalls nach Polizeirecht) und die Rechtsgrundlage für vorsorgliche staatliche Schutzmaßnahmen in Form von Gesetzen, Verordnungen oder anderen Verwaltungsmaßnahmen ist.

Ein *Risiko* bedeutet, dass eine Gefahr denkbar, aber ungewiss ist. Somit besteht kein unmittelbarer Handlungsbedarf oder er ist zweifelhaft und somit ist das *Verhältnismäßigkeitsprinzip* stärker als bei einer unmittelbar drohenden Gefahr zu beachten. Ein *Restrisiko*, soweit bestimmbar und nach Abwägung vertretbar (etwa bei geringer Exposition des Menschen gegenüber genotoxischen krebserzeugenden Stoffen), kann nach dem *Vorsorgeprinzip* z. B. mittels eines Grenzwertes limitiert werden. Bei allen regulierten gefährlichen Stoffen wird eine Minimierung des Risikos für Mensch und/oder Umwelt angestrebt.

Die Zuordnung einer gefährlichen Eigenschaft (Einstufung und Kennzeichnung) hat einschränkende Konsequenzen für das Inverkehrbringen und den Umgang mit dem Stoff; z. B. gibt es eine Kennzeichnungspflicht mit Gefahrensymbolen (nach CLP-Verordnung) oder im Extremfall ein Verbot für bestimmte Anwendungen.

Intrinsische Eigenschaften des einzelnen chemischen Stoffes oder von Stoffgemischen kann man nicht ändern. Möglich ist es hingegen, neben den Warnhinweisen mit geeigneten technischen Maßnahmen und gegebenenfalls mit weiteren rechtlichen Instrumenten die Exposition des Menschen oder der Umwelt gegenüber chemischen Stoffen zu begrenzen oder gänzlich auszuschließen und auf diese Weise Gefahren und Risiken zu vermindern bzw. zu vermeiden. Zwangsläufig müssen dabei oftmals Kompromisse gefunden werden zwischen den Schutzzielen Gesundheit des Menschen oder Schutz der belebten Umwelt einerseits und technischen oder ökonomischen Erfordernissen andererseits. So kann bei der Diskussion über Verbot/Beschränkung eines gefährlichen Stoffes z. B. auch die chemisch-analytische Nachweis-/Bestimmungsgrenze des Stoffes eine Rolle spielen. Es kommt auch vor, dass es aus technischen Gründen keinen geeigneten Ersatzstoff für den Stoff gibt oder die Umstellung auf einen Ersatzstoff unverhältnismäßig teuer ist.

Grenzwerte als staatlich-normativer Rahmen zum Schutz der menschlichen Gesundheit (und der Umwelt) sind daher wichtige Instrumente des Risikomanagements (Lilienblum und Wollin, 2013; Wollin und Illing, 2014). Sie reflektieren aus toxikologischer Sicht eine nicht immer einheitlich beurteilte Datenbasis und verknüpfen neben ihrer wissenschaftlichen Begründung weitere Elemente wie technische Machbarkeit und ökonomische Folgen, also Fragen der politischen Abwägung. Grenzwerte definieren eine verbindliche Schwelle, von deren Überschreiten bestimmte Rechtsfolgen abhängen.

32.3 Regelungen zu toxikologischen Prüfungen

Harmonisierte und international akzeptierte Prüfrichtlinien sind eine wesentliche Voraussetzung für die Erkennung möglicher gesundheitsschädlicher Wirkungen von Stoffen. Art und Umfang der notwendigen toxikologischen Prüfungen zur Ermittlung der von einem Stoff ausgehenden möglichen Gesundheitsgefahren werden in den jeweiligen Rechtsnormen konkretisiert. Die Datenanforderungen können dabei sehr umfassend sein wie z. B. für das Inverkehrbringen von Pflanzenschutzmitteln oder für die Zulassung von Arzneimitteln. Die *Gemeinsame Forschungsstelle* der Europäischen Kommission (*Joint Research Centre*, JRC) ist neben anderen Aufgaben wesentlich an der Entwicklung und Weiterentwicklung von standardisierten Testmethoden auf internationaler Ebene beteiligt, z. B. in Zusammenarbeit mit der OECD.

32.3.1
Prüfrichtlinien der OECD (siehe auch Kapitel 22)

Für die Ermittlung möglicher gesundheitsschädlicher Wirkungen von Chemikalien stehen (tier)-experimentelle toxikologische Prüfungen gegenwärtig noch im Vordergrund. Die Organisation für wirtschaftliche Zusammenarbeit und Entwicklung (OECD) ist die maßgebende Institution im Prozess der internationalen Abstimmung von Prüfrichtlinien zur Chemikaliensicherheit. Das generelle Ziel des OECD Prüfrichtlinienprogramms ist die Entwicklung und Fortschreibung von Prüfrichtlinien und Leitlinien, die alle gesundheitlich relevanten Endpunkte abdecken, den aktuellen Stand des Wissens und der regulatorischen Bedürfnisse wiedergeben sowie die Belange des Tierschutzes stärken. *Die Prüfrichtlinien der OECD sind neben den OECD-Grundsätzen zur Guten Laborpraxis die wesentliche Grundlage für die gegenseitige Anerkennung von Daten aus Sicherheitsprüfungen (*mutual acceptance of data, *MAD) durch alle OECD-Mitgliedsstaaten.* Die OECD veröffentlicht über ihre Prüfrichtlinien hinaus erläuternde *guidance documents*, Übersichtspublikationen (*detailed review paper*) und Teststrategien, die allerdings nicht Bestandteil des MAD-Prozesses sind.

Die OECD Test Guidelines erfordern regelhaft eine Übertragung in nationales bzw. europäisches Recht. Die europäischen Prüfrichtlinien sind in der Verordnung (EC) 440/2008 (*test method regulation*, TMR) zusammengefasst bzw. in den entsprechenden Verordnungen gelistet, wie z. B. den Verordnungen (EC) 544/2011 und (EC) 545/2011 (Datenanforderungen für Wirkstoffe bzw. für Pflanzenschutzmittel). Auch hier gilt, dass bei der Ausarbeitung von Prüfmethoden die Grundsätze, nach denen die Verwendung von Tieren bei Verfahren ersetzt, verringert und verfeinert werden soll, umfassend zu berücksichtigen sind. Dieses gilt insbesondere dann, wenn geeignete validierte Verfahren zur Verfügung stehen.

32.3.2
Gute Laborpraxis

Das Regelwerk der Guten Laborpraxis (GLP) ist ein international abgestimmtes Qualitätssicherungs- und Qualitätsmanagementsystem, das mit der Zielsetzung geschaffen wurde, die Zuverlässigkeit und Vergleichbarkeit von Prüfdaten zu garantieren (MAD), die Qualität von Prüfungen zu verbessern und die gegenseitige internationale Anerkennung von Prüfungen (Vermeidung von Handelshemmnissen) zu erleichtern und zu erreichen (Lilienblum und Harston, 2014). Unter dem Gesichtspunkt des Tierschutzes ist von Bedeutung, dass damit Doppel- oder Mehrfachstudien vermieden werden können.

Die allgemeinen Qualitätsanforderungen an die Durchführung von nicht klinischen gesundheits- und umweltrelevanten Sicherheitsprüfungen sind in den OECD-Grundsätzen zur Guten Laborpraxis niedergelegt. Die GLP-Grundsätze betreffen nicht den wissenschaftlichen oder methodischen Ansatz, sondern stellen ein Qualitätssicherungssystem dar, das sich mit dem organisatorischen Ablauf und den Rahmenbedingungen befasst, unter denen nicht klinische gesundheits- und umweltrelevante Sicherheitsprüfungen geplant, durchgeführt und überwacht werden. Rechtsgrundlagen sind die Richtlinien 1999/11/EG, 2004/9/EG und 2004/10/EG der EU-Kommission. Die ihnen zugrunde liegenden revidierten GLP-Grundsätze der OECD aus dem Jahr 1997 tragen dem wissenschaftlichen und technischen Fortschritt auf dem Gebiet der Sicherheitsprüfungen und der Tatsache Rechnung, dass der Anwendungsbereich von Sicherheitsprüfungen seit Einführung der GLP wesentlich größer geworden ist.

GLP wird im deutschen Stoffrecht unmittelbar im Chemikaliengesetz geregelt. Die Gute Laborpraxis betrifft drei wesentliche Kategorien von Prüfungen: a) physikalische, chemische und physikalisch-chemische Prüfungen, b) ökologische/ökotoxikologische Untersuchungen (einschließlich Metabolismus, Umwelt- und Rückstandsverhalten) und c) toxikologische Prüfungen. In der *Allgemeinen Verwaltungsvorschrift zur Änderung der Allgemeinen Verwaltungsvorschrift zum Verfahren der behördlichen Überwachung der Einhaltung der Grundsätze der Guten Laborpraxis* (2011) wird die GLP-Pflicht für Sicherheitsprüfungen bestimmter Stoffe in Artikel 1, Nummer 2 konkretisiert. Es handelt sich hier insbesondere um Biozid-Produkte, Chemikalien, Pflanzenschutzmittel, Arzneimittel, explosionsgefährliche Stoffe und Lebensmittelzusatzstoffe.

32.4 Wie funktioniert das Stoffrecht in Europa?

Das EU-Recht sieht Rechtsnormen unterschiedlicher Bindungswirkung vor. Insbesondere sind Richtlinien und Verordnungen zu erwähnen, die sich jeweils unterschiedlich auf nationales Recht auswirken.

Ein Hauptziel des europäischen gemeinsamen Marktes ist die Beseitigung von Handelsbarrieren und der ungehinderte Warenfluss innerhalb der EU über Ländergrenzen hinweg. Damit verbunden ist auch die Harmonisierung der Chemikalienregulation mittels gemeinsamer Rechtsvorschriften. Auf vielen Gebieten des Stoffrechts haben deshalb gemeinschaftliche Regelungen der EU die früheren, durchaus unterschiedlichen Rechtsvorschriften der einzelnen Mitgliedsstaaten abgelöst. Das europäische Stoffrecht ist inzwischen fast 50 Jahre alt und wurde seit der Einführung der Stoffrichtlinie 67/548/EWG auf der Grundlage verschiedener Verträge schrittweise weiterentwickelt. Die aktuelle rechtliche Grundlage ist der *Vertrag über die Arbeitsweise der europäischen Union* (AEUV), auch als Vertrag von Lissabon bezeichnet, der seit Dezember 2009 in Kraft ist.

In der EU gibt es – nicht nur im Bereich des Stoffrechts – zwei Kategorien von gesetzlichen Vorschriften, die unterschiedlich bindend sind, die *Richtlinie* und die *Verordnung*. Darüber hinaus gibt es *Entscheidungen* (*Beschlüsse* der EU-Kommission, die sich an bestimmte Adressaten richten).

Richtlinien (*directive*) legen Mindeststandards fest und müssen in den Mitgliedsstaaten in nationales Recht umgesetzt werden, wobei es gewisse Spielräume gibt, soweit der freie Warenverkehr zwischen den Mitgliedsstaaten in der EU nicht beeinträchtigt ist (z. B. im Arbeitsschutz, Verbraucher- oder Umweltschutz). Eine *Verordnung* (*regulation*) gilt hingegen in den Mitgliedsstaaten unmittelbar. Durch solche Harmonisierungen wird Handelshemmnissen zwischen den Mitgliedsstaaten in der EU vorgebeugt.

Haben sich die EU-Kommission und der Europäische Rat, d. h. das Gremium der Staats- und Regierungschefs und das EU-Parlament, auf ein Gesetz geeinigt, hat jeder Mitgliedsstaat die Pflicht, diese EU-Verordnung oder -Richtlinie innerhalb bestimmter Fristen in nationales Recht umzusetzen. Im Kern geht es dabei oft nur um ergänzende nationale Bestimmungen, insbesondere zur Durchführung bzw. Zuständigkeiten, während die stoffbezogenen Regelungen, z. B. Grenzwerte, Beschränkungen oder Verbote in der Regel 1 : 1 übernommen werden müssen, gegebenenfalls aber verschärft werden können. Die EU-Gesetzgebung ist im Internet unter http://eur-lex.europa.eu/homepage.html?locale=de (aufgesucht am 12.1.2017) vollständig zugänglich. Auf der Basis einer EU-Richtlinie oder -Verordnung können weitere ergänzende Rechtsvorschriften, z. B. Durchführungsbestimmungen oder Anpassungsrichtlinien an den technischen Fortschritt (sogenannte ATP-Richtlinien oder -Verordnungen), erlassen werden. Diese beinhalten in der Regel nur den Text der Änderungen, ohne dass der Wortlaut der ursprünglich zugrunde liegenden Norm vollständig zitiert wird. Die Verständlichkeit der europäischen (wie auch der nationalen) Stoffrechtsnormen wird durch diese Praxis wie auch die generelle Zitierweise anderer Normen ausschließlich mit Jahr und Nummer (z. B. „Richtlinie 98/24/EG"), jedoch ohne Hinweis auf den Regelungsinhalt („Schutz von Gesundheit und Sicherheit der Arbeitnehmer vor der Gefährdung durch chemische Arbeitsstoffe"), außerordentlich erschwert. Insofern ist die Möglichkeit des Rückgriffs auf Richtlinien und Verordnungen über die EU-Website zwingend erforderlich.

Regelhaft werden von der EU-Kommission Konsolidierungsrichtlinien veröffentlicht, die den aktuellen Sachstand wiedergeben, aber selbst keinem Gesetzgebungsverfahren unterliegen und deshalb unverbindlich sind.

32.4.1 Regulation von Stoffen auf EU-Ebene

> Schrittweise wurden in den vergangenen Jahrzehnten die meisten nationalen Rechtsnormen aufgehoben und auf EU-Ebene harmonisiert, um zum einen den freien Warenverkehr, und zum anderen vergleichbar gute Bedingungen zum Schutz des Menschen und der Umwelt zu gewährleisten.

Das europäische Stoffrecht macht bei der Regulation von gefährlichen Stoffen unterschiedliche Vorgaben. Bei vielen Richtlinien und Verordnungen, soweit ein Bezug zu chemischen Stoffen vorhanden ist, wird kein fester Prüfrahmen für die verwendeten Stoffe vorgegeben. Vielmehr werden in diesem Fall bestimmte Vorgaben allgemeiner Art zu den Schutzzielen gemacht und es wird eine für den Zweck des Gesetzes ausreichende Abklärung der Gesundheits- oder Umweltgefährlichkeit des betrachteten Stoffes bzw. Stoffgemisches in der Verantwortung des Herstellers oder Importeurs vorausgesetzt, z. B. im Produktrecht durch Beachtung technischer Normen. Dieser Grundsatz findet sich auch in vielen Bereichen des Lebensmittel- oder des Arbeitsschutzrechts. Für gefährliche Stoffe gelten jedoch strenge Zulassungsbestimmungen und Begrenzungen der Exposition; auch hier liegt die Einhaltung der Schutzvorschriften in Betrieben bei den Arbeitgebern.

Eine wesentliche Aufgabe der EU-Institutionen ist die Entwicklung und Bereitstellung von standardisierten Prüfverfahren und Kriterien, mittels derer gefährliche Stoffe, Gemische sowie Produkte, die gefährliche Stoffe enthalten, zugelassen oder anderweitig reguliert werden können (s. Abschn. 32.3). Nachfolgend werden wesentliche Stoffgruppen bzw. Produktbereiche erörtert, für die Registrierungs- oder Zulassungsverfahren auf EU-Ebene oder bestimmte Kontrollen gesetzlich vorgeschrieben sind.

32.4.1.1 Chemikalien

REACH, die Chemikalienverordnung 1907/2006/EG, steht für Registrierung, Evaluierung und Autorisierung von Chemikalien. Diese Verordnung ist 2007 in Kraft getreten und vereinheitlicht das Chemikalienrecht in der EU. Schwerpunkte der REACH-Verordnung sind eine allgemeine Registrierungspflicht für alle in Mengen ab einer Tonne pro Jahr in der EU hergestellten oder eingeführten Stoffe bei der *Europäischen Chemikalienagentur* (ECHA) mit Sitz in Helsinki, die Bewertung dieser Stoffe durch die Hersteller bzw. Importeure, gegebenenfalls auch durch die Mitgliedstaaten der EU, und die weitergehende Regulierung bestimmter gefährlicher Stoffe. Diese werden entweder in bestimmten Anwendungen beschränkt oder einem neuen europäischen Zulassungsverfahren (Autorisierung) unterworfen.

Mit Inkrafttreten von REACH wurde die Verordnung 793/93/EWG zur Bewertung und Kontrolle der Risiken der sogenannten chemischen Altstoffe außer Kraft gesetzt. In der REACH-Verordnung wurde ein Übergangsverfahren etabliert, mit dem die verbleibenden Informationsforderungen hinsichtlich dieser Altstoffe in einem gestuften Verfahren abgehandelt werden. Für Altstoffe gelten dabei gesonderte Übergangsregelungen und -fristen, abhängig von der Kategorie der jährlichen Produktionsmenge (≥ 1, ≥ 10, ≥ 100, ≥ 1000 t pro Jahr). Auch das Meldeverfahren für neue Stoffe in den Mitgliedsstaaten wurde durch die REACH-Verordnung aufgehoben. Für Altstoffe und neue Stoffe gelten die gleichen Informationsanforderungen (Einzelheiten zu den Anforderungen und zum Verfahren der Registrierung sind in Kapitel 33 beschrieben).

Die gesetzlich vorgeschriebene Einstufung und Kennzeichnung von gefährlichen Chemikalien in der EU erfolgt mittels der Verordnung 1272/2008/EG über die Einstufung, Kennzeichnung und Verpackung von Stoffen und Stoffgemischen (CLP-Verordnung). Diese Verordnung hat nach einer Übergangsphase seit Juni 2015 die bisherige Stoff-Richtlinie 67/548/EWG und die Zubereitungsrichtlinie 1999/45/EG abgelöst. Die CLP-Verordnung (Classification, Labelling, Packaging) beruht auf dem *Globally Harmonised System of Classification and Labelling of Chemicals* (GHS) der Vereinten Nationen (UN) mit dem Ziel, die Einstufung und Kennzeichnung von gefährlichen Chemikalien international einheitlicher, transparenter und vergleichbarer zu machen. Mit der Umstellung auf GHS haben sich auch Kennzeichnungssymbole, Codes und teilweise auch die Kriterien für die Einstufung gegenüber dem bisherigen System geändert.

32.4.1.2 **Arzneimittel und Tierarzneimittel**

Unter Arzneimitteln versteht man im Wesentlichen Stoffe und Gemische aus Stoffen, die angewandt werden, um Krankheiten zu heilen oder zu lindern oder dafür zu sorgen, dass Krankheiten oder Beschwerden gar nicht erst auftreten. Auch bestimmte Diagnostika, z. B. Kontrastmittel, zählen zu den Arzneimitteln. Zweck der Arzneimittelgesetzgebung ist es, die Arzneimittelsicherheit beim Menschen, aber auch bei der Anwendung von Tierarzneimitteln an Tieren zu gewährleisten. Fertigarzneimittel im Sinne des Arzneimittelgesetzes dürfen daher nur in Verkehr gebracht werden, wenn sie eine nationale oder europäische Zulassung haben. Das europäische Zulassungssystem ist in der Richtlinie 2001/83/EG zur Schaffung eines Gemeinschaftskodex für Humanarzneimittel) sowie in der Verordnung 726/2004/EG geregelt und sieht drei Wege vor:

- Die *zentralisierte Zulassung* ist verpflichtend für biotechnologische Arzneimittel, für Arzneimittel bei seltenen Erkrankungen (sogenannte *Orphan Drugs*) sowie für Wirkstoffe, die nach 2004 auf den Markt kamen und die vorgesehen sind für die Behandlung von AIDS, Krebs- oder neurodegenerativen Erkrankungen oder Diabetes. Für die Anwendung der Guten Klinischen Praxis (GCP) bei der Durchführung von klinischen Prüfungen mit Humanarzneimitteln gilt die Richtlinie 2001/20/EG. Die Richtlinie 2003/94/EG legt Grundsätze und Leitlinien der Guten Herstellungspraxis (GMP) für Humanarzneimittel und für bestimmte Prüfpräparate zur Anwendung beim Menschen fest. Auch für Tierarzneimittel zur Leistungssteigerung ist die zentrale Zulassung

verpflichtend. Dieser Weg der Zulassung kann auch für andere Arzneimittel gewählt werden.
- Bei der *Zulassung mit gegenseitiger Anerkennung* zwischen den Mitgliedsstaaten handelt es sich zumeist um konventionelle Arzneimittel, die bereits in einem oder mehreren Mitgliedsstaaten zugelassen sind.
- Bei dem *dezentralen Verfahren*, das ebenfalls zumeist konventionelle Arzneimittel betrifft wird ein Antrag gleichzeitig in mehreren Mitgliedstaaten gestellt, wobei einer als Referenzmitgliedsstaat fungiert.

Darüber hinaus gibt es auch ein rein nationales Zulassungsverfahren. Die Zulassung gilt dann nur in dem betreffenden Mitgliedsstaat. Das europäische Zulassungssystem gilt nicht nur in der EU, sondern auch in den Ländern des Europäischen Wirtschaftraums (EWR). Für Arzneimittel bei Kindern, für Orphan-Arzneimittel, traditionelle pflanzliche Arzneimittel und Impfstoffe gelten spezielle Verordnungen.

Die Europäische Arzneimittelagentur (*European Medicines Agency*, EMA) ist zuständig beim zentralisierten Zulassungsverfahren. Die wissenschaftlichen Ausschüsse werden mit ausgewählten Experten aus den Mitgliedsstaaten und dem EWR besetzt. Wissenschaftliche Beurteilung und Zulassungsentscheidung sind institutionell getrennt. Die EMA dient auch als Schiedsstelle bei den anderen Verfahren, wenn sich die Mitgliedsstaaten nicht einigen können. Darüber hinaus koordiniert die EMA eine laufende Bewertung und Überwachung aller Human- und Tierarzneimittel in der EU.

32.4.1.3 Medizinprodukte

Medizinprodukte sind Produkte mit medizinischer Zweckbestimmung, die vom Hersteller für die Anwendung beim Menschen bestimmt sind. Dazu gehören unter anderem Implantate, viele humanmedizinische Hilfsmittel und Instrumente, Katheter, Herzschrittmacher, Dentalprodukte, Röntgengeräte, spezielle Gerätesoftware, Labordiagnostika und Produkte zur Empfängnisregelung. Anders als bei Arzneimitteln, die definitionsgemäß (Richtlinie 2001/83/EG) pharmakologisch, immunologisch oder metabolisch wirken, wird die bestimmungsgemäße Hauptwirkung bei Medizinprodukten primär auf physikalischem Weg erreicht. Medizinprodukte sind deshalb im Rahmen dieses Kapitels nur insofern von Interesse, als gefährliche Stoffe bei Gebrauch freigesetzt werden können, etwa durch Freisetzung im Körper, z. B. durch Abrieb von Implantaten.

Die grundlegenden Anforderungen bei der Zulassung von Medizinprodukten sind im jeweiligen Anhang I der Richtlinien 90/385/EWG (aktive implantierbare Medizinprodukte), 98/79/EG (*In-vitro*-Diagnostika) und 93/42/EWG (sonstige Medizinprodukte) festgelegt. Diese Richtlinien wurden mit der Richtlinie 2007/47/EG novelliert. Eine grundlegende Novellierung ist für 2017 vorgesehen. Medizinprodukte dürfen nur dann in Verkehr gebracht oder in Betrieb genommen werden, wenn sie mit der CE-Kennzeichnung versehen sind. Voraussetzung ist, dass die Produkte die grundlegenden Anforderungen der Richtlinie erfüllen und das vorgeschriebene Konformitätsbewertungsverfahren durchgeführt wurde. Vom potenziellen Risiko der Produkte hängt es ab, welches Konformitätsbewertungsverfahren durchzuführen ist und inwieweit dabei eine unabhängige Prüf- und Zertifizierungsstelle (*benannte Stelle*) beteiligt werden muss, die die entsprechenden Prüfungen durchführt und die erforderlichen Bescheinigungen erteilt.

32.4.1.4 **Pestizide (Pflanzenschutzmittel, Biozide)**

Pflanzenschutzmittel

Da Kulturpflanzen von Schädlingen und Krankheitserregern befallen werden können, setzt die Landwirtschaft vielfältige Maßnahmen ein, um dies zu verhindern, darunter auch Pflanzenschutzmittel. Die Anwendung von Pflanzenschutzmitteln kann jedoch zu Rückständen insbesondere der Wirkstoffe in Nutzpflanzen und in Lebensmitteln führen. Um die Rückstandssituation zu kontrollieren und Umwelt und Verbraucher zu schützen, sind ein Regelwerk und eine enge Zusammenarbeit der nationalen und der EU-Behörden erforderlich. Grundlage für das Inverkehrbringen von Pflanzenschutzmitteln ist die Verordnung 1107/2009/EG, die 2011 nach einer Übergangszeit die früheren Richtlinien 91/414/EWG und 79/117/EWG abgelöst hat. Pflanzenschutzmittel müssen einen offensichtlichen Nutzen für die Pflanzenerzeugung bieten und dürfen voraussichtlich keine schädlichen Auswirkungen auf die Gesundheit von Mensch oder Tier oder unannehmbare Folgen für die Umwelt haben. Ihre Zulassung ist auf zehn Jahre befristet. Die Regulierung von Pflanzenschutzmitteln in der EU erfolgt zweigeteilt: Wirkstoffe werden von der EU genehmigt, Pflanzenschutzmittel, d. h. die Produkte, die Wirkstoffe und weitere Stoffe enthalten, werden national bzw. zonal, d. h. in einer von drei festgelegten Klimazonen der EU, zugelassen. Die Zulassungsprüfung erfolgt gemeinschaftlich unter Beteiligung aller Mitgliedsstaaten, der Europäischen Behörde für Lebensmittelsicherheit (EFSA) und der EU-Kommission. Die Zulassungen für Pflanzenschutzmittel werden national in dem Land erteilt, in dem es vermarktet oder verwendet werden soll. Einzelheiten zu Datenanforderungen und zum Zulassungsverfahren sind in weiteren EU-Verordnungen festgelegt (siehe Kapitel 43); zur Festsetzung von Rückstandshöchstgehalten und Rückständen von Pflanzenschutzmitteln in Lebensmitteln siehe Abschn. 32.4.1.5.

Biozide und Biozid-Produkte

Der Markt in der EU für Biozid-Produkte zum Schutz von Mensch, Tier, Materialien oder Erzeugnissen vor Schadorganismen ist unübersichtlich groß. Allein in Deutschland gibt es mehr als 30 000 Biozid-Produkte, die zur Bekämpfung von Schädlingen wie Insekten oder Ratten, aber auch gegen Bakterien oder Pilze eingesetzt werden. Als Mittel zur Bekämpfung unterschiedlicher Organismen sind Biozid-Produkte potenziell auch gefährlich für Menschen, Tiere und die Umwelt. Die aktuelle Verordnung über Biozid-Produkte (BPV, 528/2012/EU) sowie die Änderungsverordnung (334/20142/EU) regeln das Inverkehrbringen und die Verwendung von Biozid-Produkte und haben die frühere Biozid-Produkte-Richtlinie 98/8/EG abgelöst. Ziel der Verordnung ist es, den Markt an Biozid-Produkten in der EU besser zu organisieren und gleichzeitig ein hohes Schutzniveau für die menschliche Gesundheit und für die Umwelt zu gewährleisten. Es gibt mehrere Durchführungsverordnungen. Das Zulassungsverfahren für Biozid-Produkte ist ein mehrstufiger Prozess. Die erste Voraussetzung für jede Produktzulassung ist, dass der in dem jeweiligen Produkt enthaltene Biozid-Wirkstoff bereits geprüft und für die jeweilige Produktart zugelassen ist, die einer von vier Hauptkategorien zugeordnet ist: Desinfektionsmittel; Schutzmittel für Holz und andere Materialien sowie Schutzmittel für Produkte während der Lagerung; Schädlingsbekämpfungsmittel (Rodentizide, Insektizide (Repellenzien) etc.); sonstige Biozid-Produkte (z. B. Antifouling-Mittel). Die zugelassenen Biozid-Wirkstoffe werden in eine Unionsliste aufgenommen, die bei der ECHA geführt wird. Ähnlich wie bei den chemischen Altstoffen gibt es Übergangsregelungen für alte Biozid-Wirkstoffe, die schon im Jahr 2000 auf dem Markt waren und im Anhang I der Verordnung 1451/2007/EG gelistet sind. Befinden sich die bioziden Wirkstoffe noch im Überprüfungsverfahren und sind noch nicht genehmigt, können Biozid-Produkte die solche Wirkstoffe enthalten, noch nach den nationalen Bestimmungen ohne ein aufwendiges Zulassungsverfahren in Verkehr gebracht werden. Sind alte Wirkstoffe bereits im Anhang I der BPV gelistet, gelten sie als genehmigt und werden in die Unionsliste der genehmigten Wirkstoffe aufgenommen

Die anschließende Zulassung der Biozid-Produkte erfolgt auf der Ebene der Mitgliedstaaten. Biozid-Produkte, die als Schutzmittel für Lebens- und Futtermittel dienen, sind vom Geltungsbereich der BPV ausgeschlossen und sind Zusatzstoffe im Sinne des Lebensmittelrechts. Die deutsche Zulassungsstelle für Biozid-Produkte ist die *Bundesstelle für Chemikalien* der Bundesanstalt für Arbeitsschutz und Arbeitsmedizin (BAuA). Eine in einem Mitgliedstaat erfolgte Zulassung kann durch gegenseitige Anerkennung auf andere Mitgliedstaaten ausgeweitet werden. Auch eine EU-weite Zulassung ist möglich. Hersteller und Importeure von Biozid-Produkten müssen ab September 2015 in einer unionsweiten Liste aufgeführt werden.

32.4.1.5 **Lebensmittel**

Die Sicherheit von Lebens- und Futtermitteln ist Gegenstand des Unionsrechts, insbesondere der Verordnung 178/2002/EG zur Festlegung der allgemeinen Grundsätze und Anforderungen des Lebensmittelrechts, zur Errichtung der Europäischen Behörde für Lebensmittelsicherheit (*European Food Safety Agency*, EFSA) und zur Festlegung von Verfahren zur Lebensmittelsicherheit. Für Trinkwasser gibt es eine Rahmenrichtlinie (98/83/EG) zur Qualität von Wasser für den menschlichen Gebrauch.

Während *Zusatzstoffe* wie z. B. Konservierungsstoffe, Farbstoffe, künstliche Süßstoffe, Antioxidationsmittel den Lebensmitteln hinzugefügt werden, um einen technologisch sinnvollen oder anderweitig erwünschten Zweck zu erfüllen, sind *Rückstände* von Tierarzneimitteln, Pflanzenschutzmitteln und Bioziden zwar grundsätzlich unerwünscht, werden aber geduldet und in ihrer Höhe begrenzt.

Kontaminanten wie z. B. Schwermetalle sind ebenfalls unerwünscht, gelangen aber ungewollt und meist unvermeidbar in Lebensmittel und werden ebenfalls mit Grenzwerten geregelt. Die Anwesenheit all dieser Stoffe in Lebensmitteln wird nur in Konzentrationen geduldet, die gesundheitlich unbedenklich sind. Die Unbedenklichkeit all dieser Stoffe wird durch nationale und internationale Institutionen und Expertengremien bewertet, auf EU-Ebene durch die Europäische Behörde für Lebensmittelsicherheit (EFSA).

Zusatzstoffe

Zusatzstoffe sind zulassungspflichtig; solche zur Verwendung in der Tierernährung fallen unter die Verordnung 1831/2003/EG, Lebensmittelzusatzstoffe unter die Verordnung 1333/2008/EG. Biozid-Produkte zum Schutz von Lebens- und Futtermitteln gegen Schadorganismen, die bisher von der Biozid-Verordnung erfasst waren, fallen ebenfalls unter diese beiden Verordnungen. EU-weit sind rund 320 Zusatzstoffe für Lebensmittel zugelassen. Die Zusatzstoffe werden nach ihrem Verwendungszweck verschiedenen Klassen zugeordnet. Die Kennzeichnung mit einer E-Nummer bedeutet, dass der Zusatzstoff für den Verbrauch in der EU zugelassen ist.

Rückstände von Pflanzenschutzmitteln

Selbst bei sachgerechter und bestimmungsgemäßer Anwendung können Rückstände von Pflanzenschutzmitteln in oder auf Lebens- und Futtermitteln verbleiben. Diese Rückstände sollen so gering gehalten werden, dass sie die Gesundheit der Verbraucher weder bei lebenslanger täglicher Aufnahme noch bei einmaligem Verzehr einer großen Lebensmittelmenge schädigen können. Rückstandshöchstgehalte sind Grenzwerte für Rückstände in Lebensmitteln und Futtermitteln, die für jeden Wirkstoff – und aufgeschlüsselt nach Lebensmittelprodukten – festgelegt werden. Die Festlegung dieser Werte erfolgt in einem europäischen Gemeinschaftsverfahren; Basis ist die Verordnung (EG) Nr. 396/2005. Eine Datenbank der EU-Kommission (*EU pesticides database*) gibt Auskunft über die aktiven Wirkstoffe und deren Rückstandshöchstgehalte (*maximum residue limit*, MRL) in einzelnen Lebensmittelprodukten. Diese Datenbank wird laufend aktualisiert. Wenn für eine Kombination von Wirkstoff und Lebensmittelprodukt kein expliziter Rückstandshöchstgehalt festgesetzt ist, gilt ein pauschaler Grenzwert von 0,01 mg/kg.

Rückstände von pharmakologisch wirksamen Stoffen

Tiere, die der Lebensmittelgewinnung dienen, dürfen EU-weit nur mit Arzneistoffen behandelt werden, die in der Verordnung 470/2009/EG geregelt und im Anhang der Verordnung 37/2010/EU als zulässig aufgeführt sind. Teils sind Höchstmengen für Rückstände festgesetzt (*maximum residue limit*, MRL), teils führt das Verzeichnis Stoffe auf, die als toxikologisch unbedenklich gelten und für deren Rückstände keine Höchstmengen festzusetzen sind. Bei der Zulassung von Tierarzneimitteln bilden die Höchstmengen die Grundlage für die Festsetzung von

Wartezeiten. Die Wartezeit legt den Zeitraum fest, der nach der Verabreichung des Arzneimittels verstreichen muss, bis der Wirkstoff weitgehend ausgeschieden ist und die Rückstandsmenge als unbedenklich angesehen wird. Der Anhang der Verordnung enthält auch eine Liste mit Stoffen, deren Anwendung bei lebensmittelliefernden Tieren EU-weit verboten ist. Für alle anderen, im Anhang nicht genannten pharmakologisch wirksamen Stoffe gilt die Nulltoleranz. Diese Stoffe dürfen in Lebensmitteln nicht nachweisbar sein.

Kontaminanten in Lebensmitteln

Kontaminanten in Lebensmitteln sind in der Verordnung (EWG) Nr. 315/93 geregelt. So dürfen keine Lebensmittel in den Verkehr gebracht werden, die Kontaminanten in gesundheitlich nicht vertretbaren Mengen enthalten. Darüber hinaus gilt ein Minimierungsgebot. Die Verordnung 1881/2006/EG enthält Höchstmengen jeweils in bestimmten Lebensmitteln für eine Reihe von Stoffen und Stoffgruppen, insbesondere Nitrat, Mykotoxine, Dioxine und PCB, Metalle wie Blei, Cadmium, Quecksilber sowie Benz[*a*]pyren als Marker für polyzyklische aromatische Kohlenwasserstoffe.

Acrylamid, im Tierversuch krebserzeugend und erbgutverändernd, entsteht bei der Herstellung und Zubereitung von Lebensmitteln beim Zusammentreffen von bestimmten Zuckern und Asparaginsäure bei Temperaturen oberhalb von 120 ° C (*Maillard*-Reaktion), insbesondere beim Backen und Frittieren von Getreide- und Kartoffelprodukten oder beim Rösten von Kaffee. Die EU-Kommission hat deshalb 2011 in einer Empfehlung Richtwerte für eine Reihe von Warengruppen herausgegeben, bei deren Überschreitung die Hersteller Maßnahmen zur Minderung des Acrylamidgehalts ergreifen sollen. Auf Grundlage der tierexperimentellen Studien bestätigte die EFSA im Juni 2015 frühere Einschätzungen, dass Acrylamid in Lebensmitteln das Krebsrisiko für Verbraucher aller Altersgruppen potenziell erhöht.

Lebensmittelkontaktmaterialien

Lebensmittelkontaktmaterialien können mit Lebensmitteln während der Herstellung (Ernte, Transport, Zubereitung, Lagerung), dem Handel/Inverkehrbringen (Verpackung) und dem Verbrauch (Endzubereitung, Anrichtung, Verzehr) in Berührung kommen und müssen deshalb zum Schutz der Gesundheit gemäß der Verordnung 1935/2004/EG bestimmte gesetzliche Anforderungen erfüllen. Zum Zweck der Vorsorge ist es grundsätzlich verboten, dass überhaupt Stoffe aus den Gegenständen in die Lebensmittel übergehen dürfen, es sei denn, dass der Stoffübergang technologisch unvermeidbar ist, also die Gute Herstellungspraxis (GMP) nach Verordnung 2023/2006/EG eingehalten ist und die Stoffe in den verfügbaren Mengen gesundheitlich unbedenklich sind und auch nicht zu organoleptischen, d. h. geruchlichen und geschmacklichen Beeinträchtigungen in den Lebensmitteln führen. Zusätzlich gelten spezielle Anforderungen bei neuen, sogenannten aktiven und intelligenten Verpackungsmaterialien für Lebensmittel, bei denen ein Stoffübergang in das Lebensmittel oder eine Veränderung des

Lebensmittels erforderlich ist. Diese neuartigen Verpackungsmaterialien ermöglichen z. B. eine längere Haltbarkeit der Lebensmittel oder lassen den Frischegrad eines Lebensmittels an der Verpackung erkennen. Ein Anhang der Verordnung enthält ein Verzeichnis der Gruppen von Materialien und Gegenständen, für die Einzelmaßnahmen erlassen werden können (z. B. Gummi, Glas, Papier, Metalle, Kunststoffe, Druckfarben).

32.4.1.6 **Kosmetische Mittel**

Kosmetische Mittel (Kosmetika) sind Stoffe oder Gemische, die unmittelbar auf den menschlichen Körper aufgebracht werden. Definitionsgemäß werden sie nur äußerlich und im Mundraum mit dem Zweck angewendet, zu reinigen, zu parfümieren, das Aussehen zu verändern, den guten Zustand zu erhalten oder den Körpergeruch zu beeinflussen. Bei den kosmetischen Mitteln wird unterschieden zwischen denjenigen, die nach der Verwendung auf dem Körper verbleiben (*leave-on*) und denen, die bei der Verwendung wieder entfernt werden (*rinse-off*). Kosmetische Mittel sind in der EU durch die Verordnung 1223/2009/EG einheitlich geregelt. Die Verordnung ist seit 2013 in vollem Umfang in Kraft. Kosmetische Mittel sind nicht zulassungspflichtig. Zugelassen werden müssen jedoch bestimmte Inhaltsstoffe, d. h. Konservierungsstoffe, Farbstoffe oder UV-Filter, die in Positivlisten der Verordnung zumeist mit Anwendungsbeschränkungen aufgeführt werden (Anhänge IV bis VI). Eine weitere Stoffliste (Anhang III) schreibt Einsatzbeschränkungen in Form von Anwendungsgebieten oder zulässigen Höchstkonzentrationen sowie Warnhinweise vor. Die wissenschaftliche Bewertung der Stoffe in diesen Anhängen erfolgt durch den Wissenschaftlichen Ausschuss für Verbrauchersicherheit bei der EU-Kommission (*Scientific Committee on Consumer Safety*, SCCS). Der Ausschuss bewertet auch Nanomaterialien in kosmetischen Mitteln. Unabhängig davon müssen Hersteller von kosmetischen Mitteln die Unbedenklichkeit ihrer Produkte durch eigene Sicherheitsbewertungen belegen und dokumentieren.

Kosmetische Mittel müssen auf einem Internetportal der EU-Kommission notifiziert werden, bevor sie vermarktet werden dürfen. Die Hersteller sind unter anderem verpflichtet, die Rezepturen ihrer Produkte zu hinterlegen, damit Giftinformationszentren im Bedarfsfall Zugang haben. Anhang II der Kosmetika-Verordnung enthält eine sogenannte Negativliste, d. h., verbotene Stoffe für die Herstellung oder Behandlung von kosmetischen Mitteln. Auf der Verpackung der Produkte sind die Inhaltsstoffe zu deklarieren, ebenso Stoffe mit bestimmten Anteilen von Nanomaterialien mit dem Zusatz „Nano". Ein Tierversuchsverbot bei Sicherheitsprüfungen von Kosmetika-Inhaltsstoffen wurde seit 2003 schrittweise eingeführt und ist seit 2013 in vollem Umfang in Kraft. Das Tierversuchsverbot gilt allerdings nur für den Geltungsbereich der Kosmetika-Verordnung; wird ein Stoff auch in anderen Rechtsbereichen verwendet, z. B. als Konservierungsstoff, sind die Sicherheitsprüfungen des jeweiligen Rechtsbereichs maßgebend und werden für die Sicherheitsbewertung als Kosmetika-Inhaltsstoff herangezogen.

32.4.1.7 Verbraucherschutz

Grundsätzlich gilt bei allen Verbraucherprodukten, dass der Hersteller oder Importeur für die Sicherheit und Rechtskonformität seiner Produkte selbst verantwortlich ist. Maßgebend in der EU ist die Richtlinie 2001/95/EG über die allgemeine Produktsicherheit. Sie enthält allgemeine Anforderungen an die Sicherheit, Marktüberwachung und Meldeverfahren bei unsicheren Produkten. Bei den *Erzeugnissen* gibt es lediglich für die Sicherheit von Spielzeug eine eigene Richtlinie (2009/48/EG), in der unter anderem die Verwendung bzw. die Anwesenheit von Stoffen mit Gefahrenpotenzial geregelt ist. Die Produktsicherheitsrichtlinie gilt zwar grundsätzlich auch für Kosmetika, diese Produkte und ihre Inhaltsstoffe sind jedoch in einer eigenen Verordnung umfassend geregelt.

32.4.1.8 Arbeitsschutz

Ziel der Rahmenrichtlinie 89/391/EWG ist die Durchführung von Maßnahmen zur Verbesserung der Sicherheit und des Gesundheitsschutzes der Arbeitnehmer am Arbeitsplatz. Ergänzende oder strengere nationale Qualitätsstandards zur Erreichung der Schutzziele werden durch die Richtlinie nicht berührt. Den Schutz vor chemischen Arbeitsstoffen mit Pflichten besonders für den Arbeitgeber hat die RL 98/24/EWG zum Ziel, während die Richtlinie 2004/37/EG speziell dem Schutz vor kanzerogenen und mutagenen Arbeitsstoffen dient. Verbindliche Mindeststandards zur Expositionsbegrenzung gibt es für anorganisches Blei und seine Verbindungen sowie für die krebserzeugenden Stoffe Benzol, Vinylchlorid, Hartholzstäube und Asbest. Darüber hinaus gibt es eine Liste mit unverbindlichen Richtwerten, die vom *Scientific Committee on Occupational Exposure Limits* (SCOEL), einem Ausschuss für Grenzwerte am Arbeitsplatz bei der EU-Kommission, erarbeitet werden.

32.4.1.9 Strahlenschutz

Die Europäische Atomgemeinschaft (EURATOM) ist neben der EU eine eigenständige internationale Organisation, teilt mit ihr jedoch sämtliche Institutionen. Der EURATOM-Vertrag (konsolidierte Fassung: 2012/C 327/01) regelt unter anderem den Umgang und Verkehr mit radioaktiven Stoffen. Daraus leiten sich dann Sicherheitsstandards in den Mitgliedsstaaten ab mit dem Ziel der Expositionsminimierung von Mensch und Umwelt gegenüber radioaktiver Strahlung. Die Verordnung 1493/93/Euratom regelt den Import und Export von Strahlungsquellen einschließlich radioaktiven Abfällen zwischen den Mitgliedsstaaten sowie zwischen der EU und Drittländern.

32.4.1.10 Transport gefährlicher Güter

Gefährliche Chemikalien werden als Gefahrgut auf der Straße oder Schiene, dem Luft- oder Wasserweg transportiert. Um Risiken für Mensch und Umwelt zu vermeiden, ist die Beförderung gefährlicher Güter in internationalen Übereinkommen geregelt. Ein umfassendes Basisregelwerk ist das Europäische Übereinkommen über die internationale Beförderung gefährlicher Güter auf der Straße (ADR). Es enthält Vorschriften insbesondere für die Klassifizierung, Verpackung, Kennzeichnung und Dokumentation gefährlicher Güter, für den Umgang während der Beförderung und für die verwendeten Fahrzeuge. Für weitere Transportwege gibt es ähnliche internationale Regelungen, zur Beförderung gefährlicher Güter im Schienenverkehr (RID), auf Binnenwasserstraßen (ADN) sowie auf See (*International Maritime Code for Dangerous Goods*, IMDG-Code). ADR, RID oder ADN enthalten Verzeichnisse gefährlicher Stoffe, Angaben darüber, ob deren Beförderung zulässig ist oder nicht sowie die Bedingungen, die im Falle einer zulässigen Beförderung zur Anwendung kommen. In der Richtlinie 2008/68/EG sind die Übereinkommen ADR, RID und ADN in europäisches Recht umgesetzt. Sie gilt für die Beförderung gefährlicher Güter innerhalb eines Mitgliedstaats der EU oder von einem EU-Mitgliedstaat in einen anderen (siehe auch Abschn. 32.6: Das *Rotterdamer Übereinkommen* zum internationalen Handel mit bestimmten gefährlichen Chemikalien).

32.4.2 EU-Regulation im Umweltbereich

32.4.2.1 Außenluft

Mit der Luftqualitäts-Rahmenrichtlinie 96/62/EG wurde in der EU der rechtliche Rahmen für die künftige Entwicklung im Bereich der Luftqualität geschaffen. Ziele waren insbesondere die Definition und Festlegung von Luftqualitätszielen, die Entwicklung einheitlicher Methoden und Kriterien zur Beurteilung der Luftqualität, die Unterrichtung der Öffentlichkeit über die Luftqualität gegebenenfalls anhand von Alarmstufen bei hohen Konzentrationen etwa von bodennahem Ozon sowie die Erhaltung guter und die Verbesserung der Luftqualität, wo erforderlich. Mithilfe von vier Tochterrichtlinien wurden Grenz- und Zielwerte für die typischen Luftschadstoffe EU-weit eingeführt. Mit der Richtlinie 2008/50/EG über Luftqualität wurden die ursprüngliche Rahmenrichtlinie 96/62/EG und drei ihrer Tochterrichtlinien sowie Regelungen über den EU-Datenaustausch zusammengefasst. Während sich diese Richtlinie und ihre Vorgängerin mit der Immission befassen, wurde in der EU auch die Emissionsseite reguliert, z. B. mit der Richtlinie 97/68/EG über die stufenweise Abgasminderung z. B. von Stickstoffoxiden mit Übergangsfristen für mobile Maschinen und Geräte.

Nachdem sich einige schwere Industrieunfälle mit erheblichen Folgen ereignet hatten, unter anderem der Unfall in Seveso/Italien, wurde zunächst die Richtlinie 82/501/EWG über die Gefahren schwerer Unfälle bei bestimmten Industrietätigkeiten erlassen (sogenannte Seveso-I-Richtlinie). Sie wurde durch die Richtlinie 96/82/EG ersetzt. Ziel dieser „Seveso-II-Richtlinie" ist die Verhütung schwerer Unfälle mit gefährlichen Stoffen und die Begrenzung der Unfallfolgen für Mensch und Umwelt. Sie gilt für Betriebe, in denen gefährliche Stoffe oberhalb bestimmter Mengenschwellen vorhanden sind. Die „Seveso-III-Richtlinie" 2012/18/EU hat die vorherige Richtlinie 96/82/EG ersetzt. Ein wesentlicher Grund für die Reform der Richtlinie war die CLP-Verordnung 2008/1272/EU, denn durch die Einführung des *Globally Harmonized System* (GHS) mussten die Begrifflichkeiten und die Stoffliste im Anhang der Richtlinie angepasst werden. Zu einigen weiteren

Neuregelungen gehören die erweiterten Pflichten zur Information der Öffentlichkeit, verschärfte Pflichten für Betreiber und Behörden bei der Überwachung.

32.4.2.2 Wasser

Die Richtlinie 2000/60/EG (Wasser-Rahmenrichtlinie, WRRL) vereinheitlicht den rechtlichen Rahmen für die Wasserpolitik innerhalb der EU. Ziel der Richtlinie ist die Schaffung eines Ordnungsrahmens für den Schutz der Binnenoberflächengewässer, der Übergangsgewässer, der Küstengewässer und des Grundwassers. Sie enthält deshalb Maßnahmenprogramme zur Erreichung von Umweltzielen bei Oberflächengewässern, Grundwasser und Wasserschutzgebieten. In einem Anhang sind die wichtigsten Schadstoffgruppen aufgeführt. In der konsolidierten Fassung von 2013 ist in Anhang X eine aktuelle Liste prioritärer sowie prioritärer gefährlicher Stoffe enthalten.

Eine Tochterrichtlinie der WRRL ist die Richtlinie 2006/118/EG (geändert mit der Richtlinie 2014/80/EU) zum Schutz des Grundwassers vor Verschmutzung und Verschlechterung. Sie enthält Maßgaben und Kriterien für die Beurteilung des guten chemischen Zustands des Grundwassers und Kriterien für die Ermittlung und Umkehrung signifikanter und anhaltender steigender Trends der Schadstoffbelastung sowie Bestimmungen zur Verhinderung und Begrenzung der Einträge von Schadstoffen in das Grundwasser. Mit Grundwasserqualitätsnormen für Nitrat (50 mg/l) und für Pflanzenschutzmittelwirkstoffe (0,1 µg/l, Summenwert 0,5 µg/l) ergänzt sie die Richtlinie 98/83/EG über die Qualität von Wasser für den menschlichen Gebrauch.

32.4.2.3 Abfall

Das europäische Abfallrecht ist durch eine Vielzahl von Rechtsakten geprägt. Zu den zentralen Richtlinien im Bereich der Abfallwirtschaft zählt die Abfall-Rahmenrichtlinie (2008/98/EG), die die alte Abfall-Rahmenrichtlinie 2006/12/EG und einige weitere Richtlinien ersetzt oder aufgehoben hat. Sie definiert wesentliche abfallbezogene Begrifflichkeiten und legt unter anderem eine fünfstufige Abfallhierarchie für den Umgang mit Abfällen fest: Vermeidung, Vorbereitung zur Wiederverwendung, Recycling, sonstige Verwertung, z. B. energetische Verwertung und Beseitigung. Neben einigen dieser Hierarchiestufen haben Begriffe wie Abfall, gefährlicher Abfall, Bioabfall sowie Behandlung eine Legaldefinition erhalten. Die Unterscheidung von gefährlichen und ungefährlichen Abfällen ist ein zentrales Element der Abfallwirtschaft. „Gefährlicher Abfall" ist definiert als Abfall, der eine oder mehrere der in Anhang III aufgeführten gefährlichen Eigenschaften aufweist, die sich in einer Übergangsphase an die Gefahrstoffeigenschaften der früheren Stoffrichtlinie 67/548/EWG und der Zubereitungsrichtlinie (1999/45/EG) anlehnten. Mit vollem Inkrafttreten der CLP-Verordnung 1272/2008 seit Juni 2015 wurde der Anhang III mit nur geringen Abweichungen an die Gefährlichkeitsmerkmale der CLP-Verordnung und des GHS-Systems angepasst (Verordnung 1357/2014/EU). Auch das bisherige Europäische Abfallverzeichnis (EAV; Beschluss der EU-Kommission 2000/532/EG) wurde entsprechend durch einen neuen Beschluss der Kommission (2014/955/EU) geändert.

Fragen der Abgrenzung gefährlicher von nicht gefährlichen Abfällen und somit auch die neuen Änderungen sind teilweise von erheblicher Bedeutung.

32.5
Entwicklung des Stoffrechts in Deutschland

Seit alters her sind die Menschen bestrebt, bekannten (oder vermuteten) gefährlichen Eigenschaften chemischer Stoffe durch Schutzmaßnahmen zu begegnen. Das deutsche Reinheitsgebot des Bierbrauens im Mittelalter hatte nicht nur eine mikrobiologische, sondern auch eine gegen chemische Verunreinigungen gerichtete Hygienefunktion. Das Lebensmittelgesetz mit ersten umfassenden Regelungen trat in Deutschland hingegen erst in den Dreißigerjahren des 20. Jahrhunderts in Kraft, ebenso gab es zu dieser Zeit erste arzneimittelrechtliche Regelungen. Diese und andere Gesetze wurden und werden laufend novelliert.

Frühe dokumentierte Vorschriften zum Schutz gegenüber Chemikalien am Arbeitsplatz finden sich in einem Labortagebuch aus dem Jahr 1615, das am vermutlich weltweit ersten Lehrstuhl für *Chymiatrie* (pharmazeutische Chemie) an der Universität Marburg/Lahn geführt wurde. Seit 1896 gibt es in Deutschland mit der Gewerbeordnung systematische nationale Regelungen zum Arbeitsschutz auch gegenüber Chemikalien einschließlich Festlegungen zur behördlichen Überwachung. In der Mitte des 20. Jahrhunderts wuchs das Bewusstsein gegenüber schädlichen Wirkungen von chemischen Substanzen. Die meisten Stoffgesetze in Deutschland zum Schutz von Umwelt und Gesundheit wurden in den Siebziger- und Achtzigerjahren eingeführt.

Die Regulation von chemischen Stoffen oder Stoffgemischen zur Reduktion oder Verhinderung schädlicher Auswirkungen erfolgte traditionell durch nationale Gesetze und untergesetzliche Regelungen, die aber zunehmend durch Richtlinien oder Verordnungen der EU ersetzt wurden und werden. In Deutschland heißen die Rechtsnormen der ersten untergesetzlichen Ebene „Verordnungen", die begrifflich von den Verordnungen auf EU-Ebene unterschieden werden müssen und vor allem Details technischer Art und solche des Verwaltungsvollzugs regeln. Die nationale Gesetzgebung wird in Deutschland durch Gesetze und andere Vorschriften im Rahmen der Zuständigkeiten der Bundesländer ergänzt. Die Umsetzung und Überwachung der rechtlichen Regelungen erfolgt in Deutschland entsprechend der im Grundgesetz festgelegten Aufgabenverteilung von Bundes- und Landesbehörden.

Unterhalb der nationalen Gesetzes- und Verordnungsebene gibt es in Deutschland weitere bindende Vorschriften mit zumeist technischen Ausführungsbestimmungen im Detail. Beispiele sind die *Technische Anleitung Luft* (TA Luft) und die *Technische Anleitung Abfall* (TA Abfall). Sie haben den Status von antizipierten Sachverständigengutachten und werden in Streitfällen von Gerichten in der Regel anerkannt.

32.5.1 Wichtige Stoffgesetze und Verordnungen auf nationaler Ebene

In Deutschland ist die Sicherheit im Umgang mit Stoffen und Gemischen hauptsächlich durch die Rechtsnormen entsprechend Tab. 32.3 und 32.4 geregelt (Stand: 01.08.2015). Aufgeführt sind hier diejenigen Gesetze und Verordnungen des allgemeinen und besonderen Stoffrechts, die im Kern einen unmittelbaren Stoffbezug aufweisen.

32.5.1.1 Das Gesetz zum Schutz vor gefährlichen Stoffen (Chemikaliengesetz – ChemG)

Das in seiner ersten Fassung bereits 1980 bekanntgegebene und in der Zwischenzeit mehrfach neugefasste oder geänderte ChemG verfolgt das Ziel, *den Menschen*

Tab. 32.3 Das Chemikaliengesetz und seine wesentlichen Verordnungen.

Gesetz/Verordnung (Ausfertigungsdatum)	Vollzitat	Geregelte Stoffe/Gemische
Chemikaliengesetz – ChemG (16.09.1980)	„Chemikaliengesetz in der Fassung der Bekanntmachung vom 28. August 2013 (BGBl. I S. 3498, 3991), das zuletzt durch Artikel 4 Absatz 97 des Gesetzes vom 18. Juli 2016 (BGBl. I S. 1666) geändert worden ist"	Chemikalien („Gefährliche Stoffe und gefährliche Gemische", Biozide)
Gefahrstoffverordnung – GefStoffV (26.11.2010)	„Gefahrstoffverordnung vom 26. November 2010 (BGBl. I S. 1643, 1644), die zuletzt durch Artikel 1 der Verordnung vom 15. November 2016 (BGBl. I S. 2549) geändert worden ist	Chemikalien („Gefahrstoffe", unter anderem auch Stoffe, denen ein Arbeitsplatzgrenzwert zugewiesen worden ist), Biozide
Chemikalien-Verbotsverordnung – ChemVerbotsV (14.10.1993)	„Chemikalien-Verbotsverordnung in der Fassung der Bekanntmachung vom 13. Juni 2003 (BGBl. I S. 867), die zuletzt durch Artikel 5 Absatz 40 des Gesetzes vom 24. Februar 2012 (BGBl. I S. 212) geändert worden ist"	Chemikalien
Giftinformationsverordnung – ChemGiftInfoV (17.07.1990)	„Giftinformationsverordnung in der Fassung der Bekanntmachung vom 31. Juli 1996 (BGBl. I S. 1198), die zuletzt durch Artikel 4 der Verordnung vom 11. Juli 2006 (BGBl. I S. 1575) geändert worden ist"	Chemikalien und Biozide nach Maßgabe ChemG
Biozid-Zulassungsverordnung – ChemBiozidZulV (04.07.2002)	„Biozid-Zulassungsverordnung vom 4. Juli 2002 (BGBl. I S. 2514), die durch Artikel 15 des Gesetzes vom 22. August 2006 (BGBl. I S. 1970) geändert worden ist"	Biozide

Tab. 32.4 Beispiele zu wichtigen Gesetzen des besonderen Stoffrechts.

Gesetz (Ausfertigungsdatum)	Vollzitat	Geregelte Stoffe/ Anwendungsbereich
Arzneimittelgesetz – AMG (24.08.1976)	„Arzneimittelgesetz in der Fassung der Bekanntmachung vom 12. Dezember 2005 (BGBl. I S. 3394), das durch Artikel 2 des Gesetzes vom 20. Dezember 2016 (BGBl. I S. 3048) geändert worden ist"	Humanarzneimittel, Tierarzneimittel
Pflanzenschutzgesetz – PflSchG (06.02.2012)	„Pflanzenschutzgesetz vom 6. Februar 2012 (BGBl. I S. 148, 1281), das zuletzt durch Artikel 4 Absatz 84 des Gesetzes vom 18. Juli 2016 (BGBl. I S. 1666) geändert worden ist"	Pflanzenschutzmittel (Wirkstoffe, Safener oder Synergisten; Wachstumsregler)
Wasch- und Reinigungsmittelgesetz – WRMG (29.04.2007)	„Wasch- und Reinigungsmittelgesetz in der Fassung der Bekanntmachung vom 17. Juli 2013 (BGBl. I S. 2538), das zuletzt durch Artikel 4 Absatz 71 des Gesetzes vom 18. Juli 2016 (BGBl. I S. 1666) geändert worden ist"	Detergenzien
Lebensmittel- und Futtermittelgesetzbuch – LFGB (01.09.2005)	„Lebensmittel- und Futtermittelgesetzbuch in der Fassung der Bekanntmachung vom 3. Juni 2013 (BGBl. I S. 1426), das zuletzt durch Artikel 1 der Verordnung vom 24. November 2016 (BGBl. I S. 2656) geändert worden ist"	Stoffe/Gemische in Lebensmitteln, einschließlich Lebensmittelzusatzstoffe, Futtermittel, kosmetische Mittel und Bedarfsgegenstände
Bundes-Immissionsschutzgesetz – BImSchG (15.03.1974)	„Bundes-Immissionsschutzgesetz in der Fassung der Bekanntmachung vom 17. Mai 2013 (BGBl. I S. 1274), das zuletzt durch Artikel 1 der Verordnung vom 24. November 2016 (BGBl. I S. 2656)"	Luftverunreinigungen insbesondere durch Rauch, Ruß, Stäube, Gase, Aerosole, Dämpfe oder Geruchsstoffe
Wasserhaushaltsgesetz – WHG (31.07.2009)	„Wasserhaushaltsgesetz vom 31. Juli 2009 (BGBl. I S. 2585), das zuletzt durch Artikel 1 des Gesetzes vom 4. August 2016 (BGBl. I S. 1972) geändert worden ist"	Physikalische, *chemische* oder biologische Beschaffenheit des Wassers
Bundes-Bodenschutzgesetz – BBodSchG (17.03.1998)	„Bundes-Bodenschutzgesetz vom 17. März 1998 (BGBl. I S. 502), das zuletzt durch Artikel 101 der Verordnung vom 31. August 2015 (BGBl. I S. 1474) geändert worden ist"	Schädliche Bodenveränderungen (Anorganische und organische Schadstoffe)

und die Umwelt vor schädlichen Einwirkungen gefährlicher Stoffe und Gemische zu schützen, insbesondere sie erkennbar zu machen, sie abzuwenden und ihrem Entstehen vorzubeugen. Die grundsätzlichen Schutzziele des ChemG sind damit der Gesundheitsschutz, der Arbeitsschutz und der Umweltschutz. Es dient vor allem der Umsetzung der REACH-Verordnung (Verordnung (EG) Nr. 1907/2006) und der Verordnung (EG) Nr. 1272/2008 über die Einstufung, Kennzeichnung und Verpackung von Stoffen und Gemischen (CLP-Verordnung) in nationales Recht. Das ChemG definiert (in Abschn. 2) die Aufgaben der dabei beteiligten Bundesbehörden (Bundesanstalt für Arbeitsschutz und Arbeitsmedizin (BAuA), Umweltbundesamt (UBA), Bundesinstitut für Risikobewertung (BfR)) insbesondere in ihrer Funktion als *Bewertungsstellen* sowie ihre Zusammenarbeit. Die BAuA als *Bundesstelle für Chemikalien* wirkt z. B. an Stellungnahmen zu Entscheidungsentwürfen der Europäischen Chemikalienagentur (ECHA) und an der harmonisierten Einstufung und Kennzeichnung von Stoffen mit oder bereitet Dossiers zur Einleitung oder Überprüfung von Beschränkungsverfahren vor. Das BfR als Bewertungsstelle für Gesundheit und Verbraucherschutz sowie das UBA als Bewertungsstelle für Umwelt unterstützen die BAuA in ihrer Funktion als „Bundesstelle für Chemikalien". Die BAuA ist zugleich Bewertungsstelle für die Sicherheit und den Gesundheitsschutz der Beschäftigten. Der dritte Abschnitt des ChemG betrachtet die Einstufung, Kennzeichnung und Verpackung und insbesondere die Pflichten des *Herstellers oder Einführers*, während die generellen Mitteilungspflichten im Abschn. 4 („Mitteilungspflichten zu Gemischen" in §16d und „Mitteilungen für die Informations- und Behandlungszentren für Vergiftungen" in §16e) geregelt sind. Der fünfte Abschnitt betrachtet die Ermächtigung zu Verboten und Beschränkungen zu bestimmten gefährlichen Stoffe, für bestimmte gefährliche Gemische oder Erzeugnisse sowie zu Maßnahmen zum Schutz von Beschäftigten. Die Regelungen zur Guten Laborpraxis sind umfassend in Abschn. 6 sowie den Anhängen 1 und 2 niedergelegt, werden aber außerdem in der Allgemeinen Verwaltungsvorschrift GLP konkretisiert.

Die Grundzüge der Chemikalienprüfung, Bewertung, Einstufung und Kennzeichnung, wie sie das ChemG definiert, wurden nachfolgend durch Verordnungen wie die Gefahrstoffverordnung, die Chemikalienprüfnachweisverordnung und die Chemikalienverbotsverordnung konkretisiert.

32.5.1.2 Die Verordnung zum Schutz vor Gefahrstoffen (Gefahrstoffverordnung – GefStoffV)

Die GefStoffV ist das wohl wichtigste untergesetzliche Regelwerk zum Chemikaliengesetz. Ihre Erstfassung vom 26. August 1986 geht zurück auf die Zusammenführung der früheren Arbeitsstoffverordnung, der Giftverordnungen der Bundesländer und des alten Reichsrechts über hochgiftige Stoffe. Ziel der GefStoffV ist es, „den Menschen und die Umwelt vor stoffbedingten Schädigungen zu schützen durch" a) *Regelungen zur Einstufung, Kennzeichnung und Verpackung gefährlicher Stoffe und Gemische*), b) *Maßnahmen zum Schutz der Beschäftigten und anderer Personen bei Tätigkeiten mit Gefahrstoffen* und c) *Beschränkungen für das Herstellen und Verwenden bestimmter gefährlicher Stoffe, Gemische und Erzeugnisse.* Soweit nicht ausdrücklich etwas Anderes bestimmt ist, gilt sie grundsätzlich nicht für biologische Arbeitsstoffe im Sinne der Biostoffverordnung und private Haushalte. Der Abschn. 2 beschreibt die Anforderungen an die Gefahrstoffinformation, während die Gefährdungsbeurteilung und Grundpflichten in Abschnitt 3 sowie Schutzmaßnahmen in Abschnitt 4 behandelt werden.

Die GefStoffV regelt damit im Kern Schutzmaßnahmen für Beschäftigte bei Tätigkeiten mit Gefahrstoffen. Die aktuelle Änderung der Gefahrstoffverordnung vom 15. November 2016 beinhaltet noch nicht die komplette Implementierung des Risikokonzepts des Ausschusses für Gefahrstoffe für karzinogene Stoffe.

32.5.1.3 **Die Verordnung über Verbote und Beschränkungen des Inverkehrbringens gefährlicher Stoffe, Zubereitungen und Erzeugnisse nach dem Chemikaliengesetz (Chemikalien-Verbotsverordnung – ChemVerbotsV)**

Die Chemikalien-Verbotsverordnung regelt Verbote zum Inverkehrbringen von Stoffen und Zubereitungen (= *Gemische*), die Erlaubnis- und Anzeigepflichten, Informations- und Aufzeichnungspflichten bei der Abgabe von Stoffen und Gemischen an Dritte, das Selbstbedienungsverbot, den Versandhandel und die erforderliche Sachkunde. Durch die 1993 in Kraft getretene Verordnung wurde eine Neuordnung und Zusammenfassung verschiedener Einzelverordnungen nach §17 des ChemG („Verbote und Beschränkungen") vorgenommen. Die Beschränkungen und Verbote der ChemVerbotsV zielen ab auf den allgemeinen Gesundheits-/Verbraucher- und Umweltschutz. Die betroffenen Stoffe und Gemische werden im Anhang (zu §1) gelistet und nicht erlaubte typische Verwendungen erläutert. Zu den Stoffen/Gemischen zählen z. B. DDT, Asbest, Formaldehyd, Dioxine und Furane, Benzol, aromatische Amine, Bleikarbonate und -sulfate, Quecksilber-, Arsen- und zinnorganische Verbindungen, Di-μ-oxo-di-*n*-butyl-stanniohydroxyboran, polychlorierte Biphenyle und Terphenyle, Vinylchlorid, Pentachlorphenol, aliphatische Chlorkohlenwasserstoffe, Teeröle, Cadmium, Hexachlorethan, biopersistente Fasern, kurzkettige Chlorparaffine, Flammschutzmittel, Azofarbstoffe, Alkylphenole, chromathaltiger Zement, polyzyklische aromatische Kohlenwasserstoffe (PAK), Toluol und Perfluoroctansulfonate (PFOS). Die Verbote der Verordnung gelten nicht für bestimmte Stoffe nach Maßgabe des ChemG, die zu Forschungs-, wissenschaftlichen Lehr- und Ausbildungszwecken sowie Analysezwecken in den dafür üblichen Mengen oder die zur ordnungsgemäßen und schadlosen Abfallverwertung in einer dafür zugelassenen Anlage („gemeinwohlverträgliche Abfallbeseitigung") in den Verkehr gebracht werden.

32.5.1.4 **Die Verordnung über die Mitteilungspflichten nach §16e des Chemikaliengesetzes zur Vorbeugung und Information bei Vergiftungen (Giftinformationsverordnung – ChemGiftInfoV)**

Die ChemGiftInfoV bestimmt Art, Umfang, Inhalt und Form von Mitteilungen an das BfR für a) *denjenigen, der bestimmte Zubereitungen (= Gemische) oder ein Biozid-Produkt in den Verkehr bringen, nach §16e Abs. 1 des ChemG abzugeben hat* und b) *die ein Arzt nach §16e Abs. 2 des ChemG bei Vergiftungsfällen abzugeben hat.* Eine Mitteilung des Arztes nach §16e Abs. 2 ChemG hat dann zu erfolgen, wenn er zur Behandlung oder Beurteilung von Folgen einer Erkrankung hinzugezogen wird, bei der zumindest der Verdacht besteht, dass sie auf Einwirkungen gefährlicher Stoffe, gefährlicher Gemische, von Erzeugnissen, die gefährliche Stoffe oder Gemische freisetzen oder enthalten, oder von Biozid-Produkten zurückgeht.

Die Mindestinformationen umfassen den Stoff oder das Gemisch, das Alter und Geschlecht des Patienten, den Expositionsweg, die aufgenommene Menge und die festgestellten Symptome. Die Mitteilung hat *bei akuten Erkrankungen nach Abschluss der Behandlung, bei chronischen Erkrankungen nach Stellung der Diagnose, bei einer Beratung im Zusammenhang mit einer Erkrankung nach Abschluss der Beratung* und – *sofern im Falle einer Erkrankung mit Todesfolge eine Obduktion durchgeführt wird – nach deren Abschluss unverzüglich zu erfolgen.*

32.5.1.5 **Die Verordnung über die Zulassung von Biozid-Produkten und sonstige chemikalienrechtliche Verfahren zu Biozid-Produkten und Biozid-Wirkstoffen (Biozid-Zulassungsverordnung – ChemBiozidZulV)**

Die ChemBiozidZulV konkretisiert die Ausführungen des ChemG zu Biozid-Produkten und Biozid-Wirkstoffen. Sie gilt grundsätzlich für die Zulassung von Biozid-Produkten nach Maßgabe des ChemG (§12a Satz 1 und §12c), die Registrierung von Biozid-Produkten nach §12f ChemG, die Anerkennung ausländischer Zulassungen und Registrierungen (§12g ChemG), die Prüfung von Biozid-Wirkstoffen (§12h ChemG), die Vorlage von Unterlagen einschließlich Aufzeichnungen und Mitteilung von Änderungen in Fällen wissenschaftlicher oder verfahrensorientierter Forschung und Entwicklung nach §12i, Abs. 2 ChemG sowie die Genehmigung von Versuchen, bei denen es zu einer Freisetzung in die Umwelt kommen kann (§12i, Abs. 3 ChemG). Weiterhin werden Beschränkungen der Zulassungsfähigkeit bei bestimmten Biozid-Produkten definiert und festgestellt, in welchen Fällen die Zulassungsbedürftigkeit entfällt. Zulassungsstelle ist die Bundesanstalt für Arbeitsschutz und Arbeitsmedizin. Biozid-Produkte mit Altwirkstoffen können Übergangsregelungen beanspruchen, d. h., sie müssen nicht zugelassen werden. Es ist jedoch eine Meldung des Biozid-Produktes bei der Zulassungsstelle notwendig. Die BAuA führt für diese Biozid-Produkte auf Grundlage der Biozid-Meldeverordnung (vom 14. Juni 2011) ein elektronisches Verzeichnis.

32.5.1.6 **Das Gesetz über den Verkehr mit Arzneimitteln (Arzneimittelgesetz – AMG)**

Vorläufer der aktuell gültigen, zuletzt 2016 geänderten Fassung des AMG ist aus dem Jahr 1961. Mit diesem erstmals eigenständigen nationalen Arzneimittelgesetz wurde die Registrierung von Arzneimitteln verbindlich, noch nicht dagegen die Verpflichtung der Prüfung ihrer Wirksamkeit und Sicherheit durch vorklinische und klinische Studien, die erst 1964 im AMG mit Ergänzung des §21 um die Absätze 1a und 1b vorgeschrieben wurde. Die Neufassung von 1976 ist eine umfangreiche Neukonzeption, die seitdem wiederholt novelliert wurde.

> Die Regelungen des AMG betreffen sowohl Human- als auch Tierarzneimittel. Das AMG regelt die Belange einer ordnungsgemäßen Arzneimittelversorgung von Mensch und Tier, d. h. die Sicherheit im Verkehr mit Arzneimitteln, insbesondere die Qualität, Wirksamkeit und Unbedenklichkeit der Arzneimittel in insgesamt 18 thematischen Abschnitten.

Die grundsätzlichen *Anforderungen an Arzneimittel* – z. B. Verbote bedenklicher Arzneimittel, Verbote von Arzneimitteln zu Dopingzwecken, radioaktive und mit ionisierenden Strahlen behandelte Arzneimittel, Verbote zum Schutz vor Täuschung, Verantwortliche für das Inverkehrbringen, Festlegungen zur Kennzeichnung, Gebrauchs- (= Packungsbeilage) und Fachinformation – werden in Abschn. 2 definiert. Es regelt in Abschn. 3 die Voraussetzungen und Pflichten bei der *Herstellung* von Arzneimitteln (unter anderem die Herstellungserlaubnis, Sachkenntnis, Anzeigepflichten). Die Voraussetzungen zur *Zulassung der Arzneimittel* werden in Abschn. 4 ausgeführt: Fertigarzneimittel dürfen nur in den Verkehr gebracht werden, wenn sie durch die zuständige Bundesoberbehörde (Bundesinstitut für Arzneimittel und Medizinprodukte, BfArM) zugelassen sind. Die Zulassung ist vom pharmazeutischen Unternehmer zu beantragen, die hierfür notwendigen Zulassungsunterlagen werden umfassend in §22 dargestellt. Sie betreffen unter anderem Angaben zur Bezeichnung des Arzneimittels, zu seinen Bestandteilen nach Art und Menge, zur Darreichungsform, zu seinen Wirkungen und Anwendungsgebieten, Gegenanzeigen, Nebenwirkungen, Wechselwirkungen mit anderen Mitteln, zur Dosierung und Herstellungsweise des Arzneimittels sowie zu Methoden zur Qualitätskontrolle. Weiterhin vorzulegen sind *die Ergebnisse physikalischer, chemischer, biologischer oder mikrobiologischer Versuche und die zu ihrer Ermittlung angewandten Methoden (analytische Prüfung), die Ergebnisse der pharmakologischen und toxikologischen Versuche* sowie *die Ergebnisse der klinischen Prüfungen oder sonstigen ärztlichen, zahnärztlichen oder tierärztlichen Erprobung*. Die Sicherheitsprüfungen erfolgen auf der Grundlage der Arzneimittelprüfrichtlinien entsprechend §26. Nach §24 sind die zulassungspflichtigen Sachverhalte Gegenstand des Sachverständigengutachtens. Homöopathische Arzneimittel und traditionelle pflanzliche Arzneimittel bedürfen einer *Registrierung*. Der sechste Abschnitt befasst sich mit dem *Schutz des Menschen bei der klinischen Prüfung*, benennt insbesondere die allgemeinen und besonderen Voraussetzungen der klinischen Prüfung, das Verfahren bei der Ethikkommission, das Genehmigungsverfahren bei der Bundesoberbehörde sowie die Vorgehensweise bei Veröffentlichung der Ergebnisse klinischer Prüfungen. Weitere wesentliche geregelte Bereiche sind die *Abgabe von Arzneimitteln* (siebenter Abschnitt), die *Sicherung und Kontrolle der Qualität* (achter Abschnitt), die Regelungen zur Organisation des *Pharmakovigilanz*-Systems des BfArM und die *Allgemeine(n) Pharmakovigilanz-Pflichten des Inhabers der Zulassung* (zehnter Abschnitt), die Verfahren zur Überwachung im elften Abschnitt und *Haftung für Arzneimittelschäden* (sechzehnter Abschnitt).

Die Gesetzesnovelle vom 1. April 2014 war auf die Reduzierung des Einsatzes von Antibiotika in der Tierhaltung auf das wirklich therapeutische Mindestmaß ausgerichtet (Antibiotika-Minimierungskonzept). Die Bundesländer erhielten die Möglichkeit, eine bundeseinheitliche amtliche Datenbank zur Erfassung und Verarbeitung der Daten zur Therapiehäufigkeit aufzubauen.

32.5.1.7 Das Gesetz zum Schutz der Kulturpflanzen (Pflanzenschutzgesetz – PflSchG)

> Derzeit sind in Deutschland rund 650 Pflanzenschutzmittel zugelassen. Die zugelassenen Pflanzenschutzmittel und ihre Wirkstoffe werden vom Bundesamt für Verbraucherschutz und Lebensmittelsicherheit (BVL) in Listen geführt, die laufend fortgeschrieben werden (http://www.bvl.bund.de/DE/04_Pflanzenschutzmittel/01_Aufgaben/02_ZulassungPSM/01_ZugelPSM/psm_ZugelPSM_node.html, aufgesucht am 12.1.2017).

Das Pflanzenschutzgesetz verfolgt den Zweck, *Pflanzen – insbesondere Kulturpflanzen – vor Schadorganismen und nichtparasitären Beeinträchtigungen* sowie *Pflanzenerzeugnisse vor Schadorganismen zu schützen. Gefahren, die durch die Anwendung von Pflanzenschutzmitteln, insbesondere für die Gesundheit von Mensch und Tier und für den Naturhaushalt, entstehen können*, sollen abgewendet werden oder es soll ihnen vorgebeugt werden. Vorschriften für die Anwendung von Pflanzenschutzmitteln werden ausführlich in Abschn. 4 (unter anderem Einschränkungen, Verbote und Beseitigungspflichten) dargestellt. Die Verfahren beim Inverkehrbringen von Pflanzenschutzmitteln und das Zulassungsverfahren werden in Abschn. 6 benannt. Die Zuständigkeit für die Zulassung von *Pflanzenschutzmitteln* liegt beim Bundesamt für Verbraucherschutz und Lebensmittelsicherheit (BVL), die *Wirkstoffe* für Pflanzenschutzmittel müssen in der EU genehmigt werden. Pflanzenschutzmittel mit diesen Wirkstoffen werden national zugelassen, wobei eine gegenseitige Anerkennung der Zulassungen in der EU möglich ist. Die Genehmigung von Wirkstoffen erfolgt für einen Zeitraum von zehn Jahren und muss dann erneuert werden. Der Abschn. 7 regelt das Inverkehrbringen von anderen Stoffen; im Einzelnen von Zusatzstoffen und Pflanzenstärkungsmitteln. Zusatzstoffe in der Formulierung bedürfen gleichfalls einer Genehmigung, um sicherzustellen, dass von ihnen keine schädlichen Auswirkungen auf die Gesundheit von Mensch, den Naturhaushalt oder andere schädliche Auswirkungen von ihnen ausgehen können. Bei Pflanzenstärkungsmitteln besteht vor dem erstmaligen Inverkehrbringen die Pflicht einer Mitteilung an das BVL über die Formulierung und die beabsichtigte Kennzeichnung.

32.5.1.8 Das Gesetz über die Umweltverträglichkeit von Wasch- und Reinigungsmitteln (Wasch- und Reinigungsmittelgesetz – WRMG)

Das WRMG gilt für das Inverkehrbringen und die sonstige Bereitstellung von Wasch- und Reinigungsmitteln auf dem Markt in Ergänzung zur der Verordnung (EG) Nr. 648/2004 über Detergenzien. Der Schwerpunkt des Gesetzes liegt auf der Begrenzung/Vermeidung der Beeinträchtigung von Gewässern, aber auch der Vermeidung von Beeinträchtigungen der menschlichen Gesundheit. Wasch- und Reinigungsmittel dürfen nur so in den Verkehr gebracht werden, dass infolge ihres Gebrauchs *jede vermeidbare Beeinträchtigung der Umwelt, insbesondere der Beschaffenheit der Gewässer, vor allem im Hinblick auf den Naturhaushalt und die Trinkwasserversorgung sowie eine Beeinträchtigung des Betriebs von Abwasseranlagen* unterbleibt. Spezielle konkrete Regelung betreffen die *Abbaubarkeit von Tensiden* (§4) und *Höchstmengen von Phosphorverbindungen* (§5). Bereits 1980 wurde eine eigenständige Phosphathöchstmengenverordnung (PHöchstMengV) erlassen. Sie wurde notwendig, um die Eutrophierung von Oberflächengewässern in der Folge der Freisetzung von Orthophosphat aus Waschmitteln zu begrenzen.

32.5.1.9 **Das Lebensmittel-, Bedarfsgegenstände- und Futtermittelgesetzbuch (Lebensmittel- und Futtermittelgesetzbuch – LFGB)**

> Das LFGB ist das umfangreichste Gesetzeswerk im Verbraucherschutz. Es regelt praktisch fast alle Bereiche, mit denen der Verbraucher täglich in engeren Kontakt kommt.

Das Lebensmittel- und Futtermittelgesetzbuch ist als Bundesgesetz am 7. September 2005 in Kraft getreten. Damit wurde im deutschen Lebensmittelrecht die seit 1. Januar 2005 gültige Verordnung (EG) Nr. 178/2002 zur Festlegung der allgemeinen Grundsätze und Anforderungen des Lebensmittelrechts umgesetzt. Das LFGB löst weitgehend die Bestimmungen des Lebensmittel- und Bedarfsgegenständegesetzes (LMBG) aus dem Jahre 1974 ab, das bis dahin die gesetzliche Grundlage für die Verarbeitung und das Inverkehrbringen von Lebensmitteln und mit Lebensmitteln in Kontakt kommenden Stoffen war. Regelungen des LMBG zu Tabakerzeugnissen wurden in das *Vorläufige Tabakgesetz* übernommen (aktuell gültige Fassung: „Gesetz zur Umsetzung der Richtlinie über Tabakerzeugnisse und verwandte Erzeugnisse vom 4. April 2016").

Das LFGB umfasst damit neben Lebensmitteln sowie Futtermitteln weiterhin kosmetische Mittel und Bedarfsgegenstände (Abb. 32.1). Verbraucherprodukte mit nicht nur vorübergehendem Körperkontakt sind gemäß Definition des LFGB ebenfalls Bedarfsgegenstände und unterliegen somit dem LFGB und der Bedarfsgegenständeverordnung. Auch Reinigungsmittel für Lebensmittelkontaktmaterialien sowie Reinigungs- und Pflegemittel für den häuslichen Gebrauch zählen zu den Bedarfsgegenständen, wobei aber auch die Anforderungen des allgemeinen Stoffrechts, hier das Chemikalienrechts zu beachten sind. Die Verordnung (EG) Nr. 1907/2006 (REACH) regelt z. B. Beschränkungen von Chemikalien in Bedarfsgegenständen.

Das Lebensmittel- und Futtermittelgesetzbuch will also bei Lebensmitteln, Futtermitteln, kosmetischen Mitteln und Bedarfsgegenständen den Verbraucherschutz sicherstellen durch die *Vorsorge* gegen eine oder die *Abwehr einer Gefahr* für die menschliche Gesundheit. Dem dienen bei der Regelung von Lebensmitteln bestimmte *Verbote zum Schutz der Gesundheit*, Verbote für nicht zugelassene Lebensmittelzusatzstoffe und ein Bestrahlungsverbot. Lebensmittel dürfen weiterhin nicht in den Verkehr gebracht werden, wenn die zulässigen Höchstmengen für Pflanzenschutz- oder sonstige Mittel überschritten werden. Es

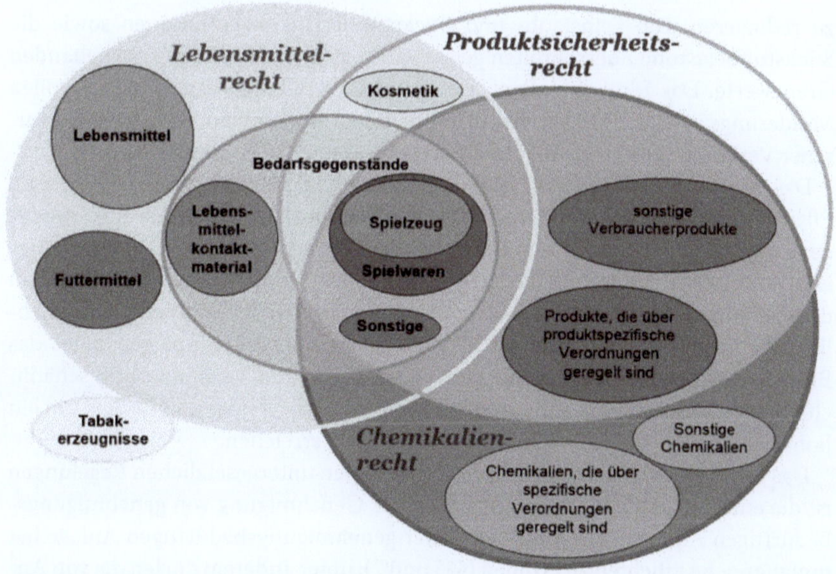

Abb. 32.1 Verflechtungen des Lebensmittelrechts (LFGB) mit weiteren Rechtsnormen (Quelle: BVL).

gibt das grundsätzliche Verbot, vom Tier gewonnene Lebensmittel in den Verkehr zu bringen, wenn in oder auf ihnen Stoffe mit pharmakologischer Wirkung oder deren Umwandlungsprodukte vorhanden sind. Speziell geregelt ist der Schutz vor Täuschung. Ähnliche Regelungen werden für Futtermittel, kosmetische Mittel und den *Verkehr mit sonstigen Bedarfsgegenständen* ausgeführt. Ein spezieller Abschn. 8 regelt die Verfahrensweise zum Monitoring, in diesem Fall Messungen und Bewertungen von Gehalten an gesundheitlich nicht erwünschten Stoffen (Pflanzenschutzmittel, Stoffe mit pharmakologischer Wirkung, Schwermetalle, Mykotoxine und Mikroorganismen) in und auf Erzeugnissen.

32.5.1.10 **Das Gesetz zum Schutz vor schädlichen Umwelteinwirkungen durch Luftverunreinigungen, Geräusche, Erschütterungen und ähnliche Vorgänge (Bundes-Immissionsschutzgesetz – BImSchG)**

> Das im Jahr 1974 erlassene BImSchG war vor allem eine Reaktion auf die damals akuten Emissionen aus Quellen industrieller Herkunft und anderer wie der Landwirtschaft oder dem Straßenverkehr, die in der Immission zu deutlichen Auswirkungen auf die menschliche Gesundheit und die Umwelt geführt hatten.

Es ist durch die Einführung und Anwendung von Grenzwerten und emissionsmindernden Maßnahmen in den vorgenannten Bereichen gelungen, die Luftverschmutzung in Deutschland im Vergleich zu vergangenen Jahrzehnten deutlich zu reduzieren. Die Feinstaub- und Stickstoffdioxidkonzentrationen sowie die Stickstoffbelastung überschreiten gegenwärtig aber noch teilweise die geltenden Grenzwerte. Das BImSchG dient insofern der Umsetzung der anspruchsvollen Minderungsziele für Stickstoffoxid-Emissionen, Emissionen flüchtiger organischer Verbindungen sowie der Ammoniak- und Feinstaub-Emissionen.

Das BImSchG verfolgt den generellen Zweck, a) den Menschen, Tiere und Pflanzen, den Boden, das Wasser, die Atmosphäre sowie Kultur- und sonstige Sachgüter vor schädlichen Umwelteinwirkungen schützen, b) dem Entstehen schädlicher Umwelteinwirkungen vorzubeugen (Vorsorgeprinzip) und c) dem Schutz und der Vorsorge gegen Gefahren, erhebliche Nachteile und erhebliche Belästigungen. Im Kontext genehmigungsbedürftiger Anlagen dient das BImSchG der medienübergreifenden Vermeidung und Verminderung schädlicher Umwelteinwirkungen durch Emissionen in Luft, Wasser und Boden, um ein hohes Schutzniveau für die Umwelt insgesamt zu erreichen.

Das Bundes-Immissionsschutzgesetz mit seinen untergesetzlichen Regelungen ist die entscheidende Norm in Verfahren der Genehmigung von genehmigungsbedürftigen Anlagen. Der Betreiber einer genehmigungsbedürftigen Anlage hat umfangreiche Pflichten zu erfüllen (§§5 und 7); unter anderem dürfen die von Anlagen ausgehenden Emissionen bestimmte Grenzwerte nicht überschreiten. Genügt der Betreiber diesen Pflichten, hat er den Anspruch auf Genehmigung. Die Emissionen von genehmigungsbedürftigen Anlagen sind vom Betreiber durch wiederkehrende und kontinuierliche Messungen und in einer Emissionserklärung zu dokumentieren.

32.5.1.11 Das Gesetz zur Ordnung des Wasserhaushalts (Wasserhaushaltsgesetz – WHG)

Das WHG dient der Umsetzung diverser europäischer Richtlinien zum Wasserrecht, unter anderem der Richtlinie 2000/60/EG (WRRL). Es war bis zur Föderalismusreform 2006 ein Rahmengesetz des Bundes, nun können die Länder im Wege der Abweichungsgesetzgebung eigene Landesgesetze erlassen, für die ein Anwendungsvorrang gilt. Es dient dem Zweck, durch eine nachhaltige Gewässerbewirtschaftung die Gewässer – im Einzelnen oberirdische Gewässer, Küstengewässer und Grundwasser – als Bestandteil des Naturhaushalts, als Lebensgrundlage des Menschen, als Lebensraum für Tiere und Pflanzen sowie als nutzbares Gut zu schützen. Die *besonderen wasserwirtschaftliche Bestimmungen* regeln die öffentliche Wasserversorgung – die eine Aufgabe der Daseinsvorsorge ist –, die Festlegung von und Anforderungen an Wasserschutzgebieten und den Heilquellenschutz. Die Regelungen zum Umgang mit *wassergefährdenden Stoffen* erfordern ihre toxikologische und ökotoxikologische Einstufung entsprechend ihrer Gefährlichkeit.

32.5.1.12 Das Gesetz zum Schutz vor schädlichen Bodenveränderungen und zur Sanierung von Altlasten (Bundes-Bodenschutzgesetz – BBodSchG)

> Zum Bodenschutz existieren in Deutschland ausschließlich Rechtsnormen nationaler Herkunft. Der von der EU-Kommission 2006 im Rahmen ihrer Strategie für den Bodenschutz vorgelegte Vorschlag für eine Bodenschutz-Rahmenrichtlinie (2006/0086 (COD) wurde im Mai 2014 zurückgezogen.

Das BBodSchG von 1998 beinhaltet Regelungen zum nachsorgenden Bodenschutz und Regelungen, die das Entstehen neuer schädlicher Bodenveränderungen verhindern sollen. Es zeigt auf, wie die Funktionen des Bodens nachhaltig zu sichern oder wiederherzustellen sind. Hierzu sind schädliche Bodenveränderungen abzuwehren, der Boden und Altlasten sowie hierdurch verursachte Gewässerverunreinigungen zu sanieren, und es ist Vorsorge gegen nachteilige Einwirkungen auf den Boden zu treffen. Bei Einwirkungen auf den Boden sollen Beeinträchtigungen seiner natürlichen Funktionen sowie seiner Funktion als Archiv der Natur- und Kulturgeschichte so weit wie möglich vermieden werden. Schädliche Bodenveränderungen werden definiert als Beeinträchtigungen der Bodenfunktionen, die geeignet sind, Gefahren, erhebliche Nachteile oder erhebliche Belästigungen für den Einzelnen oder die Allgemeinheit herbeizuführen. Da es einen medienübergreifenden Regelungsansatz verfolgt, resultieren in der Praxis Abgrenzungsprobleme z. B. gegenüber dem älteren Wasser- oder Immissionsschutzrecht.

Mit dem BBodSchG handelt es sich weit überwiegend um eine Rechtsnorm zur Regelung der Problematik der (ökologischen) Altlasten, d. h. von Altablagerungen (ehemalige Deponien) und Altstandorten (stillgelegte Fabrikanlagen). Von ihren Bodenbelastungen und Gewässer-, vor allem Grundwasserbelastungen, gehen Gefahren für die Gesundheit und die Umwelt aus. Die Vorschriften zur Untersuchung altlastverdächtiger Flächen und Sicherung/Sanierung festgestellter Altlasten durch den Sanierungspflichtigen sind bereits recht detailliert und werden in der Bundes-Bodenschutz- und Altlastenverordnung weiter konkretisiert. Andere Regelungen betreffen das Auf- und Einbringen von Materialien auf oder in den Boden und die landwirtschaftliche Bodennutzung (*Gute fachliche Praxis in der Landwirtschaft*).

32.6 Internationale Übereinkommen und Regelwerke zu gefährlichen Stoffen

Zu den Aufgaben der OECD gehören die Entwicklung von Standard-Prüfmethoden (OECD Test Guidelines) und Fortschreibung der GPL-Grundsätze im Kontext der Weiterentwicklung des MAD-Prinzips (siehe Abschn. 32.3), die Entwicklung neuer Bewertungsmethoden (QSAR, grouping, read-across) und von Konzepten zur Bewertung von Nanomaterialien sowie die Vorhaltung eines Internetinformationssystems zu Eigenschaften chemischer Stoffe (eChem-Portal).

Internationale Zusammenarbeit und das Zusammenspiel internationaler Organisationen sind die Voraussetzung, um das Auseinanderdriften nationaler oder regionaler Entwicklungen im Chemikalienmanagement und Stoffrecht zu verhindern. Wesentliche Akteure sind die Organisation für Wirtschaftliche Zusammenarbeit und Entwicklung (OECD) sowie Sonderorganisationen der Vereinten Nationen (UN); zu diesen gehören die Weltgesundheitsorganisation (WHO), die Ernährungs- und Landwirtschaftsorganisation (FAO), die Internationale Arbeitsorganisation (ILO) und das Umweltprogramm der Vereinten Nationen (UNEP).

Die WHO hat sich die gesundheitliche Bewertung von gefährlichen Stoffen und entsprechende Empfehlungen zum Ziel gesetzt, so z. B. die *Air Quality Guidelines* mit Leitwerten für Schadstoffe in der Außenluft und die *WHO Guidelines for Drinking-Water Quality* mit entsprechenden Begründungen. Unter dem Dach der WHO befasst sich die *International Agency for Research on Cancer* (IARC) mit der Einstufung von Stoffen als krebszeugend und gibt Stoffmonografien und Berichte heraus. Die Sammlung und Bewertung von Stoffdaten erfolgt auch in Zusammenarbeit mehrerer Organisationen: Im Rahmen des *International Programme on Chemical* Safety (IPCS) werden Empfehlungen und Bewertungen zum Gesundheits- und Umweltschutz erarbeitet und publiziert, unter anderem in der Monografiereihe *Environmental Health Criteria*. Teils handelt es sich um Publikationen zur wissenschaftlichen Methodik, teils um Stoffmonografien. Eine wichtige Aufgabe ist auch Capacity Building, d. h. Hilfe zur Selbsthilfe, insbesondere für Staaten der Dritten Welt. Gemeinsam geben WHO und FAO den *Codex Alimentarius* heraus, eine Sammlung von Normen für die Produktqualität und Sicherheit von Lebensmitteln. Dazu gehört auch die Bewertung von Lebensmittelzusatzstoffen und Pestizidrückständen in gemeinsamen wissenschaftlichen Gremien, dem *Joint Expert Committee on Food Additives* (JECFA) und dem *Joint Meeting on Pesticide Residues* (JMPR).

Unter dem Dach der Wirtschaftskommission für Europa der Vereinten Nationen (*United Nations Economic Commission for Europe*, UNECE)) wurde das *Globally Harmonized System of Classification and Labelling of Chemicals* (GHS) entwickelt, das in leicht modifizierter Form in die CLP-Verordnung der EU übernommen wurde.

Viele der internationalen Abkommen enthalten insbesondere zum Schutz der Umwelt auch Regelungen zu schädlichen Stoffen. Einige haben spezielle Stoffgruppen zum Gegenstand, z. B. im Bereich der Luftverunreinigungen. So gibt es ein Übereinkommen über weiträumige grenzüberschreitende Luftverunreinigungen, als *Convention on Long-Range Transboundary Air Pollution* (CLRTAP) bezeichnet, die insbesondere die schrittweise Überwachung und Bekämpfung von typischen Luftschadstoffen zum Gegenstand hat wie Schwefeloxide, Stickstoffoxide, Schwermetalle, flüchtige organische sowie persistente organische Verbindungen. Zu der letztgenannten Stoffgruppe, als POPs (*persistent organic pollutants*) bezeichnet, trat 2004 ergänzend die Stockholmer POP-Konvention von 2001 in Kraft als globales Abkommen zur Beendigung oder Einschränkung der Produktion, Verwendung und Freisetzung von POPs. Zunächst wurden zwölf chemische Stoffe, das sogenannte „Dreckige Dutzend", gebannt. Eine Ergänzungsliste mit weiteren zwölf Stoffen wurde 2009 verabschiedet. In der EU wurden mit der POP-Verordnung 850/2004/EG die internationalen Abkommen zu POPs in europäisches Recht umgesetzt.

Das *Rotterdamer Übereinkommen* zum internationalen Handel mit bestimmten gefährlichen Chemikalien ist ein Vertragswerk zum Import und Export von Chemikalien. Es erstreckt sich auf Industriechemikalien sowie auch auf Pflanzenschutz- und Schädlingsbekämpfungsmittel. Dabei handelt es sich um ein Informations- und Notifizierungssystem, dem Verfahren der vorherigen Zustimmung nach Inkenntnissetzung (*Prior Informed Consent*, PIC), d. h., es geht um ausreichende Daten über die Bewertung und Handhabung der Stoffe, bevor sie über die Staatsgrenzen gelangen. In der EU gilt hierfür die Verordung 649/2012/EU.

Ein ähnliches internationales Umweltabkommen ist die *Basler Konvention*. Dabei wurde ein umweltgerechtes Abfallmanagement eingeführt und die Kontrolle der grenzüberschreitenden Transporte gefährlicher Abfälle geregelt.

Zu guter Letzt sei noch das *Chemiewaffen-Übereinkommen* (CWÜ) erwähnt. Die Vertragsstaaten verpflichten sich zum Verbot, chemische Waffen zu entwickeln, herzustellen, auf andere Weise zu erwerben, zu lagern oder weiterzugeben bzw. sie einzusetzen. Sie verpflichten sich ferner, vorhandene chemische Waffen zu vernichten und Produktionsstätten von Chemiewaffen für diesen Zweck unbrauchbar zu machen. In Anhängen sind Chemiewaffenstoffe und bestimmte ihrer Ausgangsstoffe, Kontrollen und andere Überwachungsmaßnahmen gelistet.

32.7 Zusammenfassung

Die Regulation von chemischen Stoffen oder Gemischen erfolgte in Deutschland traditionell durch nationale Gesetze und untergesetzliche Regelungen, die aber zunehmend durch Richtlinien oder Verordnungen der EU ersetzt wurden und werden. Die Notwendigkeit der Harmonisierung des Stoffrechts in der EU resultiert zwangsläufig aus der Schaffung des europäischen Binnenmarktes, dessen freier Warenverkehr zu den vier Grundfreiheiten des Binnenmarkts zählt. Über die Angleichung des innerstaatlichen Stoffrechts ist von den Mitgliedstaaten eine Harmonisierung der Normen und Standards in der EU vorgenommen worden.

In der deutschen Gesetzgebung haben sich umfassende rechtliche Regelungen für gefährliche chemische Stoffe erst in jüngerer Zeit ab etwa 1960 herausgebildet. Angetrieben wurde diese Entwicklung in Deutschland (und international) durch die damaligen unübersehbaren Umwelt- und die mit ihnen verbundenen Gesundheitsprobleme. Im Arzneimittelrecht war es die Häufung von Missbildungen bei

Neugeborenen, deren Mütter Thalidomid (*Contergan*) in der Schwangerschaft als Sedativum eingenommen hatten, die in der Folge zu umfangreichen Anforderungen an die Sicherheitsprüfung neuer Pharmaka führte.

Das Chemikalienrecht als allgemeines Stoffrecht hat den weitesten Zugriff, da es seinen Kontrollbezug auf die unterschiedlichsten Stoffnutzungen ausrichtet. Das besondere Stoffrecht betrifft demgegenüber die spezifischen Stoffverwendungen wie etwa Pflanzenschutzmittel oder Arzneimittel. Wie am Beispiel des Lebensmittelrechts gezeigt wurde, ist die Verflechtung der stoff- oder anwendungsbezogenen Rechtsbereiche im Einzelfall hochkomplex. Gesetze und andere Rechtsnormen konkretisieren die zunächst abstrakte Gefahr von Stoffen und Gemischen, indem für Arbeitnehmer, Verbraucher und die Allgemeinbevölkerung das aus den speziellen Expositionsszenarien resultierende Risiko ermittelt und die notwendigen Maßnahmen des Risikomanagements festgelegt werden.

Die geforderten Sicherheitsprüfungen von Stoffen und Gemischen und die Begrenzung der Stoffexpositionen von Mensch und Umwelt im Rahmen von Rechtsnormen, z. B. bei Registrierungs- oder Zulassungsverfahren auf EU-Ebene und entsprechende Kontrollen und Überwachungsmaßnahmen auf der Ebene der Mitgliedsstaaten dienen dem Ziel, Risiken für Mensch und Umwelt durch gefährliche Stoffe zu vermeiden.

Literatur

International Union of Pure and Applied Chemistry (2014) Compendium of Chemical Terminology, Gold Book, Version 2.3.3, 2014-02-24.

Lilienblum, W. und Harston, S.J. (2014) Quality assurance in regulatory toxicology, in *Regulatory Toxicology*, (Hrsg. F.-X. Reichl und M. Schwenk), Springer, Berlin, Heidelberg, S. 57–63.

Lilienblum, W. und Wollin, K.-M. (2013) Grenz- und Richtwerte, in *Toxikologie*, (Hrsg. H. Marquardt, S. Schäfer und H. Barth), Wissenschaftliche Verlagsgesellschaft Stuttgart, S. 1353–1413.

Wollin, K.-M. und Illing, H.P.A. (2014) Limit value setting in different areas of regulatory toxicology, in *Regulatory Toxicology*, (Hrsg. F.-X. Reichl und M. Schwenk), Springer, Berlin, Heidelberg, S. 649–659.

Gesetzes- und Verordnungstexte entsprechen dem Stand 12.01.2017.

Weiterführende Literatur

Stoffrecht im Internet

EU-Recht http://eur-lex.europa.eu/content/welcome/about.html, letzter Zugriff am 12.01.2017.

Deutsches Bundesrecht http://www.gesetze-im-internet.de/, letzter Zugriff am 12.01.2017.

33
Das Konzept von REACH

J. Lebsanft

33.1
Einleitung

Zu den Stoffen im Sinne des Chemikalienrechts zählen sowohl natürliche als auch durch chemische Synthese hergestellte Stoffe. Sie sind die Grundbestandteile der materiellen Güter, wie z. B. Wasch- und Reinigungsmittel, Kosmetika, Spielzeug, Bauprodukte, Textilien, Möbel, Elektrogeräte, Sportgeräte, Kraftfahrzeuge und viele andere Produkte. Das Chemikalienrecht REACH ist das regulatorische Fundament der Europäischen Union zur Ermittlung der von Stoffen ausgehenden Gefahren für die Gesundheit des Menschen und die Umwelt.

Bei der Herstellung der Stoffe und Produkte, deren Verwendung, bei der Abfallbeseitigung oder beim Recycling können Stoffe freigesetzt werden und zu einer Exposition des Menschen oder der Umwelt führen. Ob es dabei zu einer Gefährdung kommt, hängt von den Stoffeigenschaften und der Exposition ab. Weil die hierzu vorliegenden Informationen in vielen Fällen für eine Risikobewertung unzureichend waren, wurde zu Beginn des letzten Jahrzehnts in der Europäischen Union (EU) eine umfassende Revision des Chemikalienrechts initiiert, die im Jahr 2006 schließlich in der Verabschiedung der REACH-Verordnung resultierte.

REACH ist eng mit arbeitsschutz- und abfallrechtlichen Vorschriften verzahnt und wird durch Rechtsvorschriften zur Einstufung und Kennzeichnung und durch produktspezifische Regelungen z. B. für Pflanzenschutzmittel, Biozide oder Kosmetika, ergänzt. Die Erwartungen an die Regelwerke sind hoch. Einerseits soll durch die Vorschriften ein hohes Schutzniveau für Mensch und Umwelt garantiert werden. Andererseits sollen sie die Wirtschaft möglichst wenig belasten und Innovationen begünstigen, damit die in der EU ansässigen Hersteller im internationalen Wettbewerb bestehen können. Handelshemmnisse für Importprodukte sollen vermieden werden oder, sofern dies nicht möglich ist, auf das unvermeidliche Ausmaß begrenzt werden.

Das Toxikologiebuch, 1. Auflage. Helmut Greim (Hrsg.).

Auch bei der Auswahl der Untersuchungsmethoden zur Ermittlung der Eigenschaften der Stoffe bestehen Limitierungen. Die toxikologische und ökotoxikologische Testung der Stoffe soll, wenn immer möglich, nicht mit Wirbeltieren durchgeführt werden. Ist das unvermeidbar, so müssen die Zahl der Tiere und deren Leiden minimiert werden. Damit die Versuchsergebnisse nicht nur in der EU, sondern auch in anderen Teilen der Welt Akzeptanz finden, sollten die Tests nach international anerkannten Testrichtlinien durchgeführt werden und international anerkannten Qualitätsstandards (Gute Laborpraxis) genügen. Schließlich sollten die Vorschriften leicht überwachbar sein, damit sich Trittbrettfahren nicht lohnt und die staatlichen Vollzugsbehörden für die Überwachung der Einhaltung der Vorschriften nur wenig Personal benötigen. Eine besondere Herausforderung für die Behörden stellen die immer kürzeren Produktzyklen dar und die Tatsache, dass viele Produkte aus Einzelteilen bestehen, die in unterschiedlichen Ländern mit voneinander abweichenden rechtlichen Anforderungen hergestellt werden. Welche Stoffe solche Produkte enthalten und freisetzen können, lässt sich oft nur mit großem Aufwand ermitteln.

Ziel dieser Abhandlung ist es, ein Grundverständnis für die REACH-Regelungen zu vermitteln und auch deren Grenzen aufzuzeigen. Wer selbst Stoffe bewerten und registrieren möchte, wird allerdings nicht an einem eingehenderen Studium dieser komplexen Materie vorbeikommen. Die Europäische Chemikalienagentur (ECHA) stellt hierfür umfassende Informationen zur Verfügung. Vielleicht trägt die Lektüre auch dazu bei, das Interesse des einen oder anderen Lesers an dieser zwar schwer zugänglichen, in der Praxis jedoch unerhört vielfältigen und spannenden Thematik an der Schnittstelle zwischen Wissenschaft, Recht und Politik zu wecken. Die REACH-Verordnung gilt als ein Eckpfeiler der Umwelt und Verbraucherschutzvorschriften der EU. Kaum ein anderes Rechtsetzungsverfahren zuvor hat in der EU zu einem vergleichbar intensiven Ringen zwischen den Beteiligten geführt.

33.2
Historische Entwicklung

> REACH ist aus einer Reihe von Vorgängervorschriften hervorgegangen, die im Folgenden allerdings nur insoweit beschrieben werden, als es das Verständnis des REACH-Konzepts erleichtert.

Seit Ende der 1970er-Jahre schreibt das EU-Recht vor, dass Stoffe vor ihrer Vermarktung zur Ermittlung ihrer gefährlichen Eigenschaften zu testen sind. Von dieser als Neustoffrichtlinie bezeichneten Regelung waren Stoffe betroffen, die erstmals ab dem 18. September 1981 vermarktet worden sind. Alle Stoffe, die zu dieser Zeit bereits auf dem Markt waren (sogenannte Altstoffe), wurden ausgenommen. An dieser Regelung wird das hohe Maß an Pragmatismus erkennbar, das von Anbeginn für das Chemikalienrecht kennzeichnend war. Zum damaligen Zeitpunkt wären sowohl die Industrie als auch die im Aufbau befindlichen behördlichen Verwaltungsstrukturen mit der Überprüfung der auf ca. 100 000 geschätzten Anzahl an Altstoffen überfordert gewesen.

Erst mehr als zehn Jahre später, im Jahre 1992, wurden auch für Altstoffe Regelungen erlassen (Altstoffverordnung), die sich allerdings als wenig effektiv erwiesen (Strategy for a Future Chemicals Policy – White Paper), weil sie keine systematische Prüfung der Eigenschaften der Stoffe vorsahen. Diese Defizite lösten Ende der 1990er-Jahre eine Diskussion über eine grundlegende Reform des Chemikalienrechts aus. Die zu Recht kritisierte Altstoffverordnung hat jedoch gleichwohl einen wichtigen Beitrag zur Weiterentwicklung des Chemikalienrechts geleistet. Die unter ihr erfolgte Standardisierung und Verbreitung der Methoden zur regulatorischen Risikobewertung wurden durch die REACH-Verordnung als verbindliche Standards für die Unternehmen festgelegt.

33.3 Stoffe, Gemische und Erzeugnisse

> Nach dem Chemikalienrecht zählen zu den Stoffen sowohl Chemikalien, die durch chemische Synthese hergestellt werden, als auch Stoffe natürlicher Herkunft, wie z. B. pflanzliche Extrakte oder Mineralien. Dabei handelt es sich nicht, wie man zunächst vermuten könnte, um chemisch reine Verbindungen, sondern in der Regel um chemische Gemische.

Ein Stoff im rechtlichen Sinne ist das Resultat eines Herstellungsprozesses, wie z. B. einer chemischen Reaktion, einer Destillation oder einer Extraktion. Eine sich an der chemisch reinen Verbindung orientierende Stoffdefinition wäre nicht praktikabel. Bei den bei der Produktion entstehenden und für die Produktherstellung oder andere Zwecke vermarkteten Stoffen handelt es sich in der Regel um Gemische. Hätten sich die in den folgenden Kapiteln näher beschriebenen Pflichten auf die in den Stoffen vorhandenen, einzelnen chemischen Verbindungen bezogen, so wäre den Stoffherstellern oder -importeuren ein weitaus höherer Aufwand entstanden. Sie wären dann verpflichtet gewesen, die einzelnen Verbindungen zunächst zu isolieren und dann einzeln zu prüfen. Allerdings ist auch die beschriebene, aus dem Neustoffrecht stammende Stoffdefinition nicht unproblematisch. Sie führt unter REACH zu erheblichen Schwierigkeiten, die in Abschn. 33.4.1.2 näher beschrieben werden.

Es mag verwirrend erscheinen, dass im Chemikalienrecht auch der Begriff des „Gemisches" definiert ist. Als chemikalienrechtliches Gemisch gilt eine Mischung oder Lösung aus zwei oder mehr Stoffen, bei der die betreffenden Stoffe chemisch nicht miteinander reagieren. Typische Gemische sind z. B. Wasch- oder Reinigungsmittel. Ob es sich um einen Stoff oder ein Gemisch handelt, ist aus der chemischen Zusammensetzung oft nicht ablesbar. Gleichwohl sind die Rechtsfolgen für Stoffe und Gemische sehr unterschiedlich. Nur für Stoffe besteht die Pflicht zur systematischen Testung und Registrierung bei der ECHA. Eine den Stoffen analoge Registrierungspflicht für Gemische hätte zu einer um Größenordnungen höheren administrativen Belastung von Industrie und Behörden geführt. Nachteilig ist, dass die Kenntnisse der Behörden über die im täglichen Leben weitaus häufiger verwendeten Gemische geringer als bei Stoffen sind. Das Sicherheitskonzept von REACH basiert darauf, dass die Stoffe getestet werden und die daraus gewonnenen Erkenntnisse sowohl für die Abschätzung der gefährlichen Eigenschaften der Stoffe selbst, als auch der aus diesen Stoffen hergestellten Gemische herangezogen werden. Bei Stoffen oder Gemischen, die gefährliche Eigenschaften (z. B. toxisch, krebserzeugend, entzündlich) aufweisen, müssen auf der Verpackung Angaben über diese Eigenschaften aufgedruckt werden. Die Regeln für diese als Einstufung und Kennzeichnung bezeichneten Pflichten sind weltweit harmonisiert und in der EU durch die CLP-Verordnung verbindlich festgeschrieben. Ob ein in einem Gemisch enthaltener gefährlicher Stoff eine Einstufung und Kennzeichnung des Gemisches auslöst, hängt von der Konzentration des Stoffes im Gemisch ab.

Bei den meisten auf dem Markt befindlichen Produkten handelt es sich jedoch weder um Stoffe noch um Gemische, sondern um Erzeugnisse. Erzeugnisse sind, abstrakt formuliert, Produkte, deren Funktion mehr durch ihre spezifische Gestalt, Oberfläche oder Form als durch ihre chemische Zusammensetzung charakterisiert sind.

Typische Erzeugnisse sind Möbel oder Textilien bis hin zu hochkomplexen Produkten, wie z. B. Computer oder Kraftfahrzeuge. Für Erzeugnisse existiert weder eine allgemeine Pflicht zur Registrierung noch zur Einstufung und Kennzeichnung. Dies liegt unter anderem daran, dass sie in der Regel chemisch inhomogen sind und daher die Anwendung der an der Konzentration der Stoffe orientierten Einstufungs- und Kennzeichnungsregeln für Gemische bei den meisten Erzeugnissen nicht sinnvoll wäre. Wegen dieser rechtlichen Lücke fehlen systematische Informationen darüber, welche Stoffe in Erzeugnissen enthalten sind. Doch selbst für bekannte Inhaltsstoffe ist die Risikobewertung wegen des Fehlens standardisierter Methoden zur Ermittlung der Freisetzung von Stoffen aus Erzeugnissen mühsam. So mussten beispielsweise zur Ermittlung der Exposition von Kleinkindern gegenüber Phthalaten aus Beißringen eigens zu diesem Zweck entwickelte Kaustudien mit Erwachsenen durchgeführt werden. Die Entwicklung angemessener Regeln zur Gewährleistung der chemischen Sicherheit von Erzeugnissen stellt eine der größten chemikalienrechtlichen Herausforderungen dar.

33.4 Die Hauptelemente von REACH

> Das Akronym REACH leitet sich von drei der vier zentralen Verfahren der REACH-Verordnung ab, der Registrierung, der Evaluierung und der Autorisierung (Zulassung) von CHemikalien. Das vierte Verfahren dient einer teilweisen oder vollständigen Beschränkung (Verbot) der Herstellung oder Verwendung eines Stoffes. Um Missverständnisse zu vermeiden, sei darauf hingewiesen, dass der Begriff „Chemikalien" nur im Titel der Verordnung verwendet wird, im Rechtstext werden stattdessen die im vorherigen Abschnitt erläuterten Bezeichnungen „Stoffe" bzw. „Gemische" benutzt.

Die Verfahren zur Evaluierung, Zulassung und Beschränkung von Stoffen kann man sich als Werkzeuge vorstellen, mit denen die Behörden je nach Problemlage, regulierend eingreifen können. Sind die vorhandenen Informationen unzureichend, um die stofflichen Risiken zu bewerten, so können die Registranten mithilfe der Evaluierungsverfahren verpflichtet werden, die notwendigen Informationen zu generieren und den Behörden zur Verfügung zu stellen. Besteht hingegen die Befürchtung, dass bestimmte Verwendungen von Stoffen zu relevanten Gesundheits- oder Umweltrisiken führen, können die Verwendungen mittels des Beschränkungsverfahrens verboten werden. Die Beweislast liegt hierbei auf der Seite der Behörden. Stoffe mit besonders besorgniserregenden Eigenschaften können dem Zulassungsverfahren unterworfen werden, bei dem sich die Beweislast umkehrt und die Verwender den Nachweis der sicheren Verwendung erbringen müssen.

33.4.1 Registrierung

33.4.1.1 Die Einreichung der Dossiers bei der ECHA

> Hersteller und Importeure sind verpflichtet, ihre Stoffe bei der Europäischen Chemikalienagentur (ECHA) zu registrieren. Die ECHA überprüft die Vollständigkeit der Dossiers und erteilt bei bestandener Prüfung eine Registrierungsnummer. Diese Nummer berechtigt den betreffenden Hersteller oder Importeur zur Herstellung oder zum Import des Stoffes. Die Registranten sind verpflichtet, ihre Registrierungsdossiers zu aktualisieren, sofern sich die Verwendungen der Stoffe ändern oder wenn neue Erkenntnisse über die Stoffeigenschaften verfügbar sind. Registrierungsdossiers sind also „lebende Dokumente", die einer ständigen Anpassung unterliegen.

Die Registrierungsdossiers enthalten Angaben zur Identität des Stoffes sowie zu seinen physikalisch-chemischen, toxischen und ökotoxischen Eigenschaften. In einem ebenfalls enthaltenen Stoffsicherheitsbericht werden die Verwendungen und Verwendungsbedingungen einschließlich der vom Registranten empfohlenen Schutzmaßnahmen beschrieben sowie die unter diesen Anwendungsbedingungen entstehenden Risiken abgeschätzt.

Ein großer Teil der in den Registrierungsdossiers enthaltenen Daten ist der Öffentlichkeit über die Website der ECHA zugänglich. Bei der Verwendung dieser Informationen sollte allerdings beachtet werden, dass es sich um Angaben der Registranten handelt, die nicht behördlich validiert sind. Die ECHA untersucht bei der Vollständigkeitsprüfung lediglich, ob das Registrierungsdossier zu allen von der Verordnung vorgegebenen Parametern Informationen enthält. Von einer systematischen wissenschaftlichen Prüfung und Validierung aller eingereichten Daten wurde wegen des damit verbundenen, hohen behördlichen Aufwands abgesehen.

Die Pflicht zur Registrierung besteht nur für Stoffe ab einem Produktions- oder Importvolumen von einer Tonne pro Jahr. Um die große Zahl der Altstoffe seitens der Registranten und der ECHA administrativ bewältigen zu können, wurden die Fristen für die Registrierung von der Tonnage abhängig gemacht. Stichtag (d. h. letztmöglicher Tag der Registrierung) für Altstoffe mit einem Produktions- oder Importvolumen ab 1000 t pro Jahr war der 30. November 2010 und für Stoffe mit einer Jahrestonnage zwischen 100 und 1000 t der 31. Mai 2013. Stoffe zwischen 1 und 100 Jahrestonnen müssen bis zum 31. Mai 2018 registriert worden sein. Von diesem Prozess des stufenweisen „phase-in" wurde der Name „Phase-in-Stoffe" abgeleitet, der unter REACH anstelle des Begriffs „Altstoffe" verwendet wird. Für die ehemals als Neustoffe bezeichneten „Non-phase-in-Stoffe" gelten diese Fristen jedoch nicht. Sie müssen registriert sein, bevor ein Volumen von einer Tonne pro Jahr überschritten ist.

33.4.1.2 Gemeinsame Registrierung gleicher Stoffe

> Ein beträchtlicher Anteil der registrierungspflichtigen Stoffe wird nicht nur von einem, sondern von mehreren Herstellern produziert. REACH schreibt vor, dass gleiche Stoffe gemeinsam registriert werden müssen.

Für eine gemeinsame Registrierung organisieren sich Hersteller und Importeure in einem als Substance Information Exchange Forum (SIEF) bezeichneten Konsortium, in dem die vorhandenen Daten über die inhärenten Stoffeigenschaften ausgetauscht und bewertet werden. Die Pflicht zur gemeinsamen Registrierung erstreckt sich nur auf die Teile des Dossiers, die das Hazard Assessment betreffen. Der Stoffsicherheitsbericht, der die verwendungsspezifischen Risikobewertungen enthält, kann jedoch auch getrennt eingereicht werden. Die Ausnahme bzgl. der Stoffsicherheitsberichte dient dem Schutz von Betriebs- und Geschäftsgeheimnissen, zu denen bestimmte Verwendungen eines Stoffes gehören können. Die

Pflicht zur gemeinsamen Registrierung und zum Austausch von Daten aus Wirbeltierversuchen wurde in erster Linie aus Tierschutzgründen aufgenommen.

Die Beurteilung der Gleichheit ist in der Praxis nicht trivial, weil bereits geringfügige Unterschiede bei den Herstellungsbedingungen zu signifikanten Änderungen der Zusammensetzung der Stoffe führen können. Insbesondere bei einer als Stoffe mit unbekannter und variabler Zusammensetzung, komplexe Reaktionsprodukte oder biologische Materialien (UVCB-Stoffe) bezeichneten Stoffgruppe bereitet die Ermittlung der Gleichheit erhebliche Probleme. Bei der bisherigen Prüfung der Angaben zur Stoffidentität hat sich jedoch gezeigt, dass die Angaben zur Stoffidentität in vielen Registrierungsdossiers unzureichend sind. Voraussetzung für die Beurteilung der Gleichheit ist eine präzise Beschreibung der Stoffzusammensetzung. Der Begriff „UVCB-Stoffe" stammt aus den 1970er-Jahren. Mit den heutigen Analysenmethoden ist in der Regel eine sehr weitgehende Aufklärung der Zusammensetzung der Stoffe möglich.

33.4.1.3 Prüf- und Bewertungsstrategie

> Die Anhänge der REACH-Verordnung enthalten detaillierte Bestimmungen zu den durchzuführenden physikalisch-chemischen, toxikologischen und ökotoxikologischen Untersuchungen sowie zur Risikobewertung. Die Prüfpflichten sind abhängig von der Tonnage eines Stoffes.

Bei der niedrigsten Tonnage (1 t pro Jahr) sind beispielsweise Untersuchungen zur akuten Toxizität, zur Haut- und Augenreizung, zur Sensibilisierung und zur Mutagenität erforderlich, ab 10 t müssen weitere Tests zur Mutagenität und ein Test zur subakuten Toxizität, ab 100 t ein Test zur subchronischen Toxizität und zur Entwicklungstoxizität und ab 1000 t eine als EOGRTS (Extended One-Generation Reproductive Toxicity Study) bezeichnete, reproduktionstoxikologische Studie durchgeführt werden. Auf diese Tests können die Registranten jedoch unter den in Anhang XI der REACH-Verordnung aufgeführten Bedingungen verzichten. Hiernach sind die Standardtests nicht erforderlich, wenn die vorhandenen Daten im Rahmen einer „Weight-of-Evidence-Betrachtung" als ausreichend angesehen werden oder wenn eine Vorhersage der Toxizität mittels QSAR-Modellen oder grouping möglich ist. In der Praxis hat sich gezeigt, dass die Registranten von dieser Möglichkeit insbesondere zur Vermeidung aufwendiger toxikologischer Tests ausgiebig Gebrauch machen (ECHA reports on the use of alternatives to testing on animals). Die Regelungen im Anhang XI bezwecken die Vermeidung von überflüssigen Tierversuchen und unnötigen Kosten. Sie haben den Nachteil, dass sie bei der behördlichen Überprüfung der Compliance der Dossiers (siehe Abschn. 33.4.2 Evaluierung) in vielen Fällen langwierige Expertendiskussionen auslösen und damit erhebliche Ressourcen binden und die Wahrscheinlichkeit erhöhen, dass relevante toxische Wirkungen eines Stoffes nicht erkannt werden.

Die im Stoffsicherheitsbericht enthaltene Risikobewertung besteht aus den Ableitungen der relevanten Derived-No-Effect-Level (DNEL), einer Abschätzung der verwendungsspezifischen Expositionen des Verbrauchers und am Arbeitsplatz sowie einem Vergleich der DNEL mit den abgeschätzten Expositionen.

Eine Verwendung gilt dann als sicher (adequately controlled), wenn die Exposition während des gesamten Lebenszyklus des Stoffes unterhalb der jeweils relevanten DNEL liegt. Sofern der Stoff als Bestandteil von Gemischen oder Erzeugnissen verwendet wird, muss diese Verwendung in die Betrachtung einbezogen werden. Für die Ermittlung der Umweltrisiken bestehen analoge Pflichten.

Die DNEL werden aus den vorhandenen Humanstudien oder Tierversuchen mithilfe von Assessmentfaktoren abgeleitet. Die Assessmentfaktoren dienen dem Abgleich zwischen den Expositionsbedingungen in der gewählten Bezugsstudie und der vorgesehenen Verwendung, der Berücksichtigung von Unterschieden zwischen den verwendeten Tierspezies und dem Menschen sowie Empfindlichkeitsunterschieden innerhalb einer Spezies. Die Abschätzung der Expositionen erfolgt auf der Basis von sogenannten Expositionsszenarien, die durch die jeweiligen Verwendungsbedingungen (operational conditions) einschließlich der Schutzmaßnahmen charakterisiert sind. Für viele professionelle und industrielle Standardprozesse wurden inzwischen Expositionsszenarien entwickelt und Algorithmen abgeleitet, mit deren Hilfe die Exposition mit geringem Aufwand abgeschätzt werden kann. Die ECHA hat umfangreiche Guidance-Dokumente veröffentlicht, in denen die Vorgehensweise bei der Risikobewertung detailliiert beschrieben wird.

33.4.2
Evaluierung

Mit dem Instrument der Evaluierung überwachen die Behörden, ob die in den Registrierungsdossiers enthaltenen Informationen den REACH-Vorschriften entsprechen und ob sie für die Risikobewertung ausreichend sind. REACH sieht die folgenden drei Varianten der Evaluierung vor: Prüfung der Testvorschläge, Compliance Check und Stoffevaluierung.

Das Verfahren der *Prüfung der Testvorschläge* soll gewährleisten, dass aufwendige Tests, insbesondere Langzeittierversuche, unter optimalen Bedingungen (relevanter Applikationsweg, geeignete Tierspezies) durchgeführt werden und es nicht zu unnötigen Wiederholungen kommt. Registranten, die nach REACH zur Durchführung derartiger Versuche verpflichtet sind, benötigen zuvor eine Genehmigung der ECHA. Die wesentliche Motivation für diese Regelung war es, unnötige Tierversuche sowie Kosten für die Registranten zu meiden.

Als *Compliance Check* wird eine technisch wissenschaftliche Prüfung eines Registrierungsdossiers durch die ECHA bezeichnet. Er ergänzt damit die bei der Registrierung durchgeführte, oberflächliche Vollständigkeitsprüfung. Die REACH-Verordnung sieht vor, dass die ECHA mindestens 5 % der Dossiers einem Compliance Check unterziehen muss. Über die Auswahl der Dossiers und die Parameter, die einer Prüfung unterzogen werden, entscheidet die ECHA weitgehend selbst. Der EU-Verordnungsgeber hat der ECHA also einen großen Handlungsspielraum eingeräumt, damit sie ihre Ressourcen für die Prüfung derjenigen Stoffe und Inhalte der Dossiers einsetzen kann, die für die Sicherheit bei der Verwendung am wesentlichsten sind. Hintergrund für diese Regelung waren die Erfahrungen mit der Altstoffverordnung, die bei jedem Stoff eine umfassende behördliche Prüfung aller Parameter vorsah. Wegen der dafür erforderlichen, enormen Ressourcen konnte nur eine geringe Anzahl von Stoffen bearbeitet werden.

Sofern die Behörden die Befürchtung haben, dass von einem Stoff ein relevantes Risiko für die Gesundheit des Menschen oder die Umwelt ausgehen könnte, können sie das dritte Evaluierungsverfahren, die *Stoffevaluierung*, dazu nutzen, um die Registranten zu zusätzlichen Untersuchungen zu verpflichten. Die Stoffevaluierung ist nicht Aufgabe der ECHA, sondern der Behörden der EU-Mitgliedstaaten. Ein weiterer Unterschied zum zuvor beschriebenen Compliance Check besteht darin, dass die Behörden im Rahmen der Stoffevaluierung auch Informationen fordern können, die über die zuvor beschriebenen Standardinformationen hinausgehen.

Allen Evaluierungsverfahren gemeinsam ist das administrative Verfahren, mit dem die Evaluierungsentscheidung getroffen wird. Der von der ECHA oder, bei der Stoffevaluierung, von einem Mitgliedstaat erstellte Entscheidungsentwurf wird den Registranten der Stoffe sowie den Mitgliedstaaten zur Kommentierung vorgelegt. Sind alle Mitgliedstaaten damit einverstanden, so ist die Entscheidung entsprechend getroffen. Stimmen ein oder mehrere Mitgliedstaaten nicht zu, so versucht die ECHA, im Ausschuss der Mitgliedstaaten eine einvernehmliche Lösung herbeizuführen. Gelingt dies nicht, muss die Europäische Kommission die Entscheidung treffen.

33.4.3 **Zulassung**

Das dreistufige Zulassungsverfahren ist das komplizierteste und aufwendigste REACH-Verfahren und dient der Regulierung besonders gefährlicher Stoffe. Zu diesen Stoffen gehören Stoffe mit krebserzeugenden, reproduktionstoxischen oder erbgutverändernden Stoffe (CMR-Stoffe) sowie Stoffe, die persistent, bioakkumulierend und toxisch (PBT-Stoffe) oder sehr persistent und sehr bioakkumulierend (vPvB-Stoffe) sind.

Stoffe mit den genannten Eigenschaften unterliegen jedoch nicht automatisch einer Zulassungspflicht, sondern können einzeln oder in Gruppen der Zulassungspflicht unterworfen werden. Auch Stoffe mit anderen Eigenschaften können in das Zulassungsverfahren aufgenommen werden. Hierzu müssen die Behörden aber in jedem Einzelfall begründen, dass sie genauso besorgniserregend sind (*equivalent level of concern*) wie die CMR, PBT und vPvB-Stoffe.

Die erste Stufe des Verfahrens besteht in der Aufnahme des Stoffes in eine sogenannte Kandidatenliste. Das Aufnahmeverfahren kann sowohl von einem EU-Mitgliedstaat als auch von der Europäischen Kommission initiiert werden. Die Aufnahme in die Kandidatenliste bedeutet (noch) nicht, dass der Stoff zulassungspflichtig ist. Sie löst lediglich bestimmte Informationspflichten aus, auf die hier jedoch nicht näher eingegangen wird. Erst in der zweiten Stufe wird der Stoff dem eigentlichen Zulassungsverfahren unterworfen. Diese Stufe des Zulassungsverfahrens beginnt mit einem Vorschlag der ECHA, einen Stoff aus der Kandidatenliste in den Anhang XIV der REACH-Verordnung einzustellen. Stoffe, die in diesem Anhang gelistet sind, dürfen ab einem als „Sunset"-Datum bezeichneten Zeitpunkt nur noch verwendet werden, wenn der Verwender hierfür eine Zulassung besitzt. Die abschließende Entscheidung über die Aufnahme des Stoffes in den Anhang XIV liegt bei der Europäischen Kommission. Die dritte Stufe des Verfahrens besteht in der Einreichung von Zulassungsanträgen durch die Verwender des Stoffes, der Überprüfung und Beurteilung der Anträge durch die ECHA und der abschließenden Entscheidung über den Antrag durch die Europäische Kommission.

33.4.4 Beschränkung

> Mit dem Beschränkungsverfahren kann die Herstellung, Vermarktung oder Verwendung von Stoffen teilweise oder vollständig verboten werden.

Das Verfahren beginnt mit der Einreichung eines Beschränkungsdossiers durch einen EU-Mitgliedstaat oder durch die Europäische Kommission bei der ECHA. In dem Dossier müssen die Gründe für den Beschränkungsvorschlag dargelegt werden. Die ECHA prüft die wissenschaftliche Stichhaltigkeit der Begründung und beurteilt die sozioökonomischen Folgen des Verbots anhand der von den betroffenen Unternehmen oder von anderen Personen oder Institutionen im Rahmen einer öffentlichen Konsultation eingereichten Informationen. Wie bei den Zulassungsanträgen wird die abschließende Entscheidung von der Europäischen Kommission getroffen.

33.5 Verantwortlichkeiten und Verwaltungsstrukturen

Beim Studium der vorangegangenen Abschnitte mag sich mancher Leser die Frage gestellt haben, weshalb der EU-Verordnungsgeber die Verwaltungsverfahren in dieser komplizierten Art und Weise geregelt hat. Weshalb hat man nicht alle Aufgaben und Entscheidungsbefugnisse bei der ECHA konzentriert, sondern den Mitgliedstaaten z. B. die Stoffevaluierung und die Erstellung von Beschränkungsdossiers überlassen und der Kommission die Entscheidungsbefugnis für Beschränkungen und die Zulassungen übertragen? Die Gründe hierfür sind für das Verständnis des REACH-Konzepts von zentraler Bedeutung. Bei der Konzeption von REACH wurde versucht, die Verfahren so zu gestalten, dass sie robust gegenüber Korruption und Manipulation sind. Zusätzlich sollten die politischen Entscheidungen auf der Basis von qualitativ hochwertigen wissenschaftlich-technischen Beurteilungen getroffen werden, die in der Wissenschaft allgemein akzeptiert werden. Um dieses Ziel zu erreichen, wird ein erheblicher administrativer Aufwand in Kauf genommen.

33.5.1 Stellung und Funktion der ECHA

> Die ECHA hat die Rolle eines Gutachters, der, unabhängig von wirtschaftlichen oder politischen Interessen, die politischen Entscheidungen vorbereitet. Sie führt eine öffentliche Konsultation zu den eingereichten Beschränkungsvorschlägen und Zulassungsanträgen durch und gibt damit jedermann die Möglichkeit, zusätzliche Informationen einzureichen oder Kommentare abzugeben. Anschließend beurteilt sie die Vorschläge oder Anträge einschließlich der eingegangenen weiteren Informationen oder Kommentare.

Organisatorisch besteht die ECHA aus einem von einem Exekutivdirektor geleiteten Sekretariat sowie aus Ausschüssen, in denen die eigentliche Bewertungsarbeit stattfindet. Der Ausschuss für Risikobewertung (RAC) und der Ausschuss für sozioökonomische Bewertung (SEAC) setzen sich aus unabhängigen Experten der Mitgliedstaaten zusammen. In einer als „Opinion" bezeichneten Stellungnahme kommentiert der RAC die eingereichten Risikobewertungen. Der SEAC analysiert die sozioökonomischen Auswirkungen der vorgeschlagenen Beschränkungen oder von Stoffverwendungen, für die eine Zulassung beantragt wurde. Die Stellungnahmen von RAC und SEAC werden veröffentlicht. Die „doppelte" Unabhängigkeit (organisatorische Unabhängigkeit der ECHA sowie Unabhängigkeit der Experten in RAC und SEAC) soll gewährleisten, dass die Stellungnahmen nicht von wirtschaftlichen Interessen beeinflusst sind. Schließlich bürgen die Mitglieder von RAC und SEAC mit ihrer Reputation für hochwertige und unabhängige Beurteilungen. Die veröffentlichten Opinions sind externen Sachverständigen zugänglich, die die Qualität überprüfen und auf Fehler hinweisen können.

Außer der Funktion des unabhängigen Gutachters nimmt die ECHA typische Verwaltungsaufgaben wahr, die nicht bei den zuvor genannten Ausschüssen RAC und SEAC, sondern beim ECHA-Sekretariat und beim Ausschuss der Mitgliedstaaten angesiedelt sind. Die zuvor beschriebenen Aufgaben bei der Registrierung (Entgegennahme und Vollständigkeitsprüfung der Registrierungsdossiers) und Evaluierung (wissenschaftlich-technische Prüfung im Rahmen der Evaluierung) spiegeln den Wunsch des EU-Verordnungsgebers wider, die Verantwortung für die Prüfung der Registrierungsdossiers zu zentralisieren. Die Mitgliedstaaten behalten jedoch einen erheblichen Einfluss auf das Verfahren, da das Sekretariat für Evaluierungsentscheidungen die Zustimmung aller Mitgliedstaten benötigt.

33.5.2
Die Rolle der Kommission

Bei Entscheidungen über Beschränkungen und Zulassungen sieht REACH eine Abwägung unterschiedlicher Rechtsgüter vor. Derartige Entscheidungen können nicht an unabhängige Gutachter delegiert werden, sondern müssen grundsätzlich von demokratisch legitimierten Organen getroffen werden. Die Entscheidungskompetenz hierfür wurde daher nicht der ECHA, sondern der Europäischen Kommission übertragen, die über die erforderliche Legitimation verfügt.

Im Rahmen der Güterabwägung stellt sich die Frage, ob die von einer bestimmten Stoffverwendung ausgehenden Umwelt- oder Gesundheitsrisiken gesellschaftlich akzeptabel sind. Die Höhe des akzeptierten Risikos hängt dabei unter anderem von dem sozioökonomischen Nutzen ab. So sind z. B. viele Arbeitnehmer bereit, ein begrenztes zusätzliches Krebsrisiko hinzunehmen, wenn hierdurch ihr Arbeitsplatz erhalten werden kann. Die Abwägung von sozioökonomischen Interessen gegenüber Gesundheits- oder Umweltschutzmaßnehmen kann politisch außerordentlich heikel sein, insbesondere bei Entscheidungen, bei denen Risiko und Nutzen nicht – wie beim obigen Beispiel – gleiche, sondern unterschiedliche Personen betreffen. Der Entscheidungsspielraum der Kommission wird in der Praxis dadurch eingeschränkt, dass sie die von der ECHA publizierten Opinions als Grundlage heranziehen muss. Dem an EU-Entscheidungsprozessen interessierten Leser wird in diesem Zusammenhang die Lektüre des Weißbuchs der Kommission zur European Governance empfohlen.

Evaluierungsentscheidungen trifft die Kommission hingegen lediglich in den Fällen, in denen sich die Mitgliedstaaten uneinig sind. Damit wird erreicht, dass das Entscheidungsverfahren administrativ schlanker wird. Im Rahmen der Evaluierungsverfahren spielt die Güterabwägung in der Regel eine weit weniger bedeutende Rolle. Formal betrachtet sind die Entscheidungen durch die Zustimmung der Mitgliedstaaten legitimiert.

33.5.3 Die Rolle der Mitgliedstaaten

> Die Aufgabe der Mitgliedstaaten besteht darin, Hinweisen auf stoffliche Risiken für den Menschen oder die Umwelt nachzugehen, die Höhe der Risiken zu ermitteln und Maßnahmen zur Begrenzung inakzeptabler Risiken vorzuschlagen. Die Hinweise können aus einer Vielzahl von Quellen, stammen, wie z. B. aus arbeitsmedizinischen Untersuchungen, aus der Ärzteschaft, von den staatlichen Giftinformationszentralen, von den Vollzugsbehörden, von einzelnen Bürgern oder aus den Medien.

Die Entscheidungsbefugnis für Schutzmaßnahmen ist in den letzten Jahrzehnten zunehmend von der nationalen auf die EU-Ebene verlagert worden, weil einzelstaatliche, produktbezogene Regelungen den freien Warenverkehr zwischen den EU-Mitgliedstaaten beeinträchtigen und damit der angestrebten Harmonisierung des EU-Binnenmarkts entgegenstehen. An die Stelle der Regelungskompetenz der Mitgliedstaaten sind die Initiativrechte getreten. Jeder EU-Mitgliedstaat hat das Recht, bei Vorliegen eines inakzeptablen Risikos eine Stoffbeschränkung vorzuschlagen. Ob und inwiefern die Befürchtungen der Mitgliedstaaten berechtigt sind, wird daraufhin im Rahmen der beschriebenen EU-Verfahren geprüft. Das Instrument der Beschränkung wird durch die Möglichkeit einer Stoffevaluierung ergänzt. Zur Abklärung des Verdachts eines relevanten Risikos können die Mitgliedstaaten zunächst eine Stoffevaluierung durchführen, mit der die Registranten zur Durchführung zusätzlicher Untersuchungen verpflichtet werden können.

Auf den ersten Blick mag es unverständlich erscheinen, weshalb die Kommission nicht den Bewertungen der Mitgliedstaaten vertraut und ohne weitere Überprüfung eine EU-weite Regelung erlässt. Der Grund hierfür ist die Befürchtung, dass chemikalienrechtliche Entscheidungen der Mitgliedstaaten vermeintlich oder tatsächlich von politischen Interessen geleitet sind. Beispielhaft hierfür ist der Streit um das als biozider Wirkstoff verwendete Pentachlorphenol (PCP). Nachdem in Deutschland viele Bewohner von Häusern, in deren Innenräumen pentachlorphenolhaltige Holzschutzmittel verstrichen worden waren, über eine Reihe unspezifischer Gesundheitsbeeinträchtigungen, wie z. B. Müdigkeit, Schlaflosigkeit und Vergesslichkeit geklagt hatten, wurde der Stoff in Deutschland im Jahr 1989 verboten. In Frankreich wurde hingegen PCP weiterproduziert und verwendet. Um ein Handelshemmnis in der EU zu vermeiden, schlug die Europäische Kommission eine Beschränkung der Verwendung von PCP vor. Die im Jahr 1991 nach kontroversen Diskussionen verabschiedete Regelung blieb jedoch hinter dem von Deutschland vorgeschlagenen Totalverbot zurück. Erst viele Jahre später kam es dann auch in der EU zu einem vollständigen Verbot von PCP. Eine Kausalbeziehung zwischen den genannten Gesundheitsbeeinträchtigungen und der Exposition gegenüber PCP ist bis heute nicht nachgewiesen.

33.6
Nachgeschaltete Anwender

> Nachgeschaltete Anwender, d. h. Personen, die einen Stoff als solchen oder in einem Gemisch verwenden, sind verpflichtet zu überprüfen, ob ihre Verwendungen von den von den Registranten erstellten Expositionsszenarien abgedeckt sind, d. h., ob die Verwendungsbedingungen einschließlich der Schutzmaßnahmen mit den Annahmen der Registranten übereinstimmen.

Im Abschn. 33.4.1.3 wurde auf die Pflicht der Registranten hingewiesen, im Rahmen des Stoffsicherheitsberichts abzuschätzen, wie hoch die bei den vorgesehenen Verwendungen auftretenden Risiken für den Menschen oder die Umwelt während des gesamten Lebenszyklus eines Stoffes sind. Bis ein Stoff in das Endprodukt gelangt ist, kann er – abhängig von der Komplexität der Wertschöpfungskette – in einem oder mehreren Vorprodukten enthalten sein und mehrfach den Besitzer gewechselt haben. Den Herstellern oder Importeuren der Stoffe ist häufig nicht bekannt, wer die Stoffe verwendet, wofür sie verwendet werden und unter welchen Bedingungen. Mit dem Verkauf der Stoffe verlieren sie die Kontrolle über die Stoffe. In vielen Fällen entsprechen daher die von den Registranten im Stoffsicherheitsbericht beschriebenen Verwendungen und Expositionsszenarien nicht den tatsächlichen Verwendungsbedingungen bei den nachgeschalteten Anwendern (downstream user). Um diese Lücke zu schließen, hat der Verordnungsgeber Pflichten für nachgeschaltete Anwender festgelegt und Regelungen zum Informationsaustausch in der Wertschöpfungskette getroffen.

Nachgeschaltete Anwender sind verpflichtet zu überprüfen, ob ihre Verwendungen von den von den Registranten erstellten Expositionsszenarien abgedeckt sind, d. h., ob die Verwendungsbedingungen einschließlich der Schutzmaßnahmen mit den Annahmen der Registranten übereinstimmen. Ist dies nicht der Fall, können sie die Registranten über ihre Verwendungen informieren. Diese sind grundsätzlich verpflichtet, für die gemeldeten Verwendungen Expositionsszenarien zu erstellen und in ihre Registrierungsdossiers aufzunehmen. Sind die Registranten hierzu nicht bereit, z. B., weil sie die betreffende Verwendung nicht für sicher halten, müssen sie die ECHA und die jeweiligen nachgeschalteten Anwender über die Gründe ihrer ablehnenden Haltung unterrichten. In diesem Fall müssen die nachgeschalteten Anwender selbst eine Risikobewertung erstellen und die ECHA hierüber informieren. Dies gilt auch, wenn nachgeschaltete Anwender ihre Verwendungen gegenüber den Registranten nicht offenlegen wollen, z. B., weil es sich um Betriebs- und Geschäftsgeheimnisse handelt.

Die REACH-Verordnung enthält darüber hinaus eine Reihe von Bestimmungen zum Informationsaustausch entlang der Wertschöpfungskette, die sicherstellen sollen, dass die Akteure alle sicherheitsrelevanten Informationen erhalten. Mit der Ausdehnung der Pflichten zur stofflichen Risikobewertung auf die nachgeschalteten Verwender hat sich die Zahl der vom Chemikalienrecht betroffenen

Unternehmen vervielfacht. Es ist offenkundig, dass sich stoffliche Sicherheit nicht ohne Einbeziehung aller Akteure erreichen lässt. Allerdings stellen die REACH-Vorschriften insbesondere für kleine und mittlere Unternehmen eine beträchtliche Herausforderung dar und der Lernprozess ist noch nicht abgeschlossen. Die bisherigen Erfahrungen zeigen allerdings, dass durch die REACH-Verordnung das Bewusstsein vieler Unternehmen für die von Stoffen ausgehenden Gefahren geschärft worden ist.

33.7 Zusammenfassung

Die Erfahrung lehrt, dass es ohne einen rechtlichen Rahmen, der die Pflichten der Stoff- und Produkthersteller sowie der Akteure in der Wertschöpfungskette konkret festlegt, nicht gelingt, ein angemessenes Sicherheitsniveau zu erreichen. In dem kompetitiven Umfeld einer freien Marktwirtschaft besteht kein ausreichend starker ökonomischer Anreiz dafür, eine umfassende Testung der Stoffe und Sicherheitsbewertung vorzunehmen.

Die REACH-Verordnung legt Mindestanforderungen hinsichtlich der von den Stoffherstellern und -importeuren bei der ECHA einzureichenden Informationen über die Eigenschaften der Stoffe fest. Sie verpflichtet die Akteure in der Wertschöpfungskette zum Informationsaustausch und die nachgeschalteten Anwender, eine eigene Risikobewertung durchzuführen, sofern die jeweiligen Verwendungen nicht bereits durch den Registranten des Stoffes bewertet wurden. Darüber hinaus regelt sie die Pflichten und Befugnisse der ECHA, der Europäischen Kommission und der Behörden der Mitgliedstaaten und enthält Bestimmungen zu den Informations- und Beteiligungsrechten für die Öffentlichkeit und der betroffenen Unternehmen.

Die praktische Umsetzung der Bestimmungen stellt wegen der großen Anzahl der Stoffe und Stoffverwendungen sowie der wissenschaftlich-technischen Komplexität der Materie hohe Anforderungen an Unternehmen und Behörden. Das Zulassungsverfahren steht immer noch am Anfang, bislang wurde erst über wenige Zulassungsanträge entschieden. Da es erst wenige Fallbeispiele gibt, ist eine verlässliche Einschätzung der Erfolgschancen für die Antragsteller derzeit noch schwierig. Fraglich ist, wie viele Stoffe bzw. Zulassungsanträge das Zulassungsverfahren „verkraften" kann, bis es an seine Kapazitätsgrenze stößt. Als Regelungsoptionen für besonders gefährliche Stoffe kommen grundsätzlich auch das Beschränkungsverfahren oder andere Maßnahmen in Betracht, und die Behörden prüfen im Rahmen einer RMO-Analyse (*risk management option analysis*, RMO), bei welchen Stoffen administrativ weniger aufwendige Maßnahmen als das Zulassungsverfahren ausreichen. Auch die Evaluierung der Stoffe bedarf der Optimierung mit dem Ziel, die knappen behördlichen Ressourcen effektiver zum Schutz des Menschen und der Umwelt zu nutzen.

Die in der Einleitung genannten Erwartungen wird die REACH-Verordnung dennoch auch in Zukunft nicht zur Zufriedenheit aller gesellschaftlichen Gruppen erfüllen können. Wegen divergierender Interessen und einer Reihe von Zielkonflikten ist damit zu rechnen, dass die chemikalienrechtlichen Regelungen politisch umstritten bleiben. Wann die Rechtsvorschriften einer grundlegenden Reformierung unterzogen werden und in welche Richtung sie weiterentwickelt werden, lässt sich gegenwärtig nicht absehen. Wünschenswert wären bessere Kenntnisse über die stoffliche Zusammensetzung von Erzeugnissen und die Freisetzung der Stoffe aus Erzeugnissen. Lückenhaft sind auch die Kenntnisse über die Eigenschaften von Stoffen in Erzeugnissen aus Staaten, die nicht zur EU zählen, weil für diese Stoffe derzeit keine Registrierungspflicht besteht.

Weiterführende Literatur

CLP-Verordnung: Regulation (EC) No 1272/2008 of the European Parliament and of the Council of 16 December 2008 on classification, labelling and packaging of substances and mixtures, amending and repealing Directives 67/548/EEC and 1999/45/EC, and amending Regulation (EC) No 1907/2006.

European Governance – White Paper; Commission of the European Communities, COM (2001) 428 final.

Guidance on REACH; European Chemicals Agency, http://echa.europa.eu/guidance-documents/guidance-on-reach, letzter Zugriff: 7.1.2017.

REACH Verordnung: Regulation (EC) No 1907/2006 of the European Parliament and of the Council of 18 December 2006 concerning the Registration, Evaluation, Authorisation and Restriction of Chemicals (REACH), establishing a European Chemicals Agency, amending Directive 1999/45/EC and repealing Council Regulation (EEC) No 793/93 and Commission Regulation (EC) No 1488/94 as well as Council Directive 76/769/EEC and Commission Directives 91/155/EEC, 93/67/EEC, 93/105/EC and 2000/21/EC.

Strategy for a Future Chemicals Policy – White Paper, Commission of the European Communities, COM (2001) 88 final.

The use of alternatives to testing on animals for the REACH Regulation – Second report under article 117.3 of the REACH Regulation; European Chemicals Agency, ECHA-14-A-07-EN (2014).

Teil V
Spezielle Toxikologie

34
Persistente halogenierte aromatische Kohlenwasserstoffe[1]

H. Greim und K.K. Rozman

34.1
Einleitung

Polyhalogenierte aromatische Kohlenwasserstoffe (engl. *PolyHalogenated Aromatic Hydrocarbons*, PHAH) sind persistente organische Chemikalien, die durch ihre strukturellen Ähnlichkeiten gemeinsame toxikologische Eigenschaften aufweisen. Die bekanntesten Vertreter dieser Stoffklasse sind die polychlorierten Dibenzodioxine (PCDD) und Dibenzofurane (PCDF), polychlorierte Biphenyle (PCB) sowie einige Pestizide wie *p*, *p*′-Dichlordiphenyltrichlorethan (DDT) und Hexachlorbenzol (HCB). Diese Verbindungen werden toxikologisch als Repräsentanten der gesamten Stoffklasse angesehen. Bromierte und gemischthalogenierte Kongenere haben ähnliche physikalische und biologische Eigenschaften und führen zu vergleichbaren Effekten. (Poly-)Halogenierte aromatische Kohlenwasserstoffe sind ubiquitäre Umweltverunreinigungen meist anthropogenen Ursprungs. Viele Vertreter sind außerordentlich persistent und schädigen sowohl die Umwelt als auch den Menschen. Sie wurden zusammen mit anderen persistenten organischen Verunreinigungen („Persistent Organic Pollutants", POPs) als das sogenannte „Dirty Dozen" aufgelistet (siehe Tab. 34.1) und werden bzw. sind inzwischen durch die Stockholmer Konvention 2001 verboten, die von 122 Staaten einschließlich den USA unterzeichnet wurde. Die Stockholmer Konvention trat am 17. Mai 2004 in Kraft, nachdem sie von 50 Staaten ratifiziert worden war.

1) Der Beitrag basiert in wesentlichen Teilen auf dem Kapitel „Persistent Polyhalogenated Aromatic Hydrocarbons" von K.K. Rozman und K.W. Fried in „Toxikology and Risk Assessment, A Comprehensive Introduction", John Wiley & Sons 2008, Eds. H. Greim und R. Snyder.

Das Toxikologiebuch, 1. Auflage. Helmut Greim (Hrsg.).

Tab. 34.1 Das „Dirty Dozen" entsprechend der Stockholmer Konvention. Fast die Hälfte der Verbindungen gehört zu den PHAH (Fettdruck).

Verbindung	Verwendung	Struktur
Aldrin	Insektizid	Chloriertes 1,4:5,8-Dimethanonaphthalin-Derivat
Chlordan	Insektizid	Chloriertes 4,7-Methanoinden-Derivat
DDT	**Insektizid**	**Chloriertes Diphenylethan-Derivat**
Dieldrin	Insektizid	**Chloriertes 1,4:5,8-Dimethanonaphthalin**-Derivat
Endrin	Insektizid, Rodentizid	Chloriertes 1,4:5,8-Dimethanonaphthalin-Derivat
HCB	**Fungizid, Industriechemikalie und Nebenprodukt**	**Perchloriertes Benzol**
Heptachlor	Insektizid	Chloriertes 4,7-Methanoinden-Derivat
Mirex	Insektizid	Perchloriertes Cyclobuta[cd]pentalen
PCB	**Industriechemikalie**	**Chlorierte Biphenyle**
PCDD	**Verbrennungs-, industrielle Nebenprodukte**	**Chlorierte Dibenzo-*p*-dioxine**
PCDF	**Verbrennungs-, industrielle Nebenprodukte**	**Chlorierte Dibenzofurane**
Toxaphen	Insektizid	Chlorierte Norbornan-Derivate

In Europa wurde die Stockholmer Konvention in der „EG-Verordnung Nr. 850/2004 des Europäischen Parlaments und des Rates vom 29. April 2004 über persistente organische Schadstoffe und zur Änderung der Richtlinie 79/117/EWG" umgesetzt, auch in der Schweiz wurde sie mittels eines Erlasses ins nationale Recht übernommen. In den USA sind die meisten der unter die Stockholmer Konvention fallenden persistenten polyhalogenierten aromatischen Kohlenwasserstoffe kategorisiert als gefährliche Luftverunreinigungen im Rahmen des „Clean Air Act (CAA)" und als prioritäre toxische Verunreinigungen im Rahmen des „Clean Water Act (CWA)".

34.2 Polychlorierte Dibenzodioxine und -furane (PCDD und PCDF)

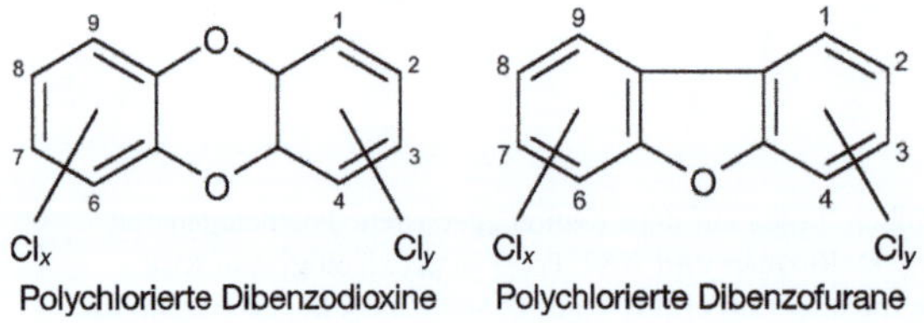

Polychlorierte Dibenzodioxine und Dibenzofurane (PCDD/PCDF) sind eine Gruppe von chlorierten organischen Verbindungen, die 75 Dioxin- und 205 Furan-Kongeneren umfasst. Die Kongeneren unterscheiden sich in Zahl und Stellung der Chloratome. Die PCDD/PCDF sind planare Moleküle. Neben den chlorierten kommen auch bromierte sowie gemischt bromierte und chlorierte Analoge vor. Obwohl bisher nur wenige vergleichende Untersuchungen durchgeführt worden sind, kann man davon ausgehen, dass sich die bromierten Verbindungen im Vergleich zu den chlorierten hinsichtlich Wirkungsstärke, Toxikokinetik und Metabolisierung sehr ähnlich verhalten. Homologe mit Halogensubstituenten in den 2,3,7,8-Positionen stellen die biologisch und toxikologisch wirksamsten Verbindungen dieser Stoffklasse dar.

PCDD und PCDF sind unerwünschte Nebenprodukte fast ausschließlich anthropogenen Ursprungs. Sie entstehen bei praktisch allen Verbrennungsprozessen in Anwesenheit von anorganisch oder organisch gebundenem Chlor. Im Jahr 1872 wurde von Merz und Weith die erste nachgewiesene Synthese von PCDD berichtet. Die hohe biologische Potenz dieser Stoffklasse wurde jedoch erst im Jahr 1957 entdeckt, als Sandermann Untersuchungen mit dem Fungizid Pentachlorphenol durchführte. Er entdeckte PCDD als Nebenprodukt eines Verfahrens zur Herstellung von Sperrholz und der Anwendung von PCP als Holzschutzmittel. Das vollständig chlorierte Kongener Octachlordibenzo-*p*-dioxin (OCDD) zeigte keine Aktivität gegenüber Termiten und Schimmel, während Tetrachlorodiphenylendioxid (später als 2,3,7,8-Tetrachlordibenzo-*p*-dioxin, 2,3,7,8-TCDD, bekannt geworden) äußerst wirksam war. An dieser Entdeckung beteiligte Forscher entwickelten Symptome einer Exposition, am deutlichsten Chlorakne, was zum Ende der Untersuchungen von Sandermann führte (Sandermann 1984). Kimmig und Schulz brachten diese Symptome in Zusammenhang mit den gleichen Symptomen bei Arbeitern in Fabriken zur Herstellung von Trichlorphenoxyessigsäure (2,4,5-T). Sie fanden heraus, dass Dioxine als Nebenprodukte bei der industriellen Synthese dieses chlorierten Pestizids und auch bei der Synthese anderer chlororganischer Verbindungen wie der Produktion von Trichlorbenzol oder von polychlorierten Biphenylen entstehen. PCDD wurde als Verunreinigung in dem Entlaubungsmittel Agent Orange gefunden, das während des Vietnamkriegs bei der „Operation Ranch Hand“ verwendet wurde. Die Konzentration lag bei 0,1–47 µg 2,3,7,8-TCDD/g Agent Orange. Durch die öffentliche Aufmerksamkeit und die Gesundheitsprobleme bei den Veteranen begann um 1970 die Forschung über Dioxine. Berichte über Unfälle in Industriebetrieben, bei denen PCDD freigesetzt wurden, tauchten erstmals 1949 auf. Der am meisten Aufsehen erregende Vorfall ereignete sich jedoch im Jahr 1976 in einer 2,4,5-T-herstellenden Fabrik im italienischen Seveso.

Die Hauptquelle für Dioxine und Furane in der Umwelt sind thermische Prozesse wie die Herstellung von Metallen und mineralischen Produkten, Verbrennungsprozesse wie Müllverbrennung, Heiz- und Elektrizitätswerke, offene Verbrennungsprozesse sowie die chlororganische Industrie. Alle Produktionsbedingungen erzeugen ein charakteristisches Kongenerenmuster (engl. *Cluster*).

Bei den verschiedenen Verbrennungsprozessen entstehen jeweils charakteristische Mischungen an PCDD- und PCDF-Kongeneren. Umweltproben können daher mit Emissionsquellen in Verbindung gebracht werden. PCDD und PCDF werden nicht kommerziell hergestellt, abgesehen von kleinen Mengen für die wissenschaftliche Forschung. Die thermische Bildung der PCDD ist eine Kombination aus *De-novo*-Synthese und der Erzeugung aus Vorstufen in einem Temperaturbereich von 250–350 °C, wie sie in Hüttenwerken oder veralteten Müllverbrennungsanlagen angetroffen werden. PCDD/F werden außerdem bei natürlichen Prozessen einschließlich Waldbränden, Bioabbau und Biosynthese sowie geothermischen Aktivitäten gebildet. Außerdem wurden Kongenerencluster in historischen und prähistorischen Sedimenten weltweit gefunden (Australien, Deutschland, China, Japan, USA). Die Zusammensetzung dieser Gemische steht mit keinem durch anthropogene Prozesse erzeugten Muster in Beziehung, was auf eine tatsächlich natürliche Entstehung hindeutet. Das United Nations Environmental Programme (UNEP) veröffentlichte eine umfassende Aufstellung von Beiträgen zur Dioxinfreisetzung, die es den Ländern erlaubt, ihre Gesamtemissionen entsprechend ihrer heimischen Wirtschaft abzuschätzen.

Das Schicksal von 2,3,7,8-TCDD in der Umwelt wird bestimmt durch seine Persistenz. Untersuchungen nach dem Unfall in Seveso zeigten im Boden eine Halbwertszeit von etwa neun bis zwölf Monaten. Studien an unterschiedlichen Messstandorten zeigten eine Abhängigkeit der Halbwertszeit vom Klima mit Werten von 6,3 Monaten in Florida und elf Monate in Utah. Die Anzahl an Bakterien mit der Fähigkeit zu anaerob reduktiver Dehalogenierung in Boden bzw. Sediment ist begrenzt, sie wird für die Entwicklung von großräumigen Dekontaminierungsmethoden weiter erforscht. Der Abbau von 2,3,7,8-TCDD in der Gasphase durch UV-Licht-Fotolyse ist schnell. Die theoretische Halbwertszeit unter Fotolysebedingungen in der Dampfphase beträgt eine Stunde. Andererseits ist die Halbwertszeit in der Luft unter den Bedingungen für OH-Radikalreaktionen etwa 8,3 Tage. Die Persistenz von 2,3,7,8-TCDD in Oberflächengewässern hängt vom Extinktionskoeffizienten des jeweiligen Gewässers und den saisonalen Änderungen der UV-Strahlung ab. Sie schwankt zwischen 21 h im Sommer und 118 h im Winter.

34.3
Polychlorierte Biphenyle (PCB)

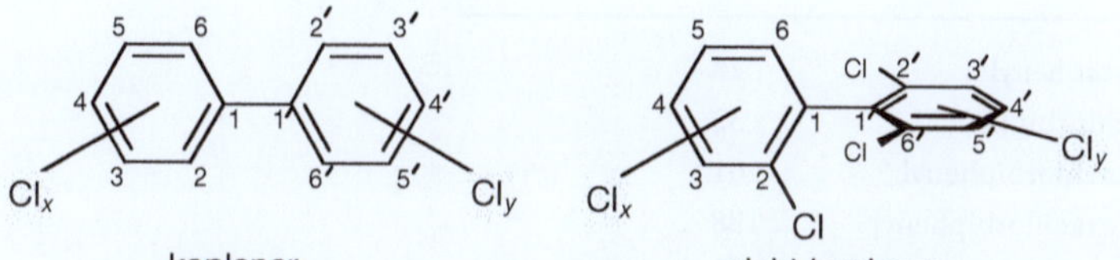

> Polychlorierte Biphenyle (PCB) sind Industriechemikalien, die in Industrienationen inzwischen nicht mehr verwendet werden. Die Substanzklasse umfasst 209 Kongenere, deren toxikologische Wirkstärke sich sowohl in Abhängigkeit vom Ausmaß als auch vom Muster der Chlorierung unterscheidet. Es gibt koplanare und nicht koplanare PCB mit unterschiedlichen toxikologischen Profilen.

PCB besitzen vorteilhafte technische Eigenschaften, die zu ihrer weitverbreiteten industriellen Anwendung geführt haben. Diese schließen hohe Dielektrizitätskoeffizienten und hohe Siedepunkte ein. PCB sind praktisch nicht brennbar, hitzeresistent, chemisch stabil und zeigen eine niedrige akute Toxizität. Ihre Viskosität variiert mit dem Grad der Chlorierung. Deshalb sind PCB in Transformatoren, Kondensatoren, Wärmetauschern, als Schmierstoffe, Flammschutzmittel, Weichmacher sowie Hilfsmittel in Druckfarben und Lacken eingesetzt worden. Insgesamt wurden schätzungsweise 1,2 Mio. t weltweit produziert, die Hälfte davon in den USA. Seit 1978 ist dort die Produktion und neue Verwendung unter dem sog. „Toxic Substances Control Act (TSCA)“ verboten, seit Mitte der 1980er-Jahre folgten dem die meisten Länder. In Deutschland ist die Verwendung in offenen Systemen ebenfalls bereits seit 1978, die Herstellung seit 1983 und die Verwendung und Inverkehrbringung seit 1989 verboten. Für die Beseitigung PCB-haltiger Produkte galten EU-weit verschiedene Übergangsregelungen. Gemäß der Stockholmer Konvention muss die Verwendung von PCB-enthaltenden Anlagen im Jahr 2028 ausgelaufen sein.

PCB werden wirtschaftlich durch die Chlorierung von Biphenyl produziert. Technische Gemische werden entsprechend dem Chlorgehalt (30–60 Gew. %) vermarktet, der oft durch ihren Handelsnamen angezeigt wird (z. B. Aroclor 1242 enthält 42 Gew. % Chlor). Die IUPAC-Nomenklatur beruht auf der aufsteigenden numerischen Reihenfolge der Chlorierung: Den PCB-Kongeneren werden Nummern von 1–209 zugeordnet.

PCB kommen ubiquitär in der Umwelt vor und reichern sich vor allem in tierischem Fettgewebe und damit auch in der Nahrungskette an. Das Kongenerenmuster in einzelnen Proben unterscheidet sich dabei, bedingt unter anderem durch die artspezifisch unterschiedlichen Halbwertszeiten, deutlich von dem in den technischen Gemischen. Für die Überwachung der PCB-Konzentrationen in

Tab. 34.2 Indikatorkongenere für die Analytik.

Bezeichnung	Kongenerennummer
2,4,4′′-Trichlorbiphenyl	28
2,2′,5,5′-Tetrachlorbiphenyl	52
2,2′,4,5,5′-Pentachlorbiphenyl	101
2,2′,3,4,4′,5′-Hexachlorbiphenyl	138
2,2′,4,4′,5,5′-Hexachlorbiphenyl	153
2,2′,3,4,4′,5,5′-Heptachlorbiphenyl	180

Nahrungsmitteln oder in Umweltproben werden aus praktischen Gründen meist nur sechs ausgewählte Kongenere, die sog. Indikatorkongenere (siehe Tab. 34.2), quantitativ bestimmt, die in fast allen Proben vorkommen und dort den Hauptanteil ausmachen.

Die biologischen Wirkungen der PCB hängen sehr vom Muster ihrer Chlorierung und somit von ihrer Konformation ab. Meta-, para- und mono-ortho-substituierte Kongenere sind koplanar und zeigen ein den PCDD ähnliches toxikologisches Profil, allerdings sehr viel schwächer. Die Benzolringe rotieren frei um die zentrale C–C-Bindung. Di-ortho-chlorierte PCB zeigen eine Rotationshemmung von ca. 80 kJ/mol, die eine Racemisierung bei Raumtemperatur noch erlaubt. Höhere Chlorierung in der ortho-Stellung verstärkt dagegen die Rotationsbarriere, bis nur noch cisoide Übergangszustände möglich sind. Die für die C–C-Rotation benötigte Energie beträgt 180 kJ/mol für tri- und 246 kJ/mol für tetra-ortho-chlorierte Kongenere. Dadurch wird bei diesen Verbindungen eine Racemisierung verhindert, sogar bei höheren Temperaturen. Deshalb kann bei diesen Verbindungen ein planarer Übergangszustand unter physiologischen oder Umweltbedingungen nicht erreicht werden. Einige (+)- und (–)-Enantiomere unterscheiden sich in ihrer toxikologischen Wirkstärke. Die in Kinetik-Studien gezeigten leichten Unterschiede in der Disposition könnten eine mögliche Erklärung dafür liefern. Tri- und Tetra-ortho-Kongenere zeigen ein anderes toxikologisches Profil als die planaren Kongeneren. Sie sind neurotoxisch, möglicherweise durch die Veränderung von Calciumsignalwegen.

34.4 Dichlordiphenyltrichlorethan (DDT)

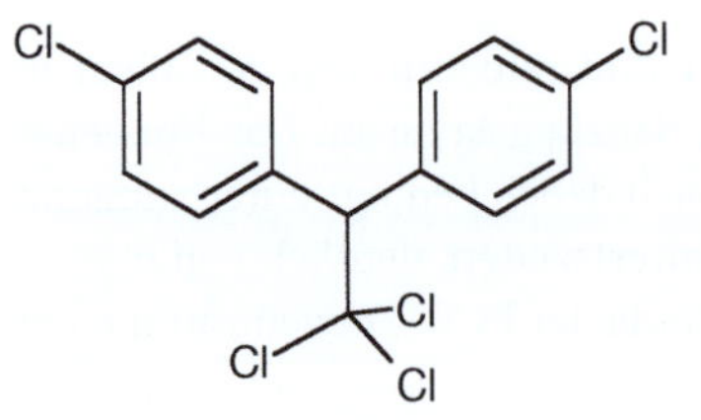

Die insektizide Wirkung von DDT wurde erstmals im Jahr 1939 von Paul Müller entdeckt. Die Anwendung von DDT reduzierte erheblich die Ausbrüche von Vektorkrankheiten wie Typhus und Malaria. Im Jahr 1948 erhielt Paul Müller deshalb den Nobelpreis für Medizin für seinen Beitrag zur präventiven Medizin. DDT wurde in den USA 1972 wegen seiner Persistenz in der Umwelt verboten.

Als einer der Stoffe des sog. „Dirty Dozen" wurde DDT auch durch die Stockholmer Konvention verboten. Jedoch wurden für 25 Länder Ausnahmen zur Vektorkontrolle erteilt, bis kosteneffektive, umweltverträgliche und lokal verfügbare Alternativen entwickelt wurden. Die weltweite Produktion von DDT insgesamt wird auf über 2 Mio. t geschätzt. Die höchste Produktion in den USA erfolgte in den frühen 1960er-Jahren, mit 85 000 t im Jahr 1962, für die Anwendung in der Landwirtschaft (Anbau von Baumwolle, Erdnüssen und Sojabohnen). Zur gleichen Zeit wurde Rachel Carsons Buch *Silent Spring* (*Der stumme Frühling*) veröffentlicht, das ein wachsendes Umweltbewusstsein in den USA entfachte. Die Autorin brachte die exzessive Pestizidanwendung mit einem Rückgang der Vogelpopulationen in Zusammenhang, die zu der im Titel reflektierten Stille in den Wäldern führte. Später wurde gefunden, dass DDT und seine Metaboliten endokrine Disruptoren sind. Im Jahr 1980 lief der Abwasserteich einer pestizidherstellenden Anlage, der DDT-Rückstände enthielt, über in den Lake Apopka in Florida und verursachte reproduktions- und entwicklungstoxische Effekte bei Alligatoren. Einige US-Bundesstaaten hatten 1968 die Verwendung von DDT verboten, gefolgt 1972 von einem USA-weiten Verbot für die meisten Anwendungen und 1989 für alle Anwendungen. Allerdings blieb die US-Produktion auf Höhe von 1 t pro Tag bis in die 1990er-Jahre bestehen. Heutzutage gibt es dort weder Produktion noch Import und Export. In den meisten westlichen Industrieländern wurde DDT in den 1970er-Jahren verboten, in Deutschland seit 1972.

Aus historischer Sicht übersteigt die Bedeutung von DDT für die Präventivmedizin bei Weitem seine ökonomische Bedeutung in der Agrarwirtschaft. DDT hat sich als sehr effektiv bei der Malariabekämpfung erwiesen, sogar in chronisch heimgesuchten Regionen. Diese von Mücken übertragene Krankheit war in Ceylon (Sri Lanka) durch regionales und großflächiges Versprühen von DDT fast zum Aussterben gebracht worden. Nach dem Einstellen der Anwendung 1963 stiegen die Infektionsraten schon bald wieder auf die früheren Level (Tab. 34.3), was die Wirksamkeit von DDT zeigt.

Tab. 34.3 Wirkung der DDT-Verwendung auf Malaria-Infektionen in Ceylon (Sri Lanka).

Jahr	**1948**	**1963**	**1964**	**1969**
Anzahl der Malariafälle	2 800 000 (vor der DDT-Verwendung)	17 (Einstellung des Versprühens)	150	2 500 000

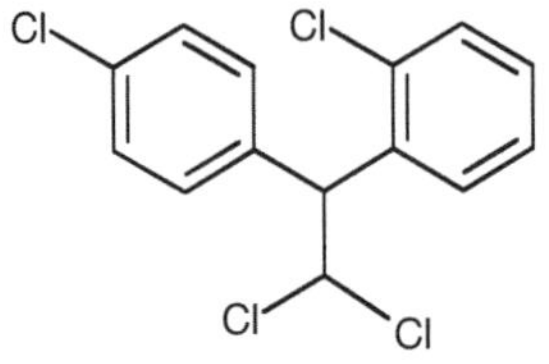

Abb. 34.1 Mitotan, eine DDT-analoge Verbindung als Arzneimittel für die Behandlung von adrenocorticalen Tumoren.

DDT ist ein Kontaktgift, Irritanz und Abwehrmittel für Insekten. Die Kombination dieser Eigenschaften verstärkt seine Effizienz bei der Mücken- und Läusebekämpfung dadurch, dass diese sowohl von besprühten Flächen ferngehalten als auch vernichtet werden. Allerdings begann sich auch eine fortschreitende Resistenz zu entwickeln, z. B. in *Anopheles*, wodurch steigende Dosen zur Kontrolle der Mückenpopulationen erforderlich wurden.

Die strukturanaloge Verbindung Mitotan (siehe Abb. 34.1) findet Verwendung als Chemotherapeutikum bei der Behandlung von Nebennierenrindenkarzinomen. Der Wirkungsmechanismus ist unklar, aber Mitotan scheint als endokriner Disruptor zu wirken sowie bestimmte Funktionen in der Nebennierenrinde und somit die Steroidogenese zu hemmen. Dies verursacht Nebennierenrindenatrophie, die zum „Aushungern" und zur anschließenden Zerstörung des Tumors führt.

34.5 Hexachlorbenzol (HCB)

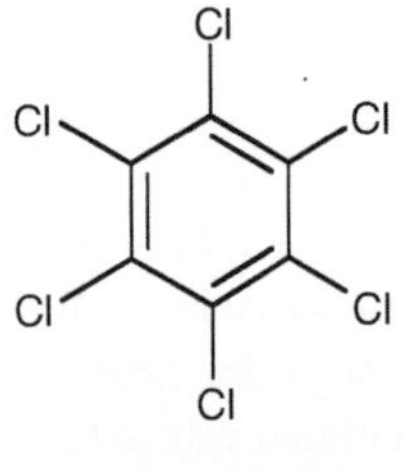

HCB ist ein wirksames Fungizid, ein industrielles Zwischenprodukt, das bei chlororganischen Synthesen, z. B. von Tetrachlorkohlenstoff, Chlorphenolen oder Vinylchlorid, als Nebenprodukt anfällt.

HCB wurde kommerziell durch direkte Chlorierung von Benzol in Gegenwart eines Friedel-Crafts-Katalysators synthetisiert, aber die weitaus größte Menge in der Atmosphäre wurde als Nebenprodukt in der chlororganischen Industrie erzeugt. Seine primäre Verwendung war die Behandlung von landwirtschaftlichen Saatkörnern wie Weizen und Hirse sowie von Zwiebeln, aber es wurde zeitweise auch als Flammschutzmittel in Kunststoffen und in der Produktion von Feuerwerkskörpern verwendet. Die fungiziden Eigenschaften von HCB führten zu dessen weitverbreiteter Anwendung in den 1950er- und 1960er-Jahren. Die Verwendung als Fungizid wurde in den USA stufenweise eingestellt, beginnend Mitte der 1960er-Jahre, die Registrierung wurde 1984 freiwillig gestrichen. Heute gibt es in den USA und in Europa weder Produktion noch Import oder Export von HCB als Pestizid. Jedoch kann es für chemische Zwischenprodukte hergestellt und verwendet werden. Schätzungen der Entstehung von HCB als Verunreinigung reichen von jährlich 68–690 t Mitte der 1990er-Jahre allein in den USA.

34.6 Physikalisch-chemische Eigenschaften

> Polyhalogenierte aromatische Kohlenwasserstoffe zeigen charakteristische gemeinsame Eigenschaften, wie hohe Lipophilie, niedriger Dampfdruck, hoher Schmelzpunkt, langsamer Bioabbau, der zur Biomagnifikation und Umweltpersistenz führt.

Die Hydrophobie einer Verbindung wächst mit dem Grad der Chlorierung. Dieser Effekt wird bei den polyhalogenierten aromatischen Kohlenwasserstoffen verstärkt, denen weitere funktionelle Gruppen fehlen. Ein hohes Ausmaß an Chlorierung verursacht neben der sterischen Hinderung für enzymatische Reaktionen auch ein erhöhtes Molekulargewicht, mit erhöhten Schmelzpunkten und sehr niedrigen Dampfdrücken (Tab. 34.4). Diese Eigenschaften sind der vorherrschende Grund für die Persistenz der polyhalogenierten aromatischen Kohlenwasserstoffe in der Umwelt.

Aufgrund der (zumindest teilweisen) Planarität als Ergebnis der anhängenden aromatischen Ringe lagern sie sehr leicht in mikrogeschichtete Mineralien wie Ton ein und führen zur Geoakkumulation. Ihre Henry-Konstanten zeigen eine geringe Volatilität aus wässriger Lösung in die Gasphase, ziemlich unabhän-

Tab. 34.4 Physikalisch-chemische Eigenschaften ausgewählter PHAH bei 20–25 °C.

	2,3,7,8-TCDD	Aroclor 1242	DDT	HCB
Molekülgewicht	321,97	266,5	354,49	284,78
Schmelzpunkt(°C)	305	n. a.	109	230
Siedepunkt (°C)	n. a.	325–366	zersetzt sich	322 (sublimiert)
Wasserlöslichkeit	7,9 ng/l	0,1–0,34 mg/l	25 µg/l	6 µg/l
$pK_{O/W}$	6,79	5,6	6,91	3,59–6,08
Dampfdruck (mm Hg)	$1{,}5 \times 10^{-9}$	$4{,}06 \times 10^{-4}$	$1{,}6 \times 10^{-7}$	$1{,}089 \times 10^{-5}$
Henry-Konstante (atm m^3/mol)	$1{,}62 \times 10^{-5}$	$5{,}2 \times 10^{-4}$	$8{,}3 \times 10^{-6}$	$6{,}8 \times 10^{-4}$ bis $1{,}3 \times 10^{-3}$

gig von den Umweltbedingungen. Deshalb ist ihre vertikale Mobilität in Boden und Sediment sehr begrenzt. Horizontale Mobilität tritt nur bei Erosion auf. Als Konsequenz zeigen polyhalogenierte aromatische Kohlenwasserstoffe hohe Persistenz im jeweiligen Umweltkompartiment. In ökotoxikologischen Bewertungen muss die sich daraus ergebende niedrige Bioverfügbarkeit dieser Verbindungen aus dem adsorbierten Zustand berücksichtigt werden. Die hohen $pK_{O/W}$-Werte der PHAH weisen auf ihre hohe Lipophilie hin, die zur Bioakkumulation (d. h. Aufnahme aus dem umgebenden Medium und der Nahrung) insbesondere in Wassertieren und als Folge zur Biomagnifikation (d. h. Aufnahme nur aus der Nahrung) in der gesamten Nahrungskette führt.

Diese Stoffe werden durch chemische und biochemische Prozesse langsam abgebaut. Allerdings sind sie auch der Fotolyse unterworfen. Dehalogenierung höher chlorierter PCDD/F und PCB kann zur Bildung stärker toxischer Kongenere führen, wodurch die Toxizität eines Gemisches insgesamt steigt. In wässrigem Milieu wird OCDD vorwiegend in Peri-Position (C1, C4, C6, C9) unter Entstehung des stärker wirksamen Heptachlorkongeners dechloriert. Auch wurde gezeigt, dass UV-Bestrahlung von PHAH zur Entstehung anderer PHAH-Klassen führen kann, die vorher nicht enthalten waren. Bestrahlung von PCP-haltigen Wasserproben führte zur Bildung von PCDD und PCDF in vergleichbaren Anteilen. Daher kann der Abbau von PHAH, abhängig von Substraten und Bedingungen, zum Anstieg oder zur Abnahme der Toxizität insgesamt führen.

34.7 Toxizität

34.7.1 Chlorierte Dibenzodioxine, Dibenzofurane und Biphenyle

> Die Toxizitätsprofile von PCDD, PCDF und koplanaren PCB, im Folgenden als Dioxin-Toxizität bezeichnet, sind qualitativ sehr ähnlich. Jedoch kann die Wirkstärke zwischen den Kongeneren um Größenordnungen differieren. Die relative Wirkstärke wird mithilfe von Toxizitätsäquivalentfaktoren (TEF von engl. *Toxicity Equivalency Factor*), bezogen auf 2,3,7,8-TCDD, den am stärksten wirksamen Vertreter der Stoffgruppe, angegeben.

Bei dem Störfall in der 2,4,5-T-Produktion in Seveso wurde das am stärksten wirksame Dioxin-Kongener, das 2,3,7,8-TCDD, freigesetzt. Die Schätzungen reichen von 300 g bis 3,4 kg, die breiteste Akzeptanz findet dabei eine Schätzung von 1,3 kg, die eine Fläche von ca. 2,5 m^2 kontaminierte, wovon ungefähr 37 000 Personen betroffen waren. Im Vordergrund der Symptomatik steht die Chlorakne.

Die ersten Berichte einer Massenvergiftung mit PCB stammen 1968 von der Insel Kyushu in Japan (Yusho). PCB wurden im Wärmetauschersystem einer Reisöl herstellenden Fabrik verwendet. Durch ein Leck in einer Rohrleitung gelangten PCB in das fertige Produkt und wurden von ungefähr 1800 Personen konsumiert. Im Jahr 1979 kam es zu einem ähnlichen Vorfall in Taiwan (Yuscheng), wodurch ebenfalls etwa 2000 Personen betroffen waren. Später konnte gezeigt werden, dass durch das wiederholte Erhitzen der PCB im Wärmetauscher Spuren von PCDF im Produkt gebildet wurden. Daher wurden die beobachteten Symptome in dem betroffenen Personenkreis, wie Chlorakne und Hautpigmentierung, als Kombination aus PCB- und PCDF-Toxizität betrachtet.

Die am stärksten wirksamen Kongenere der PCDD, PCDF und PCB sind in 2,3,7,8- bzw. 3,3′4,4′-Position chloriert. Das ist wahrscheinlich durch zwei Faktoren bedingt: Zum einen ist dieses Chlorierungsmuster für die Verbindung erforderlich, um am Zielort in Wechselwirkung zu treten. Zum anderen macht es diese Verbindungen weitgehend resistent gegen eine Metabolisierung. Deshalb persistieren sie lange genug, um an den Zielorten Konzentrationen zu erreichen, die hoch genug sind, um eine Wirkung hervorzurufen. Die Wirkstärke dieser PHAH kann anhand ihrer TEF angeordnet werden (siehe Tab. 34.5). Die jeweiligen Zahlenwerte wurden basierend auf einer Kombination aus akuten Effekten *in vitro* und *in vivo* bestimmt. Die Bewertung der Daten durch verschiedene Expertengruppen führte zu etwas unterschiedlichen TEF-Werten zwischen einzelnen Behörden bzw. Gremien, was zu unterschiedlichen Risikoabschätzungen für diese Gemische führen kann.

Es ist zweifelsfrei gezeigt, dass akut toxische wie auch kanzerogene Effekte hoher Dosen an PCDD, PCDF und koplanarer PCB additiv sind. Auch die Additivität der Effekte mittlerer Dosen für reproduktive Endpunkte wurde nachgewiesen. Eine Mischung aus 2,3,7,8-TCDD, 1,2,3,7,8-PeCDD, 1,2,3,4,7,8-HxCDD, 2,3,4,7,8-PeCDF und 3,3′,4,4′,5-PeCB (PCB 126) hemmte die Ovulation in vollständig additiver Weise. Diese Additivität erlaubt die Berechnung der Gesamttoxizität von Mischungen auf der Basis der Konzentrationen der einzelnen Komponenten und der zugehörigen TEF (siehe Gl. 34.1). Die Summe dieser Produkte wird als Toxizitätsäquivalent (TEQ) bezeichnet:

Formel zur Berechnung von TEQ für ein Gemisch unter Verwendung des TEF-Konzepts.

$$\sum_{k=1}^{n}(c_k \cdot \mathrm{TEF}_k) \qquad (34.1)$$

TEQ Toxizitätsäquivalent
C Konzentration
TEF Toxizitätsäquivalentfaktor
k, n spezifische Kongenere

Der TEF des am stärksten wirksamen Kongeners 2,3,7,8-TCDD ist definiert als 1. Das TEQ stellt die theoretische Menge an 2,3,7,8-TCDD dar, die eine Wirkung hervorruft, die gleich der des gegebenen Gemisches ist. Daher wird das TEQ auch als 2,3,7,8-TCDD-Äquivalent bezeichnet.

Tab. 34.5 TEF-Werte von PCDD, PCDF und PCB entsprechend den Bestimmungen der NATO und der WHO. (Pe = Penta, Hx = Hexa, Hp = Hepta, O = Octa).

Kongener	NATO	WHO
PCDD		
2,3,7,8-TCDD	1	1
1,2,3,7,8-PeCDD	**0,5**	**1**
1,2,3,4,7,8-HxCDD	0,1	0,1
1,2,3,7,8,9-HxCDD	0,1	0,1
1,2,3,6,7,8-HxCDD	0,1	0,1
1,2,3,4,6,7,8-HpCDD	**0,01**	**0,001**
1,2,3,4,6,7,8,9-OCDD	**0,001**	**0,0003**
PCDF		
2,3,7,8-TCDF	0,1	0,1
1,2,3,7,8-PeCDF	**0,05**	**0,03**
2,3,4,7,8-PeCDF	**0,5**	**0,3**
1,2,3,4,7,8-HxCDF	0,1	0,1
1,2,3,7,8,9-HxCDF	0,1	0,1
1,2,3,6,7,8-HxCDF	0,1	0,1
2,3,4,6,7,8-HxCDF	0,1	0,1
1,2,3,4,6,7,8-HpCDF	0,01	0,01
1,2,3,4,7,8,9-HpCDF	0,01	0,01
1,2,3,4,6,7,8,9-OCDF	**0,001**	**0,0003**
PCB		
IUPAC Nr.	Struktur	
77	3,3′,4,4′-TCB	0,0001
81	3,4,4′,5-TCB	0,0003
105	2,3,3′,4,4′-PeCB	0,00003
114	2,3,4,4′,5-PeCB	0,00003
118	2,3′,4,4′,5-PeCB	0,00003
123	2′,3,4,4′,5-PeCB	0,00003
126	3,3′,4,4′,5-PeCB	0,1
156	2,3,3′,4,4′,5-HxCB	0,00003
157	2,3,3′,4,4′,5′-HxCB	0,00003
167	2,3′,4,4′,5,5′-HxCB	0,00003
169	3,3′,4,4′,5,5′-HxCB	0,03
189	2,3,3′,4,4′,5,5′-HpCB	0,00003

Die Dioxin-Toxizität zeigt deutliche Speziesunterschiede, wobei das Meerschweinchen das empfindlichste und der Hamster das am widerstandsfähigste unter den nicht genetisch manipulierten Tiermodellen darstellen.

Tab. 34.6 LD_{50}-Werte von 2,3,7,8-TCDD in verschiedenen Säugetieren.

Spezies	**LD_{50} von 2,3,7,8-TCDD (µg/kg KG)**	**Gesamtkörperfett (% des Körpergewichts)**
Meerschweinchen (Dunkin-Hartley)	0,7–2,0	4,5
Ratte (Sprague Dawley)	45	8,9
Rhesusaffe	50	10,3
Maus (C57 BL/6)	100	7,9
Kaninchen (Weiße Neuseeländer)	115	10,1
Hund (Beagle)	1000	13,8
Hamster (Syrischer Gold-)	5051	17,3

Es ist davon auszugehen, dass die Effekte der PCDD und PCDF wie auch der PCB durch den gleichen oder sehr ähnlichen Mechanismus verursacht werden. Deshalb konzentrieren sich die meisten Studien auf den potentesten Vertreter dieser Substanzklasse, das 2,3,7,8-TCDD. Es dient als Modellverbindung für toxikologische Studien. Die LD_{50} von 2,3,7,8-TCDD variiert erheblich zwischen den verschiedenen Spezies (siehe Tab. 34.6). Das empfindlichste Säugetier ist das Meerschweinchen mit einer LD_{50} von 0,7–2,0 µg/kg KG. Es ist mehr als 1000-fach empfindlicher als der am meisten resistente Hamster mit einer LD_{50} von > 5051 µg/kg KG. Die LD_{50} variiert auch innerhalb der Stämme, wie das am deutlichsten zwei Rattenstämme zeigen. Die LD_{50} in der sensitiven Long-Evans-Ratte ist 10 µg/kg KG und unterscheidet sich um den Faktor 1000 von der resistenten Han/Wistar-Ratte (LD_{50} > 9600 µg/kg KG. Diese Unterschiede wurden in geringerem Umfang auch bei Mäusen beobachtet. C57BL-Mäuse waren ungefähr 30-fach empfindlicher als DBA-Mäuse.

Die Erklärungen für einige der Intraspezies- bzw. Interstammes-Unterschiede stellten sich als ziemlich komplex heraus. Jedoch wurde eine überzeugende allgemeine Korrelation zwischen dem Gesamt-Körperfettgehalt (TBF, von englisch *Total Body Fat*) einer Spezies und der akuten Toxizität von 2,3,7,8-TCDD identifiziert (siehe Gl. 34.2).

Formel zur Berechnung der näherungsweisen LD_{50} in Säugetieren.

$$LD_{50} = 6{,}03 \cdot 10^{-4}(\mathrm{TBF})^{5{,}30} \qquad (34.2)$$

TBF Gesamtkörperfett (% des Körpergewichts)

Eine Korrelation zwischen der Toxizität hoch lipophiler Verbindungen und dem Gesamtkörperfett erscheint in Anbetracht der Verteilung solcher Verbindungen plausibel. Je größer das Kompartiment ist, das als „Senke" bzw. Reservoir (peripheres Kompartiment) für eine Verbindung dient, desto niedriger ist die Konzentration in der Zirkulation und damit auch am Zielort (unter der Annahme, dass der Zielort nicht Teil des peripheren Kompartiments ist).

Die oben erwähnte empirische Formel kann auch zur Berechnung einer hypothetischen akut letalen Dosis für den Menschen verwendet werden. Die berechnete LD_{50} von 6230 µg/kg KG unter Zugrundelegung von 70 kg Körpergewicht und 21 % Gesamtkörperfett unterstützt die allgemeine Einschätzung, dass erwachsene Menschen nicht so empfindlich gegenüber der akuten Dioxintoxizität sind wie manche der Tiermodelle. Darüber hinaus erlauben diese Berechnungen eine Abschätzung der Altersabhängigkeit der LD_{50}-Werte unter Verwendung der jeweiligen Körperfettgehalte. Dies führt zu der vorläufigen Schlussfolgerung, dass Neugeborene (13,6 % TBF) ungefähr 10-fach empfindlicher gegenüber der akuten 2,3,7,8-TCDD-Toxizität sind als Erwachsene.

Die Wirkungen der PCDD, PCDF und PCB sind recht unterschiedlich und in Versuchstieren gut charakterisiert. Sie umfassen ein sog. Wasting (Auszehrungs)-Syndrom sowie eine krebserzeugende Wirkung (Lunge, Leber) bei hohen Dosen, Leberschädigung, Immunsuppression, Effekte auf die Reproduktion und erniedrigte IGF-1 (insulinähnlicher Wachstumsfaktor 1)-Spiegel im Serum bei mittleren Dosen sowie Effekte auf Schilddrüsenhormone, Thymusatrophie und Enzyminduktion bei niedrigen Dosen.

Chlorakne

Beim Menschen ist die Chlorakne das empfindlichste Symptom einer erhöhten 2,3,7,8-TCDD-Belastung des Körpers. Sie tritt etwa zwei Wochen nach der Exposition auf und manifestiert sich durch geschwollene Follikel der Haut, vor allem im Gesicht. Drei bis fünf Wochen später gehen diese in Komedonen über. Im Kaninchen ist das erste Symptom der Chlorakne eine Dermatitis. Diese tritt zwei bis vier Wochen nach der Anwendung von 2,3,7,8-TCDD auf, gefolgt von geschwollenen Follikeln und Zysten einige Tage später. In empfindlichen Menschen (jungen Mädchen) können Symptome bei 2,3,7,8-TCDD-Konzentrationen von 800 ppt, bezogen auf den Serumlipidgehalt, auftreten. Bei Jugendlichen ist die Differenzialdiagnose von akneähnlichen Hautbedingungen erfahrungsgemäß schwierig. Die meisten Personen zeigen unterhalb von 11 000 ppt keine Anzeichen. Der höchste berichtete 2,3,7,8-TCDD-Spiegel im Menschen war 144 000 ppt Blutfett bei einer 30-jährigen Frau, was einer Dosis von 25 µg 2,3,7,8-TCDD/kg KG entspricht. Die Symptome umfassten schwere Chlorakne, Übelkeit, Erbrechen und gastrointestinale Schmerzen sowie Ausbleiben der Menstruation. Die Hypothalamus-Hypophysen-Achse schien nicht beeinträchtigt.

Schlagzeilen machte 2004 der Fall des ukrainischen Präsidenten Viktor Juschtschenko. Er litt nach Aufnahme einer sehr großen 2,3,7,8-TCDD-Menge an einer Dioxinvergiftung und zeigte als Symptome unter anderem auch Chlorakne. Zunächst war bei ihm eine Konzentration von 108 000 ppt 2,3,7,8-TCDD im Serum bestimmt worden, die 3,5 Jahre später auf 20 500 ppt abgesunken war.

In epidemiologischen Studien konnte keine klare Beziehung zwischen einer 2,3,7,8-TCDD-Exposition und einer erhöhten Krebsmortalität hergestellt werden. In einigen Studien wurde eine Assoziation zwischen beruflicher PCB-Exposition und Leber-, Gallen- und Intestinalkrebs sowie Hautmelanomen gefunden. Außer für Leber- und Gallengangskrebs gibt es keine bestätigende Evidenz im Tiermodellen.

Kanzerogenität

Untersuchungen nach akzidenteller Exposition legen ein erhöhtes Risiko für Krebs des Verdauungs- und Atemtrakts in 2,3,7,8-TCDD-exponierten Rauchern nahe. Die Assoziation unterstützt die Einschätzung, dass 2,3,7,8-TCDD ein Kanzerogen ist, obwohl es kein Mutagen ist. Arbeiter, die hohen Konzentrationen an 2,3,7,8-TCDD über einen längeren Zeitraum ausgesetzt waren, zeigten signifikant erhöhte Krebsinzidenzen 20 Jahre nach der ersten Exposition. Wurde jedoch die gesamte Kohorte betrachtet, fand sich keine erhöhte Mortalitätsrate verglichen mit der Allgemeinbevölkerung. Eine andere Kohorte von 5100 Arbeitern zeigte dagegen eine erniedrigte Mortalitätsrate für Schlaganfälle und gastrointestinale Erkrankungen. Insgesamt lassen die epidemiologischen Studien vermuten, dass 2,3,7,8-TCDD eine schwache tumorigene Wirkung bei höheren Konzentrationen hat, insbesondere wenn die Gesamtinzidenz für alle Tumorarten betrachtet wird. Am stärksten ist die Evidenz für Lungentumoren, Weichteilsarkome und Non-Hodgkin-Lymphome. Hohe Dioxindosen verursachen auch im Tierversuch bei Ratte, Maus und Hamster Tumoren, unter anderem in Lunge und Leber. Die fehlende Genotoxizität *in vitro* und *in vivo* legt nahe, dass die Kanzerogenität von 2,3,7,8-TCDD wie die von PCB und verschiedenen anderen chlorierten Kohlenwasserstoffen durch einen epigenetischen Mechanismus verursacht wird, z. B. durch eine promovierende Wirkung.

Immunsuppression

In vielen, wenn nicht sogar in den meisten Spezies zeigt 2,3,7,8-TCDD immunsuppressive Wirkungen bei Dosen, die sehr viel niedriger sind als die, die zu akuter Toxizität führen.

Dosen von 1 µg 2,3,7,8-TCDD/kg KG und Woche verursachten eine erhöhte Suszeptibilität von Mäusen für Salmonelleninfektionen. Immunsuppression wurde in verschiedenen lyphoiden Organen wie Thymus, Milz und Lymphknoten, in unterschiedlichen Spezies beobachtet, die einem weiten Bereich von Dosen exponiert waren. Ratten zeigten eine Abnahme der zellvermittelten Immunreaktivität nach Dosen von 40 µg 2,3,7,8-TCDD/kg KG, während 10 µg 2,3,7,8-TCDD/kg KG einen Anstieg verursachten. Der deutlichste Effekt ist eine Thymusatrophie mit beeinträchtigter Differenzierung der T-Lymphozyten. Die antikörpervermittelte humorale Immunreaktivität ist ebenfalls vermindert. Die Berichte über Effekte auf das Immunsystem beim Menschen sind widersprüchlich. In epidemiologischen Studien in der Seveso-Kohorte konnte keine Assoziation nachgewiesen werden.

Reproduktionstoxizität

> In Tierversuchen wurden Effekte von Dioxin auf Fertilität und Entwicklung gezeigt, sowohl eine feto- und embryotoxische wie auch eine teratogene Wirkung traten auf. Beim Menschen wurde über das Ausbleiben der Menstruation berichtet.

Untersuchungen in Tiermodellen zeigten Effekte von 2,3,7,8-TCDD auf Fertilität wie auf prä- und postnatales Wachstum und Entwicklung. Bei höheren Dosen schließt das Fehl- und Totgeburten ein. Morphologische Veränderungen in den Ovarien und im Uterus von Ratten wurden nach 1 µg/kg KG und Tag für 13 Wochen gesehen. Die ED50 für die Hemmung der Ovulation in unreifen Ratten wurde mit 3–10 µg 2,3,7,8-TCDD/kg KG bestimmt. Wurde Ratten vom 6. bis 15. Tag der Gestation 2,3,7,8-TCDD verabreicht, lag die Dosis ohne beobachtbaren Effekt (No Observed Adverse Effect Level, NOAEL) bei 0,03 µg 2,3,7,8-TCDD/kg KG und Tag. Bei Mäusen wurden teratogene Wirkungen wie Gaumenspalten, Hydronephrose und Thymushyperplasie bereits unterhalb maternaltoxischer Dosen beobachtet. Die gleichen Effekte wurden auch bei Ratten und Hamstern berichtet, allerdings bei Dosen, die erhebliche Toxizität bei den Muttertieren verursachten. Ein verzögerter Eintritt der Pubertät wurde bei den Nachkommen von Ratten festgestellt, wenn während der Trächtigkeit 0,8 µg TEQ/kg KG am 15. Gestationstag verabreicht wurde. Studien in Primaten ergaben ebenfalls verminderte Fertilität, niedrigere Geburtsgewichte und erhöhte pränatale Mortalität, häufig begleitet von beträchtlicher Toxizität bei den trächtigen Tieren.

Epidemiologische Studien in den Seveso-Kohorten zeigten keine Zunahme an Fehlgeburten oder teratogenen Wirkungen, aber einen Anstieg der Anzahl weiblicher Nachkommen, für den ein Zusammenhang mit der paternalen Seite vermutet wurde. Dies konnte in den Kohorten der Operation Ranch Hand, die im Vietnamkrieg Entlaubungsmittel wie Agent Orange ausgebracht hatte, nicht bestätigt werden, was erhebliche Unsicherheiten bezüglich der Verlässlichkeit der Befunde in Seveso hinterlässt.

Weitere Erkrankungen

Andere mit der Dioxinexposition des Menschen in Zusammenhang gebrachte Effekte sind Hyperkeratose, Hyperpigmentierung, Hirsutismus, Leberschädigung, erhöhte Blutfett- und Cholesterinwerte, gastrointestinale Beschwerden wie Diarrhö, kardiovaskulare Effekte, Kopfschmerzen, periphere Neuropathie, verminderte sensorische Leistung, Verlust der Libido sowie psychiatrische Veränderungen. Einige diese Wirkungen sind auch abhängig vom Alter, sodass der tatsächliche Einfluss von Dioxin schwer zu beurteilen ist. Dies zeigt wieder einmal, dass fehlende Informationen zu Dauer und Höhe der Exposition in epidemiologischen Studien oft zu fraglichen Schlussfolgerungen führen können.

Eine Erniedrigung von Hormonspiegeln, z. B. von Schilddrüsenhormonen, Insulin oder IGF-1, die zur endokrinen Wirkungen und auch Fehlregulationen des intermediären Stoffwechsels führen können, ist für 2,3,7,8-TCDD gezeigt worden.

Eine von 2,3,7,8-TCDD verursachte Abnahme des Gesamt-Thyroxin(TT4)-Gehalts im Serum von Ratten wurde innerhalb von vier Tagen nach Gabe von 1 µg 2,3,7,8-TCDD/kg KG bestimmt. Jedoch war die Konzentration des Gesamt-Triiodthyronins (TT3) nicht beeinträchtigt. Beide Hormone waren in C57BL- und DBA-Mäusen dosisabhängig vermindert mit einer jeweils niedrigsten beobachtbaren Dosis mit Effekt (Lowest Observable Effect Level, LOEL) von 0,1 µg 2,3,7,8-TCDD/kg KG bzw. 100 µg 2,3,7,8-TCDD/kg KG. In Sprague Dawley-Ratten trat eine vorübergehende Hypoinsulinämie bei Dosen von 25 µg 2,3,7,8-TCDD/kg KG zusammen mit einer Insulinhypersensitivität auf. Außerdem wurde berichtet, dass Ratten, die nach einer Anfangsdosis von 3,2 µg 2,3,7,8-TCDD/kg KG im Steady State gehalten wurden, eine Abnahme der IGF-1-Signalübertragung innerhalb von acht Tagen zeigten. Ähnliche Dosen verminderten die Ovulation, verlängerten jedoch die Lebenszeit und reduzierten die Krebsraten in Versuchstieren verglichen mit Kontrollen. Abbildung 34.2 illustriert, dass diese Effekte durch die verminderte IGF-1-Signalübertragung vermittelt sein könnten.

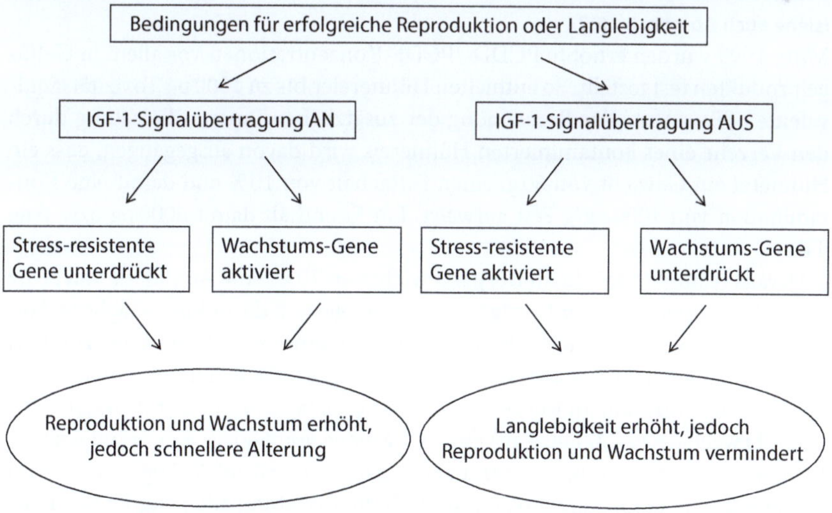

Abb. 34.2 Arkings Theorie der IGF-1-Signalübertragung und damit verbundenen Effekte. (Modifizierte Abb. 36.2, Greim und Snyder 2008. Reproduced with permission of John Wiley & Sons.).

Bewertung durch nationale und internationale Organisationen

Die International Agency for Research on Cancer (IARC) hat 2,3,7,8-TCDD und 2,3,4,7,8-PeCDF sowie 3,3′,4,4′,5-Pentachlorbiphenyl als Humankanzerogene („Group 1") eingestuft. Die DFG-Senatskommission zur Prüfung gesundheitsschädlicher Arbeitsstoffe hat 2,3,7,8-TCDD ebenfalls als Humankanzerogen bewertet und in die Kategorie 4 für krebserzeugende Arbeitsstoffe eingestuft, für die ein MAK-Wert abgeleitet werden kann. Dieser ist sehr niedrig und beträgt $1{,}0 \times 10^{-8}$ mg/m^3 für die einatembare Fraktion. Außerdem ist 2,3,7,8-TCDD der Gruppe C, also den Stoffen zugeordnet, für die bei Einhaltung des MAK-Wertes keine fruchtschädigende Wirkung zu befürchten ist.

Die chlorierten Biphenyle hat die DFG-Senatskommission zur Prüfung gesundheitsschädlicher Arbeitsstoffe ebenfalls in die Kategorie 4 für krebserzeugende Arbeitsstoffe eingestuft, für die ein MAK-Wert abgeleitet werden kann. Dieser beträgt 0,003 mg/m^3 für die einatembare Fraktion. Außerdem sind die chlorierten Biphenyle der Gruppe B, also den Stoffen zugeordnet, für die bei Einhaltung des MAK-Wertes eine fruchtschädigende Wirkung nicht auszuschließen ist.

Das EU Scientific Committee on Food leitete auf Basis von Tierversuchen für die Allgemeinbevölkerung eine gesundheitsbasierte duldbare tägliche Aufnahmemenge von 2 pg/kg KG ab, was ungefähr mit der Empfehlung des Joint Expert Committee on Food Additives der WHO und der UN Food and Agriculture Organisation übereinstimmt, die 2,3 pg/kg KG empfiehlt. Dagegen geht die US Environmental Protection Agency von epidemiologischen Daten aus und gelangt so zu einer oralen Referenzdosis von 0,7 pg/kg KG und Tag.

Bewertungsbeispiel: Chlorierte Dibenzodioxine und Dibenzofurane in Hühnereiern (siehe auch Abschn. 1.15.2)

Mitte 1999 wurden erhöhte PCDD-/PCDF-Konzentrationen vor allem in Geflügelprodukten festgestellt. So enthielten Hühnereier bis zu 1000 pg Toxizitätsäquivalente (TE)/g Fett. Zur Berechnung der zusätzlichen inneren Belastung durch den Verzehr eines kontaminierten Hühnereis wird davon ausgegangen, dass ein Hühnerei ein Gewicht von 60 g, einen Fettgehalt von 10 % und damit eine Kontamination von 1000 pg/g Fett aufweist. Ein Ei enthält damit 6000 pg bzw. 6 ng TE.

Daraus resultiert bei einem Körpergewicht von 70 kg eine Aufnahme von 86 pg TE/kg KG. Demgegenüber beträgt wie oben dargestellt die duldbare tägliche Aufnahme 0,7 bzw. 2 pg/kg KG. Die Erhöhung der inneren Belastung (Körperfett) kann jedoch auch daraus abgeschätzt werden. So ergibt sich unter Annahme einer TE-Konzentration im Körperfett von 30 ng/kg bei 20 kg Fett und 70 kg KG für einen Erwachsenen (30 Jahre alt) eine TE-Menge von 600 ng. Ein Ei mit 6 ng erhöht die innere Belastung von 600 auf 606 ng bzw. von 30 auf 30,3 ng/kg KG. Wird 30 Tage lang je ein Ei verzehrt, erhöht sich die Belastung auf 39 ng/kg KG, nach 90 Tage langem Konsum auf 57 ng/kg KG.

Die übliche TE-Belastung beträgt altersabhängig 10–80 ng/kg Körperfett.

Bei der Berücksichtigung von Kindern muss bedacht werden, dass Kinder eine kleinere relative Menge an Fett aufweisen und die Dioxinbelastung altersabhängig ist, das heißt im Laufe des Lebensalters ansteigt.

Daraus ergibt sich, dass der gelegentliche Verzehr von Eiern, die mit PCDD/F kontaminiert sind, die innere Belastung nur unwesentlich erhöht und damit auch keine gesundheitlichen Konsequenzen hat.

34.7.2 DDT

DDT und ausgewählte Metaboliten sind Stoffe mit endokriner Wirkung, die hormonelle Störungen in Wildtieren verursachen können.

Rachel Carsons Buch *Silent Spring* (*Der stumme Frühling*) löste eine Vielzahl von Studien über die ökotoxischen Auswirkungen von DDT und anderen Pestiziden aus. Berichte waren erschienen, dass die DDT-Metaboliten p, p'-Dichlordiphenyldichlorethylen (DDE) und p, p'-Dichlordiphenyldichlorethan (DDD) ein Dünnerwerden der Eierschalen von Raubvögeln verursachten, wodurch die Eier unter dem Gewicht der brütenden Elterntiere brachen. Dies führte zu einer Abnahme der Reproduktion, z. B. von Weißkopf-Seeadlern, die sich nach dem Verbot von DDT wieder normalisierte. Im Jahr 1980 lief ein Abwasserteich einer pestizidherstellenden Anlage, der DDT-Rückstände enthielt, über in den Lake Apopka in Florida, USA. In den weiblichen Alligatoren aus diesem See waren die 17β-Estradiolgehalte im Serum doppelt so hoch wie in Kontrolltieren, während die männlichen Tiere signifikant niedrigere Testosteronspiegel aufwiesen. Als Folge dieser endokrinen Wirkung zeigten die männlichen Alligatoren in den Testes irreguläre Strukturen sowie abnormal kleine Penisse.

Die akute Toxizität von DDT für den Menschen ist sehr niedrig, lediglich eine tödliche Vergiftung wurde je berichtet. In Ratten und Mäusen führt DDT zu Lebertumoren. Der Stoff besitzt tumorpromovierende Eigenschaften, ist aber nicht genotoxisch.

Die IARC hat DDT als wahrscheinlich krebserzeugend für den Menschen („probably carcingenic to humans, Group 2A") aufgrund positiver Tierversuche und eingeschränkter Evidenz aus der Epidemiologie eingestuft.

34.7.3 HCB

Zwischen 1955 und 1959 wurden einige Vergiftungsepisoden mit HCB in der Türkei berichtet, als aufgrund schlechter Ernten mit HCB behandeltes Getreide zum Brotbacken verwendet wurde. Epidemiologische Studien zeigten in diesen HCB-exponierten Populationen eine Assoziation mit Porphyria cutanea tarda.

Schätzungsweise 4000 Personen waren vom sog. „Black Sore"-Syndrom betroffen, das eine Sonnenempfindlichkeit der Haut, Hautausschlag mit Bläschen, Narbenbildung, veränderte Pigmentierung und Hirsutismus umfasst. Durch die Induktion der Aktivität von Cytochrom P450 (CYP) führt HCB auch zu Hepatomegalie. Der Stoff erzeugt unter anderem Lebertumoren bei Ratte, Maus und Hamster, deren Auftreten dosisabhängig war. In Ratten und Mäusen erwies sich HCB darüber hinaus als teratogen und verursachte Nieren- und Gaumendefekte, bei Ratten wurde auch eine entwicklungsneurotoxische Wirkung beobachtet.

Die IARC hat HCB als möglicherweise kanzerogen für den Menschen („possibly carcinogenic to humans, Group 2B") aufgrund positiver Tierversuche eingestuft. Die DFG-Senatskommission zur Prüfung gesundheitsschädlicher Arbeitsstoffe hat HCB in die Kategorie 4 für krebserzeugende Arbeitsstoffe eingestuft, für die ein MAK- oder BAT-Wert abgeleitet werden kann. In diesem Fall gibt es nur einen BAT-Wert von 150 µg/l Plasma/Serum.

34.8 Wirkungsmechanismen

34.8.1 Der Aryl-Hydrocarbon (Aryl-Kohlenwasserstoff)-Rezeptor (AhR)

> Zahlreiche Untersuchungen wurden durchgeführt, um den Mechanismus der Dioxintoxizität aufzuklären, viele davon beschäftigen sich mit der Rolle des AhR. Allerdings ist es unwahrscheinlich, dass ein einziger Mechanismus ein derart komplexes Toxizitätsprofil erklären kann, wie es die Dioxine zeigen.

Cytochrom P450 spielt eine wichtige Rolle beim Phase-I-Metabolismus. Viele Verbindungen können die Transkription dieser Proteine über Promotoren beeinflussen. Wie Poland 1976 als erster beschrieb, induziert 2,3,7,8-TCDD die Aktivität von CYP1A1 durch Interaktion mit dessen Gen durch einen rezeptorvermittelten Mechanismus. Der zytoplasmatische AhR und sein Partner im Zellkern ARNT (vom engl. *AhR Nuclear Translocator*) spielen eine Schlüsselrolle bei der Signalübermittlung (siehe Abb. 34.3). Obwohl der AhR nicht spezifisch für 2,3,7,8-TCDD ist, ist 2,3,7,8-TCDD der stärkste bekannte AHR-Agonist. Deshalb findet 2,3,7,8-TCDD Verwendung als Modellsubstanz für die AhR-Kinetik und die Untersuchung der nachgeschalteten Effekte. Der bekannteste AhR-Signalweg wird initiiert durch die Bindung eines Agonisten an den Rezeptor. Bei diesem Prozess werden die mit dem AhR assoziierten Proteine freigesetzt. Der AhR-Agonist-Komplex transloziert in den Zellkern und bindet an den ARNT. Dieses Heterotrimer heftet sich an das sog. Dioxin-Response-Element (DRE), eine Kern-Heptanucleotid-Sequenz in der DNA, und wirkt als Transkriptionsfaktor. Durch

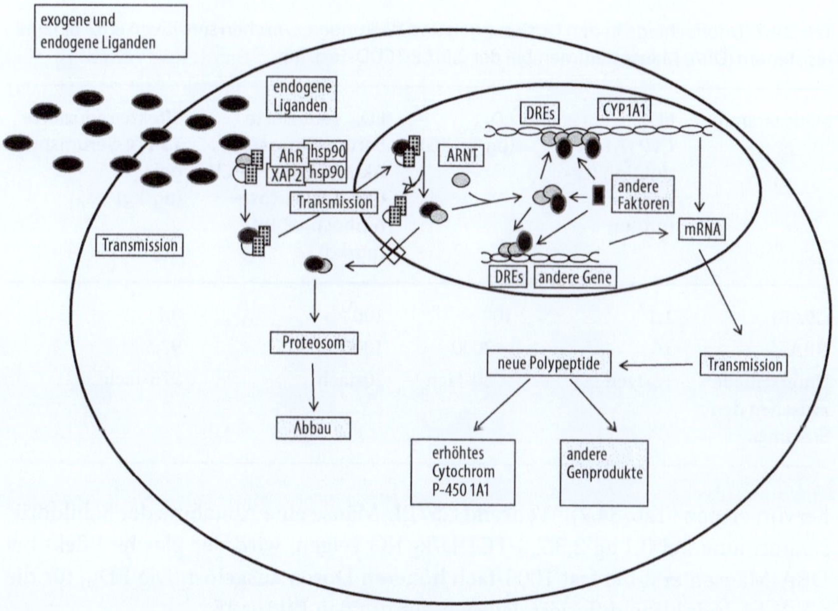

Abb. 34.3 AhR-Signalübertragungswege (Modifizierte Abb. 34.3, Greim und Snyder 2008. Reproduced with permission of John Wiley & Sons.).

eine Translation vermittelt löst die AhR-Signalübertragungskaskade eine biologische Reaktion wie die Induktion von CYP1A1 *in vitro* und *in vivo* aus.

Obwohl CYP1A1 viele exogene Verbindungen metabolisiert, ist ein endogenes Substrat für den AhR bisher nicht identifiziert worden. In der Ratte werden die höchsten Gewebekonzentrationen des AhR in Thymus, Lunge, Leber und Niere gefunden. Manche Forscher schreiben die meisten oder sogar alle toxischen Wirkungen der PCDD der Wechselwirkung mit dem AhR zu. Jedoch wird auch diskutiert, dass der AhR möglicherweise nicht der universelle Schlüssel zur akuten Toxizität sein könnte, weil die ED_{50} für die CYP1A1-Induktion in Ratten (Sprague Dawley 0,2–0,3 µg 2,3,7,8-TCDD/kg KG) etwa zwei Größenordnungen niedriger ist als die LD_{50} (43 µg 2,3,7,8-TCDD/kg KG). Außerdem ergeben Berechnungen des Proteingehalts in der Leber eine Sättigung des AhR bei 1,27 ng 2,3,7,8-TCDD/g Gewebe, während subletale Dosen von 2,5 µg 2,3,7,8-TCDD/Ratte 100-fach höhere Leberkonzentrationen verursachen (117 ng/g). Das könnte jedoch auch dadurch erklärt werden, dass es bei gesättigtem Rezeptor zu keinem weiteren Anstieg der Dosis-Wirkungs-Kurve kommen kann. Die Untersuchung von sensitiven und resistenten Rattenstämmen ergibt ebenfalls kontroverse Ergebnisse. Die spezifische Bindungsaffinität des AhR an 2,3,7,8-TCDD unterscheidet sich nicht zwischen sensitiven (Long Evans, 20 fmol/mg zytosolisches Protein) und resistenten (Han/Wistar, 23 fmol/mg zytosolisches Protein) Rattenstämmen. Darüber hinaus werden bei unterschiedlichen 2,3,7,8-TCDD-Dosen verschiedene Effekte in sensitiven und resistenten Mäusen

Tab. 34.7 Unterschiede in den Dosierungen und Wirkungen zwischen sensitiven (C57 BL) und resistenten (DBA) Mäusestämmen bei der 2,3,7,8-TCDD-Toxizität.

Mäusestamm	ED_{50} CYP1A1-Induktion (Leber) (µg/kg)	LD_{50} (µg/kg KG)	ED_{50} reduzierte Serum-Glucose, Aktivität der PEPCK und der Glucose-6-phosphatase (µg/kg)	Effekte reduzierte T3-/T4-Serumspiegel (µg/kg)
C57 BL	1,1	100	100	0,1
DBA	16	> 3000	1000	97,5
Unterschiede zwischen den Stämmen	15-fach	> 30-fach	10-fach	975-fach

hervorgerufen (Tab. 34.7). Während C57BL-Mäuse eine Abnahme der Schilddrüsenhormone bei 0,1 µg 2,3,7,8-TCDD/kg KG zeigen, wird der gleiche Effekt bei DBA-Mäusen erst bei fast 1000-fach höheren Dosen ausgelöst. Die ED_{50} für die CYP1A1-Induktion differiert dagegen nur um den Faktor 15.

Untersuchungen in AhR-Knockout-Mäusen ergaben eine mindestens 10-fach höhere Resistenz gegen 2,3,7,8-TCDD im Vergleich zu Wildtyp-Mäusen. Jedoch zeigten 2,3,7,8-TCDD-behandelte Knockout-Mäuse vereinzelt Lebernekrose und lymphozytäre Infiltrate in der Lunge, die auch in 2,3,7,8-TCDD-behandelten Wildtyp-Mäusen zu beobachten waren. Obwohl diese Effekte weniger stark ausgeprägt waren, lässt ihr bloßes Auftreten eine AhR-unabhängige Komponente bei der Manifestation der Toxizität vermuten.

Weitere Studien mit Knockout- wie auch mit Wildtyp-Mäusen sind erforderlich, um die Widersprüche zu betrachten und vollständig aufzuklären, ob und in welchem Ausmaß dieser Rezeptor die Dioxintoxizität moduliert oder vermittelt.

34.8.2 Phosphoenolpyruvat-Carboxykinase (PEPCK)

> Das Kennzeichen der Dioxintoxizität ist das sog. „Wasting"(Auszehrungs)-Syndrom in Tiermodellen: reduzierte Futteraufnahmen zusammen mit erniedrigtem Körpergewicht und Entgleisung des Intermediärstoffwechsels. Dies kann zu einer letalen Hypoglykämie führen, der offensichtlichen Ursache einer akuten Letalität durch 2,3,7,8-TCDD.

Insgesamt hängt der Energiestoffwechsel direkt mit dem respiratorischen Quotienten zusammen. In 2,3,7,8-TCDD-behandelten Tieren ist dieser Quotient verglichen mit paargefütterten Kontrollen erniedrigt, wenn das Wasting-Syndrom über das Stadium der Glykogendepletion hinaus fortgeschritten ist. Dies hat zu der

Vermutung geführt, dass der Intermediärstoffwechsel in 2,3,7,8-TCDD-behandelten Tieren beeinträchtigt ist. In weiteren Studien wurde die Glukoneogenese als Ziel der Veränderung bestätigt. In Ratten wurde gezeigt, dass das Schlüsselenzym der hepatischen Glukoneogenese, die PEPCK, durch 2,3,7,8-TCDD dosisabhängig gehemmt wird, was zu einer um bis zu 44 % herabgesetzten Aktivität im Vergleich zu paargefütterten Kontrollen führt. Diese Reduktion der PEPCK-Aktivität in der Leber wurde genau im gleichen Dosisbereich gefunden, in dem auch die akute Toxizität auftritt. Darüber hinaus war die hepatische Tryptophan-2,3-dioxygenase in Ratten ebenfalls dosisabhängig reduziert und deshalb der Plasma-Tryptophangehalt dosisabhängig erhöht, was mit der beobachteten verminderten Futteraufnahme übereinstimmt. Nachfolgende Studien in Mäusestämmen mit unterschiedlicher Sensitivität für 2,3,7,8-TCDD (C57BL/6J und DBA/2J) zeigten ein Plateau der abnehmenden PEPCK-Aktivität in der Leber, das sich mit dem Anstieg der akuten Toxizität im selben Dosisbereich deckt. Bei letalen Dosen war die PEPCK-Aktivität in der Leber der Maus um 80 % reduziert. Jedoch waren die hepatische Tryptophan-2,3-dioxygenase und Serum-Tryptophan bei Mäusen nicht verändert, was damit übereinstimmt, dass weder Futteraufnahme noch Körpergewicht bei dieser Spezies reduziert waren. Doch entwickelte sich die letale Hypoglykämie offenbar durch die stärker ausgeprägte Hemmung der PEPCK in Mäusen als in Ratten.

Studien zur Glukose-Homöostase in der 2,3,7,8-TCDD-resistentesten und -sensitivsten Spezies, dem Hamster bzw. dem Meerschweinchen, unterstützen nicht die Annahme, dass die hepatische PEPCK der Mediator der letalen Toxizität von 2,3,7,8-TCDD in allen Spezies ist.

Eine erniedrigte PEPCK-Aktivität, aber keine veränderten Glykogenspiegel in der Leber wurden beim Hamster bei Dosen beobachtet, die nicht zu Verlust von Körpergewicht führten. Außerdem wurde beim Hamster ein dosisabhängiger Abfall an freien Fettsäuren im Serum festgestellt. Während Meerschweinchen eine dosisabhängige Abnahme der Glykogenspiegel in der Leber zeigten, stieg in dieser Spezies der Gehalt an freien Fettsäuren im Serum dosisabhängig an. Im Leberzytosol von Meerschweinchen war keine Hemmung der PEPCK-Aktivität zu beobachten. Bemerkenswert ist, dass in Meerschweinchen die hepatische PEPCK überwiegend in den Mitochondrien zu finden ist, während sie sowohl bei Ratten wie auch bei Mäusen überwiegend im Zytosol enthalten ist.

Dies führt zu der Schlussfolgerung, dass die Letalität in Ratten, Mäusen, Hamstern und Meerschweinchen nach Gabe von 2,3,7,8-TCDD auf schwere Störungen des Intermediärstoffwechsels zurückzuführen ist. Allerdings ist ein gleichartiger Mechanismus für alle Spezies aufgrund der sehr unterschiedlichen Regulation des Intermediärstoffwechsels bei Winterschläfern (Hamster), Herbivoren (Meerschweinchen) und Omnivoren (Ratten, Mäuse) unwahrscheinlich.

34.8.3
ZNS-Stimulation

DDT ist ein ZNS-Stimulator durch Interferenz mit dem Natrium-Kalium-Transport in den Neuronen.

DDT ist bis zu einer geschätzten akuten Dosis von 10 mg/kg KG nicht toxisch für den Menschen. Chlorierte Insektizide wie DDT sind ZNS-Stimulanzien. In Säugetieren verursachen hohe Dosen Neurotoxizität durch Interferenz mit dem Natrium-Kalium-Transport in den Zellen. Dies führt zu repetitiver neuraler Erregung und verursacht Tremor und Krämpfe, die mit Antikonvulsiva behandelt werden können.

34.8.4
Uroporphyrinogen-Decarboxylase (UROD)

HCB ist ein Porphyrinogen durch Hemmung der UROD in der Leber, wodurch es zu einer Akkumulation von Porphyrinen kommt.

Die Toxizität von HCB wird mit der Hemmung der UROD in Zusammenhang gebracht, einem Schlüsselenzym bei der Hämsynthese. Diese Hemmung geht porphyrinogenen Symptomen voraus. Spezifisch blockiert HCB die Umwandlung des ersten zyklischen Tetrapyrrols, dem Uroporphyrinogen III, was zur erhöhten Re-Oxidation und so zur Akkumulation des Uroporphyrins in der Leber führt. Da eine direkte Hemmung der UROD *in vitro* nicht gezeigt werden konnte, wird ein indirekter Effekt vermutet. Eine Rolle von Metaboliten ist unter Berücksichtigung der sehr langsamen Metabolisierungsgeschwindigkeit des HCB unwahrscheinlich. Lipidperoxidation als Folge der CYP-Induktion wird als möglicher Wirkmechanismus diskutiert. Lipidperoxidation und mitochondriale Dysfunktion sind bekannt dafür, die Membranpermeabilität für Kalium zu verändern, was nachweislich die hepatischen Porphyrinspiegel erhöht. Darüber hinaus verstärkt Eisen die Wirkungen von HCB. Deshalb wird eine veränderte Kalium- oder Eisen-Homöostase als Mechanismus der HCB-Toxizität angenommen.

34.9
Metabolismus

Biotransformation ist der langsamste und damit geschwindigkeitsbestimmende Schritt bei der Elimination von PCDD. Deshalb wird die nicht-biliäre intestinale Elimination durch Abschuppung von Enterozyten und durch Rückverteilung der PHAH ins fäkale Fett zum Hauptweg der Ausscheidung.

PHAH können Ring-hydroxyliert werden, was vicinale, nicht-substituierte Positionen am aromatischen Ring erfordert. Fehlen diese, erfolgt die Biotransformation äußerst langsam und führt zu langen Halbwertszeiten der verschiedenen Kongenere. Deshalb sind in 2,3,7,8-Position chlorierte PCDD und PCDF sehr schlechte Substrate sowohl für eine Oxidation als auch für eine reduktive Dehalogenierung. Das gleiche trifft für PBC mit meta- und para-Substituenten zu. Einer der wenigen Metaboliten des 2,3,7,8-TCDD ist das 2,3,7-Trichlor-8,9-dihydroxydibenzo-*p*-dioxin. Diese enzymatischen Reaktionen können auch eine Verschiebung eines Chlorsubstituenten von einer lateralen Position an einen zentralen Ring beinhalten, was durch die Identifizierung geringer Mengen des 2,3,7,8-TCDD-Metaboliten 2-Hydroxy-1,3,7,8-TCDD gezeigt wurde. Ein anderer Metabolisierungsweg ist die Spaltung der Sauerstoffbrücke in PCDD und PCDFF, die zu Tetrachlordihydroxydiphenylether bzw. hydroxylierten PCB führt. Perchlorierte PHAH müssen reduktiv dehalogeniert werden, damit eine weitere Metabolisierung erfolgen kann. Epoxid-Intermediate wie auch hydroxylierte Metaboliten werden, sobald sie in geringen Mengen gebildet werden, durch Phase-II-Metabolismus rasch biotransformiert. Für das derivatisierte PCB-Glutathion-Addukt 2,2′,5,5′-Tetrachlor-4,4-bis(methylsulfonyl)biphenyl wird eine Akkumulation in der Lunge nach i. p. Applikation an Ratten berichtet. Weitere Methylsulfon-Derivate von PCB wurden in der Leber und im Fettgewebe nach chronischer Exposition identifiziert, was auf eine Proteinbindung hinweist. Jedenfalls sind die Metaboliten im Allgemeinen weniger toxisch als die ursprüngliche Verbindung und werden sehr viel schneller ausgeschieden durch die erhöhte Hydrophilie und zusätzlichen Phase-II-Metabolismus.

Insgesamt spielt die Biotransformation eine untergeordnete Rolle für die Ausscheidung der PHAH.

34.10 Enzyminduktion

> PHAH sind potente Enzyminduktoren *in vitro* und *in vivo*. Enzyminduktion ist einer der wichtigsten Effekte von 2,3,7,8-TCDD und verwandten Verbindungen.

In Untersuchungen *in vitro* konnte gezeigt werden, dass vorherige 2,3,7,8-TCDD-Exposition von Hepatozyten die Geschwindigkeit der Metabolisierung erhöht. Jedoch konnte eine Autoinduktion des 2,3,7,8-TCDD-Metabolismus *in vivo* nicht bestätigt werden. Der zuvor beschriebene AhR-Signalweg ist der am besten bekannte Weg einer Enzyminduktion durch koplanare PHAH. Er führt überwiegend zur Induktion von CYP1A1 und CYP1A2, und zwar 50- bis 100-fach verglichen mit der Kontrolle. Die Aktivität der NAD(P)H-Chinon-Reduktase wurde durch 2,3,7,8-TCDD ebenfalls induziert, allerdings in sehr viel geringerem Umfang. Außerdem wurde berichtet, dass PCB die Aktivität der Phenobarbital induzierbaren Gruppe (CYP2B, CYP2C, CYP3A) wie auch CYP2A1, die Epoxidhydrolase-, die DT-Diaphorase (NAD(P)H-Chinon-Oxidoreduktase)- und die Aldehyddehydrogenaseaktivität induziert. PCB-Atropisomere zeigen unterschiedliche Muster der Enzyminduktion durch (+)- und (–)-Enantiomere, einschließlich der Muster, die durch Induktoren vom Phenobarbitaltyp beobachtet werden. PHAH induzieren auch Phase-II-Enzyme, aber auf diesem Gebiet wurden weniger Studien durchgeführt. Es wurde gezeigt, dass 2,3,7,8-TCDD die UDP-GT (Uridindiphosphat-Glucuronosyltransferase) etwa 25-fach induziert, während die Aktivitäten der Glutathion-S-Transferase (GST), der Sulfotransferase und der N-Acetyltransferase weitgehend unbeeinflusst blieben.

34.11 Kinetik

Nach einer anfänglichen Phase der Verteilung werden PHAH vorwiegend im Fettgewebe und in der Leber abgelagert. Aufgrund ihrer geringen Metabolisierung zeigen sie nur eine sehr eingeschränkte Elimination und lange Eliminations-Halbwertszeiten. Durch diese sehr langen Halbwertszeiten wird die Toxizität dieser Verbindungsklasse durch die Aufnahme, Verteilung und Elimination der unveränderten Substanz gesteuert.

Die Bioverfügbarkeit des 2,3,7,8-TCDD nach einer einmaligen oralen Applikation reicht von ca. 50 % im Meerschweinchen bis zu 70–85 % in der Ratte, und sie hängt auch von der Wahl des Vehikels ab. Daten beim Menschen sind lediglich aus Selbstversuchen verfügbar. Sie wurde mit > 86 % bestimmt aus der Ausscheidung von [1,6-^{3}H]-TCDD in den Fäzes. Die Fäzes stellen auch bei der Ratte den Hauptausscheidungsweg dar. Die Ausscheidung mit dem Urin spielt mit 5–13 % der Dosis nur eine untergeordnete Rolle. Nach der Resorption hängt die initiale Verteilung von 2,3,7,8-TCDD von physiologischen Parametern wie der relativen Perfusionsrate der Gewebe ab. Die endgültige Verteilung von 2,3,7,8-TCDD folgt der Affinität der Verbindung zur Leber (5 % der Dosis/g Gewebe) und zum weißen Fettgewebe (1 % der Dosis/g Gewebe) innerhalb von 24 h. Die Halbwertszeit von 2,3,7,8-TCDD in der Ratte beträgt elf Tage für die Ausgangsverbindung im Serum und 21 Tage in der Leber. Im Meerschweinchen hat 2,3,7,8-TCDD eine Halbwertszeit von ungefähr 30 Tagen, während die mittlere Halbwertszeit beim Menschen 7,8 Jahre ist. Je höher der Chlorierungsgrad eines PHAH ist, desto länger ist seine biologische Halbwertszeit im Vergleich zu seinen Kongeneren.

Beim Menschen hat DDT eine Halbwertszeit von etwa fünf Jahren; der Metabolit DDE ist sogar noch persistenter. DDT wird überwiegend mit dem Urin ausgeschieden. Die Anteile der mit der Galle oder mit der Muttermilch ausgeschiedenen Menge steigen mit zunehmenden DDT-Dosen.

HCB besitzt eine Halbwertszeit von 24 Tagen in Ratten, 32 Tagen in Kaninchen und ungefähr ein Jahr oder mehr beim Menschen. Sehr viel weniger HCB als bei 2,3,7,8-TCDD wird in die Leber verteilt, weil HCB anders als 2,3,7,8-TCDD keine hohe Affinität zu CYP1A2 zeigt, dass das am häufigsten vorhandene Haupt-Bindungsprotein für PHAH in der Leber darstellt.

Die Kinetik persistenter Fremdstoffe in Ratte und Mensch kann durch eine empirische Formel (Gl. 34.3) berechnet werden, die auch die Berechnung von Halbwertszeiten sehr persistenter Verbindungen wie OCDD erlaubt.

Formel für die Extrapolation der Halbwertszeiten persistenter Fremdstoffe von der Ratte auf den Menschen:

$$t_{1/2(\text{Mensch})} = 17{,}78 \cdot (t_{1/2(\text{Ratte})})^{1{,}34} \qquad (34.3)$$

$t_{1/2}$ Eliminationshalbwertszeit

Die Unterschiede in den Halbwertszeiten zwischen Ratte und Mensch bestimmen nicht nur die speziesabhängige Persistenz dieser Chemikalien im Körper, sondern auch die Steady-State-Konzentration während chronischer Exposition (Gl. 34.4).

Formel für die Berechnung der Steady-State-Konzentration während chronischer Exposition:

$$c_{\text{SS}} = \frac{1{,}44 \cdot t_{1/2} \cdot f \cdot \text{Dosis}}{V_\text{d} \cdot \tau} \qquad (34.4)$$

c_{SS} Steady-State-Konzentration
f resorbierter Anteil
V_d Verteilungsvolumen
τ Dosierungsintervall

Kleine Speziesunterschiede beim Verteilungsvolumen und beim resorbierten Anteil haben nur geringen Einfluss auf diese Gleichung. Die Unterschiede bei den Halbwertszeiten sind dagegen um Größenordnungen höher und direkt proportional zu den erreichten Steady-State-Konzentrationen. Die Halbwertszeit bei der Ratte ist ungefähr 140-mal kürzer als beim Menschen. Es dauert 6,64 Eliminationshalbwertszeiten, bis 99 % des Steady-States während chronischer Exposition erreicht ist. Deshalb wird dieser bei Ratten deutlich schneller erreicht als beim Menschen (siehe Gl. 34.5–34.7). Außerdem wird beim Menschen bei gleichen Dosierungen möglicherweise eine 140-fach höhere Steady-State-Konzentration erreicht als bei der Ratte, was der Sicherheitsfaktor repräsentiert, der nötig ist, um die bei der Ratte erhaltenen Daten auf den Menschen zu extrapolieren.

Berechnung der eliminierten Anteile:

$$C_\text{p} = C_0 \cdot \text{e}^{-kt} \qquad (34.5)$$

$$C_\text{p} = 0{,}5 \cdot C_0 \rightarrow t_{1/2} = \frac{\ln 2}{k} \qquad (34.6)$$

$$C_\text{p} = 0{,}01 \cdot C_0 \rightarrow t_{1/99} = \frac{\ln 100}{k} = 6{,}64 \cdot t_{1/2} \qquad (34.7)$$

C_p Konzentration im Plasma
C_0 Eliminationsgeschwindigkeitskonstante
k Konzentration im Plasma zum Zeitpunkt $t = 0$
t Zeit
$t_{1/2}$ Eliminationshalbwertszeit
$t_{1/99}$ Zeit bis zum Erreichen von 99 % Elimination

Der lange Zeitraum bis zum Steady-State beeinflusst auch die Biokonzentrationsfaktoren (BCF).

Das ist der Grund, warum Expositionsstudien mit PHAH in aquatischen Organismen auf mindestens 6,64 Halbwertszeiten ausgedehnt werden müssen. In den 1970er-Jahren führte das Fehlen von geeignetem Studiendesign zu der Annahme, dass hochchlorierte PCDD nicht biokonzentriert werden. Dies wurde sowohl theoretisch als auch experimentell klar widerlegt.

Die Lipophilie der PHAH führt zu hohen Konzentrationen in der Muttermilch. Mit dem Beginn der Laktation werden lipophile Verbindungen in dieses neu gebildete lipophile Kompartiment verteilt und ausgeschieden. Dies resultiert in hohen Konzentrationen, vor allem in der ersten Schwangerschaft, wenn die Körperbelastung der PHAH nach Jahren der Akkumulation für die Verteilung in das Milchfett verfügbar ist. In späteren Schwangerschaften sind die Konzentrationen in der Muttermilch deutlich niedriger, da die Belastung des Körpers während der vorhergehenden Elimination durch die Laktation abgenommen hat. Durch die ständige Laktation sind die PHAH-Konzentrationen in Kuhmilch daher erheblich niedriger als in Muttermilch.

34.12 Zusammenfassung

Die Herstellung, Emission und Verwendung persistenter PHAH hatte ihren Höhepunkt in der Mitte des vergangenen Jahrhunderts mit einem Anstieg der synthetischen Chemie und einem Aufschwung in Agrarwirtschaft und Technologie. Heute laufen die meisten dieser Materialien stufenweise aus oder sind bereits verboten. Unbeabsichtigte Emissionen wurden reduziert und die Sanierung stark kontaminierter Standorte in entwickelten Ländern läuft.

Die Fakten könnten zu der falschen Annahme führen, dass PHAH der Vergangenheit angehören und künftig nur mehr wenig Aufmerksamkeit verdienen. Jedoch sind diese Verbindungen hoch persistent und ubiquitär in der Umwelt und der menschlichen Nahrungskette sowohl gegenwärtig als auch in absehbarer Zukunft vorhanden. Die Auswirkungen der PHAH auf Menschen, Tiere und Umwelt werden seit Jahrzenten untersucht. Dennoch ergeben Studien der Toxizität dieser Verbindungen unter Anwendung klassischer und moderner Methoden noch immer neue Ergebnisse, die weltweit neue und verbesserte Grundlagen für die Risikoabschätzung und die Verbesserung von Vorschriften der Überwachungsbehörden schaffen. Darüber hinaus dienen PHAH als Modellverbindungen für Untersuchungen der Wirkungsmechanismen, die auch für die Entwicklung neuer Arzneimittel hilfreich sein könnten.

Literatur

Greim, H. und Snyder, R. (2008) *Toxicology and Risk Assessment: A Comprehensive Introduction*, John Wiley & Sons.

Sandermann, W. (1984) Dioxin. Die Entstehungsgeschichte des 2,3,7,8-Tetrachlorodibenzo-*p*-dioxins (TCDD, Dioxin, Sevesogift). *Natwiss. Rundsch.*, **37**, 173–178.

Weiterführende Literatur

ATSDR (1995) Toxicological Profile for Polybrominated Biphenyls, US Department of Health & Human Services, Agency for Toxic Substances and Disease Registry, Atlanta, Georgia.

ATSDR (1996) Toxicological Profile for Hexachlorobenzene, US Department of Health & Human Services, Agency for Toxic Substances and Disease Registry, Atlanta, Georgia.

ATSDR (1997) Toxicological Profile for Polychlorinated Biphenyls (Update), US Department of Health & Human Services, Agency for Toxic Substances and Disease Registry, Atlanta, Georgia.

ATSDR (2002) Toxicological Profile for DDT, DDE, and DDD (Update), US Department of Health & Human Services, Agency for Toxic Substances and Disease Registry, Atlanta, Georgia.

Denison, M.S. und Nagy, S.R. (2003) Activation of the aryl hydrocarbon receptor by structually diverse exogenous and endogenous chemicals. *Annu. Rev. Pharmacol. Toxicol.*, **43**, 309–334.

EFSA (2015) Scientific statement on the health-based guidance values for dioxins and dioxin-like PCBs. European Food Safety Authority. *EFSA J.*, **13** (5), 4124, doi:10.2903.

Golden, R. und Kimbrough, R.D. (2009) Weight of evidence evaluation of potential human cancer risks from exposure to polychlorinated biphenyls: an update based on studies published since 2003. *Crit. Rev. Toxicol.*, **39**, 299–331.

IARC (2012) 2,3,7,8-Tetrachlorodibenzo-para-dioxin, 2,3,4,7,8-Pentachlorodibenzofuran, and 3,3',4,4',5-Pentachlorobiphenyl, in *Chemical Agents and Related Occupations*, IARC Monographs on the Evaluation of Carcinogenic Risk of Chemicals to Humans, Bd. 100F, International Agency for Research on Cancer, Lyon, S. 339–378.

Robertson, L.W. und Hansen, L.G. (2001) *PCBs – Recent Advances in Environmental Toxicology and Health Effects*, The University Press of Kentucky, Lexington, Kentucky.

Rozman, K.K. (1989) A critical view on the mechanism(s) of toxicity of 2,3,7,8-tetrachlorodibenzo-*p*-dioxin. *Implic. Human Safety Assess. Dermat.*, **37**, 81–92.

Rozman, K.K., Roth, W.L. und Doull, J. (2006) Influences of dynamics, kinetics, and exposure on toxicity in the lung, in *Toxicology of the Lung*, (Hrsg. D.E. Gardner), 4. Aufl., CRC Press, Boca Raton, Florida, S. 195–229.

Serdar, B., LeBlanc, W.G., Norris, J.M. und Dickinson, L.M. (2014) Potential health effects of polychlorinated biphenyls (PCBs) and selected organochlorine pesticides (OCPs) on immune cell and blood biochemistry measures: a cross-sectional assessment of the NHANES 2003–2004 data. *Environ. Health*, **13**, 114, doi:10.1186/1476-069X-13-114.

35
Metalle

A. Hartwig und G. Jahnke

35.1
Allgemeine Aspekte

Metallionen können sowohl essenziell als auch toxisch sein; oftmals sind beide Wirkungen eng miteinander verknüpft.

Viele Metalle und ihre Verbindungen kommen ubiquitär verbreitet in der Umwelt vor, allerdings tragen anthropogene Einflüsse erheblich zur Exposition des Menschen bei. Einige Metalle, darunter Calcium, Magnesium, Zink, Cobalt, Nickel, Kupfer und Eisen sind essenzielle Bestandteile von biologischen Systemen. Sie vermitteln den Sauerstofftransport und -metabolismus, katalysieren Elektronenübertragungsreaktionen, sind an der Signaltransduktion beteiligt und stabilisieren die Struktur von Makromolekülen. Für einige andere Metalle oder Halbmetalle wie Arsen, Blei, Cadmium und Quecksilber sind bislang keine essenziellen Funktionen bekannt. Aus toxikologischer Sicht besitzen Metalle und ihre Verbindungen einige besondere Eigenschaften. So sind toxische und selbst kanzerogene Wirkungen nicht nur auf nicht essenzielle Metalle beschränkt, sondern werden auch bei essenziellen Metallen beobachtet.

> Essenzielle und toxische Wirkungen sind häufig eng miteinander verbunden, zum Beispiel bei den Übergangsmetallen Eisen und Kupfer. Während eine ihrer essenziellen biologischen Funktionen darin besteht, Ein-Elektronen-Übergänge zu katalysieren, kann genau diese Fähigkeit durch die Bildung reaktiver Sauerstoffspezies zu toxischen Reaktionen führen. Hier zeigt sich, dass eine genaue Regulation der Metallionenkonzentrationen in Geweben und Zellen nötig ist, um toxische Effekte zu verhindern. Dies wird beispielsweise bei Eisen durch eine strikte Kontrolle der Aufnahme und der intrazellulären Speicherung erreicht.

Toxische Wirkungen essenzieller Metalle kommen zustande, wenn ihre homöostatische Kontrolle entweder durch zu hohe Konzentrationen oder durch unphysiologische Aufnahmewege außer Kraft gesetzt wird. So wird die optimale Ver-

Das Toxikologiebuch, 1. Auflage. Helmut Greim (Hrsg.).

sorgung mit essenziellen Spurenelementen durch die Kontrolle der Resorption und Ausscheidung über den Magen-Darm-Trakt reguliert; diese Kontrolle existiert allerdings nicht im Fall von inhalativer Exposition und Resorption in der Lunge.

Ein weiteres Prinzip der toxischen Wirkung von Metallverbindungen besteht in der Kompetition toxischer Metallionen mit essenziellen Metallionen. Diese Wechselwirkungen finden auf der Ebene der Aufnahme und der intrazellulären Funktionen statt. So werden beispielsweise unterschiedliche zweiwertige Metallionen durch den gleichen Transporter (Divalent Metal Transporter, DMT1) aufgenommen. Zudem stellen sog. Zinkfingerstrukturen, die häufig bei DNA-bindenden Proteinen nachgewiesen wurden, empfindliche Angriffspunkte für toxische Metallionen dar. Mögliche Folgen sind eine verminderte Bioverfügbarkeit essenzieller Metallionen, Störungen der Signaltransduktion sowie der Struktur und Funktion von Makromolekülen.

Metallatome können ionische, kovalente und koordinative Bindungen eingehen. Liganden, die Sauerstoff, Stickstoff oder Schwefel enthalten, werden bevorzugt gebunden. Somit sind viele wichtige biologische Verbindungen, wie Proteine und Nukleinsäuren, Zielstrukturen für eine Interaktion mit Metallen. Handelt es sich bei den Liganden um organische Moleküle mit mehr als einer koordinationsfähigen Gruppierung, bezeichnet man diese zumeist sehr stabilen Komplexe als *Chelate*.

Einige Chelatbildner, wie Dimercaprol (BAL), das Calcium-Dinatriumsalz der Ethylendiamintetraessigsäure (EDTA), das Hydroxamsäurederivat Desferoxamin, 2,3-Dimercaptopropansulfonat (DMPS) und β,β-Dimethylcystein (D-Penicillamin) werden bei der Behandlung von Metallvergiftungen eingesetzt (Tab. 35.1). Grundlegende Voraussetzungen für die therapeutische Verwendung von Chelatbildnern als *Antidote* sind:

- hohe Affinität zu toxischen und geringe Affinität zu körpereigenen Metallionen
- geringe Toxizität von Chelatbildner und Chelat
- keine Metabolisierung von Chelatbildner und Chelat
- Harn- bzw. Gallengängigkeit der Chelate
- Stabilität der Chelate bei physiologischem pH-Wert und im sauren Harn

Chelatbildende Liganden reagieren im Allgemeinen nicht spezifisch mit dem zu mobilisierenden Metall. Dadurch kann es bei ihrer Anwendung zur unerwünschten Ausscheidung und u. U. zu einem lebensbedrohenden Verlust essenzieller Metallionen, wie Ca, Zn oder Cu, kommen. In diesem Zusammenhang sei betont, dass die diagnostische Anwendung von Komplexbildnern, wie DMPS (Dimaval®), zur Überprüfung einer Belastung mit Metallen, wie Cd, Hg oder Pb, nicht zu rechtfertigen ist. Zumindest für Pb und Hg besteht ein Gleichgewicht zwischen Blut, Gewebe und Urin, sodass eine Belastung durch Bestimmung der Metalle im Blut festgestellt werden kann.

Weiterhin ist die toxische Wirkung nicht nur vom jeweiligen Metall abhängig, sondern wird auch entscheidend von der Verbindungsform bestimmt, wobei Oxi-

Tab. 35.1 Chelatbildner als Antidote bei Metallvergiftungen.

Chelator	Metall
Dimercaprol (BAL)[a]	As, anorg. Hg, Pb (mit EDTA)
EDTA[b]	Pb
Desferoxamin	Fe
DMPS[c]	Methyl-Hg, anorg. Hg, Pb, Cd, Cu, Ni
D-Penicillamin[d]	Cu, (Pb)

a) BAL British Anti-Lewisite; ursprünglich zur Entgiftung des Kampfstoffs Lewisit eingesetzt;
b) Calcium-Dinatriumsalz der Ethylendiamintetraessigsäure;
c) 2,3-Dimercaptopropansulfonat (Dimaval®);
d) β,β-Dimethylcystein.

dationsstufe und Löslichkeit die Aufnahme und letztlich die Bioverfügbarkeit beeinflussen können.

Während die Resorption und Verteilung vor allem von der chemischen Form des Metalls abhängt (schwerlösliche, schlecht resorbierbare Metallphosphate, lipidlösliche und leicht resorbierbare Organometallverbindungen), wird die Toxizität eines Metalls maßgeblich dadurch beeinflusst, wie viel von einem Metall in einer Zelle in welcher biochemischen Form an welchen Bindungspartner gebunden ist. Im Vordergrund der akuten Wirkung steht für Metalle häufig die lokale Wirkung am Ort der Applikation bzw. Aufnahme. Die chronischen Wirkungen der Metalle sind oftmals gewebsspezifisch, hierbei kommt spezifischen Metall-Bindungsproteinen eine besondere Bedeutung zu. Solche Metall-Protein-Komplexe, die zumeist keine enzymatische Aktivität besitzen, sind temporäre Speicher und Transportformen für essenzielle Metalle, darüber hinaus haben sie Entgiftungsfunktionen, indem sie die Metalle binden. Beispiele für derartige Proteine sind das calciumbindende *Calmodulin*, das eisenbindende *Ferritin* und das Glykoprotein *Transferrin*, die Transportform für Kupfer *Caeruloplasmin* sowie Metallothionein (Tab. 35.2).

Metallothionein bindet unter physiologischen Bedingungen vor allem Zn und Cu (bis zu 7 Zn- bzw. 12 Cu-Atome pro Molekül), es kann jedoch auch bis zu sieben Atome Cd, Hg, Co und Ni sowie bis zu 18 Atome Ag binden. Es ist ein ubiquitäres Protein mit der Molmasse 6500 und einem Cysteinanteil von 30 %. Alle Cystein-Schwefel-Atome sind an der Metallbindung in zwei Clustern beteiligt. Wegen der hohen Affinität zu Metallen und der durch Metalle induzierbaren Synthese spielt Metallothionein eine besondere Rolle im Stoffwechsel und der Entgiftung von Metallen sowie der Resistenzentwicklung gegenüber Metallen. Dementsprechend zeigen Personen mit erhöhter Cd-Exposition, wie Raucher, höhere Cd- und Metallothioneinspiegel in der Niere. Hierbei muss jedoch berücksichtigt werden, dass Metallothioneine Metallionen nicht nur binden, sondern diese auch wieder freisetzen können; dies kann zur chronischen Toxizität der jeweiligen Metallionen beitragen.

Tab. 35.2 Metallbindende Proteine.

Protein	Molmasse (in Dalton)	Vorkommen	Metall	Funktion
Calmodulin	14 000	ubiquitär	Ca	Aktivator verschiedener Enzyme
Ferritin	470 000	Knochenmark, Dünndarm, Leber	Fe	Speicher
Transferrin	90 000	Blutplasma, Extrazellularraum	Fe	Transport
Caeruloplasmin	132 000	Blutplasma	Cu	Transport
Metallothionein	6 500	ubiquitär	Zn, Cu, Ag, Hg, Cd	Metallhaushalt, Speicher, teilweise Entgiftung

35.2 Die Bedeutung der Bioverfügbarkeit

Die Verbindungsform von Metallen sowie die Partikelgröße metallhaltiger Stäube bestimmen häufig die Bioverfügbarkeit und damit deren Toxizität. Ein zentraler Aspekt der Metalltoxikologie ist die Frage der Bewertung der unterschiedlichen Metallspezies. Ein Beispiel ist Chrom: Während Chrom(VI)-Verbindungen kanzerogen sind, ist dies für Chrom(III)-Verbindungen nicht belegt. Dies kann auf Unterschiede in der Bioverfügbarkeit zurückgeführt werden. Wasserlösliche Chrom(VI)-Verbindungen werden über den Anionentransporter aufgenommen, intrazellulär über verschiedene Zwischenschritte zu Chrom(III) reduziert und führen u. a. zu DNA-Schädigungen und Mutationen. Für lösliche Chrom(III)-Verbindungen hingegen ist die Zellmembran nahezu impermeabel.

Für Metalle und ihre Verbindungen stellt sich die Frage der toxikologischen Bewertung von schwer wasserlöslichen, partikulären im Vergleich zu gut wasserlöslichen Verbindungen. Ein gut untersuchtes Beispiel ist Nickel. Sowohl wasserlösliche als auch partikuläre Nickelverbindungen sind kanzerogen beim Menschen; im Tierversuch gehören Verbindungen mittlerer Löslichkeit und mittlerer Toxizität wie Nickelsulfid (NiS) und Nickelsubsulfid (αNi_3S_2) zu den stärksten bekannten Kanzerogenen überhaupt. Entscheidend sind vor allem die Löslichkeit in extrazellulären Flüssigkeiten, die Aufnahme der Verbindungen in die Zellen der Zielorgane sowie die anschließende intrazelluläre Freisetzung von Nickelionen als das ultimal schädigende Agens. Lösliche Nickelverbindungen werden über Ionenkanäle in die Zellen aufgenommen. Weitgehend wasserunlösliche, kristalline Partikel werden phagozytiert und gelangen in die Lysosomen, lösen sich dort aufgrund des sauren pH-Wertes allmählich auf und setzen intrazellulär Nickelionen frei. Die toxischen Effekte sind für alle Verbindungen gleich und werden durch die Nickelionen bedingt. Das höhere kanzerogene Potenzial von partikulärem Nickeloxid und -subsulfid im Tierversuch ist daher wahrscheinlich eher auf die wesentlich längere Retentionszeit *in vivo* zurückzuführen. Ähnliche Effekte sind auch bei metallhaltigen Nanomaterialien zu beobachten. So zeigen kupferhaltige Nanopartikel eine wesentlich ausgeprägtere Zyto- und Genotoxizität verglichen mit wasserlöslichen Kupferverbindungen und mikroskaligen Verbindungen der gleichen chemischen Zusammensetzung. Untersuchungen in Zellkulturen zeigten nach Endozytose eine sehr schnelle Freisetzung großer Mengen an Kupferionen aus den Lysosomen, die zu wesentlich höheren intrazellulären Konzentrationen an Kupfer sowohl im Zytoplasma als auch im Zellkern führen. Insgesamt wird so die zelluläre Kupferhomöostase umgangen und unkontrollierte Redoxreaktionen können vermehrt ablaufen („Trojanisches Pferd"-Effekt).

35.3 Akute und chronische Toxizität sowie Kanzerogenität

> Akute Gesundheitsschäden sind heutzutage selten. Bei chronischen Effekten stehen sowohl krebserzeugende als auch nicht kanzerogene Wirkungen im Vordergrund.

35.3.1 Akute Toxizität

Schwere akute Gesundheitsstörungen durch Metallbelastungen in der allgemeinen Umwelt sind heutzutage selten, aber nicht ausgeschlossen. Hier sind insbesondere Cadmium, Blei, Quecksilber und Arsen von Belang.

35.3.2 Chronische Toxizität

Demgegenüber gewinnt die Aufklärung von chronischen Gesundheitsschäden an Bedeutung, die bei länger andauernder Exposition gegenüber vergleichsweise geringen Konzentrationen toxischer Metallverbindungen auftreten. Hierzu gehören Schädigungen des zentralen Nervensystems durch Blei, Mangan, Quecksilber und Aluminium, Schädigungen des Immunsystems sowie Nierenschäden durch Cadmium. Ferner wurden für einige Metalle und ihre Verbindungen Lungenschädigungen nach inhalativer Exposition als kritischer Endpunkt identifiziert.

35.3.3 Kanzerogenität

Besonderes Interesse gilt der Frage nach einer potenziell krebserzeugenden Wirkung von Metallverbindungen. So wurden u. a. Chromate sowie Nickel-, Cadmium- und Arsenverbindungen in epidemiologischen Studien als Kanzerogene identifiziert. Bei Verbindungen von Blei und Cobalt ergaben epidemiologische Untersuchungen – hauptsächlich aufgrund von Mischexpositionen – widersprüchliche Ergebnisse; hier traten jedoch vermehrt Tumore in Langzeit-Kanzerogenitätstests mit Versuchstieren auf. Die Bewertungen der einzelnen Metalle und ihrer Verbindungen bezüglich ihrer Kanzerogenität für den Menschen durch die „International Agency for Research on Cancer" (IARC), Lyon, und die Ständige Senatskommission der Deutschen Forschungsgemeinschaft zur Prüfung gesundheitsschädlicher Arbeitsstoffe (MAK-Kommission) sind in Tab. 35.3 zusammengefasst.

Bei der Kanzerogenese von Metallverbindungen ist die direkte Wechselwirkung von Metallionen mit DNA-Bestandteilen meist von untergeordneter Bedeutung. Eine Ausnahme bilden Chromate, die intrazellulär zu Chrom(III) reduziert werden und potenziell mutagene ternäre Cr-DNA-Addukte bilden, an denen auch Reduktionsmittel wie z. B. Ascorbat beteiligt sind. Für die meisten anderen Metallverbindungen sind eher indirekte Mechanismen postuliert worden: die vermehrte Bildung reaktiver Sauerstoffspezies (ROS), eine Inaktivierung von DNA-Reparaturprozessen, Veränderungen der Genexpression sowie Wechselwirkungen mit Signalübertragungsprozessen. So wurden für einige Metallverbindungen oxidative DNA-Schäden in zellulären Testsystemen nachgewiesen, die jedoch durch indirekte Mechanismen hervorgerufen werden. Beispiele sind die Katalyse fentonähnlicher Reaktionen mit H_2O_2 durch Übergangsmetallionen und damit die Generierung von sehr reaktiven Hydroxylradikalen sowie die Inaktivierung von Schutzenzymen gegenüber ROS. Ein gemeinsamer Mechanismus für die meisten Metallverbindungen besteht darüber hinaus in der Beeinflussung von DNA-Reparatursystemen. Metallverbindungen, wie solche von Nickel, Cadmium, Arsen, Cobalt und Antimon, hemmen DNA-Reparaturprozesse in teilweise sehr niedrigen Konzentrationen, sodass wichtige Schutzmechanismen gegenüber Umweltmutagenen, aber auch gegenüber DNA-Schäden durch reaktive Sauerstoffspezies in ihrer Funktion herabgesetzt werden. Darüber hinaus wurden für einige Metalle epigenetische Effekte, d. h. Veränderungen im DNA-Methylierungsmuster, beobachtet, die zu veränderten Genexpressionsmustern führen können; besonders kritisch im Rahmen der Krebsentstehung ist dabei die Aktivierung von Wachstumsgenen (Onkogenen) oder die Inaktivierung von Tumorsuppressorgenen.

Tab. 35.3 Klassifikationen ausgewählter kanzerogener Metalle und ihrer Verbindungen.

Substanzen	IARC-Kategorie	MAK-Kategorie
Antimon und seine anorg. Verbindungen	n. b.	2 (ausgenommen SbH_3)
Antimontrioxid (Sb_2O_3)	2 B	2
Antimontrisulfid (Sb_2S_3)	3	2
Arsen und anorg. Arsenverbindungen	1	1
Beryllium und seine anorg. Verbindungen	1	1
Blei (Metall)	n. b.	2
anorg. Bleiverbindungen	2 A	2
Butylzinnverbindungen	n. b.	4
Cadmium und seine anorg. Verbindungen	1	1
Chrom (Metall)	3	n. b.
Chrom(III)-Verbindungen	3	–
Chrom(VI)-Verbindungen	1	1
Cobalt und seine Verbindungen	2 B	2
Hartmetalle (wolframcarbid- und cobalthaltig)	2 A	1
Nickel (Metall)	2 B	1
Nickelverbindungen	1	1
Quecksilber und seine anorg. Verbindungen	3	3 B
Quecksilberverbindungen, organische	2 B (nur Methylquecksilberverb.)	3 B
Rhodium und seine anorg. Verbindungen	n. b.	3 B
Selen und seine anorg. Verbindungen	3	3 B
Uran und seine schwerlöslichen anorg. Verbindungen	n. b.	2
Uran, lösliche anorg. Verbindungen	n. b.	3 B
Vanadium und seine anorg. Verbindungen	n. b.	2
Vanadiumpentoxid (V_2O_5)	2 B	2

IARC (International Agency for Research on Cancer), MAK (Ständige DFG-Senatskommission zur Prüfung gesundheitsschädlicher Arbeitsstoffe); –: nicht eingestuft; n. b.: nicht bewertet;
Einstufungen IARC: Kat. 1: krebserzeugend beim Menschen; Kat. 2A: wahrscheinlich krebserzeugend beim Menschen; Kat. 2B: möglicherweise krebserzeugend beim Menschen; Kat. 3: nicht klassifizierbar bezüglich der Kanzerogenität beim Menschen.
Einstufungen MAK: Kat. 1: beim Menschen krebserzeugend; Kat. 2: im Tierversuch krebserzeugend; wird auch als krebserzeugend für den Menschen angesehen; Kat. 3B: beim Menschen möglicherweise krebserzeugend, Daten zur endgültigen Entscheidung fehlen; Kat. 4: kanzerogen, aber kein signifikantes Krebsrisiko bei Einhaltung des MAK- und BAT-Wertes.

35.4
Toxikologie ausgewählter Metallverbindungen

35.4.1
Arsen

Bei Arsenverbindungen steht die krebserzeugende Wirkung im Vordergrund, die auch bei der Allgemeinbevölkerung nicht ausgeschlossen werden kann.

35.4.1.1 **Vorkommen und relevante Expositionen**

Das zu den Halbmetallen zählende Arsen tritt in den Oxidationsstufen +5, +3, 0 und −3 auf, man unterscheidet organische und anorganische Arsenverbindungen. Für das Vorkommen in der Umwelt und für die Exposition sind sowohl natürliche als auch anthropogene Quellen relevant. In Abhängigkeit von den geologischen Gegebenheiten kann das Trinkwasser eine bedeutende Quelle für die Exposition gegenüber Arsen darstellen. Hier liegt Arsen zumeist in anorganischer Form als Arsenat (+5), unter reduzierenden Bedingungen auch als Arsenit (+3) vor. Die Arsenkonzentration im Grundwasser liegt meist unter 10 µg/l, in manchen Gebieten der Erde wie in Indien oder Bangladesch werden jedoch zum Teil Konzentrationen von mehr als 3000 µg/l erreicht. Der Hauptteil der Arsenaufnahme mit der Nahrung stammt aus Fisch und Meeresfrüchten, in denen Arsen vorwiegend in organischer Form als Arsenobetain vorliegt und durchschnittliche Konzentrationen von 0,1–1,8 mg Arsen/kg enthalten sind. In Algen liegt Arsen überwiegend als Arsenozucker vor, die Konzentrationen liegen hier meist im Bereich von 2–50 mg Arsen/kg Trockenmasse. Reis enthält häufig anorganisches Arsen in Konzentrationen von 0,1–0,4 mg/kg Trockenmasse, z. T. auch deutlich darüber. Berufliche Expositionen gegenüber Arsen treten bei der Metallgewinnung und -verarbeitung auf. Arsen und Arsenverbindungen werden u. a. bei der Halbleiterherstellung in Form von Galliumarsenid, in Holzschutzmitteln und in Legierungen verwendet; früher war der Einsatz in der Landwirtschaft als Pflanzenschutzmittel von großer Bedeutung. Eine weitere anthropogene Quelle für die Freisetzung von Arsen in die Umwelt liegt in der Verbrennung fossiler Energieträger.

35.4.1.2 **Toxikokinetik**

Arsen wird nach der Resorption in alle Gewebe verteilt. Die höchsten Gehalte wurden im Tierversuch in Haut, Niere, Leber und Lunge gefunden. Die Ausscheidung erfolgt bei den meisten Spezies einschließlich des Menschen vor allem mit dem Urin in Form von Arsenit, Arsenat und den methylierten Metaboliten MMA(V) und DMA(V).

Anorganisches Arsen in der Form von Arsenit oder Arsenat wird nach inhalativer Aufnahme mit ca. 30–90 % gut resorbiert. Nach oraler Aufnahme liegt die Resorption bei 45–75 %. Bei schwerlöslichen Arsenverbindungen ist die Resorption sowohl nach inhalativer als auch nach oraler Aufnahme deutlich geringer. Bei

Arsenobetain wird nach oraler Aufnahme von einer nahezu vollständigen Resorption und unveränderten Ausscheidung ausgegangen. Anorganische Arsenverbindungen unterliegen bei den meisten Säugerspezies, so auch beim Menschen, einer extensiven Biotransformation in der Leber. Zunächst wird Arsenat zu Arsenit reduziert und anschließend werden jeweils drei- und fünfwertige mono- und dimethylierte Arsenspezies in Form von monomethylarsoniger Säure (MMA(III)), dimethylarsiniger Säure (DMA(III)), Monomethylarsonsäure (MMA(V)) und Dimethylarsinsäure (DMA(V)) gebildet. Während diese Methylierung noch vor einigen Jahren als Detoxifizierung angesehen wurde, zeigen Forschungsergebnisse der letzten Jahre, dass insbesondere die dreiwertigen methylierten Metabolite eine erhöhte Toxizität und auch Genotoxizität im Vergleich zu Arsenit aufweisen.

35.4.1.3 **Toxizität**

Anorganisches Arsen, insbesondere Arsenik (As_2O_3), war früher ein beliebtes Mordgift. Während 0,1 g Arsenik oral aufgenommen bereits tödlich sind, wurde für geringe Dosen von 2 mg, die täglich von sog. Arsenikessern eingenommen wurden, eine leistungssteigernde Wirkung postuliert (Bergbauern, Waldarbeiter, aber auch Pferde). Dabei wurde eine Gewöhnung angestrebt, d. h., dass „Arsenikesser" wahrscheinlich durch vermehrte Bildung von Metallothionein zunehmend mehr Arsen ohne akute toxische Wirkungen vertragen. Aus heutiger Sicht ist bei den genannten Mengen allerdings mit chronischer Toxizität zu rechnen (siehe unten).

Zu den akut toxischen Wirkungen von Arsen und Arsenverbindungen zählen u. a. gastrointestinale, kardiovaskuläre, renale und neurotoxische Wirkungen. Dabei sind dreiwertige anorganische Arsenverbindungen meist toxischer als die fünfwertigen. Organische Arsenverbindungen weisen meist eine deutlich geringere akute Toxizität auf. Heute stehen die chronischen Wirkungen von Arsen stärker im Fokus. Neben einer Exposition am Arbeitsplatz kann auch die chronische Aufnahme von anorganischen Arsenverbindungen mit dem Trinkwasser zu toxischen Wirkungen führen. Diese sind Hautveränderungen und Durchblutungsstörungen (Blackfoot Disease), kardiovaskuläre Erkrankungen, neurotoxische sowie entwicklungstoxische Wirkungen. Zudem liegt aus epidemiologischen Studien eine gesicherte Evidenz für eine erhöhte Inzidenz von Lungentumoren nach inhalativer Arsenexposition vor. Auch nach oraler Exposition (mit dem Trinkwasser) gegenüber anorganischen Arsenverbindungen wurde ein Zusammenhang mit dem vermehrten Auftreten von Krebserkrankungen der Haut, der Lunge und der Harnblase beschrieben. Als Mechanismen der kanzerogenen Wirkung von anorganischen Arsenverbindungen und ihren methylierten Metaboliten werden neben der Induktion von oxidativem Stress die Beeinträchtigung von DNA-Reparaturprozessen und epigenetische Mechanismen diskutiert.

Die Toxizität der organischen Arsenverbindungen ist in großen Teilen noch unbekannt. Die akute Toxizität ist zwar geringer als bei den anorganischen Verbindungen, aber insbesondere bezüglich der chronischen Wirkungen besteht noch weiterer Forschungsbedarf.

35.4.1.4 **Grenzwerte und Einstufungen**

Arsen und seine anorganischen Verbindungen wurden von der IARC und der MAK-Kommission als Humankanzerogene in die Kanzerogenitätskategorie 1 eingestuft. Sowohl von der Weltgesundheitsorganisation (WHO), der US-amerikanischen Umweltschutzbehörde (EPA) als auch durch die deutsche Trinkwasserverordnung wurde ein Trinkwassergrenzwert von 10 μg Arsen/l festgelegt. Die Europäische Behörde für Lebensmittelsicherheit (EFSA) hat in einer Bewertung von Arsen in Lebensmitteln auf der Basis von Dosis-Wirkungs-Beziehungen aus epidemiologischen Studien für Krebserkrankungen von Lunge, Haut und Harnblase sowie für Hautschädigungen mittels Benchmarkberechnungen einen unteren Vertrauensbereich für ein Zusatzrisiko von 1 % ($BMDL_{01}$) von 0,3–8 μg/kg KG und Tag ermittelt. Die geschätzte durchschnittliche ernährungsbedingte Exposition der Verbraucher gegenüber anorganischem Arsen liegt ebenfalls in diesem Bereich, womit ein mögliches Risiko für Verbraucher nicht ausgeschlossen werden kann. Ein Tolerable Daily Intake (TDI)-Wert konnte nicht abgeleitet werden.

35.4.2
Blei

> Die Exposition gegenüber Bleiverbindungen ist seit dem Verbot von verbleiten Kraftstoffen erheblich gesunken. Bei niedriger Exposition steht die neurotoxische Wirkung im Vordergrund.

35.4.2.1 **Vorkommen und relevante Expositionen**

Das ubiquitär in der Umwelt vorkommende Blei liegt in den Oxidationsstufen 0, +2 und +4 vor. Eine wichtige Quelle für den Eintrag von Blei in die Umwelt war die Verwendung von Tetraethylblei als Antiklopfmittel in Kraftstoffen. Durch die Abschaffung von verbleiten Kraftstoffen sind die Konzentrationen von Blei in der Luft, in Lebensmitteln und nachfolgend im Blut der Allgemeinbevölkerung deutlich zurückgegangen. Bleikonzentrationen in der Luft liegen in Europa in industrialisierten Gebieten bei 0,03–0,1 μg/m^3, in ländlichen Gegenden deutlich darunter. Typische Bleikonzentrationen in Lebensmitteln liegen zwischen 10 und 200 μg/kg, wobei pflanzliche Lebensmittel in der Regel weniger Blei enthalten als tierische. Höhere Gehalte finden sich in Innereien, Muscheln, Pilzen und Gewürzen, die zum Teil deutlich über 1 mg/kg liegen können. Den größten Beitrag zur Bleiexposition mit der Nahrung in der europäischen Bevölkerung liefern Getreideprodukte, Gemüse und Trinkwasser. Mögliche weitere Expositionsquellen sind neben einer beruflichen Belastung das Vorhandensein von alten Trinkwasserleitungen aus Blei und vor allem für Kinder von alten Anstrichen mit bleihaltigen Farben. Wichtigster Verwendungszweck von Blei ist die Herstellung von Batterien und Akkumulatoren, in vielen anderen Bereichen ist der Einsatz von Blei rückläufig.

35.4.2.2 Toxikokinetik

Anorganische Bleiverbindungen können nach inhalativer, oraler und in geringerem Maß auch nach dermaler Exposition resorbiert werden. Bei Kindern wurde eine orale Resorption wasserlöslicher Bleiverbindungen von 40–50 % ermittelt, während sie bei Erwachsenen bei etwa 3–10 % liegt. Neben dem Alter wird die Resorption nach oraler Aufnahme durch den Ernährungsstatus, die Zusammensetzung der Nahrung, den Eisen- und Calciumstatus sowie weitere Faktoren beeinflusst. Im Fall von organischen Bleiverbindungen wurde im Tierversuch eine gute dermale Resorbierbarkeit nachgewiesen. Nach der Aufnahme reichert sich Blei vor allem in den Knochen an, höhere Konzentrationen finden sich auch in Leber und Nieren. Beim Erwachsenen befinden sich bis zu 94 % der Gesamtbelastung in den Knochen. Im Blut besitzt Blei eine Halbwertszeit von etwa 30 Tagen, im Knochen hingegen von mehreren Jahren. Die Ausscheidung erfolgt überwiegend mit dem Urin und den Fäzes.

35.4.2.3 Toxizität

Akute Bleivergiftungen sind heute selten, die Symptome reichen von Erbrechen und Darmkoliken bis hin zu Nierenversagen. Zu den chronischen Wirkungen zählen vor allem eine gestörte Blutbildung und neurotoxische Effekte, weiterhin werden auch Nierentoxizität und kardiovaskuläre Störungen diskutiert.

Die *hämatologischen Effekte* beruhen auf einer Stimulierung der δ-Aminolävulin-Synthetase und gleichzeitiger Hemmung der folgenden Enzyme der Hämsynthese (Abb. 35.1):

1. δ-Aminolävulinsäure-Dehydratase, sodass die δ-Aminolävulinsäure im Blut und Urin ansteigt
2. Coproporphyrinogen-Decarboxylase
3. Ferrochelatase und damit Hemmung des Eiseneinbaus in Protoporphyrin IX.

Die Hemmung der Enzyme führt zu Hämoglobinmangel mit der Folge einer Anämie. Die Veränderungen in den Enzymaktivitäten, insbesondere die Aktivität der δ-Aminolävulinsäure-Dehydratase im peripheren Blut, sowie die Ausscheidung von δ-Aminolävulinsäure mit dem Urin korrelieren gut mit den Blut-Blei-Spiegeln und werden deshalb als sensitive biochemische Marker für die aktuelle Bleiexposition verwendet.

Die *Neurotoxizität* von Blei, d. h. die Wirkungen auf das periphere und zentrale Nervensystem, ist hinsichtlich der gesundheitlichen Beeinträchtigungen bei chronischer Exposition von großer Bedeutung.

Die periphere Bleineuropathie beruht auf Funktionsstörungen motorischer Nervenfasern und führt zur Lähmung der oberen Extremitäten bei Blutspiegeln von 500–700 µg Pb/l. Auch die glatte Muskulatur kann gelähmt sein und führt am Dickdarm zu schmerzhaften Koliken mit hartnäckiger Obstipation. Zentralnervöse Störungen nach chronischer Bleiexposition (Blei-Enzephalopathie) äußern sich mit Müdigkeit, Kopfschmerzen, Schwindel und Tremor. Subklinische Veränderungen des zentralen und peripheren Nervensystems werden bereits bei sehr viel niedrigeren Blutspiegeln beschrieben.

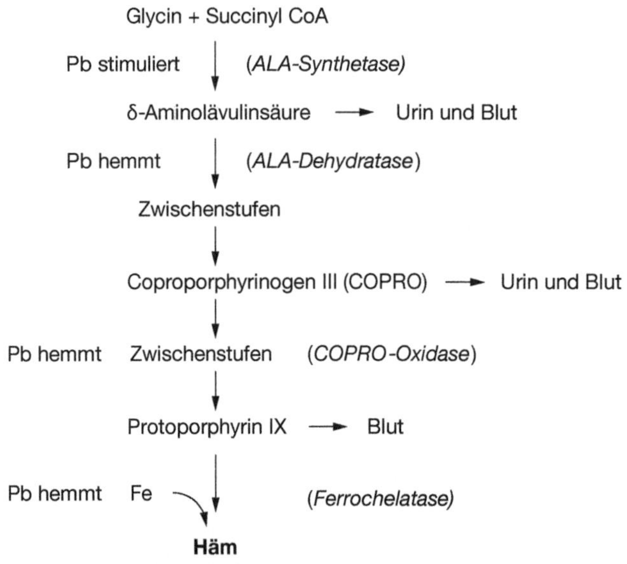

Abb. 35.1 Wirkung von Blei auf die Hämsynthese: Durch Stimulierung der ALA-Synthetase und Hemmung der ALA-Dehydratase, der COPRO-Oxidase und der Ferrochelatase kommt es zum Anstieg der ALA-, COPRO- und Protoporphyrinspiegel im Blut und Urin und Hämoglobinmangel (Anämie).

Eine der kritischsten Wirkungen von Blei ist die Neurotoxizität bei Kindern, die zu bleibenden Intelligenzdefiziten, d. h. einer Erniedrigung des Intelligenzquotienten (IQ), führt. So wurde aus epidemiologischen Studien abgeleitet, dass bei Kindern unter zehn Jahren bereits Blutbleispiegel von weniger als 100 µg/l zu Beeinträchtigungen des IQ führen; für diese Wirkung konnte bisher kein NOAEL abgeleitet werden.

Kanzerogenität

Epidemiologische Studien liefern Anhaltspunkte für eine kanzerogene Wirkung von Blei und Bleiverbindungen. In Tierversuchen traten Tumoren in Niere, Nebenniere, Hoden, Prostata, Lunge, Leber, Hypophyse, Schilddrüse und Brustdrüse sowie Leukämien, Sarkome des hämatopoetischen Systems und zerebrale Gliome auf. Die Mechanismen der kanzerogenen Wirkung sind noch nicht vollständig aufgeklärt, es werden indirekte genotoxische Wirkungen, z. B. durch eine Störung von DNA-Reparaturmechanismen vermutet. Bei den organischen Bleiverbindungen wie Tetramethyl- und Tetraethylblei stehen die neurotoxischen Wirkungen im Vordergrund.

35.4.2.4 **Grenzwerte und Einstufungen**

Die IARC stufte anorganische Bleiverbindungen in Gruppe 2 A, die MAK-Kommission metallisches Blei und Bleiverbindungen in Kategorie 2 ein. Der von der WHO 1999 festgelegte „Provisional Tolerable Weekly Intake" (PTWI) beträgt 25 µg/kg KG. Auf europäischer Ebene wurden Höchstgehalte für Blei in einzelnen Lebensmitteln festgelegt, beispielsweise 20 µg/kg für Milch, 50 µg/kg für Fruchtsaft, 100 µg/kg für Fleisch, Obst und Gemüse, 200 µg/kg für Getreide, 300 µg/kg für Blattgemüse sowie 1500 µg/kg für Muscheln (VO 1881/2006 EG). Die deutsche Trinkwasserverordnung gibt einen Grenzwert von 10 µg Blei/L vor. Die EFSA hat auf der Basis von Befunden zur Entwicklungsneurotoxizität bei Kindern sowie kardiovaskulären Effekten und Nierentoxizität bei Erwachsenen mittels Benchmarkberechnungen einen unteren Vertrauensbereich für ein Zusatzrisiko von 1 bzw. 10 % ($BMDL_{01}$ bzw. $BMDL_{10}$) von 0,5; 1,5 und 0,6 µg/kg KG und Tag ermittelt. Der bisherige PTWI von 25 µg/kg KG wird als nicht mehr angemessen betrachtet.

35.4.3
Cadmium

> Nach inhalativer Exposition am Arbeitsplatz ist Cadmium krebserzeugend beim Menschen, ferner können Nieren- und Knochenschäden auftreten.

35.4.3.1 Vorkommen und relevante Expositionen

Cadmium ist ein natürlich vorkommendes Element der Erdkruste, seine Verbreitung in der Umwelt geht aber auch auf industrielle und landwirtschaftliche Quellen zurück. Verwendet wird Cadmium vor allem in Nickel-Cadmium-Akkumulatoren, aber auch in Lötmetallen, in Pigmenten, als Stabilisatoren in PVC und in der Galvanikindustrie. Die industrielle Anwendung von Cadmium ist aufgrund der Toxizität und gesetzlicher Bestimmungen in den letzten Jahren zum Teil deutlich zurückgegangen. Zu den wichtigsten landwirtschaftlichen Eintragsquellen in die Umwelt zählen die Verwendung von cadmiumhaltigen Phosphatdüngern und Klärschlämmen. Aufgrund des ubiquitären Vorkommens in Böden ist Cadmium in allen pflanzlichen Lebensmitteln sowie in tierischen Lebensmitteln vorhanden. Cadmiumreich sind insbesondere Pilze, Ölsaaten und Kakaobohnen; mittlere Gehalte liegen hier bei ca. 0,2 mg/kg mit Maximalwerten von mehr als 2 mg/kg. Der Gehalt in tierischen Lebensmitteln ist abhängig vom Cadmiumgehalt in Futtermitteln; aufgrund der Anreicherung von Cadmium finden sich hohe mittlere Gehalte von 0,2 mg/kg insbesondere in Leber und Nieren. Bei Nichtrauchern ist die Aufnahme durch die Ernährung die überwiegende Expositionsquelle, bei Rauchern trägt die inhalative Aufnahme erheblich zur Cadmiumexposition bei.

35.4.3.2 Toxikokinetik

Die orale Resorption von Cadmium bzw. anorganischen Cadmiumverbindungen liegt im Bereich von 1–10 %. Nach inhalativer Exposition wird eine Resorption von bis zu 25 % berichtet. Die Hautresorption ist mit < 1 % gering. Nach der Resorption wird Cd in der Leber an Metallothionein gebunden und gelangt als Cd-

Metallothionein über das Blut in die Nieren. Wegen seiner geringen Molmasse wird der Komplex durch die glomerulären Membranen filtriert und im proximalen Tubulus wieder aufgenommen. Bei chronischer Exposition werden etwa 50 % des Metalls in der Niere, 15 % in der Leber und 20 % im Muskelgewebe gefunden. Cadmium besitzt eine lange biologische Halbwertszeit von ca. 10–30 Jahren. Die sehr langsame Ausscheidung erfolgt in etwa zu gleichen Teilen mit dem Urin und den Fäzes. Wegen der langen Halbwertszeit steigt in den meisten Geweben die Cd-Konzentration mit zunehmendem Alter an und erreicht insbesondere in der Nierenrinde, dem Zielorgan bei chronischer Exposition, maximale Cd-Gehalte im Alter von etwa 50 Jahren. Wegen der effektiven Barriere der Plazenta für Cd weisen Neugeborene nur sehr geringe Cd-Gehalte auf.

35.4.3.3 **Toxische Wirkungen**

Akute inhalative Exposition gegenüber Cd kann zu Atemwegsbeschwerden und in schweren Fällen bis hin zu Lungenödemen, -entzündungen und zum Tod führen. Zu den akuten Effekten nach oraler Exposition zählen vor allem gastrointestinale Symptome. Zielorgane nach wiederholter oraler Exposition sind Nieren und Knochen, bei wiederholter inhalativer Exposition ist zudem die Lunge betroffen. Ein besonders schwerwiegender Fall von umweltbedingten Cadmiumvergiftungen stellte das Auftreten der sog. „Itai-Itai"“-Krankheit in Japan dar. Die Krankheitssymptome waren starke Schmerzen im Rücken und in den Beinen, die durch Osteomalazie und Osteoporose ausgelöst wurden. Ursache waren massive Nierenschäden, die zu Störungen im Calcium-, Phosphor- und Vitamin-D-Metabolismus in den Knochen führten. Nierenfunktionsstörungen treten bereits bei vergleichsweise niedrigen Konzentrationen auf. Hiervon können insbesondere Personen mit überdurchschnittlich hohem Verzehr von cadmiumhaltigen Lebensmitteln, Personen mit Calcium-, Eisen- und Vitamin-D-Mangel, Raucher und beruflich exponierte Personen betroffen sein.

Nach inhalativer Exposition gilt Cadmium als krebserzeugend für den Menschen (Lunge und Niere, in Tierversuchen Lunge und Prostata). Mehrere für die Expositionsbedingungen am Arbeitsplatz relevante Inhalationsstudien an Ratten zeigen, dass sowohl wasserlösliches Cadmiumchlorid und Cadmiumsulfat als auch wasserunlösliche Verbindungen wie Cadmiumsulfid und Cadmiumoxid in niedrigen, den Arbeitsplatzbedingungen vergleichbaren Konzentrationen kanzerogen sind.

Eine direkte DNA-schädigende Wirkung ist für die Kanzerogenität von Cadmium eher von untergeordneter Bedeutung. Relevante Wirkungsmechanismen umfassen die Induktion von oxidativem Stress, die Hemmung von DNA-Reparatursystemen, eine veränderte Regulation der Zellproliferation, die Inaktivierung von Tumorsuppressorproteinen sowie Veränderungen des DNA-Methylierungsmusters und damit der Genexpression.

35.4.3.4 Einstufungen und Grenzwerte

Cadmium und seine Verbindungen wurden sowohl von der IARC als auch von der MAK-Kommission als kanzerogen beim Menschen eingestuft (Kategorie 1). Von der EFSA wurde ausgehend von der Nierentoxizität beim Menschen ein TWI („Tolerable Weekly Intake“) für Cadmium von 2,5 µg/kg KG abgeleitet.

35.4.4 Chrom

> Chrom(VI)-Verbindungen sind krebserzeugend, wohingegen Chrom(III)-Verbindungen wesentlich untoxischer sind. Der Grund liegt in der hohen Bioverfügbarkeit von Cr(VI), während Cr(III) kaum resorbiert wird. In der Zelle wird jedoch Cr(VI) zum toxischen Cr(III) reduziert, das maßgeblich an der Ausbildung von DNA-Schäden beteiligt ist.

35.4.4.1 Vorkommen und relevante Expositionen

Chrom ist ein Übergangsmetall und kommt in den Oxidationsstufen 0 bis +6 vor, wobei 0, +3 und +6 die stabilsten Formen darstellen. Natürlich vorkommendes Chrom liegt als Cr(III) vor. Die Freisetzung von Chrom in die Umwelt geht überwiegend auf anthropogene Quellen zurück. Die Ernährung stellt für die Allgemeinbevölkerung den Hauptaufnahmeweg von Chrom dar. In Lebensmitteln finden sich die höchsten Gehalte von bis zu 200 µg Chrom/kg in Fleisch, Fisch, Fetten und Ölen sowie in Brot, Nüssen und Zerealien. Kommerziell wird Chrom vor allem in der Metallindustrie zur Herstellung von z. B. Edelstählen verwendet. Chromverbindungen finden hauptsächlich Verwendung als Pigmente (Cr(III) und Cr(VI), z. B. die lichtechten und unlöslichen roten und gelben Pigmente, die für Verkehrsschilder und Sicherheitswesten verwendet werden), aber auch bei der Lederherstellung (Cr(III)) und als Holzschutzmittel (Cr(VI)).

35.4.4.2 Toxikokinetik

Die Resorption von Chromverbindungen nach inhalativer Exposition hängt u. a. von der Partikelgröße, der Löslichkeit und der Oxidationsstufe ab, wobei Cr(VI)-Verbindungen meist eine höhere Resorption aus der Lunge aufweisen als Cr(III)-Verbindungen. Die Resorption von Chromverbindungen nach oraler Aufnahme ist ebenfalls von der Löslichkeit und von der Oxidationsstufe abhängig. Die vorliegenden Studien deuten darauf hin, dass die Resorption von Cr(VI) höher ist als von Cr(III). Die Resorption von Cr(III) aus der Nahrung ist mit bis zu 2,5 % gering, deckt aber den Bedarf. Die dermale Penetration ist für Cr(VI) relevant, bei Cr(III) ist diese sehr gering. Die Verteilung von resorbiertem Chrom erfolgt in nahezu alle Gewebe, die höchsten Konzentrationen werden in Nieren und Leber erreicht. Die Ausscheidung erfolgt vor allem mit dem Urin.

35.4.4.3 Essenzielle und toxische Wirkungen

Als essenzielles Spurenelement beeinflusst Chrom den Kohlenhydrat-, Fett- und Proteinstoffwechsel über die Insulinaktivität. Der genaue Wirkungsmechanismus ist noch unklar; postuliert wird ein „Glukose-Toleranzfaktor", auch als Chromodulin bezeichnet, ein Oligopeptid-Komplex mit 4 Cr(III)-Ionen.

Bezüglich toxischer Wirkungen muss klar zwischen Cr(VI)- und Cr(III)-Verbindungen unterschieden werden. Während Cr(VI)-Verbindungen krebserzeugend beim Menschen und im Tierversuch sind, ist die Toxizität von Cr(III) wesentlich geringer. Grund hierfür ist die unterschiedliche Bioverfügbarkeit. Während Cr(VI)-Verbindungen über Anionenkanäle in Zellen aufgenommen werden und nach intrazellulärer Reduktion zu Cr(III) zu Schäden an zellulären Makromolekülen einschließlich der DNA führen, werden Cr(III)-Verbindungen kaum aufgenommen und eine krebserzeugende Wirkung wurde nicht beobachtet; auch andere toxische Effekte treten erst bei wesentlich höheren Konzentrationen auf. Da Chrom in Lebensmitteln als Cr(III) vorkommt und eine Oxidation zu Cr(VI) im Organismus nicht wahrscheinlich ist, sind toxische Wirkungen durch die normale Ernährung nicht anzunehmen. Bei beruflicher Exposition gegenüber Cr(VI)-Verbindungen wurden jedoch erhöhte Tumorhäufigkeiten der Lunge und der Nasennebenhöhlen beobachtet, so bei Beschäftigten in den Bereichen der Chromatherstellung, der Chromatpigmentproduktion sowie der Galvanisierung. Die Mechanismen der chromatinduzierten Kanzerogenese sind vergleichsweise gut aufgeklärt. So wird Cr(VI) nach der Aufnahme über Anionenkanäle intrazellulär über unterschiedliche Zwischenschritte zu Cr(III) reduziert. Im Laufe dieser Reduktion durch Ascorbat und/oder Glutathion entstehen in Abhängigkeit vom Reduktionsmittel reaktive Intermediate, die in der Folge zu unterschiedlichen Arten von DNA-Schäden wie DNA-Addukten, oxidativen DNA-Basenschäden, DNA-Strangbrüchen und DNA-Protein-Vernetzungen führen. Unter physiologischen Bedingungen wurden hauptsächlich ternäre Cr(III)-Ascorbat-DNA-Addukte mit einem hohen mutagenen Potenzial identifiziert, die darüber hinaus auch noch zu reparaturdefekten Zellpopulationen führen. Ein weiterer Wirkungsmechanismus besteht in der Induktion von Aneuploidie, die zu Zelltransformationen führen kann. Ferner haben Chromverbindungen, insbesondere Cr(VI), kontaktsensibilisierende Eigenschaften, die insbesondere bei Zementarbeitern vermehrt zu Kontaktdermatitis führten. Durch die Einführung von chromatarmem Zement konnte ein Rückgang der Chromatsensibilisierung erreicht werden.

35.4.4.4 Grenzwerte und Einstufungen

Chrom(VI)-Verbindungen sind sowohl von der IARC als auch von der MAK-Kommission als krebserzeugend beim Menschen eingestuft (Kategorie 1). Zur Aufrechterhaltung der essenziellen Funktionen belaufen sich die Schätzwerte für eine angemessene Zufuhr auf 30–100 µg Chrom/Tag, und es gibt keine Hinweise auf eine Mangelversorgung. Die EFSA hat einen TDI von 0,3 mg/kg KG und Tag für Chrom(III) abgeleitet. Ausgangspunkt für die Ableitung war der NOAEL in einer chronischen oralen Toxizitätsstudie an Ratten.

35.4.5 Eisen

> **Eisen ist ein essenzielles Spurenelement, kann aber bei Überschreiten der homöostatischen Kontrolle zu vermehrten Redoxreaktionen führen.**

35.4.5.1 Vorkommen und relevante Expositionen

Eisen ist das vierthäufigste Element und das häufigste Übergangsmetall und kommt in der Natur hauptsächlich in Form von oxidischen und sulfidischen Erzen vor. Aus diesen Erzen kann Eisen durch Reduktion gewonnen werden. Neben der Verwendung von Eisen als Werkstoff und in der Stahlproduktion besitzen aber auch bestimmte Eisenverbindungen größere wirtschaftliche Bedeutung. So werden zum Beispiel synthetische Eisenoxide unter anderem als Pigmente in Farben, Lacken, Tinten und Beschichtungen verwendet.

Im Organismus liegt Eisen in den Oxidationsstufen +2 und +3 vor und fungiert als Reduktions- bzw. Oxidationsmittel. Die wichtigsten eisenhaltigen Verbindungen im Organismus sind Hämproteine. Zu den eisenreichen tierischen Lebensmitteln zählen Schweineleber, Leberwurst und Rindfleisch, bei den pflanzlichen Lebensmitteln sind es einige Gemüsesorten und Getreideprodukte.

35.4.5.2 Toxikokinetik

Die Resorption von Eisen nach oraler Aufnahme erfolgt insbesondere im Duodenum und oberen Jejunum. Sie wird von einer Vielzahl von Faktoren beeinflusst und auch in Abhängigkeit vom physiologischen Bedarf reguliert. Die Bioverfügbarkeit ist von der Verbindungsform abhängig. So besitzt Hämeisen mit ca. 15–35 % eine vergleichsweise hohe Bioverfügbarkeit, wohingegen vom Nicht-Hämeisen nur ca. 1–15 % resorbiert wird. Letzteres liegt zumeist als dreiwertiges Eisen vor, das entweder durch Vitamin C oder die membranständige Ferrireduktase zu Eisen(II) reduziert wird, um in gradientenabhängigem Kotransport (mit H+) vom DMT1-Transporter in die Darmzellen aufgenommen zu werden. Da über den Transporter auch weitere zweiwertige Ionen wie Cadmium aufgenommen werden können, kann es z. B. bei erhöhter Cadmiumexposition zu einer Beeinträchtigung der Eisenresorption kommen. In den Darmzellen wird Eisen zu Eisen(III) oxidiert und im Ferritin gespeichert oder an Transferrin gebunden über das Blut in die Gewebe transportiert. Die Mobilisierung aus Ferritin oder Transferrin erfolgt durch Reduktion zu Eisen(II). Transferrin stellt damit das wichtigste Transportprotein für Eisen dar, während Ferritin das wichtigste Speicherprotein im Organismus ist. Die Mobilisierung des Eisens aus Ferritin und Transferrin wird durch das in der Leber gebildete Hepcidin reguliert. Bei hohem Eisenspiegel wird die Hepcidinsynthese hochreguliert und damit die Freisetzung des Eisens gehemmt, bei niedrigem Spiegel wird die Hepcidinsynthese gehemmt und damit Eisen verfügbar gemacht. In den Darmzellen verbleibendes Eisen wird mit den abgestorbenen Darmzellen über die Fäzes ausgeschieden.

Im Organismus sind etwa 70 % des Eisens im Hämoglobin enthalten, je etwa 10 % im Myoglobin und Ferritin und der Rest in den Cytochromen der Atmungskette, des endoplasmatischen Retikulums (Phase-I-Enzyme) und geringe Mengen im Transferrin. Hohe Gewebekonzentrationen finden sich vor allem in Leber, Milz und im Knochenmark. Eine Besonderheit im Eisenstoffwechsel liegt darin, dass der Eisenhaushalt ausschließlich über die Resorption gesteuert wird und keine regulierte Ausscheidung von Eisen existiert.

35.4.5.3 **Essenzielle und toxische Wirkungen**

Eisen ist das häufigste Spurenelement des menschlichen Organismus. Es ist essenziell für Mensch, Tier und Pflanze. Die biologisch wichtigsten Formen sind Eisen(II) und Eisen(III). Da das in wässrigen Lösungen vorliegende Eisen(III)hydroxid schwer löslich ist, benutzen Organismen eisenbindende Proteine und Chelatoren, um Eisen verfügbar zu machen. Als Bestandteil von Enzymen ist Eisen zum Beispiel über Hämoglobin am Sauerstofftransport aus der Lunge in die Zielgewebe, über Myoglobin an der gesteigerten Diffusion von Sauerstoff aus den Erythrozyten in die Muskulatur, über Cytochrome an der Elektronentransportkette der oxidativen Phosphorylierung und über weitere eisenabhängige Enzyme an zahlreichen Oxidations- und Reduktionsreaktionen wie auch am Fremdstoffmetabolismus beteiligt.

> Toxische Wirkungen des Eisens hängen wie die essenziellen Funktionen mit seiner Redoxaktivität zusammen. Nicht fest gebundenes Eisen kann über die Bildung reaktiver Sauerstoffspezies (Fenton-Reaktion, Haber-Weiss-Reaktion) zu Schäden an Proteinen, Nukleinsäuren, Lipiden und zellulären Membranen führen sowie als Promotor das Wachstum von Krebszellen fördern. Um toxische Reaktionen zu verhindern, verfügt der Körper über ein komplexes System der Eisenhomöostase, in dem Eisen an Transferrin gebunden im Blut transportiert, in die Zellen aufgenommen und im Ferritin gespeichert wird. Wird die Speicherkapazität überlastet, können schwerwiegende Gesundheitsschäden auftreten.

Besonders deutlich wird dies bei der genetisch bedingten Hämochromatose, bei der die Regulation der intestinalen Eisenabgabe aus den Mukosazellen gestört ist und es in der Folge zur Akkumulation von Eisen in wichtigen Organen kommt.

Akute Eisenvergiftungen in nicht genetisch vorgeschädigten Personen treten überwiegend bei Einnahme einer Überdosis eisenhaltiger Medikamente auf, wovon meist Kinder betroffen sind. Akute toxische Wirkungen zeigen sich bei Dosen zwischen 20 und 60 mg Eisen/kg KG, Dosen über 180 mg Eisen/kg KG können tödlich sein. Folgen einer akuten Eisenintoxikation sind blutiges Erbrechen, blutige Durchfälle, Herzinsuffizienz, Lebernekrosen mit Organversagen, Gerinnungsstörungen, Hypoglykämie, Lethargie, Koma und Krämpfe. Bei einer chronisch überhöhten Aufnahme von Eisenpräparaten (150–1200 mg/Tag) kann es zu Leberzirrhose, Diabetes mellitus und Herzversagen kommen. Hinweise auf ein erhöhtes Krebsrisiko liegen für Patienten mit Hämochromatose vor, zudem wird ein Zusammenhang zwischen hohen Eisenspeichern und Krebserkrankungen diskutiert. Die epidemiologischen Daten bezüglich einer möglicherweise erhöhten Krebshäufigkeit bei eisenexponierten Arbeitern sind dagegen widersprüchlich. Zwar ergaben epidemiologische Studien Anhaltspunkte für ein erhöhtes Lungenkrebsrisiko bei Personen, die gegenüber Eisenoxid exponiert waren. Jedoch lagen in allen Fällen gleichzeitige Expositionen gegenüber anderen potenziell krebserzeugenden Metallverbindungen oder polyzyklischen aromatischen Kohlenwasserstoffen vor. Mechanistisch gesehen ist ein erhöhtes Tumorrisiko mit der Induktion von oxidativen DNA-Schäden zu erklären, die bei Überschreitung der kontrollierten Aufnahme und Speicherung von Eisen vermehrt auftreten.

35.4.5.4 Grenzwerte und Einstufungen

Die Zufuhrempfehlung liegt für Frauen vor der Menopause bei 15 mg/Tag, ansonsten für Erwachsene bei 10 mg/Tag. In der Schwangerschaft wird eine tägliche Aufnahme von 30 mg Eisen empfohlen. Obwohl die erhöhten Zufuhrempfehlungen für Frauen nicht vollständig erreicht werden, liegt in den Industrienationen anders als in den sog. Entwicklungsländern keine Unterversorgung mit Eisen vor. Die von verschiedenen Gremien auch im Hinblick auf Eisen als Nahrungsergänzungsmittel und mit Eisen angereicherten Lebensmittel abgeleiteten „Upper Limits“ schwanken. Das Bundesinstitut für Risikobewertung (BfR) empfiehlt, aus Gründen des vorbeugenden Gesundheitsschutzes, sowohl auf die Verwendung von Eisen in Nahrungsergänzungsmitteln als auch auf einen Zusatz von Eisen zu herkömmlichen Lebensmitteln zu verzichten.

35.4.6 Kupfer

> Kupfer ist ein essenzielles Spurenelement, das in höheren Konzentrationen durch die vermehrte Bildung von reaktiven Sauerstoffspezies toxisch wirkt.

35.4.6.1 Vorkommen und relevante Expositionen

Kupfer ist ein Übergangsmetall, das in den Oxidationsstufen 0, +1 und +2 vorliegen kann. In biologischen Systemen liegt das Spurenelement überwiegend als Kupfer (+2) vor und ist essenzieller Bestandteil vieler Enzyme. Vergleichsweise hohe Kupfergehalte sind zum Beispiel in Getreideprodukten, Innereien (Leber und Nieren), Fisch, Schalentieren, Leguminosen, Nüssen, Kakao und Schokolade enthalten. Relevante Expositionen können darüber hinaus über das Trinkwasser erfolgen, insbesondere bei Vorliegen von Kupferleitungen und niedrigem pH-Wert.

Zudem ist auch bei Kupfer die Exposition am Arbeitsplatz relevant. Kupfer wird aufgrund seiner Eigenschaften in vielen technischen Bereichen in metallischer Form oder als Bestandteil von Legierungen wie Messing oder Bronze eingesetzt.

Darüber hinaus finden Kupferverbindungen u. a. in Dünger, Holzschutzmitteln und Fungiziden Verwendung.

35.4.6.2 Toxikokinetik

Der Körper verfügt über ein sehr gut reguliertes System der Kupferhomöostase, das die Regulation der Aufnahme aus dem Gastrointestinaltrakt, die Ausscheidung mit der Galle sowie die Proteinbindung sowohl im Blut als auch in den Zellen umfasst. Die Resorptionsrate aus dem Magen und dem Duodenum beträgt 35–70 %. Nach der Resorption wird Kupfer an Proteine und niedermolekulare Liganden gebunden zur Leber transportiert. Dort wird es teilweise gespeichert, in kupferhaltige Enzyme eingebaut und an Caeruloplasmin gebunden in das Plasma abgegeben. Der Gesamtkörperbestand eines Erwachsenen an Kupfer wird mit ca. 50–150 mg angegeben, davon entfallen etwa 40 % auf die Muskulatur, 20 % auf das Skelett, 15 % auf die Leber, 10 % auf das Gehirn und 6 % auf das Blut. Die Ausscheidung von Kupfer erfolgt überwiegend mit den Fäzes.

35.4.6.3 Essenzielle und toxische Wirkungen

Kupfer ist Bestandteil vieler Metalloproteine, wo es aufgrund seiner Redoxaktivität insbesondere an Elektronenübertragungsreaktionen beteiligt ist. Kupferhaltige Enzyme sind von essenzieller Bedeutung für den zellulären Energiestoffwechsel (Atmungskette), für die Synthese von Bindegewebe und von neuroaktiven Peptidhormonen wie Katecholaminen. Zudem sind die kupferhaltigen Enzyme Caeruloplasmin und Ferroxidase aufgrund ihrer Fähigkeit, Eisen zu oxidieren, direkt in den Eisenstoffwechsel involviert. Im Nervensystem ist Kupfer für die Myelinbildung von Bedeutung. Die Melaninsynthese ist ebenfalls kupferabhängig. Neben essenziellen Funktionen hat Kupfer aber auch toxische Wirkungen. Wie bei den essenziellen Funktionen sind diese hauptsächlich mit der Redoxaktivität von Kupfer verbunden, sodass bei Kupferüberladung reaktive Sauerstoffspezies mit der Folge von Lipidperoxidation sowie DNA- und Proteinschädigungen auftreten. Um essenzielle Funktionen zu ermöglichen und toxische Reaktionen weitgehend zu verhindern, verfügt der Körper über ein sehr gut reguliertes System der Kupferhomöostase. Wird die Kapazität dieser Homöostase überschritten, kann dies zu schwerwiegenden Gesundheitsschäden führen. Besonders deutlich wird dies bei genetisch bedingten Stoffwechselstörungen wie dem Menkes-Syndrom, bei dem die gastrointestinale Kupferresorption gestört ist, sowie dem Wilson-Syndrom, bei dem die Kupferausscheidung mit der Galle aufgrund einer mangelnden Synthese des Transportproteins Caeruloplasmin gestört ist. Im letzteren Fall treten wegen einer Kupferüberladung in der Leber, wahrscheinlich aufgrund von oxidativem Stress und Entzündungsreaktionen, schwerwiegende Leberschädigungen sowie Schädigungen des zentralen Nervensystems, der Augen und des Blutes auf. Besonders empfindlich reagieren Säuglinge auf erhöhte Kupferzufuhr, da sich die Fähigkeit der biliären Kupferausscheidung durch die Leber erst im Laufe der ersten Lebensjahre voll entwickelt. So kann es zu frühkindlicher Leberzirrhose kommen, wenn Säuglingsnahrung mit stark kupferhaltigem Wasser zubereitet wird.

35.4.6.4 Grenzwerte und Einstufungen

Für das essenzielle Spurenelement Kupfer wird der Bedarf für Kinder ab sieben Jahre, Jugendliche und Erwachsene mit 1,0–1,5 mg/Tag angegeben. Die für Deutschland vorliegenden Daten weisen darauf hin, dass bei gesunden Personen der Bedarf gedeckt ist und somit die Gefahr einer Unterversorgung nicht besteht. Bezüglich toxischer Effekte von Kupfer wurde ausgehend von einem NOAEL von 10 mg/Tag, bei dem keine Hinweise auf Leberfunktionsstörungen nach zwölfwöchiger Verabreichung an gesunde Probanden auftraten, vom Wissenschaftlichen Lebensmittelausschuss der EU-Kommission 2003 ein „Tolerable Upper Intake Level“ (UL) von 5 mg/Tag und für Kinder je nach Lebensalter zwischen 1 und 4 mg/Tag festgelegt. Bezüglich der Arbeitsplatzexposition hat die MAK-Kommission für Kupfer und seine anorganischen Verbindungen basierend auf Inhalationsstudien an Ratten und Mäusen, bei denen sich die Lunge als Zielorgan erwies, und anhand von Untersuchungsergebnissen bei exponierten Arbeitern einen MAK-Wert von 0,01 mg/m^3 für die alveolengängige Fraktion festgelegt.

35.4.7 Mangan

> Mangan ist essenziell, aber in höheren Konzentrationen neurotoxisch.

35.4.7.1 Vorkommen und relevante Expositionen

Mangan kommt als Übergangselement in einer Vielzahl von Mineralien in den Oxidationsstufen −3 bis +7 vor. In biologischen Systemen liegt das essenzielle Spurenelement vorwiegend als Mn(+2) und Mn(+3) vor. Hauptquellen für die Manganaufnahme von nicht beruflich exponierten Personen sind Lebensmittel. Besonders hohe Werte finden sich in Getreide, Reis und Nüssen.

Industriell wird Mangan zur Reduktion und Entschwefelung von Eisen und Stahl sowie als Legierungsbestandteil eingesetzt, darüber hinaus u. a. zur Herstellung von Pigmenten, im Korrosionsschutz, in einigen Ländern als Zusatz zu Treibstoffen, bei der Trinkwasseraufbereitung, in der Datenverarbeitungstechnik sowie als Zusatz zu Futter- und Düngemitteln. Bedeutende berufliche Expositionen können zudem auch beim Schweißen, Schneiden und Schleifen von manganhaltigen Stählen vorliegen.

35.4.7.2 Toxikokinetik

Nach oraler Aufnahme beträgt die Resorptionsrate im Gastrointestinaltrakt beim Menschen etwa 3–5 %. Der Manganhaushalt unterliegt einer homöostatischen Kontrolle, die die Resorption aus und die Exkretion in den Gastrointestinaltrakt umfasst. Quantitative Daten zur systemischen Verfügbarkeit von Mangan nach inhalativer Exposition liegen nicht vor. In Abhängigkeit von der Partikelgröße kann davon ausgegangen werden, dass inhalativ aufgenommenes Mangan in der

Nasenschleimhaut, in der Lunge und im Gastrointestinaltrakt resorbiert wird. In mehreren Tierstudien konnten Hinweise auf einen Transport von Mangan aus der Nase in das Gehirn entlang der Nervenbahn gefunden werden. Die Ausscheidung von Mangan erfolgt vor allem mit der Galle und den Fäzes.

35.4.7.3 **Essenzielle und toxische Wirkungen**

Das essenzielle Spurenelement Mangan ist als Kofaktor Bestandteil verschiedener Stoffwechselenzyme, wie der Pyruvat-Carboxylase und der Superoxid-Dismutase. Mangelerscheinungen beim Menschen sind sehr selten. Bei zu hoher Manganzufuhr können jedoch toxische Wirkungen auftreten. Die wesentliche chronisch toxische Wirkung von Mangan, die nach beruflich bedingter inhalativer Belastung, aber auch nach zu hoher oraler Zufuhr auftreten kann, ist Neurotoxizität. Nach chronisch inhalativer Aufnahme können zudem auch Schädigungen der Atemwege (Mangan-Pneumonie) auftreten. Das nach chronischer Exposition gegenüber hohen Mangankonzentrationen beschriebene Krankheitsbild des „Manganismus" zeichnet sich durch Tremor, Muskelsteifheit, verlangsamte Bewegungen und Gangstörungen, aber auch durch neuropsychologische Störungen und Persönlichkeitsveränderungen aus. Der Wirkungsmechanismus der Neurotoxizität von Mangan ist noch nicht vollständig aufgeklärt, neben der Schädigung dopaminerger Neuronen im Gehirn sind auch andere Neurotransmittersysteme betroffen.

35.4.7.4 **Grenzwerte und Einstufungen**

Für Mangan gibt es aufgrund mangelnder Datenlage keine gesicherten Kenntnisse über die essenzielle Aufnahmemenge. Daher wurden nur Schätzwerte für eine angemessene Zufuhr veröffentlicht. Diese belaufen sich auf 2,0–5,0 mg/Tag für Jugendliche und Erwachsene. Der Wissenschaftliche Lebensmittelausschuss der EU-Kommission hat in einer Bewertung im Jahr 2000 darauf hingewiesen, dass eine Obergrenze für die sichere Gesamtzufuhr von Mangan wegen fehlender Daten beim Menschen und fehlender NOAEL in Tierstudien nicht festgelegt werden konnte.

Von der MAK-Kommission wurde als empfindlichster Endpunkt zur Ableitung von Arbeitsplatzgrenzwerten für Mangan das Auftreten präklinischer neurotoxischer Effekte bei inhalativer Exposition angesehen. Aus einer Reihe von epidemiologischen Studien am Arbeitsplatz wurden MAK-Werte von 0,2 mg/m^3 für die einatembare sowie von 0,02 mg/m^3 für die alveolengängige Fraktion abgeleitet.

35.4.8 **Nickel**

> Nickelverbindungen sind krebserzeugend, sensibilisierend, aber auch lungentoxisch nach Inhalation.

35.4.8.1 Vorkommen und relevante Expositionen

Das Übergangsmetall Nickel kann in verschiedenen Oxidationsstufen von −1 bis +4 vorliegen, wobei in biologischen Systemen die Oxidationsstufe +2 die größte Bedeutung besitzt. Verwendet wird Nickel vor allem als Bestandteil von Edelstählen und anderen Legierungen, bei der Galvanisierung, bei der Herstellung von Batterien, in Pigmenten und als Katalysator. Aus den Anwendungsgebieten ergibt sich eine große Zahl beruflich gegen Nickel Exponierter, Hauptaufnahmewege sind dabei Inhalation und Hautkontakt.

Die Nickelaufnahme der nicht beruflich exponierten Bevölkerung erfolgt hauptsächlich mit der Nahrung. Besonders nickelreich sind pflanzliche Lebensmittel wie Nüsse, Schokolade und Kakaopulver, Hülsenfrüchte und Getreide.

35.4.8.2 Toxikokinetik

Nach inhalativer Exposition werden beim Menschen etwa 20–35 % des in der Lunge deponierten Nickels in das Blut aufgenommen. Die Resorption aus dem Atemtrakt wird von der Löslichkeit der Nickelverbindung beeinflusst. Nach Exposition gegenüber löslichen Nickelverbindungen wie Nickelchlorid und -sulfat wurden im Urin von Arbeitern höhere Nickelkonzentrationen bestimmt als nach Exposition gegen schwerlösliche Verbindungen (Nickeloxid, Nickelsubsulfid).

Die Resorption aus dem Magen-Darm-Trakt beim Menschen liegt abhängig von der Löslichkeit der Nickelverbindung, Verabreichung mit Lebensmitteln oder Wasser sowie einer Nahrungskarenz zwischen 1 und 40 %. Nickel kann auch durch die Haut aufgenommen werden. Nach der Resorption kann Nickel an Serumproteine binden und verteilt sich im Organismus. Die Ausscheidung von resorbiertem Nickel erfolgt mit dem Urin.

35.4.8.3 Essenzielle und toxische Wirkungen

Obwohl Nickel als essenziell gilt, wurden beim Menschen bislang noch keine nickelabhängigen Funktionen identifiziert. Im Tierversuch verursacht Nickelmangel jedoch Wachstumseinschränkungen und Störungen des Glukosestoffwechsels und der Methioninsynthese. Anorganische Nickelverbindungen wurden als krebserzeugend für den Menschen eingestuft, bei der MAK-Kommission wurde zudem metallisches Nickel mit einbezogen. In mehreren epidemiologischen Studien wurden erhöhte Lungen- und Nasenkrebsraten beobachtet, wobei sich sowohl wasserunlösliche als auch wasserlösliche Nickelverbindungen als kanzerogen erwiesen. Auch im Tierversuch sind Nickelverbindungen kanzerogen, das kanzerogene Potenzial hängt dabei erheblich von der jeweiligen Verbindungsform ab. Verbindungen mittlerer Löslichkeit und mittlerer Toxizität wie Nickelsulfid (NiS) und Nickelsubsulfid (αNi_3S_2) gehören zu den stärksten bekannten Kanzerogenen überhaupt, während sowohl wasserlösliche als auch schwerlösliche Nickelverbindungen schwächere Effekte zeigen. Eine Erklärung hierfür sind Unterschiede in der Aufnahme in die Zellen: Während lösliche Nickelverbindungen nur langsam die Zellmembran passieren können, werden weitgehend wasserunlösliche, kristalline Partikel phagozytiert, lösen sich aufgrund des sauren pH-Wertes in den Lysosomen und setzen so Nickelionen frei. Das ultimal schädigende Agens ist bei allen Löslichkeitsstufen das Ni^{2+}-Ion. Für metallisches Nickel ist eine kanzerogene Wirkung im Tierversuch nur nach intratrachealer Instillation, nicht aber nach Inhalation belegt. Hinzu kommt eine hohe Lungentoxizität sowohl von metallischem Nickel als auch von Nickelverbindungen, die in Inhalationsstudien im Tierversuch schon bei vergleichsweise niedrigen Konzentrationen beobachtet wurde. Auch bei Nickelverbindungen ist die kanzerogene Wirkung vorwiegend auf indirekte Wirkungsmechanismen zurückzuführen. Sie sind nicht oder nur schwach mutagen, zeigen aber deutliche komutagene Eigenschaften in Kombination mit anderen DNA-schädigenden Agenzien. Dies ist auf die Inaktivierung von DNA-Reparaturmechanismen zurückzuführen. Hinzu kommt die Induktion von oxidativen DNA-Schäden sowie veränderte Genexpression von Onkogenen und Tumorsuppressorgenen, die sich auf Veränderungen im DNA-Methylierungsmuster zurückführen lässt. Nach oraler Aufnahme können im Tierversuch Leber- und Nierenschäden auftreten. Nickelvergiftungen durch den Verzehr von Lebensmitteln sind nicht bekannt. Nickel ist weltweit der am häufigsten diagnostizierte Auslöser einer allergischen Kontaktdermatitis. Nach Hautkontakt mit nickelhaltigem Schmuck und Alltagsgegenständen wie Münzen und Hosenknöpfen können Kontaktekzeme als Folge einer allergischen Reaktion vom Typ IV in der Epidermis auftreten, die sich durch den Verzehr nickelreicher Lebensmittel verschlimmern können.

35.4.8.4 Grenzwerte und Einstufungen

Als Schätzwert für eine angemessene Zufuhr werden 25–30 µg Nickel/Tag angegeben, wobei die tatsächliche Zufuhr wesentlich höher liegt und nicht mit einer Unterversorgung zu rechnen ist. Von der EFSA wurde ein TDI in Höhe von 2,8 µg Nickel/kg KG abgeleitet.

Der Wissenschaftliche Ausschuss für Grenzwerte berufsbedingter Exposition (SCOEL) der Europäischen Kommission hat Nickelverbindungen wegen des indirekten genotoxischen Wirkungsmechanismus als Kanzerogen mit einer praktischen Wirkungsschwelle bewertet. Anhand der Daten zur Lungentoxizität aus Tierstudien wurde ein Arbeitsplatzgrenzwert von 0,005 mg/m^3 (bezogen auf die alveolengängige Fraktion) für Nickel und schwerlösliche Nickelverbindungen abgeleitet. Zudem wurde auf Basis der Daten zur kanzerogenen Wirkung ein Grenzwert von 0,01 mg/m^3 (bezogen auf die einatembare Fraktion) für lösliche und schwerlösliche Nickelverbindungen abgeleitet.

35.4.9
Quecksilber

> Die toxische Wirkung von Quecksilber ist abhängig von der Verbindungsform. Insbesondere organische Quecksilberverbindungen und metallisches Quecksilber sind stark neurotoxisch.

35.4.9.1 Vorkommen und relevante Expositionen

Eine Freisetzung von Quecksilber in die Umwelt erfolgt aus natürlichen und anthropogenen Quellen. Quecksilber kann elementar (Hg^0), in anorganischen und in organischen Verbindungen vorliegen. In Verbindungen tritt es in den Oxidationsstufen +1 und +2 auf. Elementares Quecksilber ist das einzige Metall, das bei Raumtemperatur flüssig ist und dabei schon einen relativ hohen Dampfdruck aufweist. Anorganisches Quecksilber kann durch aquatische Mikroorganismen in organische Quecksilberverbindungen transformiert werden und reichert sich deshalb in der Nahrungskette an. Hier sind Methylquecksilberverbindungen die am häufigsten vorkommenden organischen Quecksilberverbindungen. Für die beruflich nicht Quecksilber-exponierte Bevölkerung ist die Ernährung, insbesondere der Verzehr von Fisch und anderen Meeresorganismen, die wichtigste Expositionsquelle. Hinzu kommen Quecksilberfreisetzungen aus Amalgamfüllungen in Zähnen. Am Arbeitsplatz steht die Exposition gegenüber Quecksilberdampf im Vordergrund. Die wichtigsten Verwendungsgebiete von Quecksilber sind der Einsatz als Kathodenmaterial bei der Chloralkali-Elektrolyse, in Thermometern, Manometern, Quecksilberdampflampen, Energiesparlampen und Spezialbatterien, bei der Metallgewinnung und in Amalgamen in der Zahnmedizin. Organische und anorganische Quecksilberverbindungen wurden als Fungizide und Insektizide, als Saat-, Holz- und Tierhaarbeizen eingesetzt. In vielen Bereichen ist der Einsatz von Quecksilber rückläufig oder bereits eingestellt bzw. verboten.

35.4.9.2 Toxikokinetik

Dampfförmiges elementares Quecksilber wird zu ca. 80 % über die Lunge resorbiert. Im Gastrointestinaltrakt erfolgt hingegen praktisch keine Resorption von metallischem Quecksilber, sodass das Verschlucken kleinerer Mengen z. B. aus zerbrochenen Thermometern nicht zu Intoxikationen führt. Die Resorption anorganischer Quecksilberverbindungen nach oraler Verabreichung liegt im Tierversuch abhängig von der Verbindungsform im Bereich von 2–38 %. Methylquecksilberverbindungen werden nach oraler Aufnahme beim Menschen und im Tierversuch zu etwa 80 % resorbiert. Daten zur inhalativen Aufnahme dieser Verbindungen liegen nicht vor. Nach Exposition gegenüber anorganischen Quecksilberverbindungen findet eine Anreicherung vor allem in den Nieren, aber auch in der Leber statt. Metallisches Quecksilber kann wegen seiner hohen Lipophilie ebenso wie Methylquecksilberverbindungen und im Gegensatz zu anorganischen Quecksilberverbindungen die Plazenta- und die Blut-Hirn-Schranke überwinden. Die Ausscheidung von metallischem Quecksilber erfolgt durch Abatmung, aber auch wie die Ausscheidung von anorganischem Quecksilber mit dem Urin und den Fäzes. Methylquecksilber wird mit einer Halbwertszeit von 70–80 Tagen beim Menschen vor allem mit den Fäzes als Hg(+2) ausgeschieden.

35.4.9.3 Toxische Wirkungen

Bei akuter inhalativer Exposition gegenüber hohen Quecksilberdampfkonzentrationen treten hauptsächlich Lungenschädigungen auf. Bei chronischer Exposition des Menschen gegenüber Quecksilberdämpfen ist das zentrale Nervensystem betroffen, mit charakteristischen Formen von Tremor sowie psychischen und neurologischen Veränderungen. Vergiftungsfälle mit organischen Quecksilberverbindungen, bei denen eine große Zahl von Menschen betroffen war, ereigneten sich in Minamata (Japan) um 1960 und im Irak (1971/72). Der Verzehr von mit Methylquecksilber belastetem Fisch in der Region um Minamata rief eine Vielzahl neurologischer Symptome wie Parästhesien, Seh- und Hörstörungen, undeutliche Sprache, unsicherer Gang und Gedächtnisverlust hervor. Ursächlich für die Vergiftungsfälle im Irak war die Verwendung von mit Methylquecksilber behandeltem Saatgut als Brotgetreide. Es traten mehr als 450 Todesfälle ein, meist verursacht durch Schädigungen des zentralen Nervensystems.

Besonders empfindlich gegenüber den Wirkungen organischer Quecksilberverbindungen ist die neuronale Entwicklung von Föten und Neugeborenen. Die hohe Neurotoxizität von inhaliertem elementaren Quecksilber und von organischen Quecksilberverbindungen hängt mit der hohen Lipophilie zusammen. Von beiden Spezies gelangen vergleichsweise hohe Konzentrationen ins Blut und können auch die Blut-Hirn-Schranke überwinden und dort akkumulieren.

> Intrazellulär werden metallisches Quecksilber und Alkylquecksilberverbindungen zu Hg^{2+} oxidiert bzw. metabolisiert, das insbesondere an SH-Gruppen bindet und so u. a. die Mikrotubuli neuronaler Zellen schädigt.

Anorganische Quecksilberverbindungen überwinden in geringerem Umfang biologische Membranen, was sich auf die Verteilung im Körper und auf die Schädigungsmuster auswirkt. Zielorgane bei oraler Aufnahme anorganischer Quecksilberverbindungen sind der Gastrointestinaltrakt und die Nieren. Quecksilber(I)-Verbindungen disproportionieren im Plasma zu Hg^{2+} und metallischem Quecksilber und zeigen entsprechende toxische Wirkungen. Quecksilber und anorganische Quecksilberverbindungen wirken sensibilisierend an der Haut. Sowohl für organische wie auch für anorganische Quecksilberverbindungen besteht ein Verdacht auf eine kanzerogene Wirkung aufgrund von Nierentumoren bei männlichen Mäusen sowie klastogenen Wirkungen *in vitro* und *in vivo*. Diskutierte Mechanismen umfassen Wechselwirkungen mit Proteinen des Spindelapparates, eine Hemmung von DNA-Reparaturprozessen oder weiterer an der DNA-Replikation beteiligter Enzym- bzw. Proteinsysteme, die Entstehung reaktiver Sauerstoffspezies sowie eine direkte, nicht kovalente Interaktion mit der DNA.

35.4.9.4 Grenzwerte und Einstufungen

Die EFSA hat 2012 eine tolerierbare wöchentliche Aufnahmemenge (TWI) für Methylquecksilber von 1,3 µg/kg KG anhand von Studien zur Entwicklungsneurotoxizität beim Menschen und für anorganisches Quecksilber von 4 µg/kg KG auf der Basis von Daten zur Nierentoxizität bei Ratten festgesetzt.

Quecksilber und seine anorganischen und organischen Verbindungen sind von der MAK-Kommission in die Kanzerogenitätskategorie 3 B eingestuft. Der MAK-Wert für Quecksilber und anorganische Quecksilberverbindungen beträgt 0,02 mg/m^3, abgeleitet aus der Korrelation zu Quecksilberkonzentrationen im Urin, bei denen keine nephrotoxischen und neurotoxischen Effekte auftreten. Ein MAK-Wert für organische Quecksilberverbindungen liegt nicht vor.

35.5 Zusammenfassung

Metalle kommen überall in der Natur vor. Da sie im Gegensatz zu den meisten Chemikalien nicht weiter abgebaut bzw. zerstört werden, führt ihre anthropogene Nutzung zu einer permanenten Anreicherung in ökologischen Kreisläufen. Abgesehen von der Exposition am Arbeitsplatz, die fast ausschließlich über die Luft erfolgt, ist die Allgemeinbevölkerung vor allem über die Nahrung betroffen. Die toxische Wirkung von Metallen beruht auf ihrer Reaktion mit Atomen wie Sauerstoff, Stickstoff oder Schwefel, die in allen wichtigen biologischen Verbindungen vorkommen. Bei akuter Exposition ist häufig mit lokaler Toxizität zu rechnen. Die chronische Toxizität von Metallen äußert sich im Allgemeinen gewebsspezifisch, wobei häufig spezielle metallbindende Proteine beteiligt sind. Ein weiterer genereller Mechanismus besteht darin, dass essenzielle Metalle in funktionellen Bindungsformen durch toxische Metalle verdrängt werden und es dadurch zu Funktionsstörungen kommt.

Darüber hinaus besitzen einige Metalle bzw. Metallverbindungen ein kanzerogenes Potenzial, das mit Ausnahme der Chromate nicht auf einer direkten Interaktion mit der DNA beruht. Vielmehr wird von indirekten genotoxischen Mechanismen ausgegangen wie eine vermehrte Bildung reaktiver Sauerstoffspezies, Inaktivierung von DNA-Reparaturprozessen, Veränderungen der Genexpression sowie Störungen der Signalübertragung.

Weiterführende Literatur

ATSDR (Agency for Toxic Substances and Disease Registry) *Toxicological profiles*. US Department of Health and Human Services, Public Health Service, Agency for Toxic Substances and Disease Registry, Atlanta, GA, USA, http://www.atsdr.cdc.gov/toxprofiles, letzter Zugriff: 11.1.2017.

Beyersmann, D. und Hartwig, A. (2008) Carcinogenic metal compounds: recent insight into molecular and cellular mechanisms. *Arch. Toxicol.*, **82**, 493–512.

BfR (Bundesinstitut für Risikobewertung) (2004) *Verwendung von Mineralstoffen in Lebensmitteln – Toxikologische und ernährungsphysiologische Aspekte*. Bundesinstitut für Risikobewertung, Berlin.

Deutsche Gesellschaft für Ernährung, Österreichische Gesellschaft für Ernährung, Schweizerische Gesellschaft für Ernährungsforschung, Schweizerische Vereinigung für Ernährung (Hrsg.) (2015) *Referenzwerte für die Nährstoffzufuhr*, Bonn, 2. Auflage, 1. Ausgabe.

EFSA (European Food Safety Authority), http://www.efsa.europa.eu/de/publications/efsajournal, letzter Zugriff: 11.1.2017.

Hartwig, A. (2013) Metal interaction with redox regulation: an integrating concept in metal carcinogenesis? *Free Radic. Biol. Med.*, **55**, 63–72.

Henschler, D., Greim, H. und Hartwig, A. (Hrsg.) *Gesundheitsschädliche Arbeitsstoffe, Toxikologisch-arbeitsmedizinische Begründung von MAK-Werten*, Wiley-VCH, Weinheim, http://onlinelibrary.wiley.com/book/10.1002/3527600418/topics, letzter Zugriff: 11.1.2017.

IARC (International Agency for Research on Cancer), *IARC Monographs on the Evaluation of the Carcinogenic Risk of Chemicals to Humans*, IARC, Lyon, FR, http://monographs.iarc.fr/ENG/Monographs/PDFs/index.php, letzter Zugriff: 11.1.2017.

36
Partikel- und Fasertoxikologie[1]

R. Halter und I. Mangelsdorf

36.1
Partikel

36.1.1
Einführung

In der Vergangenheit waren Minenarbeiter sowie Arbeiter in Schleifereien in Bau- und Landwirtschaft u. a. hohen Konzentrationen an Staubpartikeln ausgesetzt. Es ist bekannt, dass eine hohe Exposition gegenüber inhalierbaren und lungengängigen Partikeln über Jahre zu einer chronisch-entzündlichen und obstruktiven Lungenerkrankung einschließlich Bronchitis, Lungenemphyseme und Fibrose (Staublunge) führen kann. Besteht eine Staublunge, kann durch Expositionsverminderung und -vermeidung das Krankheitsgeschehen vermindert, aber nicht beseitigt werden.

> Durch Partikel induzierte Lungenerkrankungen schließen auch allergische und nicht allergische Asthmaerkrankungen ein, die durch ein breites Spektrum an partikelförmigen, luftgetragenen Umweltallergenen verursacht werden.

In den letzten zehn Jahren haben zahlreiche epidemiologische Studien gezeigt, dass die Exposition gegenüber Umweltstäuben mit einem mittleren aerodynamischen Partikeldurchmesser von 10 µm (PM_{10}) und besonders auch von 2,5 µm ($PM_{2,5}$) sowohl mit Atemwegs- und kardiovaskulären Erkrankungen als auch erhöhter Sterblichkeit in Zusammenhang steht. Experimentelle Studien haben gezeigt, dass Übergangsmetalle in Form von Mikrometer- und Nanometerpartikeln eine wichtige Rolle bei der Induktion von oxidativem Stress und Entzündungen spielen. Diese oxidativen Prozesse werden als entscheidend für viele toxische Ef-

1) Der Beitrag basiert in wesentlichen Teilen auf dem Kapitel „Toxicology of Fibers and Particles" von P.J.A. Borm in „Toxicology and Risk Assesment, A Comprehensive Introduction", John Wiley & Sons 2008, Eds. H. Greim und R. Snyder.

Das Toxikologiebuch, 1. Auflage. Helmut Greim (Hrsg.).

fekte bei der Exposition gegenüber Stäuben am Arbeitsplatz und in der Umwelt angesehen. Schließlich wird die chronische Exposition gegenüber Feinstaub auch mit einem erhöhten Lungenkrebsrisiko in Verbindung gebracht und besonders umweltepidemiologische Studien haben eine erhöhte Herz-Kreislauf-Mortalität durch Feinstäube festgestellt. Bis heute ist aber nicht klar, welche Komponenten oder Charakteristika der aus komplexen Stoffgemischen bestehenden Umweltstäube dafür verantwortlich sind und wie der Wirkungsmechanismus aussieht.

36.1.2
Toxikologie von Partikeln

Partikel oder Aerosole (schließen neben den festen Partikeln auch Kondensationsprodukte und Tröpfchen ein) sind ubiquitär und kommen an vielen Arbeitsplätzen, aber auch in bestimmten Umweltbereichen in höheren Konzentrationen vor.

Auch bei Verbraucherprodukten, die als Aerosole zur Anwendung kommen, wie z. B. verschiedene Kosmetika und jede Art von Sprays, ist eine Exposition gegenüber Partikeln bzw. Aerosolen gegeben. Ein Überblick über Partikel, ihre wichtigste Anwendung und/oder Expositionsumstände und Expositionseffekte sind in Tab. 36.1 zusammengefasst.

> Zur Beschreibung der gesundheitlichen Effekte von Partikeln kann das D-Konzept mit den Parametern Dosis, Deposition, Dimension, Dauer, Defense (Abwehr) verwendet werden (Tab. 36.2). Dieses Paradigma beschreibt konzeptionell das Verständnis der möglichen gesundheitsschädigenden Eigenschaften von granulären (und faserförmigen) Partikeln. Bei löslichen Partikeln bestimmen die freigesetzten Komponenten die Toxizität, sodass der unspezifische Partikeleffekt je nach Biobeständigkeit der Partikel im Hintergrund steht.

Es gibt verschiedene Eigenschaften, in denen sich die Toxizität von schwerlöslichen Partikeln und löslichen Stoffen unterscheidet. Erstens kann ein unlösliches Partikel nur über seine Oberfläche mit der biologischen Umgebung interagieren. So kann ein Flugaschepartikel, das eine die Gesundheit gefährdende Zusammensetzung aus Schwermetallen und Quarz besitzt, komplett reaktionsträge sein, wenn es von einer inerten amorphen Glasschicht überzogen ist. Diese Umhüllung verhindert das Auswaschen, d. h. die Bioverfügbarkeit und damit den Kontakt dieser potenziell toxischen Bestandteile mit dem Organismus. Zweitens verteilen sich Partikel, im Gegensatz zu lipophilen Substanzen wie Lösungsmittel und Arzneimittel, nicht homogen im Gewebe oder in Zellen. Deshalb ist die Bestimmung der effektiven Dosis von Partikeln in Organen und Zellen schwierig. Ein einzelnes 5 µm großes Partikel könnte in ein und derselben Zelle unterschiedliche Reaktionen auslösen. Beispielsweise könnte das Partikel mit der Zellmembran interagieren und/oder mit Mitochondrien und/oder mit dem Zellkern. Partikel könnten auch als Carrier fungieren und adsorbierte Stoffe wie z. B. kanzerogene polyzy-

Tab. 36.1 Verschiedene Partikel, ihre beispielhaften Expositionssituationen und das aktuelle Wissen über ihre toxikologischen Eigenschaften und Effekte.

Partikelart	Quelle	Beispiele	Exposition betrifft	Pathologie
Kristallines Siliziumdioxid	Förderung	Grubenstaub, Quarzmehle, Kieselgur	Minenarbeiter	Silikose, Lungenkrebs
Kohlestaub	Kohleförderung		Minenarbeiter	Pneumokoniose
Asbest	Abbau, Aufarbeitung	Krokydolith, Chrysotil	dämmstoffverarbeitende Handwerker, Werftarbeiter	Asbestose, Mesotheliome, Lungenkrebs
Organische Stäube	Landwirtschaft	Getreide, Baumwolle, Mehl	Bäcker, Baumwoll-arbeiter	Asthma, COPD, allergische Alveolitis
PM_{10}, $PM_{2,5}$, TSP[1]	Verkehr, Industrie	Flugasche, Diesel, Meersalz, Straßenstaub	alle	erhöhte Sterblichkeit durch Herz-Kreislauf- und Atemwegserkrankungen
Künstlich hergestellte Mineralfasern (MMVF)	Industrie	Steinwolle, Keramikfasern	Umwelt	
Organische Kunstfasern	Industrie	Aramid, Polyethylen	Umwelt	
Nanopartikel (< 100 nm)				
NP aus Verbrennungsprozessen	Verbrennung	Dieselruß	alle	Lungen- und kardiovaskuläre Erkrankungen
Industrielle NP	Verbrennung	Carbon black	Umwelt	Fibrose und Lungenkrebs in Ratten
	Synthese	Amorphes Siliziumoxid, TiO_2	Umwelt	
	Abbau/Synthese	Aluminiumoxid	Umwelt	
Synthetisch hergestellte NP	Nanoröhren	Verbrennung	Umwelt	Lungenschädigung in Ratten
	Quantum Dots	Synthese	Patienten	Leberschaden

Begriffsbestimmungen bei der Kontrolle von Umweltpartikeln: TSP: Schwebstaub; PM_{10}: Partikel mit einem Durchmesser < 10 μm und $PM_{2,5}$: Partikel mit einem Durchmesser < 2,5 μm.

Tab. 36.2 Prozesse und Partikelparameter, die bei der Bestimmung der toxischen Reaktion nach Inhalation von Partikeln eine wichtige Rolle spielen.

Dosis	Kumulative Dosis für chronische Wirkungen • kann auf Partikel- oder Fasermassen-, Faser- oder Partikelzahl- oder Partikeloberflächendosis basieren • Massezusammensetzung korreliert nicht mit der Oberfläche
Dimension	Größe (Durchmesser, Länge)
Deposition	abhängig von der Dimension, aber auch von den Strukturen der Luftwege (hot spots)
Verweildauer (Dauer der Deposition)	Biopersistenz ist abhängig von der Immunabwehr und der Partikeleigenschaften (Löslichkeit)
Abwehr (Defense)	Mukoziliäre Clearance, Makrophagen-Clearance, Entzündungszellen. Wenn die Makrophagen-Clearance überfordert ist, kommt es zu einer Überladung und die Dosis steigt exponentiell mit der Zeit an

klische aromatische Kohlenwasserstoffe (PAK) oder auch Gasmoleküle wie SO_2 sowie Bakterien oder Proteine und Allergene in die Organe (Lunge) und Zellen transportieren.

36.1.2.1 **Ablagerung (Deposition) von Partikeln**

> Die Partikelgröße bzw. der aerodynamische Partikeldurchmesser bestimmt, wo die Partikel im Respirationstrakt abgelagert werden und die an fokalen Lokalisationen über die Zeit kumulierte Partikeldosis bestimmt die toxische Wirkungsstärke der Partikel. Damit bestimmt die Partikelgröße den Ort der toxischen Wirkung.

Die Hauptfraktion der feinen (< 2,5 µm) und ultrafeinen (< 100 nm) Partikel wird an empfindlichen Strukturen der peripheren Lungenabschnitte d. h. im bronchioalveolären Bereich abgelagert, über die die Aufnahme von Sauerstoff und die Abgabe von CO_2 erfolgt. Größere Partikel werden in der tracheobronchialen Region (Durchmesser zwischen > 10 µm und < 30 µm) und in der nasopharyngealen Region (> 30 µm) abgelagert. Die Partikelablagerung wird durch die Anatomie des Respirationstraktes und durch die Morphologie und Dichte (aerodynamischer Partikeldurchmesser) des eingeatmeten Partikels bestimmt.

Die deponierte Dosis hängt von der inhalierten Konzentration und den die Deposition bestimmenden Dimensionen der Partikel ab. Wie in Abb. 36.1 gezeigt, bestimmt die Partikelgröße den Ort der Deposition der Partikel in den Atemwegen. Die Terminologie in Abb. 36.1 schließt die inhalierbaren und lungengängigen Fraktionen ein, die relevant für Arbeits- und Umweltgrenzwerte sind.

Die Prozesse der Partikelablagerung im Respirationstrakt sind die Impaktion auf der Bronchienwand (die großen Partikel folgen wegen ihrer Trägheit bei anatomischer Abwicklung der Bronchien nicht dem Luftstrom), die Sedimentation (die Partikel lagern sich bei langsamen Luftgeschwindigkeiten in den Bron-

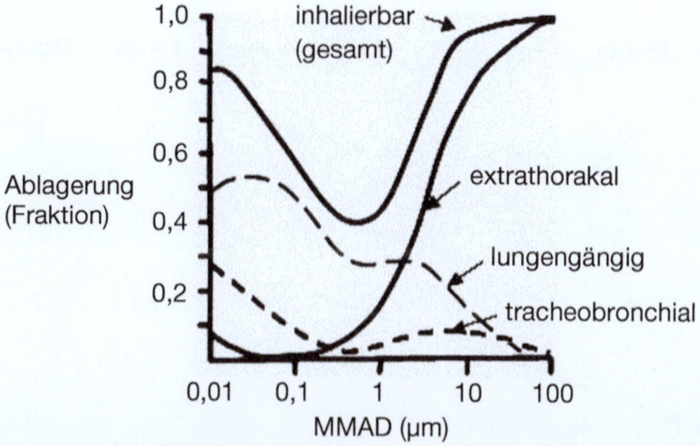

Abb. 36.1 Abhängigkeit der Effizienz der Abscheidung von der Teilchengröße (MMAD = mittlerer aerodynamischer Massendurchmesser) in verschiedenen anatomischen Kompartimenten der Lunge. Die in den Ablagerungskurven dargestellten Fraktionen (z. B. einatembarer Anteil) sind Konventionen und werden für das Design der Probenahmegeräte und für die Festlegung von Berufsstandardgrenzen verschiedener Partikel verwendet.

chiolen über die Schwerkraft auf den Bronchiolenwänden ab) und die Diffusion (sehr kleine Partikel verhalten sich wie Gasmoleküle und scheiden sich durch die Brown'sche Molekularbewegung an den Wänden, besonders der Alveolen, aber auch des Nasenraumes ab). Elektrostatische Kräfte zwischen Partikeln und Bronchialwand sowie die Interzeption von sich im Luftstrom kreiselnden faserförmigen Partikeln sind weitere, aber weniger relevante Abscheidemechanismen von Partikeln im Respirationstrakt.

36.1.2.2 **Form und Dichte**

Die Größe von kugelförmigen Partikeln wird durch den geometrischen Durchmesser definiert. Für nicht kugelförmige Partikel ist der Durchmesser weniger von Bedeutung, da er die Geometrie einer Flocke (engl. *flake*) oder Faser unzureichend beschreibt. Des Weiteren können Partikel mit identischer Form aus verschiedenen chemischen Verbindungen bestehen und daher unterschiedliche Dichten haben.

Die Beschreibung des Verhaltens von Partikeln unterschiedlicher Form und Dichte im luftgetragenen Zustand erfolgt über die Angabe des aerodynamischen Partikeldurchmessers. Er ist definiert als der Durchmesser eines kugelförmigen Teilchens mit einer Dichte von 1 g/cm^3, das eine identische Sinkgeschwindigkeit hat. Abbildung 36.2 erläutert die Berechnung des aerodynamischen Durchmessers. Die Partikeldichte beeinflusst die Bewegung eines Teilchens in einer Flüssigkeit/in einem Gas und wird in Gl. (36.1) berücksichtigt. Der Stokes-Durchmesser eines Teilchens ist der Durchmesser einer Kugel gleicher Dichte und Sinkgeschwindigkeit wie das zu beschreibende Partikel. Er basiert auf der aerodynamischen Wi-

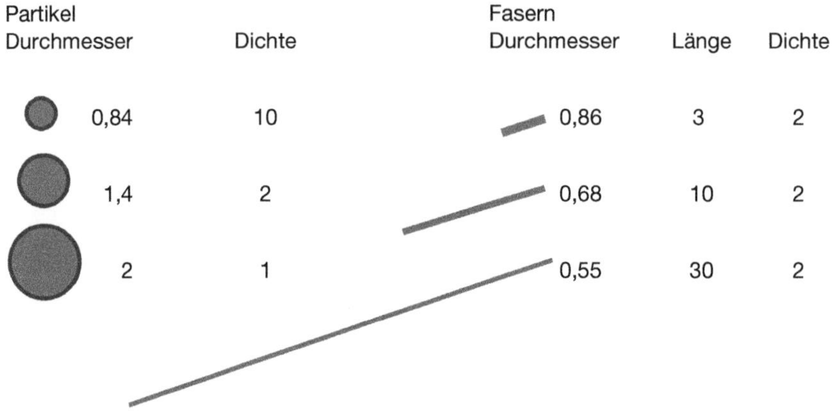

Abb. 36.2 Das Konzept des aerodynamischen Durchmessers am Beispiel kugel- und faserförmiger Teilchen, die alle den gleichen aerodynamischen Durchmesser von 2 µm aufweisen. Ein kleines Teilchen mit einer hohen Dichte verhält sich wie ein größeres Teilchen mit einer geringeren Dichte. Andererseits hat die Faserlänge nicht unbedingt einen Einfluss auf den aerodynamischen Durchmesser. Letzteres erklärt, warum langen Fasern eine Gefahr für die unteren Atemwege darstellen können.

derstandskraft, die auf der Differenz der Geschwindigkeit des Teilchens und der umgebenden Flüssigkeit beruht. Für glatte, sphärische Partikel sind die Stokes-Durchmesser identisch mit dem physikalischen oder tatsächlichen Durchmesser. Der aerodynamische Durchmesser aller Partikel größer als 0,5 µm kann unter Verwendung der folgenden Gleichung näherungsweise beschrieben werden:

$$d_{\mathrm{da}} = d_{\mathrm{ps}}\sqrt{P_{\mathrm{p}}} \qquad (36.1)$$

d_{pa} aerodynamischer Partikeldurchmesser, µm
d_{ps} Stokes Durchmesser, µm
P_{p} Partikeldichte, g/cm^3

Die meisten Dosimetrie- und Berechnungsmodelle gehen von einer gleichförmigen Abscheidung auf den bronchialen oder alveolaren Oberflächen aus und nehmen daher eine ähnliche Dosis für alle Epithelzellen im Respirationstrakt an. Jedoch zeigte die Analyse von Partikeln in menschlichem Lungengewebe, dass verstärkte Partikelablagerung an den bronchialen Verzweigungen unabhängig von der Partikelgröße stattfindet. Darüber hinaus können große Unterschiede in der Partikelablagerung in den einzelnen Lungenlappen auftreten. Insbesondere können Zellen in der Nähe von Verzweigungen lokale Dosierungen aufweisen, die einige Hundert Mal höher sind als der Durchschnittswert aller Luftwege. Es ist kein Zufall, dass bei diesen sogenannten Hotspots an den bronchiolären und den bronchioalveolären Gabelungen Tumoren beobachtet werden, insbesondere nach Exposition gegenüber Asbest oder anderen Partikeln.

36.1.2.3 Partikel-Clearance und „Lung Overload"

> Zu den effektiven Reinigungsmechanismen der Lunge gehören die durch Makrophagen vermittelte Entfernung von Partikeln im Alveolarbereich der Lunge (Abb. 36.3) und der Abtransport der Partikel in den oberen Atemwegen über den durch Zilien in Richtung Pharynx bewegten Schleimteppich. Diese Reinigung wird als „Lungen-Clearance" bezeichnet.

Die wichtigste Aufgabe der Makrophagen in der Lungen ist, fremdes Material wie Bakterien, Partikel oder Fasern, die bis in den Alveolarbereich eingedrungen sind, aufzunehmen, aufzulösen oder in die oberen Atemwege zu transportieren.

Der Partikeltransport durch Makrophagen aus dem Alveolarbereich in Richtung Bronchien und Pharynx ist beim Menschen mit einer Halbwertszeit von ca. 400 Tagen im Vergleich zur Ratte, die eine Halbwertszeit von ca. 60 Tagen aufweist, eher langsam. Die bronchiale mukoziliäre Clearance ist dagegen schon nach 1–2 Tagen abgeschlossen. Bei Inhalationsstudien mit Ratten konnte gezeigt werden, dass durch hohe Partikelexpositionskonzentrationen eine Überlastung des Abtransportes von Partikeln durch Makrophagen eintritt und eine Akkumulation

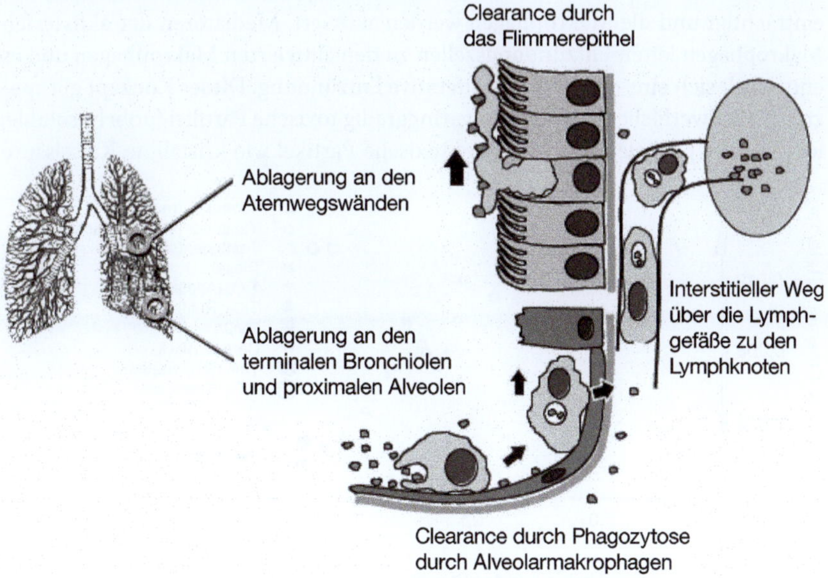

Abb. 36.3 Die Mechanismen zur Beseitigung von Partikeln sind durch die Anatomie der Lunge vorgegeben. Größere Partikel (> 10 μM), die bevorzugt im tracheobronchialen Bereich abgelagert werden, werden durch das Flimmerepithel der Flimmerepithelzellen nach oben transportiert. Kleinere Partikel, die in den bronchoalveolären Bereich eindringen, können nur durch Phagozytose durch Alveolarmakrophagen entfernt werden. Dieser Mechanismus zur Partikelbeseitigung ist wesentlich langsamer als der in den oberen Luftwegen.

von Partikeln in der Lunge stattfindet. Hierbei handelt es sich um das sogenannte „Lung Overload", ein Phänomen, das sich bei der Einatmung hoher Konzentrationen schwerlöslicher Partikel ausbilden kann. Dieser Partikel Overload der Makrophagen führt zu chronisch entzündlichen und proliferativen Gewebsveränderungen in der Lunge.

> Ein „Lung Overload" liegt vor, wenn mehr Partikel in der Lunge deponiert als abtransportiert werden. Das Konzept des Lung Overload hat große Bedeutung für die Risikoabschätzung sowie für die Festlegung von Arbeitsplatzgrenzwerten für schwerlösliche Partikel.

Die Ursache des Lung Overload beruht auf der Überforderung der Makrophagen, Partikel abzutransportieren. Eine volumetrische Überladung der Alveolarmakrophagen (AM) mit Partikeln beginnt bei 6 % des gesamten normalen Alveolarmakrophagenvolumens. Dieses Überladungskonzept ist in Abb. 36.4 dargestellt.

Es wird aber auch die Partikeloberfläche anstelle der Partikelvolumen- bzw. Partikelmassendosis als Dosismaß für toxische Effekte infolge einer Überladung diskutiert.

Beim Lung Overload wird der Partikelabtransport durch Makrophagen beeinträchtigt und die Makrophagen werden aktiviert. Mediatoren der aktivierten Makrophagen leiten Entzündungszellen zu den aktivierten Makrophagen und es entwickelt sich eine chronisch proliferative Entzündung. Dieses Konzept gilt speziell für schwerlösliche, ansonsten geringgradig toxische Partikel (poorly-soluble, low-toxicity particles, PSP). Andere toxische Partikel wie kristalline Kieselsäure

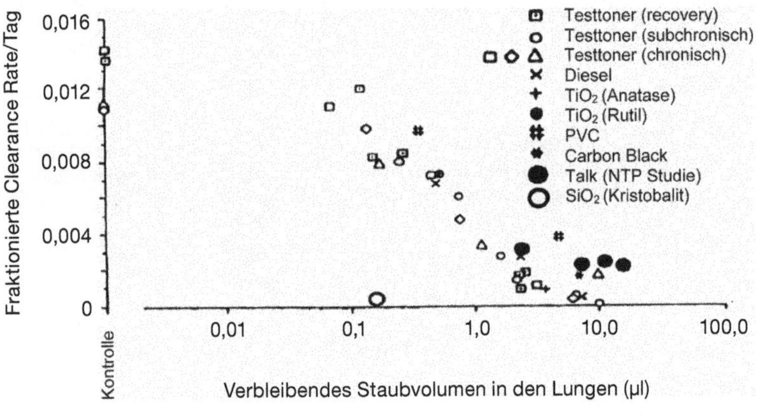

Abb. 36.4 Die Clearance-Rate von abgelagerten Partikeln in der Lunge hängt von der Gesamtmenge der zurückgehaltenen Partikel in der Lunge ab. Der Graph (nach Morrow, 1992, Elsevier) zeigt die Beziehung zwischen Clearance-Rate verschiedener sogenannter schwerlöslicher und gering toxischer Partikel (PSP) in der Lunge in Abhängigkeit vom Partikelvolumen in µl/g Lunge. Unabhängig vom Partikeltyp tritt bei mehr als 0,1 µl eine Sättigung der Clearance ein. Dieser Grenzwert ist die Grundlage für viele Belastungsgrenzen von Partikeln.

(Quarz) oder toxische Metallpartikel beeinflussen den AM-vermittelten Abtransport ebenfalls, aber bei viel niedrigerer Lungenbelastung, da sie die AM durch die spezifische Kristallstruktur (kristalliner Quarz) oder durch toxische bioverfügbare Metallionen schädigen. Auch für schwerlösliche Nanopartikel wurde gezeigt, dass sie die Makrophagen als Agglomerate überladen und toxisch wirken. Ob hier die große spezifische Oberfläche der Nanoartikel wirkungsrelevant ist, wird untersucht (siehe Abschn. 36.1.4).

36.1.2.4 **Partikeltranslokation**

Durch die Translokation von Partikeln aus der Lunge werden mögliche systemische Wirkungen von inhalierten Partikeln verursacht. Grundsätzlich können inhalierte Partikel auf zwei verschiedenen Wegen transloziert werden:

- Durchtritt durch das Lungenepithel und Kapillarendothel, um in den Blutkreislauf zu gelangen. Dies kann durch Endozytose, Transzytose oder Transport durch Immunzellen erfolgen
- Passage zum zentralen Nervensystem, insbesondere via Riechkolben oder über den Trigeminus in die oberen Atemwege

Besonders der zweite Weg scheint auf Nanopartikel < 100 oder sogar 50 nm beschränkt zu sein. Partikeleigenschaften wie die Oberflächenladung sind entscheidend für die Translokation durch die Lungenbarrieren, während für den Transport entlang der Riechnerven die Größe der ausschlaggebende Faktor ist.

36.1.2.5 **Entzündung und oxidativer Stress**

Eine der entscheidenden Eigenschaften der schwerlöslichen Partikel ist ihre Overload bedingte Möglichkeit, über die Makrophagen reaktive Sauerstoffspezies (ROS) und reaktive Stickstoffspezies (RNS) zu induzieren. Es wird angenommen, dass diese durch Partikel ausgelöste Bildung von reaktiven Spezies für viele pathologische Lungenbefunde einschließlich Fibrose und Tumorbildung ursächlich ist (Abb. 36.5).

Die Exposition gegenüber Partikeln kann auf zwei Wegen oxidativen Stress induzieren: Die Partikel haben selbst azelluläre oxidative Eigenschaften oder sie stimulieren eine durch Zellen verursachte Oxidation. Weiterhin können diese Aktivitäten unterteilt werden in eine primär durch Partikel angetriebene und eine sekundär durch Entzündungsreaktionen vermittelte Bildung von ROS/RNS.

In der Lunge können verschiedene Zelltypen, einschließlich vaskulärer Endothelzellen und Lungenepithelzellen endogen ROS und RNS erzeugen. Beispielsweise erzeugen epitheliale Lungenzellen intrazelluläre ROS nach Exposition gegenüber verschiedenen PM (Flugasche, Dieselabgaspartikel (DEP) und Quarzpartikel) bei gleichzeitiger Aktivierung mitochondrialer wie NAD (P) H-ähnlicher Enzymsysteme. Phagozyten scheinen die bedeutendste und wichtigste Quelle zellulärer ROS-/RNS-Bildung in der Lunge zu sein.

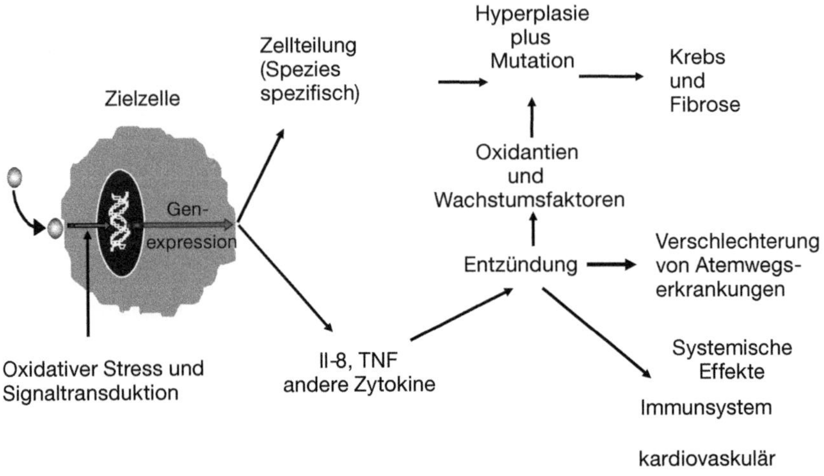

Abb. 36.5 Wege und Mediatoren, die zur akuten und chronischen Pathologie infolge der Inhalation von Partikeln oder Fasern führen. Partikel induzieren oxidativen Stress in Zielzellen, der durch Entzündungsreaktionen verstärkt wird. Beide, Oxidantien und entzündungsfördernde Mediatoren, können zu akuten Effekten sowie zu chronischen Effekten beitragen.

Während der Partikelbelastung *in vivo* werden erhöhte ROS-/RNS-Spiegel im Lungengewebe gefunden, die mit dem Zustrom von entzündlichen Phagozyten korrelieren. Folglich induzieren Stäube wie Asbestfasern, kristallines Siliziumdioxid, schwermetallhaltige Stäube, Filterstäube, Steinkohleflugasche und Umweltfeinstaub die ROS-Produktion durch Interaktion mit neutrophilen Granulozyten und Makrophagen.

Mehrere Partikeleigenschaften verursachen den sog. phagozytären oxidativen Burst. Für mineralische Stäube, wie kristalline Kieselsäure, hat sich gezeigt, dass die ROS-Freisetzung von Entzündungszellen von den physikalischen Abmessungen und der Fähigkeit der Partikeloberfläche Radikale zu erzeugen, abhängt.

Bei chemisch komplexen Partikeln wie Umweltstaub oder Flugasche (Tab. 36.1) korreliert das Vorhandensein von Metallen mit der ROS-Freisetzung. Schließlich werden auch organische Substanzen, die an der Oberfläche von Umweltstäuben gebunden sind, mit dem oxidativen Burst in neutrophilen Granulozyten in Verbindung gebracht.

Genotoxische RNS wie Stickstoffmonoxid (NO) und Peroxynitrit (ONOO) können in Phagozyten durch ihre induzierbare Stickoxidsynthase (iNOS) erzeugt werden. Obwohl neutrophile Granulozyten als die potentesten Phagozyten bezüglich partikelbezogener ROS-Bildung betrachtet werden, sind *die Alveolarmakrophagen der wichtigste ROS-Produzent* in der Lunge.

Neben der Produktion von ROS erzeugen Phagozyten verschiedene Zytokine und Chemokine, die Zellmigration, Gewebeumbau, Zellproliferation und die Reparatur von Schäden regulieren. Die Produktion dieser Faktoren wird von Quarz, Ruß und Umweltstaub induziert.

Partikel aktivieren beispielsweise NF-kB sowie andere Signalwege und verursachen eine erhöhte Freisetzung verschiedener proinflammatorischer Mediatoren, wie IL-8, Tumor Necrosis factor (TNF)-α, IL-6 und antiinflammatorischer Mediatoren, wie IL-10 und Transforming Growth Factor (TGF)-α. Solche akut proinflammatorische Mediatoren können erklären, warum sich durch Umweltstäube die Inzidenzen von COPD und Asthma sowie Herz-Kreislauf-Erkrankungen erhöhen.

36.1.3 Eigenschaften von Partikeln

Der Zusammenhang zwischen den verschiedenen Partikeltypen, denen die Menschen ausgesetzt sind, und den Lungenerkrankungen, die sie auslösen, ist komplex. Eine Staublunge kann durch sehr verschiedene Stäube und unterschiedlichste Staubkonzentrationen verursacht werden. Um die Wirkdosis eines Staubes zu bestimmen, werden Informationen über Halbwertszeiten der Stäube in der Lunge und wirkungsrelevante Oberflächenstrukturen der Staubpartikel benötigt. Der Ort der Schädigung, der in der Regel der Ort der Ablagerung ist, wird beeinflusst durch Faktoren wie Dimension und Gestalt sowie die inhärente Oberflächenaktivität der Partikel.

36.1.3.1 Oberfläche

> Eine größere Partikeloberfläche adsorbiert mehr Material, das nach Einatmung der Partikel mit an den Ort der Partikelablagerung gebracht wird. Akute (Entzündung) und chronische (Lungenkrebs) Wirkungen von Partikeln korrelieren teilweise auch mit der spezifischen Partikeloberfläche. Kleinere Partikel mit großer Oberfläche lösen sich schneller als größere Partikel. Allerdings ist das derzeitige Dosismaß für die Toxizität von schwerlöslichen Partikeln die Partikelmasse bzw. das entsprechende von der Materialdichte abhängende Partikelvolumen.

Die Oberflächenbeschaffenheit ist eine Partikeleigenschaft, die zusätzlich zur Oberflächenreaktivität berücksichtigt werden sollte. Gleichungen zur Berechnung des Volumens und der Oberfläche von granulären Partikeln sind nachfolgend angegeben, wobei

$$\text{der Radius einer Kugel} = r\,, \tag{36.2}$$

$$\text{die Oberfläche einer Kugel} = 4\pi \cdot r^2\,, \tag{36.3}$$

und

$$\text{das Volumen einer Kugel} = 4\pi \cdot \frac{r^3}{3} \tag{36.4}$$

ist.

Die Oberfläche der luftgetragenen Partikel kann verschiedene chemische Substanzen wie z. B. PAK aus unvollständigen Verbrennungsprozessen oder Gase adsorbieren (siehe Abschn. 36.1.3.3). Das adsorbierte Material kann toxisch sein, auch wenn die Partikel selbst nicht toxisch sind. Auch kann das adsorbierte Material mit den normalen chemischen Eigenschaften der Partikel interagieren.

Je größer die Partikeloberfläche ist, umso mehr adsorbiertes Material kann in die Lunge gelangen. Andererseits vermindert die durch Van-der-Waals-Kräfte vermittelte stärkere Bindung von adsorbiertem Material auf größeren Flächen eine Freisetzung von adsorbierten Komponenten von der Partikeloberfläche. Ein Beispiel sind PAK auf Rußen, die nur bei hoher Beladung der kleineren Rußpartikel bioverfügbar werden.

Es gibt einzelne Hinweise, dass sowohl die akute (Entzündung) als auch die chronische (Lungenkrebs) Toxizität von schwerlöslichen Partikeln mit der Partikeloberfläche als Dosismaß gut korreliert. Angesichts entsprechend veränderter Dosis-Wirkungs-Kurven von schwerlöslichen Stäuben hätte solch ein neues Dosismaß Auswirkungen auf die Gefährdungsbeurteilung von Partikelbelastungen.

36.1.3.2 **Oberflächenreaktivität**

Unterschiede in der Partikeltoxizität beruhen vielfach auch auf der Reaktionsfähigkeit der Partikeloberfläche und deren Eigenschaft, oxidativen Stress entweder direkt oder indirekt bzw. durch Induzierung von Entzündungsreaktionen (siehe Abschn. 36.1.2.5) auszulösen.

Wie bereits erwähnt ist eines der grundlegenden Konzepte der Partikeltoxizität die Bildung von ROS/RNS. Verschiedene physikalisch-chemische Eigenschaften der Partikel, die eine Rolle bei der Bildung von ROS/RNS spielen, wurden charakterisiert. Partikel wie kristallines Siliziumdioxid erzeugen ROS als Funktion ihrer reaktiven Partikeloberfläche (Abb. 36.6). Eine selektive Blockade der reaktiven Quarzoberfläche durch Polymere (PVNO) oder Metalle (wie Al) führt zu einer Verringerung der ROS-Induktion und zu einer verminderten Toxizität. Andererseits enthalten gemahlene Stäube, bei denen die reaktive Partikeloberfläche vergrößert ist, nicht nur mehr an der Oberfläche gebundene reaktive Gruppen, sondern sind auch effektiver bei der Erzeugung von freien Radikalen in wässrigen Suspensionen. Unter den verschiedenen Typen von Partikeln unterscheidet man zwischen solchen mit inhärenter toxischer Aktivität wie Hartmetallstäube, Schweißrauch oder Quarzstaub und denen, die aufgrund ihrer Materialeigenschaften eine deutlich geringere Reaktivität zeigen. Letztere werden üblicherweise als PSP mit einer geringen akuten Toxizität oder als granuläre biobeständige Stäube (GBS oder GBP, granular bio-persistent particles) ohne bekannte spezifische Toxizität bezeichnet.

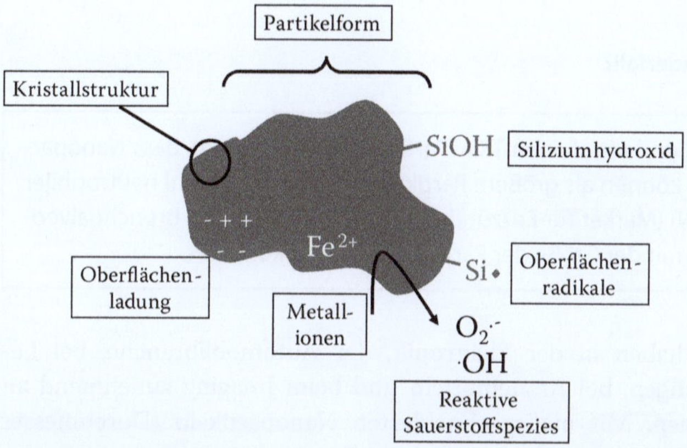

Abb. 36.6 Die Abbildung zeigt die verschiedenen Eigenschaften, die für die Reaktivität eines Partikels eine Rolle spielen können, am Beispiel eines kristallinen Silikatpartikels. (Nach Schins und Borm, 2007).

36.1.3.3 Absorbierte und lösliche Komponenten

> Absorbierte Übergangsmetalle sind von besonderer Bedeutung, da sie bei der Bildung von ROS über die Haber-Weiss-Reaktion beteiligt sind. Die ROS-Bildung von Partikeln, die Übergangsmetalle enthalten, wie Steinkohleflugasche und andere Umweltstäube, kann durch den Einsatz von Metallchelatoren oder durch Entfernen der löslichen Partikelfraktion modifiziert werden.

Auch organische Bestandteile, die an der Partikeloberfläche adsorbiert sind, können zur Oxidationsbildung beitragen. Semichinon-Radikale, die während ihrer metabolischen Aktivierung produziert werden, können an Redoxzyklen beteiligt sein, die zur Bildung reaktiver Sauerstoffspezies führen.

Polyzyklische aromatische Kohlenwasserstoffe, die an vielen Umweltstäuben adsorbiert sind, stammen aus unvollständigen Verbrennungsprozessen. Partikel können PAK fest binden und in zellulären Kompartimenten freisetzen, die die PAK ohne Partikelcarrier normalerweise nicht erreichen würden. Auch wurde gezeigt, dass sich die Kinetik partikelassoziierter PAK wesentlich von der freier PAK unterscheidet und unter bestimmten Bedingungen partikelassoziierte PAK als Depots angesehen werden können, die langsam PAK freisetzen. Größere Partikeloberflächen üben eine stärkere Oberflächenbindung durch Van-der-Waals-Kräfte aus, sodass die Fähigkeit der Freisetzung der absorbierten Komponenten von der Partikeloberfläche vermindert ist. Ein Beispiel hierfür sind an ultrafeine Rußpartikel gebundene PAK, die nur bei sehr hoch beladenen Rußpartikeln bioverfügbar werden.

36.1.4
Nanopartikel: ein Sonderfall?

Studien mit feinen und ultrafeinen TiO_2-Partikeln haben gezeigt, dass Nanopartikel toxischer sein können als größere Partikel und dass die Anzahl neutrophiler Granulozyten (PMN) (Marker für Entzündung in der Lunge) in der bronchoalveolären Lavage (BAL) mit der Größe der Partikeloberfläche korreliert.

Nanotechnologien haben in der Elektronik, der Automobilbranche, bei Lebensmittelverpackungen, bei Arzneimitteln und beim Imaging zunehmend an Bedeutung gewonnen. Mit maßgeschneiderten Nanopartikeln (Durchmesser < 100 nm) können neue Anwendungen und Produkte realisiert werden.

Der Grund, warum Nanopartikel (NP) für viele Anwendungen attraktiv sind, ist zurückzuführen auf ihre *einzigartigen physikalisch-chemischen Eigenschaften*, auf das große Verhältnis von Oberfläche zu Masse und ihre Möglichkeit andere Komponenten an der Oberfläche zu adsorbieren. Viele für verschiedene Anwendungen spezifisch entwickelte NP wie Kohlenstoff-Nanoröhren und -Nanoplättchen, Quantum Dots, Dendrimere und Polymerträger werden in unterschiedlich großen Mengen hergestellt, aber ihre toxikologische Bewertung ist noch unvollständig. Obwohl chemisch äquivalent zu größeren Partikeln, haben NP in der Regel nicht nur eine größere, sondern auch eine reaktivere Oberfläche.

Obwohl die Ablagerung von NP in der Lunge ähnlich der von µm-Partikeln ist, sind die zugrunde liegenden Abscheidemechanismen anders. Nanopartikel haben eine Größe, bei der die Partikelträgheit für die Abscheidung in der Lunge deutlich weniger relevant ist als die Abscheidung durch Diffusion. Zusätzlich haben NP wegen ihrer geringen Größe ein größeres Potenzial für systemische Wirkungen wie Wechselwirkungen mit anderen Organen (Gehirn, Herz, Endothelgewebe).

Auch können singuläre NP die körpereigene zelluläre Abwehr umgehen, weil sie aufgrund ihrer geringen Größe nicht im Phagozytoseoptimum von Makrophagen liegen.

Nanopartikel können die epitheliale und endotheliale Zellschicht durchdringen und so Zugang zu Zellen des Epithels, Interstitiums, der Gefäßwand und zum Blut erhalten. Eine schnelle Translokation von mehr als 50 % der NP mit 26 nm Durchmesser aus der Lunge in die Leber wurde innerhalb von 24 h nach Inhalation oder Instillation bei der Ratte beobachtet.

Nanopartikel können auch in der Nase entlang der olfaktorischen Nerven nach Durchquerung des olfaktorischen Epithels oder per Aufnahme entlang des Trigeminusnervs der oberen Luftwege in das Gehirn transportiert werden. Es ist zu untersuchen, ob über diese Transportwege Veränderungen im zentralen Nervensystem verursacht werden. Tierexperimentelle Studien deuten darauf hin, dass die Aufnahme zu einer Aktivierung von proinflammatorischen Mediatoren, wie TNF und COX-2, führt.

Obwohl keine eindeutigen Daten von Menschen vorliegen, gibt es Indizien dafür, dass ein Zusammenhang zwischen Umweltstäuben und der Alzheimer-Erkrankung besteht.

Die meisten toxischen Wirkungen der NP unterscheiden sich wahrscheinlich qualitativ nicht von denjenigen des Feinstaubs. Quantitativ jedoch können Nanopartikel stärkere Entzündungen bei deutlich niedrigeren gravimetrischen Lungenbelastungen hervorrufen als die entsprechenden µm-Partikel. Bei Berücksichtigung der Agglomerat- statt der Materialdichte bei den meist als Agglomerat vorliegenden NP hebt sich bei diesem Vergleich auf Massen-/Volumenbasis der Unterschied allerdings meist wieder auf.

36.1.5 Partikelspezifische Effekte

36.1.5.1 Kanzerogenität

> Mechanistisch führt bei der genannten „Overload-Situation" die ständige Präsenz von nicht toxischem Partikelmaterial in der Lunge infolge gestörten Abtransports des Partikelmaterials durch überlastete Alveolarmakrophagen zu chronischen Entzündungsreaktionen, Fibrose und Tumorentstehung bei der Ratte. Der Zustrom von neutrophilen Granulozyten und partikelassoziierte DNA-Schäden sind für Mutagenität, Proliferation und Lungentumoren verantwortlich.

Inhalierte granuläre und faserförmige Partikel können Lungentumoren in Ratten induzieren, vorausgesetzt diese Partikel werden in ausreichend hoher Dosis chronisch eingeatmet oder intratracheal verabreicht, sind lungengängig und sehr biopersistent. Für Asbestfasern und Quarzstaub ist diese kanzerogene Wirkung auch beim Menschen beobachtet worden. Neben der Dosis sind Eigenschaften der Partikel wie Oberfläche und chemische Beschaffenheit, Zytotoxizität und Größenverhältnisse für die Wirkung maßgeblich.

Für einen Überladungseffekt in der Lunge und nachfolgende neoplastische Veränderungen müssen 1 mg bzw. 1 µl Partikel pro g Lungengewebe oder 200–300 cm^2 Partikeloberfläche mit PSP in der Lunge abgelagert sein. Die Oberflächendosis, bei der sich Lungentumore sowohl nach inhalativer als auch nach intratrachealer Applikation entwickeln, liegt zwischen 0,2 und 0,3 m^2 pro Lunge, was 5–15 mg PSP mit einer mittleren Oberfläche (20–40 m^2/g) entspricht.

Jedoch gibt es Abweichungen von diesem Paradigma. In einer Studie mit Ratten war nach Inhalation von kristallinem und amorphem Siliziumdioxid die Mutationsrate von HPRT in Lungenepithelzellen derjenigen Ratten, die amorphem Siliziumdioxid ausgesetzt waren, verglichen mit Kontrollen nicht erhöht, obwohl die induzierte Entzündungsreaktion ähnlich stark wie diejenige von kristallinem Siliziumdioxid war. Die mit kristallinem Quarz behandelten Ratten hatten signifikant erhöhte Mutationsraten in den Lungenepithelzellen. Ebenso hatte die Abnahme

Tab. 36.3 Häufigkeit von Lungentumoren in Ratten 129 Wochen nach intratrachealer Verabreichung einer 30 mg-Dosis verschieden schwer löslicher Partikel mit geringer Toxizität. Weibliche Wistar-Ratten erhielten mehrmals in wöchentlichen Abständen intratracheale Injektionen (6 mg), bis ihnen jeweils eine kumulative Dosis von 30 mg appliziert war. Kontrolltiere blieben unbehandelt und erhielten keine Injektionen. Die Tumoren wurden durch histopathologische Bewertung von zwei HE-Sektionen pro Lungenflügel ausgewertet.

Partikel	Größe (nm)	Oberfläche (m^2/g)	Lungentumoren	
			Benigne	Maligne
Kontrolle			0/91	0/91
TiO_2	30	50	16/45	24/45
Carbon Black	14	300	32/48	16/48
Dieselruß	ND	34	21/46	1/46
Aerosil	14	200	3/39	0/39

zirkulierender neutrophiler Granulozyten bei Ratten, die durch Injektion von antineutrophilem Serum bewirkt wurde, bei Kurzzeitinhalation von Quarzpartikeln (3 Tage, 100 mg/m^3) keinen Einfluss auf die akute Lungenschädigung.

Ein Vergleich der Lungentumoren, die durch verschiedene NP (Tab. 36.3) mit ähnlicher gravimetrischer Dosierung (30 mg) induziert wurden, zeigt, dass die Anzahl an induzierten Lungentumoren proportional zur Partikeloberfläche ist. Dieselruß mit der geringsten Oberfläche (34 m^2/g) induzierte 22 Tumoren in 46 Tieren, während Ruß (engl. *carbon black*, CB) (300 m^2/g) 40 Tumoren bei insgesamt 45 Tieren induzierte.

Trotz großer Oberfläche werden von amorpher Kieselsäure nur wenige Neoplasien in der Lunge induziert, was auf die hohe Löslichkeit zurückgeführt wird. Jedoch sollte eine nur die Oberfläche berücksichtigende Vereinfachung vermieden werden, da NP für kommerzielle Anwendungen häufig chemisch behandelte Oberflächen aufweisen und dadurch eine veränderte Toxizität bedingt wird.

Die Bedeutung der chemischen Oberflächen in PSP wurde auch durch Untersuchungen von oberflächenmodifiziertem TiO_2 demonstriert. Oberflächenveränderungen, die eine erhöhte Hydrophobie von TiO_2 zur Folge hatten, führten zu einer verstärkten Entzündungsreaktion, was zeigt, dass eine höhere Toxizität von oberflächenmodifiziertem TiO_2 zu beobachten ist (Abschn. 36.1.3.2).

Obwohl einige der in Tab. 36.1 aufgeführten Partikel als Humankarzinogene (Gruppe I nach IARC) gekennzeichnet sind, wurde für PSP wie beispielsweise Kohlenstaub, pigmentäres TiO_2 und Ruß (CB) kein Anstieg an Lungenkrebs bei exponierten Arbeitern festgestellt. Eine alleinige Risikobeurteilung von schwerlöslichen Stäuben basierend auf Rattenstudien ist zwar aus Vorsorgegründen angebracht, muss bei der epidemiologischen Datenlage bezüglich speziesspezifischer quantitativer Wirkungsunterschiede weiter abgeklärt werden.

36.1.5.2 Herz-Kreislauf-Effekte

> Umweltepidemiologische Studien zeigen, dass eine erhöhte Sterblichkeit bei erhöhter Partikelbelastung für Patienten mit Herz-Kreislauf-Erkrankungen besteht. Entzündungen werden als Hauptursache der indirekt induzierten Herz-Kreislauf-Effekte angesehen.

Tierexperimentelle Studien mit NP aus Verbrennungsprozessen haben gezeigt, dass NP aus Dieselruß oder andere entsprechende NP erkennbare kardiovaskuläre Effekte verursachen.

Nanopartikel aus Hochtemperaturverbrennungsprozessen und gezielt hergestellte Nanopartikel können nach Inhalation oder Instillation in den Blutkreislauf gelangen und das Thromboserisiko erhöhen. Instillierter Dieselruß in Hamsterlungen erhöht ebenfalls die Thrombosebildung, aber es ist nicht klar, ob dies ein indirekter Effekt über die partikelbedingte Entzündung in der Lunge ist oder ob dieser Effekt direkt durch die Partikel ausgelöst wurde, die in das Blut gelangt sind. Erhöhte Konzentrationen von NP verursachen nach Inhalation auch einen veränderten Herzschlag bei Ratten und Hunden mit Bluthochdruck.

Entzündungen an von der Lunge entfernten Lokalisationen wurden ebenfalls mit einem erhöhten Wert von Thrombozytenplaques in Kaninchen, ApoE −/− Mäusen und Menschen assoziiert. Zusammenfassend werden die Herz-Kreislauf-Effekte inhalierter Partikel entweder durch eine Beeinträchtigung des Blutflusses zum oder im Herzen oder durch Interferenzen mit der autonomen Innervation des Herzens erklärt (Abb. 36.7).

Als Hauptursache der indirekt induzierten Herz-Kreislauf-Effekte werden Entzündungen angesehen. Es gibt Hinweise auf eine systemische Entzündung nach Partikelinhalation wie erhöhte Konzentration an C-reaktivem Protein, Leukozyten, Blutplättchen, Fibrinogen und erhöhte Plasmaviskosität.

> Atherosklerose ist die zugrunde liegende Ursache des akuten Koronarsyndroms, was wiederum die Hauptursache für kardiovaskuläre Morbidität und Mortalität ist.

Atherogenese ist ein entzündlicher Prozess, der durch Schädigung des Endothels induziert wird, wodurch die Bildung systemischer Entzündungsfaktoren erfolgt, die Risikofaktoren für Herz- und Hirninfarkt sind.

Bei wiederholter Einwirkung von Partikeln (PM_{10}) kann sich bei zunehmender systemischer Entzündung die Gefäßentzündung verstärken und die Plaqueentwicklung oder Verstopfung der Blutgefäße erhöhen. Die entzündliche Reaktion auf Partikel oder die Partikel selbst können sich auf die neuronale Regulation des Herzens auswirken und ggf. zu tödlichen Herzrhythmusstörungen führen. Studien bei Menschen und Tieren haben Veränderungen in der Herzfrequenz und Herzratenvariabilität als Reaktion auf Partikelexposition gezeigt.

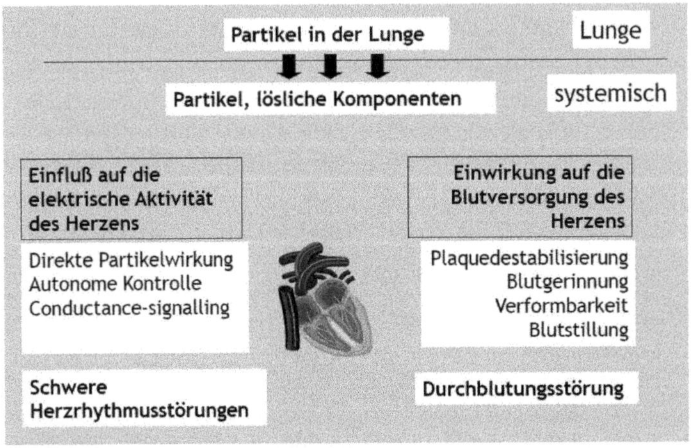

Abb. 36.7 Grafische Darstellung der wichtigsten Mechanismen, die für die kardiovaskulären Wirkungen von inhaliertem Feinstaub verantwortlich sein können. Man geht davon aus, dass Partikel, die eine starke Entzündung in der Lunge verursachen, eine Translokation von Partikeln, lösliche Komponenten und/oder Entzündungsmediatoren bewirken. Diese können die elektrische Innervierung des Herzens beeinflussen und/oder die Durchblutung des Herzens beeinträchtigen, was zu Herzrhythmusstörungen oder Schlaganfall führt.

36.2 Mineralfasern

36.2.1 Einleitung

> Wegen ihrer vielseitigen Verwendbarkeit werden Mineralfasern in großen Mengen eingesetzt. Die bekanntesten natürlichen Mineralfasern sind Asbestfasern. Wichtige künstliche Mineralfasern sind textile Glasfasern, Glaswolle, Glasmikrofasern, Keramikfasern, Stein- und Schlackenwolle.

Einen Überblick über die verschiedenen Faserarten gibt Tab. 36.4. Man unterscheidet natürliche und künstliche Mineralfasern.

Die bekanntesten Vertreter der *natürlichen Mineralfasern* sind die Asbestfasern. *Asbest* ist ein Sammelbegriff für zwei Gruppen faserförmiger silikatischer Mineralien. Mit 93 % am häufigsten verwendet wurde *Chrysotil* (Weißasbest). Ein weiterer wichtiger Vertreter ist *Krokydolith* (Blauasbest). Die Asbestfasern weisen eine hohe Beständigkeit gegen Hitze und Chemikalien und eine starke Zugfestigkeit auf. Asbest brennt und korrodiert nicht, es ist elastisch und isoliert gut. Asbestfasern fanden daher eine breite industrielle Verwendung zur Herstellung von Asbesttextilien, Reibbelägen, als Zusatz zu Kunststoffen, in Gummierzeugnissen und Zement, zur Wärme- und Schallisolierung sowie zum Feuerschutz. Mit

Tab. 36.4 Wichtige natürliche und künstliche Mineralfasern.

Natürliche Mineralfaser	Künstliche Mineralfasern
Asbeste	Glasfasern
• Glasfasern	• Glaswolle
• Chrysotil	• textile Glasfasern
• Krokydolith	• Spezialglasfasern
• Tremolit	Keramikfasern
• Anthophyllit	Schlackenwolle
• Aktinolith	Steinwolle
Erionit	
Gips	

etwa 75 % waren Baustoffe aus Asbestzement im Hoch- und Tiefbau der Haupteinsatzbereich. Im Jahr 1973 wurden weltweit 5 000 000 t produziert. In der Bundesrepublik lag der höchste Verbrauch von Asbest in den 1970er-Jahren bei etwa 180 000 t/Jahr. Seit 1993 ist die Herstellung und Verwendung von Asbest in Deutschland verboten. In einigen Ländern Europas darf trotz der damit verbundenen Gefahren Asbest weiter verwendet werden.

Auch *Gips* gehört zu den natürlichen Mineralfasern. Gipsfasern sind die in der Umwelt am häufigsten vorkommenden Fasern. Sie lösen sich allerdings, anders als Asbestfasern, in Wasser leicht auf.

Die künstlichen Mineralfasern wie textile Glasfasern, Glaswolle, Glasmikrofasern, Keramikfasern, Stein- und Schlackenwolle werden aus verschiedenen anorganischen Ausgangsstoffen, aus geschmolzenem Glas, Gesteinen wie Basalt oder Oxidkeramiken, hergestellt. Wie Tab. 36.5 zeigt, bestehen sie hauptsächlich aus SiO_2, Al_2O_3, CaO, MgO, Na_2O und K_2O sowie Fe_2O_3, wobei die Anteile der verschiedenen Oxide sich bei Glasfasern, Keramikfasern, Schlackenwolle und Steinwolle, aber auch innerhalb dieser Gruppen, z. B. bei den Glasfasern, unterscheiden. Durch das Schmelzen und anschließende rasche Abkühlen weisen die künstlichen Mineralfasern eine glasige Struktur auf. Sie werden zu Filzen, Matten, Platten oder Tüchern verarbeitet oder lose als Mineralwolle verwendet.

Tab. 36.5 Chemische Zusammensetzung von künstlichen Mineralfasern.

Hauptbestandteile (%)	Glasfasern	Keramikfasern	Schlackenwolle	Steinwolle
SiO_2	55–68	3–54	34–52	40–48
Al_2O_3	0–15	35–95	5–15	6–18
B_2O_3	3–12	0,2–0,5		< 0,05
Na_2O	0–18	< 0,01–0,16	0–1	0,1–4,5
K_2O	0–3	< 0,01–1	0,3–2	0,3–5,2
MgO	0–5	< 0,05–1,7	4–14	0,5–10
CaO	2–21	< 0,05–1,5	20–43	10–40
Fe_2O_3	0,1–0,6	3–54	0–2	0,5–12

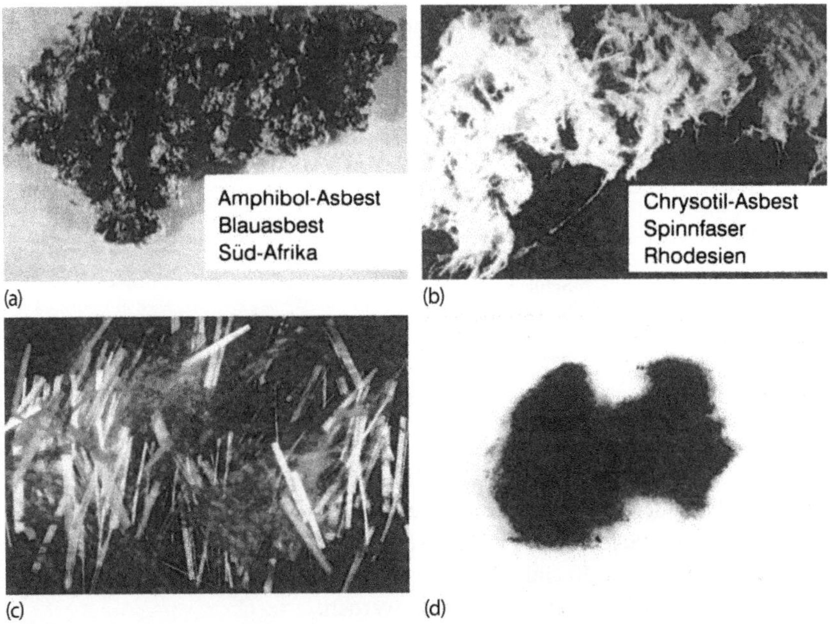

Abb. 36.8 Verschiedene natürliche und künstliche Fasern. (a) Amphibolasbest; (b) Chrysotilasbest; (c) Glasfasern; (d) Steinwolle.

Wie Asbestfasern zeichnen sie sich durch Temperaturbeständigkeit und hohes Isolationsvermögen aus. Sie werden daher in der Hauptsache als Dämmstoffe eingesetzt. In der Bundesrepublik werden jährlich etwa 15 Millionen Kubikmeter verarbeitet.

Materialien aus Asbestfasern oder künstlichen Mineralfasern können Fasern mit sehr unterschiedlichen Längen und Durchmessern enthalten. Die Faserlängen variieren von weniger als 5 μm bis in den Millimeter- oder Zentimeterbereich (Endlosfasern). Die Faserdurchmesser weisen ebenfalls ein weites Spektrum von < 1 bis mehrere μm auf.

Abbildung 36.8 zeigt verschiedene natürliche und künstliche Mineralfasern wie Amphibolasbest, Chrysotilasbest, Glasfasern und Steinwolle. Anders als künstliche Mineralfasern können sich Asbestfasern längs in weitere sehr feine Fasern aufspalten (Abb. 36.9). Künstliche Mineralfasern weisen dagegen eine wesentlich kompaktere Struktur auf und brechen daher nur quer.

36.2.2
Erkrankungen durch Mineralfasern

Das Einatmen von Faserstaub kann hauptsächlich drei Erkrankungen hervorrufen: Fibrose, Lungenkrebs und Mesotheliome, die bisher nur bei Expositionen gegenüber Asbest nachgewiesen wurden.

Abb. 36.9 Elektronenmikroskopische Aufnahme von Asbestfasern. Zu erkennen ist die Aufspaltung der Fasern in Längsrichtung.

36.2.2.1 Asbestose

Bei der Asbestose handelt es sich um eine langsam fortschreitende chronische Bindegewebsvermehrung (*Fibrose*) als Reaktion des Lungengewebes auf die aufgenommenen Asbestfasern. Als Folge eines Umbaus des funktionalen Lungengewebes in Bindegewebe (Lungenfibrose) wird die Lungenfunktion eingeschränkt. Die Schwere der Erkrankung hängt von der Dauer und Intensität der Asbeststaubexposition ab. Die Asbestose wurde bereits 1936 als Berufskrankheit anerkannt.

36.2.2.2 Lungenkrebs

Lungenkrebs tritt häufig in Verbindung mit Asbestose auf, und zwar bei asbestexponierten Rauchern erheblich häufiger als bei asbestexponierten Nichtrauchern. Damit handelt es sich um ein klassisches Beispiel für *synergistische Wirkungen* von Schadstoffen. Die Zahl der auf Asbestexposition zurückgeführten Lungenkrebsfälle lag in Deutschland 1993 bei über 1000.

36.2.2.3 Mesotheliome

Darüber hinaus kann es nach Exposition gegenüber Asbestfasern zu Mesotheliomen kommen. Dabei handelt es sich um maligne Tumoren der Pleura (Brustfell) und des Peritoneums (Bauchfell). Mesotheliome sind eine seltene Krebsart (weniger als 0,04 % aller Todesfälle in den USA). Das Auftreten von Mesotheliomen gilt daher als Hinweis auf Asbestbelastung. In Deutschland wurden 1993 über 500 Mesotheliomfälle registriert.

Asbest ist zurzeit für mehr als zwei Drittel aller von den Berufsgenossenschaften entschädigten, d. h. „als beruflich verursacht" anerkannten Krebserkrankungen verantwortlich. Die Zahl der Erkrankten hat in den letzten Jahren weiter zugenommen, obwohl inzwischen der Asbestverbrauch verboten ist (Abb. 36.10). Dies ist auf die Latenzzeit zurückzuführen, die für asbestbedingte Tumoren etwa 30 Jahre beträgt. Da das Maximum der Asbestanwendung in den 1970er-Jahren lag, wird das Maximum der Fallzahl der asbestbedingten Tumoren innerhalb der nächsten Jahre erwartet.

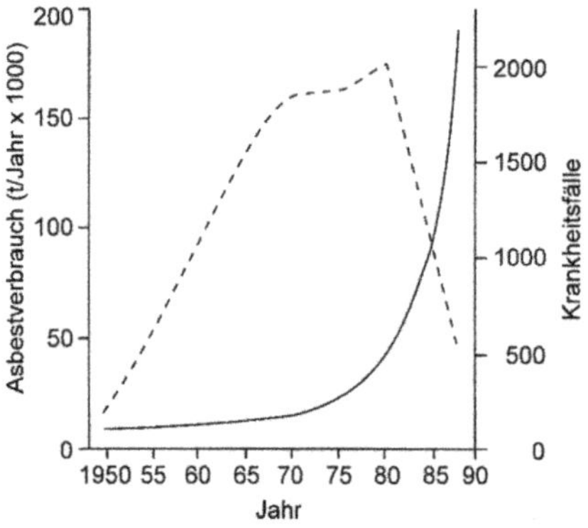

Abb. 36.10 Die Entwicklung des Asbestverbrauchs (- - -) und der gemeldeten, asbestbedingten Berufskrankheiten (Asbestose, Lungenkrebs, Mesotheliom) (——) in den alten Ländern der Bundesrepublik Deutschland (nach Asbest, BG der Bauwirtschaft, 1990).

36.2.3
Faser als kanzerogenes Prinzip

> Als kritische Abmessungen krebserzeugender Fasern wurden eine Länge > 5 μm, ein Durchmesser < 3 μm und ein Verhältnis von Länge zu Durchmesser von > 3 : 1 definiert (sog. WHO-Fasern). Fasern dieser Abmessungen gelangen bis in den Alveolarbereich, werden von Makrophagen aufgenommen und führen damit zu entzündlichen Reaktionen. Die Beständigkeit der Fasern ist ein weiterer Parameter, der die Verweildauer der Fasern in der Lunge und damit die kanzerogene Wirkung bestimmt. Overload vermindert den Abtransport der Fasern aus der Lunge.

In Karain, einem Dorf in der Türkei, waren in den 1970er-Jahren zahlreiche Mesotheliomfälle aufgetreten, die auf das Mineral Erionit im Gestein der Umgebung und dem daraus resultierenden Vorkommen von Erionitfasern im Straßenstaub zurückgeführt werden konnten. Es zeigte sich sogar, dass Erionitfasern eine erheblich höhere kanzerogene Potenz aufweisen als Asbestfasern, denn es führten wesentlich niedrigere Faserkonzentrationen als bei Asbest zur Entstehung von Tumoren.

Dies steht in Einklang mit dem *Prinzip Faser*, das in den 1970er-Jahren von Pott und Stanton unabhängig voneinander formuliert worden war. In umfangreichen Tierversuchen waren Ratten verschiedenste Fasern, aber auch granuläre Partikel intrapleural oder intraperitoneal appliziert worden. Fast alle Fasern führten zur Entstehung von Mesotheliomen in der Pleura bzw. dem Peritoneum, nicht aber die Partikel. Daraus wurde abgeleitet, dass die Fasergestalt und weniger die chemische Zusammensetzung entscheidenden Einfluss auf die Wirkung hat. Besonders wirksam waren Fasern, die eine Länge > 5 μm und einen Durchmesser < 3 μm aufwiesen.

Tab. 36.6 Tumorrate in Versuchen mit intraperitonealer Verabreichung in Abhängigkeit von der Beständigkeit zweier Glasfasern. (Pott *et al.*, 1991. Reproduced with permission of Springer.).

	Glasfaser Wenig beständig	Beständig
Halbwertszeit (Tage)	38	238
applizierte Faserzahl	$5800 \cdot 10^6$	$150 \cdot 10^6$
Tumorrate (%)	2,9	40

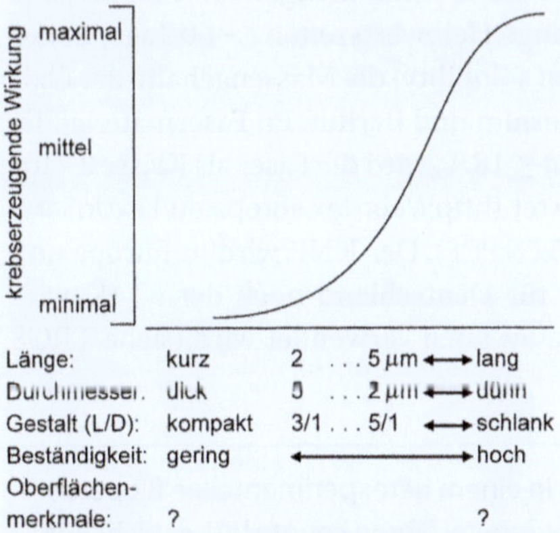

Abb. 36.11 Abhängigkeit der Stärke der kanzerogenen Wirkung von Länge, Durchmesser, Gestalt und Beständigkeit der Fasern (nach Pott und Heinrich, 1990).

Beständige Fasern zeigen im Allgemeinen eine stärkere kanzerogene Wirkung als weniger beständige Fasern. So führte eine beständige Glasfaser zu erheblich höheren Tumorraten als eine weniger beständige, obwohl die Zahl der applizierten Fasern bei der beständigen Faser erheblich niedriger war (Tab. 36.6). Gipsfasern, die sich bereits in Wasser auflösen, zeigen dementsprechend keine kanzerogene Wirkung. Dies ist insofern plausibel, als die Beständigkeit einen indirekten Parameter für die Faserzahl im Körper darstellt. Wenn sich Fasern im Gewebe auflösen, steht eine geringere Zahl an Fasern langfristig für die Auslösung von Tumoren zur Verfügung. Krokydolith-Asbestfasern weisen eine hohe Beständigkeit auf. Dies hat zur Folge, dass sie auch noch lange nach Expositionsende in menschlichem Lungengewebe wirksam sind und nachgewiesen werden können. Viele künstliche Mineralfasern sind dagegen erheblich weniger beständig.

Das Zusammenwirken der verschiedenen Einflussfaktoren auf die kanzerogene Wirkung von Fasern soll Abb. 36.11 verdeutlichen. Die kanzerogene Wirkung einer bestimmten Faserart ist umso höher, je länger, dünner und beständiger die Fasern sind. Darüber hinaus beeinflusst natürlich auch die Faserkonzentration die Wirksamkeit. Der Einfluss weiterer Faktoren, wie der Oberflächenstruktur, ist dagegen noch ungeklärt.

36.2.3.1 Biopersistenz

> Wenn ein Partikel in der Lunge nicht löslich oder nicht abbaubar ist, hat es eine hohe Verweildauer und bei andauernder Exposition erfolgt eine schnelle lokale Akkumulation. Die Verweildauer oder Biopersistenz ist eine wichtige Determinante für die Pathogenität von granulären Stäuben und Faserstäuben.

Die Verweildauer oder die sogenannte Biopersistenz ist auch ein wesentlicher Faktor für die Faserpathogenität. In Tab. 36.7 sind verschiedene Indizes der biologischen Beständigkeit für verschiedene Fasern zusammengefasst. Karzinogene Fasern haben eine hohe Persistenz und lange Halbwertszeiten (> 60 Tage) in der Lunge. Dabei beschreibt der KNB (index of solubility) die Massengehalte der Oxide von Natrium, Kalium, Calcium, Magnesium und Barium im Fasermaterial. Ist die Summe dieser Massegehalte (Masse %) ≤ 18 %, wird die Faser als Klasse 2 kanzerogen eingestuft und nicht weiter getestet (http://eur-lex.europa.eu/LexUriServ/LexUriServ.do?uri=OJ:L:2008:353:0001:1355:EN:PDF). Der KNB wird in Europa und Deutschland angewendet. Zusätzlich ist für Deutschland noch der KI (Kanzerogenitätsindex) beschrieben, der aber kaum noch verwendet wird (siehe TRGS 905).

> Die Halbwertszeit von Mineralfasern wird in einem tierexperimentellen Biopersistenztest bestimmt. Ein ähnlich sicheres *In-vitro*-Verfahren konnte bisher nicht entwickelt werden. Zwischen Deutschland und Europa bestehen jedoch voneinander abweichende Regelungen, die im Folgenden aufgeführt sind.

Tab. 36.7 Vergleich verschiedener Indizes für die Bioverfügbarkeit im Tierversuch karzinogener und nicht karzinogener Fasern. RCF: Refractory Ceramic Fibres = keramische feuerfeste Fasern.

Faser	Karzinogen	$T_{1/2}$ (Tage)[a)]	K_i[b)]	KNB[c)]
RCF1, 2 und 3E-Glas Krokydolith	+++	> 60		< 2
MMVF-21	–	30–60	< 5	> 18
MMVF-11	–	15–30	25	> 18
Lösliche Fasern	–	< 15	> 30	> 18

a) $T_{1/2}$ ist die Halbwertszeit (Tage) nach Inhalation oder intratrachealer Instillation.
b) Der Index K_i (Kanzerogenitätsindex) basiert auf folgender Kalkulation der prozentualen Masseanteile: $K_i = \sum$ Na, K, B, Ca, Mg, Ba-Oxide – 2 × Al-Oxid.
c) KNB ist die Summe der Masseanteile der Alkali- und Erdalkalimetalle ($Na_2O + K_2O + CaO + MgO + BaO$). Liegt der Wert über 18 %, erfolgt eine Einstufung als Karzinogen Klasse 2. Liegt der Wert bei 18 % oder darunter, erfolgt eine Einstufung als Karzinogen Klasse 1B (GHS).

Für Europa werden Fasern mit einem geometrischen mittleren Durchmesser (GMD) – 2 × SE (Standardfehler) > 6 μm als unbedenklich angesehen. (Note R: The classification as a carcinogen need not apply to fibres with a length weighted geometric mean diameter less two standard geometric errors greater than 6 μm [REGULATION (EC) No 1272/2008]).

Für Deutschland gilt:

Zubereitungen und Erzeugnisse, die künstliche Mineralfasern mit einem Massengehalt von ≤ 0,1 % (Masseprozent) enthalten, gelten als unbedenklich (siehe Gefahrstoffverordnung).

Des Weiteren ist für Deutschland die WHO-Faser (Verhältnis $L/D > 3$ μm; $L > 5$ μm und $D < 3$ μm; GMD soll um 0,6 μm liegen) maßgeblich, während für Europa das Augenmerk auf Fasern gerichtet ist, die länger als 20 μm sind und deren GMD bei 0,8 liegen sollte.

Sobald die Akzeptanzkriterien nicht zutreffen (Note R bzw. Gefahrstoffverordnung), besteht die Möglichkeit, einen Faserbiopersistenztest durchzuführen (zum Beispiel die intratracheale Instillation in die Rattenlunge und die Bestimmung der Halbwertszeit).

Auch hier bestehen wieder Unterschiede zwischen Deutschland und Europa:

Für Europa wird die Halbwertszeit von Fasern $L > 20$ μm bestimmt, die *kleiner* 40 Tage und für Deutschland die WHO-Faser, deren Halbwertszeit kleiner *gleich* 40 Tage sein muss, um als unbedenklich zu gelten. Bei Einhaltung dieser Grenzwerte stellt das European Certification Board for Mineral Wool Products (EUCEB) für Europa und die RAL Deutsches Institut für Gütesicherung und Kennzeichnung e. V. sowie RAL GmbH (RAL) für Deutschland entsprechende Zertifikate für das getestete Material aus. Die Zertifizierung behält nur ihre Gültigkeit, wenn die chemische Zusammensetzung des Fasermaterials in regelmäßigen Abständen bestimmt und die Abweichungen vom ursprünglich getesteten Material innerhalb vorgegebener Grenzwerte liegt.

36.2.3.2 **Größe und Gestalt**

> Fasern mit bestimmten Abmessungen können den Partikelabtransport der Lunge stark beeinträchtigen und dadurch zu ihrer Anreicherung führen. Lange (> 20 μm) Fasern werden nicht oder nur unvollständig durch Alveolarmakrophagen aufgenommen und haben daher eine längere Halbwertszeit in der Lunge als kürzere Fasern aus demselben Material, was zu einer höheren Gesamtdosis führt. Besonders für längere Fasern wurde gezeigt, dass sie an den bronchialen Verzweigungen aufgrund ihrer Länge hängen bleiben und dort hohe lokale Dosen erreichen können.

Für lange Fasern, die nur schwer durch Monozyten und Makrophagen beseitigt werden, ist die Biopersistenz der ausschlaggebende Faktor für die Frage der Kanzerogenität im Tierversuch. Die biologische Persistenz der Faser *in vivo* wird als Screeningparameter bei der Entwicklung neuer, gesundheitlich unbedenklicher synthetischer Fasern verwendet, um persistente und somit pathogene und potenziell krebserzeugende Fasern von der industriellen Anwendung auszuschließen (Tab. 36.7). Das Ziel ist es, neue Fasern zu entwickeln, die schnell unter biologischen Bedingungen abgebaut und aufgelöst werden. Es ist bekannt, dass Fasern bei der Phagozytose in Makrophagen in einem sauren (pH 4,5) Milieu in Phagolysosomen eingeschlossen und dort gelöst werden können. Fasern, die unter normalen Umweltbedingungen sehr stabil sind, können daher nach Ablagerung in der Lunge durchaus biologisch abgebaut werden.

Fasern, deren mittlerer geometrischer Durchmesser abzüglich des zweifachen Standardfehlers größer als 6 µm ist, werden als nicht lungengängig angesehen und deshalb als gesundheitlich unbedenklich eingestuft.

36.2.3.3 Untersuchungen zur krebserzeugenden Wirkung verschiedener Fasern

Tierversuche

> Für die meisten künstlichen Mineralfasern wurde im Tierversuch eine kanzerogene Wirkung nachgewiesen.

Tabelle 36.8 gibt einen Überblick über Untersuchungen zur krebserzeugenden Wirkung von verschiedenen Fasern. Auch in Inhalationsversuchen, die der Exposition des Menschen am Arbeitsplatz eher entsprechen als die Tierversuche mit intrapleuraler oder intraperitonealer Applikation, ist die krebserzeugende Wirkung künstlicher Mineralfasern, sofern sie Fasern mit den oben genannten Abmessungen (Länge > 5 µm, Durchmesser < 3 µm, Verhältnis Länge zu Durchmesser > 3 : 1) aufweisen, nachgewiesen worden. So führten Keramikfasern, die eine besonders hohe Beständigkeit aufweisen, zu Lungentumoren und Mesotheliomen. Die wenig beständige Schlackenwolle war in keiner Untersuchung kanzerogen.

Epidemiologische Untersuchungen

Anders als bei Asbest ergaben epidemiologische Untersuchungen an Arbeitern in der Produktion von künstlichen Mineralfasern keine Hinweise auf eine krebserzeugende Wirkung. Allerdings lagen die Faserkonzentrationen in diesen Untersuchungen niedriger als in den Untersuchungen mit Asbestfasern. Zudem war in einigen Untersuchungen die Latenzzeit nicht ausreichend, da zumindest bei Asbestfasern für das Auftreten von Mesotheliomen mit einer Latenzzeit von etwa 50 Jahren zu rechnen ist.

36.2.4 Aufnahme und Verteilung von Fasern in der Lunge

Damit es zu den oben beschriebenen Erkrankungen kommt, müssen die Fasern in die Lunge gelangen. Die Aufnahme von Fasern in die Lunge wird vor allem durch den Faserdurchmesser beeinflusst. Der Mensch kann die Fasern über den Mund oder die Nase einatmen. Beim Atmen durch den Mund gelangen mehr und dickere Fasern (Durchmesser bis über 10 μm) in die Lunge als beim Atmen durch die Nase (Durchmesser bis zu 3 μm). Je geringer der Faserdurchmesser ist, desto mehr Fasern werden in die Lunge aufgenommen. Aber auch die Faserlänge beeinflusst die Aufnahme.

Viele Untersuchungen zur kanzerogenen Wirkung von Asbestfasern und zum Wirkungsmechanismus wurden mit Ratten durchgeführt. Dabei muss berücksichtigt werden, dass die Anatomie der Atemwege sich bei Ratte und Mensch wesentlich unterscheidet. Bei der Ratte können nur relativ dünne Fasern (Durchmesser maximal 1 μm) in die Lunge gelangen. Darüber hinaus sind Ratten obligate Nasenatmer. Damit liegt die aufgenommene Fasermenge bei der Ratte niedriger als beim Menschen.

Fasern, die nicht über Makrophagen und die mukoziliäre Clearance heraustransportiert werden, können lange Zeit in der Lunge verbleiben.

Da die Clearance bei Rauchern gestört ist, weisen Raucher bei gleicher Exposition höhere Faserkonzentrationen in der Lunge auf als Nichtraucher. Damit lässt sich der synergistische Effekt von Rauchen und Asbestexposition erklären. Wie Abb. 36.12 zeigt, können Lungenmakrophagen Fasern nur bis zu einer Länge von etwa 10 μm phagozytieren. Dies hat zur Folge, dass längere Fasern sich im Alveolarbereich der Lunge anreichern.

Fasern lagern sich auch bevorzugt an Verzweigungen der Bronchiolen und Alveolargänge ab (Abb. 36.13). Bis zu 20 % der Fasern werden nicht von Makrophagen phagozytiert oder über die mukoziliäre Clearance heraustransportiert. Sie werden von den Epithelzellen der Alveolarwände aufgenommen und in das dar-

Tab. 36.8 Krebserzeugende Wirkung verschiedener Faserarten in Tierversuchen und beim Menschen.

Faserart	Tierversuche		Epidemiologie
	Intraperitoneale/ intrapleurale Applikation	Inhalationsversuche	
Asbest	+	+	+
Erionit	+	+	+
Gips	–	Keine Angaben	–
Glaswolle	Meist +	?	?
Keramikfasern	+	+	?
Schlackenwolle	–	?	?
Steinwolle	+	?	?

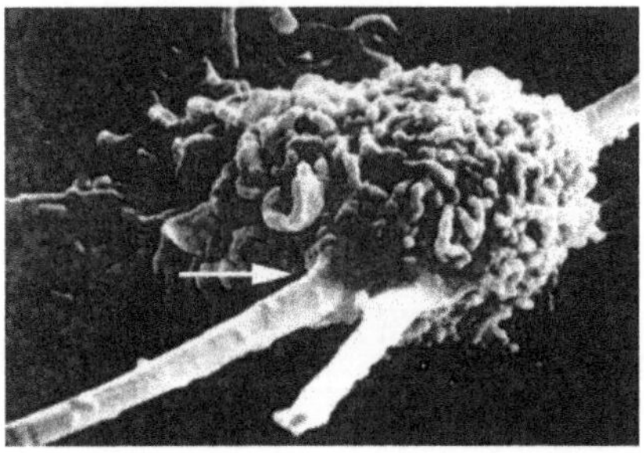

Abb. 36.12 Rasterelektonenmikroskopische Aufnahme eines Makrophagen mit unvollständig phagocytierter Glasfaser.

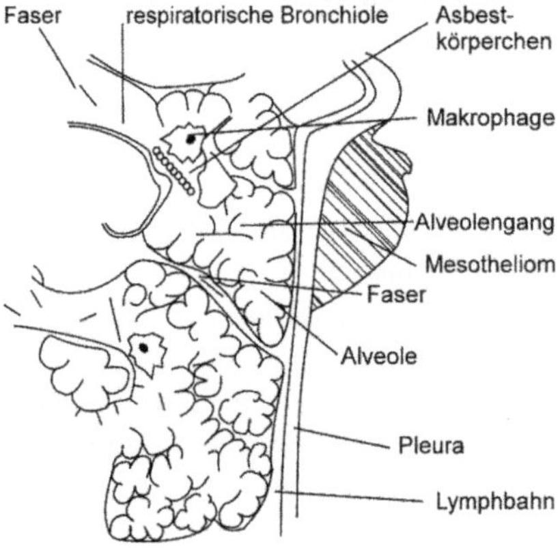

Abb. 36.13 Verteilung von Fasern in der Lunge und Translokation in die Pleura.

unter liegende *Zwischengewebe* transportiert. In die Pleura oder das Peritoneum gelangen die Fasern nach Durchqueren der Alveolarwände und können ebenfalls von den Mesothelzellen der Pleura aufgenommen werden. Bei Asbestfasern können in der Lunge zudem sogenannte *Asbestkörperchen* nachgewiesen werden. Dabei handelt es sich um einzelne Fasern, die von eisenhaltigen Proteinen umgeben und in den Alveolen abgelagert werden. Der Nachweis von Asbestkörperchen in der Lunge ist ein wesentliches diagnostisches Merkmal für eine frühere Asbestexposition.

36.2.5
Mechanismen der Faserkanzerogenese

Trotz der vielen Langzeitstudien zur Kanzerogenität von Fasern und zahlreicher weiterer Untersuchungen ist der Wirkungsmechanismus der Faserkanzerogenese nicht eindeutig geklärt. Soweit bisher bekannt, spielt die Fasergeometrie sowohl bei den zytogenetischen Effekten als auch bei den Entzündungsprozessen in der Lunge eine wesentliche Rolle. Ob Reaktionen an der Faseroberfläche eine wesentliche Bedeutung zukommt, ist noch offen.

Mineralfasern führen zu numerischen und strukturellen Chromosomenaberrationen.

Im Ames-Test, d. h. im *In-vitro*-Mutagenitätstest an Bakterien, erwiesen sich Mineralfasern als negativ. Dies kann dadurch erklärt werden, dass die Fasern von den Bakterien nicht aufgenommen werden, während die Fasern in Säugerzellen, die keine starre Zellwand aufweisen wie die Bakterien, eindringen. Mutagene Wirkungen von Mineralfasern wurden jedoch auch in Säugerzellen nicht eindeutig bestätigt. Allerdings führen Mineralfasern zu numerischen und strukturellen Chromosomenaberrationen. Es konnte gezeigt werden, dass die Fasern sich in der Nähe des Zellkerns ansammeln. Bei der Zellteilung kommt es dann zu einer mechanischen Interaktion der Fasern mit der Mitosespindel und den Chromosomen, die zu Chromosomenfehlteilungen und Verlust von Chromosomen bzw. Chromosomenstücken führt.

In menschlichen Mesotheliomen wurden zahlreiche Chromosomenveränderungen nachgewiesen. Besonders häufig traten bei Mesotheliomen, aber auch bei Lungentumoren, Deletionen von Chromosom 3 oder Teilen dieses Chromosoms auf. Man vermutet, dass damit ein wichtiges Tumorsuppressor-Gen verloren geht (vgl. Abschn. 36.1.2.5).

Makrophagen spielen eine zentrale Rolle bei den Entzündungsprozessen in der Lunge.

Als Folge der Aktivierung der Makrophagen, die bei Kontakt mit den Fasern stattfindet, kommt es zum Freisetzen einer Vielzahl von Mediatoren. Chemotaktische Stoffe (Leukotrien B_4, Interleukin 8) führen zur Ansammlung von weiteren Makrophagen, Lymphozyten und Neutrophilen. Durch reaktive Sauerstoffverbindungen oder Proteasen können alveoläre Epithelzellen geschädigt werden. Darüber hinaus werden eine Vielzahl von Wachstumsfaktoren, unter anderem *platet derived growth factor* (PDGF), TGF-α, β, TNF-α, *fibroblast growth factor* (FGF), freigesetzt. Durch die Wachstumsfaktoren werden Epithel- und Interstitiumzellen zur Teilung und zum Abscheiden von Kollagenfasern stimuliert, wodurch es zur Entstehung der Lungenfibrose kommt. Auch die verschiedenen Lungenzellen produzieren Wachstumsfaktoren. Dadurch ergeben sich komplizierte Regulationsvorgänge, die noch längst nicht aufgeklärt sind. Durch die Kombination der entzündlich-proliferativen und durch reaktive Sauerstoffspezies induzierte genotoxische und durch die Fasergeometrie verursachte clastogene Wirkung können Fasern bei hinreichend hoher Persistenz Lungerntumoren und Mesotheliome in der Pleura induzieren.

36.3 Zusammenfassung

Hohe Exposition von inhalierbaren und lungengängigen Partikeln über einen Zeitraum von Jahren können zu chronisch obstruktiven Lungenerkrankungen, Emphysemen, Fibrose oder Staublunge und Lungenkrebs führen. Epidemiologische Studien haben gezeigt, dass Exposition gegenüber Partikeln mit 10 µm Durchmesser (PM_{10}) sowohl mit respiratorischen als auch kardiovaskulären Erkrankungen und Todesfällen korreliert. Es wird derzeit angenommen, dass Feinstäube in der Luft mit einem mittleren Durchmesser von 2,5 oder 10 µm ($PM_{2,5}$, PM_{10}) krebserregend sein können, aber es ist nicht klar, welche Komponenten oder Eigenschaften der PM dafür verantwortlich sind.

Um Partikeleffekte zu verstehen, ist die Anwendung des „D-Konzepts", Dosis, Deposition, Dimension, Dauer der Deposition und Defense (Abwehr), hilfreich. Dieses Paradigma beschreibt ein konzeptionelles Verständnis über die schädigenden Auswirkungen von Partikeln und Fasern. Beispielsweise entscheidet die Fasergeometrie darüber, ob der Körper in der Lage ist, inhalierte Faserstäube zu eliminieren. Lange (> 20 µm) Fasern werden nicht von Alveolarmakrophagen aufgenommen und aus der Lunge heraustransportiert. Sie haben deshalb eine längere Verweildauer in der Lunge als kürzere Fasern. Das führt zu einer stärkeren Anreicherung bei ähnlich inhalierten Faserzahlen oder ähnlicher Masse. Inhalierte Fasern mit mehr als 20 µm Länge werden auch an den Abzweigungen der Bronchiolen aufgrund ihrer Länge besonders stark abgelagert, sodass dadurch eine hohe lokale Dosis erreicht werden kann. Wenn ein Partikel in der Lunge nicht löslich oder nicht abbaubar ist, hat es eine hohe Verweildauer und es kommt bei anhaltender Exposition zu einer Akkumulation. Die Partikelgröße bestimmt weitgehend, ob Partikel im Respirationstrakt deponiert werden. Die Partikelablagerung wird durch Form und Dichte bestimmt. Nanopartikel haben kaum Masse und ihr Abscheideverhalten wird durch Diffusion bestimmt. Die meisten von ihnen werden im Nasenraum und in den Alveolen abgelagert. Die Translokation von Partikeln ist erst vor Kurzem als Mechanismus erkannt worden und kann mögliche systemische Wirkungen von inhalierten Umweltpartikeln erklären.

Einer der ausschlaggebenden toxischen Eigenschaften von Partikeln und Fasern ist die Bildung reaktiver Sauerstoffspezies (ROS) und Stickstoffspezies (RNS). Diese reaktiven Spezies sind an der Ausbildung vieler pathologischer Befunde nach Partikelbelastung einschließlich Fibrose, proliferativer Wirkung und Kanzerogenität beteiligt. Neben der Bildung von ROS werden von entzündlichen Phagozyten verschiedene Zytokine und Chemokine gebildet, die die Zellmigration, Geweberemodellierung, Zellproliferation und die Reparatur von Schäden regulieren.

Unterschiede in der Partikeltoxizität können von der Form (faserförmig, granulär), der Größe (Nano-/µm-Größe), der Kristallinität, der Reaktionsfähigkeit der Partikeloberflächen, der Bindung von Chemikalien einschließlich Metallen und von der ROS-Bildung abhängen.

Die meisten Toxizitätsmechanismen von Nanopartikeln unterscheiden sich wahrscheinlich qualitativ nicht von denjenigen von Feinstaub. Quantitativ jedoch können Nanopartikel eine stärkere Entzündung als µm-Partikel bei gleicher gravimetrischer Belastung in der Lunge auslösen, da ihre Agglomeratdichte geringer ist als die bei µm-Partikeln relevante Materialdichte. Es ist aber auch nicht ausgeschlossen, dass die große spezifische Oberfläche der Nanopartikel einen Einfluss auf die Partikeltoxizität hat. Andere Unterschiede zwischen Nano- und µm-Partikeln bestehen bezüglich der leichteren systemischen Translokation von Nanopartikeln.

Lungentumoren und Mesotheliome sind bei Arbeitern, die früher gegenüber hohen Asbestkonzentrationen exponiert waren, eine häufige Berufskrankheit. Die krebserzeugende Wirkung der Asbestfasern konnte auf die Fasergestalt sowie die hohe Beständigkeit der Asbestfasern in der Lunge zurückgeführt werden. Entsprechend wurde auch für bestimmte andere Fasern beim Menschen oder im Tierversuch eine krebserzeugende Wirkung nachgewiesen. Entzündlich-proliferative und klastogene Wirkungen von persistenten Mineralfasern können zu Tumoren der Lunge führen. Beim Menschen scheinen Mesotheliome nur durch Asbestfasern aufzutreten.

Literatur

Morrow, P.E. (1992) Dust overloading of the lungs: update and appraisal. *Toxicol. Appl. Pharmacol.*, **113**, 1–12.

Pott, F. und Heinrich, U. (1990) Relative significance of different hydrocarbons for the carcinogenic potency of emissions from various incomplete combustion processes. *IARC Sci. Publ.* **104**, 288–297

Pott, F., Roller, M., Rippe, R.M., Germann, P.-G. und Bellmann, B. (1991) Tumours by the intraperitoneal and intrapleural routes and their significance for the classification of mineral fibres, in *Mechanisms in Fibre Carcinogenesis*, (Hrsg. R.C. Brown), Plenum Press, New York, London, 547–565.

Schins und Borm (2007) Common cellular and molecular mechanisms in the development and progression of pneumoconiosis, in *Occupational Lung Disease*, (Hrsg. Banks, Parker, White und Lindale).

Weiterführende Literatur

Boffetta, P., Donaldson, K., Moolgavkar, S. und Mandel, J.S. (2014) A systematic review of occupational exposure to synthetic vitreous fibers and mesothelioma. *Crit. Rev. Toxicol.*, **44** (5), 436–449.

Borm, P.J. A., Schins, R.P. F. und Albrecht, C.A. (2004) Inhaled particles and lung cancer. Part B: Paradigms and risk asessment. *Int. J. Cancer*, **110**, 3–14.

Donaldson, K., Tran, L., Jimenez. L.A., Duffin, R., Newby, D.E., Mills, N., MacNee, W. und Stone, V. (2005) Combustion-derived nanoparticles: a review of their toxicology following inhalation exposure. *Part Fiber Toxicol.*, **2**, 10.

European Commission (1998) Guideline ECB/TM/27 rev. 7: *Biopersistence of Fibres. Intratracheal Instillation*, http://tsar.jrc.ec.europa.eu/documents/Testing-Methods/mmmfweb.pdf, letzter Zugriff: 19.9.2012.

Gebel, T., Foth, H., Damm, G., Freyberger, A., Kramer, P.J., Lilienblum, W., Röhl, C., Schupp, T, Weiss, C., Wollin, K.M. und Hengstler, J.G. (2014) Manufactured nanomaterials: categorization and approaches to hazard assessment. *Arch. Toxicol.*, **88**, 2191–2211.

Greim, H., Borm, P., Schins, R., Donaldson, K., Driscoll, K., Hartwig, A., Kuempel, E., Oberdorster, G. und Speit, G. (2001) Toxicity of Fibers and Particulates- Report of a Workshop held in Munich, Germany,

October 26-27 2000. *Inhal. Toxicol.*, **13**, 737–754.

Greim, H., Utell, M.J., Maxim, L.D. und Niebo, R. (2014) Perspectives on refractory ceramic fiber (RCF) carcinogenicity: comparison with other fibers. *Inhal. Toxicol.*, **26**, 789–810.

International Agency for Research on Cancer (IARC) (2002) *Man-Made Vitreous Fibres*, Bd. 81. Available online http://monographs.iarc.fr/ENG/Monographs/vol81/ accessed on 24 June 2014.

Knaapen, A., Borm, P.J. A., Albrecht, C. und Schins, R.P. F. (2004) Inhaled particles and lung cancer. Part A: Mechanisms. *Int. J. Cancer*, **109**, 799–809.

Marsh, G.M., Buchanich, J.M. und Youk, A.O. (2011) Fiber glass exposure and human respiratory system cancer risk: Lack of evidence persists since 2001 IARC reevaluation. *Reg. Toxicol. Pharm.*, **60**, 84–92.

Muhle, H., Bellmann, B., Creutzenberg, O., Dasenbrock, C., Ernst, H., Kilpper, R., MacKenzie, J.C., Morrow, P., Mohr, U., Takenaka, S., *et al.* (1991) Pulmonary response to toner upon chronic inhalation exposure in rats. *Fund. Appl. Tox.*, **17**, 280–299.

Murphy, F.A., Poland, C.A., Duffin, R., Al-Jamal, K.T., Ali-Boucetta, H., Nunes, A., Byrne, F., Prina-Mello, A., Volkov, Y., Li, S., Mather, S.J., Bianco, A., Prato, M., MacNee, W., Wallace, W.A., Kostarelos, K. und Donaldson, K. (2011) Length-dependent retention of carbon nanotubes in the pleural space of mice initiates sustained inflammation and progressive fibrosis on the parietal pleura. *Am. J. Pathol.*, **178**, 2587–2600.

Pope, C.A. 3rd, Burnett, R.T., Thurston, G.D., Thun, M.J., Calle, E.E., Krewski, D. und Godleski, J.J. (2004) Cardiovascular mortality and long-term exposure to particulate air pollution: epidemiological evidence of general pathophysiological pathways of disease. *Circulation*, **109**, 71–77.

Pott, F. (1994) Asbestos use and carcinogenicity in Germany and a comparison with animal studies. *Ann. Occup. Hyg.* **38**, 589–600.

Technische Regeln für Gefahrstoffe [Technical Rules for Hazardous Substances] (TRGS) 905. Bundesarbeitsblatt (8/9 2005), last revised March 2016 (GMBl 2016 S. 378–390 [Nr. 19]) (v. 03.05.2016). www.baua.de/de/Themen-von-A-Z/Gefahrstoffe/TRGS/TRGS-905.html, letzter Zugriff am 13. Juni 2016.

Tran, C.L., Buchanan, D., Cullen, R.T., Searl, A., Jones, A.D. und Donaldson, K. (2000) Inhalation of poorly soluble particles. II. Influence of particle surface area on inflammation and clearance. *Inhal. Toxicol.*, **12**, 1113–1126.

37
Toxikologie von Nanomaterialien

T. Gebel

37.1
Einleitung

Nanoskalige Partikel besitzen besondere physikalisch-chemische Eigenschaften. So haben sie zum Beispiel in Bezug auf die Masse relativ hohe spezifische Oberflächen, was in ihrer geringen Primärpartikelgröße begründet ist. Weiter können chemische Eigenschaften auftreten, die bei Materialien mit größeren Primärpartikelgrößen nicht vorliegen. Dies macht Nanomaterialien interessant für technologische und auch für pharmazeutische Anwendungen.

Im Bereich technologischer Anwendungen wird Nanoskaligkeit durch die Internationale Organisation für Normung (International Organization for Standardization, ISO) generell so definiert, dass darunter partikuläre Strukturen verstanden werden, die in einer von drei Dimensionen kleiner als 100 nm sind, und damit eine obere Abschneidegrenze von 100 nm für die Nanoskaligkeit festgelegt. Bei Primärpartikelgrößen von weniger als 30 nm können neuartige physikalische und chemische Eigenschaften zum Tragen kommen. In diesem Zusammenhang ist relevant, dass vermarktete Nanomaterialien häufiger nicht aus Primärpartikeln identischer Größe bestehen, sondern eine mehr oder weniger breite Verteilung ihrer Primärpartikelgrößen aufweisen. Dies bedeutet, dass nicht alle enthaltenen Primärpartikel, die in vermarkteten Nanomaterialien enthalten sind, unter die oben genannte Größendefinition fallen und somit keine Nanopartikel sind. Im Bereich der pharmazeutischen Anwendung werden bis zu 1000 nm große Primärpartikel als Nanomaterialien definiert.

Generell versteht man unter dem Begriff Nanomaterialien technisch gezielt hergestellte Partikel. Diese sind von Partikeln abzugrenzen, die durch natürliche Prozesse wie Verbrennung oder durch menschliche Tätigkeiten wie Schweißen generiert werden können. Diese Prozessstäube enthalten auch nanoskalige Primärpartikel. Begrifflich werden sie als ultrafeine Stäube bezeichnet. Dieses Kapitel befasst sich ausschließlich mit technisch gezielt hergestellten Nanomaterialien. In Bezug auf feine und ultrafeine Umweltstäube liegt eine umfangreiche, haupt-

Das Toxikologiebuch, 1. Auflage. Helmut Greim (Hrsg.).

sächlich epidemiologische Literatur zu gesundheitlichen Wirkungen vor. Es ist aufgrund der chemischen Komplexität der Umweltstäube unklar, ob Erkenntnisse aus diesen Daten auf Nanomaterialien übertragen werden können.

> Aufgrund physikalischer Gegebenheiten haben kleinere Partikel die Tendenz, aneinander zu adhärieren und zu größeren Strukturen zu agglomerieren. Diese Tendenz ist umso stärker ausgeprägt, je kleiner die Partikel sind. Agglomerate liegen sowohl in der Luft als auch in biologischem Milieu vor und werden als Sekundärpartikel bezeichnet. Freie Primärpartikel kommen nur selten beziehungsweise nur in sehr geringen Mengen vor.

Es gibt nur wenige Ausnahmen zu diesem „Agglomerationsgesetz". Frisch generierte Partikelatmosphären, zum Beispiel aus Verbrennungsprozessen, enthalten zunächst hohe Anteile von freien Primärpartikeln, agglomerieren aber binnen Sekunden. Partikel, die in sehr geringen Konzentrationen vorkommen, können ebenfalls in höherem Ausmaß stärker deagglomeriert vorkommen. Dies betrifft maximale Konzentrationen, die je nach Partikeldichte und Durchmesser im niedrigen dreistelligen Wertebereich von $\mu g/m^3$ liegen. Auch Nanomaterialien aus Silber oder Gold können stark deagglomeriert vorliegen, was häufig in ihrer Oberflächenbeschichtung begründet ist. Eine spezifische Oberflächenbeschichtung kann die Tendenz zur Agglomeration reduzieren oder gar verhindern. Weiter können Nanoprimärpartikel bei der Herstellung Aggregate bilden. Diese können ebenfalls als Sekundärpartikel bezeichnet werden. Die Primärpartikel in Aggregaten sind nochmals fester aneinander gebunden als in Agglomeraten, was zum Beispiel durch höhere Temperaturen wie beim Sintern bewerkstelligt werden kann.

Eine Reihe von Nanomaterialien wird seit Jahrzehnten großtechnisch verwendet. So verleiht Industrieruß Reifen von Fahrzeugen ihre schwarze Farbe. Amorphes Siliziumdioxid wird zum Beispiel als Trennmittel beziehungsweise Rieselhilfe in pulverförmigen Nahrungsmitteln verwendet. Nanoskaliges Titandioxid wird zur Absorption von ultravioletter Strahlung in Sonnenschutzcremes verwendet. Die Bedeutung von Nanomaterialien in der medizinisch-pharmazeutischen Anwendung ist zurzeit eher gering. Das hauptsächliche Ziel liegt dort in der Verwendung als Carriersystem zum Zwecke des Transportes bioaktiver Stoffe in das erwünschte Zielgewebe.

37.2 Toxikologie

Die Kernfrage der Nanotoxikologie ist, inwiefern die durch die Nanoskaligkeit veränderten physikochemischen Eigenschaften sich auf Toxikokinetik und Toxikodynamik auswirken. Der Fokus liegt daher auf Materialien, die ihre Nanoskaligkeit im biologischen System länger aufrechterhalten. Dies betrifft Materialien mit einer höheren Biobeständigkeit. Ein biolösliches Nanomaterial verliert rasch seine nanospezifischen Eigenschaften, mutmaßliche Wirkungen werden durch die in diesem Material enthaltenen Stoffe verursacht.

Die neuartigen technologisch relevanten Eigenschaften von Nanomaterialien standen zunächst im Verdacht, auch mit neuartigen toxikologischen Eigenschaften verbunden zu sein und bei entsprechender Exposition zu unerwünschten Wirkungen beim Menschen zu führen. Zunächst hatten die toxikologischen Untersuchungen daher das Ziel, Hinweise auf besondere toxikologische Eigenschaften zu bekommen, um unerwünschte Effekte auf die Gesundheit zu vermeiden. Der Nachteil dieser ersten Phase der Sicherheitsforschung in der Nanotoxikologie war, dass die Relevanz der meisten der beschriebenen Effekte auf die menschliche Gesundheit nicht klar war, zumal diese Studien generell nicht nach validierten und in der regulatorischen Toxikologie etablierten Protokollen durchgeführt wurden. Das Ziel dieser Arbeiten war eher Grundlagenforschung oder mechanistische Untersuchungen. Weiter wurden diese Untersuchungen meist nur mit Nanomaterialien, aber nicht parallel mit den analogen Mikromaterialien durchgeführt. Es war daher unklar, ob die berichteten Befunde spezifisch auf der Nanoskaligkeit der Materialien beruhten. Im Laufe der Jahre wurde klar, dass die Probenaufbereitung der untersuchten Materialien sowie deren Charakterisierung nicht standardisiert und häufig intransparent waren. Dies verursachte weitere Unsicherheit wie einzelne Befunde zu interpretieren seien. Teilweise war die Testprobenaufbereitung derart, dass hoch dispergierte Materialien hergestellt wurden, die hohe Anteile an Primärpartikeln oder an sehr kleinen Agglomeraten hatten. Im Vergleich zu realistischen Expositionssituationen ist dies als nicht repräsentativ anzusehen.

Nanomaterialien sind sehr heterogen in Bezug auf ihre chemische Identität. Dies stellt eine immense Herausforderung für die Bewertung von Gesundheitsgefahren und der daraus resultierenden Risiken dar. Vor dem Hintergrund dieser Vielfalt ist es in der Praxis unmöglich, eine umfassende Risikobewertung für jedes einzelne Nanomaterial vorzunehmen.

Nanomaterialien bestehen häufig aus anorganischen Metallverbindungen, können aber auch organischer Natur sein, zum Beispiel Nanopartikel aus Polystyrol.

Die Oberflächenbeschaffenheit und -eigenschaften von Nanomaterialien können variieren. Sie können zum Beispiel abhängig vom Produktionsprozess sein. So wird amorphes Siliziumdioxid zum Beispiel im Flammverfahren (pyrogen) oder durch Fällungsprozesse hergestellt. Das Herstellungsverfahren beeinflusst hier die Dichte der Hydroxylgruppen an der Oberfläche der Partikel. Sie ist niedriger für im Flammverfahren hergestelltes Siliziumdioxid. Nanomaterialien werden häufiger mit anderen Stoffen oberflächenbeschichtet, was die Materialvielfalt weiter erhöht. Die Beschaffenheit von Nanomaterialien in pharmazeutischer Anwendung ist in Bezug auf Design und chemische Identität häufig komplexer als die in technologischer Anwendung. So können die Materialien hier zum Beispiel aus einem anorganischen Kern bestehen, der mit einer chemisch komplexen organischen Hülle versehen ist. Der Grund dieser Komplexität ist darin zu sehen, dass das Verhalten dieser Materialien im Körper auf eine kontrollierte Aufnahme, Verteilung, Wirkstofftransport und Wirkstofffreisetzung abzielt, man dabei aber Abbau und Elimination nicht außer Acht lassen darf.

37.3 Toxikokinetik

> Dermale Absorption und transdermaler Transport sind bei Nanomaterialien generell sehr gering. Auch die Aufnahme von Partikeln über den Darm findet ebenfalls nur in sehr geringem Ausmaß statt. Dies trifft generell auch für die Inhalation als Expositionsweg zu.

Es gibt keine Hinweise darauf, dass Materialien, die aus nanoskaligen Primärpartikeln bestehen, in einem nennenswert höheren Ausmaß in den Körper aufgenommen oder besser verteilt werden als andere Stoffe in partikulärer Form. Generell werden Partikel zu hohen Anteilen von phagozytierenden Zellen des Immunsystems aufgenommen. Dies erklärt die tierexperimentell dokumentierten leicht höheren Partikelgehalte in lungenassoziierten Lymphknoten sowie in der Milz. Falls eine durch Partikel vermittelte Entzündung in den tiefen Atemwegen nach experimenteller Inhalation vorliegt, kann die systemische Verteilung von Partikeln etwas höher sein. Eine Entzündung führt zu Schädigungen im Gewebe, dadurch können Partikel leichter permeieren. Die Verteilung in andere Organe, zum Beispiel ins Gehirn ist generell sehr gering. Nach intraperitonealer oder intravenöser Applikation kann sie leicht höher sein als bei Applikation über physiologische Expositionswege. Nach intravenöser Applikation und Verteilung mit dem Blut werden Partikel in höheren Anteilen in Leber und Milz gefunden. Es gibt einige Studien, die die Aufnahme von Nanomaterialien über das olfaktorische Gewebe in der Nase untersucht haben. Dieser Aufnahmeweg ist zum Beispiel auch für Quecksilberdampf, Metallionen und Polioviren dokumentiert. Aus quantitativer Sicht scheint dieser Pfad nicht relevant für die Risikobewertung zu sein. Er ist weder spezifisch für noch begrenzt auf Nanomaterialien.

In den Körper aufgenommene Partikel werden generell mit körpereigenem Material wie Proteinen und/oder Lipiden beschichtet. Diese sogenannte Korona kann einen Einfluss auf die Verteilung und die Aufnahme von Partikeln in Zellen haben. Das kann insbesondere der Fall sein, wenn Partikel Proteinstrukturen repräsentieren, die Signalfunktion haben. Weiter beeinflusst die Größe der Partikelagglomerate oder -aggregate deren Aufnahme. Es ist allerdings nicht generell so, dass je kleiner Partikel sind, sie umso besser in Zellen aufgenommen werden.

Eine Aufnahme von Partikeln in Zellen kann über verschiedene Mechanismen stattfinden und ist nicht auf nanoskalige Partikel limitiert. Ein bekanntes Beispiel für die Aufnahme von Partikeln in Zellen sind schwerer lösliche Nickelverbindungen wie Nickelsulfid oder Nickelsubsulfid. Es wurde gezeigt, dass mikroskaliges partikuläres Nickel weit besser von Zellen aufgenommen wird als gelöste Nickelionen. Partikel mit Größen von 100–150 nm können über clathrinvermittelte Endozytose aufgenommen werden, Partikel im Größenbereich zwischen 200 und 500 nm werden über kaveolenabhängige Endozytose internalisiert und Partikel zwischen 500 und 5000 nm über (Makro-)Pinozytose. Eine Vorhersage der Aufnahme von Partikeln in Zellen allein über die Größe ist nicht möglich. Weitere Eigenschaften wie Form, Ladung, Status der Agglomeration/Aggregation, Proteinbindung, Zellmembranaffinität und eben die Korona können die zelluläre Aufnahme beeinflussen.

Es liegt eine Reihe von Studien vor, die untersucht haben, ob aggregierte oder agglomerierte Nanopartikel nach Aufnahme in den Körper zerfallen oder Primärpartikel freisetzen. Diese Daten weisen bisher nicht auf einen relevanten Zerfall beziehungsweise eine relevante Freisetzung von Nanoprimärpartikeln hin.

Zusammenfassend lässt sich feststellen, dass Partikel nach dermaler, oraler und inhalativer Exposition generell nur in geringem Ausmaß in den Körper aufgenommen, nur in geringem Ausmaß systemisch verteilt und in Zellen aufgenommen werden. In den wenigen Studien, die parallel die systemische Verfügbarkeit von Nanopartikeln und Mikropartikeln identischer Stoffzusammensetzung untersucht haben, zeigte sich, dass mikroskaliges Material in etwa gleichem beziehungsweise leicht niedrigerem Ausmaß in den Körper aufgenommen und systemisch verteilt wurde. Die Halbwertszeiten der Elimination von resorbiertem biopersistenten, partikulären Material sind durchweg sehr hoch. Aus diesem Grund kann bisher nicht ausgeschlossen werden, dass unter chronischer Exposition die Körperlast über die Lebenszeit zunimmt. Andererseits gibt es Hinweise, dass die Gewebsspiegel auf niedrigem Niveau verbleiben und eine gewisse Maximalkonzentration nicht übersteigen. Das könnte damit erklärt werden, dass Zellen die Möglichkeit besitzen, Partikel auch aktiv wieder auszuscheiden. Bisher liegen allerdings keine experimentellen Langzeitstudien vor, die eine mögliche Akkumulation gezielt untersucht haben. Zudem ergeben sich weder aus epidemiologischen noch aus tierexperimentellen Studien Hinweise, dass dieser Punkt sehr relevant ist und zu Partikelbelastungen führt, die mit adversen Wirkungen verbunden sein könnten.

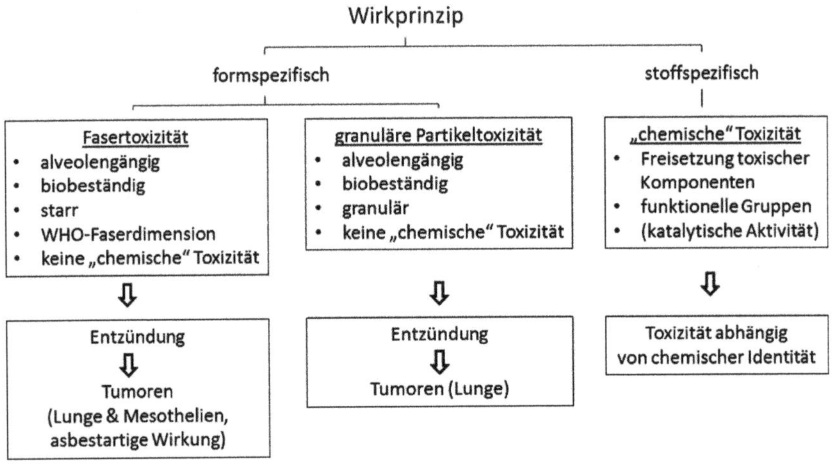

Abb. 37.1 Basiskategorisierung von Nanomaterialien nach Art des Wirkprinzips.

37.4 Toxikodynamik

Der dermale und der orale Expositionsweg sind für die Bewertung der Gesundheitsrisiken nicht von hervorgehobener Bedeutung, da die Resorptionsraten von (Nano-)Partikeln sehr niedrig sind. Die Inhalation ist wegen der Lungentoxizität als relevanter Weg der Exposition anzusehen. Nanomaterialien können nach den toxischen Wirkprinzipien von Fasern, Partikeln und den freigesetzten Substanzen grob kategorisiert werden (Abb. 37.1).

37.5 Faserförmige Materialien

Alveolengängige, starre nanoskalige Fasern mit hoher Biobeständigkeit und bestimmter Mindestlänge können über ein asbestartiges Wirkprinzip Tumoren erzeugen. Es ist lange bekannt, dass Asbestfasern nach Inhalation Lungenkrebs und Mesotheliome erzeugen können. Auf Basis der Erfahrungen mit Asbest machen bestimmte Fasereigenschaften, die in der sogenannten WHO-Faserdefinition zusammengefasst sind, diese Fasern so gefährlich. Sie umfasst alveolengängige Fasern mit einer Länge von mehr als 5 µm, einem Durchmesser kleiner als 3 µm sowie einem Länge-zu-Durchmesser-Verhältnis von größer als 3 zu 1. Derartige Strukturen können nicht von alveolären Makrophagen phagozytiert werden, da sie zu lang und starr sind (Abb. 37.2a, c). Aktuell liegen für einige mehrwandige Kohlenstoffnanoröhrchen experimentelle Daten vor, die eine asbestartige Wirkung belegen. Generell ist eine solche Wirkung für alle biobeständigen WHO-Fasern unabhängig von der chemischen Zusammensetzung zu erwarten.

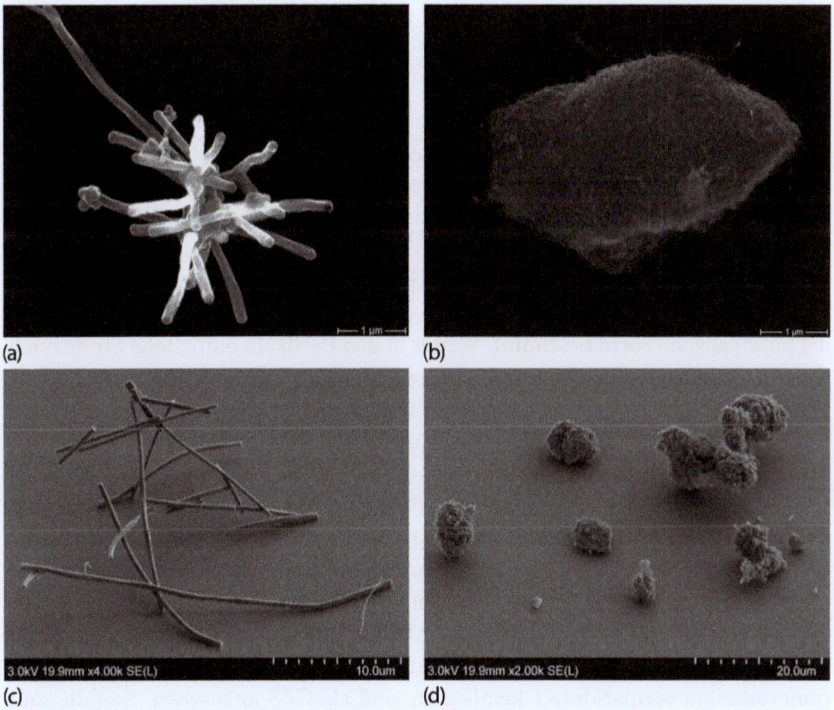

Abb. 37.2 Beispiele von verschiedenen Nanomaterialien (Quelle: Bundesanstalt für Arbeitsschutz und Arbeitsmedizin). (a) Mehrwandige Kohlenstoffnanoröhrchen, Produktbeispiel. Dieses Produkt ist als rigide anzusehen. (b) Mehrwandige Kohlenstoffnanoröhrchen, Produktbeispiel. Dieses Produkt ist als nicht rigide anzusehen. (c) Faseriges Titandioxid; (d) granuläres Titandioxid.

Im Gegensatz dazu gibt es andere faserige Nanomaterialien, die nur kurze (< 5 µm) oder nicht rigide, sich verknäulende Fasern enthalten (Abb. 37.2b). Solche Fasern sind nicht dem Faserprinzip der Asbesttoxizität zuzuordnen, da sie von Makrophagen phagozytiert werden können. Auch dies ist experimentell belegt. Die Induktion von Lungentumoren und Mesotheliomen sind die relevanten toxischen Effekte biobeständiger Fasern mit WHO-Dimension. Andere relevante toxische Effekte sind nicht bekannt. Das für die Risikobewertung zu betrachtende Dosismaß ist die Partikelanzahlkonzentration an WHO-Fasern. Es sei anzumerken, dass es für eine Entfaltung der kritischen Toxizität von Bedeutung ist, dass die Fasern vereinzelt sein müssen. Im Falle, dass sie verklumpen oder mehrere Fasern aneinander adhärieren, tritt keine asbestartige Wirkung auf. Haben Fasern einen Durchmesser von > 3 µm, können sie die tiefen Atemwege nicht mehr erreichen und daher nicht asbestartig wirken.

37.6 Nanopartikel

Die Toxikologie einer weiteren Kategorie von Nanomaterialien kann durch das Wirkprinzip von Partikeln erklärt werden. Derartige Materialien müssen ebenfalls alveolengängig und biobeständig sein, sie sind allerdings nicht faserig nach WHO-Definition, sondern es handelt sich um granuläre Partikel (Abb. 37.2d). Biobeständige alveolengängige Fasern, die nicht unter die WHO-Definition fallen, weil sie zu kurz oder nicht starr sind, sind vermutlich auch dieser Kategorie zuzuordnen. Die Wirkung wird bei diesen Partikeln wie bei WHO-Fasern durch die physikalische Form bestimmt. Weder in den Partikeln enthaltene Stoffe noch funktionelle Gruppen auf der Oberfläche dieser Partikel oder eine andere spezifische Toxizität vermittelnde Oberflächenbestandteile, wie dies zum Beispiel bei kristallinem Quarz der Fall ist, spielen für die Wirkung eine relevante Rolle. Im Laufe der Zeit wurden dieser Gruppe von Partikeln in der wissenschaftlichen Literatur verschiedene Namen zugeordnet. Dies waren zum Beispiel die Begriffe schwerlösliche Partikel (poorly soluble particles, PSP), schwerlösliche Partikel geringer Toxizität (poorly soluble low toxicity particles, PSLT) oder auch alveolengängige granuläre biobeständige Partikel ohne bekannte signifikante spezifische Toxizität (GBS). Im Folgenden wird die Abkürzung GBS weiterverwendet, da dieser Begriff diese Materialien am genauesten beschreibt. Einige in hohen Produktionsvolumina vermarktete Chemikalien sind als GBS anzusehen. So fällt zum Beispiel Industrieruß in diese Kategorie. Im Hinblick auf die kritische Toxizität dieser Materialien ist, wie auch bei den faserigen WHO-Partikeln, die Inhalation alveolengängiger Stäube anzusehen. Chronische Entzündungen und Krebs in der Lunge sind die relevanten Eigenschaften, die zu berücksichtigen sind. Die Lungenkanzerogenität ist zum Beispiel für die Nanomaterialien Industrieruß und Titandioxid in Ratten nachgewiesen. Die International Agency for Research on Cancer, IARC) hat Industrieruß in die IARC-Kategorie 2B eingestuft und damit als möglicherweise krebserregend für den Menschen angesehen. Die Basis dieser Bewertung war, dass die oben beschriebenen Befunde an Ratten in Bezug auf die Kanzerogenität in der Lunge nach Inhalation als hinreichende Evidenz im Tierexperiment bewertet wurden.

> Die Wirkstärke der Toxizität ist für nanoskalige GBS hinsichtlich chronischer Entzündung und Kanzerogenität etwas höher als für mikroskalige GBS. Aus den vorhandenen tierexperimentellen Daten wird bezüglich der Kanzerogenität bei Vergleich der kumulierten Massenkonzentration als Dosismaß eine um etwa den Faktor 2–3 höhere Wirkstärke abgeschätzt.

Der Unterschied in der Wirkungsstärke zwischen nanoskaliger und mikroskaliger GBS ist als gering anzusehen, wenn berücksichtigt wird, dass die Wirkstärke der bekannten chemischen Kanzerogene über viele Größenordnungen variiert.

Bei Umrechnung der kanzerogenen Wirkstärke auf die kumulierte Oberflächenkonzentration als Dosismaß war der Unterschied noch geringer, falls überhaupt vorhanden. Das könnte als Hinweis darauf gewertet werden, dass die höhere spezifische Oberfläche die etwas höhere kanzerogene Wirkstärke von nanoskaligen GBS hervorrufen könnte. Derselbe Erklärungsansatz wurde für die akute Entzündungswirkung in der Lunge geäußert, was durch die Adsorption von Lungensurfactant erklärt werden könnte. Die vorliegenden Daten unterstützen allerdings nicht generell, dass die höhere Wirkstärke der Toxizität von nanoskaligen GBS durch die höhere Oberfläche erklärt werden kann. Eine andere Möglichkeit wäre, dass das Agglomeratvolumen der entscheidende Parameter ist, um die Wirkstärke der chronifizierten Entzündung von GBS in der Lunge zu erklären. Alveoläre Makrophagen reagieren bei zunehmender Beladung mit Partikeln mit der Vermittlung von entzündlichen Prozessen in ihrer Umgebung. Dies kann zur Schädigung des umliegenden alveolären Gewebes führen. Die Hypothese ist, dass das Agglomeratvolumen der Partikel der entscheidende Parameter für die Beladung der Makrophagen ist und so die durch Makrophagen vermittelte Entzündung verursacht. Es wird davon ausgegangen, dass die Agglomerate von GBS in Makrophagen stabil sind und nicht zerfallen. Nanoskalige GBS besitzen generell eine geringere (Agglomerat-)Dichte als mikroskalige GBS. Mit anderen Worten, in den Agglomeraten nanoskaliger GBS findet sich mehr Leerraum. Bei niedrigeren (Agglomerat-)Dichten eines Materials sind die Makrophagen bei niedrigerer Massenkonzentration mit einem kritischen Partikelgesamtvolumen beladen (hier ist der Leerraum miteinzubeziehen), ab der sie eine Entzündungsreaktion auslösen. Daher reagieren sie im Falle der Phagozytose von nanoskaligen GBS bei niedrigerer Massenkonzentration mit oxidativem Stress und einer Entzündungsantwort. Bisher liegen keine Daten vor, dass andere Endpunkte als die chronifizierte Entzündung und Lungenkrebs bei der Bewertung der Gefahreneigenschaften von nanoskaligen GBS berücksichtigt werden müssen. Es gibt bisher keine belastbaren Hinweise auf systemisch adverse Effekte.

37.7 Stoffspezifische Toxizität

Schließlich kann die Toxizität nicht oder schwer biolöslicher Nanomaterialien durch die stoffspezifischen Eigenschaften ihrer Komponenten vermittelt sein, die freigesetzt werden. In der Regel sind dies toxische Ionen. So können Cadmium enthaltende Nanomaterialien, die Quantenpunkte genannt werden, Cadmiumionen freisetzen oder Silbernanopartikel Silberionen. Ein partikuläres Material kann funktionelle Gruppen an seiner Oberfläche oder chemisch reaktive Oberflächen enthalten, was zum Beispiel für kristallines Siliziumdioxid, Quarz, bekannt ist. Weiter kann die Oberfläche so beschaffen sein, dass sie katalytische Funktionen hat. Eine chemisch katalytische Wirkung muss sich allerdings nicht zwingend auf eine Veränderung in der Toxizität auswirken. Die katalytische Aktivität von

Goldnanopartikeln hat bisher nicht zu einer nachweisbaren Veränderung des Wirkprofils der Toxizität geführt.

Damit beruht die Wirkung eines Nanomaterials über „chemische" Toxizität auf der stofflichen Beschaffenheit und nicht auf der Nanoskaligkeit. Allerdings kann die „Verpackung" derartiger Stoffe in einem Nanomaterial die Wirkstärke der enthaltenen Stoffe modifizieren, zum Beispiel durch eine verzögerte Verfügbarkeit, das heißt veränderte Kinetik. Es ist allerdings nicht der Fall, dass sich neue Eigenschaften bei der Toxizität zeigen. Im Vergleich zu einem analogen Mikromaterial ist bei einem Nanomaterial die spezifische Oberfläche jedoch größer. Daher können größere Mengen an chemisch funktionellen Gruppen verfügbar sein, sodass Reaktivität und Wirkstärke der Toxizität sowie auch die Freisetzung toxischer Stoffe durch die höhere spezifische Oberfläche erhöht sein können.

37.8 Zusammenfassung

Nanoskalige Partikel besitzen besondere physikalisch-chemische Eigenschaften. Dies macht sie interessant für technologische und auch für pharmazeutische Anwendungen. Nanomaterialien sind sehr heterogen in Bezug auf ihre chemische Identität, was große Herausforderungen an die Risikobewertung stellt. Die Kernfrage der Nanotoxikologie ist, inwiefern sich die durch die Nanoskaligkeit veränderten physikochemischen Eigenschaften auf Toxikokinetik und Toxikodynamik auswirken.

Aufgrund physikalischer Gegebenheiten kommen freie nanoskalige Primärpartikel nur selten beziehungsweise nur in sehr geringen Mengen vor. Dies ist darin begründet, dass kleinere Partikel die Tendenz haben, aneinander zu adhärieren und zu größeren Strukturen zu agglomerieren. Dermale Absorption und transdermaler Transport sind für Nanomaterialien generell sehr gering. Auch die Aufnahme von Partikeln über den Darm findet ebenfalls nur in sehr geringem Ausmaß statt. Dies trifft generell auch für die Inhalation als Expositionsweg zu. Der dermale und der orale Expositionsweg sind daher für die Bewertung der Gesundheitsrisiken nicht von hervorgehobener Bedeutung. Die Inhalation ist wegen der Lungentoxizität als relevanter Weg der Exposition anzusehen. Nanomaterialien können nach den toxikologischen Wirkprinzipien von Fasern, Partikeln und den freigesetzten Substanzen grob kategorisiert werden. Die Erkenntnisse der Nanotoxikologie haben bisher gezeigt, dass mit der Nanoskaligkeit keine neuartigen Gesundheitsgefahren verbunden sind. Eine toxikologische Bewertung kann mittels etablierter Methoden vorgenommen werden.

Weiterführende Literatur

Donaldson, K. und Poland, C.A. (2013) Nanotoxicity: challenging the myth of nanospecific toxicity. *Curr. Opin. Biotechnol.*, **24** (4), 724–734.

Gebel, T. (2012) Small difference in carcinogenic potency between GBP nanomaterials and GBP micromaterials. *Arch. Toxicol.*, **86** (7), 995–1007.

Gebel, T., Foth, H., Damm, G., Freyberger, A., Kramer, P.J., Lilienblum, W., Röhl, C., Schupp, T., Weiss, C., Wollin, K.M. und Hengstler, J.G. (2014) Manufactured nanomaterials: categorization and approaches to hazard assessment. *Arch. Toxicol.*, **88** (12), 2191–2211.

Krug, H.F. (2014) Nanosafety research–are we on the right track? *Angew. Chem. Int. Ed. Engl.*, **53** (46), 12304–12319.

Landsiedel, R., Fabian, E., Ma-Hock, L., van Ravenzwaay, B., Wohlleben, W., Wiench, K. und Oesch, F. (2012) Toxico-/biokinetics of nanomaterials. *Arch. Toxicol.*, **86** (7), 1021–1060.

Moreno-Horn, M. und Gebel, T. (2014) Granular biodurable nanomaterials: No convincing evidence for systemic toxicity. *Crit. Rev. Toxicol.*, **44** (10), 849–875.

Rittinghausen, S., Hackbarth, A., Creutzenberg, O., Ernst, H., Heinrich, U., Leonhardt, A. und Schaudien, D. (2014) The carcinogenic effect of various multi-walled carbon nanotubes (MWCNTs) after intraperitoneal injection in rats. *Part. Fibre Toxicol.*, **11** (1), 59.

38
Stoffe mit hormonähnlicher Wirkung

V. Strauss und B. van Ravenzwaay

38.1
Einleitung

Substanzen, die beim Menschen das endokrine System beeinflussen (Fokus in diesem Kapitel sind die Hypothalamus-Hypophyse-Schilddrüsen (HPT)- und Hypothalamus-Hypophyse-Gonaden (HPG)-Achsen) sowie Hormone selbst, werden in der Pharmakologie eingesetzt (Tab. 38.1). Ihre Wirkungen und Nebenwirkungen sind im Rahmen der Zulassung der Medikamente eingehend präklinisch an Labortieren als auch in klinischen Studien untersucht worden. In einer Nutzen-Risiko-Analyse sind therapeutische Dosen bei Patienten in bestimmten Indikationen festgelegt worden. Bei anderen Personen führt die Gabe dieser Medikamente zu erheblichen hormonellen Störungen. Die Indikation zur Gabe des Aromatasehemmers Anastrozol ist z. B. hormonrezeptor-positiver Brustkrebs bei postmenopausalen Frauen. Das Medikament darf aber nicht bei prämenopausalen, schwangeren und stillenden Frauen sowie Kindern angewendet werden.

Neben Medikamenten gibt es in der Natur vorkommende Substanzen und anthropogene Chemikalien als endokrin aktive Substanzen. Diese Substanzen können über die Nahrung, die Haut oder die Atemwege in Mensch und Tier gelangen und zu adversen Effekte führen.

Ein *adverser Effekt* ist in der Toxikologie definiert als eine Änderung der Morphologie, Physiologie, Entwicklung, Reproduktion oder der Lebensspanne eines Organismus oder einer (Sub-)Population, die eine Beeinträchtigung der Funktion oder der Fähigkeit, auf einen zusätzlichen Stressor adäquat zu reagieren, bewirkt oder die Empfindlichkeit auf Umwelteinflüsse erhöht (IPCS, 2004).

Endokrin aktive Substanzen, die aufgrund dieser Wirkung zu adversen Effekten führen, werden als „endokrine Disruptoren" bezeichnet. *Endokrine Disruptoren* sind definiert als exogene Substanzen, die die Funktion(en) des endokrinen Systems ändern und nachfolgend adverse Effekte auf die Gesundheit in intakten Or-

Das Toxikologiebuch, 1. Auflage. Helmut Greim (Hrsg.).

Tab. 38.1 Mechanismen, die in der Pharmakologie zur Beeinflussung der Hypothalamus-Hypophysen-Gonaden Achse und der Hypothalamus-Hypophysen-Schilddrüsen-Achse verwendet werden.

Mechanismus	Beispiel-Medikament	Zusätzliche Wirkung auf Hormonsysteme
Hypothalamus-Hypophysen-Gonaden-Achse		
Steroidsynthesehemmer	Ketoconazol	Antimykotikum (Ergosterolsynthesehemmer)
Estrogen Rezeptor Agonist	Ethinylestradiol	
Estrogen Rezeptor Antagonist	Mepitiostane	Anabolikum
Selektiver Estrogen Rezeptor Modulator	Tamoxifen	Aromatasehemmer
Aromatasehemmer	Anastrozol	
Progesteron Rezeptor Agonist	Medroxyprogesteron	
Progesteron Rezeptor Antagonist	Mifepriston	Glukokortikoid Rezeptor Antagonist
Selektiver Progesteron Rezeptor Modulator	Asoprisnil	
Androgen Rezeptor Agonist	Methyltestosteron	
Androgen Rezeptor Antagonist	Flutamid	
Selektiver Androgen Rezeptor Modulator	Andarine	
5α-Reduktasehemmer	Finasterid	
FSH/LH Rezeptor Agonist	Menotropin	
FSH/LH Rezeptor Antagonist	nicht bekannt	
GnRH Rezeptor Agonist	Buserelin	
GnRH Rezeptor Antagonist	Ganirelix	
Hypothalamus-Hypophysen-Schilddrüsen-Achse		
T4-Ersatz	Levothyroxin	
T3-Ersatz	Liothyronin	
Schilddrüsenhormon-Analogon	Triiodothyroessigsäure (TRIAC)	
Schilddüsenhormon-Antimetabolit	Dibromotyrosin	
Thyroidperoxidasehemmer	Propylthiouracil	Dejodasehemmer
Natrium-Jodid-Symporter Hemmer	Natriumperchlorat	
Dejodasehemmer	Natrium-Ipodat	

ganismen, deren Nachkommen oder (Sub)Populationen verursachen. Endokrine Disruption wird nicht als toxikologischer Endpunkt *per se* betrachtet, sondern als funktionale Änderung, die zu einem adversen Effekt führen kann.

Die Bewertung der Gesundheitsgefährdung adverser Effekte von endokrinen Disruptoren erfolgt nach den gleichen Grundsätzen wie bei anderen toxikologischen Endpunkten (siehe Kapitel 1). Es gibt Screeningtests (z. B. *In-vitro*-Tests, Hershberger- und Uterotrophietest; Einzelheiten siehe Kapitel 21) und mechanistische Studien, die den Einfluss auf das Hormonsystem identifizieren (Hazard Identification). Zur Risikoabschätzung (Risk Assessment) für den Menschen müssen jedoch die Wirkung der Substanz in reproduktions- und entwicklungstoxikologischen Tierstudien (z. B. Mehrgenerationsstudien; siehe Kapitel 9 und 22), toxikokinetische Daten im Tier und im Menschen (Kapitel 2 und 3) sowie Expositionsermittlungen bei verschiedenen Bevölkerungsgruppen herangezogen werden (Einzelheiten siehe Kapitel 26 und 27).

38.2 Endokrin aktive Substanzen

38.2.1 Schilddrüse

> Als Wirkungen von Chemikalien auf die Schilddrüsenhormonspiegel sind folgende Mechanismen von Bedeutung: Hemmung der Jodaufnahme in der Schilddrüse, Hemmung der Thyreoperoxidase, Verdrängung der Schilddrüsenhormone von den Bindungsproteinen im Blut, erhöhter Abbau von Schilddrüsenhormonen in der Leber und Thyreorezeptor Agonismus.

Repräsentative Substanzen (Abb. 38.1) für diese Hauptmechanismen werden im Folgenden beschrieben.

Hemmung der Jodaufnahme in die Schilddrüse

Perchlorate hemmen den Natrium-Jodid-Symporter (NIS) in der Schilddrüse. Sie werden durch natürliche und anthropogene Prozesse gebildet. Gemüse und Früchte können durch perchlorathaltigen Naturdünger oder durch Wasser, das mit chlorhaltigen Bioziden behandelt wurde, kontaminiert sein. Da Perchlorate ubiquitär vorkommen, gibt es einen Grundlevel in der Bevölkerung. Eine chronische Exposition durch Nahrungsmittel von europäischen Erwachsenen liegt bei bis zu 0,26 µg/kg KG/Tag und bei Kleinkindern bis 0,75 µg/kg KG/Tag (95 % Perzentile). Bei Säuglingen in den USA ist eine Aufnahme über die Muttermilch von bis zu 6,5 µg/kg KG/Tag ermittelt worden. EFSA hat eine tolerierbare tägliche Aufnahme (TDI = tolerable daily intake) von Perchlorationen von 0,3 µg/kg KG/Tag ermittelt. Dieser Wert basiert auf einer Studie mit Probanden, bei denen die Reduzierung der Jodaufnahme in die Schilddrüse nach Perchloratgabe als sensitivster Parameter bestimmt wurde, davon ausgehend, dass eine chronische mehr als 50%ige Reduktion zu einem multinodulären Kropf führen kann. In der

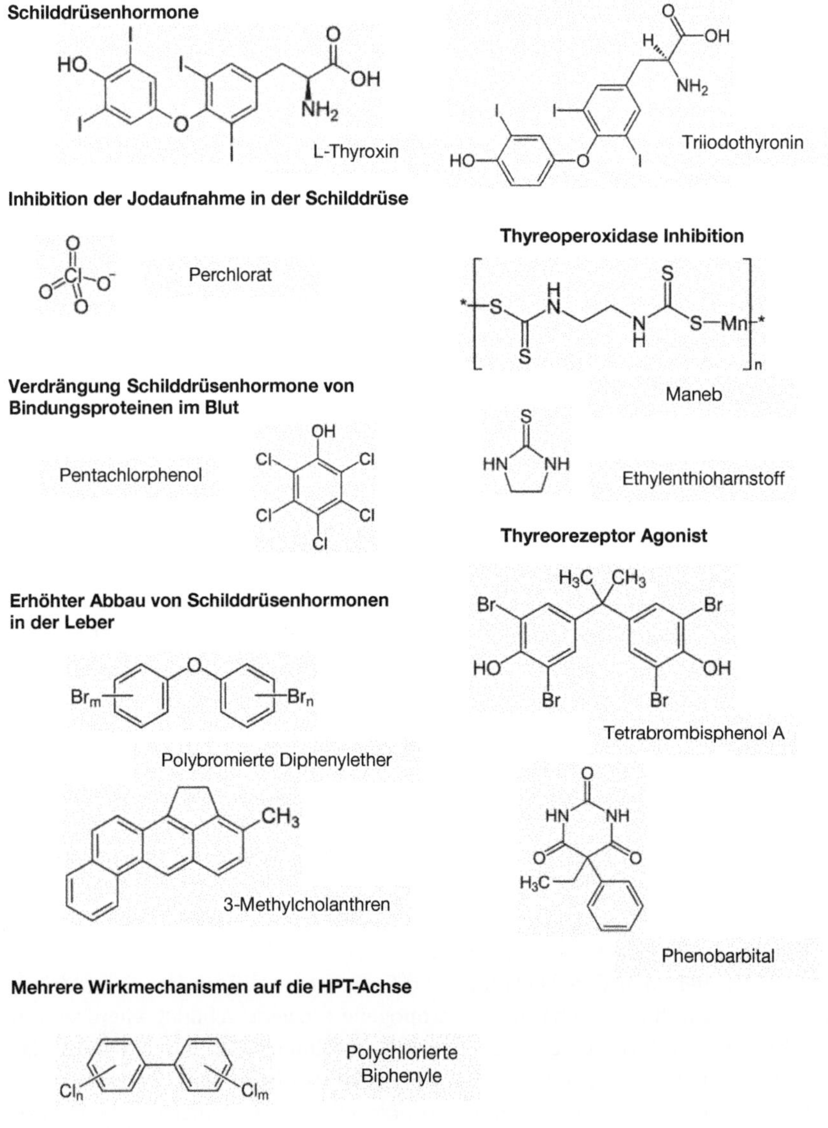

Abb. 38.1 Strukturen der im Text besprochenen Chemikalien mit Wirkung auf die Hypothalamus-Hypophysen-Schilddrüsen (HPT)-Achse.

14-tägigen Studie sind bis 500 µg/kg KG/Tag keine Schilddrüsenhormonveränderungen aufgetreten. Der NOAEL für die Reduzierung der Jodaufnahme lag bei 7 µg/kg KG/Tag. Studien an Ratten wurden nicht als relevant für diesen Endpunkt angesehen, da diese aufgrund des höheren Schilddrüsenhormonumsatzes sensitiver auf eine Verringerung der Jodaufnahme reagieren als der Mensch (siehe Kapitel 21). Der ermittelte TDI wird bei Erwachsenen in Europa unterschritten. Bei Kleinkindern und vor allem bei Säuglingen kann die Perchlorataufnahme jedoch den TDI-Wert deutlich überschreiten. Es gibt jedoch bisher keine epidemiologischen Berichte über Effekte bei diesen Altersgruppen.

Thyreoperoxidase Inhibition

Ethylen-bis-dithiocarbamate (Fungizide: Maneb, Mancozeb und Metiram) werden im Körper von Säugetieren als auch in der Umwelt schnell zu Ethylenthioharnstoff (Ethylene thiourea: ETU) abgebaut. ETU hemmt die Thyreoperoxidase mit der Folge einer Hypothyreose. Die US EPA bewertet die akute, Kurzzeit- und Langzeittoxizität sowie das Risiko zur Kanzerogenität als gering, wobei aber eine Bewertung der endokrinen Aktivität noch aussteht.

Verdrängung Schilddrüsenhormone von Bindungsproteinen im Blut

Pentachlorphenol (PCP) wurde als Pestizid, Desinfizienz, bewuchshemmender Zusatz zu Farben und vor allem als Imprägniermittel von Holz verwendet. Technisch hergestelltes PCP (84–90 %) enthält andere polychlorierte Phenole und Dioxine als Beiprodukte, die zum Teil toxischer sind als PCP. In Deutschland ist die Herstellung und Verwendung von PCP-haltigen Chemikalien mit > 5 mg/kg PCP seit 1989 verboten. *In vitro* verdrängt PCP T4 von den Bindungsstellen am Transthyretin als Transportprotein für Schilddrüsenhormone im Blut. Die Verdrängung vom thyroxinbindenden Globulin ist dagegen nur schwach. *In vivo* kann eine intraperitoneale Dosis von PCP (0,56 mmol/kg KG) den T4-Hormonspiegel im Blut senken. Außerdem wird eine *in vitro* antiandrogene Wirkung (positiver YAS-Test) diskutiert. In einer Zweigenerationsstudie sind bei Dosen > 10 mg/kg KG/Tag reproduktionstoxische Effekte aufgetreten (reduzierter Fertilitätsindex, reduzierte Anzahl von Neugeborenen pro Wurf, reduzierte Spermatidenzahl im Hoden, verzögerte Vaginalöffnungszeit). Als sensitivster Endpunkt wurden in einer chronischen dermalen Studie beim Hund lebertoxische Effekte mit einem LOAEL von 1,5 mg/kg KG/Tag ermittelt. Daraus wurde eine Referenzdosis mit einem Sicherheitsfaktor von 300 für die chronische, dermale und orale Aufnahme errechnet (RfD 5 µg/kg KG/Tag). Die FDA hat 1991 nur in Nahrungsmitteln messbare Mengen an PCP gefunden, sodass die oral Aufnahme als relevant betrachtet wurde: Sie liegt bei 2,4 % der RfD für Kinder und < 0,5 % der RfD für Erwachsene in den USA.

Erhöhter Abbau von Schilddrüsenhormonen in der Leber

Eine erhöhte Abbaurate von Schilddrüsenhormonen in der Leber führt bei Langzeitgabe der verursachenden Substanz bei der Ratte zu Schilddrüsentumoren. Um eine Extrapolation zum Tumorrisiko für den Menschen durchzuführen, werden als Modellsubstanzen *Phenobarbital* und *3-Methylcholanthren* (neben Aroclor 1254 und Pregnenolon-16α-carbonitril) herangezogen: Phenobarbital wird seit Langem als Antiepileptikum beim Menschen eingesetzt, ohne dass epidemiologisch Schilddrüsentumoren festgestellt wurden. 3-Methylcholanthrene ist im Tierversuch als Kanzerogen bekannt (GHS Klassifizierung 1B). Exogene Substanzen können nukleäre Rezeptoren aktivieren, v. a. CAR (Constitutive Androstane Rezeptor), PXR (Pregnane-X-Rezeptor), AhR (Arylhydrocarbon Rezeptor) und

PPARα (Peroxisomenproliferator aktivierter Rezeptor α) in der Leber, die dann Cytochrom P450 Enzyme, aber auch Phase-II-abbauende Enzyme wie die UDP-Glucuronosyltransferasen induzieren.

Phenobarbital führt über CAR und PXR zu einer Induktion von CYP2B Enzymen, während 3-Methylcholanthrene über AhR CYP1A Enzyme induziert. CYP2B Induktoren führen beim Menschen nicht zu Schilddrüsentumoren.

Polybromierte Diphenylether (PBDEs) wurden als Flammschutzmitteladditive in Kunststoffen und Textilien eingesetzt. Moleküle mit vier bis acht Bromatomen sind besonders persistent in der Umwelt. Daher ist die Produktion von den verwendeten PBDE-Klassen penta- und octa-BDEs in der Stockholmer Convention von 2009 weltweit verboten. Deca-BDEs können aufgrund ihrer geringeren Bioakkumulation noch als Flammschutzmittel in Textilien beschränkt eingesetzt werden. Je nach Kongener sind die PBDEs unterschiedlich reproduktions-, leber- und neurotoxisch. Sie erniedrigen die Schilddrüsenhormonlevel durch erhöhten CAR- und PXR-aktivierten Metabolismus in der Leber. Außerdem werden eine Verdrängung der Schilddrüsenhormone von den Bindungsproteinen sowie eine Suppression der vom Schilddrüsenhormonrezeptor abhängigen Genexpression diskutiert. Die Störung der Schilddrüsenhomöostase führt in der fetalen Entwicklung zu neuronalen Entwicklungsstörungen, wobei Störungen der lokomotorischen Aktivität bei Mäusen als sensitivste Endpunkte ermittelt wurden.

Da die Halbwertszeit von PBDEs in Nagern und im Menschen sehr unterschiedlich ist, wurde nicht eine externe Dosisgabe als Grundlage für das Risk Assessment verwendet, sondern eine geschätzte, interne Dosis bei einem Benchmark Dose Level (BMDL) des sensitivsten Parameters. Für das Risk Assessment wurde die gemessene Exposition der Menschen (95. Perzentil) mit der geschätzten internen Dosis am BMDL in einem Margin of Exposure (MOE)-Modell verglichen.

Dabei wurde das „Worst-Case-Szenario" berechnet, da die 95 Perzentile der Expositionsverteilung und die längste ermittelte Halbwertszeit (HWZ) im Menschen berücksichtigt wurden. Eine niedrigere MOE stellt ein höheres Gesundheitsrisiko dar. Für den PBDE-Kongener BDE-47 als Beispiel ist die MOE für Erwachsene zwischen 90 und 38 und für Kleinkinder zwischen 27 und 11. Eine MOE < 2,5 gilt bei allen PBDE-Kongeneren als Risiko für die Gesundheit. Ein MOE < 2,5 wird bei Säuglingen bei zwei Kongeneren (BDE-99, -153) erreicht. Diese Berechnung überschätzt jedoch das Risiko, da eine interne Dosis erst nach 3–4 HWZ erreicht ist, was bei den langen HWZ der PBDEs mindestens zehn Jahre braucht.

Thyreorezeptor Agonisten

Tetrabrombisphenol A (TBBPA) wird weltweit als Flammschutzmittel eingesetzt. Im Jahr 2001 wurde die Produktion auf ca. 150 000 t/a geschätzt. In *In-*

vitro-Versuchen zeigt TBBPA agonistische Wirkung an ERα und antagonistische Wirkung auf Progesteronrezeptoren. Außerdem wirkt es als Schilddrüsenhormonrezeptor Agonist an GH3-Zellen. In einer Eingenerationsstudie an Wistar-Ratten zeigten sich erniedrigte T4-Serumlevel in der F1-Generation (BMDL: 16 mg/kg KG/Tag; erhöhte Hoden und Hypophysengewichte in männlichen Nachkommen, jedoch nicht dosisabhängig). In einer weiteren postnatalen Reproduktionstoxizitätsstudie wurden bei den Jungtieren nephrotoxische Schäden gefunden (NOAEL 40 mg/kg KG/Tag). Bei anderen *In-vivo*-Studien (90 Tagesstudie an Ratten; Zweigenerationsstudie) wurden jedoch keine adversen Effekte bis zu einer Dosis von 1000 mg/kg KG/Tag beobachtet. Eine *in vitro* gefundene endokrine Wirkung von TBBPA lässt sich *in vivo* sehr schlecht verifizieren. Die hauptsächliche Exposition beim Menschen erfolgt durch die Aufnahme mit der Nahrung. Die tägliche Aufnahme bei Erwachsenen wird mit < 20 ng/kg KG/Tag und bei Säuglingen mit der Muttermilch mit 0,3–257 ng/kg KG/Tag ermittelt. Das bedeutet: Selbst bei einem sehr konservativen Ansatz (NOAEL 16 mg/kg KG/Tag) ist der Faktor zur Exposition bei Säuglingen > 6000 und bei Erwachsenen > 6 000 000.

Mehrere Wirkmechanismen auf die HPT-Achse

Polychlorierte Biphenyle (PCBs) wurden vor allem als Kühlflüssigkeit in Transformatoren, als Hydraulikflüssigkeit und als Weichmacher verwendet. Sie zeigen Umweltpersistenz und Bioakkumulation, sind neuro-, immuno- und reprotoxisch und im Tierversuch kanzerogen. Die Produktion und Anwendung wurde durch die Stockholmer Konvention 2001 weltweit verboten (Einzelheiten im Kapitel 34). Koplanare und nicht koplanare PCBs sowie die hydroxylierten Metabolite (OH-PCBs) reduzieren den Plasma-T4-Spiegel, ändern aber nicht die T3- und TSH-Level. Als mögliche Mechanismen wird eine Wirkungsverminderung von TSH auf die Schilddrüse, eine Induktion der UDP-Glucuronosyltransferase in der Leber und eine Verdrängung von T4 von Bindungsproteinen diskutiert. Eine prä- und postnatale Applikation von PCBs bei Ratten kann die Gehirnentwicklung der Nachkommen stören, was sich in motorischen und kognitiven Störungen äußert. Hierbei können neben den genannten Mechanismen auch eine Aktivierung der Typ II Deiodinase und eine erhöhte Expression von Schilddrüsenhormon responsivem Element im fetalen Gehirn eine Rolle spielen.

38.2.2
Sexualhormone

Chemikalien mit Wirkung auf die Hypothalamus-Hypophysen-Gonaden-Achse sind: Estrogenrezeptor (ER)-Agonisten, Androgenrezeptor-Antagonist, Aromatasehemmer, Substanzen mit mehreren Wirkmechanismen (Abb. 38.2).

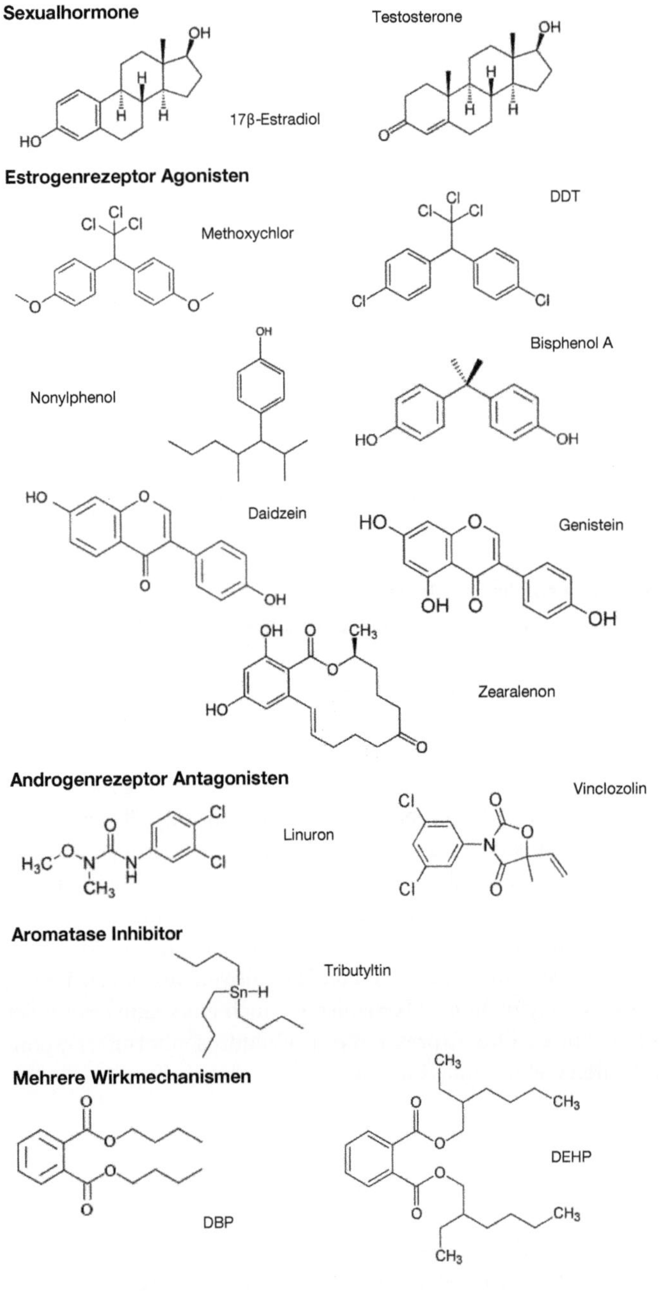

Abb. 38.2 Strukturen der im Text besprochenen Chemikalien mit Wirkung auf die Hypothalamus-Hypohysen-Gonaden (HPG)-Achse – Fortsetzung.

38.2.2.1 Estrogenrezeptor Agonisten

Das Insektizid *Methoxychlor* (MXC) ist ein Proestrogen, da der *Metabolit HPTE* (2,2-bis(*p*-hydroxyphenyl)-1,1,1-trichlorethan) estrogene Aktivität zeigt durch Bindung an den ERα-Rezeptor. Der Uterotrophietest ist positiv, und in Reproduktionstoxizitätsstudien mit Applikation in verschiedenen Trächtigkeitstagen führt Methoxychlor zu Störungen der Pubertät bei den Nachkommen (verfrühte Vaginalöffnung bei Weibchen, aber verzögerte Präputialseparierung bei Männchen). HPTE bindet auch an Androgenrezeptoren und wirkt antiandrogen. Außerdem hemmt es die Testosteronsynthese in Leydigzellen durch die ER-vermittelte, verminderte Expression des „Cholesterol-side-chain cleaving enzyme“ (CYP450scc). Daher führen Methoxychlor und HPTE bei adulten Tieren zu Störungen der Fortpflanzungsfähigkeit, bei Ratten ab 50 mg/kg KG/Tag (Abnahme Fertilitätsindex, Wurfgröße und Lebensfähigkeitsindex). Methoxychlor ist aufgrund seiner endokrinen Disruptorwirkung und wegen möglicher Bioakkumulation seit 2002 in der Europäischen Union und seit 2004 in den USA nicht mehr als Pflanzenschutzmittel zugelassen.

DDT (Dichlordiphenyltrichlorethan) ist ein Insektizid, das bis in die 1970er-Jahre in der Landwirtschaft weltweit eingesetzt wurde. Aufgrund seiner großen Anreicherungstendenz im Fettgewebe und hoher Persistenz in der Umwelt mit endokriner Disruptorenaktivität bei Wildtieren wurde die Verwendung in der Landwirtschaft verboten. Laut der Stockholmer Konvention von 2004 kann DDT jedoch noch zur Bekämpfung von krankheitsübertragenden Insekten (z. B. bei der Malariabekämpfung) verwendet werden. Ende der 1980er-Jahre lag die mittlere DDT-Konzentration im Fettgewebe von Menschen in Nordamerika und Europa noch bei etwa 1 mg/kg. DDT ist ein Isomerengemisch aus circa 80 % *p,p''*-DDT mit hauptsächlich insektizider Wirkung und 20 % *o,p'*-DDT mit stark östrogener Wirkung durch Bindung an den ER-Rezeptor. Auch die Metaboliten *p,p'*-DDE und *o,p'*-DDE sind endokrin aktiv. *p,p'*-DDE bindet an den Androgenrezeptor und wirkt antiandrogen. Außerdem gilt DDT als potenziell kanzerogen (GHS-Kategorie 2: im Tierversuch u. a. Leber-, Bauchspeicheldrüsen-, Testis-, Mammatumoren).

Bisphenol A (BPA) und Nonylphenol (NP) sind vielfältig eingesetzte Chemikalien, die in großen Mengen produziert werden. BPA wird zur Synthese von Kunststoffen (Polysulfone, Polyetherketone, Polycarbonate) und Epoxidharzen, als Antioxidans in Weichmachern und als Additiv im Polyvinylchlorid (PVC) verwendet. NP wird als Antioxidans, Schmieröladditiv, Spülmitteldetergenz, Lösungsvermittler u. a. verwendet. Beide Substanzen binden schwach an den ER und sind schwach positiv im Uterotrophietest. Beide Substanzen werden im Körper schnell in inaktive Metaboliten abgebaut und vollständig ausgeschieden (Halbwertzeit von BPA nach oraler Gabe in Ratte 14–28 h). In Mehrgenerationsstudien in Ratten liegt der NOAEL bei 10 mg NP/kg KG/Tag mit Nierenschäden und verfrühter Vaginalöffnung (estrogener Effekt) in den Nachkommen bei Gabe höherer Dosen. Bei BPA zeigt sich bei < 50 mg BPA/kg KG/Tag (NOAEL) keine estrogene Wirkung, aber eine Körpergewichtsabnahme.

Hauptsächlicher Aufnahmeweg für BPA beim Menschen ist die orale Zufuhr über mit BPA aus den Verpackungen kontaminierten Lebensmitteln. Laut einer Berechnung der EU können Kinder z. B. über Lebensmittel in Dosen ca. 14 µg BPA/kg KG/Tag aufnehmen, Erwachsene ca. 1,4 µg/kg KG/Tag. Im Vergleich zum NOAEL von 50 mg/kg KG/Tag aus der Mehrgenerationsstudie sind die Sicherheitsfaktoren von 3570 für Kinder und 35 700 für Erwachsene sehr hoch.

Phytestrogene sind sekundäre Pflanzenstoffe, die zu verschiedenen chemischen Klassen gehören (Flavinoide, Isoflavone, Lignane, Stilbene, Steroide). Sie binden an Estrogenrezeptoren ERα und ERβ, wirken hauptsächlich estrogen agonistisch *in vitro* und sind im Uterotrophietest positiv. Coumestrol ist das potenteste Phytestrogen (100- bis 1000-fach weniger potent als 17β-Estradiol, gefolgt von den Sojabohnen-Isoflavonen *Genistein* und *Daidzein*. Eine schilddrüsenhormonhemmende Wirkung von Isoflavonen aufgrund von *In-vitro*-Versuchen wird diskutiert (Hemmung der Thyreoperoxidase und der Sulfotransferase, Verdrängung T4 vom Transthyretin im Blut). Genistein und Daidzein finden sich in Lebensmitteln pflanzlicher Herkunft, vor allem in Sojabohnenprodukten. Die menschliche Exposition schwankt je nach Essgewohnheiten (Omnivore ca. 0,5 mg/Tag; Vegetarier 5–50 mg/Tag). Babys mit sojaproteinreicher Diät haben eine hohe Isoflavonaufnahme im Bereich von 4,5–8 mg/kg KG/Tag (durchschnittliche tägliche Aufnahme von Erwachsenen 0,1–1 mg/kg KG/Tag).

Die Wirkung von *Isoflavonoiden* auf hormonabhängige Tumoren der Mamma und Prostata ist eingehend untersucht, da epidemiologisch festgestellt wurde, dass beide Tumorarten bei Asiaten mit hohem Sojabohnenanteil in der Diät seltener vorkommen sollen als bei Europäern (Plasmaspiegel Gesamt-Isoflavonoide bei Asiaten 870 nmol/L, bei Europäern 10 nmol/L). Dies wird für Brustkrebs kontrovers diskutiert. In *In-vitro*-Versuchen erhöhen niedrige Konzentrationen Genistein (< 10 µmol/L) ein Tumorwachstum, während höhere Level (> 10 µmol/L) das Tumorwachstum hemmen sollen. Bei postmenopausalen Frauen mit hormonsensitivem Brustkrebs unter Tamoxifentherapie (Aromatasehemmer) sollen durch den entgegengesetzten Effekt keine Isoflavonoide zusätzlich aufgenommen werden. Langzeitstudien am Menschen führten bei täglicher Gabe von hohen Dosen (150 mg Isoflavone/Tag) zu Endometriumhyperplasien an der Gebärmutter.

Das Mykotoxin *Zearalenon*, ein Resorzinsäurelacton, ist ein Estrogenrezeptor Agonist, der von mehreren *Fusarium*-Arten synthetisiert wird. Es findet sich in getreidehaltigen Nahrungsmitteln. Schweine reagieren besonders empfindlich auf Zearalenongaben mit einem NOAEL bezüglich reproduktionstoxischer Wirkung (Infertilität und Aborte) von 40 µg/kg KG/Tag. Für den Menschen wird eine durchschnittliche Exposition von Zearalenon mit der Nahrung von 0,05–0,1 µg/kg KG/Tag ausgegangen, wobei Kinder höhere Aufnahmewerte pro kg KG zeigen. Unter ungünstigen Voraussetzungen kann die Aufnahme von Zearalenon bis auf 1 µg/kg KG/Tag ansteigen. Je nach Sicherheitsfaktor gilt eine tägliche Aufnahme von 0,1–0,5 µg/kg KG/Tag für den Menschen als ungefährlich. Effekte auf verschiedene Teilpopulationen bei kurzzeitiger Überschreitung dieses Grenzbereiches sind nicht beschrieben.

38.2.2.2 Estrogenrezeptor-Antagonisten

Es gibt nur wenige Substanzen, die im Estrogenrezeptor Transactivation Assay als ER-Antagonisten wirken (z. B. die Pyrethroide Cyhalothrin und Deltamethrin). *Androgenrezeptor Agonisten* sind im Androgenrezeptor Transactivation Assay nicht gefunden worden.

38.2.3 Androgenrezeptor-Antagonisten

Das Fungizid *Vinclozolin* und vor allem eines seiner Metabolite (M2 = 3,5-DCA = 3′,5′-dichloro-2-hydroxy-2-methylbut-3-enanilide) zeigen Androgenrezeptor antagonistische Eigenschaften (positiver Hershberger-Test). In Zweigenerationsstudien zeigten sich Veränderungen an männlichen Ratten (erhöhte LH- und Testosteronwerte im Blut, verminderter Anogenitalabstand, Gesäugezitzenretention, Hypospadie, unvollständiger Hodenabstieg), aber auch Virilisierung von weiblichen Nachkommen bei Gabe von höheren Dosen. Bei Rattenmännchen traten hormonell bedingte Leydigzell-Tumoren auf. Der an den sensitivsten Veränderungen bestimmte NOAEL in Rattenstudien lag bei 1,2 mg/kg KG/Tag. Bei einem Sicherheitsfaktor von 1000 wurde daraus eine chronische humane Grenzdosis von 0,0012 mg/kg KG/Tag bestimmt. Vinclozolin wird seit 2004 nur noch für bestimmte Kulturen (z. B. Raps) verwendet. Daher wird von einer Exposition von Menschen < 1 % vom Grenzwert ausgegangen.

Das Herbizid *Linuron* ist ebenfalls als Androgenrezeptor-Antagonist bekannt (Hershberger-Test positiv). In einer Ratten-Zweigenerationsstudie sind bei männlichen Nachkommen Hormonspiegel- und Hodengewichts- und Nebenhodengewichtsveränderungen bei Gaben über 45 mg/kg KG/Tag aufgetreten. Zur Berechnung der Referenzdosis für die chronische orale Exposition wurden jedoch als empfindlichster Parameter hämatologische Veränderungen in einer chronischen Hundestudie mit einem NOEL von 770 µg/kg KG/Tag herangezogen. Mit einem Sicherheitsfaktor von 100 wurde eine akzeptable Exposition für den Menschen von 7,7 µg/kg KG/ Tag errechnet. In einer Expositionsstudie wurde in den USA zwischen 1986 und 1991 eine Linuron-Exposition von 0,0024 µg/kg KG/Tag bei Kleinkindern und 0,0005 µg/kg KG/Tag bei Erwachsenen ermittelt.

38.2.4 Aromatasehemmer

Tributylzinn, eine zinnorganische Verbindung, wurde als bewuchsverhindernder Zusatz zu Anstrichfarben von Schiffsrümpfen verwendet. Es ist seit 2008 für diese Anwendung von der International Maritime Organization wegen der langen Halbwertszeit in Sedimenten (ca. 2 Jahre) und der Bioakkumulation in marinen Organismen verboten. Es wurde gezeigt, dass Tributylzinn bei Wasserschnecken

(Neogastropoda) zu einer Maskulinisierung von weiblichen Schnecken führt (Imposex genannt). Tributylzinn hemmt die Aromatase, die Androgene in Estrogene umwandelt. Selektive Aromatasehemmer induzieren Imposex in Neogastropoden wesentlich schwächer, sodass bei Tributylzinn noch andere Mechanismen für diese Wirkung vermutet werden.

In Zweigenerationsstudien bei Ratten führt Tributylzinn zu reduzierten Gewichten der Neugeborenen, zu verlängertem Anogenitalabstand und verzögerter Vaginalöffnung bei den weiblichen Nachkommen. Der sensitivste toxikologische Endpunkt von Tributylzinn ist jedoch die Immuntoxizität: Tributylzinn hemmt die 11β-hydroxysteroid Dehydrogenase Typ 2, die in bestimmten peripheren Geweben das aktive Cortisol zum inaktiven Cortison oxidiert. Geänderte Corticoidspiegel haben einen Einfluss auf das Immunsystem. In Immuntoxizitätsstudien an Wistar-Ratten (reduzierte Resistenz gegenüber *Trichinella-spiralis*-Infektionen) wurde ein NOAEL von 0,025 mg/kg KG/Tag ermittelt. Mit einem Sicherheitsfaktor von 100 wurde hieraus eine tolerierbare tägliche Aufnahme (TDI) von 0,25 µg/kg KG/Tag für den Menschen errechnet. Berechnungen zur tatsächlichen Aufnahme von Tributylzinn und anderen zinnorganischen Verbindungen in Populationen mit hohem Fischverzehr (Norwegen) gehen von 0,018–0,17 µg/kg KG/Tag aus. Das heißt, dass in besonders kontaminierten Gegenden (Hafennähe) der Verzehr von Fisch auch zu einem Überschreiten der tolerierbaren täglichen Aufnahme führen kann. Es gibt einige nicht vollständige Berichte über akute Intoxikationen von Menschen mit Tributylzinn (Neuro-Inhalationstoxizität, Hautreizung). Über Erkrankungen bei chronischer Überschreitung des festgesetzten TDI gibt es bisher keine Berichte.

38.2.5
Mehrere Wirkmechanismen

Phthalate werden in großen Mengen als Weichmacher in Kunstoffen wie PVC, Nitrozellulose oder synthetischem Gummi verwendet. Bei der toxikologischen Bewertung muss man zwischen höhermolekularen (DINP, DIDP) und niedermolekularen Phthalaten (DEHP, DBP) unterscheiden. Letztere werden als endokrine Disruptoren diskutiert: Sie bewirken in höheren Dosen Hodentoxizität und Infertilität bei männlichen Tieren und führen in der männlichen pränatalen Entwicklungsphase zu Störungen der Testosteronsynthese und der Insulin-like Faktor 3 (insl3)-Produktion in den fetalen Leydigzellen sowie zur Entwicklungsstörung der Sertolizellen mit Bildung von großen, multinukleären Gonozyten. Dabei ist bei oraler Aufnahme die Hydrolyse durch enterale Lipasen im Darm zu den toxischeren Monoestern entscheidend. DEHP kann vom Menschen durch orale Aufnahme mit der Nahrung und Getränken, mit der Raumluft, durch Hautkontakt mit Kunststoffen und bei Patienten durch Kontakt mit medizintechnischen Kunststoffen (Transfusionsbeutel, Schläuche etc.) aufgenommen werden. Die geschätzte Gesamtaufnahme von DEHP liegt in Dänemark bei 4,5 µg/kg KG/Tag für Erwachsene und 26 µg/kg KG/Tag für Kleinkinder. Für DEHP ist in einer Multigenerationsstudie mit Ratten ein NOAEL für Hodentoxizität bei Nachkommen von 5 mg/kg KG/Tag bestimmt worden (empfindlichster Parameter Atrophie der Tubuli seminiferi in den Hoden). Daraus ist mit einem Sicherheitsfaktor von 100 eine tolerierbare tägliche Aufnahme von 50 µg/kg KG/Tag berechnet worden.

> In Patienten mit intravenösen medizinischen Eingriffen (z. B. Bluttransfusion) wurde eine tolerierbare Aufnahme von 600 µg/kg KG/Tag DEHP berechnet. Dieser Wert wird bei Kurzzeittransfusionen in akuten Notfällen erreicht, ist aber in Langzeittransfusionen ca. 10-mal höher als die tatsächliche Belastung. Neugeborene auf der Intensivstation könnten jedoch bei Verwendung von PVC-haltigen Materialien über Wochen eine DEHP-Aufnahme von 3000 µg/kg KG/Tag erhalten, sodass bei diesen Anwendungen ein Materialersatz notwendig wäre. Berichte über Effekte bei Kleinkindern, wenn der TDI überschritten ist, gibt es bisher nicht, und Untersuchungen hierzu sind aus ethischen Gründen kaum durchführbar.

38.3 Niedrigdosis, nicht-monotone Dosis-Wirkungs-Beziehung und additive Effekte

Wie im Kapitel 21 (Endokrines System) dargestellt, ändern sich die endogenen Hormonkonzentrationen und -wirkungen an Zielzellen in Abhängigkeit vom Entwicklungsstatus, von inneren physiologischen Zuständen (z. B. Sexualzyklus) und äußeren Einflüssen (Tageszeit, Stress etc.). Dabei sind die verschiedenen Hormone untereinander und mit dem Nervensystem über ein Netzwerk von Feedbackmechanismen verknüpft. Je nachdem welche sensitiven Parameter gemessen werden, können niedrige Dosen von endokrin aktiven Substanzen zu Veränderungen in diesem Hormonsystem und den Zielorganen führen. Hierbei muss jedoch sicher gestellt sein, dass die Veränderungen auch nur durch die Substanz und nicht durch andere Faktoren hervorgerufen worden sind (z. B. postnatales Prostatagewicht von *in utero* exponierten Mäusen auch durch Position der Feten). Bei differierenden Ergebnissen von wiederholt durchgeführten Versuchen muss die verschiedene statistische Power der Versuche berücksichtigt werden, die dazu führen kann, dass ein negatives Ergebnis besser begründet ist als ein positives.

> Als niedrige Dosis wird eine Dosis unterhalb des NOAELs in regulatorischen Studien definiert (NTP, 2001).

Zur Frage, ob Veränderungen einen adaptiven oder einen adversen Effekt darstellen, gelten die am Anfang dieses Kapitels beschrieben Definitionen.

In diesem Zusammenhang wird diskutiert, ob die Dosis-Wirkungs-Beziehung bei der Applikation von niedrigen Dosen endokrin aktiver Substanzen nicht monoton sondern z. B. U-artig geformt ist (Effekt in niedriger und hoher Dosis. aber kein Effekt bei mittlerer Dosis). Dies würde auch bedeuten, dass man keinen Schwellenwert eines adversen Effektes definieren kann. Hierbei muss jedoch beachtet werden, dass man als Endpunkt nicht die Summe von mehreren, z. T. gegenläufigen Effekten betrachtet: Beispielsweise wird ein *In-vitro*-Assay, der die Rezeptorbindung einer Substanz testet, bei zytotoxisch hohen Dosen zu einem Abfall des Signals aufgrund der Zytotoxizität führen (umgekehrt U-artige Dosis-Wirkungs-Kurve). Man kann sich gut vorstellen, dass in einem vollständigen Organismus Endpunkte von einer Summe von verschiedenen Effekten beeinflusst werden, die mitunter auch nicht mit der exogenen Substanz zusammenhängen.

Es ist notwendig, die mechanistische Wirkung der Substanz zu berücksichtigen und Schlüsselereignisse zu definieren, die zu dem adversen Effekt führen. Für diese einzelnen Schlüsselereignisse können dann Dosis-Wirkungs-Beziehungen erstellt werden. Dies ist die Grundlage der mechanistischen Aufklärung von Substanzwirkungen im „adverse outcome pathway"-Konzept (OECD, 2013).

Eine weitere Frage ist, ob Effekte sich addieren, wenn verschiedene Substanzen mit gleichem molekularen Target in niedrigen Dosen appliziert werden, die einzeln keinen Effekt hervorrufen. Die additive Wirkung kann im *In-vitro*-Versuch (z. B. Estrogenrezeptor Agonisten im Rezeptor Transactivation Assay) nachgewiesen werden. Um die hier eingesetzten Konzentrationen auch in den relevanten Geweben im Tierversuch zu erreichen, müssten jedoch Dosen oberhalb des NOAEL eingesetzt werden. Außerdem werden die Adaptationsfähigkeit des Gesamtorganismus und die Toxikokinetik nicht berücksichtigt.

Obwohl additive Effekte bei hohen Dosen von endokrin aktiven Substanzen im Tier beschrieben sind, lässt sich dies nicht auf niedrige Dosen in jedem Fall übertragen.

38.4 Zusammenfassung

In diesem Kapitel wird das Risiko einer Exposition des Menschen von repräsentativen Vertretern endokrin aktiver Substanzen besprochen. Hierbei zeigt sich, dass der sensitivste adverse Effekt im Tierversuch nicht unbedingt der endokrine, sondern andere Effekte sind (z. B. Immuntoxizität bei Tributylzinn, hämatologische Effekte bei Linuron, lebertoxische Effekte bei Pentachlorphenol). Die Produktion von manchen Chemikalien ist aufgrund der Bioakkumulation und endokriner aktiver Effekte auf Wildtiere verboten worden (z. B. DDT, Tributylzinn). Das Risiko für den Menschen wurde mithilfe von NOAEL-Werten aus Tierstudien, Sicherheitsfaktoren und Expositionsberechnungen beim Menschen bestimmt.

Bei den polybromierten Diphenylethern (PBDE) wurde aufgrund unterschiedlicher Halbwertszeiten in Ratte und Mensch in einem Margin-of-Exposure Model die gemessene interne Exposition mit der internen Benchmarkdosis für die

Risikoabschätzung verglichen. Bei einigen Substanzen (Tetrabrombisphenol A, Bisphenol A) ist die tatsächliche Exposition des Menschen deutlich unter der täglichen tolerierbaren Aufnahmemenge (TDI). Bei anderen Substanzen können Überschreitungen des TDI vorkommen (DEHP, Zearalenon), es gibt jedoch keine Berichte über tatsächlich aufgetretene adverse Effekte beim Menschen. Bei Isoflavonoiden und Phenobarbital gibt es aufgrund der gezielten Verwendung der Substanzen epidemiologische Studien beim Menschen, die allerdings nur bei sehr hoher Exposition adverse Wirkungen gezeigt haben.

Außerdem werden in dem Kapitel die Möglichkeit endokriner Effekte durch niedrige Dosen, additive Effekte von niedrigen Dosen und nicht monotone Dosis-Wirkungs-Beziehungen angesprochen. Die Wichtigkeit mechanistischer Aufklärungen von solchen Effekten im adverse outcome pathway Modell wird hervorgehoben.

Literatur

IPCS (2004) Risk Assessment Terminology, Harmonization Project Document No. 1, ISBN 9241562676, 117 S.

NTP (2001) National Toxicology Program's report of the endocrine disruptors low dose peer review. NTP Office of Liaison and Scientific Review NIEHS, NIH, 487 S.

OECD (2013) Series on Testing and Assessment No 184: Guidance Document on Developing and Assessing Adverse Outcome Pathways, 45 S.

Weiterführende Literatur

ECETOC Workshop and Technical Reports 2013: http://www.ecetoc.org/publications.

EFSA, Scientific Opinion on the risk assessment of several compounds (e. g. perchlorate, polybrominated diphenyl ethers (PBDEs), zearalenone, tetrabromobisphenol A (TBBPA), bis(2-ethylhexyl)phthalate (DEHP)), EFSA Journal, Webpage: http://www.efsa.europa.eu/en/publications, letzter Zugriff: 22.12.2016.

FAO/WHO (Food and Agriculture Organisation/World Health Organization) (2011) Safety evaluation of certain contaminants in food prepared by the Seventy-second meeting of the Joint FAO/WHO Expert Committee on Food Additives (JECFA). *WHO Food Addit. Ser.*, **63**, 685–762, Available at: http://www.inchem.org/documents/jecfa/jecmono/v63je01.pdf, letzter Zugriff: 22.12.2016.

NTP; NTP-CERHR Monograph on the Potential Human Reproductive and Developmental Effects of Bisphenol A. Sept (2008). NIH Publ No. 08-5995. Center for the Evaluation of Risks to Human Reproduction. Available from, as of Jan 25, 2013: http://ntp.niehs.nih.gov/ntp/ohat/bisphenol/bisphenol.pdf, letzter Zugriff: 22.12.2016.

Owens, J.W. und Chaney, J.G. (2005) Weighing the results of differing ‚low dose' studies of the mouse prostate by Nagel, Cagen, and Ashby: Quantification of experimental power and statistical results. *Regul. Toxicol. Pharmacol.*, **43**, 194–202.

US EPA: Reregistration Eligilibility Decision (RED) for several compounds (e.g., Vinclozolin, Maneb, Pentachlorophenol) webpage: http://www.epa.gov/opp00001/reregistration/status.htm, letzter Zugriff: 22.12.2016.

Welshons, W.V., Thayer, K.A., Judy, M., Taylor, J.A., Curran, E.M. und vom Saal, F.S. (2003) Large effects from small exposures: I. Mechanisms for endocrine-disrupting chemicals with estrogenic activity. *Environ. Health Perspect.*, **111**, 994–1006.

WHO and UNEP (2013) Bergman, A., Heindel, J.J., Jobling, S., Kidd, K.A. und Zoeller R.T. (Hrsg.) (2012) *State of the Science of Endocrine Disrupting Chemicals – 2012*, WHO Library.

Witorsch, R.J. (2002) Low-dose in utero effects of xenoestrogens in mice and their relevance to humans: An analytical review of the literature. *Food Chem. Toxicol.*, **40**, 905–912.

39
Organische Lösemittel

W. Dekant

39.1
Einleitung

Viele Chemikalien werden als Einzelstoffe und auch in Form von Gemischen in Industrie und Technik als Lösemittel verwendet. Stoffe mit typischen Lösemitteleigenschaften, aber mit sehr niedrigen Siedepunkten, kommen auch als Treibgase zur Ausbringung von Schäumen und als Kältemittel in Klimaanlagen zum Einsatz. Auch Treibstoffe für Otto- und Dieselmotoren bestehen hauptsächlich aus Stoffen, die die typischen Eigenschaften von Lösemitteln haben; Benzin wird teilweise auch als Lösemittel eingesetzt (Waschbenzin, Verdünner). Bei der Auswahl eines Lösemittels für einen bestimmten Prozess spielen sicherheitstechnische Probleme wie Brennbarkeit oder Bildung explosiver Gemische mit Luft, Toxizität, Abbaubarkeit in der Umwelt und physikochemische Parameter wie Flüchtigkeit, Lösevermögen und Verdampfungsenthalpie eine Rolle.

Hauptanwendungsgebiete von technischen Lösemitteln mit möglicher Exposition außerhalb des Arbeitsplatzes sind Anwendungen zur Verdünnung von Farben, Lacken und Klebstoffen und als Reinigungsmittel. Anwendungen mit möglicher Arbeitsplatzexposition sind Metallentfettung und Textilreinigung sowie Nutzung von Lösemitteln als Reaktionsmedien bei chemischen Synthesen.

> Wegen der für die Anwendungen nötigen Flüchtigkeit vieler Lösemittel ist die Inhalation der wichtigste Aufnahmeweg für den Menschen. Bestimmte Lösemittel können bei Benetzung großer Hautflächen auch maßgeblich über die Haut aufgenommen werden und daher nach Hautkontakt Vergiftungen erzeugen. Auch Ethanol zeigt typische physikochemische und toxikologische Eigenschaften eines Lösemittels und wird auch als solches eingesetzt. Die Aufnahme großer Mengen an alkoholischen Getränken innerhalb kurzer Zeit führt daher auch zu den typischen toxischen Wirkungen einer akuten Lösemittelvergiftung.

Lösemittelvergiftungen zeigen typische Symptome, die oft sehr stoffspezifisch sind, und, wie alle toxischen Wirkungen, entscheidend von der Expositionsdauer

Das Toxikologiebuch, 1. Auflage. Helmut Greim (Hrsg.).

und -höhe geprägt werden:

- Nach kurzzeitiger inhalativer Exposition gegenüber hohen Konzentrationen kommt es, wie bei allen lipophilen Stoffen, wegen deren effizienten Aufnahme aus der Lunge ins Blut und des schnellen Transports von im Blut gelösten Lösemittel in gut durchblutete Gewebe wie das Gehirn zu einer schnellen Anflutung im Gehirn. Die durch hohe Konzentrationen lipophiler Lösemittel im Gehirn ausgelösten spezifischen Membranveränderungen führen zu typischen Wirkungen, die den narkotischen Wirkungen von Inhalationsnarkotika sehr ähnlich sind. Einige früher weit genutzte Lösemittel wie Chloroform, Diethylether und Trichlorethen wurden daher auch als Inhalationsnarkotika verwendet. Die momentan angewendeten Inhalationsnarkotika sind spezifisch entwickelte Verbindungen, die als Lösemittel keine Bedeutung haben. Die narkotische Wirkung lipophiler Verbindungen ist ein direkter physikalischer Effekt; auch chemisch inerte Gase wie das lipophile Xenon wirken bei Inhalation ausreichender Mengen narkotisch. Das Ausmaß der narkotischen Wirkung spezifischer Lösemittel ist aber stark unterschiedlich.
- Wegen psychoaktiver und stimmungsaufhellender („high") Wirkungen werden Lösemittel auch als Rauschmittel missbraucht. Missbrauch wird durch die leichte Verfügbarkeit von lösemittelhaltigen Produkten erleichtert und findet meist durch Inhalation statt; viele lösemittelhaltige Produkte, aber auch Gase wie Butan aus Gaskocherkartuschen werden zu Zwecken des „Rausches" benutzt. Bei einigen der verwendeten Stoffe ist der Unterschied zwischen psychoaktiven und massiv toxischen Dosen gering, Todesfälle nach akuten Vergiftungen sind beschrieben. Bei langfristigem Missbrauch werden die typischen und stoffspezifischen Symptome der Vergiftung mit den jeweiligen Lösemitteln beobachtet.
- Bei subchronischer Exposition gegen Lösemittel, hauptsächlich am Arbeitsplatz, werden verminderte Konzentrationsfähigkeit, Müdigkeit, Schlaflosigkeit und andere unspezifische Beschwerden berichtet. Diese werden manchmal auf eine „Lösemittel-Enzephalopathie" zurückgeführt, deren Vorhandensein aber umstritten ist und mit den bekannten Wirkmechanismen der toxischen Wirkungen von Lösemitteln meist nicht in Einklang zu bringen ist. Als auslösende Faktoren für die psychischen Veränderungen werden mehrfache Lösemittelexpositionen gegen sehr hohe Konzentrationen mit akut toxischen Wirkungen diskutiert.
- Bei chronischen Lösemittelvergiftungen spielen stoffspezifische Wirkungen eine wichtige Rolle. Bei vielen Lösemitteln werden stoffspezifische Schädigungen des peripheren Nervensystems, der Leber oder Nieren nach langfristiger Exposition beobachtet. Die Wirkstärke und die betroffenen Zielorgane sind von Stoff zu Stoff unterschiedlich, oft sind die Wirkungen auf Zielorgane hochspezifisch. Diese organspezifischen Wirkungen beruhen auf metabolischen Aktivierungsreaktionen, die für viele Lösemittel gut charakterisiert sind.
- Bei Haut- oder Schleimhautkontakt führen viele Lösemittel zu einer schnellen Entfettung der äußeren Haut, teilweise gepaart mit einer starken Reizung von Schleimhäuten.

39.2 Toxikologie ausgewählter Lösemittel

39.2.1 Halogenierte aliphatische Kohlenwasserstoffe

Die Einführung von Halogenatomen in Aliphaten und Olefine verringert deren chemische Reaktivität. Durch Anwesenheit von Halogenatomen werden auch die Lösungseigenschaften solcher Stoffe für Fette und Öle verbessert. Technisch werden als Lösemittel immer noch große Mengen halogenierter Kohlenwasserstoffe – hauptsächlich Fluor- und Chlorverbindungen – eingesetzt. Wegen der hohen Lipidlöslichkeit üben alle Verbindungen aus dieser Gruppe nach kurzfristiger Aufnahme hoher Dosen narkotische Wirkungen aus; weitere Effekte akuter Intoxikationen unterscheiden sich von Stoff zu Stoff.

Das Ausmaß, in dem die Ausgangsverbindungen Bioaktivierungsreaktionen eingehen, ist unterschiedlich und entscheidend für die akute Toxizität von Stoffen wie Chloroform und Tetrachlorkohlenstoff auf die Leber. Bei anderen Verbindungen wie Tri- und Perchlorethen ist Bioaktivierung für akute Wirkungen nicht bedeutsam, hier sind hauptsächlich narkotische Effekte für akute Toxizität verantwortlich. Viele halogenierte Lösemittel zeigen charakteristische toxische Wirkungen nach längerfristiger Exposition, für diese Effekte sind stoffspezifische metabolische Aktivierungsreaktionen verantwortlich.

39.2.1.1 Trichlorethen und Perchlorethen

Trichlorethen und Perchlorethen finden in vielen Prozessen Anwendung und bleiben wegen ihrer geringen akuten Toxizität und fehlender Entflammbarkeit wichtige technische Lösemittel. Perchlorethen wird hauptsächlich in chemischen Reinigungen verwendet, Trichlorethen zur Entfettung von Metallteilen in der metallverarbeitenden Industrie.

Bei akuter oraler Aufnahme hoher Dosen oder Inhalation hoher Konzentrationen steht bei Tri- und Perchlorethen eine narkotische Wirkung im Vordergrund; Todesursache nach akuter Exposition ist meist eine Atemlähmung. Wegen der geringen akuten Toxizität und der guten narkotischen Eigenschaften wurde Trichlorethen bis in die 1950er-Jahre als Inhalationsnarkotikum verwendet. Diese Nutzung wurde eingestellt, da sich Trichlorethen an basischen Komponenten der genutzten Narkose-Apparaturen zum hoch toxischen Dichlorethin zersetzen kann. Es gab Fälle, wo sich Dichlorethin in U-Booten bildete, nachdem Trichlorethen für Reinigungszwecke verwendet und die Luft zur CO_2-Absorption über Alkalien geleitet wurde. Die Reizwirkung war trotz der geringen Konzentration an Dichlorethin so erheblich, dass auf externe Luftzufuhr umgeschaltet d. h. aufgetaucht werden musste. Großflächiger Hautkontakt sowohl mit Tri- als auch mit Perchlorethen führt zur Entfettung der Haut, was aber meist ohne weitere toxische Folgen bleibt.

Sowohl nach Verschlucken als auch nach Inhalation werden Tri- und Perchlorethen schnell in den systemischen Kreislauf aufgenommen und verteilt, wegen hoher Lipophilie erfolgt auch eine Verteilung ins Körperfett mit der Möglichkeit einer Speicherung nach länger dauernder und hoher Exposition. Das Ausmaß der metabolischen Umwandlung von Trichlorethen ist abhängig von der Höhe der Dosis und dem Aufnahmeweg; selbst bei höheren Dosen werden beträchtliche Anteile der aufgenommenen Menge an Trichlorethen biotransformiert und als polare Metaboliten mit dem Urin ausgeschieden. Im Gegensatz dazu erfolgt die Ausscheidung des aufgenommenen Perchlorethens wegen der hohen chemischen Stabilität und des im Vergleich zu Trichlorethen höheren Siedepunktes hauptsächlich durch langsame Abatmung. Hauptweg der Biotransformation beider Haloolefine ist eine metabolische Oxidation durch Cytochrom P450 Enzyme. Diese Enzyme katalysieren die Umwandlung von Trichlorethen zu Chloral, das weiter zu Trichloressigsäure und Trichlorethanol umgesetzt wird. Beim oxidativen Metabolismus von Perchlorethen entsteht direkt Trichloressigsäure (Abb. 39.1) als erster stabiler Metabolit. Der zweite Stoffwechselweg über Glutathionkonjugation ist bei Perchlorethen (Abb. 39.1) stärker ausgeprägt als bei Trichlorethen, spielt aber trotzdem nur eine untergeordnete Rolle in der Biotransformation. Im Gegensatz zu den meisten anderen Stoffen, bei denen eine Kopplung mit Glutathion eine Entgiftung darstellt, ist die Bildung von Glutathionkonjugaten für Tri- und Perchlorethen eine Aktivierungsreaktion. Durch den Abbau der initial gebildeten Glutathionkonjugate entstehen in der Niere reaktive Metabolite, deren Interaktion mit biologischen Makromolekülen für die nierentoxischen Wirkungen langfristiger Exposition gegenüber sehr hohen Dosen von Tri- und Perchlorethen in Ratten verantwortlich gemacht wird.

39.2.2 Chlorierte Methane

Chlorierte Derivate des Methans werden wegen ihrer guten Lösemitteleigenschaften, geringer Brennbarkeit und ihres günstigen Preises breit angewendet.

39.2.2.1 Tetrachlormethan

Tetrachlormethan (Tetrachlorkohlenstoff) wurde früher wegen seiner preiswerten Herstellung häufig als Lösemittel benutzt. Wegen der hohen Toxizität ist die Verwendung von Tetrachlormethan aber stark eingeschränkt worden, Tetrachlormethan entsteht aber als Nebenprodukt bei einigen technischen Synthesen.

Eine akute Vergiftung durch Tetrachlormethan ist durch eine ausgeprägte Leberschädigung gekennzeichnet, selbst wenige Milliliter an Tetrachlormethan können im Menschen zum Leberversagen führen. Narkotische Wirkungen sind bei akuten Tetrachlormethanvergiftungen oft nur schwach ausgeprägt oder treten gar nicht auf. Das erste Zeichen der Leberschädigung nach oraler Aufnahme von Tetrachlormethan ist ein Ansteigen der Aktivitäten der „Leberenzyme“ im Plasma. Als Folge der Schädigung schwillt die Leber durch Fetteinlagerung an und

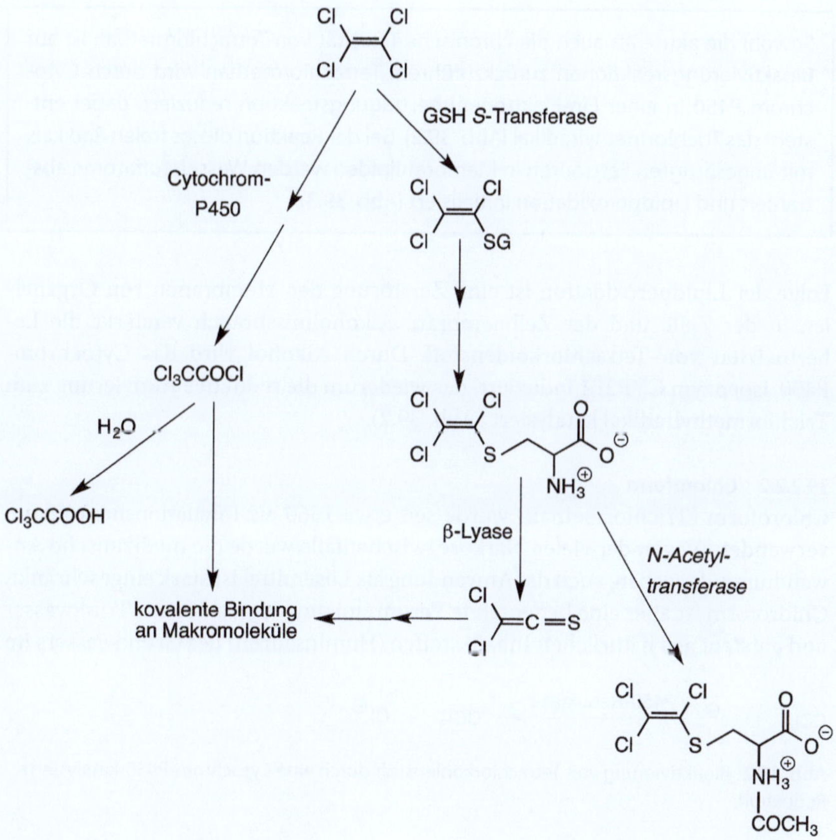

Abb. 39.1 Biotransformation von Perchlorethen in der Ratte. Perchlorethen wird hauptsächlich über eine Cytochrom-P450-katalysierte Oxidation verstoffwechselt, der zweite Stoffwechselweg über Glutathionkonjugation spielt nur eine untergeordnete Rolle. Eine Aktivierung der durch Glutathionkonjugation gebildeten Konjugate in der Niere wurde bei identischen Expositionsbedingungen nur in der Ratte, aber nicht im Menschen nachgewiesen. Allerdings wurden einige Fälle von Nierentumoren bei Arbeitern beschrieben, die sehr hohen Trichlorethenkonzentrationen ausgesetzt waren (Metallentfettung in offenen Behältern mit heißem Trichlorethen).

wird druckempfindlich. Neben der Leberschädigung treten nach hohen Dosen von Tetrachlormethan auch Nierenschäden auf; Nierenversagen ist als Todesursache nach akuten Vergiftungen beschrieben worden. Chronische Exposition gegen Tetrachlormethan führt in Ratten zur Ausbildung von Lebertumoren; diese Tumoren entstehen in durch die lokale Toxizität stark veränderten Arealen der Leber.

Sowohl die akute als auch die chronische Toxizität von Tetrachlormethan ist auf Bioaktivierungsreaktionen zurückzuführen. Tetrachlormethan wird durch Cytochrom P450 in einer Ein-Elektronenübertragungsreaktion reduziert, dabei entsteht das Trichlormethylradikal (Abb. 39.2). Bei der Reaktion dieses freien Radikals mit ungesättigten Fettsäuren in Membranlipiden werden Wasserstoffatome abstrahiert und Lipidperoxidation initialisiert (Abb. 39.3).

Folge der Lipidperoxidation ist eine Zerstörung der Membranen von Organellen in der Zelle und der Zellmembran. Alkoholmissbrauch verstärkt die Lebertoxizität von Tetrachlorkohlenstoff. Durch Alkohol wird das Cytochrom-P450-Isoenzym CYP2E1 induziert, das wiederum die reduktive Aktivierung zum Trichlormethylradikal katalysiert (Abb. 39.2).

39.2.2.2 **Chloroform**

Chloroform (Trichlormethan) wurde seit etwa 1860 als Inhalationsnarkotikum verwendet. Wegen der vielen Narkosezwischenfälle wurde die medizinische Anwendung aufgegeben; auch die Anwendung als Lösemittel ist stark eingeschränkt. Chloroform ist aber eine bedeutende Verunreinigung in gechlortem Trinkwasser und entsteht aus natürlichen Inhaltsstoffen (Huminsäuren) des Grundwassers im

$$CCl_4 + e^{\ominus} \xrightarrow{\text{P450-Reduktase}} {}^{\bullet}CCl_3 + Cl^{\ominus}$$

Abb. 39.2 Bioaktivierung von Tetrachlorkohlenstoff durch eine Cytochrom-P450-katalysierte Reduktion.

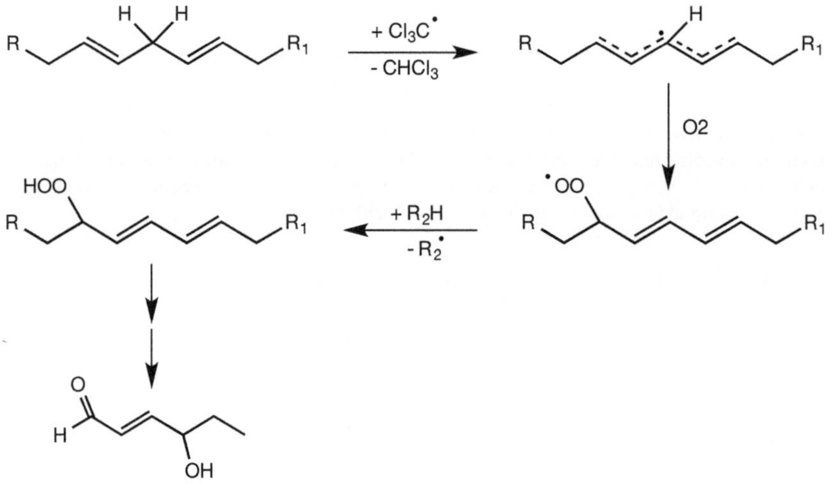

Abb. 39.3 Der Angriff des Trichlormethylradikals an ungesättigten Fettsäuren biologischer Membranen und die Initiation der Lipidperoxidation. Durch den Zerfall der ungesättigten Fettsäuren entstehen α, β-ungesättigte Carbonylverbindungen wie 4-Hydroxy-2-*trans*-hexenal.

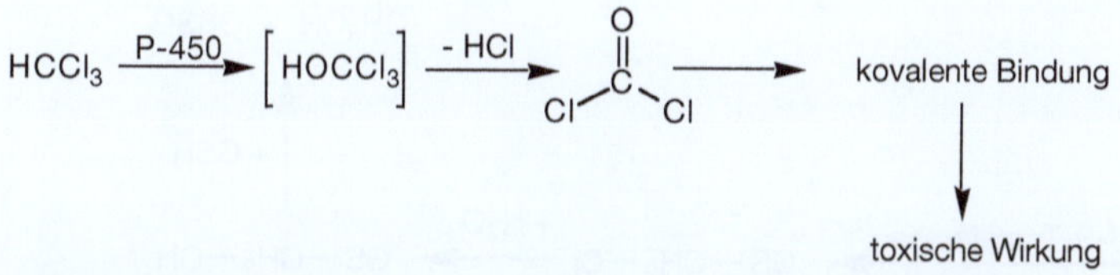

Abb. 39.4 Biotransformation von Chloroform über Cytochrom P450: Bioaktivierung zu Phosgen.

Prozess der Chlorung. Die über Verbrauch von gechlortem Trinkwasser aufgenommenen Mengen an Chloroform liegen allerdings unter der Wirkschwelle für Toxizität.

Bei akuter Exposition gegenüber hohen Chloroformkonzentrationen treten narkotische Wirkungen auf. Chloroform wird wegen seiner hohen Lipophilie schnell in den Organismus aufgenommen. Bei Chloroform sind Bioaktivierungsreaktionen für die toxischen Wirkungen sowohl nach kurzfristiger als auch nach langfristiger Gabe hoher Dosen verantwortlich. Nach oraler Gabe erzeugte Chloroform in Ratten und Mäusen toxische Veränderungen an Leber und Nieren; zusätzlich werden bei männlichen Ratten Nierentumoren und bei Mäusen Lebertumoren beobachtet. Tumorinduktion tritt nur nach Gabe von Dosen auf, die massive zytotoxische Effekte auf Leber und Nieren auslösen. Sowohl für die Leber- als auch für die Nierenschäden sind Cytochrom-P450-abhängige Oxidationen verantwortlich (Abb. 39.4). Dabei entsteht als reaktiver Metabolit Phosgen. Dieses Elektrophil bindet an zelluläre Makromoleküle und führt damit zur Initiation toxischer Wirkungen. Endprodukt der metabolischen Umsetzung von Chloroform ist Kohlendioxid, das durch Hydrolyse von Phosgen entsteht.

39.2.2.3 **Dichlormethan**

Wegen geringer Toxizität, geringer Brennbarkeit und hoher Flüchtigkeit wird Dichlormethan häufig als Lösemittel verwendet. Im Gegensatz zu Tetrachlorkohlenstoff ist die akute Toxizität von Dichlormethan gering; nach kurzfristiger Exposition gegenüber hohen Konzentrationen steht Narkose und die Bildung von Carboxyhämoglobin im Vordergrund. Schäden an Leber und an anderen Organen werden bei akuten Vergiftungen nur selten beobachtet. Langfristige Inhalation von Dichlormethan führte in Mäusen, nicht aber in Hamstern und in Ratten, zur Ausbildung von Leber- und Lungentumoren. In Gegensatz dazu erzeugte die Verabreichung von Dichlormethan im Trinkwasser keine Tumoren in Mäusen. Dichlormethan ist mutagen in Bakterien, zeigt aber keine Genotoxizität in Säugerzellen.

Nach Aufnahme in den Körper wird Dichlormethan schnell durch Exhalation und Biotransformation eliminiert und zeigt keine Tendenz zur Akkumulation. Die Biotransformation von Dichlormethan erfolgt im Säugetier über zwei Wege; Endprodukte der Reaktionssequenzen sind Kohlenmonoxid und Kohlendioxid. Kohlenmonoxid entsteht aus Dichlormethan durch eine Cytochrom-P450-katalysierte Oxidation mit Formylchlorid als kurzlebige Zwischen-

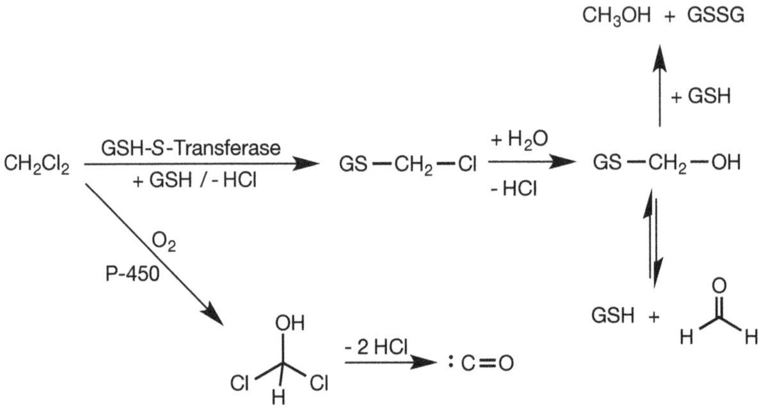

Abb. 39.5 Biotransformation von Dichlormethan über Cytochrom P450 und durch Glutathion-*S*-Transferase katalysierte Umwandlung von Dichlormethan zu reaktiven Zwischenstufen.

stufe (Abb. 39.5). Nach Aufnahme höherer Konzentrationen von Dichlormethan kann nach Absättigung des Cytochrom P 450 ein zweiter Stoffwechselweg ablaufen. In diesem entsteht über einen glutathionabhängigen Mechanismus aus Dichlormethan Kohlendioxid. Dieser Stoffwechselweg beginnt mit einer Glutathion-*S*-Transferase katalysierten Reaktion von Dichlormethan mit Glutathion, durch Hydrolyse des gebildeten *S*-(Chlormethyl)-Glutathions entsteht Formaldehyd (Abb. 39.5). Formaldehyd wird weiter mit Ameisensäure als Zwischenprodukt zu Kohlendioxid oxidiert. Pharmakokinetische Untersuchungen zeigten, dass der glutathionabhängige Weg für die Kanzerogenität von Dichlormethan in der Maus ursächlich ist. Toxischer Metabolit ist das elektrophile *S*-(Chlormethyl)-Glutathion. Im Menschen hat dieser Bioaktivierungsweg bei Expositionen gegen niedrige Dichlormethankonzentrationen keine Bedeutung.

39.2.3 Kohlenwasserstoffe

39.2.3.1 *n*-Hexan

n-Hexan wurde wegen seiner guten Lösemitteleigenschaften als Lösemittel für Farben, zur Extraktion und als Farbverdünner eingesetzt. Kurzfristige Exposition gegenüber Konzentrationen bis zu 1000 ppm führt nicht zu beobachtbaren toxischen Wirkungen; nur bei sehr hohen Expositionskonzentrationen tritt Narkose auf. Bei lang andauernder und sehr hoher Exposition am Arbeitsplatz oder beim Missbrauch von *n*-Hexan-haltigen Produkten als Rauschmittel erzeugt *n*-Hexan eine Neuropathie, die sich durch Taubheitsgefühle in den Fingern und Zehen äußert. In leichten Fällen kann dies das einzige Symptom bleiben; in diesem Stadium sind die Wirkungen reversibel. Bei weiter andauernder Exposition gegen *n*-Hexan kann es dann zu irreversiblen Störungen der Berührungs- und Temperaturempfindlichkeit sowie zu Muskelschwäche in Händen und Füßen kommen.

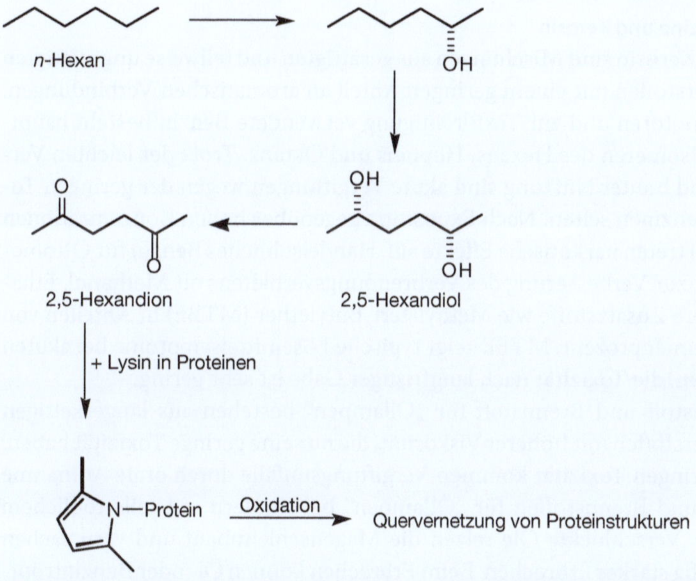

Abb. 39.6 Umwandlung von *n*-Hexan zu 2,5-Hexandion und Reaktion des Dions mit der Aminosäure Lysin in Proteinen. Durch Autooxidation der gebildeten Pyrrole entstehen Quervernetzungen von Proteinstrukturen.

Erste Symptome einer Vergiftung treten erst nach mehreren Monaten chronischer *n*-Hexan-Exposition auf. Pathologisch ist als Folge chronischer Exposition im Menschen eine Degeneration der peripheren Nerven zu beobachten.

> Auch die Neurotoxizität von *n*-Hexan nach längerfristiger Exposition beruht auf metabolischen Aktivierungsreaktionen. *n*-Hexan wird durch Cytochrom-P450-Enzyme hydroxyliert, dabei entstehen im Organismus 2-Hexanol, 2,5-Hexandiol und weitere isomere Hexanole und Hexandiole. Diese können weiter zu den entsprechenden Ketonen oxidiert werden. Als der für die Neurotoxizität von *n*-Hexan verantwortliche Metabolit wird 2,5-Hexandion angesehen.

2,5-Hexandion kann chemisch mit der ε-Aminogruppe der Aminosäure Lysin in Proteinen reagieren. Dabei entstehen durch Ringschluss in den Proteinen Pyrrole, die durch weitere Oxidation zu Proteinvernetzungen führen (Abb. 39.6). Solche Vernetzungen in den Leitungsbahnen des Nervensystems (Axonen) können den axonalen Transport von Proteinen und die Weiterleitung von elektrischen Impulsen beeinträchtigen. Folge sind die oben beschriebenen toxischen Wirkungen. Wegen Beeinflussung der Biotransformation ist die Toxizität von *n*-Hexan stark abhängig von der Anwesenheit anderer Kohlenwasserstoffe, die um die Cytochrom-P450-Enzyme konkurrieren. Beispielsweise vermindert gleichzeitige Exposition gegenüber Toluol und *n*-Hexan die Neurotoxizität von *n*-Hexan signifikant.

39.2.3.2 Benzine und Kerosin

Benzine und Kerosin sind Mischungen aus gesättigten und teilweise ungesättigten Kohlenwasserstoffen mit einem geringen Anteil an aromatischen Verbindungen. Das in Ottomotoren und zur Textilreinigung verwendete Benzin besteht hauptsächlich aus Isomeren des Hexans, Heptans und Oktans. Trotz der leichten Verfügbarkeit und breiter Nutzung sind akute Vergiftungen wegen der geringen Toxizität von Benzinen selten. Nach Exposition gegenüber hohen Konzentrationen (> 2000 ppm) treten narkotische Effekte auf. Handelsübliches Benzin für Ottomotoren enthält zur Verbesserung des Verbrennungsverhaltens oft Methanol, Ethanol und andere Zusatzstoffe wie Methyl-tert-Butylether (MTBE) in Anteilen von wenigen Volumenprozent. MTBE zeigt typische Lösemittelsymptome bei akuten Intoxikationen, die Toxizität nach langfristiger Gabe ist sehr gering.

Dieselkraftstoff und Brennstoff für „Öllampen" bestehen aus längerkettigen Kohlenwasserstoffen mit höherer Viskosität, die nur eine geringe Toxizität haben. Trotz der geringen Toxizität kommen Vergiftungsunfälle durch orale Aufnahme von Benzin und Brennstoffen für „Öllampen" bei Kindern mit teils tödlichem Ausgang vor. Verschluckte Öle reizen die Magenschleimhaut und verursachen dadurch häufig starkes Erbrechen. Beim Erbrechen können Öl- oder Benzintröpfchen in die Luftwege gelangen und in der Lunge zu einer massiven Entzündung und der therapeutisch schwer beherrschbaren „Benzinpneumonie" führen.

39.2.3.3 Benzol

Benzol wurde früher als Lösemittel in der Gummiindustrie, zur Aufbringung von Klebstoffen in der Schuherstellung sowie in der Farb- und Kunststoffproduktion verwendet. Heutzutage ist Benzol noch in bleifreiem Benzin (bis zu 2 %) vorhanden. Benzol ist ein Endprodukt vieler Verbrennungsvorgänge und gelangt dabei in die Umwelt. Für Nichtraucher kann der Aufenthalt in Gebäuden und Fahrzeugen aufgrund der Abluft von Heizungen bzw. des Ausdünstens von Benzin eine beträchtliche Quelle für Benzolbelastung darstellen. Auch Tabakrauch trägt zur Belastung von Nichtrauchern mit Benzol in geschlossenen Räumen bei. In der Umwelt (Luft und auch Oberflächenwasser) finden sich ebenfalls messbare Konzentrationen von Benzol, der Luftpfad ist hier für die Belastung des Menschen am bedeutsamsten. Allerdings trägt der Aufenthalt in Gebäuden wegen der langen Aufenthaltszeiten deutlich mehr als die Außenluft zur Benzolbelastung des Menschen in Deutschland bei. Für den Raucher ist Zigarettenkonsum die bei Weitem wichtigste Benzolquelle, Raucher haben eine bis zu 10-fach höher Belastung mit Benzol als Nichtraucher.

Bei akuter Aufnahme sehr hoher Dosen an Benzol treten Narkose sowie oft tödlich endende Herzrhythmusstörungen auf. Zielorgan der toxischen Wirkungen von Benzol bei langfristiger Exposition ist das blutbildende System. Beim Menschen wurden bei chronischer Benzolexposition am Arbeitsplatz bei Luftkonzentrationen über 1 ppm Veränderungen des Blutbildes und bei Expositionen gegenüber mehr als 30 ppm Benzol über viele Jahre erhöhte Inzidenzen an Leukämien beobachtet. In Tiermodellen erzeugt Benzol zwar Blutbildveränderungen, aber keine Leukämien. Dies wird damit erklärt, dass für die Ausbildung von Leukämi-

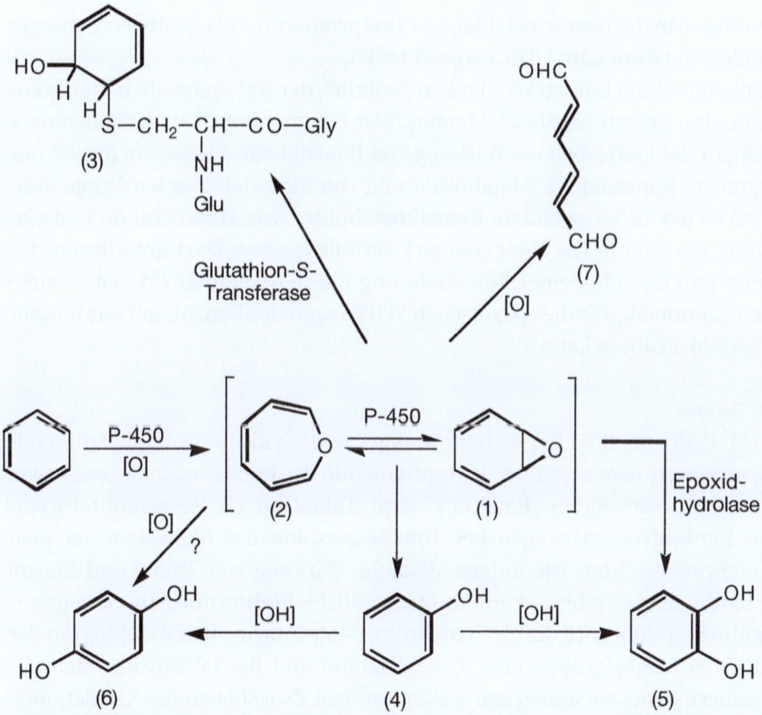

Abb. 39.7 Metabolische Aktivierung von Benzol zu hämatotoxischen Metaboliten, wobei: (1) Benzenepoxid, (2) Oxepin, (3) Glutathionkonjugat, (4) Phenol, (5) Catechol, (6) Hydrochinon und (7) Mukonaldehyd.

en keine kontinuierliche, sondern eine intermittierende Exposition erforderlich ist. Zu den frühen Indikatoren der chronischen Benzolexposition beim Menschen zählt eine Verringerung der Zahl an Leukozyten.

Resorption über die Lunge ist wegen des hohen Dampfdrucks von Benzol der wichtigste Aufnahmeweg für den Menschen. Aufgenommenes Benzol wird schnell verteilt und im Stoffwechsel dosisabhängig in polare Metaboliten umgewandelt. Bei niedrigen Konzentrationen von Benzol in der Atemluft wird etwa 50 % des inhalierten Benzols biotransformiert (Abb. 39.7) und 50 % durch Abatmung aus dem Körper entfernt. In der ersten Stufe der Biotransformation entsteht aus Benzol in einer Cytochrom-P450-katalysierten Reaktion Benzoloxid, das im Gleichgewicht mit dem entsprechenden Oxepin steht. Von diesem Epoxid leiten sich alle bekannten Metabolite des Benzols ab. Das Epoxid kann durch Glutathion-*S*-Transferasen unter Öffnung des Dreirings in ein Glutathionkonjugat umgewandelt werden. Durch hydrolytische Öffnung des Epoxids entsteht Phenol, das im Menschen in Form des Sulfats einen Hauptmetabolit des Benzols im Urin darstellt. Catechol wird durch eine Epoxidhydrolase katalysierte Reaktion aus Benzoloxid gebildet; Hydrochinon (6) entsteht durch weitere Oxidation des Metaboliten Phenol; Mukonaldehyd (7) wird unter Ringöffnung über einen noch unbekannten Mechanismus gebildet, als Endprodukt dieses Stoffwechselweges wird Mukonsäure mit dem Urin ausgeschieden.

Benzolmetaboliten binden kovalent an Proteine; der wahrscheinlich für die kovalente Bindung verantwortliche Metabolit ist Benzochinon. Das Knochenmark als Zielorgan der kanzerogenen Wirkung von Benzol beim Menschen besitzt nur eine begrenzte Kapazität zur Metabolisierung von Benzol. Daher wird angenommen, dass in der Leber gebildete Benzolmetaboliten wie Hydrochinon und Catechol über das Blut in das Knochenmark verteilt werden. Dort unterliegen Hydrochinon und Catechol einer Bioaktivierung durch Myeloperoxidasen zu elektrophilen Chinonen, was die spezifischen Wirkungen des Benzols auf das blutbildende System auslösen kann.

39.2.3.4 Toluol

Toluol (Methylbenzol) ist bei Weitem weniger toxisch als Benzol. Inhalation höherer Konzentrationen erzeugen das typische Bild der Inhalationsnarkose; wegen des damit einhergehenden „Rausches" wird Toluol oft als Rauschmittel missbraucht. Blutbildveränderungen bei Toluolexposition des Menschen hat man bisher nicht beobachtet. Die unterschiedliche Wirkung von Toluol und Benzol auf das blutbildende System ist auf unterschiedliche Biotransformationswege zurückzuführen. Toluol wird durch Cytochrom-P450-Enzyme hauptsächlich an der exozyklischen Methylgruppe über Benzylalkohol und Benzaldehyd zu Benzoesäure oxidiert, dabei entstehen keine elektrophilen Zwischenstufen. Oxidationen am aromatischen Ring, die zur Bildung von hämatotoxischen Chinonen führen könnten, spielen dagegen in der Biotransformation von Toluol nur eine sehr untergeordnete Rolle. Toluol ist weder mutagen noch kanzerogen.

39.2.4 Aliphatische Alkohole

Alle aliphatischen Alkohole haben bei Aufnahme höherer Dosen narkotische Wirkungen, das Ausmaß der narkotischen Wirkungen ist abhängig von Lipidlöslichkeit und Toxikokinetik. Im Hinblick auf ihre toxischen Wirkungen unterscheiden sich primäre Alkohole maßgeblich bezüglich der für die Auslösung der Wirkungen verantwortlichen Mechanismen. Bei Ethanol wird die akut toxische Wirkung vom Ethanol selbst ausgelöst. Bei den chronischen Wirkungen spielt wohl auch der Metabolit Acetaldehyd eine wichtige Rolle. Bei Methanol und Propanol ist die Akkumulation der Metaboliten Ameisensäure (Methanol) und Aceton (Isopropanol) wegen langsamer Ausscheidung ausschlaggebend für die akute Toxizität, und bei steigender Kettenlänge ist für toxische Wirkungen wieder der Alkohol bedeutsam.

> Alle primären Alkohole werden hauptsächlich von Alkoholdehydrogenase (ADH) oxidativ metabolisiert, die Geschwindigkeit der Oxidation ist bei Ethanol am größten und verringert sich mit zunehmender Kettenlänge.

39.2.4.1 Methanol

Methanol wird als Lösemittel und als Treibstoffzusatz für Ottomotoren eingesetzt. Häufigste Ursache für Methanolvergiftungen beim Menschen sind aber die absichtliche Beimengung zu alkoholischen Getränken (wegen ähnlichem Geschmack und Geruch) oder die Verwechslung mit Ethylalkohol.

Im Menschen treten Methanolvergiftungen meist nach oraler Aufnahme auf und haben einen charakteristischen Verlauf. Kurz nach Aufnahme toxischer Dosen bleiben oft Symptome aus, nur bei sehr hohen Dosen wird ein Erregungs- und Rauschzustand beobachtet, der aber wegen schneller Oxidation des den Rauschzustand auslösenden Methanols nach einigen Stunden abklingt. Nach einem symptomfreien Intervall von 12–24 h stellt sich dann eine metabolische Azidose mit vertiefter Atmung, erhöhtem Blutdruck, Kopfschmerzen, Benommenheit und Erbrechen ein. Die metabolische Azidose kann je nach aufgenommener Dosis ein bis vier Tage andauern. Als zweite Folge einer akuten Methanolvergiftung treten, oft parallel mit dem Beginn der Azidose, Lichtempfindlichkeit, Augenschmerzen und Beeinträchtigungen der Sehfähigkeit auf. Diese äußern sich in einer Einschränkung des Gesichtsfeldes und verschwommenen Bildern. Nach zwei bis sechs Tagen bessern sich die Beschwerden meist. Durch irreversible Degeneration des Sehnervs kann aber nach Aufnahme von großen Mengen an Methanol eine Erblindung eintreten, bei akuten Vergiftungen sind tödliche Dosen (Tod durch zentrale Atemlähmung) im Bereich von 1 ml Methanol/kg Körpergewicht beschrieben. Die zur toxikologischen Prüfung häufig verwendeten Nagetiere sind gegenüber den toxischen Wirkungen von Methanol nur wenig empfindlich, in Nagern führt selbst eine ausgeprägte Methanolvergiftung nicht zur Erblindung.

Die im Menschen beobachteten Effekte sind auf die metabolische Oxidation von Methanol zu Ameisensäure als toxischem Metaboliten zurückzuführen. Im Menschen und in Säugetieren wird Methanol langsam, aber vollständig resorbiert und verteilt sich wegen seiner geringeren Fettlöslichkeit im Körperwasser. Der erste Schritt der Oxidation von Methanol führt, katalysiert durch ADH, zur Bildung von Formaldehyd als kurzlebiger Zwischenstufe. Der gebildete Formaldehyd wird durch die Formaldehyddehydrogenase (FOD) schnell weiter zu Ameisensäure oxidiert (Abb. 39.8). In Nagern wird Ameisensäure auch schnell weiter zu Kohlendioxid oxidiert, daher können sich im Blut von Nagern keine toxischen Konzentrationen an Ameisensäure aufbauen. Im Menschen ist die Umsetzung von Ameisensäure zu Kohlendioxid ineffizient und die Ameisensäureausscheidung mit dem Harn erfolgt nur langsam. Dies führt zu einer Anreicherung der Ameisensäure im Blut mit den Folgen Azidose und den Wirkungen auf den Sehnerv. Die Wirkung auf den Sehnerv ist wahrscheinlich über eine Störung der Funktion der Mitochondrien im Sehnerv vermittelt.

Abb. 39.8 Metabolische Aktivierung von Methanol.

Sehstörungen nach chronischer Methanolexposition sind zwar beschrieben, doch bei Einhaltung der geltenden Richtwerte am Arbeitsplatz erfolgt der metabolische Abbau der gebildeten Ameisensäure schneller als ihre metabolische Bildung aus Methanol; toxische Konzentrationen an Ameisensäure können daher nicht entstehen. Methanol ist weder genotoxisch noch kanzerogen.

Zur Therapie einer Methanolvergiftung setzt man Ethanol oder 4-Methylpyrazol als Hemmstoff der ADH zur Verhinderung der Methanoloxidation ein; durch Infusion von Alkohol wird ein Blutethanolspiegel von ungefähr 0,1 % für längere Zeit aufrechterhalten. Ethanol hat eine höhere Affinität für die ADH als Methanol und hemmt dadurch dessen Oxidation. Unter diesen Umständen wird über die Lunge und den Urin vermehrt unverändertes Methanol ausgeschieden. Im Rahmen der Vergiftungsbehandlung ist auch die Korrektur der metabolischen Azidose durch Gabe von Natriumbicarbonat erforderlich. Durch Gabe von Folat kann auch die Oxidation von Ameisensäure zu Kohlendioxid beschleunigt werden, bei hohen Dosen an Methanol und Auftreten von Effekten auf das Auge ist allerdings eine Hämodialyse zur schnellen Reduktion der Blutspiegel an Methanol nötig.

39.2.4.2 **Ethanol**

Ethanol wird wegen seiner geringen Toxizität auch als Lösemittel eingesetzt, bei Einhalten der Arbeitsplatzrichtwerte entstehen keine erhöhten Blutalkoholspiegel. Toxikologisch bedeutsam ist dagegen die Nutzung von Ethanol als Genussgift. Ethanol entsteht bei der Vergärung von Mono-, Disacchariden und Polysacchariden aus Pflanzen. Durch Gärung können Getränke mit Ethanolgehalten von 15–18 % gewonnen werden (Bier und Wein), durch Destillation kann eine weitere Konzentrierung des Alkohols in Getränken erreicht werden (handelsüblich meist um 40 %). Ethanolhaltige Getränke sind in Europa gesellschaftlich akzeptierte Suchtgifte, der jährliche Alkoholkonsum liegt in Deutschland bei etwa 12 l/Mensch, umgerechnet auf reinen Ethylalkohol.

Toxikokinetik von Ethanol

Nach oraler Aufnahme wird Ethanol, abhängig von der Füllung des Magen-Darm-Traktes, innerhalb eines Zeitraums von wenigen Minuten bis zu zwei Stunden vollständig resorbiert, kohlensäurehaltige Getränke wie Sekt beschleunigen den Resorptionsvorgang. Ethanol verteilt sich schnell im gesamten Körperwasser (Verteilungsvolumen von 0,6–0,7 l/kg KG), maximale Blutkonzentration stellt sich innerhalb von etwa ein bis zwei Stunden ein.

Ethanol kann aus dem systemischen Kreislauf in die Plazenta und in die Muttermilch übertreten. Wegen des raschen Konzentrationsausgleichs ist der Blutalkoholspiegel repräsentativ für die Konzentration im ZNS. Im Gegensatz zu fast allen anderen Stoffen ist die Eliminationsgeschwindigkeit beim Ethylalkohol nicht abhängig von seiner Blutkonzentration und über die gesamte Eliminationsperiode konstant (85–100 mg/kg KG/h).

Wegen dieser Eliminationskinetik 0. Ordnung kann aus einer gemessenen Blutalkoholkonzentration unter Berücksichtigung der konstanten Abbaugeschwindigkeit leicht auf die Blutalkoholkonzentration zu einem früheren Zeitpunkt zurückgerechnet werden. Der Abbau von Ethanol durch Alkoholdehydrogenase (ADH) führt zu einer Reduktion der Blutkonzentration an Ethanol nach Ende der Aufnahme im Bereich von etwa 0,015 % pro Stunde. Der Grund für die lineare Elimination ist eine Absättigung der ADH schon bei sehr geringen Blutkonzentrationen an Ethanol.

Nur ein geringer Teil einer oralen Dosis an Ethanol wird über die Lunge (2–3 %) exhaliert bzw. unverändert mit dem Harn (1–2 %) ausgeschieden. Die Elimination erfolgt bei alkoholabhängigen Personen praktisch gleich schnell wie in der allgemeinen Bevölkerung.

Ethanol wird hauptsächlich von der ADH in der Leber zu Acetaldehyd oxidiert. Der gebildete Acetaldehyd wird durch Aldehyddehydrogenase schnell (Plasmahalbwertszeit von 1,7 min) zu Essigsäure weiteroxidiert. Die angefallene Essigsäure (Plasmahalbwertszeit 6,4 min) wird überwiegend im Tricarbonsäurezyklus in CO_2 und H_2O aufgespalten, dabei entsteht Energie.

Ethanol kann auch zu geringen Anteilen bei hohen Blutkonzentrationen über Cytochrom P450 2E1 und die peroxisomale Katalase zu Acetaldehyd oxidiert werden (Abb. 39.9).

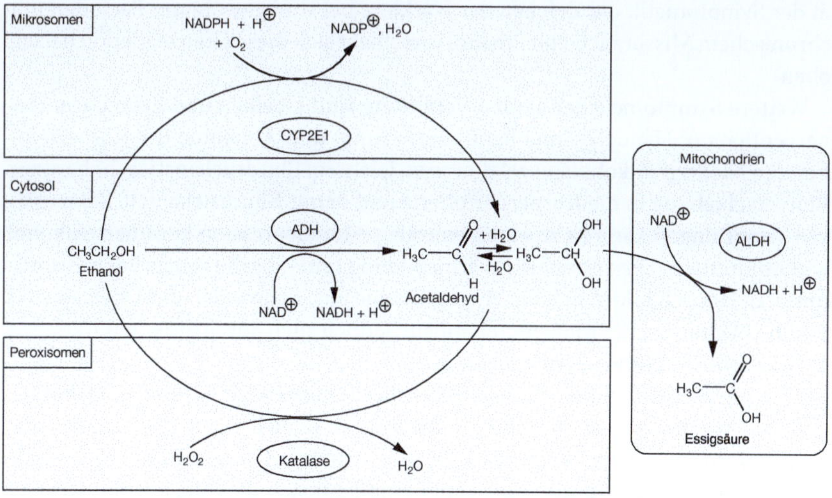

Abb. 39.9 Biotransformation von Alkohol zu Acetaldehyd durch Alkoholdehydrogenase (ADH), Cytochrom P450 (CYP2E1) und Katalase. Oxidation von Acetaldehyd zu Essigsäure durch Aldehyddehydrogenase (ALDH).

Tab. 39.1 Akute zentralnervöse Alkoholwirkungen bei nicht gewöhnten Personen.

Blutalkoholkonzentration (‰)	Erscheinungen
0,3	Erste erfassbare Gangstörungen
0,4	Vigilitätseinschränkung messbar, Gesichtsfeld leicht eingeschränkt
0,5	Blindzielbewegungen leicht gestört, (Finger-Finger-Versuch, Finger-auf-die-Nase-Versuch), Grenze der Fahr- und Verkehrstüchtigkeit
0,7	Leichter Nystagmus
1,0	Mäßiger Rauschzustand
1,4	Kräftiger Rausch, Grenze für koordinierte Reaktionen
2,0	Bewusstsein stark eingetrübt, Erinnerungsvermögen aufgehoben
4,0–5,0	Tödliche Grenzkonzentration

Akute und chronische Wirkungen des Konsums alkoholischer Getränke
Ursachen für akute Vergiftungen sind überwiegend Trinkexzesse („Besäufnisse"). Eine akute Vergiftung mit Ethanol hat sehr charakteristische Symptome mit ausgeprägter Dosisabhängigkeit (Tab. 39.1). Bei Blutspiegeln über 2 ‰ überwiegen in der Symptomatik die Zeichen der Narkose, bei trinkgewöhnten Personen mit chronischem Missbrauch von Ethanol verschiebt sich diese Grenze merklich nach oben.

Weitere Symptome einer akuten Vergiftung sind Übelkeit und Erbrechen, Hyperventilation, Hypoglykämie (Unterzuckerung) und Abnahme der Körpertemperatur. Niedrige Alkoholspiegel führen zu leichtem Blutdruckanstieg, höhere zur Blutverschiebung in die Körperperipherie und damit Blutdruckabfall. Bei massiven Vergiftungen kann es zu einer zentralen Atemdepression kommen. Alkohol wirkt diuretisch. Die vermehrte Wärmebildung und -abgabe steigert den Grundumsatz, dadurch bildet sich die Hypoglykämie aus. Schwindel und Übelkeit sind durch Lokalreiz an der Magenschleimhaut, jedoch auch durch direkte Wirkungen auf das zentrale Nervensystem bedingt.

Eine intensivmedizinische Therapie ist bei schweren Vergiftungen, insbesondere bei Mischintoxikationen mit Arzneimitteln oder Drogen in suizidaler Absicht, erforderlich. Charakteristisch für eine massive Alkoholvergiftung sind die Hypoglykämie und Hypothermie, daher empfiehlt sich die Infusion von 10%iger Glukose und Abdecken des Patienten. Wegen fehlender Adsorption von Ethanol an Aktivkohle ist eine Therapie mit Aktivkohle nicht wirksam. Eine Magenspülung führt ebenfalls nicht zu einer Reduktion der Alkoholdosis, da Ethanol sehr schnell aus dem Magen-Darm-Trakt resorbiert wird. Bei lebensgefährlichen Konzentrationen (abhängig vom Zustand des Patienten ab 3 ‰) kann Ethanol durch Hämodialyse entfernt werden.

> Zielorgane der chronischen Aufnahme hoher Dosen an Ethanol sind in erster Linie die Leber, gefolgt vom Nervensystem und dem kardiovaskulären System.

Leberschäden sind die häufigste und schwerwiegendste Folge des chronischen Alkoholmissbrauchs. Der Mechanismus der Leberschädigung durch Ethanol ist komplex. Langfristige Aufnahme hoher Dosen an Ethanol induzieren in der Leberzelle eine Kaskade von pathophysiologischen Ereignissen. Diese umfassen Akkumulation von Triglyceriden und von Proteinaddukten des Acetaldehyds, Lipidperoxidation und Ausscheidung von Zytokinen (regulatorische Peptide, die Zellwachstum, Differenzierung und Immunantwort verändern können). Das erste Stadium einer chronischen Ethanolvergiftung ist die Alkohol-Fettleber, die durch Einlagerung von Lipiden aus den im Überschuss aus dem Ethanolmetaboliten Essigsäure gebildeten Fettsäuren entsteht. Die Fettansammlung ist initial reversibel, kann aber zu einer stationären Fettleber führen. Auf dem Boden der Fettleber bildet sich oft eine Fettleber-Hepatitis mit massiver Proliferation des Bindegewebes und Zerstörung der normalen Leberarchitektur aus. Als Folge entsteht eine progressive Leberzirrhose. Die kritische Dosis und Zeitdauer für die Entwicklung einer Fettleber liegt bei einer Aufnahme von etwa 40–80 g (reinem) Ethanol/Tag für Männer über einen Zeitraum zwischen fünf und zehn Jahren, Schwellen für Hepatitis und Entwicklung einer Leberzirrhose werden bei täglichen Ethanolaufnahmen von 80–160 g/Tag über die Dauer von mehr als zehn Jahren angenommen, Frauen sind empfindlicher als Männer. Der chronische Konsum von hohen Alkoholmengen ist eindeutig mit der Entwicklung von Leberkrankheiten assoziiert ist, aber weniger als 20 % der Alkoholabhängigen entwickeln Leberkrankheiten. Daher können weitere Faktoren wie Art des konsumierten Alkohols (Bier, Wein, Brände) sowie interindividuelle Unterschiede in Alkoholkonsum, Ernährung und Immunantwort eine Rolle spielen. Alkoholentzug kann noch in fortgeschrittenen Stadien der Fettleber die Entwicklung einer Leberzirrhose verlangsamen oder anhalten.

Alkoholabhängige Personen haben häufig einen chronischen Tremor (Händezittern), der morgens ausgeprägter ist als am Abend. Der Tremor resultiert wahrscheinlich aus der erhöhten Catecholaminstimulation der β-adrenergen Rezeptoren.

Chronischer Alkoholabusus ist neben Diabetes mellitus die häufigste Ursache einer Nervendegeneration (periphere Polyneuropathie). Typische Symptome sind Parästhesien und Schmerzen an Füßen und Händen sowie abgeschwächte Reflexe, Muskelatrophien und leichte Lähmungserscheinungen.

Entzugssymptome (Tremor, Tachykardie, Angst) und in seltenen Fällen Delirium tremens werden durch das abrupte Absetzen eines lang andauernden und exzessiven Alkoholkonsums induziert; ein Delirium tremens kann jedoch auch nach einem ausgeprägten Alkoholexzess auftreten. Die klinische Symptomatik der Entzugssymptome umfasst Schreckhaftigkeit, Beschäftigungsunruhe, grobschlägiger Tremor, optische und akustische Halluzinationen sowie Desorientiertheit. Zahlreiche vegetative Symptome wie Mydriasis (Pupillenweitstellung), Schwitzen, Gesichtsrötung, Beschleunigung der Atmung und starke Schwankungen des Blutdrucks treten ebenfalls auf. Im Gegensatz zur blutdrucksenkenden Wirkung einmaliger geringer Alkoholdosen führt chronischer Ethanolabusus zu einer Erhöhung des Blutdrucks und einer erhöhten Häufigkeit von kardiovaskulären Erkrankungen. Chronischer Alkoholabusus führt auch bei beiden Geschlechtern zur Beeinträchtigung der Fertilität. Als Ursache werden Einflüsse auf involvierte Hirnstrukturen diskutiert, bei Männern auch die direkte Schädigung der Hoden.

Alkoholabusus durch die Mutter ist auch die bei Weitem häufigste Ursache für eine Schädigung des Embryos durch exogene Faktoren (Alkoholembryopathie). Bei mehr als der Hälfte der Kinder mit Alkoholembryopathie finden sich intrauteriner Minderwuchs, Mikrozephalus (pathologisch kleiner Kopf) mit charakteristischen Missbildungen am Kopf und Gesicht sowie Retardierung der Entwicklung. Die bei alkoholkranken Schwangeren auftretenden Unterzuckerepisoden sowie Fehlernährung können an der Entwicklung einer Alkoholembryopathie beteiligt sein.

39.2.4.3 **Glykole**

Diole wie Ethylenglykol (1,2-Ethandiol) und Propylenglykol (1,2-Propandiol) werden für viele technische Anwendungen genutzt. 1,2-Ethandiol wird als Zusatz zum Kühlwasser für Verbrennungsmotoren in Fahrzeugen zur Erniedrigung des Festpunktes (Frostschutzmittel) und teilweise auch als Lösungsvermittler in Kosmetika verwendet. Ethylenglykol ist eine süß schmeckende Flüssigkeit mit ähnlichen Wirkungen wie Ethanol, wegen des süßlichen Geschmacks wurde 1,2-Ethandiol auch in geringen Mengen zur Süßung von Wein verwendet. 1,2-Ethandiol hat eine charakteristische akute Toxizität auf die Niere, die auf seine oxidative Biotransformation zurückzuführen ist (Abb. 39.10); Nierenschäden werden auch nach chronischer Aufnahme von Ethylenglykol beobachtet. Als Endprodukt der Oxidation von 1,2-Ethandiol wird Oxalat gebildet, das mit Ca^{2+}-Ionen zum in Wasser schwer löslichen Calciumoxalat reagiert. Während der Konzentration des Harns in den Nierentubuli kann Kalziumoxalat ausfallen und durch die Bildung von Kristallen die Nierenfunktion beinträchtigen. Das eigentlich toxische Zwischenprodukt im Stoffwechsel von 1,2-Ethandiol scheint jedoch Glyoxylsäure (CHO–COOH) zu sein, der eine direkte toxische Wirkung auf Nierentubuli zugeschrieben wird. Ausgeprägte Vergiftungen mit 1,2-Ethandiol führen zum urämischen Koma und eine orale Aufnahme von 100–200 ml 1,2-Ethandiol kann zu einer lebensbedrohenden Vergiftung führen. Therapeutisch ist frühzeitige Dialyse, um die Nierenfunktion aufrechtzuerhalten, notwendig. Bei der Vergiftungsbehandlung können eine Oxidation von 1,2-Ethandiol, wie bei der Methanolvergiftung, und Hemmstoffe der ADH wie Ethanol oder 4-Methylpyrazol als Antidote eingesetzt werden.

1,2-Propandiol ist nur wenig giftig und wird daher oft als Lösemittel für schwer wasserlösliche Stoffe verwendet. 1,2-Propandiol wird ebenfalls metabolisch oxidiert, dabei werden aber die nur sehr wenig toxischen Verbindungen Milchsäure und Brenztraubensäure gebildet.

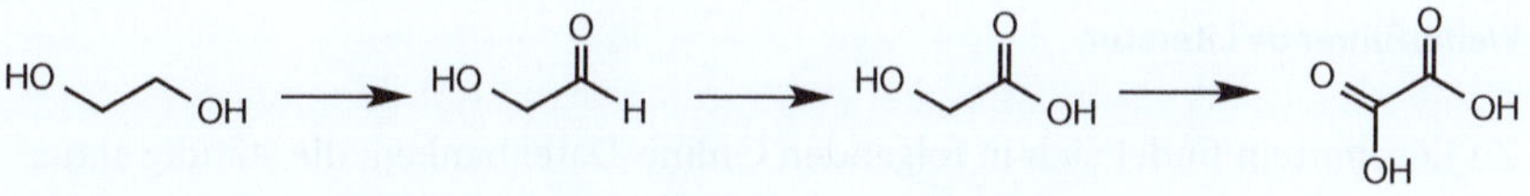

Abb. 39.10 Biotransformation und Aktivierung von 1,2-Ethandiol.

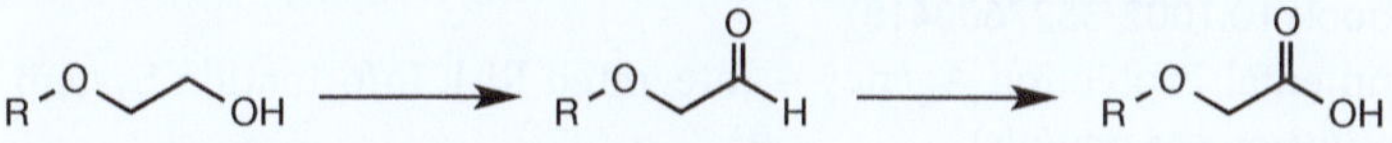

Abb. 39.11 Bioaktivierung von Glykolethern.

Glykolether werden als Farbverdünner, zur Lösung von Kunststoffen und in Klebstoffen angewendet. Für diese gut bioverfügbaren Stoffe sind beim Menschen bei sehr hohen Expositionen Schädigungen von Leber und Niere beobachtet worden. Langfristige Exposition von Versuchstieren gegenüber hohen Dosen an 2-Methoxyethanol, 2-Ethoxyethanol und 1-Methoxy-2-Propanol resultierte in toxischen Wirkungen auf die Hoden mit Sterilität als Folge; bei Exposition während der Trächtigkeit wurden Missbildungen und erhöhte Absterberaten der Embryonen beobachtet. Diese toxischen Wirkungen beruhen ebenfalls auf Bioaktivierungsreaktionen, so wird 2-Methoxyethanol zu 2-Methoxyessigsäure als toxischen Metaboliten umgesetzt (Abb. 39.11). Dieser toxische Metabolit scheint die Funktion von Mitochondrien zu beeinträchtigen, die spezifischen Wirkungen auf die männlichen Reproduktionsorgane können durch den hohen Energiebedarf der Hoden erklärt werden.

39.3 Zusammenfassung

Alle Lösungsmittel führen, wenn auch mit unterschiedlicher Intensität, zu alkoholähnlichen Wirkungen auf das Zentralnervensystem, sodass viele der Stoffe als Narkosemittel eingesetzt wurden. Diese bei hoher Belastung im Vordergrund stehenden Wirkungen gehen von den Stoffen selbst aus. Bei Langzeitexpositionen beruhen die toxischen Veränderungen vor allem auf der Wirkung der Metaboliten mit unterschiedlicher Organspezifität, sodass je nach Ausgangsstoff sehr unterschiedliche, aber substanzspezifische Intoxikationen auftreten können.

Die meisten Lösungsmittel sind schleimhautreizend, sodass sehr hohe Luftkonzentrationen zu toxischen Lungenreizungen führen können.

Lösungsmittel entfetten die Haut und entfernen damit den bakteriziden, fetthaltigen Schutzmantel. Wiederholter Hautkontakt führt daher zu rissiger Haut und bakteriellen Entzündungen.

Lösemittelvergiftungen zeigen typische Symptome, die oft sehr stoffspezifisch sind und, wie alle toxischen Wirkungen, entscheidend von der Expositionsdauer und Expositionshöhe geprägt werden.

Weiterführende Literatur

Zu Lösemitteln findet sich in folgenden Online-Datenbanken, die ständig aktualisiert werden:

- The MAK Collection for Occupational Health and Safety (http://onlinelibrary.wiley.com/book/10.1002/3527600418).
- US Environmental Protection Agency – Integrated Risk Information System (IRIS) (http://www.epa.gov/iris).
- Agency for Toxic Substances and Disease Registry (ATDSR) (http://www.atsdr.cdc.gov/).

40
Treibstoffe, Erdölprodukte wie Bitumen

E. Pospischil

40.1
Einleitung

Treibstoffe oder auch Kraftstoffe sind chemische Verbindungen und deren Gemische, die durch Freisetzung ihrer chemischen Energie bei Verbrennung in Maschinen in Antriebskraft umgewandelt werden. Dient dies zum Antrieb von Fortbewegungsmitteln wie Kraftfahrzeuge, Flugzeuge und Schiffe, spricht man von Kraftstoffen. Der Begriff „Treibstoff" wird üblicherweise in der Schifffahrt und der Luft- und Raumfahrt verwendet.

Die Einstufung und Kennzeichnung der hier besprochenen Produkte sind in der GESTIS-Stoffdatenbank zu finden (www.dguv.de/ifa/stoffdatenbank).

40.2
Herstellung oder Gewinnung von Kraftstoffen und Erdölprodukten, Erdöldestillation

Gasförmige Treib- oder Kraftstoffe wurden historisch aus der Kohle- oder Holzvergasung gewonnen, weitgehend werden diese aus der Erdgas- und Biogasaufbereitung hergestellt. Flüssige Treibstoffe stammen überwiegend aus der Erdölraffinerie und der Mineralölaufbereitung. Biologische Verfahren stellen die die Umesterung von Pflanzenölen zu Biodiesel dar. Die Herstellung von synthetischen Kraftstoffen für Dieselmotoren erfolgt durch das Gas-to-Liquid-Verfahren (GtL-Verfahren) auf Basis von Erdgas. Die gewonnene farb- und geruchlose Flüssigkeit ist völlig schwefelfrei und enthält weder aromatische Verbindungen noch organischen Stickstoff.

Grundlage der Mineralölverarbeitung ist das Rohöl. Es ist kein einheitliches Produkt und weist in Abhängigkeit der Lagerstätten unterschiedliche Eigenschaften und chemische Zusammensetzungen auf. Chemisch liegen sowohl gerad- und verzweigtkettige aliphatische als auch aromatische Kohlenwasserstoffe vor, weiter Schwefel- und Stickstoffverbindungen. Sogenannte paraffinische Rohöle enthalten einen hohen Anteil paraffinische Kohlenwasserstoffe, Paraffine und hochwer-

Das Toxikologiebuch, 1. Auflage. Helmut Greim (Hrsg.).

tige Öle, während asphaltähnliche Rohöle mehr Cycloparaffine und hochvisköse Schmieröle enthalten.

Im Rahmen der Erdöldestillation werden aus Rohöl durch Trenn- und Prozessverfahren intermediär chemische Gemische gewonnen, die eine komplexe Mischung verschiedener Kohlenwasserstoffe aufweisen. Diese werden in weiteren Prozessverfahren zu vielen kommerziellen Produkten verarbeitet, Beispiele sind Kraftstoffe wie Benzin, Diesel, Lösemittel oder Schmieröle und Bitumen.

Klassifiziert werden die einzelnen Fraktionen auf Basis ihres Destillationsverhaltens, des Siedepunkts und ihrer Dichte. Beispiele sind niedrig siedende Kohlenwasserstoffe mit C5 bis C9 Kohlenstoffatomen pro Molekül und einem Siedepunkt von 30–160 °C, sog. Leichtbenzine oder Leichtnaphta. Diese und höherkettige aliphatische Gemische werden als Lösemittel wie „Terpentinersatz", „White spirit" oder „Naphtha" weitverbreitet verwendet. Die darin enthaltenen Verbindungen weisen eine Kohlenstoffkettenlänge von C7 bis C12 Kohlenstoffatome pro Molekül und einen Siedebereich von 150–220 °C auf. Höher siedende Lösemittel mit einem Siedepunkt von 160–30 °C enthalten mehr als neun Kohlenstoffatome.

Schmieröle, Fette und Wachse haben einen Siedebereich von 300–700 °C und werden aus den Rückständen der Rohöldestillation durch Hochvakuumdestillation gewonnen. Hochviskose oder zum Teil bröckelig-feste Rückstände werden zu Bitumen weiterverarbeitet. Diese enthalten hochmolekulare aromatische und heterozyklische Kohlenwasserstoffe, Harze aus ungesättigten Kohlenwasserstoffen sowie polyzyklische Kohlenwasserstoffe.

In Abb. 40.1 wird das Verfahren der Erdöldestillation und der einzelnen Prozessschritte zur Gewinnung der verschiedenen Produkte dargestellt und in Relation zur groben Klassifizierung der Inhaltsstoffe gebracht.

IP 346-Methode

Zur Beurteilung des Gehaltes an polyzyklischen aromatischen Kohlenwasserstoffen (3–7 Ringe) wurde die Extraktionsmethode IP 346 mittels DMSO (Dimethylsulphoxid) eingeführt. Diese kann bei den Produkten aus der Vakuumdestillation (Schmier-, Spindelöle, aromatische Extrakte) eingesetzt werden; liegt der Extraktionsgehalt $< 3\,\%$, so kann eine Einstufung als kanzerogen entfallen. Diese Extraktionsmethode ist aber nicht für Bitumen, Asphaltene oder Harze der Vakumdestillation geeignet.

40.3 Flüssige Kraftstoffe

40.3.1 Kerosin, Petroleum

Synonyme: sind unter anderem Düsentreibstoff, Flugturbinenkraftstoff, Leichtöl oder Turbinenpetroleum.

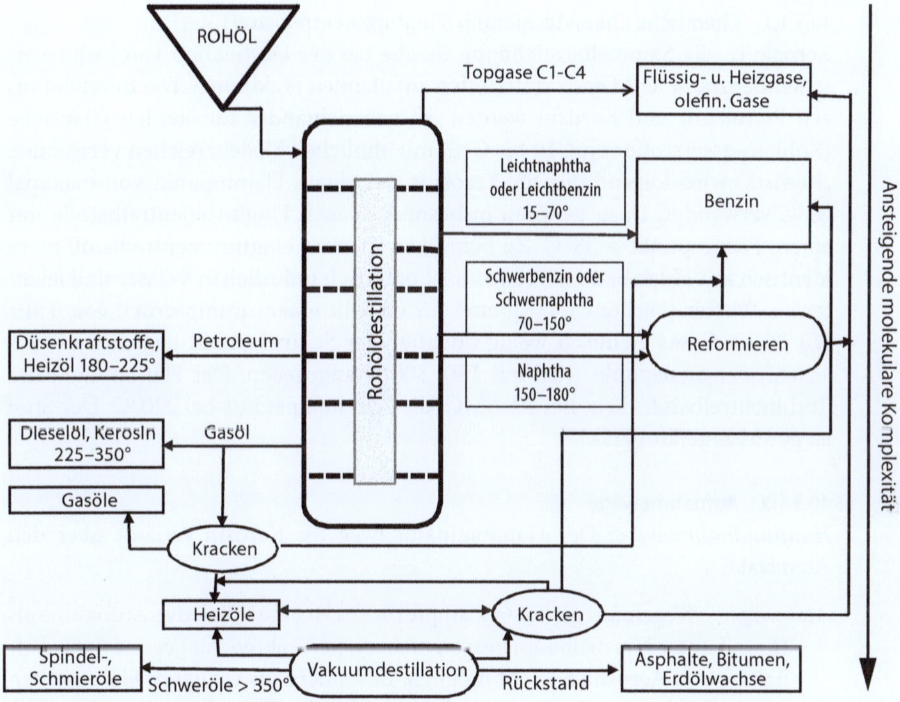

Abb. 40.1 Erdöldestillation (modifiziert nach Römpp).

Die Hauptbestandteile des Kerosins sind vorwiegend Alkane, Cycloalkane und aromatische Kohlenwasserstoffe mit etwa 8–13 Kohlenstoffatomen pro Molekül. Dies soll garantieren, dass nicht zu früh eine Zündung erfolgt und eine fast rückstandsfreie Verbrennung gewährleisten. Je nach Einsatz und Verwendung gibt es sowohl für die zivile als auch für die militärische Luftfahrt verschiedene Spezifikationen, die durch unterschiedliche Additive differenziert werden können. Wesentlich sind die Unterschiede im Flamm- und Gefrierpunkt. Beispiele sind für die zivile Luftfahrt: Jet A, Jet A-1, Jet B oder TS-1; für die militärische Luftfahrt: JP-1, JP-2, JP-3, JP-4 (NATO-Code F-40), JP-5 (NATO Code F-44), JP-6, JPTS, JP-7 und JP-8. Antistatikmittel sollen die elektrostatische Aufladung bei der Betankung verhindern (Dinonylnaphthylsulfonsäure, 1–5 mg/l, hautreizend) und Antioxidantien eine gummiartige Ablagerung vermeiden. Metalldeaktivatoren und Korrosionsschutzmittel sollen die Korrosion in den Tanks und Leitungen verhindern. Einige dieser Substanzen haben auch schmierfähigkeitsverbessernde Eigenschaften. Vereisungsschutzmittel sollen die Bildung von Wassereiskristallen bei Flügen in großen Höhen verhindern (z. B. Glykolether wie Diethylenglykolmonomethylether/DEGME, fetotoxisch).

GHS-Einstufung und Kennzeichnung von Turbinentreibstoff (CAS-Nr.: 8008-20-6) siehe www.dguv.de/ifa/stoffdatenbank.

40.3.1.1 Chemische Charakterisierung (Flugturbinentreibstoff)

Kerosin ist die Sammelbezeichnung für die bei der Destillation von Erdöl zwischen Benzinen und Dieselkraftstoffen anfallenden Fraktionen. Die Bezeichnungen Petroleum und Kerosin werden oft nebeneinander für ähnlich Gemische (Kohlenwasserstoffe von C10 bis C16) mit ähnlichen Siedebereichen verwendet. „Kerosin" wird folgend nur für Kerosine mit einem Flammpunkt von maximal 60 °C verwendet. Dazu gehören insbesondere auch Flugturbinentreibstoffe mit einem Flammpunkt > 38 °C. Zu bemerken ist, dass Flugturbinentreibstoff nicht identisch mit Flugbenzin ist. Kerosin ist praktisch unlöslich in Wasser und leichter als Wasser (Dichte ca. 0,8 g/cm^3, 15 °C). Mit einem Dampfdruck von 3 hPa (20 °C) ist dieses Gemisch wenig flüchtig. Der Schmelzpunkt liegt bei −48 bis −26 °C, der Siedepunkt wird mit 150–300 °C angegeben. Der Flammpunkt des Turbinentreibstoffs liegt bei 49–55 °C, die Zündtemperatur bei 220 °C. Der Stoff ist gewässergefährdend.

40.3.1.2 Aufnahmewege

Hauptaufnahmewege: Der Hauptaufnahmeweg für Kerosin verläuft über den Atemtrakt.

Atemwege: Wegen des geringen Dampfdruckes ist eine inhalative Aufnahme als Dampf unter Normalbedingungen nicht zu befürchten, hingegen ist die Aufnahme von Aerosolen leicht möglich. Besonders aus erhitzten Flüssigkeiten ist eine effektive Resorption durch Aerosole oder Dämpfe gegeben.

Haut: Eine Penetration der intakten Haut bei kurzzeitigem Kontakt ist praktisch vernachlässigbar.

Verdauungstrakt: Eine Resorption toxikologisch bedeutsamer Mengen über den Magen-Darm-Trakt ist durch mehrere ingestive Vergiftungsfälle bewiesen (systemische Wirkungen).

40.3.1.3 Wirkungsweisen

Akut: entfettende und reizende Wirkung auf die Haut, Lungenschädigung bei Inhalation höher konzentrierter Aerosole (Aspiration), Depression des Zentralnervensystems.

Chronisch: Hautveränderungen; für neurotoxische Wirkungen von Kerosin liegen keine Angaben vor.

Reproduktionstoxizität, Mutagenität, Kanzerogenität

Sowohl für die Reprotoxizität als auch für die Mutagenität liegen keine gemischspezifischen Angaben vor.

Kanzerogenität: Tierexperimentelle Anhaltspunkte hinsichtlich einer kanzerogenen Wirkung von insbesondere schwerer flüchtigen Gemischkomponenten (Nieren- und Lebertumore) liegen vor. Die Relevanz für eine menschliche Exposition ist bisher epidemiologisch nicht bestätigt.

Stoffwechsel und Ausscheidung

Differenzierte Untersuchungen zur Metabolisierung und Ausscheidung von Kerosin liegen nicht vor. Einzelnen Komponenten von Kerosin nach Resorption dürften vorwiegend oxidativ metabolisiert und in konjugierter Form über die Nieren ausgeschieden werden.

40.3.2
Benzin

Synonyme: Ottokraftstoff, Vergaserkraftstoff, Normalbenzin, Superbenzin, Benzin normal und Benzin super

Die Hauptbestandteile des Benzins sind Alkane, Alkene, Cycloalkane und aromatische Kohlenwasserstoffe (z. B. Benzol, Xylol, Toluol) mit 5–12 Kohlenstoffatomen pro Molekül und einem Siedebereich zwischen 25 °C und ≈ 210 °C. Daneben werden dem Rohbenzin noch diverse Ether (wie MTBE, ETBE) und Alkohole (Ethanol) beigemischt. Die Ether bzw. Ethanol erhöhen die Klopffestigkeit des fertigen Benzins. Herstellungs- und spezifikationsbedingt sind Aromaten wie Toluol, Xylol und Benzol bis zu 2–4 Vol.% enthalten. Die Zugabe von Additiven ist in gewissen Mengen erlaubt: z. B. Antioxidantien, Farbstoffe, reinigende, schmierende, rostverhindernde Mittel. Seit 2000 ist „verbleites" Benzin in der EU verboten, damit wurde ein wesentlicher Umweltschutzaspekt erfüllt. Durch das Abmischen (Blending) können verschiedene Spezifikationen erfüllt werden, wie z. B. *ROZ* (*R*esearch-*O*ktan-*Z*ahl) oder Dichte. Die ROZ gibt die Klopffestigkeit an und schützt den Motor vor frühzeitiger Zündung. Wiewohl Benzin eines der häufigsten verwendeten chemischen Alltagsprodukte ist, darf das erhebliche toxische Potenzial nicht vergessen werden.

40.3.2.1 Chemische Charakterisierung

CAS-Nr.: 8006-61-9
EG-Nr.: 232-349-1

„Benzin" ist ein Gemisch von ca. 150 Kohlenwasserstoffen mit 5–12 C-Atomen, in dem neben Alkanen noch wechselnde Anteile von Alkenen, Cycloalkanen und -alkenen sowie Aromaten enthalten sein können. Benzin ist eine extrem entzündbare Flüssigkeit, deren Dämpfe mit Luft explosive Gemische bilden. Es ist sehr schwer löslich in Wasser und leichter als Wasser (Dichte 0,78 g/cm^3, 20 °C). Mit einem Dampfdruck von 700–900 hPa, 50 °C bzw. 1100 hPa, 65 °C ist dieses Gemisch leicht flüchtig.

Siedepunkt:	30–215 °C
Flammpunkt:	< −35 °C
Zündtemperatur:	ca. 220 °C

40.3.2.2 **Aufnahmewege**

Hauptaufnahmewege: Der Hauptaufnahmeweg für Ottokraftstoff verläuft über den Atemtrakt.

Atemwege: Die Resorptionsrate von Dämpfen aus dem Vielkomponentengemisch zu bestimmen ist nicht möglich. Infolge tierexperimentell nachgewiesener systemischer Effekte muss jedoch mit einer guten Resorption toxikologisch relevanter Komponenten gerechnet werden.
Verschiedene bekannte Bestandteile des Gemisches (Benzol, Toluol, Hexan und andere Aliphaten, Cycloaliphaten und Olefine, aber auch die als Oxygenate zugesetzten Stoffe Methanol oder Methyl-tert-butylether) sind nachgewiesenermaßen gut resorbierbar.

Haut: Verlängerter und wiederholter intensiver Kontakt führt durch die Hautentfettung und Störung der normalen Membranfunktion zu einer Resorptionsverstärkung der sonst weniger gut penetrierenden Einzelkomponenten des Stoffgemisches. Bei kurzzeitigem Kontakt ist die Resorbierbarkeit eingeschränkt.

Verdauungstrakt: Toxikokinetische Untersuchungsergebnisse liegen auch aus Tierexperimenten nicht vor. Nach akzidenteller oraler Aufnahme durch den Menschen wurden jedoch in verschiedenen Geweben, insbesondere in Leber und Lunge, höhere Konzentrationen einiger Benzinkomponenten gefunden, sodass zumindest die effektive Resorption der C5-und C6-Aliphaten sowie von Benzol und Toluol erwiesen ist.

40.3.2.3 **Wirkungsweisen**

Akut: schleimhautreizende Wirkung von Dämpfen bzw. Flüssigkeit, Hautentfettung bei direktem Kontakt. Kurzzeitiger Kontakt mit der gesunden Haut führt im Allgemeinen nicht zu Reizerscheinungen, verlängerte Hautbenetzung kann jedoch Entfettung, Austrocknung und Brüchigwerden sowie möglicherweise Entzündungen der Haut hervorrufen. In einigen Fällen wurden bei Unfällen auch verbrennungsähnliche Hautveränderungen beobachtet. Bei fortgesetzter Einwirkung hoher Dampfkonzentrationen tritt ein erhebliches narkotisierendes Potenzial mit der Symptomatik Kopfschmerz, Schwindelgefühl, Übelkeit, Konfusion bis zur Bewusstlosigkeit hervor. Über Herzfunktionsveränderungen (Herzrhythmusstörungen) wurde berichtet. Ein sensibilisierendes Potenzial ist selten, wurde aber in Einzelfällen beobachtet (hervorgerufen evtl. auch durch Zusatzstoffe). Bei geringen inhalativen Expositionen (kurzzeitig und selten) rufen weder die Kohlenwasserstoffkomponenten (einschließlich Benzol und Hexan) noch andere Zusatzstoffe Gesundheitsbeeinträchtigungen hervor. Expositionen > 500–1000 ppm können irritativ auf den oberen Respirationstrakt wirken. Der Zusatz von Oxygenaten, insbesondere von Methanol, aber auch von Methyl-tert-butylether führt insgesamt zu einer Verstärkung der toxischen Wirkung.

Chronisch: Häufiger Hautkontakt kann Entfettung, gelegentlich auch Wasseransammlungen und Rötungen mit Neigung zu Superinfektionen zur Folge haben. Langzeitige inhalative Exposition kann zu Schädigungen des peripheren und zentralen Nervensystems führen (Parästhesien, Sensibilitätsausfälle, motorische Schäden). Betroffene Personen klagten über Schlaflosigkeit, Schwäche, Schwindel, Konzentrations- und Gedächtnisschwäche, Gangschwierigkeiten, Apathie, Depressionen, Affektlabilität, Müdigkeit, allgemeine Leistungsschwäche, Impotenz und Halluzinationen.

Reproduktionstoxizität, Mutagenität, Kanzerogenität

Für die Reproduktionstoxizität sind keine ausreichenden Angaben verfügbar.

Mutagenität: Angaben zu verschiedenen *In-vitro-* und *In-vivo-*Untersuchungen, überwiegend mit negativem oder schwach positivem Ergebnis, liegen vor. Eine eindeutige Bewertung kann jedoch, vor allem wegen unklarer Zusammensetzung der Gemische, nicht vorgenommen werden.

Kanzerogenität: Es liegen keine ausreichenden Angaben vor. Anhaltspunkte aus Tierexperimenten hinsichtlich einer karzinogenen Wirkung von insbesondere schweren flüchtigen Gemischkomponenten (Nieren- und Lebertumoren) liegen vor. Dies wurde hauptsächlich auf den Gehalt von Motortreibstoff an Benzol und Butadien zurückgeführt und epidemiologisch belegt.

Stoffwechsel und Ausscheidung

Differenzierte Untersuchungen zur Metabolisierung und Ausscheidung von Ottokraftstoff (als Gemisch) liegen nicht vor. Eine Eliminierung durch Exhalation ist nachgewiesen. Es ist anzunehmen, dass die einzelnen Komponenten von Ottokraftstoffen nach Resorption in den Organismus in z. T. bekannter Weise metabolisiert und über die Niere ausgeschieden werden. Über die Rolle des *n*-Hexans als Hauptursache für das neurotoxische Potenzial von Ottokraftstoffen besteht noch keine endgültige Klarheit.

40.3.3 Dieselkraftstoff

Synonyme: Dieselkraftstoff, Dieselfuels, Diesel, no. 2; Gasöl – nicht spezifiziert. Diesel ist ein Gemisch aus Kerosin, verschiedenen Mitteldestillatfraktionen, von zurzeit bis zu 7 Vol.% Biodiesel sowie verschiedenen Additiven. Diesel ist eine auf die erforderlichen Spezifikationen und Qualitäten zugeschnittene Mischung, ein „Blend". Die zur Verfügung stehenden Komponenten können stark schwankende Qualitäten (rohölabhängig) aufweisen, sodass jede Charge ggf. mit unterschiedlichen Mischungsverhältnissen (Kerosin/Leichtgasöl/Schwergasöl) hergestellt werden muss, um alle erforderlichen Spezifikationen erfüllen zu können. Um die Kälteeigenschaften von Dieselkraftstoff zu beeinflussen, muss im Winter ein erhöhter Anteil Kerosin beigemischt werden.

Diesel ist eine entzündbare Flüssigkeit, durch die Beimischung niedrig siedender Komponenten kann der Flammpunkt erheblich gesenkt werden (Flammpunkt > 55 °C). Die Dämpfe können mit Luft beim Erhitzen des Stoffes über seinen Flammpunkt explosive Gemische bilden und die Zündwilligkeit ist bei starker Erwärmung auch ohne Einwirkung einer Zündquelle sehr groß (Zündtemperatur unter 250 °C). Diesel ist in Wasser praktisch unlöslich und leichter als Wasser (Dichte $\leq$ 0,8–0,91 g/cm^3 bei 15 °C). Der Dampfdruck beträgt 0,4 hPa (40 °C).

Additive: Um die Zündwilligkeit des Dieselkraftstoffs zu erhöhen und die vorgegebenen Spezifikationen zu erfüllen, wird Tetranitromethan (krebserzeugend), Amylnitrat, Acetonperoxid oder 2-Ethylhexylnitrat in unterschiedlichen Konzentrationen zugegeben. Diese Zusätze erhöhen zum Teil die Giftigkeit (Toxizität) des Kraftstoffes.

Maßstab für die Zündwilligkeit ist die Cetanzahl (CZ). Je höher die Cetanzahl, desto geringer der Zündverzug, der die Zeitspanne zwischen Einspritzbeginn und Selbstzündung des Kraftstoffs kennzeichnet. Speziell im Winter, wenn dem Diesel (CZ > 51) erhöhte Mengen an Kerosin (CZ $\approx$ 45) zugemischt werden, sind solche Additive erforderlich.

40.3.3.1 **Aufnahmewege**

Der Hauptaufnahmeweg für Dieselkraftstoff verläuft über den Atemtrakt.

Atemwege: Infolge des relativ geringen Dampfdruckes ist eine inhalative Aufnahme als Dampf unter Normalbedingungen gering, jedoch in Form von Aerosolen deutlich höher. Eine effektive Resorption in den Atemtrakt gelangter Aerosole und Dämpfe (aus erhitzter Flüssigkeit) wird vorausgesetzt.

Haut: Eine Penetration der intakten Haut ist praktisch bei kurzem Hautkontakt nicht relevant.

Verdauungstrakt: Die Resorption toxikologisch relevanter Mengen ist über den Magen-Darm-Trakt gegeben und durch mehrere ingestive Vergiftungsfälle auch bewiesen (systemische Wirkungen) worden.

40.3.3.2 **Wirkungsweisen**

Akut: entfettende und reizende Wirkung auf die Haut, Lungenschädigung bei Inhalation höher konzentrierter Aerosole (Aspiration), Depression des Zentralnervensystems

Chronisch: Schädigungen der Haut sind nach chronischer Exposition zu erwarten (Follikelbildung und Dermatitiden). In einer dermalen Initiations-/Promotionsstudie zur kanzerogenen Wirkung von Dieselkraftstoffen wurden bei mehrwöchiger epikutaner Applikation an Mäusen reversible Hautveränderungen in Form von Hautrötung, Schorfbildung und Erosion beobachtet, die histopathologisch näher untersucht wurden (Hyperkeratose, Parakeratose, Plattenepithelhyperplasie, dermale Fibroplasie). Sensibilisierungen sind nicht sehr häufig, wobei diese den Additiven zugeschrieben wurden. Bisher liegen keine Angaben zur neurotischen Wirkungen bei Dieselkraftstoffen vor.

Reproduktionstoxizität, Mutagenität, Kanzerogenität

Es liegen keine ausreichenden gemischspezifischen Angaben zur Reprotoxizität und Mutagenität vor, auch sind die Angaben zur Kanzerogenität nur begrenzt aussagekräftig. Allerdings sind Additive wie Tetranitromethan krebserzeugend. Anhaltspunkte aus Tierexperimenten hinsichtlich einer kanzerogenen Wirkung von insbesondere schwerer flüchtigen Gemischkomponenten (Nieren- und Lebertumoren) liegen vor. An Mäusen wurde eine sehr schwache Hauttumor promovierende Wirkung eines Dieselkraftstoffes nachgewiesen, die mit einer ebenfalls sehr schwachen mutagenen Wirkung dieses Gemisches in Beziehung gesetzt wurde. Die Relevanz für eine menschliche Exposition ist bisher epidemiologisch nicht bestätigt. Eine GHS-Einstufung ist aber gegeben (Kanzerogenität, Kategorie 2; H 351).

Stoffwechsel und Ausscheidung

Es ist anzunehmen, dass Dieselkraftstoffe als Gemische nach Resorption vorwiegend oxidativ metabolisiert werden und über konjugierte Form über die Niere ausgeschieden werden.

Toxikologie der Emissionen von Dieselmotoren siehe Kapitel 44.

40.4 Weitere Erdölprodukte

40.4.1 Rohbenzine/Naphtha (ca. 35–180 °C)

Unterteilung: Leichtbenzine (35–100 °C), Schwerbenzine (100–180 °C)

Zusammensetzung: je nach Herkunft des Rohöls stark unterschiedlich. Es gibt z. B. naphthenische (Cycloalkane) Leichtbenzine mit geringem Schwefelgehalt und hoher Oktanzahl (westafrikanische Rohöle) oder paraffinische (alkanhaltige) Benzine mit etwas niedrigerer Oktanzahl und höherem Schwefelgehalt (Mittelost-Rohöle).

Verwendung: hauptsächlich als Rohstoff für die Benzinkraftstoffe, Rohstoff für Aromatenherstellung: BTX-Aromaten (Benzol, Xylol, Toluol) und Lösemittel

40.4.2 Naphtha (Erdöl), mit Wasserstoff behandelte schwere

Synonyme: Kohlenwasserstoffe, paraffinische und naphthenische, C6–C13, Siedebereich 65–230 °C, aromatenfrei; Stoddard Solvent IIC, White Spirit, entaromatisiert, White Spirit Type 3

CAS-Nr.: 64742-48-9
EG-Nr.: 265-150-3

Bei mit Wasserstoff behandeltem schwerem Naphtha (Erdöl) handelt es sich um ein komplexes Gemisch von Kohlenwasserstoffen, das durch Behandeln einer Erdölfraktion mit Wasserstoff in Gegenwart eines Katalysators hergestellt wird. Es besteht aus Kohlenwasserstoffen mit Kohlenstoffzahlen vorherrschend im Bereich von C6–C13, siedet im Bereich von etwa 65–230 °C und fällt bei der Erdölraffination an. Laut Definition der CAS-Nr. handelt es sich um ein aromatenfreies Gemisch. Aromaten würden für die Anwendung in Schmierölen durch ihre Oxidationsempfindlichkeit stören und bei hohen Temperaturen polyzyklische aromatische Kohlenwasserstoffe bilden. Es gibt keine toxikologischen Untersuchungen mit einem Gemisch, das genau der Definition der CAS-Nr. 64742-48-9 entspricht. In der Praxis werden wesentlich engere Siedeschnitte verwendet (z. B. Stoddard Solvent IIC, White Spirit Type 3), für die toxikologische Studien vorliegen. Aufgrund der ähnlichen Struktur dieser Kohlenwasserstoffe wird vermutlich bei allen im Metabolismus eine Oxidation an der Alkylkette oder am Ring zu Alkoholen, Aldehyden und Säuren bzw. Ketonen stattfinden. Deshalb ist zu erwarten, dass die Verbindungen dieser Gruppe eine qualitativ ähnliche Toxizität wie einzelne Vertreter (ZNS-Wirkung, Lebertumoren für verzweigte Verbindungen, Nierentoxizität) aufweisen.

40.4.3
Gasöle (ca. 250–400 °C)

Gasöle werden auch als Mitteldestillate bezeichnet. Sie fallen sowohl bei der atmosphärischen Destillation als auch bei der Vakuumdestillation an. Man unterteilt sie noch in die Leichtgasöle und die Schwergasöle.

Unterteilung: Leichtgasöle (250–350 °C), Schwergasöle (350–400 °C)
Verwendung: Leichtgasöle: leichtes Heizöl; Dieselkraftstoff; Schwergasöle: schweres Heizöl
Wachsdestillate (ab ≈ 400–550 °C)
Unterteilung nach Verwendung: Spindelöle, Schmieröle (hoher Paraffingehalt benötigt), Zylinderöle
Vakuumrückstand (ab ≈ 550 °C)
Verwendung: Bitumen, z. B. für Dachpappe, Straßenbau (Asphalt)

40.4.4
Bitumen und Asphalt

CAS-Nr.: 8052-42-4
EG-Nr.: 232-490-9

Bitumen (Plural: Bitumina) ist die Bezeichnung für die bei der schonenden Aufbereitung von Erdölen gewonnenen, schmelzbaren, hochmolekularen Kohlenwasserstoffgemische. Asphalt ist ein natürlich vorkommendes oder technisch hergestelltes Gemisch aus Bitumen oder bitumenhaltigen Bindemitteln und Mineralstoffen sowie gegebenenfalls weiteren Zusätzen bzw. Zuschlägen. In zahlreichen Bereichen der Bauwirtschaft wird Bitumen eingesetzt. Häufigste Anwendungsgebiete sind Walzasphalt und Gussasphalt im Straßenbau, Gussasphalt-Estriche im Hochbau sowie Bitumenbahnen im Dachdeckerhandwerk. Wird heißes Bitumen z. B. bei der Anwendung als Bestandteil von Gussasphalt mit Temperaturen von 230–250 °C verarbeitet, so werden komplex zusammengesetzte Aerosole und Dämpfe freigesetzt, die von den Beschäftigten inhalativ oder über die Haut aufgenommen werden können.

Schmelzpunkt: > 90 °C; erweicht zu einer viskosen Flüssigkeit
Siedepunkt: > 370 °C
Dichte: 1,0–1,1 g/cm^3

40.4.4.1 **Aufnahme**

Hauptaufnahmewege für Dämpfe und Aerosole aus erhitztem Bitumen verlaufen über die Atemwege und über die Haut. Bitumen selbst, das je nach Provenienz des Erdöls, aus dem es gewonnen wurde, aus 5–25 % Asphaltenen (polare, hochmolekulare, aromatische N-, S-, O-haltige Verbindungen), 5–20 % Paraffinen, 45–60 % zyklischen Verbindungen (Naphthene, Aromaten) und 15–25 % „Resins„ (polare Aromaten mit MG von ca. 800–2000) besteht, könnte bei intensivem Kontakt in relativ geringem Ausmaß ebenfalls über die Haut aufgenommen werden.

Atemwege: Infolge der Vielzahl der in die Dampf-/Aerosolphase übergehenden Einzelverbindungen sind generelle quantitative Aussagen zur Resorbierbarkeit nicht möglich. Die Ausscheidung von Metaboliten bestimmter Verbindungen (z. B. Pyren) im Harn von Exponierten zeigt jedoch, dass die Resorption zumindest einiger toxikologisch relevanter Substanzen angenommen werden muss.

Haut: Durch Erhitzen von Bitumen auf 160 bzw. 200 °C gewonnene Kondensate penetrieren offensichtlich sehr schnell die Haut. Der Nachweis von Bestandteilen des Gemisches im Urin sowie ausgelöste mutagene Wirkungen lassen den Schluss auf eine sehr gute Resorbierbarkeit über die intakte Haut zu.

Verdauungstrakt: In Tierexperimenten (an Schweinen) wurden nach oraler Applikation hoher Dosen keine Veränderungen beobachtet. Aus diesem Befund sowie aus der geringen Relevanz dieses Expositionsweges für den Menschen kann von einem diesbezüglich geringen Risiko ausgegangen werden.

40.4.4.2 **Wirkungsweisen**

Akut: Hautverbrennungen durch unsachgemäßen Kontakt mit heißem Bitumen, geringe Reizwirkung höherer Dampfkonzentrationen auf die Schleimhäute. Direkter Augenkontakt mit konzentrierten Dämpfen kann zu Irritationen führen.

Chronisch: Reizerscheinungen an Augen und Atemwegen, Störungen des Allgemeinbefindens; Hautveränderungen nach häufigem Kontakt. In wenigen Studien wurden auch Lungenfunktionsstörungen bei exponierten Personen berichtet, die jedoch entsprechend anderer Untersuchungen im relevanten Konzentrationsbereich selten aufzutreten scheinen.

Reproduktionstoxizität, Mutagenität, Kanzerogenität

Reproduktionstoxizität: Dazu gibt es keine Angaben.

Mutagenität: Bei exponierten Straßenbauarbeitern und Dachdeckern wurden DNA-Schäden in den peripheren Lymphozyten gefunden, die als Hinweis auf die mögliche Genotoxizität von bitumenbürtigen Substanzen gewertet wurden. Nach epidermaler Applikation wurden auch bei Ratten durch Bitumen-Dampf/Aerosol-Kondensate DNA-Schäden induziert und zwar auch in anderen Organen als der Haut. Diese Wirkungen wurden nicht auf den relativ geringen Gehalt an polyzyklischen aromatischen Kohlenwasserstoffen (PAK), sondern auf in größerer Menge vorhandene heterozyklische Aromaten zurückgeführt.

Kanzerogenität: Aus dem vorliegenden Informationsmaterial wurde abgeleitet, dass der Stoff als kanzerogen für den Menschen angesehen werden sollte. Offensichtlich spielt die Verarbeitungstemperatur > 199 °C eine wesentliche Rolle für das kanzerogen Potenzial. Die International Agency for Research on Cancer (IARC) stufte die berufliche Exposition bei Verwendung von oxidiertem Bitumen während Dacharbeiten als *wahrscheinlich krebserregend* für Menschen ein (Gruppe 2A), bei der beruflichen Exposition gegenüber Emissionen aus Hartbitumen und „Straight-run-Bitumen" bei Straßenasphaltierarbeiten als *möglich krebserregend* für Menschen (Gruppe 2B).

Stoffwechsel und Ausscheidung

Durch die äußerst heterogene Zusammensetzung des Substanzgemisches sind spezifische Angaben nicht möglich. Lediglich zum PAK-Anteil liegt die Information vor, dass das im Kondensat enthaltene resorbierbare Pyren z. T. über die Nieren als 1-Hydroxypyren eliminiert wird. Die gelegentlich beobachtete erhöhte Thioetherausscheidung im Urin von Exponierten, die als Indikator für Expositionen gegenüber elektrophilen, mutagenen Stoffen dienen kann, unterliegt zu vielen Einflüssen, um als spezifisch für eine Bitumenexposition gelten zu können.

40.5 Zusammenfassung

Aus Rohöl gewonnene Erdölprodukte werden in großen Mengen als Ausgangsprodukte für weitere Synthesen wie z. B. Kunststoffe verwendet. Eine der wichtigsten chemischen Produktklassen aus der Erdöldestillation sind aber Treibstoffe und bituminöse Arbeitsstoffe. Treibstoffe setzen sich aus sehr heterogenen Kohlenwasserstoffen zusammen, die dann deren chemische Eigenschaften bestimmen und so den Einsatz definieren. Trotz des komplexen Aufbaus sind die humantoxischen Eigenschaften oft weitgehend ähnlich. Entscheidend aber sind deren Gehalt an aromatischen Kohlenwasserstoffen wie Benzol oder polyzyklische Kohlenwasserstoffe. Diese definieren letztlich die krebserzeugende Potenz. Weitere Destillationsprodukte des Erdöls werden als Löse- oder Schmiermittel verwendet. Auch hier sind ähnliche toxische Eigenschaften bekannt. Die inhalative, aber auch die kutane Aufnahme wird bei diesen komplexen heterogenen Gemischen durch deren chemische Eigenschaften wie Siedepunkt, Dampfdruck oder Sättigungskonzentration bestimmt. Die wissenschaftlichen Daten zeigen zum Beispiel beim Verarbeiten von Bitumen, dass die Verarbeitungstemperatur für die toxischen Eigenschaften, insbesondere die der kanzerogenen Potenz, entscheidend verantwortlich ist. Nach Einstufungskriterien unter REACH und den Kennzeichnungsrichtlinien nach dem GHS-System sind diese als gefährliche Produkte gekennzeichnet. Bei der gewerblichen Anwendung oder bei Verwendung als Konsumentenprodukt ist daher darauf zu achten. Zudem sind die Schutzmaßnahmen einzuhalten, um die Gesundheitsrisiken dabei zu beherrschen.

Weiterführende Literatur

CONCAWE (1994) The use of DMSO-extract by the IP 346 method as an indicator of the carcinogenicity of lubricant based oils and distillate aromatic extract. Report no 94/51, Brussels.

CONCAWE (2010) Compilation of selected physical chemical properties of petroleum substances and sulfur. Report no 6/10, Brussels

CONCAWE (2012) REACH – Analytical characterization of petroleum UVCB substances. Report no. 7/12, Brussels.

GESTIS-Stoffdatenbank, www.dguv.de/ifa/stoffdatenbank, letzter Zugriff: 10.1.2017, Oktober 2015.

IARC (2013) *Bitumen and Bitumen Emissions, and Some N- and S-Heterocyclic Polycyclic Aromatic Hydrocarbons*, Bd. 103, WHO, Lyon.

IARC (2014) *Diesel and Gasoline Engine Exhausts and Some Nitroarenes*, Bd. 105, WHO, Lyon.

Mackerer, C.R., Griffis, I.L., Grabowski Jr., L.S. und Reitman, F.A. (2003) Petroleum mineral oil refining and evaluation of cancer hazard. *Appl. Occup. Environ. Hyg.*, **18**, 890–901.

Rühle, R., Musanke, U., Kolmsee, K., Prieß, R. und Breue, D. (2015) Bitumen emissions on workplaces in Germany. *J. Occ. Environ. Hyg.*, **4** (S1), 77–86.

41
Toxische Gase

K. Kehe und H. Thiermann

41.1
Einleitung

Entsprechend ihrer Wirkungsweise können die Gifte in der Atemluft in zwei Gruppen eingeteilt werden: systemisch wirkende und lokal schädigende (Reizgase). Die Gase aus der ersten Gruppe führen zum Ersticken durch Sauerstoffmangel in den Geweben und zu zentralem Atemversagen, während die zweite Gruppe wegen ihrer Reizwirkung die Atemwege schädigt und ein toxisches Lungenödem verursachen kann.

Um einen optimalen Gasaustausch zu gewährleisten, ist in der Lunge das Blut von der Atemluft nur durch eine sehr dünne Membran aus Alveolardeckzellen, Kapillarendothelien und der dazwischenliegenden Basalmembran getrennt. Damit gelangen gasförmige Stoffe, wie Sauerstoff oder andere in der Atemluft enthaltene Gase, die bis in den Bereich der Lungenbläschen (Alveolen) gelangt sind, praktisch ungehindert in das Blut und können sich im Organismus verteilen. Die Austauschfläche ist sehr groß, bei der menschlichen Lunge entspricht sie einem Tennisplatz (siehe Kapitel 18). Damit gelangen auch Gifte aus der Atemluft rasch in den Organismus, auch solche, die kaum die Haut penetrieren, wie Blausäure oder Schwefelwasserstoff.

41.2
Systemisch wirkende Atemgifte

41.2.1
Kohlenmonoxid

Kohlenmonoxid hat eine 300-fach höhere Affinität zum zweiwertigen Eisen im Hämoglobin (Hb) als Sauerstoff. Dadurch kommt es bereits bei relativ niedriger

Das Toxikologiebuch, 1. Auflage. Helmut Greim (Hrsg.).

CO-Konzentration in der Atemluft zur Bildung von COHb, das nicht mehr für den O_2-Transport im Gewebe zur Verfügung steht. Eine mehrstündige Exposition gegenüber 50 ml/m^3 CO in der Atemluft führt zu einer COHb-Konzentration von 5 %. Diese Belastung wird auch bei Rauchern erreicht und ist für Gesunde unbedenklich. Mit ersten Symptomen, wie Mattigkeit oder Kopfschmerzen, ist ab 10 % COHb zu rechnen.

41.2.1.1 **Vorkommen**

Bei jedem Brand von kohlenstoffhaltigen Verbindungen kann Kohlenmonoxid entstehen. Der Anteil nimmt mit abnehmender Verfügbarkeit von Sauerstoff zu, sodass mit schweren Vergiftungen in der Regel vor allem in geschlossenen Räumen gerechnet werden muss.

Durch eine Zunahme der Verwendung von kommerziell erhältlichen „Einmalgrill-Paketen", die für den Gebrauch im Außenraum bestimmt sind, kommt es vermehrt zu Unfällen, wenn diese unsachgemäß in Innenräumen benutzt werden. Auch defekte Heizvorrichtungen sowie die Benutzung offenen Feuers zu Heizzwecken in geschlossenen Räumen haben ebenso wie die Inhalation wenig verdünnter Autoabgase zu schweren Vergiftungen geführt. Der Aufenthalt an schlecht durchlüfteten Stellen viel befahrener Straßen (Unterführungen) kann Vergiftungssymptome verursachen, jedoch selten lebensbedrohliche. Methylenchlorid, das in Farbentfernern enthalten ist, wird im Organismus in CO umgewandelt. Der Umgang mit solchen Zubereitungen in schlecht durchlüfteten Räumen kann zur Vergiftung führen. Im Organismus entstehen geringe Mengen CO beim Hämoglobinabbau. Weiterhin hat CO als Gasotransmitter eine Bedeutung im Organismus. Die Blutkonzentration an hämoglobingebundenem CO (COHb) beim Nichtraucher liegt bei 0,4–0,7 %. Beim Rauchen einer Schachtel Zigaretten pro Tag steigt der COHb-Gehalt auf 4–8 % an. Natürliche Quellen des CO sind vor allem die atmosphärische Oxidation von Methan, Waldbrände und die Mikroorganismen in den Weltmeeren. Die Luft enthält normalerweise weniger als 0,001 % CO. Der MAK-Wert beträgt 30 ml/m^3 Luft.

41.2.1.2 **Wirkungsmechanismus**

Eine 300-fache höhere Affinität zum Hämoglobin führt bereits bei sehr niedrigen Konzentrationen von Kohlenmonoxid in der Atemluft zur Verdrängung von Sauerstoff und zum Sauerstoffmangel. Die Bindung an Hämoglobin ist reversibel $CO + Hb \leftrightarrow HbCO$.

Die Ursache der CO-Toxizität liegt in der Störung des Sauerstofftransportes im Blut und der daraus entstehenden Gewebshypoxie, wobei Organe und Gewebe mit hoher metabolischer Aktivität, wie Herz und Zentralnervensystem, besonders empfindlich reagieren. CO ist ein kompetitiver Antagonist des Sauerstoffs am zweiwertigen Eisen des Hämoglobins, allerdings mit 300-mal höherer Affinität. Damit reicht für die gleiche Sättigung des Hämoglobins eine 300-mal geringere Konzentration von CO in der Atemluft aus. Bei 21 % Sauerstoff ist das arterielle Blut weitgehend gesättigt. Nur etwa 0,1 % CO, d. h. 1000 ml/m^3, in der Atemluft führen daher zu einer COHb-Konzentration von 50 %. COHb kann keinen Sauerstoff transportieren. Darüber hinaus nimmt die Bereitschaft des Hämoglobins Sauerstoff abzugeben, mit zunehmender COHb-Konzentration ab und vermindert so zusätzlich die Verfügbarkeit von Sauerstoff im Gewebe. CO wird auch an das Fe^{2+} im Myoglobin und an andere Fe^{2+}-haltige Cytochrome gebunden. Dies ist jedoch wegen der geringen Affinität für den Vergiftungsverlauf ohne Bedeutung. Bei Schwangeren muss berücksichtigt werden, dass der Fetus durch das fetale Hämoglobin 10–15 % mehr CO aufnimmt als die Mutter, und dies bei niedrigerem Sauerstoffpartialdruck (Fetus 20–30 mmHg, Mutter 100 mmHg). Beim fetalen Hämoglobin ist die Abgabe von Sauerstoff im Gewebe erschwert (Dissoziationskurve nach links verschoben). Auch beim Neugeborenen findet man noch eine erhöhte Empfindlichkeit.

41.2.1.3 Verbleib im Organismus

> Kohlenmonoxid wird rasch über die Lunge aufgenommen und an Hämoglobin gebunden. Die Zeichen einer Kohlenmonoxidvergiftung sind nicht charakteristisch und können leicht verkannt werden. Spätschäden sind häufig und vor allem neuropsychiatrischer Art.

Die Geschwindigkeit der Aufnahme von CO über die Lunge wird von der Diffusion durch die Alveolarmembran ins Blut bestimmt. Da CO wasserlöslich ist, erfolgt die Diffusion und damit auch die COHb-Bildung relativ langsam. Das Maximum wird bei ruhiger Atmung selbst bei einer CO-Konzentration von 1000 ml/m^3 erst nach 8–10 h erreicht. Beschleunigte und vertiefte Atmung, z. B. bei Aufregung oder körperlicher Anstrengung, verkürzt diese Zeit auf 2 h. Etwa 85 % werden an Hämoglobin und der Rest an Myoglobin sowie andere Proteine gebunden. Die Elimination erfolgt langsam durch Abatmen und ist von der Sauerstoffkonzentration in der Atemluft und dem Atemminutenvolumen abhängig. Die Halbwertszeit des COHb beträgt bei Raumluft 3–4 h, bei 100 % Sauerstoff 30–40 min und bei der Beatmung mit hyperbarem Sauerstoff (100 % bei 2,5 at) 15–20 min. Das Atemminutenvolumen kann durch Zusatz von Kohlendioxid zur Atemluft erhöht werden (Carbogen 95 % O_2, 5 % CO_2).

41.2.1.4 Wirkungen/Symptome

Die Symptome bei unterschiedlichen COHb-Werten sind in Tab. 41.1 dargestellt. Leichte Vergiftungen mit Kohlenmonoxid führen zu Symptomen, die bei vielen Erkrankungen vorkommen, und können daher übersehen bzw. nicht als Intoxikation durch CO erkannt werden. Dies liegt auch daran, dass das Gas geruchlos ist und somit eine Gefahr für zufällig Exponierte und Rettungskräfte darstellt. Einige

Tab. 41.1 Symptome einer CO-Vergiftung in Abhängigkeit der Konzentration von CO-Hämoglobin im Blut.

Symptom	COHb-Konzentration im Blut (in %)
Keine auffälligen Symptome, aber Abnahme psychomotorischer Geschicklichkeit und physischer Belastungstoleranz	5
Kopfschmerzen, Müdigkeit	10–20
Übelkeit, Erbrechen, klopfende Kopfschmerzen, Sehstörung	20–30
Bewusstseinsverlust, Kurzatmigkeit, „Herzjagen", Tachykardie, Schwindelgefühl, Kollaps	30–40
Koma, Krämpfe, Atmung und Puls beschleunigt	40–50
Koma, Atemdepression, Herz-Kreislauf-Depression, verlangsamte Herztätigkeit, Hypotonie, Cheyne-Stokes-Atmung, Krämpfe	50–70
Atemstillstand, Tod	70–80

Rettungseinheiten von Feuerwehren sind deshalb bereits routinemäßig mit CO-Warngeräten ausgestattet. Darüber hinaus stehen mittlerweile Pulsoxymeter zur Verfügung, die das COHb messen können (z. B. RAD57 der Firma Masimo). Bei Patienten mit kardiovaskulären Erkrankungen und gerade ausreichender Sauerstoffversorgung der Gewebe reichen bereits geringe COHb-Spiegel im Blut (z. B. 5 %) aus, um typische Symptome eines Sauerstoffmangels, wie Herzschmerzen, auszulösen.

41.2.1.5 **Spätschäden**

Apathie, Vergesslichkeit, Desorientiertheit, Antriebsarmut, Haltungsstörungen, Sehstörung und erhöhter Muskeltonus können sich nach vorübergehender Erholung infolge der Vergiftung entwickeln.

41.2.1.6 **Therapeutische Prinzipien**

Freie Atmung und viel Sauerstoff sind für den Therapieerfolg entscheidend!

Erbrechen und Aspiration des Erbrochenen kommen bei Kohlenmonoxidvergiftungen häufig vor. Ein Entfernen des Vergifteten in giftfreie Atmosphäre und Freihalten der Atemwege sind entscheidend für eine rasche Besserung. Sauerstoff beschleunigt die Elimination des COHb (s. o.). Hyperbarer Sauerstoff ist die wirksamste Form der Therapie. Wenn möglich, sollte mit 100 % Sauerstoff oder noch wirksamer mit 95 % Sauerstoff und 5 % Kohlendioxid zur Anregung des Atemzentrums beatmet werden.

41.2.2 Blausäure

41.2.2.1 Vorkommen

> In der Industrie, bei Bränden, bei der Schädlingsbekämpfung, in der Medizin und nach Genuss einiger Pflanzen und Samen kommen Vergiftungen mit Cyanidverbindungen vor. Die hohe Affinität des Cyanidions zum dreiwertigen Eisen in Cytochromen führt zur Blockierung der Cytochromoxidase und der Zellatmung. Bewusstseinsverlust mit Krämpfen, metabolische Acidose, schnelle Atmung und Atemstillstand bei fehlender Zyanose deuten auf eine Blausäurevergiftung hin. Chronische Wirkungen von Blausäure kommen nur selten vor.

Blausäure (Cyanwasserstoff) findet in der Industrie und Medizin Verwendung und wird bei der Verbrennung von Kohlenstoff und Stickstoff enthaltenden Stoffen (Kunststoffe, Naturstoffe; s. u.) freigesetzt. Zahlreiche Pflanzen enthalten glykosidisch gebundenes Cyanid, z. B. Bittermandeln, Kernobstsamen, Apfelsamen, Cassavawurzeln. Die Blausäure im Organismus entstammt dem Vitamin B 12-Metabolismus und der Nahrung. Cyanid wird in Erythrozyten angereichert, sodass die Angaben für Werte im Vollblut höher liegen als im Plasma. Normalwerte im Plasma liegen bei etwa 4 ng/ml bei Nichtrauchern und um 6 ng/ml bei Rauchern, im Vollblut sind es etwa 15 ng/ml bzw. 40 ng/ml. Nitroprussidnatrium, ein in der Notfallmedizin verwendeter, gefäßerweiternder Stoff (Blutdrucksenker) wird zu Blausäure metabolisiert. Der bis 2005 gültige Luftgrenzwert nach TRGS 900 beträgt 10 ml/m^3 Luft, der Luftgrenzwert der DFG-Arbeitsstoffkommission beträgt 1,9 ml/m^3.

41.2.2.2 Wirkungsmechanismus

> Die hohe Affinität des CN^- zum dreiwertigen Eisen in den Cytochromen der mitochondrialen Atmungskette führt zur Hemmung des letzten Schrittes der oxidativen Phosphorylierung und zum mitochondrialen ATP-Mangel. Die Bindung an das Cytochrom-Eisen ist reversibel.

41.2.2.3 Verbleib im Organismus

Inhalativ dringt Blausäure rasch in den Organismus ein, während die Resorption über die Haut toxikologisch keine Rolle spielt.

Blausäuregas wird bei Inhalation rasch in das Blut aufgenommen und im Organismus verteilt. Auch Schleimhäute werden rasch durchdrungen, wohingegen die Penetration durch die Haut gering ist. Bei oraler Aufnahme von Blausäuresalzen wird durch die Salzsäure des Magensaftes die Blausäure freigesetzt und rasch resorbiert. Aus pflanzlichen cyanogenen Glykosiden (Amygdalin, Prunasin, Dhurrin, Linamarin) wird Blausäure im Darm enzymatisch (β-Glucosidase, Linase) oder hydrolytisch freigesetzt und resorbiert. Eliminiert wird Cyanid zum größten Teil durch Umwandlung zum harngängigen Thiocyanat unter Verbrauch von Thiosulfat:

$$\text{Rhodanese} \quad CN^- + Na_2S_2O_3 \rightarrow SCN^- + Na_2SO_3$$

Das Enzym verstoffwechselt beim Menschen stündlich etwa 1 mg Cyanid/kg Körpergewicht. Cyanid wird auch durch die Bindung an das Hydroxocobalamin unter Entstehung von Cyanocobalamin (Vitamin B12) abgebaut. Geringe Mengen werden auch abgeatmet und über den Schweiß abgesondert und erzeugen Bittermandelgeruch.

41.2.2.4 Wirkungen und Symptome

Bei etwa 20 ml/m^3 Blausäure in der Atemluft können nach einigen Stunden Kopfschmerzen auftreten. Der Tod kann bei 100 ml/m^3 nach etwa einer Stunde und bei 300 ml/m^3 nach etwa 10 min eintreten. Die tödliche orale Dosis von KCN und NaCN liegt zwischen 1 und 5 mg/kg Körpergewicht. Die Symptome sind Ausdruck des zellulären Energiemangels. Metabolisch aktive Gewebe sind besonders empfindlich. Uncharakteristische, zentralnervöse Symptome stehen im Vordergrund. Schwindel, Übelkeit, Erstickungsgefühl, Unruhe und Angstgefühl sind die ersten Anzeichen. Bei schweren Vergiftungen entstehen Krämpfe, Bewusstseinsverlust, Atemstillstand und starre, weite Pupillen. Das Herz-Kreislauf-System ist wesentlich weniger empfindlich als die Atmung (ZNS). Bei Schwerstvergifteten tritt trotz Atemstillstand anfangs häufig keine Zyanose auf, die Haut ist rosig. Die Ursache liegt in der guten Sauerstoffsättigung des Blutes bei erhöhter Atemfrequenz und gleichzeitig vermindertem Sauerstoffverbrauch in den Zellen.

41.2.2.5 Chronische Wirkungen und Spätschäden

Fortgesetzte Exposition führt zu Kopfschmerzen, Benommenheit, Übelkeit, Erbrechen und Bittermandelgeschmack. Über leichte Störungen der Schilddrüsenfunktion sowie des Vitamin-B_{12}- und Folatstoffwechsels ist berichtet worden. Eine in Nigeria vorkommende ataktische Neuropathie und Optikusatrophie wird auf erhöhte Cyanidexposition durch regelmäßigen Genuss der Wurzeln der Maniokpflanze (Cassava), die dort zur üblichen Nahrung gehört, zurückgeführt. Ursache ist das in der Pflanze enthaltende cyanogene Glykosid Linamarin.

41.2.2.6 Therapeutische Prinzipien

> Ziel der Therapie ist die Mobilisierung des Transports des Cyanidions aus der Zelle, um es über die Niere als Rhodanid eliminieren zu können.

Durch Erhöhung der Methämoglobinkonzentration im Blut wird der Pool an Fe^{3+} im Organismus vergrößert, mit der Folge einer Rückverteilung des CN aus dem Gewebe an das MetHb. Wenn 30 % des Hämoglobins als Methämoglobin vorliegen, wird so viel Cyanid gebunden, dass eine 8-fache tödliche Dosis ohne Wirkung bleibt. Diese Methämoglobinkonzentration kann mit 3 mg/kg Körpergewicht i.v. verabreichtem 4-Dimethylaminophenol (DMAP) erreicht werden. Gleichzeitig muss die endogene Umwandlung von Cyanid in Thiocyanat (Rhodanid), das harngängig ist, durch die i.v. Gabe von Natriumthiosulfat (100 mg/kg Körpergewicht) beschleunigt werden. Die endogene Enzymaktivität (Rhodanese) reicht aus, nicht jedoch die Thiosulfatkonzentration. Alternativer Methämoglobinbildner ist das Natriumnitrit, das wegen starker blutdrucksenkender Wirkung nur in Dosen, die bis zu 15 % Methämoglobin bilden können (12 mg/kg Körpergewicht i.v.), gegeben werden kann. Auch die Reaktion zu Cyancobalamin wird therapeutisch genutzt, wobei dies über die Niere ausgeschieden wird. Für die Entgiftung einer einfachen LD_{50} von Cyanid werden allerdings mehr als 50 mg/kg Körpergewicht Hydroxocobalamin benötigt (100 ml Lösung, die per Kurzinfusion verabreicht werden muss), sodass diese Therapie sicherlich langsamer und weniger wirksam ist als die mit DMAP und Natriumthiosulfat. Sie hat aber den Vorteil, die Sauerstofftransportkapazität durch die Methämoglobinbildung nicht zu stören, was bei Rauchvergiftungen, wo häufig eine Mischvergiftung mit CO und CN^- vorkommt, von Nutzen ist. Der MAK-Wert beträgt 1,9 mg/m^3.

41.2.3 Schwefelwasserstoff

41.2.3.1 Vorkommen

Schwefelwasserstoff kommt in der Industrie und Landwirtschaft, bei Gärprozessen und in der Umwelt vor. Als Ursache der Toxizität wird, wie bei Cyanid, die Bindung von Schwefelwasserstoff an die Cytochromoxidase und die Hemmung der Zellatmung angenommen. Rasche inhalative Aufnahme, vernachlässigbare kutane Resorption sowie rasche Bindung und Metabolisierung charakterisieren den Verbleib im Organismus.

Industrielle Quellen von Schwefelwasserstoff sind die Produktion von Viskose (Kunstseide) mit CS_2, Papierherstellung, Brauereiwesen, Erdöl- und Erdgasverarbeitung, Herstellung von schwerem Wasser für Kernkraftwerke, Vulkanisierung von schwefelhaltigem Gummi und Metallverhüttung. Industrieabwässer bei Zellulose-, Zucker-, Cyanid- und Leimherstellung sowie von Gerbereien enthalten Schwefelwasserstoff. Faulende schwefelhaltige organische Stoffe geben H_2S ab und sind in Abfällen, Silos oder Gärbehältern enthalten. In jüngerer Vergangenheit wurden Suizide mit H_2S begangen, indem Haushaltschemikalien (z. B. Säuren und schwefelhaltige Shampoos) gemischt wurden. Natürliche Quellen sind Vulkane und Schwefelquellen. Im Darm von Lebewesen wird ebenfalls Schwefelwasserstoff gebildet. Der MAK-Wert beträgt 5 ml/m^3 in der Luft.

41.2.3.2 Wirkungsmechanismus

Schwefelwasserstoff hat eine etwas höhere Affinität zum dreiwertigen Eisen der Cytochromoxidase als Cyanid. Als Folge der Bindung tritt die Hemmung der oxidativen Phosphorylierung und metabolische Acidose (vgl. Abschn. 41.2.2) ein.

41.2.3.3 Verbleib im Organismus

Schwefelwasserstoff gelangt rasch aus der Atemluft in die Blutbahn und wird dann im Organismus verteilt. Die Resorption über die Haut kann vernachlässigt werden. Schwefelwasserstoff wird im Organismus durch Oxidation zu Sulfat, Methylierung und Einbau in SH-enthaltende Proteine rasch eliminiert. Eine Kumulation ist deshalb unwahrscheinlich. Nur geringe Mengen werden unverändert abgeatmet.

41.2.3.4 Wirkungen/Symptome

Plötzlicher Kollaps bei Geruch nach faulen Eiern deutet auf eine Schwefelwasserstoffvergiftung hin. Chronische Wirkungen und Spätschäden sind bei Schwefelwasserstoff ungewöhnlich.

Aus Tab. 41.2 ist ersichtlich, dass zunächst der Geruch wahrgenommen wird und dann erst die Reizung der Schleimhäute des Auges und der Atemwege erfolgt. Bei Konzentrationen, die zu Schleimhautreizungen führen, wird die Geruchswahrnehmung gelähmt.

Tab. 41.2 Wirkungen von Schwefelwasserstoff in Abhängigkeit von der Konzentration in der Umgebungsluft.

Konzentration (ml/m^3)	Wirkung
0,02–0,1	Geruchsschwelle
10–50	Reizschwelle (Augen, Atemwege)
100–200	Geruchslähmungsschwelle (nach 3–5 min)
Ab 250	Toxisches Lungenödem (Exposition über einige Stunden)
Ab 500	Systemische Symptome nach 0,5–1 h Exposition (einschließlich Bewusstlosigkeit und Atemstillstand)
Ab 700	Schneller Tod durch Atemlähmung (Minuten)

41.2.3.5 **Therapeutische Prinzipien**

Möglichst rasche Bergung des Opfers aus kontaminierter Atmosphäre bei gleichzeitigem Schutz des Retters und Beatmung mit 100 % Sauerstoff sind die wichtigsten Maßnahmen.

Da Schwefelwasserstoff wie Cyanid mit dem dreiwertigen Eisen der Cytochrome reagiert, wurde die Bildung von Methämoglobin zur Mobilisierung des Giftes aus den Zellen als therapeutische Maßnahme, jedoch ohne gesicherten Erfolg, eingesetzt. Dies wird durch den raschen Zerfall des Sulfmethämoglobinkomplexes und die rasche Elimination von Sulfid erklärt. Auch der H_2S-Cytochromoxidasekomplex scheint wenig stabil zu sein, da sich die Patienten nach Expositionsende in der Regel rasch erholen.

41.3 Lokal schädigende Gase in der Atemluft (Reizgase)

> Die Lokalisation eines Schadens im Bereich der Atemwege wird bei Reizgasen durch deren Wasserlöslichkeit bestimmt.

41.3.1 Eigenschaften

Lokal schädigende Gase, auch Reizgase genannt, greifen mit abnehmender Wasserlöslichkeit immer tiefere „Atemwegsetagen" bevorzugt an, und dies weitgehend unabhängig vom Mechanismus der Schädigung. Erklärt wird diese Beobachtung mit der raschen Abnahme der Konzentration wasserlöslicher Gase entlang der Atemwege durch die Interaktion und Resorption an den Schleimhäuten. Lipophile Gase werden dagegen in den oberen Atemwegen weniger als hydrophile resorbiert und erreichen somit die Alveolen in relativ höheren Konzentrationen. Andererseits werden lipophile Gase nur schlecht von dem Schleim aufgenommen, der die Schleimhäute des Auges und des Nasen-Rachen-Raumes bedeckt. Sie erreichen somit die Epithelzellen in relativ geringeren Konzentrationen, wodurch auch der Reiz oder die Schädigung in diesen Bereichen geringer bleiben.

41.3.2 Wirkung

Ein wichtiger Faktor für die Stärke der Schädigung ist die Warnung für den Betroffenen durch den Reiz oder Schmerz. Schleimhäute des Auges, des Nasen-Rachen-Raumes und des Kehlkopfes reagieren äußerst empfindlich. Dagegen wird in tieferen Lungenabschnitten ein solcher Reiz nicht wahrgenommen. Die Warnwirkung ist also bei wasserlöslichen Gasen, die die Zellen der oberen Atemwege schneller erreichen, hoch, sodass die Exposition in der Regel rasch aktiv beendet wird.

Lipophile Gase haben dagegen vor allem in niedrigeren Konzentrationen keine Warnwirkung, da die Exposition nicht wahrgenommen wird. Zu den gut wasserlöslichen Gasen zählen Ammoniak, Chlorwasserstoff, Fluorwasserstoff, Formaldehyd und Acrolein, zu den Gasen mittlerer Wasserlöslichkeit Schwefeldioxid, Chlor und Brom und zu den schlecht wasserlöslichen Sauerstoff, Ozon, Stickoxide und Phosgen. Bei Gasen hoher Wasserlöslichkeit steht die Reizung der Augen, des Nasen-Rachen-Raumes und des Kehlkopfes im Vordergrund, bis hin zu Verätzung oberster Epithelschichten und gegebenenfalls Stimmritzenkrampf und Ödemen. Bei mittlerer Wasserlöslichkeit beherrschen Wirkungen auf die Bronchien mit Auswurf, Husten, Bronchospasmus und später Bronchitis und Bronchopneumonie das klinische Bild. Schlecht wasserlösliche Gase treffen relativ stärker den Alveolarbereich mit den Alveolardeckzellen und den sehr empfindlichen Kapillarendothelien. Es entwickelt sich eine entzündliche Reaktion mit Anschwellung der Alveolarmembran bis hin zur Störung der Sauerstoffaufnahme und der Kohlendioxidabgabe. Das Freisetzen von Gewebsflüssigkeit in den Alveolarbereich ist ein Zeichen der Zerstörung der zellulären Bestandteile der Luft-Blut-Schranke und der Basalmembran. Bei hohen Konzentrationen der Gase können auch die nicht bevorzugten „Etagen" betroffen werden. So sind bei Unfällen mit dem sehr gut wasserlöslichen Ammoniak in geschlossenen Räumen, die nicht rasch verlassen werden konnten, Lungenödeme aufgetreten.

41.3.3
Prinzipien der Therapie

Bei allen Reizgasen stehen zunächst die Bergung des Betroffenen aus dem kontaminierten Bereich und die Elementarhilfe (Wiederherstellung bzw. Erhaltung der Atem- und Kreislauffunktion) im Vordergrund. Bei Gasen hoher und mittlerer Wasserlöslichkeit sollte ein sofortiges Abspülen der Schleimhäute von Augen, Nase, Mund- und Rachenraum und der Haut mit reichlich physiologischer Kochsalzlösung oder notfalls mit Wasser erfolgen. Bei Kehlkopfödem und Bronchospasmus helfen Adrenalin bzw. β-Sympathomimetika, gegebenenfalls ist eine Tracheotomie erforderlich. Das toxische Lungenödem zeigt die Schädigung des Alveolarbereiches an. Es ist ein Krankheitsbild mit hoher Mortalitätsrate. Die entzündliche Reaktion wird häufig erst nach Stunden wahrgenommen, wenn die Schwellung im Luft-Blut-Barrierenbereich und die Flüssigkeitsmenge in den Alveolen (Lungenödem) so weit zugenommen hat, dass der Gasaustausch in der Lunge behindert ist und sich Zeichen der Sauerstoffunterversorgung des Organismus, wie Zyanose und Atemnot, entwickeln. Als Behandlungsprinzip gilt die Aufrechterhaltung der ausreichenden Oxygenierung ggf. durch frühzeitige Intubation und Beatmung mit positivem endexpiratorischen Druck (PEEP).

41.3.4
Spätschäden

Bei hoher Wasserlöslichkeit stehen schlecht heilende Wunden nach Verätzungen im Bereich der Augen und oberen Atemwege im Vordergrund. Eine chronische Bronchitis kann verbleiben, und es kann sich eine erhöhte Reaktionsbereitschaft der Bronchien entwickeln (asthmoide Bronchitis). Bei chronischer Bronchitis muss mit einer erhöhten Lungenmalignomrate gerechnet werden.

Bei stärkeren Zerstörungen im Bereich der Alveolen und kleinen Bronchien entsteht eine Lungenfibrose, mit der Folge, dass der Gasaustausch im Bereich dieses Narbengewebes beeinträchtigt und das rechte Herz vermehrt belastet ist.

41.4
Einzelne Reizgase

41.4.1
Chlorwasserstoff

Chlorwasserstoff (HCl) ist ein sehr gut wasserlösliches, farbloses, nicht brennbares Gas. Es ist schwerer als Luft (Dichte 1,27; Luft 1,0) und von stechendem charakteristischen Geruch. HCl findet in der Industrie eine breite Verwendung. Pharmazeutische Industrie, organische Synthesen und Vinylchloridherstellung seien hier genannt. Bei Verbrennung von Polyvinylchlorid wird HCl freigesetzt. Der MAK-Wert beträgt 2 ml/m^3 Luft.

Wirkung: HCl als Gas oder Salzsäure wirkt reizend und ätzend und führt zur Proteinfällung und damit zu einer Zerstörung des Gewebes.

41.4.2
Fluorwasserstoff

Fluorwasserstoff (HF) ist ein farbloses Gas, das hochgradig korrosiv und ätzend wirkt. Es ist schwerer als Luft (Dichte 1,27; Luft 1,0).

HF findet Anwendung als Katalysator in der Erdölindustrie, zur Fluorierung in der Aluminiumindustrie, zur Uranisotopenauftrennung, Herstellung fluorierter Kunststoffe, in der Farbenindustrie und zur Ätzung von Glas und Email. Der MAK-Wert beträgt 1 ml/m^3 Luft.

Wirkung: Fluorwasserstoff löst sich in wässrigen Medien zu Flusssäure und fällt Proteine aus. Im Gegensatz zu anderen Halogenwasserstoffen bildet es mit Calcium das unlösliche Calciumfluorid. Der Entzug von Calcium im Gewebe verstärkt die nekrotisierende Wirkung, die durch die systemische und lokale Gabe von Calcium vermindert werden kann.

41.4.3 Formaldehyd

Bei normalen Temperaturen ist Formaldehyd ein farbloses, brennbares Gas mit stechend-erstickendem Geruch. Formaldehyd wird bei der Herstellung phenolischer, Harnstoff-, Melamin- und Acetal-Kunstharze sowie bei der Textilverarbeitung, zur Gewebsfixierung in der Histologie, in Deodorants, Kosmetika und als Fungizid verwendet. Wegen der krebserregenden Wirkung ist Formaldehyd mit einem MAK-Wert von 0,3 ml/m^3 in die Kategorie 4 eingestuft.

Wirkung: Formaldehyd ist haut- und schleimhautreizend, sensibilisierend und wird im Organismus zu Ameisensäure metabolisiert. Krebserzeugende Wirkungen sind bei Ratten und Mäusen nach lebenslanger Exposition bei Konzentrationen ab 5 ml/m^3 im Nasenbereich aufgetreten, wobei dem Auftreten von Tumoren immer eine lokale Gewebszerstörung vorausging. Durch diese zytotoxische Wirkung kommt es zu einer gesteigerten Zellteilung der nicht geschädigten Zellen, die schließlich zu einer Tumorbildung führen kann. Weiterhin konnte ein vermehrtes Auftreten von DNA-Protein-Crosslinks nach Formaldehydexposition nachgewiesen werden. Formaldehyd wurde in Europa als wahrscheinlich beim Menschen krebserregend eingestuft.

41.4.4 Schwefeldioxid

Schwefeldioxid (SO_2), ein farbloses, nicht brennbares Gas mit einem charakteristischen, stark erstickenden Geruch, ist 2,3-mal schwerer als Luft. Schwefeldioxid wird zur Konservierung von Früchten und Gemüse, als Desinfektionsmittel in Brauereien und bei der Nahrungsmittelfabrikation sowie zur Bleichung von Textilfasern, Stroh, Flechtwerk, Gelatine, Leim und Rübenzucker verwendet. Es fällt bei der Verhüttung von Metallen, Verbrennung fossiler Brennstoffe, Papierherstellung und Gummiverarbeitung an. Der MAK-Wert beträgt 1 ml/m^3 Luft.

Wirkung: In wässrigen Medien wird Schwefeldioxid in schweflige Säure umgewandelt, die direkt die Epithelzellen der Atemwege schädigt und den mukoziliären Transport hemmt (siehe Kapitel 13). Die Geruchsschwelle liegt bei 1 ml/m^3, ab etwa 10 ml/m^3 werden die oberen Atemwege gereizt und Nasenbluten kann vorkommen, ab 20 ml/m^3 kommt es zu Augenreizungen. Die Verträglichkeitsgrenze liegt zwischen 50 und 100 ml/m^3 und ab 400 ml/m^3 besteht Lebensgefahr. Personen mit hyperreaktiven Atemwegen (Asthmatiker) sind besonders empfindlich. Man nimmt an, dass die Schwere von Lungenerkrankungen durch Schwefeldioxid erhöht wird und zur Zunahme der Todesfälle bei Erkrankungen des Herzens und der Lunge führt.

41.4.5 Chlorgas

Das zweiatomige Gas (Cl_2) ist 2,49-mal schwerer als Luft, von grünlich-gelber Farbe und intensiv-stechendem Geruch. Bei der Herstellung von Vinyl- und Polyvinylchlorid sowie von chlorierten Lösungsmitteln, Fluorchlorkohlenwasserstoffen, Bleichmitteln und Chloraromaten werden große Mengen Chlor benötigt. Für die Trinkwasser- und Badewasserdesinfektion wird Chlor ebenfalls verwendet und bildet in Gegenwart von organischen Stoffen wie Huminsäuren Haloforme. Chlorgas bildet mit Wasserstoff explosive Gemische. Es ist das erste Gift, das als Massenvernichtungsmittel (chemischer Kampfstoff) im Ersten Weltkrieg eingesetzt wurde. Der MAK-Wert beträgt 0,5 ml/m^3 Luft.

Wirkung: Die Geruchsschwelle liegt bei 0,2 ml/m^3, ab 1 ml/m^3 werden die Schleimhäute gereizt, bei etwa 30 ml/m^3 entsteht unmittelbar Atemnot, Enge in der Brust, Übelkeit, Erbrechen und Husten, ab 40 ml/m^3 kann ein toxisches Lungenödem entstehen, und ab etwa 400 ml/m^3 kann der Tod in weniger als 30 min eintreten. In wässrigen Medien entstehen Salzsäure (HCl) und hypochlorige Säure (HOCl), die sich unter Bildung von Chlorsäure ($HClO_3$) und Sauerstoff zersetzt. Es kommt zur Eiweißfällung, Chloraddition und Oxidation im biologischen Material. Darüber hinaus ist HOCl ein wichtiger endogener Entzündungsmediator, der von Leukozyten erzeugt werden kann.

41.4.6 Isocyanate

Diese Verbindungen werden bei der Herstellung von Polyurethanharzen, -schaumstoffen, -lacken, -elastomeren und -klebstoffen verwendet. Für Methylisocyanat beträgt der MAK-Wert 0,01 ml/m^3 Luft.

Wirkung: Toxikologisch die größte Bedeutung haben das Toluylendiisocyanat (TDI), Hexamethylendiisocyanat (HMDI), 4,4-Methyl-endiphenylisocyanat (MDI) und das Methylisocyanat. Letzteres führte in Bhopal, Indien, im Dezember 1984 zu einem schweren Unfall. Neben Reizwirkungen kommt der sensibilisierenden Wirkung der Isocyanate, die vor allem zu Bronchialasthma führt, die größte Bedeutung zu. Bei TDI, MDI und HMDI ist Bronchialasthma als Berufserkrankung beschrieben. Seltener kommen Hautsensibilisierungen vor.

41.4.7 Stickstoffoxide

Bekannt sind das Distickstoffoxid (N_2O, AGW-Wert 100 ml/m^3), auch Lachgas genannt, das Stickstoffmonoxid (NO, AGW-Wert 25 ml/m^3) und das Stickstoffdioxid (NO_2), das wiederum im Gleichgewicht mit dem Tetroxid steht (N_2O_4). NO wird in der Luft sofort zu NO_2 oxidiert, wobei in der Regel geringe Mengen Stickstoffoxide unterschiedlicher Zusammensetzung (nitrose Gase; NO_x) entstehen. Monoxid und Tetroxid sind farblose Gase. Das Stickstoffdioxid besitzt eine intensive rötlichbraune Farbe. Die kommerzielle Dioxid-Tetroxid-Mischung ist 1,61-mal schwerer als Luft, brennt selbst nicht, fördert aber die Verbrennung von Kohlenstoff, Phosphor und Schwefel. Die Wasserlöslichkeit ist gering, der Geruch stechend und erinnert an Chlorgas. Der MAK-Wert für Stickstoffdioxid beträgt 0,5 ml/m^3 Luft. Eine berufliche Exposition kann bei der Herstellung von Farben, Kunstdüngern, Celluloid und Lacken sowie beim Schweißen, Bleichen von Nahrungsmitteln und in der Glasbläserei erfolgen. Die Silofüller-Krankheit geht auf die berufliche Exposition bei Arbeiten in Silos zurück, wo sich bei der Pflanzenzersetzung in Anwesenheit hoher Nitratkonzentrationen NO, NO_2 und CO_2 bilden können. Stickstoffoxide in der Atmosphäre entstammen vor allem der Luftstickstoffoxidation bei der Verbrennung fossiler Brennstoffe (Kraftwerke, Hausbrand, Verbrennungsmotoren von Fahrzeugen). Stickstoffoxide, selbst bedeutende Luftschadstoffe, sind an der Entstehung anderer Schadstoffe beteiligt. Als Beispiel sei hier die lichtabhängige Entstehung von Ozon genannt, die mit steigender Luftverunreinigung zunimmt (Sommersmog).

Wirkung: Das Stickstoffmonoxid ist kein Reizgas, hat aber als Mediatorstoff große physiologische Bedeutung. Es kann Methämoglobin bilden und die Blutgefäße erweitern. Wegen seines geringen Anteils in nitrosen Gasen trägt es kaum zu deren Toxizität bei. Die Wirkung von Stickstoffdioxid entspricht der von schlecht wasserlöslichen Reizgasen. Die Gewebsschädigung ist vermutlich auf die Bildung der Salpetersäure in wässrigen Medien (Bronchialschleim) zurückzuführen. Eine Reaktion des Stickstoffdioxids mit olefinischen Bindungen in Fettsäuren mit Radikalbildung und nachfolgender Lipidperoxidation im Bereich der Kapillarendothelien wird ebenfalls diskutiert. Konzentrationen von 100 ml/m^3 können bereits nach kurzer Zeit zur Vergiftung führen, 200 ml/m^3 sind tödlich.

41.4.8
Phosgen

Phosgen ($Cl_2C{=}O$) ist ein farbloses, in Wasser schlecht lösliches Gas mit erstickendem Geruch, der an faules Heu erinnert. Es ist schwerer als Luft. Industriell wird Phosgen bei der Herstellung von Isocyanaten, Farben, Insektiziden und Pharmazeutika verwendet. Eine Quelle von Vergiftungen bildet die thermische Zersetzung organischer Chlorverbindungen (z. B. Chloroform). Der MAK-Wert beträgt 0,1 ml/m^3 Luft.

Wirkung: Geringe Warnwirkung und verzögerter Verlauf sind charakteristisch (s. o.). Der molekulare Wirkungsmechanismus ist unbekannt.

Um der Entwicklung eines toxischen Lungenödems entgegenzuwirken, gibt es Empfehlungen unmittelbar nach Exposition inhalative Glukokortikoide mit hoher Rezeptoraffinität zu verabreichen. Dieses Vorgehen wird zurzeit jedoch wissenschaftlich diskutiert. Selbstverständlich sollte der Patient möglichst schnell dekontaminiert und anschließend so gut wie möglich ruhiggestellt werden. Bei einem gesicherten Verdacht einer Exposition wird die Hospitalisierung für mindestens 24 h empfohlen.

41.4.9
Ozon

Ozon wird zur Luft- und Wasserdesinfektion, zum Bleichen von Wachsen, Ölen und Textilien sowie für organische Synthesen verwendet. In geringen Konzentrationen ist Ozon überall in der Atmosphäre enthalten (Troposphäre etwa 1 ml/m^3). In oberen Luftschichten (Stratosphäre) wird bei höheren Konzentrationen (über 10 ml/m^3) die UV-Strahlung absorbiert. Berufliche Exposition kommt beim Lichtbogenschweißen, an Fotokopiermaschinen, Quecksilberdampflampenbenutzung, Wasserdesinfektion und beim Bleichen vor. Im fotochemischen Smog (s. Stickstoffoxide) ist Ozon einer der bedeutendsten Schadstoffe. Der bis 2005 gültige Luftgrenzwert nach TRGS 900 beträgt 0,1 ml/m^3 in der Luft. Ein MAK-Wert konnte nicht abgeleitet werden.

Wirkung: Die toxische Wirkung von Ozon beruht auf der direkten Oxidation von verschiedenen Molekülen im Gewebe (-SH, -NH2, -OH, Phenolgruppen u. a.), auf Bildung freier Radikale, Dienkonjugation und Lipidperoxidation. Darüber hinaus wird eine Induktion von verschiedenen Entzündungsmediatoren angenommen. Durch die bessere Wasserlöslichkeit im Vergleich zu Phosgen oder Stickstoffdioxid ist die Warnwirkung bzw. die Reizung der Augen und der oberen Atemwege stärker ausgeprägt. Hohe Konzentrationen können ein Lungenödem bewirken. In niedrigen Konzentrationen (etwa 0,5 ml/m^3) wird zunächst eine Hyperreaktivität der Bronchien induziert. Bei fortgesetzter Exposition nimmt die Reaktion auf eine gegebene Dosis Ozon wieder ab, es kommt zu einer Adaption, d. h. Anpassung des Gewebes an den oxidativen Stress.

41.4.10
Rauchvergiftung

Der Rauch kann ganz verschiedene Gase, darunter Reizgase und systemisch wirkende Gase, sowie Dämpfe und feste Partikeln unterschiedlicher Größe enthalten. Feinere Partikeln können toxische Stoffe in tiefere Lungenabschnitte transportieren. Der heiße Rauch selbst kann auch die oberen Atemwege schädigen, jedoch sind die Verbrennungen weitgehend auf den Bereich oberhalb der Stimmritzen beschränkt. Tiefere Schäden sind in der Regel toxischer Natur.

Bei Bränden in geschlossenen Räumen besteht besonders große Vergiftungsgefahr. Bei der überwiegenden Zahl der Fälle ist Kohlenmonoxid das toxische Agens. Je nach Ausgangsmaterial können aber auch zahlreiche andere Gase entstehen (Tab. 41.3).

Wirkung: Toxische Gase bei Bränden können in zwei Gruppen eingeteilt werden: Gase mit systemischer Wirkung und lokal schädigende Gase (Reizgase) (s. Abschn. 41.4 und Tab. 41.3). Während die Gase mit systemischer Wirkung erst nach Aufnahme in den Organismus wirken, wie z. B. bei der Blockierung der mitochondrialen Atmung durch Cyanid, reagieren die Stoffe der zweiten Gruppe direkt mit den Oberflächen, mit denen sie in Kontakt kommen. Damit steht die Reizwirkung im Vordergrund.

Tab. 41.3 Toxische Gase bei Bränden.

Gas	Ausgangsmaterial	Art der Wirkung[a)]
Kohlenmonoxid	Alle kohlenstoffhaltigen Verbindungen	S
Blausäure	Wolle, Seide, Polyacrylnitril, Nylon, Polyurethan, Neopren	S
Schwefelwasserstoff	Gummi	S, R
Schwefeldioxid	Gummi	R
Chlorwasserstoff	Polyvinylchlorid (PVC)	R
Phosgen	Chlorierte Kohlenwasserstoffe	R
Octafluoroisobutylen	Polyfluorkohlenwasserstoffe	R
Isocyanate	Polyurethan	R
Stickstoffoxide	Zellulosenitrat, Wolle, Seide	R

a) R: Reizwirkung; S: systemische Wirkung

41.5 Zusammenfassung

Akute Vergiftungen durch toxische Stoffe in der Atemluft beruhen entweder auf einer systemischen Wirkung oder auf den Folgen einer lokalen Reizwirkung. Systemische Wirkungen werden z. B. durch Cyanid, Kohlenmonoxid oder Schwefelwasserstoff ausgelöst. Diese Stoffe beeinträchtigen die Versorgung und Nutzung des Sauerstoffs in den Geweben, mit der Folge einer Beeinträchtigung der Funktion der mitochondrialen Atmungskette und der Bereitstellung von Energie für die Stoffwechselvorgänge des Organismus. Atemzentrum und Kreislaufsystem des Zentralnervensystems sind davon zuerst betroffen, sodass es bei schweren Vergiftungen zum Versagen der Atmung oder des Herz-Kreislauf-Systems kommt. Reizstoffe führen an der Oberfläche, mit der sie in Kontakt kommen, je nach Höhe und Dauer der Exposition zu vorübergehenden Reizungen bis hin zu massiven Gewebsschäden. Diese werden durch Narbengewebe ersetzt, das nicht mehr die Funktion der zerstörten Zellen besitzt. Im Bereich der Lungenbläschen kann dadurch als Spätfolge einer Intoxikation der Gasaustausch erheblich eingeschränkt sein. Wasserlösliche Stoffe, wie Ammoniak oder Formaldehyd, wirken vor allem im oberen Atemtrakt, d. h. im Nasen-Rachen-Raum und Kehlkopf. Dieser Bereich ist wegen der vielen sensiblen Nerven sehr empfindlich, sodass eine Exposition bereits bei niedriger Konzentration wahrgenommen wird. Lipophile Stoffe, wie Stickoxide oder Ozon, gelangen in die tieferen Lungenabschnitte, wo die Reizwirkung nicht wahrgenommen wird und die Warnwirkung entfällt.

Weiterführende Literatur

Brunton, L., Chabner, B. und Knollman, B. (Hrsg.) (2011) *Goodman and Gilman's The Pharmacological Basis of Therapeutics*, 12. Aufl., McGraw Hill Professional.

Ellenhorn, M.J. und Barceloux, G.D. (1988) *Medical Toxicology*, Elsevier, Amsterdam.

WEKA Gefahrstoffdatenbank, WEKA Media GmbH & Co KG; Kissingen, Stand März 2015.

Zilker, T. (2008) *Klinische Toxikologie für die Notfall- und Intensivmedizin*, UNI-MED Verlag AG, Bremen, London, Boston, 2008.

42
Duftstoffe

A. Schnuch und P. Griem

42.1
Einleitung

Als Duftstoffsubstanzen werden von der International Fragrance Association (IFRA) Substanzen bezeichnet, die wegen ihrer duftenden, duftverstärkenden oder geruchsüberdeckenden Eigenschaften zur Herstellung von Duftkompositionen eingesetzt werden (www.ifraorg.org).

Etwa 2500 Duftstoffsubstanzen sind bekannt. Über 90 % der heute eingesetzten Moleküle, meist naturidentisch, werden synthetisch hergestellt, viele gehören chemisch zur Gruppe der Terpene oder zur Gruppe monozyklischer Aromaten (Benzenoid). Ein kleinerer Teil der Duftstoffe wird jedoch heute noch durch Extraktion aus bestimmten Pflanzen gewonnen, z. B. zur Herstellung ätherischer Öle.

Die Geruchswahrnehmung erfolgt in der Riechschleimhaut in der Nasenhöhle. Die dort ansässigen ca. 100 Mio. Riechzellen verfügen über ein Repertoire von 350 Riechrezeptorgenen, die jeweils die Bildung eines membranständigen Rezeptors steuern. Die Geruchsrezeptoren unterscheiden sich in dem Spektrum von Riechstoffen, die sie binden können. Die Bindung eines Geruchsstoffmoleküls an „seinen" Rezeptor löst über eine mit dem Rezeptor gekoppelte Adenylylcyclase ein intrazelluläres zyklisches Adenosinmonophosphat (cAMP)-Signal aus, das dann in ein Membranpotenzial übersetzt, ins Gehirn weitergeleitet und dort im Riechkolben (Bulbus olfactorius) in eine Geruchswahrnehmung umgesetzt wird.

Für eine gute Bindung eines Riechstoffs an einen Geruchsrezeptor sind andere Wechselwirkungen als reine van-der-Waals-Kräfte vorteilhaft, weshalb viele Riechstoffe mindestens eine Sauerstofffunktion, z. B. in Form von Hydroxy-, Keto-, Acetal-, Ether- oder Esterbindungen (oder auch Stickstoff- oder Schwefelheteroatome) enthalten. Andererseits müssen Riechstoffe eine gewisse Flüchtigkeit besitzen, weshalb sie in der Regel ein geringes Molekulargewicht von etwa 150–250 Dalton und keine dissoziierbare Gruppen, wie z. B. Carbonsäuren, aufweisen.

Das Toxikologiebuch, 1. Auflage. Helmut Greim (Hrsg.).

Wichtige Riechstoffgruppen stellen aliphatische und zykloaliphatische Substanzen, azyklische und mono- und bizyklische Terpene und Sesquiterpene sowie einkernige Aromaten und Phenole sowie ihre jeweiligen Alkohol-, Aldehyd-, Acetal-, Keton- und Carbonsäureesterderivate, die zusätzlich eine oder mehrere C=C-Doppelbindungen enthalten können, dar.

Aus der dargestellten chemischen Vielfalt und den genannten physikalisch-chemischen Eigenschaften kann bereits abgeleitet werden, dass mit der breiten Palette von Riechstoffen auch verschiedene toxische Wirkungen verbunden sein können. So können beispielsweise Alkohole und Aldehyde in konzentrierter Form haut- und augenirritierend sein und außerdem toxische Wirkungen auf Wasserorganismen besitzen. Zum Teil besitzen Riechstoffe aufgrund ihrer chemischen Reaktivität hautsensibilisierende Eigenschaften, die in diesem Kapitel ausführlich dargestellt werden (siehe auch Kapitel 19 Toxikologie des Immunsystems). Andere Riechstoffe, wie beispielsweise viele bi- oder trizyklische Verbindungen und Acetale haben eine geringe chemische Reaktivität und verursachen daher an der Haut kaum toxische Effekte, weisen allerdings oft eine geringe Bioabbaubarkeit und daher eine Tendenz zur Persistenz in der Umwelt auf. Substanzen mit genotoxischen und/oder krebserregenden Wirkungen, die nicht auf einem Schwellenwertmechanismus beruhen, oder solche mit ausgeprägten reproduktionstoxischen Wirkungen sind im Allgemeinen als Riechstoffe ungeeignet. Die IFRA veröffentlicht Sicherheitsbewertungen zu Riechstoffen im Internet (http://fragrancematerialsafetyresource.elsevier.com/).

42.2
Einsatz/Vorkommen von hautsensibilisierenden Riechstoffen

> In ihren bevorzugten Einsatzbereichen, Kosmetika und Haushaltsprodukte, liegen die überwiegend synthetisch hergestellten Riechstoffe als Gemische vor. Zum Dufteffekt eines Parfüms können bis zu 300 verschiedene Komponenten beitragen.

In anderen Produkten, wie Zahnpasta, Kaugummi oder Backwaren, können sie auch singulär als einziger Aromastoff vorkommen.

Ein Parfüm enthält üblicherweise 10–15 % Duftstoffkomponenten, ein Eau de Cologne 3–5 %, ein Deodorant 1 %, eine Creme 0,4 % und Seifen 0,5–2 %.

Der Anteil allergener Duftstoffe in verschiedenen Kosmetika (Parfüms, Shampoos, Cremes, Duschgels) war in einer entsprechenden Untersuchung in den teureren Kategorien erhöht, wohingegen in gängigen Haushaltsprodukten eher weniger potente Allergene mengenmäßig eine Rolle spielen. Kinderkosmetik, auch als Spielzeug konzipiert, enthielt vereinzelt potente allergene Duftstoffe. In Parfüms mit dem schillernden Anspruch „natürlichen Ursprungs" wurden sowohl allergene Komponenten wie auch synthetische Chemikalien (α-Hexylzimtaldehyd, Diet-

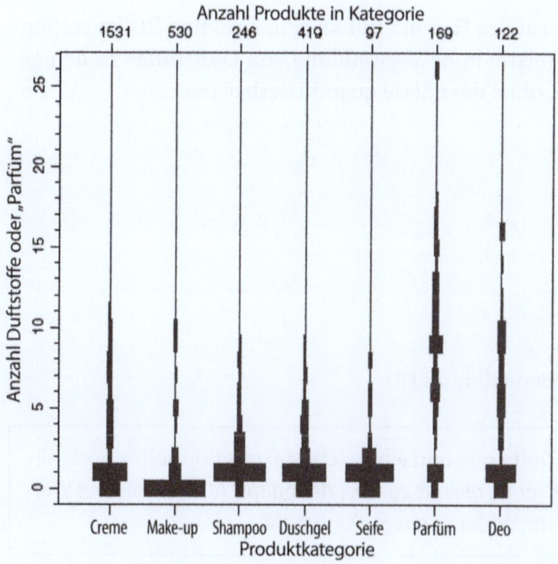

Abb. 42.1 Verteilung der Zahl der zu deklarierenden Duftstoffe in einzelnen Produktkategorien, dargestellt als „Violin plot". Der allergrößte Anteil von Make-ups enthielt gar keinen Duftstoff, wohingegen Parfüms und Deos häufig mehrere Duftstoffe enthielten. (Uter *et al.*, 2013, Reproduced with permission of John Wiley & Sons).

hylphthalat, Propylenglykol) entdeckt. Produkte, die fälschlich als „duftstofffrei" deklariert sind, können (z. B. limonen- oder eugenolhaltige) ätherische Öle zur „Geruchsüberdeckung" enthalten.

In den Jahren 2006 bis 2009 wurden 26 Inhaltsstoffe, die laut Kosmetikverordnung als allergene Duftstoffe zu deklarieren sind, in 4991 Produkten vom Chemischen und Veterinäruntersuchungsamt (CVUA) Karlsruhe dokumentiert und verschiedenen Produktkategorien zugeordnet. Cremes, Emulsionen, Lotionen u. ä. enthielten zu etwa 80 % Duftstoffe, im Mittel (Median) 2,5 verschiedene, Parfüms im Mittel neun und maximal 26 Duftstoffe. Im Durchschnitt wurden über alle Produktkategorien zwei verschiedene Duftstoffe eingesetzt. Am häufigsten fanden sich Limonen und Linalool, auch in Kombination miteinander, und zwar in fast allen Produktkategorien. Die Verteilung des „gekoppelten" Einsatzes in verschiedenen Produktkategorien gibt Abb. 42.1 wieder.

Das Ausmaß der Duftstoffexposition durch eine berufliche Tätigkeit ist nicht bekannt. Ein Indikator für eine relevante Exposition ist jedoch die Häufigkeit von Kontaktallergien in verschiedenen Berufen, denn ohne Exposition kann sich keine Allergie entwickeln. In Analysen von Daten des IVDK zeigten sich erhöhte Risiken einer Duftstoffallergie bei Masseuren/Physiotherapeuten, Kosmetikerinnen, Krankenschwestern, Altenpflegerinnen und Metalloberflächenbearbeitern. Insbesondere war das Risiko bei Metallarbeitern mit Exposition gegenüber Kühlschmierstoffen erhöht, und es stellte sich heraus, dass vom Anwender zur Geruchsüberdeckung den Kühlschmierstoffen Duftstoffe beigefügt wurden. Bemerkenswerterweise war der Beruf des Friseurs mit keinem erhöhten Risiko verbunden. Daraus lässt sich eine relativ hohe Verwendung von Duftstoffen in den genannten Bereichen ableiten, ohne dass diese quantifizierbar wäre.

42.3
Toxikologie

42.3.1
Zielorgan Haut

42.3.1.1 Allergische Kontaktdermatitis (ACD)

> Die Sensibilisierung durch Duftstoffe und eine nach Reexposition auftretende allergische Kontaktdermatitis (engl. *allergic contact dermatitis*, ACD) ist die bei Weitem wichtigste unerwünschte Wirkung einiger Duftstoffe.

Die biphasische Pathogenese der ACD ist in Kapitel 19. „Toxikologie des Immunsystems" beschrieben. Die ACD mit juckenden, geröteten und manchmal auch nässenden Hautveränderungen entwickelt sich in den parfümexponierten Arealen, so hinter den Ohren oder am seitlichen Hals, oder, nach Verwendung eines Deodorants, axillär (Abb. 42.2). Die Axillen sind wegen der dünnen, die Permeation erleichternden Haut und einer Semiokklusion (Haut auf Haut) die Lokalisation mit dem höchsten Risiko einer Duftstoffallergie (OR > 2). Bei hochgradiger Sensibilisierung oder hoher Expositionsdosis kann ein Ekzem generalisiert, d. h. am ganzen Körper, auftreten (auch hämatogenes Kontaktekzem genannt, weil das Allergen nach Permeation in die Haut ins Blut gelangt und danach, quasi „von innen", in die nicht exponierte Haut transportiert werden kann). Ein Gesichtsekzem ist ein Indikator für eine Allergenexposition aus Kosmetika, sodass eine Häufung von Gesichtsekzemen bei Patienten mit Allergien auf Sensibilisierungen durch Kosmetika hinweist.

Auch wenn die Ursache einer Sensibilisierung gegen Duftstoffe in der Exposition liegt, gibt es begünstigende Kofaktoren, wie eine bestehende inflammatorische Dermatose, die ein die Pathogenese förderndes molekulares Milieu (im Sinne von „danger signals") schafft (siehe Kapitel 19). Die Frage einer besonderen genetischen Disposition kann heute generell dahin gehend beantwortet werden, dass bei potenten Allergenen die vorliegende genetische Ausstattung „überspielt" wird, während bei schwachen Allergenen eine bestehende Neigung zur Allergieausbildung von Bedeutung ist. In den letzten Jahren wurde durch die Untersuchungen von Polymorphismen in „Kandidatengenen" eine Reihe von polymorphen Genen identifiziert, die mit einem erhöhten ACD-Risiko assoziiert sind, ohne dass man bereits in der Lage wäre, das Risiko für die Ausbildung einer ACD ausreichend zu charakterisieren.

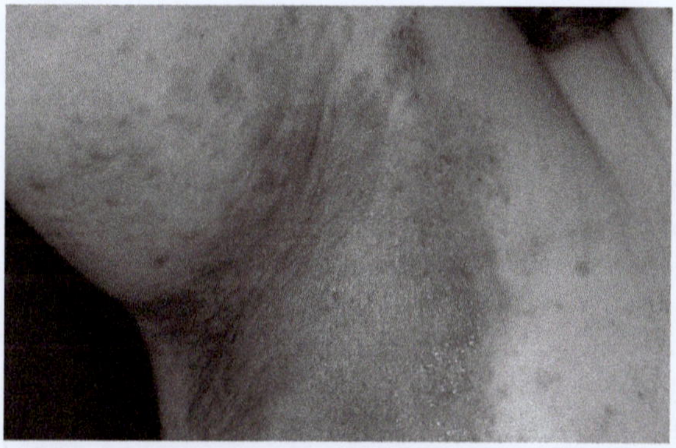

Abb. 42.2 Akutes allergisches Kontaktekzem der Axillen nach Anwendung eines duftstoffhaltigen Deodorants (Foto: Axel Schnuch).

42.3.1.2 Andere Dermatosen

Bei einigen Duftstoffen, insbesondere Zimtaldehyd (Cinnamal), Zimtalkohol (Cinnamic alcohol) und Perubalsam (*Myroxylon pereirae*) wurde über *Kontakturtikaria vom nicht immunologischen Typ,* also ohne Beteiligung von IgE-Antikörpern, berichtet. Weder eine Mastzelldegranulation (mit Histaminfreisetzung) noch eine neurogene Entzündung konnten als Ursache bestätigt werden. Am wahrscheinlichsten ist eine Beteiligung von Prostanoiden, da die Reaktionen durch NSAIDs (Nonsteroidal Anti-Inflammatory Drug) wie Acetylsalicylsäure, Diclofenac oder Naproxen gehemmt werden. Eine besondere Rolle könnte dem Prostaglandin D_2 (PGD_2) zukommen, das über Freisetzung von NO (Stickstoffmonoxid) zu einer Vasodilatation führt.

Postinflammatorische *Hyperpigmentierungen* (bleibende, dunklere Hautbereiche) auch lichtgeschützter Hautareale wurden nach ACD durch verschiedene Duftstoffe (Jasmin absolut, Ylang-Ylang, Cananga, Benzylsalicylat, Hydroxycitronellal, Sandelholzöl, Geraniol, Geraniumöl) beobachtet. Fototoxische und fotoallergische Reaktionen im Zusammenhang mit Duftstoffen sind sehr selten, wohingegen *irritative Effekte,* z. B. durch Citral, durchaus auftreten können, auch wenn es zur Häufigkeit keine Informationen gibt.

42.3.2 Zielorgan Atemwege

> Duftstoffe sind volatil, und deshalb ist nicht nur die Haut exponiert, sondern auch die Augen und die Atemwege.

Es wird geschätzt, dass etwa 2–4 % der Bevölkerung von Symptomen an den Augen und Atemwegen durch Exposition gegenüber Duftstoffen betroffen sind. Ein vorbestehendes Asthma kann exazerbieren, und asthmaähnliche Symptome können bei empfindlichen Individuen (z. B. mit bronchialer Hyperreaktivität) provoziert werden. Es gibt keine Hinweise für einen IgE-vermittelten immunologischen Mechanismus, d. h. ein allergisches Asthma bronchiale durch Duftstoffe. Vielmehr werden peripher sensorisch vermittelte Irritationen vermutet. In epidemiologischen Studien gab es nicht nur Assoziationen zwischen einer Duftstoffkontaktallergie und Symptomen der Atemwege durch Duftstoffe, sondern auch zwischen Sensibilisierungen gegen nicht luftgetragene Kontaktallergene (z. B. Nickel) und Reaktionen der Atemwege nach Expositionen gegenüber Laserdruckern, trocknender Farbe, Autoabgasen und Zeitungen. Diese Assoziation war ausgeprägter bei Patienten, die mehrere Sensibilisierungen aufwiesen (Polysensibilisierung). Für diesen unerwarteten Befund fanden die Autoren keine Erklärung. Da die Polysensibilisierung (gegen Kontaktallergene) aber als Phänotyp für eine ausgeprägte (genetische) Prädisposition angesehen wird, wurde als Bindeglied zwischen Reaktionen der Atemwege und Kontaktallergie eine besondere Prädisposition des Organismus zu Entzündungsreaktionen (allgemein) postuliert, denn Entzündungsmechanismen sind ein wesentlicher Kofaktor in der Pathogenese der ACD. In einer experimentellen Studie, in der Patienten in einer Inhalationskammer gegenüber hohen Konzentrationen „ihres" Kontaktallergens, wie Isoeugenol und Hydroxyisohexyl 3-Cyclohexene Carboxaldehyd (HICC), exponiert wurden, konnte (wiederum) keine allergenspezifische Reaktivität nachgewiesen werden. Objektive Funktionsparameter der Atemfunktion blieben unverändert. Subjektive Symptome wurden sowohl nach Allergen- als auch nach Kontrollexposition (Geraniol) berichtet, erklärbar mit dem Reizpotenzial dieser Duftstoffe.

42.4 Diagnostik eine Duftstoff-Kontaktsensibilisierung

> Eine Sensibilisierung gegenüber einem Kontaktallergen wird in der Regel durch den Epikutantest (engl. *epicutaneous test*, ECT; auch als Patch-Test bezeichnet) nachgewiesen.

Hierbei werden bekannte sensibilisierende Substanzen in geringer Dosis (in der Regel 1 % in 20 mg Vaseline) in kleine Aluminiumkammern verbracht, und für 48 h auf dem Rücken fixiert. Nach drei Tagen wird der Test „abgelesen". Eine Hautrötung, ggf. mit Bläschen wie beim Ekzem, zeigt eine Sensibilisierung gegen den applizierten Stoff an. Der Diagnostik einer Duftstoffallergie dienen mehrere ECT-Zubereitungen in der ECT-Standardreihe (ein Set von Allergenen, die bei jedem Patienten mit Verdacht auf eine ACD getestet werden). Es sind dies: der Duftstoff-Mix I (DM I), der Duftstoff-Mix II (DM II), HICC und Perubalsam. Außerdem stehen sowohl die Einzelkomponenten der Mixe als auch weitere Duftstoffe zur Testung zur Verfügung (Tab. 42.1–42.3).

In der Frühzeit des ECT wurde zur Diagnostik einer Duftstoffallergie Perubalsam (PB) eingesetzt. Dieses erwies sich als das zu dieser Zeit wichtigste Duft-

Tab. 42.1 Substanzen des Duftstoff-Mix I.

INCI-Bezeichnung	CAS-Nr.
Amylzimtaldehyd (Amyl cinnamal)	122-40-7
Zimtaldehyd (Cinnamal)	104-55-2
Zimtalkohol (Cinnamyl alcohol)	104-54-1
Eugenol	97-53-0
Evernia prunastri (Eichenmoosextrakt, oak moss) extract	90028-68-5
Geraniol	106-24-1
Hydroxycitronellal	107-75-5
Isoeugenol	97-54-1

Tab. 42.2 Substanzen des Duftstoff-Mix II.

INCI-Bezeichnung	CAS-Nr.
Citral	5392-40-5
Citronollol	106 22 9
Cumarin	91-64-5
Farnesol	4602-84-0
Zimtaldehyd (α-Hexyl cinnamal)	101-86-0
Hydroxyisohexyl 3-Cyclohexene Carboxaldehyd (HICC, Lyral®)	31906-04-4

Tab. 42.3 Weitere Duftstoffe, die als ECT-Zubereitungen verfügbar sind.

INCI-Bezeichnung	CAS-Nr.
α-isomethylionon (Alpha-Isomethyl ionone)	127-51-5
Amylzimtalkohol (Amylcinnamyl alcohol)	101-85-9
Anisylalkohol (Anisyl alcohol)	105-13-5
Benzylalkohol (Benzyl alcohol)	100-51-6
Benzylbenzoat (Benzyl benzoate)	120-51-4
Benzylzimtaldehyd (Benzyl cinnamate)	103-41-3
Benzylsalicylat (Benzyl salicylate)	118-58-1
Butylphenyl-methylpropional (Lilial®)	80-54-6
Evernia furfuracea (Baummoos) Extrakt	90028-67-4
d-Limonen	5889-27-5
Linalool	78-70-6
Methyl-2-octynoate	111-12-6

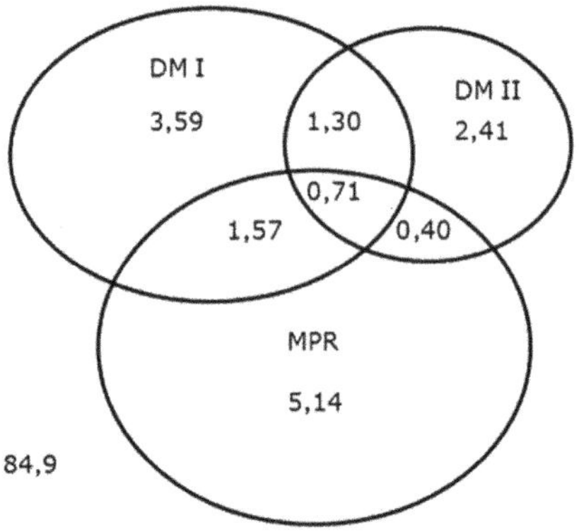

Abb. 42.3 Muster positiver Reaktionen auf die Screening ECT-Zubereitungen in 35 361 Patienten; 84,9 % reagierten auf keines der Allergengemische. Es wird deutlich, dass der DM I keineswegs alle Duftstoffallergien erfasst, denn nur 28 % der DM I-Positiven reagierten auch auf den DM II, und 32 % auf PB (FM I = DM I; FM II = DM II; MPR = Myroxylon pereirae (Perubalsam, PB). (Uter *et al.*, 2013, Reproduced with permission of John Wiley & Sons).

stoffkontaktallergen, jedoch nicht als ausreichend, um alle Duftstoffallergiker zu diagnostizieren. Daher wurde Mitte der 1970er-Jahre der DM I und Anfang der 2000er-Jahre der DM II in die Standarddiagnostik aufgenommen. Die Doppel- und Dreifachreaktionen gegen BP, DM I und DM II sind in Abb. 42.3 dargestellt. Das nach Alter, Geschlecht und weiteren Reaktionen auf mögliche Duftstoffindikatoren (Terpentinöl und Kolophonium) adjustierte Risiko (OR) der DM I-Positiven für eine DM II-Allergie war 11,7 (CI 8,7–13,1).

> Das Ziel der Testung mit Allergen-Mixen wie dem Duftstoff-Mix ist es, Sensibilisierungen gegen mindestens einen der Inhaltsstoffe aufzudecken. Bei allergischen Reaktionen auf den Mix sollen die Einzelkomponenten nachgetestet werden, um den Patienten, z. B. durch einen Allergiepass, über die für ihn relevanten Kontaktallergene aufzuklären, damit eine weitere Exposition nach Möglichkeit vermieden werden kann.

Im Idealfall sollte ein auf den Mix positiv reagierender Patient auch auf mindestens eine der Komponenten des Mixes reagieren. Dies ist jedoch nicht immer der Fall. Bei 44 % der DM-Positiven blieb eine Reaktion auf die Einzelkomponenten gänzlich aus. Als Erklärung kommen mehrere Ursachen infrage, z. B. eine mit 1 % zu geringe Testkonzentration der Einzelkomponenten oder eine unspezifische Irritationsreaktion durch den mit 8 % höher getesteten DM I (sodass gar keine Kontaktsensibilisierung gegen einen DM I-Bestandteil vorlag). Oder es wird die Reaktivität auf die Komponenten erhöht, wenn sie zusammen mit den anderen Mix-Bestandteilen appliziert werden. Man spricht hier von Synergie von Allergenen in Kombination. Diese Synergie kann auf einer permeationsfördernden oder un-

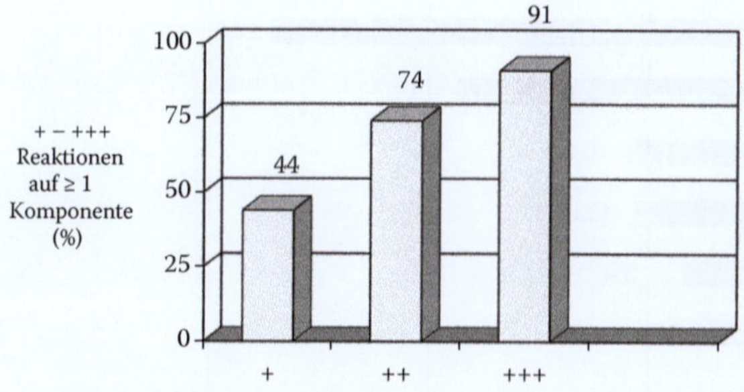

Abb. 42.4 Reaktionen auf mindestens einen der Inhaltsstoffe des DM I bei Patienten mit positiver Reaktion auf den DM I ($n = 2798$).

spezifisch immunaktivierenden Wirkung durch andere Mixbestandteile beruhen. Bei der Einzeltestung fehlen solche Synergieeffekte, und die Testung bleibt negativ. Diese Überlegungen und Befunde zeigen, dass in der Praxis die Duftstoff-Mixe wahrscheinlich bessere diagnostische Indikatoren für eine Duftstoffallergie sind als die Einzelsubstanzen, zumal ein Gemisch die Expositionsbedingungen ohnehin besser simuliert.

Aus Abb. 42.4 geht hervor, dass der Anteil der Patienten, für die eine Reaktion gegen mindestens einen Bestandteil des DM I gezeigt werden konnte, mit dem Schweregrad der allergischen Reaktion gegen den Mix ansteigt. Etwa 56 % derjenigen mit einer „+" positiven Reaktion zeigten keine Reaktion auf einen der Inhaltsstoffe, während es bei „++" Reaktionen 26 % und bei „+++" Reaktionen nur 9 % waren. Das bedeutet für die Diagnostik, dass schwache Reaktionen auf den DM I nicht unbedingt eine Kontaktallergie auf die Duftstoffe anzeigen (s. u.).

Die Häufigkeit der Reaktionen auf Einzelkomponenten des DM I ist durchaus unterschiedlich. Wie Abb. 42.5 zeigt, geben Eichenmoos und Isoeugenol am häufigsten positive Reaktionen, während dies am seltensten für Geraniol und Amylzimtaldehyd der Fall ist.

Bei Patienten mit positiver Reaktion auf den DM II ($n = 1058$) wurde ebenfalls eine Aufschlüsselung vorgenommen. Von denen mit einer schwachen (+) Reaktion auf den Mix, zeigten 47 % keine Reaktion auf mindestens eine der Komponenten. Dieser Anteil war jedoch geringer bei stärkeren Reaktionen auf den Mix (11 % bei ++ und 7 % bei +++ Reaktionen). Auch beim DM II unterscheidet sich der Beitrag der Einzelkomponenten (Abb. 42.6). Über den Auswertezeitraum (2005–2013) war HICC das bedeutendste Duftstoffallergen. In dieser Zeit gab es jedoch wesentliche Veränderungen. Lag der Anteil von HICC in den Jahren 2005/2006 noch bei 44,7 %, so sank er bis zum Jahre 2013 auf 27,8 %. Dies könnte ein Effekt der von IFRA empfohlenen Senkung der Einsatzkonzentration sein. Während des gleichen Zeitraums stieg der Anteil von Hexylzimtaldehyd von 2,9 auf 8,9 %, sodass dieser Duftstoff nun zu den bedeutenderen des DM II zählt.

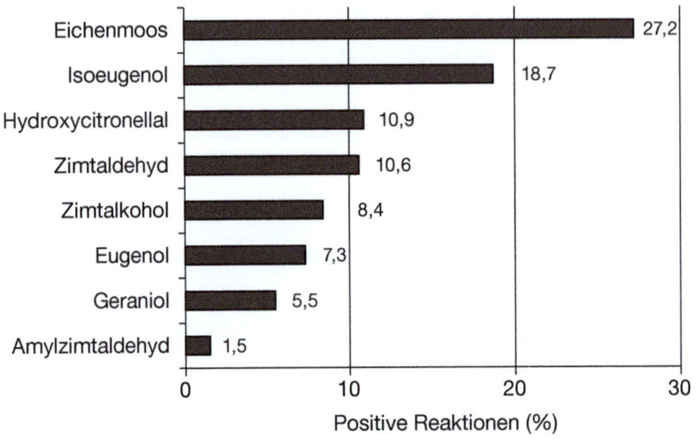

Abb. 42.5 Anteil positiver Reaktionen auf die Einzelkomponenten des DM I bei Patienten mit einer positiven Reaktion auf den DM I ($n = 2798$).

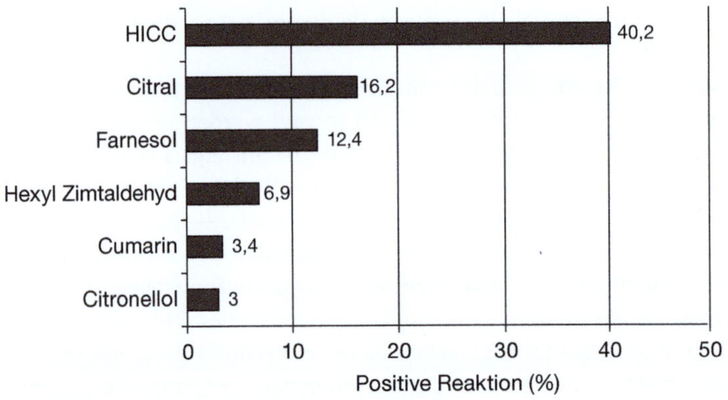

Abb. 42.6 Anteil positiver Reaktionen auf die Einzelkomponenten des DM II bei Patienten mit einer positiven Reaktion auf den DM II ($n = 1058$).

Die klinische Relevanz einer ECT-Reaktion beschreibt die nachgewiesene Beziehung zwischen der Exposition gegenüber einem Allergen, z. B. aus einem Verbraucherprodukt, und der dadurch hervorgerufenen manifesten ACD.

Die klinische Erfahrung zeigt, dass starke ECT-Reaktionen häufiger auch klinisch relevant sind (angezeigt z. B. durch einen positiven „Repeated open application test" (ROAT), s. Kapitel 19 Toxikologie des Immunsystems). Umgekehrt fehlt bei nur schwachen (+) Reaktionen häufig der Nachweis einer Relevanz. DeGroot und Frosch (1997) folgerten dementsprechend:

„False-positive reactions (to the Fragrance mix) are not rare, and a single weak (?+ or +) reaction to the mix should not be taken as evidence for fragrance contact allergy but should be substantiated by other tests (e.g. ROAT ...)".

42.5 Epidemiologie

> Wie eine vergleichende Betrachtung der epidemiologischen Daten über längere Zeiträume und aus verschiedenen Ländern zeigt, stehen Sensibilisierungen gegen den DM I seit Langem nach Nickel in der Häufigkeit an zweiter Stelle.

Sensibilisierungen gegen DM I haben in den 1990er-Jahren noch einen weiteren Anstieg erfahren (Abb. 42.7). Diese Entwicklung ist auch in Studien in der Allgemeinbevölkerung erkennbar geworden. Nach diesen Untersuchungen sind zwi-

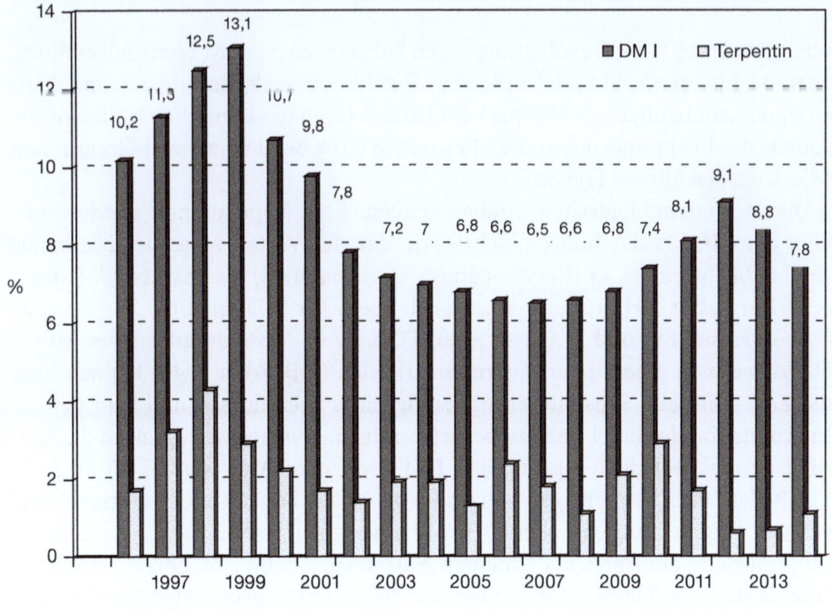

Abb. 42.7 Prävalenz von Sensibilisierungsreaktionen auf den Duftstoff-Mix I und Terpentinöl im Informationsverbund Dermatologischer Kliniken (IVDK) von 1996 bis 2014. Von 1996 bis 2002 verlief die Kurve für Terpentinöl parallel zum DM I. Dies wurde erklärt mit dem vermehrten Gebrauch von ätherischen Ölen (z. B. Teebaumöl), und Terpentinöl wurde als Surrogatmarker für diese Exposition angesehen. Der (statistisch signifikante) Rückgang ab 2000 könnte mit einem verminderten Einsatz problematischer Duftstoffe wie Eichenmoos und Isoeugenol erklärt werden, der zeitweilige (signifikante) Anstieg ab 2007 mit einer relativen Zunahme von Sensibilisierungen gegen Zimtderivate (Zimtaldehyd (Cinnamal), Zimtalkohol (Cinnamic alcohol), Hexylzimtaldehyd (Hexylcinnamal)).

Tab. 42.4 MOAHLFA-Index (siehe Erklärung im Text) der zwischen 1999 und 2012 (bzw. 2005 und 2012 beim DM II) im IVDK epikutan Getesteten sowie der gegen die einzelnen Allergene Positiven.

	IVDK ges.	FM I pos	FM II pos	MPR	Terpentin	Duftst. pos
n	132 384	11 345	3 959	10 894	2 568	21 595
% pos		8,71	4,87	8,36	1,95	16,31
95 % CI		8,55–8,86	4,73–5,02	8,21–8,52	1,88–2,03	16,1–16,5
Male	37,8	32,4	32,6	34,6	34,4	33,8
Occupational	15	13,6	15,8	*11*	16,2	13
Atopic Ecz.	18,8	18,8	21,4	13,9	19,4	17,3
Hand	27,6	25,8	27,8	21,8	27,1	24,7
Leg	11,7	16	13,1	*20,7*	17,4	17
Face	15,7	16,6	*17,5*	14,7	14,5	16
Age 40+	69,5	80,5	80,1	85,6	79,2	81,5

schen 1 % und 3 % der Bevölkerung gegen Substanzen des DM I sensibilisiert. Die älteren Jahrgänge > 40 sind deutlich häufiger betroffen als die jüngeren und Frauen signifikant häufiger als Männer). Im Extrem lagen (im klinischen Kollektiv) die Anteile der Reaktionen gegen DM I zwischen 6,0 % bei den jungen Männern und 14,4 % bei den älteren Frauen.

Die in epidemiologischen Studien untersuchten Populationen werden mithilfe des MOAHLFA-Index beschrieben, der den Anteil folgender Merkmale angibt: M (Männer), O (Berufsbedingte (Occupational) Dermatitis), A (Atopische Dermatitis), H (Handdermatitis), L (Bein (Leg)-Dermatitis), F (Gesichts (Face)-Dermatitis) und A (Alter > 40) (Tab. 42.4). Veränderungen des MOAHLFA-Index in einem oder mehreren Kriterien (z. B. Alter > 40) können über die Zeit ermittelte Sensibilisierungshäufigkeiten beeinflussen und sind bei der Interpretation der Ergebnisse zu berücksichtigen. Beispielsweise steigen die Sensibilisierungshäufigkeiten gegen den DM I mit dem Alter signifikant an (z. B. 11,6 % der 30- bis 39-jährigen Frauen versus 16,1 % bei 70- bis 79-jährigen) und sind bei Frauen deutlich höher als bei Männern. Auch stieg über den Beobachtungszeitraum der Anteil der Patienten ≥ 40 von 62,5 % im Jahr 1999 auf 69,9 % im Jahre 2006 ($p < 0{,}0001$) Deshalb werden die im IVDK ermittelten Häufigkeiten nach Alter und Geschlecht standardisiert, wie in Abb. 42.7 dargestellt.

Obwohl der Duftstoff-Mix I acht verschiedene Substanzen enthält, ist der überwiegende Anteil der Reaktionen lediglich auf zwei Substanzen zurückzuführen, nämlich auf Eichenmoos absolue und Isoeugenol (s. o.). Wie die Trenddarstellung zeigt (Abb. 42.7), hatte der Duftstoff-Mix I sein Maximum 1999 erreicht. Seitdem ist es zu einem signifikanten Rückgang der Sensibilisierungen gegen die Substanzen des DM I gekommen.

In diesem Zusammenhang muss auf den Trend eingegangen werden, den die Terpenallergie genommen hat (Abb. 42.7). Terpentinöl, früher ein bedeutendes Allergen, war als Lösungsmittel aus „ökonomischen Gründen" zunehmend seltener eingesetzt worden, sodass seine Bedeutung als Allergen drastisch zurückgegangen war. Anfang der 1990er-Jahre rangierte es bereits unter 1 %, sodass es eigentlich den Platz in der Standardreihe verlieren sollte. Die rasante, bis dahin bei keinem anderen Allergen beobachtete Zunahme der Sensibilisierungen gegen die Naturstoffklasse der Terpene änderte die Situation. Die Zunahme wurde mit der wachsenden Beliebtheit alternativer Naturkosmetika und Heilmittel erklärt, diesmal also mit einem Modetrend. Interessanterweise entwickelten sich die Verkaufszahlen ätherischer Öle zeitlich parallel zu den Sensibilisierungsquoten, sodass sich sowohl Anstieg als auch Abfall der Sensibilisierungszahlen durch die sich verändernde Exposition plausibel erklären lassen.

Für den ebenfalls unerwarteten Trend der Duftstoffallergie bieten sich zwei mögliche Erklärungen an:

- Da fast die Hälfte der Terpenallergiker, möglicherweise begründet in einer Expositionskopplung[1], auch gegen den Duftstoff-Mix allergisch war, könnte zumindest ein Teil sowohl des Anstiegs als auch des Abfalls der Duftstoffallergie, die offenbar aktuellen und sich kurzfristig ändernden Modetrends folgt, auf Terpenexpositionen zurückgeführt werden.
- Darüber hinaus wurde vom Internationalen Riechstoffverband (IFRA) die empfohlene Einsatzkonzentration von Isoeugenol (bei Produkten mit Hautkontakt) auf 0,02 % herabgesetzt (http://www.ifraorg.org/GuideLines.asp). Chemische Analysen von Parfüms ergaben, dass bis zum Jahre 2003 sowohl die Konzentration als auch die Einsatzhäufigkeit problematischer Duftstoffe wie Isoeugenol oder Eichenmoos zurückgegangen war.

Der Abwärtstrend der Duftstoffallergien, so wie er sich beim DM I zeigte, setzte sich über die Jahre allerdings nicht fort. Ab 2007 war erneut ein signifikanter Anstieg zu verzeichnen. Er könnte begründet sein in einer Zunahme von Sensibilisierungen gegen Zimtderivate (Zimtaldehyd, bzw. Cinnamal), Zimtalkohol (Cinnamyl alcohol), Hexylzimtaldehyd bzw. Hexylcinnamal) (s. o.). Eine solche Erklärung würde gestützt durch die Beobachtungen aus London (St. John's Hospital), wonach das häufigste Duftstoffallergen nicht mehr Eichenmoos oder Isoeugenol, sondern Zimtalkohol war. Dabei ist zu bedenken, dass Zimtaldehyd und Zimtalkohol im Stoffwechsel durch Alkoholdehydrogenasen ineinander umgewandelt werden können. Letztlich bleibt die Trendentwicklung jedoch unerklärt, zumal es in den letzten beiden Jahren erneut zu einem leichten Rückgang kam. Gleichwohl bleibt die Duftstoffallergie (ausgedrückt durch die Indikatoren DM I, DM II, Perubalsam und Terpentinöl) mit einer Sensibilisierungshäufigkeit von insgesamt

1) Das gleichzeitige Vorkommen mehrerer allergener Stoffe in Produkten kann bei einer Person zu multiplen Sensibilisierungen führen (Expositionskopplung), im Unterschied zur Strukturkopplung, die auf Strukturähnlichkeiten der Allergene beruht. Hierbei genügt die Sensibilisierung gegen ein einziges Allergen.

> 16 % der getesteten Patienten (Tab. 42.4, Zeile 3) bedeutsam für die Volksgesundheit, die eine ständige Trendbeobachtung (Überwachung) erfordert, um ggf. entsprechende Maßnahmen zu initiieren.

42.6
Risiko einer Duftstoffallergie

Bei allen diesen Überlegungen sollte nicht vergessen werden, dass die ermittelten Prävalenzen von Sensibilisierungen (als Maß für das eingetretene Sensibilisierungsrisiko) sowohl abhängig sind von der sensibilisierenden Wirkstärke (Potenz) als auch vom Umfang der Exposition gegenüber den Allergenen.

Es wurde zwar wiederholt gezeigt, dass die Substanzen der DM in verschiedenen Kategorien von Verbrauchsgütern vorkommen, dass aber gerade die allergologisch weniger bedeutenden Substanzen (Geraniol, Limonen oder Linalool) in großen Mengen eingesetzt werden und die allergologisch bedeutsamen wie Eichenmoos, Isoeugenol oder Zimtaldehyd (Cinnamal) deutlich weniger. Das bedeutet, dass die Höhe der Exposition nicht mit der Allergiehäufigkeit korreliert.

Zur Beschreibung des Allergierisikos, also der Funktion der Allergiehäufigkeit in Abhängigkeit von der Exposition, wurde versucht die Exposition durch zwei Indikatoren zu beschreiben: die prozentuale Häufigkeit der Nennung des Allergens auf der Bestandteilliste der Produktverpackungen (Statistik der CVUA Karlsruhe zu über 5000 Produkten aus den Jahren 2007–2009) und der von der IFRA genannten Einsatzmengen der Duftstoffe (in Tonnen) (Angaben für Europa für das Jahr 2008). Aus den Daten wurde die *relative* Einsatzhäufigkeit wie folgt berechnet: a) Die Gesamteinsatzmenge aller Duftstoffe (als Summe der Einzelvolumina) wurde gleich 100 % gesetzt und für das tatsächliche Einzelvolumen der Anteil am Gesamtvolumen für jeden Duftstoff bestimmt. b) Die Gesamtzahl aller Nennungen von Duftstoffen wurde gleich 100 % gesetzt und der Anteil an Nennungen pro Duftstoff berechnet (Tab. 42.5, Spalte 5). Aus den Daten des IVDK für die Jahre 2007–2009 wurde die Sensibilisierungshäufigkeit pro Duftstoff (Tab. 42.5, Spalte 3) berechnet. Als Schätzer für das Sensibilisierungsrisiko wurde der SEQ (Sensitization-Exposure Quotient) als der Quotient aus relativer Sensibilisierungshäufigkeit und relativer Expositionshäufigkeit für jeden Duftstoff berechnet. Der SEQ gibt somit das relative Sensibilisierungsrisiko eines Duftstoffes im Verhältnis zu anderen Duftstoffen wieder (Tab. 42.5, Spalte 6).

Die Sensibilisierungshäufigkeiten (Tab. 42.5, Spalte 2) stimmen mit denen aus anderen europäischen Studien überein. Es können drei Gruppen gebildet werden:

- Gruppe I (häufige Allergene, in absteigender Häufigkeit): Baummoos, HICC, Eichenmoos, Isoeugenol, Hydroxycitronellal, Citral, Zimtaldehyd, Farnesol, und Zimtalkohol

Tab. 42.5 SEQ (Spalte 6) geordnet in absteigender Größe berechnet auf der Basis der INCI-Deklaration (Spalte 4) und dem daraus abgeleiteten Anteil an den Produkten mit dem entsprechenden Duftstoff (Spalte 5) sowie auf der Basis der Sensibilisierungshäufigkeiten (Spalte 2) und dem daraus abgeleiteten Anteil an den Gesamtsensibilisierungen.

INCI-Name	(2) Sensibilisierungshäufigkeit (absolut) (%)	(3) Relative Sensibilisierungshäufigkeit %	(4) Inhaltsstoffdeklaration auf Produkt *n*	(5) Relative Inhaltstoffdeklaration (%)	(6) SEQ
Tree moss (*Evernia furfuracea*)	*5,27*	23,6	50	0,32	*73,16*
Oak moss absolute (*Evernia prunastri*)	*3,03*	12,5	44	0,28	*44,03*
Methyl 2-octynoate (Methyl heptine carbonate)	*0,16*	0,7	7	0,05	*15,5*
Cinnamal	*1,04*	4,3	67	0,43	*9,95*
Isoeugenol	*2,01*	8,3	132	0,85	*9,75*
HICC[a)]	*3,65*	15,1	606	3,91	*3,86*
Farnesol	*0,98*	4	191	1,23	*3,25*
Anise alcohol	*0,05*	0,3	15	0,1	*3,1*
Cinnamyl alcohol	*0,9*	3,7	233	1,5	*2,46*
Benzyl cinnamate	*0,16*	0,7	59	0,38	*1,84*
Hydroxycitronellal	*1,06*	4,4	458	2,95	*1,49*
Eugenol	*0,74*	3	486	3,14	*0,96*
Citral	*1,06*	4,4	755	4,87	*0,9*
Amyl cinnamal	*0,21*	0,9	199	1,28	*0,7*
Butylphenyl methylpropional (Lilial®)	*0,7*	2,9	1018	6,57	*0,44*
Hexyl cinnamal	*0,5*	2,1	867	5,59	*0,38*
Cumarin	*0,33*	1,3	711	4,59	*0,28*
Geraniol	*0,42*	1,7	1271	8,2	*0,21*
Benzyl salicylate	*0,21*	0,9	780	5,03	*0,18*
Benzyl alcohol	*0,16*	0,7	605	3,9	*0,18*
Citronellol	*0,23*	0,9	1348	8,7	*0,1*
Linalool	*0,32*	1,3	2123	13,7	*0,09*
Alpha-Isomethyl ionone (γ-Methylionone)	*0,11*	0,4	805	5,19	*0,08*
D,L-Limonene	*0,16*	0,7	2048	13,21	*0,05*
Benzyl benzoate	*0*	0	608	3,92	*0*
Amylcinnamyl alcohol[b)]	*0,32*	1,3	14	0,09	*14,39*

a) HICC: Hydroxyisohexyl 3-cyclohexene carboxaldehyde (z. B. Lyral®).
b) Der unerwartet hohe SEQ bei Amylcinnamylalcohol könnte auf einer Überschätzung der primären Sensibilisierungsraten beruhen, durch Kreuzreaktionen auf andere Zimtderivate.

- Gruppe II (seltene Allergene): Amylzimtaldehyd, Benzylsalicylat, Methyl-2-octynoate (Methylheptine carbonate), Benzylzimtaldehyd, Benzylalkohol, Limonen, α-Isomethylionon, Anisalkohol und Benzylbenzoat
- Gruppe III (weniger häufig, aber nicht zu ignorieren): Eugenol, Butylphenylmethylpropional (Lilial®), Hexylzimtaldehyd, Geraniol, Cumarin, Amylzimtalkohol, Linalool und Citronellol

Für Substanzen mit SEQ < 0,1 (Tab. 42.5, Spalte 6) ist das Sensibilisierungsrisiko fast zu vernachlässigen, z. B. für Linalool, Limonen, α-Isomethylionon und Benzylbenzoat. Diese Substanzen weisen sehr hohe EC3-Werte im LLNA auf, die eine sehr niedrige Sensibilisierungspotenz anzeigen (zur Erklärung von „EC3" und „LLNA" siehe Kapitel 19.)

Das höchste Sensibilisierungsrisiko besteht bei Eichenmoos, Baummoos, Methyl-2-octynoate, Zimtaldehyd und Isoeugenol. Diese Substanzen erwiesen sich auch im LLNA als (sehr) potente Sensibilisatoren (EC3 < 1 %). Für diese Substanzen besteht also eine gute Korrelation zwischen der im Tierversuch gemessenen sensibilisierenden Wirkstärke und dem SEQ als Maß für das Risiko für den Menschen.

Es ist aber zu bedenken, dass das Risiko nicht unmittelbar aus der Sensibilisierungspotenz abzuleiten ist, denn das Risiko ist eine Funktion von Wirkstärke und Exposition, z. B. können sehr niedrig gehaltene Konzentrationen hoch potenter Allergene das Risiko niedrig halten oder zu hohe Konzentrationen von nur mäßig potenten Allergenen oder eine Anwendung mäßig potenter Allergene auf besonders gefährdeten Hautarealen ein hohes Risiko mit sich bringen. Beispielsweise könnte der relativ hohe SEQ von Farnesol kaum mit dem EC3-Wert (> 4 %), sondern eher mit der häufigen Anwendung in Deodorants erklärt werden, da im Axillenbereich die Hautbarriere infolge der relativ dünnen und stark hydratisierten Haut vergleichsweise gering ausgeprägt ist.

Obwohl HICC mit einem moderaten EC3-Wert (17,1 %) ausgestattet ist, liegt es in der Häufigkeitsstatistik an zweiter und in der Risikostatistik an sechster Stelle. Das vormals relativ hohe Risiko einer Sensibilisierung gegen HICC dürfte auf zu hohe Konzentrationen in den Produkten zurückzuführen sein (> 1 % in der Vergangenheit, bis 0,2 % ab dem Jahr 2007, ab 2009 wurden Konzentrationen bis zu 0,02 % als sicher eingestuft).

Hohe Sensibilisierungshäufigkeiten sind ungeachtet von Potenz und Risiko stets als Warnhinweise zu werten (Sentinel Health Events in einem Überwachungssystem), die eine Prüfung auf präventive Maßnahmen erforderlich machen. Bei einigen Fällen dissoziieren aber Häufigkeit und Risiko, insbesondere, wenn die Häufigkeitsstatistik kaum Anlass zur Sorge gibt, aber der SEQ sich als hoch herausstellt, wie bei Benzylcinnamat, Anisalkohol und besonders Methyl 2-octynoate (methyl heptine carbonate). Bei einer solchen Konstellation sollten sich die Entwickler von Produkten bei der Frage des Einsatzes eines Duftstoffes nicht allein auf niedrige Sensibilisierungszahlen stützen. Hier wäre vielmehr eine differenzierte Risikobewertung angezeigt, wie z. B. das Quantitative Risk Assessment (QRA) (s. Kapitel 19).

Insgesamt lässt sich feststellen, dass es „die Duftstoffallergie" nicht gibt, sondern dass jeder Duftstoff für sich eine differenzierte Bewertung erfordert. Eine detaillierte Risikobewertung kommt zu dem Ergebnis, dass es sowohl (sehr) problematische hautsensibilisierende Duftstoffe gibt als auch unproblematische, die keiner Regulation bedürfen.

42.7 Zusammenfassung

Als Duftstoffe werden eine Vielzahl von synthetisch hergestellten Stoffen oder durch Extraktion aus pflanzlichen Materialien gewonnene Öle eingesetzt, die sich überwiegend den chemischen Stoffgruppen der aliphatischen und zykloaliphatischen Substanzen, azyklischen und mono- und bizyklischen Terpene und Sesquiterpene sowie einkernigen Aromaten und Phenolen sowie deren jeweiligen Alkohol-, Aldehyd-, Acetal-, Keton- und Carbonsäureesterderivaten, die zusätzlich eine oder mehrere C=C-Doppelbindungen enthalten können, zuordnen lassen.

Entsprechend der chemischen Vielfalt besitzen Duftstoffe auch unterschiedliche toxikologische Potenziale, wie beispielsweise Haut- oder Augenirritation, Umweltpersistenz oder Toxizität für Wasserorganismen. Am häufigsten für Verbraucher relevant sind hautsensibilisierende Duftstoffe, die in einigen der genannten chemischen Gruppen häufiger auftreten und, einzeln oder in Kombination, in vielen parfümierten Verbrauchprodukten, z. B. Kosmetika, eingesetzt werden.

Bei ausreichend hoher Exposition gegenüber einem hautsensibilisierenden Duftstoff kann es zur Entwicklung einer allergischen Kontaktdermatitis (ACD) gegenüber dem Duftstoff kommen, d. h. einem um ein bis zwei Tage verzögerten Auftreten von juckender, geröteter, zum Teil auch nässender Haut nach Kontakt.

Die Einatmung von Duftstoffen kann bei einzelnen Patienten die Symptome eines bestehenden Asthmas verschlimmern. Es gibt aber keine Hinweise darauf, dass die gegenwärtigen Expositionskonzentrationen gegen Duftstoffe selbst zu einer Atemwegssensibilisierung führen.

In der dermatologischen Diagnostik wird der Epikutantest (auch Patch-Test genannt) eingesetzt, um bei Verdacht auf eine ACD das auslösende Allergen zu identifizieren. Dabei werden Reihen kleiner Aluminiumkammern, die Testallergene, wie z. B. Duftstoff-Mix I oder II, enthalten, für 48 h auf die Rückenhaut geklebt und danach die Hautreaktion durch den Arzt beurteilt. Bei positiven Reaktionen gegen ein Gemisch oder ein vom Patienten benutztes Produkt wird versucht durch Testen der Einzelkomponenten das relevante Allergen zu identifizieren. Die Interpretation der Patch-Test-Ergebnisse ist nicht immer einfach, denn schwach positive Reaktionen im Epikutantest zeigen nicht unbedingt eine klinisch relevante Kontaktallergie an.

Epidemiologische Studien deuten darauf hin, dass etwa 1–3 % der Bevölkerung gegen einen Duftstoff sensibilisiert sind, d. h. im Epikutantest reagieren. Ob damit eine allergische Kontaktdermatitis verbunden ist, lässt sich nur im Einzelfall anhand der klinischen Anamnese ermitteln.

Für die Sicherheitsbewertung von hautsensibilisierenden Duftstoffen ist neben der sensibilisierenden Wirkstärke auch der Umfang der Exposition von Menschen (Konzentration in Produkten und Gesamttonnage) zu berücksichtigen, um eine risikominimierte Verwendung sicherzustellen.

Literatur

DeGroot, A.C. und Frosch, P.J. (1997) Adverse reactions to fragrances. A clinical review. *Cont. Dermatit.*, **36**, 57–86.

Uter, W., Yazar, K., Kratz, E.M., Mildau, G. und Lidén, C. (2013) Coupled exposure to ingredients of cosmetic products: I. Fragrances. *Cont. Dermatit.*, **69** (6), 335–341.

Weiterführende Literatur

Frosch, P.J, Johansen, J.D. und White, I.R. (1998) *Fragrances. Beneficial and Adverse Effects*, Springer, Berlin, Heidelberg, New York.

Geier J., Uter W., Lessmann, H. und Schnuch, A. (2015) Fragrance Mix I and II – Results of breakdown tests. *Flavour Fragr. J.*, wileyonlinelibrary.com, doi 10.1002/ffj.3247.

Johansen, J.D. und Lepoittevin, J.P. (2011) Fragrances, in *Contact Dermatitis*, (Hrsg. J.D. Johansen, P.J. Frosch und J.P. Lepoittevin), Kapitel 33, 5. Aufl., Springer, S. 607–634.

Schnuch, A., Geier, J., Lessmann, H. und Uter, W. (2004) Untersuchungen zur Verbreitung umweltbedingter Kontaktallergien mit Schwerpunkt im privaten Bereich. Im Auftrag des Umweltbundesamtes (FKZ 299 61 219), WaBoLu Nr. 01/04 (ISSN 0175-4211), Berlin.

Schnuch, A., Uter, W., Geier, J., Lessmann, H. und Frosch, P.J. (2007) Sensitization to 26 fragrances to be labelled according to current European regulation. Results of the IVDK and review of the literature. *Cont. Dermatit.*, **57**, 1–10.

Schnuch, A., Uter, W., Lessmann, H. und Geier, J. (2015) Risk of sensitization to fragrances estimated on the basis of patch test data and exposure, according to volume used and a sample of 5,451 cosmetic products. *Flavour Fragr. J.*, wileyonlinelibrary.com, doi:10.1002/ffj.3241.

Uter, W., Geier, J., Frosch, P. und Schnuch, A. (2010) Contact allergy to fragrances: current patch test results (2005-2008) from the information network of departments of dermatology. *Cont. Dermatit.*, **63** (5), 254–261.

Uter, W., Fießler, C., Gefeller, O., Geier, J. und Schnuch, A. (2015) Contact sensitisation to fragrance mix I and II, to *Myroxylon pereirae* resin and Oil of turpentine – multifactorial analysis of risk factors based data of the IVDK network. *Flavour Fragr. J.*, wileyonlinelibrary.com, doi:10.1002/ffj.3242.

43
Pestizide

R.A. Solecki

43.1
Einleitung

Eine der wichtigsten Maßnahmen zum Schutz der Pflanzen und Pflanzenerzeugnisse vor Schadorganismen einschließlich Unkräuter und zur Verbesserung der landwirtschaftlichen Produktion ist die Verwendung von Pflanzenschutzmitteln (PSM). Diese Pflanzenschutzmaßnahmen haben jedoch nicht notwendigerweise nur nützliche Auswirkungen, sondern sie können auch Risiken und Gefahren für Mensch, Tier und Umwelt bergen, insbesondere dann, wenn die Pflanzenschutzmittel ungeprüft und ohne amtliche Zulassung in den Verkehr gebracht und unsachgemäß verwendet werden. Deshalb muss zunächst ein Genehmigungsverfahren für alle Pestizidwirkstoffe auf europäischer Ebene nach der PSM-Verordnung (EG) Nr. 1107/2009 durchgeführt und nach einer Laufzeit von zehn Jahren erneuert werden (Abb. 43.1). Nur für die so genehmigten Wirkstoffe erfolgt dann eine zonale Zulassung für jedes einzelnene Pflanzenschutzmittel in allen Mitgliedsstaaten der EU. Dabei wird durch die Antragsteller ein berichterstattender Mitgliedsstaat festgelegt, der die Erstzulassung erteilt, die dann in den einzelnen Mitgliedsstaaten der jeweiligen Zone einer verpflichtenden gegenseitigen Anerkennung unterliegt, nachdem diese eine Möglichkeit zur Kommentierung des Bewertungsberichtes wahrnehmen konnten (Abb. 43.2).

Im nicht landwirtschaftlichen Bereich werden teilweise die gleichen Pestizidwirkstoffe in Biozidprodukten verwendet, die als Desinfektionsmittel vor Krankheiten und Infektionen schützen, als Schädlingsbekämpfungsmittel Ungeziefer und Krankheiten von Mensch und Tier abwehren oder sie werden zur Konservierung von Bauprodukten und zum Materialschutz in industriellen Verfahren eingesetzt. Auch im Biozidbereich wird zunächst ein Genehmigungsverfahren für alle Wirkstoffe auf europäischer Ebene nach der Biozid-Verordnung (EU) Nr. 528/2012 des Europäischen Parlaments und des Rates vom 22. Mai 2012 über die Bereitstellung auf dem Markt und die Verwendung von Biozidprodukten durchgeführt.

Das Toxikologiebuch, 1. Auflage. Helmut Greim (Hrsg.).

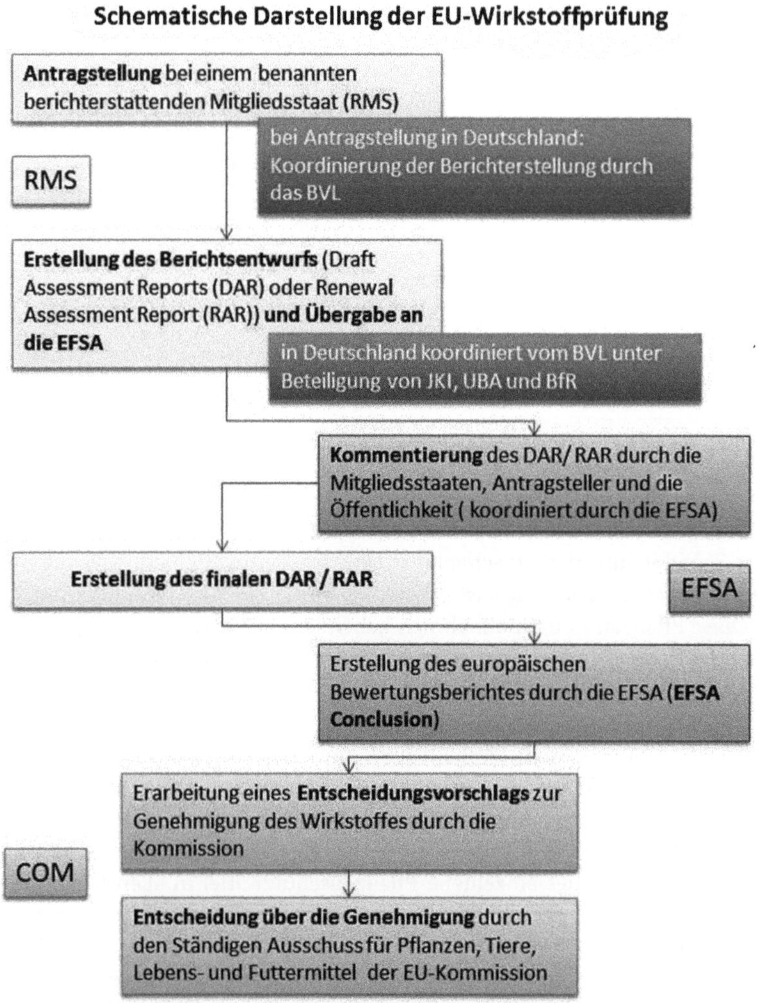

Abb. 43.1 Genehmigungsverfahren für Pestizidwirkstoffe in der Europäischen Union.

In diesem Kapitel kann jedoch nur die Toxikologie der in Pflanzenschutzmitteln eingesetzten Wirkstoffe dargestellt werden, die häufig systematisch den Zielorganismen zugeordnet werden (Tab. 43.1).

Die Herbizide haben mit 35 % bezogen auf die Inlandsabgabe von Wirkstoffen im Jahr 2015 in chemischen Pflanzenschutzmitteln den höchsten Anteil, gefolgt von den inerten Gasen im Vorratsschutz mit 29 %, den Fungiziden mit 26 % und den Wachstumsreglern inclusive Keimhemmungsmittel mit 8 %. Die Insektizide und Akarizide werden nur in sehr geringen Mengen von 2 % verkauft, spielen aber in der toxischen Wirkung eine größere Rolle (BVL, 2015, 2017).

Gerade am Beispiel der Pestizidwirkstoffe hat sich in den 1960er-Jahren ein deutlicher Wandel deutlich gemacht. Den bis dahin als „Wunderpestizide" in gro-

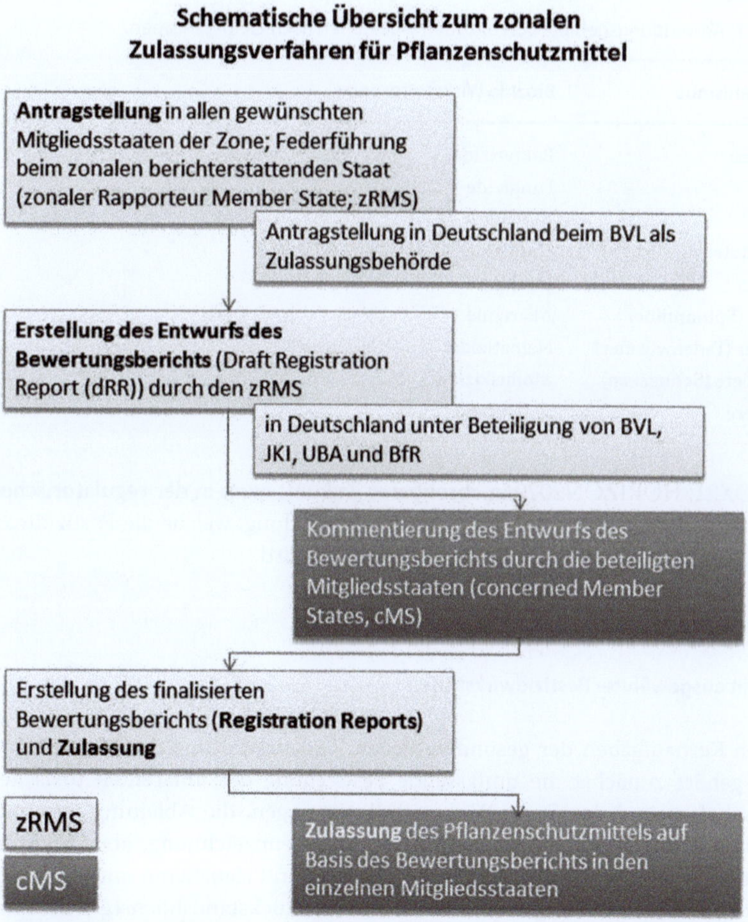

Abb. 43.2 Zulassungsverfahren für Pflanzenschutzmittel in der Europäischen Union.

ßem Umfang eingesetzten Insektiziden wurde eine zweite Facette gegenübergestellt, die zunächst nur auf ökotoxikologische Wirkungen gegenüber Vögeln und auf die Krebsentstehung beim Menschen bezogen war. Die daraufhin einsetzende intensivere Bewertung von toxikologischen Nebenwirkungen auf die Gesundheit von Mensch und Tier hat auch für andere chemische Stoffe wichtige Erkenntnisse zu deren toxikologischen Bewertung erbracht und zu drastischen Veränderungen in der gesetzlichen Festschreibung von administrativen Prüfanforderungen und regulatorischen Bewertungsgrundsätzen geführt (Tralau *et al.*, 2015). Mit der innovativen Fortentwicklung von molekularbiologischen Methoden, von *In-silico*-Methoden, der Validierung von experimentellen Alternativen zum klassischen Tierversuch, der intensiven Entwicklung von „Adverse Outcome Pathways" und anderen Methoden zur Bestimmung von Wirkmechanismen hat eine stürmische Entwicklung begonnen, die von theoretischen Überlegungen unter Schlagworten

Tab. 43.1 Anwendungsgebiete von bioziden Wirkstoffen nach Zielorganismen.

Zielorganismus	Biozide Wirkstoffgruppe
Bakterien	Bakterizide
Pilze	Fungizide
Algen	Algizide
Wildkräuter	Herbizide
Insekten	Insektizide
Milben (Spinnmilben)	Akarizide
Würmer (Fadenwürmer)	Nematizide
Weichtiere (Schnecken)	Molluskizide
Nagetiere	Rodentizide

wie TOX21, HORIZON2020 in absehbarer Zukunft auch in der regulatorischen Praxis Fuß zu fassen beginnt. Das ist eine Entwicklung, welche die Pestizidtoxikologie im 20. Jahrhundert nachhaltig verändern wird.

43.2 Toxizität ausgewählter Pestizidwirkstoffe

Zu den Kernaufgaben der gesundheitlichen Risikobewertung der Pestizidwirkstoffe gehört zunächst die umfassende Feststellung der inhärenten toxischen Eigenschaften und der Dosis-Wirkungs-Beziehungen, die Ableitung von toxikologischen Grenzwerten, die Einstufung und Kennzeichnung, aber auch die Ermittlung der Exposition von Menschen, Nutz- und Haustieren und die Ableitung von Risikominderungsmaßnahmen und von Rückstandshöchstgehalten mit dem Ziel der Vermeidung von schädlichen Auswirkungen auf die Gesundheit von Mensch und Tier.

In den folgenden Abschnitten werden generelle Aspekte der allgemeinen Toxikologie von ausgewählten Pestizidwirkstoffen und Wirkstoffgruppen aus den Anwendungsgruppen der Herbizide, der Fungizide, der Insektizide und anderer Verwendungen kurz zusammenfassend beschrieben. Detailliertere toxikologische Informationen und Bewertungen sowie aktuelle Grenzwerte zu den einzelnen Pestizidwirkstoffen werden durch die EU-Kommission[1)] und die Europäische Behörde für Lebensmittelsicherheit (EFSA)[2)] als auch die Weltgesundheitsorganisation (WHO) und die Welternährungsorganisation (FAO) (im Inventory of evaluations of pesticides performed by the Joint FAO/WHO Meeting on Pesticide Residues (JMPR)[3)]) über das Internet zur Verfügung gestellt.

1) http://ec.europa.eu/food/plant/pesticides/eu-pesticides-database/public/?event=activesubstance.selection&language=EN.
2) http://www.efsa.europa.eu/en/publications/efsajournal.htm#Conclusion.
3) http://apps.who.int/pesticide-residues-jmpr-database/Home/Search.

Auf weitere Quellen zu umfassenderen toxikologischen Bewertungen wird im letzten Abschnitt „Weiterführende Literatur“ verwiesen.

43.2.1 Herbizide

Herbizide sollen Pflanzenwuchs von Wildkräutern verhindern oder nur selektiv einschränken, um den Ernteertrag angebauten Kulturpflanzen zu schützen. In der Landwirtschaft werden sie zwar am umfangreichsten eingesetzt, spielen aber als Rückstände in Lebens- und Futtermitteln nur eine untergeordnete Rolle.

Zur Bekämpfung von Wildkräutern wird ein sehr weites Spektrum von Substanzgruppen mit einer Vielzahl von Einzelverbindungen eingesetzt, jedoch dominieren im Wirkstoffranking bestimmte Wirkstoffe in den jeweiligen Anwendungskulturen. Bei den Herbiziden machen die Organophosphorverbindungen mit 29 %, die Amide und Aniline mit 21 % sowie die Trianzine mit 13 % den Hauptanteil aus, gefolgt von Harnstoffherbiziden und Phenoxyherbiziden.

43.2.1.1 Glyphosat

Glyphosat ist als organische Phosphorverbindung weltweit einer der am meisten eingesetzten Wirkstoffe in Pflanzenschutzmitteln, die das Enzym 5-Enolpyruvylshikimat-3-phosphat (EPSP)-Synthase hemmen, das in Pflanzen für die Biosynthese der Aminosäuren Phenylalanin, Tyrosin und Tryptophan essenziell ist.

Der Wirkstoff wird nur zu etwa 20 % aus dem Magen-Darm-Trakt absorbiert und innerhalb von sieben Tagen wieder nahezu vollständig ausgeschieden. In Tierversuchen zeigte Glyphosat eine sehr geringe akute Toxizität, jedoch ist es augenreizend, aber nicht hautreizend oder sensibilisierend. Bei wiederholter Verabreichung können Veränderungen in Leber und Speicheldrüsen und schleimhautreizende Effekte im Magen-Darm-Trakt und in der Harnblase auftreten. Nach Verabreichung sehr hoher Dosierungen an trächtigen Kaninchen, in denen auch die Muttertiere bereits deutliche Vergiftungssymptome zeigten, traten vereinzelt Anomalien bei den Feten auf. Oberhalb der für Kanzerogenitätsversuche von der OECD empfohlenen obersten Limitdosierung von 1000 mg/kg KG traten in Langzeitversuchen an Ratten und Mäusen erhöhte Inzidenzen einzelner Tumoren auf, die jedoch nicht in anderen experimentellen Langzeitstudien reproduzierbar waren. Bei bestimmungsgemäßer Anwendung von Glyphosat lässt sich somit wegen der sehr viel niedrigeren Exposition des Menschen kein krebserzeugendes oder entwicklungsschädigendes Risiko ableiten.

Glyphosat wird in Pflanzenschutzmitteln neben wässrigen Formulierungen auch in Kombination mit Beistoffen, die als Netzmittel wirken sollen, eingesetzt. Bestimmte Netzmittel, wie die POE-Tallowamine, haben eine höhere Toxizität als Glyphosat, die vorrangig auf einer Reizwirkung beruht. Auf die Effekte dieser Substanzen werden auch bekannt gewordene Vergiftungsfälle beim Menschen nach irrtümlicher oder beabsichtigter suizidaler oraler Aufnahme größerer Mengen glyphosathaltiger Herbizide sowie die im Vergleich zum Wirkstoff höhere Toxizität einiger Pflanzenschutzmittel bei Versuchstieren zurückgeführt.

43.2.1.2 Chloracetanilidherbizide

Zur Gruppe der Chloracetanilidherbizide gehören Wirkstoffe wie Acetochlor, Alachlor, Butachlor, Dimethachlor, Metazachlor, Metolachlor und Propachlor. Die Verbindungen greifen als selektive Herbizide vor dem Auflaufen der Kulturpflanzen in verschiedene metabolische Prozesse ein und können auch Proteinsynthese und Zellteilung in auskeimenden Schadpflanzen hemmen.

Metolachlor

Metolachlor gehört zu den seit 2002 in Europa nicht mehr genehmigten Wirkstoffen. Der Wirkstoff wird nach oraler Gabe schnell und nahezu vollständig resorbiert und im Organismus verteilt. Die höchsten Konzentrationen werden in Erythrozyten gefunden, wobei der Wirkstoff an das Hämoglobin von Ratten binden kann, nicht aber an menschliches Hämoglobin. Metolachlor besitzt bei Ratten eine geringe akute Toxizität, keine haut- und augenreizenden, aber hautsensibilisierende Eigenschaften. Nach subchronischer und chronischer Applikation führte Metolachlor bei Ratten, Mäusen und Hunden insbesondere zu Wirkungen auf die Leber. Mechanistische Untersuchungen ergaben, dass Metolachlor wie Phenobarbital als potenter Induktor fremdstoffmetabolisierender Enzyme in der Leber wirkt. In Mehrgenerationenstudien führten für die Elterntiere toxische Metolachlordosierungen zu einer verminderten Körpergewichtszunahme bei den Nachkommen und in Entwicklungstoxizitässtudien war bei maternaltoxischen Dosierungen eine verzögerte Ossifikation bei den Feten zu beobachten.

43.2.1.3 Triazinherbizide

Zu den Triazinherbiziden gehören Simazin und Atrazin sowie Cyanazin und Terbuthylazin. Die herbizide Wirkung der Triazine beruht vorwiegend auf einer Hemmung der Fotosynthese, während toxikologisch eine Beeinflussung des endokrinen Systems im Vordergrund steht, die sich in experimentellen Prüfungen an Ratten in Störungen von Fertilität und Reproduktion sowie in Tumoren der Brustdrüsen manifestierte. Während Simazin und Atrazin sowie Cyanazin in Europa nicht mehr genehmigt sind, wurde Terbuthylazin in zahlreichen Herbiziden zugelassen. Es ist aufgrund seiner akuten Toxizität als gefährlich einzustufen, zeigt leichte Augenreizung, minimale Hautreizung und Sensibilisierung. Während nach wiederholter Verabreichung vermindertes Körpergewicht und Wirkungen auf das rote Blutbild beobachet wurden, zeigten die Kanzerogenitätsstudien eine erhöhte Inzidenz an Mammatumoren.

43.2.1.4 Harnstoffherbizide

Die herbizide Wirkung der Harnstoffherbiziden beruht vorrangig auf einer Hemmung der Fotosynthese. Die Toxikologie lässt sich stellvertretend für die ganze Gruppe am Beispiel von Diuron darstellen, das nach subchronischer Verabreichung an Ratten, Mäusen und Hunden eine hämolytische Anämie mit Met- und Sulfhämoglobinbildung, kompensatorisch gesteigerte Erythropoese und Ablagerungen von Eisenpigmenten (Hämosiderose) sowie eine Schädigung der Leber und des Urogenitaltraktes bewirken kann.

43.2.1.5 Phenoxyherbizide

Phenoxyherbizide werden als freie Säuren, Ester oder als Alkali- bzw. Ammoniumsalze verwendet und sind chemische Analoga der Auxine, die als Phytohormone zum gestörten Wachstum der zu bekämpfenden Wildkräuter und zu deren Absterben führen. Sie verhalten sich toxikologisch ähnlich, wobei Säugetiere keine den Auxinen vergleichbare Hormone haben. Bei akuten Vergiftungen kommt es hauptsächlich zu lokal irritierenden Wirkungen und zu Störungen des zentralen Nervensystems, während die längerfristige Exposition häufig zu degenerativen Veränderungen in den Nieren führt.

43.2.1.6 Bipyridyliumherbizide

Bipyridyliumherbizide greifen ebenfalls in den Fotosyntheseprozess ein, indem sie als Elektronenakzeptoren die Reduktion von $NADP^+$ verhindern. Die entstehenden reaktiven Sauerstoffspezies wirken als starke Zellgifte und sind als Ursache des raschen Absterbens der behandelten Pflanzen anzusehen. Von den Bipyridyliumverbindungen weisen nur noch die quartären Salze des 2,2′- und 4,4′-Bipyridyls eine ausreichend hohe herbizide Wirkung auf. Bedeutung besitzen noch Diquat und Paraquat, die als schnell wirksame Kontaktherbizide nur oberirdische Pflanzenteile erfassen, wobei Paraquat wegen seiner hohen Toxizität nicht mehr genehmigt ist. Diquat zeigt nur eine geringe orale Absorption und ist nach 96 h wieder ausgeschieden, ist akut toxisch, haut- und augenreizend sowie sensibilisierend. Nach wiederholter Verabreichung wurden Katarakte bei Ratten und Niereneffekte bei Mäusen beobachtet.

43.2.2 Fungizide

Unter Fungiziden versteht man anorganische und organische Substanzen, die das Wachstum von Pilzen hemmen (Fungistatika) oder völlig unterbinden (Fungizide).

Bei den Fungizidwirkstoffen werden vorwiegend anorganische Fungizide, Carbamate und Dithiocarbamate sowie Imidazole und Triazole eingesetzt, von denen heute fast ein Viertel auf die Gruppe der Azole (Triazole, Imidazole) entfällt. Weitere wichtige Wirkstoffgruppen bilden die Dicarboximide und die Strobilurine. Fungizide unterscheiden sich in ihren toxikologischen Eigenschaften, jedoch sind die heute in der Landwirtschaft eingesetzten Fungizide häufig Ursache für Haut- und Schleimhautreizung oder Sensibilisierung.

43.2.2.1 Azole

Azole erzielen ihre fungizide Wirkung durch Inhibition von CYP51 und damit der Ergosterolsynthese in Pilzen. Neben dieser fungiziden Wirkung werden im Säugerorganismus auch andere Cytochrom-P450 Enzyme inhibiert und auch hepatotoxische, endokrine oder entwicklungsschädigende Wirkung hervorgerufen. Einige Azole werden auch bei der Behandlung von Pilzinfektionen als Arzneimittel eingesetzt. Die Anwendung von Azolfungiziden im Pflanzenschutz hat jedoch nicht nachweislich zur Resistenzentwicklung humanpathogener Pilze beigetragen. Verschiedene Azolwirkstoffe, wie Cyproconazol, Difenoconazol, Epoxiconazol, Fenbuconazol, Tebuconazol und Tetraconazol, haben infolge einer Induktion fremdstoffmetabolisierender Enzyme und hepatotoxischer Effekte auch zu erhöhten Inzidenzen von Lebertumoren geführt. Im Zusammenhang mit der Enzyminduktion in der Leber und einem dadurch bedingten erhöhten Umsatz der Schilddrüsenhormone ist auch die Zunahme von Schilddrüsentumoren bei Ratten durch Diniconazol und Fenbuconazol zu sehen. Eine Hemmung der Aromatase sowie der Steroid-11-Hydroxylase und der Steroid-21-Hydroxylase wird infolge verminderter Östrogen- sowie Corticosteron- und Aldosteronsysnthese als Ursache von Tumoren der Ovarien und Nebennierenrinde angenommen. Azolwirkstoffe können auch entwicklungstoxische Effekte, wie pränatale Mortalität, Wachstumsretardierungen, verlängerte Trächtigkeit und craniofasciale Fehlbildungen auslösen.

43.2.2.2 Dicarboximide

Dicarboximide verhindern die Sporenkeimung und das Hyphenwachstum von Pilzen. Die antiandrogene Wirkung von Procymidon und Vinclozolin beruht auf einem kompetitiven Antagonismus an den Androgenrezeptoren, während im Unterschied dazu Iprodion eine Hemmung der Androgensynthese hervorrufen kann. Die im Tierversuch aufgetretenen Effekte führten in den Langzeitversuchen zu einer erhöhten Inzidenz von Leberzelltumoren, Luteomen und Leydigzelltumoren. Das nicht mehr genehmigte Vinclozolin bewirkte eine verminderte Fertilität, eine Feminisierung bei männlichen Nachkommen, Infertilität und Fehlbildungen der Geschlechtsorgane bei den männlichen Nachkommen.

43.2.2.3 Strobilurine

Strobilurine sind synthetische Analoga des von Pilzen gebildeten Naturstoffes Strobilurin A, die Keimung und Entwicklung der Sporen durch Hemmung der mitochondrialen Atmung verhindern sollen. Die bekanntesten Wirkstoffe sind Azoxystrobin, Kresoxim-methyl, Pyraclostrobin und Trifloxistrobin, die im Tierversuch vorrangig zu hepatotoxischen Effekten führen. Langzeitstudien an Ratten und Mäusen ergaben nur für Kresoxim-methyl substanzbedingt erhöhte Inzidenzen von Leberzelltumoren bei Ratten in hohen Dosierungen.

43.2.3 Insektizide

Unter Insektiziden versteht man chemische und mikrobiologische Mittel zur Bekämpfung schädlicher Insekten, welche die Nahrung von Mensch und Tier befallen und vernichten, Erzeugnisse und Produkte beeinträchtigen oder als Vektoren Krankheiten verbreiten können.

Als 1962 Rachel Carson in ihrem Buch *Der stumme Frühling* eine Vision schädlicher Effekte insektizider Wirkstoffe wie DDT und anderer chlorierter Kohlenwasserstoffe publizierte, wurde den bis dahin in großem Umfang eingesetzten

Insektiziden eine zweite Facette gegenübergestellt, die zunächst vorwiegend auf ökotoxikologische Wirkungen gegenüber Vogelpopulationen und auf die Krebsentstehung beim Menschen bezogen war. Infolge dieses Erkenntnisprozesses kam es zur massiven Einschränkung des Einsatzes besonders persistenter Wirkstoffe bis hin zum Verbot des DDT-Einsatzes in den meisten Regionen der Erde, was wiederum zu einer sehr hohen Mortalität durch Malariaerkrankungen in Entwicklungsländern geführt hat. Mit den chemischen *Pyrethroiden*, die sich von Pflanzeninhaltsstoffen ursprünglich abgeleitet hatten, konnten chemisch synthetisierte Insektizide mit einer besseren Fotostabilität und höheren Selektivität auf dem Markt einen deutlich größeren Anteil als die Naturstoffe erreichen. Auch wurden mit mikrobiellen Agenzien, Insektenparasiten oder Raubinsekten sowie Repellentien und Lockstoffen neue Konzepte der Schädlingsbekämpfung eingeführt. Die Synthese weiterer Stoffgruppen wie des Fipronils, der Spinosyne, der Nikotinabkömmlinge oder der Juvenilhormonanaloga konnte die Palette der genehmigten Insektizide in Europa mit häufig selektiveren Stoffen deutlich bereichern. Während mittlerweile die Nikotinoide, Organophosphate sowie Carbamate und Oximcarbamate die Wirkstoffpalette der Insektizide dominierten, sind die umfassend toxikologisch charakterisierten chlorierten Kohlenwasserstoffe heute vollständig vom Markt verschwunden. Die Insektizide weisen erhebliche Unterschiede im insektiziden Wirkmechanismus, in der Wirksamkeit und in der Resistenzentwicklung auf, woraus sich auch deutliche Unterschiede in der toxikologischen Wirkung gegenüber Säugern, einschließlich des Menschen, ergeben.

Während die meisten Insektizide ihre Wirkung auf das Nervensystem entfalten, gibt es einige Wirkstoffe, die in die biologischen Besonderheiten der Insekten eingreifen. Solche synthetisch nachgebauten Stoffe, die in Insekten, aber nicht in Säugern vorkommen, gehören zu den besonders selektiven und häufig geringer toxischen Insektiziden. Sie können als Wachstumsregulatoren die Chitinsynthese hemmen, als Antagonisten die Häutung der Insekten über Ecdysone beeinflussen. Juvenilhormonanaloga, wie Methopren, Fenoxycarb, Hydropren und Pyriproxyfen, können ähnlich wie natürlich vorkommende Insektenhormone den Juvenilhormonrezeptor, die Larvalentwicklung, die Metamorphose und die adulte Reproduktion beeinflussen.

43.2.3.1 Organophosphate

Organophosphate finden in den Pflanzenschutzanwendungen vor allem als Kontakt- und Systeminsektizide nur noch begrenzt im Pflanzenschutz Verwendung. Sie werden aber auch noch in Biozidprodukten sowie in der Veterinärmedizin gegen Ekto- und Enteroparasiten eingesetzt. Die Giftigkeit der verschiedenen Phosphorsäureester ist sehr unterschiedlich und reicht von sehr hoher Toxizität beim Paraoxon mit einer $LD_{50} < 2$ mg/kg KG bis zum relativ gering toxischen Malathion mit einer oralen LD_{50} von 2800 mg/kg KG. Sowohl die insektiziden Wirkungen als auch die toxikologisch relevanten Effekte der meisten Organophosphate beruhen auf einer Hemmung der Acetylcholinesterase, die den Neurotransmitter Acetylcholin in Cholin und Acetat spaltet. Diese Hemmwirkung führt zur Anreicherung von Acetylcholin an den nikotinergen Acetylcholinrezeptoren der parasympathischen und sympathischen Ganglien bzw. den motorischen Endplatten im Muskelgewebe. Sie ruft nikotinartige Effekte hervor, die sich in Muskelsteife, Tremor, Muskelzuckungen, tonisch-klonischen Krämpfen, Sprachstörungen, Parästhesien, Bewusstseinsstörungen und Atemlähmung äußern können. Da Hühner auf diese verzögerte Neuropathie sehr empfindlich reagieren, wurden sie eingesetzt, um ein verzögertes neurotoxisches Potenzial nachzuweisen. Bei wiederholter Exposition gegenüber Organophosphaten wird eine Anpassung des Organismus beobachtet, sodass neurotoxische Symptome bei vergleichbaren Dosierungen geringer ausgeprägt sein können, was auf eine Verminderung von muskarinergen Acetylcholinrezeptoren zurückgeführt werden kann. Oxime, die allein oder mit Atropin verabreicht werden können, stellen wirksame Antidota im Falle einer akuten Vergiftung mit Azinphos-methyl dar.

43.2.3.2 **Carbamate**

Carbamate sind N-substituierte Ester der Carbamidsäure, deren insektizide Hauptwirkung als auch die toxikologisch relevanten Effekte ebenfalls auf einer Hemmung der Cholinesterase beruhen. Obwohl ihre generelle Wirksamkeit und auch ihre Toxizität vergleichbar mit den Organophosphaten ist, gibt es Differenzen zwischen beiden Substanzklassen, besonders in Bezug auf die Bindung an die Acetylcholinesterase. Carbamate weisen eine wesentlich größere Dosisspanne zwischen ersten Vergiftungssymptomen und der Mortalität auf. Auch ist die Reversibilität der Intoxikation schneller, was auf die effektivere Reaktivierung der Acetylcholinesterase zurückgeht.

43.2.3.3 **Pyrethroide**

Pyrethroide sind Extrakte aus den Blüten verschienener Chrysanthemenarten und werden bereits seit sehr langer Zeit zur Bekämpfung von Insekten verwendet, wobei die natürlichen Pyrethroide aufgrund ihrer Fotosensibilität in ihrem Einsatzgebiet sehr begrenzt waren. Durch die strukturelle Stabilisierung der Chrysanthemumsäure hat das Anwendungsgebiet der Pyrethroide in der Bekämpfung von Schadinsekten massiv zugenommen und erstreckt sich von der Schädlingsbekämpfung in der Landwirtschaft und in Innenräumen bis hin zur Therapie parasitärer Hauterkrankungen. Sie sind ebenfalls Nervengifte für Insekten, die aber auch eine neurotoxische Wirkung auf Säuger entfalten können. Sie bewirken eine reversible Verlängerung des physiologischen Na-Einstroms in die Nervenfaser durch die Offenhaltung des spannungsabhängigen Natriumkanals an erregten Nervenmembranen. Pyrethroide ohne α-Cyano-Substitution (Typ I-Pyrethroide, z. B. Pyrethrum, Permethrin) bewirken kurze Folgen wiederholter Nervenimpulse. Das daraus resultierende T-Syndrom wird durch einen Tremor des Gesamtorganismus bestimmt. Pyrethroide mit α-Cyano-Substitution (Typ II-Pyrethroide, z. B. Cyfluthrin, Deltamethrin) rufen lang anhaltende Folgen von Nervenimpulsen in sensiblen Rezeptoren und Nervenfasern mit vorübergehender Depolarisation der Nervenmembran hervor. Das aus diesen Wirkungen entstehende CS-Syndrom wird durch Choreoathetose und Salivation charakterisiert. Es gibt auch einige Pyrethroide, die sowohl Tremor als auch Salivation erzeugen, was als TS-Syndrom bezeichnet wird.

43.2.3.4 Insektizidwirkstoffe von Mikroorganismen

Insektizidwirkstoffe können aber auch von Mikroorganismen gebildet werden, wie die Abamectine als natürliches Fermentationsprodukt des im Boden vorkommenden Mikroorganismus *Streptomyces avermitilis*. Sie können über die Gamma-Aminobuttersäure eine Hemmung von Neurotransmittern hervorrufen. Die als natürliches Fermentationsprodukt im Boden vorkommenden Spinosyne entfalten ihre insektizide Wirkung durch Beeinflussung der nikotinergen Acetylcholinrezeptoren und führen zur Lähmung des Insektes.

Die direkte Verwendung von Mikroorganismen zur Bekämpfung von Schadorganismen hat in den letzten Jahren besonders im biologischen Landbau stark zugenommen, da sie häufig den Vorteil einer relativ geringen Toxizität verbunden mit einer guten Abbaubarkeit hat. Zu den am häufigsten eingesetzten Pflanzenschutzmitteln gehören die insektizid wirksamen Präparate mit *Bacillus thuringiensis*, die auf der Basis von antigener Aktivität und verschiedenen selektiven Toxinen gegen zahlreiche Insektenarten wirken. Die verschiedenen Stämme von *Bacillus thuringiensis* werden als wasserlösliches Pulver zur Bekämpfung der Larven verwendet. Ihre Fraßgiftwirkung beruht auf dem parakristallinen Endotoxin, das sich nach der oralen Aufnahme im alkalischen Darmsaft der Raupen auflöst und dann als spezifisches Enterotoxin zur Zerstörung des Darmepithels und zum Eindringen der Bakterien in die Leibeshöhle führt, sodass der Tod empfindlicher Raupen innerhalb kurzer Zeit eintritt. Neben der Landwirtschaft gibt es auch Anwendungen dieser Bakterien in Biozidprodukten gegen Larven von Stubenfliegen, Mücken und des Eichenprozessionsspinners. Die Sporen passieren den Darmtrakt von Warmblütern im Gegensatz zu bestimmten Insektenarten unverändert, sodass im sauren Milieu des Magen-Darm-Traktes der Säuger und Vögel vegetative Keime massiv reduziert und parasporale Endotoxinkristalle durch Proteinasen abgebaut werden können. Untersuchungen an verschiedenen Spezies mit oraler, intravenöser, intraperitonealer sowie subkutaner Verabreichung von Bakterien oder bakterienhaltigen Präparaten zeigten, dass diese Mikroorganismen für Säugetiere und Vögel apathogen und nicht invasiv sind.

43.2.4 Weitere Pestizidwirkstoffe

43.2.4.1 Inerte Gase

Inerte Gase werden vor allem im Vorratsschutz eingesetzt. Hier spielt insbesondere das Kohlendioxid eine bedeutende Rolle zur Bekämpfung von Insekten und Milben. Es wird in hohen Konzentrationen bis zu 88 kg/m^3 eingesetzt und im Säugerorganismus im Blut oder den Erythrozyten transportiert. Es wirkt letal bei Konzentrationen über 20 % (v/v) nach 96-stündiger Inhalationsexposition bei Ratten und führt zur Verminderung der Atmung bis hin zum Atemstillstand. Zu den Symptomen einer Kohlendioxidvergiftung zählen zentralnervöse Störungen, wie Schläfrigkeit, Schwindel, Verwirrung als auch vermindertes Seh- und Hörvermögen, Schwitzen, Kurzatmigkeit, Muskelzittern und gesteigerte Herzfrequenz (Abb. 43.3). Aus den verfügbaren toxikologischen Daten wurden keine toxikolo-

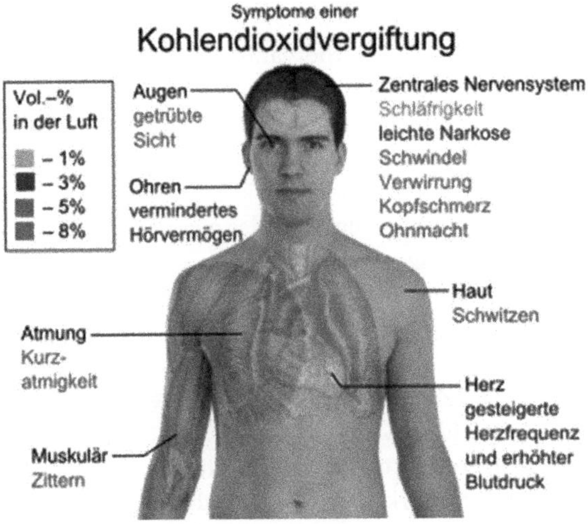

Abb. 43.3 Symptome einer Kohlendioxidvergiftung (https://de.wikipedia.org/wiki/Kohlenstoffdioxid).

gischen Grenzwerte abgeleitet und auch keine „maximal zulässigen Rückstandshöchstgehalte" festgelegt.

43.2.4.2 **Rodentizide**

Rodentizide werden zur Bekämpfung schädlicher Nagetiere eingesetzt, unter denen vor allem Mäuse und Ratten als Vektoren menschlicher und tierischer Seuchen, aber auch als Ernte- und Vorratsschädlinge eine herausragende Bedeutung haben. Um die Schadnager erfolgreich zu vernichten und nicht nur zu vertreiben, müssen physiologische Besonderheiten dieser Tierarten ausgenutzt werden. Neben Inhalationsgiften, wie Phosphorwasserstoff entwickelnde Substanzen, kommt Frassgiften, die als Antikoagulanzien wirken, die größte Bedeutung zu. Zu den wichtigsten Antikoagulanzien werden die Cumarinderivate gezählt, die eine wiederholte Aufnahme kleinerer Dosen erfordern, um ihre Wirksamkeit zu entfalten. Die Wirkstoffe unterbinden bei wiederholter Aufnahme die Blutgerinnung und erhöhen gleichzeitig die Permeabilität der Blutgefäße. Durch die daraus resultierenden inneren, aber auch äußeren Blutungen kommt es erst nach Tagen zum Tod der Nager. Die Cumarinderivate sind Vitamin K Antagonisten und wirken vor allem in der Leber, wo sie Vitamin K bei der Prothrombinbildung verdrängen. Dadurch steht nicht mehr ausreichend Prothrombin für die Umwandlung in Thrombin zur Verfügung, das für die Fibrinbildung aus Fibrinogen eine notwendige Voraussetzung darstellt.

Warfarin

Warfarin, ein Antikoagulant aus der ersten Generation dieser Wirkstoffe, hat bereits umfangreiche Resistenzen von Ratten und Mäusen hervorgerufen. Da Warfarin auch als Arzneimittel zur Prophylaxe und Therapie thrombembolischer Erkrankungen beim Menschen eingesetzt wurde, liegen für diesen Wirkstoff umfangreiche klinische Erfahrungen vor, die auch für die toxikologische Bewertung der wesentlich wirksameren Antikoagulanzien der zweiten Generation übertragen wurden. Bei der klinischen Anwendung von Warfarin wurden bei Schwangeren plazentale Blutungen hervorgerufen, die im frühen embryonalen Tod resultierten, weshalb der Wirkstoff als fruchtschädigend in der Kategorie 1A eingestuft worden ist. Bei Ratten wurden, nach Substitution mit Vitamin K, ebenfalls embryotoxische Effekte mit hämorrhagischen Syndromen sowie Missbildungen der hinteren Gliedmaßen und Fehlbildungen des Gehirns hervorgerufen, die mit den als Warfarin-Embryopathie beschriebenen Anomalien beim Menschen vergleichbar waren. Da aus Tierschutzerwägungen keine Teratogenitätsprüfungen der Antikoagulanzien der zweiten Generation bei Ratten durchgeführt wurden, die nur mit Vitamin K Substitution möglich wäre, erfolgte eine Übertragung dieser Einstufung und Kennzeichnung als fruchtschädigend in der Kategorie 1A auch für die Antikoagulanzien der zweiten Generation.

43.2.4.3 Moluskizide

Moluskizide werden zur Bekämpfung von Nacktschnecken und von Gehäuseschnecken eingesetzt. Heute werden vorwiegend Fraßgifte, wie Metaldehyd oder Eisen(III)phosphat als Ködermittel eingesetzt.

Metaldehyd

Metaldehyd, ein polymerisiertes Acetaldehyd, wird nach oraler Gabe rasch resorbiert und über Acetaldehyd zu Acetyl-CoA abgebaut, das nach Eintritt in den Citrat-Zyklus zu ca. 80–90 % in Form von Kohlendioxid abgeatmet, zu einem Teil aber auch für anabole Reaktionen verwertet wird. Bei Schnecken ruft Metaldehyd eine starke Schleimproduktion hervor und führt über die Deregulierung des Wasserhaushaltes zum Absterben der Tiere. Die akute Toxizität erfordert eine Kennzeichnung als gesundheitsschädlich. Die akuten Vergiftungssymptome werden mit Verhaltensstörungen, verstärkter Salivation sowie Blutaustritt aus Körperöffnungen beschrieben. Beobachtungen am Menschen nach akuten Metaldehydintoxikationen zeigen gastrointestinale und zentralnervöse Symptome. Die Zielorgane der subchronischen Toxizität sind Leber und das zentrale Nervensystem. Es wurden keine Hinweise auf mutagene, kanzerogene oder teratogene Wirkung festgestellt. Bei parentaltoxischen Dosen wurden Hinweise auf Beeinträchtigung der Reproduktion, wie verringerte Körpergewichtzunahme der Nachkommen, beschrieben.

Eisen(III)phosphat

Eisen(III)phosphat ist natürlicher Bestandteil des Bodens, von pflanzlichen und tierischen Organismen und des menschlichen Körpers. Die im Pflanzenschutz zugelassenen Präparate werden von den Schnecken gefressen, sodass der Wirkstoff zu Zellveränderungen im Kropf und der Mitteldarmdrüse führen kann und die Schnecken aufhören zu fressen und nach einigen Tagen verenden. Es wird angenommen, dass sehr hohe Konzentrationen von Eisenionen im Gastrointestinaltrakt zur Schädigung der Mukosa führen, sodass darauffolgend Eisenionen in den Blutstrom gelangen können. Die Resorption wird dadurch erhöht, dass die eindringenden Eisenionen nicht mehr ausreichend gebunden werden können. Zielorgane von Eisenionen in toxischer Dosis sind Leber, ZNS, Kardiovaskularsystem und Gastrointestinaltrakt.

43.3 Regulatorische Toxikologie der Pestizidwirkstoffe

Pflanzenschutzmittel durchlaufen in der europäischen Union ein Zulassungsverfahren. Sie müssen ausreichend wirksam sein und dürfen bei sachgemäßem Einsatz weder den Anwender, unbeteiligte Dritte noch die Umwelt schädigen und sollen auch keine Resistenzen bei den Zielorganismen hervorrufen. Ebenso wenig dürfen die Rückstände von Pflanzenschutzmitteln in Lebensmitteln und speziell im Trinkwasser die Gesundheit der Verbraucher gefährden. Seit den 1990er-Jahren werden Wirkstoffe von Pflanzenschutzmitteln in der Europäischen Union (EU) in einem Gemeinschaftsverfahren entsprechend der Richtlinie 91/414/EWG, nunmehr entsprechend der PSM-Verordnung (EG) Nr. 1107/2009, bewertet.

Die derzeit verbindliche Grundlage für das europäische Recht bildet die Verordnung (EG) Nr. 1107/2009 des europäischen Parlaments und des Rates vom 21. Oktober 2009 über das Inverkehrbringen von Pflanzenschutzmitteln.

Die Pflanzenschutzmittel bestehen aus einem oder mehreren Wirkstoffen und Formulierungshilfsstoffen, welche die Wirksamkeit verbessern sollen. Für diese Gemische ist eine kumulative toxikologische Bewertung durchzuführen, die wahrscheinliche additive Wirkungen, aber auch mögliche synergistische oder antagonistische Effekte berücksichtigt. Die Zulassung der Pflanzenschutzmittel erfolgt in allen europäischen Mitgliedsstaaten nur für europaweit genehmigte Wirkstoffe und setzt voraus, dass bei bestimmungsgemäßer und sachgerechter Anwendung der Schutz der Gesundheit aller Personengruppen gewährleistet ist, die mit dem Präparat oder dessen Rückständen in Kontakt kommen können. Hierzu müssen toxikologische Wirkungen der Wirkstoffe und die Mischungstoxizität der Präparate identifiziert und quantifiziert werden. Weiterhin muss für jede Personengruppe, die dem Präparat ausgesetzt sein kann, geschätzt werden, mit welcher Menge sie in Kontakt kommt.

Ende 2014 waren in Deutschland 775 verschiedene Pflanzenschutzmittel zugelassen. Sie enthielten insgesamt 276 unterschiedliche Wirkstoffe, die jeweils aktuellen Angaben finden sich in der Online Datenbank des BVL[4]. Für alle Pflanzenschutzmittel, die seit Juli 2009 in Deutschland eine Zulassung erhalten haben, sind die zugehörigen Zulassungsberichte erhältlich.

4) http://www.bvl.bund.de/DE/04_Pflanzenschutzmittel/01_Aufgaben/02_ZulassungPSM/01_ZugelPSM/01_OnlineDatenbank/psm_onlineDB_node.html

Die Bewertungsgrundsätze und Datenanforderungen für die gesundheitliche Risikobewertung der Pestizidwirkstoffe sind über die Verordnungen (EG) Nr. 283/2013 und 284/2013 europaweit einheitlich geregelt. Die einzureichenden Daten unterliegen sehr strikten Anforderungen einer einheitlichen Versuchsdurchführung (OECD-Richtlinien) und Qualitätssicherung (nach Guter Laborpraxis; GLP). Die zuständigen nationalen und europäischen Behörden entscheiden nach einheitlichen Kriterien, die einer ständigen Fortentwicklung unterzogen sind. Das Risiko für die Gesundheit wird als Vergleich von Gefahr und Exposition unter Berücksichtigung von Unsicherheiten ermittelt. Eine noch sicherere gesundheitliche Risikobewertung der Pflanzenschutzmittel erfordert künftig noch stärkere Harmonisierung und wissenschaftliche Forschung. Dabei wird sich die zukünftige Risikobewertung der Pflanzenschutzmittel stärker an alternativen Methoden, den Ergebnissen von Forschung in der regulatorischen Toxikologie und neuen Bewertungsgrundsätzen orientieren.

43.3.1
Erforderliche toxikologische Untersuchungen

Pestizidwirkstoffe werden sehr umfangreich auf mögliche gesundheitsschädigende Wirkungen untersucht: Toxikokinetik und Metabolismus, akute Toxizität, Haut- und Augenreizung, Sensibilisierung, subchronische Toxizität, Genotoxizität, chronische Toxizität, Kanzerogenität, Reproduktions- und Entwicklungstoxizität, Neurotoxizität sowie endokrinschädliche Eigenschaften; bei Bedarf werden weitere Studien beispielsweise zu toxikologischen Wirkmechanismen und der toxikologischen Relevanz von Pflanzen- und Grundwassermetaboliten (Tab. 43.2) durchgeführt.

Für die identifizierten toxischen Wirkungen werden aus den Tierversuchen Dosis-Wirkungs-Beziehungen ermittelt. Für die meisten toxischen Wirkungen wird davon ausgegangen, dass sie einem Schwellenwert unterliegen, d. h. dass ein gesundheitsschädigender Effekt nur eintritt, wenn eine bestimmte Dosis (Schwelle) überschritten wird. Als Basis für die Festsetzung von toxikologischen Grenzwerten dient die Dosis ohne erkennbare schädliche Wirkung („no observed adverse effect level“, NOAEL), also die Dosis, bei der in experimentellen Studien keine gesundheitsschädigende Wirkung beobachtet wurde. Der relevante NOAEL für die empfindlichste Tierart und das empfindlichste Geschlecht wird durch einen (Un)sicherheitsfaktor geteilt, der die unterschiedlichen Empfindlichkeiten von Mensch und Tier als Speziesunterschiede mit dem Faktor 10, aber auch die individuelle Variabilität mit einem weiteren Faktor von 10 abdecken soll und so auch besonders empfindliche Personengruppen (wie z. B. Kinder, Schwangere oder Kranke) berücksichtigen kann. Die jeweiligen Faktoren können noch nach ihren toxikokinetischen und toxikodynamischen Einflüssen untergliedert werden (Abb. 43.4). Extrafaktoren können erforderlich werden, wenn ein sehr hohes Gefahrenpotenzial vorliegt, wenn kein NOAEL, sondern nur die niedrigste Dosis mit erkennbarer schädlicher Wirkung („low observed adverse eEffect lLevel“, LOAEL) ableitbar ist oder wenn Lücken in der Datenbasis vorhanden sind. Meist

Tab. 43.2 Toxikologische Prüfanforderungen für Pestizidwirkstoffe.

Toxikokinetik und Metabolismus
Akute Toxizität
Haut- und Augenreizung
Sensibilisierung
Subchronische Toxizität
„CMR"-Eigenschaften:
C: Kanzerogenität
M: Mutagenität
R: Reproduktionstoxizität:
Entwicklungstoxizität
Mehrgenerationenstudien
Weitere toxikologische Daten
Neurotoxizität
Immunotoxizität
Endokrinschädliche Wirkungen
Mechanistische Studien
Abbauprodukte in Pflanzen, Boden
Wirkmechanismen (MOA)
Kombinationswirkungen
Humandaten – keine gezielte Verabreichung
Verfügbare medizinische Daten
Epidemiologie
Vergiftungsmeldungen
Beobachtungen am Menschen

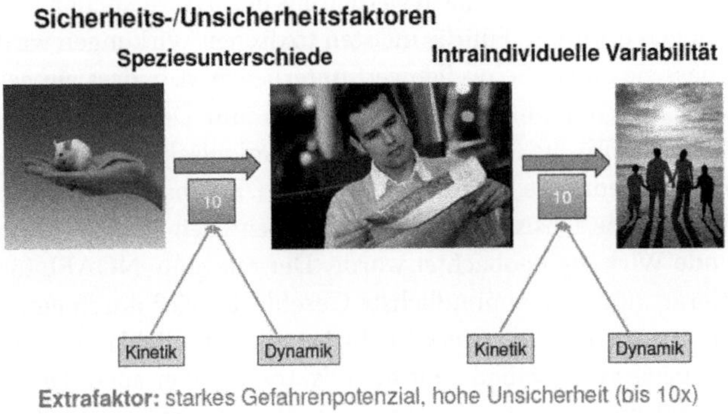

Abb. 43.4 Ableitung von toxikologischen Grenzwerten für Wirkstoffe.

wird jedoch in der Praxis ein Faktor von 100 verwendet, um drei wichtige toxikologische Grenzwerte abzuleiten, indem der jeweils relevante NOAEL aus der jeweils relevanten Studie durch einen passenden (Un)sicherheitsfaktor geteilt wird:

Der ADI („acceptable daily intake") steht für die duldbare tägliche Aufnahmemenge und gibt die Menge eines Stoffes an, die ein Verbraucher täglich und ein Leben lang ohne erkennbares Gesundheitsrisiko aufnehmen kann.

Die ARfD („acute reference dose") ist als die Substanzmenge definiert, die ein Verbraucher im Verlauf eines Tages bei einer Mahlzeit oder bei mehreren Mahlzeiten ohne erkennbares Gesundheitsrisiko mit der Nahrung aufnehmen kann.

Der AOEL („acceptable operator exposure level") ist ein Grenzwert für die duldbare Exposition von Anwendern der Pflanzenschutzmittel und Personen, die bei oder nach der Anwendung direkt mit dem Pflanzenschutzmittel in Berührung kommen können.

Die für die in Europa genehmigten Pestizidwirkstoffe festgesetzten Grenzwerte werden von der Europäischen Kommission über das Internet zur Verfügung gestellt (siehe Fußnote [1)]).

43.3.2
Klassifizierung und Ausschlusskriterien

Mit der der CLP-Verordnung (EG) Nr. 1272/2008 über die Einstufung, Kennzeichnung und Verpackung von Stoffen und Gemischen ist die harmonisierte Kennzeichnung von Pestizidwirkstoffen und auch die von Pflanzenschutzmitteln als Gemische geregelt, für die entsprechende Gefahrensymbole und Gefahrenkennzeichnungen mit Bezug auf eine gesundheitliche Gefährdung relevant sind.

Die mit der PSM-Verordnung (EG) Nr. 1107/2009 eingeführten Ausschlusskriterien sehen für Pestizidwirkstoffe mit kanzerogenen, mutagenen und reproduktionstoxischen (CMR) oder endokrinschädlichen (ED) Eigenschaften eine stärker gefahrenorientierte Bewertung vor. Zunächst können mutagene oder kanzerogene Stoffe, die eine genotoxische Wirkungsweise ohne Schwellenwert aufweisen, nicht als Pflanzenschutzmittel zugelassen werden. Krebserregende und reproduktionstoxische Pestizidwirkstoffe, für die ein Schwellenwert bestimmt werden kann und die nach der CLP-Verordnung in Kategorie 1A oder 1B eingestuft sind, als auch *endokrin wirksame Substanzen, die zu gesundheitlichen Beeinträchtigungen beim Menschen führen können,* dürfen nur genehmigt werden, wenn die Exposition von Menschen gegenüber diesem Wirkstoff in einem Pflanzenschutzmittel unter realistisch anzunehmenden Verwendungsbedingungen vernachlässigbar ist.

Die Ausschlusskriterien beziehen sich somit nicht nur auf besondere gefährliche Eigenschaften von Wirkstoffen, sondern mit der Rückausnahme einer vernachlässigbaren Exposition hinsichtlich des Menschen auf ein unannehmbares Risiko aufgrund von besonders gefährlichen Stoffeigenschaften (Abb. 43.5).

43.3.3
Gesundheitliche Risikobewertung

Pflanzenschutzmittel dürfen keine sofortigen oder verzögerten schädlichen Auswirkungen auf die Gesundheit von Menschen, einschließlich besonders gefähr-

Abb. 43.5 Gesundheitliche Risikobewertung unter Berücksichtigung der Ausschlusskriterien.

Tab. 43.3 Toxikologische Prüfanforderungen für Präparate.

Akute Toxizität
Akute orale Toxizität[a)]
Akute dermale Toxizität[a)]
Akute Inhalationstoxizität[a)]
Haut- und Augenreizung
Sensibilisierung
Aufnahme über die Haut
Zusätzliche Untersuchungen zu dem Pflanzenschutzmittel
Untersuchungen zu Kombinationen von Pflanzenschutzmitteln

a) Rechenmethode statt tierexperimenteller Studie möglich.

deter Personengruppen, oder von Tieren, weder direkt noch über das Trinkwasser, über Nahrungs- oder Futtermittel oder über die Luft oder Auswirkungen am Arbeitsplatz oder durch andere indirekte Effekte unter Berücksichtigung bekannter Kumulations- und Synergieeffekte noch auf das Grundwasser haben. Im Gegensatz zu den Wirkstoffen werden für die zahlreichen zuzulassenden Präparate nur sehr wenige toxikologische Tierstudien gefordert, die mit entsprechenden Begründungen auch weggelassen (engl. *waiving*) werden können (Tab. 43.3). Jedoch müssen für alle beantragten Anwendungen der einzelnen PSM-Präparate umfangreiche Informationen zur möglichen Aufnahmemenge von Anwendern, Verbrauchern und unbeteiligten Dritten, die als „Exposition" bezeichnet wird, geliefert werden.

Um schädliche Auswirkungen auf die Gesundheit auszuschließen, erfolgt eine Risikocharakterisierung, bei der im Wesentlichen zwei Faktoren berücksichtigt werden: die toxische Wirkung der Dosis eines Pestizidwirkstoffes und die Menge dieses Wirkstoffes, die ein Anwender, Verbraucher oder unbeteiligter Dritter aufnimmt.

43.3.4 Verbraucherschutz

Rückstände auf Ernteprodukten lassen sich selbst bei guter landwirtschaftlicher Praxis und sachgerechtem, bestimmungsgemäßem Einsatz von Pflanzenschutzmitteln nicht völlig vermeiden. Sie dürfen als Folge der Verwendung entsprechend der guten Pflanzenschutzpraxis und unter der Voraussetzung realistischer Verwendungsbedingungen keine schädlichen Auswirkungen auf die Gesundheit von Menschen, einschließlich besonders gefährdeter Personengruppen, oder von Tieren noch auf das Grundwasser haben. Für Rückstände mit toxikologischer, ökotoxikologischer sowie ökologischer Relevanz oder mit Relevanz für das Trinkwasser müssen allgemein gebräuchliche Messverfahren zur Verfügung stehen. Diese Analysestandards müssen allgemein verfügbar sein und werden ebenfalls im Zulassungsverfahren geprüft.

Um sicherzustellen, dass Rückstände die Gesundheit der Verbraucher weder bei lebenslanger täglicher Aufnahme noch bei einmaligem Verzehr großer Lebensmittelmengen schädigen können, werden „maximal zulässige Rückstandshöchstgehalte" (MRL) für Pestizidwirkstoffe und deren Abbauprodukte festgelegt.

MRLs werden nach dem ALARA-Prinzip (*as low as reasonably achievable*, engl. für „so niedrig wie vernünftigerweise erreichbar") und nicht allein aufgrund der gesundheitlichen Risikobewertung festgelegt. Sie berücksichtigen auch die gute landwirtschaftliche Praxis und können beitragen, deren Einhaltung zu kontollieren.

Das Verfahren zur Festsetzung von Rückstandshöchstgehalten ist formal unabhängig vom Zulassungsverfahren für Pflanzenschutzmittel.

Die Exposition der Verbraucher über die Nahrung wird aus der Höhe des Rückstands im Lebensmittel und aus der üblicherweise verzehrten Menge des Lebensmittels ermittelt. Die Pestizidrückstände im Lebensmittel werden aus überwachten Rückstandsversuchen abgeleitet, in denen das Pflanzenschutzmittel unter Realbedingungen angewendet wurde. Die Verzehrsmengen wurden für Kinder und auch Erwachsene in den verschiedenen Mitgliedsstaaten der EU erhoben, um die unterschiedlichen Ernährungsgewohnheiten mit zu erfassen. Für Bewertungen auf europäischer Ebene werden somit die Verzehrsdaten aus verschiedenen Ländern und Bevölkerungsgruppen in ein EFSA-Modell einbezogen. Die MRLs werden von den EU-Mitgliedsstaaten und der Europäischen Behörde für Lebensmittelsicherheit (EFSA) in einem Gemeinschaftsverfahren abgeleitet, auf ihre gesundheitliche Unbedenklichkeit überprüft und anschließend von der Europäischen Kommission in rechtsverbindlicher Form veröffentlicht. Dazu muss sichergestellt sein, dass ihre Einhaltung auch mit einem schnellen und einfachen analytischen Routineverfahren überwacht werden kann.

Die Zulassung eines Pflanzenschutzmittels darf erst erfolgen, wenn ein MRL verbindlich festgesetzt wurde und die aus der sachgerechten Anwendung resultierenden Rückständen die toxikologischen Grenzwerte (ADI und ARfD) nicht überschreiten, sodass ein gesundheitliches Risiko für die Verbraucher unwahrscheinlich ist.

43.3.5
Anwendungsschutz

Die Expositionsabschätzung für Anwender von Pflanzenschutzmitteln wird mit Modellen nach zunächst sehr konservativen Annahmen durchgeführt. Die Leitlinien zur Berechnung der Exposition für Nebenstehende und Anwohner wurden von der EFSA veröffentlicht. In den neuen Leitlinien der EFSA wird erstmals eine harmonisierte Methodik für die Berechnung der Exposition von vier Hauptbevölkerungsgruppen – Anwendern, Arbeitern, Anwohnern und Umstehenden – gegenüber Pestiziden dargelegt.[5] Dabei werden insbesondere auch Kinder berücksichtigt, da sie sich speziell in den ersten Lebensjahren in ihrem Verhalten deutlich von Erwachsenen unterscheiden. Bei der Expositionsabschätzung für berufliche Anwender kann der Kontakt mit den Pflanzenschutzmitteln durch spezielle Arbeitsschutzkleidung reduziert werden oder es sind entsprechende Maßnahmen, wie beispielsweise der Einsatz speziell geprüfter Landmaschinentechnik, zu berücksichtigen. Weitere Maßnahmen, wie etwa die Verwendung von anwendungsfertigen Pflanzenschutzmitteln, Köderboxen, kindersicheren Verschlüssen oder wasserlöslichen Beuteln, sind auch zum Schutz von nicht beruflichen Anwendern bzw. der Allgemeinheit geeignet.

Ein Pflanzenschutzmittel wird nur zugelassen, wenn die für Anwender, Arbeiter, Anwohner und Nebenstehende erwartbare Belastung aus sachgerechten Anwendungen geringer ist als der in toxikologischen Studien ermittelte Grenzwert (AOEL).

Wenn nötig, werden verbindliche Auflagen für persönliche Schutzmaßnahmen, ein Einsatz von Abdrift mindernden Geräten vorgeschrieben oder Wartezeiten festgelegt, um den sicheren Umgang mit dem Pflanzenschutzmittel zu ermöglichen.

43.4
Zusammenfassung

- Toxikologische Bewertungsgrundsätze und Datenanforderungen für die gesundheitliche Risikobewertung der Pestizide sind über EU-Verordnungen und technische Leitfäden einheitlich geregelt.
- Die eingereichten Daten unterliegen sehr strikten Anforderungen einer einheitlichen Versuchsdurchführung (OECD) und einer strengen Qualitätssicherung (GLP).

5) http://www.efsa.europa.eu/de/press/news/141023.

- Die gesundheitliche Bewertung im Rahmen der Zulassung und Genehmigung erfolgt nach einheitlichen Kriterien, die einer ständigen Fortentwicklung unterzogen sind.
- Das Risiko für die Gesundheit von Mensch und Tier wird als Gegenüberstellung von Gefahr und Exposition unter Berücksichtigung von relevanten Unsicherheiten ermittelt.
- Die neuen Ausschlusskriterien sehen für Pestizidwirkstoffe mit besonders gefährlichen Eigenschaften (CMR oder ED) eine stärker gefahrenorientierte Bewertung vor.
- Die zukünftige Risikobewertung der Pestizide erfordert noch stärkere Forschung zur Entwicklung von alternativen Methoden und neuen Bewertungsgrundsätzen.

Literatur

BVL (2015) Absatz an Pflanzenschutzmitteln in der Bundesrepublik Deutschland; Ergebnisse der Meldungen gemäß § 64 Pflanzenschutzgesetz für das Jahr 2014. http://www.bvl.bund.de/SharedDocs/Downloads/04_Pflanzenschutzmittel/meld_par_19_2014.pdf?__blob=publicationFile&v=5.

BVL (2017) Absatz an Pflanzenschutzmitteln in der Bundesrepublik Deutschland. Ergebnisse der Meldungen gemäß § 64 Pflanzenschutzgesetz für das Jahr 2015. http://www.bvl.bund.de/SharedDocs/Downloads/04_Pflanzenschutzmittel/meld_par_64_2015.pdf?__blob=publicationFile&v=2, letzter Zugriff: 21.02.2017.

Tralau, T, Oelgeschlager, M., Gurtler, R., Heinemeyer, G., Herzler, M., Hofer, T., Itter, H., Kuhl, T., Lange, N., Lorenz, N., Muller-Graf, C., Pabel, U., Pirow, R., Ritz, V., Schafft, H., Schneider, H., Schulz, T., Schumacher, D., Zellmer, S., Fleur-Bol, G., Greiner, M., Lahrssen-Wiederholt, M., Lampen, A., Luch, A., Schonfelder, G., Solecki, R., Wittkowski, R. und Hensel, A. (2015) Regulatory toxicology in the twenty-first century: Challenges, perspectives and possible solutions. *Arch. Toxicol.*, **89** (6), 823–850. http://link.springer.com/article/10.1007/s00204-015-1510-0.

Weiterführende Literatur

BVL (2014) Absatz von Pflanzenschutzmitteln in der Bundesrepublik Deutschland. http://www.bvl.bund.de/SharedDocs/Downloads/04_Pflanzenschutzmittel/meld_par_19_2013.pdf?__blob=publicationFile&v=3.

BVL, online – Zulassungsberichte: http://www.bvl.bund.de/DE/04_Pflanzenschutzmittel/01_Aufgaben/02_ZulassungPSM/02_Zulassungsberichte/psm_zulassungsberichte_node.html.

Carson, C. (2012) *Der stumme Frühling*, Aufl. 4, C.H.Beck, ISBN-10:3406649084.

Dunkelberg, H., Gebel, T. und Hartwig, A. (ed.) (2007) *Handbuch der Lebensmitteltoxikologie – Belastungen, Wirkungen, Lebensmittelsicherheit, Hygiene*, Wiley-VCH Verlag GmbH, Weinheim.

Europäische Union (2009) Verordnung (EG) Nr. 1107/2009 des Europäischen Parlaments und des Rates vom 21. Oktober 2009 über das Inverkehrbringen von Pflanzenschutzmitteln und zur Aufhebung der Richtlinien 79/117/EWG und 91/414/EWG des Rates.

EU, online – Pestizid-Datenbank: http://ec.europa.eu/food/plant/pesticides/eu-pesticides-database-redirect/index_en.htm.

Hayes, W.J. und Laws, E.R. (Hrsg.) (2010) *Handbook of Pesticide Toxicology*, Academic Press, San Diego.

Marrs, T.T. und B. Ballantyne (Hrsg.) (2004) *Pesticide Toxicology and International Regulation*, Current Toxicology Series, John Wiley & Sons Ltd., The Atrium, Southern Gate, Chichester, West Sussex.

Solecki, R. (2007) Insektizide, in *Handbuch der Lebensmitteltoxikologie – Belastungen, Wirkungen, Lebensmittelsicherheit, Hygiene*, (Hrsg. H. Dunkelberg, T. Gebel und A. Hartwig), Wiley-VCH Verlag GmbH, Weinheim, S. 1427–1487.

Solecki, R. und Pfeil, R. (2013) Pflanzenschutzmittel und Biozidprodukte, in *Toxikologie*, (Hrsg. H. Marquardt, S. Schäfer und H. Barth), 3. Aufl., Wissenschaftliche Verlagsgesellschaft mbH Stuttgart, S. 695–740.

Tomlin, C.D.S (Hrsg.) (2000) *The Pesticide Manual: A World Compendium*, 12. Aufl., British Crop Protection Council, Croydon, Available from: http://trove.nla.gov.au/work/6273016

44
Dieselmotoremissionen

H. Greim

44.1
Einleitung

> Dieselmotoremissionen enthalten mehrere hundert chemische Verbindungen. Sie werden teils gasförmig, teils als Partikel emittiert.

Dieselmotoremissionen entstehen bei der Verbrennung von Dieselkraftstoffen in Motoren. Eine Exposition der Bevölkerung erfolgt abhängig von der Nähe zu Emissionen z. B. aus dem Straßenverkehr. Auch an Arbeitsplätzen, z. B. im Bergbau oder in der Eisenbahn-, Bau- und Transportindustrie, kommt es zu erhöhten Expositionen.

> Im Jahr 2012 hat die International Agency for Research on Cancer (IARC) die Dieselmotoremissionen auf der Basis von Hinweisen auf einen Zusammenhang zwischen der Dieselabgas-Exposition und einem erhöhten Lungenkrebsrisiko als krebserzeugend für den Menschen klassifiziert („Group 1"). Auch wird eine Verbindung zwischen der Dieselabgas-Exposition und entzündlichen Wirkungen auf die Lunge gesehen. Darüber hinaus werden kardiovaskuläre Effekte sowie die Verstärkung von Asthma und allergischen Erkrankungen als Folge der Dieselabgas-Exposition diskutiert.

Die krebserzeugende Wirkung des „alten Diesels" wird vor allem den Kohlenstoffpartikeln mit den daran haftenden PAH zugeschrieben, während die Wirkung des „neuen Diesels" vor allem durch den Gehalt an Stickoxiden bestimmt wird. Eine krebserregende Wirkung ist damit nicht mehr zu erwarten.

Das Toxikologiebuch, 1. Auflage. Helmut Greim (Hrsg.).

44.2 Inhaltsstoffe von Dieselmotoremissionen

Das Ausmaß und die genaue Zusammensetzung der Emissionen von Dieselmotoren sind unter anderem abhängig von der Art der Motoren, der Zusammensetzung und den physikalischen Eigenschaften des Treibstoffes und von den Abgasreinigungstechniken.

Zu den Hauptkomponenten der *Gasphase* von Dieselmotoremissionen zählen Stickstoff, Kohlendioxid (CO_2), Sauerstoff und Wasserdampf. Als Produkte unvollständiger Verbrennung entstehen Stickoxide (NO_x) und Kohlenmonoxid (CO). Dazu kommen kleinere Mengen an Schwefeldioxid (SO_2) sowie verschiedene organische Verbindungen (Alkane, Alkene, Carbonylverbindungen, Carbonsäuren, Aromaten und ihre (nitrierten) Derivate). Die *Partikelphase* besteht vor allem aus elementarem Kohlenstoff sowie adsorbierten organischen Verbindungen wie polyzyklischen aromatischen Kohlenwasserstoffen (PAH), oxidierten PAH, Nitro-PAH, Sulfaten, Nitraten, Metallen oder anderen Spurenelementen.

Die Spannbreite der Partikelgröße liegt zwischen 0,03 und 2,5 µm, sie umfasst also auch sog. ultrafeine Partikel mit einem Durchmesser von weniger als 100 nm.

In den letzten 20 Jahren sind die Emissionen von Dieselmotoren in der Europäischen Union und weltweit immer schärferen Anforderungen unterzogen worden, was zu einer erheblichen technischen Weiterentwicklung der Dieseltechnologie geführt hat.

Dadurch haben sich die Emissionen und die Zusammensetzung der Abgase deutlich verändert. Damit ist auch ein erheblicher Einfluss auf die gesundheitlichen Auswirkungen einer Dieselabgasexposition zu erwarten.

> Während die Wirkungen des „alten Diesels" vor allem auf die Kohlenstoffpartikel und die daran haftenden krebserzeugenden PAH und Nitro-PAH zurückgeführt werden, ist im „neuen Diesel" kaum noch elementarer Kohlenstoff enthalten, stattdessen stehen die Stickstoffoxide im Vordergrund. Dies zeigt sich auch in der Toxizität bei Langzeitexposition in Tierversuchen.

Wenn von Dieselmotoremission die Rede ist, sind in der Regel Dieselkraftstoffe gemeint, die aus Erdöl gewonnen werden. Sie zählen zu den Mitteldestillaten des Rohöls. Daneben gibt es als Alternativen den sog. „Biodiesel", der aus Pflanzenöl oder tierischen Fetten hergestellt wird, sowie synthetische Treibstoffe aus Kohle, Gas oder Biomasse.

44.3 Toxikokinetik

Dieselmotoremissionen bestehen aus gasförmigen und partikelförmigen Bestandteilen.
Inhalation, Deposition, Clearance und Retention von Dieselmotorpartikeln verlaufen nach denselben Prinzipien wie die von anderen schwerlöslichen, granulären, biobeständigen Staubpartikeln (GBS).

44.3.1 Partikelförmige Bestandteile

Inhalierte Partikel werden im Atemtrakt deponiert, nach Berechnungen mithilfe von entsprechenden Modellen beim Menschen zu etwa 7 % im Alveolar- und 4 % im Tracheobronchialbereich. Bei erhöhter Atemtätigkeit erhöht sich der Anteil im Alveolarraum. Bei der Ratte zeigt sich eine Deposition von 11 % im Alveolar- und 4 % im Tracheobronchialraum.

Aus dem tracheobronchialen Bereich werden die Partikel mithilfe der mukoziliären Clearance entfernt und gelangen in den Gastrointestinaltrakt. Die Clearance in den Alveolen erfolgt durch Phagozytose durch die Makrophagen und nachfolgende Bewegung im Alveolar- und Tracheobronchiallumen und dann ebenfalls mukoziliäre Clearance in den Atemwegen. Die Clearancerate aus dem Alveolarraum ist sehr viel langsamer als aus dem Tracheobronchialraum, die Retentionshalbwertszeit für Partikel beträgt bei der Ratte 60–100 Tage bei Konzentrationen bis 10 mg/m^3 und steigt bei höheren Belastungen an. Beim Menschen ist sie noch größer und wird mit mehreren hundert Tagen angegeben.

Die Partikel in den Dieselmotoremissionen bestehen aus einem Kern aus elementarem Kohlenstoff, an dem organische Substanzen, v. a. PAH, Nitro-PAH, oxidierte PAH sowie in geringerem Umfang auch Sulfate, Nitrate, Metalle oder andere Spurenelemente adsorbiert sind. Studien an exponierten Arbeitern zeigten die Resorption, die Verteilung, den Metabolismus sowie die Ausscheidung von Metaboliten von polyzyklischen aromatischen Kohlenwasserstoffen (PAH). In exponierten Personengruppen wurde 1-Hydroxypyren im Urin sowie Hämoglobinaddukte von Nitro-PAH oder niedermolekularen Alkenen wie Hydroxyethylvalin und Hydroxypropylvalin gemessen.

Metabolismusstudien liegen für die Dieselmotoremissionen nicht vor, denn bei der Vielzahl der unterschiedlichsten Inhaltsstoffe sind diese nicht sinnvoll.

Emissionen von Dieselmotoren neuerer Technologien enthalten deutlich weniger partikelförmige Bestandteile als „alter Diesel". Im „neuen Diesel" stehen die gasförmigen Inhaltsstoffe, insbesondere Stickoxide, im Vordergrund.

44.3.2
Gasförmige Bestandteile

Die gasförmigen Inhaltsstoffe von Dieselmotoremissionen wie NO_2, NO oder CO werden beim Einatmen im Respirationstrakt aufgenommen, NO_2 und NO bis zu 90 %.

NO_2 und NO werden in die systemische Zirkulation aufgenommen, NO_2 vor allem in Form von Nitrit oder Nitrat, NO reagiert mit Hämoglobin unter Bildung von Methämoglobin. Beide Stoffe werden mit dem Urin als Nitrat ausgeschieden. Auch CO gelangt vor allem aus dem unteren Atemtrakt ins Blut, wo es an Hämoglobin unter Entstehung von Carboxyhämoglobin oder auch an andere Häm enthaltende Proteine bindet. CO wird überwiegend durch Ausatmung wieder ausgeschieden.

44.4
Toxizität

Zielorgan der Wirkung von Dieselmotoremissionen ist die Lunge. Schon bei kurzfristiger Exposition treten Zeichen einer Entzündung und in der Folge nach längerfristiger Belastung Einschränkungen der Lungenfunktion auf. Im Versuchen an Ratten werden Lungentumoren beobachtet. Lungenkrebs wird auch in vielen epidemiologischen Studien am Menschen auf Dieselmotoremissionen als Ursache zurückgeführt, was aber kontrovers diskutiert wird.

44.4.1
Akute Toxizität

Dieselmotoremissionen führen akut zu Reizwirkungen und Entzündungserscheinungen an Auge, oberen Atemwegen und der Lunge, zu respiratorischen und neurophysiologischen Symptomen sowie hämatologischen, immunologischen und kardiovaskulären Effekten.

In kontrollierten Studien an Freiwilligen wurden nach zweistündiger Exposition ab ca. 100 $\mu g/m^3$ erste Anzeichen einer entzündlichen Reaktion in der Lunge berichtet (Entzündungsmarker in der bronchioalveolären Lavage).

Die Mortalität, die in Tierversuchen nach hoher Dieselabgas-Exposition zu beobachten ist, wird auf die Wirkung von Kohlenmonoxid und Stickstoffdioxid zurückgeführt.

44.4.2
Chronische Toxizität

Längerfristige Exposition gegen Dieselmotoremissionen an hoch belasteten Arbeitsplätzen, z. B. bei Eisenbahn- oder Tunnelarbeitern, wird mit der Entstehung einer chronisch obstruktiven Lungenerkrankung (Chronic Obstructive Pulmonary Disease, COPD) oder einer Einschränkung der Lungenfunktion in Beziehung gebracht. In einigen Studien wird auch das vermehrte Auftreten kardiovaskulärer Erkrankungen oder von Asthma auf Dieselmotoremissionen zurückgeführt, wobei hier auch andere Einflussfaktoren der Luftverunreinigung eine Rolle spielen können.

Hohe Konzentrationen an (alten) Dieselmotoremissionen von 1000 µg Partikel elementarer Kohlenstoff /m^3 und darüber führen beim Menschen und in Versuchstieren, v. a. Ratten, zu einer Akkumulation von Partikeln in den Makrophagen, Veränderungen der Lungenzellpopulation, fibrotischen Effekten und Plattenepithelmetaplasien, die mit einer Beeinträchtigung der Lungenclearance einhergehen. Ein NOAEL kann dafür nicht angegeben werden, erste Effekte werden bei 100–200 µg/m^3 berichtet.

Exposition gegen Emissionen von Dieselmotoren neuer Technologie (neuer Diesel) verursacht bei Ratten relativ geringgradige Lungenfunktionsänderungen und histologische Veränderungen, die an das Bild einer Exposition gegenüber Stickstoffdioxid (NO_2) erinnern. Mäuse haben sich in parallelen Versuchen als weniger sensitiv erwiesen. NO_2 ist auch die Hauptkomponente in „neuem Diesel", die als Messparameter verwendet wird, weil die Konzentrationen an Kohlenstoffpartikeln hier nur mehr äußerst gering sind.

44.4.3
Reizwirkung, Sensibilisierung und Immuntoxizität

Dieselmotoremissionen können akute Reizwirkungen an Augen und Schleimhäuten des Atemtrakts verursachen.

Dieselmotoremissionen selbst sind nicht allergen, aber es gibt Hinweise auf eine Verstärkung der allergenen Wirkung von bekannten Allergenen und von asthmaähnlichen Symptomen. Außerdem konnte in verschiedenen Studien eine Wirkung von Dieselmotoremissionen auf das Immunsystem von Mensch und Versuchstieren gezeigt werden.

44.4.4
Entwicklungs- und Reproduktionstoxizität

Studien über mögliche Effekte auf Fortpflanzung und Entwicklung beim Menschen liegen nicht vor, denn im Vordergrund der toxischen Wirkung von „altem Diesel" steht die Partikelwirkung, die im Hinblick auf diese toxikologischen Endpunkte nicht als kritisch angesehen wird. Tierversuche haben dies bestätigt. In einigen epidemiologischen Studien zur Luftverunreinigung wird eine Assoziation zu Frühgeburten, erniedrigtem Geburtsgewicht und erhöhter Neugeborenensterblichkeit hergestellt, die genauen Einflussfaktoren lassen sich jedoch in solchen Studien schwer bestimmen. In der Mehrzahl der Versuche mit Ratten, Mäusen und Kaninchen sind bei Konzentrationen bis zu 12 000 µg/m^3 weder teratogene noch embryo- oder fetotoxische Wirkungen aufgetreten, auch eine Beeinträchtigung der weiblichen oder männlichen Fertilität wurde nicht beobachtet.

Untersuchungen mit „neuem Diesel" liegen noch nicht vor, jedoch lassen die Inhaltsstoffe keine diesbezügliche Wirkung erwarten.

44.4.5 Genotoxizität

> Untersuchungen der Genotoxizität von Dieselmotoremissionen *in vitro* und *in vivo* haben positive Befunde erbracht, die auf genotoxische Inhaltsstoffe wie polyzyklische aromatische Kohlenwasserstoffe (PAH) und Nitroaromaten zurückgeführt werden können. Auch eine sekundäre Genotoxizität aufgrund der Entstehung reaktiver Sauerstoffspezies (ROS) tritt wie bei anderen Partikeln in hohen Konzentrationen auf.

Studien an exponierten Personengruppen zeigen teilweise genotoxische Effekte, andere dagegen nicht. Die Expression von Genen, die in Zusammenhang stehen mit oxidativem Stress und Entzündung in Blutlymphozyten und in Zellen, die bei Entzündungsprozessen der bronchioalveolären Lavage involviert sind, war erhöht. Dieselmotoremissionen verursachten „bulky" DNA-Addukte, DNA-Schäden sowie Mikrokerne.

In Säugerzellen zeigten Genexpressionsprofile durch Dieselmotoremissionen, -partikelsuspensionen und auch -partikelextrakte ebenfalls eine Hochregulierung von Genen, die in Zusammenhang mit oxidativem Stress, Entzündung, DNA-Schäden, antioxidativen Reaktionen, Zellzyklus, Zelltransformation und Apoptose stehen.

DNA-Schäden, Genmutationen, DNA-Strangbrüche, Chromosomenaberrationen und morphologische Zelltransformationen wurden in verschiedensten Testsystemen *in vitro*, z. B. in Zelllinien sowie Primärzellen von Mensch und Nager, Genmutationen auch in Bakterien, und *in vivo* in Ratten und Mäusen nachgewiesen. Die Effekte *in vivo* konnten nach Inhalation, intratrachealer Instillation und oraler Applikation von kompletten bzw. partikelförmigen Dieselmotoremissionen sowie nach topischer Anwendung und intraperitonealer Injektion organischer Extrakte gezeigt werden.

Dagegen hat sich „neuer Diesel" in den bisher durchgeführten Untersuchungen *in vivo* (Comet-Assay, Mikrokerntest) nicht als genotoxisch erwiesen.

44.4.6 Kanzerogenität

> Dieselmotoremissionen sind im Tierversuch an Ratten krebserzeugend, bei Mäusen und Hamstern dagegen nicht.

Bei Ratten wurden bei Exposition gegen „alte" Dieselmotoremissionen mit einem Partikelgehalt von $\geq$ 2200 μg/m^3 104 oder 130 Wochen vermehrt Tumoren in der Lunge beobachtet, Tumoren in anderen Organen traten nicht auf. Untersuchungen haben gezeigt, dass der PAH-Gehalt alleine nicht für die kanzerogene Wirkung verantwortlich sein kann. Auch wurden bei Exposition gegen gefilterte, also partikelfreie Dieselmotoremissionen oder bei Konzentrationen von $\leq$ 800 μg/m^3 keine krebserzeugenden Wirkungen beobachtet.

Emissionen „neuer" Dieselmotoren mit 13 μg Partikeln/m^3 bzw. 3,6 ppm NO_2 führten ebenfalls nicht zu Tumoren in der Rattenlunge.

> Die International Agency for Research on Cancer (IARC) hat im Jahr 2012 Dieselmotoremissionen auf der Basis von Hinweisen auf einen Zusammenhang zwischen der Dieselabgas-Exposition und einem erhöhten Lungenkrebsrisiko bei exponierten Arbeitern als krebserzeugend für den Menschen klassifiziert („Group 1").

Die meisten der epidemiologischen Studien beschreiben ein erhöhtes Lungenkrebsrisiko für Personen, die an ihren Arbeitsplätzen lange Zeit hohen Dieselmotoremissionen ausgesetzt waren. Der kritische Punkt in allen diesen Studien ist der Nachweis einer Dosis-Wirkungs-Beziehung. Die Expositionsdaten können in den meisten Studien nicht oder nur unvollständig erfasst werden. Oft wird die Dauer der Exposition als ein Surrogat für die Expositionsbestimmung angegeben. Eine weitere Schwierigkeit besteht darin, dass die Bezeichnung „Dieselmotorabgas" nicht genau definiert ist. Die Emissionen hängen sehr von der Technologie der Dieselmotoren ab, die alten Motoren werden sukzessive durch modernere Motoren ersetzt, oft werden unterschiedliche Technologien parallel eingesetzt. Zu den Effekten von Dieselmotoren neuer Technologie, die den heutigen Anforderungen entsprechen, gibt es noch keine epidemiologischen Daten, weil die Latenzzeit der Expositionen für die Beobachtung möglicher Wirkungen nicht lange genug ist.

Das kanzerogene Potenzial von Dieselmotoremissionen wurde in einer Vielzahl von epidemiologischen Studien vorwiegend an hoch belasteten Arbeitern, die z. B. in Bergbau, Tunnelbau, Eisenbahnbau, Lastkraftwagen- oder Schiffsverkehr exponiert waren, untersucht. Die Ergebnisse sind uneinheitlich.

Eine klare Dosis-Wirkungs-Beziehung konnte bisher nicht einmal in den vorliegenden gut dokumentierten Fall-Kontroll-Studien oder in umfangreichen gepoolten oder Metaanalysen gezeigt werden.

Neben der Lunge werden auch die Blase sowie Leukämien, der Larynx, der Pankreas, das Kolon oder die Blase als Zielorgane der kanzerogenen Wirkung von Dieselmotoremissionen diskutiert. Allerdings sind hier die Assoziationen noch sehr viel schwächer.

44.5
Mechanismen der kanzerogenen Wirkung von Dieselmotoremissionen

> Die Mechanismen der kanzerogenen Wirkung von Dieselmotoremissionen sind nicht vollständig geklärt. Neben der genotoxischen Wirkung einiger Inhaltsstoffe, wie PAH oder Nitroaromaten, wird vor allem auch die Partikelwirkung des elementaren Kohlenstoffkerns insbesondere für die bei der Ratte beobachteten Lungentumoren verantwortlich gemacht.

Eine Hypothese besagt, dass die entzündlich-proliferativen Effekte der Kohlenstoffkern-Partikel die Basis für die Wirkungen auf die Lungenzellen sind. Eine weitere Hypothese geht davon aus, dass vor allem die löslichen und unlöslichen anorganischen und organischen Substanzen, die an den Kohlenstoffpartikeln adsorbiert sind, z. B. PAH oder Nitro-PAH, die kanzerogene Wirkung induzieren. Versuche haben allerdings gezeigt, dass die Menge an PAH nur einen geringen Teil der Dieselabgas-Partikelmasse ausmacht und die erhöhten Tumorinzidenzen nicht erklären kann. Vermutlich werden die adsorbierten Substanzen zu mutagenen Stoffen metabolisiert, die zu den DNA-Addukten in Lungenzellen von Ratten und Affen führen, die nach Exposition gegen Dieselabgas beobachtet wurden.

44.5.1
Genotoxizität

Dieselmotoremissionen enthalten genotoxische Komponenten wie PAH und oxidierte oder Nitro-PAH, die direkt an die DNA binden und DNA-Schäden hervorrufen können, deren Menge alleine aber nicht die beobachteten Tumoren erklären kann. Direkte genotoxische Wirkung kann nicht ausgeschlossen werden, aber chronische Entzündung, die zu oxidativem Stress und reaktiven Sauerstoffspezies (Reactive Oxygen Species, ROS) führt, also eine sekundäre Genotoxizität, scheint zusammen mit der vermehrten Zellproliferation im Vordergrund zu stehen. Daher ist auch von einer nicht linearen Dosis-Wirkungs-Beziehung für die Kanzerogenität auszugehen.

44.5.2
Kanzerogenität

Für die Kanzerogenität der Dieselmotoremissionen sind wahrscheinlich mehrere Faktoren verantwortlich. In Tierversuchen wurde eine krebserzeugende Wirkung von Dieselmotoremissionen vor allem durch die Partikelfraktion bei Ratten hervorgerufen. Obwohl die gasförmige Fraktion kleine Mengen kanzerogener Stoffe enthält und in bakteriellen Mutagenitätstests positive Reaktionen erzeugt, waren filtrierte, also partikelfreie Dieselmotoremissionen nicht krebserzeugend. Speziesunterschiede in der Deposition und Clearance von Partikeln in der Lunge sind möglicherweise verantwortlich für die besondere Empfindlichkeit der Ratte für Tumoren durch staubförmige Substanzen (sog. „Overload“, siehe folgenden Abschnitt).

44.5.3 Akute und chronische Toxizität – irritativ-entzündliche Wirkung an den Atemwegen

Die entzündlichen Wirkungen der Partikel aus Dieselmotoremissionen werden der Entstehung von ROS zugeschrieben. Die Emissionen enthalten Stoffe wie PAH, Chinone und Übergangsmetalle, die sich durch Redoxreaktionen innerhalb und außerhalb der Lungenzellen bilden können. ROS können aber auch durch Alveolarmakrophagen während der Partikelphagozytose entstehen. In niedrigen Konzentrationen führt oxidativer Stress zur Aktivierung von Antioxidantien und zu detoxifizierenden Enzymen wie der Hämoxygenase-1 und der Glutathion-S-transferase, die die Zelle vor oxidativen Schäden schützen. Bei höheren Konzentrationen sind diese Schutzmechanismen überlastet (sog. „Overload“) und es kommt zu inflammatorischen und zytotoxischen Effekten.

Die inflammatorischen Effekte der Dieselpartikel werden durch redoxsensitive, mitogenaktivierte Protein (MAP)-Kinase- und Transkriptionsfaktor Nuclear Factor kappa B (NF-κB)-Kaskaden vermittelt, die für die Produktion inflammatorischer Zytokine, Chemokine und Adhäsionsmoleküle verantwortlich sind. Zytokine und Chemokine, einschließlich Tumornekrose-Faktor alpha (TNF-α) und Interleukine (IL), sind zusammen mit den Adhäsionsmolekülen in die Rekrutierung und Aktivierung inflammatorischer Zellen in der Lunge involviert. Aktivierte Leukozyten produzieren große Mengen ROS, die weiteren oxidativen Schaden der umgebenden Zellen verursachen. Die inflammatorische Kaskade schließt auch die Aktivierung der Phospholipase A2 ein, die zu einem Anstieg lokaler Vasodilatation und Vasopermeabilität führt, was die Akkumulation inflammatorischer Zellen verstärkt. Neben den inflammatorischen Effekten kann oxidativer Stress innerhalb einer Zelle zu Zytotoxizität durch Freisetzung proapoptotischer Faktoren aus den Mitochondrien führen.

Unter den Bestandteilen der Gasphase ist NO_2 ein starker Reizstoff, der mit Antioxidantien, Lipiden und Proteinen auf der Oberfläche von Zellmembranen im unteren Atemtrakt reagiert und dadurch weitere reaktive Stoffe wie Peroxide produziert, die wiederum zu oxidativem Stress und entzündlichen Reaktionen führen. NO_2 setzt darüber hinaus die Aktivität der Zilien in den Atemwegen herab, wodurch die mukoziliäre Clearance beeinträchtigt wird.

44.5.4 Kardiovaskuläre Effekte

Für die durch Dieselmotoremissionen und andere Feinstaub-Partikel hervorgerufenen kardiovaskulären Effekte werden drei Mechanismen diskutiert. Zum einen können Entzündungsmediatoren wie Zytokine oder aktivierte Entzündungszellen aus der Lunge in die systemische Zirkulation gelangen und dort ebenfalls zu

Entzündungsprozessen führen. Die Entzündungsmediatoren können das Gefäßsystem direkt oder durch vermehrte Produktion von Gerinnungsfaktoren in der Leber schädigen. Als ein alternativer Weg wird diskutiert, dass die Partikel durch Wechselwirkung mit Rezeptoren in der Lunge oder den Nerven das Gleichgewicht des autonomen Nervensystems oder des Herzrhythmus stören. Ein dritter Weg könnte darin bestehen, dass die Partikel durch Translokation von der Lunge in die systemische Zirkulation gelangen und direkt auf das Gefäßsystem wirken. Allerdings ist die Zahl der Partikel, die im Gefäßsystem nachgewiesen worden ist, im Vergleich zu der Menge in der Lunge sehr gering. Auf molekularer Ebene kommt den ROS und oxidativem Stress in verschiedenen Stadien, z. B. der Verstärkung der systemischen Entzündung, Stimulation der Vasokonstriktion und atherosklerotischer Plaques, eine zentrale Rolle zu.

Außerdem zeigt von den Inhaltsstoffen der Gasphase CO bekanntermaßen eine Bindung an Hämoglobin und andere Häm enthaltende Proteine, was bei hohen Konzentrationen zu Hypoxie, kardialer Dysfunktion und Ischämie führen kann. NO ist ein pulmonaler Vasodilatator und kann Methämoglobin verursachen, allerdings bei Konzentrationen, die in Zusammenhang mit Dieselmotoremissionen nicht auftreten dürften.

44.5.5 Immuntoxizität

Für die Verstärkung von Asthma und allergischen Erkrankungen durch Dieselmotoremissionen werden verschiedene Mechanismen diskutiert. Zusätzlich zu oxidativem Stress und Entzündungsmechanismen, die zur pulmonalen Entzündung in Zusammenhang mit allergischem Asthma beitragen können, gibt es Hinweise, dass die Dieselpartikel zusammen mit Allergenen die TH2-Typ-Immunantwort stimulieren und die Produktion von allergenspezifischen IgE und IgG verstärken. Dabei spielt oxidativer Stress sowohl bei den entzündlichen als auch bei den adjuvanten Effekten eine Rolle.

Von NO_2 ist bekannt, dass es durch seine Wirkung auf entzündliche Vorgänge in der Lunge und auf die Lungenpermeabilität auch das Asthma verstärkt.

44.6 Die Belastung des Menschen mit Dieselmotoremissionen

Die Exposition der Allgemeinbevölkerung mit den Inhaltsstoffen aus Dieselmotoremissionen wird bestimmt durch die Nähe zu Verkehrsemissionen und ist damit abhängig von Ausmaß und Art des Verkehrs.

An Arbeitsplätzen kann es zusätzlich zu besonders hohen Belastungen kommen, z. B. durch Fahrzeuge im Straßenverkehr wie Personen- und Lastkraftwagen, Busse, aber auch durch andere Fahrzeuge wie Bagger, Gabelstapler, Traktoren, Erntemaschinen oder militärische Fahrzeuge. Auch im Schiffsverkehr, durch Lokomotiven oder stationäre Anlagen wie Kompressoren, Pumpen, Baumaschinen, Generatoren usw. in Industrie und Landwirtschaft kann es zu Belastungen kommen. Besonders hohen Belastungen sind Arbeiter im Bergbau und beim (Tunnel-)Bau, Lagerarbeiter, Mechaniker, professionelle Fahrer, Arbeiter im Schiff- und Eisenbahnverkehr, aber auch in der Land- und Forstwirtschaft, in der Abfallwirtschaft oder bei Umweltsanierungen ausgesetzt.

Der Verbrauch von Dieselkraftstoff betrug im Jahr 2010 in Europa fast 300 Mio. t und steigt weiter an.

44.7 Bewertung durch nationale und internationale Organisationen

Die Ständige Senatskommission zur Prüfung gesundheitsschädlicher Arbeitsstoffe der Deutschen Forschungsgemeinschaft (MAK-Kommission) stufte Dieselmotoremissionen im Jahr 1987 in die Kanzerogenitätskategorie 2 (krebserregend im Tierversuch) ein. Diese Bewertung wurde 2008 auch unter Berücksichtigung neuer epidemiologischer Daten bestätigt, und zwar ausdrücklich für die Exposition gegenüber „altem" Diesel. Ein MAK-Wert (Grenzwert für den Arbeitsplatz) wurde bisher nicht aufgestellt.

Die International Agency for the Research on Cancer (IARC) klassifizierte Dieselmotoremissionen im Jahr 2012 als krebserzeugend für den Menschen („Group 1").

Die Weltgesundheitsorganisation (WHO) bewertete bereits 1996 Dieselabgase als „probably carcinogenic to humans". Für die anderen Endpunkte außer Krebs wurde für die Allgemeinbevölkerung ein sog. Guidance-Wert von 5,6 $\mu g/m^3$ (bzw. von 2,3 $\mu g/m^3$ mit einem anderen Rechenverfahren für die Übertragung vom Tierversuch auf den Menschen) für eine Lebenszeitexposition abgeleitet.

Das National Toxicology Program (NTP) bewertete die Exposition gegen Dieselmotoremissionen 2001 und 2011 als „reasonably anticipated to be carcinogenic to humans".

Gemäß US Environmental Protection Agency (EPA) 2002 sind Dieselmotorabgase „likely to be carcinogenic to humans by inhalation". Außerdem stellen sie bei chronischer Exposition auch eine nicht kanzerogene Gefährdung dar, führen zu sensorischer Reizwirkung, Effekten an den Atemwegen sowie neurophysiologischen Symptomen. Auch werden Hinweise auf immunologische Effekte gesehen. Eine Referenzkonzentration RfC von 5 $\mu g/m^3$ für lebenslange Inhalation von Dieselpartikeln im Hinblick auf die entzündlichen Lungeneffekte wurde abgeleitet.

Die Risikoabschätzungen für Lungenkrebs, basierend auf den Versuchen mit Ratten, liegen im Bereich von $1{,}6 \times 10^{-5}$–$7{,}1 \times 10^{-5}$ für 1 $\mu g/m^3$ Dieselabgaspartikel.

44.8 Zusammenfassung

Dieselmotoremissionen entstehen bei der Verbrennung von Dieselkraftstoff in Motoren. Sie setzen sich aus mehreren hundert chemischen Verbindungen zusammen, die teils gasförmig, teils als Partikel emittiert werden. Sie stehen im Verdacht, Krebs zu erzeugen. Die krebserzeugende Wirkung wird den Kohlenstoffpartikeln mit den daran haftenden PAH zugeschrieben, die vor allem aus Motoren älterer Technologie emittiert werden. Dagegen werden die Wirkungen der Emissionen aus moderneren Motoren vor allem durch den Gehalt an Stickoxiden bestimmt. Im Vordergrund einer akuten Exposition stehen Reizwirkung sowie entzündliche Reaktionen in der Lunge. Daneben werden auch kardiovaskuläre Effekte sowie die Verstärkung von Asthma und allergischen Erkrankungen diskutiert.

Weiterführende Literatur

Attfield, M.D., Schleiff, P.L., Lubin J.H., Blair A., Stewart P.A., Vermeulen R., Coble J.B. und Silverman D.T. (2012) The diesel exhaust in miners study: a cohort mortality study with emphasis on lung cancer. *J. Natl. Cancer Inst.*, **104**, 869–883.

Europäische Kommission (2012) Verordnung (EU) Nr. 459/2012 der Kommission vom 29. Mai 2012 zur Änderung der Verordnung (EG) Nr. 715/2007 des Europäischen Parlaments und des Rates und der Verordnung (EG) Nr. 692/2008 der Kommission hinsichtlich der Emissionen von leichten Personenkraftwagen und Nutzfahrzeugen (Euro 6). Amtsblatt der Europäischen Union L142/16–24.

Greim, H. (Hrsg.) (2008) Dieselmotor-Emissionen, in *Gesundheitsschädliche Arbeitsstoffe – Toxikologisch arbeitsmedizinische Begründungen von MAK-Werten*, 45. Lieferung, Wiley-VCH Verlag GmbH, Weinheim.

IARC (2013) Diesel and gasoline engine exhausts, in *Diesel and gasoline engine exhausts and some nitroarenes, IARC Monographs on the Evaluation of Carcinogenic Risk of Chemicals to Humans*, Bd. 105, International Agency for Research on Cancer, Lyon, S. 39–486.

Möhner, M., Kersten, N. und Gellissen, J. (2013) Diesel motor exhaust and lung cancer mortality: reanalysis of a cohort study in potash miners. *Eur. J. Epidemiol.*, **28**, 159–168.

NEG (Nordic Expert Group) (2016) 149. Diesel Engine Exhaust, Taxell, P. und Santonen, T. (2015) The Nordic Expert Group for Criteria Documentation of Health Risks from Chemicals and the Dutch Expert Committee on Occupational Safety. *Arbete och Hälsa*, **49** (6), 1147.

Silverman, D.T., Samanic, C.M., Lubin, J.H., Blair, A.E., Stewart, P.A., Vermeulen, R., Coble, J.B., Rothman, N., Schleiff, P.L., Travis, W.D., Ziegler, R.G., Wacholder, S. und Attfield, M.D. (2012) The diesel exhaust in miners study: a nested case-control study of lung cancer and diesel exhaust. *J. Natl. Cancer Inst.*, **104**, 885–868.

US-EPA (US Environmental Protection Agency) (2002) Health Assessment Document for Diesel Engine Exhaust. EPA/600/8-90/057F. May 2002, US Environmental Protection Agency, Washington, DC, USA.

US-EPA (US Environmental Protection Agency) (2003) IRIS, Integrated Risk Information System. Diesel engine exhaust, Last revised 02/28/2003, Washington, DC, USA http://www.epa.gov/iris/iris_documents/documents/subst/0642.htm, letzter Zugriff: 27.12.2016.

Vermeulen, R., Silverman, D.T., Garshick, E., Vlaanderen, J., Portengen, L. und

Steenland, K. (2014) Exposure-response estimates for diesel engine exhaust and lung cancer mortality based on data from three occupational cohorts, *Environ. Health Perspect.*, **122**, 172–177, http://dx.doi.org/10.1289/ehp.1306880

WHO (1996) Diesel Fuel and Exhaust Emissions, Environmental Health Criteria 171, International Programme on Chemical Safety, World Health Organization, Geneva, Switzerland.

Wikipedia Abgasnorm, https://de.wikipedia.org/wiki/Abgasnorm, letzter Zugriff: 27.12.2016.

45
Gifttiere und giftige Pflanzen
T. Zilker

> Es existiert eine große Vielfalt unter den in der Natur vorkommenden Giften. Die chemische Struktur dieser Gifte reicht von einfachen organischen Verbindungen bis zu komplexen Proteinen. Tierische Gifte setzen sich meist zusammen aus Polypeptiden und unterschiedlichen Verdauungsenzymen. In Pflanzen sind als Gifte Alkaloide und Glykoside hauptverantwortlich für die Giftwirkung.

45.1
Einleitung

Die Häufigkeit der Erkrankungen durch Vergiftungen mit Naturgiften schwankt von Land zu Land und Kontinent zu Kontinent je nach dem Vorkommen entsprechender Pflanzen und Gifttieren. Dennoch ist überall in der Welt mit Vergiftungen durch exotische Gifttiere zu rechnen, die in der jeweiligen Region nicht heimisch sind. Dies liegt an legalen oder auch illegalen Importen von Gifttieren, die in Aquarien oder Terrarien gehalten werden. Ferner kommt es zur Einwanderung von Skorpionen und Spinnen, die auf Schiffen rund um die Welt mitreisen.

Pilz- und Pflanzenvergiftungen treten meist nach Verzehr auf. Einige Pflanzen können jedoch zur toxischen Reaktion auf der Haut Anlass geben.

Die Beschreibung aller bekannten Naturgifte würde Bücher füllen. Deshalb sollen hier nur jene Vergiftungen erörtert werden, die zu schweren Vergiftungen oder sogar zum Tod führen können.

45.2
Gifttiere

Vergiftungen durch Tiere geschehen durch Bisse, Stiche, transdermal nach Hautkontakt oder auch oral nach der Aufnahme von Meerestieren, die ihrerseits Gifte

Das Toxikologiebuch, 1. Auflage. Helmut Greim (Hrsg.).

aufgenommen haben. Schlangen und Spinnen beißen, Bienen, Wespen, Hornissen, Skorpione und Fische stechen mit Stacheln.

45.2.1 Schlangen

> Schlangenbisse sind die häufigsten Vergiftungen durch Tiergifte. Sie sind oftmals schwerwiegend und mit hoher Mortalität belastet. In manchen Regionen der Welt gehören Schlangenbisse zu den zehn häufigsten Todesursachen. Schlangen aus den Familien der Elapiden und Viperiden verursachen die höchste Morbidität und Mortalität.

Es gibt vier Hauptfamilien von Schlangen, die entweder nur giftige oder einig wenige giftige Spezies umfassen. Die Familien, die nur aus Giftschlangen bestehen, sind die Elapiden, die Viperiden und die Atractaspidiae. Letztere finden sich nur in Nordafrika und im Mittleren Osten. Die Vergiftungserscheinungen nach dem Biss einer solchen Schlange sind in der Regel milde. Die meisten Mitglieder der Colubridae Familie sind nicht giftig, jedoch haben einige Mitglieder dieser Gruppe Giftzähne, andere giftigen Speichel.

Die Viperidae kann man wiederum in zwei Unterfamilien einteilen, die Viperinae und die Crotalinae. Die Spezies *Vipera berus* (Kreuzotter), die in ganz Europa vorkommt, gehört zu den Viperinae. Die Crotalinae, die auch Grubenottern genannt werden, umfassen alle nordamerikanischen Klapperschlangen. Zur Familie der Elapiden gehören die Kobra und der Krait in Asien, die Mamba in Afrika, die Tigerotter, die Brown snake, der Taipan in Australien sowie die Korallenschlange in den USA. Die meisten Elapiden-Toxine sind neurotoxisch, nur wenige erzeugen ausschließlich lokale Gewebsschädigungen wie zum Beispiel die afrikanische Baumkobra. Die Gifte der meisten Viperinae sind mehr oder weniger gewebsschädigend, einig, wie z. B. die Hornviper des Mittleren Ostens neurotoxisch. Die Giftzähne sind bei den erwähnten Familien unterschiedlich angelegt. Die Elapiden haben hohle Giftzähne, die immer aufgerichtet sind und deshalb nur kurz sein können. Die Viperinae und Crotalinae haben aus- und einklappbare an Gelenkscharnieren befestigte Giftzähne, die deshalb lang sein können. Die Atractaspidiae besitzen einen schmalen Kiefer. Der große hohle Giftzahn, der immer aufgerichtet ist, steht an der Seite zum Maul heraus und wird deshalb als Seitenfangzahn bezeichnet. Die giftigen Colubridae haben hinten im Kiefer angebrachte, geriefte Giftzähne oder keine Fangzähne, aber dafür giftigen Speichel, der durch den Biss eingerieben wird.

45.2.1.1 Variabilität der Schlangengifte

Es gibt zwischen den Schlangenfamilien aber auch bei denselben Schlangen eine große Variabilität in der Giftzusammensetzung. Diese hängt ab vom Lebensraum und den Jahreszeiten. Die verschiedenen Giftgruppen und ihre unterschiedlichen Giftwirkungen sollen im Folgenden besprochen werden.

Neurotoxine

> Es gibt zwei unterschiedliche Arten von Neurotoxinen: solche, die ihre Wirkung präsynaptisch und solche, die sie postsynaptisch entfalten. Die Ersteren sind Phospholipasen, die Letzteren kurzkettige Polypeptide.

Die *präsynaptischen Neurotoxine* gehören zu den Phospholipasen A_2. Ihre Zielstruktur ist das terminale Axon an der neuromuskulären Synapse. Diese Neurotoxine führen zuerst zur Neurotransmitterfreisetzung und dann zum Untergang des terminalen Axons mit Zerstörung der Neurotransmittervesikel und damit zur Unterbrechung jeglicher Neurotransmission. Die Symptomatik nach einem Elapidenbiss besteht in einer schlaffen Lähmung, die an den Hirnnerven mit einer Ptosis, gefolgt von einer Augenmuskellähmung beginnt. Es kommt zur Sprachstörung und schließlich zur Lähmung der Atemmuskulatur und des Zwerchfells. Wenn diese kritische Situation durch Intubation und Beatmung beherrscht werden kann, tritt auch noch eine Lähmung der Extremitäten mit dem Verlust der tiefen Muskeldehnungsreflexe auf.

Die *postsynaptischen Neurotoxine* sind Polypeptide mit einer Kettenlänge von 60–70 Aminosäuren. Diese kleinen Proteine sind mit vier (Neurotoxin I) bzw. fünf (Neurotoxin II) Disulfidbrücken vernetzt. Durch diese Vernetzung entstehen Polypeptide mit drei Ringstrukturen. Einer dieser Ringe (B) blockiert durch Bindung den Acetylcholinrezeptor. Es werden zwei Glykoprotein-Untereinheiten am Rezeptor besetzt, wodurch keine Ionenkanäle gebildet werden können. Die Lähmungserscheinungen beginnen etwa eine Stunde nach dem Biss.

Das postsynaptisch wirkende Gift kann durch ein spezifisches Antivenin entschärft werden, während der Anteil, der präsynaptisch wirkt, nicht beeinflusst werden kann. Wenn dieser Effekt vorherrscht, dauert die Restitution Wochen. Das bedeutet, dass eine Langzeitrespiratortherapie notwendig werden kann trotz ausreichender Antiveningabe.

Unter den Elapiden verfügen die Mambas über zwei weitere spezielle Toxine, das Dendrotoxin und das Fasciculin. Ihre Wirkung unterscheidet sich von den beiden oben erwähnten Toxinen der anderen Schlangen. Dendrotoxin beeinflusst den Kaliumkanal in der Membran des terminalen Neurons, was zu einer Acetylcholinfreisetzung und damit zu einer Überstimulation der motorischen Endplatte führt. Fasciculin wirkt als Cholinesterasehemmer und führt zu einer Überflutung des synaptischen Spaltes mit Acetylcholin, ähnlich wie bei Vergiftungen mit Organophosphaten oder Carbamaten. Die maximale Stimulation an der motorischen Endplatte ruft ein Faszikulieren und Myoklonie der quergestreiften Muskulatur hervor, sodass das Opfer keine willkürlichen Bewegungen mehr ausführen kann und die Atemmuskulatur versagt. Diese beiden Venine wirken schneller als die Neurotoxine der anderen Schlangen, sodass eine vollständige Lähmung in weniger als einer Stunde auftritt. Das Fasciculin hat eine ähnliche Struktur wie die postsynaptischen Neurotoxine der übrigen Elapiden. Seine Struktur ist gekennzeichnet durch 57–60 Aminosäuren, die durch drei Disulfidbrücken kreuzvernetzt sind. Das Dendrotoxin hat ein Molekulargewicht von ca. 7000 Da. In seiner Sequenz stimmt es zum großen Teil überein mit dem X-Bungarotoxin des Kraits, das präsynaptisch wirkt und den Natriumkanal antagonisiert.

Myotoxine

> Schlangenbisse, die die Muskulatur schädigen, sind Enzyme der Phospholipase A_2-Gruppe.

Myotoxine zerstören Muskelzellen, schonen dabei aber die Basalmembranen. Dadurch ist ein Muskelwiederaufbau innerhalb eines Monats möglich. Beim Untergang der Muskulatur werden Myoglobin und Kalium freigesetzt. Die Kreatinphosphokinase (CPK) tritt aus der Muskulatur aus und dient als diagnostischer Parameter für das Ausmaß der Muskelschädigung. Myoglobin seinerseits blockiert die Nierenkanälchen und schädigt die Tubuluszellen, was zum akuten Nierenversagen führen kann. Eine vorübergehende Dialysetherapie kann somit notwendig werden. Antivenine können die Myolyse nicht mit Sicherheit verhindern.

Hämatotoxine

> Die hämatotoxischen Schlangengifte haben zwei verschiedene Angriffspunkte. Auf der zellulären Ebene schädigen sie Thrombozyten, auf der humoralen Ebene führen sie zur Gerinnungsstörung. Die Hauptwirkung der Gifte ist gerinnungsfördernd, aber paradoxerweise auch gerinnungshemmend, indem sie die Thrombozytenaggregation behindern. Die sog. Hämorrhagine im Schlangengift schädigen die Gefäßwände rund um die Bissstelle.

Diese Enzymmischung innerhalb der Schlangengifte beeinträchtigt die Gerinnungshomöostase. Die ungewöhnliche Wirkung dieser Giftkomponenten ist die gleichzeitige Hyperkoagulopathie mit parallel ablaufender Thrombosierung und Blutungen. Die Blutungsneigung liegt an der Aktivierung der Gerinnungsfaktoren IX (Christmas Faktor) und II (Prothrombin), wodurch das Fibrinogen aufgebraucht wird. Zusätzlich gibt es einen direkten Effekt auf das Fibrinogen mit Fibrinogenolyse und Beschleunigung des Fibrinogenabbaus. So kommt es speziell bei Bissen durch Crotalinae zur Gerinnungsstörung mit nicht mehr messbarem Fibrinogen im Serum. Die gleichzeitig verstärkte Thrombozytenaggregation führt dazu, dass der Gerinnungsstatus sich wie eine Verbrauchskoagulopathie darstellt, die allerdings nicht vorliegt. Dies äußert sich in einer Afibrinogenämie mit stark erhöhter partieller Thromboplastin- (PTT) und Thrombinzeit (PT) sowie einer Thrombozytopenie.

Praktisch alle Schlangengifte enthalten Hämorrhagine. Dabei handelt es sich um Zink-Metalloproteinasen, die zur Schädigung der Gewebswände mit nachfolgenden Gewebseinblutungen in Form von Ekchymosen führen. Diese Blutungen werden noch gefördert durch Antikoagulanzien wie Protein C, Thrombininhibitoren und Phospholipase A_2. Die chemische Zusammensetzung der unterschiedlichen Schlangentoxine reicht von kleinen bis zu großen Molekülen aus dem Prothrombinasekomplex. Obwohl nach Schlangenbissen schwere im Serum messbare Gerinnungsstörungen auftreten, kommt es meistens nur zu lokalen Blutungen. Diffuse systemische Blutungen kommen kaum vor. Allerdings können schwere lebensbedrohliche Blutungen dann auftreten, wenn chirurgische Maßnahmen notwendig werden, wie z. B. nach einem Wunddebridement oder nach der Entlastung eines Kompartmentsyndroms. Auch Venenpunktionen können stark nachbluten. Der Ersatz von Gerinnungsfaktoren reicht dann nicht aus. Die Blutung ist nur in Kombination mit großen Mengen Antivenin zu stillen. Es gibt auch ein Schlangengift, das speziell nephrotoxisch wirkt. Der Biss der Kettenviper (Russel's Viper) führt zum akuten Nierenversagen, das nicht auf eine Myolyse oder auf einen Schock zurückzuführen ist.

45.2.1.2 **Lokale Gewebsschädigung**

Praktisch alle Schlangenbisse – mit Ausnahme der des Kraits – führen zu mehr oder weniger schweren Gewebsschädigungen von der Bissstelle ausgehend. Es bilden sich Blasen und Gewebsnekrosen. Ursache sind die im Schlangengift enthaltenen Substanzen wie Hyaluronidase, Kinine, Histamin, Phospholipasen, Kollagenasen und Metallionen.

Innerhalb von Minuten entwickeln sich um die Bissstelle herum eine Schwellung und starke Schmerzen. Im Laufe der nächsten Stunden entstehen Ekchymosen, Blasen und schwarze Gewebsnekrosen. Die Schwellung kann solche Ausmaße annehmen, dass die gesamte Gliedmaße, an der der Biss erfolgte, und gelegentlich die benachbarten Partien des Stammes betroffen werden. Selten kommt es zum Kompartmentsyndrom, indem die Schwellung so stark zunimmt, dass die Durchblutung und die Nervenleitung der entsprechenden Extremität unterbrochen werden. Ohne eine chirurgische Intervention würde dies zum Verlust der Gliedmaße führen. Die Problematik der schweren Nachblutung nach einer Kompartmentspaltung wurde oben besprochen. Wenn die Schlangengifte im Gewebe fixiert bleiben, steht die Gewebsschädigung ganz im Vordergrund, gelangen sie jedoch in die Blutbahn, so treten sog. systemische Symptome auf.

45.2.1.3 **Systemische Symptome**

Normalerweise wird das Gift durch den Biss in das Unterhautfettgewebe oder in die Muskulatur abgegeben. Von dort verbreitet es sich über die Lymphbahnen und oberflächlichen Venen, wodurch es langsam in die systemische Zirkulation, sprich den Blutkreislauf, gelangt. Das bedeutet, dass die systemischen Symptome eher verzögert auftreten. Wird durch den Biss aber ein Blutgefäß getroffen, so kommt es innerhalb von Minuten zur systemischen Wirkung. Eine direkte Abgabe des Giftes in ein großes venöses oder arterielles Gefäß ist sehr selten, führt dann aber auch bei Bissen durch Schlangen, die als wenig giftig angesehen werden, zu Todesfällen. Auch kommt es selten zu Anaphylaxien, die tödlich verlaufen können. Häufige, weniger gefährliche systemische Symptome manifestieren sich am Gastrointestinaltrakt in Form von Bauchschmerzen, Erbrechen, Übelkeit und Durchfällen. Ein metallischer Geschmack auf der Zunge kann ebenfalls als systemisches Vergiftungszeichen gesehen werden. Schwerwiegende systemische Vergiftungserscheinungen sind Atemnot, Schweißausbruch, Verwirrtheit und ein Blutdruckabfall mit Tachykardie.

45.2.1.4 **Behandlungsmaßnahmen bei Schlangenbissvergiftungen**

Die „traditionellen" Erste-Hilfe-Maßnahmen wie Ausschneiden oder Aussaugen der Wunde sind überholt und obsolet. Die einzig sinnvolle Behandlung vor Ort besteht in einer Ruhigstellung der gebissenen Gliedmaße und des Patienten, um die Verteilung des Giftes weg von der Eintrittsstelle zu verringern.

Erste Hilfe

Die einzige anerkannte Erstmaßnahme einen Schlangenbiss zu behandeln besteht in der Immobilisation der gebissenen Extremität und einer weitestgehenden Ruhigstellung des Patienten. In Australien, wo die giftigsten Elapiden beheimatet sind, hat sich die sogenannte „pressure immobilisation method" durchgesetzt. Dadurch kann verhindert werden, dass das Gift zur systemischen Wirkung kommt. Die betroffene Extremität wird auf einer Schiene fixiert, dabei wird ein rundum Druckverband so um Schiene und Gliedmaße gewickelt, dass der venöse Rückfluss durch die Muskelpumpe weitestgehend reduziert wird. Nach dieser Erstversorgung erfolgt der Transport des ruhiggestellten Patienten in die Klinik, wo der Verband nach Antiveningabe gelöst wird.

Behandlung im Krankenhaus

Bei der Erhebung der Anamnese wird nach einer allergischen Disposition und der letzten Tetanusimpfung gefragt. Es erfolgt eine körperliche Untersuchung mit Vermessung der Schwellung, die auch fotografisch mit Uhrzeit dokumentiert wird. Durch stündliche Messung des Umfangs der gebissenen Extremität werden das Ausmaß und die Geschwindigkeit des Anschwellens beurteilt. Die Grenzen des Gewebeödems und der Verfärbung der Haut werden mit einem Marker auf der Haut angemalt, um so die weitere Ausbreitung der Gewebsschädigung zu erkennen. Die darauffolgende körperliche Untersuchung zielt auf die Erfassung der Vitalfunktionen wie Blutdruck, Atem- und Herzfrequenz ab. Ferner ist ein neurologischer Status sowohl der peripheren Nerven an der Extremität als auch des

Bewusstseins des Patienten zu erfassen. Wie weit eine mögliche Gerinnungsstörung fortgeschritten ist, kann durch die Untersuchung von Stuhl und Urin auf Blut und die Suche nach petechialen Blutungen am Zahnfleisch erfolgen.

Die Standardlaboruntersuchung umfasst ein Blutbild, die Serumelektrolyte, einen Urinstatus, Kreatinin und Harnstoff im Serum, den Blutzucker und einen Gerinnungsstatus mit INR (früher Quick-Test), PTT und Fibrinogen. Alle Werte sollten nach sechs Stunden nochmals überprüft werden, auch wenn sie bei der ersten Untersuchung normal ausgefallen waren. Bei Kreislaufproblemen mit Hypotonie und Tachykardie wird Volumen als physiologisches NaCl oder Ringerlösung intravenös gegeben. Sollte sich nach 2 l Infusion der Kreislauf nicht stabilisiert haben, so werden Vasopressoren (Noradrenalin) notwendig.

Antivenintherapie Der Einsatz von Antivenin hängt von der Giftigkeit der Schlange ab. Während nach dem Biss der Europäischen Kreuzotter (*Vipera berus berus*) für die Antiveningabe nur bei systemischer Wirkung oder rasanter Zunahme der Schwellung eine Indikation besteht, erscheint die Antiveningabe nach Crotalinen- oder Elapidenbissen meist indiziert. Die modernen Antivenine werden in Schafen erzeugt und sind als Fab-Fragmente auf dem Markt. Für Deutschland kann über die Verfügbarkeit und den Bevorratungsort über www.toxinfo.org MAVIN (Munich Antivenin Index) angefragt werden. Der Giftnotruf München (089/19 24 0) bevorratet die meisten zur Verfügung stehenden Antivenine.

Behandlung der Gerinnungsstörung Eher als nach den Bissen durch Viperinae oder Elapidae kommt es nach Crotalinaebissen zu schweren Gerinnungsstörungen. Diese können nur durch die ausreichende Gabe von Antivenin in den Griff bekommen werden. Starke Blutungen lokal oder systemisch können erst dann mit Gerinnungsfaktoren oder FFP (Fresh Frozen Plasma) beherrscht werden, wenn ausreichend Antivenin verabreicht wurde. Dasselbe gilt für die Thrombozytentransfusion.

Chirurgische Behandlung Chirurgische Intervention sollte auf ein Minimum beschränkt werden, da sich die meisten Folgen eines Schlangenbisses, selbst wenn sie zu großen Schwellungen geführt haben, vollständig zurückbilden. Es gibt zwei Indikationen für ein chirurgisches Vorgehen. Erstens ein Wunddebridement um die Bissstelle herum, immer wenn das Gewebe vollständig nekrotisch geworden ist (Schwarzverfärbung), oder wenn sich große Blasen mit Einblutungen gebildet haben. Vor solchen Eingriffen sollte man zunächst drei bis sechs Tage warten, um die Entwicklung zu beobachten. Zweitens kann, zwar selten, eine Fasziotomie nötig werden, wenn sich ein Kompartmentsyndrom ausgebildet hat. Ein solches Kompartmentsyndrom wird anhand von drei Untersuchungsmethoden diagnostiziert: erstens kein arterieller Fluss mehr in der Extremität (Dopplersonografie), zweitens mittels einer neurologischen Untersuchung der neuromuskulären Übertragung (EMG), drittens durch eine direkte Druckmessung im Gewebe.

45.2.2
Skorpione

> Skorpionstiche haben in Indien, im Mittleren Osten, Nordafrika, Brasilien, Mexiko und in den Südstaaten der USA eine hohe Morbidität und in abgelegenen Gegenden ohne Therapiemöglichkeit auch eine hohe Mortalität. Skorpiongifte sind sowohl kardiotoxisch als auch neurotoxisch, da sie zu einem vermehrten Natriumeinstrom am Natriumkanal der Nervenzellen und des Myokards führen. Die frühen Symptome sind nicht unähnlich den Symptomen der Organophosphatvergiftung.

Skorpione kommen in der Giftigkeit gleich nach den Schlangen. Skorpionstiche sind weltweit mit Ausnahme Europas keine Seltenheit. Abschätzungen in Mexiko gehen von 1000 Todesfällen im Jahr bei 200 000 Skorpionstichen aus. In Saudi-Arabien liegt die Sterberate nach Skorpionstichen bei 1,5 %.

Hohe Mortalitätsraten von 2500/Jahr werden berichtet, wenn keine Therapie erfolgen kann. Die giftigsten Skorpionspezies gehören zu den Gattungen *Buthus, Leiurus, Antroctonus, Tityus, Centruroides* und *Parabuthus*, alle aus der Buthidae Familie. Es gilt die Regel, je kleiner die Greifer und je größer die Stacheln sind, umso giftiger ist der Skorpion.

45.2.2.1 Skorpiongifte

Skorpiongifte sind Neurotoxine, die bei schweren Vergiftungen ihre Wirkung im zentralen Nervensystem entfalten. Ähnlich wie die Schlangengifte setzen sich Skorpiongifte zusammen aus Mukopolysacchariden, Hyaluronidasen, Serotonin, Histamin, Proteaseninhibitoren, Histaminfreisetzern und Aminosäuren. Die neurotoxischen Gifte sind die Alpha-Toxine, die aus 61–70 Aminosäuren bestehen. Mit der Ausnahme von Stichen des *Hemiscorpius lepturus* sind die Stiche im Vergleich zu Schlangenbissen wesentlich weniger gewebsschädigend. Alpha-Toxine wirken auf den spannungsabhängigen Natriumkanal, indem sie den Natriumeinstrom beschleunigen. Dies wiederum führt zu einer Steigerung der Durchlässigkeit des präsynaptischen spannungsabhängigen Calciumkanals in den Nervenfasern mit einer Freisetzung von Neurotransmittern, vor allem des Acetylcholins. Nicht unähnlich der Organophosphatvergiftung kommt es zunächst zu einer sympathikomimetischen Reaktion und der vermehrten Freisetzung von Adrenalin und Noradrenalin. Diese Phase wird von einem Überhandnehmen einer parasympathischen Reaktion abgelöst, die sich in einer Kreislaufschwäche mit verringertem Schlagvolumen und Blutdruckabfall äußert. Speichelfluss, Bauchschmerzen, Übelkeit, Erbrechen sind Ausdruck dieser vagalen Stimulation. Diese kann sogar eine Pankreatitis auslösen.

Die Wirkung am nikotinischen Rezeptor führt zur Stimulation der neuromuskulären Übertragung mit Faszikulieren der Zunge und ganzer Muskelpartien bis hin zu unfreiwilligen Zuckungen der Skelettmuskulatur. Die sympathikotone Phase ist gekennzeichnet durch Hypertonie mit Linksherzinsuffizienz bis hin zum

Lungenödem, sogar Myokardischämien können auftreten, die gelegentlich bis zum Myokardinfarkt fortschreiten. Das ZNS leidet unter dem Bluthochdruck, hinzu kommt eine ungeklärte enzephalopathische Giftwirkung. Diese drückt sich aus in Konfusion, Unruhe, zentral bedingtem Temperaturanstieg bis hin zum Krampfanfall und Koma. Die meisten Skorpiongifte der unterschiedlichen Spezies sind kardiotoxisch und neurotoxisch. Nur wenige Gifte von *Centruroides*-Arten erweisen sich allein als neurotoxisch.

Klinik der Vergiftung durch Skorpionstiche

Skorpione stechen die Menschen meistens in die Extremitäten beim Ankleiden, da sie sich gerne in Kleidungsstücken verstecken. Kinder werden häufiger gestochen als Erwachsene, sie sind empfindlicher und erkranken schwerer, besonders wenn sie jünger als zehn Jahre alt sind. Der Schweregrad der Vergiftungserscheinungen hängt von der Art des Skorpions und vom Alter und der Größe der Betroffenen ab. Bei Stichen durch harmlose Skorpione kommt es meist nur zu einer Lokalreaktion, die etwa einem Bienen-/Wespenstich entspricht. Gefühlsstörungen und Schmerzen an der Einstichstelle treten fast immer auf.

Bei schweren Vergiftungen breiten sich die Gefühlsstörung und der Schmerz über die gesamte Gliedmaße aus, es kommt zu perioralen Parästhesien. Die systemische Wirkung in schweren Fällen zeigt sich in einer Überstimulation, gefolgt von einer ZNS-Depression. Hypertonie, Lungenödem, Herzrhythmusstörungen und eine Kreislaufinsuffizienz können sich anschließen. Eine Lähmung der Hirnnerven und weitere Störungen der neuromuskulären Funktion zeigen sich in Form von unwillkürlichen Bewegungsmustern, massiver motorischer Unruhe und Zittern. Die vagale Übererregung führt zu Erbrechen, Bauchschmerzen und Durchfall. Gelegentlich tritt dadurch auch ein Priapismus auf. Kreislaufwirkungen äußern sich eher als Übererregung im sympathischen System mit Tachykardie und Hypertonie. Wenn auch hier der Parasympathicus überwiegt, treten selten oder erst später im Verlauf Bradykardie und Hypotonie auf. Bei den tödlichen Verläufen kommt es zum Herz-Kreislauf-Versagen mit respiratorischer Insuffizienz.

Laborchemisch findet man häufig eine Hyperglykämie (*sympathikoton*), eine Leukozytose und einen Anstieg des CRP. Ursache dafür ist die Freisetzung von Interleukinen durch den Stich. Die myokardiale Schädigung zeigt sich im Anstieg der Herzenzyme wie der Kreatininkinase (CK) und des Troponin T und Zeichen der Ischämie im EKG. Im Echokardiogramm findet sich eine Verminderung der Auswurffraktion.

Therapie der Vergiftung durch Skorpionstiche

Eine symptomatische Therapie steht im Vordergrund, zumal die Antiventherapie in ihrer Wirksamkeit umstritten ist und längst nicht für jede Art und an jedem Ort Antivenin zur Verfügung steht. Es gilt die Empfehlung oberhalb der Bissstelle eine leicht gewickelte Bandage anzubringen, die Stichstelle mit Eis zu kühlen und so die Schmerzen zu lindern und die Verteilung der Gifte zu vermindern.

Bei schweren Vergiftungen muss der Patient sediert, intubiert und beatmet werden. Um den erhöhten peripheren Widerstand zu senken ohne die Herzfunktion zu beeinflussen, hat sich der Alpha-Rezeptorenblocker Prazosin (Adversaten®) bewährt. Bei solchen Vergiftungen war die Kombinationstherapie mit Prazosin und Antivenin am erfolgreichsten.

45.2.3
Spinnen

> Alle Spinnengifte sind komplexe Mischungen aus toxischen Peptiden und Proteinen. Die meisten Spinnen haben kein Beißwerkzeug, das die menschliche Haut durchdringen kann, weshalb auch die meisten Bisse nur zu lokalen, aber nicht systemischen Vergiftungen führen. Die giftigste Spinne ist die australische Trichternetzspinne.

Die Taxonomie unterscheidet zwischen zwei Ordnungen von Spinnen, den Mygalomorphae und den Araneomorphae. Innerhalb der Ordnung der Mygalomorphae ist die australische Trichternetzspinne (*Atrax robustus*) die einzige mit tödlichem Gift für den Menschen. Alle anderen Giftspinnen, die für den Menschen gefährlich werden können, gehören zu den Araneomorphae, nämlich die *Latrodectus spp.* (Witwenspinnen), *Phoneutria spp.* (Bananenspinnen) und die *Loxosceles spp.* (Einsiedlerspinnen).

Spinnengifte sind wie Schlangen- und Skorpiongifte eine Mischung aus giftigen Peptiden und Eiweißen. Spinnengifte haben unterschiedliche Angriffspunkte beim Menschen. Einige sind äußerst neurotoxisch, andere führen zur Katecholaminfreisetzung, wieder andere zu ausgedehnten Hautnekrosen.

45.2.3.1 Australische Giftspinnen

Atrax robustus, die Sydney Trichternetzspinne, verursacht die schwersten und am häufigsten tödlichen Vergiftungen durch Spinnenbiss beim Menschen. Das Gift des Männchens ist toxischer als das des Weibchens.

Die Mäusespinnen (*Missulena*) haben eine ähnliche Giftzusammensetzung, sind aber weniger gefährlich für den Menschen. Die Gifte dieser Spinnenarten haben eine neurotoxische Komponente, die für den Menschen lebensgefährlich werden kann. Die neurotoxische Komponente wird als Robusttoxin bezeichnet. Es hat ein Molekulargewicht von 4854 Da mit 42 Aminosäuren und vier Disulfidbrücken.

Klinik der Vergiftung durch Spinnengifte

Bisse durch große Spinnen werden meist bemerkt, da die Spinnen nach dem Biss nicht ablassen und hängen bleiben. Die Bissstelle ist sichtbar und schmerzhaft. Ähnlich wie bei Skorpionstichen kommt es zu perioralen Parästhesien und Zungenfaszikulationen. Gefolgt wird dies von einer Phase mit adrenerger Überstimulation, da Katecholamine aus ihren Speichern ausgeschüttet werden, was zur Tachykardie, Hypertonie, Gänsehaut, Herzrhythmusstörungen bis hin zum Lungenödem führen kann. Letzteres ist durch eine Stauung aufgrund kardialen Linksversagens teilweise neurogen bedingt. Skorpionstiche führen gleichzeitig auch zur Stimulation der cholinergen muskarinischen Rezeptoren, in deren Gefolge Speichelfluss, Tränenfluss und vermehrtes Schwitzen zunächst um die Bissstelle herum, dann generalisiert auftritt. Dazu kommen gastrointestinale Symptome wie Übelkeit, Erbrechen und Bauchschmerzen. Die cholinerge Erregung der nikotinischen Rezeptoren ruft Muskelfaszikulieren und unwillkürliche Bewegungen hervor. Wenn allerdings die Katecholaminspeicher entladen sind, kehrt sich das Bild um, es kommt zum Zusammenbruch des Blutdrucks mit Kreislaufversagen, Atemstillstand und Asystolie.

Therapie der Spinnenbissvergiftung durch die Trichternetzspinne

Obwohl natürlich nicht alle Bisse dieser Spinnen tödlich verlaufen, gibt es doch Fälle, die ohne den Einsatz des Antivenins nicht überlebt werden können. In Australien gibt es gegen das Gift des männlichen *Atrax robustus* ein hoch wirksames Antivenin auf dem Markt. Es handelt sich um ein hoch gereinigtes Fab-Fragment des Kaninchen IgG mit dem Namen FWSAV (Funnel Web Spider Antivenom) der Firma CSL.

45.2.3.2 *Latrodectus* Spinnen (Witwenspinnen)

Spinnen der *Latrodectus spp.* finden sich weltweit zwischen dem 50. nördlichen und 45. südlichen Breitengrad. In Mitteleuropa kommen sie sehr selten vor. Im Gegensatz dazu werden den US-Giftinformationszentren circa 2500 Fälle von Witwenspinnenbissen pro Jahr gemeldet. In Australien kommen sogar 5000–10 000 Spinnenbisse pro Jahr vor. Die Giftzusammensetzung besteht aus Proteinen mit einem hohen Molekulargewicht, die zur Freisetzung von Neurotransmittern aus den neuronalen Synapsen führen.

Es gibt etwa 50 Spezies der Gattung *Latrodectus,* von denen neun Arten medizinisch relevant sind. Das sind in Nordamerika die *L. mactans* (Südliche Schwarze Witwe), die *L. hesperus* (Westliche Schwarze Witwe), die *L. bishopi* (Rote Witwe) und die *L. variolus* (Nördliche Schwarze Witwe). In Australien die *L. hasseltii* (red back spider), in Neuseeland die *L. katipo* (Rote Katipo), in Südafrika die *L. indistinctus* und weltweit die *L. geometricus* (Braune Witwe) und die *L. tredecimguttatus* (Europäische Schwarze Witwe, Malmignatte). Die Männchen haben ein zu kleines Beißwerkzeug, um dem Menschen gefährlich zu werden. Die Kiefer der Weibchen können jedoch die menschliche Haut durchdringen. Die *Latrodectus*-Gifte sind hochmolekulare Eiweiße. Einig davon wurden schon sequenziert. Das Alpha-LTX wird von allen *Latrodectus* Spezies produziert. Sein Molekulargewicht weist 150 000 Da auf und ist für die Giftwirkung auf den Menschen verantwortlich.

Alpha-LTX führt zur Neurotransmitterfreisetzung aus den Vesikeln der noradrenergen und glutaminergen Synapse. *Latrodectus* Venin (Alpha-LTX) bindet an den präsynaptischen Rezeptor CIRL (Ca^{2+}-independent receptor). Man vermutet, dass durch diese Rezeptorbindung eine Phospholipase C aktiviert wird, die wiederum in den Phosphoinositimetabolismus eingreift. Dies führt zur Transmittersekretion.

Symptomatologie des Latrodectismus

Innerhalb von einer Stunde nach dem Biss tritt lokaler Schmerz mit Schweißabsonderung und Gänsehaut um die Bissstelle herum auf. Nur bei einem Viertel der gebissenen Personen kommt es auch zur systemischen Wirkung wie diffusem Muskelschmerz, der sich über den ganzen Körper ausbreiten und unerträglich werden kann, sodass die Gabe starker Schmerzmittel nötig wird.

Der Biss fühlt sich zunächst nur wie ein Nadelstich an. Zwei rote Punkte mit einem Herd außen herum treten auf. So bleibt der Biss oft unbemerkt. Nach 60 min jedoch können die bekannten Beschwerden beginnen. Diese bestehen in einer krankheitstypischen Triade: lokaler Schmerz, lokales Schwitzen und lokale Gänsehaut. Es kann dauern, bis diese Lokalreaktion sich voll ausgebildet hat. Muskelschmerzen treten zunächst um die Bissstelle herum auf, um sich dann über die gesamte Extremität auszubreiten. Es kommt zum Anschwellen der regionalen Lymphknoten. In schweren Fällen treten am ganzen Körper Schmerzen auf. Der Schmerz wird dann im Halsbereich, Brustkorb, Bauch, Rücken und an den Schenkeln empfunden. Der Schmerz kann sehr stark werden und wie eine akute Peritonitis anmuten. Schweißausbrüche treten auf, Furcht, Unruhe, Panik und Todesangst peinigen den Patienten. Wenn sich das Krankheitsbild voll ausgebildet hat, weisen die Patienten eine sogenannte Facies lactrodectismica auf. Diese besteht in Trismus, Rötung, Grimassieren und einer Blepharokonjunktivitis. Der Höhepunkt der Symptomatologie wird zur 12. Stunde nach dem Biss erreicht. Die Symptome verschwinden bis zur 24. Stunde wieder. Manche Krankheitszeichen können allerdings langfristig weiter bestehen. Sie äußern sich vor allem in Muskelschwäche über Monate. In den Laboruntersuchungen zeigen sich eine Leukozytose, eine Blutzuckererhöhung, ein Kreatinkinase- und LDH-Anstieg. Diese Laborwerte sind natürlich nicht spezifisch und tragen nicht allein zur Diagnose bei.

Behandlung des Latrodectismus Die Behandlung von Patienten, die von einer *Latrodectus*-Spinne gebissen werden, richtet sich nach dem Schweregrad der Vergiftungssymptome. Die Schmerzbehandlung steht ganz im Vordergrund. Da schmerzhafte Muskelkrämpfe die Hauptbeschwerden darstellen, wird der Einsatz muskelentspannender Benzodiazepine empfohlen. Wenn die Schmerzen oder der Blutdruckanstieg nicht in den Griff bekommen werden, ist die Gabe des Antivenin angezeigt.

45.2.3.3 *Loxosceles*-Spinnen

> Das *Loxosceles*-Gift gehört zu den stärksten in der Natur vorkommenden Toxinen. Es wirkt nekrotisierend und hämolysierend. Die meisten Bissverletzungen finden sich in Mittel- und Südamerika.

Einsiedlerspinnen (Gattung: *Loxosceles*, Familie: Sicariidae) finden sich weltweit. Es gibt allerdings kaum Bissunfälle in Europa. Die meisten Bisse erfolgen im Süden der USA und in Mittel- und Südamerika. Die giftigen Spezies sind die *L. reclusa* (Braune Einsiedlerspinne), die *L. intermedia* (Mello-Leitão) und die *L. laeta* (Chilenische Einsiedlerspinne) und die *L. rufescens* (Violin- oder schwarze Einsiedlerspinne).

Elf Giftkomponenten wurden isoliert und identifiziert. Diese sind Hyaluronidasen, Desoxyribonukleasen, Ribonukleasen, die alkalische Phosphatase, Lipasen und vor allem die Sphingomyelinase-D. Die Hyaluronidasen greifen das Bindegewebe an und fördern dadurch die Ausbreitung des Giftes in Geweben. Die Sphingomyelinase-D (MG: 32 000) ist für die nekrotisierende und hämolysierende Wirkung verantwortlich. Sie interagiert mit Zellmembranen, die Sphingomyelin enthalten, und wandelt dies in Ceramide-1-Phosphat um, was wiederum in die Zellmembran eingelagert wird und diese ihre Struktur so verändert, dass sie nekrotisch wird. An den Erythrozyten kommt es dadurch zum Hämoglobinaustritt und so zur Hämolyse. Die Hämoglobinämie führt zur Hämoglobinurie mit Nierenversagen. Cholin und N-Acylsphingorin-Phosphat, die aus den Zellen freigesetzt worden sind, sind Mediatoren für die Freisetzung von Entzündungsfaktoren wie Thromboxan, Leukotriene und Prostaglandine aus den neutrophilen Granulozyten. Die Folgen sind Thrombosierung der Hautgefäße mit Gewebsischämie und Hautnekrose. Die Hämolyse wird unterhalten durch die Aktivierung von Metalloproteinasen, die in der Erythrozytenmembran Glykophorine spalten und zur Komplementaktivierung führen. Auch frisch synthetisierte Erythrozyten werden attackiert. Durch Zytokininaktivierung kann ein Prozess in Gang gesetzt werden, der einem septischen Schock gleicht.

Es entstehen typische histopathologische Veränderungen zunächst in Bissnähe, die sich weiträumig ausbreiten können. Zuerst bildet sich eine Entzündung um die Gefäße herum mit Invasion von polymorphkernigen Granulozyten. Einblutungen und Gewebsödem mit einer Totalnekrose der Epidermis und Geschwürbildung sind die Folge. Schließlich werden alle Schichten der Haut bis zum Unterhautfettgewebe erfasst. Die Gefäßwände werden zerstört. Über den Geschwüren bildet sich Schorf. Die Heilung erfolgt langsam und hinterlässt Narben an der gesamten Haut, die eine Hauttransplantation nach Wochen erforderlich machen.

Schweregradeinteilung der Vergiftung durch *Loxosceles*-Spinnenbisse

Schweregrad 1: Ein Biss mit geringer Giftabgabe führt zu einer geröteten Papel mit Quaddeln um die Bissstelle herum.

Schweregrad 2: Nach einem schmerzlosen Biss entwickeln sich zunächst Blasen und lokale Einblutungen mit Geschwürbildung nach zwei bis acht Stunden. Innerhalb der nachfolgenden drei Tage bildet sich eine violette Nekrose im Zentrum der Läsion, die umgeben wird von einer weißlichen ischämischen Zone, die wiederum umgeben wird von einem Erythem am Rande der Läsion (Trikolore: blau-weiß-rot). Die Blasen werden nekrotisch nach dem 4. Tag und es entsteht eine tiefe große Schorfschicht innerhalb von fünf bis sieben Tagen. Unter der Schorfschicht finden sich tiefe Ulzerationen, die mehrere Wochen benötigen, um in einem sekundären Heilungsprozess abzuheilen.

Schweregrad 3: Eine systemische Manifestation mit Fieber, Schüttelfrost, generalisiertem Ödem, Erbrechen, Gelenkschmerzen, petechialen Blutungen, Rhabdomyolyse, Verbrauchskoagulopathie (DIC) und Nierenversagen.

Behandlung des *Loxosceles*-Bisses Die Behandlung orientiert sich am Schweregrad. Schweregrad 1 bedarf keiner Therapie (außer einer Tetanusimpfung/Auffrischung je nach Impfstatus) und einer Beobachtung für ein paar Tage.

Schweregrad 2 bedarf einer Immobilisierung der Extremität (Schienung) und einer Wundversorgung mit Abtragung der Nekrosen und primären Wundverschluss unter antibiotischer Abdeckung. Bei Vernarbung können Hauttransplantationen nötig werden. Schweregrad 3 sollte mit Antivenin behandelt werden. Die Wirksamkeit ist allerdings nicht durch klinische Studien belegt. Eine Versorgung auf der Intensivstation ist indiziert.

45.3 Giftpflanzen

Pflanzen enthalten eine Vielzahl chemischer Moleküle unterschiedlicher Zusammensetzung, die allein oder in Kombination vielseitige Giftwirkungen beim Menschen auslösen können.

Das Vorkommen von giftigen Pflanzen unterscheidet sich je nach Region. In Europa kommen jedes Jahr im Sommer und Herbst Vergiftungen bei Kindern vor, die Beeren oder Pflanzenteile verspeisen, was meist nur zu Durchfall und Erbrechen führt. In Sri Lanka wachsen tödliche Giftpflanzen wie der gelbe Oleander, mit denen teilweise suizidale Handlungen vorgenommen werden.

> Die Giftpflanzen können in fünf Gruppen eingeteilt werden, die giftige Alkaloide, Glykoside, Phenole und Phenylpropanoide, Lektine und Terpene enthalten.

45.3.1 Klassifikation der Pflanzengifte

45.3.1.1 Alkaloide

Alkaloide haben eine basische Struktur, in die mindestens ein Stickstoffatom eingebaut ist. Sie weisen mehrere Ringstrukturen auf. Die am besten bekannten Alkaloide gehören zu den Tropanalkaloiden. Zu diesen zählen die Belladonna-Alkaloide, Atropin, Hyoscyamin, Scopolamin, Apoatropin und Mandragonin. Besonders heimtückisch in ihrer Giftwirkung sind die Pyrrolizidinalkaloide, da sie zur chronischen Leberschädigung führen können. Auch die meisten illegalen Drogen leiten sich von Alkaloiden her. Zu ihnen zählen das Kodein, Morphin, Kokain, Psilocybin und LSD. Einige Stimulanzien wie Nikotin, Koffein (Thein) haben ebenfalls eine Alkaloidstruktur. Die schwersten akuten Vergiftungen findet man nach der Aufnahme von Aconitin (Eisenhut), Colchicin (Herbstzeitlose) und Strychnin (Brechnuss).

45.3.1.2 Glykoside

Glykoside weisen in ihrer Struktur einen Zucker oder ein Zuckerderivat, ein sogenanntes Glykon, und eine zuckerfreie Einheit, das Aglykon, auf. Durch dieses Aglykon werden die Glykoside weiter charakterisiert in Saponin-, Cyanogen-, Anthraquinonglykoside und Atractyloside sowie Salicine. Die bekanntesten Glykoside sind die herzwirksamen Saponine wie Digoxin und Digitoxin. Die bekanntesten Digitaloide, die sich in Pflanzen außerhalb des Fingerhuts befinden, sind das Oleandrin (*Nerium oleander*), das Convallorin (Maiglöckchen, *Convallaria majalis*) und das Proscillaridin (*Urginea maritima*, Meerzwiebel). Dennoch sind nicht alle Saponine kardiotoxisch. So befinden sich zum Beispiel Saponine in der Stechpalme (*Ilex*), die zu Durchfall führen und Glycyrrhizin in Lakritze (*Glycyrrhiza glabra*), das die 11β-hydroxysteroid-dehydrogenase hemmt und so zum Pseudohyperaldosteronismus führt. Zu den cyanogenen Glykosiden gehören Amygdalin (Bittermandeln), Cyanosin, Linamarin und Sambunigrin, die unter Umständen zu akuten, meist aber zur chronischen Blausäurevergiftungen führen (Endemische spastische Paralyse, Konzo). Antraquinone wirken abführend, Atractyloside sind hepatotoxisch, Salicin wird zu Salicylalkohol hydrolysiert und wirkt bekanntlich entzündungshemmend.

45.3.1.3 Phenole und Phenylpropanoide

Phenylpropanoide enthalten eine Phenylgruppe mit einer Propanseitenkette. Sie enthalten keinen Stickstoff im Molekül. Zu diesen Verbindungen zählen die Cumarine mit einer Laktonseitenkette, die Flavoride, die um einen Flavonkern herum aufgebaut sind (2,3 Dihydro-2-phenylbenzpyren), die Lignane enthalten dimere Phenylpropanoide, die über das β-Kohlenstoffatom verbunden sind. Ein typischer Vertreter ist das Podophyllin, ferner die Lignine als Polymer der Lignane und die Tannine mit einer Phenylhydroxylgruppe, die mit Proteinen kondensieren kann.

45.3.1.4 **Lektine**

Lektine bestehen aus Glykoproteinen mit unterschiedlichen Liganden aus Kohlenhydraten wie Galaktosaminen. Die toxischsten Lektine sind die beiden Toxalbumine Rizin und Abrin. Rizin ist ein Protein mit einer A- und einer B-Kette, bestehend aus 267 Aminosäuren in der A- und 262 Aminosäuren in der B-Kette. Die beiden Ketten sind über Disulfidbrücken verknüpft. Der Zuckeranteil besteht aus Laktose, Galaktose und *N*-Acetylgalactosamin.

45.3.1.5 **Terpene**

Die ätherischen Öle der Pflanzen sind Terpene. Die Grundstruktur der Terpene ist der Kohlenwasserstoff Isopren ($H_2C{=}C{-}(CH_3){-}CH{=}CH_2$). Die Anzahl der Isopreneinheiten wird weiter klassifiziert in Monoterpen (2 Isoprene), Sesquiterpen (3 Isoprene), Diterpen (4 Isoprene), Sesterterpen (5 Isoprene), Triterpen (6 Isoprene) und Tetraterpen (8 Isoprene). In diese Terpene können die verschiedensten funktionellen Gruppen eingebaut sein, wie Alkohole, Phenole, Ketone und Ester (Terpenoide). Typische giftige Terpene oder Terpenoide sind Ginkgolide, Kavalactone, Thujone, Anisatin, Ptaquiloside und Gossypol.

45.3.2 **Toxizität der Pflanzengifte**

45.3.2.1 **Alkaloide**

Belladonna-Alkaloide

> Atropin ist das am besten bekannte Alkaloid dieser Gruppe. Es ist ein kompetitiver Antagonist am muskarinischen Rezeptor. Es konkurriert mit Acetylcholin und anderen muskarinischen Agonisten um die Bindungsstelle des Muskarinrezeptors.

Belladonna-Alkaloide zeigen eine starke anticholinerge Wirkung aufgrund ihrer Bindung an den muskarinischen Rezeptor. Der Rezeptor wird stimuliert durch Acetylcholin und blockiert durch Atropin. Im Körper sind an verschiedenen Stellen insgesamt fünf Muskarinrezeptoren vorhanden: M_1–M_5. Sie gehören alle zu den G-Protein gekoppelten Rezeptoren. Die M_1-Rezeptoren finden sich im Cortex und Hippocampus des Gehirns, in den Ganglien des Gastrointestinaltraktes und in den Parietalzellen des Magens. M_2-Rezeptoren verteilen sich auf das Reizleitungssystem des Herzens und die präsynaptischen Nervenendigungen. M_3-Rezeptoren kommen in exokrinen Drüsen wie den Tränen- und Schweißdrüsen sowie an der glatten Muskulatur des Gefäßendothels vor. Sie befinden sich auch in Lymphozyten. M_4-Rezeptoren sind im Hirn und dort im Cortex, der Amygdala und im Hippokampus vorhanden, außerhalb des Hirns in den Keratinozyten der Haut. M_5-Rezeptoren wurden in Keratinozyten und Lymphozyten nachgewiesen.

Klinik der Vergiftung durch Belladonna-Alkaloide Das sogenannte anticholinerge Syndrom, ausgelöst durch Belladonna-Alkaloide, ruft zentrale (ZNS) wie auch periphere (peripheres Nervensystem) Symptome hervor. Die peripheren muskarinischen Rezeptoren weisen gegenüber den verschiedenen Antagonisten eine unterschiedliche Empfindlichkeit auf. Zuerst sind die exkretorischen Drüsen betroffen. Das führt zum Versiegen des Speichelflusses, der Bronchial- und der Schweißsekretion. Dann kommt es zu Mydriasis mit Akkomodationsverlust und zur Tachykardie. Schließlich werden der Blasensphinkter, die Magendarmmobilität von einer Lähmung und einer Darmatonie erfasst. Atropin in niedriger Dosis führt zu peripheren anticholinergen Symptomen; in höherer Dosis kommen zentralnervöse anticholinerge Zeichen hinzu. Diese beginnen mit Stupor, gefolgt von einem Delir mit Ruhelosigkeit und Halluzinationen. Die Halluzinationen sind für gewöhnlich visueller, seltener akustischer Natur. Krampfanfälle gehören ebenfalls zum zentralen anticholinergen Syndrom. Die Hemmung der Schweißsekretion führt über die Unfähigkeit Wärme abzugeben zur Hyperthermie. Die Hyperthermie kann zusammen mit vermehrter Muskelaktivität eine Rhabdomyolyse (Auflösung quergestreifter Muskulatur) mit konsekutivem Nierenversagen hervorrufen.

Höchstdosen von Atropin im Grammbereich führen zur schlagartigen Bewusstlosigkeit mit Atemstillstand und Kreislaufversagen, was rasch zum Tode führen kann.

Belladonna-Alkaloide haben einen deutlichen kardialen Effekt. Es kommt zur Tachykardie, dann zur Tachyarrhythmie. Höhergradige Schenkelblockbilder und atrioventrikuläre Dissoziationen treten auf. Selten wird Kammerflimmern ausgelöst. Die Behandlung bei milder bis mittelschwerer Vergiftung besteht in einer Sedierung mit Benzodiazepinen und als Antidot Physostigmin. Bei schweren Vergiftungen mit Krampfanfall muss der Patient sediert und relaxiert werden sowie einer Respirationstherapie unterzogen werden.

Aconitine (Eisenhut)

> Zu den Aconitinen gehören drei C19 Diterpenoidalkaloide: Aconitin, Mesacomitin und Hypoaconitin. Diese Alkaloide wirken am Natriumkanal im Reizleitungssystem des Herzens und am peripheren Nervensystem. Der Natriumeinstrom wird gesteigert, wodurch es zur verstärkten Inotropie (Kontraktionskraft des Herzens) kommt. Gleichzeitig wird die Repolarisation verlangsamt mit zu früh einsetzender erneuter Erregung.

Die Kardiotoxizität zeigt sich in anfänglicher Bradykardie mit darauf folgenden ventrikulären Arrhythmien. Die Symptome treten zwischen fünf Minuten und mehreren Stunden nach Ingestion auf. Ein frühes Leitsymptom für die periphere Neurotoxizität besteht in Parästhesien (Kribbeln) um den Mund herum und in der Mundschleimhaut. Beim Fortschreiten der Vergiftung zeigt sich eine

Schwäche der Skelettmuskulatur. Die Symptome des vegetativen Nervensystems bestehen in Übelkeit, Erbrechen, Durchfall und Speichelfluss. Das ZNS reagiert mit Krampfanfällen. Es gibt kein eindeutiges Antidot für die Aconitinvergiftung. Atropin kann gegen die Bradykardie und die Speichelsekretion hilfreich sein. Für die ventrikulären Arrhythmien erscheint eine Hemmung des Natriumkanals mit Lidokain, Flecainid oder Amiodaron sinnvoll. Bei TdP-Tachykardien hilft Magnesiumsulfat.

Strychnin

Das Alkaloid Strychnin findet sich in der Rinde, den Blättern und im Samen des Brechnussbaumes (*Strychnos nux-vomica*). Es wurde 1818 isoliert. In Reinform ist es ein kristallines Pulver mit einem äußerst bitteren Geschmack.

In früheren Zeiten wurde Strychnin in vielen Medikamenten verarbeitet und diente als Digestiv, Atemanaleptikum und damit auch als Barbituratantidot. In den 1920er- und 1930er-Jahren kam es damit zu vielen tödlichen Vergiftungen, in der Zwischenzeit sind jedoch Vergiftungen durch Strychnin in der westlichen Welt zur Rarität geworden. In Asien kommt es noch häufiger zu Vergiftungen, vor allem durch die Anwendung von Kräutertee. Die tödliche Dosis liegt bei 50–100 mg. Es können jedoch Vergiftungen mit wesentlich höheren Dosen bei guter Behandlung überstanden werden.

Strychnin wird bestens resorbiert, seine Proteinbindung ist gering. Es wird schnell in die peripheren Gewebe verteilt und hat deshalb ein großes Verteilungsvolumen von 13 l/kg. Strychnin wird durch das hepatische mikrosomale P450 metabolisiert. Der Hauptmetabolit ist Strychnin-N-Oxid. Die Halbwertzeit liegt bei 10–16 h.

Giftwirkung des Strychnins

Strychnin hemmt kompetitiv die Bindung von Glycinrezeptoren an die α-Untereinheit des glycinergen Chloridkanals. Obwohl Glycinrezeptoren im gesamten Nervensystem verteilt sind, entfaltet sich die Giftwirkung vorwiegend im Rückenmark.

Die Hemmung der Glycinrezeptoren unterbricht die Kontrolle, die die Neuronen des Vorderhorns im Rückenmark über den Muskeltonus ausüben. Die Folge davon ist ein Anstieg der Impulstransmission auf die Skelettmuskulatur, was zu generalisierten Muskelkrämpfen führt. Diese Art der Wirkung ähnelt sehr dem Tetanus, bei dem durch das Toxin (Tetanospasmin) des *Chlostridium tetani* die Glycinfreisetzung blockiert wird.

Symptomatologie der Strychninvergiftung Nach der Giftaufnahme dauert es eine Stunde bis die Symptome auftreten. Die typischen Zeichen sind unwillkürlich auftretende Muskelkontraktionen. Diese Kontraktionen dauern ein bis zwei Minuten an. Weil die unterschiedlichen Muskelgruppen unterschiedliche Kräfte entwickeln, kommt es zur asymmetrischen Beugung und Streckung. Leitsymptome sind ein Opisthotonus, eine Beugung der Arme und eine Streckung der Beine. Die Muskeldehnungsreflexe sind gesteigert. Durch Störung der Augenmuskulatur tritt ein Nystagmus auf. Wegen der Hyperaktivität der Muskulatur kommt es zum lebensbedrohlichen Anstieg der Körpertemperatur über 42 °C. Das Bewusstsein geht erst im Gefolge des Sauerstoffmangels der krampfenden Atemmuskulatur und der auftretenden Laktatazidose verloren. Schließlich kommt es durch Blutdruckabfall und Hyperpyrexie zum Multiorganversagen (MOV).

Behandlung der Strychninvergiftung Das vorherrschende Ziel der Therapie ist die Unterbrechung der Muskelhyperaktivität, wodurch die metabolischen Azidose und die Ateminsuffizienz behoben werden. Benzodiazepine in hoher Dosis sind das Mittel der ersten Wahl. Wenn dadurch keine entscheidende Besserung erzielt werden kann, muss der Patient zusätzlich relaxiert, intubiert und künstlich beatmet werden. Die Temperatur muss durch physikalische Maßnahmen gesenkt werden. Zusätzlich ist manchmal eine Hämodialyse nötig. Durch sie kann die metabolische Azidose beseitigt, ein Nierenversagen im Gefolge der Rhabdomyolyse behandelt und das Blut des Patienten gekühlt werden.

Colchicin

Der Name Colchicin geht zurück auf das Königreich Colchis (etwa das heutige Georgien). Colchicin wird vorwiegend in zwei Pflanzen gefunden, in der Herbstzeitlose (*Colchicum autumnale*) und der Ruhmeskrone (*Gloriosa superba*). Colchicin wird im Dünndarm gut resorbiert. Wegen eines ausgeprägten „first pass" Effektes liegt die Bioverfügbarkeit nur bei 25 %.

Die Plasmahalbwertzeit folgt einem Zweikompartimentmodell mit einer Verteilungshalbwertzeit von 90–100 min und einer terminalen Eliminationshalbwertzeit von 2–30 h. Colchicin kann nach einer Exposition noch bis zu zehn Tage in Leukozyten und im Urin vorgefunden werden. Colchicin reichert sich in allen Blutzellen um das 5- bis 10-Fache gegenüber dem Plasma an. Spitzenkonzentrationen im Plasma werden 1–3 h nach oraler Aufnahme gefunden. Toxische Wirkungen sind bei Plasmakonzentrationen über 3 µg/l zu erwarten.

Pathophysiologie der Colchicinvergiftung

> Colchicin bindet an Tubulin und behindert so die Mikrotubulinbildung. Dadurch verändert sich die Konfiguration des Mikrotubulins, sodass die Mikrotubuline nicht mehr wachsen können. Die verminderte Bildung der mikrotubulären Spindeln in der Metaphase der Zellteilung führt zum Zelltod. Ferner wirkt Colchicin hemmend auf den $GABA_A$ Rezeptor im Hirn ein und vermindert die Motilität der Leukozyten.

Der bekannteste Pathomechanismus des Colchicins besteht in der Hemmung der Ausbildung von Mikrotubulin, was für die Mitose der Zellen entscheidend ist. Die Mikrotubuline sind aber auch ein Teil der Zellstruktur und der zellulären Transportsysteme. Colchicin bindet an eine Untereinheit der Tubuli und verändert dadurch die Sekundärstruktur des Tubulins. Diese Strukturveränderung verhindert die Bindung zwischen den Tubuli und damit die Entwicklung der Mikrotubulinfäden. Diese Veränderung verhindert die Spindelbildung in der Metaphase der Mitose und führt zum Zelluntergang.

Diese Effekte sind dosisabhängig und reversibel. Hohe Dosen zerstören den mikrotubulären Apparat, geringe Dosen verhindern die Bildung der Mikrotubuli. Colchicin verhindert zudem den intrazellulären Transport von Granula, der durch die Mikrotubuli bewerkstelligt wird. In Tierversuchen konnte gezeigt werden, dass Colchicin auch die DNA-Synthese hemmt.

Ferner kann Colchicin den $GABA_A$ Rezeptor im ZNS kompetitiv hemmen, was möglicherweise für die neurologischen Symptome, die manchmal bei der Colchicinvergiftung gesehen werden, verantwortlich sein könnte.

Da Colchicin sich in den Leukozyten anreichert, führt dies zur Hemmung der Mobilität und der Zelladhäsion. Es vermindert die Expression von Adhäsionsmolekülen auf Endothelzellen und die Zytokinproduktion von polymorphkernigen Leukozyten. Dieser Mechanismus ist verantwortlich für den therapeutischen Effekt des Colchicins bei der Behandlung der Gicht und des familiären Mittelmeerfiebers.

Symptome der Colchicinvergiftung Die Colchicinvergiftung kann in drei Phasen eingeteilt werden. Innerhalb von Stunden kommt es zur Gastroenteritis, gefolgt wird dies von einem Multiorganversagen innerhalb der nächsten Woche. Herzkreislauf- und Lungenversagen (ARDS) führen in schweren Fällen zum Tod, der allerdings auch durch ein septisches Geschehen aufgrund der Knochenmarksuppression eintreten kann. Auch kann es wegen der Myopathie in Kombination mit einer Neuropathie zur Ateminsuffizienz kommen. Die 3. Phase ist bei Überleben gekennzeichnet durch totalen Haarausfall und eine Polymyoneuropathie, die Wochen bis Monate anhalten kann.

Therapie der Colchicinvergiftung Die Patienten müssen auf einer Intensivstation mit einem kardiovaskulären Monitoring überwacht werden. Bei Kreislaufinsuffizienz, die nicht auf Flüssigkeitsgabe anspricht, sind Katecholamine indiziert. Dies ist dann allerdings bereits ein Anzeichen für ein Multiorganversagen, weshalb rechtzeitig eine endotracheale Intubation mit der Möglichkeit einer Respiratortherapie nachfolgen sollte. Da die Patienten immer von Infektion und Sepsis bedroht sind, muss frühzeitig mit einer Antibiotikatherapie begonnen werden. Bei Nierenversagen bedarf es einer Hämodialyse. Colchicin-Antikörper als Fab-Fragmente sind schon lange in der Diskussion. Ihre Entwicklung befindet sich noch in der präklinischen Phase. Ob es zur Markteinführung kommen wird, bleibt unklar, da der Nachweis der Wirksamkeit und die Rentabilität noch ausstehen.

Pyrrolizidinalkaloide

Pyrrolizidinalkaloide sind in über 600 verschiedenen Pflanzenarten vorhanden. In folgenden Pflanzenfamilien sind sie besonders verbreitet: Asteracea (Korbblütler) mit der Gattung *Senecio* (Greiskräuter). Die bekannteste Pflanzenart dieser Gattung ist das Jakobskreuzkraut (*Senecio jacobaea*) und die Pestwurz (*Petasites*), die nach dem Verzehr durch Weidetiere bei diesen zu Leberzirrhose führen. Eine weitere Pflanzenfamilie mit 250 Arten, die Pyrrolizidine enthalten, sind die Boraginaceae mit der Gattung *Heliotropium* und dem bekanntesten Vertreter *Symphytum offincinale* (Beinwell), der bereits von Hildegard von Bingen bei Beinbrüchen, allerdings nur äußerlich, angewandt wurde. In heutigen Beinwellpräparaten sind die Pyrrolizidine abgereichert. Die nächste Familie ist die der Fabaceae (Hülsenfrüchte) mit der Gattung *Crotalaria* (Klapperfrüchte).

Pyrrolizidinalkaloide verursachen bei Mensch und Tier eine schwere Leberschädigung, die letztendlich zur Leberzirrhose führt. Hintergrund ist eine Veränderung im venösen Abflusssystem, was zum Rückstau des Blutes in die Leber führt. Diese Veränderung ähnelt dem sogenannten Budd-Chiari-Syndrom und wird als venöse okklusive Leberkrankheit (veno-occlusive disease, VOD) bezeichnet.

Symptome der pyrrolizidininduzierten Hepatopathie Pyrrolizidine werden durch den CYP 450 Enzymstoffwechsel in Pyrrole metabolisiert. Diese wirken alkylierend auf die DNA. Der Effekt an der Leber besteht darin, dass die sinusoidalen Zellen geschädigt werden, indem die retikuläre Struktur, die die zentrale Vene in den Leberläppchen offen hält, kollabiert. Die Folge ist ein Verschluss der kleinen Venolen mit zentrilobulären Nekrosen und zunehmendem Pfortaderhochdruck durch den Rückstau von venösem Blut, das nicht ablaufen kann.

Nach einer akuten Vergiftung, also der Aufnahme großer Pflanzenmengen, kommt es zu Übelkeit, Erbrechen, schmerzhafter Größenzunahme der Leber und Leberschäden. Durch portale Hypertonie tritt ein Ascites auf, die Patienten entwickeln einen Ikterus (Bilirubinanstieg) und einen mäßigen Transaminasenanstieg. Auch nach Ende der Exposition kann sich noch eine Leberzirrhose entwickeln. Bei chronischer Zufuhr, etwa durch kontaminiertes Getreide, z. B. in manchen Regionen von Afrika, fallen die Patienten erst auf, wenn sich bereits eine Zirrhose entwickelt hat. Oft ist die Bevölkerung ganzer Dörfer betroffen.

Therapie der pyrrolizidininduzierten Hepatopathie Eine spezifische Therapie existiert nicht. Durch Antikoagulation kann versucht werden, eine völlige Thrombosierung der Lebervenolen zu verhindern, die Anlage eines TIPS (transjugulärer intrahepatischer portosystemischer Stent) kann u. U. den Pfortaderdruck herabsetzen. Als Ultima Ratio gilt die Lebertransplantation.

45.3.3 Glykoside

45.3.3.1 Kardiotoxische Glykoside

Die bekanntesten Herzglykoside sind Digoxin und Digitoxin, die über Jahrhunderte zur Therapie der Herzinsuffizienz Verwendung fanden. Digitoxin stammt aus dem Roten Fingerhut (*Digitalis purpurea*). Digoxin und Digitoxin finden sich im wolligen Fingerhut (*Digitalis lanata*). Ähnliche Digitaloide sind in weiteren Pflanzen enthalten: Oleander (*Nerium oleander*) als Oleandrin, Gelber Oleander (*Thevetia peruviana*) als Thevetin A und B, Maiglöckchen (*Convallaria majalis*) als Convallatoxin, Convallotoxol und Convallosid, Weiße Meerzwiebel (*Urginea maritima*) als Scillaren und Scillarenin, Christrose (*Helleborus niger*) als Helleborin. Von diesen allen ist der Gelbe Oleander die giftigste Pflanze, vier Samenkörner können einen Menschen töten. In Indien und Sri Lanka ist dies das häufigste Suizidmittel.

Die Blätter des Maiglöckchens haben nur eine geringe Glykosidkonzentration. Die roten Beeren schmecken extrem bitter und die Samenkapseln sind zu hart zum Aufbeißen, weshalb schwere Vergiftungen durch Maiglöckchen sehr selten sind. Auch Vergiftungen durch die Digitalispflanzen sind wegen des bitteren Geschmacks eine Rarität. Schwere Vergiftungen durch die Christrose sind unbekannt.

Pathomechanismus der Herzglykoside

Die Toxizität der Herzglykoside beruht auf dem gleichen Mechanismus wie die therapeutische Wirkung. Sie binden sich an spezifischen Untereinheiten der Natrium-Kalium-ATPase in allen Arten der Muskulatur. Dadurch kommt es zur Hemmung der Natrium-Kalium-Pumpfunktion. Kalium wird nicht mehr in die Zelle befördert, dadurch wird bei schwerer Vergiftung eine Hyperkaliämie erzeugt. Da Natrium gegen Kalzium ausgetauscht wird, wird jetzt mehr Kalzium intrazellulär aufgenommen, was zur Steigerung der Kontraktion führt. Kommt es jedoch zur Kalziumüberladung in den Myokardzellen, wird das Ruhepotenzial angehoben und das Myokard wird empfindlich für Arrhythmien, es kommt zur Verzögerung der Depolarisation.
Im Hirn beeinflussen die Herzglykoside die vegetativen Zentren. Bei therapeutischer Dosis ist der vagale Tonus erhöht, bei Überdosierung wird allerdings der Sympathikus aktiviert, wodurch lebensbedrohliche Herzrhythmusstörungen ausgelöst werden können.

Symptome der Vergiftung durch Herzglykoside

Die Wirkung der Herzglykoside außerhalb des Herzens umfasst Wirkungen am Gastrointestinaltrakt, am ZNS und an den Augen. Die toxische Wirkung am Myokard manifestiert sich zunächst in Störungen am Reizleitungssystem und im Gefolge in schweren Herzrhythmusstörungen. Die gestörte Reizleitung zeigt sich zunächst in einer Bradykardie, dann im SA Block und schließlich im AV Block I.–III. Grades. Für gewöhnlich ist die Todesursache im weiteren Verlauf ein therapierefraktäres Kammerflimmern.

Laborbefunde bei Vergiftungen durch Herzglykoside

Digoxin und Digitoxin können mit unterschiedlichen Immunoassays bestimmt werden. Andere pflanzliche Glykoside werden zwar qualitativ, jedoch nicht quantitativ mit diesen Bestimmungsmethoden erfasst. Therapeutische Digoxin-/Digitoxinspiegel können dann bereits auf eine schwere Vergiftung hinweisen. Ein weiterer Hinweis auf eine schwere Digitalisvergiftung ist die Hyperkaliämie, die durch eine Blockade der Kaliumaufnahme in die Zellen auf der peripheren quergestreiften Muskulatur verursacht wird.

Behandlung der Herzglykosidvergiftung

Zur gastrointestinalen Dekontamination macht die orale Gabe von 10 g Aktivkohle Sinn. Von einer Magenspülung ist dringend abzuraten, da dadurch schwere Herzrhythmusstörungen ausgelöst werden können.

Seitdem Antiseren in Form von digoxinspezifischen Fab-Fragmenten zur Verfügung stehen, sind frühere Therapieoptionen wie die Gabe von Phenytoin, Lidocain oder Kalium sowie das Legen einer Schrittmachersonde überholt.

Für AV-Blockaden I.–II. Grades kann noch Atropin als Vagolytikum eingesetzt werden. Die Menge an benötigtem Digitalis-Antidot (Antiserum) kann aufgrund der aufgenommenen Dosis eines Digitalispräparates oder des Digitalisspiegels berechnet werden. Nach der Antiserumgabe sind die gemessenen Digitalisspiegel stark erhöht. Bei den übrigen pflanzlichen Digitaloiden ist das Antiserum wirksam, die Dosis richtet sich hier nach der Wirkung, die rasch im EKG abzulesen ist.

45.3.3.2 Cyanogene Glykoside

Cyanogene Glykoside finden sich in etwa 2500 Pflanzen. Das Wichtigste ist Amygdalin, das in Bittermandeln (*Prunus* spp.), aber auch in Kernen von Aprikosen, Pfirsichen, Äpfeln und Pflaumen/Zwetschgen enthalten ist. Weitere Glykoside dieser Art sind Prunasin, Linamarin, Dhurin, Sambunigrin und Cyacosin. Die chemische Struktur dieser Verbindungen besteht in Mono- bzw. Disacchariden mit einem Benzaldehydcyanohydrin. Nach oraler Aufnahme werden die Saccharide durch β-Glucosidasen der Benzaldehyde abgespalten und durch weitere Hydrolyse ein Cyanidion freigesetzt.

Werden die Blätter oder Früchte von Pflanzen, die diese cyanogenen Glykoside enthalten, gegessen, kann es zur Blausäurevergiftung kommen. Eine Behandlung ist jedoch selten vonnöten, da die körpereigene Cyanidentgiftung schneller ist als die Cyanidfreisetzung aus diesen Pflanzen. Eine Therapie mit Natriumthiosulfat oder Hydroxocobalamin dürfte ausreichend sein, Methämoglobinbildner sind nicht nötig (Behandlung der Cyanidvergiftung siehe Kapitel 41). Eine chronische Vergiftung durch cyanogene Glykoside ist jedoch in Ost- und Zentralafrika nichts Ungewöhnliches, da dort Cassava (*Manihot esculenta*), das Linamarin enthält, zu den wichtigsten Nahrungsmitteln gehört. Die Krankheit, die durch zu kurz gelagertes Cassava hervorgerufen wird, wird als Konzo bezeichnet. Maniok wird gewöhnlich in Öfen oder an der Sonne getrocknet. Massenvergiftungen treten immer dann auf, wenn bei Lebensmittelknappheit die Zeit zum Trocknen nicht ausreicht. Die Symptome dieser Erkrankung bestehen in einer symmetrischen spastischen distal betonten Paraparese und einer Schilddrüsenunterfunktion mit Kropfbildung.

45.3.4 Phenole und Phenylpropanoide

Aus dieser Gruppe der Giftpflanzen kann hier nur Podophyllin besprochen werden. Podophyllin oder Podophyllotoxin ist ein Phenylpropanoid und der giftige Hauptbestandteil im Rhizom des Maiapfels (*Podophyllum peltatum*, auch Fußblätter genannt) und im wilden Maiapfel (*Podophyllum emodi*). Podophyllin als Arzneimittelextrakt wird heute in Salbenform gelegentlich noch zur Therapie von Feigwarzen und bei oraler Haarleukoplakie angewandt.

Pathophysiologie der Podophyllinvergiftung

Podophyllin bindet wie Colchicin reversibel an Tubulin. Dies führt zum Mitosestillstand. Da die Mitosespindeln sich nicht ohne Mikrotubuli ausbilden können, kommt die Mitose in der Metaphase zum Halt und die Chromosomen verklumpen. Podophyllotoxin verhindert den Transport von Nukleotiden in den Zellkern. Der Untergang der Mikrotubuli hemmt jeglichen intrazellulären Transport.

Symptomatologie der Podophyllinvergiftung

Nach dem Genuss von Maiapfelwurzel, aber auch von pflanzlichen traditionellen Arzneimitteln und nach lokaler Applikation von podophyllinhaltigen Salben kann es zu Vergiftungen kommen. Erste Symptome der Vergiftung sind nach wenigen Stunden Übelkeit, Erbrechen, Bauchschmerzen und Durchfall. Im Vergleich zur Colchicinvergiftung kommt es zur stärkeren ZNS-Beteiligung und zur geringen Schädigung des hämatopoetischen Systems.

Die Patienten werden verwirrt und fallen rasch in ein Koma. Ausdruck der Verwirrtheit können akustische und visuelle Halluzinationen sein. Parästhesien treten auf, die Sehnendehnungsreflexe verschwinden und Pyramidenbahnzeichen treten auf. Es kommt zur Beteiligung der Hirnnerven mit Doppelbildern, Nystagmus, Schielen und Gesichtsnervenparese.

Wie bei der Colchicinvergiftung kommt es zur axonalen peripheren Polyneuropathie, die sowohl die Sensorik als auch Motorik betrifft und sich nur langsam oder nie wieder bessert. Nach anfänglicher Leukozytose kann sich eine Panzytopenie mit einer stärksten Ausprägung nach einer Woche entwickeln. Infektionen können die Folge dieses Geschehens sein. Die Therapie entspricht der der Colchicinvergiftung. Antiseren gibt es nicht.

45.3.5 Lektine

Lektine sind Glykoproteine. Toxikologisch bedeutend sind die Toxalbumine wie Rizin und Abrin. Ihre Giftigkeit ist so ausgeprägt, dass sie das Potenzial für biologische Kampfstoffe haben. Abrin ist in der Paternostererbse (*Abrus precatorius*), Rizin im Wunderbaum (*Ricinus communis*) enthalten. Weitere Pflanzen, die Toxalbumine enthalten, sind die Robinie (*Robinia pseudoacacia*) und die Mistel (*Viscum album*).

45.3.5.1 Abrin und Rizin

Pathophysiologie der Toxalbuminvergiftung

Rizin und Albrin sind die zwei wichtigsten Toxalbumine. Sie bestehen aus einer A- und B-Peptidkette mit 267 bzw. 262 Aminosäuren, die über eine Disulfidbrücke verbunden sind. Das Molekulargewicht liegt bei 65 000 Da. Spaltet man die Disulfidbrücke, so verschwindet die Giftwirkung. Die B-Kette heftet sich an einen Galaktose enthaltenden Rezeptor an der Zelloberfläche an, wodurch die Aufnahme des gesamten Moleküls in die Zelle bewerkstelligt wird.

Toxalbumin unterbricht die von der RNA gesteuerte Proteinsynthese an der 60 S ribosomalen Untereinheit. Es kommt zur Abspaltung des Adenosin 4324 der 28 S-RNA an den Ribosomen, wodurch die Translation extrem verlangsamt wird. Durch ein Agglutinin, das in der Rizinuspflanze enthalten ist, kommt es zur Hämagglutination und intravaskulären Hämolyse durch Bindung des Agglutinins an Glykoproteine der Erythrozytenzellmembran. Folge der Hämolyse kann Nierenversagen sein. Die Folgen einer Rizin- oder Albrinvergiftung sind durch die oben dargestellte zweifache Wirkung ein Multiorganversagen. An der Lunge kommt es zur Schädigung des Alveolarendothels mit Lungenödem. Im Gefolge der zusammenbrechenden Proteinsynthese kommt es zur Leberzellnekrose. Durch den Kontakt der Gifte mit der gastrointestinalen Schleimhaut entstehen Magen-Darm-Ulcera mit Flüssigkeitsverlust und intestinalen Blutungen. Die parenchymatösen Organe wie Pankreas, Milz, Leber und Nieren sind alle betroffen.

Symptomatologie der Toxalbuminvergiftung

Nach der oralen Aufnahme von Albrin und Rizin kommt es zu einem biphasischen Vergiftungsgeschehen. In der ersten Phase – zwei Stunden nach Giftaufnahme – treten bei den Betroffenen Übelkeit, Erbrechen und blutige Durchfälle auf. Selbst im Rachen und im Magen finden sich Veränderungen wie nach Verätzungen. Dann entwickeln sich in der zweiten Phase systemische Symptome mit Kreislaufproblemen aufgrund eines hypovolämischen Schockgeschehens. Ein fortschreitendes Multiorganversagen ist einerseits die Folge der Minderdurchblutung im Schock, andererseits ist es auch auf die direkte Giftwirkung an den Organen zurückzuführen. Leber, Niere, Herz und Lunge sind beteiligt. Herzrhythmusstörungen und epileptische Krampfanfälle läuten das Ende ein. Dies alles entwickelt sich über 3–4 Tage hinweg.

Behandlung der Toxalbuminvergiftung

Eine frühe Verabreichung von Medizinalkohle nach Giftaufnahme erscheint sinnvoll. Bei Auftreten der gastrointestinalen Symptome ist eine energische Flüssigkeitssubstitution durch Infusion von Elektrolytlösungen in ausreichender Menge vordringlich. Eine mehrfache tägliche Kontrolle der Laborwerte, die Leberserumwerte, Nierenserumwerte, Gerinnungsparameter und ein Blutbild einschließen, sind indiziert, um die Organbeteiligungen abschätzen zu können. Wenn nach ausreichender Flüssigkeitssubstitution die Kreislaufverhältnisse nicht stabilisiert werden können, kommen Katecholamine zum Einsatz. Dem Lungenödem muss mit Intubation und PEEP-Beatmung begegnet werden. Die Hämolyse, wenn sie ausgeprägt ist, verlangt nach Bluttransfusion und einer Alkalisierung des Urins, um den Kreislauf aufrechtzuerhalten. Bei komplettem Nierenversagen ist eine Hämodialyse indiziert.

45.3.6 Terpene und Terpenoide

Diese Gruppe von Pflanzengiften haben, obwohl strukturell sehr ähnlich, doch unterschiedliche Wirkungen. So haben die Ginkgolide aus dem Ginkgobaum (*Ginkgo biloba*) einen thrombozytenhemmenden Effekt, während die Kavalactone aus dem Rauschpfeffer (*Piper methysticum*, Kava Kava) eine ZNS-Wirkung und gelegentlich eine gravierende Hepatotoxität aufweisen. Ptaquiloside finden sich im Adlerfarn (*Pteridium aquilinum*) und führen über eine ausgeprägte Thrombozytopenie zu Blutungen.

Kavalakton, Thujon und Anisatin (*Illicium spp.*) sind Terpene oder Terpenoide, die eine zentralnervöse Wirkung auf $GABA_A$ und $GABA_B$ Rezeptoren entfalten. Sie lösen alle epileptiforme Krampfanfälle aus. Thujon – die Hauptkomponente des Absinths – ist ein Extrakt aus dem Wermutkraut (*Artemisia absinthium*) und führt zu Agitation, gefolgt von Bewusstseinstrübung und Krämpfen. Die Struktur des Thujon ist nicht unähnlich der des Tetrahydrocannabinols (THC) wodurch sein psychotroper Effekt erklärt werden könnte. Die regelmäßige Aufnahme von Thujon, wie sie bei dem früheren Absinthtrinker gesehen wurde (in heutigem Absinth ist kein Thujon mehr enthalten), führte zum Absinthismus mit Halluzinationen, geistigem Abbau und Persönlichkeitsveränderung. Thujone haben ein α- und ein β-Isomer. Das toxische Isomer ist das α-Stereoisomer, das den $GABA_A$ Rezeptor an der Picrotoxinseite des Chloridkanals hemmt, sodass es zur Übererregung und Krampfanfällen kommt.

Therapie der Terpen-/Terpenoidvergiftung
Es gibt nur eine symptomatische Therapie. Im Fall von Blutungen ist die Transfusion von Erythrozytenkonzentraten und Thrombozytenkonzentraten indiziert. Bei fulminantem Leberversagen nach der Kava Kava Ingestion kann eine Lebertransplantation als Ultima Ratio notwendig werden. Bei zentralnervösen Wirkungen wie Agitiertheit, Halluzinationen und Krämpfen müssen Benzodiazepine bis zum Wirkungseintritt dosiert werden.

45.4 Zusammenfassung

45.4.1 Gifttiere

Schlangenbisse, Spinnenbisse und Skorpionstiche können schwere Erkrankungen und sogar Todesfälle nach sich ziehen. Vier Schlangenfamilien sind dafür verantwortlich: Viperidae, Elapidae, Colubridae und Atractaspididae. Die giftigsten Schlangen finden sich bei den Viperidae in der Unterfamilie der Crotalinae (Klapperschlangen) und bei den Elapidae.

Alle diese Schlangen besitzen in ihrem Gift Neurotoxine, Myotoxine, Hämatotoxine und Nekrotoxine. Die meisten Elapiden sind neurotoxisch, während die meisten Crotalinen schwere Gerinnungsstörungen hervorrufen. Eine Mehrzahl der Schlangengifte führt zur lokalen, mehr oder weniger starken Gewebsschädigung, aber auch zur systemischen Symptomatik. Manche Neurotoxine haben einen präsynaptischen, manche einen postsynaptischen Ansatzpunkt. Die Myotoxine zerstören die Muskelzellen, sparen dabei aber die Basalmembranen aus. Die Hämatotoxine führen zu Gerinnungsstörungen, Thrombozytopenie und Hämolyse. Die systemischen Symptome treffen den Magen-Darm-Trakt und das Herz-Kreislauf-System. Antivenine stehen nicht für alle Schlangengifte zur Verfügung, ihre Wirksamkeit kann lebensrettend sein, kurieren aber nicht alle Symptome.

Skorpiongifte sind neurotoxisch und lokal gewebsschädigend. Ihre Gifte setzen Acetylcholin frei und lösen eine cholinerge Krise aus.

Die giftigsten Spinnen sind die Australische Trichterspinne, die Witwen- und die Einsiedlerspinnen. Die Trichterspinne löst einen Katecholaminsturm aus, die Witwenspinnen stimulieren die Freisetzung von Noradrenalin, Acetylcholin und Glutamin. Es kommt zu generalisiertem Schmerz, Schwitzen, Gänsehaut, Angst und Unruhe. Die Einsiedlerspinnen lösen ausgedehnte Hautnekrosen um die Bissstelle herum aus. Hinzu kann es zur Verbrauchskoagulopathie und Hämolyse kommen.

Es gibt gegen manche Skorpion- und Spinnengifte Antivenine. Ihre Wirksamkeit ist aber kaum durch Studien gesichert.

45.4.2 Pflanzengifte

Pflanzengifte können entweder nach ihren chemischen Bestandteilen oder nach ihrer Wirkung eingeteilt werden. Eingeteilt nach ihren giftigen Komponenten gibt es fünf Gruppen: Alkaloide, Glykoside, Phenole, Lektine und Terpene. Ihre Wirkungen schädigen das ZNS, das periphere Nervensystem, das Herz-Kreislauf-System, den Gastrointestinaltrakt und die Leber. Die wichtigsten Alkaloide sind: Atropin, Aconitin, Colchicin, Strychnin und Pyrrolizidine.

- Atropin hat eine anticholinerge Wirkung am Muskarinrezeptor.
- Aconitin beeinträchtigt den Natriumkanal im ZNS an den peripheren Nerven und im Reizleitungssystem des Herzens.
- Strychnin blockiert den Glycinrezeptor im Rückenmark.
- Colchicin blockiert die Mitose in der Metaphase.
- Pyrrolizidin führt zu Leberzirrhose durch Zerstörung des venösen Abflusses aus der Leber.

Die wichtigsten giftigen Glykoside sind Digitalis und die Digitaloide und die cyanogenen Glykoside. Digitalis und Digitaloide sind kardiotoxisch, indem sie die Natrium-Kalium ATPase am Myokard blockieren.

- Die cyanogenen Glykoside hemmen die Cytochrom a_3 der Atmungskette und blockieren so den Sauerstoffverbrauch. Chronische Vergiftungen führen zur peripheren Polyneuropathie.
- Podophyllin ist ein toxisches Phenylpropanoid, das die Mitose unterbricht.
- Die giftigsten Lektine sind Rizin und Albrin, welche die Proteinsynthese an den Ribosomen unterbrechen.
- Terpene interagieren mit dem $GABA_A$ Rezeptor im Hirn und führen zu Unruhezuständen und Koma.

Weiterführende Literatur

Del Brutto, O.H. (2013) Neurological effects of venomous bites and stings: snakes, spiders, and scorpions. *Handb. Clin. Neurol.*, **114**, 349–368.

Escouba, P., Diochot, S. und Corzo, G. (2000) Structure and pharmacology of spider venom neurotoxins. *Biochemie*, **82**, 897–907.

Flomenbaum, N.E., Goldfrank, L.R., Hofmann, R.S., Howland, M.A., Lewin, N.A. und Nelson, L.S. (Hrsg.) (2000) *Goldfrank's Toxiclologic Emergencies*, 8. Aufl., New York, McGraw-Hill.

Frohne, D. und Pfänder H.J. (2007) *Giftpflanzen*, 5. Aufl., Wissenschaftliche Verlagsgesellschaft, Stuttgart.

Gold, B.S. und Barish, R.A. (1992) Venomous snakebites: Current concepts in diagnosis, treatment and management. *Emerg. Med. Clin. North. Am.*, **10**, 249–267.

Junghans, T. und Bodio, M. (1996) *Notfall-Handbuch Gifttiere*, Georg Thieme Verlag, Stuttgart, New York.

Quan, D. (2012) North American poisonous bites and stings. *Crit. Care. Clin.*, **28**, 633–659.

Shackleford, R., Veillon, D., Maxwell, N., LaChance, L. *et al.* (2015) The black widow spider bite: Differential diagnosis, clinical manifestations, and treatent options. *J. LA State. Med. Soc.*, **167**, 74–78.

Utkin, Y.N. (2015) Animal venom studies: Current benefits and future developments. *World J. Biol. Chem.*, **26**, 28–33.

von Mühlendahl, K.K., Oberdisse, U., Bunjes, R. und Brockstedt, M. (Hrsg.) (2003) *Vergiftungen im Kindesalter*, Georg Thieme Verlag, Stuttgart, New York.

Yang, M., Ruan, J., Fu, P.P. und Lin, G. (2015) Cytotoxicity of pyrrolizidine alkaloid in human hepatic parenchymal and sinusoidal endothelial cells: Firm evidence for reactive metabolites mediated pyrrolzidine alkaloid- induced hepatotoxicity. *Chem. Biol. Interact.*, **10**, 30064–30068.

Zilker, T. (2008) *Klinische Toxikologie für die Notfall- und Intensivmedizin*, Uni-Med Verlag, Bremen.

Zilker, T. (2014) Akute Vergiftungen im Erwachsenenalter – Was sie wissen sollten. *Dtsch. Med. Wochenschr.*, **139** 31–46.

Glossar wichtiger toxikologischer Begriffe

Abundanz (Ökologie) Anzahl von Organismen, bezogen auf eine Flächen- oder Raumeinheit.

ADI-Wert (*acceptable daily intake*) → DTA, diejenige Dosis eines Schadstoffes, die nach dem gegenwärtigen Kenntnisstand bei lebenslanger täglicher Aufnahme nicht zu Gesundheitsstörungen führt. Der ADI-Wert wird durch Division des → NO(A)EL mit einem → Sicherheitsfaktor errechnet.

akute Toxizitätsprüfung Toxizitätstest mit einmaliger Verabreichung der Testsubstanz bei einer Beobachtungszeit bis zu 14 Tagen (→ LD_{50}).

Altstoffe Chemische Substanzen, die im europäischen Altstoffverzeichnis EINECS (European Inventory of Existing Commercial Chemical Substances) aufgenommen sind. EINECS führt diejenigen Stoffe auf, die in der Europäischen Gemeinschaft vor Inkrafttreten des Chemikaliengesetzes von den Herstellern gemeldet worden sind.

Ames-Test → *Salmonella*-Mutagenitätstest

Antidot (Gegengift) Substanz, die die Wirkung eines Giftstoffes reduziert oder ganz aufhebt.

Apoptose Kontrollierter, energie (ATP)-abhängiger Zelluntergang.

Applikation Zufuhr von Stoffen in den Organismus. Experimentell sind gebräuchlich:

p. o. per os (über den Magen-Darm-Trakt)
s. c. subcutan (unter die Haut)
i. m. intramuskulär (in die Skelettmuskulatur)
i. v. intravenös (in die Blutbahn)
i. p. intraperitoneal (in die Bauchhöhle)
dermal über die Haut.

A-Staub Alveolengängiger Staub: feiner Anteil des einatembaren (→ E-Staub) Staubes, der bis in den Alveolarbereich der Lunge vordringen kann.

BAT-Wert (Biologischer Arbeitsstoff-Toleranz-Wert) Die beim Menschen höchstzulässige Quantität eines Arbeitsstoffes bzw. dessen Metaboliten im Organismus oder die dadurch ausgelöste Abweichung eines biologischen Indikators, die die Gesundheit des Beschäftigten nicht beeinträchtigt.

Das Toxikologiebuch, 1. Auflage. Helmut Greim (Hrsg.).

BEI (*biological exposure indices*) Grenzwerte für Schadstoffe in biologischem Material zum Schutz der Beschäftigten vor Gesundheitsschäden am Arbeitsplatz in den USA. Sie werden von der ACGIH (American Conference on Governmental Industrial Hygienists) festgelegt.

Bioakkumulation Anreicherung von Substanzen aus der Umwelt in Mensch, Tier und Pflanze über das Wasser, die Luft, den Boden oder die Nahrung.

Bioaktivierung Enzymatische Umwandlung eines Fremdstoffes in einen toxischen oder kanzerogenen Metaboliten.

Biomonitoring (*biological monitoring*) Messung der inneren Belastungen mit Fremdstoffen und ihrer Folgen bei einzelnen Personen (interne individuelle Expositionskontrolle).

Biotop Abiotischer, d. h. durch physikalische und chemische Eigenschaften geprägter Lebensraum im Ökosystem.

Biotransformation Enzymatische Umwandlung von Fremdstoffen im Organismus.

Bioverfügbarkeit Verhältnis zwischen der dem Organismus zugeführten und der resorbierten Menge eines Stoffes.

Biozönose Lebensgemeinschaft der in einem Biotop vorkommenden pflanzlichen und tierischen Lebewesen, die untereinander und mit ihrer abiotischen Umwelt in Wechselbeziehungen stehen.

BUA Beratergremium für umweltrelevante Altstoffe der Gesellschaft Deutscher Chemiker (GDCh). Das aus Vertretern der Industrie, Behörden und Hochschulen zusammengesetzte Gremium identifizierte umweltrelevante Altstoffe in Prioritätensetzungsverfahren, dokumentierte die Datenlage und beschrieb das Risiko.

Chronischer Toxizitätstest Test mit einer Versuchsdauer > 3 Monaten und mehrfach wiederholter Verabreichung der Testsubstanz.

Clearance Elimination eines Stoffes aus dem Organismus (→ Kapitel 2) oder Abtransport von Partikeln aus den unteren Atemwegen (→ Kapitel 13).

Confounder Störfaktor, der ein Ergebnis z. B. einer epidemiologischen Untersuchung beeinflussen kann.

Destruenten (Ökologie) Von toter organischer Substanz lebende Organismen.

Dosis Dem Organismus zugeführte Menge eines Stoffs, die zumeist in mg/kg Körpergewicht angegeben wird.

Draize-Test Toxizitätstest *in vivo* zum Nachweis haut- und schleimhautreizender und ätzender Wirkungen von Chemikalien.

DTA (duldbare tägliche Aufnahmemenge) Dosis eines Schadstoffes, die nach dem gegenwärtigen Kenntnisstand bei lebenslanger täglicher Aufnahme nicht zu Gesundheitsstörungen führt. Der DTA-Wert wird durch Division des → NO(A)EL mit einem → Sicherheitsfaktor errechnet → ADI-Wert.

EC_{50} (*effective concentration*) Konzentration eines Wirkstoffs, die bei 50 % der exponierten Individuen die erwartete Wirkung hervorruft.

ED_{50} (*effective dose*) Dosis eines Wirkstoffs, die bei 50 % der exponierten Individuen die erwartete Wirkung hervorruft.

EKA-Wert Expositionsäquivalent für krebserzeugende Arbeitsstoffe.

Embryo Bezeichnung für die Frucht im Mutterleib bis zum Abschluss der Organbildung; beim Menschen etwa bis zum 3. Schwangerschaftsmonat (→ Fetus).

Embryotoxizität Schädigung des Embryos durch Chemikalien, die zum Absterben, zur Verzögerung der Entwicklung, Störung von Organfunktionen oder zu Missbildungen führt (→ Fetotoxizität).

endogen Im Körper selbst entstanden.

Endozytose Aufnahme von Material in die Zelle durch Einstülpung und anschließende Abschnürung der Zellwand.

Epidemiologie Medizinische Disziplin mit den Aufgaben, die Häufigkeit von Krankheiten, die physiologischen Variablen und sozialen Krankheitsfolgen in menschlichen Bevölkerungsgruppen sowie die Faktoren, die diese Häufigkeit beeinflussen, zu untersuchen.

E-Staub Einatembarer Staub, der auch die alveolengängige Fraktion enthält (→ A-Staub).

exogen Von außen wirkend.

Extrathorakaler Bereich Obere Atemwege, Nase, Mund, Rachen und Kehlkopf.

Fetotoxizität Schädigende Wirkung auf den Fetus (→ Embryotoxizität).

Fetus Bezeichnung für die Frucht im Mutterleib nach dem Abschluss der Organbildung; beim Menschen etwa ab dem 3. Schwangerschaftsmonat (→ Embryo).

First-Pass-Effekt Nach Resorption aus dem Verdauungstrakt und über die Pfortader zur Leber transportierte Substanzen, die während der ersten Leberpassage metabolisiert werden.

Funktion (Ökologie) In Ökosystemen ablaufende Prozesse, wie Energiefluss und Stoffkreisläufe.

Genotoxizität (auch Gentoxizität) Sammelbegriff für toxische Wirkungen auf das genetische Material von Zellen (z. B. DNA-Schäden und Schäden des Mitoseapparates).

Gesundheitsrisiko Wahrscheinlichkeit des Eintritts einer bestimmten gesundheitlichen Störung bei einer Population, die einem schädlichen Faktor ausgesetzt ist. Das G. hängt von der Höhe und Dauer der Exposition gegenüber einem Schadstoff und von dessen Wirksamkeit ab.

Gesundheitsschädigung Alle vorübergehenden oder bleibenden unerwünschten Veränderungen, die durch Chemikalien, Strahlen, Unfälle oder Lebensgewohnheiten ausgelöst werden.

Giftklassen Einteilung von Stoffen entsprechend ihrer LD_{50} (mg/kg) gemäß den Leitlinien zur CLP-Verordnung – ECHA bei oraler Applikation:

sehr giftig (Kategorie 1)	≤ 5
giftig (Kategorie 2)	$5\text{–} \leq 50$
mindergiftig (Kategorie 3)	$50\text{–} \leq 300$
nicht giftig (Kategorie 4)	$300\text{–} \leq 2000$

Grenzwerte Grenzwerte sollen die Konzentrationen von Schadstoffen in der Umwelt limitieren und damit Mensch und Umwelt vor schädlichen Auswirkungen von Chemikalien oder Strahlen schützen. Toxikologisch begründete Grenzwerte sind z. B. die Höchstmengen für Pflanzenschutzmittel in Nahrungsmitteln oder die maximalen Arbeitsplatzkonzentrationen (MAK).

Halbwertszeit, biologische Zeitraum nach Verabreichung eines Stoffes, innerhalb dessen die Hälfte der ursprünglich vorhandenen Dosis eliminiert, d. h. abgebaut oder ausgeschieden wird.

Hautsensibilisierung Hautsensibilisierungsreaktionen gehören zur Immunabwehr des Körpers. Wenn eine Sensibilisierung erfolgt ist, führt die bei erneuter Exposition auftretende immunologische Reaktion zu Hautveränderungen, wie Rötung, Ödem- oder Schorfbildung.

Homöostase Aufrechterhaltung des Gleichgewichtes eines physiologischen Zustandes.

Humantoxizität Gelegentlich gebrauchte Bezeichnung für toxische Wirkungen von → Noxen auf den Menschen.

Hyperplasie Vergrößerung eines Gewebes durch Vermehrung der Zellzahl.

Hypertrophie Vergrößerung eines Gewebes durch Erhöhung der Zellvolumina.

Hypoxie Verminderung der Sauerstoffversorgung eines Gewebes.

Immunsuppression Schwächung oder Unterdrückung der Immunantwort, die eine Beeinträchtigung der Immunabwehr bei Infektionen zur Folge haben kann.

Immuntoxizität Schädliche Folge einer Beeinflussung des Immunsystems durch Chemikalien.

Initiation Phase der Schädigung der DNA, die zu Mutationen und Entstehung von Tumoren führen kann.

Initiator Stoff, der eine irreversible Schädigung der DNA verursachen und dadurch die Entstehung von Tumoren auslösen (initiieren) kann.

Interventionswert Im Zusammenhang mit einer Kontaminationsverordnung diskutierter Wert für Rückstände oder Verunreinigungen von Nahrungsmitteln, die unterhalb der entsprechenden Grenzwerte liegen. Bei Überschreitung sollen geeignete Maßnahmen eingeleitet werden, die den Eintrag der betreffenden Substanz in die Umwelt und damit die Kontamination der Nahrungsmittel vermindern.

Intoxikation Vergiftung.

Inzidenz Häufigkeit einer Neuerkrankung einer definierten Population während eines bestimmten Zeitraumes.

Kanzerogen Stoff, dessen Einwirkung auf Tiere oder Menschen zur Bildung von Tumoren führt.

kanzerogen (karzinogen) krebserzeugend (Karzinom-erzeugend).

Kanzerogenese, chemische Prozess der unkontrollierten Neubildung (Neoplasie) von Geweben infolge der Einwirkung krebserzeugender Stoffe. Man unterscheidet die Phasen der → *Initiation*, → *Promotion* und → *Progression.*

Kanzerogenitätstest Sonderform des chronischen Toxizitätstests *in vivo*, die speziell auf den Nachweis der krebserzeugenden Wirkung von Stoffen ausgerichtet ist. Die Testsubstanz wird 18–24 Monate lang 5× wöchentlich an Versuchstiere verabreicht und das Auftreten von Tumoren untersucht.

Klastogen Substanz, die Chromosomenbrüche auslöst.

Kohorte Eine Gruppe von Personen, die durch ein gemeinsames Merkmal (Beruf, Wohnort, Exposition) charakterisiert ist (→ Kapitel 27).

Kokanzerogene Stoffe, die in der ersten Phase der → Kanzerogenese wirksam sind und die Entstehung von DNA-Schäden und initiierten Zellen begünstigen, ohne selbst kanzerogen zu wirken.

Kombinationswirkung Wirkungsverstärkung oder -abschwächung, die eintreten kann, wenn mehrere gleichzeitig vorhandene Chemikalien vergleichbare Wirkungsmechanismen besitzen und damit z. B. auf bestimmte Organe oder biochemische Funktionen des Organismus einwirken.

Konfidenzintervall Schwankungsbreite einer Schätzung wie Odds Ratio, relatives Risiko, standardisiertes Mortalitätsrisiko.

Krebsrisikofaktoren, chemische Stoffe und Stoffgemische, die beim Menschen oder im → Kanzerogenitätstest an der Krebsentstehung beteiligt sind.

LC_{50} (*lethal concentration*) Konzentration eines Wirkstoffes in der umgebenden Atmosphäre bzw. bei wasserlebenden Organismen im Wasser, die bei 50 % der exponierten Individuen zum Tod führt.

LD_{50} (*lethal dose*) Dosis eines Wirkstoffes, die bei 50 % der behandelten Versuchstiere innerhalb von 1–2 Wochen zum Tod führt.

LO(A)EC (*lowest observed (adverse) effect concentration*) Niedrigste Konzentration eines Stoffes, bei der gerade noch ein Effekt zu beobachten ist.

LO(A)EL (*lowest observed (adverse) effect level*) Niedrigste Dosis eines Stoffes, bei der noch (schädliche) Wirkungen nachgewiesen werden können.

MAK-Wert (Maximale Arbeitsplatz-Konzentration) Höchstzulässige Konzentration eines Arbeitsstoffes als Gas, Dampf oder Schwebstoff in der Luft am Arbeitsplatz, die nach langfristiger Exposition (8 h pro Tag, an 5 Tagen pro Woche) die Gesundheit des Beschäftigten nicht beeinträchtigt. Die MAK-Werte werden von einer Kommission der Deutschen Forschungsgemeinschaft festgelegt. Sie sind toxikologisch und arbeitsmedizinisch begründet.

Margin of Exposure (MoE) Abstand zwischen experimentell ermittelten schwachen toxischen Effekten (LOAEL oder Benchmark Dose) und der Exposition des Menschen.

Mesofauna, Meiofauna (Ökologie) Gesamtheit aller sehr kleinen (0,2–2 mm) Tiere, die vorwiegend im oder am Boden leben.

MIK-Wert (Maximale Immissionskonzentration) Höchstzulässige Konzentration von Schadstoffen als Gas, Dampf oder Schwebstoff in der Atmosphäre. MIK-Werte sind toxikologisch begründet und werden zum Schutz der Gesundheit der Bevölkerung festgelegt.

MTD Maximal tolerierte Dosis im Tierversuch, die noch schwache toxische Effekte wie leichte Verminderung des Körpergewichtes auslöst.

Mutagenität Eigenschaft eines Stoffes, Mutationen hervorrufen zu können.

Mutagenitätsprüfung Zur Klärung der Frage, ob ein Stoff mutagen wirkt oder nicht, stehen zahlreiche Testsysteme zur Verfügung, z. B. an Bakterien (→ *Salmonella*-Mutagenitätstest) und Säugetierzellen.

Mutation Persistente Änderung des genetischen Materials einer Zelle, die an die Tochterzellen weitergegeben wird.

Nahrungskette Beziehung zwischen Nahrungsproduzenten und -konsumenten (z. B. Futterpflanze – Pflanzenfresser – Fleischfresser). Für die Toxikologie von Bedeutung, da sich persistente, lipophile Schadstoffe im Verlauf der N. stark anreichern können (→ Bioakkumulation).

Nekrose Unkontrollierter Zelluntergand im Gegensatz zur → Apoptose.

Neoplasie Neubildung von Gewebe, meist synonym für Tumor(bildung).

NO(A)EC (*no observed (adverse) effect concentration*) Konzentration eines Stoffes, bei der gerade noch kein Effekt feststellbar ist.

NO(A)EL (*no observed (adverse) effect level*) Höchste Dosis eines Stoffes, bei der gerade noch kein (schädlicher) Effekt feststellbar ist.

Noxe Schadfaktor, d. h. allgemein jeder schädigende Einfluss, z. B. physikalischer Art (Lärm, Vibration, Strahlung) oder chemischer Art (Schadstoffe).

Overload Überladung der Lunge durch eine große Partikelmenge, die zu einer Beeinträchtigung ihrer Clearance durch Aufnahme in Makrophagen und deren Abtransport über die Atemwege führt.

PBPK Physiologiebasiertes pharmakokinetisches Modell.

PBTK Physiologiebasiertes toxikokinetisches Modell (siehe Kapitel 2).

Persistenz Beständigkeit eines Stoffes gegenüber dem Abbau in der Umwelt oder im Organismus.

Phase-I-Enzyme Enzyme, die funktionelle Gruppen in ein Molekül einfügen (→ Kapitel. 3).

Phase-II-Enzyme Enzyme, die an Moleküle mit funktionellen Gruppen ein wasserlösliches Substrat wie Glucuronsäure oder Glutathion koppeln (→ Kapitel 3).

Point of Departure (POD) Ausgangspunkt z. B. NOAEL oder LOAEL für eine Risikoabschätzung.

Prävalenz Anzahl an Patienten mit einer definierten Erkrankung bezogen auf eine definierte Population.

Progression Phase der zunehmenden Wachstumsautonomie und Malignität bei der Entwicklung eines Tumors (→ Kanzerogenese).

Promotion Phase der Vermehrung von initiierten Zellen in der → Kanzerogenese.

Promotoren Stoffe, die die Entwicklung von Tumoren aus vorgeschädigten (initiierten) Zellen beschleunigen, selbst aber nicht in der Lage sind, die Tumorentstehung auszulösen.

Pulmonaler Bereich Untere Atemwege, d. h. Bereich der Lunge (respiratorische Bronchiolen, Alveolargänge und Alveolen), in dem der Gasaustausch stattfindet.

REACH (*Registration, Evaluation, Autorisation and Restriction of Chemicals*) Registrierung, Bewertung, Zulassung und Beschränkung von Chemikalien im Rahmen des EU-Chemikalienrechts.

Relatives Risiko Faktor, der angibt, wie viel häufiger oder seltener ein bestimmtes Ereignis in einer Population im Vergleich zu einer Kontrollpopulation auftritt.

Retention Verbleib von Partikeln in den Atemwegen, die nicht durch die → Clearance abtransportiert werden.

Richtwert Werte für Schadstoffkonzentrationen in Boden, Luft, Wasser und Nahrungsmitteln, die aus Vergleichsmessungen in belasteten und unbelasteten Medien abgeleitet werden und der Orientierung dienen.

Risikoabschätzung (Risikobeschreibung) Quantitative Bestimmung der möglichen Gesundheitsgefährdung durch Chemikalien oder Strahlung in Abhängigkeit von Wirksamkeit, Expositionsdauer und Expositionshöhe bzw. der aufgenommenen Dosis.

Risikobewertung Beurteilung eines Risikos hinsichtlich der Duldbarkeit unter gesellschafts- und gesundheitspolitischen Aspekten.

***Salmonella*-Mutagenitätstest** Methode, um die genotoxische (mutagene) Wirksamkeit von Substanzen anhand von Mutationen in Bakterienkulturen (*Salmonella typhimurium*) zu prüfen.

Schwellenwert, Schwellenkonzentration Dosis oder Konzentration im Bereich der Wirkungsschwelle, d. h. zwischen gerade noch nachweisbarer Wirkung → LOAEL bzw. nicht mehr nachweisbarer Wirkung → NOAEL.

Sicherheitsfaktor Um zu berücksichtigen, dass der Mensch empfindlicher sein könnte als die empfindlichste Versuchstierspezies und dass auch innerhalb der Bevölkerung Unterschiede in der Empfindlichkeit bestehen, wird bei der Festlegung von Grenzwerten (→ ADI) die im Tierversuch ermittelte höchste unwirksame Dosis meist um einen S. von 100 verringert.

Solitärkanzerogen Veraltete Bezeichnung für Stoffe, die im Tierversuch bei chronischer Verabreichung ohne zusätzliche Maßnahmen Tumoren hervorrufen. Entsprechend dem Mehrstufenkonzept der → Kanzerogenese besitzen S. sowohl initiierende als auch promovierende Wirkung. Sie werden daher auch als komplette Kanzerogene bezeichnet.

STEL (*Short-Term Exposure Limit*), Kurzzeitexposition am Arbeitsplatz, die maximal 4× pro Schicht für höchstens jeweils 15 min erreicht werden darf.

Struktur (Ökotoxikologie) Organismenausstattung eines Biotops.

subakute (subchronische) Toxizitätsprüfung Toxizitätstests mit einer Versuchsdauer von 28–90 Tagen und mehrfach wiederholter Verabreichung der Testsubstanz.

synergistische Wirkung Beeinflussen sich Chemikalien hinsichtlich ihrer Wirkung auf den Organismus, so spricht man von Synergismus, wenn die Gesamtwirkung der Chemikalien mindestens das Doppelte der Einzelwirkungen beträgt (additiv bzw. überadditiv).

Synkanzerogenese Zusammenwirken mehrerer kanzerogener Stoffe: Im Gegensatz dazu steht die Kokanzerogenese, bei der die Wirkung eines Kanzerogens durch die gleichzeitige Einwirkung eines nicht krebserzeugenden Stoffs verstärkt wird.

T25 Tumorigene Dosis, die zu 25 % zusätzlicher Inzidenz führt.

TDI-Wert (*tolerable daily intake*) Duldbare Dosis eines Schadstoffes, die bei lebenslanger täglicher Aufnahme keine schädliche Wirkung hervorruft; synonym zu → ADI.

teratogene Stoffe Stoffe, die eine Störung der Keimesentwicklung hervorrufen können (Teratogene). Das bekannteste Beispiel für ein Teratogen ist das Thalidomid (Contergan), das schwere Missbildungen innerer Organe, vor allem aber der Extremitäten verursacht.

Teratogenität Die Eigenschaft eines Stoffes während der Entwicklung des Keimes von der befruchteten Eizelle zum Embryo Störungen hervorzurufen; im Gegensatz zu mutagenen Wirkungen, die die Keimzellen betreffen.

TLV (*threshold limit values*) Grenzwerte für Schadstoffe in der Luft am Arbeitsplatz zum Schutz der Beschäftigten vor Gesundheitsschäden in den USA. Sie werden von der ACGIH (American Conference of Governmental Industrial Hygienists) festgelegt.

Topoisomerasen Enzyme, die vor der DNA-Replikation den spiralisierten DNA-Doppelstrang entwinden.

Toxikodynamik beschreibt die Veränderungen des Organismus unter der Einwirkung eines Schadstoffes.

Toxikogenetik Teilgebiet der Toxikologie mit der Aufgabe, genetisch bedingte, individuelle Unterschiede in der Wirkung von Schadstoffen auf den Organismus zu erfassen.

Toxikokinetik Teilgebiet der Toxikologie mit der Aufgabe, das Schicksal eines Schadstoffes im Organismus quantitativ zu erfassen, d. h. die Aufnahme (Resorption), Verteilung (Distribution), Umwandlung (Metabolismus) und Ausscheidung (Elimination).

Toxikologie Lehre von den schädlichen Wirkungen von Chemikalien auf lebende Organismen. Sie beschreibt die Art der Wirkungen in Abhängigkeit von der Dosis sowie die zellulären, biochemischen und molekularen Wirkungsmechanismen und die Kinetik.

Toxin (natürlicher) Giftstoff, z. B. in Pflanzen (Phytotoxin) oder Pilzen (Mykotoxin).

Toxizität Gesamtheit der unerwünschten oder gesundheitsschädigenden Wirkungen einer Substanz.

Toxizitätstest Um die Wirkung eines Stoffes bei kurzzeitiger oder chronischer Exposition zu charakterisieren, verwendet man Toxizitätstests, bei denen Versuchstiere mit verschiedenen Dosen des Stoffes behandelt und die Wirkungen zeit- und dosisabhängig untersucht werden.

Tracheobronchialer Bereich Mittlere Atemwege mit Luftröhre und dem Bronchialbereich ohne die respiratorischen Bronchiolen.

Trophieebenen (Ökologie; Ernährungsstufen) Durch Energiefluss verbundene, voneinander abhängige Ernährungsgruppen. Sie bilden z. B. die Nahrungskette grüne Pflanzen, Pflanzenfresser, Fleischfresser.

TTC (*threshold of toxicological concern*) Tolerable Konzentration einer Chemikalie, bei der eine sehr geringe Wahrscheinlichkeit für schädliche Wirkungen besteht.

Umwelthygiene Wissenschaft der Erforschung von Umweltwirkungen auf die Bevölkerung oder auf Bevölkerungsgruppen und das Erkennen und Ausschalten ungünstiger oder die Nutzung günstiger Faktoren.

Umweltmedizin Umweltmedizin betrifft im Gegensatz zur Umwelthygiene den einzelnen Menschen im Sinne der klinischen Medizin. Wo umweltbedingte Schädigungen vermutet werden, wird eine Anamnese (Erhebung) der Belastungsbedingungen durchgeführt, und die notwendigen therapeutischen Maßnahmen werden eingeleitet.

Umwelttoxikologie Teilgebiet der Toxikologie mit dem Ziel, gesundheitliche Risiken durch Umweltchemikalien zu erkennen und zu quantifizieren.

Unit Risk Von der US EPA verwendetes Krebsrisiko bei lebenslanger Exposition gegenüber 1 µg/m^3 einer krebserzeugenden Substanz.

Wirkungsmechanismus (toxischer) Der Toxizität zugrunde liegende molekulare, biochemische oder biophysikalische Wirkung wie Sättigung oder Hemmung entgiftender Reaktionen, Interaktion an Rezeptoren, Zytotoxizität, Bildung reaktiver Metaboliten etc.

Wirkungsschwelle → NOAEL, → LOAEL. Der Begriff ist missverständlich. Er wird als Konzentration ohne Wirkung verwendet, obwohl er nur die Änderung des Verlaufes der Dosis-Wirkungs-Kurve bezeichnet.

Die Autoren

Adler, Ilse-Dore
Ilse-Dore Adler hat in Berlin und Tübingen Biologie, Chemie und Geographie studiert und nach dem Staatsexamen (1965) in Heidelberg im Fach Humangenetik zum Dr. rer. nat. promoviert (1968). Nach einer Postdoc-Zeit an der Harvard Universität in Boston, USA (1970–1971), hat sie als wissenschaftliche Mitarbeiterin und stellvertretende Institutsleiterin im Institut für Säugetiergenetik der Gesellschaft für Strahlen- und Umweltforschung (heute Helmholtz-Zentrum München) bis 2004 auf dem Gebiet der Mutationsforschung am Säugetier gearbeitet. Ihre Forschungsarbeit führte zu mehr als 200 Publikationen und wurde mit dem Frits-Sobels-Preis der European-Environmental-Mutagen-Society, deren gewählte Präsidentin sie von 1999 bis 2001 war, ausgezeichnet. Neben zahlreichen Gutachtertätigkeiten im In- und Ausland war Ilse-Dore Adler Adjunct Professor (1989–2004) an der Texas University Medical School in Galveston, USA.

Albertini, Richard J.
„Dick" Albertini MD, PhD. hat an der University of Wisconsin Medizin in der Medical School und Genetik am Department of Medical Genetics studiert. Seit mehr als 40 Jahren gehört er der University of Vermont an und ist jetzt nach Positionen in der Pädiatrie, medizinischen Mikrobiologie, molekularen Genetik, Hämatologie und Onkologie und als Direktor des Vermont Cancer Centers emeritus Professor für Medizin und Research Professor der Pathologie. Sein Hauptarbeitsgebiet ist und war der Nachweis genetischer Veränderungen durch Chemikalien beim Versuchstier und Menschen und die zugrunde liegenden Mechanismen.

Andrae, Ulrich
Ulrich Andrae, Dr. rer. nat., hat in Tübingen Biochemie studiert, wurde anschließend wissenschaftlicher Assistent im Institut für Toxikologie der Gesellschaft für Strahlen- und Umweltforschung und promovierte an der Ludwig Maximilian Universität in München. Sein wissenschaftliches Arbeitsgebiet war die Entwicklung von in vitro Genotoxizitätstest vor allem mit primären und sekundären Säugetierzellen.

Das Toxikologiebuch, 1. Auflage. Helmut Greim (Hrsg.).

Bartsch, Rüdiger
Dr. Rüdiger Bartsch ist Fachtoxikologe DGPT und arbeitet seit mehr als 20 Jahren für das wissenschaftliche Sekretariat der Arbeitsstoffkommission der Deutschen Forschungsgemeinschaft. Schwerpunkt ist dabei die Ableitung von Arbeitsplatzgrenzwerten für Industriechemikalien.

Blömeke, Brunhilde
Brunhilde Blömeke ist promovierte Biologin und habilitiert im Fach Molekulare Toxikologie und leitet das Fach Umwelttoxikologie an der Universität Trier. Sie erforscht seit 25 Jahren die molekularen Wirkmechanismen von kleinmolekularen Chemikalien und entwickelt Methoden und Parameter zu ihrer in vitro Detektion sowie zur Risikobewertung. Sie bringt ihre Expertise in verschiedene Fachgruppen ein und arbeitet in der Ständigen Senatskommission der DFG zur Prüfung gesundheitsschädlicher Arbeitsstoffe mit.

Bolt, Hermann
Univ.-Prof. Dr. med. Dr. rer. nat. Hermann M. Bolt war nach dem Studium der Medizin und Biochemie in Köln und Tübingen 1979–1983 Abteilungsleiter für Toxikologie am Pharmakologischen Institut der Johannes-Gutenberg-Universität Mainz, 1983–2008 Professor für Toxikologie und Arbeitsmedizin an der Universität Dortmund und Direktor des Instituts für Arbeitsphysiologie an der Universität Dortmund (im Jahre 2005 umbenannt in Leibniz-Institut für Arbeitsforschung an der TU Dortmund).

Borm, Paul
Paul Borm is founder and currently clinical director of Nano4Imaging GmbH, and part-time lector Life Sciences at Zuyd Hogeschool. Since 1998 Nanotechnology has been the driver for his scientific work, applied sciences as well as the companies he has been involved. Between 1998 and 2004 he has been a professor of particle toxicology at Dusseldorf University. His position as clinical director and entrepreneur in medical devices and pharma with toxicology has given him a unique combination of handling and influencing regulatory issues in both academic and industrial world.

Csanády, György András
György András Csanády (1958–2011) war nach dem Chemiestudium und Promotion an der Eötvös-Loránd-Universität, Budapest, wissenschaftlicher Mitarbeiter an Forschungsinstituten in Österreich, den USA, und Deutschland. 1997 folgte die Habilitation an der TU München, 2003 eine apl. Professur an der TU München. Sein Forschungsschwerpunkt war die Entwicklung physiologisch basierter toxikokinetischer Modelle und die Risikobewertung von Chemikalien.

Dekant, Wolfgang

Prof. Dr. Wolfgang Dekant ist seit 1992 als Professor für Toxikologie am Lehrstuhl für Toxikologie der Universität Würzburg tätig. Er ist in internationalen Forschungsprojekten zur Toxikologie sowie beratend tätig und arbeitet mit den relevanten Behörden und Organisationen zusammen, u. a. der EU, der WHO, der US-amerikanischen EPA, dem Umweltbundesamt und Bundesministerien. Darüber hinaus ist er sowohl als Autor als auch als Herausgeber für zahlreiche wissenschaftliche Publikationen verantwortlich.

Eckert, Gunter

Dr. Gunter Peter Eckert ist Universitätsprofessor für Ernährung in Prävention und Therapie an der Justus-Liebig-Universität Gießen. Er hat Lebensmittelchemie und Umwelttoxikologie studiert und in der Pharmazie promoviert. Prof. Eckert hat sich zum Fachpharmakologen weitergebildet und arbeitet seit vielen Jahren auf dem Gebiet der neurodegenerativen Erkrankungen und der Toxizität von Beta-Amyloid Peptiden. Nach seiner Habilitation an der Goethe-Universität Frankfurt wurde ihm die Venia Legendi für die Fächer Pharmakologie und Toxikologie verliehen und er blickt auf eine langjährige Lehrerfahrung im Fach Toxikologie zurück.

Fahrer, Jörg

PD Dr. Jörg Fahrer, Jahrgang 1978, studierte Lebensmittelchemie an der Universität Karlsruhe und promovierte 2007 an der Universität Konstanz am Fachbereich Biologie. Danach wechselte er an das Universitätsklinikum Ulm, wo er von 2008 bis 2011 als Postdoktorand am Institut für Pharmakologie und Toxikologie tätig war und seine Weiterbildung zum Fachtoxikologen (DGPT) abschloss. Seit 2012 ist er Gruppenleiter am Institut für Toxikologie der Universitätsmedizin Mainz und hat sich dort für das Fach Toxikologie habilitiert.

Filser, Johannes

Johannes G. Filser (geb. 1947) war nach Biochemiestudium und Promotion an der Universität Tübingen und 1987 der Habilitation an der Universität Mainz seit 1993 apl. Professor an der TU München. Seine Forschungsschwerpunkte sind Toxikokinetik und Metabolismus von Fremdstoffen bei Mensch und Versuchstier.

Gebel, Thomas

Thomas Gebel, Biologe und Fachtoxikologe, ist seit Ende 2001 an der Bundesanstalt für Arbeitsschutz und Arbeitsmedizin (BAuA) im Bereich der toxikologischen Stoffbewertung sowie der Aufstellung von Arbeitsplatzgrenzwerten tätig. Ein weiterer Arbeitsschwerpunkt ist die Nanotoxikologie. Er arbeitet in verschiedenen Gremien des Ausschusses für Gefahrstoffe und wirkt als außerplanmäßiger Professor an der Technischen Universität Dortmund.

Göen, Thomas
Thomas Göen ist promovierter Chemiker und habilitiert im Fach Arbeitsmedizinische Toxikologie. Er entwickelt seit 25 Jahren neue Parameter für das Biomonitoring von beruflichen und umweltbedingten Fremdstoffbelastungen und erforscht ihr Potential zur Risikoerfassung. Er ist Mitglied der Ständigen Senatskommission der DFG zur Prüfung gesundheitsschädlicher Arbeitsstoffe sowie der Kommission Human-Biomonitoring des Umweltbundesamtes.

Greim, Heidrun
Dr. rer. nat. Heidrun Greim ist promovierte Chemikerin und beschäftigt sich seit vielen Jahren mit der Toxikologie. Als Leiterin des wissenschaftlichen Sekretariats des GDCH-Beratergremiums für Altstoffe und der DFG-Senatskommission zur Prüfung gesundheitsschädlicher Arbeitsstoffe sind die Schwerpunkte ihrer Tätigkeit die Gefährlichkeits- und Risikobewertung von Chemikalien und die regulatorische Toxikologie.

Greim, Helmut
Nach Studium der Medizin in Freiburg und an der Freien Universität Berlin war Helmut Greim seit 1965 zehn Jahre lang als wissenschaftlicher Assistent und Universitätsdozent am Institut für Toxikologie der Universität Tübingen, davon 3 Jahre als Associate Research Professor of Pathology an der Mount Sinai School of Medizin in New York City. Von 1975 bis 2000 leitete er das Institut für Toxikologie der Gesellschaft für Strahlen- und Umweltforschung in München (heute Helmholtz-Zentrum) und war zwischen 1987 und 2003 Direktor des Instituts für Toxikologie und Umwelthygiene der Technischen Universität München.

Griem, Peter
Dr. Peter Griem promovierte nach seinem Biochemie-Studium in Berlin und Tübingen an der Universität Düsseldorf in Immuntoxikologie und bildete sich zum Fachtoxikologen (DGPT, ERT, DABT) weiter. Ein Schwerpunkt seines Interesses stellt die Wirkung von Chemikalien auf und ihre Erkennung durch das Immunsystem dar. Dr. Griem arbeitete bei FoBiG GmbH, Wella AG, Clariant AG und leitet seit sechs Jahren die Abteilung Toxikologie der Symrise AG.

Halter, Roman
Roman Halter wurde 1956 in Rauenberg bei Wiesloch geboren. Die Promotion zum Dr. rer. nat in Biologie erfolgte 1987 an der Universität Heidelberg. Nach etwa 2 Jahren als Postdoc am MPI für Biologie in Tübingen wechselte er im April 1989 zum Fraunhofer ITEM in Hannover. Seit 2013 ist er für Faserbiopersistenztests als Projektleiter zuständig.

Hartung, Thomas
Dr. Dr. med. Thomas Hartung, Arzt in Biochemiker, hat einen Doerenkamp-Zbinden Stiftungslehrstuhl für Evidenz-basierte Toxikologie an der Johns Hop-

kins Bloomberg School of Public Health und ist Professor für Pharmakologie und Toxikologie an der Universität Konstanz. Er leitete die Zentren für Alternativen zu Tierversuchen in den USA und Europa und von 2002 bis 2008 die Validierungseinrichtung der Europäischen Kommission (ECVAM).

Hartwig, Andrea

Andrea Hartwig ist Professorin für Lebensmittelchemie und Toxikologie am Karlsruher Institut für Technologie (KIT). Aktuelles Forschungsgebiet ist u. a. die Aufklärung von Wirkungsmechanismen kanzerogener Metallverbindungen einschließlich metallhaltiger Nanomaterialien. Darüber hinaus ist sie seit 2007 Vorsitzende der DFG-Senatskommission zur Prüfung gesundheitsschädlicher Arbeitsstoffe (MAK-Kommission) sowie Mitglied im „Scientific Committee for Occupational Exposure Limits" (SCOEL) der europäischen Kommission.

Hengstler, Jan

Prof. Jan G. Hengstler hat in Mainz Medizin studiert, arbeitete anschließend an der Universität Leipzig und ist zur Zeit Leiter des Leibniz-Forschungszentrum (IFADO) in Dortmund. Seine Forschungsschwerpunkte sind Leberphysiologie und Mechanismen der Lebertoxizität.

Hofmann, Franz

Franz Hofmann ist Professor emeritus und war Direktor des Instituts für Pharmakologie und Toxikologie der medizinischen Fakultät der Technischen Universität München. Zuvor war er am Pharmakologischen Institut der Universität Heidelberg und übernahm dann den Lehrstuhl für Biochemie und das entsprechende Institut der Universität des Saarlandes in Homburg.

Jahnke, Gunnar

Dr. rer. nat. Gunnar Jahnke, Diplom-Lebensmittelchemiker und staatlich geprüfter Lebensmittelchemiker, promovierte bei Frau Prof. Dr. Hartwig am Institut für Lebensmitteltechnologie und Lebensmittelchemie, Fachgebiet Lebensmittelchemie und Toxikologie, der Technischen Universität Berlin auf dem Gebiet der Metalltoxikologie. Seit 2007 ist er wissenschaftlicher Mitarbeiter im Sekretariat der Ständigen Senatskommission der Deutschen Forschungsgemeinschaft zur Prüfung gesundheitsschädlicher Arbeitsstoffe.

Kehe, Kai

Priv. Doz. Dr. Kai Kehe ist Leiter der Abteilung Medizinischer ABC-Schutz an der Sanitätsakademie der Bundeswehr. Er war 2010 bis 2013 Leiter der Abteilung Forschung und Entwicklung Sanitätsdienst der Bundeswehr. Von 1996 bis 2010 war er Leiter der Teileinheit Toxikologische Epidemiologie, Risikoanalyse und Begutachtung am Institut für Pharmakologie und Toxikologie der Bundeswehr. Als Experte für den Medizinischen ABC-Schutz ist er Mitglied in verschiedenen Gremien des Katastrophenschutzes und ständiger Gast im Wissenschaftlichen Beirat der Bundesärztekammer.

Kaina, Bernd

Bernd Kaina, Prof. Dr. rer. nat. habil. promovierte 1976 im Fach Genetik an der Martin-Luther-Universität in Halle. Danach arbeitete er als wissenschaftlicher Mitarbeiter am Zentralinstitut für Genetik und Kulturpflanzenforschung der ADW der DDR in Gatersleben. Seine Studien zur Genotoxizität von Alkylantien setzte er seit 1984 am Institut für Molekulare Biologie in Leiden, am Deutschen Krebsforschungszentrum in Heidelberg und, als Heisenberg-Stipendiat der DFG, am Institut für Genetik und Toxikologie von Spaltstoffen in Karlsruhe fort. Im Jahr 1993 wurde er auf eine C3-Professur für Molekulare und Angewandte Toxikologie am Institut für Toxikologie der Universität Mainz berufen und hier 2003 als C4-Professor und Direktor bestellt. Sein Forschungsprogramm umfasst die genotoxische und karzinogene Wirkung von Alkylantien, DNA-Reparatur und Schadenssignaling ausgehend von DNA-Schäden. Er ist Autor von mehr als 260 Originalpublikationen und einer Vielzahl von Übersichtsarbeiten und Buchbeiträgen.

Lebsanft, Jörg

Dr. rer. nat Jörg Lebsanft hat an der Universität Tübingen Biochemie studiert und im Institut für Toxikologie der Gesellschaft für Strahlen- und Umweltforschung in Neuherberg promoviert. Seit 1988 arbeitet er im Bundesumweltministerium in den Bereichen Chemikaliensicherheit sowie Umwelt und Gesundheit. Von 1999–2002 hat er als nationaler Sachverständiger bei der Europäischen Kommission an der Entwicklung des europäischen Chemikalienrechts REACH mitgewirkt, von 2007–2012 war er bei der Europäischen Chemikalienagentur ECHA tätig.

Lilienblum, Werner

Nach dem Chemiestudium und Promotion zum Dr. rer. nat. in Marburg und der Weiterbildung zum Fachtoxikologen DGPT war Werner Lilienblum in der Arbeitsgruppe von Prof. Dr. K.W. Bock in Göttingen, gefolgt von langjähriger Tätigkeit in der Fachbehörde für Umweltschutz und Arbeitsschutz in Niedersachsen. Zuletzt war er als Consultant für Toxikologie und GLP tätig. Ehrenamtliche Tätigkeiten leistete er im Beraterkreis Toxikologie des AGS, im Vorstand der Gesellschaft für Toxikologie und im Scientific Committee on Consumer Safety (SCCS) bei der EU-Kommission.

Mangelsdorf, Inge

Dr. rer. nat. Inge Mangelsdorf ist promovierte Biologin mit dem Spezialgebiet Toxikologie. Sie leitete bis 2013 die Abteilung für Chemikalienbewertung, Datenbanken und Expertensysteme am Fraunhofer Institut für Toxikologie und Experimentelle Medizin. Seither ist sie als selbständige Toxikologin tätig.

Martus, Hans-Jörg

Nach dem Studium der Biologie an der Universität Mainz, Deutschland, folgte 1993 die Promotion am Institut für Toxikologie der Universität Mainz, danach war Hans-Jörg Martus Postdoctoral Fellow an der Harvard Medical School, seit 1995 bei Sandoz, danach Novartis, Basel, Schweiz. Gegenwärtig ist er dort Globaler Leiter der Genetischen Toxikologie und Photosicherheit.

Müller, Walter

Dr. Walter E. Müller ist Univ.-Prof. für Pharmakologie und Toxikologie (Emeritus) an der Goethe Universität Frankfurt, wo er von 1997 bis 2003 als Direktor des Pharmakologischen Institutes für Naturwissenschaftler tätig war. Nach Promotion und Habilitation für Pharmakologie und Toxikologie an der Universität Mainz war er von 1983 bis 1997 Professor für Psychopharmakologie an der Klinischen Fakultät Mannheim der Universität Heidelberg und Leiter der Abteilung Psychopharmakologie am Zentralinstitut für Seelische Gesundheit Mannheim.

Pospischil, Erich

Dr. Erich Pospischil ist Bereichsleiter Arbeitsmedizin des AMZ-Arbeits- und sozialmedizinischen Zentrums Mödling GesmbH, Wiener Neudorf, Facharzt für Arbeits- und Betriebsmedizin, Mitglied des wissenschaftlichen Ausschuss für Grenzwerte berufsbedingter Exposition (SCOEL – Scientific Committee on Occupational Exposure Limits).

Ravenzwaay, Bennard van

Prof. Dr. Bennard van Ravenzwaay leitet die experimentelle Toxikologie und Ökologie der BASF SE in Ludwigshafen, Deutschland. Er ist Professor für Reproduktions-Toxikologie an der Universität Wageningen (Niederlanden) und Vorsitzender des wissenschaftlichen Komitee von ECETOC (Brüssel, Belgien).

Römbke, Jörg

Nach dem Studium der Zoologie an der Universität Frankfurt folgte dort auch die Promotion über die Diversität und Ökotoxikologie von Bodenorganismen. Ab 1982 war Dr. Jörg Römbke am Battelle-Institut in Frankfurt als wissenschaftlicher Mitarbeiter tätig. Seit 1993 ist er Geschäftsführer der ECT Oekotoxikologie GmbH in Flörsheim, zuständig für die terrestrische Ökotoxikologie (Umweltrisikobeurteilung sowie für Methodenentwicklung und -standardisierung).

Rozman, Karl K.

Karl Rozman studierte organische und pharmazeutische Chemie an der Universität Innsbruck und promovierte dort 1973 zum Dr. phil. Anschließend arbeitete er in den Instituten für ökologische Chemien und Toxikologie der Gesellschaft für Strahlen- und Umweltforschung zunächst in München und ab 1974 in der Aussenstelle in Alamogordo, New Mexiko, und ab 1981 zunächst als Assistant Professor im Department of Pharmacology, Toxicology and Therapeutics des

Kansas Medical Center in Kansas City, wo er 1986 zum Professor ernannt wurde. Sein Hauptarbeitsgebiet war die Toxikologie halogenierter Kohlenwasserstoffe wie TCDD.

Schloßmann, Jens
Jens Schloßmann ist Professor für Pharmakologie und Toxikologie am Institut für Pharmazie der Fakultät für Chemie und Pharmazie der Universität Regensburg.

Schnuch, Axel
Axel Schnuch, Prof. Dr. med, wurde nach der Ausbildung zum Arzt für Dermatologie/Allergologie an der Univ.-Hautklinik Göttingen dort auch langjähriger Oberarzt sowie Leiter des Informationsverbundes Dermatologischer Kliniken, Institut an der Universitätsmedizin Göttingen (IVDK; www.ivdk.org). Er ist ordentliches Mitglied der „MAK“-Kommission der DFG und der Arzneimittelkommission der deutschen Ärzteschaft.

Schulz, Florian
Dr. Florian Schulz ist promovierter Biochemiker und hat sich während seiner Doktorarbeit in der Toxikologie der Medizinischen Hochschule mit zellulären Wirkmechanismen bakterieller Toxine beschäftigt. Nach der Promotion wechselte Dr. Schulz in die Abteilung Chemikalienbewertung des Fraunhofer Institutes für Toxikologie und Experimentelle Medizin in Hannover, wo er sich intensiv mit der Inhalationstoxikologie und der Ableitung von Arbeitsplatzgrenzwerten für Partikel und Fasern auseinandergesetzt hat.

Schwenk, Michael
Prof. Dr. Michael Schwenk hat in Tübingen Biochemie und Medizin studiert. Er war in Industrie, Forschungsinstitut, Universität und Behörde als Pharmakologe, Toxikologe und Umweltmediziner forschend tätig. Seit seiner Emeritierung engagiert er sich in Projekten der IUPAC-Arbeitsgruppe „Chemistry and Human Health“.

Snyder, Robert
Robert Snyder hat am College of Medicine in Syracuse, State University of New York, Biochemie studiert und 1961 mit dem Ph. D. abgeschlossen. Anschließend war er bis 1981 Assistent, Associate und schließlich Professor of Pharmacology am Dept. of Pharmacology des Jefferson Medical College in Philadelphia, 1971/1972 für 1 Jahr am Institut für Toxikologie der Universität Tübingen und von 1981 bis zu seiner Emeritierung 2012 Professor and Chairman des Dept. of Pharmacology and Toxicology am Rutgers College of Pharmacy in New Jersey, USA. Sein Hauptarbeitsgebiet war uns ist die Wirkung von Chemikalien auf das Knochenmark, insbesondere die Toxikologie von Benzol.

Solecki, Roland

Dr. Roland Solecki leitet die Abteilung „Sicherheit von Pestiziden" im Bundesinstitut für Risikobewertung in Berlin. Er verfügt über umfassende Kenntnisse in der experimentellen und regulatorischen Toxikologie sowie der gesundheitlichen Risikobewertung von Wirkstoffen und Produkten und hat umfassend publiziert. Dr. Solecki war im FAO/WHO Joint Meeting on Pesticide Residues von 1998 bis 2013 aktiv. Er arbeitete langjährig als Experte in der OECD und ist seit 2015 in den Wissenschaftlichen Ausschuss der EFSA berufen. Er ist Mitglied der „European Society of Toxicologic Pathology" und der „Gesellschaft für Toxikologie".

Spielmann, Horst

Professor Dr. med. Horst Spielmann, Facharzt für klinische Pharmakologie, war bis 2007 Leiter der ZEBET (Zentralstelle zur Erfassung und Bewertung von Ersatzmethoden zu Tierversuchen) im Bundesinstitut für Risikobewertung (BfR). Er hat maßgeblich dazu beigetragen, dass validierte in vitro Methoden für sicherheitstoxikologische Prüfungen von der OECD weltweit anerkannt werden. Dafür wurde er vielfach ausgezeichnet. Seit 2007 ist er Honorarprofessor für Regulatorische Toxikologie an der FU Berlin und seit 2012 Tierschutzbeauftragter des Landes Berlin.

Stanley, Lesley

Dr. Stanley ist eine international anerkannte, von der Europäischen Gesellschaft für Toxikologie zertifizierter Toxikologin mit 35jähriger Erfahrung in der gesundheitlichen Bewertung von Chemikalien. Gegenwärtig ist sie Vorsitzende des UK Komitees zur Anerkennung von Toxikologen und Mitglied des UK Hazardous Substances Advisory Committee und des Advisory Committee on Novel Foods and Processes.

Strauss, Volker

Dr. Volker Strauss, Fachtierarzt für klinische Laboratoriumsdiagnostik, tätig in der Toxikologie der pharmazeutischen und chemischen Industrie seit 13 Jahren, ist Senior Scientist in der BASF SE, Ludwigshafen.

Suter-Dick, Laura

Prof. Dr. Laura Suter-Dick ist seit 2012 Professor für Molekulare Biologie in der Hochschule für Life Sciences (Fachhochschule Nordwestschweiz). Sie ist eine Europäisch-registrierte Toxikologin (ERT) mit mehr als 20 Jahren Erfahrung in Pharmaforschung. Ihre Forschung befasst sich vor allem mit der Anwendung organtypischer Zellkulturen zur Aufklärung toxikologischer und pharmakologischer Fragestellungen.

Thiermann, Horst

Prof. Dr. Horst Thiermann studierte an der Universität Regensburg und der Technischen Universität München Medizin. Nach seiner Assistenzarztzeit im Bundeswehrkrankenhaus München und der Promotion an der Technischen Universität München wechselte er in das Institut für Pharmakologie und Toxikologie der Bundeswehr. Seine Facharztausbildung zum Pharmakologen und Toxikologen vervollständigte er an dem Walther-Straub-Institut für Pharmakologie und Toxikologie, Ludwig Maximilians-Universität München, und zum Klinischen Pharmakologen bei MDS Pharma Services, Höhenkirchen-Siegertsbrunn. Seit November 2006 leitet er das Institut für Pharmakologie und Toxikologie der Bundeswehr. Nach seiner Habilitation wurde er im Januar 2012 zum außerplanmäßigen Professor an der Technischen Universität München berufen.

Timm, Jürgen
Prof. Timm ist Mathematiker mit dem Schwerpunkt angewandte Statistik und Biometrie an der Universität Bremen. Er hat sich seit vielen Jahren intensiv mit mathematischen Modellen und Methoden in der Umweltforschung und Medizin beschäftigt. Ein besonderer Schwerpunkt seiner Arbeit sind Risiken von chemischen Belastungen und von Arzneimitteln.

Ulm, Kurt
Prof. Dr. K. Ulm ist Leiter der Abteilung für Biometrie und Epidemiologie im Institut für Medizinische Statistik und Epidemiologie am Klinikum rechts der Isar der Technischen Universität München. Seine Ausbildung erhielt er an der TU-München (Diplom in Mathematik und Habilitation) sowie an der Universität Dortmund (Dr. rer. nat. in Statistik). An der University of Washington in Seattle (USA) verbrachte er mehrere Forschungssemester. Seine wissenschaftlichen Schwerpunkte liegen auf dem Gebiet der Epidemiologie in der Arbeitsmedizin und hierbei auf der Erkennung von Schwellenwerten.

Van Thriel, Christoph
Priv.-Doz. Dr. van Thriel leitet seit 2003 die Projektgruppe "Neurotoxikologie und Chemosensorik" am Leibniz-Institut für Arbeitsforschung (IfADo) an der TU Dortmund. Dr. van Thriel promovierte 1999 in der Arbeitspsychologie an der Ruhr-Universität Bochum und habilitierte dort in der biologischen Psychologie. Seine Forschung beschäftigt sich mit der Interaktion chemischer Arbeitsstoffe mit dem zentralen und peripheren Nervensystem. Dabei untersucht seine Arbeitsgruppe Effekte auf das Verhalten und Erleben exponierter Personen und versucht mit zellulären Modellen die Mechanismen dieser Effekte zu erklären.

Wollin, Klaus-Michael
Dr. rer. nat. Klaus-Michael Wollin ist Dipl.-Chemiker und Fachtoxikologe DGPT/ERT. Nach langjähriger Tätigkeit in Oberen Umweltschutz- und Arbeitsschutzbehörden Niedersachsens arbeitet er seit 2006 am Niedersächsischen Landesgesundheitsamt Hannover (NLGA) und leitet hier das Zentrum für Gesundheits- und Infektionsschutz, eine medizinische Beratungs- und Koordinierungsstelle des Landes für gesundheitliche Krisensituationen im Großschadens- und Kata-

strophenfall. Ein weiterer Aufgabenschwerpunkt am NLGA ist der umweltbezogene Gesundheitsschutz mit den vielfältigsten Facetten toxikologischer Risikobewertungen.

Zilker, Thomas

Prof. Dr. Thomas Zilker geb. 24.02.1946 in Nagold, Schulabschluss: Abitur am humanistischen Gymnasium in Ravensburg, Studium der Medizin an der LMU München, Staatsexamen Medizin 1971, Approbation als Arzt 1972, Facharzt für Innere Medizin 1978 war Oberarzt der klinisch toxikologischen Abteilung an der Technischen Universität München seit 1981 und Leiter der klinischen Toxikologie der TUM 1993–2012. Er erwarb Zusatzbezeichnungen in Endokrinologie 1983, Umweltmedizin 1993, Psychotherapie 2004 und klinische Toxikologie GfKT 2013.

Zöllner, Iris

Hon.-Prof. Dr. rer. nat. Iris Zöllner hat in Berlin Mathematik studiert und danach als Statistikerin in der arbeitsmedizinischen Forschung gearbeitet, wo sie u. a. die Planung und Auswertung toxikologischer Studien fachlich betreut hat. Über berufliche Stationen in Dortmund, Mannheim und Mainz kam sie 1994 nach Stuttgart, wo sie seitdem im Landesgesundheitsamt Baden-Württemberg umweltmedizinische und andere epidemiologische Studien aus- und bewertet.

Sachverzeichnis

Das Toxikologiebuch, 1. Auflage. Helmut Greim (Hrsg.).

C

I

N

O

S

T